APRESENTAÇÃO

Como acontece a cada nova edição de ***Os fundamentos da Física***, ao preparar esta 9ª edição, procuramos acatar sugestões e críticas de vários colegas professores, aos quais agradecemos, e incorporar novos itens, sempre com a intenção de aprimorar nossa obra.

Nesta edição, o conteúdo programático dos três volumes foi mantido. O primeiro volume é dedicado à *Mecânica*; o segundo aborda a *Termologia*, a *Óptica* e os *Fenômenos Ondulatórios*; e no terceiro volume, além da *Eletricidade* e da *Análise Dimensional*, são apresentadas algumas noções de *Física Moderna* (Relatividade Especial, Física Quântica e Física Nuclear).

Os fundamentos da Física continua sendo um marco no ensino e aprendizado dessa ciência no país. É uma obra que relaciona as leis e os fenômenos físicos ao dia-a-dia e ao desenvolvimento de processos tecnológicos.

A estrutura básica da obra não foi modificada em relação à edição anterior. A exposição teórica de um tema vem sempre acompanhada por *exercícios resolvidos*, cuja finalidade é analisar, elucidar e mesmo ampliar a teoria apresentada. Com objetivo semelhante, há os *exercícios propostos*, com os quais o aluno pode exercitar e assimilar os itens teóricos. Há ainda, em muitos capítulos, *exercícios propostos de recapitulação*, que, além de um grau de dificuldade maior que os anteriores, têm por objetivo revisar e complementar os assuntos abordados. No final de cada capítulo, estão os *testes propostos*, ordenados de acordo com a exposição da teoria. Os exercícios propostos de recapitulação e os testes propostos, em sua maioria, foram extraídos de provas dos vestibulares recentes das principais escolas superiores do país. *Exercícios especiais*, presentes em alguns capítulos, têm outra finalidade: aprofundar ainda mais os conteúdos e relacioná-los com conceitos vistos anteriormente.

As *Atividades experimentais* foram em sua maioria mantidas; algumas foram ampliadas e novos experimentos foram incorporados. A fim de facilitar a realização das experiências propostas, acrescentamos novas ilustrações e fotos. Esperamos que, ao "pôr a mão na massa" para realizar essas atividades, o aluno tenha o interesse pela Física aumentado e que ele possa compreender melhor essa ciência e, assim o desejamos, fascinar-se com ela.

Os textos sobre *História da Física* foram revistos e ampliados; alguns são novos. Esses textos situam no tempo os cientistas e seus feitos, descrevendo seus estudos, suas pesquisas e suas descobertas. Assim, revelam que a ciência está em constante desenvolvimento. Complementando a biografia, criamos o item *Enquanto isso...*, em que fazemos breves considerações a respeito das personalidades importantes do período, em diferentes ramos de atividade.

Ao final de vários capítulos, inserimos leituras especiais, com o título *A Física em nosso Mundo*, com a finalidade de mostrar que essa ciência está fortemente relacionada com a vida e o cotidiano do ser humano. Após cada uma dessas leituras, sugerimos novos exercícios em *Teste sua leitura*, para que o aluno possa aplicar os conhecimentos apresentados no texto.

Acompanhando a expansão tecnológica de nossa sociedade, em cada capítulo indicamos endereços eletrônicos (*Entre na rede*), onde o aluno poderá obter mais informações sobre os diversos assuntos desenvolvidos e trabalhar com animações e simulações de alguns dos fenômenos estudados. Paralelamente, mantivemos na **Internet** um endereço que poderá ser visitado por professores e estudantes.

Cada volume da obra apresenta, em suas primeiras páginas, uma *Linha do tempo*, na qual são citados cronologicamente os principais fatos históricos de nosso mundo e as pessoas que se destacaram nos vários campos da atividade humana, desde 1500 até os dias atuais. Ao final de cada um dos três volumes há um apêndice no qual são apresentados o Sistema Internacional de Unidades, um quadro geral de unidades, as respostas de todos os exercícios do volume e o índice remissivo.

Críticas, sugestões e comentários dos colegas professores e dos estudantes — indispensáveis para o aprimoramento desta obra — são sempre bem-vindos e podem ser encaminhados à Editora Moderna.

Ramalho
Nicolau
Toledo

Visite nosso *site* em: http://www.moderna.com.br/moderna/catalogo/index_html

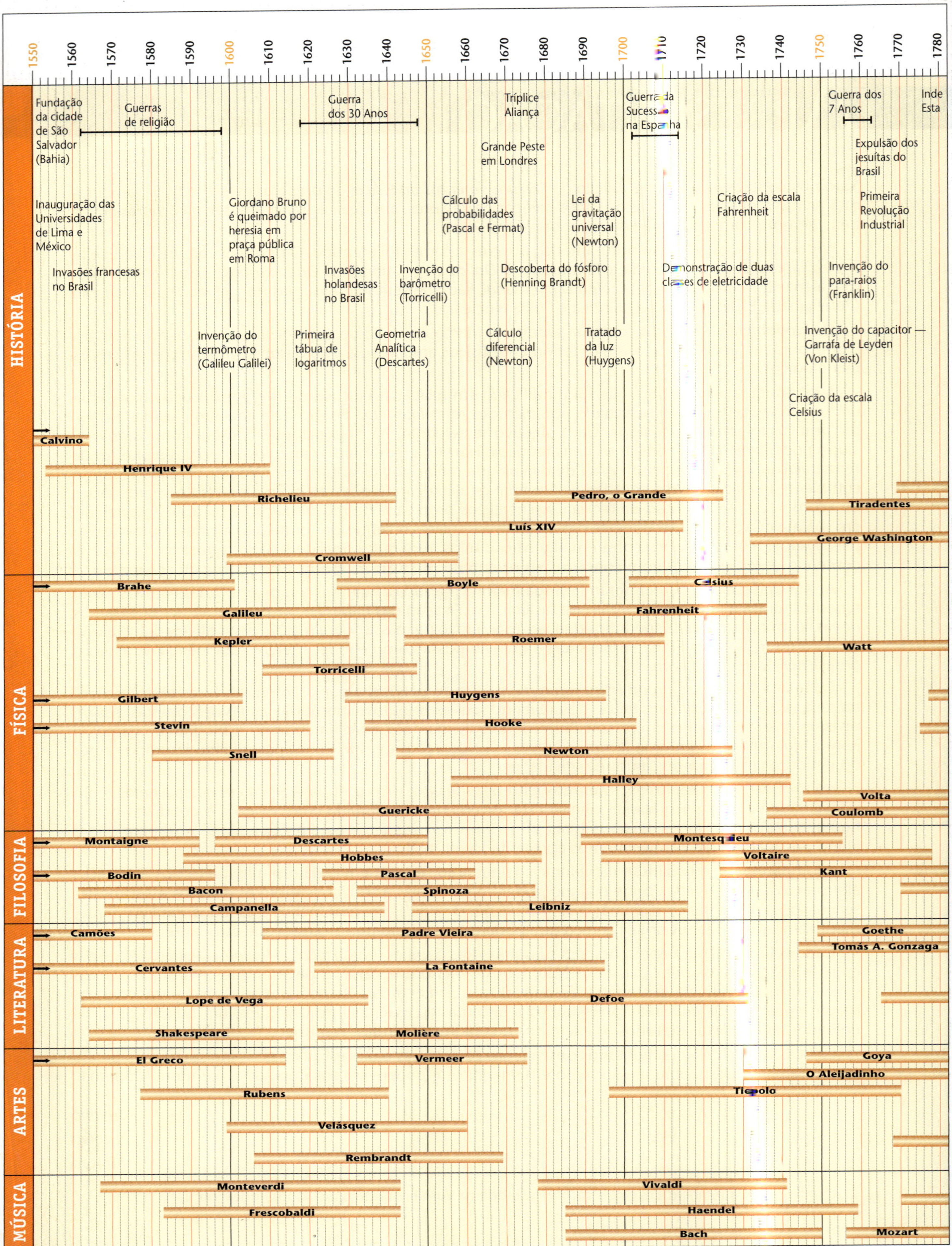

Observação: Os dados que constam nesta Linha do tempo foram atualizados até o ano de 2007.

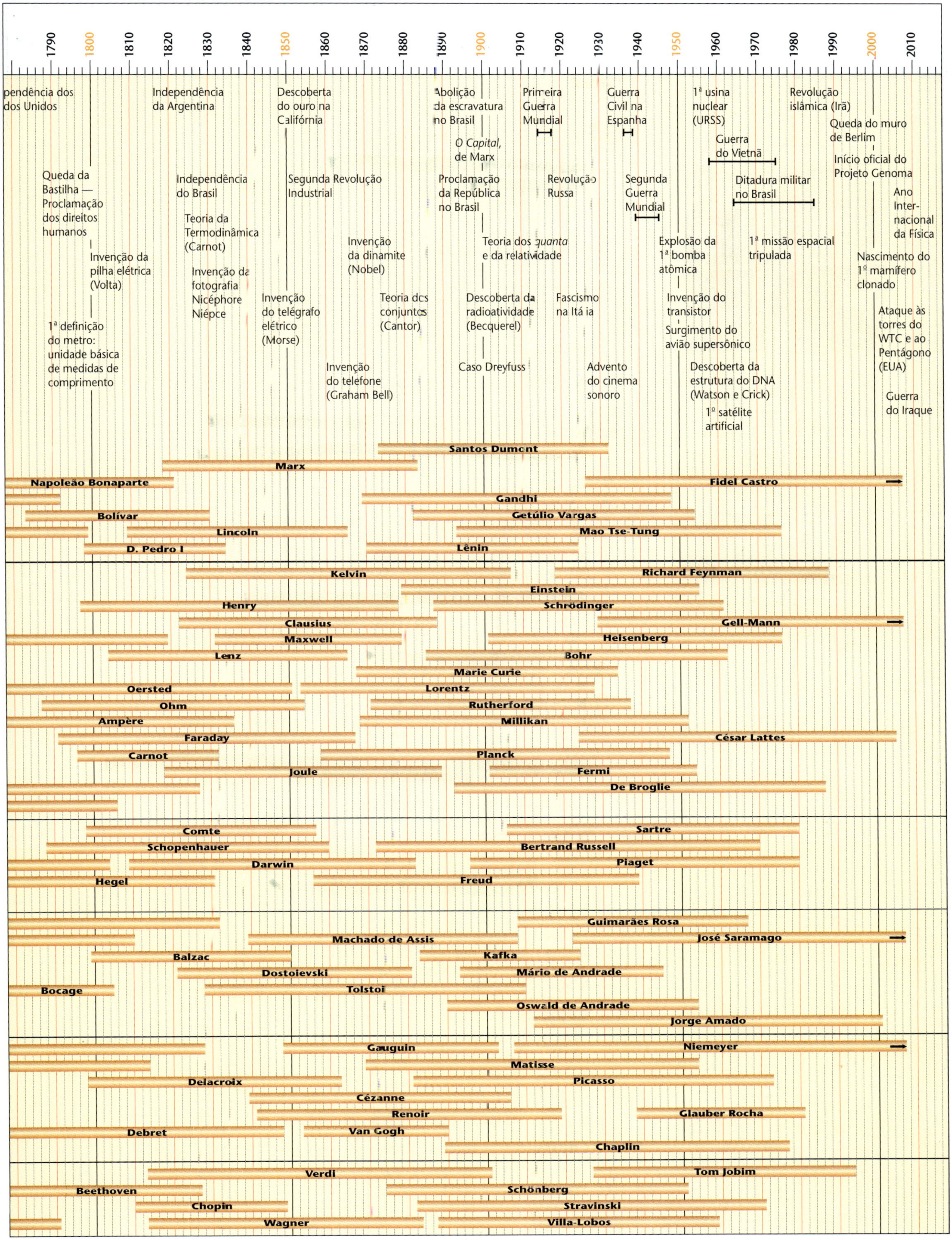

1790
1800
1810
1820
1830
1840
1850
1860
1870
1880
1890
1900
1910
1920
1930
1940
1950
1960
1970
1980
1990
2000
2010
pendência dos dos Unidos
Independência da Argentina
Descoberta do ouro na Califórnia
Abolição da escravatura no Brasil
Primeira Guerra Mundial
Guerra Civil na Espanha
1ª usina nuclear (URSS)
Revolução islâmica (Irã)
Queda do muro de Berlim
O Capital, de Marx
Guerra do Vietnã
Início oficial do Projeto Genoma
Queda da Bastilha — Proclamação dos direitos humanos
Independência do Brasil
Segunda Revolução Industrial
Proclamação da República no Brasil
Revolução Russa
Segunda Guerra Mundial
Ditadura militar no Brasil
Ano Inter-nacional da Física
Teoria da Termodinâmica (Carnot)
Invenção da pilha elétrica (Volta)
Invenção da dinamite (Nobel)
Teoria dos quanta e da relatividade
Explosão da 1ª bomba atômica
1ª missão espacial tripulada
Nascimento do 1º mamífero clonado
Invenção da fotografia Nicéphore Niépce
Invenção do telégrafo elétrico (Morse)
Teoria dos conjuntos (Cantor)
Descoberta da radioatividade (Becquerel)
Fascismo na Itália
Invenção do transistor
Ataque às torres do WTC e ao Pentágono (EUA)
1ª definição do metro: unidade básica de medidas de comprimento
Surgimento do avião supersônico
Invenção do telefone (Graham Bell)
Caso Dreyfuss
Advento do cinema sonoro
Descoberta da estrutura do DNA (Watson e Crick)
Guerra do Iraque
1º satélite artificial
Santos Dumont
Marx
Napoleão Bonaparte
Fidel Castro
Gandhi
Bolívar
Getúlio Vargas
Lincoln
Mao Tse-Tung
D. Pedro I
Lênin
Kelvin
Richard Feynman
Einstein
Henry
Schrödinger
Clausius
Gell-Mann
Maxwell
Heisenberg
Lenz
Bohr
Marie Curie
Oersted
Lorentz
Ohm
Rutherford
Ampère
Millikan
Faraday
César Lattes
Carnot
Planck
Joule
Fermi
De Broglie
Comte
Sartre
Schopenhauer
Bertrand Russell
Darwin
Piaget
Hegel
Freud
Guimarães Rosa
Machado de Assis
José Saramago
Balzac
Kafka
Dostoievski
Mário de Andrade
Bocage
Tolstoi
Oswald de Andrade
Jorge Amado
Gauguin
Niemeyer
Matisse
Delacroix
Picasso
Cézanne
Renoir
Glauber Rocha
Debret
Van Gogh
Chaplin
Verdi
Tom Jobim
Beethoven
Schönberg
Chopin
Stravinski
Wagner
Villa-Lobos

SUMÁRIO

PARTE 1

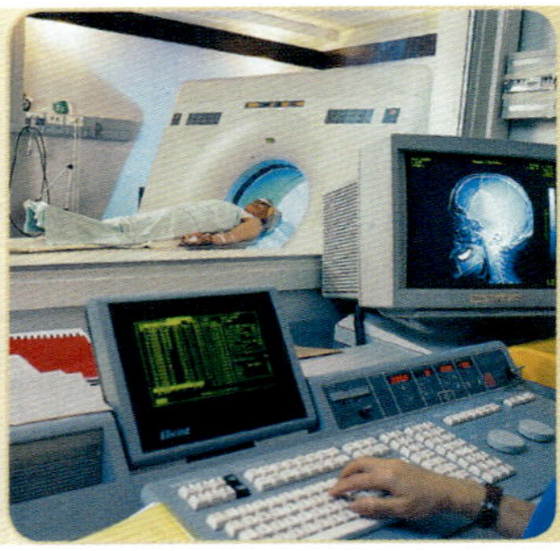

INTRODUÇÃO GERAL

PARTE 2

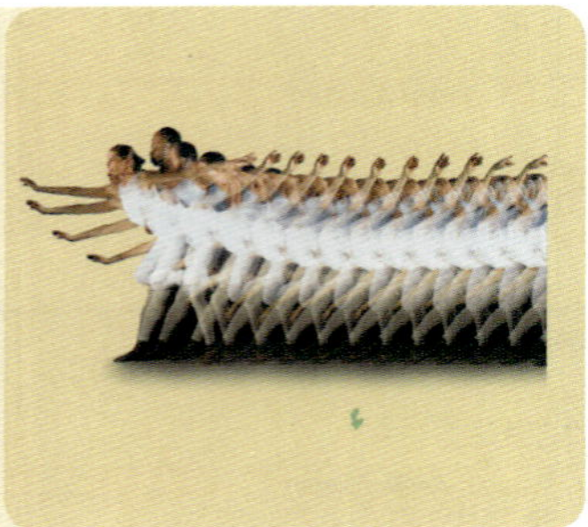

DESCRIÇÃO DO MOVIMENTO: CINEMÁTICA ESCALAR

PARTE 3

VETORES E GRANDEZAS VETORIAIS: CINEMÁTICA VETORIAL

PARTE 4

FORÇAS EM DINÂMICA

PARTE 5

OS PRINCÍPIOS DA CONSERVAÇÃO

PARTE 6

GRAVITAÇÃO UNIVERSAL

PARTE 7

ESTÁTICA. HIDROSTÁTICA. HIDRODINÂMICA

PARTE 1

Introdução geral

Uma noção geral da Física, seu campo de estudo, seus ramos e métodos são apresentados nesta parte.

EDWIGE / BSIP-KEYSTONE

Tomografia computadorizada, um dos exames de ponta na Medicina diagnóstica: o notável avanço tecnológico alcançado pelo ser humano nasceu de sua curiosidade e do interesse em explicar os fenômenos naturais.

CAPÍTULO 1

Introdução à Física

THE NEXT

Nesta introdução geral à Física discutimos seus ramos e seus métodos. Apresentamos, em seguida, as principais unidades de comprimento e tempo e verificamos que a precisão da medida de uma grandeza depende principalmente do instrumento utilizado, como se destaca na foto.

1. Introdução

O ser humano sempre se preocupou em entender e dominar o Universo que o cerca. Interessou-se em explicar, por exemplo, o **som** de um trovão, a **luz** de um relâmpago, por que os corpos têm **cores** diferentes, como é o **movimento** da Lua em relação à Terra, como a Terra e os demais planetas se movem em relação ao Sol ou como são os movimentos dos objetos nas proximidades da superfície terrestre. Todas essas questões, por mais diferentes que sejam, são estudadas em Física, uma ciência tão presente em nossa vida que não podemos desprezá-la. A **Física** é o motivo deste curso.

NASA-ESA-STSCI / SPL-LATINSTOCK

▲ **O desenvolvimento tecnológico possibilita à humanidade desvendar, cada vez mais, os segredos do Universo, como a galáxia em espiral M51 e a pequena galáxia NGC 5195. Imagem obtida pelo telescópio Hubble em janeiro de 2005.**

D J BALL / STONE-GETTY IMAGES

▲ **As cores do mundo impressionam o ser humano, inspirando-o nas artes e despertando seu interesse em explicá-las.**

2. O que é a Física

A palavra **física** (do grego: *physis*) significa **Natureza**. Em Física, como em toda ciência, qualquer acontecimento ou ocorrência é chamado **fenômeno**, ainda que não seja extraordinário ou excepcional. A simples queda de um lápis é, em linguagem científica, um fenômeno.

A necessidade do ser humano de compreender o ambiente que o cerca e explicar os fenômenos naturais é a gênese da Física. Essa compreensão é estabelecida com base em modelos do Universo, criados de acordo com o momento em que se encontra o desenvolvimento da ciência.

Precisamos entender a Física, não como algo fechado e terminado, mas sim como um patrimônio em constante mudança. Tais mudanças ocorrem quando um determinado modelo, devido ao avanço do conhecimento, não explica mais de maneira satisfatória os fenômenos naturais a que se refere.

Portanto, a Física pode ser definida como uma ciência que busca descrever os fenômenos que ocorrem na Natureza e prever a sua ocorrência, procurando atualmente não mais oferecer uma imagem da Natureza, mas sim uma imagem da relação do ser humano com a Natureza. Os fenômenos naturais são tão variados e numerosos que o campo de estudo da Física torna-se cada vez mais amplo, existindo hoje diversos ramos da Física.

3. Ramos da Física

O ser humano tem suas primeiras informações do Universo por meio de seus sentidos: vê a luz de um relâmpago, ouve o som de um trovão e pelo tato tem, entre outras, a noção de quente e frio. Consequentemente, classificou os fenômenos observados de acordo com o sentido empregado na observação. Relacionou a **luz** com a capacidade de **ver**, e daí surgiu uma ciência chamada **Óptica**. A **audição** o estimulou a estudar as propriedades do **som**, e surgiu outra ciência, a **Acústica**. As noções de **quente** e **frio**, sentidas pelo **tato**, motivaram o estudo do calor — a **Termologia**. O **movimento** é um dos fenômenos mais comuns no dia-a-dia e foi o mais estudado até hoje, tendo dado origem à **Mecânica**.

Essas ciências (Óptica, Acústica, Termologia e Mecânica) foram muitas vezes estudadas independentemente umas das outras, mas fazem parte do vasto mundo da Física. Hoje, elas constituem os ramos clássicos da Física.

As **propriedades elétricas da matéria** só foram estudadas profundamente no século XIX, e esse estudo, conhecido como **Eletricidade**, é outro ramo da Física. No século XX, a discussão da **constituição da matéria** deu origem à **Física Nuclear**.

4. O Universo

Todos os **corpos** existentes na Natureza são quantidades definidas de **matéria**. Por exemplo, a madeira é matéria e uma mesa de madeira é um corpo; a borracha é matéria e um pneu de borracha é um corpo.

A matéria e, portanto, todos os corpos do Universo são constituídos por pequenas unidades denominadas **átomos**. Por serem extremamente pequenos, os átomos não podem ser vistos, nem com os mais poderosos microscópios. Entretanto, os cientistas criaram **modelos** que, dentro de certos limites, explicam os fenômenos naturais. Um dos modelos mais simples, proposto pelo físico Ernest Rutherford (1871-1937), estabelece que cada átomo é constituído de um **núcleo** central, formado por dois tipos de partículas, os **prótons*** e os **nêutrons***, e pela **eletrosfera**, constituída por um terceiro tipo de partículas, os **elétrons***, que giram em torno do núcleo (figura 1). Na verdade, esta é uma visão extremamente simplificada do átomo. Além das três partículas citadas, há um número muito grande de outras partículas, como, por exemplo, pósitrons, mésons, neutrinos, etc., que surgem quando ocorrem alterações nos núcleos dos átomos (reações nucleares). O estudo das propriedades dessas partículas é muito importante, principalmente para a compreensão da estrutura do Universo.

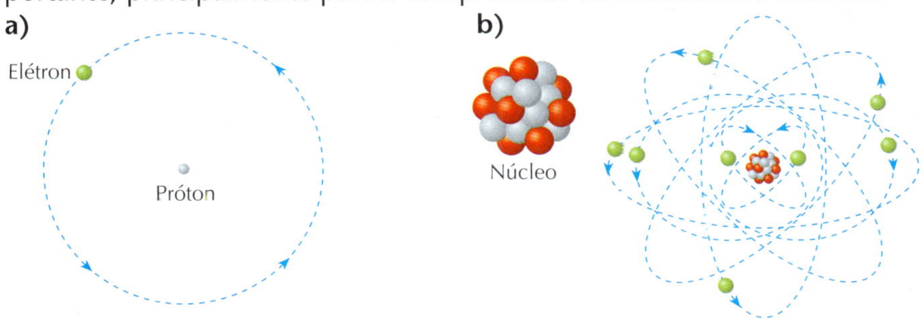

Figura 1. O átomo: a) o átomo de hidrogênio possui um elétron, que gira em torno de seu núcleo, constituído por um único próton; b) no átomo de oxigênio, o núcleo contém oito prótons (aqui indicados na cor cinza) e oito nêutrons. Oito elétrons giram em torno desse núcleo. (Uso de cores fantasia.)

* Atribui-se aos elétrons e prótons uma propriedade: a carga elétrica. Convenciona-se como positiva a carga elétrica do próton e como negativa a carga elétrica do elétron. Os nêutrons não possuem carga elétrica, isto é, são eletricamente neutros. Atualmente, sabe-se que prótons e nêutrons são constituídos de partículas ainda menores, denominadas *quarks*.

Os átomos, por sua vez, formam outros agregados: as **moléculas**. Existem muitos tipos de moléculas e seu número tende a crescer, pois diariamente são sintetizadas novas moléculas em laboratórios de Química.

O campo de estudo da Física abrange todo o Universo: desde a escala microscópica, relacionada às partículas que formam o átomo, até a escala macroscópica, que diz respeito aos planetas, às estrelas e às galáxias.

5. Física e Matemática

A Matemática ajuda muito a Física, sintetizando a compreensão dos fenômenos Uma fórmula matemática que resume um fenômeno físico constitui uma ajuda para a compreensão desse fenômeno, de modo que nunca deve ser assustadora para você.

Por exemplo, apesar de ser necessária uma longa explicação para chegarmos ao fato de que a energia de um corpo em movimento (energia cinética) depende de sua massa e de sua velocidade, recorrendo à Matemática, obtemos a fórmula:

$$E_c = \frac{m \cdot v^2}{2},$$

em que E_c é a energia cinética; m, a massa; e v, a velocidade. Essa fórmula nos mostra que a energia cinética varia em função da massa do corpo e de sua velocidade.

BRETT CARTWRIGHT / TAXI-GETTY IMAGES

JAMES L. AMOS / PR-LATINSTOCK

Sempre que um corpo está em movimento dizemos que ele possui energia cinética.

Assim, aos poucos, você irá aprender a ler e entender uma fórmula e saberá utilizá-la a seu favor.

6. Método em Física

Os físicos estudam os fenômenos que ocorrem no Universo. Entretanto, os percursos trilhados pelos cientistas, para a formulação de teorias e leis que expliquem esses fenômenos, são muito variados. Muitas descobertas no campo da Física surgiram da imaginação de pesquisadores, da experimentação direta e, em certas ocasiões, ocorreram de maneira não intencional, sem seguir um caminho preestabelecido.

Um dos processos de aquisição do conhecimento é o denominado método experimental ou científico, que apresenta uma sequência rígida de etapas. Tal método é discutível, pois estabelece uma receita definida de passos a ser seguida, o que nem sempre é possível. Em vista de seu caráter histórico, vamos apresentar, de modo simplificado, o caminho sugerido pelo método científico. Em primeiro lugar, o fenômeno é observado repetidas vezes, destacando-se fatos notáveis. Por meio de instrumentos de medição — desde o relógio e a fita métrica até instrumentos mais sofisticados — medem-se as principais grandezas envolvidas no fenômeno. Com essas medidas, procura-se alguma relação entre tais grandezas, tentando descobrir alguma lei ou princípio que o descreva. Muitas vezes essas leis ou princípios são expressos por fórmulas — como a da energia cinética, apresentada no item anterior. Frequentemente, o fenômeno é repetido em laboratório em condições consideradas ideais em relação às condições reais de suas ocorrências. Assim, por exemplo, podemos estudar idealmente a lei da queda de um corpo, deixando-o cair em laboratório, num aparelho vertical onde se faz o vácuo (tubo de Newton), para eliminar a interferência do ar.

Na verdade, no processo de descobertas científicas, o cientista não costuma seguir, necessariamente, regras previamente estabelecidas, embora em seu trabalho desenvolva procedimentos científicos. Um bom exemplo de uma descoberta científica que não seguiu etapas determinadas *a priori*, como as descritas, foi a previsão de Albert Einstein de que a luz sofreria desvios em sua trajetória na proximidade de grandes massas, elaborada a partir do desenvolvimento matemático da Teoria da Relatividade Geral, publicada em 1915. A veracidade de tal previsão só foi comprovada mediante a posterior observação, em Sobral, no Ceará, do eclipse do Sol, em 29 de maio de 1919: a luz, proveniente de estrelas, ao passar próxima ao Sol, sofreu um desvio em sua trajetória.

Leia mais

O conhecimento histórico de como a Física se desenvolveu torna mais fascinante o seu estudo. Na página 12, em História da Física, leia sobre as primeiras descobertas e os pensadores que as desenvolveram.

7. Medidas de comprimento e tempo

Para melhor conhecer as grandezas envolvidas num fenômeno, a Física recorre a **medidas**. Com uma fita métrica podemos medir comprimento. O **metro** (símbolo: **m**) é a unidade fundamental de comprimento do Sistema Internacional de Unidades (SI)*. O metro admite múltiplos, como o **quilômetro (km)**, e submúltiplos, como o **centímetro (cm)** e o **milímetro (mm)**.

Outra unidade importante em nosso estudo é a unidade fundamental de tempo do Sistema Internacional de Unidades (SI): o **segundo**** (símbolo: **s**). O segundo admite múltiplos, como o **minuto (min)** e a **hora (h)**, e submúltiplos, como o milissegundo ($1\ ms = 10^{-3}\ s$), o microssegundo ($1\ \mu s = 10^{-6}\ s$) e o nanossegundo ($1\ ns = 10^{-9}\ s$).

$$1\ km = 1.000\ m = 10^3\ m$$
$$1\ cm = \frac{1}{100}\ m = \frac{1}{10^2}\ m = 10^{-2}\ m$$
$$1\ mm = \frac{1}{1.000}\ m = \frac{1}{10^3}\ m = 10^{-3}\ m$$

$$1\ min = 60\ s$$
$$1\ h = 60\ min = 60 \cdot 60\ s = 3.600\ s$$
$$1\ dia = 24\ h = 24 \cdot 3.600\ s = 86.400\ s$$

O metro

O metro foi inicialmente definido considerando-se a quarta parte de um meridiano terrestre dividida em 10 milhões de partes iguais. Cada uma dessas pequenas partes foi chamada de **1 metro**.

Como os meridianos da Terra não são todos iguais, uma nova definição foi apresentada: 1 metro é a distância entre dois traços marcados sobre uma barra de platina (90%) e irídio (10%), mantida no Instituto Internacional de Pesos e Medidas, em Sèvres, nas proximidades de Paris: é o **metro padrão**. Essa definição perdurou até 1983, quando foi aprovada a definição atual de metro que é apresentada no quadro geral de unidades, no final deste livro.

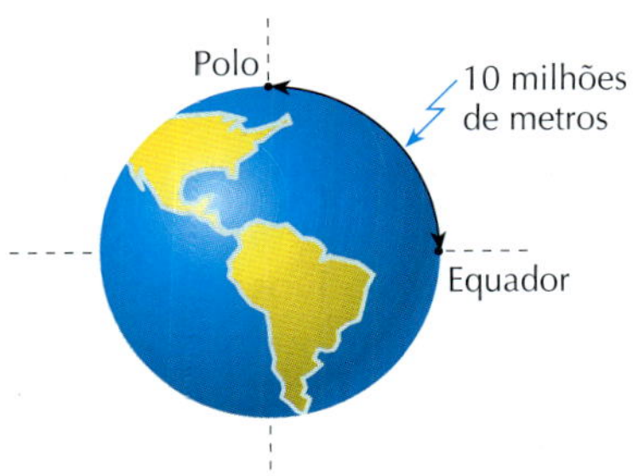

▲ **Definição inicial de metro**

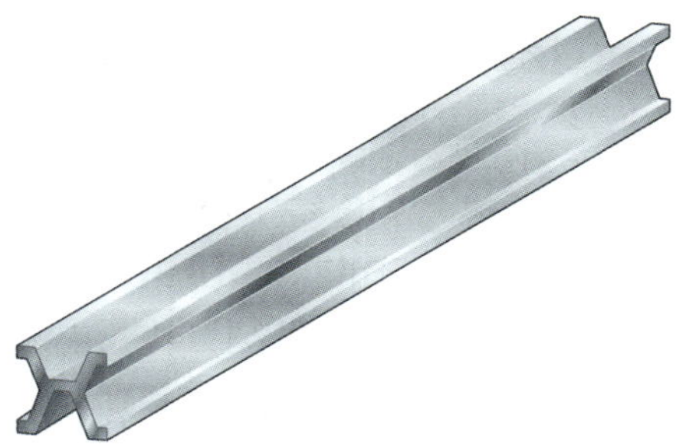

▲ **O metro padrão**

* É o sistema de unidades oficialmente adotado no Brasil, estabelecido em 1960, durante a 11ª Conferência Geral de Pesos e Medidas, com base no Sistema Métrico Decimal.

** A definição atual de segundo é apresentada no quadro geral de unidades, no final deste livro.

8. Algarismos significativos

A precisão da medida de uma certa grandeza depende principalmente do instrumento utilizado. Vejamos um exemplo: pretende-se medir o comprimento L de uma barra e, para isso, dispõe-se de duas réguas — uma centimetrada e outra milimetrada. Conforme veremos, a precisão da medida com a régua centrimetrada é menor do que com a milimetrada.

Com a utilização da régua centimetrada (figura 2a) podemos dizer que o comprimento da barra está compreendido entre 9 cm e 10 cm, estando mais próximo de 10 cm. O algarismo que representa a primeira casa depois da vírgula não pode ser determinado com precisão, devendo ser estimado. Desse modo, estimamos a medida do comprimento L em 9,6 cm. Note que o algarismo 9 é correto e o algarismo 6 é duvidoso.

Em toda medida os algarismos corretos e o primeiro duvidoso são chamados **algarismos significativos**. Portanto, na medida 9,6 cm, temos dois algarismos significativos.

Com a régua milimetrada (figura 2b), como cada centímetro é dividido em 10 milímetros, podemos com maior precisão dizer que o comprimento da barra está compreendido entre 9,6 cm e 9,7 cm. Nesse caso, estimamos o comprimento L em 9,65 cm. Observe, agora, que os algarismos 9 e 6 são corretos e o algarismo 5 é duvidoso, pois ele foi estimado. Temos, então, três algarismos significativos.

Os algarismos significativos de uma medida são os algarismos corretos e o primeiro duvidoso.

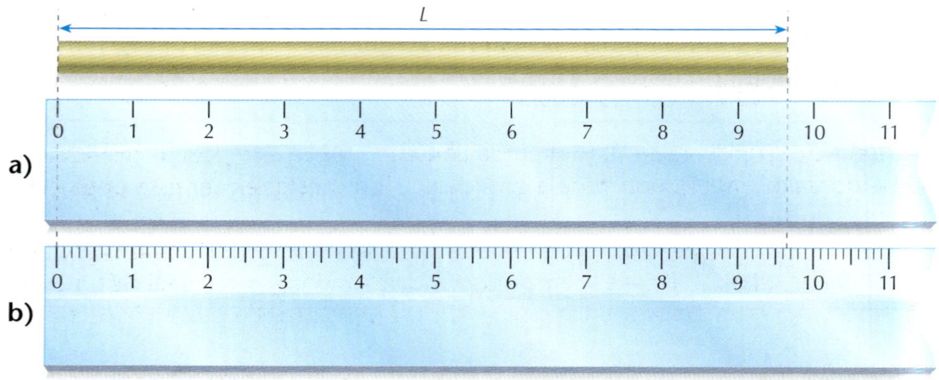

Figura 2.

Imagine agora que a medida $L = 9{,}65$ cm deva ser convertida para metro.

Desse modo, temos $L = 0{,}0965$ m. Note que a medida continua com três algarismos significativos, isto é, os zeros à esquerda do número 9 não são significativos — eles apenas servem para posicionar a vírgula. Portanto, **os zeros à esquerda do primeiro algarismo significativo não são significativos**.

Estando o zero à direita do primeiro algarismo significativo, ele também será significativo. Por exemplo, na medida $L = 9{,}05$ m temos três algarismos significativos: 9, 0 e 5. Convertendo-se essa medida para centímetro, temos $L = 9{,}05 \cdot 10^2$ cm. Note que a medida continua com três algarismos significativos, isto é, os algarismos correspondentes à potência de 10 não são significativos.

9. Operações com algarismos significativos

Ao efetuarmos uma **multiplicação** ou uma **divisão**, com algarismos significativos, devemos apresentar o resultado com um número de algarismos significativos igual ao do fator que possui o menor número de algarismos significativos. Assim, por exemplo, considere o produto: $2{,}31 \cdot 1{,}4$. Ao efetuarmos a operação, encontramos 3,234. Como o primeiro fator tem três algarismos significativos (2,31) e o segundo tem dois (1,4), apresentamos o resultado com dois algarismos significativos, ou seja: 3,2.

Note como se faz o arredondamento: sendo o primeiro algarismo abandonado menor do que 5, mantemos o valor do último algarismo significativo; ou, se o primeiro algarismo a ser abandonado for maior ou igual a 5, acrescentamos uma unidade ao último algarismo significativo. No exemplo, o primeiro algarismo abandonado é 3. Sendo menor do que 5, mantivemos o número 2, que é o último algarismo significativo.

Considere, agora, o produto: 2,33 · 1,4. Efetuando a operação encontramos 3,262. O resultado deve apresentar 2 algarismos significativos. Assim, temos: 3,3. Nesse caso, o primeiro número a ser abandonado é 6. Sendo maior do que 5, acrescentamos uma unidade ao número 2, que é o último algarismo significativo.

Na **adição** e na **subtração**, o resultado deve conter um número de casas decimais igual ao da parcela com menos casas decimais. Assim, por exemplo, considere a adição: 3,32 + 3,1. Ao efetuarmos a operação, encontramos como resultado 6,42. Como a primeira parcela tem duas casas decimais (3,32) e a segunda somente uma (3,1), apresentamos o resultado com apenas uma casa decimal. Assim, temos: 6,4.

Na adição 3,37 + 3,1 = 6,47, apresentamos o resultado com uma casa decimal e, levando em conta a regra do arredondamento, obtemos: 6,5.

10. Notação científica

Utilizar a notação científica significa exprimir um número da seguinte forma: $N \cdot 10^n$, em que n é um expoente inteiro e N é tal que $1 \leqslant N < 10$. Para exprimir a medida de uma grandeza em notação científica, o número N deve ser formado por todos os algarismos significativos que nela comparecem.

Por exemplo, considere que as medidas indicadas a seguir estejam expressas corretamente em algarismos significativos: 360 s e 0,0035 m. Utilizando a notação científica e levando em conta o número de algarismos significativos, escrevemos, respectivamente, para essas medidas: $3{,}60 \cdot 10^2$ s e $3{,}5 \cdot 10^{-3}$ m.

11. Ordem de grandeza

Determinar a **ordem de grandeza** de uma medida consiste em fornecer, como resultado, a potência de 10 mais próxima do valor encontrado para a grandeza. Como estabelecer essa potência de 10 mais próxima?

Partindo da notação científica, $N \cdot 10^n$, procede-se assim: se o número N que multiplica a potência de 10 for maior ou igual a $\sqrt{10}$, utiliza-se, como ordem de grandeza, a potência de 10 de expoente um grau acima, isto é, 10^{n+1}; se N for menor que $\sqrt{10}$, usa-se a mesma potência da notação científica, isto é, 10^n.

É importante observar que $10^{0,5} = \sqrt{10} \simeq 3{,}16$ é o valor utilizado como limite de aproximação, isto é, corresponde ao ponto médio do intervalo 10^0 e 10^1 $\left(10^{\frac{0+1}{2}} = 10^{0,5}\right)$.

Em resumo, temos:

$$N \geqslant \sqrt{10} \Rightarrow \text{ordem de grandeza: } 10^{n+1}$$
$$N < \sqrt{10} \Rightarrow \text{ordem de grandeza: } 10^{n}$$

Para exemplificar, considere o raio da Terra igual a $6{,}37 \cdot 10^6$ m e a distância da Terra ao Sol igual a $1{,}49 \cdot 10^{11}$ m. Vamos calcular a ordem de grandeza desses valores.

Sendo $6{,}37 > \sqrt{10}$, a ordem de grandeza do raio da Terra é dada por: 10^{6+1} m = 10^7 m.

Sendo $1{,}49 < \sqrt{10}$, temos para a distância da Terra ao Sol a ordem de grandeza: 10^{11} m.

Exercícios resolvidos

R.1 Um espetáculo musical tem início exatamente às 21 h 15 min 25 s e termina às 23 h 38 min 15 s. Determine a duração desse espetáculo.

Solução:

A duração do espetáculo corresponde ao intervalo de tempo $\Delta t = t_2 - t_1$, em que t_1 = 21 h 15 min 25 s é o instante de início e t_2 = 23 h 38 min 15 s é o instante de término.

Para calcular essa diferença, devemos iniciar a subtração pela coluna dos segundos, de modo que o valor do instante final (t_2) em cada coluna seja sempre maior que o do instante inicial (t_1). No caso, na coluna dos segundos, temos 15 s para t_2 e 25 s para t_1. Como 15 s é menor do que 25 s, passamos 1 min (60 s) da coluna dos minutos para a coluna dos segundos.

Assim, teremos:

$$\begin{array}{l} t_2 = 23\text{ h } 38\text{ min } 15\text{ s} \\ t_1 = 21\text{ h } 15\text{ min } 25\text{ s} \end{array} \quad \Rightarrow \quad \begin{array}{r} 23\text{ h } 37\text{ min } 75\text{ s} \\ -\ 21\text{ h } 15\text{ min } 25\text{ s} \\ \hline 2\text{ h } 22\text{ min } 50\text{ s} \end{array}$$

Portanto o intervalo de tempo (Δt) correspondente à duração do espetáculo vale:

$$\boxed{\Delta t = 2\text{ h } 22\text{ min } 50\text{ s}}$$

Se quisermos dar a resposta em segundos, devemos lembrar que 1 h = 3.600 s e 1 min = 60 s. Portanto:

$$\Delta t = (2 \cdot 3.600) + (22 \cdot 60) + 50 \Rightarrow \Delta t = 7.200 + 1.320 + 50 \Rightarrow \boxed{\Delta t = 8.570\text{ s}}$$

Resposta: 2 h 22 min 50 s ou 8.570 s

R.2 A balança da figura ao lado está graduada em quilogramas (kg). Qual é a massa do pacote colocado sobre o prato da balança? Quais são os algarismos corretos e o primeiro algarismo duvidoso?

Solução:

Observando que cada divisão corresponde a 0,1 kg, concluímos que a massa do pacote está compreendida entre 2,4 e 2,5 kg. Avaliamos, então, a massa do pacote em 2,45 kg. Note que os algarismos 2 e 4 são corretos, e que o algarismo 5 é duvidoso.

Respostas: 2,45 kg; 2 e 4 são os algarismos corretos; 5 é o algarismo duvidoso.

R.3 O sino de uma igreja bate uma vez a cada meia hora, todos os dias. Qual é a ordem de grandeza do número de vezes que o sino bate em um ano?

Solução:

Se o sino bate uma vez a cada meia hora, concluímos que em um dia ele bate 48 vezes. Logo, o número de batidas do sino em um ano é dado por:

$$X = 48 \cdot 365 \Rightarrow X = 17.520 \text{ batidas}$$

Em notação científica, com três algarismos significativos, temos $X = 1{,}75 \cdot 10^4$ batidas.

Como $1{,}75 < \sqrt{10}$, para a ordem de grandeza teremos o valor: $\boxed{X' = 10^4 \text{ batidas}}$

Resposta: 10^4 batidas

R.4 Qual é a ordem de grandeza do número de batimentos cardíacos de um aluno do Ensino Médio, desde o seu nascimento?

Solução:

Para a resolução desse exercício é necessário fazer algumas estimativas. Vamos, por exemplo, considerar que o coração bata 70 vezes em um minuto e vamos adotar para a idade do aluno 15 anos. Devemos, inicialmente, calcular o número de minutos existente em 15 anos:

$$15 \text{ anos} = 15 \cdot 365 \cdot 24 \cdot 60 \text{ minutos} = 7.884.000 \text{ minutos}$$

O número X de batimentos em 15 anos de vida será:

$$X = 70 \text{ batimentos por minuto} \cdot 7.884.000 \text{ minutos} \Rightarrow X = 551.880.000 \text{ batimentos}$$

Em notação científica, com três algarismos significativos, temos $X = 5{,}52 \cdot 10^8$ batimentos.

Como $5{,}52 > \sqrt{10}$, para a ordem de grandeza temos o valor: $\boxed{X' = 10^9 \text{ batimentos}}$

Observe que a escolha da idade do aluno (para 14, 16 ou 17 anos) ou do número de batimentos por minuto (para 60, 80 ou 90) não altera o resultado da ordem de grandeza.

Resposta: 10^9 batimentos

Exercícios propostos

P.1 Efetue as seguintes conversões:

a) 1 m em cm
b) 1 cm em m
c) 1 m em mm
d) 1 km em m
e) 1 mm em m
f) 1 cm em mm

P.2 Um carro parte da posição O e percorre o caminho $OABC$ conforme indicado na figura ao lado. Determine as distâncias percorridas: de O a A, de A a B e de B a C.

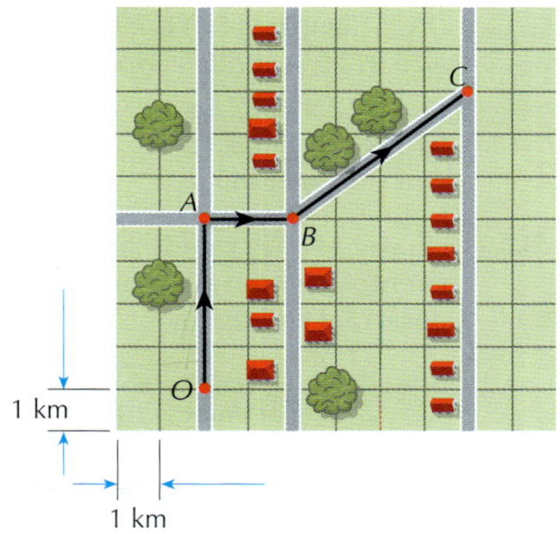

P.3 Efetue as seguintes conversões:

a) 1 h em min
b) 1 min em s
c) 1 h em s
d) 1 dia em s

P.4 Uma corrida de automóveis tem início às 10 h 20 min 45 s e termina às 12 h 15 min 35 s. Determine o intervalo de tempo de duração da corrida.

P.5 Um estudante utilizou um cronômetro para determinar o intervalo de tempo em que uma pedra, abandonada de certa altura, atinge o chão. O resultado obtido é indicado na foto abaixo. Sabe-se que o ponteiro não completou uma volta.

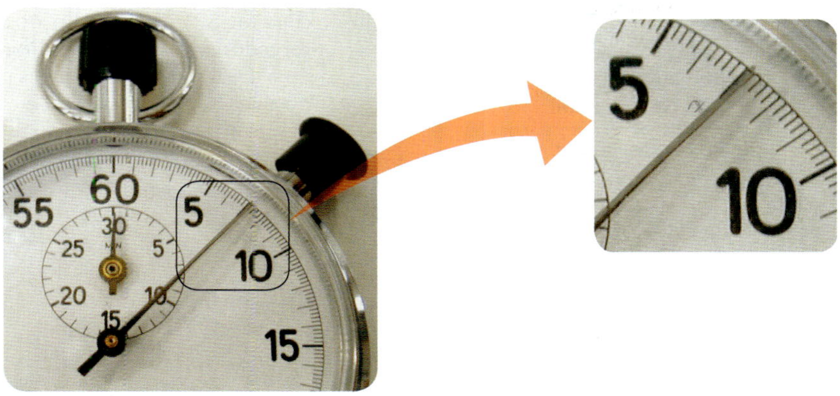

EDUARDO SANTALIESTRA / CID

EDUARDO SANTALIESTRA / CID

Qual é a leitura do cronômetro expressa em algarismos significativos? Quais são os algarismos corretos e o primeiro algarismo duvidoso?

P.6 Efetue as operações indicadas abaixo. Os números estão expressos corretamente em algarismos significativos. Dê a resposta da 1ª operação em m e da 2ª em m^2.

1ª) 3,020 m + 0,0012 km + 320 cm
2ª) 4,33 m × 50,2 cm

P.7 As medidas indicadas abaixo estão expressas corretamente em algarismos significativos.

a) 473 m
b) 0,0705 cm
c) 37 mm
d) 37,0 mm

Escreva-as em notação científica e indique os algarismos corretos e o primeiro duvidoso, em cada medida.

P.8 O intervalo de tempo de um ano corresponde a quantos segundos? Dê sua resposta em notação científica e com dois algarismos significativos.

P.9 Sabendo-se que em 1 cm^3 cabem aproximadamente 20 gotas de água, determine a ordem de grandeza do número de gotas de água necessárias para encher a banheira de um apartamento.

P.10 (Fasp-SP) Uma partida normal de futebol é disputada em 90 minutos. O estádio do Morumbi, em São Paulo, já recebeu cerca de 30 milhões de torcedores desde sua abertura em 1960. A média de torcedores por partida é de aproximadamente 28.000. Então, qual é a ordem de grandeza do total de minutos de futebol já jogados no Morumbi?

Testes propostos

T.1 (PUC-Campinas-SP) Um intervalo de tempo igual a 25.972,5 segundos corresponde a:

a) 7 h 12 min 52,5 s
b) 7 h 772 min 0,5 s
c) 7 h 21 min 145 s
d) 432 h 52,5 min
e) 432,875 h

T.2 (Inatel-MG) A tabela abaixo descreve alguns eventos temporais a respeito da formação do nosso Sol e da Terra.

Alguns eventos temporais (em anos passados até a data atual)	
$4{,}55 \cdot 10^9$	Formação do Sol
$4{,}45 \cdot 10^9$	Formação da Terra
$3{,}8 \cdot 10^9$	Os continentes emergem das águas
$4{,}2 \cdot 10^8$	Aparecimento das plantas sobre o solo
$6{,}7 \cdot 10^7$	Extinção dos dinossauros
$1{,}2 \cdot 10^5$	Aparecimento do homem de Neanderthal
$4{,}0 \cdot 10^3$	Início da história do homem

Se adotarmos que a formação do Sol ocorreu há 1 dia terrestre, quando se iniciou a história da civilização humana nessa nova escala de tempo? (1 dia terrestre = 86.400 segundos)

a) Há 76 segundos, aproximadamente.
b) Há 76 milissegundos, aproximadamente.
c) Há 76 microssegundos, aproximadamente.
d) Há 78 milissegundos, aproximadamente.
e) Há 78 microssegundos, aproximadamente.

T.3 As aulas num dado colégio de Florianópolis têm início às 7 h 30 min todos os dias. Em determinado dia, por mau funcionamento do relógio sinaleiro, o sinal de término das aulas soou às 13 h 15 min 20 s. A duração das aulas nesse dia no colégio foi de:

a) 6 h 15 min 20 s
b) 5 h 45 min 20 s
c) exatamente 6 h
d) 5 h 45 min 40 s
e) 6 h 45 min 20 s

T.4 (Acafe-SC) No ano 2004 foram realizadas eleições para prefeito, vice-prefeito e vereador em todos os municípios do Brasil. Os candidatos utilizaram o horário político gratuito na mídia e realizaram comícios, fazendo diversos discursos. Enrico Fermi observou, certa vez, que a duração padrão de um discurso é de aproximadamente um microsséculo.

Considerando todos os anos com 365 dias, é **correto** afirmar que a duração de um microsséculo, em **minutos**, é:

a) 24,25
b) 87,60
c) 36,50
d) 120,00
e) 52,56

(1 micro = 10^{-6})

T.5 (Ufac) Num campo de futebol não-oficial, as traves verticais do gol distam entre si 8,15 m. Considerando que 1 jarda vale 3 pés e que 1 pé mede 30,48 cm, a largura mais aproximada desse gol, em jardas, é:

a) 6,3
b) 8,9
c) 10,2
d) 12,5
e) 14,0

T.6 (Fuvest-SP) No estádio do Morumbi 120.000 torcedores assistem a um jogo. Através de cada uma das 6 saídas disponíveis podem passar 1.000 pessoas por minuto. Qual é o tempo mínimo necessário para se esvaziar o estádio?

a) uma hora
b) meia hora
c) $\frac{1}{4}$ de hora
d) $\frac{1}{3}$ de hora
e) $\frac{3}{4}$ de hora

T.7 (UFRJ) Numa fila de banco há 300 pessoas. O guarda autoriza a entrar no banco, durante 10 segundos, 30 pessoas. Para nova autorização há a espera de 20 minutos.
Levando-se em consideração serem sempre constantes os intervalos mencionados, as 300 pessoas da fila serão atendidas, aproximadamente, em:

a) 201 min
b) 191 min
c) 181 min
d) 171 min
e) 161 min

T.8 (FEI-SP) O diâmetro de um fio de cabelo é 10^{-4} m. Sabendo-se que o diâmetro de um átomo é 10^{-10} m, quantos átomos colocados lado a lado seriam necessários para fazer uma linha que divida o fio de cabelo ao meio exatamente no seu diâmetro?

a) 10^4 átomos
b) 10^5 átomos
c) 10^6 átomos
d) 10^7 átomos
e) 10^8 átomos

T.9 (UEL-PR) O velocímetro indica a velocidade instantânea de um veículo. Num certo instante, a indicação do aparelho está representada abaixo.

A *melhor* leitura da velocidade, em km/h, é:

a) 80
b) 84
c) 87
d) 90
e) 92

T.10 (PUC-SP) O número de algarismos significativos de 0,00000000008065 cm é:

a) 3
b) 4
c) 11
d) 14
e) 15

T.11 (Cefet-PE) A medição do comprimento de um lápis foi realizada por um aluno usando uma régua graduada em mm. Das alternativas apresentadas, aquela que expressa corretamente a medida obtida é:

a) 15 cm
b) 150 mm
c) 15,00 cm
d) 15,0 cm
e) 150,00 mm

T.12 (UFJF-MG) Supondo-se que um grão de feijão ocupe o espaço equivalente a um paralelepípedo de arestas 0,5 cm × 0,5 cm × 1,0 cm, qual das alternativas abaixo melhor estima a ordem de grandeza do número de feijões contido no volume de um litro?

a) 10
b) 10^2
c) 10^3
d) 10^4
e) 10^5

T.13 (Fuvest-SP) Qual é a ordem de grandeza do número de voltas dadas pela roda de um automóvel ao percorrer uma estrada de 200 km?

a) 10^2
b) 10^3
c) 10^5
d) 10^7
e) 10^9

T.14 (Cesgranrio-RJ) Alguns experimentos realizados por virologistas demonstram que um bacteriófago (vírus que parasita e se multiplica no interior de uma bactéria) é capaz de formar 100 novos vírus em apenas 30 minutos. Se introduzirmos 1.000 bacteriófagos em uma colônia suficientemente grande de bactérias, qual será a ordem de grandeza do número de vírus existentes após 2 horas?

a) 10^7
b) 10^8
c) 10^9
d) 10^{10}
e) 10^{11}

T.15 (UEL-PR) Um recipiente cúbico tem 3,000 m de aresta, *n* é o número máximo de cubos, de 3,01 mm de aresta, que cabem no recipiente. A ordem de grandeza de *n* é:

a) 10^6
b) 10^7
c) 10^8
d) 10^9
e) 10^{10}

T.16 (UFG-GO)
Pois há menos peixinhos a nadar no mar
Do que os beijinhos que eu darei na sua boca

Vinicius de Moraes

Supondo que o volume total de água nos oceanos seja de cerca de um bilhão de quilômetros cúbicos e que haja em média um peixe em cada cubo de água de 100 m de aresta, o número de beijos que o poeta beijoqueiro teria que dar em sua namorada, para não faltar com a verdade, seria da ordem de:

a) 10^{10}
b) 10^{12}
c) 10^{14}
d) 10^{16}
e) 10^{18}

HISTÓRIA DA FÍSICA

PRIMEIRAS DESCOBERTAS E A REVOLUÇÃO COPERNICANA

O estudo do movimento teve início com o surgimento das primeiras civilizações no Egito, Mesopotâmia e Oriente Médio. Por interesses variados, esses povos procuraram compreender fenômenos como o curso dos astros, o fluxo das marés, o ciclo das eclipses e, a partir da observação do céu, puderam estabelecer as estações do ano. À medida que as observações eram acumuladas, elas eram transmitidas e apropriadas pelos povos das regiões do Mediterrâneo e proximidades. As primeiras explicações para os fenômenos observados eram impregnadas de religiosidade e mito. Apenas por volta do século VI a.C. é que pensadores gregos começaram a desenvolver formas mais elaboradas de tratar o conhecimento empírico existente, com formulações racionais associadas a um desenvolvimento da Matemática.

DEMÓCRITO (460-370 a.C.) descreveu de modo puramente mecânico o movimento. Estabeleceu as noções de átomo e vazio. O átomo (indivisível) era a menor partícula de matéria, e o vazio era a ausência de matéria. Segundo ele, os átomos se moviam ao acaso e, nesse movimento, se chocavam, se atraíam e se repeliam. Em consequência disso se formaram todas as coisas do Universo.

THE BRIDGEMAN ART LIBRARY-KEYSTONE

▲ **Demócrito e Heráclito travam um debate filosófico imaginário. Gravura de Donato Bramante, século XVI.**

HERÁCLITO (535-475 a.C.) afirmou que o movimento é o princípio básico do qual tudo o que vemos e sentimos é decorrência.

Parece ter sido ARISTÓTELES (384-322 a.C.) o primeiro a elaborar um sistema filosófico para a explicação do movimento dos corpos e do mundo físico que o cercava. Para ele, toda e qualquer matéria era composta de quatro elementos fundamentais: terra, água, fogo e ar, e esses elementos tinham posições determinadas no Universo. O lugar natural do fogo e do ar era sempre acima do lugar natural da terra e da água. Desse modo explicava por que uma pedra e a chuva caem: seus lugares naturais eram a terra e a água. Analogamente, a fumaça e o vapor sobem em busca de seus lugares naturais acima da terra. Aristóteles também elaborou várias outras teorias sobre ciências naturais, que foram aceitas até a Renascença.

Ainda na Grécia, menos de um século depois de Aristóteles, um outro grego, ARISTARCO DE SAMOS (310-230 a.C.), propôs uma teoria do movimento dos corpos celestes. Teve a ideia de que a Terra e os planetas giravam em torno do Sol, e por isso foi acusado de perturbar o descanso dos deuses e de contradizer as ideias de Aristóteles sobre o movimento celeste. Para Aristóteles, os planetas, o Sol e a Lua giravam em torno da Terra em órbitas circulares, e a Terra não se movimentava.

Quatro séculos depois da morte de Aristarco, já depois de Cristo, as ideias aristotélicas do movimento celeste foram aperfeiçoadas por CLÁUDIO PTOLOMEU (século II), astrônomo de origem greco-romana nascido em Alexandria, no Egito.

Na Renascença, JEAN BURIDAN (1300-1360), reitor da Universidade de Paris, colocou-se frontalmente contra as teorias de Aristóteles. Suas ideias espalharam-se pela Europa, abrindo caminho para que nos séculos seguintes Copérnico e Galileu iniciassem a ciência moderna.

NICOLAU COPÉRNICO (1473-1543) nasceu na Polônia, e lá estudou na Universidade de Cracóvia. Esteve na Itália, em várias universidades, onde manteve contato com os cientistas mais notáveis. De volta à Polônia, desenvolveu sua teoria sobre o movimento celeste. Propôs um sistema análogo ao de Aristarco: os planetas e a Terra giram em torno do Sol, isto é, um sistema heliocêntrico (do grego: *helios*, Sol). Copérnico localizou corretamente as posições relativas dos planetas conhecidos e determinou seus períodos de translação em torno do Sol. O sistema de Copérnico não encontrou apoio de quase ninguém; na época, o sistema de Ptolomeu e as ideias de Aristóteles eram doutrinas estabelecidas tanto na religião como na filosofia.

THE BRIDGEMAN ART LIBRARY-KEYSTONE

◀ **Estátua de Nicolau Copérnico, situada na Biblioteca Nacional de Paris, França, erigida no século XIX.**

PARTE 2

Descrição do movimento: Cinemática escalar

Nesta parte analisamos os movimentos, suas leis e propriedades gerais. Discutimos dois movimentos particulares: o movimento uniforme e o movimento uniformemente variado.

EDWARD KINSMAN / PR-LATIN STOCK

O movimento é uma característica do Universo, que pode ser observada nas mais variadas situações, desde fatos do cotidiano, como os graciosos passos de um casal de bailarinos, até a agitação dos átomos e moléculas no microcosmo e a movimentação de estrelas e galáxias no macrocosmo.

CAPÍTULO 2

Introdução ao estudo dos movimentos

STEVE RAYMER / ASIA IMAGES-GETTY IMAGES

Neste capítulo iniciamos o estudo geral dos movimentos, ou seja, a Cinemática. Veremos que os conceitos de repouso, movimento e a forma da trajetória dependem do referencial adotado. Na foto, os rastros de fumaça indicam as trajetórias das aeronaves em relação à Terra. A posição de um ponto material é determinada na própria trajetória em relação a um referencial. Discutimos, ainda, a noção de velocidade escalar média e a de velocidade escalar instantânea.

1. Introdução

A Cinemática é a parte da Mecânica que descreve os movimentos, procurando determinar a posição, a velocidade e a aceleração de um corpo em cada instante.

Em todas as questões e fenômenos discutidos neste livro, os corpos em estudo, denominados **móveis**, são considerados **pontos materiais**. Ponto material é um corpo cujas dimensões não interferem no estudo de determinado fenômeno.

Quando as dimensões de um corpo são relevantes no estudo de determinado fenômeno, ele é chamado **corpo extenso**. Um carro que realiza uma manobra para estacionar numa vaga é um corpo extenso. Já o mesmo carro, em uma viagem ao longo de uma estrada, pode ser tratado como um ponto material.

2. Posição numa trajetória

A primeira etapa em Cinemática é a determinação, em cada instante, da **posição** de um móvel. A posição de um móvel pode ser associada à noção de marco quilométrico numa moderna rodovia.

Ao longo de uma rodovia existem marcos quilométricos, cuja função é localizar, por exemplo, veículos que nela trafegam. Assim, a posição do ônibus da figura 1* é determinada pelo marco km 90, o que não significa que esse ônibus tenha andado necessariamente 90 km.

Se o ônibus tiver partido de uma localidade no km 60 (figura 2) e se deslocado até o km 90, terá andado nesse intervalo de tempo 30 km, diferente portanto de 90 km. Desse modo, o marco quilométrico numa rodovia **apenas localiza o móvel** e não indica quanto o móvel andou.

O automóvel na figura 2, que cruza com o ônibus e desloca-se em sentido contrário, também está no marco km 90. Assim, **o marco quilométrico não indica o sentido do movimento**.

* Nos esquemas e figuras, os móveis frequentemente não são representados em suas reais dimensões.

Figura 1. O marco quilométrico km 90 localiza o ônibus nessa estrada e fornece sua posição.

Figura 2. Representação esquemática de posições numa rodovia.

Para generalizar essas noções, vamos chamar de **trajetória** o conjunto das posições sucessivas ocupadas por um móvel no decorrer do tempo (figura 3).

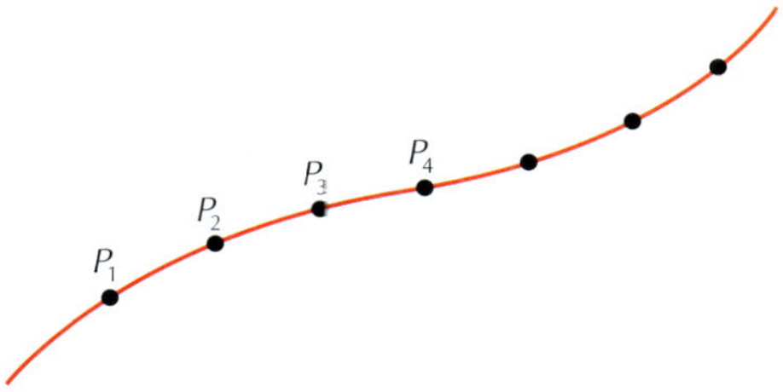

Figura 3. O móvel ocupa as posições $P_1, P_2, P_3, P_4, ...$ nos instantes sucessivos $t_1, t_2, t_3, t_4, ...$
A linha que contém $P_1, P_2, P_3, P_4, ...$ é a trajetória.

PATRICIO ROBLES GIL-SIERRA MADRE / MINDEN-LATINSTOCK

▲ As pegadas na areia da praia nos dão ideia da trajetória que a tartaruga descreve.

Na trajetória escolhemos arbitrariamente um **marco zero**, a partir do qual medimos comprimentos que indicam a posição do móvel (figura 4) mas não fornecem nem o sentido nem a distância percorrida.

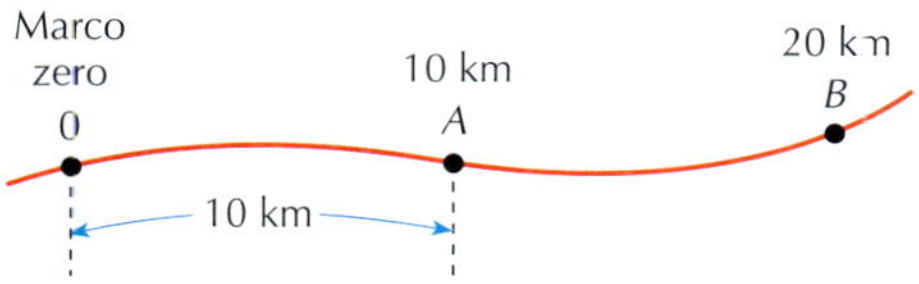

Figura 4. O móvel *A* encontra-se a 10 km do marco zero e o móvel *B*, a 20 km.

Devemos observar que um móvel pode encontrar-se de um lado ou de outro em relação ao marco zero (figura 5a), sendo portanto conveniente orientar a trajetória, adotando-se um sentido positivo (figura 5b).

Figura 5.

Assim, a posição do móvel *A* fica definida pela medida algébrica +10 km, e a de *C*, por −10 km.

A medida algébrica do arco da trajetória que vai do marco zero à posição do móvel recebe o nome de **espaço**, indicado pela letra *s*. O marco zero (0) é chamado de **origem dos espaços**.

Na figura 5b o espaço do móvel *A*, independentemente do sentido do seu movimento, é $s_A = +10$ km, e o de *C*, $s_C = -10$ km.

O espaço *s* permite conhecer a posição de um móvel ao longo da trajetória, em cada instante *t* (figura 6).

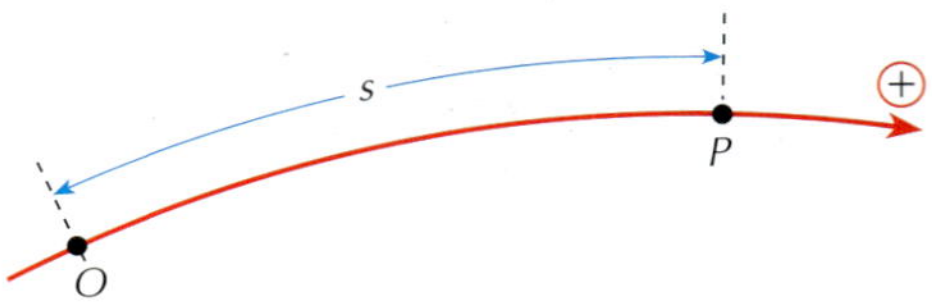

Figura 6. A cada instante *t* corresponde um espaço *s* do móvel *P*.

O marco zero (origem dos espaços) das estradas que cortam o estado do Paraná está localizado em Curitiba, a capital paranaense, na Praça Tiradentes, um de seus principais logradouros.

3. Referencial

Um corpo está em movimento quando sua posição muda no decurso do tempo. Considere um trem que parte suavemente de uma estação e se dirige a outra localidade (figura 7). Em relação a um observador fixo na estação, a lâmpada presa ao teto do trem está em movimento, porque sua posição varia com o tempo. Porém, para um observador no interior do trem, a lâmpada está em **repouso**.

Desse modo, a noção de movimento e de repouso de um móvel é sempre relativa a outro corpo. Essa noção é imprecisa se não definimos o corpo em relação ao qual se considera o estado de movimento ou de repouso de um móvel.

O corpo em relação ao qual identificamos se um móvel está em movimento ou em repouso é chamado **referencial** ou **sistema de referência**.

O ônibus da figura 8 se aproxima de um local onde uma pessoa o aguarda. O passageiro sentado dentro do ônibus está em movimento em relação a um referencial fixo no solo e em repouso em relação a um referencial fixo no ônibus.

Essas considerações permitem-nos estabelecer a noção de movimento e repouso de um ponto material.

> Um ponto material está em **movimento** em relação a um determinado **referencial** quando sua **posição**, nesse referencial, **varia no decurso do tempo**.

> Um ponto material está em **repouso** em relação a um determinado **referencial** quando sua **posição**, nesse referencial, **não varia no decurso do tempo**.

Figura 7. Os conceitos de repouso e de movimento dependem do referencial adotado.

Figura 8. O passageiro sentado dentro do ônibus está em movimento em relação à pessoa situada no ponto e em repouso em relação ao motorista.

A forma da trajetória descrita por um corpo também depende do referencial adotado. Como exemplo, considere um trem em movimento em relação ao solo, conforme a figura 9. A trajetória de uma lâmpada que se desprende do teto do trem é um segmento de reta vertical em relação a um referencial fixo no trem (*T*). Assim, um passageiro, por exemplo, veria a lâmpada cair verticalmente. Em relação a um referencial (*S*) no solo, porém, a lâmpada descreve uma curva — um arco de parábola, conforme estudaremos mais adiante, em detalhes, neste livro.

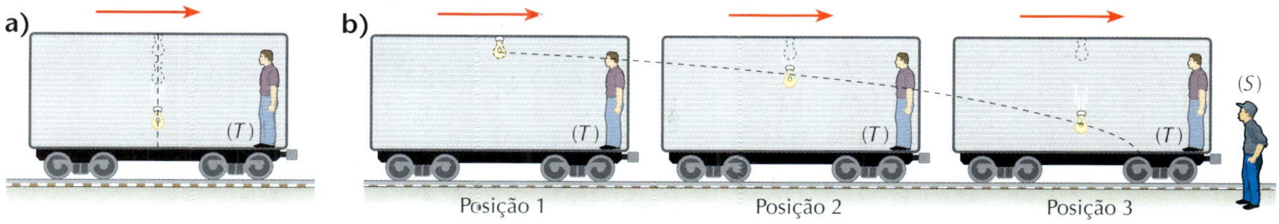

Figura 9. **a) Em relação ao observador (*T*) a lâmpada descreve uma trajetória retilínea vertical. b) Em relação ao observador (*S*) a lâmpada descreve uma trajetória parabólica.**

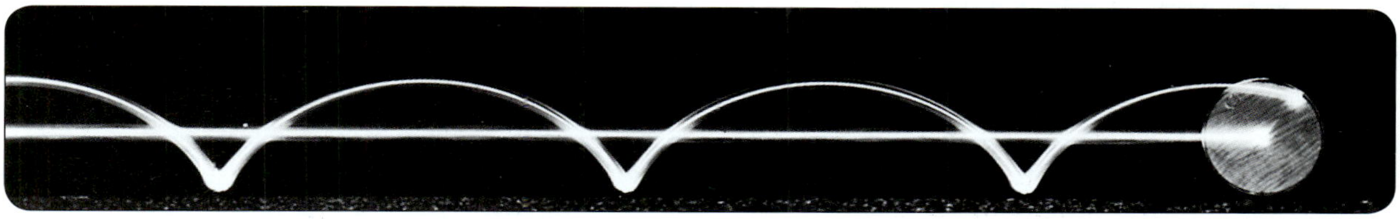

BERENICE ABBOTT / PR-LATINSTOCK

▲ **Trajetórias, em relação ao solo, do centro e de um ponto da borda de um disco que rola sem derrapar. O centro descreve uma trajetória retilínea e o ponto da borda, uma trajetória curvilínea denominada cicloide. A foto foi obtida fixando-se uma pequena lâmpada no centro e outra num ponto da borda.**

Leia mais

A localização de uma pessoa ou de um veículo na Terra, por meio das coordenadas latitude e longitude, pode ser feita pelo Sistema de Posicionamento Global, cuja sigla é GPS. Na página 28, leia como esse sistema funciona.

Exercícios propostos

P.11 Você está viajando, sentado na poltrona de um ônibus, pela Rodovia dos Bandeirantes, que liga São Paulo a Campinas. Cite um referencial em relação ao qual você está em repouso e outro referencial em relação ao qual você está em movimento.

AARON D. ALLMON II-U. S. AIR FORCE / GETTY IMAGES NEWS

P.12 Na foto ao lado você observa um avião reabastecendo outro em pleno voo. Pode-se afirmar que os aviões estão em repouso?

P.13 Um aluno, ao ler este livro, está em sua sala de aula, sentado em uma cadeira. O aluno está em repouso ou em movimento? Explique.

P.14 Considere três objetos *A*, *B* e *C*. Analise a afirmativa abaixo e indique se está certa ou errada: "Se *A* está em movimento em relação a *B* e *B* está em movimento em relação a *C*, então *A* está em movimento em relação a *C*".

P.15 Um helicóptero sobe verticalmente em relação ao solo, com velocidade constante. Esboce a trajetória descrita pelo ponto P da periferia da hélice, em relação:

a) ao piloto do helicóptero;

b) a um observador parado no solo.

ED DARACK / SCIENCE FACTION-GETTY IMAGES

P.16 Um avião voa horizontalmente e com velocidade constante. No instante indicado na figura ao lado, o piloto aciona um dispositivo e deixa cair uma caixa com alimentos destinada a náufragos que se encontram numa ilha de difícil acesso. Despreze a resistência do ar. Qual é a trajetória descrita pela caixa em relação:

a) ao avião?

b) à Terra?

4. Velocidade escalar média e velocidade escalar instantânea

Considere um ônibus em movimento em relação ao solo, percorrendo 180 km em 3 h. A distância percorrida (180 km) dividida pelo intervalo de tempo (3 h) caracteriza a **velocidade escalar média** v_m do ônibus:

$$v_m = \frac{180 \text{ km}}{3 \text{ h}} = 60 \text{ km/h}$$

Outro ônibus que percorresse a mesma distância (180 km) em apenas 2 h teria a velocidade escalar média de:

$$v'_m = \frac{180 \text{ km}}{2 \text{ h}} = 90 \text{ km/h}$$

e seria mais rápido que o anterior, nesse percurso.

A qualquer movimento associamos a grandeza chamada **velocidade escalar** para medir a variação do espaço do móvel no decorrer do tempo. Iniciaremos, portanto, nosso estudo analisando a **velocidade escalar média**.

Considere um ponto material P descrevendo uma certa trajetória em relação a um determinado referencial. No instante t_1 seu espaço é s_1 e no instante posterior t_2 seu espaço é s_2 (figura 10). No intervalo de tempo $\Delta t = t_2 - t_1$ a **variação do espaço** do ponto material é $\Delta s = s_2 - s_1$. A velocidade escalar média v_m no intervalo de tempo Δt é expressa pela relação:

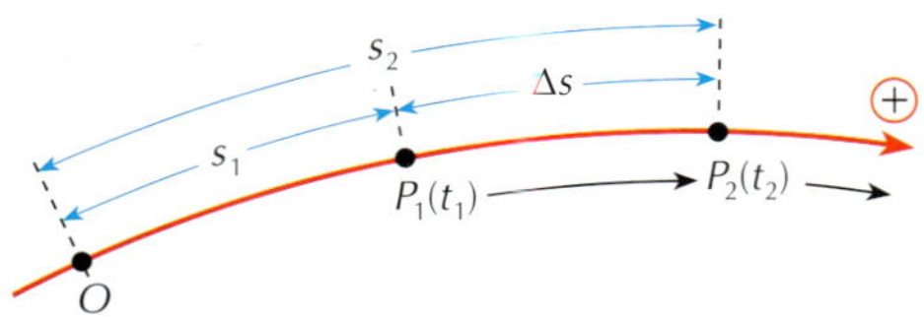

Figura 10.

$$\underset{t_1 \mapsto t_2}{v_m} = \frac{\Delta s}{\Delta t} = \frac{s_2 - s_1}{t_2 - t_1}$$

Note, na definição de velocidade escalar média, que Δt é sempre positivo, pois é a diferença entre o instante posterior t_2 e o instante anterior t_1. Já a variação do espaço $\Delta s = s_2 - s_1$ pode ser positiva, se $s_2 > s_1$; negativa, se $s_2 < s_1$; e eventualmente nula, quando o móvel retorna à sua posição inicial ($s_2 = s_1$). O sinal de Δs determina o sinal da velocidade escalar média.

No exemplo inicialmente citado neste item, o ônibus percorreu 180 km em 3 h e sua velocidade escalar média, nesse intervalo, foi de 60 km/h. O velocímetro do ônibus não marcará sempre 60 km/h, pois durante uma viagem a velocidade aumenta, diminui, e o ônibus eventualmente para. O velocímetro nos fornece o valor absoluto da velocidade escalar do ônibus em cada instante. A velocidade escalar em cada instante é denominada **velocidade escalar instantânea**.

A velocidade escalar instantânea v pode ser entendida como uma velocidade escalar média $V_m = \frac{\Delta s}{\Delta t}$, considerando-se o intervalo de tempo Δt extremamente pequeno, isto é, Δt tendendo a zero ($\Delta t \to 0$), o que implica que t_2 tende a t_1 ($t_2 \to t_1$). Nesse caso, o quociente $\frac{\Delta s}{\Delta t}$ assume um determinado valor limite. Daí a definição:

▲ No instante da foto, a velocidade escalar instantânea do veículo era 80 km/h.

IVÂNIA SANT'ANNA / KINO

PARTE 2

A **velocidade escalar instantânea** v é o valor limite a que tende a velocidade escalar média $\frac{\Delta s}{\Delta t}$, quando Δt tende a zero. Representa-se por:

$$v = \lim_{\Delta t \to 0} \frac{\Delta s}{\Delta t}$$

A notação **lim** da expressão anterior deve ser lida **limite de**, e representa uma operação de cálculo que só será estudada no final do ensino médio ou em cursos superiores.

No caso em que a velocidade escalar instantânea é a mesma em todos os instantes, ela coincide com a velocidade escalar média em qualquer intervalo de tempo.

A unidade de velocidade escalar (média ou instantânea) é expressa em unidade de comprimento por unidade de tempo: km/h (quilômetros por hora), m/s (metros por segundo), mi/h (milhas por hora), cm/s (centímetros por segundo) etc.

No decorrer deste livro encontraremos problemas em que será necessário converter velocidades expressas em km/h para m/s e vice-versa.

Sabemos que: $\begin{cases} 1 \text{ km} = 1.000 \text{ m} \\ 1 \text{ h} = 60 \text{ min e } 1 \text{ min} = 60 \text{ s} \\ 1 \text{ h} = 60 \cdot 60 \text{ s} = 3.600 \text{ s} \end{cases}$ Então: $\left\{ 1 \frac{\text{km}}{\text{h}} = \frac{1.000 \text{ m}}{3.600 \text{ s}} = \frac{1 \text{ m}}{3{,}6 \text{ s}} \right.$

Portanto: $1 \frac{\text{km}}{\text{h}} = \frac{1}{3{,}6} \frac{\text{m}}{\text{s}}$ e $1 \text{ m/s} = 3{,}6 \text{ km/h}$

Sendo assim, para converter km/h em m/s divide-se o valor da velocidade por 3,6; para converter m/s em km/h, multiplica-se o valor da velocidade por 3,6:

$$\frac{\text{km}}{\text{h}} \underset{\times\, 3{,}6}{\overset{:\, 3{,}6}{\rightleftarrows}} \frac{\text{m}}{\text{s}}$$

Assim, por exemplo, um atleta que corre 100 m em 10 s terá uma velocidade escalar média:

$$v_m = \frac{\Delta s}{\Delta t} = \frac{100 \text{ m}}{10 \text{ s}} \Rightarrow v_m = 10 \text{ m/s}$$

Essa velocidade, expressa em quilômetros por hora, vale:

$$v_m = 10 \cdot 3{,}6 \frac{\text{km}}{\text{h}} \Rightarrow v_m = 36 \text{ km/h}$$

Portanto, uma velocidade baixa para um automóvel (36 km/h) representa para o homem uma velocidade extremamente alta, que somente atletas olímpicos conseguem alcançar.

Por outro lado, um carro que desenvolve numa estrada a velocidade de 108 km/h fará, em metros por segundo:

$$v = 108 \text{ km/h} = \frac{108}{3{,}6} \text{ m/s} \Rightarrow v = 30 \text{ m/s}$$

KAZUHIRO NOGI / AFP-GETTY IMAGES

Comparando velocidades

- A velocidade média de uma pessoa em passo normal é de aproximadamente 1,5 m/s, o que equivale a 5,4 km/h. Os atletas olímpicos nas provas de 100 m rasos desenvolvem velocidades médias de 10 m/s, ou seja, 36 km/h.
- A lesma desloca-se com velocidade média de 1,5 mm/s, o bicho-preguiça com velocidade de 2 m/min no solo, enquanto o guepardo, um dos animais mais velozes, atinge velocidades superiores a 100 km/h.
- O avestruz é a ave terrestre mais rápida, podendo atingir a velocidade de 72 km/h.
- Na França, o trem de grande velocidade (TGV) faz o trajeto de 430 km, entre Paris e Lyon, em 1 h 55 min, desenvolvendo uma velocidade média de 224 km/h.

GEORGINA BOWATER / CORBIS-LATINSTOCK

▲ **Um TGV cruzando um campo de girassóis na França.**

- A velocidade do som no ar é de 340 m/s ou 1.224 km/h. Os aviões supersônicos superam 2.000 km/h em voos comerciais.
- Os aviões do projeto X-15, criado pela NASA nos anos 1970 para treinamento de astronautas, chegavam a alcançar a fantástica velocidade de 7.358 km/h.

NASA / SPL-LATINSTOCK

▲ **Avião supersônico do projeto X-15.**

- A velocidade de translação da Terra, em torno do Sol, é de 30 km/s ou 108.000 km/h.
- Devido à rotação da Terra, um ponto do equador tem velocidade de aproximadamente 1.700 km/h.
- A velocidade da luz no vácuo é de 300.000 km/s ou 1,08 bilhão de km/h.

Exercícios resolvidos

R.5 Um ônibus passa pelo km 30 de uma rodovia às 6 h, e às 9 h 30 min passa pelo km 240. Qual é a velocidade escalar média desenvolvida pelo ônibus nesse intervalo de tempo?

Solução:

No instante $t_1 = 6$ h o espaço do ônibus é $s_1 = 30$ km e no instante $t_2 = 9$ h 30 min seu espaço é $s_2 = 240$ km. A variação de espaço é igual a:

$$\Delta s = s_2 - s_1$$
$$\Delta s = 240 - 30$$
$$\Delta s = 210 \text{ km}$$

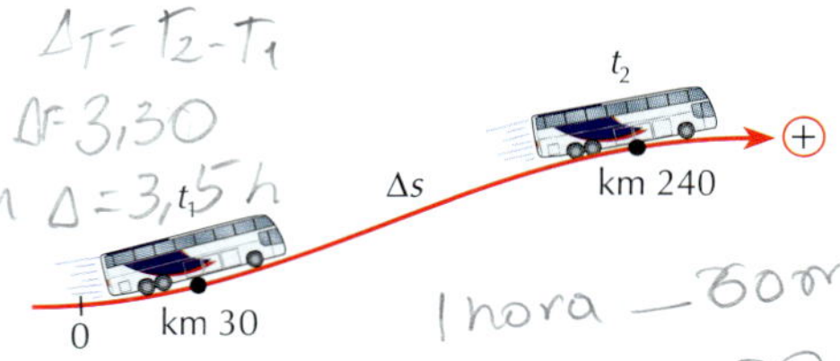

O intervalo de tempo correspondente vale:

$$\Delta t = t_2 - t_1$$
$$\Delta t = 9 \text{ h } 30 \text{ min} - 6 \text{ h}$$
$$\Delta t = 3 \text{ h } 30 \text{ min}$$
$$\Delta t = 3{,}5 \text{ h}$$

Assim, a velocidade escalar média será:

$$v_m = \frac{\Delta s}{\Delta t} \Rightarrow v_m = \frac{210}{3{,}5} \Rightarrow \boxed{v_m = 60 \text{ km/h}}$$

Resposta: 60 km/h

R.6 Um carro de passeio percorre 30 km em 20 min. Determine sua velocidade escalar média nesse percurso.

Solução:

A variação do espaço do carro foi $\Delta s = 30$ km e o intervalo de tempo foi $\Delta t = 20 \text{ min} = 20 \cdot \frac{1}{60} \text{ h} = \frac{1}{3} \text{ h}$.

Assim, a velocidade escalar média será:

$$v_m = \frac{\Delta s}{\Delta t} \Rightarrow v_m = \frac{30}{\frac{1}{3}} \Rightarrow \boxed{v_m = 90 \text{ km/h}}$$

Resposta: 90 km/h

R.7 No exercício anterior, qual teria sido a velocidade escalar média do carro se, durante o percurso, tivesse parado 10 min para o abastecimento de combustível?

Solução:

A variação do espaço continua sendo $\Delta s = 30$ km, mas o intervalo de tempo aumenta, pois temos de acrescentar a permanência no posto de abastecimento (10 min):

$$\Delta t = 20 + 10 \Rightarrow \Delta t = 30 \text{ min} \Rightarrow \Delta t = 30 \cdot \frac{1}{60} \text{ h} \Rightarrow \Delta t = \frac{1}{2} \text{ h}$$

A velocidade escalar média será então:

$$v_m = \frac{\Delta s}{\Delta t} \Rightarrow v_m = \frac{30}{\frac{1}{2}} \Rightarrow \boxed{v_m = 60 \text{ km/h}}$$

Resposta: 60 km/h

R.8 Um ônibus percorre a distância de 480 km, entre Santos e Curitiba, com velocidade escalar média de 60 km/h. De Curitiba a Florianópolis, distantes 300 km, o ônibus desenvolve a velocidade escalar média de 75 km/h. Qual é a velocidade escalar média do ônibus no percurso de Santos a Florianópolis?

Solução:

Devemos calcular os intervalos de tempo que o ônibus gasta para percorrer cada um dos trechos:

Santos-Curitiba:

$$v_1 = \frac{\Delta s_1}{\Delta t_1} \Rightarrow \Delta t_1 = \frac{\Delta s_1}{v_1} = \frac{480}{60} \Rightarrow \Delta t_1 = 8 \text{ h}$$

Curitiba-Florianópolis:

$$v_2 = \frac{\Delta s_2}{\Delta t_2} \Rightarrow \Delta t_2 = \frac{\Delta s_2}{v_2} = \frac{300}{75} \Rightarrow \Delta t_2 = 4 \text{ h}$$

Portanto, a variação do espaço e o intervalo de tempo entre Santos e Florianópolis valem, respectivamente:

$$\Delta s = \Delta s_1 + \Delta s_2 = 480 + 300 \Rightarrow \Delta s = 780 \text{ km}$$

$$\Delta t = \Delta t_1 + \Delta t_2 = 8 + 4 \Rightarrow \Delta t = 12 \text{ h}$$

Assim, a velocidade escalar média do ônibus no percurso de Santos a Florianópolis vale:

$$v_m = \frac{\Delta s}{\Delta t} \Rightarrow v_m = \frac{780}{12} \Rightarrow \boxed{v_m = 65 \text{ km/h}}$$

Resposta: 65 km/h

R.9 A velocidade escalar média de um móvel durante a metade de um percurso é 30 km/h e esse mesmo móvel tem a velocidade escalar média de 10 km/h na metade restante desse mesmo percurso. Determine a velocidade escalar média do móvel no percurso total.

Solução:

Chamemos $2d$ a distância total do percurso e d a metade do percurso. Seja Δt_1 o intervalo de tempo gasto pelo móvel na primeira metade e Δt_2 o intervalo na segunda metade.

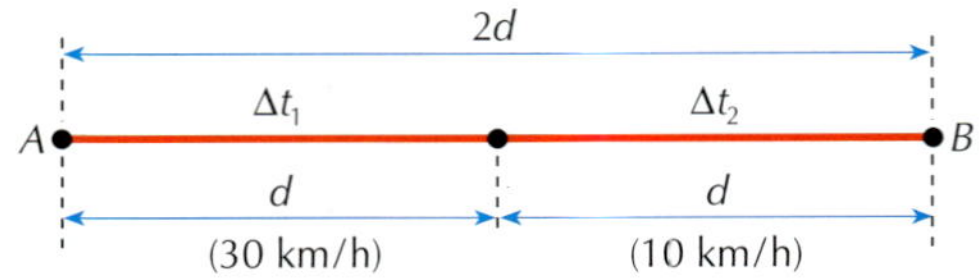

Na primeira metade a velocidade escalar média é 30 km/h:

$$30 = \frac{d}{\Delta t_1} \Rightarrow \Delta t_1 = \frac{d}{30}$$

Na segunda metade a velocidade escalar média é 10 km/h:

$$10 = \frac{d}{\Delta t_2} \Rightarrow \Delta t_2 = \frac{d}{10}$$

O intervalo de tempo total gasto no percurso $\overline{AB}$ $(AB = 2d)$ é:

$$\Delta t = \Delta t_1 + \Delta t_2 \Rightarrow \Delta t = \frac{d}{30} + \frac{d}{10} \Rightarrow \Delta t = \frac{4d}{30}$$

A velocidade escalar média procurada é:

$$v_m = \frac{\Delta s}{\Delta t} \Rightarrow v_m = \frac{2d}{\frac{4d}{30}} \Rightarrow \boxed{v_m = 15 \text{ km/h}}$$

Resposta: A velocidade escalar média no percurso $\overline{AB}$ é 15 km/h; observe que não é a média aritmética das velocidades escalares médias em cada trecho do percurso.

R.10 Uma carreta de 20 m de comprimento demora 10 s para atravessar uma ponte de 180 m de extensão. Determine a velocidade escalar média da carreta no percurso.

Solução:

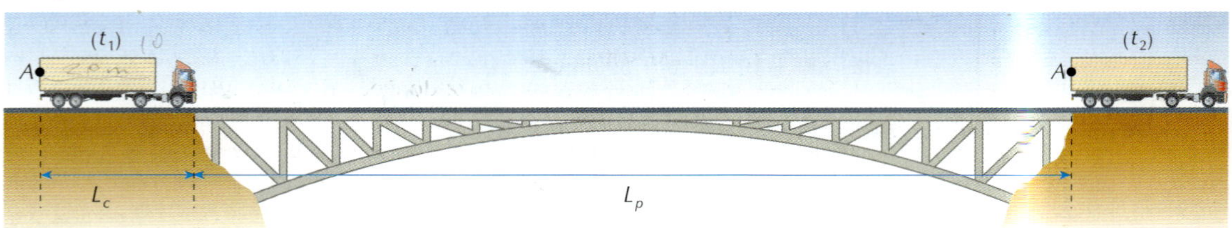

A figura mostra a posição de uma carreta em dois instantes distintos: t_1, quando inicia a travessia da ponte, e t_2, quando termina essa travessia. Observe que no intervalo de tempo $\Delta t = t_2 - t_1$ qualquer ponto da carreta (destacamos o ponto A na traseira) percorre a distância $\Delta s = L_c + L_p$, sendo que $L_c = 20$ m é o comprimento da carreta e $L_p = 180$ m é o comprimento da ponte.

Assim, a carreta percorre $\Delta s = 20 \text{ m} + 180 \text{ m} = 200$ m no intervalo de tempo $\Delta t = 10$ s. Portanto, sua velocidade escalar média no percurso vale:

$$v_m = \frac{\Delta s}{\Delta t} = \frac{200}{10} \Rightarrow \boxed{v_m = 20 \text{ m/s}}$$

Em quilômetros por hora:

$$v_m = 20 \cdot 3{,}6 \Rightarrow \boxed{v_m = 72 \text{ km/h}}$$

Resposta: 20 m/s ou 72 km/h

Exercícios propostos

P.17 Um móvel percorre uma distância de 1.200 m em 4 min. Qual é sua velocidade escalar média?

P.18 (Olimpíada Paulista de Física) A velocidade de crescimento dos fios de cabelo de uma pessoa é de aproximadamente 1,5 cm/mês. Suponha que Júlio, que tem 1,8 m de altura, deseja ter os cabelos bem compridos, de forma que eles cheguem a encostar no chão quando ele estiver em pé. Calcule quantos anos, no mínimo, Júlio tem que ficar sem cortar os cabelos, até ele conseguir o seu objetivo.

P.19 Na rodovia dos Bandeirantes, os limites de velocidade para os automóveis e caminhões são, respectivamente, 120 km/h e 90 km/h.

a) Se um automóvel e um caminhão mantiverem durante 1 minuto a respectiva velocidade limite, quantos quilômetros cada um percorrerá nesse intervalo de tempo?

b) Imagine que um automóvel e um caminhão saiam de São Paulo no mesmo instante em direção a Campinas (distante 90 km). Se eles desenvolverem durante todo o trajeto, respectivamente, as velocidades médias de 100 km/h e 60 km/h, quantos minutos o automóvel chegará a Campinas antes do caminhão?

PAULO LIEBERT / AE

P.20 Um atleta passa no instante $t_1 = 10$ s por uma posição cujo espaço é $s_1 = 50$ m e no instante $t_2 = 20$ s pela posição de espaço $s_2 = 120$ m, conforme a figura abaixo. Determine a velocidade escalar média do atleta no intervalo de t_1 a t_2.

P.21 Um carro viaja de Atibaia (SP) a Cambuí (MG), que dista 90 km, parando durante 30 min num posto à beira da estrada, para refeição e abastecimento. De Atibaia até o posto gasta 1 h 30 min, fazendo o percurso do posto a Cambuí em mais 30 min. Calcule a velocidade escalar média do carro nessa viagem.

P.22 (Vunesp) Sentado em um ponto de ônibus, um estudante observa os carros percorrerem um quarteirão (100 m). Usando o seu relógio de pulso, ele marca o tempo gasto por 10 veículos para percorrerem essa distância. Suas anotações mostram:

Veículo	1º	2º	3º	4º	5º	6º	7º	8º	9º	10º
Tempo (s)	12	5	16	20	9	10	4	15	8	13

Com os dados colhidos, determine:

a) os valores da maior e da menor velocidade média;

b) quais veículos tiveram velocidade média acima da velocidade máxima permitida de 60 km/h.

P.23 (Ufac) Um carro com uma velocidade de 80 km/h passa pelo km 240 de uma rodovia às 7 h 30 min. A que horas este carro chegará à próxima cidade, sabendo-se que ela está situada no km 300 dessa rodovia?

P.24 (PUC-Campinas-SP) Numa corrida de carros, suponha que o vencedor gastou 1 h 30 min para completar o circuito, desenvolvendo uma velocidade média de 240 km/h, enquanto um outro carro, o segundo colocado, desenvolveu a velocidade média de 236 km/h. Se a pista tem 30 km, quantas voltas o carro vencedor chegou à frente do segundo colocado?

P.25 (UFRJ) Um estudante a caminho da UFRJ trafega 8,0 km na Linha Vermelha a 80 km/h (10 km/h a menos que o limite permitido nessa via). Se ele fosse insensato e trafegasse a 100 km/h, calcule quantos minutos economizaria nesse mesmo percurso.

P.26 (UFPE) Quatro cidades A, B, C e D estão dispostas de tal modo que as distâncias rodoviárias entre A e B, B e C, e C e D são, respectivamente, $AB = 60$ km, $BC = 100$ km e $CD = 90$ km. Se um automóvel vai de A até B a uma velocidade de 60 km/h, da cidade B até a C a uma velocidade média de 50 km/h e da C até a D a uma velocidade média de 45 km/h, determine a velocidade média desse automóvel em km/h, para o percurso de A até D.

P.27 Um percurso de 310 km deve ser feito por um ônibus em 5 h. O primeiro trecho de 100 km é percorrido com velocidade média de 50 km/h, e o segundo trecho de 90 km, com velocidade média de 60 km/h. Que velocidade média deve ter o ônibus no trecho restante para que a viagem se efetue no tempo previsto?

P.28 A velocidade escalar média de um automóvel até a metade de seu percurso é 90 km/h e na metade restante é 60 km/h. Determine a velocidade escalar média no percurso total. Ela é a média aritmética das velocidades escalares médias em cada trecho do percurso?

P.29 A velocidade escalar média de um automóvel é 80 km/h no primeiro trecho de seu percurso e 60 km/h no trecho restante. Os trechos são percorridos no mesmo intervalo de tempo. Qual é a velocidade escalar média durante todo o percurso? Ela é a média aritmética das velocidades escalares médias em cada trecho do percurso?

P.30 Um trem de comprimento 200 m gasta 20 s para atravessar um túnel de comprimento 400 m. Determine a velocidade escalar média do trem.

P.31 (Fuvest-SP) Uma composição ferroviária (19 vagões e uma locomotiva) desloca-se a 20 m/s. Sendo o comprimento de cada elemento da composição 10 m, qual é o tempo que o trem gasta para ultrapassar:

a) um sinaleiro?

b) uma ponte de 100 m de comprimento?

Exercícios propostos de recapitulação

P.32 (UFPE) Um caminhão se desloca com velocidade escalar constante de 144 km/h. Suponha que o motorista cochile durante 1,0 s. Qual a distância, em metros, percorrida pelo caminhão nesse intervalo de tempo se ele não colidir com algum obstáculo?

P.33 (Fuvest-SP) Um avião vai de São Paulo a Recife em 1 h 40 min. A distância entre essas cidades é aproximadamente 3.000 km. (Dado: velocidade do som no ar = 340 m/s)

a) Qual a velocidade média do avião?

b) O avião é supersônico?

P.34 (Olimpíada Brasileira de Física) Um avião parte de uma cidade A para outra cidade B, mantendo a velocidade constante igual a 250 km/h. Ao alcançar metade do caminho é forçado a diminuir a velocidade, mantendo-a constante em 200 km/h; consequentemente, chega ao destino com 15 minutos de atraso.
Considerando que o tempo de mudança de velocidade é desprezível, qual a distância entre as cidades A e B?

P.35 (Unicamp-SP) A figura abaixo mostra o esquema simplificado de um dispositivo colocado em uma rua para controle de velocidade de automóveis (dispositivo popularmente chamado de "radar").

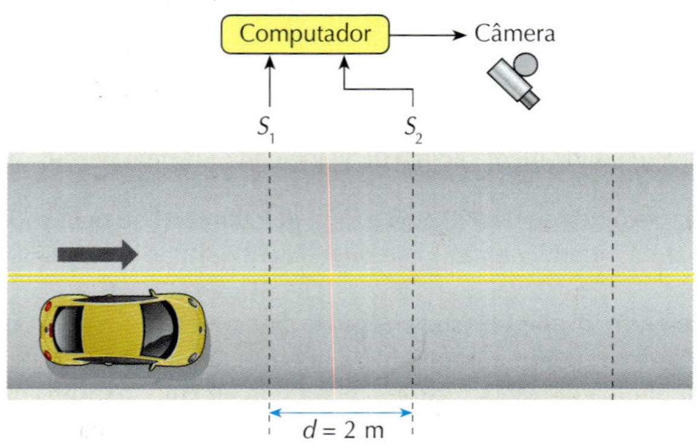

Os sensores S_1 e S_2 e a câmera estão ligados a um computador. Os sensores enviam um sinal ao computador sempre que são pressionados pelas rodas de um veículo. Se a velocidade do veículo está acima da permitida, o computador envia um sinal para que a câmera fotografe sua placa traseira no momento em que esta estiver sobre a linha tracejada. Para um certo veículo, os sinais dos sensores foram os seguintes:

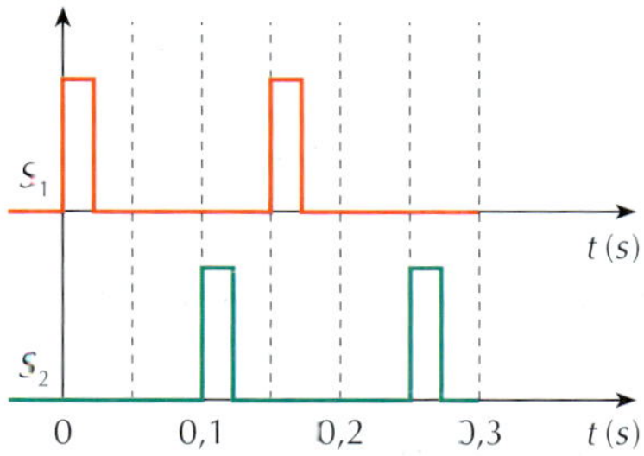

a) Determine a velocidade do veículo em km/h.

b) Calcule a distância entre os eixos do veículo.

P.36 (Fuvest-SP) Diante de uma agência do INSS há uma fila de aproximadamente 100 m de comprimento, ao longo da qual se distribuem de maneira uniforme 200 pessoas. Aberta a porta, as pessoas entram, durante 30 s, com uma velocidade média de 1 m/s. Avalie:

a) o número de pessoas que entraram na agência;
b) o comprimento da fila que restou do lado de fora.

P.37 (Unicamp-SP) Brasileiro sofre! Numa tarde de sexta-feira, a fila única de clientes de um banco tem comprimento médio de 50 m. Em média, a distância entre as pessoas na fila é de 1,0 m. Os clientes são atendidos por três caixas. Cada caixa leva cerca de 3,0 min para atender um cliente. Pergunta-se:

a) Qual a velocidade (média) dos clientes ao longo da fila?
b) Quanto tempo um cliente gasta na fila?
c) Se um dos caixas se retirar por 30 min, quantos metros a fila aumenta?

Testes propostos

T.17 (UEPB) Um professor de Física, verificando em sala de aula que todos os seus alunos encontram-se sentados, passou a fazer algumas afirmações para que eles refletissem e recordassem alguns conceitos sobre movimento.
Das afirmações seguintes formuladas pelo professor, a única correta é:

a) Pedro (aluno da sala) está em repouso em relação aos demais colegas, mas todos nós estamos em movimento em relação à Terra.
b) Mesmo para mim (professor), que não paro de andar, seria possível achar um referencial em relação ao qual eu estivesse em repouso.
c) A velocidade dos alunos que eu consigo observar agora, sentados em seus lugares, é nula para qualquer observador humano.
d) Como não há repouso absoluto, nenhum de nós está em repouso, em relação a nenhum referencial.
e) O Sol está em repouso em relação a qualquer referencial.

T.18 (UFMG) Júlia está andando de bicicleta, em um plano horizontal, com velocidade constante, quando deixa cair uma moeda. Tomás está parado na rua e vê a moeda cair.
Considere desprezível a resistência do ar.
Assinale a alternativa em que melhor estão representadas as trajetórias da moeda, como observadas por Júlia e por Tomás.

a)
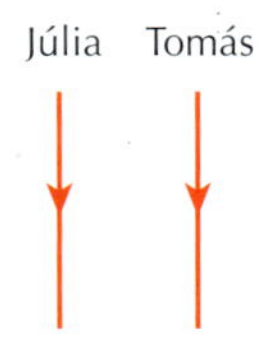

b)
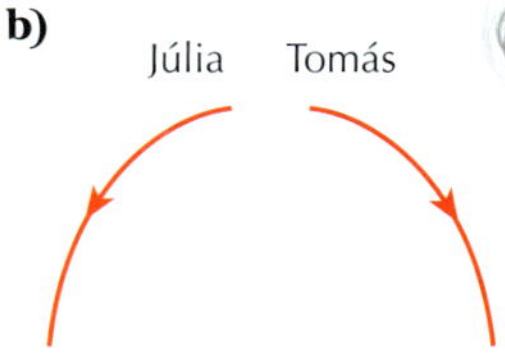

c)
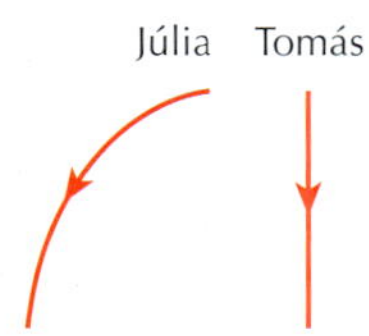

d)
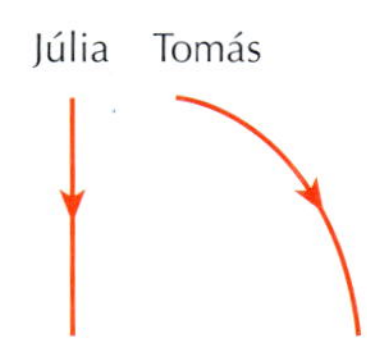

T.19 (UEM-PR) Um trem se move com velocidade horizontal constante. Dentro dele estão o observador A e um garoto, ambos parados em relação ao trem. Na estação, sobre a plataforma, está o observador B, parado em relação a ela. Quando o trem passa pela plataforma, o garoto joga uma bola verticalmente para cima.

Desprezando-se a resistência do ar, podemos afirmar que:

01) o observador A vê a bola se mover verticalmente para cima e cair nas mãos do garoto.

02) o observador B vê a bola descrever uma parábola e cair nas mãos do garoto.

04) os dois observadores veem a bola se mover numa mesma trajetória.

08) o observador B vê a bola se mover verticalmente para cima e cair atrás do garoto.

16) o observador A vê a bola descrever uma parábola e cair atrás do garoto.

Dê como resposta a soma dos números associados às proposições corretas.

T.20 (Vunesp) Ao passar pelo marco "km 200" de uma rodovia, um motorista vê um anúncio com a inscrição: "ABASTECIMENTO E RESTAURANTE A 30 MINUTOS". Considerando que esse posto de serviços se encontra junto ao marco "km 245" dessa rodovia, pode-se concluir que o anunciante prevê, para os carros que trafegam nesse trecho, uma velocidade média, em km/h, de:

a) 80 **b)** 90 **c)** 100 **d)** 110 **e)** 120

T.21 (UFRN) Uma das teorias para explicar o aparecimento do homem no continente americano propõe que ele, vindo da Ásia, entrou na América pelo estreito de Bering e foi migrando para o sul até atingir a Patagônia, como indicado no mapa abaixo.

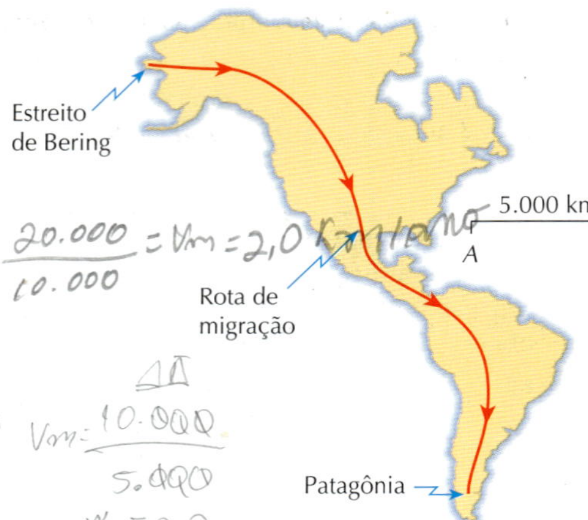

Datações arqueológicas sugerem que foram necessários cerca de 10.000 anos para que essa migração se realizasse.

O comprimento AB, mostrado ao lado do mapa, corresponde à distância de 5.000 km nesse mesmo mapa.

Com base nesses dados, pode-se **estimar** que a velocidade escalar média de ocupação do continente americano pelo homem, ao longo da rota desenhada, foi de **aproximadamente**:

a) 0,5 km/ano **c)** 24 km/ano
b) 8,0 km/ano **d)** 2,0 km/ano

T.22 (UEL-PR) Um automóvel mantém uma velocidade escalar constante de 72,0 km/h. Em 1 h 10 min ele percorre, em quilômetros, uma distância de:

a) 79,2 **b)** 80,0 **c)** 82,4 **d)** 84,0 **e)** 90,0

T.23 (Uerj) A velocidade normal com que uma fita de vídeo passa pela cabeça de um gravador é de, aproximadamente, 33 mm/s. Assim, o comprimento de uma fita de 120 minutos de duração corresponde a cerca de:

a) 40 m **b)** 80 m **c)** 120 m **d)** 240 m

T.24 (UFMA) A pista do "Castelinho" possui 400 m de comprimento. Se um atleta corre, com uma velocidade escalar constante de 10,0 m/s, quantas voltas ele completará em 20 minutos?

a) 10 **b)** 20 **c)** 30 **d)** 40 **e)** 50

T.25 (Ufes) Uma pessoa caminha 1,5 passo/segundo, com passos que medem 70 cm cada um. Ela deseja atravessar uma avenida com 21 metros de largura. O tempo mínimo que o sinal de trânsito de pedestres deve ficar aberto para que essa pessoa atravesse a avenida com segurança é:

a) 10 s **c)** 20 s **e)** 45 s
b) 14 s **d)** 32 s

T.26 (Mackenzie-SP) Um automóvel que trafega ao longo de uma rodovia passa pelo marco de estrada 115 km às 19 h 15 min e pelo marco 263,5 km às 20 h 54 min. A velocidade escalar média desse automóvel, nesse intervalo de tempo, é:

a) 148,5 m/s **c)** 29,7 m/s **e)** 90,0 m/s
b) 106,8 m/s **d)** 25,0 m/s

T.27 (Olimpíada Paulista de Física) Beatriz parte de casa para a escola com uma velocidade escalar constante de 4,0 km/h. Sabendo-se que Beatriz e Helena moram a mesma distância da escola e que Helena saiu de casa quando Beatriz já havia percorrido dois terços do caminho, qual deve ser a velocidade escalar média de Helena para que possa chegar à escola no mesmo instante em que Beatriz?

a) 1,3 km/h **c)** 4,0 km/h **e)** 12,0 km/h
b) 2,0 km/h **d)** 6,0 km/h

T.28 (Fatec-SP) O motorista de um automóvel deseja percorrer 40 km com velocidade média de 80 km/h. Nos primeiros 15 minutos, ele manteve a velocidade média de 40 km/h. Para cumprir seu objetivo, ele deve fazer o restante do percurso com velocidade média, em km/h, de:

a) 160 **b)** 150 **c)** 120 **d)** 100 **e)** 90

T.29 (UnB-DF) Um fazendeiro percorre, com seu jipe, os limites de sua fazenda, que têm o formato de um losango, com os lados aproximadamente iguais. Devido às peculiaridades do terreno, cada lado foi percorrido com uma velocidade média diferente: o primeiro a 20 km/h, o segundo a 30 km/h, o terceiro a 40 km/h e, finalmente, o último a 60 km/h.

A velocidade média desenvolvida pelo fazendeiro para percorrer todo o perímetro da fazenda, em km/h, foi de:

a) 50 **b)** 42 **c)** 38 **d)** 36 **e)** 32

T.30 (Fuvest-SP) Um automóvel e um ônibus trafegam em uma estrada plana, mantendo velocidades constantes em torno de 100 km/h e 75 km/h, respectivamente. Os dois veículos passam lado a lado em um posto de pedágio. Quarenta minutos $\left(\frac{2}{3} \text{ de hora}\right)$ depois, nessa mesma estrada, o motorista do ônibus vê o automóvel ultrapassá-lo. Ele supõe, então, que o automóvel deve ter realizado, nesse período, uma parada com duração aproximada de:

a) 4 minutos **c)** 10 minutos **e)** 25 minutos
b) 7 minutos **d)** 15 minutos

T.31 (UFPA) Certa pessoa viajava em um automóvel cujo velocímetro não funcionava. Desejando saber qual era a velocidade escalar média do automóvel e sabendo que os postes da rede elétrica dispostos à margem da estrada distam 60 m um do outro, a pessoa começou a marcar o tempo no instante em que passou em frente de um certo poste (chamemos de 1º poste), e constatou que transcorreram 45,6 s até o instante em que passou diante do 20º poste. Assim constatou que, no intervalo de tempo durante o qual ele se deslocou do 1º ao 20º poste, a velocidade escalar média do automóvel era, em km/h, de:

a) 25 **b)** 69 **c)** 90 **d)** 95 **e)** 98

T.32 (UEL-PR) Popularmente conhecido como "lombada eletrônica", o redutor eletrônico de velocidade é um sistema de controle de fluxo de tráfego que reúne equipamentos de captação e processamento de dados. Dois sensores são instalados na pista no sentido do fluxo, a uma distância de 4 m um do outro. Ao cruzar cada um deles, o veículo é detectado; um microprocessador recebe dois sinais elétricos consecutivos e, a partir do intervalo de tempo entre eles, calcula a velocidade média do veículo com alta precisão. Considerando que o limite máximo de velocidade permitida para o veículo é de 40 km/h, qual é o menor intervalo de tempo que o veículo deve levar para percorrer a distância entre os dois sensores, permanecendo na velocidade permitida?

a) 0,066... s **c)** 0,36 s **e)** 900 s
b) 0,10 h **d)** 11,11 s

T.33 (UFSCar-SP) Três amigos, Antônio, Bernardo e Carlos, saíram de suas casas para se encontrarem numa lanchonete. Antônio realizou metade do percurso com velocidade média de 4 km/h e a outra metade com velocidade média de 6 km/h. Bernardo percorreu o trajeto com velocidade média de 4 km/h durante metade do tempo que levou para chegar à lanchonete e a outra metade do tempo fez com velocidade média de 6 km/h. Carlos fez todo percurso com velocidade média de 5 km/h. Sabendo que os três saíram no mesmo instante de suas casas e percorreram exatamente as mesmas distâncias, pode-se concluir corretamente que:

a) Bernardo chegou primeiro, Carlos em segundo e Antônio em terceiro.
b) Carlos chegou primeiro, Antônio em segundo e Bernardo em terceiro.
c) Antônio chegou primeiro, Bernardo em segundo e Carlos em terceiro.
d) Bernardo e Carlos chegaram juntos e Antônio chegou em terceiro.
e) os três chegaram juntos à lanchonete.

T.34 (Enem-MEC) As cidades de Quito e Cingapura encontram-se próximas à linha do equador e em pontos diametralmente opostos no globo terrestre. Considerando o raio da Terra igual a 6.370 km, pode-se afirmar que um avião saindo de Quito, voando em média 800 km/h, descontando as paradas de escala, chega a Cingapura em aproximadamente:

a) 16 horas **d)** 32 horas
b) 20 horas **e)** 36 horas
c) 25 horas

T.35 (Mackenzie-SP) Um trenzinho, de 60 cm de comprimento, descreve uma trajetória, sobre uma superfície plana e horizontal, da qual se destaca o trecho *ABC*, ilustrado na figura. O movimento é com velocidade escalar constante, os arcos $\overset{\frown}{AB}$ e $\overset{\frown}{BC}$ da trajetória são semicircunferências e o intervalo de tempo gasto para que ele atravesse completamente o trecho *AC*, ao longo dos trilhos, é 2,5 s. A velocidade escalar do trenzinho é aproximadamente:

a) 0,9 m/s **d)** 2,2 m/s
b) 1,8 m/s **e)** 3,6 m/s
c) 2,0 m/s

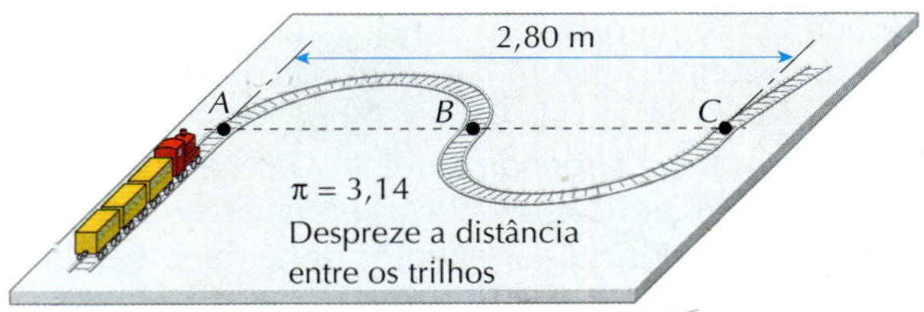

T.36 (Uesb-BA) Uma composição ferroviária, de 120 m de comprimento, move-se com velocidade constante de 54 km/h. O tempo que ela gasta para atravessar completamente um pontilhão de 60 m de extensão, em segundos, é:

a) 4,0 **d)** 10
b) 6,0 **e)** 12
c) 8,0

T.37 (UFMG) Uma escola de samba, ao se movimentar numa rua reta e muito extensa, mantém um comprimento constante de 2 km. Se ela gasta 90 min para passar completamente por uma arquibancada de 1 km de comprimento, sua velocidade média deve ser:

a) $\frac{2}{3}$ km/h **c)** $\frac{4}{3}$ km/h **e)** 3 km/h
b) 1 km/h **d)** 2 km/h

A Física em nosso Mundo

O sistema de posicionamento global

O sistema de posicionamento global, cuja sigla é **GPS** (iniciais das palavras **G**lobal **P**ositioning **S**ystem) é um sistema de posicionamento por satélites, desenvolvido pelo Departamento de Defesa (DoD) dos Estados Unidos da América. Por meio desse sistema uma pessoa pode determinar a posição em que se encontra na superfície terrestre, no mar ou em órbita. A pessoa deve possuir um **receptor** (chamado vulgarmente de GPS) que capta os sinais (ondas de rádio) emitidos por satélites.

O sistema espacial é constituído de 24 satélites, em transmissão ininterrupta, sendo monitorados por estações terrestres. Os satélites estão distribuídos em 6 órbitas circulares, cada uma com 4 satélites. Cada satélite completa duas voltas em torno da Terra em um dia, a uma altitude de 20.200 km.

Cada satélite envia ao receptor uma mensagem digital informando sua posição e o instante em que o sinal é emitido. O receptor possui um relógio sincronizado com o relógio atômico do satélite, o que permite determinar o intervalo de tempo entre a emissão e a recepção do sinal. Multiplicando-se esse intervalo de tempo pela velocidade do sinal (aproximadamente 300.000 km/s), tem-se a distância entre o receptor e cada satélite.

Conhecendo-se pelo menos as distâncias a três satélites é possível determinar a posição do receptor, por meio de um processo denominado **triangulação**, como descrevemos abaixo.

Seja R_1 a distância do receptor ao primeiro satélite. O receptor pode estar em qualquer ponto da circunferência de centro no primeiro satélite e raio R_1 (figura a). Indiquemos por R_2 a distância do receptor ao segundo satélite e considere a circunferência de raio R_2 e centro no segundo satélite. O receptor pode estar num dos dois pontos em que as circunferências se interceptam (figura b). Seja R_3 a distância do receptor ao terceiro satélite e considere a circunferência de raio R_3 e centro no terceiro satélite. A intersecção das três circunferências ocorre num ponto onde se localiza exatamente o receptor (figura c).

SIMON FRASER / SPL-LATINSTOCK

▲ Receptor GPS

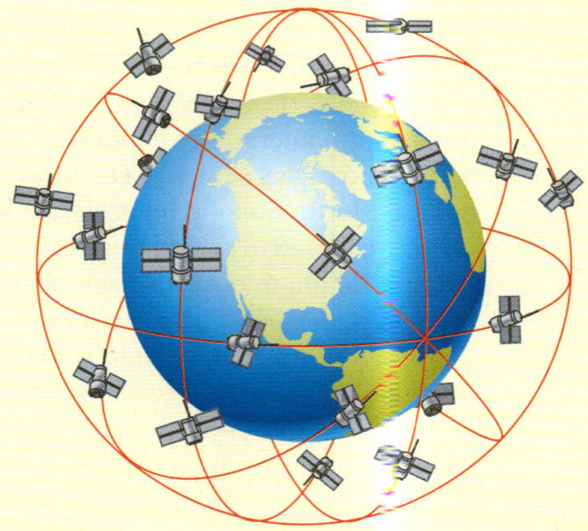

▲ Constelação de satélites

Teste sua leitura

L.1 (UEM-PR) O GPS (*Global Positioning System* – Sistema de Posicionamento Global) consiste no mais moderno método de localização geográfica. Através de uma rede de satélites em órbita da Terra, é possível saber, por esse sistema:

a) latitude e aberração estelar.
b) declinação magnética e refração atmosférica.
c) longitude e latitude.
d) paralaxe e declinação magnética.
e) aberração estelar e refração atmosférica.

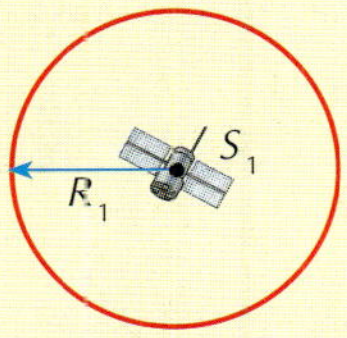

Figura a

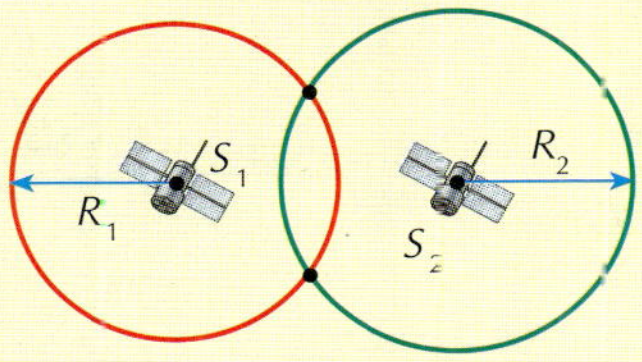

Figura b

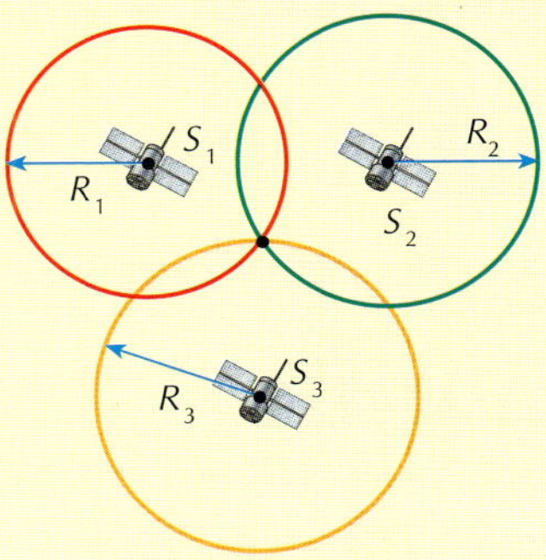

Figura c

Automaticamente o receptor fornece as coordenadas (latitude e longitude) deste ponto.

Conhecendo-se as coordenadas de outro ponto pode-se, por meio do receptor GPS, traçar a rota que vai de um ponto ao outro. Daí a utilização do receptor GPS por veículos que transitam por ruas de cidades desconhecidas. O GPS tem aplicações na navegação marítima, na aviação e na cartografia.

Na agricultura, por meio de mapeamento, o GPS permite aumentar a produtividade de áreas cultivadas. Localiza incêndios e o deslocamento de queimadas. Os receptores GPS são utilizados nas práticas esportivas por ciclistas, balonistas, alpinistas etc.

O processo de triangulação foi apresentado de modo simplificado, isto é, em duas dimensões. Considerando o posicionamento no espaço, ou seja, em três dimensões, a localização do receptor é feita por meio da intersecção de três superfícies esféricas, em vez de circunferências. Receptores procuram geralmente por 4 ou mais satélites melhorando, desse modo, a exatidão e determinando precisamente a altitude em que o receptor se encontra.

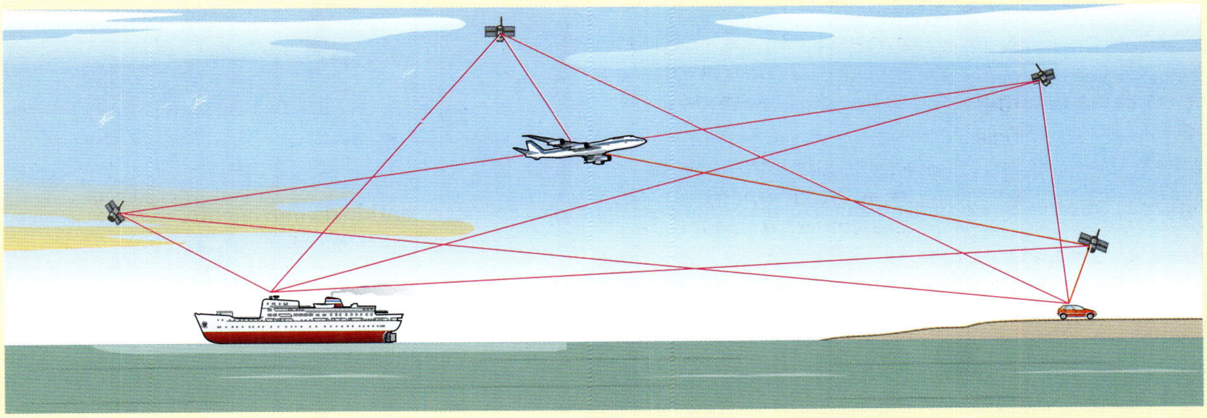

L.2 (Unifei-MG) O monitoramento por satélites e o GPS (Sistema de Posicionamento Global) são inovações tecnológicas atualmente usadas por órgãos governamentais, agricultura, empresas etc. Sobre essa questão, escreva verdadeiro (V) ou falso (F) para os itens abaixo e assinale a alternativa correta:

- O GPS é um Sistema de Posicionamento Global constituído por 24 satélites que emitem sinais de rádio captados por aparelhos especiais em qualquer ponto da superfície terrestre.
- O GPS indica ao usuário sua localização em termos de latitude, longitude e altitude.
- Na agricultura, essas tecnologias podem ser utilizadas a fim de que se obtenha maior produtividade com custos menores.
- Essas inovações tecnológicas permitem, por exemplo, detectar e acompanhar a direção e o deslocamento de queimadas e avaliar prejuízos em áreas atingidas por secas ou inundações.

a) VFVV **b)** VVVF **c)** FVVV **d)** VVVV

CAPÍTULO 3

Estudo do movimento uniforme

GABOR NEMES / KINO

Neste capítulo é feita a análise dos movimentos em que a velocidade escalar permanece constante no decorrer do tempo. Em tais movimentos o móvel percorre distâncias iguais em intervalos de tempo iguais, como o pequeno ônibus da foto estroboscópica* acima.

1. Movimento progressivo e retrógrado

O movimento é chamado **progressivo** quando o móvel caminha a favor da orientação positiva da trajetória (figura 1a). Seus espaços **crescem** no decurso do tempo e sua velocidade escalar é **positiva**.

O movimento é chamado **retrógrado** quando o móvel caminha contra a orientação positiva da trajetória (figura 1b). Seus espaços **decrescem** no decurso do tempo e sua velocidade escalar é **negativa**.

a)

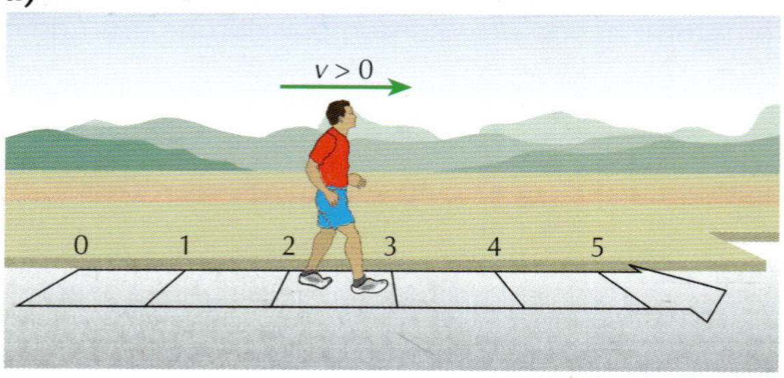

b)

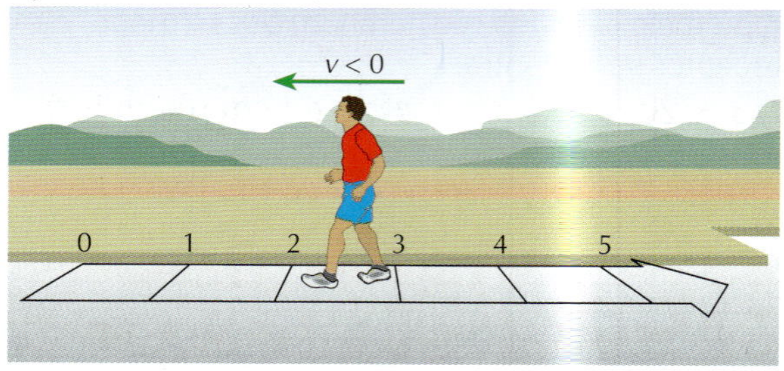

Figura 1. **Observe que o sinal atribuído à velocidade escalar indica apenas o sentido do movimento.**

ANTHONY MARSLAND / STONE-GETTY IMAGES

Orientando-se a trajetória da direita para a esquerda, qual dos pedestres tem movimento progressivo e qual tem movimento retrógrado?

* As fotos estroboscópicas permitem visualizar a trajetória descrita por um corpo em relação a um determinado referencial. Nestas fotos, o obturador da máquina fotográfica é aberto em pequenos, e iguais, intervalos de tempo, registrando no filme as sucessivas posições do corpo em movimento.

2. Função horária

Considere um ponto material em movimento em relação a um dado referencial. Com o decorrer do tempo seu espaço varia. A função que relaciona o espaço s com os correspondentes instantes t é denominada **função horária do movimento** e é representada genericamente por $s = f(t)$, expressão que se lê: s é uma função de t.

Toda vez que fornecemos uma função horária, devemos indicar as unidades: se s estiver em metros (m) e t em segundos (s), a unidade da velocidade v será m/s; se s estiver em quilômetros (km) e t em horas (h), a unidade de v será km/h.

Exemplos:

a) $s = 10 + 5t$ (s em metros e t em segundos)

A função horária descreve o movimento indicando matematicamente como o espaço varia com o tempo. Assim, para o exemplo dado, atribuindo-se valores a t, obtemos valores de s, chegando à tabela horária da descrição do movimento do móvel (P):

Como $s = 10 + 5t$, temos:

$t = 0$: $s = 10 + 5 \cdot 0 \Rightarrow s = 10$ m

$t = 1$ s: $s = 10 + 5 \cdot 1 \Rightarrow s = 15$ m

$t = 2$ s: $s = 10 + 5 \cdot 2 \Rightarrow s = 20$ m

$t = 3$ s: $s = 10 + 5 \cdot 3 \Rightarrow s = 25$ m

t (s)	*s* (m)
0	10
1	15
2	20
3	25

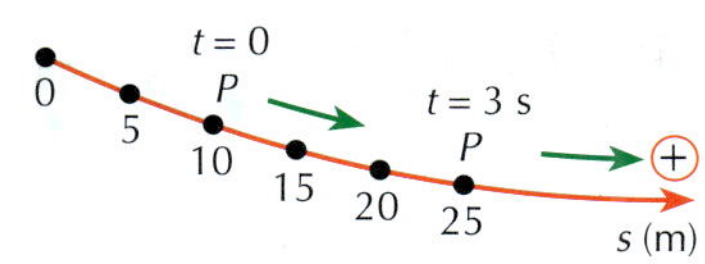

Nesse exemplo, o espaço do móvel cresce no decurso do tempo e, portanto, o movimento é **progressivo**.

b) $s = 20 - 5t$ (s em metros e t em segundos)

Para esse exemplo, temos:

$t = 0$: $s = 20 - 5 \cdot 0 \Rightarrow s = 20$ m

$t = 1$ s: $s = 20 - 5 \cdot 1 \Rightarrow s = 15$ m

$t = 2$ s: $s = 20 - 5 \cdot 2 \Rightarrow s = 10$ m

$t = 3$ s: $s = 20 - 5 \cdot 3 \Rightarrow s = 5$ m

t (s)	*s* (m)
0	20
1	15
2	10
3	5

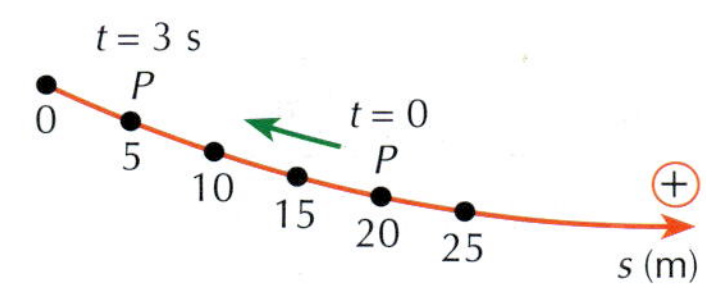

Nesse exemplo, o espaço do móvel decresce no decurso do tempo e, portanto, o movimento é **retrógrado**.

c) $s = 8 - 4t + t^2$ (s em metros e t em segundos)

$t = 0$: $s = 8 - 4 \cdot 0 + 0 \Rightarrow s = 8$ m

$t = 1$ s: $s = 8 - 4 \cdot 1 + 1^2 \Rightarrow s = 5$ m

$t = 2$ s: $s = 8 - 4 \cdot 2 + 2^2 \Rightarrow s = 4$ m

$t = 3$ s: $s = 8 - 4 \cdot 3 + 3^2 \Rightarrow s = 5$ m

t (s)	*s* (m)
0	8
1	5
2	4
3	5

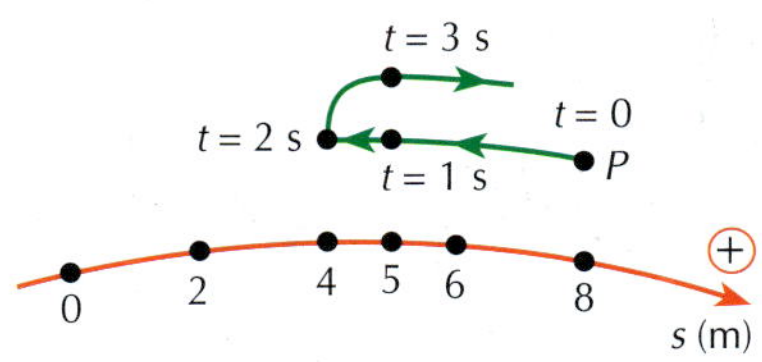

Nesse exemplo, o movimento do móvel foi inicialmente retrógrado e depois, progressivo.

O instante $t = 0$ é chamado **origem dos tempos** (corresponde ao instante em que o cronômetro é acionado) e o espaço do móvel nesse instante é chamado **espaço inicial**, sendo indicado por s_0.

Espaço inicial (s_0) é o espaço do móvel no instante $t = 0$.

Nos exemplos citados, os espaços iniciais são: a) $s_0 = 10$ m; b) $s_0 = 20$ m; c) $s_0 = 8$ m.

3. Movimento uniforme (MU)

Movimentos que possuem **velocidade escalar instantânea constante** (não-nula) são chamados **movimentos uniformes**. Portanto, se a velocidade escalar é a mesma em todos os instantes, ela coincide com a velocidade escalar média, qualquer que seja o intervalo de tempo considerado:

$$v = v_m = \frac{\Delta s}{\Delta t} = \text{constante} \neq 0$$

Sendo assim, **no movimento uniforme, o móvel percorre distâncias iguais em intervalos de tempo iguais**.

4. Função horária do MU

No movimento uniforme, a velocidade escalar instantânea é constante e coincide com a velocidade escalar média, qualquer que seja o intervalo de tempo. Portanto, de $v_m = \frac{\Delta s}{\Delta t}$ resulta $v = \frac{\Delta s}{\Delta t}$.

Fazendo $\Delta s = s - s_0$ e $\Delta t = t - 0 = t$, vem:

$$v = \frac{s - s_0}{t} \Rightarrow v \cdot t = s - s_0 \Rightarrow \boxed{s = s_0 + vt}$$ **função horária do MU**

A função horária do movimento uniforme é do primeiro grau em t. Nessa função, s_0 e v são constantes com o tempo; v é a velocidade escalar do movimento; $v > 0$ quando o movimento é progressivo; $v < 0$ quando o movimento é retrógrado.

Vejamos alguns exemplos, considerando s em metros e t em segundos:

$s = s_0 + vt$	s_0	v	Progressivo/Retrógrado
$s = 10 + 5t$	$s_0 = 10$ m	$v = +5$ m/s	$v > 0$, progressivo
$s = 30 + 20t$	$s_0 = 30$ m	$v = +20$ m/s	$v > 0$, progressivo
$s = 60 - 8t$	$s_0 = 60$ m	$v = -8$ m/s	$v < 0$, retrógrado
$s = 0{,}3 - 0{,}7t$	$s_0 = 0{,}3$ m	$v = -0{,}7$ m/s	$v < 0$, retrógrado
$s = 12 + t$	$s_0 = 12$ m	$v = +1$ m/s	$v > 0$, progressivo
$s = 9t$	$s_0 = 0$	$v = +9$ m/s	$v > 0$, progressivo
$s = -8t$	$s_0 = 0$	$v = -8$ m/s	$v < 0$, retrógrado

Resumindo, temos:

Movimento uniforme

$s = s_0 + vt$ $\quad$ $v = \text{constante} \neq 0$ $\quad$ $v = v_m = \frac{\Delta s}{\Delta t}$

Pratique! Ver AEI pág. 45

Essas funções definem o MU em qualquer tipo de trajetória.

Exercícios resolvidos

R.11 Um móvel realiza um movimento uniforme num determinado referencial. Seus espaços variam com o tempo segundo os dados da tabela:

t (s)	0	1	2	3	4
s (m)	20	28	36	44	52

a) Determine o espaço inicial s_0 e a velocidade escalar v do movimento.
b) O movimento é progressivo ou retrógrado?
c) Qual é a função horária do movimento?

Solução:

a) Da tabela observamos que no instante $t = 0$ o espaço do móvel é: $\boxed{s_0 = 20\text{ m}}$

Para o cálculo da velocidade escalar do movimento basta observar na tabela que, para cada intervalo de tempo igual a 1 s, a variação do espaço do móvel é de 8 m. Assim, sendo $\Delta t = 1$ s e $\Delta s = 8$ m, vem:

$$v = v_m \Rightarrow v = \frac{\Delta s}{\Delta t} \Rightarrow v = \frac{8}{1} \Rightarrow \boxed{v = 8\text{ m/s}}$$

b) Sendo $v = 8\text{ m/s} > 0$, concluímos que o movimento é **progressivo**. Os espaços crescem no decurso do tempo e o móvel caminha a favor da orientação positiva da trajetória.

c) A função horária do movimento uniforme é $s = s_0 + vt$. Sendo $s_0 = 20$ m e $v = 8$ m/s, vem:

$$\boxed{s = 20 + 8t} \quad (s \text{ em metros e } t \text{ em segundos})$$

Respostas: a) $s_0 = 20$ m; $v = 8$ m/s; b) progressivo; c) $s = 20 + 8t$ (s em metros e t em segundos)

R.12 É dada a função horária $s = 20 - 4t$ (para t em h e s em km), que descreve o movimento de um ponto material num determinado referencial. Os espaços s são medidos numa trajetória a partir de um marco zero. Os instantes t são lidos num cronômetro. Determine:

a) o espaço inicial e a velocidade escalar;
b) o tipo do movimento e se ele é progressivo ou retrógrado;
c) o espaço do móvel quando $t = 2$ h;
d) o instante quando o móvel está na posição cujo espaço é igual a 8 km;
e) o instante em que o móvel passa pela origem dos espaços (marco zero).

Solução:

a) e b) O movimento é uniforme, pois sua função horária é do primeiro grau em t.

$$s = s_0 + vt$$
$$s = 20 - 4t$$

Nessa expressão, $\boxed{s_0 = 20\text{ km}}$ (no instante inicial o móvel está a 20 km do marco zero da trajetória) e $\boxed{v = -4\text{ km/h}}$, constante com o tempo; seu sinal negativo significa que o movimento é retrógrado, isto é, o móvel caminha no sentido contrário ao da orientação da trajetória, aproximando-se do marco zero.

c) Substituindo t por 2 h em $s = 20 - 4t$, vem: $s = 20 - 4 \cdot 2 = 20 - 8 \Rightarrow \boxed{s = 12\text{ km}}$

d) Substituindo s por 8 km em $s = 20 - 4t$, temos: $8 = 20 - 4t \Rightarrow 4t = 20 - 8 \Rightarrow 4t = 12 \Rightarrow \boxed{t = 3\text{ h}}$

e) O móvel passa pela origem dos espaços quando seu espaço s é nulo, isto é, $s = 0$.

Em $s = 20 - 4t$, temos: $0 = 20 - 4t \Rightarrow 4t = 20 \Rightarrow \boxed{t = 5\text{ h}}$

Respostas:
a) 20 km; −4 km/h; b) uniforme retrógrado; c) 12 km; d) 3 h; e) 5 h

Observações:

- Pelo exercício, observe que t e s não têm valores fixos. Em Matemática, t e s são chamados variáveis da função.
- O espaço s apenas localiza o móvel, não fornecendo nem o sentido nem a distância percorrida.

R.13 No instante $t = 0$ um móvel se encontra a +15 m do marco zero, estando em movimento uniforme com velocidade escalar 5 m/s em valor absoluto. Determine a função horária do movimento:

a) admitindo-o progressivo; **b)** admitindo-o retrógrado.

Solução:

Se o movimento é uniforme, sua função horária obedece à expressão $s = s_0 + vt$, na qual $s_0 = 15$ m e v pode ser +5 m/s (se progressivo) ou −5 m/s (se retrógrado).

Movimento progressivo

Movimento retrógrado

Respostas:
a) $s_A = 15 + 5t$ (t em segundos e s em metros)
b) $s_B = 15 - 5t$ (t em segundos e s em metros)

R.14 Dois móveis A e B percorrem a mesma trajetória e seus espaços são medidos a partir de uma origem comum. Suas funções horárias, para s em metros e t em segundos, são: $s_A = 10 + 2t$ e $s_B = 40 - 4t$.

Determine:

a) o instante do encontro; **b)** a posição do encontro.

Solução:

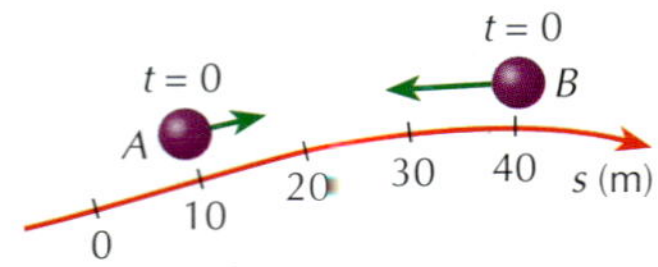

a) Na figura ao lado representamos as posições dos móveis no instante $t = 0$.

O espaço inicial de A é 10 m e seu movimento é progressivo ($v = +2$ m/s).

O espaço inicial de B é 40 m e seu movimento é retrógrado ($v = -4$ m/s).

No instante do encontro os móveis têm espaços iguais, independentemente de quanto cada qual percorreu:

$$s_A = s_B$$
$$10 + 2t = 40 - 4t$$
$$2t + 4t = 40 - 10$$
$$6t = 30$$
$$\boxed{t = 5\text{ s}} \quad \text{(instante do encontro)}$$

b) Substituindo t por 5 s em qualquer uma das funções horárias, obtemos a posição do encontro:

$$s_A = 10 + 2 \cdot 5 \Rightarrow \boxed{s_A = 20\text{ m}}$$

Para confirmar: $s_B = 40 - 4t \Rightarrow s_B = 40 - 4 \cdot 5 \Rightarrow \boxed{s_B = 20\text{ m}}$

Respostas: a) $t = 5$ s; b) $s_A = s_B = 20$ m

> **Entre na rede**
>
> No endereço eletrônico **http://br.geocities.com/saladefisica3/laboratorio/uniforme/uniforme.htm** (acesso em 15/2/2007), você pode analisar as características do movimento uniforme.

R.15 Duas estações A e B estão separadas por 200 km, medidos ao longo da trajetória. Pela estação A passa um trem P, no sentido de A para B, e simultaneamente passa por B um trem Q, no sentido de B para A. Os trens P e Q têm movimentos uniformes com velocidades de valores absolutos 70 km/h e 30 km/h, respectivamente.

Determine:

a) o instante do encontro; **b)** a posição do encontro.

Solução:

Vamos escrever as funções horárias dos movimentos dos dois trens P e Q. Para isso devemos:

① adotar uma origem dos espaços;
② orientar a trajetória;
③ adotar uma origem dos tempos;
④ escrever as funções horárias;
⑤ impor a condição de encontro.

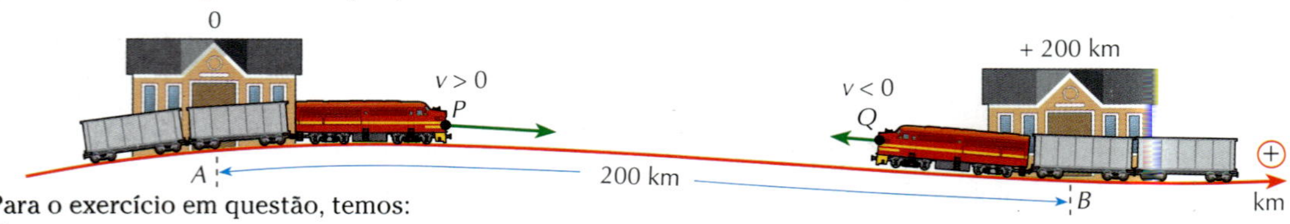

Para o exercício em questão, temos:

① Origem dos espaços: estação A (marco zero).
② Orientação da trajetória: de A para B (note que o espaço da estação B é +200 km).
③ Origem dos tempos $t = 0$ h: instante simultâneo das passagens de P por A, e de Q por B (note que nesse instante os trens estão em suas posições iniciais).
④ Funções horárias do tipo $s = s_0 + vt$, pois os movimentos são uniformes. Observe que, com a orientação de trajetória de A para B, P tem movimento progressivo ($v > 0$) e Q retrógrado ($v < 0$).

Trem P $\begin{cases} s = s_0 + vt \\ s_0 = 0;\ v = +70\text{ km/h; } (t \text{ em h; } s_P \text{ em km}) \\ \boxed{s_P = 0 + 70t} \end{cases}$ Trem Q $\begin{cases} s = s_0 + vt \\ s_0 = +200\text{ km; } v = -30\text{ km/h; } t \text{ em h; } s_Q \text{ em km} \\ \boxed{s_Q = 200 - 30t} \end{cases}$

⑤ Encontro: no instante do encontro os móveis têm o mesmo espaço ($s_P = s_Q$) independentemente de quanto cada qual percorreu.

$$s_P = s_Q \Rightarrow 0 + 70t = 200 - 30t \Rightarrow 70t + 30t = 200 \Rightarrow 100t = 200 \Rightarrow \boxed{t = 2\text{ h}} \quad \text{(instante do encontro)}$$

Substituindo t por 2 h em qualquer uma das funções horárias, obtemos a posição do encontro:

$$s_P = 70t = 70 \cdot 2 \Rightarrow \boxed{s_P = 140\text{ km}}$$

Para confirmar: $s_Q = 200 - 30t = 200 - 30 \cdot 2 \Rightarrow \boxed{s_Q = 140\text{ km}}$

O encontro ocorre a 140 km da origem dos espaços (estação A).

AE Pratique! Ver AEII pág. 46

Respostas: a) 2 h após as passagens dos trens P e Q pelas estações A e B; b) a 140 km da estação A.

Exercícios propostos

P.38 Um móvel realiza um movimento uniforme num determinado referencial. Seus espaços variam com o tempo segundo os dados da tabela:

t (s)	0	1	2	3	4	5
s (m)	160	120	80	40	0	−40

a) Determine o espaço inicial s_0 e a velocidade escalar v do movimento.
b) O movimento é progressivo ou retrógrado?
c) Qual é a função horária do movimento?

P.39 Um móvel descreve um movimento sempre no mesmo sentido num determinado referencial, percorrendo distâncias iguais em intervalos de tempo iguais. Seus espaços variam com o tempo segundo os dados da tabela:

t (s)	1	3	5	7	9	11	13
s (m)	150	250	350	450	550	650	750

a) Qual é a velocidade escalar média no intervalo de tempo entre 1 e 3 s?
b) Qual é a velocidade escalar média no intervalo de tempo entre 5 e 13 s?
c) O movimento em questão é uniforme? Por quê?
d) O movimento é progressivo ou retrógrado no intervalo de tempo observado? Por quê?

P.40 É dada a função horária do movimento de um móvel $s = 100 + 80t$, onde s é medido em metros e t em segundos. Determine:

a) o espaço inicial e a velocidade escalar;
b) o espaço quando $t = 2$ s;
c) o instante em que o móvel se encontra a 500 m da origem dos espaços;
d) se o movimento é progressivo ou retrógrado.

P.41 É dada a função horária do movimento de um móvel $s = 60 - 12t$, na qual s é medido em quilômetros e t em horas. Determine:

a) o espaço inicial e a velocidade escalar;
b) o espaço quando $t = 3$ h;
c) o instante em que o móvel passa pela origem dos espaços;
d) se o movimento é progressivo ou retrógrado.

P.42 Os móveis *A*, *B*, *C* e *D* possuem movimentos uniformes. Escreva suas funções horárias e determine seus espaços no instante $t = 2$ s.

	Espaço inicial	Velocidade (valor absoluto)	Movimento
A	35 m	12 m/s	progressivo
B	30 m	90 m/s	retrógrado
C	29 cm	13 cm/s	retrógrado
D	43 m	21 m/s	progressivo

P.43 Dois móveis percorrem a mesma trajetória e seus espaços estão medidos a partir do marco escolhido na trajetória. Suas funções horárias são:

$$s_A = 30 - 80t \quad \text{e} \quad s_B = 10 + 20t$$

Nessas funções, t é o tempo em horas e s_A e s_B são os espaços em quilômetros. Determine o instante e a posição do encontro.

P.44 Dois móveis P_1 e P_2 caminham na mesma trajetória. Na figura indicamos os sentidos de seus movimentos, bem como suas posições no instante em que se aciona o cronômetro ($t = 0$).

As velocidades de P_1 e P_2 são respectivamente iguais a 20 m/s e 10 m/s (em valor absoluto). Determine o instante e a posição de encontro dos móveis.

P.45 Duas cidades *A* e *B* estão separadas pela distância de 300 km, medidos ao longo da estrada que as liga. No mesmo instante, um móvel *P* passa por *A*, dirigindo-se a *B*, e um móvel *Q* passa por *B*, dirigindo-se a *A*. Seus movimentos são uniformes e suas velocidades (em valor absoluto) são iguais a 80 km/h (*P*) e 70 km/h (*Q*). Determine:

a) o instante do encontro;
b) a posição de encontro.

Exercícios propostos de recapitulação

P.46 Dois carros A e B realizam movimentos retilíneos uniformes. A velocidade escalar de A é 15 m/s. Determine a velocidade escalar de B, sabendo que eles colidem no cruzamento C.

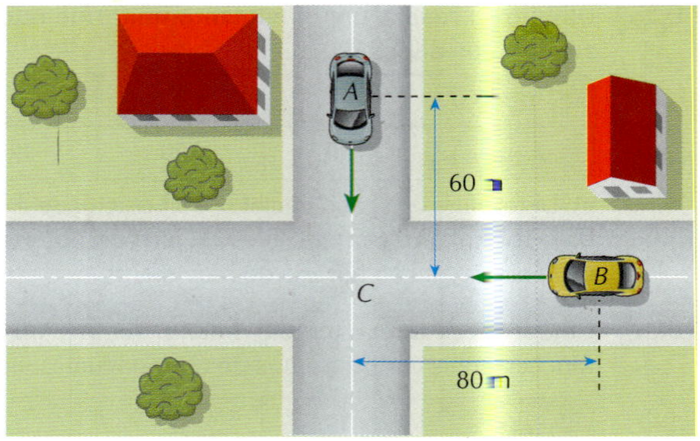

P.47 Um carro de 4,0 m de comprimento desloca-se em movimento retilíneo uniforme com velocidade escalar $v = 15$ m/s, aproximando-se de um cruzamento. Quando o carro está a 150 m do cruzamento, a luz do semáforo passa de vermelha para verde, assim permanecendo por 15 s. A largura da rua é de 26 m. Determine se o carro cruzará totalmente a rua com a luz ainda verde.

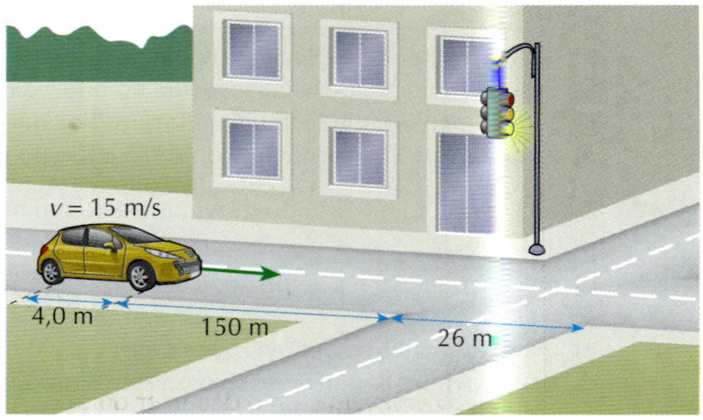

P.48 (UFRJ) Dois trens, um de carga e outro de passageiros, movem-se nos mesmos trilhos retilíneos, em sentidos opostos, um aproximando-se do outro, ambos com movimentos uniformes. O trem de carga, de 50 m de comprimento, tem uma velocidade de módulo igual a 10 m/s e o de passageiros, uma velocidade de módulo igual a v. O trem de carga deve entrar num desvio para que o de passageiros possa prosseguir viagem nos mesmos trilhos, como ilustra a figura. No instante focalizado, as distâncias das dianteiras dos trens ao desvio valem 200 m e 400 m, respectivamente.

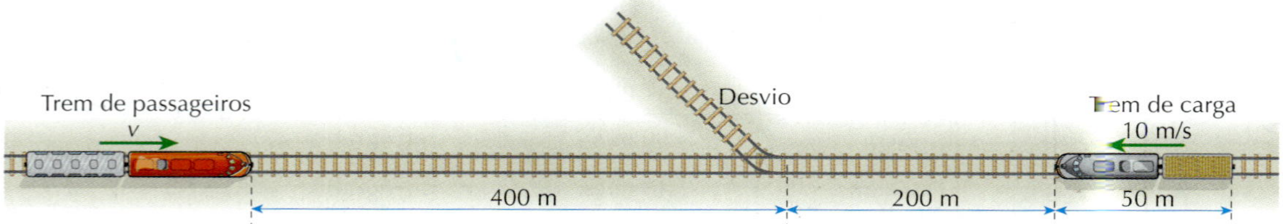

Calcule o valor máximo de v para que não haja colisão.

P.49 (Vunesp) Uma caixa de papelão vazia, transportada na carroceria de um caminhão que trafega a 90 km/h num trecho reto de uma estrada, é atravessada por uma bala perdida. A largura da caixa é de 2,00 m e a distância entre as retas perpendiculares às duas laterais perfuradas da caixa e que passam, respectivamente, pelos orifícios de entrada e de saída da bala (ambos na mesma altura) é de 0,20 m.

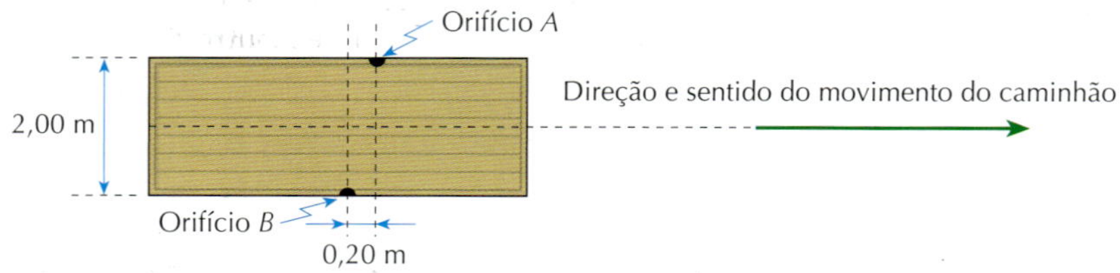

Caixa vista de cima

Supondo que a direção do disparo é perpendicular às laterais perfuradas da caixa e ao deslocamento do caminhão e que o atirador estava parado na estrada, determine a velocidade da bala, suposta constante.

P.50 Duas pequenas esferas A e B percorrem uma mesma trajetória retilínea com movimentos uniformes e velocidades escalares 8,0 m/s e 6,0 m/s, respectivamente. No instante $t = 0$, as esferas estão posicionadas conforme a figura abaixo. Determine em que instantes a distância entre as esferas é de 4,0 m.

P.51 (FGV-SP) De duas cidadezinhas ligadas por uma estrada reta de 10 km de comprimento, partem simultaneamente, uma em direção à outra, duas carroças, puxadas cada uma por um cavalo e andando à velocidade de 5 km/h. No instante de partida, uma mosca, que estava pousada na testa do primeiro cavalo, parte voando em linha reta, com a velocidade de 15 km/h e vai pousar na testa do segundo cavalo. Após um intervalo de tempo desprezível, ela parte novamente e volta, com a mesma velocidade de antes, em direção ao primeiro cavalo, até pousar em sua testa. E assim prossegue nesse vaivém, até que os dois cavalos se encontram e a mosca morre esmagada entre as duas testas. Quantos quilômetros percorreu a mosca?

Testes propostos

T.38 Se a velocidade escalar de um móvel é positiva:

a) o movimento é progressivo.
b) o movimento é retrógrado.
c) o movimento é necessariamente uniforme.
d) o movimento é necessariamente variado.
e) nenhuma das afirmações anteriores é correta.

T.39 Num movimento retrógrado:

a) os espaços crescem com o decorrer do tempo.
b) os espaços decrescem com o decorrer do tempo.
c) a velocidade escalar média é nula.
d) a velocidade escalar é positiva.
e) nenhuma das afirmações anteriores é correta.

T.40 (Mackenzie-SP) Uma partícula descreve um movimento uniforme cuja função horária é $s = -2 + 5t$, para s em metros e t em segundos. Nesse caso, podemos afirmar que a velocidade escalar da partícula é:

a) -2 m/s e o movimento é retrógrado.
b) -2 m/s e o movimento é progressivo.
c) 5 m/s e o movimento é progressivo.
d) 5 m/s e o movimento é retrógrado.
e) $-2{,}5$ m/s e o movimento é retrógrado.

T.41 (Uesb-BA) Dois móveis, A e B, percorrem uma mesma trajetória e suas posições são dadas, a partir da mesma origem dos espaços, por $s_A = -30 + 10t$ e $s_B = -10 - 10t$ (s em m e t em s).
O instante e a posição de encontro são iguais, respectivamente, a:

01) 1 s e -20 m
02) 2 s e -10m
03) 3 s e -40 m
04) 4 s e 20 m
05) 5 s e -60 m

T.42 (FEI-SP) Dois móveis, ambos com movimento uniforme, percorrem uma trajetória retilínea conforme mostra a figura a seguir. Em $t = 0$, eles se encontram, respectivamente, nos pontos A e B na trajetória. As velocidades escalares dos móveis são $v_A = 50$ m/s e $v_B = 30$ m/s no mesmo sentido.

Em qual ponto da trajetória ocorrerá o encontro dos móveis?

a) 200 m
b) 225 m
c) 250 m
d) 300 m
e) 350 m

T.43 (UFMG) Duas esferas se movem em linha reta e com velocidades constantes ao longo de uma régua centimetrada. Na figura abaixo estão indicadas as velocidades das esferas e as posições que ocupavam num certo instante.

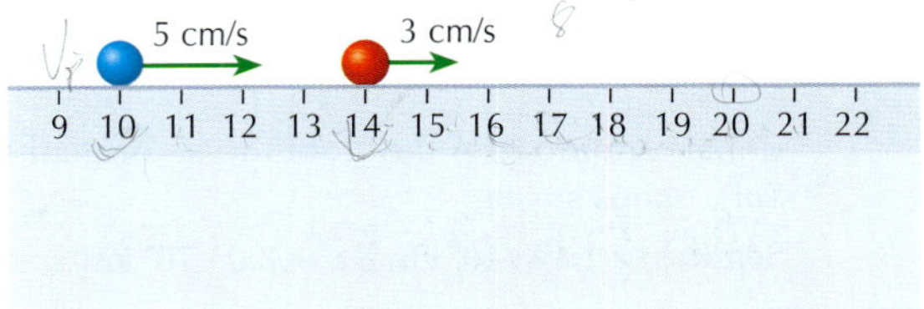

As esferas irão colidir na posição correspondente a:

a) 15 cm
b) 17 cm
c) 18 cm
d) 20 cm
e) 22 cm

T.44 (UFPA) Um rapaz e uma moça saem de suas casas um ao encontro do outro, caminhando sempre com velocidades respectivamente de 3,5 km/h e 2,5 km/h. Estando a 100 m da moça, em linha reta, o rapaz, ao avistá-la, aciona o seu cronômetro, travando-o apenas no instante em que os dois se encontram. O intervalo de tempo, em minutos, registrado pelo cronômetro vale:

a) 1,0
b) 6,0
c) 9,0
d) 10
e) 12

T.45 (UFRGS-RS) Um caminhoneiro parte de São Paulo com velocidade escalar de módulo igual a 74 km/h. No mesmo instante parte outro de Camaquã, no Rio Grande do Sul, com velocidade escalar constante de módulo igual a 56 km/h.

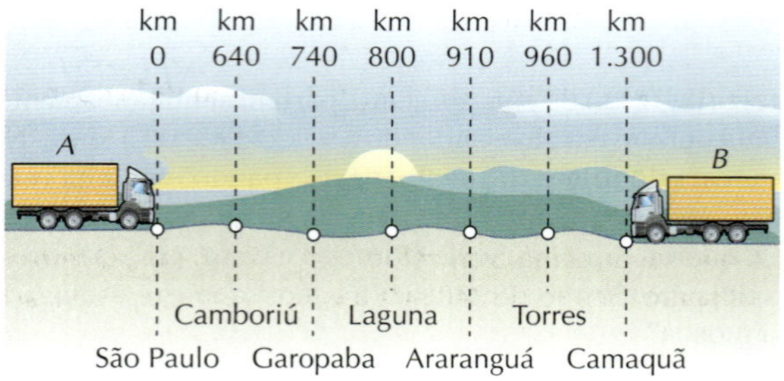

Em que cidade eles se encontrarão?

a) Camboriú **b)** Garopaba **c)** Laguna **d)** Araranguá **e)** Torres

T.46 (FMTM-MG) São dadas as funções horárias dos espaços de quatro móveis, *A*, *B*, *C* e *D*, definidas sobre a mesma trajetória retilínea, com valores medidos no SI (Sistema Internacional):

$s_A = -5 + 2t$
$s_B = -7 - 3t$
$s_C = 5t$
$s_D = -1 - t$

(Valores válidos para $t \geqslant 0$.)

Os dois móveis que deverão se encontrar em um tempo futuro são:

a) *A* e *C* **b)** *A* e *D* **c)** *B* e *C* **d)** *B* e *D* **e)** *C* e *D*

T.47 (Fuvest-SP) João está parado em um posto de gasolina quando vê o carro de seu amigo, passando por um ponto *P*, na estrada, a 60 km/h. Pretendendo alcançá-lo, João parte com seu carro e passa pelo mesmo ponto *P*, depois de 4 minutos, já a 80 km/h. Considere que ambos dirigem com velocidades constantes. Medindo o tempo, a partir de sua passagem pelo ponto *P*, João deverá alcançar seu amigo, aproximadamente, em:

a) 4 minutos **b)** 10 minutos **c)** 12 minutos **d)** 15 minutos **e)** 20 minutos

Exercícios especiais de movimento uniforme

Exercícios resolvidos

R.16 Determine o intervalo de tempo para a luz vir do Sol à Terra. No vácuo, a velocidade da luz é constante e aproximadamente igual a $3{,}0 \cdot 10^5$ km/s. A distância entre o Sol e a Terra é de $1{,}49 \cdot 10^8$ km. Considere o movimento de propagação da luz como retilíneo e uniforme.

Solução:

Como o movimento é uniforme, vem:

$s = s_0 + vt$

Considerando $s_0 = 0$ (adotando-se origem dos espaços no Sol), temos $s = vt$.

Sendo $s = 1{,}49 \cdot 10^8$ km e $v = 3{,}0 \cdot 10^5$ km/s, vem:

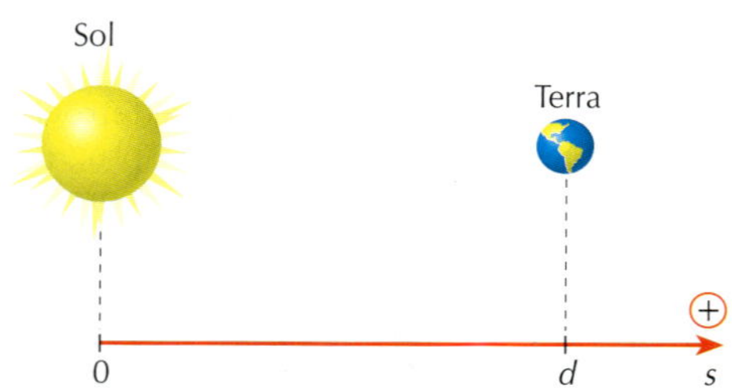

$$t = \frac{s}{v} = \frac{1{,}49 \cdot 10^8 \text{ km}}{3{,}0 \cdot 10^5 \text{ km/s}} \Rightarrow \boxed{t = 497 \text{ s}}$$

Em minutos $\left(1 \text{ min} = 60 \text{ s e } 1 \text{ s} = \frac{1}{60} \text{ min}\right)$: $t = \frac{497}{60}$ min $\Rightarrow \boxed{t = 8 \text{ min } 17 \text{ s}}$

O exercício também pode ser resolvido lembrando que no movimento uniforme a velocidade escalar instantânea é constante e coincide com a velocidade escalar média:

$$v = v_m \Rightarrow v = \frac{\Delta s}{\Delta t}$$

Sendo $v = 3{,}0 \cdot 10^5$ km/s e $\Delta s = 1{,}49 \cdot 10^8$ km, resulta:

$$\Delta t = \frac{\Delta s}{v} = \frac{1{,}49 \cdot 10^8 \text{ km}}{3{,}0 \cdot 10^5 \text{ km/s}} \Rightarrow \boxed{\Delta t = 497 \text{ s}}$$

Resposta: 497 s (aproximadamente 8 min)

Observação:

Os dados abaixo se referem aos locais de onde a luz provém e os correspondentes intervalos de tempo aproximados que ela demora para atingir a Terra:

Lua	Sol	Estrela α Centauri	Estrela Vega	Estrela β Andrômeda
1 s	8 min	4,6 anos	26 anos	75 anos

Em Astronomia usa-se muito uma unidade de distância chamada **ano-luz**, que é a distância que a luz percorre no vácuo em 1 ano:

$$1 \text{ ano-luz} \simeq 9{,}46 \cdot 10^{15} \text{ m}$$

R.17 Um atirador aponta para um alvo e dispara um projétil, que sai da arma com velocidade de 300 m/s. O impacto do projétil no alvo é ouvido pelo atirador 3,2 s após o disparo. Sendo de 340 m/s a velocidade de propagação do som no ar, calcule a distância do atirador ao alvo.

Solução:

O intervalo de tempo $\Delta t = 3{,}2$ s é a soma do intervalo de tempo $\Delta t_{proj.}$ que o projétil leva para atingir o alvo com o intervalo de tempo Δt_{som} que o som leva para ir do alvo ao atirador:

$$\Delta t = \Delta t_{proj.} + \Delta t_{som} \Rightarrow 3{,}2 = \Delta t_{proj.} + \Delta t_{som}$$

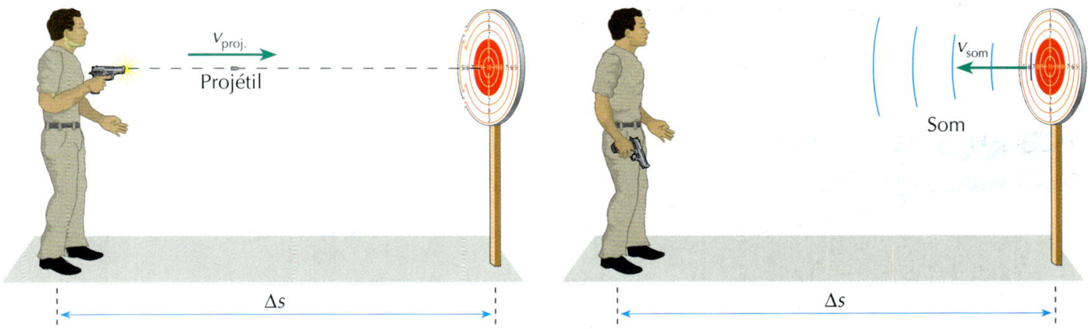

Sendo

$$v_{proj.} = \frac{\Delta s}{\Delta t_{proj.}} \Rightarrow \Delta t_{proj.} = \frac{\Delta s}{v_{proj.}} = \frac{\Delta s}{300} \quad \text{e} \quad v_{som} = \frac{\Delta s}{\Delta t_{som}} \Rightarrow \Delta t_{som} = \frac{\Delta s}{v_{som}} = \frac{\Delta s}{340}$$

vem:

$$3{,}2 = \frac{\Delta s}{300} + \frac{\Delta s}{340} \Rightarrow 3{,}2 = \frac{(340 + 300)\Delta s}{300 \cdot 340} \Rightarrow \boxed{\Delta s = 510 \text{ m}}$$

Resposta: 510 m

R.18 A velocidade de projeção de um filme é constante e à razão de 24 fotografias projetadas em cada segundo na tela. Quantas fotografias são projetadas na tela durante a projeção de um filme que dura 2 horas?

Solução:

Quando um raio luminoso, proveniente da imagem projetada, atinge a retina de nossos olhos produz uma sensação luminosa que persiste durante um décimo de segundo. O movimento de personagens e objetos que vemos na tela deve-se a essa particularidade de nossa retina.

Uma fotografia é projetada na tela durante um tempo muito curto (0,04 s aproximadamente, pois num segundo são projetadas 24 fotografias), mas suficiente para impressionar nossa retina; logo é substituída por outra, ainda que em nosso olho persista a anterior, e assim sucessivamente. Para nosso olho, essa sucessão dá o efeito da visão de um movimento contínuo.

Como a velocidade de projeção é constante (24 fotografias por segundo), podemos calcular o número de fotografias projetadas em duas horas (2 h = 2 · 3.600 s = 7.200 s), utilizando uma regra de três simples:

$$\left.\begin{matrix} 1 \text{ s} & \rightarrow & 24 \text{ fotografias} \\ 7.200 \text{ s} & \rightarrow & x \end{matrix}\right\} \Rightarrow x = 24 \cdot 7.200 \Rightarrow \boxed{x = 172.800 \text{ fotografias}}$$

Resposta: 172.800 fotografias

R.19 Duas localidades A e B estão separadas pela distância de 180 km. Simultaneamente passam por essas localidades os móveis P e Q. P passa por A e dirige-se a B; Q passa por B e dirige-se para A. Seus movimentos são uniformes, com velocidades de 90 km/h e 60 km/h, respectivamente. Determine o instante e a posição do encontro dos móveis.

Solução:

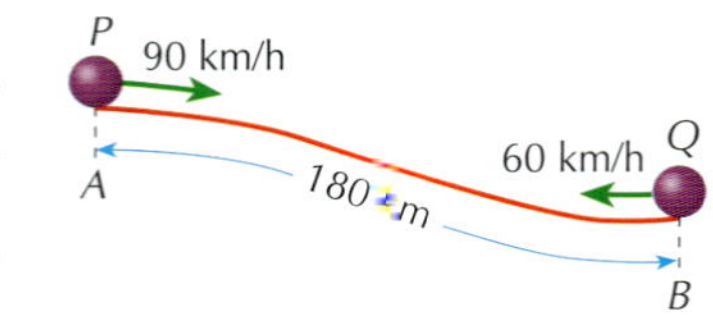

Este exercício é do mesmo tipo do **R.15**, resolvido neste capítulo. Apresentaremos, agora, outra forma de resolução, mais simplificada, utilizando a noção de velocidade relativa de aproximação e de afastamento (veja quadro abaixo). P e Q são dois móveis que se aproximam e a velocidade relativa de aproximação de P em relação a Q é 150 km/h (90 km/h + 60 km/h).
Haverá encontro quando a distância que inicialmente os separa (180 km) for percorrida com essa velocidade relativa de 150 km/h (em outras palavras, considere Q em repouso e P se aproximando com velocidade de 150 km/h):

$$s_{rel.} = v_{rel.} \cdot t \Rightarrow 180 = 150t \Rightarrow \boxed{t = 1{,}2 \text{ h}}$$

Esse é o instante de encontro. A posição de encontro é dada em relação a um referencial fixo na Terra. Então, considere a velocidade de P em relação à Terra:

$$s_P = v_P \cdot t = 90 \cdot 1{,}2 \Rightarrow \boxed{s_P = 108 \text{ km}}$$

Resposta: O instante de encontro é 1,2 h e a posição de encontro é 108 km da localidade A.

Velocidade relativa de aproximação e de afastamento

a) Velocidades de sentidos contrários
O módulo da velocidade relativa entre os corpos A e B é dado pela soma dos módulos das velocidades de A e B.

Aproximação

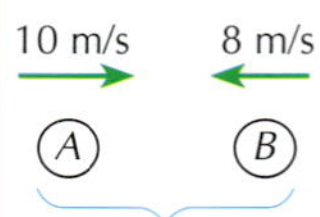

$v_{AB} = 18$ m/s

Afastamento

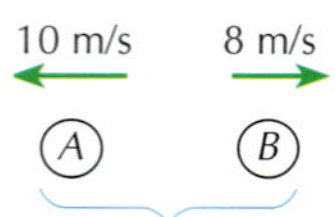

$v_{AB} = 18$ m/s

b) Velocidades de mesmo sentido
O módulo da velocidade relativa entre os corpos A e B é dado pela diferença entre os módulos das velocidades de A e B.

Aproximação

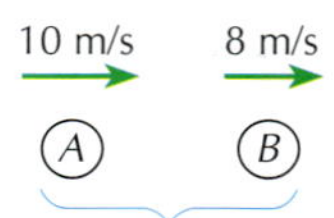

$v_{AB} = 2$ m/s

Afastamento

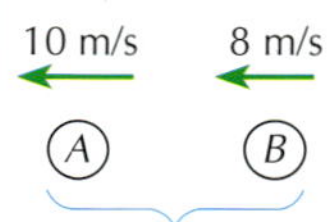

$v_{AB} = 2$ m/s

Conclusão:

a) velocidades de sentidos contrários

$$v_{AB} = |v_A| + |v_B|$$

b) velocidades de mesmo sentido

$$v_{AB} = |v_A| - |v_B|$$

Observações:

- Nos cálculos acima, supõe-se: $|v_A| > |v_B|$
- O resultado v_{AB} obtido é em módulo.
- Se houver colisão e os móveis permanecerem juntos após a colisão, $v_{AB} = 0$.

R.20 Dois trens, P e Q, percorrem trajetórias retilíneas e paralelas. O trem P possui 30 m de comprimento e velocidade de 30 km/h, e o trem Q possui 50 m e a velocidade de 10 km/h; seus movimentos são uniformes. Determine:

a) o intervalo de tempo da ultrapassagem, isto é, o intervalo de tempo necessário para que o trem mais veloz (P) ultrapasse o trem mais lento (Q);

b) a distância percorrida por P durante a ultrapassagem.

Solução:

A ultrapassagem inicia-se quando a parte dianteira do trem P se emparelha com a parte traseira de Q (ponto A na figura, ver página 41) e termina quando a parte traseira de P se emparelha com a parte dianteira de Q (ponto B na figura). Na figura, os comprimentos indicados já estão em km, pois as velocidades estão em km/h. Os trens são corpos sólidos e, quando se deslocam em linha reta, o movimento de um de seus pontos é o movimento do conjunto. Na figura (III) representamos o trem P pelo ponto extremo de sua parte traseira e o trem Q, pelo ponto mais avançado da sua parte dianteira. A escolha desses pontos é arbitrária: assim fizemos para que, no final da ultrapassagem, ficassem lado a lado, correspondendo a uma situação de encontro.
Vamos usar as noções de velocidade relativa de aproximação e de afastamento do exercício anterior.

a) Na figura (III), o ponto P se aproxima de Q com velocidade relativa de 20 km/h e alcança Q após percorrer 0,080 km (adição dos comprimentos dos trens). Então, temos:

$$s_{rel.} = v_{rel.} \cdot t \Rightarrow 0{,}080 = 20t \Rightarrow t = 0{,}004 \text{ h} = 0{,}004 \cdot 3.600 \text{ s} \Rightarrow \boxed{t = 14{,}4 \text{ s}}$$

Note que 14,4 s é o intervalo de tempo da ultrapassagem.

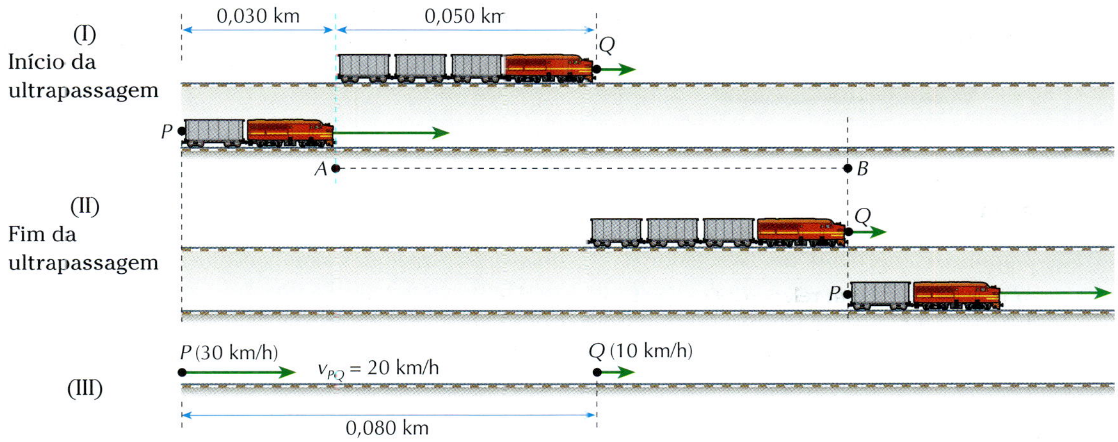

b) A distância percorrida em relação ao solo é:

$$\Delta s_P = v_P \cdot t = 30 \cdot 0{,}004 \Rightarrow \Delta s_P = 0{,}12 \text{ km} \Rightarrow \boxed{\Delta s_P = 120 \text{ m}}$$

Respostas: a) 14,4 s; b) 120 m

Observação:
Se os trens caminhassem em sentidos contrários [figura (IV), a seguir], apenas se alteraria a velocidade relativa de aproximação dos trens. No restante, a solução do exercício seguiria as mesmas etapas anteriores, como se indica na própria figura (IV).

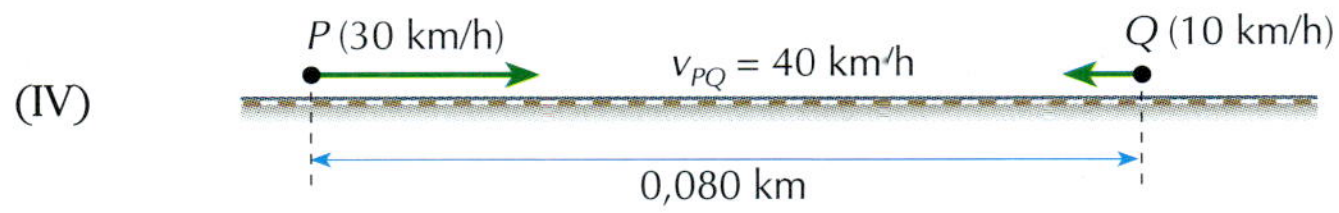

$$s_{\text{rel.}} = v_{\text{rel.}} \cdot t \Rightarrow 0{,}080 = 40t \Rightarrow t = 0{,}002 \text{ h} = 7{,}2 \text{ s}$$

R.21 Dois automóveis *A* e *B* passam por um mesmo ponto *P* de uma estrada. Suas velocidades escalares são constantes e valem respectivamente 15 m/s e 20 m/s. O automóvel *B* passa pelo ponto *P* 2 s após a passagem de *A*. Determine a posição e o instante em que *B* alcança *A*.

Solução:

Vamos escrever as funções horárias de *A* e *B*. Adotamos a origem dos espaços no ponto *P* e a origem dos tempos no instante em que *A* passa por *P* ($t = 0$). Assim, após *t* segundos o automóvel *A* terá andado durante *t* segundos e em sua função horária temos a variável *t*. O automóvel *B* passa por *P* 2 s depois.

B passa por *P* 2 s após a passagem de *A*.

Após *t* segundos, *B* andou $(t - 2)$ segundos. Daí em sua função horária teremos $(t - 2)$ em lugar de *t*.

Considerando a função horária $s = s_0 + vt$, temos:

Automóvel *A*
$s_0 = 0$ e $v = 15$ m/s
$s_A = 15t$ (*s* em metros, *t* em segundos)

Automóvel *B*
$s_0 = 0$ e $v = 20$ m/s
$s_B = 20 \cdot (t - 2)$ (*s* em metros, *t* em segundos)

No encontro: $s_A = s_B \Rightarrow 15t = 20 \cdot (t - 2) \Rightarrow \boxed{t = 8 \text{ s}}$ (instante do encontro)

Substituindo *t* por 8 s numa das funções horárias, obtemos a posição do encontro:

$$s_A = 15t \Rightarrow s_A = 15 \cdot 8 \Rightarrow \boxed{s_A = 120 \text{ m}}$$

Resposta: *B* alcança *A* 8 s após a passagem de *A* por *P* e a 120 m de *P*.

Exercícios propostos

P.52 Um atirador aponta sua arma para um alvo, situado a 255 m de distância, e dispara um projétil. O impacto do projétil no alvo é ouvido pelo atirador 1,6 s após o disparo. Sendo 340 m/s a velocidade de propagação do som no ar, determine a velocidade do projétil, suposta constante.

P.53 Durante um nevoeiro, um navegador recebe dois sinais expedidos simultaneamente por um posto na costa, um deles através do ar e outro através da água. Entre as recepções dos dois sons, decorre o intervalo de tempo $\Delta t = 4$ s. Nas condições dos eventos, a velocidade do som é de 300 m/s no ar e de 1.500 m/s na água. Determine a distância x entre o barco e o posto emissor dos sinais, conforme os dados acima.

P.54 (Fuvest-SP) Um filme comum é formado por uma série de fotografias individuais que são projetadas à razão de 24 imagens (ou quadros) por segundo, o que nos dá a sensação de movimento contínuo. Esse fenômeno é devido ao fato de que nossos olhos retêm a imagem por um intervalo de tempo um pouco superior a $\frac{1}{20}$ de segundo. Essa retenção é chamada de persistência da retina.

a) Numa projeção de filme com duração de 30 s, quantos quadros são projetados?

b) Uma pessoa, desejando filmar o desabrochar de uma flor cuja duração é de aproximadamente 6,0 h, pretende apresentar este fenômeno num filme de 10 min de duração. Quantas fotografias individuais do desabrochar da flor devem ser tiradas?

P.55 Um indivíduo filma o movimento de uma borboleta à razão de 64 fotografias por segundo, durante 5 s. Depois de revelado, o filme é projetado à razão de 16 fotografias por segundo. Quanto tempo leva a projeção? O movimento da borboleta será visto, na projeção, mais lento ou mais rápido do que ocorreu na realidade?

P.56 Dois trens P e Q deslocam-se em trajetórias paralelas com movimentos uniformes de velocidades iguais a 40 km/h e 60 km/h, e seus comprimentos são 200 m e 300 m, respectivamente. Determine o intervalo de tempo da ultrapassagem de um trem pelo outro, admitindo-se os seus movimentos:

a) no mesmo sentido;

b) em sentidos opostos.

P.57 (Uece) Dois trens de comprimento 60 m e 90 m correm em trilhos paralelos e em sentidos opostos. O trem menor move-se com o dobro da velocidade do maior, para um referencial fixo na Terra. Uma pessoa no trem menor observa que o trem maior gasta 2 s para passar por sua janela. Determine a velocidade, em m/s, do trem menor.

P.58 Um trem sai da estação de uma cidade com velocidade escalar constante de 40 km/h; 20 min depois, sai da mesma estação um segundo trem, com velocidade escalar constante de 60 km/h. Quanto tempo, após sua partida, o segundo trem demora para alcançar o primeiro?

P.59 (Fuvest-SP) O sistema GPS (*Global Positioning System*) permite localizar um receptor especial, em qualquer lugar da Terra, por meio de sinais emitidos por satélites. Numa situação particular, dois satélites, A e B, estão alinhados sobre uma reta que tangencia a superfície da Terra no ponto O e encontram-se à mesma distância de O. O protótipo de um novo avião, com um receptor R, encontra-se em algum lugar dessa reta e seu piloto deseja localizar sua própria posição.

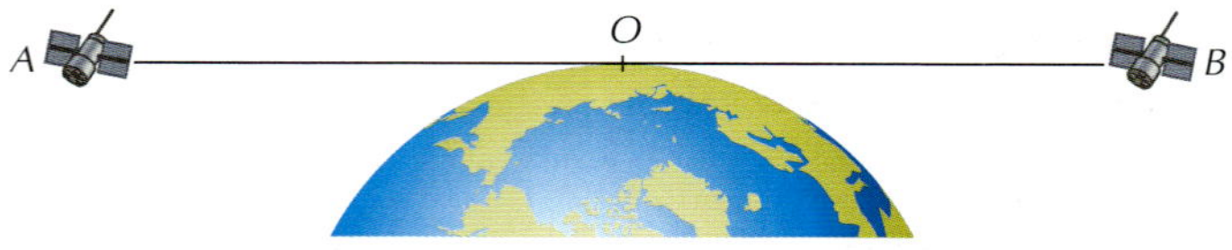

Os intervalos de tempo entre a emissão dos sinais pelos satélites A e B e sua recepção por R são, respectivamente, $\Delta t_A = 68{,}5 \cdot 10^{-3}$ s e $\Delta t_B = 64{,}8 \cdot 10^{-3}$ s.

Desprezando possíveis efeitos atmosféricos e considerando a velocidade de propagação dos sinais como igual à velocidade c da luz no vácuo ($c = 3{,}0 \cdot 10^5$ km/s), determine:

a) a distância D, em km, entre cada satélite e o ponto O;

b) a distância X, em km, entre o receptor R, no avião, e o ponto O;

c) a posição do avião, identificada pela letra R, localizando-a no esquema abaixo.

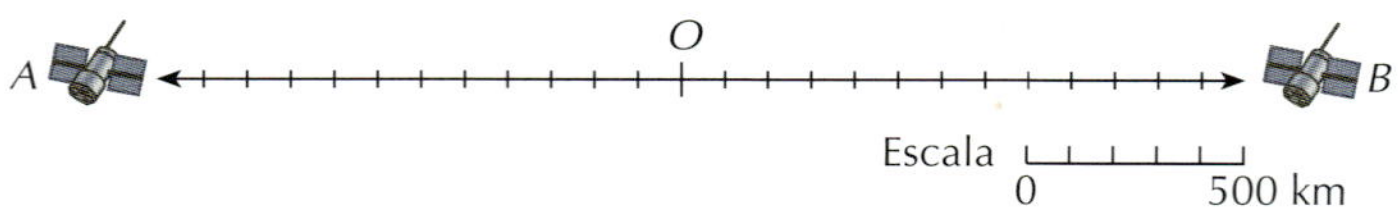

P.60 (Vunesp) A missão *Deep Impact*, concluída com sucesso em julho*, consistiu em enviar uma sonda ao cometa Tempel, para investigar a composição do seu núcleo. Considere uma missão semelhante, na qual uma sonda espacial S, percorrendo uma trajetória retilínea, aproxima-se do núcleo de um cometa C, com velocidade v constante relativamente ao cometa. Quando se encontra à distância D do cometa, a sonda lança um projétil rumo ao seu núcleo, também em linha reta e com velocidade constante $\frac{3v}{2}$, relativamente ao cometa. No instante em que o projétil atinge seu alvo, a sonda assume nova trajetória retilínea, com a mesma velocidade v, desviando-se do cometa. A aproximação máxima da sonda com o cometa ocorre quando a distância entre eles é $\frac{D}{5}$, como esquematizado na figura:

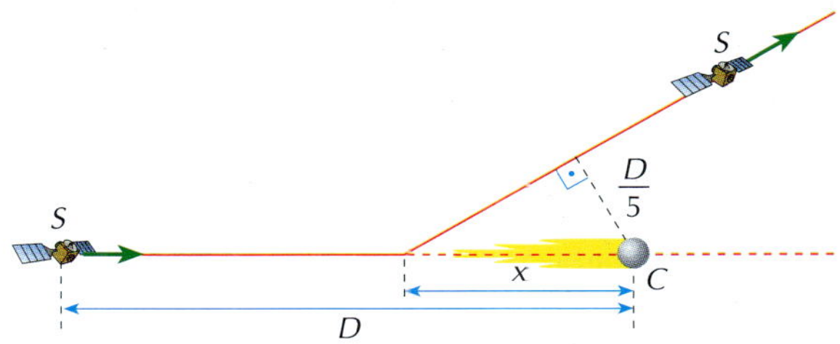

Desprezando efeitos gravitacionais do cometa sobre a sonda e o projétil, calcule:

a) a distância x da sonda em relação ao núcleo do cometa, no instante em que o projétil atinge o cometa. Apresente a sua resposta em função de D;

b) o instante, medido a partir do lançamento do projétil, em que ocorre a máxima aproximação entre a sonda e o cometa. Dê a resposta em função de D e v.

Testes propostos

T.48 (Mackenzie-SP) A distância média da Terra à Lua é $3{,}9 \cdot 10^8$ m. Sendo a velocidade da luz no vácuo igual a $3{,}0 \cdot 10^5$ km/s, o tempo médio gasto por ela para percorrer essa distância é de:

a) 0,77 s **b)** 1,3 s **c)** 13 s **d)** 77 s **e)** 1.300 s

T.49 (Cesgranrio-RJ) Uma cena, filmada originalmente a uma velocidade de 40 quadros por segundo, é projetada em câmera lenta a uma velocidade reduzida de 24 quadros por segundo. A projeção dura 1,0 min. A duração real da cena filmada é de:

a) 16 s **b)** 36 s **c)** 100 s **d)** 24 s **e)** 40 s

T.50 (UFPE) Um projetor de filmes gira com uma velocidade de 20 quadros por segundo. Cada quadro mede 1,0 cm de comprimento. Despreze a separação entre os quadros. Qual é o tempo de projeção, em minutos, de um filme cuja fita tem um comprimento total de 18 m?

a) 1,5 **b)** 3,0 **c)** 4,5 **d)** 6,0 **e)** 7,5

T.51 (UEPB) Em um dado trecho reto e plano de uma rodovia, estão se movendo os carros A, B, C e D, com velocidades e posições indicadas na figura.

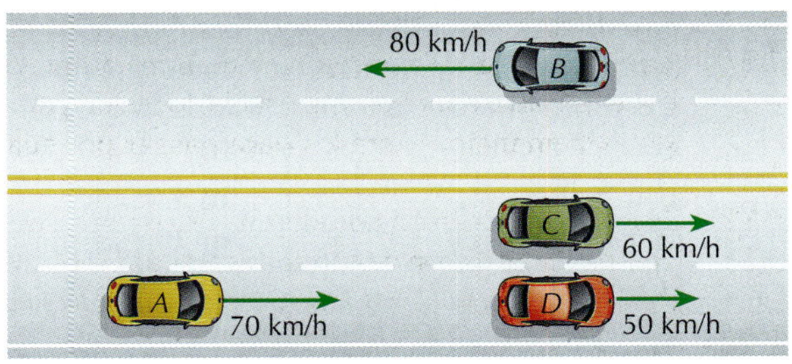

Com base nessas informações, analise as proposições a seguir e assinale a correta.

a) Para o motorista A (observador em A), o carro B está se aproximando com uma velocidade de 20 km/h.

b) Para o motorista B (observador em B), o carro C está se afastando com uma velocidade de 10 km/h.

c) Para o motorista D (observador em D), o carro C está se afastando com uma velocidade de 110 km/h.

d) Para o motorista A (observador em A), o carro D está se aproximando com uma velocidade de 20 km/h.

e) Para o motorista C (observador em C), o carro A está se aproximando com uma velocidade de 130 km/h.

* julho de 2005

T.52 (Olimpíada Brasileira de Física) Uma máquina fotográfica é ajustada para executar uma sequência de fotografias de duas partículas movendo-se ao longo de trilhos paralelos em movimento retilíneo uniforme. Os intervalos de tempo entre duas fotos consecutivas são constantes e iguais a 0,25 segundo. Na primeira fotografia, a distância entre as partículas é de 24 cm. A comparação entre a primeira e a segunda foto mostra que as partículas se movem em sentidos opostos, tendo então se deslocado distâncias respectivamente iguais a 5 cm e 2,5 cm. Pode-se afirmar que:

I. a partícula mais veloz vê a mais lenta se aproximar com uma velocidade 1,5 vezes maior que a sua;

II. o instante em que uma partícula passa pela outra é registrado em fotografia;

III. 5 fotografias são tiradas desde o instante inicial até o momento em que a partícula mais veloz passa pela posição inicial da partícula mais lenta.

Assinale a opção correta.

a) Apenas a afirmativa I é verdadeira.
b) Apenas a afirmativa II é verdadeira.
c) Apenas a afirmativa III é verdadeira.
d) Apenas as afirmativas I e II são verdadeiras.
e) Apenas as afirmativas I e III são verdadeiras.

T.53 (Fuvest-SP) Numa estrada, um caminhão com velocidade constante leva 4 s para ultrapassar outro, cuja velocidade é também constante. Sendo 10 m o comprimento de cada caminhão, a diferença entre as velocidades dos caminhões é igual a:

a) 0,20 m/s
b) 0,40 m/s
c) 2,5 m/s
d) 5,0 m/s
e) 10 m/s

T.54 (Furg-RS) Um comboio de vagões é puxado por uma locomotiva com velocidade de 36 km/h. Essa composição ferroviária tem um comprimento total de 210 m e é ultrapassada por um automóvel que se desloca com velocidade de 15 m/s. Quanto tempo decorre desde o instante em que o automóvel alcança o último vagão da composição até o instante em que ultrapassa a locomotiva? Considere as dimensões do automóvel desprezíveis comparativamente com as dimensões do comboio.

a) 4,2 s **b)** 8,4 s **c)** 14 s **d)** 21 s **e)** 42 s

T.55 (UFSC) Um trem *A*, de 150 metros de comprimento, deslocando-se do sul para o norte, começa a atravessar uma ponte férrea de pista dupla, no mesmo instante em que um outro trem *B*, de 500 metros de comprimento, que se desloca do norte para o sul, inicia a travessia da ponte. O maquinista do trem *A* observa que seu trem se desloca com velocidade constante de 36 km/h, enquanto o maquinista do trem *B* verifica que seu trem está a uma velocidade constante de 72 km/h, ambas as velocidades medidas em relação ao solo. Um observador, situado em uma das extremidades da ponte, observa que os trens completam a travessia da ponte ao mesmo tempo. Assinale a(s) proposição(ões) correta(s).

01) Como o trem *B* tem o dobro da velocidade do trem *A*, ele leva a metade do tempo para atravessar a ponte independentemente do comprimento dela.
02) A velocidade do trem *A*, em relação ao trem *B*, é de 108 km/h.
04) Não podemos calcular o comprimento da ponte, pois não foi fornecido o tempo gasto pelos trens para atravessá-la.
08) O comprimento da ponte é 200 metros.
16) Os trens atravessam a ponte em 35 segundos.
32) A velocidade do trem *B*, em relação ao trem *A*, é de 108 km/h.
64) O comprimento da ponte é 125 metros e os trens a atravessam em 15 segundos.

Dê como resposta a soma dos números associados às proposições corretas.

T.56 (Uespi) Um passageiro perdeu um ônibus que saiu da rodoviária há 5 minutos e pega um táxi para alcançá-lo. O ônibus desenvolve uma velocidade de 60 km/h, e o táxi, de 90 km/h. O intervalo de tempo necessário ao táxi para alcançar o ônibus é, em minutos:

a) 25 **b)** 20 **c)** 15 **d)** 10 **e)** 5

Atividade experimental • I

Realize a experiência com supervisão de seu professor.

Análise de um movimento uniforme

Pegue um tubo cilíndrico de vidro (ou plástico transparente duro) com cerca de 0,5 metro de comprimento e, utilizando fita adesiva transparente, fixe uma régua milimetrada ao tubo. Encha o tubo com água e feche com uma rolha a extremidade aberta, como mostra a foto I. Estando o tubo na vertical, deve restar uma pequena quantidade de ar sobre o nível da água.

THE NEXT

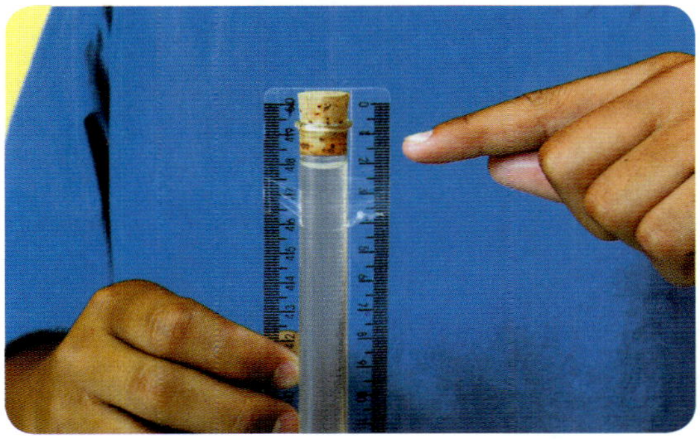

▲ Foto I

Invertendo o tubo rapidamente, você verá que a bolha de ar se move subindo ao longo do tubo (foto II). Se você der uma inclinação pequena, a subida da bolha de ar é suficientemente lenta para permitir medidas (foto III).

Com a régua presa ao tubo e com o auxílio de um cronômetro, meça a posição da bolha de 3 em 3 segundos, e organize os valores obtidos de tempo (t) e de espaço (s) em uma tabela, conforme o modelo abaixo.

t (s)	s (m)

Analisando os valores obtidos, responda:

- A bolha de ar percorre distâncias iguais em intervalos de tempo iguais?
- Qual é o tipo de movimento da bolha de ar?
- Qual é a velocidade média da bolha em todo o percurso?
- Qual é a velocidade da bolha em cada instante do movimento?

THE NEXT

▲ Foto II

THE NEXT

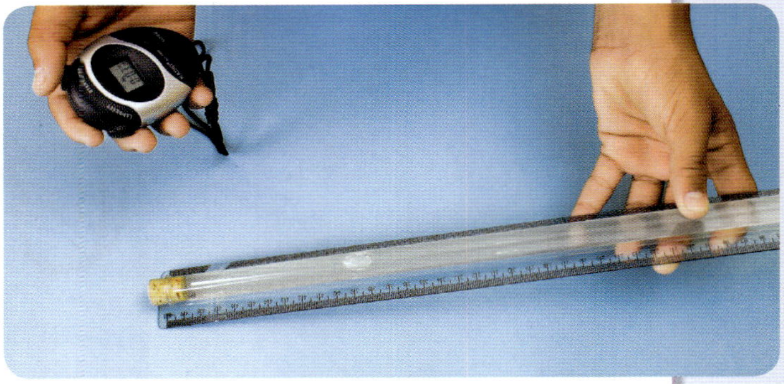

▲ Foto III

PARTE 2

Atividade experimental • II

Realize a experiência com supervisão de seu professor.

Encontro de móveis em movimento uniforme

Você vai utilizar um tubo cilíndrico de vidro (ou de plástico transparente duro) com cerca de 0,5 metro de comprimento como o da atividade anterior. Coloque uma bolinha de aço na extremidade inferior do tubo e encha-o com água, cuidando para que reste uma pequena quantidade de ar entre o nível da água e a rolha que fecha a extremidade superior do tubo (foto I).

Coloque com cuidado o tubo na horizontal e, em seguida, dê uma pequena inclinação, de modo que a bolha suba e a bolinha desça, com movimentos lentos (foto II).

Com o auxílio de um cronômetro e da régua fixada ao tubo, avalie o instante de encontro dos dois móveis (bolha de ar e bolinha de aço) e as distâncias que eles percorreram até esse instante.

A partir dos valores obtidos:

- Calcule os módulos das velocidades escalares da bolha de ar e da bolinha de aço.
- Escreva as funções horárias do espaço da bolinha de aço e da bolha.
  Adote como origem dos espaços a extremidade onde se encontra inicialmente a bolinha de aço e oriente a trajetória no sentido da bolinha de aço para a bolha.
- Determine, analiticamente, o instante de encontro e compare com o valor obtido experimentalmente.

THE NEXT

▲ Foto I

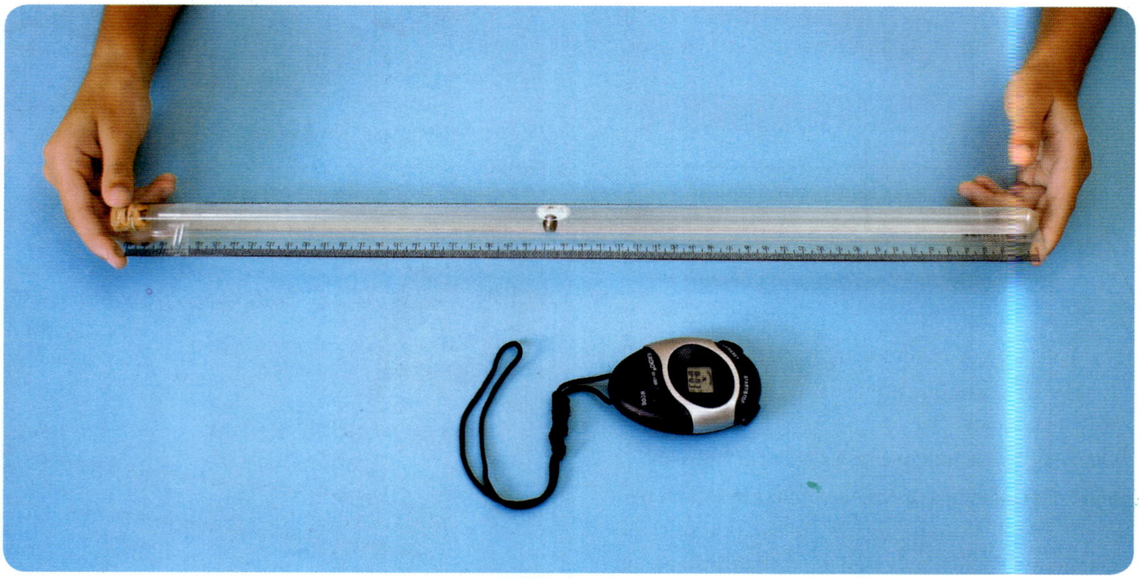

THE NEXT

▲ Foto II

CAPÍTULO 4

Movimentos com velocidade escalar variável. Movimento uniformemente variado

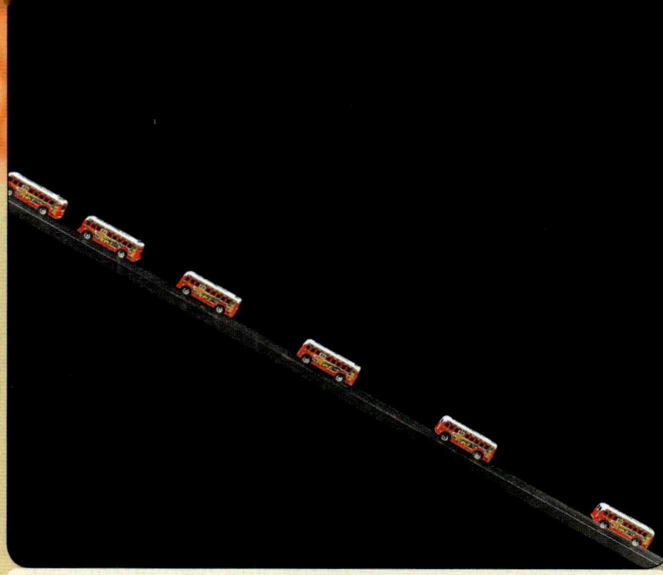

GABOR NEMES / KINO

Movimentos com velocidade escalar variável no decurso do tempo são comuns na Natureza. Neles existe aceleração escalar e o movimento pode ser acelerado ou retardado. Na foto, o pequeno ônibus, ao descer a rampa, percorre distâncias sucessivamente maiores em intervalos de tempo iguais, ou seja, descreve um movimento acelerado. O MUV é um movimento particular de velocidade escalar variável e sua aceleração escalar é constante com o tempo. Movimentos desse tipo são detalhadamente discutidos neste capítulo.

1. Movimentos com velocidade escalar variável

Os movimentos são classificados em **movimentos uniformes**, que possuem velocidade escalar constante, e **movimentos variados**, cuja velocidade escalar varia com o tempo.

Os movimentos de velocidade escalar variável são os mais comuns. Em geral, uma pessoa andando, um carro em deslocamento etc. têm velocidades escalares variáveis no tempo.

No movimento uniforme, a velocidade escalar média calculada em qualquer intervalo de tempo é sempre a mesma e igual à velocidade escalar em qualquer instante. Esse fato não ocorre no movimento variado.

Nos movimentos variados, devemos distinguir duas velocidades: a velocidade escalar média, definida em um determinado intervalo de tempo, e a velocidade escalar instantânea.

Velocidade escalar média

$$\underset{t_1 \mapsto t_2}{v_m} = \frac{\Delta s}{\Delta t} = \frac{s_2 - s_1}{t_2 - t_1}$$

Velocidade escalar instantânea

$$v = \lim_{\Delta t \to 0} \frac{\Delta s}{\Delta t}$$

2. Aceleração escalar

Num movimento variado, seja v_1 a velocidade escalar do móvel no instante t_1, e v_2 a velocidade escalar no instante posterior t_2. Seja $\Delta v = v_2 - v_1$ a variação da velocidade no intervalo de tempo Δt. A **aceleração escalar média** α_m no intervalo de tempo Δt é, por definição:

$$\alpha_m = \frac{\Delta v}{\Delta t} = \frac{v_2 - v_1}{t_2 - t_1}$$

Observe que a aceleração escalar média é a grandeza que indica de quanto varia a velocidade escalar num dado intervalo de tempo.

A **aceleração escalar instantânea** α pode ser entendida como uma aceleração escalar média $\alpha_m = \frac{\Delta v}{\Delta t}$, considerando-se o intervalo de tempo Δt extremamente pequeno, isto é, Δt tendendo a zero ($\Delta t \to 0$ ou $t_2 \to t_1$). Nesse caso, o quociente $\frac{\Delta v}{\Delta t}$ assume um determinado valor limite. Daí a definição:

A aceleração escalar instantânea α é o valor limite a que tende a aceleração escalar média $\frac{\Delta v}{\Delta t}$, quando Δt tende a zero. Representa-se por:

$$\alpha = \lim_{\Delta t \to 0} \frac{\Delta v}{\Delta t}$$

Se a variação da velocidade Δv estiver em m/s (metros por segundo) e o intervalo de tempo Δt estiver em s (segundos), a aceleração $\frac{\Delta v}{\Delta t}$ será medida em $\frac{\text{m/s}}{\text{s}}$ (metros por segundo, por segundo), que se indica por m/s^2 (metros por segundo ao quadrado).

De modo geral, a unidade de aceleração é o quociente da unidade de velocidade por unidade de tempo: $\frac{\text{km/h}}{\text{s}}$, $\frac{\text{cm/s}}{\text{s}}$, $\frac{\text{m/s}}{\text{s}}$, $\frac{\text{km/h}}{\text{min}}$, $\frac{\text{km/h}}{\text{h}}$ etc.

A aceleração escalar pode ser positiva ou negativa, conforme Δv seja positivo ou negativo, já que Δt é positivo. **No movimento uniforme a velocidade escalar é constante e a aceleração escalar é nula.**

Quando a aceleração escalar instantânea é a mesma em todos os instantes, ela coincide com a aceleração escalar média em qualquer intervalo de tempo.

Comparando acelerações

- A aceleração de queda de um corpo nas proximidades da superfície da Terra, desprezada a resistência do ar, é de aproximadamente 10 m/s^2. Então, numa queda de apenas 3 s, um corpo atinge o solo a 30 m/s, equivalente a 108 km/h.
- Em 2 s a velocidade do guepardo varia de 0 a 72 km/h, correspondendo a uma aceleração média de 36 $\frac{\text{km/h}}{\text{s}}$ ou 10 m/s^2.
- Os veículos terrestres de maior aceleração são os *dragsters*. Numa corrida de apenas 402,25 m, na categoria Top Fuel (a mais potente), a velocidade varia de 0 a aproximadamente 530 km/h em apenas 4,5 s, o que corresponde a uma aceleração média de 117,8 $\frac{\text{km/h}}{\text{s}}$ ou 32,7 m/s^2.
- A Ferrari F430 faz de 0 a 100 km/h em 3,6 s, correspondendo a uma aceleração média de 27,8 $\frac{\text{km/h}}{\text{s}}$ ou 7,7 m/s^2.

XAVIER ROSSI / GAMMA-OTHER IMAGES

▲ *Dragster*

EMILIO FLORES / GETTY IMAGES NEWS

▲ Ferrari F430

Exercícios resolvidos

R.22 Em um anúncio de certo tipo de automóvel, afirma-se que o veículo, partindo do repouso, atinge a velocidade de 108 km/h em 8 s. Qual é a aceleração escalar média desse automóvel?

Solução:

A variação da velocidade $\Delta v = 108$ km/h ocorre no intervalo de tempo $\Delta t = 8$ s. A aceleração escalar média do veículo, portanto, vale:

$$\alpha_m = \frac{\Delta v}{\Delta t} = \frac{108 \text{ km/h}}{8 \text{ s}} \Rightarrow \boxed{\alpha_m = 13{,}5 \frac{\text{km/h}}{\text{s}}}$$

Esse resultado indica que, em média, a velocidade desse carro aumenta de 13,5 km/h a cada segundo. Para expressar o resultado em m/s^2, devemos converter a variação da velocidade para m/s:

$$\Delta v = 108 \text{ km/h} = \frac{108}{3{,}6} \text{ m/s} \Rightarrow \Delta v = 30 \text{ m/s}$$

Assim:

$$\alpha_m = \frac{\Delta v}{\Delta t} = \frac{30 \text{ m/s}}{8 \text{ s}} \Rightarrow \boxed{\alpha_m = 3{,}75 \text{ m/s}^2}$$

Resposta: $\alpha_m = 13{,}5 \frac{\text{km/h}}{\text{s}} = 3{,}75 \text{ m/s}^2$

R.23 Um corpo, nas proximidades da Terra, cai com aceleração constante de 9,8 m/s^2, desprezada a resistência do ar. Supondo que tenha partido do repouso, qual é a sua velocidade nos instantes 1 s, 2 s, 3 s, 4 s e 5 s?

Solução:

Se a aceleração do movimento de queda é constante e igual a 9,8 m/s^2 $\left(\text{ou seja, } 9{,}8 \frac{\text{m/s}}{\text{s}}\right)$, significa que, a cada segundo decorrido, sua velocidade aumenta de 9,8 m/s.

Como o móvel partiu do repouso, sua velocidade no instante $t_0 = 0$ é nula.

Então:

$t_0 = 0 \Rightarrow v_0 = 0$

$t_1 = 1 \text{ s} \Rightarrow v_1 = v_0 + 9{,}8 \text{ m/s} = 9{,}8 \text{ m/s}$

$t_2 = 2 \text{ s} \Rightarrow v_2 = v_1 + 9{,}8 \text{ m/s} = 19{,}6 \text{ m/s}$

$t_3 = 3 \text{ s} \Rightarrow v_3 = v_2 + 9{,}8 \text{ m/s} = 29{,}4 \text{ m/s}$

$t_4 = 4 \text{ s} \Rightarrow v_4 = v_3 + 9{,}8 \text{ m/s} = 39{,}2 \text{ m/s}$

$t_5 = 5 \text{ s} \Rightarrow v_5 = v_4 + 9{,}8 \text{ m/s} = 49 \text{ m/s}$

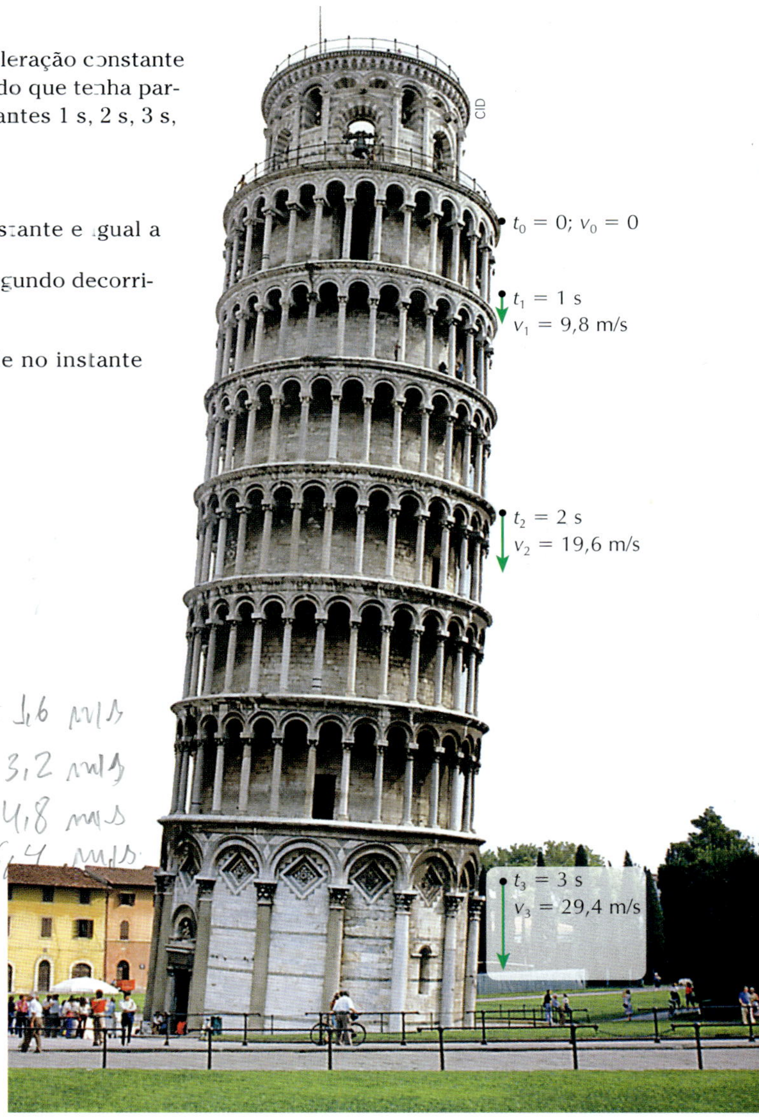

Interditada em 1990 para evitar que continuasse se inclinando, a Torre de Pisa, no norte da Itália, foi restaurada e voltou a receber turistas em 2002.

R.24 Um piloto de Fórmula 1 está se movendo a 250 km/h quando chega a uma curva, sendo forçado a reduzir a velocidade de seu veículo para 88 km/h num intervalo de tempo de 3 s. Qual é a aceleração escalar média do carro nesse intervalo de tempo, expressa em $\frac{km/h}{s}$ e em m/s^2?

Solução:

Supondo a trajetória orientada no sentido do movimento do carro, temos $v_1 = 250$ km/h e $v_2 = 88$ km/h.
A variação da velocidade do veículo é: $\Delta v = v_2 - v_1 \Rightarrow \Delta v = 88 - 250 \Rightarrow \Delta v = -162$ km/h
O intervalo de tempo é $\Delta t = 3$ s.

A aceleração escalar média do carro é: $\alpha_m = \frac{\Delta v}{\Delta t} = \frac{-162}{3} \Rightarrow \boxed{\alpha_m = -54 \frac{km/h}{s}}$

Esse resultado indica que, em média, a velocidade do carro diminui 54 km/h a cada segundo.
Para expressar esse resultado em m/s^2, devemos converter a variação da velocidade para m/s:

$$\Delta v = -\frac{162}{3{,}6} \text{ m/s} \Rightarrow \Delta v = -45 \text{ m/s}$$

Assim: $\alpha_m = \frac{\Delta v}{\Delta t} = \frac{-45}{3} \Rightarrow \boxed{\alpha_m = -15 \text{ m/s}^2}$

Resposta: $\alpha_m = -54 \frac{km/h}{s} = -15 \text{ m/s}^2$

Exercícios propostos

P.61 Partindo do repouso, um avião percorre a pista e atinge a velocidade de 360 km/h em 25 s. Qual é o valor da aceleração escalar média no referido intervalo de tempo?

P.62 Nas proximidades da superfície da Lua, um corpo cai com aceleração constante de $1{,}6 \text{ m/s}^2$. Supondo ter partido do repouso, determine a velocidade desse corpo nos instantes 1 s, 2 s, 3 s e 4 s.

P.63 Trafegando por uma avenida com velocidade constante de 108 km/h, num dado instante o motorista percebe o sinal vermelho à frente e pisa no freio até parar, ao fim de 5 s. Determine a aceleração escalar média do carrro nesse intervalo de tempo, expressa em $\frac{km/h}{s}$ e em m/s^2.

3. Movimento acelerado e retardado

É costume dizer-se que, quando um carro está acelerando, sua velocidade aumenta no decurso do tempo, e quando está retardando, sua velocidade diminui com o tempo. No entanto, cuidado com essas noções! Elas somente seriam verdadeiras se as velocidades fossem sempre positivas.

Em Cinemática, de acordo com a orientação da trajetória, a velocidade escalar pode ser positiva ou negativa. Assim, ao nos referirmos a **acelerado** ou **retardado**, devemos trabalhar com o **módulo** da velocidade escalar. Quando aceleramos ou retardamos um veículo, estamos aumentando ou diminuindo o módulo da velocidade escalar.

Movimento **acelerado**: o **módulo** da velocidade escalar **aumenta** no decurso do tempo.
Movimento **retardado**: o **módulo** da velocidade escalar **diminui** no decurso do tempo.

O sinal da aceleração escalar depende do sinal da variação da velocidade (Δv) e, de acordo com a orientação da trajetória, o movimento acelerado pode ser progressivo (a favor da orientação da trajetória) ou retrógrado (contra a orientação da trajetória). O mesmo ocorre no movimento retardado.

Vamos analisar um movimento acelerado (quadro I), orientando a trajetória primeiro a favor (progressivo) e depois contra o sentido do movimento (retrógrado). A partir dessa orientação determinamos os sinais da velocidade escalar e da aceleração escalar. Note no quadro I: quando a velocidade escalar é positiva, a aceleração escalar também o é (acelerado progressivo); quando a velocidade escalar é negativa, a aceleração escalar também é negativa (acelerado retrógrado).

Num movimento acelerado, a velocidade escalar e a aceleração escalar têm o mesmo sinal: ou ambas são positivas ou ambas são negativas.

QUADRO I

Movimento acelerado

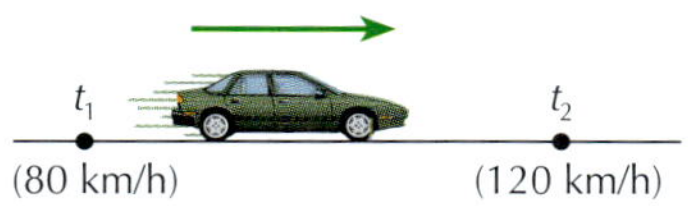

O **módulo** da velocidade escalar **aumenta** no decurso do tempo.

Dependendo da orientação da trajetória, podem ocorrer duas situações:

Acelerado progressivo

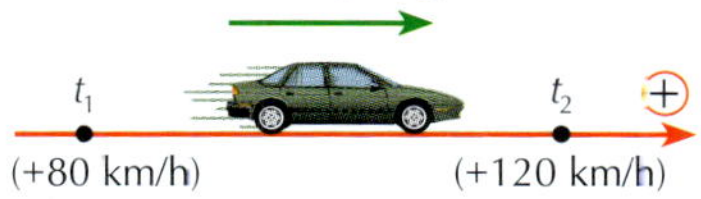

A favor da trajetória

$\boxed{v > 0}$, pois: $v_1 = +80$ km/h e $v_2 = +120$ km/h

$\boxed{\alpha > 0}$, pois: $\Delta v = v_2 - v_1 = (+120) - (+80)$

$\Delta v = 40 \text{ km/h} > 0$

Assim, sendo $\Delta v > 0$, $\Delta t > 0$, vem:

$$\alpha_m = \frac{\Delta v}{\Delta t} > 0$$

Acelerado retrógrado

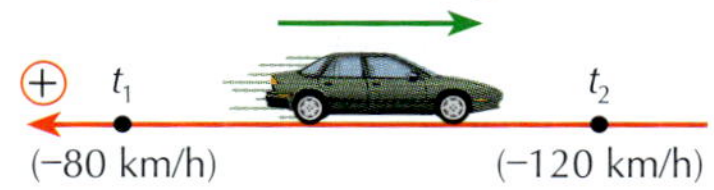

Contra a trajetória

$\boxed{v < 0}$, pois: $v_1 = -80$ km/h e $v_2 = -120$ km/h

$\boxed{\alpha < 0}$, pois: $\Delta v = v_2 - v_1 = (-120) - (-80)$

$\Delta v = -40 \text{ km/h} < 0$

Assim, sendo $\Delta v < 0$, $\Delta t > 0$, vem:

$$\alpha_m = \frac{\Delta v}{\Delta t} < 0$$

O mesmo critério adotamos para o movimento retardado (quadro II). Nesse quadro, quando a velocidade escalar é positiva, a aceleração escalar é negativa (retardado progressivo); quando a velocidade escalar é negativa, a aceleração escalar é positiva (retardado retrógrado).

> Num movimento retardado, a velocidade escalar e a aceleração escalar têm sinais contrários: quando uma é positiva, a outra é negativa, e vice-versa.

QUADRO II

Movimento retardado

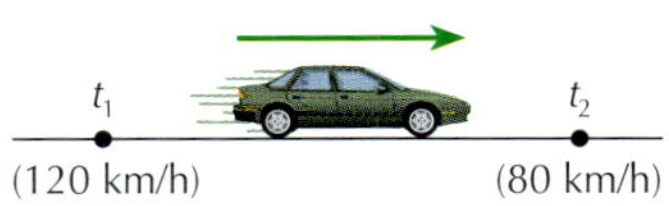

O **módulo** da velocidade escalar **diminui** no decurso do tempo.

Dependendo da orientação da trajetória, podem ocorrer duas situações:

Retardado progressivo

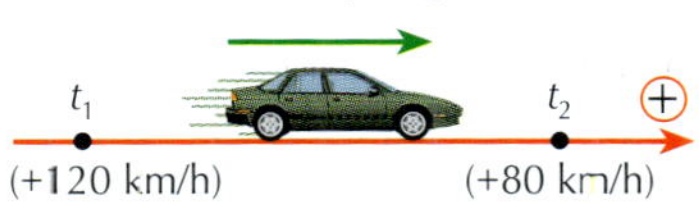

A favor da trajetória

$\boxed{v > 0}$, pois: $v_1 = +120$ km/h e $v_2 = +80$ km/h

$\boxed{\alpha < 0}$, pois: $\Delta v = v_2 - v_1 = (+80) - (+120)$

$\Delta v = -40 \text{ km/h} < 0$

Assim, sendo $\Delta v < 0$, $\Delta t > 0$, vem:

$$\alpha_m = \frac{\Delta v}{\Delta t} < 0$$

Retardado retrógrado

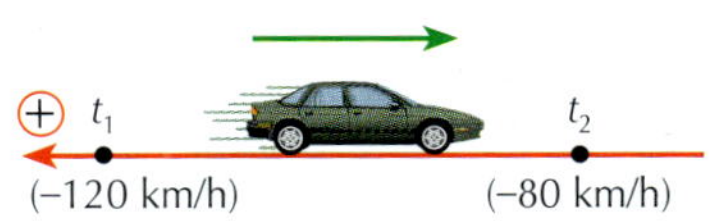

Contra a trajetória

$\boxed{v < 0}$, pois: $v_1 = -120$ km/h e $v_2 = -80$ km/h

$\boxed{\alpha > 0}$, pois: $\Delta v = v_2 - v_1 = (-80) - (-120)$

$\Delta v = 40 \text{ km/h} > 0$

Assim, sendo $\Delta v > 0$, $\Delta t > 0$, vem:

$$\alpha_m = \frac{\Delta v}{\Delta t} > 0$$

Dessa discussão decorre que, para analisar se um movimento é acelerado ou retardado, devemos comparar os sinais da velocidade escalar e da aceleração escalar. Apenas o sinal da aceleração escalar é insuficiente para determinar se um movimento é acelerado ou retardado.

Em resumo:

Movimento acelerado	Movimento retardado
$\begin{cases} v > 0 \\ \alpha > 0 \end{cases}$ ou $\begin{cases} v < 0 \\ \alpha < 0 \end{cases}$	$\begin{cases} v > 0 \\ \alpha < 0 \end{cases}$ ou $\begin{cases} v < 0 \\ \alpha > 0 \end{cases}$
• O módulo da velocidade escalar aumenta no decurso do tempo. • A velocidade e a aceleração escalares têm o mesmo sinal.	• O módulo da velocidade escalar diminui no decurso do tempo. • A velocidade e a aceleração escalares têm sinais contrários.

PHILIP GOULD / CORBIS-LATINSTOCK

▲ **Crianças descem um tobogã em movimento acelerado.**

EDUARDO SANTALIESTRA / CID

▲ **A bolinha lançada verticalmente para cima descreve, até atingir o ponto mais alto, um movimento retardado.**

4. Função horária da velocidade

Nos movimentos variados, além de o espaço *s* variar no decurso do tempo, também a velocidade escalar é uma função do tempo. A velocidade escalar pode ser apresentada como função do tempo através de tabelas ou de equações matemáticas.

Exercício resolvido

R.25 Num movimento, a velocidade escalar do móvel varia em função do tempo, de acordo com os valores apresentados na tabela. O sinal da velocidade indica o sentido do movimento segundo uma orientação da trajetória.

***t* (s)**	0	1	2	3	4	5	6	7	8
***v* (m/s)**	10	8	6	4	2	0	−2	−4	−6

Determine:

a) se o movimento é uniforme ou variado;

b) a velocidade escalar do móvel no instante inicial ($t = 0$ s);

c) se o movimento é acelerado ou retardado nos intervalos de 0 s a 4 s e de 6 s a 8 s;

d) a aceleração escalar média de 0 s a 2 s, de 3 s a 5 s e de 4 s a 7 s.

Solução:

a) O movimento é variado, pois sua velocidade escalar varia no decurso do tempo.

b) Da tabela, em $t = 0$ s: $\boxed{v_0 = 10 \text{ m/s}}$.

c) No intervalo de 0 s a 4 s o módulo da velocidade diminui com o tempo: o movimento é retardado. No intervalo de 6 s a 8 s o módulo aumenta com o tempo: o movimento é acelerado.

d) De 0 s a 2 s: $v_0 = 10$ m/s; $v_2 = 6$ m/s; $\Delta v = v_2 - v_0 = 6 - 10 \Rightarrow \Delta v = -4$ m/s

$$(\Delta t = 2 \text{ s}) \qquad \alpha_m = \frac{\Delta v}{\Delta t} = \frac{-4}{2} \Rightarrow \boxed{\alpha_m = -2 \text{ m/s}^2}$$

De 3 s a 5 s: $v_3 = 4$ m/s; $v_5 = 0$ m/s; $\Delta v = v_5 - v_3 = 0 - 4 \Rightarrow \Delta v = -4$ m/s

$$(\Delta t = 2 \text{ s}) \qquad \alpha_m = \frac{\Delta v}{\Delta t} = \frac{-4}{2} \Rightarrow \boxed{\alpha_m = -2 \text{ m/s}^2}$$

De 4 s a 7 s: $v_4 = 2$ m/s; $v_7 = -4$ m/s; $\Delta v = v_7 - v_4 = (-4) - 2 \Rightarrow \Delta v = -6$ m/s

$$(\Delta t = 3 \text{ s}) \qquad \alpha_m = \frac{\Delta v}{\Delta t} = \frac{-6}{3} \Rightarrow \boxed{\alpha_m = -2 \text{ m/s}^2}$$

Respostas: a) variado; b) $v_0 = 10$ m/s; c) de 0 s a 4 s: retardado; de 6 s a 8 s: acelerado; d) -2 m/s^2; -2 m/s^2; -2 m/s^2

Observação:
Com os dados da tabela, em qualquer outro intervalo de tempo que se considere, a aceleração escalar média é sempre constante. Isso se deve ao fato de a variação da velocidade escalar ser proporcional ao intervalo de tempo correspondente.

Exercício proposto

P.64 A velocidade escalar de um móvel varia com o tempo conforme os dados da tabela seguinte. O sinal da velocidade indica o sentido do movimento, segundo uma orientação da trajetória.

***t* (s)**	0	1	2	3	4	5	6	7	8	9
***v* (m/s)**	−18	−15	−12	−9	−6	−3	0	3	6	9

a) O movimento é uniforme ou variado? Por quê?

b) Qual é a velocidade escalar do móvel no instante inicial ($t = 0$)?

c) Classifique o movimento como acelerado ou retardado nos intervalos de tempo de 0 s a 4 s e de 7 s a 9 s.

d) Calcule a aceleração escalar média do movimento nos intervalos de tempo de 0 s a 3 s, de 4 s a 7 s e de 6 s a 9 s.

5. Movimento uniformemente variado (MUV)

Movimentos que possuem **aceleração escalar instantânea constante** (e não-nula) são chamados **movimentos uniformemente variados**.

Decorre imediatamente que, se a aceleração escalar é a mesma em todos os instantes, ela coincide com a aceleração escalar média, qualquer que seja o intervalo de tempo considerado:

$$\alpha = \alpha_m = \frac{\Delta v}{\Delta t} = \text{constante} \neq 0$$

Assim, no movimento uniformemente variado, a variação da velocidade Δv é diretamente proporcional ao intervalo de tempo Δt correspondente. Essa proporcionalidade significa que, **no movimento uniformemente variado, a velocidade escalar apresenta variações iguais em intervalos de tempo iguais.**

Sendo v_0 a velocidade escalar no instante $t = 0$, denominada **velocidade inicial**, e v a velocidade escalar num instante t, vem:

$$\alpha = \frac{\Delta v}{\Delta t} \Rightarrow \alpha = \frac{v - v_0}{t - 0} \Rightarrow \boxed{v = v_0 + \alpha t}$$

Essa função estabelece como varia a velocidade escalar no decurso do tempo no movimento uniformemente variado: v_0 e α são constantes, e a cada valor de t corresponde um único valor de v.

A tabela a seguir apresenta alguns exemplos, considerando a velocidade v em metros por segundo (m/s) e a aceleração α em metros por segundo ao quadrado (m/s²):

$v = v_0 + \alpha t$	v_0	α
$v = 5 + 2t$	$v_0 = +5$ m/s	$\alpha = +2$ m/s²
$v = -3 + 8t$	$v_0 = -3$ m/s	$\alpha = +8$ m/s²
$v = 2 - 3t$	$v_0 = 2$ m/s	$\alpha = -3$ m/s²
$v = -4 - 9t$	$v_0 = -4$ m/s	$\alpha = -9$ m/s²
$v = 3t$	$v_0 = 0$	$\alpha = +3$ m/s²
$v = t$	$v_0 = 0$	$\alpha = +1$ m/s²

Entre na rede

No endereço eletrônico **http://br.geocities.com/saladefisica3/laboratorio/aceleracao/aceleracao.htm** (acesso em 1?/2/2007), é apresentada uma animação que mostra a relação entre velocidade e a aceleração de um veículo em movimento numa estrada.

Exercícios resolvidos

R.26 Um ponto material está em MUV com aceleração escalar igual a -2 m/s². Sua velocidade escalar varia no tempo, segundo os dados da tabela abaixo.

t (s)	0	1	2	3	4	5
v (m/s)	6	4	2	0	-2	-4

Determine:

a) a velocidade escalar inicial do movimento;
b) em que intervalos de tempo o movimento é acelerado e em que intervalos de tempo é retardado;
c) em que intervalos de tempo o movimento é progressivo e em que intervalos de tempo é retrógrado.

Solução:

a) A velocidade escalar inicial v_0 é a velocidade do móvel no instante $t = 0$; da tabela $\boxed{v_0 = +6 \text{ m/s}}$.

b) Pela tabela notamos que no intervalo de tempo de $0 \leq t < 3$ s o módulo da velocidade escalar decresce com o tempo; portanto, nesse intervalo o movimento é retardado. No intervalo de tempo de 3 s $< t \leq 5$ s o módulo da velocidade escalar aumenta com o tempo e o movimento é acelerado.

c) No intervalo $0 \leq t < 3$ s a velocidade escalar é positiva e o movimento é progressivo; no intervalo 3 s $< t \leq 5$ s a velocidade escalar é negativa e o movimento é retrógrado.

Observação:
O móvel **muda de sentido** no intervalo de tempo observado. Assim, no intervalo $0 \leq t < 3$ s, a velocidade escalar é positiva, isto é, o móvel está caminhando a favor da orientação da trajetória. Para 3 s $< t \leq 5$ s, a velocidade escalar é negativa, ou seja, o móvel retorna em sentido contrário ao da orientação da trajetória. Em $t = 3$ s a velocidade é **nula**; nesse instante, o sentido do movimento está mudando.
Quando ocorre a mudança no sentido do movimento, necessariamente a velocidade escalar do móvel se anula ($v = 0$). Por outro lado, a recíproca não é obrigatoriamente verdadeira, isto é, a velocidade escalar do móvel pode se anular sem que esteja ocorrendo mudança no sentido do movimento — basta que ele permaneça parado depois que a velocidade se anula. Esquematizando os dados da tabela, temos:

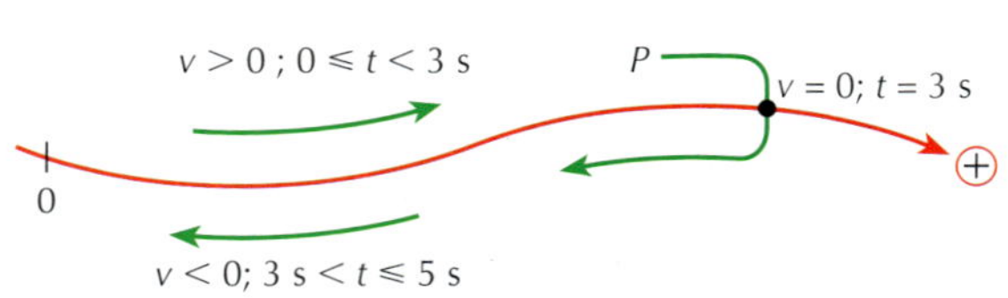

R.27 É dada a função $v = 12 - 2t$, na qual t é medido em segundos e v em metros por segundo.

a) Determine a velocidade escalar inicial e a aceleração escalar do movimento.
b) Discuta se o movimento é acelerado ou retardado nos instantes 2 s e 8 s.
c) Verifique se há mudança de sentido do movimento (se houver, determine em que instante).

Solução:

a) O movimento proposto é MUV, pois sua velocidade escalar varia em função do tempo de acordo com uma função do tipo $v = v_0 + \alpha t$.
Comparando $v = v_0 + \alpha t$ com $v = 12 - 2t$ e identificando cada termo, obtemos:

$$\boxed{v_0 = 12 \text{ m/s}} \qquad \boxed{\alpha = -2 \text{ m/s}^2}$$

A aceleração escalar do movimento é constante (definição do MUV) e igual a -2 m/s^2.

b) Já sabemos que $v = 12 - 2t$. Então, temos:
$t = 2 \text{ s} \Rightarrow v_2 = 12 - 2 \cdot 2 \Rightarrow v_2 = 8 \text{ m/s } (v_2 > 0)$
$t = 8 \text{ s} \Rightarrow v_8 = 12 - 2 \cdot 8 \Rightarrow v_8 = -4 \text{ m/s } (v_8 < 0)$
No instante 2 s o movimento é retardado, pois a velocidade e a aceleração escalares têm sinais contrários ($v > 0$, $\alpha < 0$).
No instante 8 s o movimento é acelerado, pois a velocidade e a aceleração escalares têm o mesmo sinal ($v < 0$, $\alpha < 0$).

Observação:
Quando se dispõe de uma tabela da velocidade escalar em função do tempo, a discussão acelerado/retardado é feita pelo módulo da velocidade escalar; quando se dispõe da função da velocidade $v = v_0 + \alpha t$, a discussão acelerado/retardado é feita comparando-se os sinais de v e de α.

c) Mudança de sentido: se houver, devemos ter $v = 0$ no instante considerado. Substituindo v por zero em $v = 12 - 2t$, vem:

$$0 = 12 - 2t \Rightarrow 2t = 12 \Rightarrow \boxed{t = 6 \text{ s}}$$

Respostas: a) 12 m/s; -2 m/s^2; b) 2 s: retardado; 8 s: acelerado c) ocorre mudança de sentido em $t = 6$ s.

Exercícios propostos

P.65 Um móvel em MUV possui aceleração igual a $-0{,}5$ m/s^2. Sua velocidade escalar varia no decurso do tempo, segundo os dados da tabela abaixo.

t (s)	0	2	4	6	8	10
v (m/s)	3,0	2,0	1,0	0,0	−1,0	−2,0

Determine:
a) a velocidade escalar inicial do movimento;
b) em que intervalos de tempo o movimento é progressivo; em que intervalos de tempo é retrógrado;
c) em que intervalos de tempo o movimento é acelerado; em que intervalos de tempo é retardado;
d) se o móvel em questão muda de sentido e em que instante.

P.66 É dado o movimento cuja velocidade escalar obedece à função $v = 3 - 2t$, na qual t está em horas e v está em km/h. Determine:
a) a velocidade escalar inicial do movimento;
b) a aceleração escalar;
c) a velocidade escalar no instante $t = 1$ h;
d) em que instante o móvel muda de sentido.

P.67 É dada a função $v = 10 + 5t$ (t em segundos e v em metros por segundo), que exprime a velocidade v de um movimento em função do tempo t.
a) Determine a velocidade inicial e a aceleração escalar do movimento.
b) Verifique se há mudança de sentido do móvel após o instante $t = 0$.

6. Funções horárias do MUV

Todo MUV possui aceleração escalar constante com o tempo e velocidade escalar variável de acordo com a função:

$$\boxed{v = v_0 + \alpha t}$$ **função horária da velocidade do MUV**

Para que sua descrição seja completa, devemos também conhecer sua função horária dos espaços, isto é, como os espaços s variam no decurso do tempo.

É possível demonstrar* que a função horária do MUV é uma função do 2º grau em t do tipo:

$$s = s_0 + v_0 t + \frac{\alpha}{2}t^2$$ **função horária do espaço do MUV**

em que s_0 é o espaço inicial, v_0 é a velocidade escalar inicial e α é a aceleração escalar constante do MUV. As variáveis s e t se correspondem; a cada valor de t obtemos, em correspondência, um único valor de s.

Na função horária do MUV, o coeficiente de t^2 é $\frac{\alpha}{2}$. Assim, se a função for do tipo $s = 5 + 2t + 4t^2$ (s em metros e t em segundos), devemos observar que:

$$4 = \frac{\alpha}{2} \Rightarrow \alpha = 2 \cdot 4 \Rightarrow \alpha = 8 \text{ m/s}^2$$

Portanto, para se obter a aceleração escalar α basta multiplicar o coeficiente de t^2 por 2.
Resumindo, temos:

Movimento uniformemente variado (MUV)

$s = s_0 + v_0 t + \frac{\alpha}{2}t^2$ $\quad v = v_0 + \alpha t$ $\quad \alpha = \text{constante} \neq 0$

Essas funções definem o MUV em qualquer tipo de trajetória. No entanto, o conhecimento apenas das funções anteriores não permite nenhuma conclusão sobre a forma da trajetória.

Da função horária dos espaços, após identificar s_0, v_0 e α, podemos chegar à função horária da velocidade escalar, como segue.

$$s = s_0 + v_0 t + \frac{\alpha}{2}t^2 \longrightarrow v = v_0 + \alpha t$$

Da função horária dos espaços	→ chega-se à			→ função horária da velocidade
De $s = 5 - 2t + \frac{3}{2}t^2$	vem: $s_0 = 5$ m;	$v_0 = -2$ m/s;	$\alpha = 3$ m/s^2	$\Rightarrow v = -2 + 3t$
De $s = -3 + 4t + \frac{1}{2}t^2$	vem: $s_0 = -3$ m;	$v_0 = +4$ m/s;	$\alpha = 1$ m/s^2	$\Rightarrow v = 4 + t$
De $s = 7 + t - 5t^2$	vem: $s_0 = 7$ m;	$v_0 = +1$ m/s;	$\alpha = -10$ m/s^2	$\Rightarrow v = 1 - 10t$
De $s = -t + t^2$	vem: $s_0 = 0$;	$v_0 = -1$ m/s;	$\alpha = 2$ m/s^2	$\Rightarrow v = -1 + 2t$
De $s = t^2$	vem: $s_0 = 0$;	$v_0 = 0$;	$\alpha = 2$ m/s^2	$\Rightarrow v = 2t$

O processo inverso é possível se conhecermos s_0.

Exercícios resolvidos

R.28 É dado o movimento cujo espaço s, medido na trajetória (em metros) a partir de uma origem, varia em função do tempo conforme:

$$s = 10 - 2t + \frac{t^2}{2} \quad \text{(os instantes } t \text{ estão medidos em segundos)}$$

a) Determine o tipo geral do movimento.
b) Determine o espaço e a velocidade iniciais, e a aceleração escalar.
c) Determine a função da velocidade escalar em relação ao tempo.
d) Verifique se o móvel muda de sentido; se mudar, determine o espaço nesse instante.

* A demonstração dessa função encontra-se na página 95 (observação ③, ao final do estudo dos gráficos do MUV).

Solução:

a) O movimento proposto é MUV, pois seus espaços variam com o tempo, de acordo com uma função do 2º grau em t.

b) Comparando $s = s_0 + v_0 t + \frac{\alpha}{2}t^2$ com $s = 10 - 2t + \frac{t^2}{2}$ e identificando cada termo, obtemos:

$$\boxed{s_0 = 10 \text{ m}} \quad \boxed{v_0 = -2 \text{ m/s}} \quad \boxed{\alpha = 1 \text{ m/s}^2}$$

c) A função da velocidade escalar é do tipo $v = v_0 + \alpha t$, na qual $v_0 = -2$ m/s e $\alpha = 1$ m/s^2:

$$\boxed{v = -2 + t} \quad (t \text{ em segundos e } v \text{ em metros por segundo})$$

d) Há mudança de sentido quando $v = 0$. Logo:

$$v = -2 + t \Rightarrow 0 = -2 + t \Rightarrow t = 2 \text{ s}$$

Nesse instante, o espaço é:

$$s = 10 - 2t + \frac{t^2}{2} = 10 - 2 \cdot 2 + \frac{2^2}{2} \Rightarrow \boxed{s = 8 \text{ m}}$$

Observação:
As funções $s = f_1(t)$ e $v = f_2(t)$ determinam o espaço e a velocidade escalar do móvel no decurso do tempo. O móvel muda de sentido, mas suas funções o definem na ida e na volta. No MUV as funções $s = f_1(t)$ e $v = f_2(t)$ são únicas, independentemente de o móvel ir ou voltar. Esse fato pode ser verificado tabelando-se alguns valores dessas funções como indicamos a seguir (a tabela foi obtida atribuindo valores de t nas equações de s e v).

t (em s)	0	1	2	3	4	5
$s = 10 - 2t + \frac{t^2}{2}$ (s em m)	10	8,5	8	8,5	10	12,5
$v = -2 + t$ (v em m/s)	−2	−1	0	+1	+2	+3

Note que até o instante $t = 2$ s o movimento é retrógrado, pois sua velocidade escalar é negativa. No instante $t = 2$ s o móvel muda de sentido e está na posição cujo espaço é igual a 8 m. Após o instante $t = 2$ s o movimento passa a ser progressivo.

Respostas: a) MUV; b) 10 m; −2 m/s; 1 m/s^2; c) $v = -2 + t$ (v em m/s e t em s); d) 8 m

R.29 Um móvel descreve um MUV numa trajetória retilínea e os seus espaços variam no tempo de acordo com a função horária:

$$s = 9 + 3t - 2t^2 \quad (t \text{ em segundos e } s \text{ em metros})$$

Determine:

a) a função da velocidade escalar;

b) o instante em que o móvel passa pela origem dos espaços.

Solução:

a) Comparando a função dada ($s = 9 + 3t - 2t^2$) com $s = s_0 + v_0 t + \frac{\alpha}{2}t^2$, obtemos $s_0 = 9$ m, $v_0 = +3$ m/s e $\alpha = -4$ m/s^2. A função $v = v_0 + \alpha t$ fica:

$$\boxed{v = 3 - 4t} \quad (t \text{ em segundos e } v \text{ em metros por segundo})$$

b) O móvel passa pela origem dos espaços (marco zero) quando seu espaço $s = 0$. Substituindo esse valor em $s = 9 - 3t - 2t^2$, vem:

$$0 = 9 + 3t - 2t^2$$
$$2t^2 - 3t - 9 = 0$$

Trata-se de uma equação do 2º grau em t cuja solução (veja o quadro) é:

$$\boxed{t = \frac{-b \pm \sqrt{b^2 - 4ac}}{2a}}$$

Equação do 2º grau

A expressão geral de uma equação do 2º grau em x é:

$$ax^2 + bx + c = 0$$

Nessa expressão, $a \neq 0$, b e c são coeficientes numéricos, chamados parâmetros da equação. As raízes dessa equação são dadas pela fórmula geral:

$$x = \frac{-b \pm \sqrt{b^2 - 4ac}}{2a}$$

Como temos $2t^2 - 3t - 9 = 0$ ($a = 2$, $b = -3$ e $c = -9$), vem:

$$t = \frac{-(-3) \pm \sqrt{(-3)^2 - 4 \cdot 2 \cdot (-9)}}{2 \cdot 2} \Rightarrow t = \frac{+3 \pm \sqrt{9 + 72}}{4} = \frac{3 \pm \sqrt{81}}{4} = \frac{3 \pm 9}{4}$$

$$t' = \frac{3 + 9}{4} = \frac{12}{4} \Rightarrow \boxed{t' = 3\ \text{s}} \quad \text{e} \quad t'' = \frac{3 - 9}{4} \Rightarrow \boxed{t'' = -1{,}5\ \text{s}}$$

O móvel passa pela origem dos espaços nos instantes $t' = 3$ s e $t'' = -1{,}5$ s. Esta segunda resposta significa 1,5 s antes do instante $t = 0$ s.
Admitindo-se que a função horária seja definida apenas para instantes posteriores a $t = 0$ s, então só a primeira solução (3 s) é resposta.

Respostas: a) $v = 3 - 4t$ (v em m/s e t em s); b) 3 s

R.30 Um ponto material parte do repouso com movimento uniformemente acelerado de aceleração escalar $\alpha = +5$ m/s². Quais são os valores de sua velocidade e de seu espaço após 10 s?

Solução:

O móvel parte do repouso. Portanto, sua velocidade inicial é $v_0 = 0$. Vamos convencionar que no instante inicial o móvel se encontrava na própria origem dos espaços. Assim: $s_0 = 0$; $v_0 = 0$ (parte do repouso); $\alpha = +5$ m/s².
Substituindo esses valores nas funções horárias, para $t = 10$ s, temos:

$$s = s_0 + v_0 t + \frac{\alpha}{2}t^2 \Rightarrow s = \frac{5t^2}{2} \Rightarrow s = \frac{5}{2} \cdot 10^2 \Rightarrow \boxed{s = 250\ \text{m}}$$

$$v = v_0 + \alpha t \Rightarrow v = 5t \Rightarrow v = 5 \cdot 10 \Rightarrow \boxed{v = 50\ \text{m/s}}$$

Resposta: O móvel se encontra a 250 m de sua posição de partida e com velocidade escalar de 50 m/s, no instante 10 s.

R.31 Sobre uma mesma trajetória, dois móveis A e B se movimentam obedecendo às funções horárias $s_A = -10 + 20t$ e $s_B = 15 + 5t + 2t^2$ (s em metros e t em segundos). Determine:

a) em que instantes os móveis A e B se cruzam;
b) onde, na trajetória, ocorrem os cruzamentos dos móveis.

Solução:

a) Os espaços iniciais (em $t = 0$) dos móveis são, respectivamente, -10 m e $+15$ m e eles se movem a favor do sentido da trajetória. Esquematicamente:

Para determinar os instantes em que os móveis se cruzam, devemos igualar os espaços: $s_A = s_B$.
Temos: $s_A = -10 + 20t$ e $s_B = 15 + 5t + 2t^2$
Igualando: $-10 + 20t = 15 + 5t + 2t^2 \Rightarrow 2t^2 - 15t + 25 = 0$
Resolvendo essa equação do 2º grau:

$$t = \frac{15 \pm \sqrt{15^2 - 4 \cdot 2 \cdot 25}}{2 \cdot 2} = \frac{15 \pm \sqrt{225 - 200}}{4} \Rightarrow t = \frac{15 \pm \sqrt{25}}{4} \Rightarrow t = \frac{15 \pm 5}{4}$$

$$t' = \frac{15 - 5}{4} \Rightarrow \boxed{t' = 2{,}5\ \text{s}} \quad \text{e} \quad t'' = \frac{15 + 5}{4} \Rightarrow \boxed{t'' = 5\ \text{s}}$$

Portanto, os móveis se cruzam duas vezes: no instante 2,5 s e no instante 5 s.

b) Para determinar as posições em que ocorrem esses cruzamentos, devemos substituir esses instantes numa das funções horárias. Assim:

$$s'_A = -10 + 20 \cdot 2{,}5 = -10 + 50 \Rightarrow \boxed{s'_A = 40\ \text{m}}$$

$$s''_A = -10 + 20 \cdot 5 = -10 + 100 \Rightarrow \boxed{s''_A = 90\ \text{m}}$$

Respostas: a) 2,5 s; 5 s; b) 40 m; 90 m

R.32 Um automóvel está parado diante de um sinal fechado. No instante em que o farol fica verde, passa por ele uma motocicleta que mantém uma velocidade constante de 15 m/s. Supondo que, nesse mesmo instante, o automóvel comece a se mover com aceleração constante igual a 2 m/s², determine:

a) após quanto tempo o automóvel alcança a moto;
b) que distância o automóvel percorre até alcançar a moto;
c) a velocidade do automóvel no instante em que alcança a moto.

Solução:

a) Vamos adotar a posição inicial do automóvel como origem dos espaços e o instante em que o farol abre como origem dos tempos ($t = 0$).

Para o automóvel: $s_0 = 0$; $v_0 = 0$; $\alpha = 2\ \text{m/s}^2$

Substituindo esses valores em $s = s_0 + v_0 t + \frac{\alpha}{2}t^2$ (MUV), vem: $s_A = t^2$

Para a motocicleta: $s_0 = 0$; $v = 15$ m/s

Substituindo esses valores em $s = s_0 + vt$ (MU), vem: $s_B = 15t$

No instante em que o automóvel (A) alcança a moto (B), os espaços são iguais. Portanto:

$$s_A = s_B \Rightarrow t^2 = 15t \Rightarrow t^2 - 15t = 0 \Rightarrow t = 0 \text{ ou } t = 15 \text{ s}$$

Uma das soluções é o instante inicial $t = 0$.

Estamos interessados na outra solução, isto é: $\boxed{t = 15 \text{ s}}$

Esquematicamente:

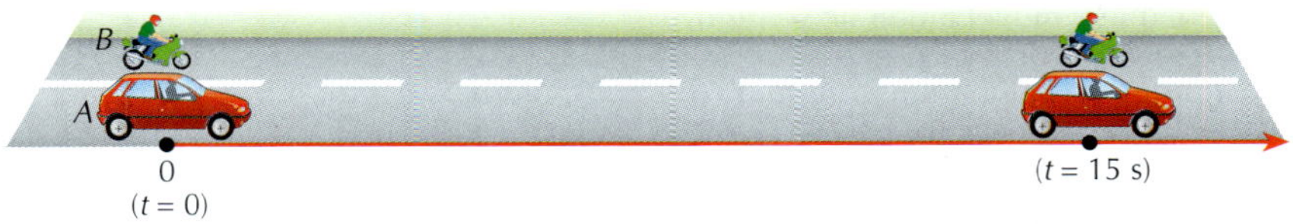

b) Obtemos a distância percorrida pelo automóvel substituindo t por 15 s em $s_A = t^2$. Assim:

$$s_A = (15)^2 \Rightarrow \boxed{s_A = 225 \text{ m}}$$

c) A velocidade do automóvel varia com o tempo, obedecendo à função horária: $v = v_0 + \alpha t \Rightarrow v = 2t$

Substituindo t por 15 s, vem:

$$v = 2 \cdot 15 \Rightarrow \boxed{v = 30 \text{ m/s}}$$

Respostas: a) 15 s; b) 225 m; c) 30 m/s

Exercícios propostos

P.68 O desenho representa uma fotografia de múltipla exposição de um pequeno corpo em movimento. O intervalo de tempo entre duas fotografias sucessivas é de 0,01 s. A escala abaixo do desenho está graduada em centímetros:

a) No intervalo de tempo definido pelas posições de A a D, o movimento é uniforme ou variado?
b) De D a F o movimento é acelerado ou retardado?
c) De F a J o movimento é acelerado ou retardado?

P.69 É dado um movimento cuja função horária é $s = 13 - 2t + \frac{2{,}5}{2}t^2$, na qual s é o espaço em centímetros e t é o tempo em segundos. Determine:

a) a velocidade inicial do movimento;
b) a aceleração escalar;
c) o instante e a posição em que o móvel muda de sentido.

P.70 É dado um movimento cuja função horária é $s = 0{,}25 + 0{,}75t - t^2$, sendo que s é o espaço em centímetros e t é o tempo em segundos. Determine:

a) o espaço inicial;
b) a velocidade escalar inicial;
c) a aceleração escalar;
d) a função da velocidade escalar;
e) o instante em que o móvel muda de sentido.

P.71 Um ponto material está em movimento e sua velocidade escalar varia com o tempo segundo a função $v = 6 - 3t$, na qual t está em segundos e v em metros por segundo. Determine:

a) a velocidade escalar inicial do movimento;
b) a aceleração escalar;
c) o instante em que o móvel muda de sentido;
d) a função horária $s = f(t)$ do movimento, sendo 15 m o espaço inicial.

P.72 É dado o movimento cuja velocidade obedece à função $v = -8 + 2t$, em que t está em segundos e v em metros por segundo. Determine:

a) a velocidade escalar inicial;
b) a aceleração escalar;
c) o instante em que o móvel muda de sentido;
d) a função horária $s = f(t)$, sabendo-se que no instante inicial o espaço do móvel é igual a 5 m.

P.73 Um móvel passa pelo marco zero de uma trajetória, em movimento progressivo uniformemente acelerado, no instante em que $t = 0$ s. Nesse instante sua velocidade escalar é 25 m/s e a aceleração escalar é 12 m/s^2. Escreva as funções do movimento $s = f_1(t)$ e $v = f_2(t)$.

P.74 Um móvel passa pela origem dos espaços, em movimento uniformemente retardado, no instante em que $t = 0$ s. Nesse instante sua velocidade escalar é 10 m/s. A aceleração escalar do movimento é $-2{,}5$ m/s^2. Determine:

a) a função horária $s = f_1(t)$ e a função da velocidade $v = f_2(t)$;
b) o instante em que o móvel passa novamente pela origem dos espaços;
c) o instante em que o móvel muda de sentido.

P.75 No instante em que se aciona um cronômetro ($t = 0$), um móvel está numa posição a 35 m do marco zero, medidos sobre sua trajetória, no trecho positivo. A partir desse instante, levantam-se os dados da tabela e admite-se que a lei de comportamento do movimento seja válida para os instantes posteriores aos da tabela. Determine:

a) as funções $s = f_1(t)$ e $v = f_2(t)$ do movimento;
b) o instante em que o móvel muda de sentido;
c) seu espaço nesse instante.

***t* (s)**	0	1	2	3	4
***v* (m/s)**	21	18	15	12	9

P.76 Considere dois móveis que, sobre uma mesma trajetória, realizam movimentos que obedecem às funções horárias $s_1 = -2 + 6t$ e $s_2 = 4 - 3t + 3t^2$ (s em metros e t em segundos).

a) Em que instante (ou instantes) esses móveis se cruzam?
b) Em que posição (ou posições) os móveis se cruzam?

P.77 Ao ver passar uma bela garota loura dirigindo uma Ferrari vermelha que desenvolve velocidade constante de 72 km/h, um apaixonado rapaz resolve sair ao seu encalço pilotando sua possante moto. No entanto, ao conseguir partir com a moto, com aceleração constante igual a 4,0 m/s^2, o carro já está 22 m à frente.

a) Após quanto tempo o rapaz alcança o carro da moça?
b) Que distância a moto percorre até o instante em que os dois veículos se emparelham?
c) Qual é a velocidade da moto no instante em que alcança o carro?

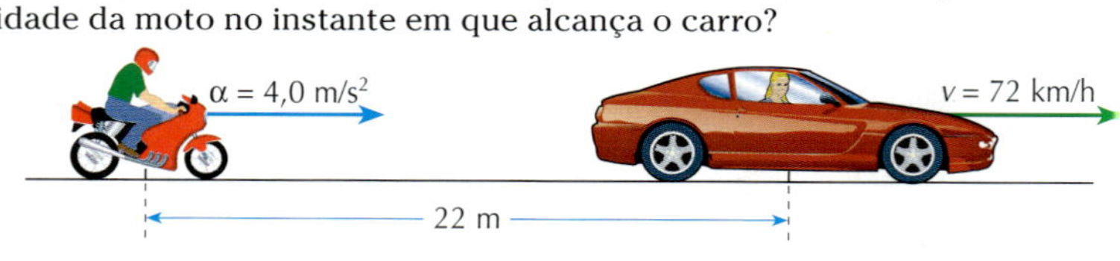

7. Velocidade escalar média no MUV

No movimento uniformemente variado (MUV), a velocidade escalar média (v_m), num intervalo de tempo, é a média aritmética das velocidades escalares nos instantes que definem o intervalo*:

$$t_1 \rightarrow v_1 \qquad t_2 \rightarrow v_2 \qquad \underset{t_1 \mapsto t_2}{v_m} = \frac{v_1 + v_2}{2}$$

Essa é uma propriedade importante do MUV.

* A demonstração dessa propriedade encontra-se na página 96 (observação ④, ao final do estudo dos gráficos do MUV).

Exercícios resolvidos

R.33 Um movimento uniformemente variado é descrito pelas funções:

$$\begin{cases} s = 12 + 10t - t^2 \\ v = 10 - 2t \end{cases} \quad (t \text{ em segundos, } s \text{ em metros e } v \text{ em metros por segundo})$$

a) Determine a velocidade escalar média no intervalo de 1 s a 4 s.

b) Chamando de v_1 e v_4 as velocidades escalares instantâneas em 1 s e 4 s, respectivamente, verifique a propriedade do MUV: $v_{m\,(1 \mapsto 4)} = \dfrac{v_1 + v_4}{2}$

Solução:

a) A velocidade escalar média é dada por: $\boxed{v_m = \dfrac{\Delta s}{\Delta t}}$

Em $s = 12 + 10t - t^2$, determinamos:

$t = 1\text{ s} \Rightarrow s_1 = 12 + 10 \cdot 1 - 1^2 \Rightarrow s_1 = 21\text{ m}$

$t = 4\text{ s} \Rightarrow s_4 = 12 + 10 \cdot 4 - 4^2 \Rightarrow s_4 = 36\text{ m}$

$\Delta t = 4 - 1 \Rightarrow \Delta t = 3\text{ s} \qquad \Delta s = s_4 - s_1 \Rightarrow \Delta s = 15\text{ m}$

$$v_{m\,(1 \mapsto 4)} = \frac{\Delta s}{\Delta t} = \frac{15}{3} \Rightarrow \boxed{v_{m\,(1 \mapsto 4)} = 5\text{ m/s}}$$

b) Para verificarmos a propriedade do MUV, calcularemos v_1 e v_4.

Em $v = 10 - 2t$:

$t = 1\text{ s} \Rightarrow v_1 = 10 - 2 \cdot 1 \Rightarrow v_1 = 8\text{ m/s}$

$t = 4\text{ s} \Rightarrow v_4 = 10 - 2 \cdot 4 \Rightarrow v_4 = 2\text{ m/s}$

A média aritmética: $\dfrac{v_1 + v_4}{2} = \dfrac{8 - 2}{2} = \dfrac{10}{2} \Rightarrow \boxed{\dfrac{v_1 + v_4}{2} = 5\text{ m/s}}$

Esse resultado é a própria velocidade escalar média no referido intervalo.

Respostas: a) 5 m/s; b) 5 m/s

R.34 Um trem de comprimento 100 m atravessa um túnel reto de comprimento 200 m, com movimento uniformemente variado. Quando o trem começa a entrar no túnel, sua velocidade escalar é de 10 m/s e, quando acaba de sair do túnel, sua velocidade escalar é de 20 m/s. Qual é o intervalo de tempo decorrido do início ao fim da travessia?

Solução:

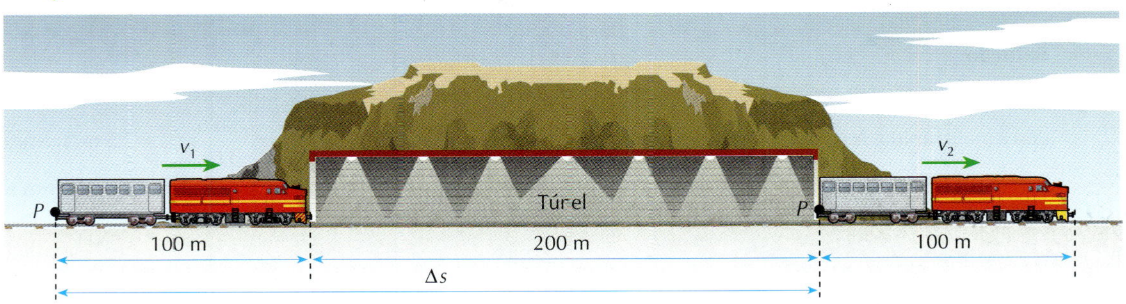

Qualquer ponto do trem — como o ponto P na traseira, por exemplo — percorre a distância $\Delta s = 300$ m durante a travessia do túnel.

De $v_m = \dfrac{\Delta s}{\Delta t}$ e $v_m = \dfrac{v_1 + v_2}{2}$, vem:

$$\frac{\Delta s}{\Delta t} = \frac{v_1 + v_2}{2} \Rightarrow \frac{300}{\Delta t} = \frac{10 + 20}{2} \Rightarrow \boxed{\Delta t = 20\text{ s}}$$

Resposta: 20 s

AE Pratique! Ver AE pág. 69

Exercícios propostos

P.78 Em 5 s, a velocidade escalar de um móvel em MUV variou de 10 m/s para 25 m/s. Determine:

a) a velocidade escalar média do móvel nesse intervalo de tempo;
b) a distância percorrida pelo móvel.

P.79 A velocidade escalar de um móvel varia no decorrer do tempo segundo a função $v = 6 + 8t$. Determine:

a) a velocidade escalar média do móvel entre os instantes 2 s e 10 s;
b) a distância percorrida pelo móvel nesse intervalo de tempo.

P.80 Um carro de 4 m de comprimento em MUV atravessa uma ponte. Sua velocidade escalar é 36 km/h ao entrar na ponte e 54 km/h ao sair. O intervalo de tempo decorrido na travessia é 4 s. Qual é o comprimento da ponte?

8. Equação de Torricelli para o MUV

No MUV há muitos casos nos quais interessa relacionar a velocidade escalar v em função do espaço s, o que é feito com o emprego da chamada **equação de Torricelli**, que deduzimos a seguir.

Elevando ao quadrado ambos os membros de $v = v_0 + \alpha t$, obtemos:

$$v^2 = v_0^2 + 2\alpha t v_0 + \alpha^2 t^2 \Rightarrow v^2 = v_0^2 + 2\alpha\left(v_0 t + \frac{\alpha}{2}t^2\right)$$

Comparando com a função horária $s - s_0 = v_0 t + \dfrac{\alpha}{2}t^2$, vem: $v^2 = v_0^2 + 2\alpha(s - s_0)$

Ou ainda: $\boxed{v^2 = v_0^2 + 2\alpha\Delta s}$ **equação de Torricelli para o MUV**

Nessa fórmula, a velocidade escalar v varia em função do espaço s; v_0 é a velocidade inicial, e α é a aceleração escalar do movimento (α pode ser positiva ou negativa, de acordo com as convenções adotadas).

Exercício resolvido

R.35 Um carro a 90 km/h é freado uniformemente com a aceleração escalar de 2,5 m/s² (em módulo) até parar. Determine a variação do espaço do móvel desde o início da frenagem até parar.

Solução:

O exercício pode ser resolvido com as funções $s = f_1(t)$ e $v = f_2(t)$. No entanto, com a equação de Torricelli a solução é mais rápida. A velocidade inicial do movimento retardado é $v_0 = 90 \text{ km/h} = \dfrac{90}{3{,}6}$ m/s = 25 m/s; a aceleração de retardamento é $\alpha = -2{,}5 \text{ m/s}^2$ (negativa, pois o movimento é retardado e, portanto, v_0 e α devem ter sinais contrários). A velocidade final v é nula, pois o móvel para ao fim do percurso. Assim:

$$v^2 = v_0^2 + 2\alpha\Delta s \Rightarrow 0 = 25^2 - 2 \cdot 2{,}5 \cdot \Delta s \Rightarrow \Delta s = \frac{25^2}{5} \Rightarrow \boxed{\Delta s = 125 \text{ m}}$$

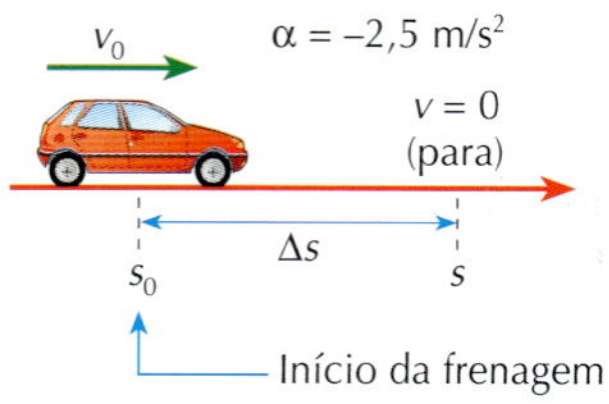

Resposta: 125 m

Leia mais

Na página 67, leia sobre os movimentos que são realizados por um avião, da decolagem ao pouso.

Exercícios propostos

P.81 Um móvel parte do repouso e, com aceleração constante de 5 m/s^2, atinge a velocidade de 20 m/s. Determine a variação do espaço do móvel durante essa variação da velocidade.

P.82 (UFPE) Um veículo em movimento sofre uma desaceleração uniforme em uma pista reta, até parar. Sabendo-se que, durante os últimos 9,0 m de seu deslocamento, a sua velocidade diminui 12 m/s, calcule o módulo da desaceleração imposta ao veículo, em m/s^2.

P.83 Uma composição do metrô parte de uma estação, onde estava em repouso, e percorre 100 m com aceleração escalar constante, atingindo 20 m/s. Determine a aceleração escalar α e a duração t do processo.

P.84 Num jogo de futebol de salão, um jogador chuta uma bola rasteira, que parte com velocidade inicial v_0. A bola para depois de percorrer 18 m, sem colidir com nenhum obstáculo. A bola desacelera com aceleração constante de módulo 1 m/s^2. Determine a velocidade inicial da bola.

P.85 Um carro percorre a distância de 150 m entre dois locais (A e B) de uma estrada, reduzindo sua velocidade escalar de 72 km/h para 36 km/h, com aceleração escalar constante. Mantida a mesma aceleração, determine a distância que o carro percorre, a partir do local B, até parar.

Exercícios propostos de recapitulação

P.86 (Vunesp) O tempo de reação (intervalo de tempo entre o instante em que uma pessoa recebe a informação e o instante em que reage) de certo motorista é 0,7 s, e os freios podem reduzir a velocidade de seu veículo à razão máxima de 5 m/s em cada segundo. Supondo que ele esteja dirigindo à velocidade constante de 10 m/s, determine:

a) o tempo mínimo decorrido entre o instante em que avista algo inesperado, que o leva a acionar os freios, até o instante em que o veículo para;

b) a distância percorrida nesse tempo.

P.87 (Unicamp-SP) Um automóvel trafega com velocidade constante de 12 m/s por uma avenida e se aproxima de um cruzamento onde há um semáforo com fiscalização eletrônica. Quando o automóvel se encontra a uma distância de 30 m do cruzamento, o sinal muda de verde para amarelo. O motorista deve decidir entre parar o carro antes de chegar ao cruzamento ou acelerar o carro e passar pelo cruzamento antes de o sinal mudar para vermelho. Esse sinal permanece amarelo por 2,2 s. O tempo de reação do motorista (tempo decorrido entre o momento em que o motorista vê a mudança de sinal e o momento em que realiza alguma ação) é 0,5 s.

a) Determine a mínima aceleração constante que o carro deve ter para parar antes de atingir o cruzamento e não ser multado.

b) Calcule a menor aceleração constante que o carro deve ter para passar pelo cruzamento sem ser multado. Aproxime $(1,7)^2$ para 3,0.

P.88 (Olimpíada Brasileira de Física) Um motorista pisa bruscamente no freio do seu carro fazendo-o parar no tempo de 2 segundos. O carro deixa marcas de comprimento igual a 5 metros no asfalto. Qual era a velocidade do carro no instante que o motorista "pisa no freio"?
Considere que a trajetória do carro seja retilínea durante a freada e que sua aceleração escalar seja constante.

P.89 (Unicamp-SP) Um corredor de 100 metros rasos percorre os 20 primeiros metros da corrida em 4,0 s com aceleração constante. A velocidade atingida ao final dos 4,0 s é então mantida constante até o final da corrida.

a) Qual é a aceleração do corredor nos primeiros 20 m da corrida?

b) Qual é a velocidade atingida ao final dos primeiros 20 m?

c) Qual é o tempo total gasto pelo corredor em toda a prova?

P.90 (Efoa-MG) Um trem de 160 metros de comprimento está parado, com a frente da locomotiva posicionada exatamente no início de uma ponte de 200 metros de comprimento, num trecho retilíneo de estrada. Num determinado instante, o trem começa a atravessar a ponte com aceleração de 0,8 m/s^2, que se mantém constante até que ele atravesse completamente a ponte.

a) Qual é o tempo gasto pelo trem para atravessar completamente a ponte?
b) Qual é a velocidade no instante em que ele abandona completamente a ponte?

P.91 (Vunesp) Uma norma de segurança sugerida pela concessionária de uma autoestrada recomenda que os motoristas que nela trafegam mantenham seus veículos separados por uma "distância" de 2,0 segundos.

a) Qual é essa distância, expressa adequadamente em metros, para veículos que percorrem a estrada com a velocidade constante de 90 km/h?
b) Suponha que, nessas condições, um motorista freie bruscamente seu veículo até parar, com aceleração constante de módulo 5,0 m/s^2, e o motorista de trás só reaja, freando seu veículo, depois de 0,50 s. Qual deve ser a aceleração mínima do veículo de trás para não colidir com o da frente?

P.92 Um carro viaja com velocidade de 90 km/h num trecho retilíneo de uma rodovia. Subitamente, o motorista vê um cavalo parado na pista. Entre o instante em que o motorista avista o animal e aquele em que começa a frear, o carro percorre 15 m. O motorista freia o carro à taxa constante de 5,0 m/s^2, mantendo-o em sua trajetória retilínea e consegue parar antes de atingir o cavalo, que permaneceu imóvel durante todo o tempo. A que distância mínima do animal o motorista deve tê-lo avistado?

Testes propostos

T.57 (PUC-RS) Dizer que um movimento se realiza com uma aceleração escalar constante de 5 m/s^2 significa que:

a) em cada segundo o móvel se desloca 5 m.
b) em cada segundo a velocidade do móvel aumenta de 5 m/s.
c) em cada segundo a aceleração do móvel aumenta de 5 m/s.
d) em cada 5 s a velocidade aumenta de 1 m/s.
e) a velocidade é constante e igual a 5 m/s.

T.58 (Unirio-RJ) Caçador nato, o guepardo é uma espécie de mamífero que reforça a tese de que os animais predadores estão entre os bichos mais velozes da natureza. Afinal, a velocidade é essencial para os que caçam outras espécies em busca de alimentação.

S. L. MATTON. BILD / CID

O guepardo é capaz de, saindo do repouso e correndo em linha reta, chegar à velocidade de 72 km/h em apenas 2,0 segundos, o que nos permite concluir, em tal situação, ser o módulo de sua aceleração escalar média, em m/s^2, igual a:

a) 10 **b)** 15 **c)** 18 **d)** 36 **e)** 50

T.59 (FEI-SP) A tabela dá os valores da velocidade escalar instantânea de um móvel em função do tempo, traduzindo uma lei de movimento que vale do instante $t = 0$ s até o instante $t = 5{,}0$ s.

t	1,0	2,0	3,0	4,0	5,0	**s**
v	7	10	13	16	19	**cm/s**

A respeito desse movimento podemos dizer que:

a) é uniforme.
b) é uniformemente variado com velocidade inicial nula.
c) é uniformemente acelerado com velocidade inicial diferente de zero.
d) sua aceleração escalar é variável.
e) nada se pode concluir.

T.60 (Uece) Um automóvel desloca-se numa estrada reta com velocidade constante de 36 km/h. Devido a um vazamento, o carro perde óleo à razão de uma gota por segundo. O motorista pisa no freio, introduzindo uma aceleração constante de retardamento, até parar. As manchas de óleo deixadas na estrada, durante a freada, estão representadas na figura.

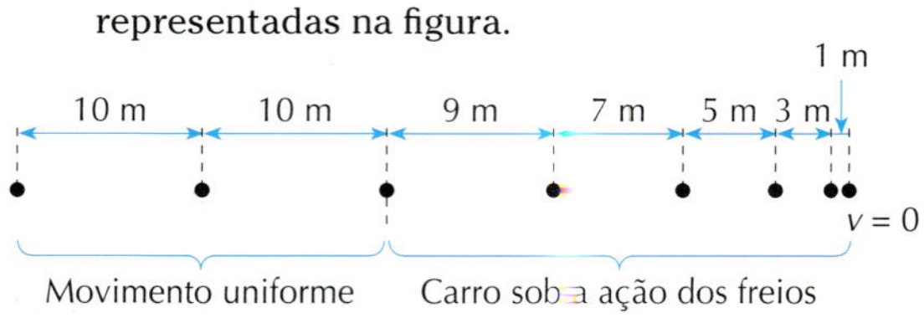

Pode-se concluir que a aceleração de retardamento vale, em módulo:

a) 1 m/s^2
b) 2 m/s^2
c) 3 m/s^2
d) 4 m/s^2
e) nenhum desses valores

T.61 (UEPB) Um automóvel move-se com velocidade constante de 20 m/s por uma avenida e aproxima-se de um semáforo com fiscalização eletrônica, situado em frente a uma escola. Quando o automóvel se encontra a 60 metros do semáforo, o sinal muda de verde para amarelo, permanecendo amarelo por um tempo de 2,0 segundos. Portanto, a menor aceleração constante que o carro deve ter para passar pelo semáforo e não ser multado, em m/s^2, vale:

a) 10
b) 6,0
c) 8,0
d) 7,0
e) 12

T.62 (UEL-PR) Um móvel efetua um movimento retilíneo uniformemente variado obedecendo à função horária $s = 10 + 10t - 5{,}0t^2$, na qual o espaço s é medido em metros e o instante t em segundos. A velocidade do móvel no instante $t = 4{,}0$ s, em m/s, vale:

a) 50
b) 20
c) 0
d) -20
e) -30

T.63 (Olimpíada Paulista de Física) Um avião a jato, partindo do repouso, é submetido a uma aceleração constante de 4,0 m/s^2. Qual é o intervalo de tempo Δt de aplicação dessa aceleração para que o jato atinja a velocidade de decolagem de 160 m/s? Qual é a distância d percorrida até a decolagem?

a) $\Delta t = 80{,}0$ s e $d = 400$ m
b) $\Delta t = 20{,}0$ s e $d = 1.600$ m
c) $\Delta t = 20{,}0$ s e $d = 3.200$ m
d) $\Delta t = 40{,}0$ s e $d = 1.600$ m
e) $\Delta t = 40{,}0$ s e $d = 3.200$ m

T.64 (Olimpíada Brasileira de Física) Uma partícula executa um movimento retilíneo uniformemente variado. Num dado instante, a partícula tem velocidade 50 m/s e aceleração negativa de módulo 0,2 m/s^2. Quanto tempo decorre até a partícula alcançar a mesma velocidade em sentido contrário?

a) 500 s
b) 250 s
c) 125 s
d) 100 s
e) 10 s

T.65 (Univali-SC) Um ponto material percorre uma trajetória retilínea segundo a equação horária $s = 4 + 6t + t^2$ (s em metros e t em segundos). No intervalo de tempo entre os instantes $t = 1$ s e $t = 6$ s, a velocidade escalar média, em m/s, é:

a) 6
b) 11
c) 13
d) 34
e) 59

T.66 (Fatec-SP) Uma partícula tem seu espaço s variando com o tempo t segundo a função:

$$s = 28 - 15t + 0{,}5t^2$$

com s em metros e t em segundos. Pode-se afirmar que:

a) a aceleração é 1,0 m/s^2, e o movimento é acelerado no intervalo de $t = 0$ a $t = 3{,}0$ s.
b) a aceleração é 0,5 m/s^2, e o movimento é acelerado no intervalo de $t = 0$ a $t = 3{,}0$ s.
c) a aceleração é 0,5 m/s^2, e o movimento é retardado no intervalo de $t = 0$ a $t = 3{,}0$ s.
d) a partícula inverte o sentido de movimento no instante $t = 15$ s.
e) o movimento se torna uniforme a partir do instante t = 15 s.

T.67 (FMABC-SP) A função horária do movimento de uma partícula é expressa por $s = t^2 - 10t + 24$ (s em metros e t em segundos). O espaço do móvel ao mudar de sentido é:

a) 24 m
b) -25 m
c) 25 m
d) 1 m
e) -1 m

T.68 (Mackenzie-SP) Um trem de 120 m de comprimento se desloca com velocidade escalar de 20 m/s. Esse trem, ao iniciar a travessia de uma ponte, freia uniformemente, saindo completamente da mesma 10 s após com velocidade escalar de 10 m/s. O comprimento da ponte é:

a) 150 m
b) 120 m
c) 90 m
d) 60 m
e) 30 m

T.69 (Vunesp) Um ponto material com movimento retilíneo uniformemente variado passa pelo ponto A de uma reta com velocidade de 15 m/s, dirigindo-se para o ponto B dessa mesma reta. Se a distância AB é de 40 m e o intervalo de tempo desse percurso é de 5,0 s, a velocidade desse ponto material ao passar por B é de:

a) 30 m/s
b) 15 m/s
c) 10 m/s
d) 5,0 m/s
e) 1,0 m/s

T.70 (Uniube-MG) Durante uma viagem pelo interior de São Paulo, um motorista de carro desloca-se retilineamente com velocidade constante de 72 km/h quando vê uma vaca parada no meio da estrada a 100 m de distância. Imediatamente ele aciona os freios, adquirindo uma aceleração escalar de módulo 5 m/s^2. Pode-se afirmar que o motorista:

a) não conseguirá evitar a colisão com o animal.
b) conseguirá parar o carro exatamente na frente do animal.
c) conseguirá parar o carro a 60 m do animal.
d) conseguirá parar o carro a 50 m do animal.
e) conseguirá parar o carro a 40 m do animal.

T.71 (UEPB) Dois automóveis, A e B, deslocam-se um em direção ao outro numa competição. O automóvel A desloca-se a uma velocidade de 162 km/h; o automóvel B, a 108 km/h. Considere que os freios dos dois automóveis são acionados ao mesmo tempo e que a velocidade diminui a uma razão de 7,5 m/s, em cada segundo. Qual é a menor distância entre os carros A e B para que eles não se choquem?

a) 135 m
b) 60 m
c) 210 m
d) 195 m
e) 75 m

T.72 (UCPel-RS) Um carro aproxima-se de uma sinaleira com velocidade constante. Quando a distância entre o carro e a sinaleira é de 27,5 m, a luz vermelha acende e o motorista demora ainda 5,0 s para aplicar os freios. Estes imprimem ao carro uma desaceleração constante de 5,0 m/s^2. Qual era a velocidade constante do carro, sabendo-se que ele para ao completar os 27,5 m?

a) 5,5 m/s
b) aproximadamente 60 km/h
c) 72 km/h
d) 7,0 m/s
e) 18 km/h

T.73 (ITA-SP) De uma estação parte um trem A com velocidade constante $v_A = 80$ km/h. Depois de certo tempo, parte dessa mesma estação um outro trem B, com velocidade constante $v_B = 100$ km/h. Depois de um tempo de percurso, o maquinista de B verifica que o seu trem se encontra a 3 km de A; a partir desse instante ele aciona os freios indefinidamente, comunicando ao trem uma aceleração $\alpha = -50$ km/h^2. O trem A continua no seu movimento anterior. Nessas condições:

a) não houve encontro dos trens.
b) depois de duas horas o trem B para e a distância que o separa de A é de 64 km.
c) houve encontro dos trens depois de 12 min.
d) houve encontro dos trens depois de 36 min.
e) não houve encontro dos trens; continuam caminhando e a distância que os separa agora é de 2 km.

T.74 (PUC-Campinas-SP) No instante em que a luz verde do semáforo acende, um carro ali parado parte com aceleração constante de 2,0 m/s^2. Um caminhão, que circula na mesma direção e no mesmo sentido, com velocidade constante de 10 m/s, passa por ele no exato momento da partida. Podemos, considerando os dados numéricos fornecidos, afirmar que:

a) o carro ultrapassa o caminhão a 200 m do semáforo.
b) o carro não alcança o caminhão.
c) os dois veículos seguem juntos.
d) o carro ultrapassa o caminhão a 40 m do semáforo.
e) o carro ultrapassa o caminhão a 100 m do semáforo.

T.75 (Olimpíada Brasileira de Física) Quando o sinal abre, um carro parado inicia um movimento uniformemente acelerado, sendo neste mesmo instante ultrapassado por um caminhão que se move com velocidade escalar constante v_0. A velocidade escalar do carro no momento que ultrapassa o caminhão é:

a) $1,1v_0$
b) $1,2v_0$
c) $1,5v_0$
d) $2,0v_0$
e) $2,5v_0$

T.76 (Uerj) O movimento retilíneo uniformemente acelerado de um objeto pode ser representado pela seguinte progressão aritmética:

7	11	15	19	23	27	...

Esses números representam as variações do espaço, em metros, realizadas pelo objeto, a cada segundo. Portanto, a função horária dos espaços, em unidades SI, que descreve a posição desse objeto pode ser:

a) $3t + 4t^2$
b) $5t + 2t^2$
c) $1 + 2t + 4t^2$
d) $2 + 3t + 2t^2$

A Física em nosso Mundo

Da decolagem ao pouso

Após a corrida ao longo da pista, o piloto puxa suavemente o manche e o avião decola. O movimento inicial da aeronave na pista é um movimento acelerado: o avião sai da imobilidade e corre até atingir a velocidade necessária para a subida. Essa velocidade, que se mantém constante durante a subida, depende de vários fatores, podendo variar conforme a massa da aeronave e as condições atmosféricas locais.

Quando o nível de cruzeiro é atingido, o piloto nivela o aparelho e faz os ajustes necessários para a viagem. A velocidade em que a maior parte do voo se realiza é chamada **velocidade de cruzeiro** e é constante. Portanto, o avião executa um movimento acelerado na pista e, em seguida, dois movimentos uniformes: um durante a subida e outro ao atingir o nível de voo.

A sequência de fotos mostra o jato Embraer-170, de fabricação nacional, desde o momento da decolagem até o instante em que atinge a velocidade de cruzeiro, isto é, a velocidade que vai ser mantida constante durante o voo na altitude estipulada.

Na descida ocorre o inverso, a velocidade de cruzeiro é reduzida e o avião desce com a menor velocidade possível. Ao tocar a pista o movimento passa a ser retardado até a completa imobilização do avião.

É importante salientar que as velocidades indicadas nos instrumentos do avião não correspondem à velocidade em relação ao solo. O movimento é relativo. Por exemplo, um avião que esteja voando com velocidade indicada no velocímetro do painel de 900 quilômetros por hora, poderá estar se deslocando em relação ao solo a 600 quilômetros por hora, desde que enfrente um vento contrário de 300 quilômetros por hora. A recíproca é verdadeira: se a massa de ar estiver a favor, a velocidade em relação ao solo aumenta. Como algumas correntes aéreas são constantes, os aviadores fazem uso delas para economizar combustível e chegar mais rapidamente ao seu destino.

Teste sua leitura

L.3 (PUC-RJ) Um avião necessita de uma velocidade horizontal mínima, relativa ao ar, de 17 m/s, para levantar voo. Ao decolar, num certo dia, contra um vento de 3 m/s, o avião precisou percorrer a distância de $L = 50$ m na pista, com MUV. Determine:

a) a velocidade horizontal mínima do avião relativa ao solo;
b) a aceleração sofrida pelo avião (despreze a resistência do ar);
c) o tempo que o avião levou para deixar o solo.

O enunciado a seguir refere-se às questões **L.4** a **L.6**.

(UFSJ-MG) Um dos acidentes mais terríveis da aviação mundial ocorreu em julho de 2000, envolvendo o Concorde da companhia Air France, que fazia o voo AF 4590 entre os aeroportos Charles de Gaulle (CDG) de Paris e o John Fitzgerald Kennedy (JFK) de Nova Iorque, e que foi fretado por turistas alemães. Segundo as autoridades francesas (fonte: jornais *Liberation* e *Le Monde*), não houve negligência ou falha humana nesse acidente, mas uma série de falhas mecânicas que culminou com a queda do avião. Levando em consideração as notícias divulgadas e as declarações das testemunhas oculares do acidente, imaginamos o seguinte diálogo entre a torre de controle e o comando do avião:

Torre: — AF 4590, positivo, permissão para a decolagem, câmbio!

Comando: — Ok, torre, dando sequência à decolagem, câmbio! (parte o avião)

Comando: — Atenção, tripulação, para a decolagem!

Torre: — AF 4590, há indícios de fogo no motor 2, câmbio!

Comando: — Positivo, iniciando corte no motor 2, câmbio!

Torre: — AF 4590, fogo aumentando no motor 2, câmbio!

Torre: — AF 4590, tentar manobra de aborto da decolagem, câmbio!

Comando: — Impossível, torre, tentando o procedimento 2, câmbio!

L.4 Sabendo que cada frase do diálogo acima durou, em média, 4 s, e supondo que a pista de decolagem do aeroporto CDG tem 2,0 km e que o Concorde tem aceleração de 4,0 m/s^2 para poder levantar voo, qual a velocidade do avião no momento em que a torre conclui a ordem de abortar a decolagem?

a) 288,0 km/h
b) 345,6 km/h
c) 403,2 km/h
d) 460,8 km/h

L.5 Qual é a distância percorrida pelo avião até aquele momento?

a) 1.600 m
b) 1.152 m
c) 800 m
d) 1.920 m

L.6 Supondo que a aceleração do reverso (mecanismo de frenagem do avião) do Concorde seja 2,5 m/s^2, qual seria a distância necessária para que os pilotos conseguissem parar o avião completamente?

a) 1.280 m
b) 1.000 m
c) 500 m
d) 1.500 m

L.7 (FMTM-MG) Um avião começa a se preparar para o pouso, isto é, começa a reduzir sua velocidade de cruzeiro, v_C, 10 minutos antes de atingir, com velocidade v_P, a cabeceira da pista, cuja extensão é de 1.500 m. Suponha que ele utilize toda a pista para reduzir sua velocidade a 18 km/h, com a qual se movimenta até o local de desembarque dos passageiros. Sabendo que o módulo das acelerações médias de freamento desse avião são 0,30 m/s^2 no ar e de 2,4 m/s^2 na pista, determine:

a) a velocidade com que o avião atinge a cabeceira da pista;
b) a velocidade de cruzeiro desse avião.

Atividade experimental

Realizem a experiência com supervisão de seu professor.

Análise de um movimento uniformemente variado

Em grupo, improvisem uma canaleta unindo, com fita-crepe, dois tubos de PVC rígido com cerca de 1 m de comprimento (foto I).

Apoiem os tubos numa pilha de livros de modo que a parte mais alta fique a 15 cm da superfície. Utilizem uma régua milimetrada para medir distâncias ao longo da canaleta formada e marquem nos tubos as distâncias de 15 cm em 15 cm (foto II).

Façam uma esfera percorrer, a partir do repouso, em experimentos sucessivos, as distâncias de 15 cm, 30 cm, 45 cm, 60 cm e 90 cm. Cronometrem o tempo de cada um dos percursos. Para facilitar a cronometragem, coloquem obstáculos em cada posição, a fim de parar o cronômetro exatamente no instante da batida (foto III).

Construam uma tabela indicando na 1ª coluna os valores de s, em cm, e na 2ª coluna os valores de t, em s.

Analisando a tabela, respondam:

- A esfera percorre distâncias iguais em intervalos de tempo iguais?
- O movimento é uniforme ou é variado?
- Sendo $s_0 = 0$ (a esfera parte da origem) e $v_0 = 0$ (a esfera parte do repouso), os valores obtidos obedecem à função $s = \frac{1}{2}\alpha t^2$, com α constante? Para isso, verifiquem se $\frac{2s}{t^2} = \alpha$ é ou não constante.
- O movimento é uniformemente variado?
- Em caso afirmativo, qual é a aceleração do movimento da esfera?
- Qual é a velocidade média do movimento da esfera após percorrer 90 cm?
- Qual é a velocidade da esfera ao atingir a posição cujo espaço é $s = 90$ cm?

THE NEXT

▲ Foto I

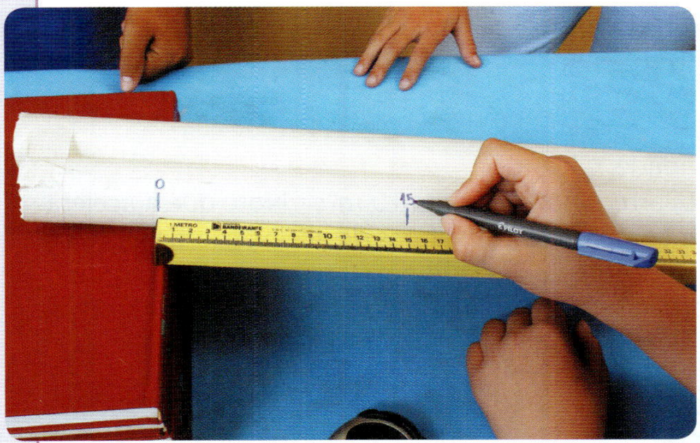

THE NEXT

▲ Foto II

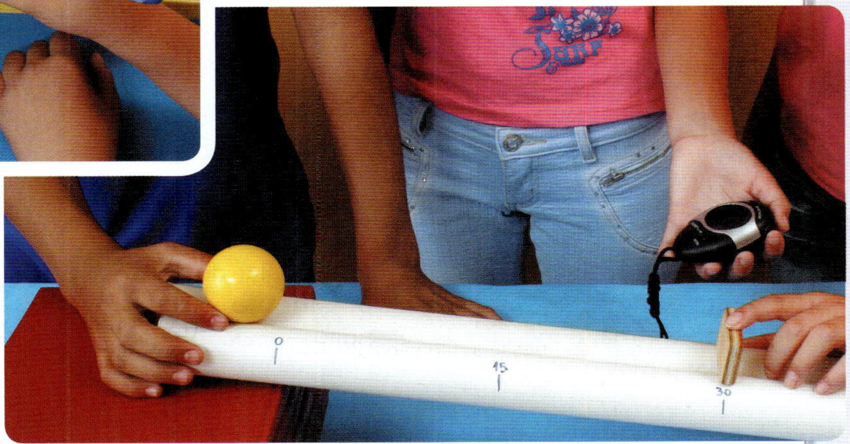

THE NEXT

▲ Foto III

CAPÍTULO 5

Movimento vertical no vácuo

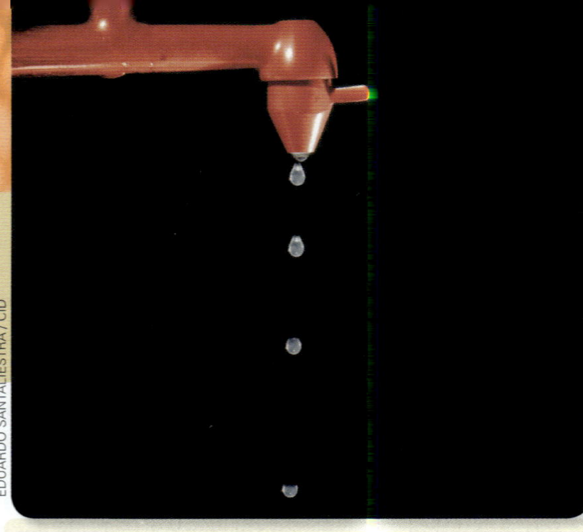

EDUARDO SANTALIESTRA / CID

Neste capítulo estudamos o movimento vertical de um corpo no vácuo nas proximidades da superfície terrestre e concluímos que é um MUV. Na foto, as gotas de água que se desprendem da torneira, desprezando a ação do ar, realizam um MUV.

1. Introdução

O movimento vertical de um corpo próximo ao solo é chamado de **queda livre** quando o corpo é abandonado no vácuo ou se considera desprezível a ação do ar. Seu estudo é idêntico ao de um **lançamento na vertical**, o qual difere da queda livre somente por apresentar uma velocidade inicial vertical. Esses movimentos são descritos pelas mesmas funções horárias.

A aceleração do movimento vertical de um corpo no vácuo é denominada **aceleração da gravidade** e indicada por g. Como o movimento se realiza nas proximidades da superfície terrestre, a aceleração da gravidade é considerada **constante**. Assim, **a queda livre e o lançamento na vertical são movimentos uniformemente variados** (MUV).

O valor da aceleração da gravidade, tomado ao nível do mar e a uma latitude de 45°, é:

$$g = 9{,}80665 \text{ m/s}^2$$

Esse valor é chamado aceleração normal da gravidade.

Na resolução de exercícios, para efeito de cálculo, arredondamos para 10 m/s². Note que a aceleração da gravidade tem um valor bastante alto quando comparado aos valores de aceleração de veículos. Seu valor de praticamente 10 m/s² significa uma variação de velocidade de 10 m/s em cada segundo, ou seja, de 36 km/h em cada segundo. Assim, em apenas 4 s de queda, o corpo atingiria 144 km/h se não houvesse a resistência do ar.

2. Descrição matemática

Em todos os fenômenos descritos neste capítulo desprezamos a resistência do ar.

Na **queda**, o módulo da velocidade escalar do corpo aumenta: o movimento é **acelerado**. **Lançado verticalmente para cima**, o módulo da velocidade escalar diminui na subida: o movimento é **retardado** (figura 1).

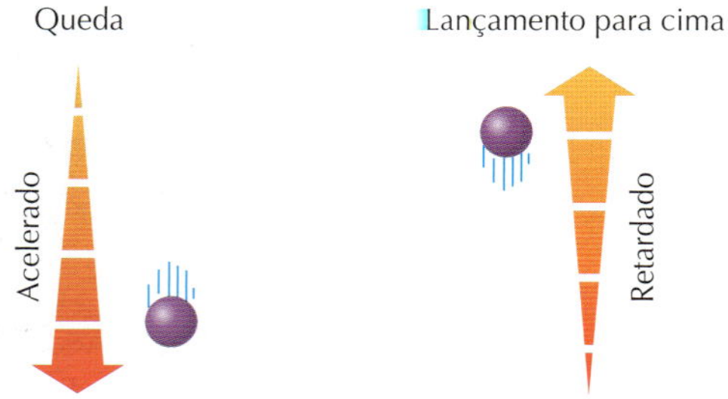

Figura 1.

À medida que o corpo lançado verticalmente para cima sobe (figura 2a), sua velocidade escalar decresce em módulo até se anular na altura máxima (figura 2b). Nesse instante ocorre **mudança do sentido** do movimento e o móvel passa a descer em movimento **acelerado** (figura 2c).

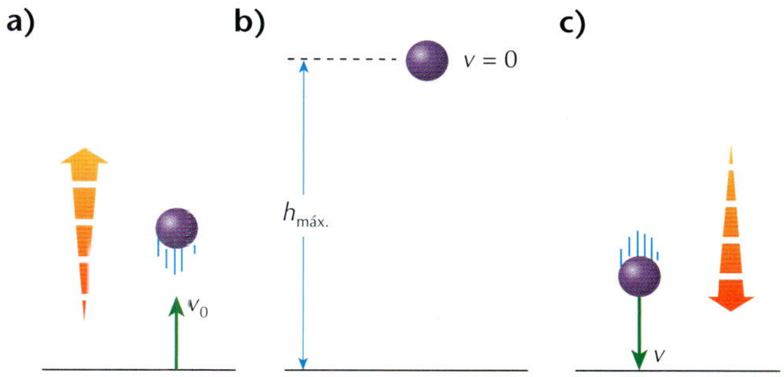

Figura 2.

Estudemos os sinais da velocidade escalar e da aceleração escalar segundo convenções algébricas. Para isso, orientemos a trajetória para cima (figura 3a). Segundo essa orientação, a velocidade escalar é positiva na subida e negativa na descida (figura 3b). Na subida, o movimento é retardado e a aceleração escalar é negativa, pois v e α devem ter sinais contrários (figura 3c). Na descida, o movimento é acelerado e a aceleração escalar continua negativa, pois α e v devem ter o mesmo sinal (figura 3d).

Desse modo, **orientando-se a trajetória para cima** no percurso subida-descida, apenas o sinal da velocidade escalar muda. **A aceleração escalar é negativa**, independentemente de o corpo subir ou descer ($\alpha = -g$).

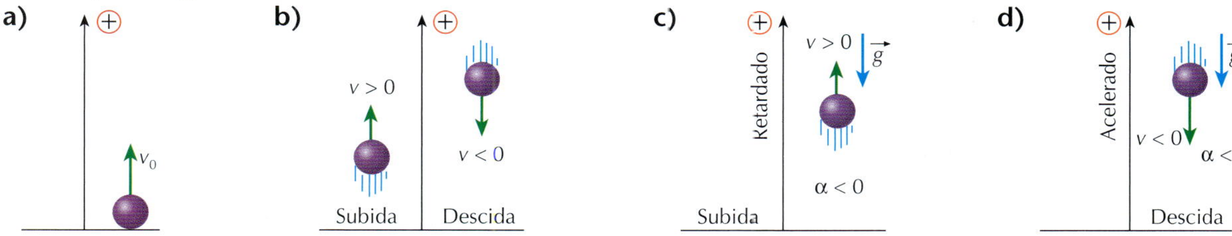

Figura 3. **A velocidade escalar muda de sinal, mas a aceleração escalar é negativa quando orientamos a trajetória para cima, esteja o corpo subindo ou descendo.**

Baseando-nos na figura 4 e utilizando o mesmo raciocínio, concluímos: **orientando-se a trajetória para baixo**, a velocidade escalar muda de sinal, mas a **aceleração escalar é positiva**, independentemente de o corpo subir ou descer ($\alpha = +g$).

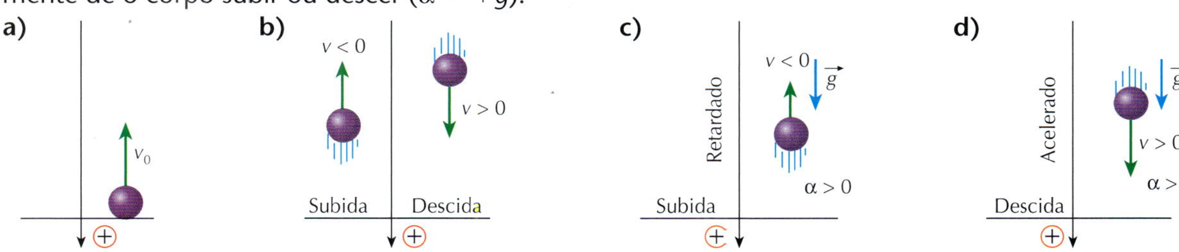

Figura 4. **A velocidade escalar muda de sinal, mas a aceleração escalar é positiva quando orientamos a trajetória para baixo, esteja o corpo subindo ou descendo.**

Assim, num lançamento vertical e numa queda livre, o sinal da aceleração escalar é determinado somente pela orientação da trajetória e não depende do fato de o corpo estar subindo ou descendo. Subir ou descer está associado apenas ao sinal da velocidade escalar.

Portanto:

> Orientando-se a trajetória para cima: $\alpha = -g$
> Orientando-se a trajetória para baixo: $\alpha = +g$

As funções do MUV descrevem o lançamento na vertical e a queda livre:

$$s = s_0 + v_0 t + \frac{\alpha}{2} t^2$$
$$v = v_0 + \alpha t$$
$$v^2 = v_0^2 + 2\alpha\Delta s$$
$$\alpha = \pm g$$

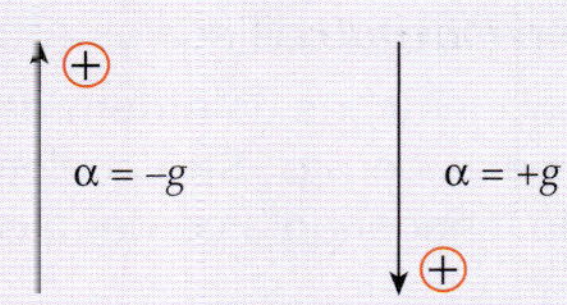

Pratique! Ver AE pág. 79

Os símbolos utilizados nessas funções são os mesmos da Cinemática Escalar e, portanto, conhecidos. A aceleração escalar α é $+g$ (orientação da trajetória para baixo) ou $-g$ (orientação da trajetória para cima), independentemente de o corpo subir ou descer. O sentido do movimento (subida ou descida) é dado pelo sinal da velocidade escalar, de acordo com a orientação da trajetória. Lembre-se de que essas funções descrevem a ida e a volta do móvel, isto é, **no MUV existe uma função única tanto para a ida como para o retorno**.

Leia mais

Foi Galileu Galilei quem estabeleceu a lei da queda dos corpos. Na página 80, em História da Física, conheça as descobertas fundamentais, no campo da Física e da Astronomia, de Galileu Galilei.

Comparando acelerações com a da gravidade

- O valor da aceleração da gravidade nas proximidades da superfície terrestre (g) é frequentemente usado na comparação entre acelerações. Por exemplo, na categoria Top Fuel, os *dragsters* atingem na arrancada a velocidade de 160 km/h em somente 0,8 s e que corresponde a uma aceleração média de 55 m/s^2, ou seja, aproximadamente 5,5g.
- O piloto de corrida David Purley, numa colisão em Silverstone, Inglaterra, em 13 de julho de 1977, sobreviveu a uma desaceleração em que a velocidade de seu veículo variou de 173 km/h para zero, num percurso de apenas 66 cm. Ficou sujeito então a uma desaceleração de 178,4g.
- Em aviação, ao efetuar manobras, o piloto pode sentir diferentes sensações: em algumas, como no *loop*, o sangue tende a se concentrar nos seus membros inferiores. Nesse caso, diz-se que o piloto sofre "g positivo". Em outras situações, como no *loop* invertido, o sangue tende a se concentrar na cabeça. Diz-se então que o piloto sofre "g negativo".

1999 JOHN MCPHERSON / DIST. BY ATLANTIC SYNDICATION / UNIVERSAL PRESS SYNDICATE

"Gente, vocês foram avisados sobre os potenciais riscos da experiência. Agora, suas faces deverão retornar ao normal em 18 ou 24 horas."

Loop direto

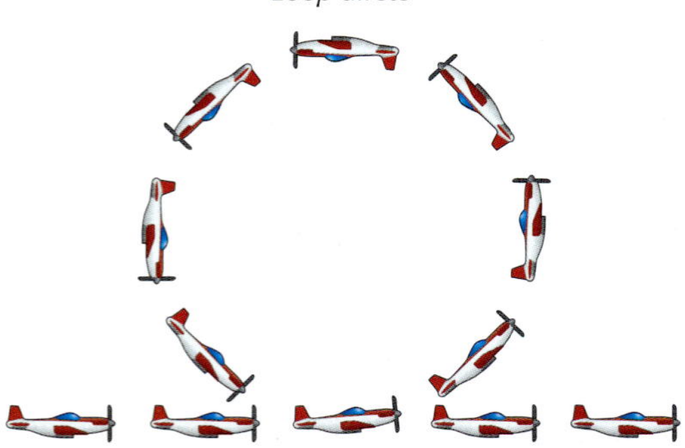

g positivo

Loop invertido

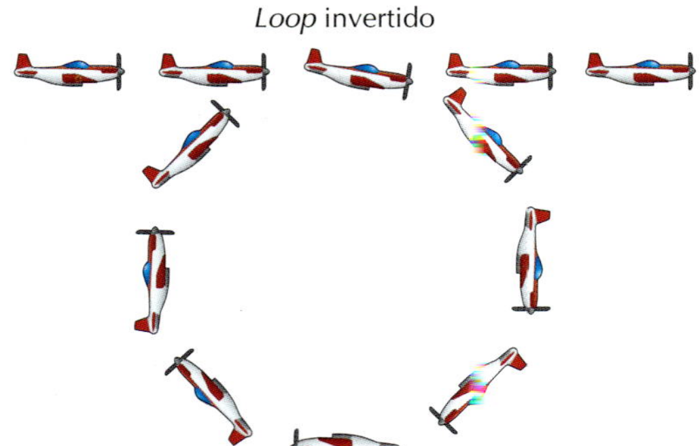

g negativo

- Um piloto de avião, em manobras arriscadas, pode suportar até 10g durante 3 s. Entretanto, sob essa aceleração, o avião, dependendo de sua estrutura, poderá até perder as asas.
- Uma pessoa sujeita a acelerações da ordem de 3g positivo, por algum tempo, terá grande dificuldade para levantar os braços e as pernas. Se a aceleração estiver entre 4g e 5,5g positivos, ela poderá perder completamente a visão, chegando a perder a consciência se essa condição perdurar por mais de 5 s.

R.36 Um móvel é atirado verticalmente para cima, a partir do solo, com velocidade inicial de 50 m/s. Despreze a resistência do ar e adote $g = 10 \text{ m/s}^2$. Determine:

a) as funções horárias do movimento;
b) o tempo de subida, isto é, o tempo para atingir a altura máxima;
c) a altura máxima;
d) em $t = 6$ s, contados a partir do instante de lançamento, o espaço do móvel e o sentido do movimento;
e) o instante e a velocidade escalar quando o móvel atinge o solo.

Solução:

Orientação da trajetória para cima ($v_0 > 0$). A aceleração é negativa ($\alpha = -g = -10 \text{ m/s}^2$) durante todo o movimento. Origem dos espaços: no solo. Origem dos tempos: contados do início do lançamento, o que determina $s_0 = 0$.

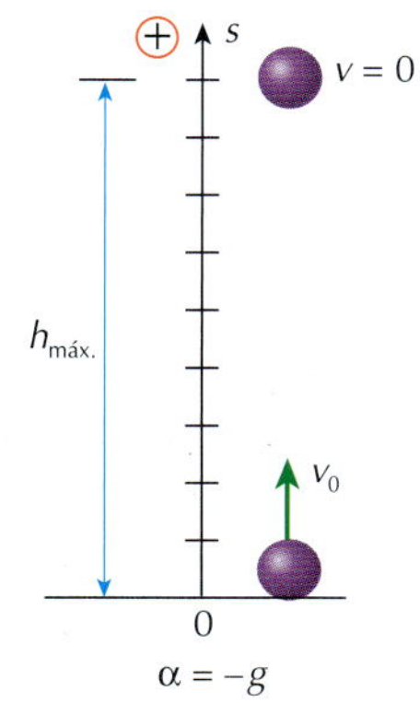

a) As funções são:

$$s = s_0 + v_0 t + \frac{\alpha}{2}t^2 \Rightarrow s = 50t - \frac{10t^2}{2} \Rightarrow \boxed{s = 50t - 5t^2} \quad ①$$

$$v = v_0 + \alpha t \Rightarrow \boxed{v = 50 - 10t} \quad ②$$

b) Quando o móvel atinge a altura máxima ($h_{máx.}$), ele muda de sentido ($v = 0$). Na equação ② vem:

$$v = 50 - 10t \Rightarrow 0 = 50 - 10t \Rightarrow \boxed{t = 5 \text{ s}} \text{ (tempo de subida)}$$

c) Substituindo t por 5 s na equação ①, determinamos a altura máxima ($s = h_{máx.}$):

$$s = 50t - 5t^2 \Rightarrow h_{máx.} = 50 \cdot 5 - 5 \cdot 5^2 \Rightarrow \boxed{h_{máx.} = 125 \text{ m}}$$

O mesmo resultado poderia ser obtido pela equação de Torricelli, se não tivéssemos o tempo de subida:

$$v^2 = v_0^2 + 2\alpha\Delta s \Rightarrow 0 = 50^2 - 2 \cdot 10 \cdot h_{máx.} \Rightarrow \boxed{h_{máx.} = 125 \text{ m}}$$

d) Espaço do móvel em $t = 6$ s. Substituindo esse valor na equação $s = 50t - 5t^2$, temos:

$$s_6 = 50 \cdot 6 - 5 \cdot 6^2 \Rightarrow \boxed{s_6 = 120 \text{ m}}$$

Em $t = 6$ s o móvel está descendo, pois sabemos que em 5 s mudou de sentido (veja item b). Podemos verificar esse fato por meio da função horária da velocidade ($v = 50 - 10t$). Para $t = 6$ s, temos:

$$v_6 = 50 - 10 \cdot 6 \Rightarrow v_6 = -10 \text{ m/s}$$

Como a velocidade escalar é negativa, o móvel está descendo.

e) Quando o móvel atinge o solo, seu espaço volta a ser nulo. Lembre-se de que o espaço apenas localiza o móvel ao longo da trajetória. Na equação ①, fazendo $s = 0$, vem:

$$s = 0 = 50t - 5t^2 \Rightarrow \begin{cases} t_1 = 0 \text{ (instante inicial)} \\ \boxed{t_2 = 10 \text{ s}} \text{ (chegada ao solo)} \end{cases}$$

A velocidade escalar é:

$$v = 50 - 10t = 50 - 10 \cdot 10 \Rightarrow \boxed{v = -50 \text{ m/s}}$$

Resposta: a) $s = 50t - 5t^2$ e $v = 50 - 10t$ (s em m e t em s); b) 5 s; c) 125 m; d) 120 m, descendo; e) 10 s e 50 m/s (em módulo)

Observações:

- O tempo do movimento ida e volta (10 s) é o dobro do tempo de subida, isto é, o intervalo de tempo da subida é igual ao intervalo de tempo da descida.
- A velocidade inicial é + 50 m/s e a de chegada ao solo é −50 m/s, isto é, as velocidades de lançamento e de chegada ao solo têm o mesmo módulo.

Essas propriedades só valem quando o ponto de partida coincide com o ponto de chegada. Não valem quando há resistência do ar ou o móvel tem propulsão própria.

R.37 Abandona-se uma pedra do alto de um edifício e esta atinge o solo 4 s depois. Adote $g = 10\ m/s^2$ e despreze a resistência do ar. Determine:

a) a altura do edifício;

b) o módulo da velocidade da pedra quando atinge o solo.

Solução:

Orientemos a trajetória para baixo ($\alpha = +g = +10\ m/s^2$) a partir do ponto de abandono da pedra ($v_0 = 0$, $s_0 = 0$).

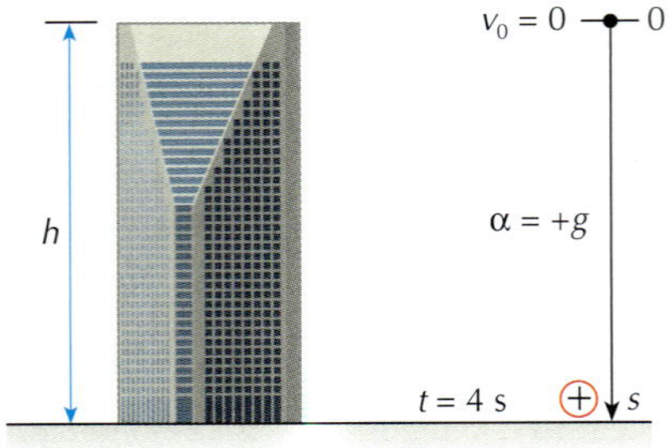

$$s = s_0 + v_0t + \frac{\alpha t^2}{2} \Rightarrow s = \frac{10t^2}{2} \Rightarrow s = 5t^2$$

$$v = v_0 + \alpha t \Rightarrow v = 10t$$

Quando $t = 4$ s, vem:

$$h = s = 5 \cdot (4)^2 \Rightarrow \boxed{h = 80\ m}$$

$$v = 10 \cdot 4 \Rightarrow \boxed{v = 40\ m/s}$$

Respostas: a) 80 m; b) 40 m/s

R.38 Dois móveis A e B são lançados verticalmente para cima, com a mesma velocidade inicial de 15 m/s, do mesmo ponto. O móvel A é lançado no instante $t = 0$ s e o móvel B é lançado 2 s depois. Determine, a contar do ponto de lançamento, a posição e o instante do encontro dos móveis. Adote $g = 10\ m/s^2$ e despreze a resistência do ar.

Solução:

Orientemos a trajetória para cima ($\alpha = -g$). O móvel A foi lançado no início da contagem dos tempos ($t = 0$ s). Assim, após t segundos, ele terá andado durante t segundos e em sua função temos a variável t. O móvel B parte 2 s depois. Após t segundos, B andou durante $(t - 2)$ segundos, pois partiu depois. Logo, nas funções do móvel B teremos $(t - 2)$ em lugar de t.

B está deslocado lateralmente somente para efeito de ilustração; seu lançamento é do mesmo ponto.

Sabemos que $s = s_0 + v_0t + \frac{\alpha}{2}t^2$ e $v = v_0 + \alpha t$. Com $s_0 = 0$, $v_0 = +15$ m/s e $\alpha = -10\ m/s^2$, vem:

Móvel A

$$\begin{cases} s_A = 15t - \dfrac{10t^2}{2} \Rightarrow s_A = 15t - 5t^2 \\ v_A = 15 - 10t \end{cases}$$

Móvel B

$$\begin{cases} s_B = 15 \cdot (t - 2) - \dfrac{10 \cdot (t - 2)^2}{2} \Rightarrow s_B = 15 \cdot (t - 2) - 5 \cdot (t - 2)^2 \\ v_B = 15 - 10 \cdot (t - 2) \end{cases}$$

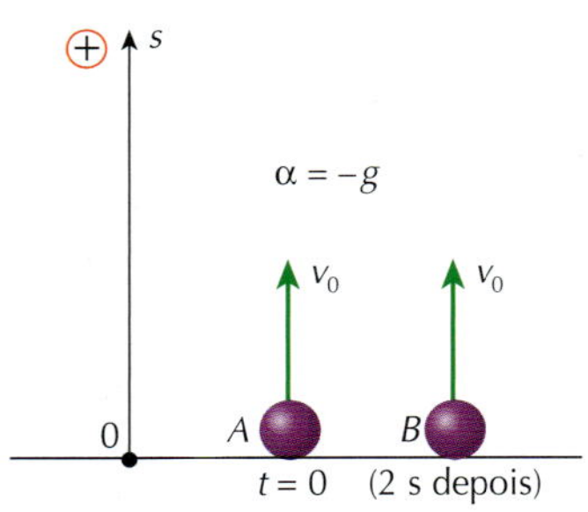

No instante de encontro: $s_A = s_B$

Igualando essas expressões, vem:

$$15t - 5t^2 = 15(t - 2) - 5(t - 2)^2 \Rightarrow 15t - 5t^2 = 15t - 30 - 5t^2 + 20t - 20 \Rightarrow 0 = -30 - 20t - 20 \Rightarrow$$

$$\Rightarrow 50 = 20t \Rightarrow \boxed{t = 2{,}5\ s}$$

Em qualquer uma das equações, s_A ou s_B, determinamos o ponto de encontro.

Substituindo t por 2,5 s em $s_A = 15t - 5t^2$, vem: $\boxed{s_A = 6{,}25\ m}$

Resposta: O encontro ocorre 2,5 s depois do lançamento do primeiro e a 6,25 m do ponto de lançamento.

R.39 Uma pedra A é lançada verticalmente para cima a partir do solo, com a velocidade de 40 m/s. Simultaneamente, na mesma vertical, outra pedra B é abandonada a partir do repouso do alto de um edifício com 80 m de altura. Desprezando a resistência do ar e adotando $g = 10\ m/s^2$ para a aceleração da gravidade, determine:

a) o instante em que as pedras colidem;

b) a altura, relativamente ao solo, em que ocorre a colisão.

Solução:

a) Para equacionar os dois movimentos é necessário adotar para ambos a mesma origem e a mesma orientação da trajetória. Escolhendo a origem no solo e orientando a trajetória para cima, teremos:

Pedra *A*: $\alpha = -g = -10\ m/s^2$; $v_0 = +40\ m/s$; $s_0 = 0$

Pedra *B*: $\alpha = -g = -10\ m/s^2$; $v_0 = 0$; $s_0 = 80\ m$

Substituindo esses valores na função horária do MUV de cada pedra:

$$s = s_0 + v_0 t + \frac{\alpha}{2} t^2 \Rightarrow \begin{cases} s_A = 40t - 5t^2 \\ s_B = 80 - 5t^2 \end{cases}$$

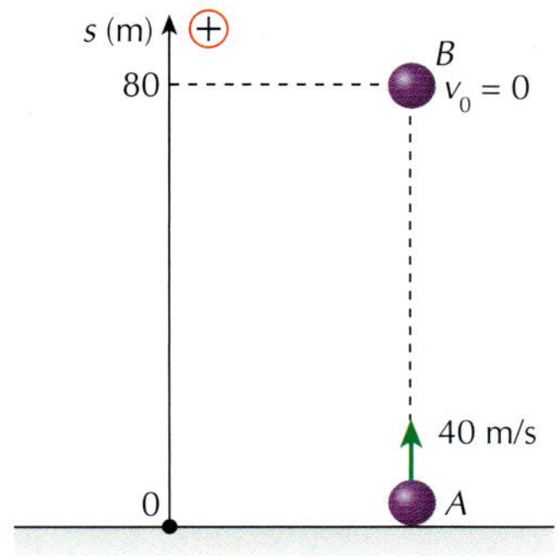

No instante de encontro: $s_A = s_B$. Então:

$$40t - 5t^2 = 80 - 5t^2 \Rightarrow 40t = 80 \Rightarrow \boxed{t = 2\ s}$$

b) Para determinar a posição de encontro, substituímos o valor do instante de encontro numa das funções horárias:

$s_A = 40 \cdot 2 - 5 \cdot (2)^2 \Rightarrow s_A = 80 - 20 \Rightarrow s_A = 60\ m$

Respostas: a) 2 s; b) 60 m

Entre na rede

No endereço eletrônico **http://br.geocities.com/saladefisica3/laboratorio/quedalivre/quedalivre.htm** (acesso em 13/2/2007), você pode realizar simulações de uma queda livre, modificando o valor da velocidade de lançamento e a posição inicial do móvel.

Exercícios propostos

P.93 Um projétil é atirado verticalmente para cima a partir do solo, com velocidade inicial de 20 m/s. Despreze a resistência do ar e adote a origem dos espaços no solo com a trajetória orientada para cima (dado: $g = 10\ m/s^2$). Determine:

a) as funções horárias do movimento;
b) o tempo de subida;
c) a altura máxima atingida;
d) em $t = 3$ s, o espaço e o sentido do movimento;
e) o instante e a velocidade escalar quando o projétil atinge o solo.

P.94 Do topo de um edifício, a 20 m do solo, atira-se um corpo verticalmente para cima com velocidade inicial de 10 m/s. Desprezando a resistência do ar e adotando $g = 10\ m/s^2$, determine:

a) o tempo de subida do corpo; **b)** o tempo de chegada ao solo; **c)** a altura máxima.

P.95 De um andar de um edifício em construção caiu um tijolo, a partir do repouso, que atingiu o solo 2 s depois (dado: $g = 10\ m/s^2$). Desprezando a resistência do ar, calcule:

a) a altura do andar de onde caiu o tijolo;
b) a velocidade escalar do tijolo quando atingiu o solo.

P.96 (EEM-SP) Calcule a relação entre as alturas atingidas por dois corpos lançados verticalmente com velocidades iniciais iguais, um na Terra, outro na Lua. Sabe-se que a aceleração da gravidade na Terra é 6 vezes maior do que na Lua. Desprezam-se as resistências opostas aos movimentos.

P.97 Dois corpos são lançados verticalmente para cima do mesmo ponto e com velocidades iniciais iguais a 30 m/s. O segundo corpo é lançado 3 s depois do primeiro. Desprezando a resistência do ar e adotando $g = 10\ m/s^2$, determine:

a) o instante e a posição do encontro; **b)** as velocidades dos corpos no instante do encontro.

P.98 Dois corpos estão sobre a mesma vertical, à distância de 30 m um do outro. Abandona-se o de cima e, após 2 s, o outro. Após quanto tempo e em que ponto se dará o encontro dos dois?

Despreza-se a resistência do ar (dado: $g = 10\ m/s^2$).

Exercícios propostos de recapitulação

P.99 Um objeto é lançado verticalmente para cima e volta ao solo após 4 s do lançamento. Considerando $g = 10\ m/s^2$ e desprezando a resistência do ar, calcule:

a) a velocidade de lançamento v_0;
b) a altura máxima atingida.

P.100 Um corpo é atirado verticalmente para cima com uma velocidade inicial de 16 m/s. Considerando $g = 10\ m/s^2$ e desprezando a resistência do ar, determine:

a) a altura máxima;
b) o tempo empregado para atingir o ponto mais alto da trajetória;
c) o espaço e a velocidade escalar do corpo 3 s depois de ser lançado.

P.101 (UFPE) No instante $t = 0$ um menino lança uma pedra verticalmente para cima. Após 1,0 s, o movimento da pedra ainda é ascendente com uma velocidade que é a metade da velocidade inicial de lançamento. Supondo que o atrito com o ar pode ser desprezado, calcule a altura máxima atingida pela pedra, em metros.
Adote $g = 10\ m/s^2$.

P.102 Lançou-se uma esfera verticalmente de baixo para cima com uma velocidade inicial de 60 m/s. Três segundos depois lançou-se, segundo a mesma direção e sentido, uma segunda esfera com velocidade inicial de 80 m/s. Considerando $g = 10\ m/s^2$ e desprezando a resistência do ar, calcule:

a) o tempo gasto pela segunda esfera até encontrar a primeira e a altura do encontro;
b) as velocidades de cada esfera no momento do encontro.
Exprima os resultados em m/s e km/h.

P.103 Duas pedras descrevem trajetórias paralelas ao serem lançadas verticalmente para cima a partir do mesmo instante. A primeira é lançada com velocidade de 20 m/s de uma plataforma situada à altura de 20 m e a segunda é lançada a partir do solo com velocidade de 30 m/s. Adotando $g = 10\ m/s^2$ e desprezando a resistência do ar, determine:

a) o instante em que as pedras se cruzam;
b) a altura em que ocorre o cruzamento em relação ao solo;
c) as velocidades das pedras ao se cruzarem.

P.104 Um objeto é abandonado de um ponto situado a 20 m do solo. Desprezando o efeito do ar e considerando $g = 10\ m/s^2$, determine:

a) a velocidade com que o objeto atinge o solo;
b) a velocidade média do objeto durante a queda até o solo.

P.105 Um corpo é abandonado de uma altura de 45 m. Considere $g = 10\ m/s^2$, despreze a resistência do ar e determine o intervalo de tempo para o corpo percorrer os últimos 25 m.

P.106 Abandona-se uma pedra de uma altura H do solo, num local onde a aceleração da gravidade é $10\ m/s^2$ e o efeito do ar é desprezível. Verifica-se que, no último segundo de queda, a pedra percorre $\frac{3}{4}H$. Calcule:

a) o tempo de queda;
b) a altura H de queda.

P.107 (Unicamp-SP) Uma torneira, situada a uma altura de 1,0 m acima do solo, pinga lentamente à razão de 3 gotas por minuto.

a) Com que velocidade uma gota atinge o solo?
b) Que intervalo de tempo separa as batidas de 2 gotas consecutivas no solo?
Considere, para simplificar, $g = 10\ m/s^2$.

P.108 (Unicamp-SP) Um malabarista de circo deseja ter três bolas no ar em todos os instantes. Ele arremessa uma bola a cada 0,40 s (considere $g = 10\ m/s^2$).

a) Quanto tempo cada bola fica no ar?
b) Com que velocidade inicial deve o malabarista atirar cada bola para cima?
c) A que altura se elevará cada bola acima de suas mãos?

Testes propostos

Nota: Nos testes seguintes despreze a resistência do ar.

T.77 (UFJF-MG) Um astronauta está na superfície da Lua, quando solta simultaneamente duas bolas maçicas, uma de chumbo e outra de madeira, de uma altura de 2,0 m em relação à superfície. Nesse caso, podemos afirmar que:

a) a bola de chumbo chegará ao chão um pouco antes da bola de madeira, mas perceptivelmente antes.
b) a bola de chumbo chegará ao chão um pouco depois da bola de madeira, mas perceptivelmente depois.
c) a bola de chumbo chegará ao chão ao mesmo tempo que a bola de madeira.
d) a bola de chumbo chegará ao chão bem antes da bola de madeira.
e) a bola de chumbo chegará ao chão bem depois da bola de madeira.

T.78 (UFSM-RS) Um corpo é atirado verticalmente para cima, a partir do solo, com uma velocidade de 20 m/s. Considerando a aceleração gravitacional $g = 10\ m/s^2$ e desprezando a resistência do ar, a altura máxima, em metros, alcançada pelo corpo é:

a) 15 **b)** 20 **c)** 30 **d)** 60 **e)** 75

T.79 (Vunesp) Para deslocar tijolos, é comum vermos em obras de construção civil um operário no solo, lançando tijolos para outro que se encontra postado no piso superior. Considerando o lançamento vertical, a resistência do ar nula, a aceleração da gravidade igual a $10\ m/s^2$ e a distância entre a mão do lançador e a do receptor 3,2 m, a velocidade com que cada tijolo deve ser lançado para que chegue às mãos do receptor com velocidade nula deve ser de:

a) 5,2 m/s
b) 6,0 m/s
c) 7,2 m/s
d) 8,0 m/s
e) 9,0 m/s

T.80 (Unitau-SP) Um modelo de foguete é impulsionado verticalmente para cima, com a aceleração constante de $50\ m/s^2$. O motor para de funcionar após 4 s do lançamento. Em que altura está o foguete, quando o motor para?

a) 100 m
b) 250 m
c) 300 m
d) 350 m
e) 400 m

T.81 (Unitau-SP) Na questão anterior, desprezando a resistência do ar e usando $g = 10\ m/s^2$, podemos dizer corretamente que a altura máxima atingida pelo foguete é:

a) 1.800 m
b) 2.400 m
c) 3.000 m
d) 3.500 m
e) 4.000 m

T.82 (UEM-PR) Uma torneira localizada a uma altura H em relação ao solo é deixada semiaberta e começa a gotejar. Considere que as gotas abandonam a torneira com velocidade inicial nula, que o intervalo de tempo entre duas gotas consecutivas que abandonam a torneira é T, e que g é a aceleração da gravidade local. Nessas condições, é correto afirmar que:

01) a distância percorrida por uma gota no instante em que a próxima gota abandona a torneira é $\frac{gT}{2}$.
02) a velocidade de uma gota no instante em que a próxima abandona a torneira é gT.
04) a distância entre duas gotas consecutivas é constante durante toda a trajetória.
08) o tempo que uma gota demora para atingir o solo é $\sqrt{\frac{2g}{H}}$.
16) a velocidade com que a gota atinge o solo é $\sqrt{2gH}$.
32) o intervalo de tempo entre duas gotas consecutivas que atingem o solo é $2T$.

Dê como resposta a soma dos números associados às afirmativas corretas.

T.83 (PUC-Campinas-SP) Um foguete sobe verticalmente. No instante $t = 0$ em que ele passa pela altura de 100 m, em relação ao solo, subindo com velocidade constante de módulo 5,0 m/s escapa dele um pequeno parafuso. Considere $g = 10\ m/s^2$ e despreze o efeito do ar. O parafuso chegará ao solo no instante t, em segundos, igual a:

a) 20
b) 15
c) 10
d) 5,0
e) 3,0

T.84 (Vunesp) Um corpo A é abandonado de uma altura de 80 m no mesmo instante em que um corpo B é lançado verticalmente para baixo com velocidade inicial de 10 m/s, de uma altura de 120 m. Desprezando a resistência do ar e considerando a aceleração da gravidade como sendo $10\ m/s^2$, é correto afirmar, sobre o movimento desses dois corpos, que:

a) os dois chegam ao solo no mesmo instante.
b) o corpo B chega ao solo 2,0 s antes que o corpo A.
c) o tempo gasto para o corpo A chegar ao solo é 2,0 s menor que o tempo gasto pelo B.
d) o corpo A atinge o solo 4,0 s antes que o corpo B.
e) o corpo B atinge o solo 4,0 antes que o corpo A.

T.85 (UFRJ) Um corpo em queda livre percorre uma certa distância vertical em 2 s; logo, a distância percorrida em 6 s será:

a) dupla.
b) tripla.
c) seis vezes maior.
d) nove vezes maior.
e) doze vezes maior.

T.86 Um corpo em queda vertical no vácuo possui, a partir do repouso, uma velocidade v após percorrer uma altura h. Para a velocidade ser $3v$, a distância percorrida será de:

a) $2h$
b) $3h$
c) $4h$
d) $6h$
e) $9h$

T.87 (PUC-Campinas-SP) Um móvel é abandonado em queda livre percorrendo, a partir do repouso, uma distância d durante o primeiro segundo de movimento. Durante o terceiro segundo de movimento, esse móvel percorre uma distância:

a) $d\sqrt{3}$
b) $3d$
c) $5d$
d) $7d$
e) $9d$

T.88 (Mackenzie-SP) Joãozinho abandona do alto de uma torre um corpo a partir do repouso. Durante a queda livre, com g constante, ele observa que nos dois primeiros segundos o corpo percorre a distância D. A distância percorrida pelo corpo nos 4 s seguintes será:

a) $4D$
b) $5D$
c) $6D$
d) $8D$
e) $9D$

T.89 (Uece) Em um circo, um malabarista lança bolas, verticalmente para cima, que atingem uma altura máxima h. No caso de jogá-las para que elas fiquem o dobro do tempo no ar, a nova altura máxima será:

a) $2h$
b) $4h$
c) $6h$
d) $8h$

T.90 (UFPA) Em um local onde a aceleração da gravidade vale 10 m/s^2, deixa-se cair livremente uma pedra de uma altura de 125 m em relação ao solo. Dois segundos depois, uma segunda pedra é atirada verticalmente da mesma altura. Sabendo-se que essas duas pedras atingiram o solo ao mesmo tempo, a velocidade com que a segunda pedra foi atirada vale:

a) 12,3 m/s
b) 26,6 m/s
c) 32 m/s
d) 41,2 m/s
e) 57,5 m/s

T.91 (UFMT) Dois projéteis iguais são atirados da mesma posição (40 m acima do solo), verticalmente, em sentidos opostos e com a mesma velocidade. Em 2 s o primeiro projétil atinge o solo. Depois de quanto tempo da chegada do primeiro o segundo atingirá o solo? (Despreze qualquer atrito e considere g = 10 m/s^2.)

a) 1 s **b)** 2 s **c)** 3 s **d)** 4 s **e)** 5 s

T.92 (Olimpíada Brasileira de Física) Dois estudantes decidiram medir a velocidade das águas de um rio usando apenas uma trena e conhecendo o valor da aceleração gravitacional. Após algumas tentativas perceberam que, abandonando simultaneamente uma pedra do alto da ponte e um barquinho de papel nas águas do rio, a pedra atingia o barquinho quando ele era colocado na água a 3 m do ponto de impacto e a pedra caía em queda livre por 5 m. De posse desses resultados, eles chegaram à conclusão correta de que a velocidade média da correnteza do rio tinha um valor, em m/s, próximo de:

a) 5 **b)** 4 **c)** 3 **d)** 2 **e)** 1

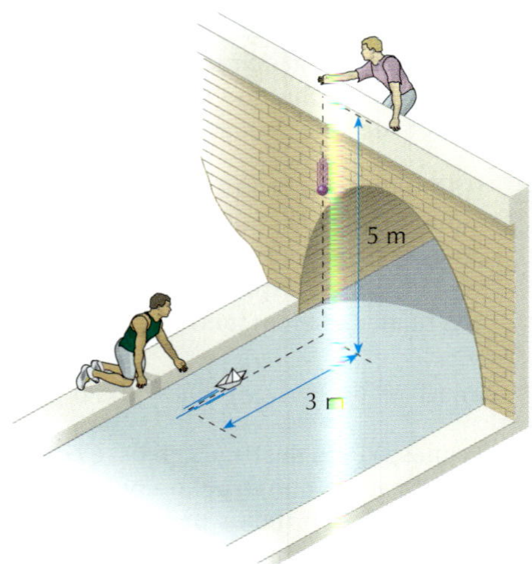

Dado: g = 10 m/s^2

T.93 (UEM-PR) Um vaso cai de uma sacada a 20 m de altura. Sobre a calçada, na direção da queda do vaso, encontra-se parado um homem de 2,0 m de altura. Uma pessoa distante 34 m, que está observando tudo, grita para que o homem saia do lugar após 1,5 segundo desde o exato instante em que o vaso começa a cair. Ao ouvir o alerta, o homem leva 0,05 segundo para reagir e sair do lugar. Nessa situação, considerando a velocidade do som no ar de 340 m/s, assinale a alternativa **correta**. (Use g = 10 m/s^2.)

a) O vaso colide com o homem antes mesmo de ele ouvir o alerta.
b) Ainda sobra 1,6 segundo para o vaso atingir a altura do homem quando este sai do lugar.
c) Pelo fato de a pessoa ter esperado 1,5 segundo para emitir o alerta, o homem sai no exato momento de o vaso colidir com sua cabeça, a 2,0 m de altura do solo.
d) O vaso está a aproximadamente 6,4 m do solo quando o homem sai do lugar.
e) Todas as alternativas estão incorretas.

Atividade experimental

Realize a experiência com a supervisão de seu professor.

Determinação da aceleração da gravidade

Com uma bureta e um suporte, monte o dispositivo esquematizado na figura, de modo que a altura *h* corresponda a aproximadamente 1 m.

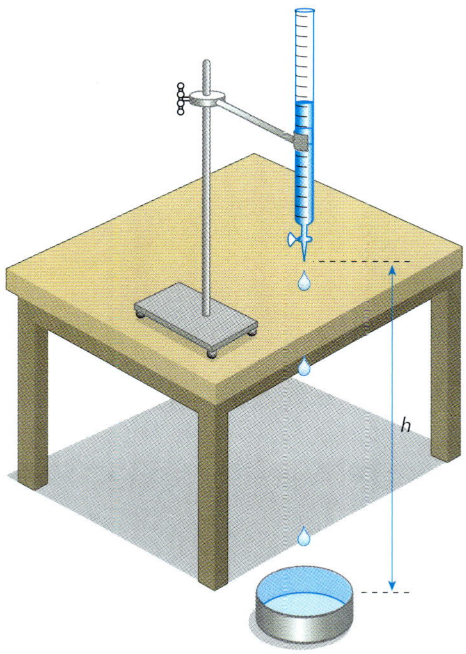

Regule a torneira da bureta de maneira que se estabeleça uma sequência de gotas de água caindo. Ajuste com cuidado a saída das gotas, de modo que o instante de saída de uma gota coincida com a batida da gota anterior no prato.

Meça com um cronômetro o intervalo de tempo Δt_n correspondente a um certo número *n* de gotas saindo. O intervalo de tempo Δt da queda de uma gota corresponderá a $\Delta t = \frac{\Delta t_n}{n}$. Repita a experiência pelo menos quatro vezes e calcule em cada caso a aceleração de queda da gota pela fórmula: $h = \frac{1}{2}\alpha(\Delta t)^2$

Construa uma tabela de acordo com o modelo abaixo:

Δt (s)	α (m/s²)
	Média:

Responda:

- Por que se recomendou a realização de pelo menos quatro vezes o experimento?
- Quais os fatores prováveis de erro no processo?
- Você desprezou a resistência do ar na queda das gotas. Isso teve muita influência no resultado? Por quê?

GALILEU GALILEI

Adotando novas maneiras de abordar os fenômenos, o cientista italiano GALILEU GALILEI (1564-1642) fez descobertas fundamentais no campo da Física e da Astronomia, revolucionando a ciência de sua época. Galileu, considerado o primeiro grande gênio da ciência moderna, valorizou a técnica, a experimentação e a descrição do que se passa no mundo. Em vez de procurar o **porquê** das coisas, interessou-se em saber **como** os fenômenos acontecem, descrevendo-os quantitativamente, procurando e descobrindo as relações entre eles.

Galileu mostrou que a Natureza é um conjunto de fenômenos mecânicos e advertiu que é preciso aprender a ler "o grande livro da Natureza", escrito em caracteres matemáticos. Logo de início afastou as ideias aristotélicas dos "corpos leves" e "corpos pesados" que tenderiam aos seus "lugares naturais". Como explicar, perguntava ele, que um barco flutua na água se é um "corpo pesado" e, como tal, seu "lugar natural" seria o centro da Terra e sua "tendência natural" seria cair? Por meio de experiências e brilhante argumentação, Galileu contestou as teorias de Aristóteles, defendidas ardentemente pela Igreja Católica.

BIBLIOTECA NACIONAL, MADRI / CID

▲ Capa do livro *O ensaiador* (1623), no qual Galileu se defende de ataques do padre jesuíta Orazio Grassi e faz reflexões sobre novos métodos científicos.

AKG-LATINSTOCK

▲ Capa de uma edição de 1700 do *Diálogo sobre os dois principais sistemas do mundo*, de Galileu Galilei, na qual aparecem representados Aristóteles, Ptolomeu e Copérnico.

Enquanto isso...

Consulte a **Linha do tempo**, nas primeiras páginas deste volume, onde são destacados os principais acontecimentos históricos que ocorreram na época de Galileu Galilei e personagens importantes, em vários ramos de atividades, que viveram nesse mesmo período. Dentre eles, salientamos:

- Cardeal de **Richelieu** (Armand Jean Du Pleiss, 1585-1642), político francês, foi primeiro-ministro do rei Luís XIII e arquiteto do absolutismo real na França.
- Evangelista **Torricelli** (1608-1647), físico italiano, discípulo de Galileu, inventou o barômetro e conceituou a pressão atmosférica.
- René **Descartes** (1596-1650), físico, matemático e filósofo, criou a Geometria Analítica. No *Discurso do Método*, seu mais célebre tratado filosófico, expõe sua teoria de que o Universo seria todo feito de matéria em movimento.
- Giovanni Domenico **Campanella** (1568-1639), filósofo renascentista italiano, poeta e teólogo dominicano. Segundo Campanella, as ciências tratam das coisas como elas são, cabendo à filosofia explicar as coisas em seu sentido mais profundo.

Foi Galileu Galilei quem estabeleceu a lei da queda dos corpos, afirmando que, quando um corpo está caindo livremente, sua aceleração é constante e é a mesma para todos os corpos, leves ou pesados, grandes ou pequenos. Segundo a lenda, ele teria realizado uma demonstração pública desse fato, abandonando simultaneamente vários corpos do alto da Torre de Pisa e verificando que chegavam juntos ao solo. Sabe-se que Galileu realizou experimentos utilizando planos inclinados, fazendo rolar esferas de pesos e materiais diferentes. As esferas adquirem velocidades bem menores do que em uma queda vertical, tornando o movimento mais lento e facilitando a sua análise.

As observações e descobertas astronômicas realizadas por Galileu, utilizando um telescópio, levaram-no a concluir que, ao contrário do que se pensava, os astros não são constituídos por substâncias diferentes das que formam as coisas de nosso mundo, e que, longe de serem perfeitos, apresentam manchas, como o Sol, e rugosidades, como a Lua. Galileu foi ardente defensor do sistema heliocêntrico proposto por Copérnico, segundo o qual os planetas, inclusive a Terra, giram em torno do Sol.

Por suas ideias revolucionárias e seu espírito rebelde, Galileu Galilei foi perseguido e condenado pela Inquisição. Foi obrigado a abjurar publicamente suas teorias, negando inclusive que a Terra se movesse no espaço. Galileu foi condenado à prisão domiciliar pelo resto de sua vida. O mito de que, após a sua abjuração, o genial cientista teria murmurado, referindo-se à Terra: *"Eppur si muove"* ("No entanto se move") reforça a ideia de que Galileu jamais abandonou suas teorias.

Em 1992, três séculos depois de ser condenado pela Inquisição, Galileu foi absolvido das acusações pelo papa João Paulo II.

OBRA DE JEAN-LEON HUENS

Pintura de Jean-Leon Huens, que representa Galileu tentando convencer eclesiásticos da validade de suas descobertas e teorias.

AKG-LATINSTOCK

***Galileu face ao Tribunal da Inquisição*, afresco de Nicolo Barabino, 1880. Palazzina Celesia, Gênova, Itália.**

- Francis **Bacon** (1561-1626), político, filósofo e ensaísta inglês, em sua obra filosófica exalta a ciência como benéfica, devendo restabelecer o império do homem sobre as coisas.
- Johannes **Kepler** (1571-1630), astrônomo alemão, estabeleceu as três leis do movimento planetário.
- Miguel de **Cervantes** e Saavedra (1547-1616), romancista, dramaturgo e poeta espanhol, tem em *Dom Quixote de La Mancha* sua obra mais importante.
- William **Shakespeare** (1564-1616), dramaturgo e poeta inglês, é considerado por muitos o mais importante autor de língua inglesa.
- Peter Paul **Rubens** (1577-1640), pintor flamengo, desenvolveu também atividades como diplomata, empresário, colecionador e teórico de arte, o que o fez famoso e requisitado nas cortes mais luxuosas da Europa.
- Claudio **Monteverdi** (1567-1643), compositor italiano, é considerado o "pai da ópera". Foi regente do coro da Basílica de San Marco, em Veneza (Itália).

CAPÍTULO 6

Gráficos. Gráficos do MU e do MUV

THE NEXT

Neste capítulo, trabalhamos graficamente com as funções: constante, do 1º grau e do 2º grau. Essas funções estão presentes no estudo cinemático do MU e do MUV. Desse modo construímos os gráficos do espaço, da velocidade escalar e da aceleração escalar para esses movimentos e discutimos detalhadamente suas propriedades. Em seguida, analisamos outras representações gráficas, correlacionando grandezas nos mais diversos campos do conhecimento.

1. Gráficos

Nos fenômenos físicos há grandezas que se inter-relacionam e variam segundo determinadas funções. No caso particular de um movimento, o espaço s varia em função do tempo t. Uma forma simples para indicar essa função é a tabela horária; outra forma é procurar a expressão analítica $s = f(t)$. Outra apresentação para a função $s = f(t)$ é a construção de um gráfico, com o qual se mostra a relação entre as variáveis espaço s e tempo t.

Construções gráficas com duas variáveis são feitas no chamado **plano cartesiano**. É o plano constituído por dois eixos x e y, perpendiculares entre si, que se interceptam num ponto denominado origem (figura 1a). A um ponto P associamos um par ordenado (x, y) de números reais, chamado **coordenadas** do ponto P (figura 1b). A coordenada x é chamada **abscissa** do ponto P (figura 1c) e a coordenada y é a **ordenada** de P (figura 1d).

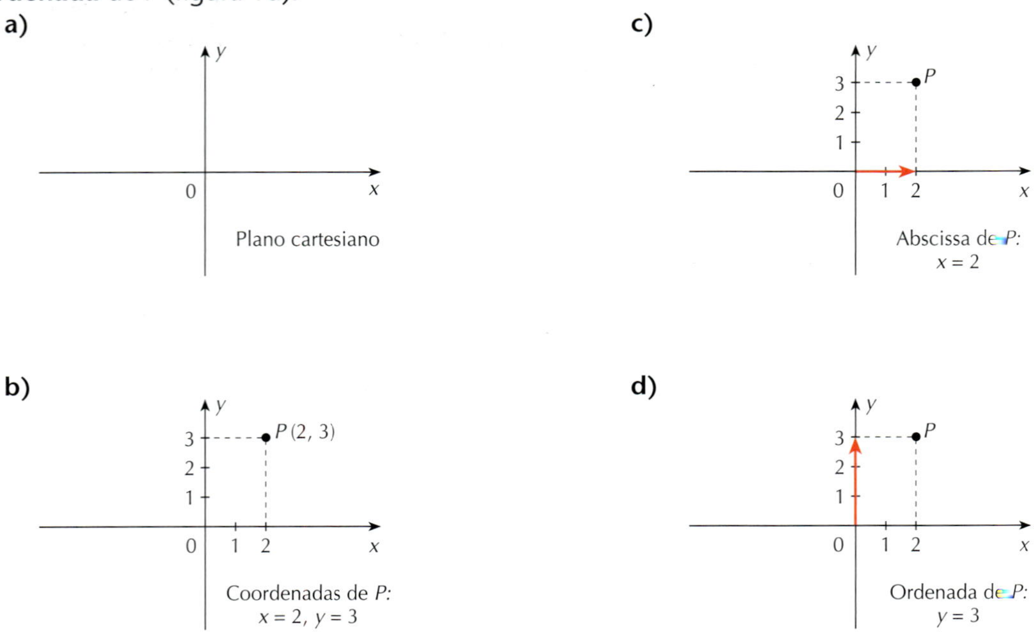

Figura 1.

Vejamos alguns exemplos de leitura de coordenadas (figura 2).

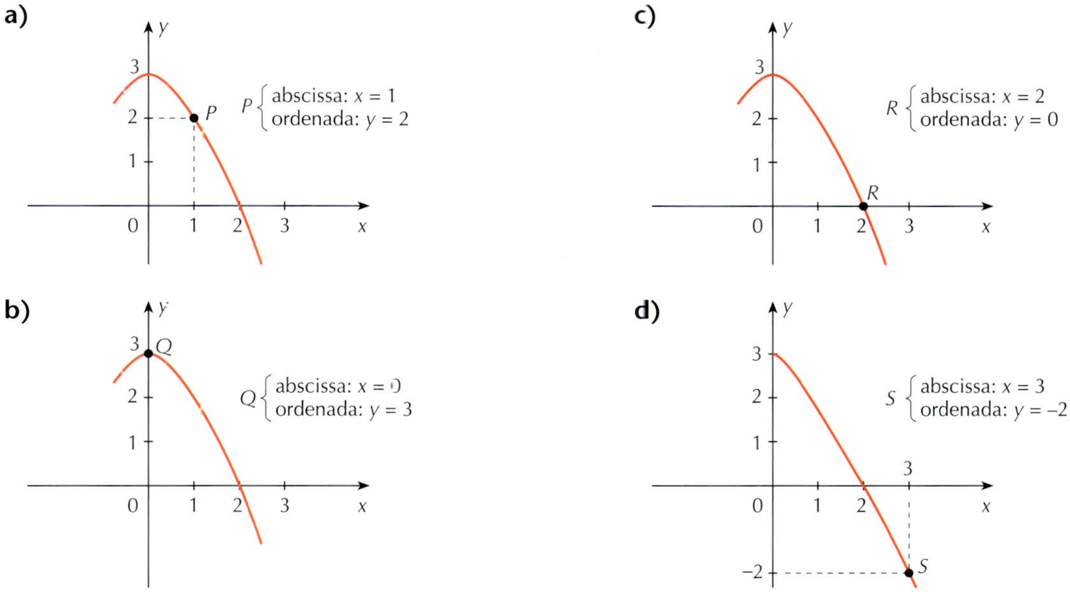

Figura 2. **Leituras de coordenadas.**

As coordenadas *x* e *y* são frequentemente substituídas pelas variáveis do fenômeno físico em estudo. Por exemplo, em Cinemática, temos: espaço *s* e tempo *t*; velocidade escalar *v* e tempo *t*; aceleração escalar α e tempo *t*.

2. Funções básicas

Recordemos os gráficos de algumas funções estudadas em Matemática e que ocorrem frequentemente em Física.

2.1. Função constante

É a função do tipo $y = k$, sendo *k* um número real. Exemplos: $y = 5$; $y = -3$. O gráfico de uma função constante é uma **reta paralela ao eixo do *x*** que passa pelo ponto ($x = 0$, $y = k$), conforme a figura 3. Quando um ponto material está em repouso (por exemplo, no km 100 de uma rodovia), seu espaço *s* é constante com o tempo (figura 4). A velocidade escalar *v* de um movimento uniforme é uma função constante com o tempo (figura 5), bem como a aceleração escalar α de um MUV (figura 6).

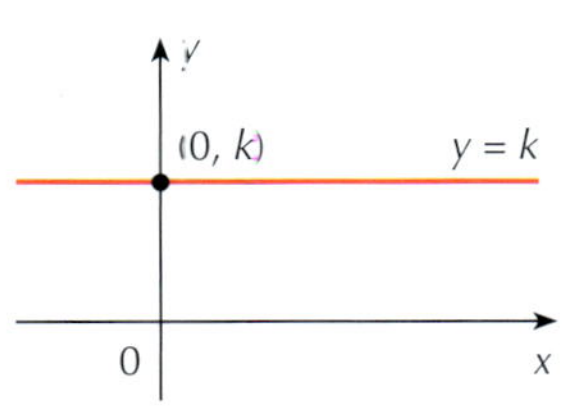

Figura 3.

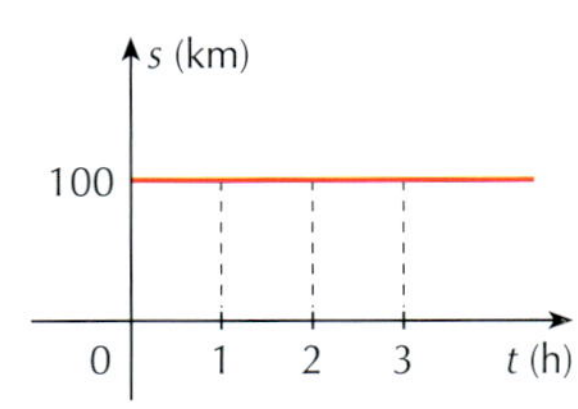

Figura 4. **Um corpo em repouso: seu espaço é constante com o tempo.**

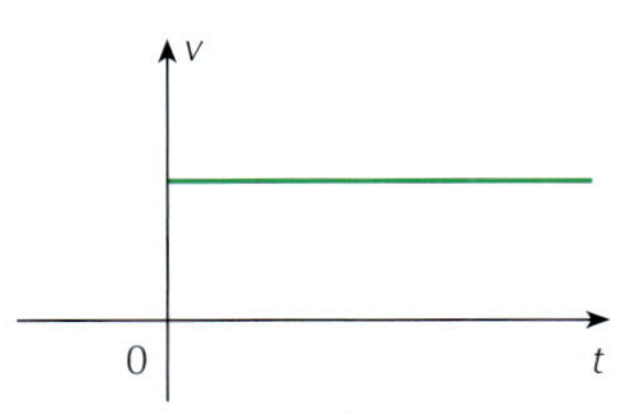

Figura 5. **No MU a velocidade escalar é constante com o tempo.**

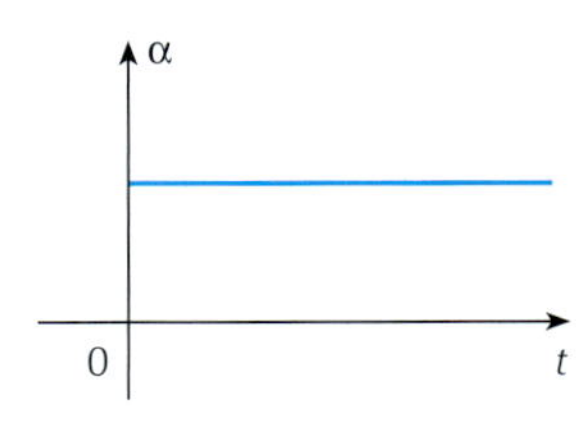

Figura 6. **No MUV a aceleração escalar é constante com o tempo.**

2.2. Função do 1º grau

Função do 1º grau é a função da forma $y = a + bx$, na qual a e b são números reais, sendo $b \neq 0$. O gráfico de uma função do 1º grau é uma reta que passa pelo ponto (0, a), conforme a figura 7.

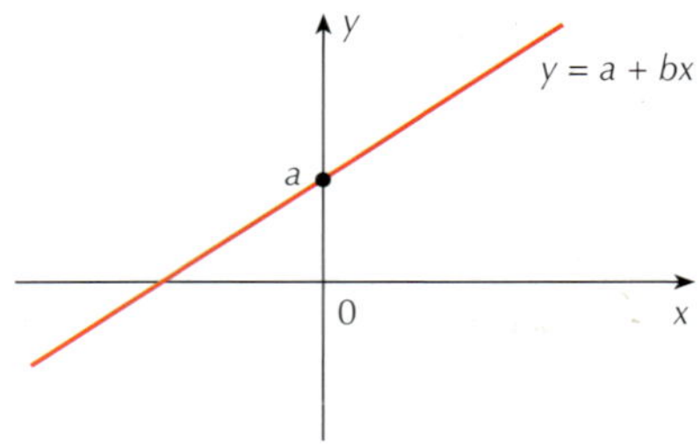

Figura 7.

Exemplos:

$y = a + bx$	$y = a + bx$
$y = 4 + 2x$	$y = 8 - 4x$
$(a = 4, b = 2)$	$(a = 8, b = -4)$

x	0	1
y	4	6

x	0	2
y	8	0

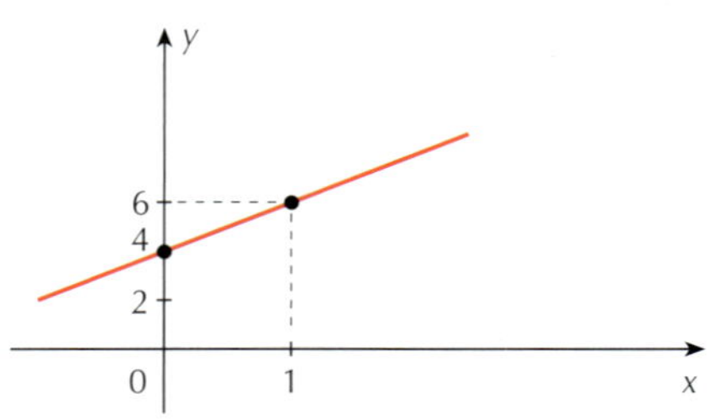

Figura 8. Gráfico da função $y = 4 + 2x$.

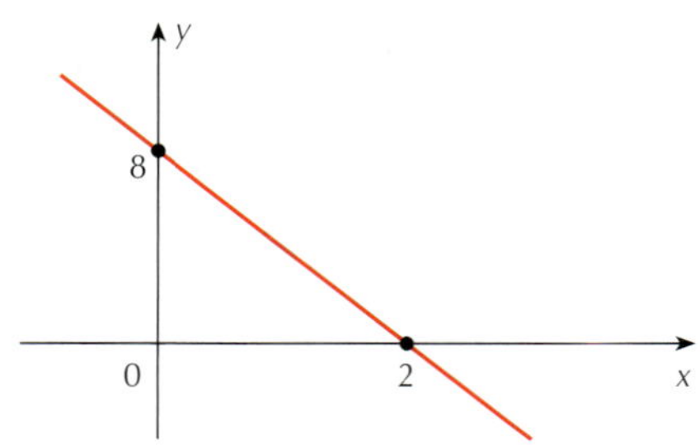

Figura 9. Gráfico da função $y = 8 - 4x$.

A função horária do movimento uniforme $s = s_0 + vt$ é do 1º grau em t (figura 10) e a função $v = v_0 + \alpha t$ da velocidade escalar do MUV também é do 1º grau em t (figura 11).

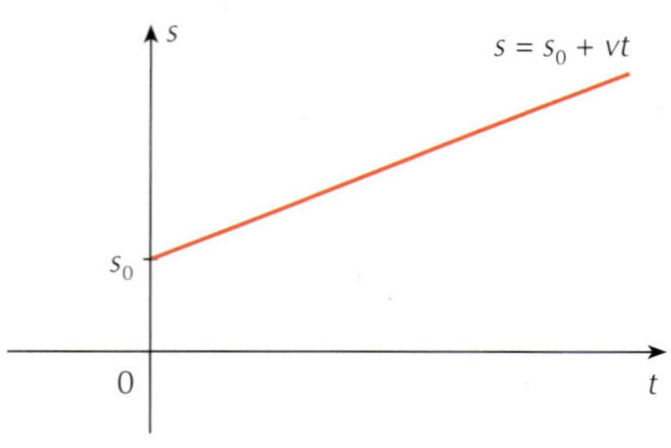

Figura 10. Função horária $s = f(t)$ de um MU.

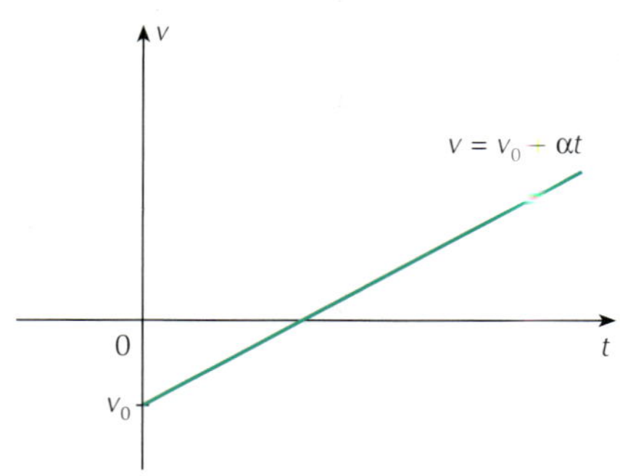

Figura 11. Função da velocidade escalar de um MUV.

Função linear é uma função do 1º grau no caso particular em que $a = 0$. Assim, a função linear tem a forma $y = bx$, em que b é um número real não-nulo. O gráfico de uma função linear é uma reta que passa pela origem — ponto (0, 0) — do plano cartesiano (figura 12).

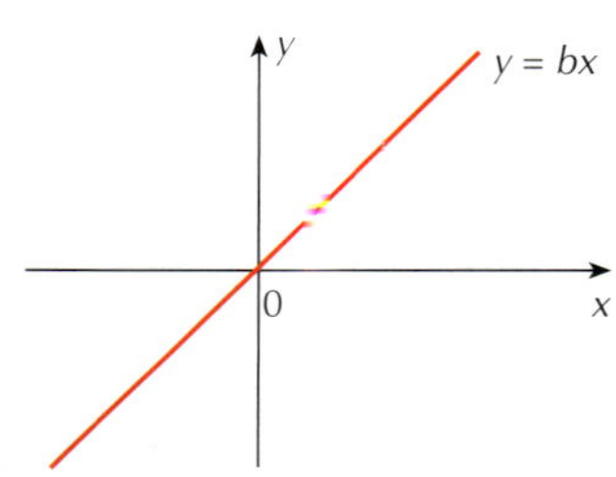

Figura 12.

2.3. Função do 2º grau

Função do 2º grau é a função da forma $y = a + bx + cx^2$, na qual a, b e c são números reais, sendo $c \neq 0$.

O gráfico de uma função do 2º grau é uma parábola (figura 13). Se o coeficiente c é positivo, a parábola tem concavidade voltada para cima (figura 13a); se c é negativo, a concavidade é voltada para baixo (figura 13b).

a) **b)**

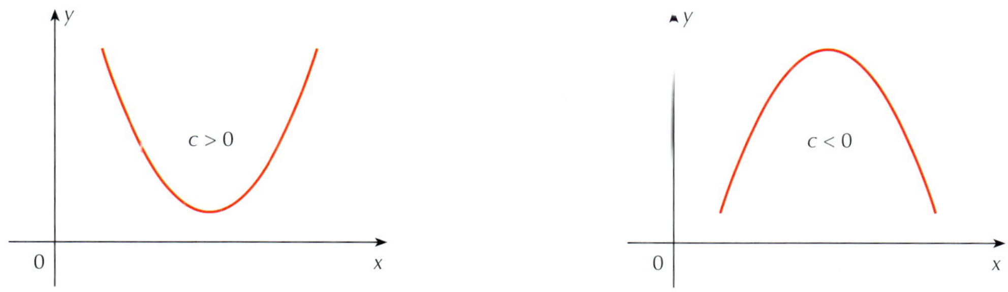

Figura 13.

Exemplos:

$y = a + bx + cx^2$
$y = 8 - 4x + x^2$
$(a = 8,\ b = -4,\ c = 1)$

x	0	1	2	3	4
y	8	5	4	5	8

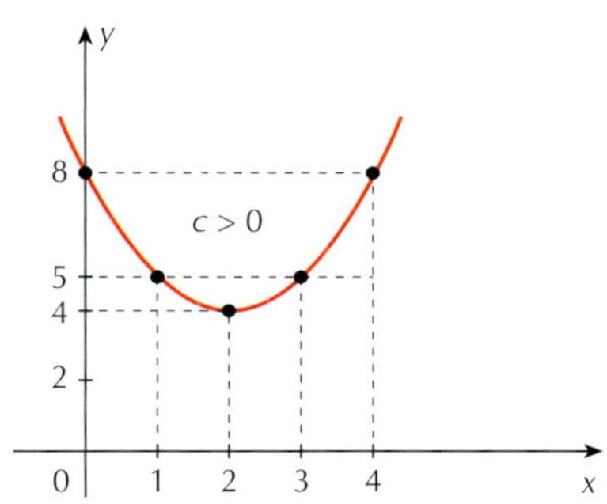

Figura 14. Parábola de concavidade voltada para cima ($c > 0$).

$y = a + bx + cx^2$
$y = 2 + 6x - 1{,}5x^2$
$(a = 2,\ b = 6,\ c = -1{,}5)$

x	0	1	2	3	4
y	4	6,5	8	6,5	2

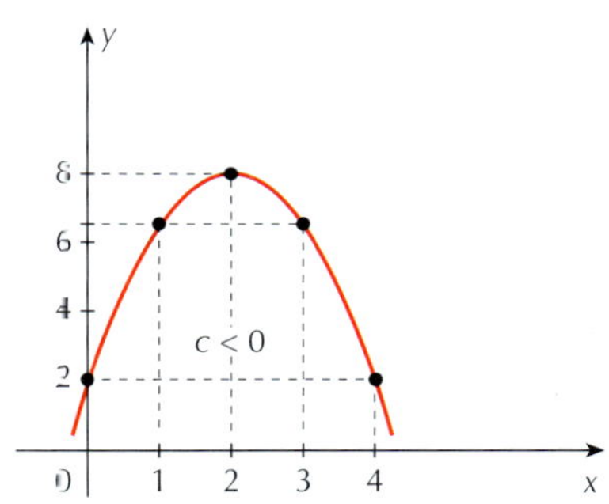

Figura 15. Parábola de concavidade voltada para baixo ($c < 0$).

A função horária do movimento uniformemente variado $s = s_0 + v_0t + \frac{\alpha}{2}t^2$ é do 2º grau em t.

O sinal da aceleração escalar α determina a concavidade da parábola. Se $\alpha > 0$, a concavidade da parábola é voltada para cima (figura 16); se $\alpha < 0$, a concavidade é voltada para baixo (figura 17).

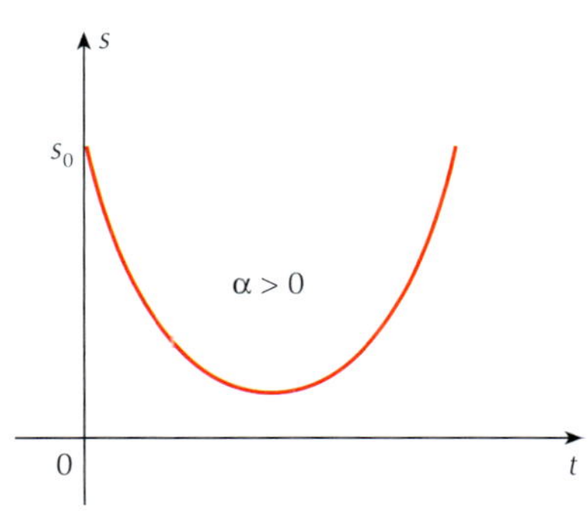

Figura 16.

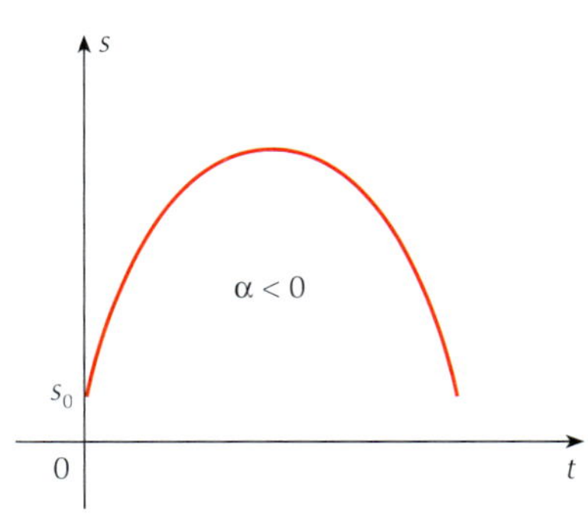

Figura 17.

3. Coeficiente angular da reta

Na função do 1º grau $y = a + bx$, o número real b é chamado **coeficiente angular** da reta representada no plano cartesiano. O coeficiente angular b está associado ao ângulo θ entre a reta e o eixo x (figura 18).

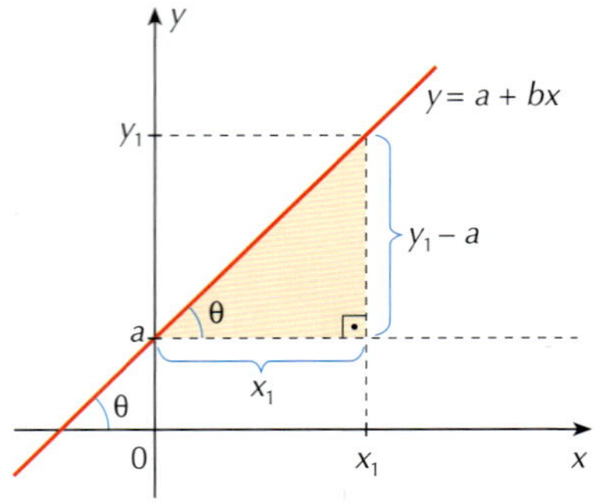

Figura 18.

Sejam x_1 e y_1 valores particulares correspondentes. Em $y = a + bx$, temos:

$$y_1 = a + bx_1 \Rightarrow y_1 - a = bx_1 \Rightarrow b = \frac{y_1 - a}{x_1} \quad ①$$

A razão $\frac{y_1 - a}{x_1}$ é o valor da tangente trigonométrica do ângulo θ (veja o **quadro abaixo** e o triângulo destacado na figura 18):

$$\frac{y_1 - a}{x_1} = \text{tg}\ \theta \quad ②$$

Comparando ① e ②, resulta:

$$\boxed{\text{tg}\ \theta = b} \quad \text{(numericamente)}$$

Coeficiente angular de uma reta é a tangente do ângulo de inclinação dessa reta com o eixo x.

Elementos de trigonometria

No triângulo retângulo ABC a tangente trigonométrica do ângulo θ (representada pela notação **tg θ**) é a razão:

$$\text{tg}\ \theta = \frac{\text{medida do cateto oposto a } \theta}{\text{medida do cateto adjacente a } \theta}$$

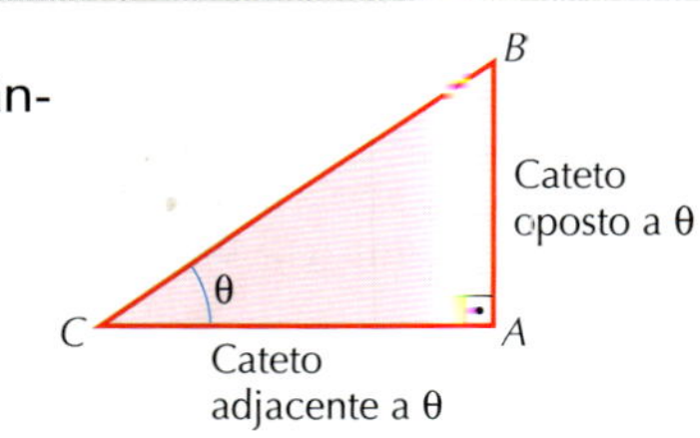

Se AB é a medida do cateto oposto a θ e CA é a do cateto adjacente a θ, a tangente de θ é:

$$\text{tg}\ \theta = \frac{AB}{CA}$$

Por exemplo, $AB = 3$; $CA = 4$:

$$\text{tg}\ \theta = \frac{3}{4} = 0{,}75$$

Observação:
Da trigonometria, temos as seguintes propriedades:

- $0 < \theta < 90° \Rightarrow \text{tg}\ \theta > 0$
- $90° < \theta < 180° \Rightarrow \text{tg}\ \theta < 0$
- Sendo β o suplemento de θ, temos: $\theta + \beta = 180° \Rightarrow \text{tg}\ \theta = -\text{tg}\ \beta$

Se a função $y = a + bx$ é crescente (figura 19), o coeficiente angular b é positivo e a tg θ é positiva. Se a função $y = a + bx$ é decrescente (figura 20), o coeficiente angular é negativo e a tg θ é negativa. Nesse caso, $b = \text{tg}\,\theta = -\text{tg}\,\beta$, sendo β o ângulo suplementar de θ.

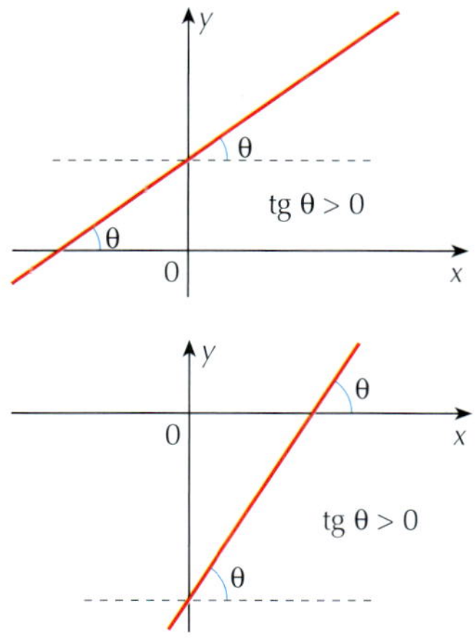

Figura 19. Na função crescente o coeficiente angular é positivo.

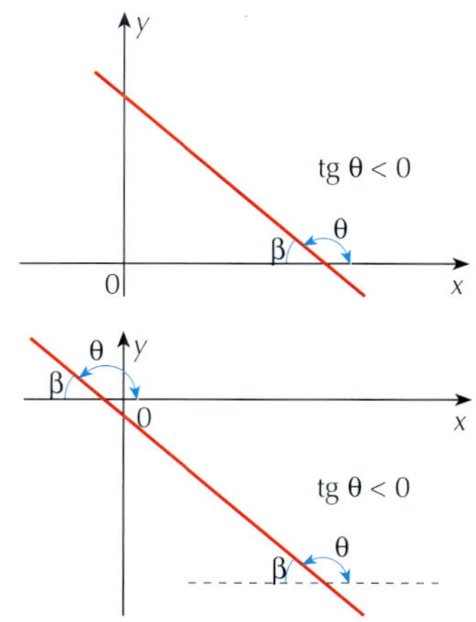

Figura 20. Na função decrescente o coeficiente angular é negativo.

A função horária $s = f(t)$ do movimento uniforme (MU) é uma função do 1º grau em t, na qual **o coeficiente angular da reta é a própria velocidade escalar do movimento** (figuras 21 e 22):

$$\begin{cases} s = s_0 + vt \\ y = a + bx \end{cases} \Rightarrow b = v$$

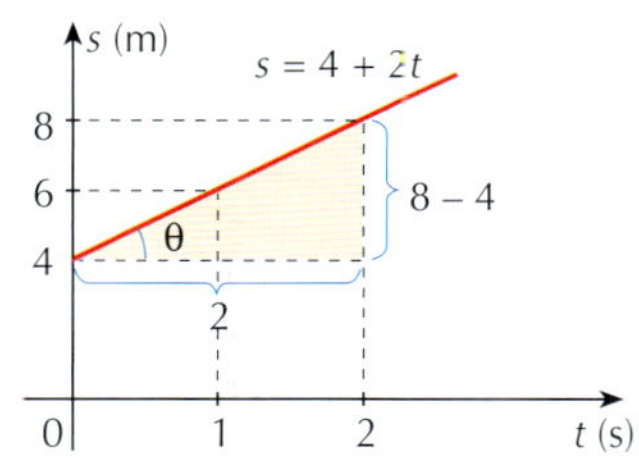

$$\text{tg}\,\theta = \frac{8-4}{2} = \frac{4}{2} = 2 \Rightarrow v = 2\ \text{m/s}$$

Figura 21.

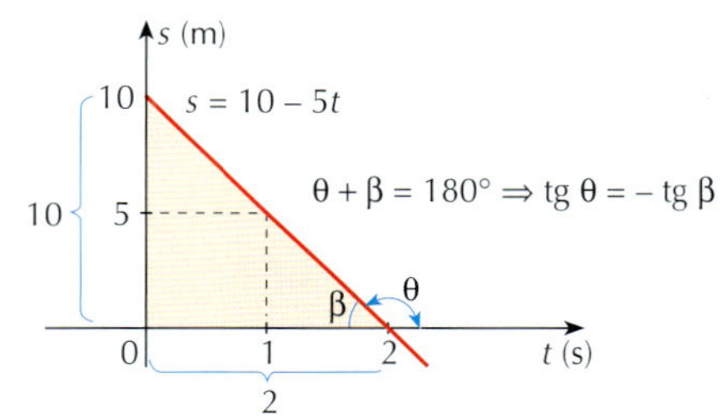

$$\text{tg}\,\theta = -\text{tg}\,\beta = -\frac{10}{2} = -5 \Rightarrow v = -5\ \text{m/s}$$

Figura 22.

A função da velocidade $v = f(t)$ do movimento uniformemente variado (MUV) é uma função do 1º grau em t, na qual **o coeficiente angular é a própria aceleração escalar do movimento** (figuras 23 e 24):

$$\begin{cases} v = v_0 + \alpha t \\ y = a + bx \end{cases} \Rightarrow b = \alpha$$

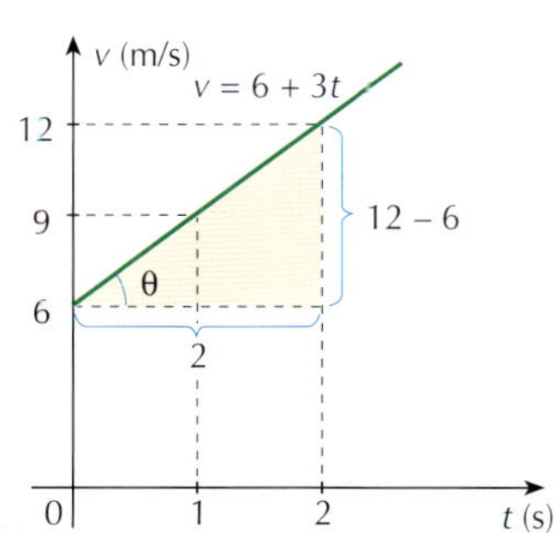

$$\text{tg}\,\theta = \frac{12-6}{2} = \frac{6}{2} = 3 \Rightarrow \alpha = 3\ \text{m/s}^2$$

Figura 23.

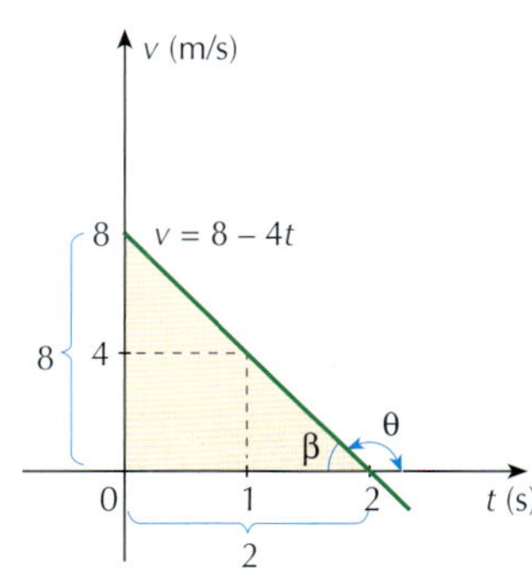

$$\text{tg}\,\theta = -\text{tg}\,\beta = -\frac{8}{2} = -4 \Rightarrow \alpha = -4\ \text{m/s}^2$$

Figura 24.

Considere o gráfico da função $s = f(t)$ de um movimento qualquer, não-uniforme (figura 25a). A t_1 e t_2 correspondem os espaços s_1 e s_2 (figura 25b). A velocidade escalar média nesse intervalo de tempo é:

$$v_m = \frac{s_2 - s_1}{t_2 - t_1} = \frac{\Delta s}{\Delta t}$$

Para determinar a velocidade escalar instantânea em t_1, devemos calcular o valor limite de $\frac{\Delta s}{\Delta t}$ quando $\Delta t \rightarrow 0$ ou $t_2 \rightarrow t_1$. À medida que t_2 tende a t_1, a reta secante que passa pelos pontos P_1 e P_2 tende a uma reta tangente à curva no ponto P_1 (figura 25c). Portanto, o valor numérico da **velocidade escalar instantânea** em t_1 será **igual ao da tg θ**, sendo **θ o ângulo formado pela reta tangente à curva, no ponto P_1, com o eixo t** (figura 25d):

$$\boxed{v = \text{tg}\ \theta} \quad \text{(numericamente)}$$

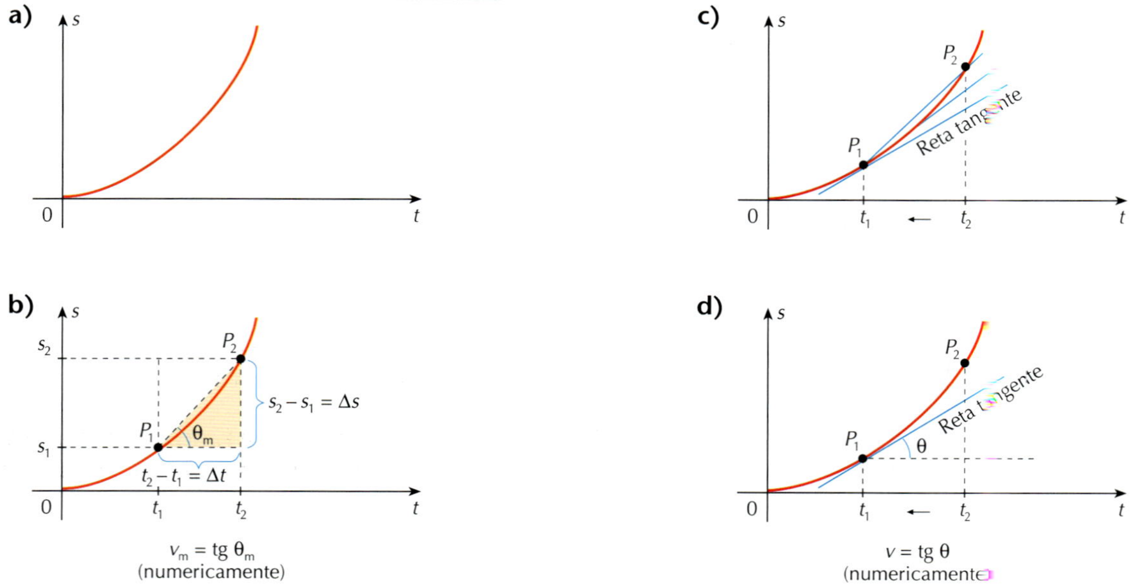

Figura 25.

Podemos tirar conclusões análogas para as funções da velocidade escalar $v = f(t)$. Nesse caso, a tg θ nos fornece a aceleração escalar α do movimento num instante t (figura 26).

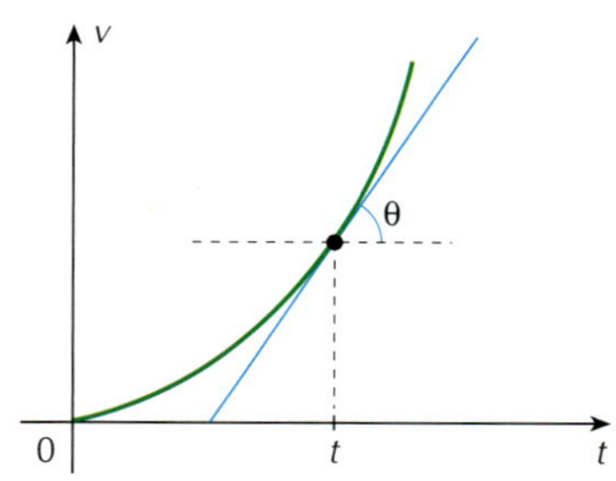

Figura 26. **No gráfico da função $v = f(t)$, α é, no instante t, numericamente igual a tg θ.**

Resumindo:

> No gráfico do espaço em função do tempo, a tg θ nos fornece a velocidade escalar ($s \xrightarrow{\text{tg}\ \theta} v$); no gráfico da velocidade escalar em função do tempo, a tg θ nos fornece a aceleração escalar ($v \xrightarrow{\text{tg}\ \theta} \alpha$).
>
> $$s \xrightarrow{\text{tg}\ \theta} v \xrightarrow{\text{tg}\ \theta} \alpha$$

4. Cálculo de áreas

No movimento uniforme, a velocidade escalar é uma função constante com o tempo (figura 27). Nesse gráfico, **a área A é numericamente igual à variação do espaço Δs no intervalo de tempo t_1 a t_2.**

De fato, a área A do retângulo é dada por:

$A = (t_2 - t_1) \cdot v$

Sendo $t_2 - t_1 = \Delta t$ e $v = v_m = \dfrac{\Delta s}{\Delta t}$, vem:

$$A = \Delta t \cdot \frac{\Delta s}{\Delta t} \Rightarrow \boxed{A = \Delta s} \text{ (numericamente)}$$

Essa propriedade é válida em qualquer tipo de movimento. Na figura 28, no gráfico da velocidade escalar em função do tempo, a área A da região delimitada pela curva e pelo eixo das abscissas é numericamente igual à variação do espaço (Δs) do móvel nesse intervalo de tempo.

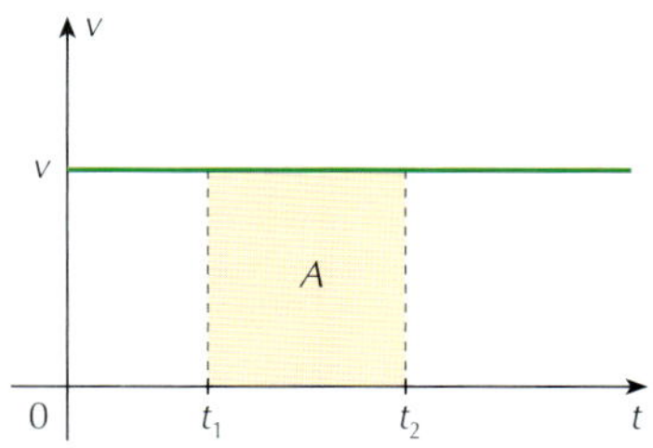

Figura 27.

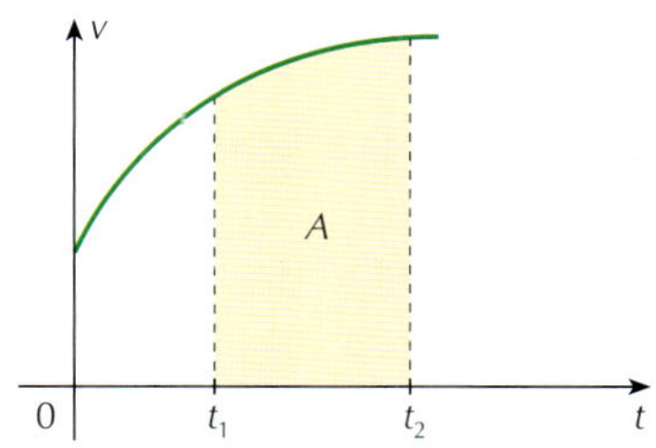

Figura 28. **A área A é numericamente igual à variação do espaço de t_1 a t_2, no gráfico $v = f(t)$.**

No movimento uniformemente variado (MUV), a aceleração escalar é uma função constante com o tempo (figura 29). Nesse gráfico, **a área A é numericamente igual à variação da velocidade Δv no intervalo de tempo t_1 a t_2.**

De fato:

$$A = (t_2 - t_1) \cdot \alpha \Rightarrow A = \Delta t \cdot \frac{\Delta v}{\Delta t} \Rightarrow \boxed{A = \Delta v} \text{ (numericamente)}$$

Essa propriedade é válida em qualquer tipo de movimento. Na figura 30, no gráfico da aceleração escalar em função do tempo, a área A da região delimitada pela curva e pelo eixo das abscissas é numericamente igual à variação da velocidade (Δv) do móvel nesse intervalo de tempo.

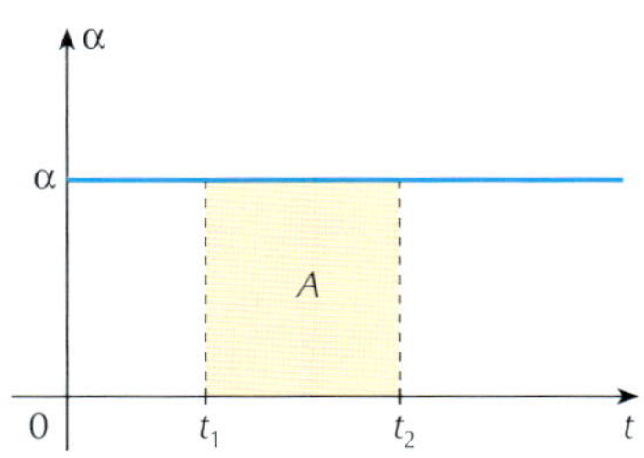

Figura 29.

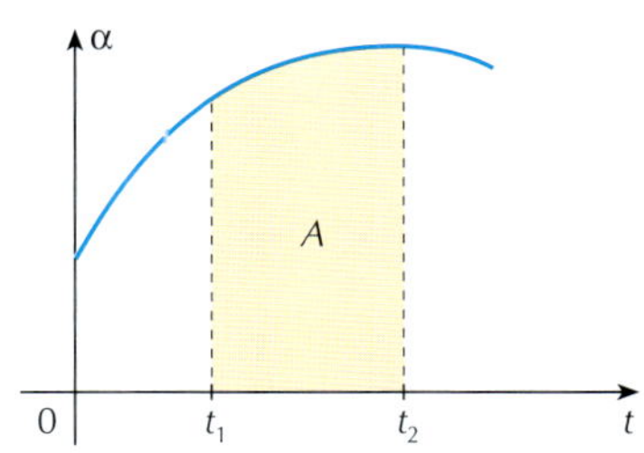

Figura 30. **A área A é numericamente igual à variação da velocidade de t_1 a t_2, no gráfico $\alpha = f(t)$.**

Resumindo:

No gráfico da aceleração escalar em função do tempo, a área A é numericamente igual à variação da velocidade ($\alpha \xrightarrow{\text{área } A} \Delta v$); no gráfico da velocidade escalar em função do tempo, a área A é numericamente igual à variação do espaço ($v \xrightarrow{\text{área } A} \Delta s$).

$$\alpha \xrightarrow{\text{área } A} \Delta v \qquad v \xrightarrow{\text{área } A} \Delta s$$

Áreas

Retângulo

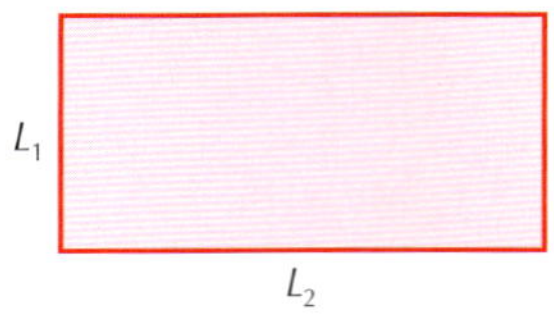

$A = L_1 \cdot L_2$

Triângulo

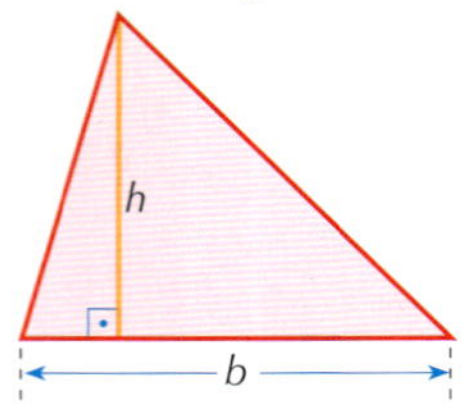

$A = \dfrac{b \cdot h}{2}$

Trapézio

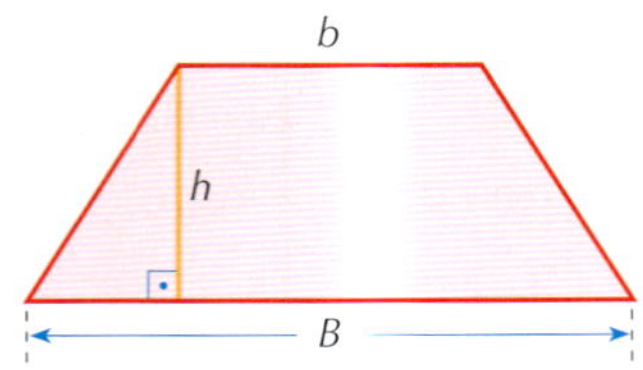

$A = \dfrac{(b + B) \cdot h}{2}$

5. Gráficos do MU

A função horária do movimento uniforme é uma função do 1º grau em t.

$$s = s_0 + vt, \text{ com } \quad v \neq 0$$

Graficamente é uma reta inclinada em relação ao eixo dos tempos. A função pode ser crescente (figura 31a) ou decrescente (figura 32a), conforme a velocidade escalar seja positiva ou negativa. O espaço inicial s_0 corresponde à ordenada do ponto onde a reta corta o eixo s.

A velocidade escalar no movimento uniforme é uma função constante.

$$v = \text{constante}$$

Graficamente é uma reta paralela ao eixo t. Quando a reta está acima do eixo t (figura 31b), $v > 0$, isto é, o movimento é progressivo; quando a reta está abaixo do eixo t (figura 32b), $v < 0$, ou seja, o movimento é retrógrado.

A aceleração escalar é nula, pois a velocidade escalar não varia.

$$\alpha = 0$$

Graficamente é uma reta que coincide com o próprio eixo t (figuras 31c e 32c).

Movimento uniforme

Progressivo

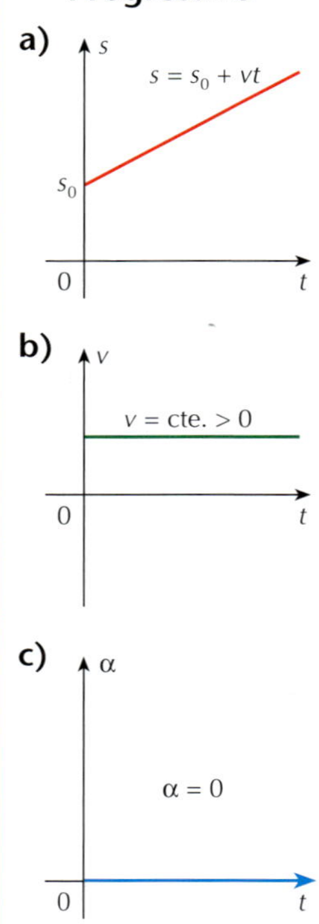

Figura 31.

Retrógrado

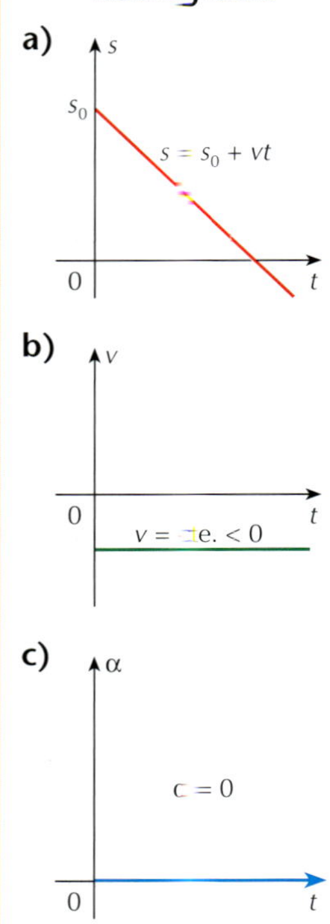

Figura 32.

OBSERVAÇÕES

① **A trajetória não é determinada pelos gráficos** — estes apenas representam as funções do movimento.

② Não confunda repouso com movimento uniforme. Um ponto material em repouso possui **espaço constante** com o tempo e **velocidade escalar nula**. Observe os gráficos relativos à situação de repouso (figura 33).

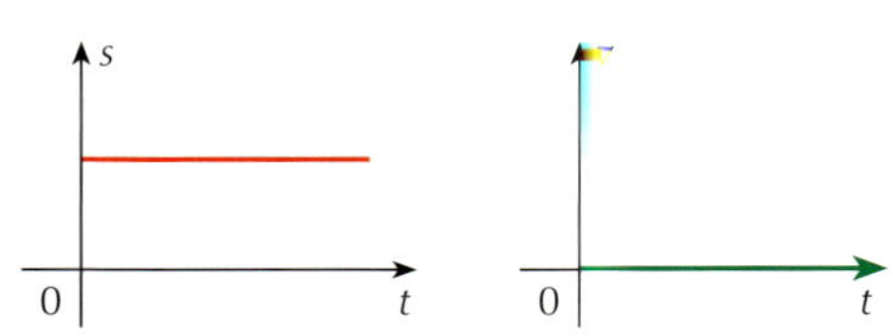

Figura 33.

Exercícios resolvidos

R.40 Um ponto material movimenta-se segundo a função $s = 12 - 4t$ (t em segundos, s em metros).
Faça os gráficos do espaço, da velocidade escalar e da aceleração escalar em função do tempo desse movimento.

Solução:

O movimento proposto é uniforme:

$s = s_0 + vt$

$s = 12 - 4t \quad (s_0 = 12 \text{ m e } v = -4 \text{ m/s})$

Tabelando alguns valores da função $s = 12 - 4t$, temos:

t (s)	0	1	2	3	4
s (m)	12	8	4	0	−4

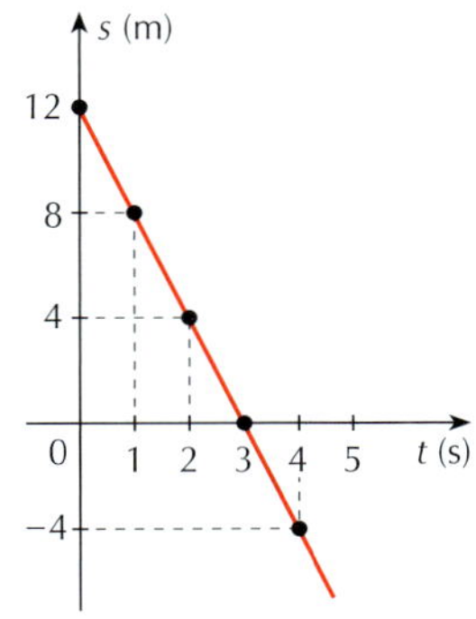

Em $t = 3$ s temos $s = 0$. Nesse instante o móvel passa pela origem O dos espaços — que não é a origem (0, 0) dos eixos cartesianos. O gráfico $s = f(t)$ é o da figura ao lado.

Observe que $s = f(t)$ é decrescente (a velocidade escalar é negativa).

Como o movimento é uniforme, a aceleração escalar é nula para qualquer instante.

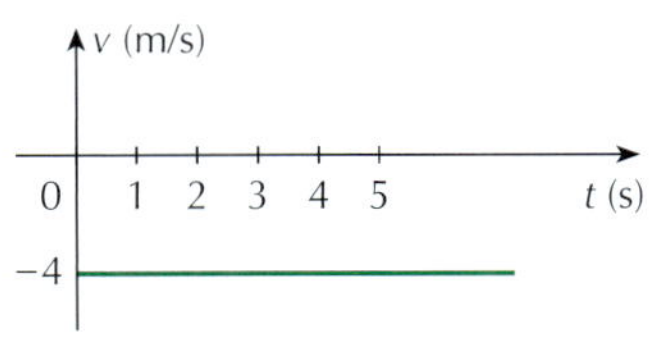

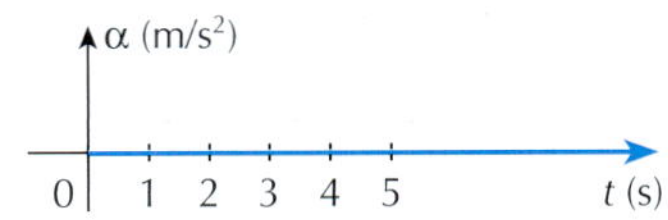

R.41 O espaço de um ponto material varia no decurso do tempo de acordo com o gráfico ao lado. Determine:

a) o espaço inicial do movimento;

b) o que acontece com o ponto material no intervalo de tempo de 2 s a 5 s;

c) em que instantes o móvel passa pela origem dos espaços;

d) a velocidade escalar no instante 1,5 s.

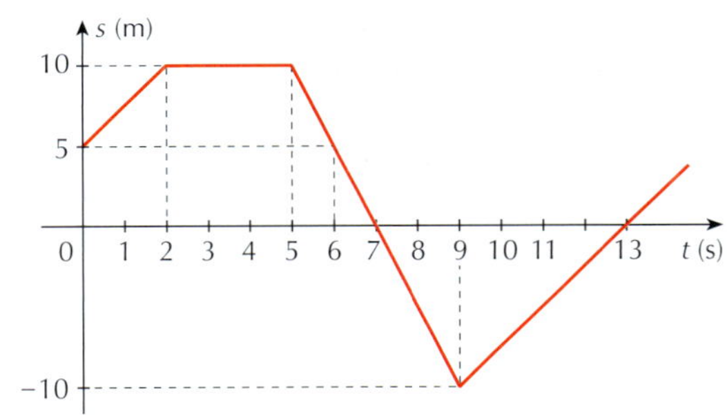

Solução:

a) Do gráfico, no instante $t = 0$, obtém-se o espaço inicial:

$s_0 = 5$ m

b) De 2 s a 5 s o ponto material está em repouso, pois não há variação de espaço nesse intervalo de tempo.

c) O móvel passa pela origem dos espaços quando seu espaço é nulo ($s = 0$). Isso ocorre nos instantes $t = 7$ s e $t = 13$ s.

d) No gráfico $s = f(t)$ a velocidade escalar é dada pela tg θ.

Em 1,5 s, assim como em todo o intervalo de 0 a 2 s, a velocidade escalar é constante, pois o movimento é uniforme.

$$\text{tg}\,\theta = \frac{\text{medida do cateto oposto a } \theta}{\text{medida do cateto adjacente a } \theta}$$

$$\text{tg}\,\theta = \frac{10 - 5}{2} = \frac{5}{2} = 2{,}5$$

Portanto: $v = 2{,}5$ m/s

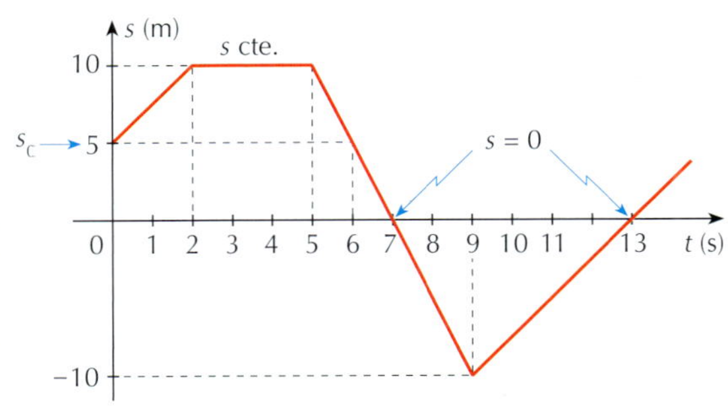

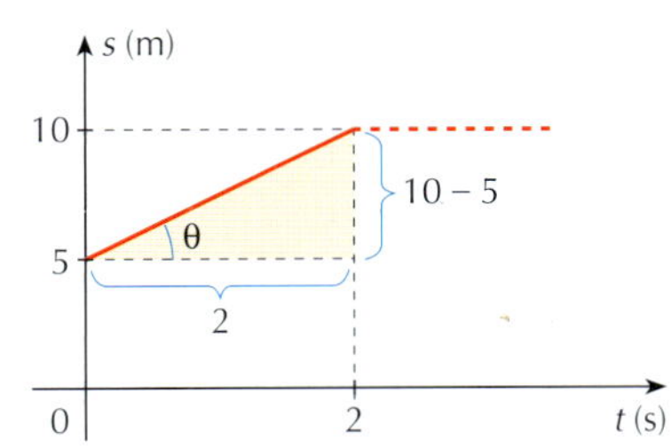

Respostas: a) 5 m; b) repouso; c) 7 s e 13 s; d) 2,5 m/s

R.42 O gráfico ao lado representa a velocidade escalar de um móvel em função do tempo.

a) Caracterize o movimento proposto.

b) Determine a variação do espaço do móvel no intervalo de 1 s a 3 s.

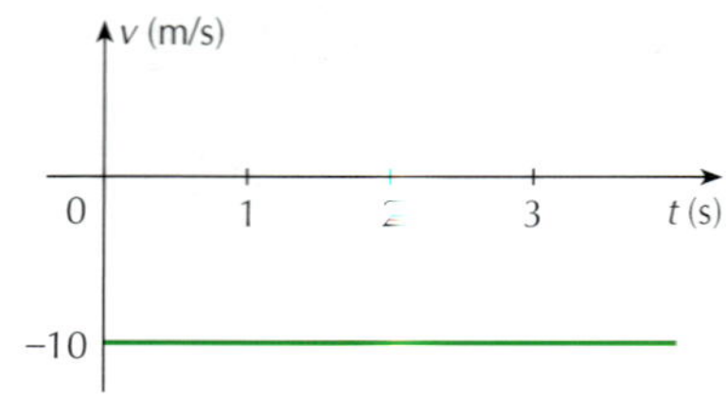

Solução:

a) O movimento proposto é uniforme (v constante com t). Outro aspecto que caracteriza esse movimento é que a velocidade escalar é negativa; logo, esse movimento é retrógrado.

b) A variação do espaço em módulo é numericamente igual à área A_1 indicada.

No intervalo de 1 s a 3 s, temos: $A_1 = 10 \cdot 2 = 20$

Como $v < 0$, o movimento ocorre contra a orientação da trajetória, e portanto seus espaços decrescem com o tempo, ou seja, s_3 é menor que s_1. Por isso Δs é negativo.

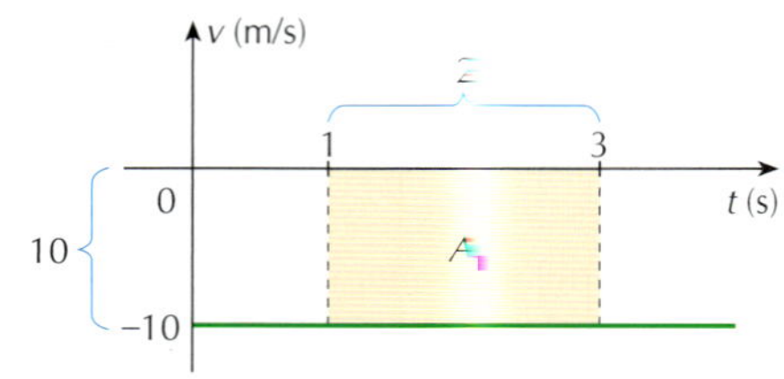

Portanto: $\boxed{\Delta s = -20 \text{ m}}$

Respostas: a) uniforme e retrógrado; b) −20 m

Exercícios propostos

P.109 Represente graficamente o espaço s e a velocidade escalar v em função do tempo dos seguintes movimentos:

a) $s = 10 + 5t$ (t em segundos, s em metros) **b)** $s = 8 - 2t$ (t em segundos, s em metros)

P.110 O espaço de um ponto material varia em função do tempo, de acordo com o gráfico abaixo. Determine:

a) o espaço inicial do movimento;

b) o que acontece no intervalo de tempo de 0 a 2 s;

c) os instantes em que o móvel passa pela origem dos espaços;

d) a velocidade escalar nos instantes 4 s e 9 s.

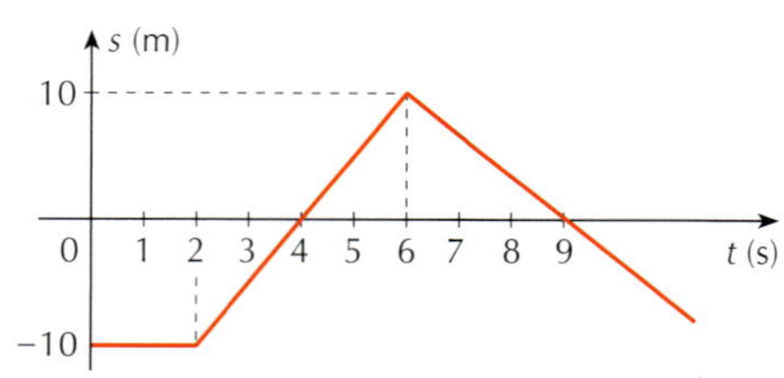

P.111 Nos gráficos seguintes, calcule a velocidade escalar do móvel em $t = 2$ s.

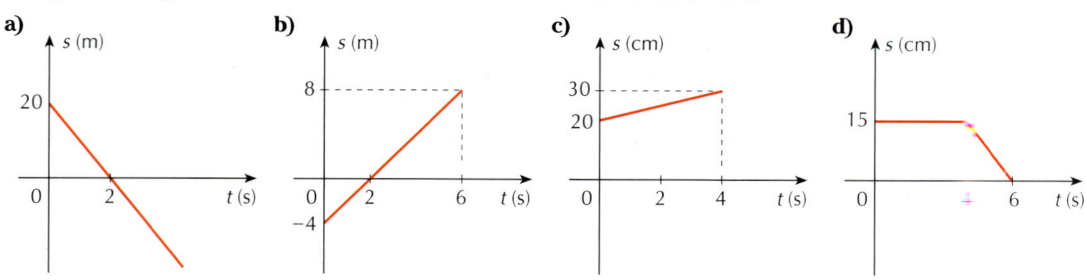

P.112 No gráfico abaixo, determine a variação do espaço do móvel no intervalo de 0 a 10 s.

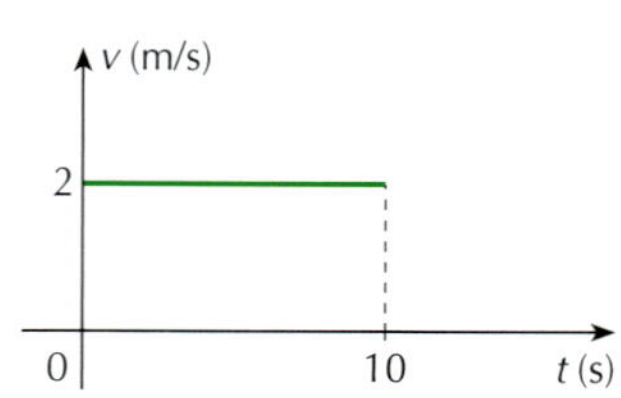

6. Gráficos do MUV

6.1. Função $s = f(t)$

No MUV, $s = f(t)$ é uma função do 2º grau em t:

$$s = s_0 + v_0t + \frac{\alpha}{2}t^2$$

Graficamente, essa função é uma parábola de concavidade voltada para cima, quando a aceleração escalar é positiva ($\alpha > 0$, como na figura 34), ou uma parábola de concavidade voltada para baixo, quando a aceleração escalar é negativa ($\alpha < 0$, conforme a figura 35).

Representação gráfica da função $s = f(t)$ do MUV

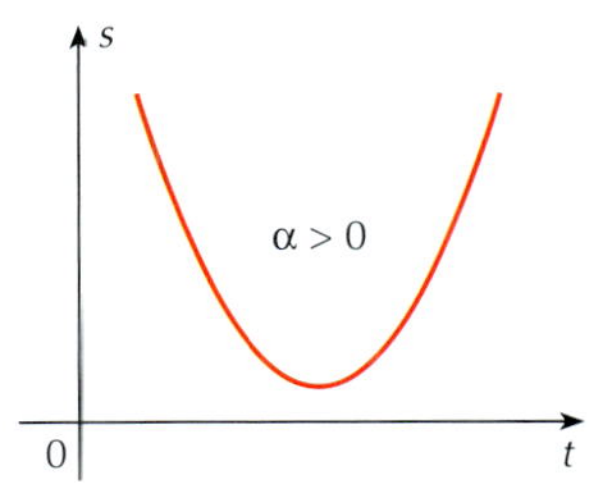

Figura 34.

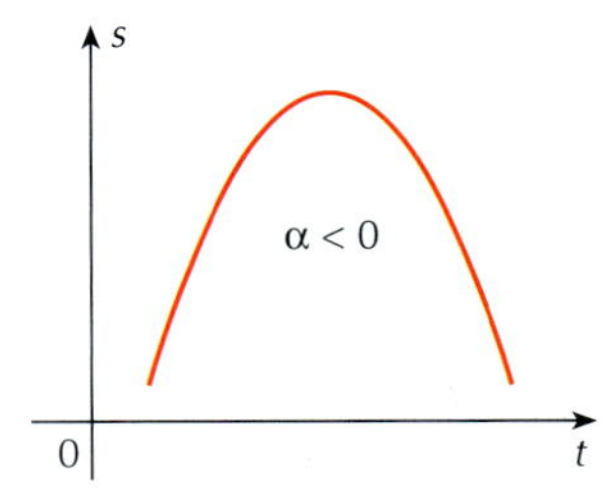

Figura 35.

Considere o caso em que a aceleração escalar é positiva (figura 36a). Até o ponto Q, chamado vértice da parábola, a função $s = f(t)$ é decrescente — a velocidade escalar é negativa. A partir do vértice Q a função é crescente — a velocidade escalar é positiva. No vértice Q o móvel muda de sentido — sua velocidade escalar é nula. Comparando-se os sinais da velocidade escalar e da aceleração escalar (figura 36b), concluímos que o movimento é retardado até o vértice Q (v e α têm sinais contrários) e acelerado após o vértice Q (pois v e α têm o mesmo sinal). A velocidade escalar v muda de sinal, mas a aceleração escalar α permanece constante e positiva.

Figura 36.

Considere agora o caso em que a aceleração escalar é negativa (figura 37a). Até o vértice da parábola, a função $s = f(t)$ é crescente — a velocidade escalar é positiva. Depois do vértice, a função é decrescente — a velocidade escalar é negativa. No vértice Q o móvel muda de sentido — sua velocidade escalar é nula. Comparando-se os sinais da velocidade escalar e da aceleração escalar (figura 37b), concluímos que o movimento é retardado até o vértice Q (v e α têm sinais contrários) e acelerado após o vértice Q (pois v e α têm o mesmo sinal). A velocidade escalar v muda de sinal, mas a aceleração escalar α permanece constante e negativa.

Figura 37.

6.2. Função $v = f(t)$

No MUV, $v = f(t)$ é uma função do 1º grau em t: $v = v_0 + \alpha t$

A representação gráfica dessa função é uma reta inclinada. No gráfico da velocidade escalar, a tg θ (sendo θ o ângulo de inclinação da reta com o eixo t) é numericamente igual à aceleração escalar α. Se $v = f(t)$ é uma função crescente, tem-se $\alpha > 0$ (figura 38); se $v = f(t)$ é uma função decrescente, tem-se $\alpha < 0$ (figura 39). No instante t_1 a velocidade escalar é nula — o móvel muda de sentido. No gráfico do espaço, esse instante corresponde ao vértice da parábola.

Representação gráfica da função $v = f(t)$ no MUV

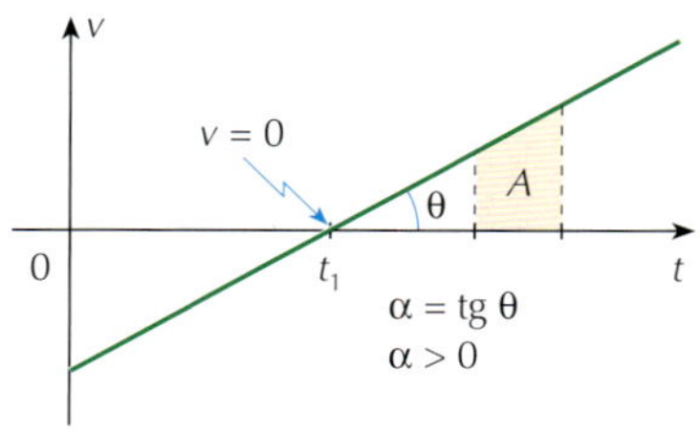

Figura 38.

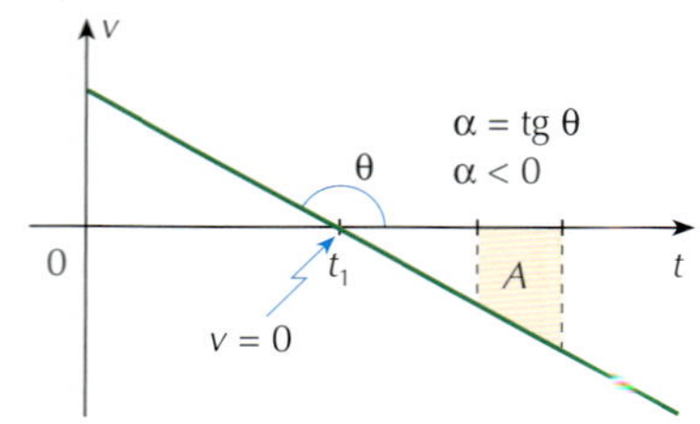

Figura 39.

A área A (figuras 38 e 39) é numericamente igual à variação do espaço Δs no intervalo de tempo considerado.

No gráfico da velocidade escalar podemos analisar se o movimento é acelerado ou retardado. O módulo da velocidade escalar decresce do instante inicial até o instante t_1; portanto, nesse intervalo de tempo o movimento é retardado. O módulo da velocidade escalar cresce do instante t_1 em diante e o movimento passa a ser acelerado (figura 40). Essas mesmas conclusões podem ser obtidas comparando-se os sinais de v e α.

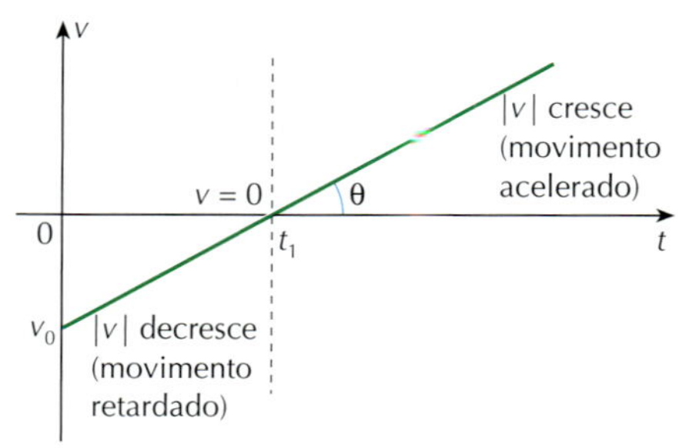

Figura 40.

O gráfico de $v = f(t)$ é importante, pois dele (figuras 38 e 39) podemos extrair tanto a aceleração escalar do movimento (tg θ) como a variação do espaço Δs em determinado intervalo de tempo (área A):

$$\Delta s \xleftarrow{\text{área } A} v \xrightarrow{\text{tg } \theta} \alpha$$

6.3. Função $\alpha = f(t)$

No MUV, a aceleração escalar é uma função constante com o tempo e seu gráfico é uma reta paralela ao eixo t, acima dele se a aceleração for positiva (figura 41) ou abaixo, se a aceleração for negativa (figura 42).

Representação gráfica da função $\alpha = f(t)$ no MUV

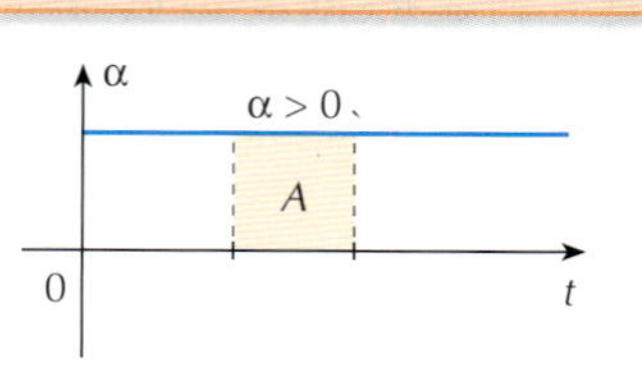

Figura 41.

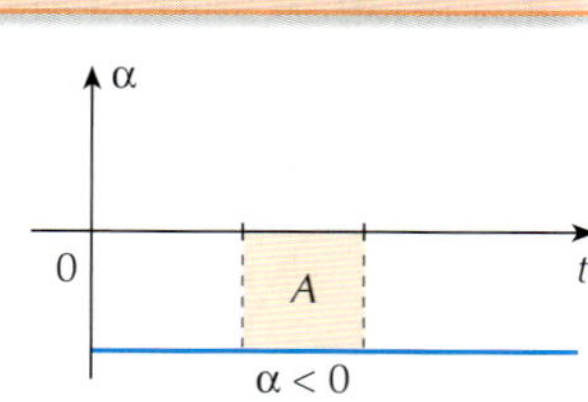

Figura 42.

A área A (figuras 41 e 42) é numericamente igual à variação da velocidade Δv no intervalo de tempo considerado.

6.4. Resumo: gráficos do MUV

Os gráficos das funções do espaço, da velocidade escalar e da aceleração escalar do MUV são os das figuras 43a, 43b e 43c, para os casos em que $\alpha > 0$, e os das figuras 44a, 44b e 44c, para os casos em que $\alpha < 0$.

Gráficos do MUV

$s = s_0 + v_0t + \frac{\alpha}{2}t^2$
(função do 2º grau)

$v = v_0 + \alpha t$
(função do 1º grau)

α = constante
(função constante)

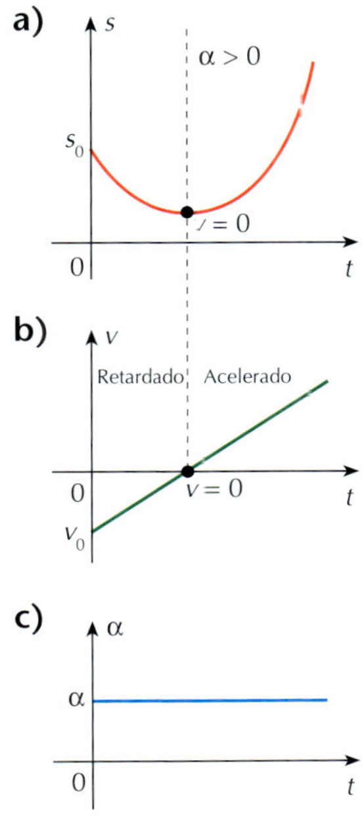

Figura 43.

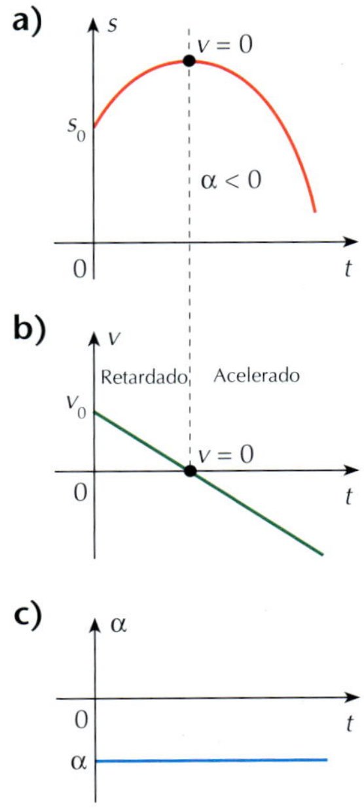

Figura 44.

OBSERVAÇÕES

① No gráfico da função horária do espaço, a abscissa do vértice da parábola corresponde ao instante em que o móvel muda de sentido. Nesse instante, a velocidade escalar é nula e o gráfico de $v(t)$ corta o eixo t.

② No gráfico do espaço, antes do vértice da parábola, o movimento é retardado e, após o vértice, é acelerado nos dois casos considerados ($\alpha > 0$ e $\alpha < 0$). Portanto, quando um móvel em MUV muda de sentido, antes da mudança ele tem movimento retardado e, logo depois, acelerado.

③ A partir do gráfico da velocidade do MUV pode-se obter a função horária do espaço do MUV. A área A na figura 45 corresponde à área de um trapézio:

$$A = \frac{(v + v_0)}{2} \cdot \Delta t$$

Mas: $\Delta t = t - t_0 = t - 0 = t$
Sabemos também que: $v = v_0 + \alpha t$
Substituindo Δt e v, obtemos:

$$A = \frac{(v_0 + \alpha t + v_0)}{2} \cdot t \Rightarrow A = v_0t + \frac{\alpha}{2}t^2$$

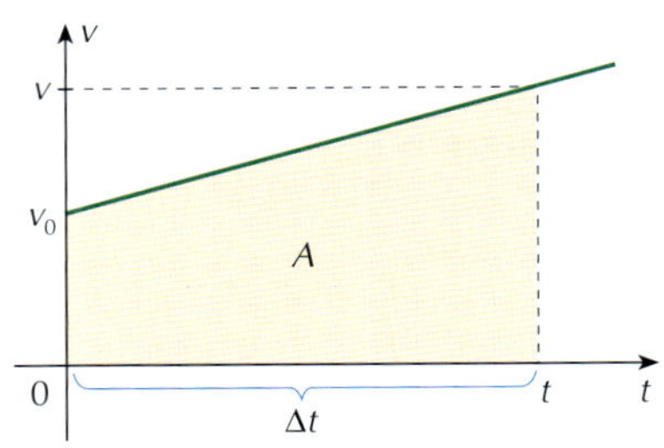

Figura 45.

Considerando que a área é numericamente igual à variação do espaço $\Delta s = s - s_0$, vem:

$$s - s_0 = v_0t + \frac{\alpha}{2}t^2 \Rightarrow \boxed{s = s_0 + v_0t + \frac{\alpha}{2}t^2}$$

④ Ainda a partir do gráfico da velocidade do MUV pode-se demonstrar que a velocidade escalar média no MUV entre dois instantes é igual à média aritmética das velocidades escalares nos instantes considerados. Já vimos que no gráfico da figura 45, a área A destacada é numericamente igual à variação do espaço Δs no intervalo de tempo $\Delta t = t - t_0$. Assim:

$$A = \frac{(v + v_0)}{2} \cdot \Delta t \Rightarrow \Delta s = \frac{(v + v_0)}{2} \cdot \Delta t \Rightarrow \frac{\Delta s}{\Delta t} = \frac{v + v_0}{2}$$

Como a velocidade média é dada por $v_m = \frac{\Delta s}{\Delta t}$, vem:

$$\boxed{v_m = \frac{v + v_0}{2}}$$

Exercícios resolvidos

R.43 É dado o movimento de função horária $s = 12 - 8t + t^2$, na qual t está em segundos e s em metros (medidos sobre a trajetória). Tabele a função de 0 a 8 s e faça sua representação gráfica. A partir do gráfico, determine:

a) o instante em que o móvel muda de sentido;

b) o instante em que o móvel passa pela origem dos espaços.

Solução:

A tabela da função de 0 a 8 s é dada a seguir:

t (s)	0	1	2	3	4	5	6	7	8
s (m)	12	5	0	−3	−4	−3	0	5	12

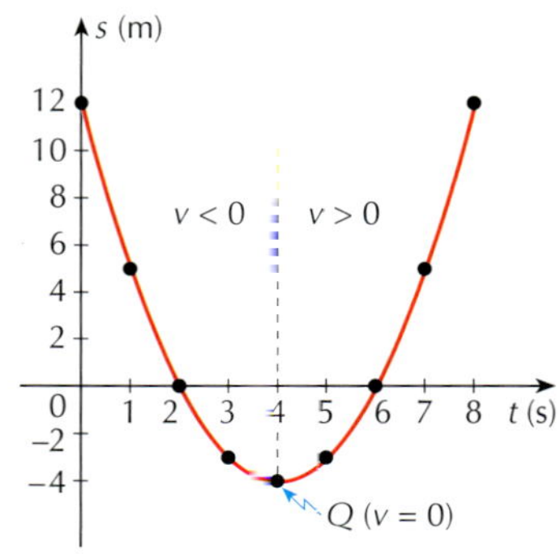

A representação gráfica é a parábola de concavidade voltada para cima ($\alpha > 0$, $\alpha = 2$ m/s²).

a) O ponto Q é o vértice da parábola ($t = 4$ s, $s = -4$ m). Nesse instante o móvel muda de sentido.

b) O móvel passa pela origem dos espaços quando seu espaço é nulo ($s = 0$). Isso ocorre nos instantes 2 s e 6 s (veja gráfico ou tabela).

Respostas: a) 4 s; b) 2 s; 6 s

R.44 É dado o gráfico da velocidade escalar de um móvel em função do tempo. Determine:

a) a aceleração escalar do movimento;

b) a variação do espaço entre 0 e 4 s.

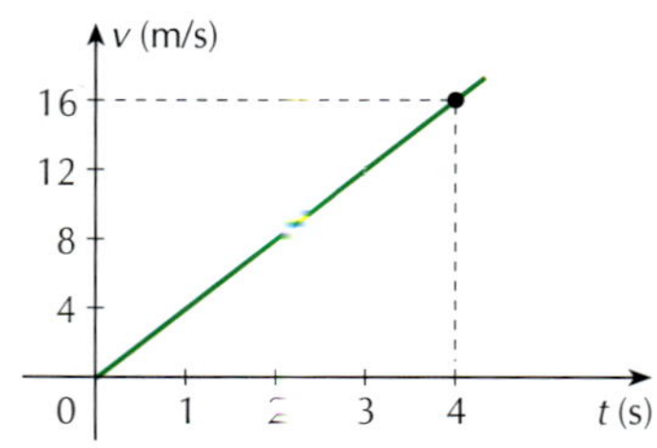

Solução:

a) A aceleração escalar α é numericamente igual à tg θ no triângulo destacado:

$$\text{tg}\,\theta = \frac{16}{4} = 4 \Rightarrow \boxed{\alpha = 4 \text{ m/s}^2}$$

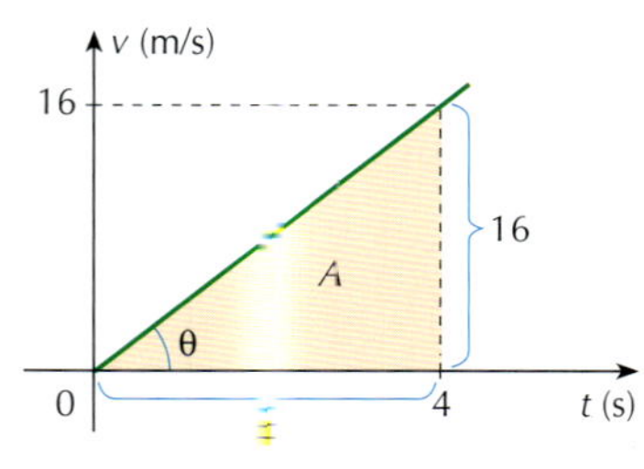

b) A variação do espaço entre 0 e 4 s é numericamente igual à área A do triângulo destacado:

$$A = \frac{16 \cdot 4}{2} = 32 \Rightarrow \boxed{\Delta s = 32 \text{ m}}$$

Respostas: a) 4 m/s²; b) 32 m

R.45 É dado o gráfico da aceleração escalar α de um movimento em função do tempo t. Determine a variação de velocidade no intervalo de 0 a 4 s.

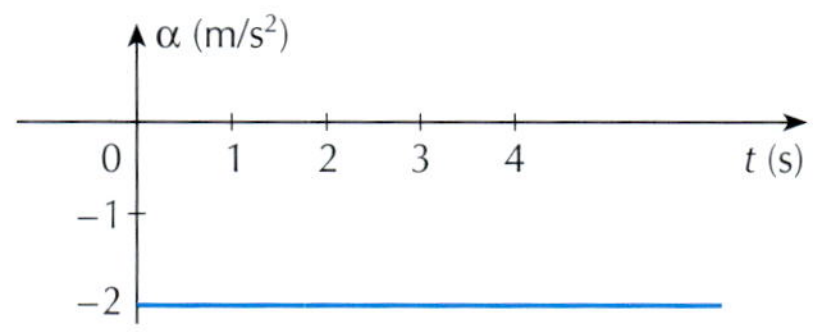

Solução:

A variação da velocidade Δv de 0 a 4 s é negativa, mas em módulo é numericamente igual à área A no gráfico de $\alpha = f(t)$:

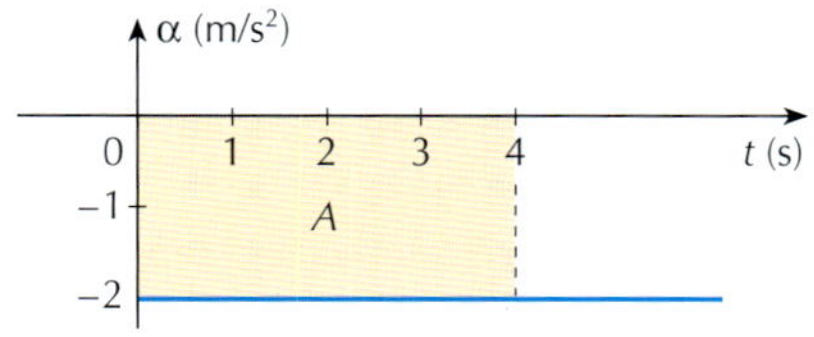

$$A = 2 \cdot 4 = 8 \Rightarrow \boxed{\Delta v = -8 \text{ m/s}}$$

Resposta: -8 m/s

R.46 Dado o gráfico da velocidade escalar $v = f(t)$, determine:

a) a aceleração escalar do movimento de 0 a 2 s e de 2 s a 6 s;
b) a variação do espaço de 0 a 6 s;
c) a velocidade escalar média no intervalo de 0 a 6 s;
d) o instante e a posição em que ocorre mudança de sentido, sabendo que, no instante $t_0 = 0$, o móvel se encontrava na origem dos espaços.

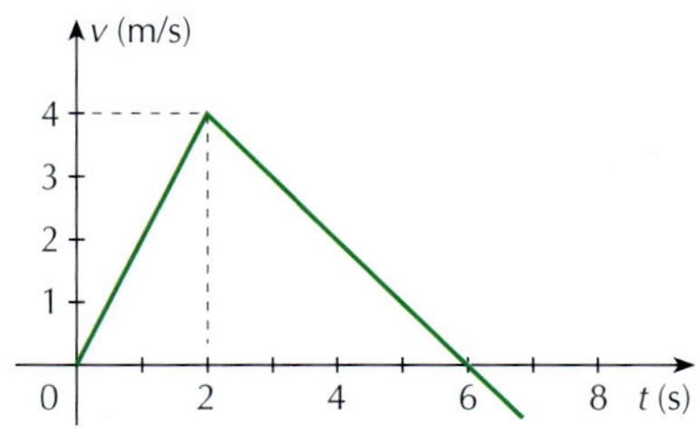

Solução:

a) No gráfico $v = f(t)$ a aceleração escalar α é dada pela tg θ.

De 0 a 2 s temos:

$$\text{tg}\,\theta_1 = \frac{4}{2} = 2 \Rightarrow \boxed{\alpha_1 = 2 \text{ m/s}^2}$$

De 2 s a 6 s temos:

$$\text{tg}\,\theta_2 = -\text{tg}\,\beta = -\frac{4}{4} = -1 \Rightarrow \boxed{\alpha_2 = -1 \text{ m/s}^2}$$

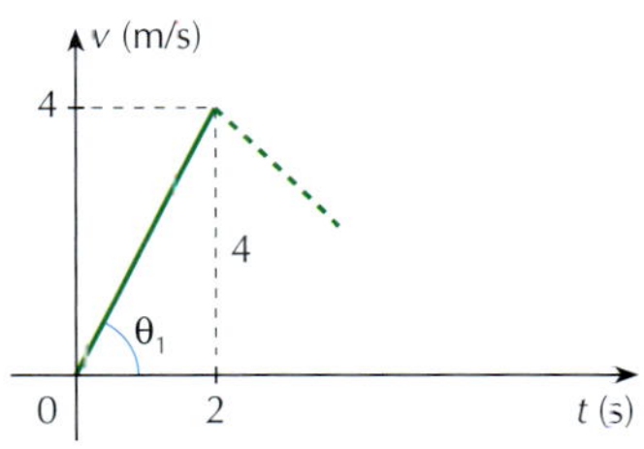

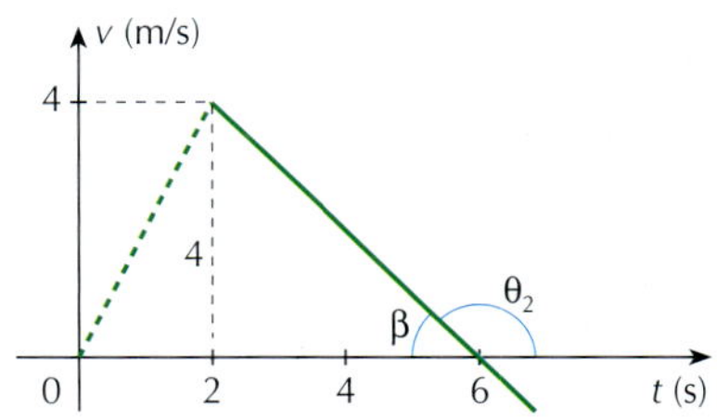

b) No gráfico $v = f(t)$ a variação do espaço Δs é numericamente igual à área A do triângulo destacado na figura:

$$A = \frac{4 \cdot 6}{2} = 12 \text{ (área do triângulo)}$$

Assim, temos: $\boxed{\Delta s = 12 \text{ m}}$

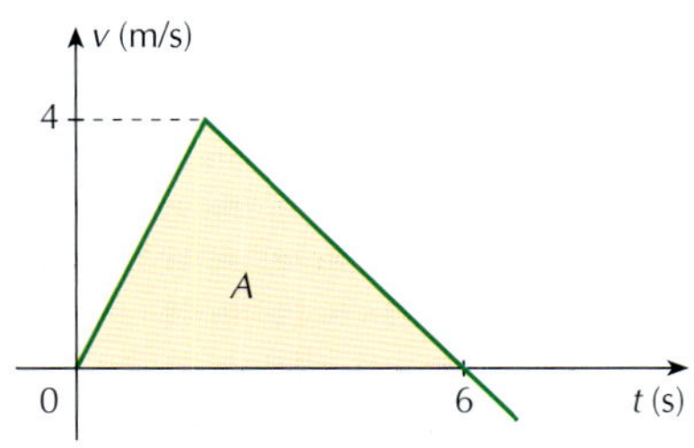

c) De 0 a 6 s, a velocidade escalar média é $v_m = \frac{\Delta s}{\Delta t}$, com $\Delta s = 12$ m (item b) e $\Delta t = 6$ s. Portanto:

$$v_m = \frac{12}{6} \Rightarrow \boxed{v_m = 2 \text{ m/s}}$$

d) O móvel muda de sentido no instante em que sua velocidade escalar se anula. Portanto:

$$v = 0 \Rightarrow \boxed{t = 6 \text{ s}}$$

Do instante zero até o instante $t = 6$ s temos $\Delta s = 12$ m, conforme foi calculado no item b. Como no instante $t_0 = 0$ o móvel se encontrava na origem dos espaços ($s_0 = 0$), vem:

$$\Delta s = s - s_0 \Rightarrow \Delta s = s - 0 \Rightarrow s = \Delta s \Rightarrow \boxed{s = 12 \text{ m}}$$

Nessa posição, o móvel sofre a mudança de sentido.

Respostas: a) 2 m/s^2; -1 m/s^2; b) 12 m; c) 2 m/s; d) 6 s; 12 m

R.47 Um móvel parte do repouso realizando um movimento uniformemente acelerado durante 10 s, ao fim dos quais atinge 72 km/h. Mantém essa velocidade durante 15 s e freia uniformemente com 1 m/s^2 (em módulo) até parar. Determine:

a) durante quanto tempo o móvel esteve em movimento;
b) a velocidade escalar média do movimento desde o instante inicial até o instante final.

Solução:

Observe no enunciado que o movimento descrito ocorre em três etapas:

① durante os primeiros 10 s, o movimento é MUV acelerado — o móvel parte do repouso até atingir a velocidade de 72 km/h (ou 20 m/s);

② nos próximos 15 s (isto é, até o instante 25 s), o movimento é uniforme;

③ de 25 s até o instante final t_3 (desconhecido), é MUV retardado.

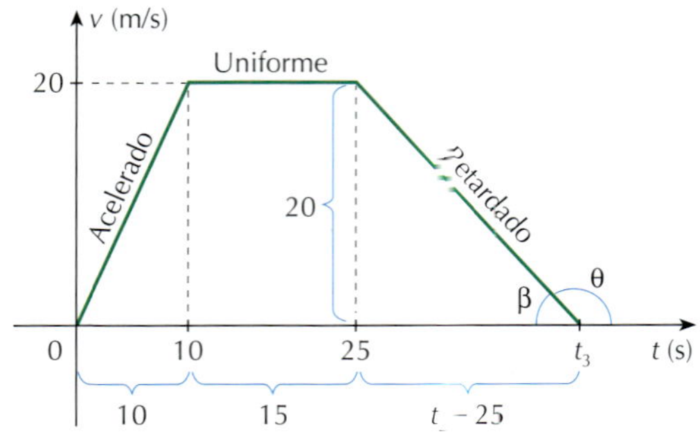

Essas três etapas são representadas no gráfico ao lado. De 25 s a t_3 a aceleração escalar é igual a 1 m/s² (em módulo).

A partir desse gráfico, calculamos:

a) $|\alpha| = |\text{tg}\,\theta| = |-\text{tg}\,\beta| = \dfrac{20}{t_3 - 25} = 1 \Rightarrow$

$\Rightarrow 20 = t_3 - 25 \Rightarrow \boxed{t_3 = 45\text{ s}}$

Portanto, o móvel esteve em movimento durante 45 s.

b) A velocidade escalar média de 0 a $t_3 = 45$ s é dada por

$v_m = \dfrac{\Delta s}{\Delta t}$, sendo que $\Delta t = 45$ s e Δs é numericamente igual à área do trapézio destacado:

$$A = \frac{(15 + 45) \cdot 20}{2} = 600 \Rightarrow \Delta s = 600\text{ m}$$

$$v_m = \frac{600}{45} \Rightarrow \boxed{v_m \simeq 13{,}3\text{ m/s}}$$

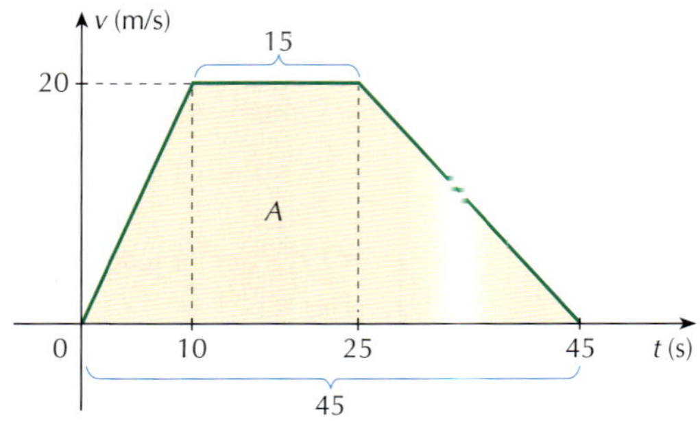

Respostas: a) 45 s; b) ≃13,3 m/s

R.48 Duas estações *P* e *Q*, separadas pela distância de 60 km, são interligadas por uma estrada de ferro com linha dupla. Dois trens percorrem-na de *P* para *Q*. Um deles passa por *P* com velocidade de 40 km/h e mantém essa velocidade no percurso de 20 km e, em seguida, é freado uniformemente. No mesmo instante em que o primeiro trem passa por *P*, um outro trem parte de *P*, do repouso, com movimento uniformemente acelerado em parte do percurso e uniformemente retardado na parte restante. Ambos os trens param em *Q* no mesmo instante. Determine a máxima velocidade atingida pelo segundo trem.

Solução:

O primeiro trem passa por *P* em $t = 0$ (adotado) com velocidade de 40 km/h e a mantém constante no percurso de 20 km (numericamente igual à área A_1, na figura) até t_1. Após esse instante, percorre a parte restante de 40 km (área A_2) chegando a *Q* com velocidade nula em t_2.

Como $A_1 = 20$ e $A_1 = 40 \cdot t_1$ (área do retângulo), vem:

$40 \cdot t_1 = 20 \Rightarrow \boxed{t_1 = 0{,}5\text{ h}}$

De modo análogo, temos:

$$A_2 = 40 = \frac{40 \cdot (t_2 - t_1)}{2} \text{ (área do triângulo)}$$

Logo: $20 \cdot (t_2 - 0{,}5) = 40 \Rightarrow \boxed{t_2 = 2{,}5\text{ h}}$

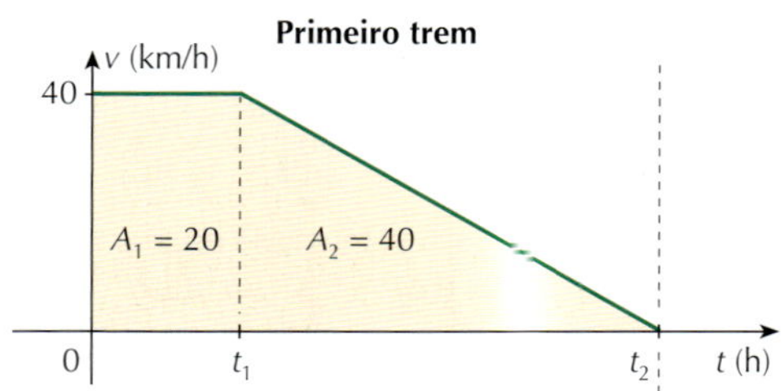

O segundo trem parte de *P* em $t = 0$ e atinge *Q* após 60 km em $t_2 = 2{,}5$ h. Percorre parte do percurso com MUV acelerado até atingir a máxima velocidade $v_{máx.}$ e com MUV retardado até atingir *Q*. No gráfico de sua velocidade, temos: $A_3 = \dfrac{v_{máx.} \cdot t_2}{2}$ (área do triângulo)

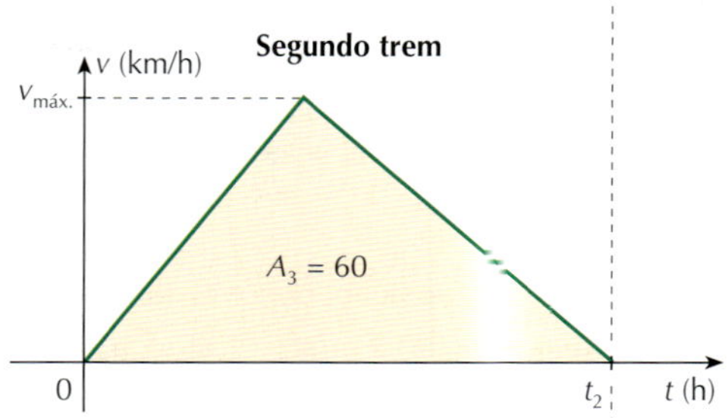

Sendo $t_2 = 2{,}5$ h e $A_3 = 60$, vem:

$$\frac{v_{máx.} \cdot 2{,}5}{2} = 60 \Rightarrow v_{máx.} = \frac{120}{2{,}5} \Rightarrow \boxed{v_{máx.} = 48\text{ km/h}}$$

Resposta: 48 km/h

Exercícios propostos

P.113 É dado o movimento de função horária $s = 150 - 20t + 0{,}5t^2$, em que t está em segundos e s em metros (medidos sobre a trajetória). Tabele essa função no intervalo de 0 a 40 s (de 10 em 10 segundos) e faça sua representação gráfica. A partir do gráfico, determine:

a) o instante em que o móvel muda de sentido;
b) o instante em que o móvel passa pela origem dos espaços.

P.114 É dado o gráfico da velocidade escalar de um móvel em função do tempo. Sabe-se que no instante $t = 0$ o espaço do móvel é 15 m. Determine:

a) a aceleração escalar do movimento;
b) a variação do espaço entre 0 e 5 s;
c) o espaço do móvel no instante $t = 5$ s.

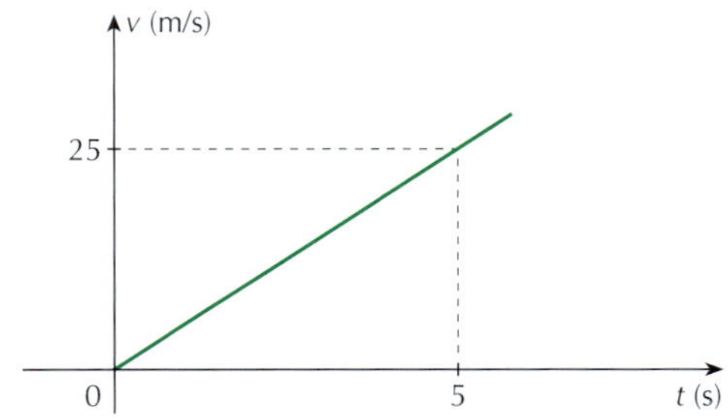

P.115 É dado o movimento cuja velocidade escalar varia em função do tempo segundo a função $v = 8 - 2t$, na qual t está em segundos e v em metros por segundo. Tabele essa função de 0 a 8 s e faça sua representação gráfica. Determine, com auxílio do gráfico:

a) a aceleração escalar; **b)** o instante em que o móvel muda de sentido.

P.116 Um corpo efetua um movimento retilíneo cuja velocidade v varia com o tempo segundo a função $v = 0{,}5 - t$, na qual t está em segundos e v em metros por segundo. Ao iniciar a contagem dos tempos, o corpo está a 2 m de distância da origem dos espaços, no trecho positivo. Desenhe, em escala, os gráficos cartesianos do espaço, da velocidade e da aceleração em função do tempo.

P.117 A velocidade escalar de um corpúsculo entre os instantes de 0 a 6 s é dada pelo gráfico ao lado.

a) Determine a distância percorrida entre os dois instantes dados.
b) Construa os gráficos do espaço e da aceleração escalares, ambos em função do tempo. Admita que o corpúsculo partiu da origem.

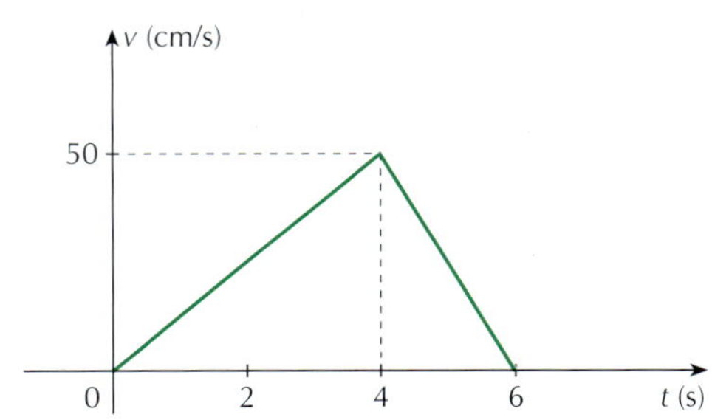

P.118 Um trem passa por uma estação A com velocidade de 20 km/h e mantém essa velocidade num percurso de 14 km, sendo então freado uniformemente, parando na estação B, distante 16 km de A. Outro trem parte de A ($v_0 = 0$) no instante em que o primeiro passou, com movimento uniformemente acelerado durante parte do percurso e uniformemente retardado, em seguida, até parar em B, chegando junto com o primeiro trem. Determine qual foi a máxima velocidade no percurso AB. (Sugestão: faça o gráfico $v = f(t)$.)

P.119 Um trem parte do repouso de um certo ponto A, acelerando uniformemente até a metade do percurso. Nesse ponto começa a desacelerar uniformemente, parando num ponto B situado a 500 m de A, ao fim de 20 s. Determine:

a) a velocidade máxima atingida pelo trem;
b) o módulo das acelerações nas duas metades do percurso.

P.120 É dado o gráfico da aceleração escalar $\alpha = f(t)$ de um movimento em função do tempo t. Determine a variação da velocidade do movimento no intervalo de 0 a 5 s.

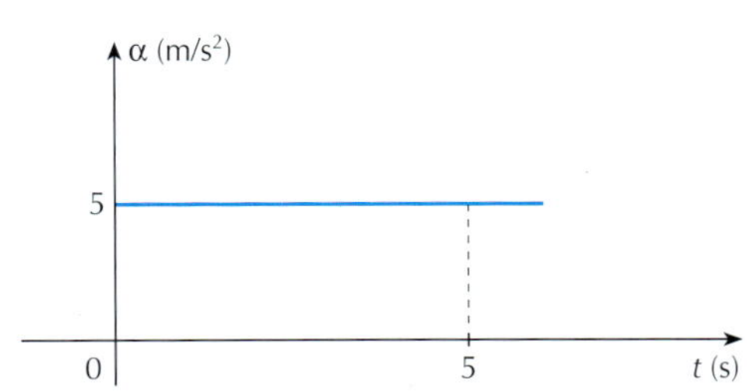

Exercícios propostos de recapitulação

P.121 (Ufla-MG) A figura ao lado representa o gráfico horário do movimento de uma partícula, onde $\overline{AB}$ e $\overline{CD}$ são arcos de parábola e $\overline{BC}$ e $\overline{DE}$ são segmentos de reta. Pergunta-se:

a) Em que intervalo de tempo a partícula se encontra em repouso?

b) Em que intervalo de tempo a partícula está em movimento uniforme?

c) Em que intervalo de tempo a partícula apresenta movimento acelerado progressivo?

d) Em que intervalo de tempo o movimento é retardado progressivo?

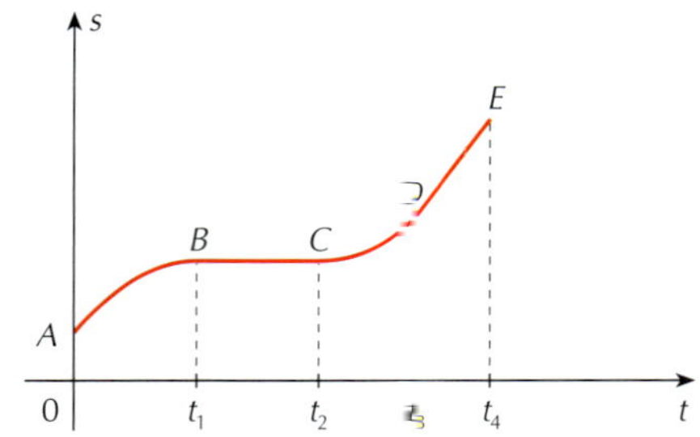

P.122 (EEM-SP) Em uma corrida olímpica, numa pista plana, horizontal e reta, dois competidores A e B levam 2,0 s e 5,0 s para atingir as velocidades máximas de 10 m/s e 12 m/s, respectivamente, as quais são mantidas até o final da corrida. Os respectivos gráficos de suas velocidades em função do tempo, mostrados a seguir, não estão desenhados em escala. Determine que corredor lidera a competição na marca de 8,0 s.

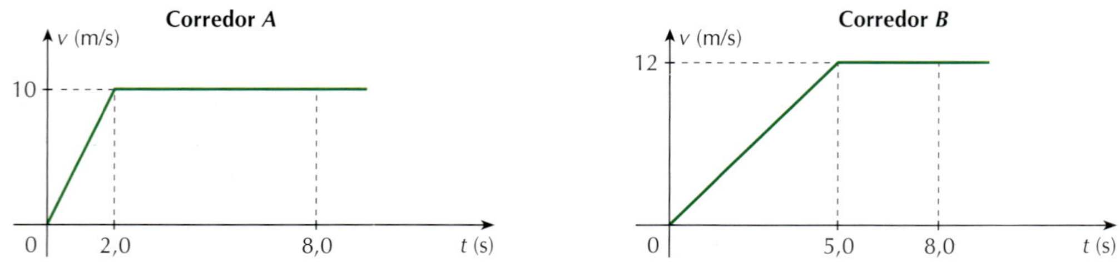

P.123 (Unicamp-SP) O gráfico ao lado representa aproximadamente a velocidade de um atleta em função do tempo em uma competição olímpica.

a) Em que intervalo de tempo o módulo da aceleração tem o menor valor?

b) Em que intervalo de tempo o módulo da aceleração é máximo?

c) Qual é a distância percorrida pelo atleta durante os 20 s?

d) Qual é a velocidade média do atleta durante a competição?

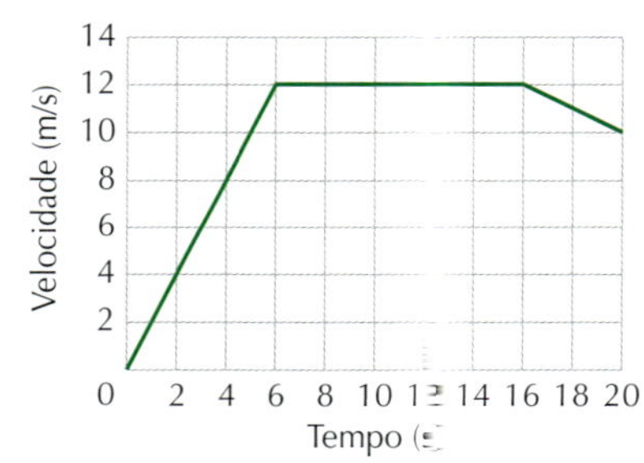

P.124 (Vunesp) Um veículo A passa por um posto policial a uma velocidade constante acima do permitido no local. Pouco tempo depois, um policial em um veículo B parte em perseguição do veículo A. Os movimentos dos veículos são descritos nos gráficos da figura.

Tomando o posto policial como referência para estabelecer as posições dos veículos e utilizando as informações do gráfico, calcule:

a) a distância que separa o veículo B de A no instante $t = 15,0$ s;

b) o instante em que o veículo B alcança A.

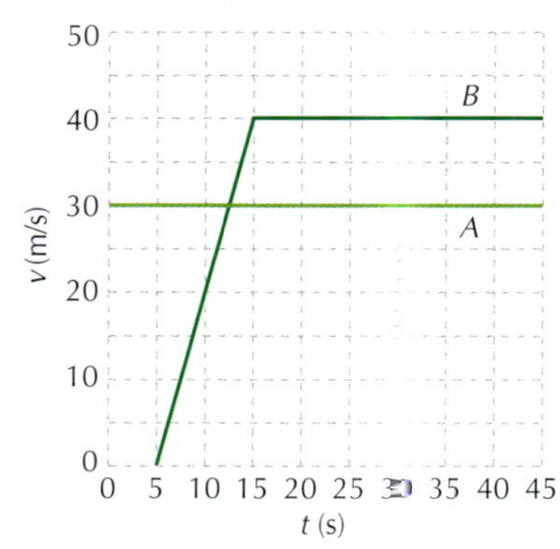

P.125 (UFRJ) Dois móveis, (1) e (2), partem do repouso de um mesmo ponto e passam a se mover na mesma estrada. O móvel (2), no entanto, parte 3,0 s depois do móvel (1). A figura ao lado representa, em gráfico cartesiano, como suas velocidades escalares variam em função do tempo durante 18 s, a contar da partida do móvel (1).

a) Calcule as acelerações escalares dos móveis (1) e (2) depois de iniciados os seus movimentos.

b) Verifique se, até o instante $t = 18$ s, o móvel (2) conseguiu alcançar o móvel (1). Justifique sua resposta.

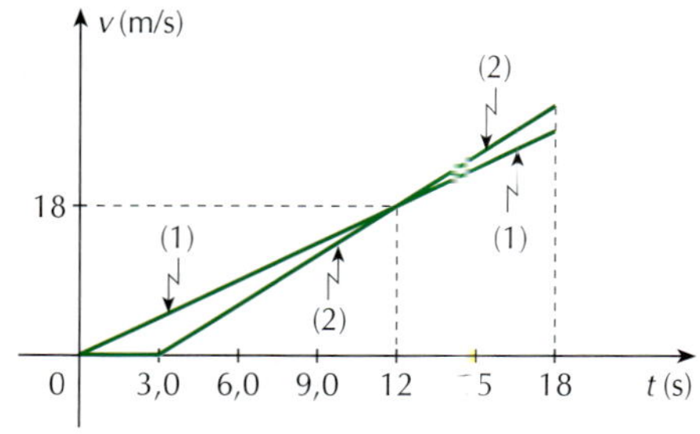

P.126 (UFPE) Uma partícula, que se move em linha reta, está sujeita à aceleração $\alpha(t)$, cuja variação com o tempo é mostrada no gráfico ao lado. Sabendo-se que no instante $t = 0$ a partícula está em repouso, na posição $s_0 = 100$ m, calcule a sua posição no instante $t = 8{,}0$ s, em metros.

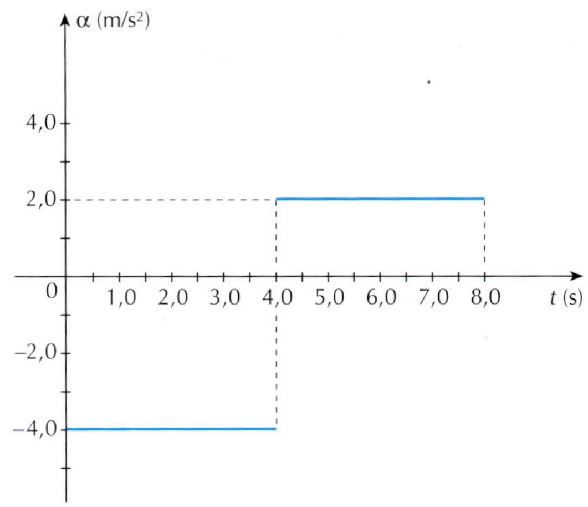

P.127 (Fuvest-SP) Um trem de metrô parte de uma estação com aceleração escalar constante até atingir, após 10 s, a velocidade de 90 km/h, que é mantida por 30 s, para então desacelerar uniformemente durante 10 s até parar na estação seguinte.

a) Represente graficamente a velocidade escalar em função do tempo.
b) Calcule a distância entre as duas estações.

P.128 (Uerj) A distância entre duas estações de metrô é igual a 2,52 km. Partindo do repouso na primeira estação, um trem deve chegar à segunda estação em um intervalo de tempo de três minutos. O trem acelera com uma taxa constante até atingir sua velocidade máxima no trajeto, igual a 16 m/s. Permanece com essa velocidade por um certo tempo. Em seguida, desacelera com a mesma taxa anterior até parar na segunda estação.

a) Calcule a velocidade média do trem, em m/s.
b) Esboce o gráfico velocidade × tempo e calcule o tempo gasto para alcançar a velocidade máxima, em segundos.

Testes propostos

T.94 (UFMG) Uma pessoa passeia durante 30 minutos. Nesse tempo ela anda, corre e também para por alguns instantes. O gráfico representa a distância (x) percorrida por essa pessoa em função do tempo de passeio (t).

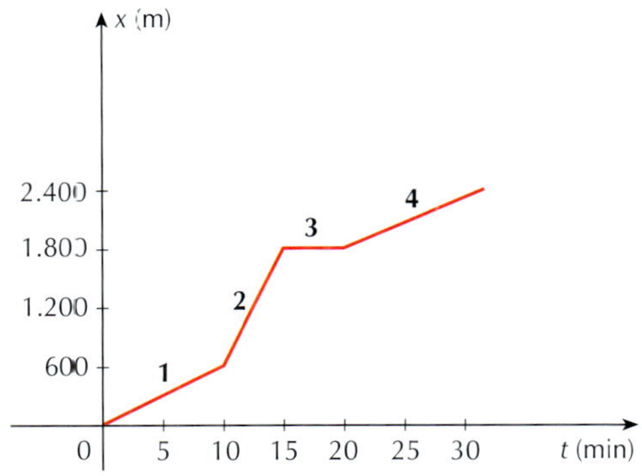

Pelo gráfico pode-se afirmar que, na sequência do passeio, a pessoa:

a) andou (1), correu (2), parou (3) e andou (4).
b) andou (1), parou (2), correu (3) e andou (4).
c) correu (1), andou (2), parou (3) e correu (4).
d) correu (1), parou (2), andou (3) e correu (4).

T.95 (PUC-PR) Duas partículas A e B se movimentam sobre uma mesma trajetória retilínea segundo o gráfico.

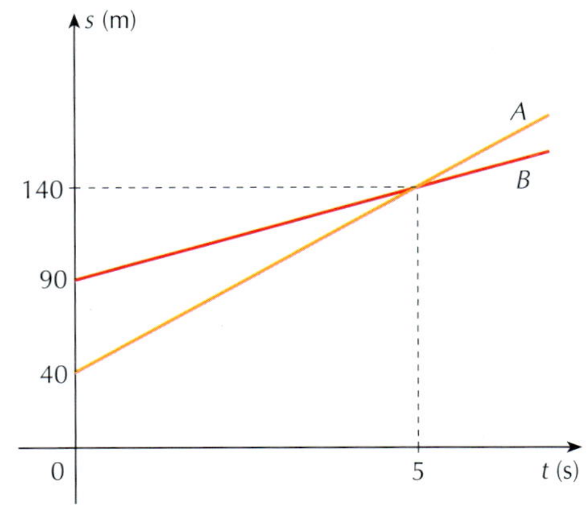

Podemos afirmar que suas equações horárias são:

a) $s_A = 90 + 20t$ e $s_B = 40 + 10t$
b) $s_A = 20 + 90t$ e $s_B = 10 + 40t$
c) $s_A = 40 + 20t$ e $s_B = 90 + 10t$
d) $s_A = 40 + 20t$ e $s_B = 10 + 90t$
e) $s_A = 20 + 40t$ e $s_B = 90 + 10t$

T.96 (Mackenzie-SP) Correndo com uma bicicleta, ao longo de um trecho retilíneo de uma ciclovia, uma criança mantém a velocidade constante de módulo igual a 2,50 m/s. O diagrama horário da posição para esse movimento está ilustrado a seguir.

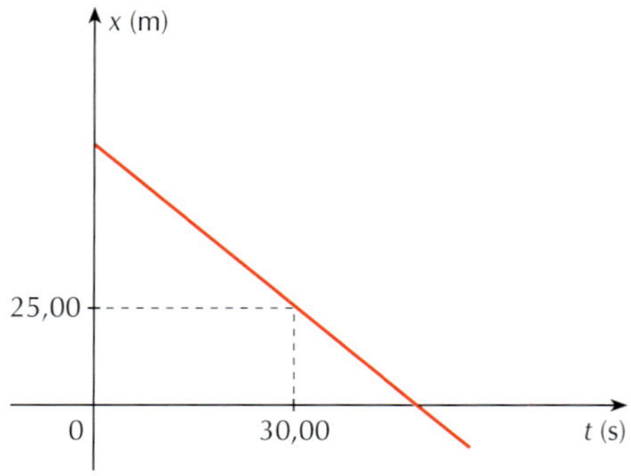

Segundo o referencial adotado, no instante $t = 15,00$ s, a posição x da criança é igual a:

a) −37,50 m
b) −12,50 m
c) 12,50 m
d) 37,50 m
e) 62,50 m

T.97 (FMTM-MG) Na figura estão representados, num plano cartesiano, os gráficos posição × tempo do movimento de dois móveis, *A* e *B*, que percorrem a mesma reta.

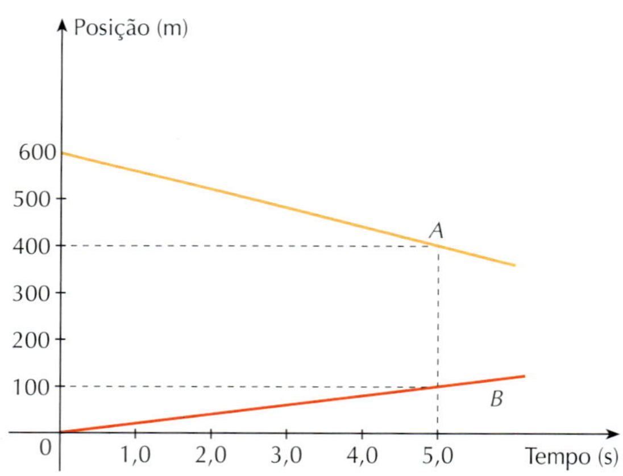

Se esses móveis se mantiverem em movimento com as mesmas características, durante um tempo suficiente, eles devem se cruzar no instante e na posição iguais, respectivamente, a:

a) 10 s; 200 m
b) 15 s; 300 m
c) 20 s; 400 m
d) 25 s; 400 m
e) 30 s; 450 m

T.98 (PUC-Campinas-SP) Um caminhão C, de 25 m de comprimento, e um automóvel A, de 5,0 m de comprimento, estão em movimento em uma estrada. As posições dos móveis, marcadas pelo para-choque dianteiro dos veículos, estão indicadas no gráfico para um trecho do movimento. Em determinado intervalo de tempo, o automóvel ultrapassa o caminhão.

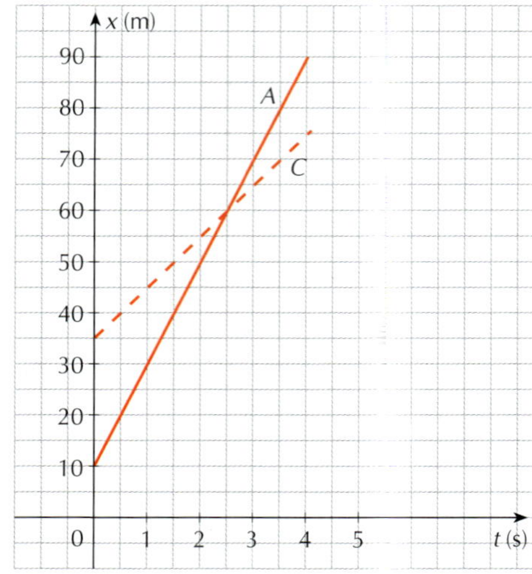

Durante a ultrapassagem completa do caminhão, o automóvel percorre uma distância, em metros, igual a:

a) 5 **b)** 15 **c)** 18 **d)** 20 **e)** 60

T.99 (UFSM-RS) Dois carros *A* e *B* têm seus movimentos representados esquematicamente no gráfico $s \times t$ a seguir.

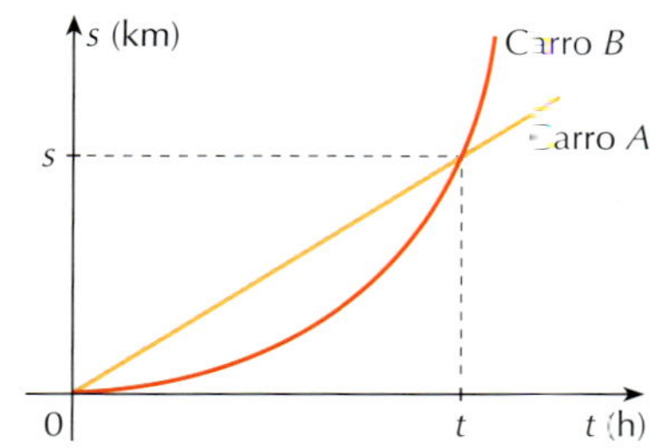

Pode-se afirmar, baseando-se na função que representa o movimento de cada carro, que:

a) as velocidades iniciais ($t = 0$) dos carros *A* e *B* são zero.
b) a velocidade média do carro *B* é igual à velocidade média do carro *A* no intervalo de tempo de 0 a *t*.
c) as velocidades iniciais dos carros *A* e *B* são diferentes de zero.
d) a aceleração do carro *A* é igual à aceleração do carro *B*.
e) o carro *B* percorrerá uma distância maior até encontrar o carro *A*.

T.100 (PUC-RJ) O gráfico abaixo mostra a posição, em função do tempo, de dois trens que viajam no mesmo sentido em trilhos paralelos. Marque a afirmativa correta.

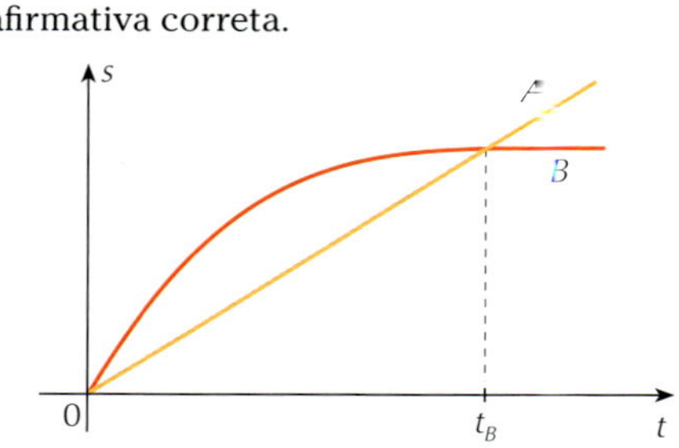

a) Na origem do gráfico, ambos os trens estavam parados.
b) Os trens aceleraram o tempo todo.
c) No instante t_B, ambos os trens têm a mesma velocidade.
d) Ambos os trens têm a mesma aceleração em algum instante anterior a t_B.
e) Ambos os trens têm a mesma velocidade em algum instante anterior a t_B.

T.101 (UFMG) Um carro está andando ao longo de uma estrada reta e plana. Sua posição em função do tempo está representada neste gráfico:

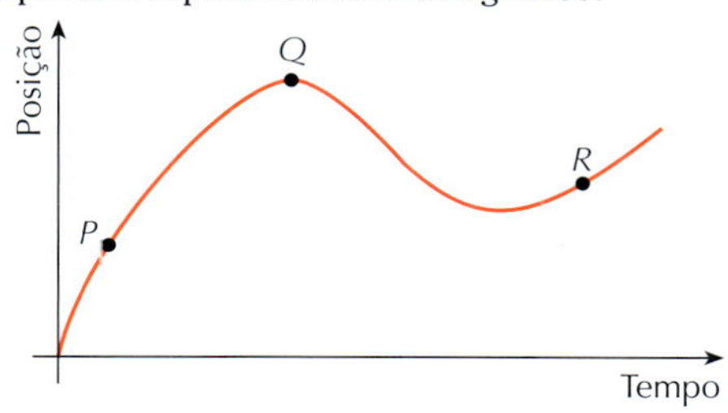

Sejam V_P, V_Q e V_R os módulos das velocidades do carro, respectivamente, nos pontos P, Q e R, indicados nesse gráfico.
Com base nessas informações, é **correto** afirmar que:

a) $V_Q < V_P < V_R$
b) $V_P < V_R < V_Q$
c) $V_Q < V_R < V_P$
d) $V_P < V_Q < V_R$

T.102 (PUC-MG) Um corpo se move em trajetória retilínea durante 2,0 s conforme o gráfico abaixo.

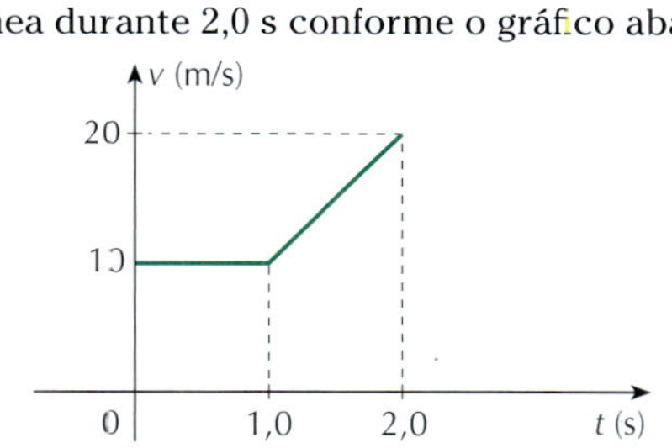

Analise as afirmativas a seguir:
I. Ao final do movimento, o corpo terá percorrido 25 m.
II. Sua velocidade final é de 40 m/s e a velocidade média no percurso foi de 25 m/s.
III. A aceleração entre $t_1 = 1{,}0$ s e $t_2 = 2{,}0$ s foi de 10 m/s^2.
Assinale:

a) se todas as afirmativas são corretas.
b) se todas as afirmativas são falsas.
c) se apenas as afirmativas I e II são corretas.
d) se apenas as afirmativas II e III são corretas.
e) se apenas as afirmativas I e III são corretas.

T.103 (UFSCar-SP) Em um filme, para explodir a parede da cadeia a fim de que seus comparsas pudessem escapar, o "bandido" ateia fogo a um pavio de 0,6 m de comprimento, que tem sua outra extremidade presa a um barril contendo pólvora. Enquanto o pavio queima, o "bandido" se põe a correr em direção oposta e, no momento em que salta sobre uma rocha, o barril explode.

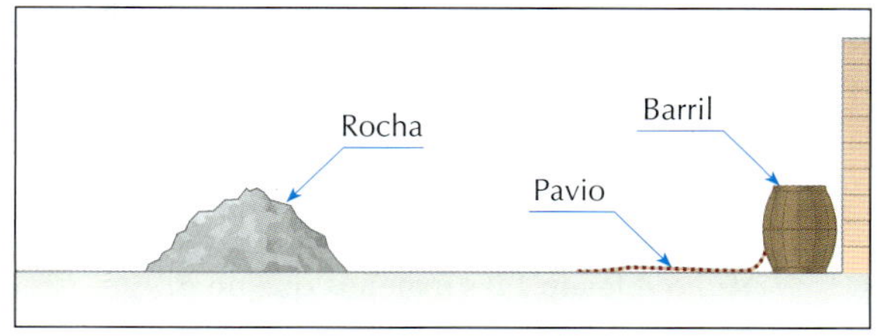

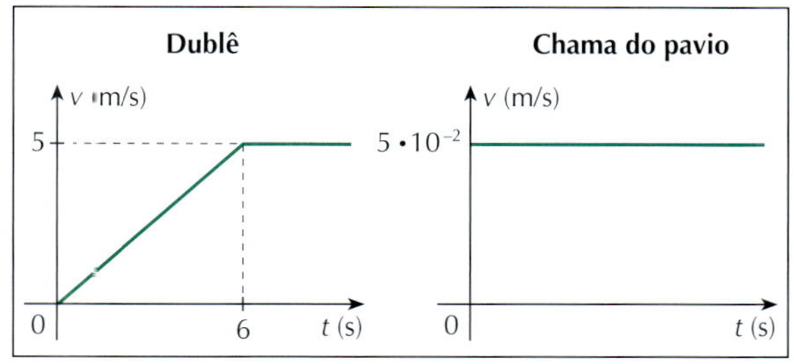

Ao planejar esta cena, o piroplasta utilizou os dados gráficos obtidos cuidadosamente da análise das velocidades do dublê (que representa o bandido) e da chama no pavio, o que permitiu determinar que a rocha deveria estar a uma distância, relativamente ao ponto em que o pavio foi aceso, em m, de:

a) 20 b) 25 c) 30 d) 40 e) 45

T.104 (AFA-SP) O gráfico abaixo mostra como variou a velocidade de um atleta durante uma disputa de 100 m rasos.

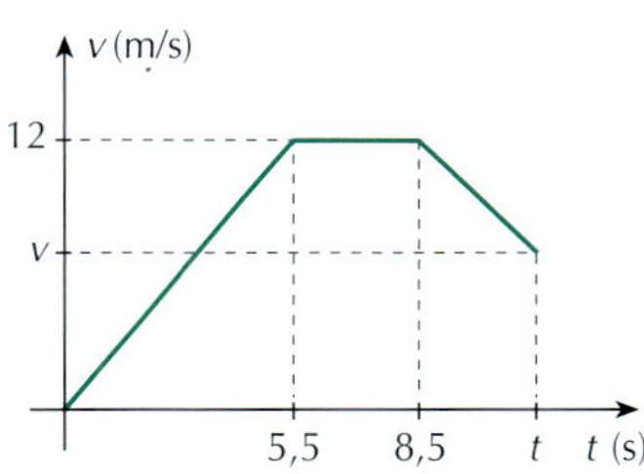

Sendo de 8,0 m/s a velocidade média desse atleta, pode-se afirmar que a velocidade v no instante em que ele cruzou a linha de chegada era, em m/s:

a) 5,0 b) 3,5 c) 8,5 d) 10

T.105 (Fuvest-SP) Na figura a seguir estão representadas as velocidades, em função do tempo, desenvolvidas por um atleta, em dois treinos A e B, para uma corrida de 100 m rasos.

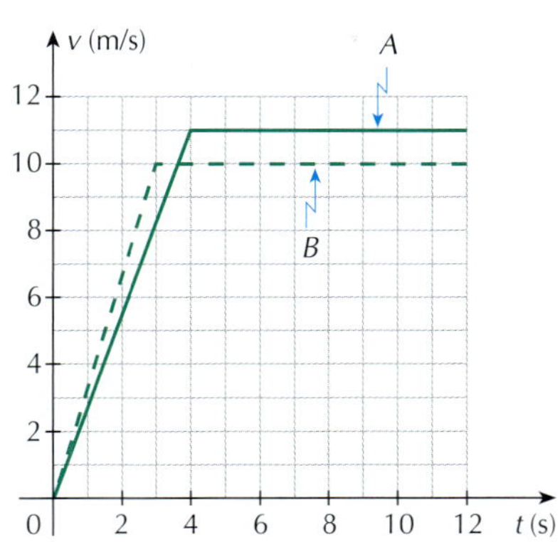

Com relação aos tempos gastos pelo atleta para percorrer os 100 m, podemos afirmar que, aproximadamente:

a) no *B* levou 0,4 s a menos que no *A*.
b) no *A* levou 0,4 s a menos que no *B*.
c) no *B* levou 1,0 s a menos que no *A*.
d) no *A* levou 1,0 s a menos que no *B*.
e) no *A* e no *B* levou o mesmo tempo.

T.106 (UFRJ) Um móvel em movimento retilíneo tem velocidade escalar v variando com o tempo t, de acordo com o gráfico.

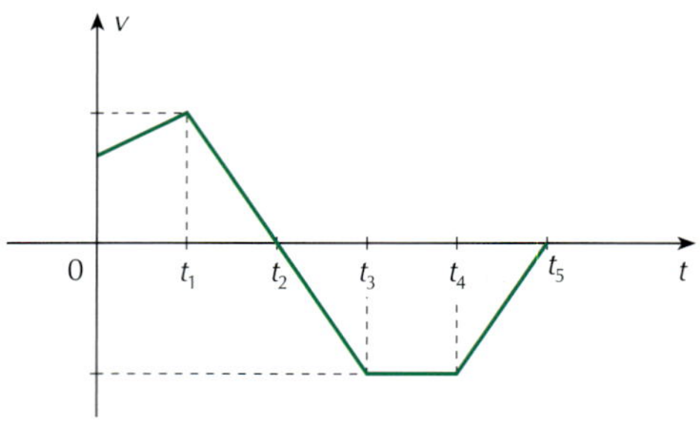

Podemos afirmar corretamente que entre os instantes:

a) 0 e t_1 o movimento é retrógrado acelerado.
b) t_1 e t_2 o movimento é progressivo acelerado.
c) t_2 e t_3 o movimento é retrógrado acelerado.
d) t_3 e t_4 o móvel está parado.
e) t_4 e t_5 o movimento é progressivo retardado.

T.107 (Ufal) Considere o gráfico $v \times t$ do movimento de um corpo que parte da origem de um referencial e se desloca em linha reta. A seguir, analise as afirmações.

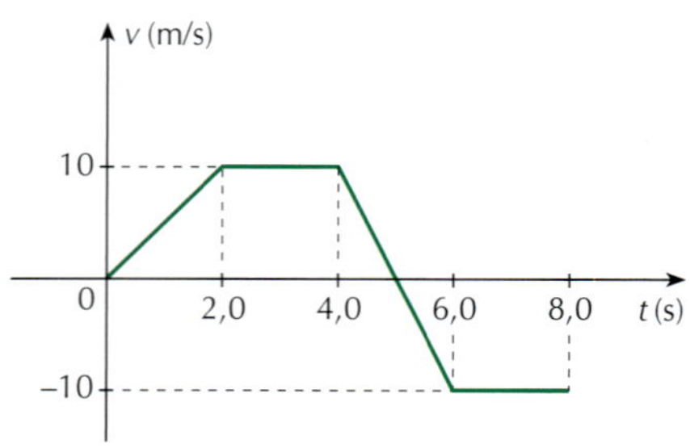

01) Nos intervalos de tempo de 2,0 s a 4,0 s e de 6,0 s a 8,0 s o corpo permanece em repouso.
02) De 0 até 8,0 s só há um trecho de movimento uniformemente acelerado.
04) De 0 até 8,0 s só há um trecho de movimento uniformemente retardado.
08) O afastamento máximo da origem do referencial é maior do que 40 m.
16) O corpo passa somente uma vez pela posição 30 m.

Dê como resposta a soma dos números que precedem as afirmativas corretas.

T.108 (Fesp-SP) Dois carros, *A* e *B*, deslocam-se em uma mesma estrada reta, de acordo com o gráfico. Em $t = 0$ ambos se encontram no quilômetro zero.

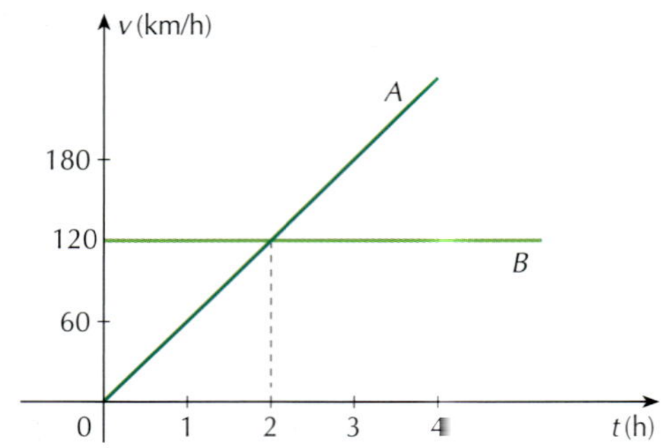

Considere as afirmações:

I. *B* desloca-se com movimento uniformemente acelerado.
II. De $t_0 = 0$ a $t = 2$ h, *A* percorreu 120 km e *B* percorreu 240 km.
III. *A* alcança *B* no instante $t = 2$ h.
IV. A velocidade de *A* cresce de 60 km/h em cada hora.

São corretas as afirmações:

a) III **b)** I e III **c)** II e IV **d)** III e IV **e)** II, III e IV

T.109 (UFF-RJ) O gráfico mostra como variam as velocidades de dois carrinhos que se movem sobre trilhos paralelos. No instante de tempo $t = 0$ s, os dois carrinhos estavam emparelhados.

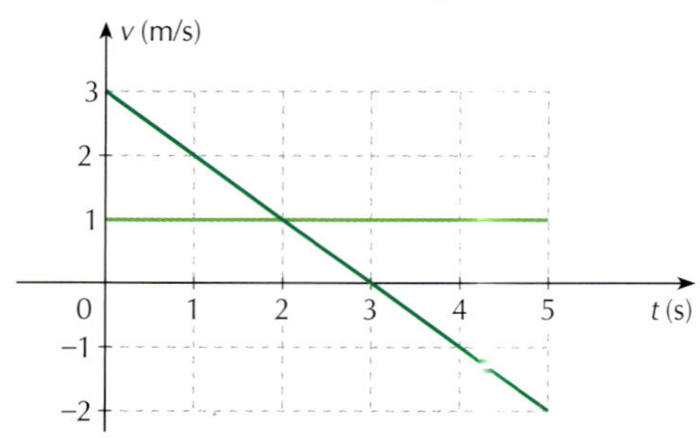

A alternativa que indica o instante em que os carrinhos voltam a ficar lado a lado é:

a) 1 s **b)** 2 s **c)** 3 s **d)** 4 s **e)** 5 s

T.110 (Olimpíada Paulista de Física) O motorista de um carro *A*, vendo o sinal verde do semáforo, arranca com o seu carro. Nesse instante, um outro carro *B* passa por ele e ambos passam a se movimentar em trajetórias paralelas ao longo de uma extensa avenida.

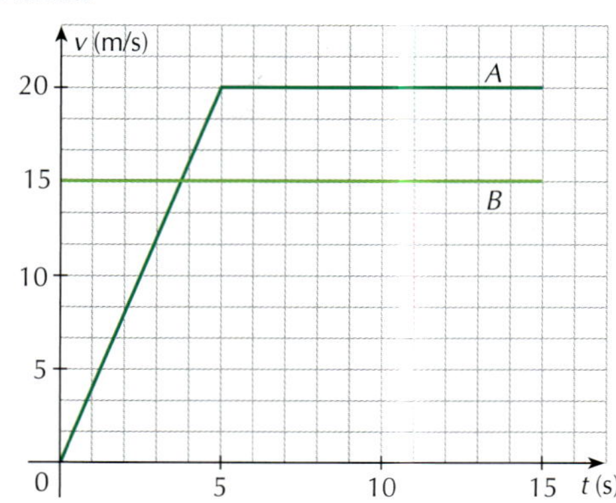

O gráfico mostra a variação da velocidade de ambos os carros desde o instante em que A começa a se movimentar até 15 segundos após.

Das afirmações abaixo, assinale aquela que é verdadeira.

a) O carro A alcança B depois de $t = 3{,}75$ s.
b) No intervalo 0-15 s o carro A não alcança B.
c) Quando os velocímetros dos carros marcam a mesma velocidade, A está cerca de 28 metros na frente de B.
d) No instante $t = 15$ s o carro A está 25 metros na frente de B.
e) O carro A ultrapassa B no instante $t = 5$ s.

T.111 (Fuvest-SP) Dois trens, A e B, fazem manobra em uma estação ferroviária deslocando-se paralelamente sobre trilhos retilíneos. No instante $t = 0$ eles estão lado a lado. O gráfico representa as velocidades dos dois trens a partir do instante $t = 0$ até 150 s, quando termina a manobra.

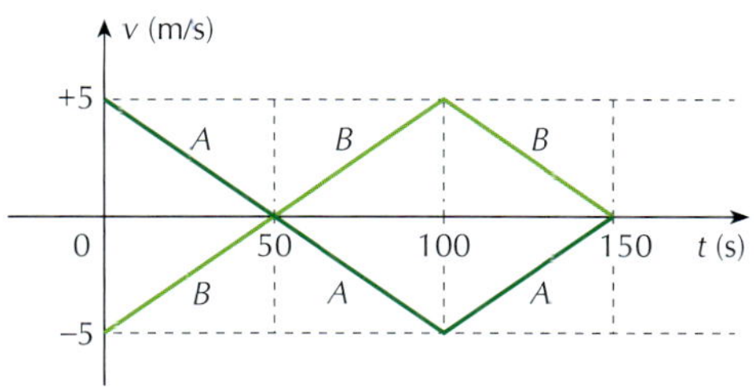

A distância entre os dois trens no final da manobra é:

a) 0 m **c)** 100 m **e)** 500 m
b) 50 m **d)** 250 m

T.112 (Mackenzie-SP) A aceleração de um móvel, que parte do repouso, varia com o tempo de acordo com o gráfico abaixo.

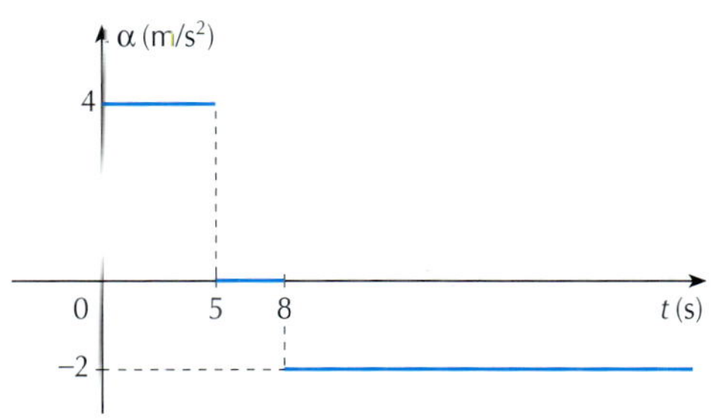

O instante, contado a partir do início do movimento, no qual o móvel para, é:

a) 5 s **b)** 6 s **c)** 8 s **d)** 13 s **e)** 18 s

T.113 (Mackenzie-SP) Um automóvel desloca-se a partir do repouso num trecho retilíneo de uma estrada. A aceleração do veículo é constante e algumas posições por ele assumidas, bem como os respectivos instantes, estão ilustrados na figura abaixo.

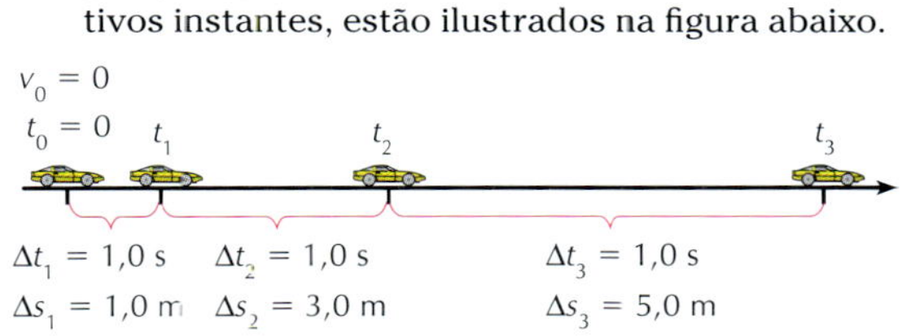

O gráfico que melhor representa a velocidade escalar do automóvel em função do tempo é:

a)
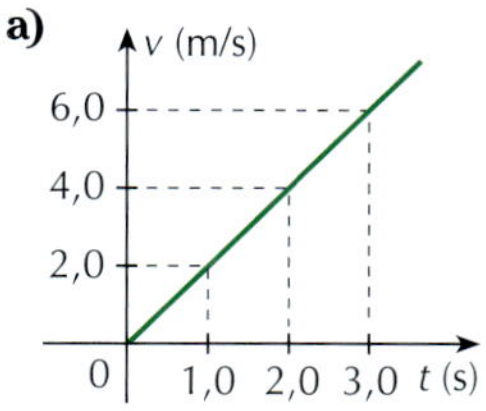

d)
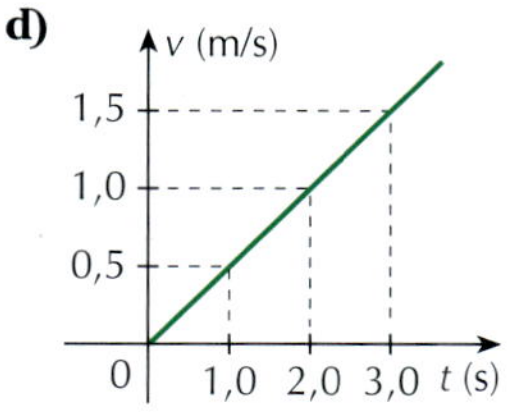

b)
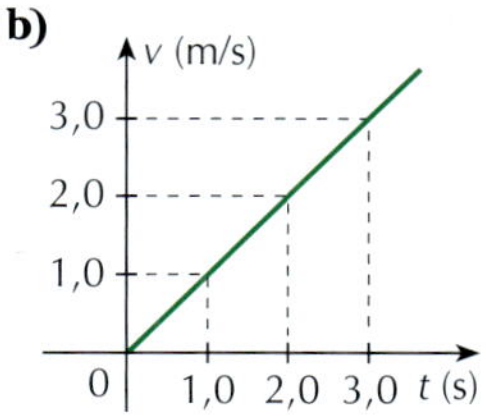

e)
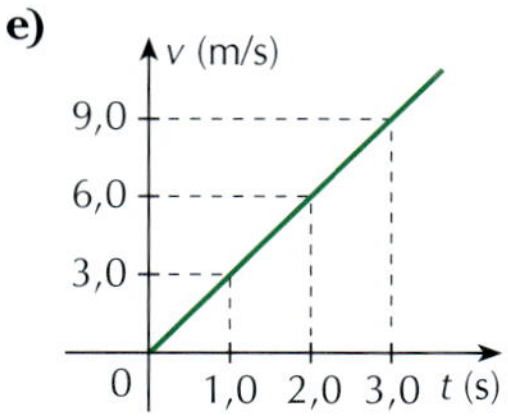

c)
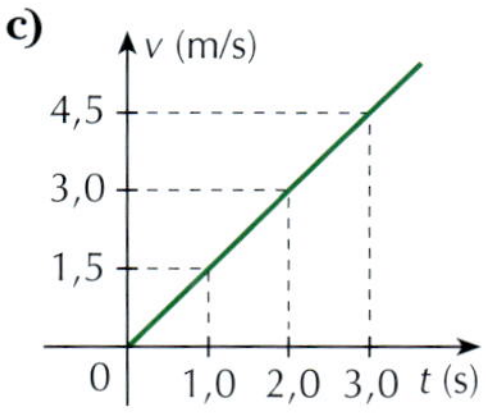

T.114 (UFG-GO) O Visconde de Sabugosa vê uma jaca cair da árvore na cabeça da Emília e filosofa: “Este movimento poderia ser representado, qualitativamente, pelos gráficos da posição e da velocidade, em função do tempo...”

a)
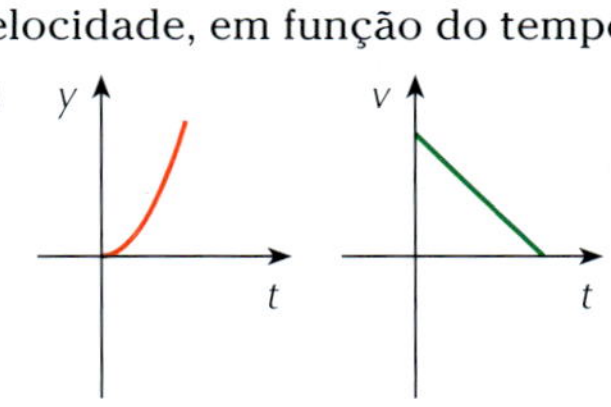

b)
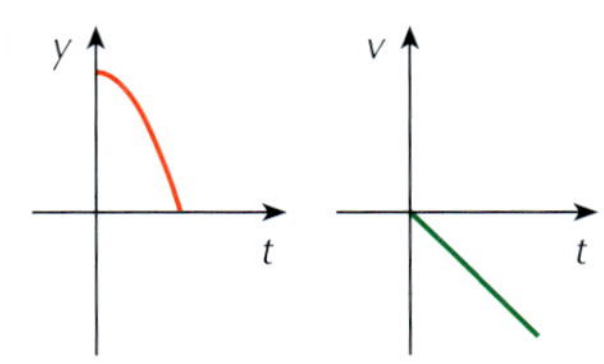

c)
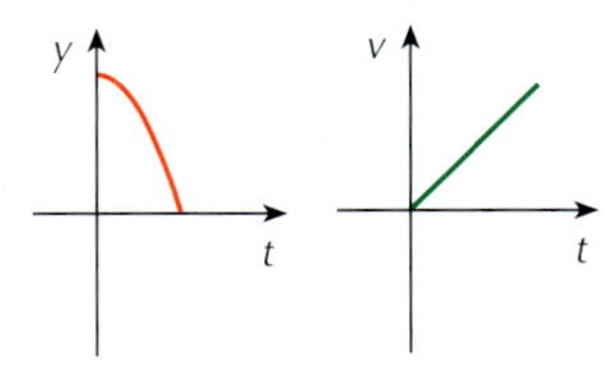

d)
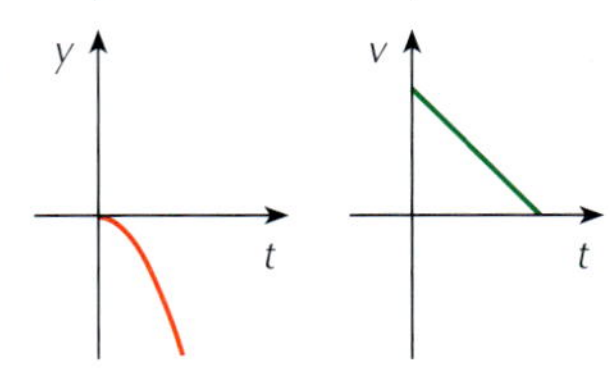

e)
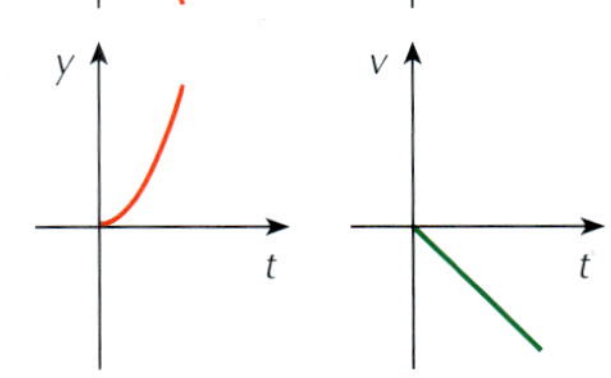

Exercícios especiais de gráficos do MUV

Exercícios resolvidos

R.49 Num certo planeta, um móvel lançado verticalmente para cima tem suas posições em relação ao solo e em função do tempo representadas pelo gráfico da figura. Determine:

a) a velocidade inicial com que o corpo foi lançado;
b) a aceleração da gravidade na superfície desse planeta.

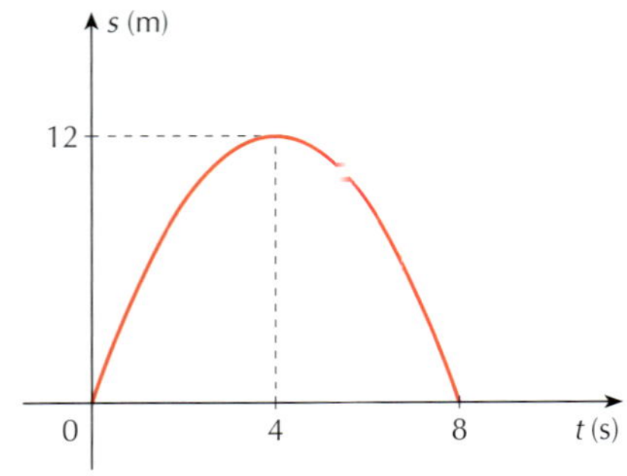

Solução:

a) A trajetória é orientada para cima e a origem é adotada no solo.
Sendo g a aceleração da gravidade local, temos $\alpha = -g$.
Para $t = 0$, temos $s_0 = 0$; para $t = 4$ s, temos $s = 12$ m e $v = 0$.
Aplicando a definição de velocidade escalar média v_m e a propriedade do MUV, vem:

$$v_m = \frac{\Delta s}{\Delta t} = \frac{v + v_0}{2} \Rightarrow \frac{12 - 0}{4 - 0} = \frac{0 + v_0}{2} \Rightarrow \boxed{v_0 = 6 \text{ m/s}}$$

b) De $v = v_0 + \alpha t$, vem: $0 = 6 + \alpha \cdot 4 \Rightarrow \alpha = -1{,}5 \text{ m/s}^2$

Sendo $\alpha = -g$, resulta: $\boxed{g = 1{,}5 \text{ m/s}^2}$

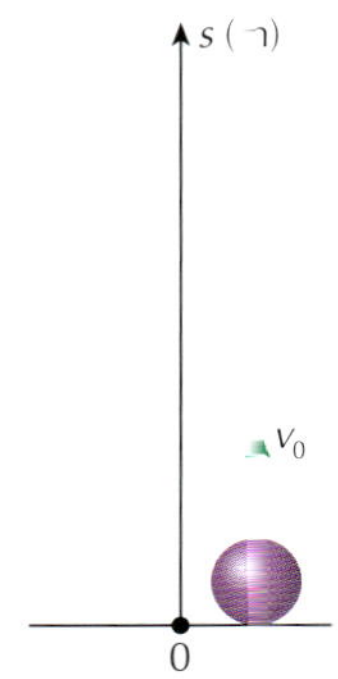

Respostas: a) 6 m/s; b) 1,5 m/s^2

R.50 Um ponto material realiza um movimento uniformemente variado cuja velocidade em função do tempo é dada por $v = 2{,}0 + 2{,}0t$, para t em segundos e v em m/s. Construa o gráfico $v \times t$ e calcule, a partir do gráfico, as distâncias percorridas nos intervalos 0 a 1,0 s; 1,0 s a 2,0 s e 2,0 s a 3,0 s.

Solução:

Veja na tabela ao lado alguns valores da função, no intervalo de 0 a 3,0 s:

t (s)	*v* (m/s)
0	2,0
1,0	4,0
2,0	6,0
3,0	8,0

Assim, construímos o gráfico ao lado. Como não houve mudança de sentido, a distância percorrida, num certo intervalo de tempo, coincide com a variação do espaço, nesse mesmo intervalo.
Cálculo das distâncias percorridas:

0 a 1,0 s:

$$A_1 = \frac{(4{,}0 + 2{,}0)}{2} \cdot 1{,}0 = 3{,}0 \Rightarrow \boxed{\Delta s_1 = 3{,}0 \text{ m}}$$

1,0 s a 2,0 s:

$$A_2 = \frac{(6{,}0 + 4{,}0)}{2} \cdot 1{,}0 = 5{,}0 \Rightarrow \boxed{\Delta s_2 = 5{,}0 \text{ m}}$$

2,0 s a 3,0 s:

$$A_3 = \frac{(8{,}0 + 6{,}0)}{2} \cdot 1{,}0 = 7{,}0 \Rightarrow \boxed{\Delta s_3 = 7{,}0 \text{ m}}$$

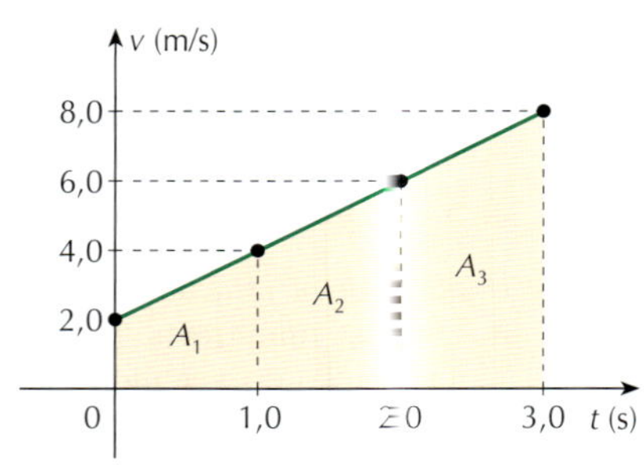

Observação:

Os resultados nos mostram que, no movimento uniformemente variado acelerado, o aumento da distância percorrida, em intervalos de tempo iguais e sucessivos, é sempre o mesmo. Em outras palavras, **as distâncias percorridas, em intervalos de tempo iguais e sucessivos, estão em progressão aritmética**. Se o movimento for uniformemente variado e retardado, as distâncias percorridas, em intervalos de tempo iguais e sucessivos, diminuem em progressão aritmética.

Exercícios propostos

P.129 (Fuvest-SP) A figura representa o gráfico espaço-tempo do movimento de um corpo lançado verticalmente para cima com velocidade inicial v_0 na superfície de um planeta.

a) Qual é o valor da aceleração da gravidade na superfície do planeta?

b) Qual é o valor da velocidade inicial v_0?

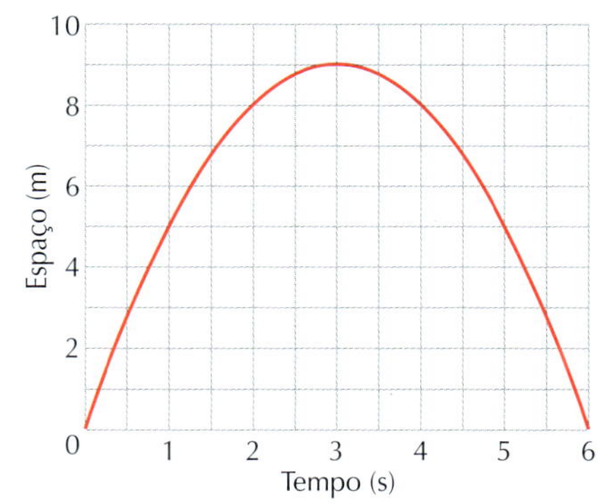

P.130 Uma partícula realiza um movimento uniformemente variado. Na figura indicamos as posições sucessivas da partícula de 1 em 1 segundo, a partir do instante $t = 0$. Qual é a distância percorrida pela partícula no quinto segundo de seu movimento, isto é, no intervalo de tempo de 4,0 s a 5,0 s?

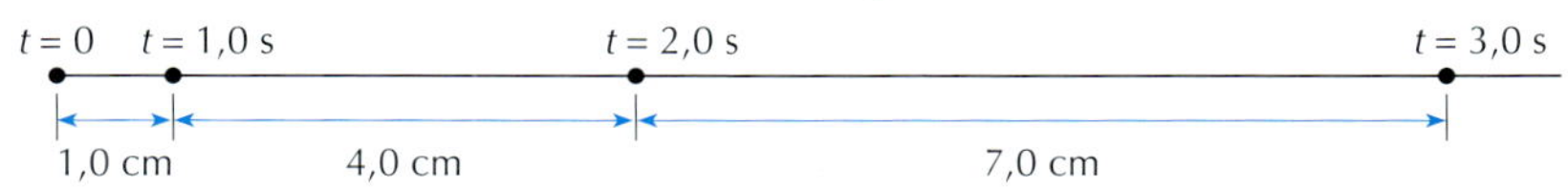

P.131 A velocidade de um corpo lançado verticalmente para cima varia com o tempo de acordo com o gráfico apresentado. Com base nele, determine:

a) o instante em que o corpo atinge a altura máxima;

b) o instante em que o corpo está de volta ao ponto de lançamento;

c) a altura máxima atingida;

d) a velocidade do móvel ao retornar ao ponto de lançamento.

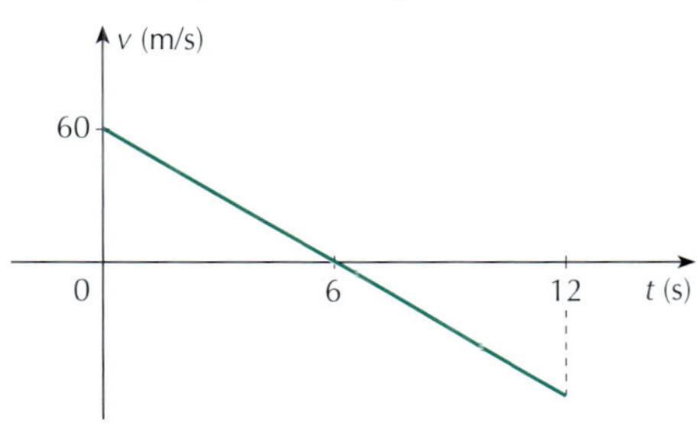

P.132 O gráfico indica como variou a velocidade de um foguete lançado verticalmente a partir do solo. No instante $t = 10$ s, acabou o combustível do foguete e, a partir de então, ele ficou sujeito apenas à ação da gravidade.

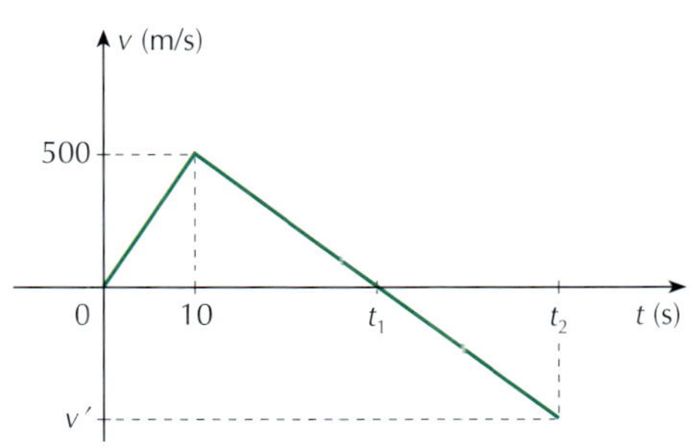

Desprezando a resistência do ar, adotando $g = 10$ m/s^2 e tomando no solo a origem da trajetória, determine:

a) a aceleração do foguete durante os primeiros 10 s;

b) a altura em que se esgotou o combustível;

c) o instante t_1 em que o foguete atinge sua altura máxima;

d) a altura máxima atingida pelo foguete;

e) o instante t_2 em que o foguete retorna ao solo;

f) a velocidade v' do foguete ao atingir o solo.

Testes propostos

T.115 (FEI-SP) O gráfico abaixo representa o espaço percorrido, em função do tempo, por um móvel em MRUV.

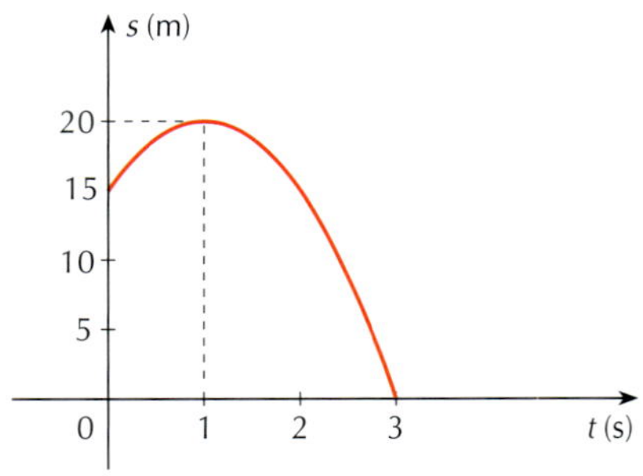

Pode-se afirmar que a posição do móvel para $t = 0{,}5$ s e a função horária da velocidade desse móvel são, respectivamente:

a) 18,750 m; $v = 10 - 10t$
b) 19,875 m; $v = 15 - 5t$
c) 17,500 m; $v = 15 - 10t$
d) 17,500 m; $v = 10 - 10t$
e) 18,000 m; $v = 10 - 5t$

T.116 (UFMA) O gráfico abaixo indica como varia o espaço de um móvel em função do tempo para certo MUV.

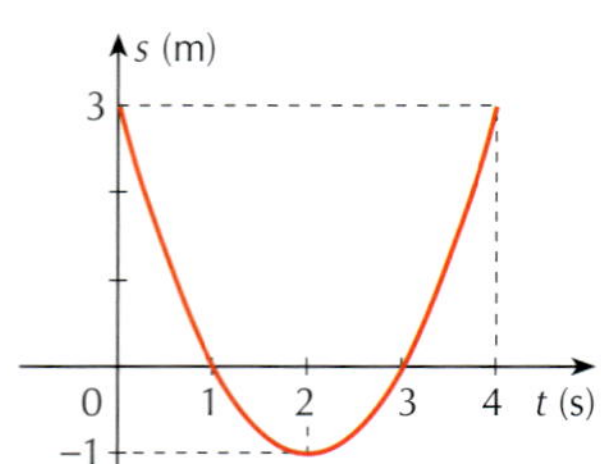

A aceleração do móvel, em m/s^2, é:

a) 5 **b)** 4 **c)** 2 **d)** 3 **e)** 1

T.117 (Unimep-SP) Para um móvel que parte do repouso, temos abaixo o gráfico de sua posição em função do tempo.

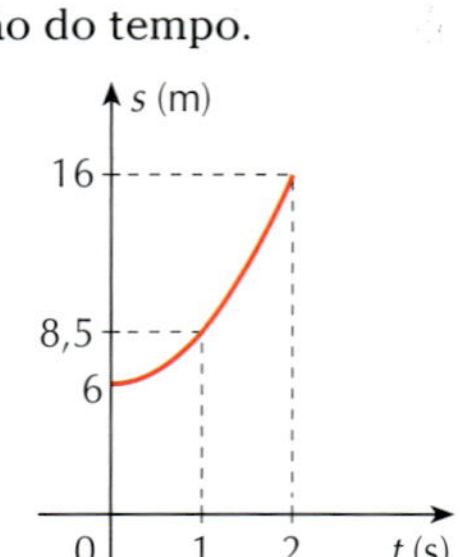

A função horária que melhor representa o movimento do móvel é:

a) $s = 16 + 6t + 2t^2$
b) $s = 6 + 16t + 5t^2$
c) $s = 16t + 6t^2$
d) $s = 6t + 3t^2$
e) $s = 6 + \frac{5t^2}{2}$

T.118 (UFPE) No instante $t = 0$, dois automóveis, A e B, partem do repouso seguindo no mesmo sentido, ao longo de uma estrada retilínea. O diagrama a seguir representa a variação com o tempo da posição de cada um desses automóveis.

Sabendo-se que o automóvel B manteve uma aceleração constante durante o movimento, determine a razão $\frac{v_A}{v_B}$ entre as velocidades dos dois veículos no mesmo instante $t = 5$ s.

a) 3 **b)** 2 **c)** 1 **d)** $\frac{1}{2}$ **e)** $\frac{1}{3}$

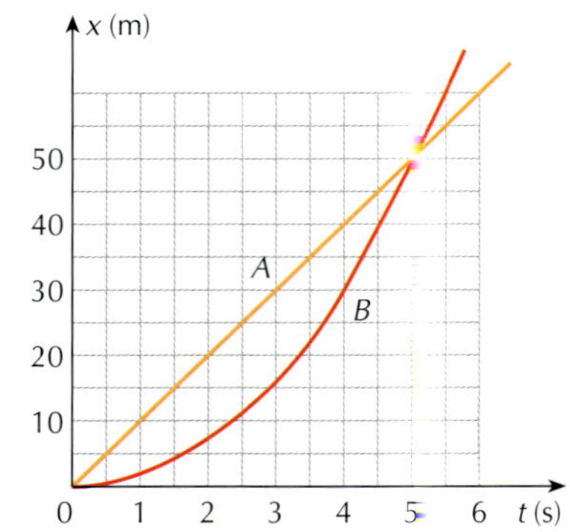

T.119 Uma torneira libera gotas em intervalos iguais de tempo. As gotas abandonam a torneira com velocidade nula. Considere desprezível a resistência do ar. A figura abaixo mostra uma representação instantânea das cinco primeiras gotas.

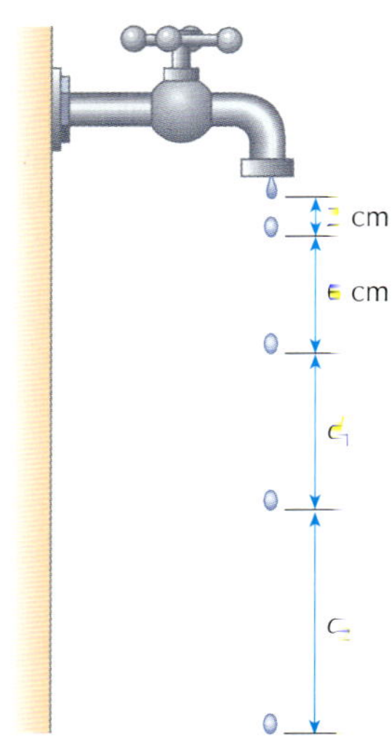

As distâncias d_1 e d_2 indicadas valem respectivamente:

a) 6 cm e 2 cm
b) 8 cm e 10 cm
c) 10 cm e 12 cm
d) 10 cm e 13 cm
e) 10 cm e 14 cm

A Física em nosso Mundo

Outras representações gráficas

As representações gráficas fornecem uma rápida interpretação da relação entre as grandezas envolvidas num determinado fenômeno. Essas grandezas podem pertencer ao campo da Física e em particular à Cinemática, como estudamos anteriormente, ou a outros campos do conhecimento — econômico, social, geográfico etc. Por exemplo, vamos analisar uma das questões propostas no Enem (Exame Nacional do Ensino Médio), cujo enunciado é o seguinte:

O consumo total de energia nas residências brasileiras envolve diversas fontes, como eletricidade, gás de cozinha, lenha etc. O gráfico mostra a evolução do consumo de energia elétrica residencial comparada com o consumo total de energia residencial, de 1970 a 1995.

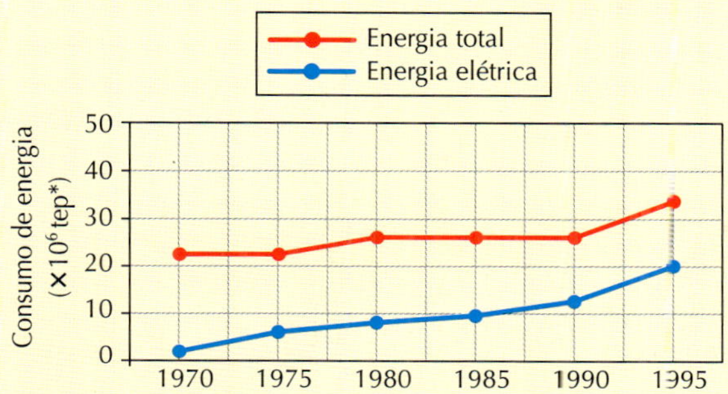

* tep = toneladas equivalentes de petróleo

Fonte: valores calculados através dos dados obtidos de: http//infoener.iee.usp.br/1999

Verifica-se que a participação **percentual** da energia elétrica no total de energia gasto nas residências brasileiras cresceu entre 1970 e 1995, passando, aproximadamente, de:

a) 10% para 40%

b) 10% para 60%

c) 20% para 60%

d) 25% para 35%

e) 40% para 80%

A resolução dessa questão baseia-se, essencialmente, na análise do gráfico fornecido. Utilizando-se os dados apresentados no gráfico, verifica-se que, em 1970, o consumo de energia elétrica residencial foi de aproximadamente $2{,}0 \cdot 10^6$ tep, dentro de um total de $22 \cdot 10^6$ tep. Em termos de porcentagem, temos:

$$\frac{2{,}0 \cdot 10^6}{22 \cdot 10^6} \simeq 0{,}09 \simeq 10\%$$

Em 1995, tivemos um consumo de energia elétrica residencial de $20 \cdot 10^6$ tep, em um total de $33 \cdot 10^6$ tep, aproximadamente. Em termos de porcentagem:

$$\frac{20 \cdot 10^6}{33 \cdot 10^6} \simeq 0{,}60 = 60\%$$

Portanto, a participação percentual da energia elétrica no total da energia gasto nas residências cresceu, entre 1970 e 1995, de 10% para 60% (alternativa b).

Além dos gráficos cartesianos, existem outros tipos. Vamos analisar mais uma questão proposta no Enem, agora envolvendo um **gráfico de colunas**. Seu enunciado é o seguinte:

Em reportagem sobre crescimento da população brasileira, uma revista de divulgação científica publicou tabela com a participação relativa de grupos etários na população brasileira, no período de 1970 a 2050 (projeção), em três faixas de idade: abaixo de 15 anos; entre 15 e 65 anos; e acima de 65 anos.

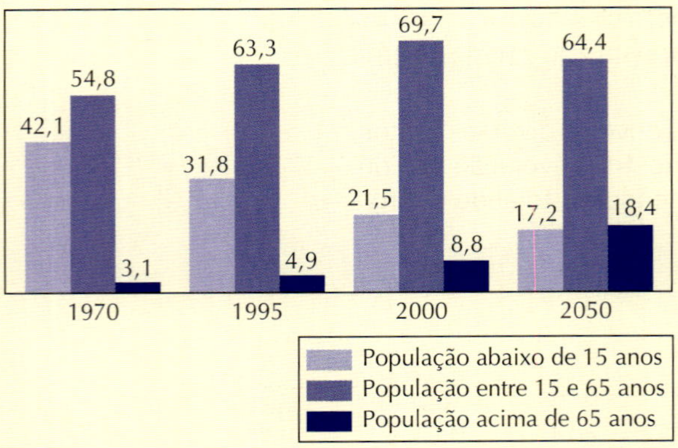

Admitindo-se que o título da reportagem se refira ao grupo etário cuja população cresceu sempre, ao longo do período registrado, um título adequado poderia ser:

a) "O Brasil de fraldas"
b) "Brasil: ainda um país de adolescentes"
c) "O Brasil chega à idade adulta"
d) "O Brasil troca a escola pela fábrica"
e) "O Brasil de cabelos brancos"

A análise do gráfico nos mostra o crescimento da população acima de 65 anos, fato que sugere o título "O Brasil de cabelos brancos".

Outro tipo de gráfico é aquele em que um **disco** é dividido em **setores**. Cada setor representa a porcentagem de incidência de uma parte de um determinado evento. O disco todo representa 100%.

Observe o **gráfico de setores** que fornece as porcentagens de incidência dos diversos ramos compreendidos pela Física, nas questões do exame de 2006 da primeira fase da Fuvest.

O gráfico abaixo nos mostra que houve predominância de questões de Mecânica (41,6%). De todas as questões, 25% referiram-se à Eletricidade, 16,6% à Termologia. Óptica e Ondas ficaram com 8,4% cada uma.

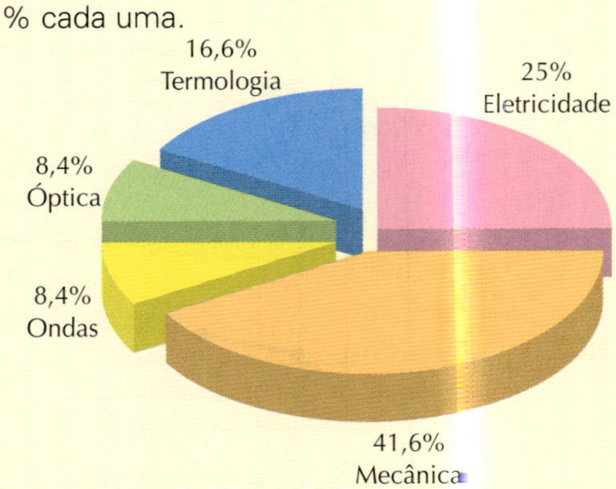

Teste sua leitura

L.8 (Enem-MEC) Para convencer a população local da ineficiência da Companhia Telefônica Vilatel na expansão da oferta de linhas, um político publicou no jornal local o gráfico I, abaixo representado. A Companhia Vilatel respondeu publicando dias depois o gráfico II, onde pretende justificar um grande aumento na oferta de linhas. O fato é que, no período considerado, foram instaladas, efetivamente, 200 novas linhas telefônicas.

Gráfico I

Gráfico II

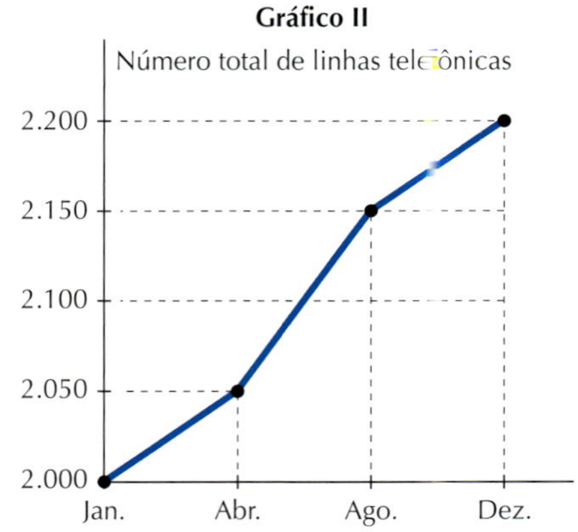

▶ Teste sua leitura

Analisando os gráficos, pode-se concluir que:

a) o gráfico II representa um crescimento real maior do que o do gráfico I.
b) o gráfico I apresenta o crescimento real, sendo o II incorreto.
c) o gráfico II apresenta o crescimento real, sendo o gráfico I incorreto.
d) a aparente diferença de crescimento nos dois gráficos decorre da escolha das diferentes escalas.
e) os dois gráficos são incomparáveis, pois usam escalas diferentes.

L.9 (Enem-MEC) No gráfico abaixo, mostra-se como variou o valor do dólar, em relação ao real, entre o final de 2001 e o início de 2005. Por exemplo, em janeiro de 2002, um dólar valia cerca de R$ 2,40.

(**Fonte:** Banco Central do Brasil.)

Durante esse período, a época em que o real esteve mais desvalorizado em relação ao dólar foi no:

a) final de 2001. **b)** final de 2002. **c)** início de 2003. **d)** final de 2004. **e)** início de 2005.

L.10 (Enem-MEC) No gráfico estão representados os gols marcados e os gols sofridos por uma equipe de futebol nas dez primeiras partidas de um determinado campeonato.
Considerando que, nesse campeonato, as equipes ganham 3 pontos para cada vitória, 1 ponto por empate e 0 ponto em caso de derrota, a equipe em questão, ao final da décima partida, terá acumulado um número de pontos igual a:

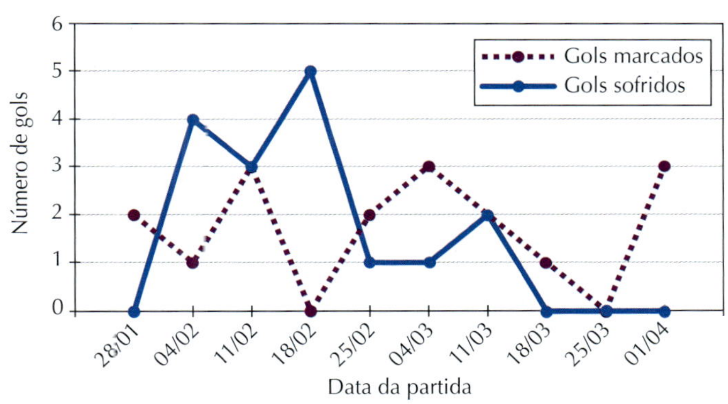

a) 15 **b)** 17 **c)** 18 **d)** 20 **e)** 24

L.11 (Enem-MEC) As Olimpíadas são uma oportunidade para o congraçamento de um grande número de países, sem discriminação política ou racial, ainda que seus resultados possam refletir características culturais, socioeconômicas e étnicas. Em 2000, nos Jogos Olímpicos de Sydney, o total de 300 medalhas de ouro conquistadas apresentou a seguinte distribuição entre os 196 países participantes, como mostra o gráfico.

Distribuição das medalhas de ouro Olimpíadas de Sydney - 2000

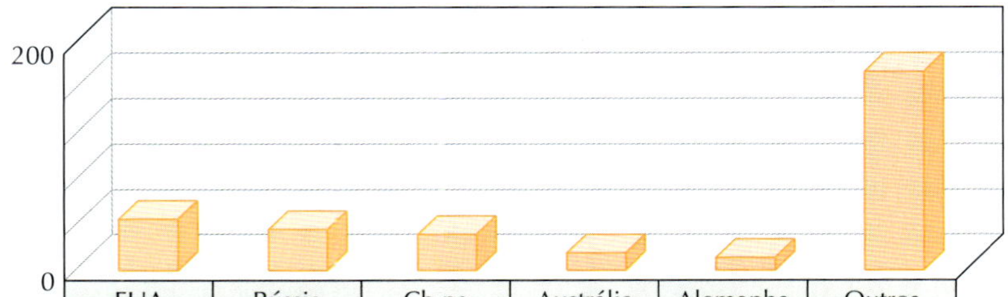

	EUA	Rússia	China	Austrália	Alemanha	Outros
Número de medalhas	40	32	28	16	13	171

PARTE 2

Teste sua leitura

Esses resultados mostram que, na distribuição das medalhas de ouro em 2000:

a) cada país participante conquistou pelo menos uma.
b) cerca de um terço foi conquistado por apenas três países.
c) os cinco países mais populosos obtiveram os melhores resultados.
d) os cinco países mais desenvolvidos obtiveram os melhores resultados.
e) cerca de um quarto foi conquistado pelos Estados Unidos.

L.12 (Enem-MEC) A escolaridade dos jogadores de futebol nos grandes centros é maior do que se imagina, como mostra a pesquisa abaixo, realizada com os jogadores profissionais dos quatro principais clubes de futebol do Rio de Janeiro.

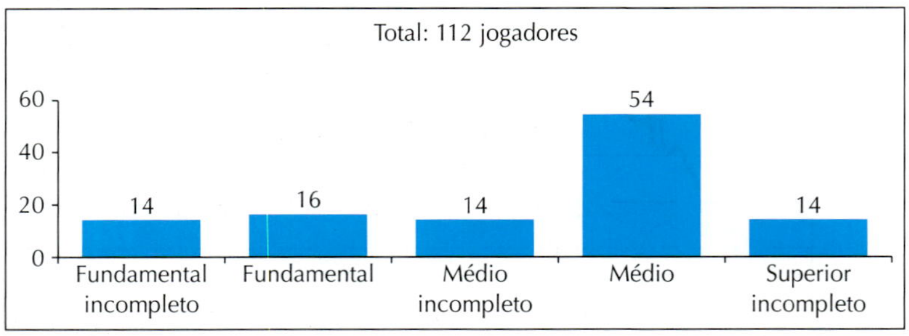

(O *Globo*, 24/7/2005.)

De acordo com esses dados, o percentual dos jogadores dos quatro clubes que concluíram o Ensino Médio é de aproximadamente:

a) 14% **b)** 48% **c)** 54% **d)** 60% **e)** 68%

L.13 (Enem-MEC) Moradores de três cidades, aqui chamadas de *X*, *Y* e *Z*, foram indagados quanto aos tipos de poluição que mais afligiam as suas áreas urbanas. Nos gráficos abaixo estão representadas as porcentagens de reclamações sobre cada tipo de poluição ambiental.

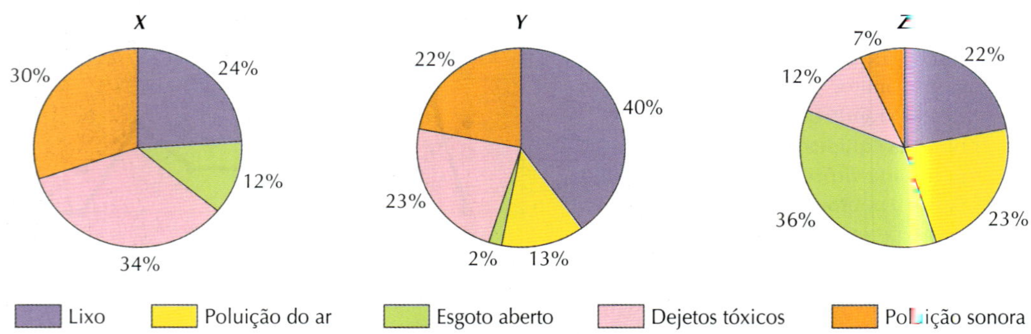

Considerando a queixa principal dos cidadãos de cada cidade, a primeira medida de combate à poluição em cada uma delas seria, respectivamente:

	X	*Y*	*Z*
a)	Manejamento de lixo	Esgotamento sanitário	Controle de emissão de gases
b)	Controle de despejo industrial	Manejamento de lixo	Controle de emissão de gases
c)	Manejamento de lixo	Esgotamento sanitário	Controle de despejo industrial
d)	Controle de emissão de gases	Controle de despejo industrial	Esgotamento sanitário
e)	Controle de despejo industrial	Manejamento de lixo	Esgotamento sanitário

PARTE 3

Vetores e grandezas vetoriais: cinemática vetorial

Nesta parte analisamos o caráter vetorial da velocidade e da aceleração. Para isso definimos vetores e suas operações básicas. Discutimos, ainda, os fenômenos periódicos, os movimentos circulares e os lançamentos horizontal e oblíquo no vácuo.

JERRY DRIENDL / TAXI-GETTY IMAGES

As gotículas de água expelidas pela fonte descrevem trajetórias parabólicas.

CAPÍTULO 7

Vetores

HAROLDO PALO JR. / KINO

Os vetores são extensivamente usados em Física. Por esse motivo, nesse capítulo definimos vetores e suas operações básicas. É uma preparação matemática necessária para a continuação deste curso.

1. Noção de direção e sentido

Considere um feixe de retas paralelas a uma dada reta *r* (figura 1).

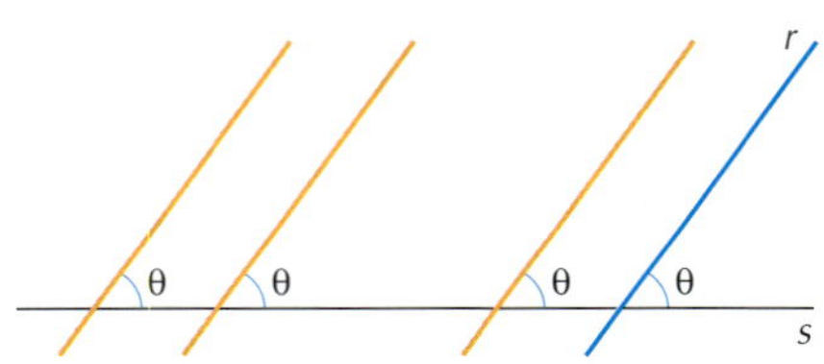

Figura 1.

O ângulo θ que as retas do feixe formam com a reta *s* determina a direção de *r* e de todas as retas paralelas a *r*. Sendo assim, **direção é o que há de comum num feixe de retas paralelas**.

Numa mesma direção podemos ter **dois sentidos** possíveis. Por exemplo, na direção horizontal, temos o sentido da esquerda para a direita e o da direita para a esquerda; na direção vertical, temos o sentido de cima para baixo e o de baixo para cima. É muito comum o uso de placas indicativas, que fornecem direções e sentidos de vários destinos, como mostra a foto de abertura.

2. Grandezas escalares e grandezas vetoriais

Muitas grandezas ficam perfeitamente definidas quando conhecemos seu valor numérico e a correspondente unidade. Tais grandezas são denominadas **grandezas escalares**. É o caso, por exemplo, da massa e do volume de um corpo. Quando dizemos que a massa de um corpo é igual a 20 kg e que seu volume é de 10 litros, nada mais precisamos acrescentar para definir essas grandezas.

Existem, porém, grandezas que, além do valor numérico e da unidade, necessitam de direção e sentido para que fiquem definidas. Por exemplo, a distância em linha reta de São Paulo a Belo Horizonte é de aproximadamente 510 km (figura 2a). Para chegarmos a Belo Horizonte partindo de São Paulo, devemos percorrer 510 km aproximadamente na direção sudoeste-nordeste, no sentido de sudoeste para nordeste. Grandezas que necessitam, além do valor numérico e unidade, de direção e sentido para serem definidas são chamadas **grandezas vetoriais**, sendo representadas matematicamente por **vetores**.

O deslocamento entre dois pontos é uma grandeza vetorial. Um vetor pode ser representado como na figura 2b, por meio de um segmento orientado.

Figura 2a. A localização de São Paulo e Belo Horizonte no mapa.

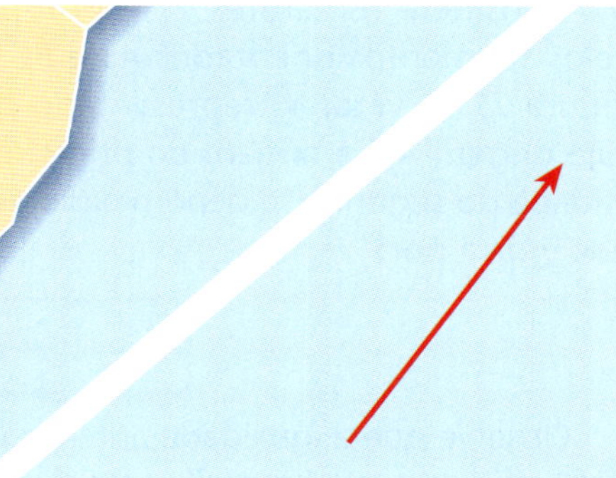

Figura 2b. A representação vetorial do deslocamento de São Paulo a Belo Horizonte.

3. Vetor

Os segmentos orientados da figura 3 têm o mesmo comprimento e, por serem paralelos, têm a mesma direção. Têm ainda o mesmo sentido.

Vetor* é o ente matemático caracterizado pelo que há de comum ao conjunto dos segmentos orientados acima descrito: o mesmo comprimento, a mesma direção e o mesmo sentido. O comprimento comum dos segmentos orientados é chamado **módulo** do vetor. Assim, um vetor possui módulo, direção e sentido.

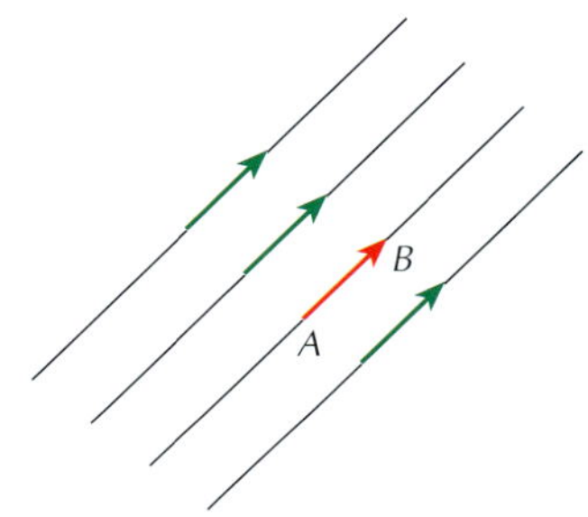

Figura 3.

Figura 4.

Notação $\begin{cases} \text{vetor: } \vec{V} \\ \text{módulo do vetor: } |\vec{V}| \text{ ou } V \end{cases}$

Representa-se o vetor por um segmento orientado, como o segmento orientado $\overrightarrow{AB}$ da figura 4: *A* é a origem e *B* é a extremidade. O comprimento de *A* até *B* representa o módulo do vetor, de acordo com a escala adotada para a representação gráfica.

Dois vetores são iguais quando têm o mesmo módulo, mesma direção e mesmo sentido. Portanto, nas figuras 3 e 4, $\overrightarrow{AB}$ representa um único vetor.

Dois vetores são diferentes quando têm ao menos um desses elementos diferente. A grandeza física vetorial representada graficamente na figura 5 em três instantes distintos está variando porque os vetores têm direções diferentes, ainda que tenham o mesmo módulo. Assim, uma grandeza vetorial varia quando variar ao menos um dos três elementos do vetor que a representa: o módulo, o sentido ou a direção (figura 6).

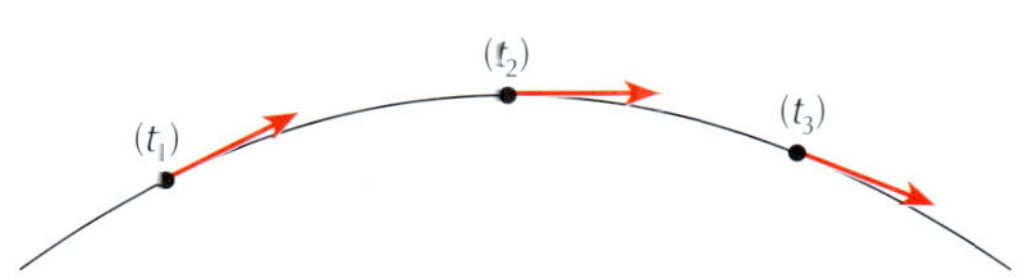

Figura 5.

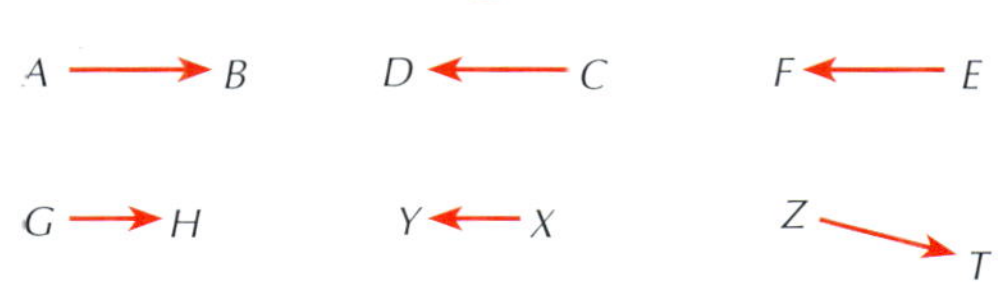

Figura 6.

$\overrightarrow{AB} \neq \overrightarrow{CD}$ (sentidos opostos)

$\overrightarrow{AB} \neq \overrightarrow{GH}$ (módulos diferentes)

$\overrightarrow{AB} \neq \overrightarrow{ZT}$ (direções diferentes)

Mas: $|\overrightarrow{AB}| = |\overrightarrow{CD}| = |\overrightarrow{EF}| = |\overrightarrow{ZT}|$

* **Vetor** é um termo que provém do latim vector (condutor). Com esse significado ainda é utilizado em Biologia: "o vetor transmissor de uma doença" significa "o agente condutor da doença".

4. Adição vetorial

Considere os vetores $\vec{V}_1$ e $\vec{V}_2$ representados respectivamente pelos segmentos orientados $\overrightarrow{AB}$ e $\overrightarrow{BC}$, com o ponto B em comum (figura 7). O vetor $\vec{V}_S$ representado pelo segmento orientado $\overrightarrow{AC}$, cuja origem A é a origem do primeiro e a extremidade C é a extremidade do segundo, é denominado **vetor soma** dos vetores $\vec{V}_1$ e $\vec{V}_2$ e se indica por:

$$\vec{V}_S = \vec{V}_1 + \vec{V}_2$$

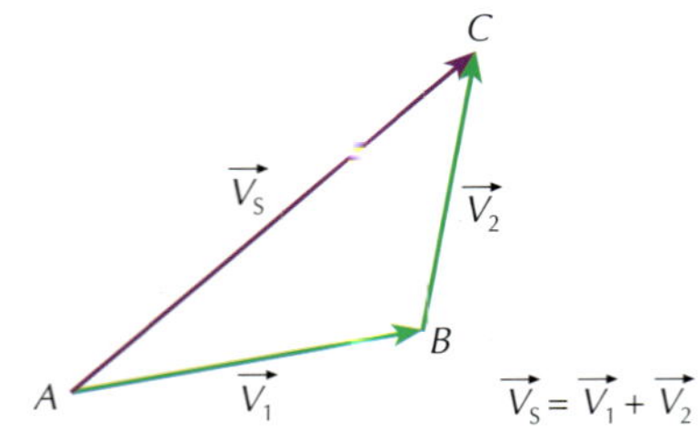

Figura 7.

Observe que a igualdade anterior é vetorial, diferente portanto das igualdades algébricas a que você está habituado. Na figura 7, o módulo do vetor $\vec{V}_S$ não é igual à soma dos módulos dos vetores $\vec{V}_1$ e $\vec{V}_2$. Portanto: $V_S \neq V_1 + V_2$.

Essa regra gráfica de operação se aplica quando os segmentos orientados que representam os vetores que se deseja somar são consecutivos (ponto B em comum). Quando não o forem, os vetores devem ser deslocados por translação até que se tornem consecutivos, aplicando-se então a regra (figura 8). A ordem de colocação não altera o resultado final.

Essa regra vale para dois ou mais vetores (figura 9). Os vetores podem ter a mesma direção (figura 10) ou direções diferentes (figuras 7, 8 e 9).

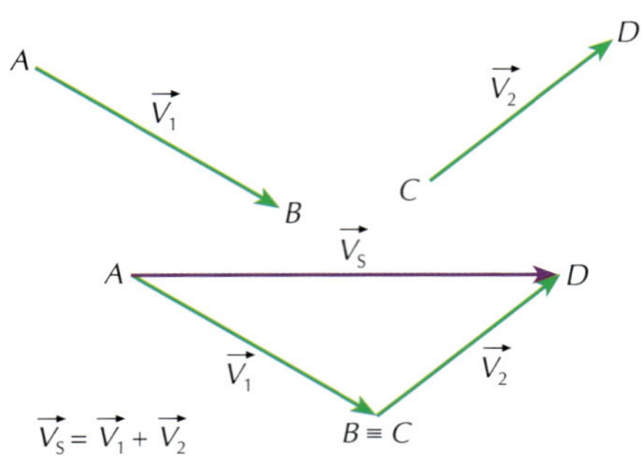

Figura 8.

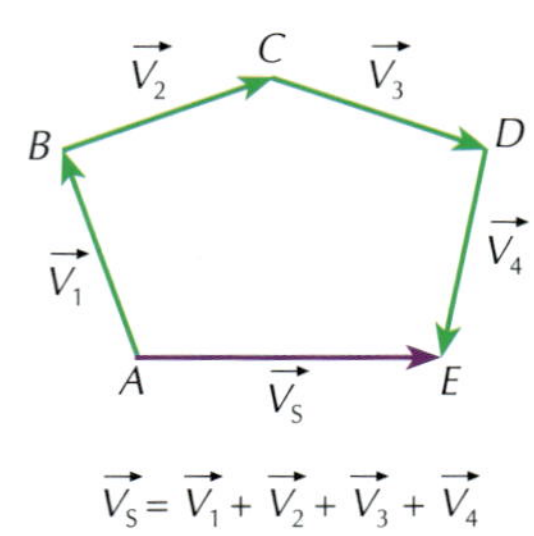

Figura 9.

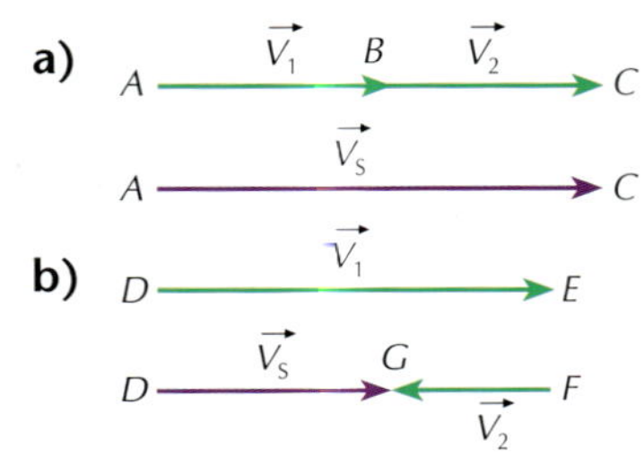

Figura 10.

Note, na figura 11b, que o **vetor soma** $\vec{V}_S = \vec{V}_1 + \vec{V}_2$ é representado pela **diagonal** de um paralelogramo, cujos lados são representações dos vetores $\vec{V}_1$ e $\vec{V}_2$. Temos assim a chamada **regra do paralelogramo** da adição de vetores, equivalente à regra gráfica de torná-los consecutivos (figura 11a).

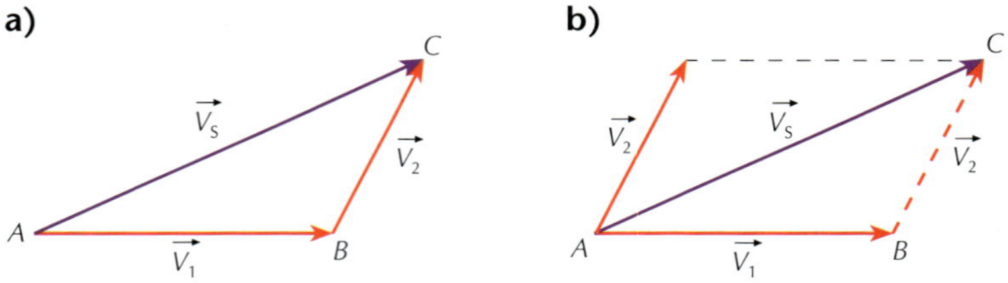

Figura 11.

Entre na rede

No endereço eletrônico **http://www.walter-fendt.de/ph11br/resultant_br.htm** (acesso em 13/2/2007), você pode fazer a adição de vetores, variando o número de vetores, o módulo e o ângulo entre eles.

OBSERVAÇÃO

Quando os segmentos orientados que representam os vetores formam uma linha poligonal fechada (a extremidade do último segmento orientado coincide com a origem do primeiro), o vetor soma é denominado **vetor nulo** e é indicado por $\vec{0}$.

O módulo do vetor nulo é zero.

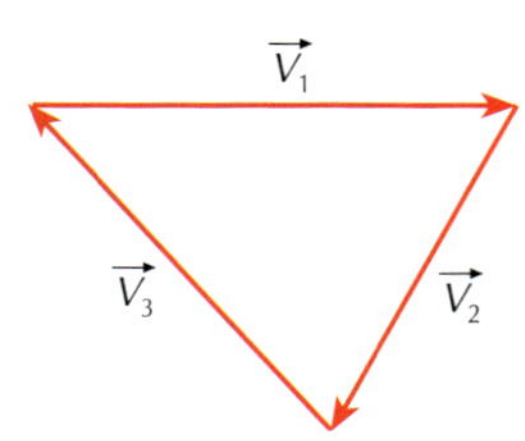

$$\vec{V}_S = \vec{V}_1 + \vec{V}_2 + \vec{V}_3 = \vec{0}$$

Exercício resolvido

R.51 São dados os vetores $\vec{x}$ e $\vec{y}$ de módulos $x = 3$ e $y = 4$. Determine graficamente o vetor soma $\vec{V}_S$ e calcule o seu módulo.

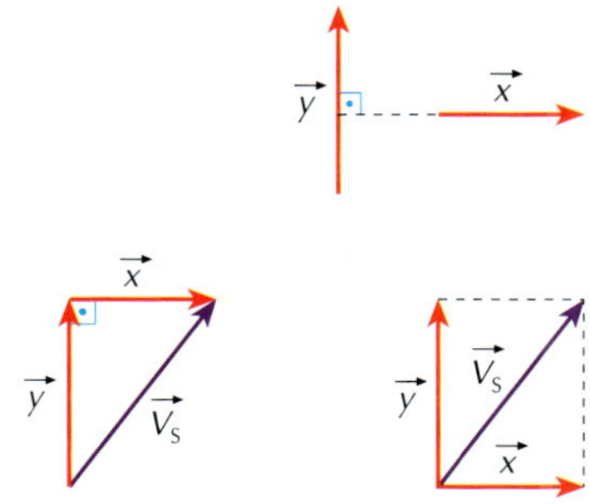

Solução:

Podemos aplicar a regra dos vetores consecutivos ou a regra do paralelogramo para obter graficamente o vetor soma $\vec{V}_S$.

Para calcular o módulo do vetor soma $\vec{V}_S$ podemos usar o teorema de Pitágoras, uma vez que $\vec{x}$, $\vec{y}$ e $\vec{V}_S$ constituem os lados de um triângulo retângulo.

$$V_S^2 = x^2 + y^2 \Rightarrow V_S^2 = 3^2 + 4^2 \Rightarrow V_S^2 = 9 + 16 = 25 \Rightarrow \boxed{V_S = 5}$$

Observe que, para o cálculo do módulo de um vetor, consideramos apenas a solução positiva da equação.

Resposta: 5

Exercícios propostos

P.133 Dados os vetores $\vec{a}$ e $\vec{b}$, cujos módulos valem, respectivamente, 6 e 8, determine graficamente o vetor soma e calcule o seu módulo.

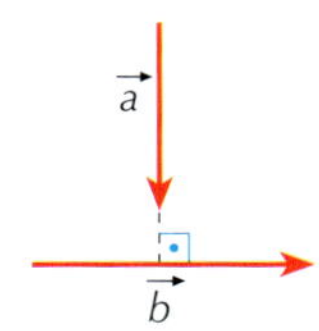

P.134 Dados os vetores $\vec{a}$, $\vec{b}$ e $\vec{c}$, represente graficamente os seguintes vetores: $\vec{a} + \vec{b}$; $\vec{a} + \vec{c}$; $\vec{a} + \vec{b} + \vec{c}$.

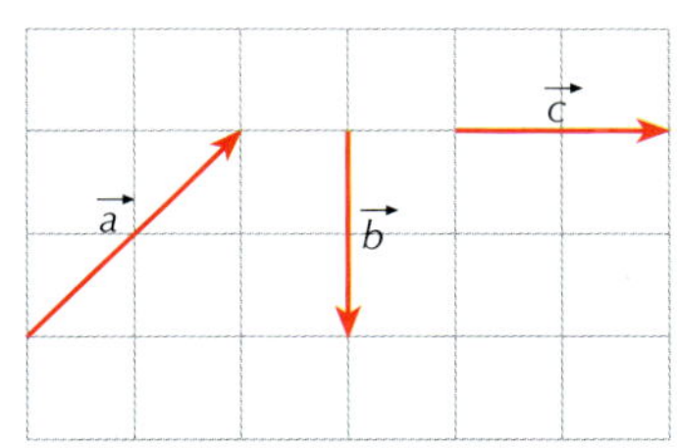

P.135 Determine o módulo dos vetores $\vec{a} + \vec{b}$ e $\vec{a} + \vec{c}$. O lado de cada quadradinho mede uma unidade.

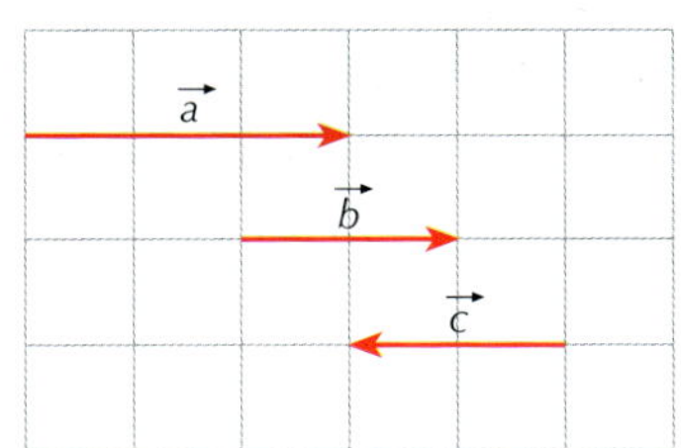

P.136 Considere os vetores $\vec{a}$, $\vec{b}$, $\vec{c}$ e $\vec{d}$ da figura ao lado. Determine graficamente o vetor soma $(\vec{a} + \vec{b} + \vec{c} + \vec{d})$ e calcule o seu módulo. Sabe-se que o lado de cada quadradinho mede uma unidade.

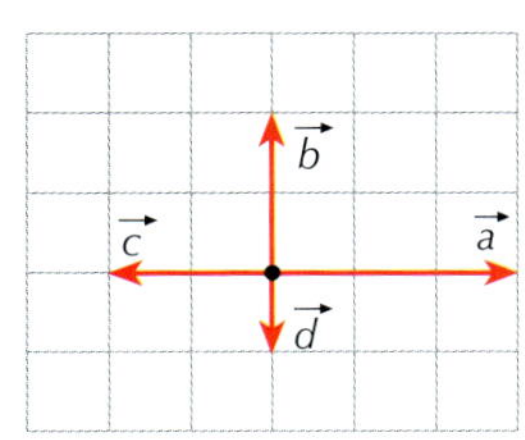

5. Vetor oposto

Chama-se **vetor oposto** de um vetor $\vec{V}$ o vetor $-\vec{V}$ que possui o mesmo módulo, a mesma direção e sentido oposto ao de $\vec{V}$ (figura 12).

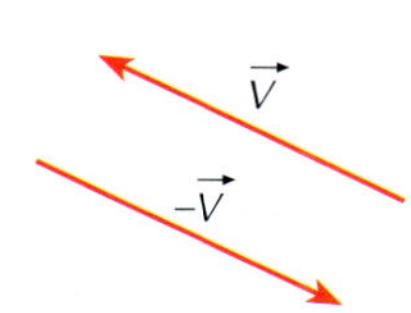

Figura 12.

OBSERVAÇÃO

O vetor soma $\vec{V}_S$ de um vetor $\vec{V}$ com seu oposto $-\vec{V}$ é o vetor nulo:

$$\vec{V}_S = \vec{V} + (-\vec{V}) = \vec{0}$$

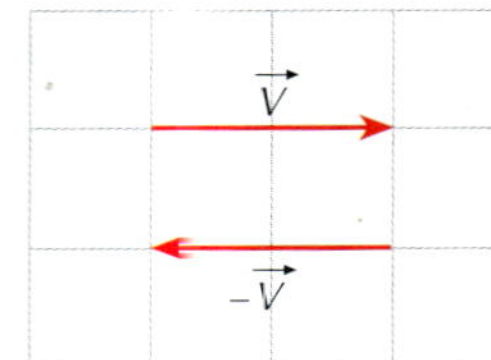

6. Subtração vetorial

Considere os vetores $\vec{V}_1$ e $\vec{V}_2$ e a operação $\vec{V}_D = \vec{V}_2 - \vec{V}_1 = \vec{V}_2 + (-\vec{V}_1)$. O vetor $\vec{V}_D$ é a diferença entre os vetores $\vec{V}_2$ e $\vec{V}_1$, nessa ordem. Portanto, para subtrair $\vec{V}_1$ de $\vec{V}_2$, deve-se adicionar $\vec{V}_2$ ao oposto de $\vec{V}_1$ (figura 13).

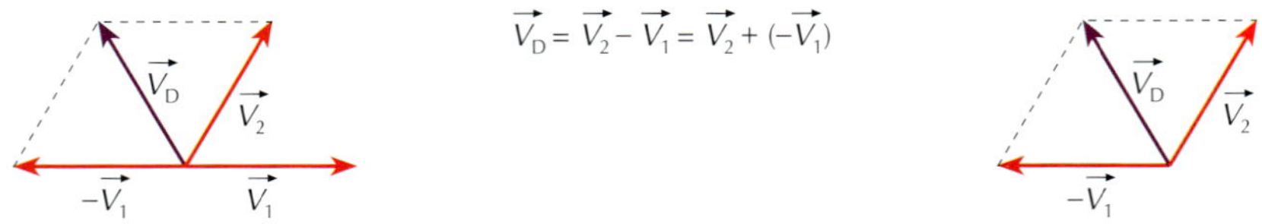

Figura 13.

O vetor diferença $\vec{V}_D = \vec{V}_2 - \vec{V}_1$ pode ser obtido diretamente, ligando-se as extremidades dos segmentos orientados que representam $\vec{V}_1$ e $\vec{V}_2$ no sentido de $\vec{V}_1$ para $\vec{V}_2$ (figura 14).

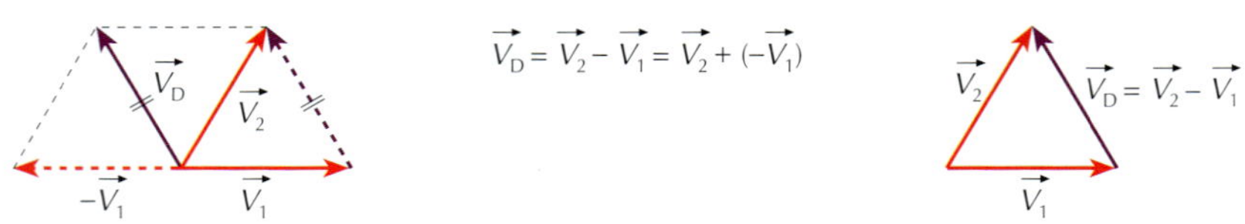

Figura 14.

Exercício resolvido

R.52 Dados os vetores $\vec{a}$ e $\vec{b}$, cujos módulos valem, respectivamente, 6 e 8, determine graficamente o vetor diferença $\vec{V}_D = \vec{a} - \vec{b}$ e calcule o seu módulo.

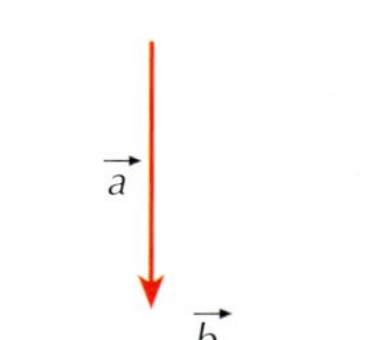

Solução:

A operação $\vec{V}_D = \vec{a} - \vec{b}$ é equivalente a $\vec{V}_D = \vec{a} + (-\vec{b})$. Então, ao vetor $\vec{a}$ devemos somar o vetor oposto de $\vec{b}$, isto é, $-\vec{b}$:

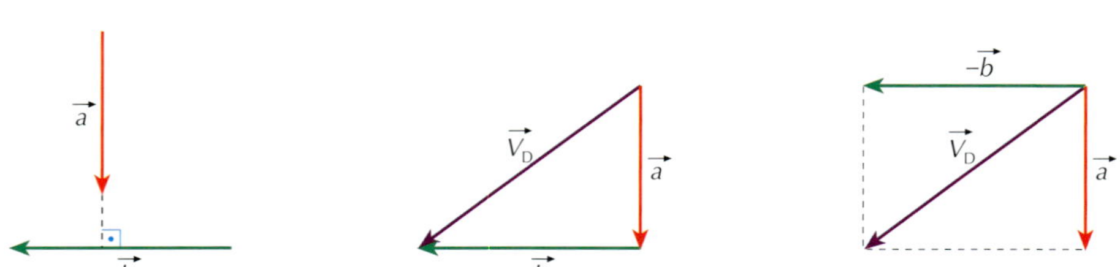

Sendo os módulos $a = 6$ e $b = 8$, podemos calcular o módulo do vetor diferença aplicando o teorema de Pitágoras ao triângulo retângulo formado pelos vetores $\vec{a}$, $-\vec{b}$ e $\vec{V}_D$:

$$V_D^2 = a^2 + b^2 \Rightarrow V_D^2 = 6^2 + 8^2 \Rightarrow V_D^2 = 36 + 64 \Rightarrow V_D^2 = 100 \Rightarrow \boxed{V_D = 10}$$

Resposta: 10

Exercícios propostos

P.137 São dados os vetores $\vec{x}$ e $\vec{y}$ de módulos $x = 3$ e $y = 4$. Determine graficamente o vetor diferença $\vec{V}_D = \vec{x} - \vec{y}$ e calcule o seu módulo.

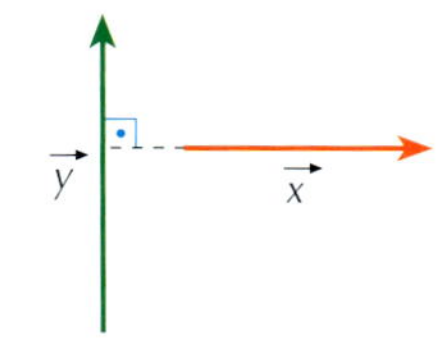

P.138 Dados os vetores $\vec{a}$ e $\vec{b}$, determine graficamente o vetor diferença $\vec{b} - \vec{a}$.

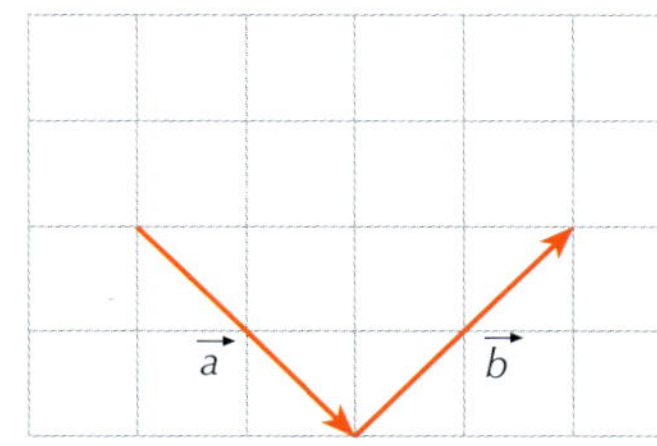

P.139 Determine os módulos dos vetores $\vec{a} - \vec{b}$ e $\vec{c} - \vec{d}$. Sabe-se que o lado de cada quadradinho mede uma unidade.

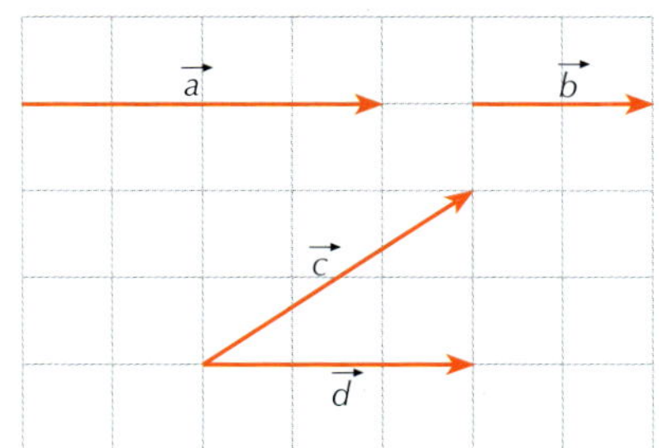

P.140 Represente graficamente os vetores diferença $\vec{V}_2 - \vec{V}_1$ e $\vec{V}_3 - \vec{V}_1$.

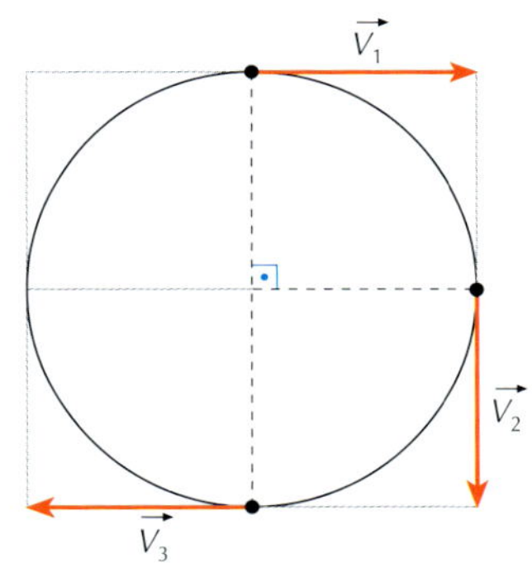

7. Produto de um número real por um vetor

Chama-se produto de um número real n pelo vetor $\vec{V}$ ao vetor:

$\vec{p} = n\vec{V}$ tal que:
- **módulo:** $|\vec{p}| = |n| \cdot |\vec{V}|$ (produto dos módulos)
- **direção:** a mesma de $\vec{V}$ (é paralelo a $\vec{V}$), se $n \neq 0$
- **sentido:** de $\vec{V}$ se n é positivo; contrário a $\vec{V}$ se n é negativo (figura 15)

Se $n = 0$, resulta $\vec{p} = \vec{0}$ (**vetor nulo**).

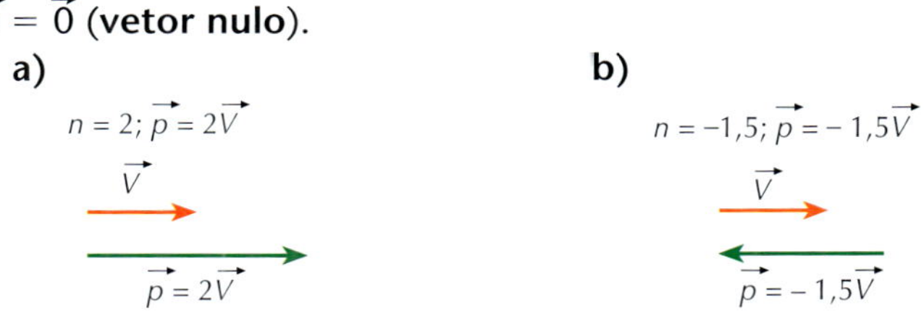

Figura 15.

Exercícios resolvidos

R.53 Dados os vetores $\vec{a}$ e $\vec{b}$, represente graficamente o vetor $2\vec{a} + 3\vec{b}$ e calcule seu módulo. Sabe-se que o lado de cada quadradinho mede uma unidade.

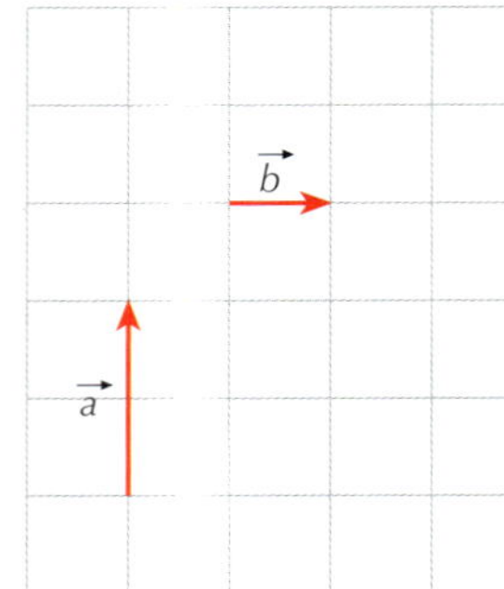

Solução:

O vetor $2\vec{a}$ tem a mesma direção e o mesmo sentido do vetor $\vec{a}$ e módulo duas vezes maior, isto é, seu módulo é 4. O vetor $3\vec{b}$ tem a mesma direção e o mesmo sentido do vetor $\vec{b}$ e módulo três vezes maior, isto é, seu módulo é 3. Na figura ao lado, representamos os vetores $2\vec{a}$, $3\vec{b}$ e $2\vec{a} + 3\vec{b}$. O módulo desse último vetor é igual a 5, de acordo com o teorema de Pitágoras:

$$|2\vec{a} + 3\vec{b}| = \sqrt{4^2 + 3^2} = \sqrt{25} = 5$$

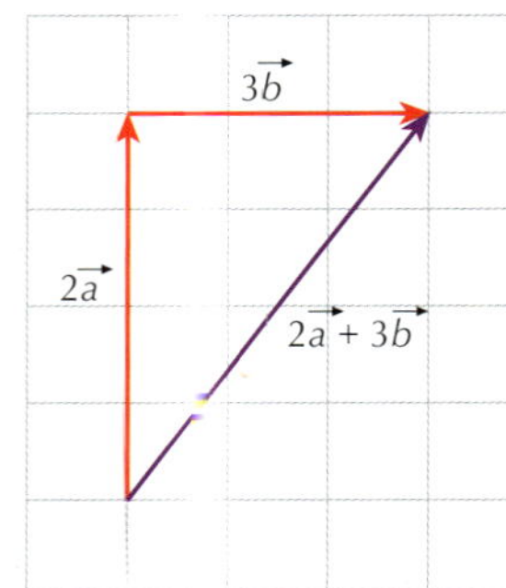

Resposta: 5

R.54 No gráfico estão representados os vetores $\vec{a}$, $\vec{b}$, $\vec{i}$ e $\vec{j}$. Determine as expressões de $\vec{a}$ e $\vec{b}$ em função de $\vec{i}$ e $\vec{j}$.

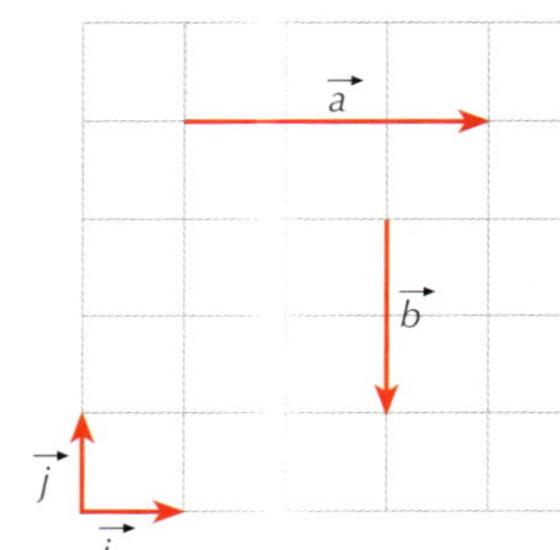

Solução:

O vetor $\vec{a}$ tem a mesma direção e o mesmo sentido do vetor $\vec{i}$ e módulo três vezes maior.

Portanto: $\boxed{\vec{a} = 3\vec{i}}$

O vetor $\vec{b}$ tem a mesma direção e sentido oposto ao vetor $\vec{j}$ e módulo duas vezes maior.

Portanto: $\boxed{\vec{b} = -2\vec{j}}$

Resposta: $\vec{a} = 3\vec{i}$; $\vec{b} = -2\vec{j}$

Observação:

Na escala dada, os módulos dos vetores $\vec{i}$ e $\vec{j}$ são iguais a uma unidade. Todo **vetor de módulo 1** (vetor unitário) recebe o nome de **versor**.

Exercícios propostos

P.141 Dados os vetores $\vec{a}$ e $\vec{b}$, represente graficamente os vetores:
$-\vec{a}$; $3\vec{b}$; $\vec{a} - \vec{b}$; $\vec{a} + 3\vec{b}$; $\vec{b} - \vec{a}$.

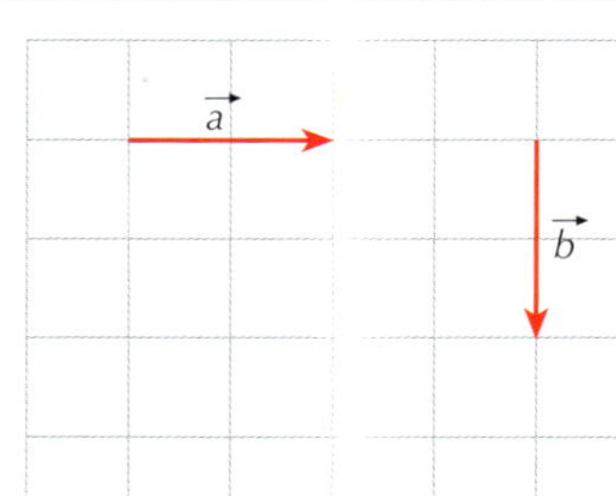

P.142 No diagrama estão representados os vetores $\vec{a}$, $\vec{b}$, $\vec{c}$, $\vec{d}$, $\vec{i}$ e $\vec{j}$. Determine as expressões de $\vec{a}$, $\vec{b}$, $\vec{c}$ e $\vec{d}$, em função de $\vec{i}$ e $\vec{j}$.

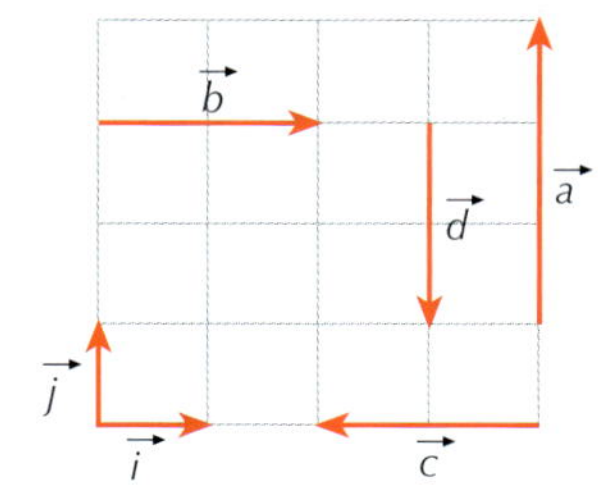

8. Componentes de um vetor

Considere o vetor $\vec{V}$ representado pelo segmento orientado $\overrightarrow{AB}$ e o eixo x (figura 16). Sejam A' e B' as projeções ortogonais de A e B sobre o eixo x.

a) b)

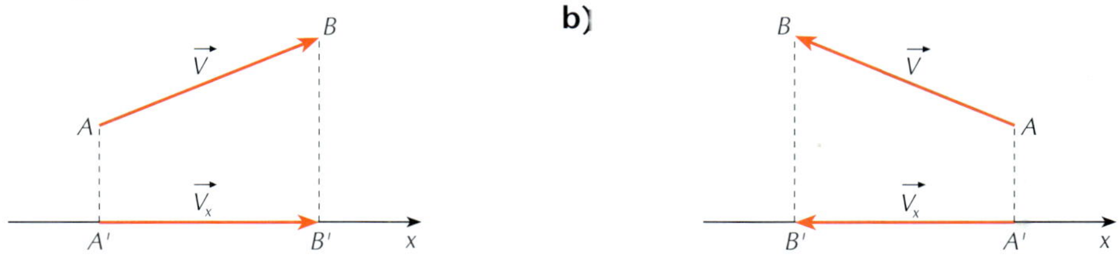

Figura 16.

O vetor $\vec{V}_x$ representado pelo segmento orientado $\overrightarrow{A'B'}$ é denominado **vetor componente do vetor $\vec{V}$ no eixo x**.

Chamemos de V_x a medida algébrica do segmento orientado $\overrightarrow{A'B'}$. O sinal de V_x será:

- ⊕ se o sentido de $\overrightarrow{A'B'}$ for o mesmo do eixo x (figura 16a);
- ⊖ se o sentido de $\overrightarrow{A'B'}$ for contrário ao sentido do eixo x (figura 16b).

V_x é denominado **componente do vetor $\vec{V}$ no eixo x ou projeção de $\vec{V}$ em x.**

É frequente o uso de trigonometria (veja quadro abaixo) quando se utilizam vetores. Na figura 17, o ângulo θ é adjacente ao cateto cujo comprimento é $|V_x|$ e o módulo de $\vec{V}$ é a medida da hipotenusa; da definição do cosseno obtemos V_x.

$V_x = +V \cdot \cos\theta$ $\qquad$ $V_x = -V \cdot \cos\theta$

Figura 17.

Elementos de trigonometria

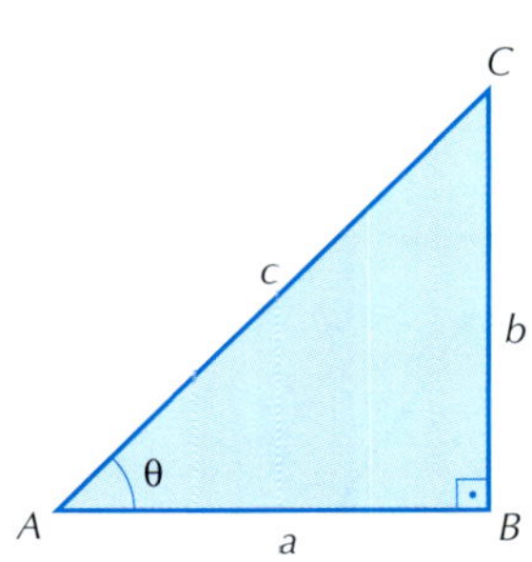

$$\text{sen}\,\theta = \frac{b}{c} \Rightarrow b = c \cdot \text{sen}\,\theta$$

A medida de um cateto é igual à medida da hipotenusa multiplicada pelo seno do ângulo oposto a esse cateto.

$$\cos\theta = \frac{a}{c} \Rightarrow a = c \cdot \cos\theta$$

A medida de um cateto é igual à medida da hipotenusa multiplicada pelo cosseno do ângulo adjacente a esse cateto.

Na figura 18 indicamos os vetores componentes $\vec{V}_x$ e $\vec{V}_y$ do vetor $\vec{V}$ nos eixos x e y de um plano cartesiano. Desse modo, escrevemos: $\vec{V} = \vec{V}_x + \vec{V}_y$

Observe nesse caso que as componentes serão:

$$V_x = V \cdot \cos\theta \quad \text{e} \quad V_y = V \cdot \text{sen}\,\theta$$

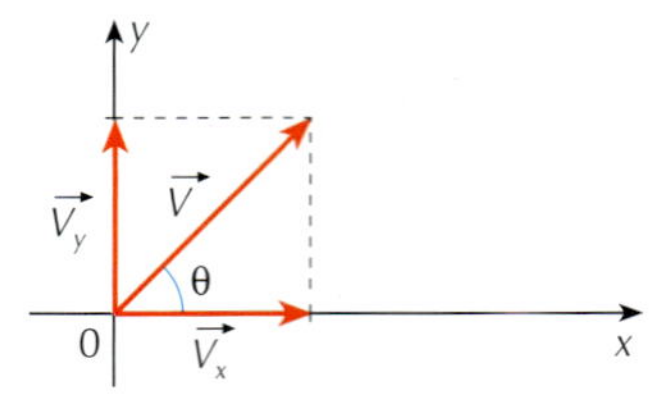

$\vec{V}_x$ e $\vec{V}_y$: vetores componentes do vetor $\vec{V}$

V_x e V_y: componentes do vetor $\vec{V}$

Figura 18.

Exercícios resolvidos

R.55 Um avião sobe com velocidade de 200 m/s e com 30° de inclinação em relação à horizontal, conforme a figura. Determine as componentes da velocidade na horizontal (eixo x) e na vertical (eixo y).

São dados: sen 30° = 0,500 e cos 30° = 0,866.

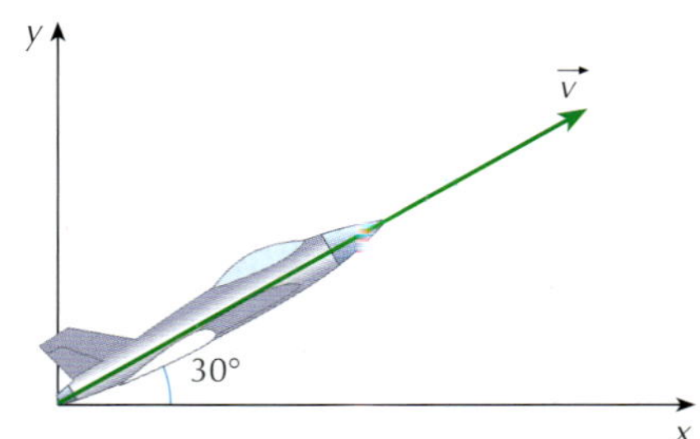

Solução:

Na figura temos os vetores componentes $\vec{v}_x$ e $\vec{v}_y$.

Componente horizontal:

$v_x = v \cdot \cos 30° \Rightarrow v_x = 200 \cdot 0{,}866 \Rightarrow \boxed{v_x = 173{,}2 \text{ m/s}}$

Componente vertical:

$v_y = v \cdot \text{sen}\, 30° \Rightarrow v_y = 200 \cdot 0{,}500 \Rightarrow \boxed{v_y = 100 \text{ m/s}}$

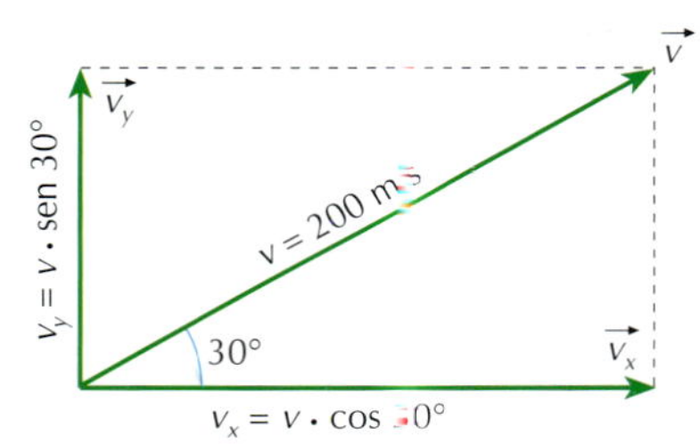

Resposta: 173,2 m/s; 100 m/s

R.56 Determine as componentes do vetor $\vec{V}$ segundo os eixos x e y. O lado de cada quadradinho mede uma unidade.

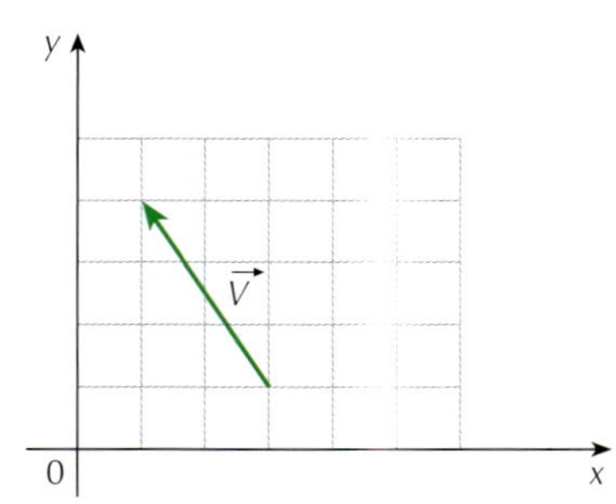

Solução:

Na figura ao lado representamos os vetores componentes $\vec{V}_x$ e $\vec{V}_y$ do vetor $\vec{V}$.

Como o sentido de $\vec{V}_x$ é contrário ao sentido do eixo x, concluímos que a componente V_x é igual a -2.

A componente V_y é igual a $+3$. Note que $\vec{V}_y$ tem o mesmo sentido que o eixo y.

Respostas: $V_x = -2$; $V_y = +3$

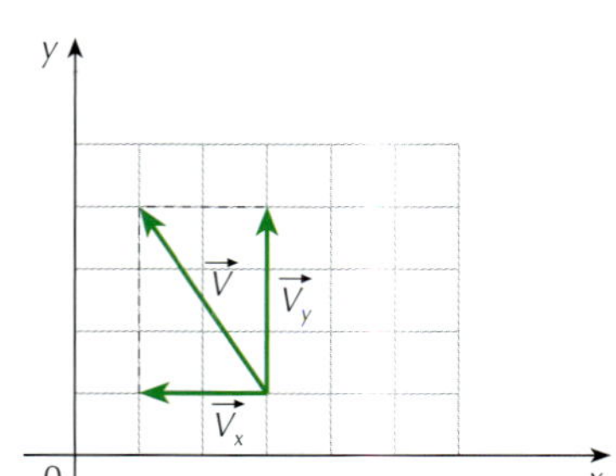

Exercícios propostos

P.143 Uma lancha se desloca numa direção que faz um ângulo de 60° com a direção leste-oeste, com velocidade de 50 m/s, conforme a figura. Determine as componentes da velocidade da lancha nas direções norte-sul (eixo y) e leste-oeste (eixo x).

São dados: sen 60° = 0,866 e cos 60° = 0,500.

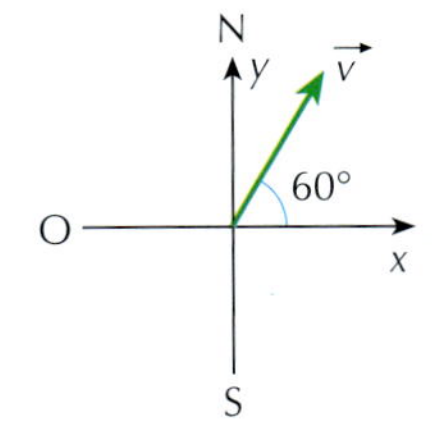

P.144 Determine as componentes dos vetores $\vec{a}$, $\vec{b}$, $\vec{c}$ e $\vec{a} + \vec{b}$, segundo os eixos x e y. Sabe-se que o lado de cada quadradinho mede uma unidade.

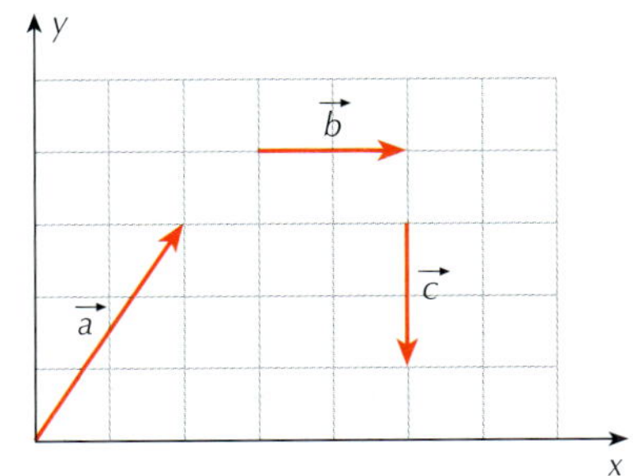

Exercícios propostos de recapitulação

P.145 Represente o vetor soma dos seguintes vetores:

a)

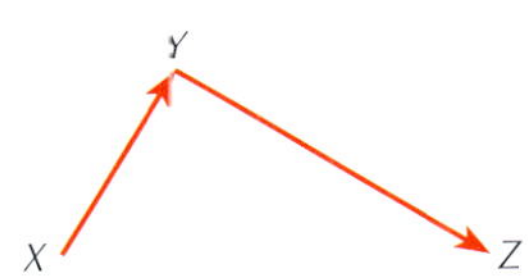

d)

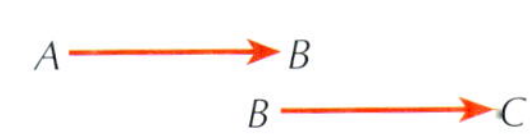

g)

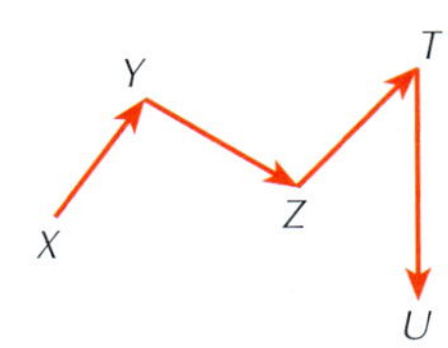

b)

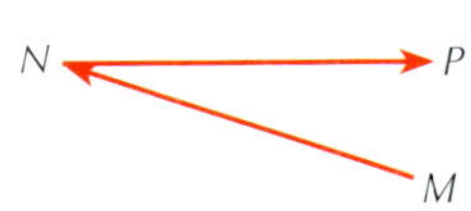

e)

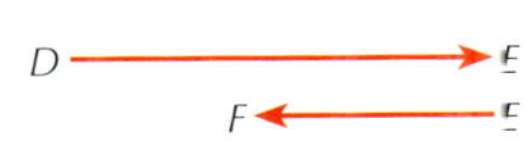

h)

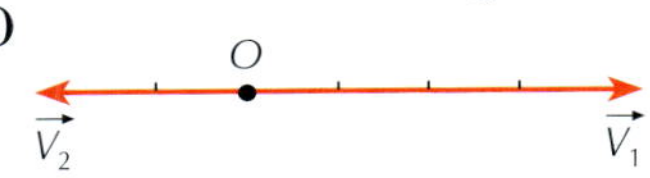

c)

f)

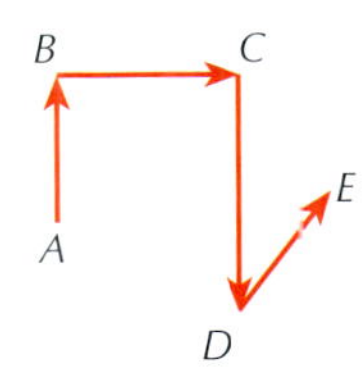

i)

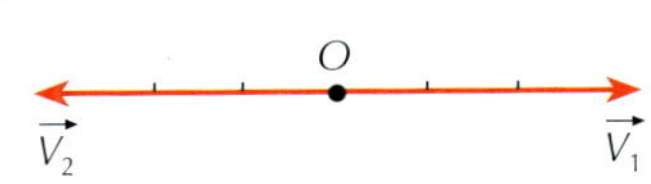

P.146 Represente o vetor diferença em cada caso.

a) $\vec{V}_D = \vec{V}_2 - \vec{V}_1$

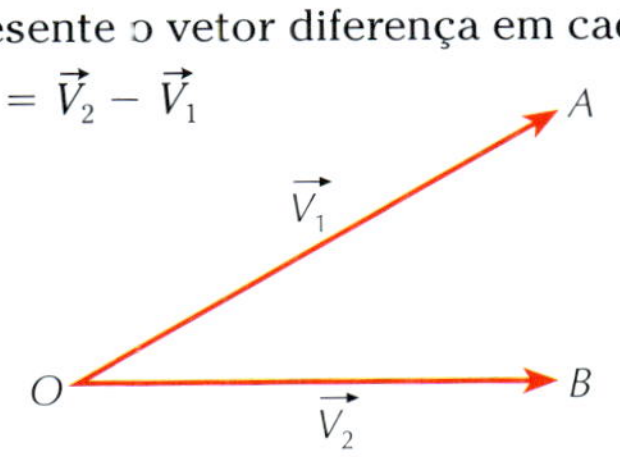

b) $\vec{V}_D = \vec{V}_1 - \vec{V}_2$

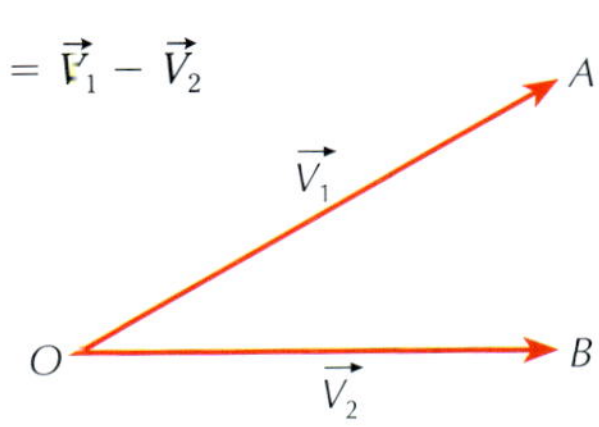

P.147 (PUC-MG) Dados dois vetores $\vec{a}$ e $\vec{b}$ de soma $\vec{S}$ e diferença $\vec{D} = \vec{a} - \vec{b}$, esboce, num só diagrama, as quatro grandezas vetoriais citadas.

P.148 Dado o conjunto de vetores representado na figura, escreva uma relação entre eles na forma vetorial.

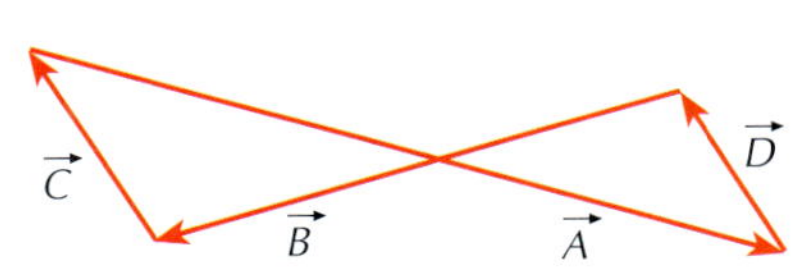

T.120 São grandezas vetoriais:

a) tempo, deslocamento e força.
b) força, velocidade e aceleração.
c) tempo, temperatura e volume.
d) temperatura, velocidade e volume.

T.121 (Unitau-SP) Uma grandeza vetorial fica perfeitamente definida quando dela se conhecem:

a) valor numérico, desvio e unidade.
b) valor numérico, desvio, unidade e direção.
c) valor numérico, desvio, unidade e sentido.
d) valor numérico, unidade, direção e sentido.
e) desvio, direção, sentido e unidade.

T.122 (PUC-MG) Para o diagrama vetorial ao lado, a única igualdade correta é:

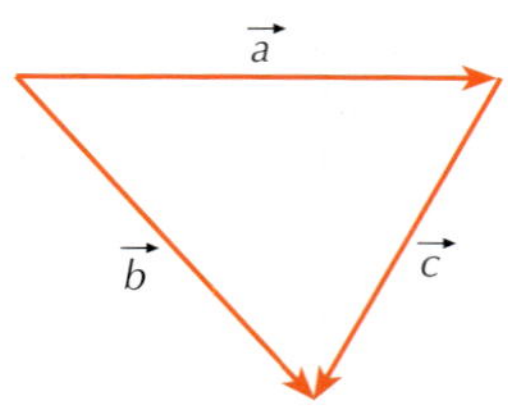

a) $\vec{a} + \vec{b} = \vec{c}$
b) $\vec{b} - \vec{a} = \vec{c}$
c) $\vec{a} - \vec{b} = \vec{c}$
d) $\vec{b} + \vec{c} = -\vec{a}$
e) $\vec{c} - \vec{b} = \vec{a}$

T.123 (UFC-CE) Analisando a disposição dos vetores, $\overrightarrow{BA}$, $\overrightarrow{EA}$, $\overrightarrow{CB}$, $\overrightarrow{CD}$ e $\overrightarrow{DE}$, conforme figura abaixo, assinale a alternativa que contém a relação vetorial correta.

a) $\overrightarrow{CB} + \overrightarrow{CD} + \overrightarrow{DE} = \overrightarrow{BA} + \overrightarrow{EA}$
b) $\overrightarrow{BA} + \overrightarrow{EA} + \overrightarrow{CB} = \overrightarrow{DE} + \overrightarrow{CD}$
c) $\overrightarrow{EA} - \overrightarrow{DE} + \overrightarrow{CB} = \overrightarrow{BA} + \overrightarrow{CD}$
d) $\overrightarrow{EA} - \overrightarrow{CB} + \overrightarrow{DE} = \overrightarrow{BA} - \overrightarrow{CD}$
e) $\overrightarrow{BA} - \overrightarrow{DE} - \overrightarrow{CB} = \overrightarrow{EA} + \overrightarrow{CD}$

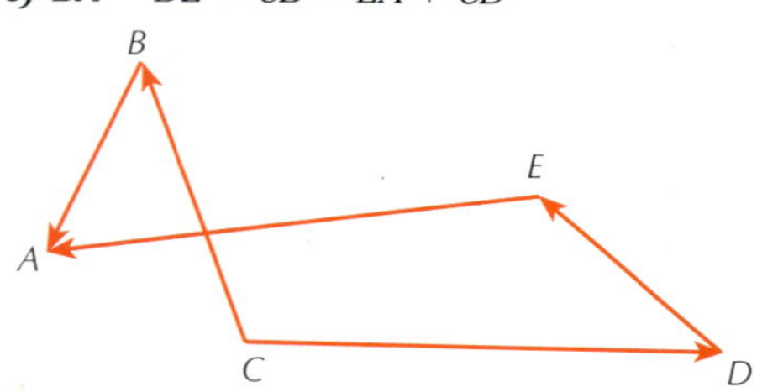

T.124 (Mackenzie-SP) Com seis vetores de módulos iguais a 8 u, construiu-se o hexágono regular ao lado.
O módulo do vetor resultante desses seis vetores é:

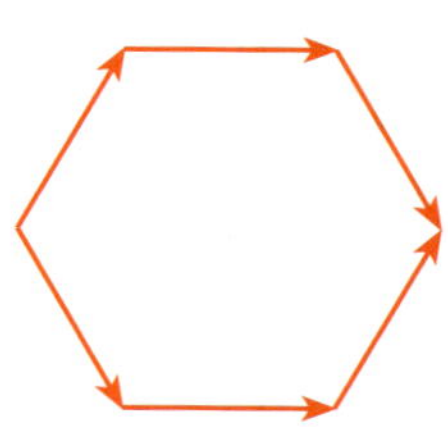

a) 40 u **b)** 32 u **c)** 24 u **d)** 16 u **e)** zero

T.125 (Unifesp) Na figura, são dados os vetores $\vec{a}$, $\vec{b}$ e $\vec{c}$.

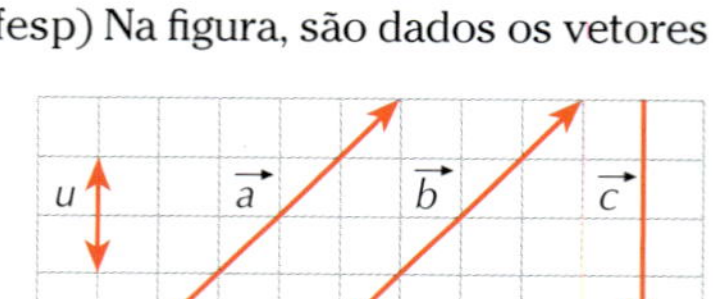

Sendo u a unidade de medida do módulo desses vetores, pode-se afirmar que o vetor $\vec{d} = \vec{a} - \vec{b} + \vec{c}$ tem módulo:

a) 2 u, e sua orientação é vertical, para cima.
b) 2 u, e sua orientação é vertical, para baixo.
c) 4 u, e sua orientação é horizontal, para a direita.
d) $\sqrt{2}$ u e sua orientação forma 45° com a horizontal, no sentido horário.
e) $\sqrt{2}$ u e sua orientação forma 45° com a horizontal, no sentido anti-horário.

T.126 (FMTM-MG) A figura apresenta uma "árvore vetorial" cuja resultante da soma de todos os vetores representados tem módulo, em cm, igual a:

a) 8
b) 26
c) 34
d) 40
e) 52

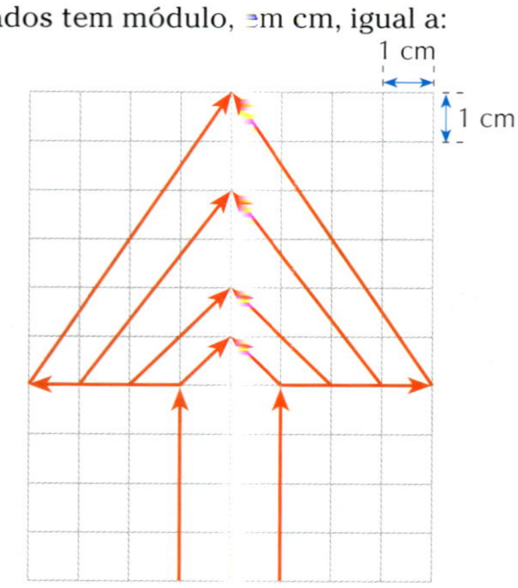

T.127 (Fatec-SP) No gráfico estão representados os vetores $\vec{a}$, $\vec{b}$ e $\vec{c}$. Os vetores $\vec{i}$ e $\vec{j}$ são unitários.
Analise as expressões:

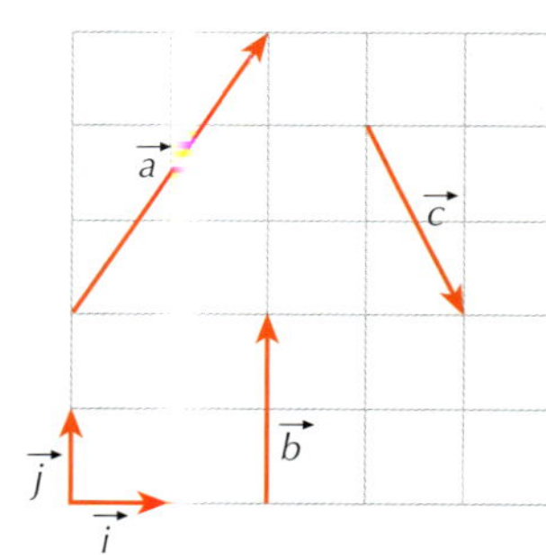

I. $\vec{a} = 2\vec{i} + 3\vec{j}$
II. $\vec{b} = 2\vec{j}$
III. $\vec{b} + \vec{c} = +1\vec{i}$

Podemos afirmar que:

a) são corretas apenas a I e a II.
b) são corretas apenas a II e a III.
c) são corretas apenas a I e a III.
d) são todas corretas.
e) há apenas uma correta.

T.128 (UFMS) Considere o vetor $\vec{F}$, que forma um ângulo θ com o eixo x, conforme figura ao lado.
Assinale a afirmativa que apresenta a notação correta para a componente de $\vec{F}$ no eixo x.

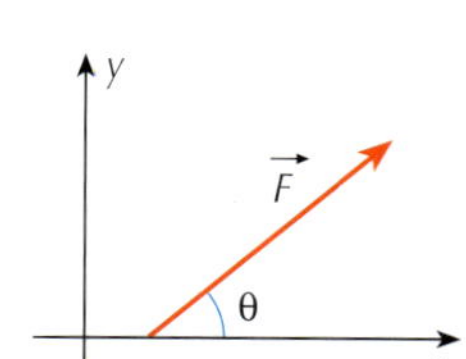

a) $\vec{F}_x = |\vec{F}| \cdot \cos\theta$
b) $F_x = |\vec{F}| \cdot \cos\theta$
c) $|\vec{F}_x| = \vec{F} \cdot \cos\theta$
d) $F_x = \vec{F} \cdot \cos\theta$
e) $\vec{F}_x = \vec{F} \cdot \cos\theta$

CAPÍTULO 8

Velocidade e aceleração vetoriais

ROLAND GERTH-ZEFA / CORBIS / LATINSTOCK

A velocidade e a aceleração são caracterizadas como grandezas vetoriais, tendo módulo, direção e sentido. Neste capítulo, analisamos a chamada aceleração centrípeta, que está relacionada com a variação da direção da velocidade vetorial e, consequentemente, só aparece em trajetórias curvas. Discutimos, também, a composição de movimentos.

1. Introdução

Nos capítulos anteriores tratamos a velocidade e a aceleração como grandezas escalares, e por essa razão elas foram chamadas de **velocidade escalar** e **aceleração escalar**.

Neste capítulo, a velocidade e a aceleração são caracterizadas como grandezas vetoriais. Estudaremos a **velocidade vetorial média** e a **instantânea**, bem como a **aceleração vetorial média** e a **instantânea**.

2. Vetor deslocamento

Um ponto material ocupa num instante t_1 a posição P_1 cujo espaço é s_1. No instante posterior t_2, o ponto material ocupa a posição P_2 de espaço s_2 (figura 1). Entre essas posições, a variação do espaço é $\Delta s = s_2 - s_1$.

O vetor $\vec{d}$, representado pelo segmento orientado de origem P_1 e extremidade P_2, recebe o nome de **vetor deslocamento** do ponto material entre os instantes t_1 e t_2.

Na situação representada na figura 1, em que a trajetória é curvilínea, o módulo do vetor deslocamento é menor do que o módulo da variação do espaço ($|\vec{d}| < |\Delta s|$).

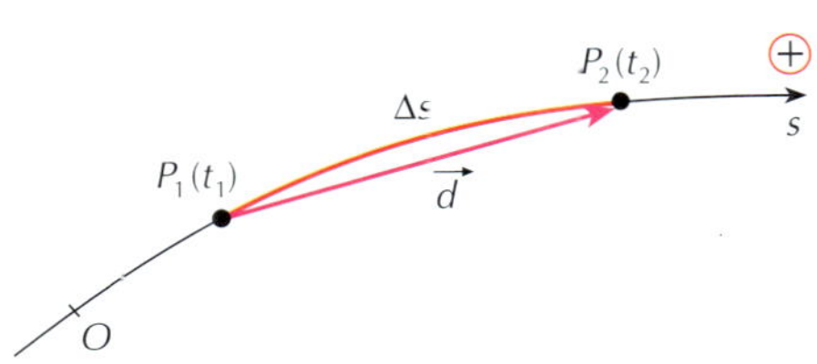

Figura 1.

No caso em que a trajetória é retilínea (figura 2), o módulo do vetor deslocamento é igual ao módulo da variação do espaço ($|\vec{d}| = |\Delta s|$).

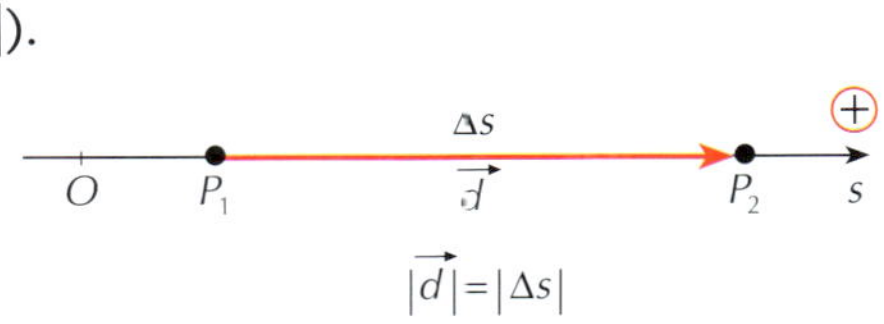

Figura 2.

3. Velocidade vetorial média

Vimos que a velocidade escalar média v_m é o quociente entre a variação do espaço Δs e o correspondente intervalo de tempo Δt:

$$v_m = \frac{\Delta s}{\Delta t}$$

A **velocidade vetorial média** $\vec{v}_m$ é o quociente entre o vetor deslocamento $\vec{d}$ e o correspondente intervalo de tempo Δt:

$$\vec{v}_m = \frac{\vec{d}}{\Delta t}$$

A velocidade vetorial média $\vec{v}_m$ possui a mesma direção e o mesmo sentido do vetor deslocamento $\vec{d}$ (figura 3).

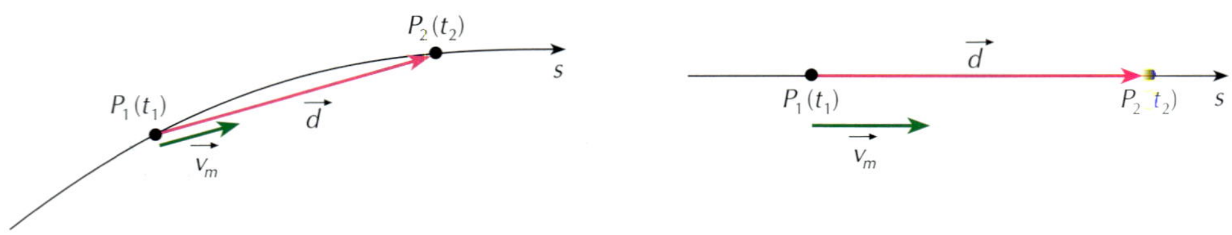

Figura 3. O vetor $\vec{v}_m$ tem a mesma direção e o mesmo sentido do vetor deslocamento $\vec{d}$.

Seu módulo é dado por:

$$|\vec{v}_m| = \frac{|\vec{d}|}{\Delta t}$$

Em trajetórias curvilíneas, temos $|\vec{d}| < |\Delta s|$ e portanto $|\vec{v}_m| < |v_m|$. Para trajetórias retilíneas, resulta $|\vec{v}_m| = |v_m|$, pois $|\vec{d}| = |\Delta s|$.

Por exemplo, na figura 4, uma partícula percorre uma semicircunferência de raio R, em certo intervalo de tempo Δt, partindo do ponto P_1 e chegando ao ponto P_2. Nesse intervalo de tempo, a variação do espaço é $\Delta s = \pi R$ e o vetor deslocamento $\vec{d}$ tem módulo igual a $2R$ ($|\vec{d}| = 2R$). A velocidade escalar média v_m entre as posições P_1 e P_2 é $v_m = \frac{\pi R}{\Delta t}$ e o módulo da velocidade vetorial média é $|\vec{v}_m| = \frac{2R}{\Delta t}$.

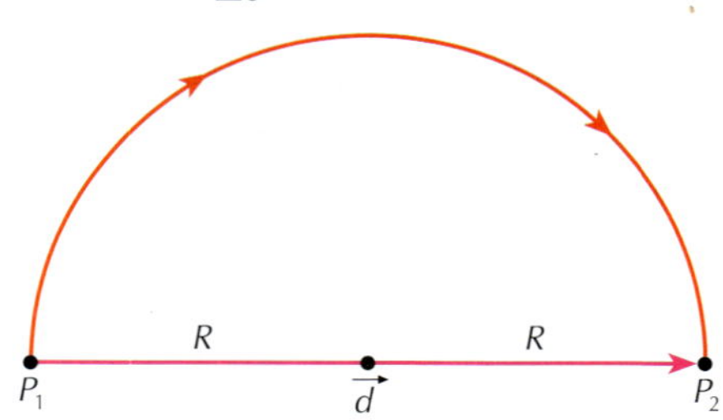

Figura 4.

Exercícios propostos

P.149 Um carro percorre a quarta parte de uma pista horizontal e circular de raio 100 m, em 10 s. Determine, nesse intervalo de tempo, os módulos:

a) da variação do espaço;
b) do vetor deslocamento;
c) da velocidade escalar média;
d) da velocidade vetorial média.

P.150 No mapa da rede metroviária de São Paulo, destacamos a linha azul. A distância que o metrô percorre entre os terminais Jabaquara e Tucuruvi é de 20,2 km e a duração da viagem é de 44 min.

a) Qual é o módulo da velocidade escalar média do metrô entre os terminais Jabaquara e Tucuruvi?

b) Represente o vetor deslocamento entre as estações Jabaquara e Tucuruvi e calcule seu módulo. Sabe-se que, na escala do mapa, cada 1 cm corresponde a 2 km.

c) Qual é o módulo da velocidade vetorial média entre os citados terminais?

4. Velocidade vetorial instantânea

Considere uma pequena esfera descrevendo uma certa trajetória em relação a um dado referencial (figura 5). Num instante t, essa esfera ocupa a posição P.

A **velocidade vetorial** $\vec{v}$ da esfera, no instante t, tem as seguintes características:

- módulo: igual ao módulo da velocidade escalar no instante t ($|\vec{v}| = |v|$);
- direção: da reta tangente à trajetória pelo ponto P;
- sentido: do movimento.

Lembre-se de que um vetor varia quando qualquer um dos seus elementos varia (módulo, direção, sentido); logo, a velocidade vetorial varia quando um desses elementos varia. Desse modo, se um ponto material descreve uma curva (figura 6), **sua velocidade vetorial já está variando**, pois, em cada ponto da curva, existe uma reta tangente; portanto, em cada ponto a velocidade vetorial possui uma direção. Assim, a velocidade vetorial varia num movimento curvilíneo independentemente do tipo do movimento (uniforme, uniformemente variado etc.). Em resumo:

Trajetória curva ⇔ Variação da **direção** da velocidade vetorial

Nos movimentos uniformes, a velocidade vetorial tem módulo constante, pois a velocidade escalar é constante.

Nos movimentos variados, o módulo da velocidade vetorial varia.

Movimento variado ⇔ Variação do **módulo** da velocidade vetorial

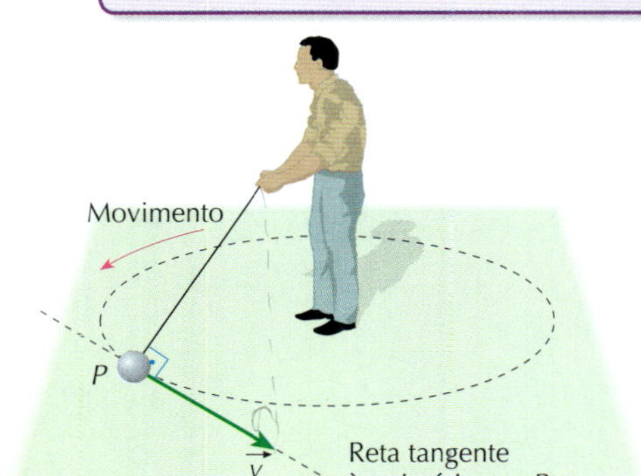

Figura 5.

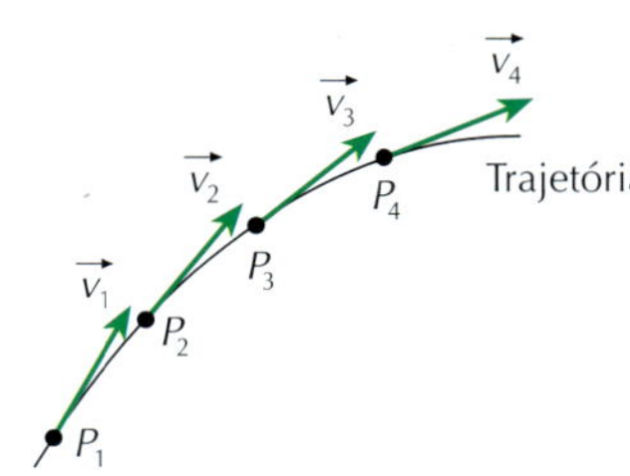

Figura 6. Variação da direção da velocidade vetorial.

5. Aceleração vetorial média

Quando estudamos os movimentos variados, definimos a aceleração escalar média (α_m) como sendo o quociente entre a variação da velocidade escalar ($\Delta v = v_2 - v_1$) pelo intervalo de tempo correspondente ($\Delta t = t_2 - t_1$).

De modo análogo, podemos definir a **aceleração vetorial média** $\vec{a}_m$. Seja $\vec{v}_1$ a velocidade vetorial de um ponto material num instante t_1 e $\vec{v}_2$ a velocidade vetorial no instante posterior t_2 (figura 7a). A aceleração vetorial média $\vec{a}_m$ é dada por:

$$\vec{a}_m = \frac{\Delta \vec{v}}{\Delta t} = \frac{\vec{v}_2 - \vec{v}_1}{t_2 - t_1}$$

A aceleração vetorial média $\vec{a}_m$ tem a mesma direção e o mesmo sentido de $\Delta\vec{v}$ (figura 7b).

Figura 7.

Por exemplo, na figura 8, uma partícula passa pelo ponto P_1, no instante t_1, com velocidade $\vec{v}_1$; e, no instante t_2, atinge o ponto P_2 com velocidade $\vec{v}_2$, tal que $|\vec{v}_1| = |\vec{v}_2| = v$. Observe que $\vec{v}_1$ e $\vec{v}_2$ são tangentes à trajetória nos pontos P_1 e P_2 e têm o sentido do movimento. Para o cálculo do módulo da aceleração vetorial média no intervalo de tempo $\Delta t = t_2 - t_1$, devemos, inicialmente, calcular o módulo de $\Delta\vec{v} = \vec{v}_2 - \vec{v}_1$ (figura 9).

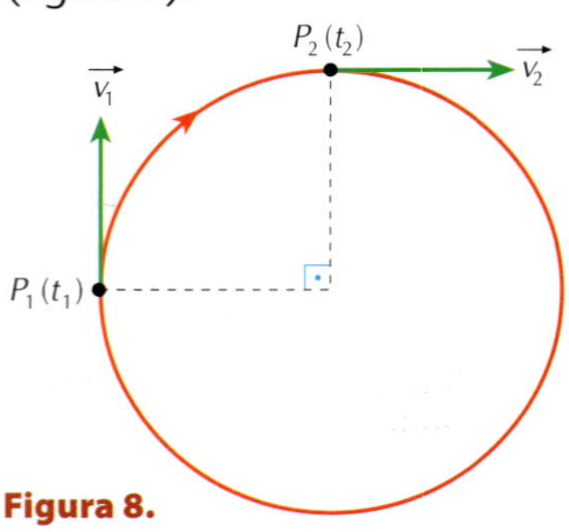

Figura 8.

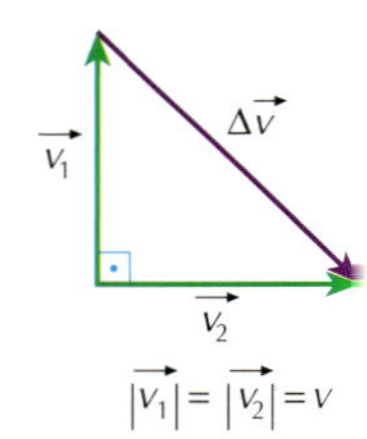

Figura 9.

$$|\Delta\vec{v}|^2 = v^2 + v^2 \Rightarrow |\Delta\vec{v}| = v \cdot \sqrt{2}$$

Portanto: $|\vec{a}_m| = \dfrac{|\Delta\vec{v}|}{\Delta t} = \dfrac{v\sqrt{2}}{\Delta t}$

Exercício proposto

P.151 As velocidades vetoriais $\vec{v}_1$, $\vec{v}_2$ e $\vec{v}_3$ de uma partícula nos instantes $t_1 = 0$, $t_2 = 2$ s e $t_3 = 5$ s, respectivamente, estão representadas na figura. Calcule o módulo da aceleração vetorial média nos intervalos de tempo:

a) de t_1 a t_2;

b) de t_1 a t_3.

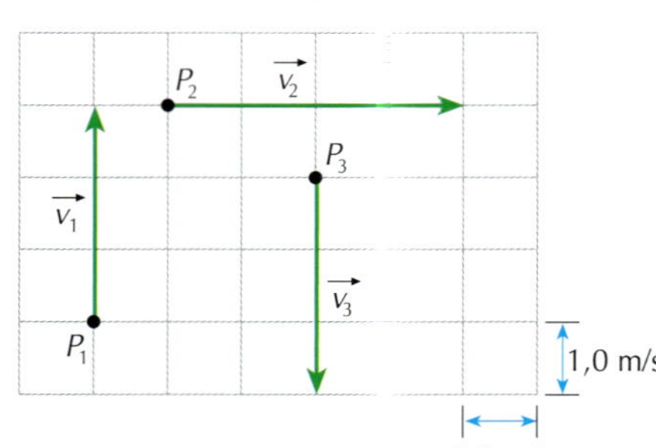

6. Aceleração vetorial instantânea

A **aceleração vetorial instantânea** $\vec{a}$ pode ser entendida como sendo uma aceleração vetorial média, quando o intervalo de tempo Δt é extremamente pequeno.

Sempre que houver variação da velocidade vetorial $\vec{v}$, haverá aceleração vetorial $\vec{a}$.

A velocidade vetorial $\vec{v}$ pode variar em módulo e em direção*. Por esse motivo a aceleração vetorial $\vec{a}$ é decomposta em duas acelerações componentes: **aceleração tangencial** ($\vec{a}_t$), que está relacionada com a variação do módulo de $\vec{v}$, e **aceleração centrípeta** ($\vec{a}_{cp}$), que está relacionada com a variação da direção de $\vec{v}$.

6.1. Aceleração tangencial

A aceleração tangencial $\vec{a}_t$ possui as seguintes características:

- módulo: igual ao módulo da aceleração escalar α ($|\vec{a}_t| = |\alpha|$);
- direção: tangente à trajetória;
- sentido: o mesmo de $\vec{v}$, se o movimento for acelerado, ou oposto ao de $\vec{v}$, se o movimento for retardado.

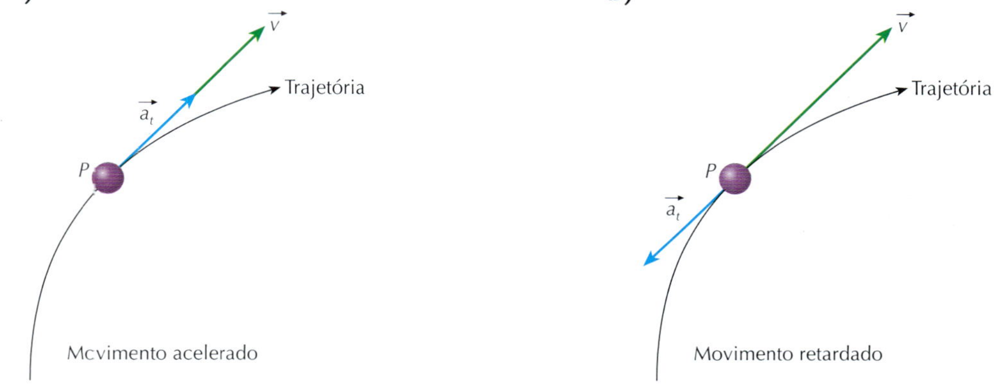

Figura 10. A aceleração tangencial está relacionada com a variação do módulo da velocidade vetorial.

Nos movimentos uniformes, o módulo da velocidade vetorial não varia e, portanto, a aceleração tangencial é nula. A aceleração tangencial existe somente em movimentos variados e independe do tipo de trajetória (retilínea ou curvilínea).

6.2. Aceleração centrípeta

A aceleração centrípeta $\vec{a}_{cp}$ possui as seguintes características:

- módulo: é dado pela expressão $|\vec{a}_{cp}| = \frac{v^2}{R}$, na qual v é a velocidade escalar do móvel e R é o raio de curvatura da trajetória;
- direção: perpendicular à velocidade vetorial em cada ponto;
- sentido: orientado para o centro de curvatura da trajetória (figura 11).

Nos movimentos retilíneos, a direção da velocidade vetorial não varia e a aceleração centrípeta é nula. A aceleração centrípeta existe somente em movimentos de trajetórias curvas e independe do tipo de movimento (uniforme ou variado). A aceleração centrípeta é também denominada **aceleração normal**.

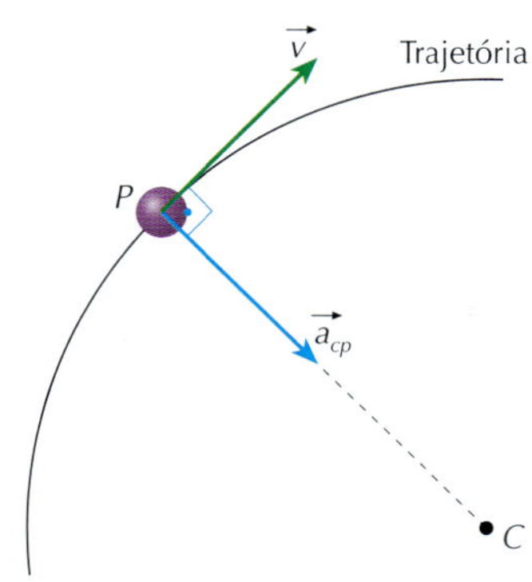

Figura 11. A aceleração centrípeta $\vec{a}_{cp}$ está relacionada com a variação da direção de $\vec{v}$.

* Eventualmente pode ocorrer variação de sentido do movimento, mas somente se também variar o módulo.

6.3. Aceleração vetorial

A soma vetorial $\vec{a}_t + \vec{a}_{cp}$ define a aceleração vetorial $\vec{a}$ do movimento (figura 12):

$$\vec{a} = \vec{a}_t + \vec{a}_{cp}$$

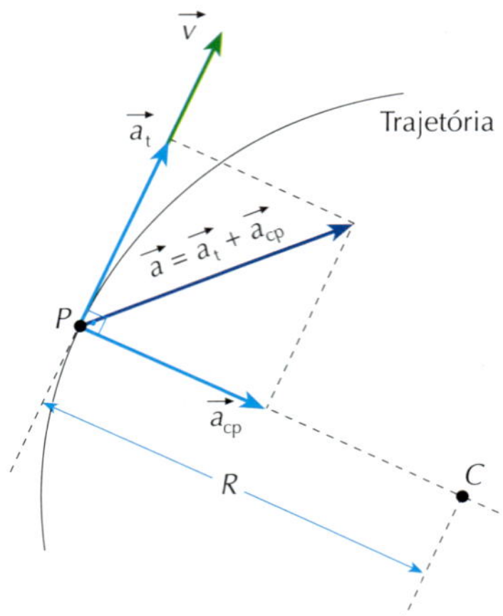

Figura 12.

Aceleração vetorial	
$\vec{a} = \vec{a}_t + \vec{a}_{cp}$ Em módulo: $\lvert\vec{a}\rvert^2 = \lvert\vec{a}_t\rvert^2 + \lvert\vec{a}_{cp}\rvert^2$ $\vec{a}$ está relacionada com a variação da velocidade vetorial $\vec{v}$	
Aceleração tangencial $\vec{a}_t$ Está relacionada com a variação do módulo de $\vec{v}$; logo, existe somente em movimentos variados (nos movimentos uniformes, $\vec{a}_t = \vec{0}$). $\lvert\vec{a}_t\rvert = \lvert\alpha\rvert$	**Aceleração centrípeta** $\vec{a}_{cp}$ Está relacionada com a variação da direção de $\vec{v}$; logo, existe somente em trajetórias curvas (nos movimentos retilíneos, $\vec{a}_{cp} = \vec{0}$). $\lvert\vec{a}_{cp}\rvert = \dfrac{v^2}{R}$

7. Casos particulares importantes

7.1. MRU (movimento retilíneo e uniforme)

A velocidade vetorial é constante, isto é, tem módulo, direção e sentido constantes. Portanto, a aceleração vetorial é nula: a velocidade vetorial não varia em módulo, pois o movimento é uniforme (portanto, $\vec{a}_t = \vec{0}$), e não varia em direção, pois a trajetória é retilínea (portanto, $\vec{a}_{cp} = \vec{0}$).

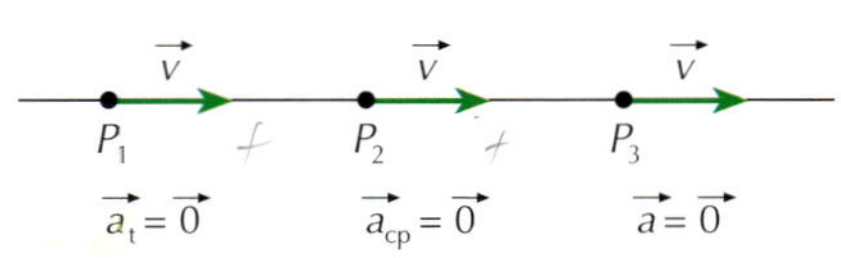

Figura 13.

7.2. MCU (movimento circular e uniforme)

A velocidade vetorial $\vec{v}$ tem módulo constante, pois o movimento é uniforme; logo, a aceleração tangencial $\vec{a}_t$ é nula. Por outro lado, a velocidade vetorial $\vec{v}$ varia em direção, pois a trajetória é curva. Consequentemente, a aceleração centrípeta não é nula; seu módulo $\left(\lvert\vec{a}_{cp}\rvert = \dfrac{v^2}{R}\right)$ é constante, pois a velocidade escalar v e o raio R são constantes. A aceleração centrípeta, porém, varia em direção e sentido.

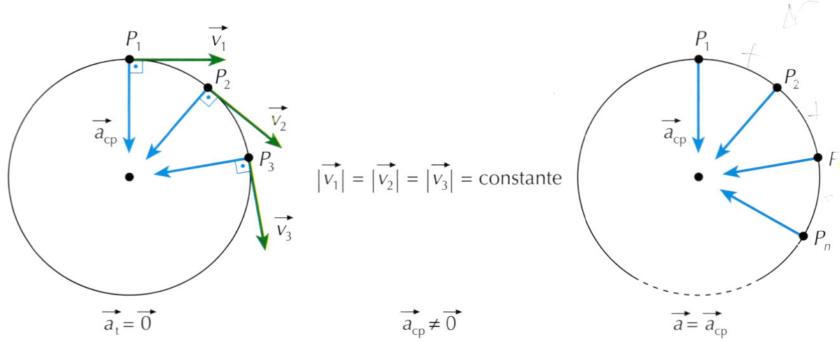

Figura 14.

7.3. MRUV (movimento retilíneo uniformemente variado)

A velocidade vetorial varia em módulo, pois o movimento é variado e portanto a aceleração tangencial $\vec{a}_t$ não é nula. A aceleração centrípeta $\vec{a}_{cp}$ é nula, pois a trajetória é retilínea. Como no MUV a aceleração escalar α é constante, decorre que a aceleração tangencial $\vec{a}_t$ tem módulo constante ($|\vec{a}_t| = |\alpha|$) e direção constante. Quanto ao sentido, $\vec{a}_t$ terá o mesmo sentido de $\vec{v}$, se o movimento for acelerado, ou oposto ao de $\vec{v}$, se retardado.

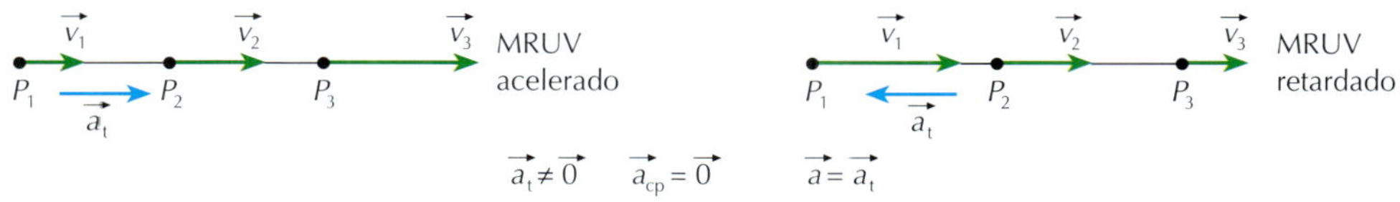

Figura 15.

7.4. MCUV (movimento circular uniformemente variado)

No movimento circular uniformemente variado, a aceleração tangencial $\vec{a}_t$ e a aceleração centrípeta $\vec{a}_{cp}$ não são nulas, pois a velocidade vetorial varia em módulo (movimento variado) e em direção (a trajetória é curva).

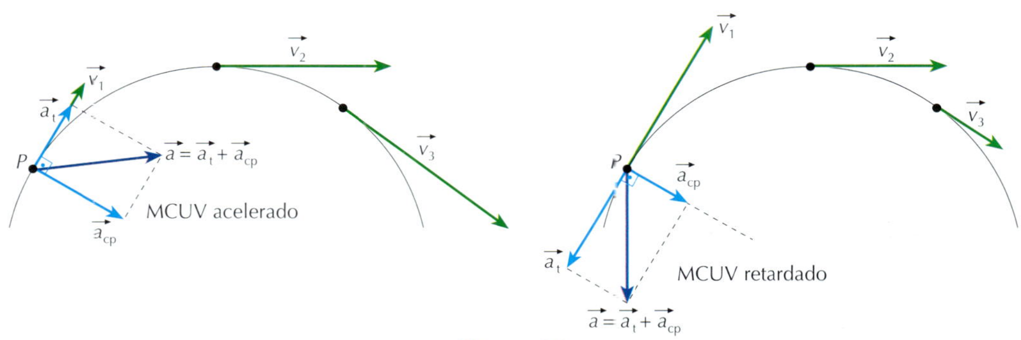

Figura 16.

Exercícios resolvidos

R.57 Uma partícula descreve um movimento circular uniformemente variado e acelerado no sentido horário. Represente a velocidade vetorial $\vec{v}$, a aceleração centrípeta $\vec{a}_{cp}$, a aceleração tangencial $\vec{a}_t$ e a aceleração resultante $\vec{a}$, no instante em que a partícula passa pelo ponto P indicado.

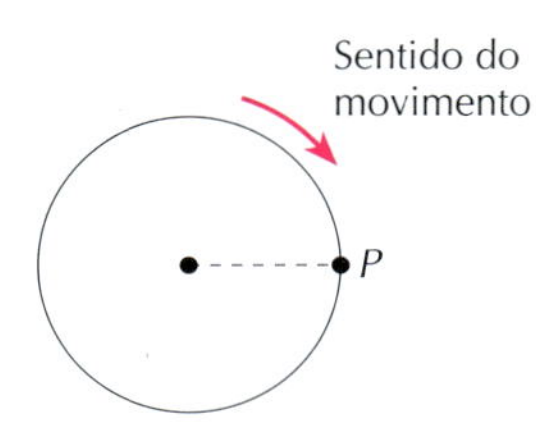

Solução:

A velocidade vetorial $\vec{v}$ é tangente à trajetória pelo ponto P e tem o sentido do movimento. A aceleração centrípeta $\vec{a}_{cp}$ é orientada para o centro da circunferência. A aceleração tangencial $\vec{a}_t$ tem o mesmo sentido de $\vec{v}$, pois o movimento é acelerado. A soma vetorial $\vec{a}_{cp} + \vec{a}_t$ define a aceleração resultante $\vec{a}$.

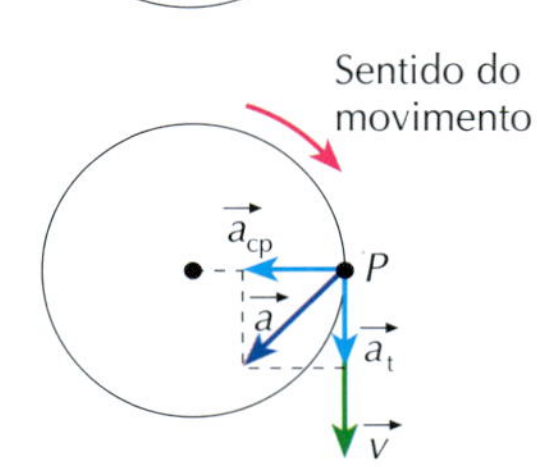

R.58 Um ponto material percorre uma trajetória circular de raio $R = 20$ m com movimento uniformemente variado e aceleração escalar $\alpha = 5$ m/s^2. Sabendo-se que no instante $t = 0$ sua velocidade escalar é nula, determine no instante $t = 2$ s os módulos da:

a) velocidade vetorial;
b) aceleração tangencial;
c) aceleração centrípeta;
d) aceleração vetorial.

Solução:

a) Sendo o movimento uniformemente variado, temos $v = v_0 + \alpha t$. Sendo $v_0 = 0$, $\alpha = 5$ m/s^2 e $t = 2$ s, vem:

$$v = 0 + 5 \cdot 2 \Rightarrow v = 10 \text{ m/s}$$

A velocidade vetorial tem módulo igual ao módulo da velocidade escalar. Portanto:

$$\boxed{|\vec{v}| = |v| = 10 \text{ m/s}}$$

b) A aceleração tangencial tem módulo igual ao módulo da aceleração escalar:

$$\boxed{|\vec{a}_t| = |\alpha| = 5 \text{ m/s}^2}$$

c) O módulo da aceleração centrípeta é dado por $|\vec{a}_{cp}| = \dfrac{v^2}{R}$. Sendo $v = 10$ m/s e $R = 20$ m, vem:

$$|\vec{a}_{cp}| = \frac{10^2}{20} \Rightarrow \boxed{|\vec{a}_{cp}| = 5 \text{ m/s}^2}$$

d) O módulo da aceleração resultante é dado por:

$$|\vec{a}|^2 = |\vec{a}_t|^2 + |\vec{a}_{cp}|^2 = 5^2 + 5^2 \Rightarrow \boxed{|\vec{a}| = 5\sqrt{2} \text{ m/s}^2 \simeq 7 \text{ m/s}^2}$$

Respostas: a) 10 m/s; b) 5 m/s^2; c) 5 m/s^2; d) $\simeq$7 m/s^2

Exercícios propostos

P.152 Uma partícula realiza um movimento circular no sentido anti-horário. Represente a velocidade vetorial $\vec{v}$, a aceleração centrípeta $\vec{a}_{cp}$, a aceleração tangencial $\vec{a}_t$ e a aceleração resultante $\vec{a}$, no instante em que a partícula passa pelo ponto P indicado, nos casos em que:

a) o movimento é uniforme;

b) o movimento é uniformemente variado retardado.

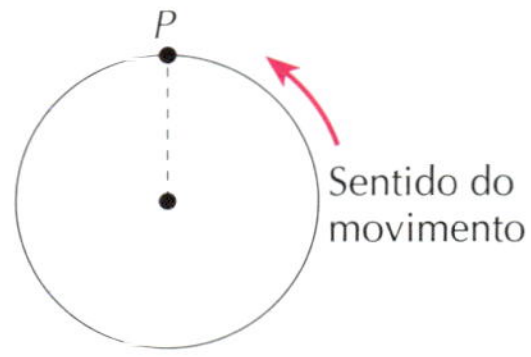

P.153 Uma partícula descreve um movimento circular de raio $R = 1$ m com a aceleração escalar $\alpha = 3$ m/s^2. Sabe-se que no instante $t = 0$ a velocidade escalar da partícula é $v_0 = 0,5$ m/s. Determine no instante $t = 0,5$ s os módulos da:

a) velocidade vetorial;

b) aceleração centrípeta;

c) aceleração tangencial;

d) aceleração vetorial.

P.154 Uma partícula descreve um movimento circular uniforme de raio $R = 2$ m e velocidade escalar $v = 3$ m/s. Determine os módulos da:

a) aceleração centrípeta;

b) aceleração tangencial;

c) aceleração vetorial.

P.155 Um movimento retilíneo uniformemente variado tem aceleração escalar $\alpha = 4$ m/s^2. Determine os módulos da:

a) aceleração tangencial;

b) aceleração centrípeta;

c) aceleração vetorial.

8. Composição de movimentos

Considere uma placa de madeira em cima de uma mesa e uma formiga P situada na placa.

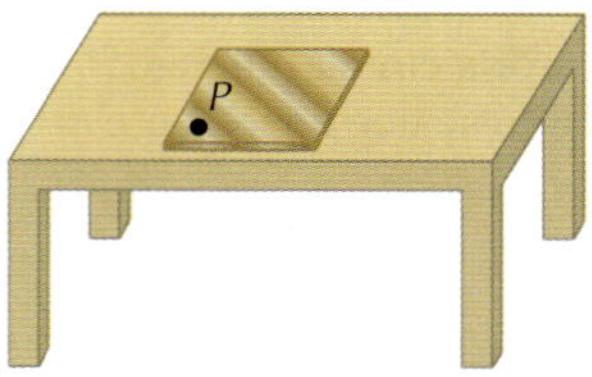

Figura 17.

Imagine a formiga movimentando-se em relação à placa, segundo a trajetória indicada na figura 18a. Se a formiga estivesse em repouso em relação à placa e esta se deslocasse para a direita, num movimento de translação uniforme, a trajetória da formiga seria a indicada na figura 18b. Na figura 18c, representamos uma possível trajetória da formiga, em relação a um observador na Terra, se ocorressem simultaneamente os dois movimentos citados.

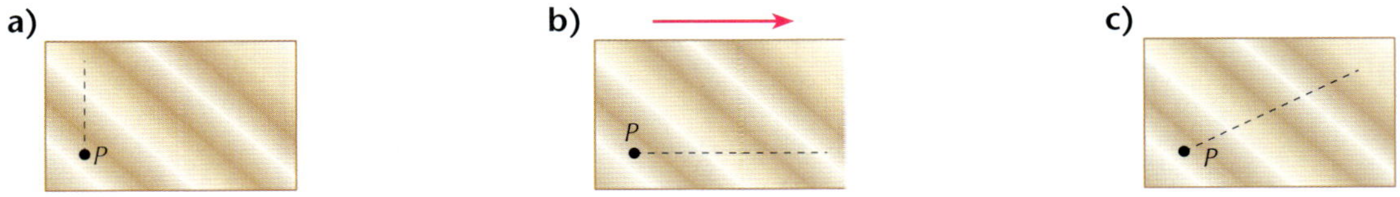

Figura 18.

Três movimentos podem ser considerados (figura 19):

- o movimento da formiga *P* em relação à placa: **movimento relativo**;
- o movimento que a formiga *P* teria se estivesse em repouso em relação à placa e fosse arrastada por ela: **movimento de arrastamento** (o movimento de arrastamento é o movimento de translação da placa em relação à Terra);
- o movimento da formiga *P* em relação à Terra: **movimento resultante**.

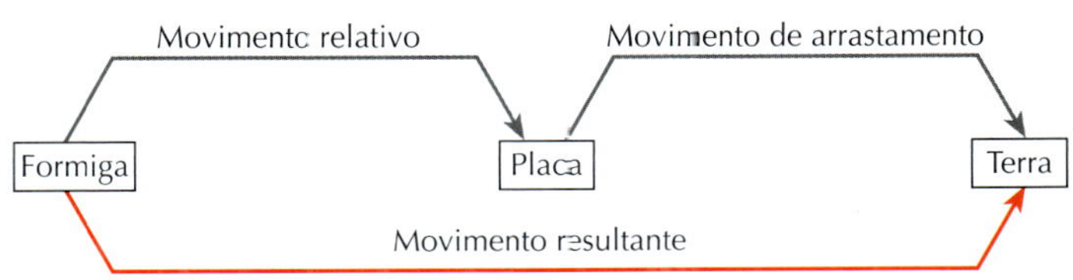

Figura 19.

A velocidade vetorial da formiga *P* em relação à placa é denominada **velocidade relativa** ($\vec{v}_{rel.}$).

A velocidade vetorial que a formiga *P* teria, se estivesse em repouso em relação à placa e fosse arrastada por ela, é denominada **velocidade de arrastamento** ($\vec{v}_{arr.}$). A velocidade de arrastamento é a velocidade de translação da placa em relação à Terra.

A velocidade vetorial de *P* em relação à Terra é denominada **velocidade resultante** ($\vec{v}_{res.}$).

Essas velocidades (figura 20) relacionam-se pela igualdade vetorial:

$$\vec{v}_{res.} = \vec{v}_{rel} + \vec{v}_{arr.}$$

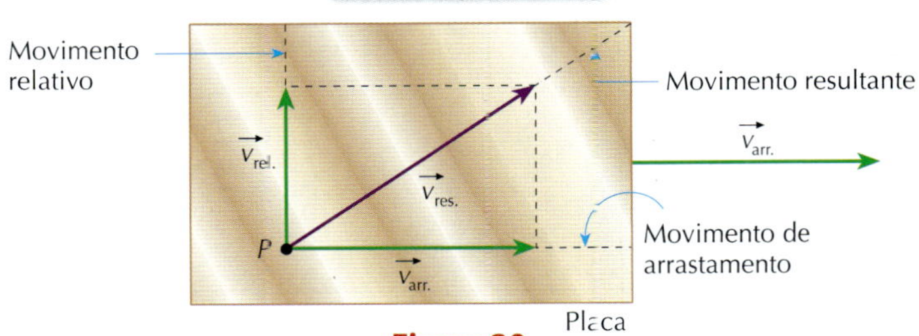

Figura 20.

Em vez de uma formiga, poderíamos ter um barco movimentando-se em relação às águas de um rio, as quais se movimentam em relação à Terra. Nesse caso, o movimento relativo é o do barco em relação às águas. O movimento das águas em relação à Terra, isto é, em relação à margem, é o movimento de arrastamento, e o movimento do barco em relação à Terra (margem) é o movimento resultante (figura 21):

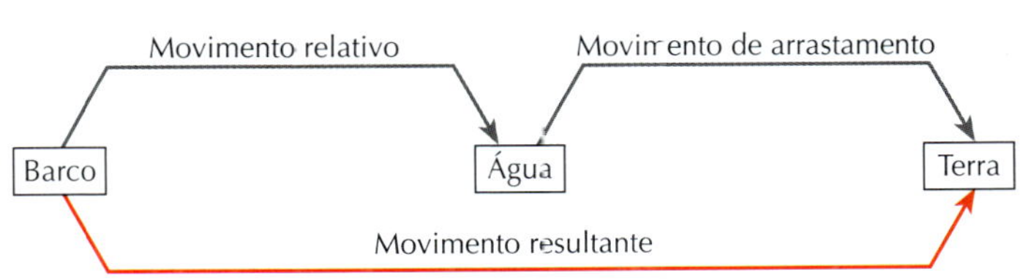

Figura 21.

Outros exemplos:

- O movimento de um avião em relação ao ar é o movimento relativo. O movimento do ar em relação à Terra, que arrasta o avião, é o movimento de arrastamento, e o movimento do avião em relação à Terra é o movimento resultante (figura 22).

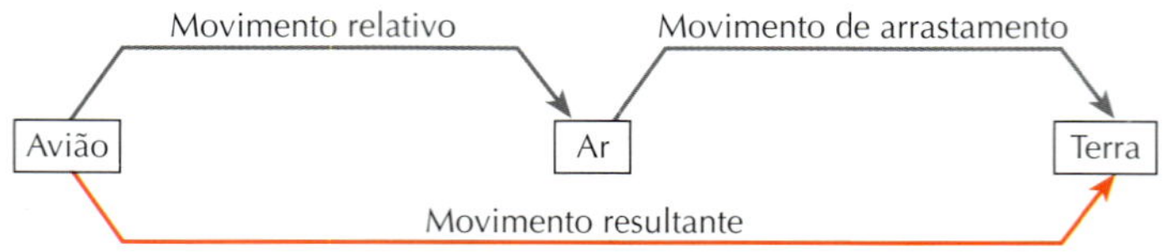

Figura 22.

- O movimento da chuva em relação a um carro é o movimento relativo. O movimento do carro em relação à Terra é o movimento de arrastamento e o movimento da chuva em relação à Terra é o movimento resultante (figura 23).

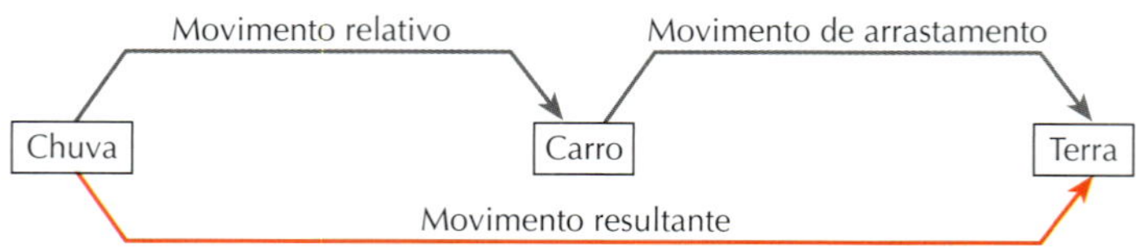

Figura 23.

O estudo do movimento resultante a partir dos movimentos relativo e de arrastamento é denominado **composição de movimentos**. Galileu propôs o **princípio da simultaneidade** da realização desses movimentos, isto é, de que os três movimentos considerados ocorrem ao mesmo tempo.

Assim, por exemplo, considere um barco que se movimenta mantendo seu eixo numa direção perpendicular à margem de um rio. Partindo de *A*, o barco não atinge a margem oposta em *B*, e sim em *C*, devido à correnteza (figura 24). No movimento relativo, o barco percorre a trajetória *AB* com velocidade $\vec{v}_{rel.}$. No movimento resultante, o barco percorre a trajetória *AC* com velocidade $\vec{v}_{res.}$ e, devido à correnteza, o barco é arrastado de *B* a *C* com velocidade $\vec{v}_{arr.}$.

De acordo com Galileu, o intervalo de tempo gasto no movimento relativo é igual ao intervalo de tempo gasto no movimento resultante, que é igual ao intervalo de tempo gasto no movimento de arrastamento.

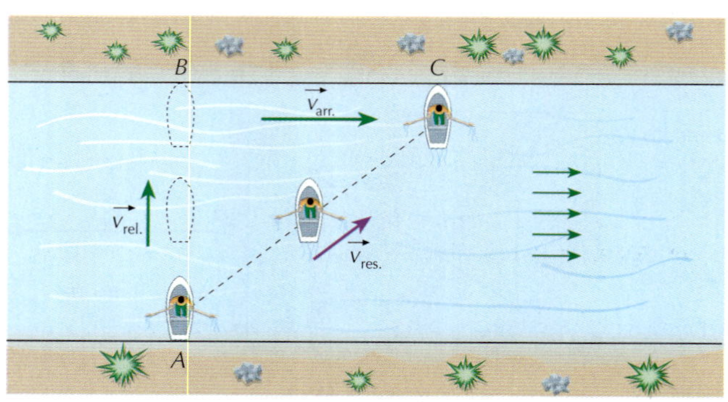

Figura 24.

Exercícios resolvidos

R.59 Um barco está com o motor funcionando em regime constante; sua velocidade em relação à água tem módulo igual a 5 m/s. A correnteza do rio movimenta-se em relação às margens com 2 m/s, constante. Determine o módulo da velocidade do barco em relação às margens em quatro situações distintas:

a) o barco navega paralelo à correnteza e no seu próprio sentido (rio abaixo);
b) o barco navega paralelo à correnteza e em sentido contrário (rio acima);
c) o barco movimenta-se mantendo seu eixo numa direção perpendicular à margem;
d) o barco movimenta-se indo de um ponto a outro situado exatamente em frente, na margem oposta.

Solução:

O movimento do barco em relação à água é o movimento relativo ($|\vec{v}_{rel.}| = 5$ m/s). O movimento das águas em relação às margens é o movimento de arrastamento ($|\vec{v}_{arr.}| = 2$ m/s). O movimento do barco em relação às margens é o movimento resultante ($\vec{v}_{res.}$):

$\vec{v}_{res.}$	=	$\vec{v}_{rel.}$	+	$\vec{v}_{arr.}$
Barco, margens		Barco, água		Água, margens

a) Rio abaixo:

A velocidade resultante $\vec{v}_{res.}$ tem módulo igual à soma dos módulos de $\vec{v}_{rel.}$ e $\vec{v}_{arr.}$, pois esses vetores têm a mesma direção e sentido:

$$|\vec{v}_{res.}| = |\vec{v}_{rel.}| + |\vec{v}_{arr.}| = 5 + 2 \Rightarrow \boxed{|\vec{v}_{res.}| = 7 \text{ m/s}}$$

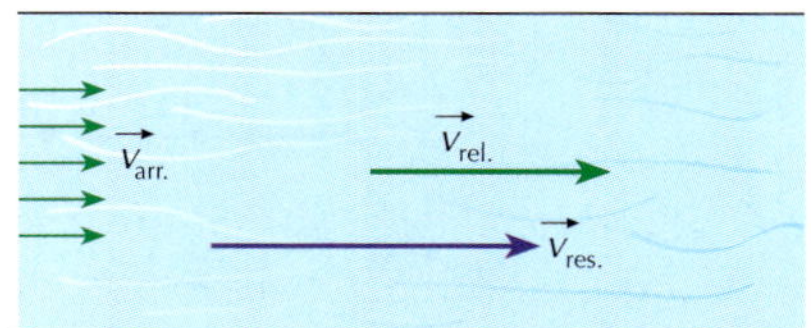

b) Rio acima:

A velocidade resultante $\vec{v}_{res.}$ tem módulo igual à diferença dos módulos de $\vec{v}_{rel.}$ e $\vec{v}_{arr.}$, pois esses vetores têm a mesma direção, mas sentidos contrários:

$$|\vec{v}_{res.}| = |\vec{v}_{rel.}| - |\vec{v}_{arr.}| = 5 - 2 \Rightarrow \boxed{|\vec{v}_{res.}| = 3 \text{ m/s}}$$

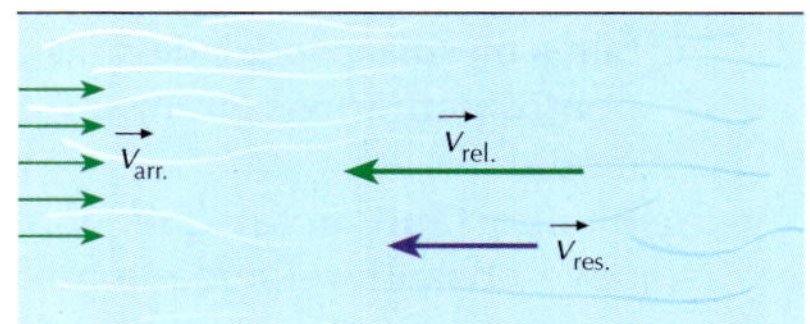

c) O barco atinge a outra margem num ponto rio abaixo, em relação ao ponto de partida. A velocidade resultante $\vec{v}_{res.}$ tem seu módulo obtido pelo teorema de Pitágoras:

$$|\vec{v}_{res.}|^2 = |\vec{v}_{rel.}|^2 + |\vec{v}_{arr.}|^2 \text{ (triângulo destacado)} \Rightarrow$$

$$\Rightarrow |\vec{v}_{res.}| = \sqrt{5^2 + 2^2} \Rightarrow \boxed{|\vec{v}_{res.}| \simeq 5{,}4 \text{ m/s}}$$

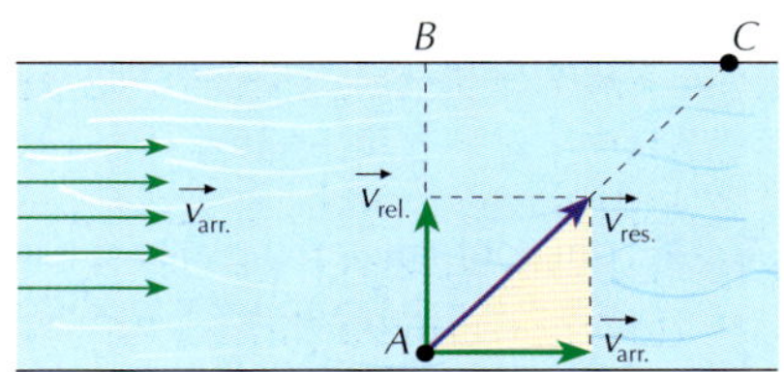

d) Para se atingir o ponto exatamente em frente ao ponto de partida deve-se dispor o barco obliquamente em relação à correnteza, de modo que a velocidade resultante tenha direção perpendicular à margem.

O teorema de Pitágoras aplicado ao triângulo destacado fornece:

$$|\vec{v}_{rel.}|^2 = |\vec{v}_{res.}|^2 + |\vec{v}_{arr.}|^2 \Rightarrow |\vec{v}_{res.}| = \sqrt{5^2 - 2^2} \Rightarrow \boxed{|\vec{v}_{res.}| \simeq 4{,}6 \text{ m/s}}$$

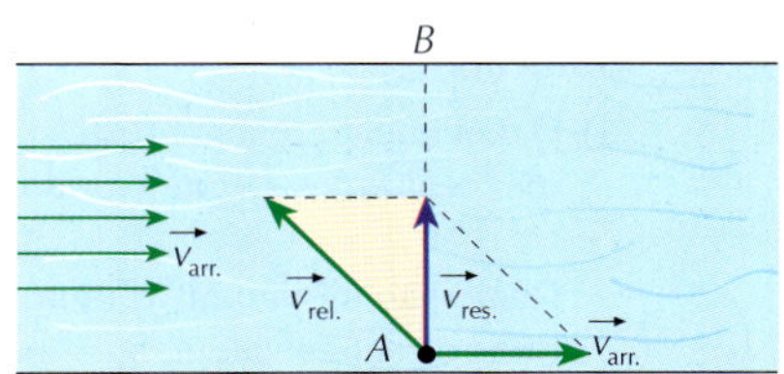

Respostas: a) 7 m/s; b) 3 m/s; c) 5,4 m/s; d) $\simeq$ 4,6 m/s

R.60 Num dia sem vento, a chuva cai verticalmente em relação ao solo com velocidade de 10 m/s. Um carro se desloca horizontalmente com 20 m/s em relação ao solo. Determine o módulo da velocidade da chuva em relação ao carro.

Solução:

O movimento da chuva em relação ao carro é o movimento relativo, cujo módulo da velocidade ($\vec{v}_{rel.}$) queremos determinar. O movimento do carro em relação ao solo é o movimento de arrastamento ($|\vec{v}_{arr.}| = 20$ m/s). O movimento resultante é o da chuva em relação ao solo ($|\vec{v}_{res}| = 10$ m/s). A aplicação do teorema de Pitágoras ao triângulo destacado permite obter $|\vec{v}_{rel.}|$:

$$|\vec{v}_{rel.}|^2 = |\vec{v}_{res.}|^2 + |\vec{v}_{arr.}|^2$$

$$|\vec{v}_{rel.}| = \sqrt{10^2 + 20^2}$$

$$|\vec{v}_{rel.}| = 10\sqrt{5} \text{ m/s}$$

$$\boxed{|\vec{v}_{rel.}| \simeq 22{,}4 \text{ m/s}}$$

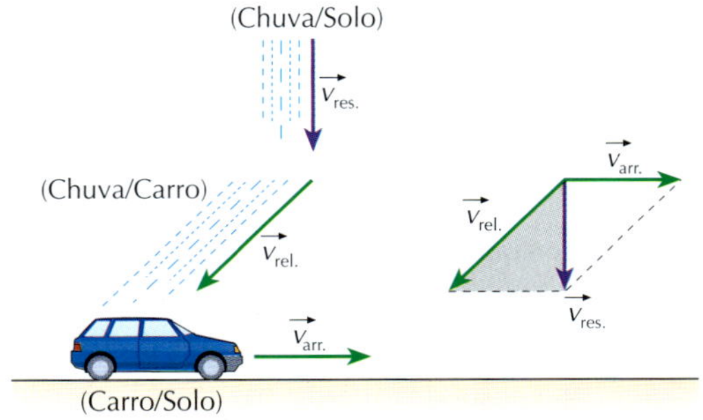

Resposta: $\simeq$ 22,4 m/s

R.61 Um disco rola sem escorregar sobre o solo suposto horizontal, mantendo-se sempre vertical. A velocidade do centro O em relação à Terra tem módulo v. Determine os módulos das velocidades dos pontos A, B, C e D, em relação à Terra, no instante mostrado na figura.

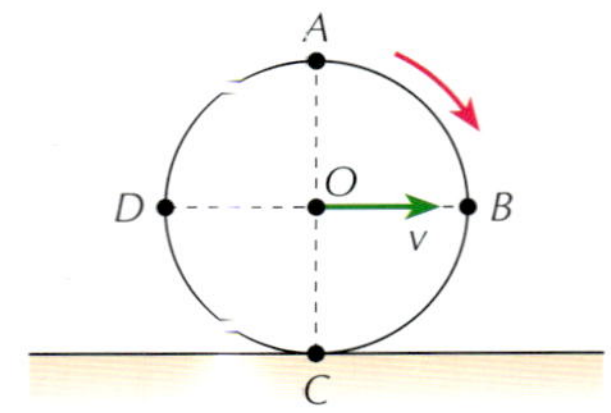

Solução:

O movimento do disco pode ser interpretado como a composição de dois movimentos: um de translação e outro de rotação, em torno do centro O.

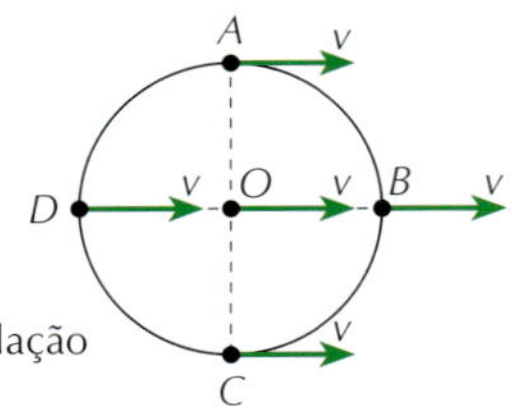

Translação

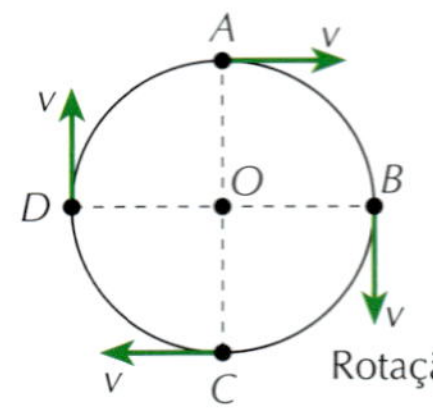

Rotação

Observe que, no movimento de translação, todos os pontos do disco apresentam a mesma velocidade v do centro O. No movimento de rotação, todos os pontos periféricos giram em torno do centro O com a mesma velocidade em módulo.

É importante notar que, no movimento resultante, o ponto de contato C deve possuir velocidade nula em relação à Terra, pois o disco rola sem escorregar. Sendo assim, o módulo da velocidade dos pontos periféricos, na rotação, também deve ser igual a v, pois de outro modo a velocidade resultante no ponto de contato não seria nula. Portanto, as velocidades dos pontos A, B, C e D, em relação à Terra, possuem módulos:

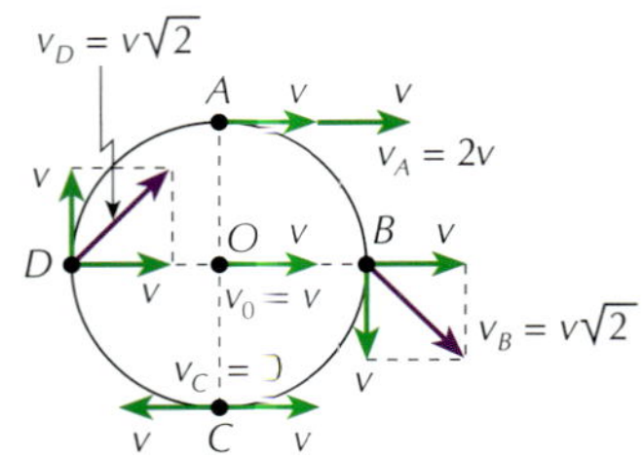

Movimento resultante

$$v_A = 2v \qquad v_B = v\sqrt{2} \qquad v_C = 0 \qquad v_D = v\sqrt{2}$$

R.62 Um ponto material realiza um movimento no plano, tal que suas coordenadas são dadas pelas equações $x = 2 + 6t$ e $y = 5 + 8t$, com x e y medidos em metros e t em segundos. Determine:

a) a velocidade do ponto material;

b) a equação da trajetória descrita pelo ponto.

Solução:

a) O movimento resultante descrito pelo ponto material pode ser considerado a composição de dois movimentos uniformes realizados segundo dois eixos ortogonais x e y. As equações horárias desses movimentos são, respectivamente:

$$x = 2 + 6t \quad \text{e} \quad y = 5 + 8t$$

Como são movimentos uniformes ($s = s_0 + vt$), as velocidades escalares nas duas direções valem: $v_x = 6$ m/s e $v_y = 8$ m/s

A velocidade resultante $\vec{v}$ é a soma das velocidades vetoriais $\vec{v}_x$ e $\vec{v}_y$, cujos módulos são iguais aos módulos das velocidades escalares. Então:

$$v^2 = v_x^2 + v_y^2 \text{ (teorema de Pitágoras)}$$

$$v^2 = 6^2 + 8^2 = 36 + 64$$

$$v^2 = 100$$

$$\boxed{v = 10 \text{ m/s}}$$

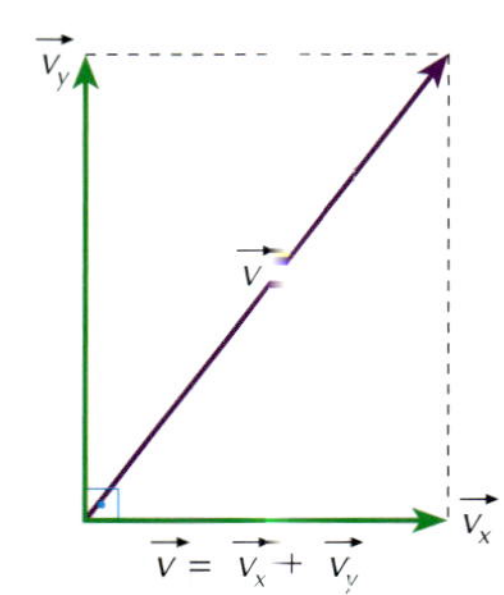

b) A equação da trajetória relaciona as coordenadas x e y, sendo obtida pela eliminação do tempo t das duas equações anteriores. De $x = 2 + 6t$, obtemos:

$$6t = x - 2 \Rightarrow \quad t = \frac{x-2}{6}$$

Substituindo t por $\frac{x-2}{6}$ em $y = 5 + 8t$, vem:

$$y = 5 + 8\left(\frac{x-2}{6}\right) \Rightarrow y = 5 + 4\left(\frac{x-2}{3}\right) \Rightarrow$$

$$\Rightarrow y = 5 + \frac{4}{3}x - \frac{8}{3} \Rightarrow \boxed{y = \frac{4}{3}x + \frac{7}{3}} \text{ (equação da trajetória)}$$

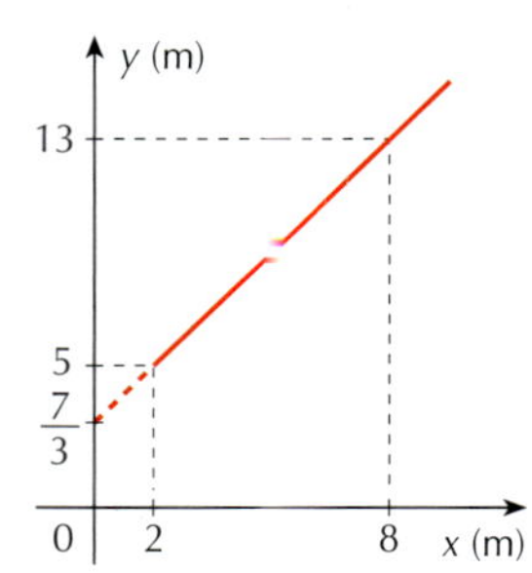

Graficamente, essa equação é representada por uma reta, que traduz no plano exatamente a trajetória descrita pelo ponto. Na figura, destacamos o instante inicial $t = 0$ ($x = 2$ m, $y = 5$ m) e o instante $t = 1$ s ($x = 8$ m, $y = 13$ m).

Respostas: a) 10 m/s; b) $y = \frac{4}{3}x + \frac{7}{3}$

P.156 Um barco alcança a velocidade de 18 km/h em relação às margens do rio, quando se desloca no sentido da correnteza, e de 12 km/h, quando se desloca em sentido contrário ao da correnteza. Determine a velocidade do barco em relação às águas e a velocidade das águas em relação às margens.

P.157 Um pescador rema perpendicularmente às margens de um rio com velocidade de 3 km/h em relação às águas. As águas do rio possuem velocidade de 4 km/h em relação às margens. Determine a velocidade do pescador em relação às margens.

P.158 A figura representa um rio, no qual as águas fluem com a velocidade de 3 km/h. No rio estão fixadas três balizas, A, B e C. As balizas A e C estão alinhadas na direção da correnteza.

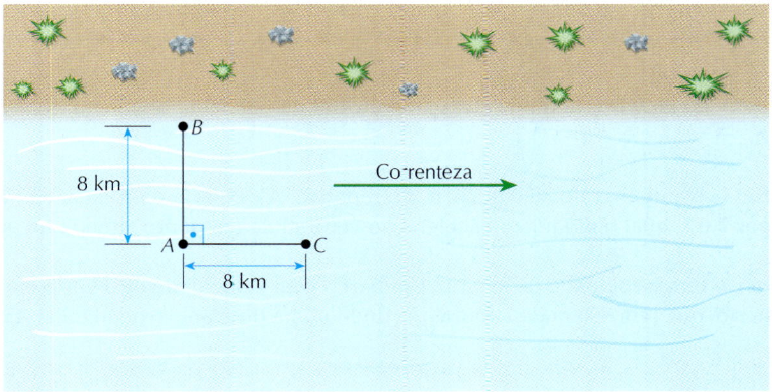

Dois nadadores, capazes de desenvolver a velocidade constante de 5 km/h, iniciam, respectiva e simultaneamente, os percursos de A a B e de A a C, percorrendo-os em linha reta em ida e volta. Calcular a diferença entre os intervalos de tempo necessários para os nadadores completarem os respectivos percursos, dando a resposta em horas.

P.159 (FCC-BA) A janela de um trem tem dimensões de 80 cm na horizontal e 60 cm na vertical. O trem está em movimento retilíneo uniforme horizontal, com velocidade de valor v. Um passageiro, dentro do trem, vê as gotas de chuva caírem inclinadas na direção da diagonal da janela. Supondo que as gotas, em relação ao solo, estejam caindo com velocidade v_g, na vertical, determine essa velocidade v_g em função da velocidade v.

P.160 (Fuvest-SP) Um disco roda sobre uma superfície plana, sem deslizar. A velocidade do centro O é $\vec{v}_0$. Em relação ao plano:

a) Qual é a velocidade $\vec{v}_A$ do ponto A?

b) Qual é a velocidade $\vec{v}_B$ do ponto B?

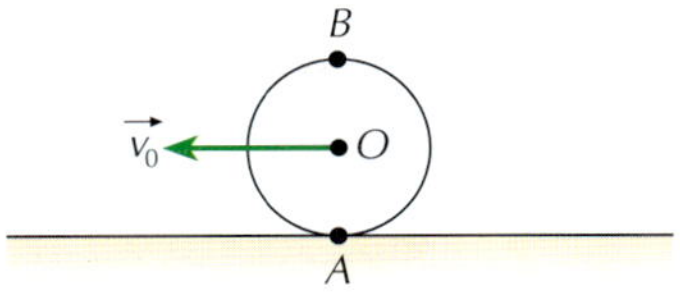

P.161 (FEI-SP) A roda da figura rola sem escorregar, paralelamente a um plano vertical fixo.

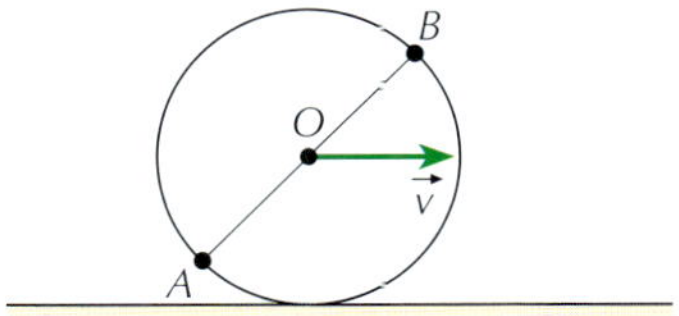

O centro O da roda tem velocidade constante $v = 5$ m/s. Qual é o módulo da velocidade do ponto B no instante em que o diâmetro AB é paralelo ao plano de rolamento?

P.162 Um ponto material realiza um movimento em um plano tal que suas coordenadas são dadas pelas equações $x = 1 + 3t$ e $y = 1 + 4t$, com x e y em metros e t em segundos. Determine:

a) a velocidade do ponto material;

b) a equação da trajetória.

Exercícios propostos de recapitulação

P.163 As diversas posições de uma partícula estão representadas na figura. A partícula percorre, primeiro, a trajetória retilínea *AC*; a seguir, a circunferência de centro *O*; e, finalmente, a trajetória retilínea *CF*. Os intervalos de tempo entre duas posições consecutivas são iguais. Os sentidos e os tipos de movimento também estão indicados na figura.

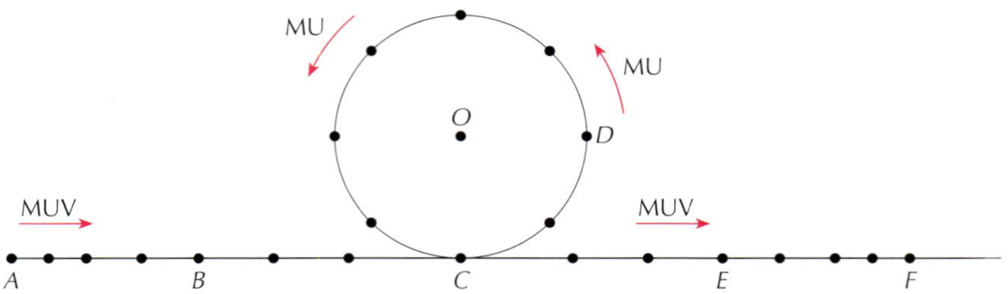

Represente a velocidade vetorial e a aceleração vetorial da partícula nos instantes em que ela passa pelos pontos *B*, *D* e *E*.

P.164 (FEI-SP) Uma roda-gigante de raio 36,0 m parte do repouso. A periferia da roda acelera a uma taxa constante de 3,0 m/s^2. Após 4,0 s, qual o módulo da aceleração vetorial de um ponto situado na periferia da roda?

P.165 As águas de um rio têm velocidade de 3 km/h. Um barco com velocidade de 4 km/h em relação às águas deve atravessar esse rio, que tem 800 m de largura, partindo numa direção perpendicular à margem.
Determine:

a) o tempo de travessia;
b) a distância entre o ponto de chegada do barco e o ponto situado em frente ao de partida;
c) a distância efetivamente percorrida pelo barco na travessia;
d) qual será a velocidade resultante do barco, se ele partir numa direção adequada para atingir o ponto situado exatamente em frente ao ponto de partida, na margem oposta.

P.166 (UFBA) Um pássaro parte em voo retilíneo e horizontal do seu ninho para uma árvore distante 75 m e volta, sem interromper o voo, sobre a mesma trajetória. Sabendo-se que sopra um vento de 5 m/s na direção e sentido da árvore para o ninho e que o pássaro mantém, em relação à massa de ar, uma velocidade constante de 10 m/s, determine, em segundos, o tempo gasto na trajetória de ida e volta.

Testes propostos

T.129 (UFPB) Um cidadão está à procura de uma festa. Ele parte de uma praça, com a informação de que o endereço procurado estaria situado a 2 km ao norte. Após chegar ao referido local, ele recebe nova informação de que deveria se deslocar 4 km para o leste. Não encontrando ainda o endereço, o cidadão pede informação a outra pessoa, que diz estar a festa acontecendo a 5 km ao sul daquele ponto. Seguindo essa dica, ele finalmente chega ao evento. Na situação descrita, o módulo do vetor deslocamento do cidadão, da praça até o destino final, é:

a) 11 km
b) 7 km
c) 5 km
d) 4 km
e) 3 km

T.130 (Mackenzie-SP) A figura em escala mostra os vetores deslocamento de uma formiga, que, saindo do ponto *A*, chegou ao ponto *B*, após 3 minutos e 20 s. O módulo do vetor velocidade média do movimento da formiga, nesse trajeto, foi de:

a) 0,15 cm/s
b) 0,20 cm/s
c) 0,25 cm/s
d) 0,30 cm/s
e) 0,40 cm/s

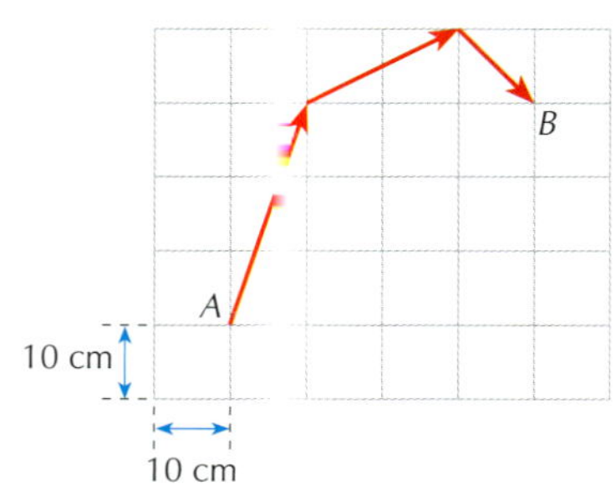

T.131 Uma partícula realiza um movimento circular uniforme, no sentido anti-horário, com velocidade escalar 8 m/s.

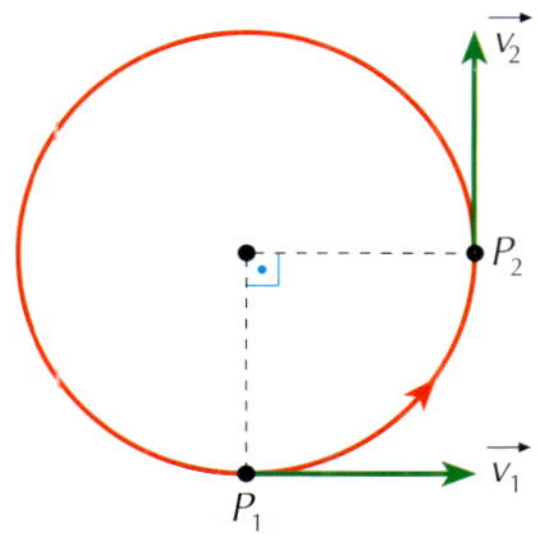

Ao passar do ponto P_1 ao ponto P_2, decorre um intervalo de tempo de 4 s. É correto afirmar que o módulo da aceleração vetorial média entre as posições P_1 e P_2 é igual a:

a) $2\sqrt{2}$ m/s^2
b) 2 m/s^2
c) 1 m/s^2
d) $\sqrt{2}$ m/s^2
e) zero

T.132 (PUC-RS) As informações a seguir referem-se a um movimento retilíneo realizado por um objeto qualquer:

I. A velocidade vetorial pode mudar de sentido.
II. A velocidade vetorial tem sempre módulo constante.
III. A velocidade vetorial tem direção constante.

A alternativa que representa corretamente o movimento retilíneo é:

a) I, II e III
b) somente III
c) somente II
d) II e III
e) somente I e III

T.133 (UFPA) Uma partícula percorre, com movimento uniforme, uma trajetória não-retilínea. Em cada instante teremos que:

a) os vetores velocidade e aceleração são paralelos entre si.
b) a velocidade vetorial é nula.
c) os vetores velocidade e aceleração são perpendiculares entre si.
d) os vetores velocidade e aceleração têm direções independentes.
e) o valor do ângulo entre o vetor velocidade e o vetor aceleração muda de ponto a ponto.

T.134 (FEI-SP) Uma partícula descreve uma circunferência com movimento uniforme. Pode-se concluir que:

a) sua velocidade vetorial é constante.
b) sua aceleração tangencial é não-nula.
c) sua aceleração centrípeta tem módulo constante.
d) sua aceleração vetorial resultante é nula.
e) suas acelerações tangencial e resultante são iguais, em módulo.

T.135 (UEPB) De acordo com os conceitos estudados em Cinemática, complete adequadamente a coluna da direita com os itens da esquerda:

(1) Movimento retilíneo e uniforme	( ) Velocidade vetorial de direção constante e módulo variável
(2) Movimento retilíneo e uniformemente variado	( ) Velocidade vetorial constante
(3) Movimento circular e uniforme	( ) Velocidade vetorial variável em direção e módulo
(4) Movimento circular e uniformemente variado	( ) Velocidade vetorial de módulo constante e direção variável

Assinale a alternativa que corresponde à sequência correta da numeração:

a) 1, 2, 3, 4 **b)** 2, 1, 4, 3 **c)** 3, 4, 1, 2 **d)** 1, 3, 4, 2 **e)** 3, 4, 2, 1

T.136 (Fatec-SP) Na figura, representa-se um bloco em movimento sobre uma trajetória curva, bem como o vetor velocidade $\vec{v}$, o vetor aceleração $\vec{a}$ e seus componentes intrínsecos, aceleração tangencial $\vec{a_t}$ e aceleração normal $\vec{a_n}$.

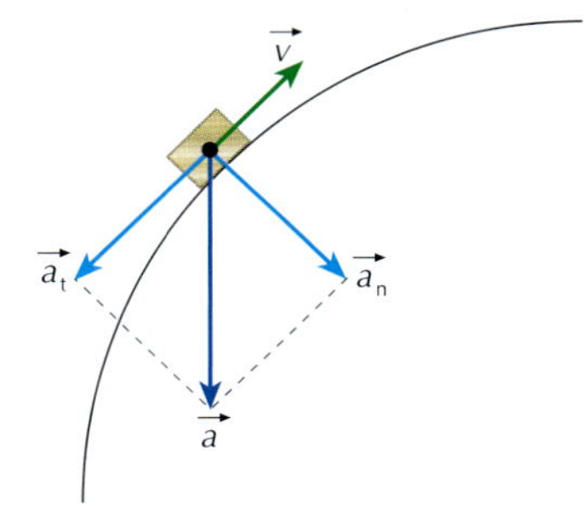

Analisando-se a figura, conclui-se que:

a) o módulo da velocidade está aumentando.
b) o módulo da velocidade está diminuindo.
c) o movimento é uniforme.
d) o movimento é necessariamente circular.
e) o movimento é retilíneo.

T.137 (UFMG) Um ventilador acaba de ser desligado e está parando vagarosamente, girando no sentido horário. A direção e o sentido da aceleração da pá do ventilador no ponto P é:

a)
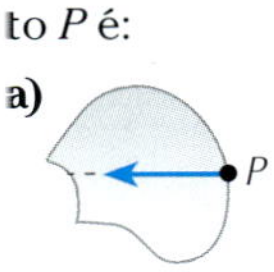

c)
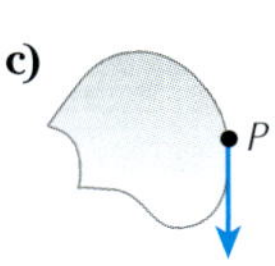

e)
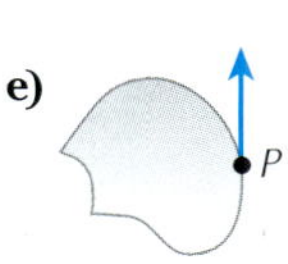

b)
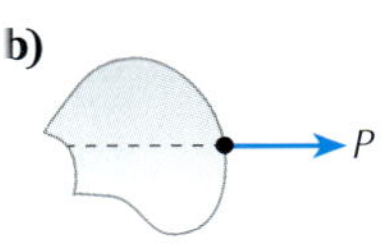

d)
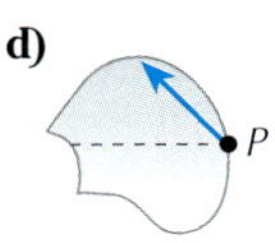

T.138 (UEL-PR) Uma pista é constituída por três trechos: dois retilíneos, *AB* e *CD*, e um circular, *BC*, conforme o esquema.

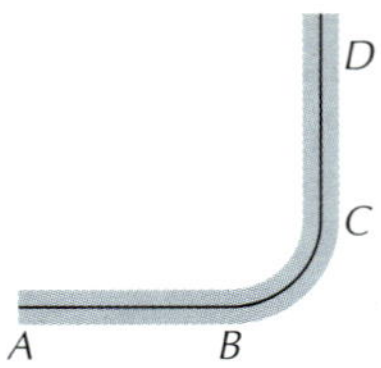

Se um automóvel percorre toda a pista com velocidade escalar constante, o módulo da sua aceleração será:

a) nulo em todos os trechos.
b) constante, não-nulo, em todos os trechos.
c) constante, não-nulo, nos trechos *AB* e *CD*.
d) constante, não-nulo apenas no trecho *BC*.
e) variável apenas no trecho *BC*.

O enunciado a seguir refere-se às questões **T.139** e **T.140**.

(PUC-SP) Um móvel parte do repouso e percorre uma trajetória circular de raio 100 m, assumindo movimento uniformemente acelerado de aceleração escalar 1 m/s^2.

T.139 As componentes tangencial e centrípeta da aceleração valem, respectivamente, após 10 s:

a) 1 m/s^2 e 10 m/s^2
b) 10 m/s^2 e 1 m/s^2
c) 10 m/s^2 e 10 m/s^2
d) 10 m/s^2 e 100 m/s^2
e) 1 m/s^2 e 1 m/s^2

T.140 O ângulo formado entre a aceleração total e o raio da trajetória no instante $t = 10$ s vale:

a) 180°
b) 90°
c) 60°
d) 45°
e) 30°

T.141 (Fuvest-SP) Num vagão ferroviário, que se move com velocidade $v_0 = 3$ m/s em relação aos trilhos, estão dois meninos, *A* e *B*, que correm um em direção ao outro, cada um com velocidade $v = 3$ m/s em relação ao vagão.

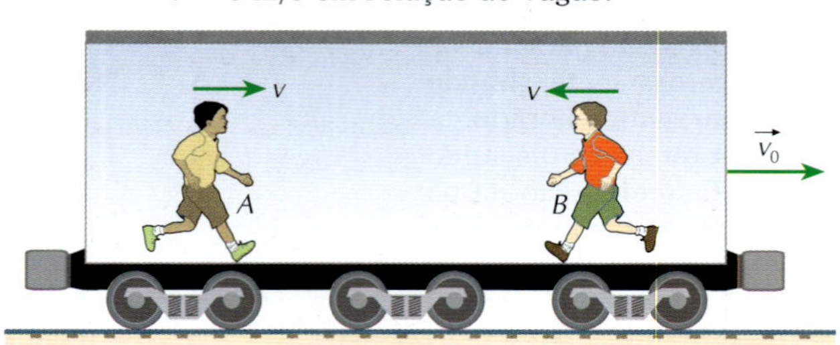

As velocidades dos meninos *A* e *B* em relação aos trilhos serão respectivamente:

a) 6 m/s e 0 m/s
b) 3 m/s e 3 m/s
c) 0 m/s e 9 m/s
d) 9 m/s e 0 m/s
e) 0 m/s e 6 m/s

T.142 (UFSC) Descendo um rio em sua canoa, sem remar, dois pescadores levam 300 segundos para atingir o seu ponto de pesca, na mesma margem do rio e em trajetória retilínea. Partindo da mesma posição e remando, sendo a velocidade da canoa, em relação ao rio, igual a 2,0 m/s, eles atingem o seu ponto de pesca em 100 segundos. Após a pescaria, remando contra a correnteza do rio, eles gastam 600 segundos para retornar ao ponto de partida.

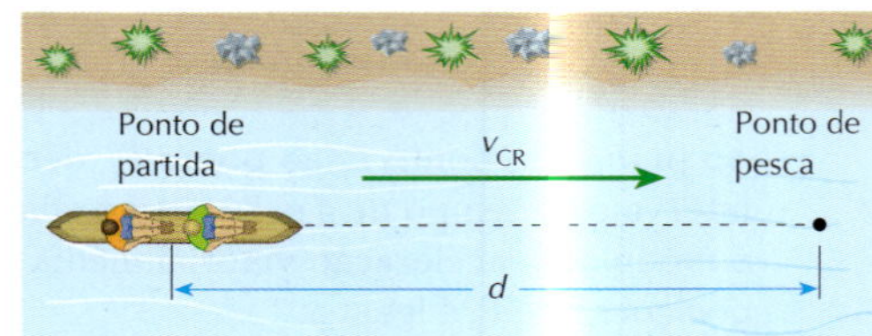

Considerando que a velocidade da correnteza v_{CR} é constante, assinale a(s) proposição(ões) correta(s).

01) Quando os pescadores remaram rio acima, a velocidade da canoa, em relação à margem, foi igual a 4,00 m/s.
02) Não é possível calcular a velocidade com que os pescadores retornaram ao ponto de partida, porque a velocidade da correnteza não é conhecida.
04) Quando os pescadores remaram rio acima, a velocidade da canoa, em relação ao rio, foi de 1,50 m/s.
08) A velocidade da correnteza do rio é 1,00 m/s.
16) O ponto de pesca fica a 300 metros do ponto de partida.
32) Não é possível determinar a distância do ponto de partida até o ponto de pesca.
64) Como a velocidade da canoa foi de 2,0 m/s, quando os pescadores remaram rio abaixo, então, a distância do ponto de partida ao ponto de pesca é 200 m.

Dê, como resposta, a soma dos números que precedem as proposições corretas.

T.143 (UFMG) Um menino flutua em uma boia que está se movimentando, levada pela correnteza de um rio. Uma outra boia, que flutua no mesmo rio a uma certa distância do menino, também está descendo com a correnteza.

A posição das duas boias e o sentido da correnteza estão indicados nesta figura:

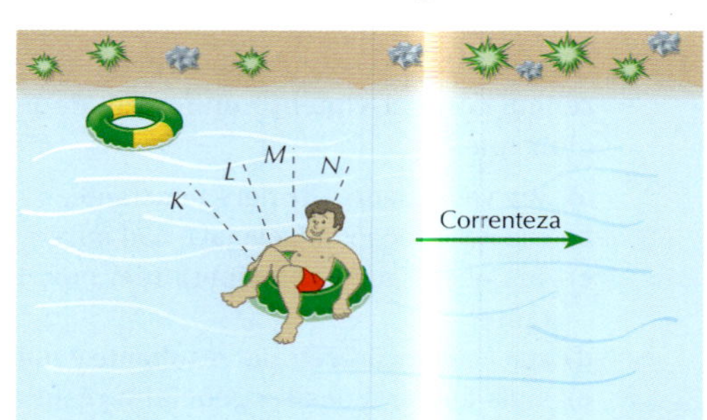

Considere que a velocidade da correnteza é a mesma em todos os pontos do rio.
Nesse caso, para alcançar a segunda boia, o menino deve nadar na direção indicada pela linha:

a) *K*
b) *L*
c) *M*
d) *N*

T.144 (UFMG) Um barco tenta atravessar um rio com 1,0 km de largura. A correnteza do rio é paralela às margens e tem velocidade de 4,0 km/h. A velocidade do barco, em relação à água, é de 3,0 km/h, perpendicularmente às margens.
Nessas condições, pode-se afirmar que o barco:

a) atravessará o rio em 12 minutos.
b) atravessará o rio em 15 minutos.
c) atravessará o rio em 20 minutos.
d) nunca atravessará o rio.

T.145 (PUC-RS) A correnteza de um rio tem velocidade constante de 3,0 m/s em relação às margens. Um barco, que se movimenta com velocidade constante de 5,0 m/s em relação à água, atravessa o rio, indo em linha reta, de um ponto *A* a outro ponto *B*, situado imediatamente à frente, na margem oposta. Sabendo-se que a direção $\overline{AB}$ é perpendicular à velocidade da correnteza, pode-se afirmar que a velocidade do barco em relação às margens é de:

a) 2,0 m/s
b) 4,0 m/s
c) 5,0 m/s
d) 5,8 m/s
e) 8,0 m/s

T.146 (PUC-Campinas-SP) Um barco sai de um ponto *P* para atravessar um rio de 4,0 km de largura. A velocidade da correnteza, em relação às margens do rio, é de 6,0 km/h. A travessia é feita segundo a menor distância *PQ*, como mostra o esquema representado a seguir, e dura 30 minutos.

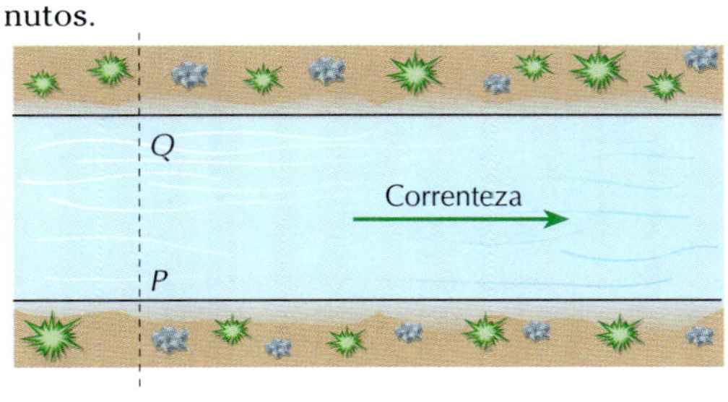

A velocidade do barco em relação à correnteza, em km/h, é de:

a) 4,0
b) 6,0
c) 8,0
d) 10
e) 12

T.147 (Univale-MG) Um ultraleve mantém a velocidade de 120 km/h em relação ao ar, estando o nariz apontando para Leste. Sopra vento do Norte para o Sul com velocidade de 90 km/h. Nessas condições, podemos afirmar que a velocidade do ultraleve em relação à Terra é:

a) 150 km/h, na direção Sudeste.
b) 30 km/h, na direção Leste.
c) 210 km/h, na direção Sudoeste.
d) 50 km/h, na direção Nordeste.
e) 210 km/h, na direção Sudeste.

T.148 (Fesp-SP) Um motorista viaja em um carro, por uma estrada em linha reta, sob uma chuva que cai verticalmente a uma velocidade constante de 10 m/s (em relação ao solo).

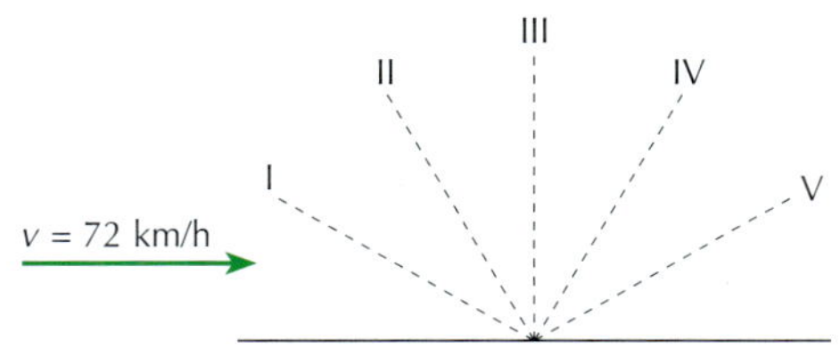

Se o carro se move da esquerda para a direita com velocidade constante igual a 72 km/h, para o motorista as gotas de chuva parecem estar caindo na direção I, II, III, IV ou V, conforme o esquema?

a) I
b) II
c) III
d) IV
e) V

T.149 (Fatec-SP) Sob a chuva que cai verticalmente, uma pessoa caminha horizontalmente com velocidade 1,0 m/s, inclinando o guarda-chuva a 30° (em relação à vertical) para resguardar-se o melhor possível. A velocidade da chuva em relação ao solo (dado: tg 60° = 1,7):

a) é 1,7 m/s.
b) é 2,0 m/s.
c) é 0,87 m/s.
d) depende do vento.
e) depende da altura da nuvem de origem.

T.150 (FCMSCSP-SP) Uma pedra se engasta no pneu de um automóvel que está com velocidade uniforme de 90 km/h. Supondo que o pneu não patina nem escorrega, e que o sentido de movimento do automóvel é o positivo, os valores algébricos mínimo e máximo da velocidade da pedra em relação ao solo e em km/h são:

a) −180 e 180
b) −90 e 90
c) −90 e 180
d) 0 e 90
e) 0 e 180

Como utilizar um guia de ruas

Como se faz a localização de uma determinada rua, utilizando-se o guia de uma cidade?

Normalmente o guia é constituído, essencialmente, de duas partes: a primeira contém um **índice de todas as ruas** e a segunda, um **conjunto de plantas**.

O índice de ruas apresenta em ordem alfabética o nome de todas as ruas da cidade. Reproduzimos ao lado um trecho de uma das páginas do índice de ruas de um guia da cidade de São Paulo.

Veja, por exemplo a rua Pirapitingui. Ela está localizada na planta 162 e no quadrante C7. O número que antecede o nome da rua é o Código de Endereçamento Postal (CEP).

Observe abaixo a planta 162. Ela está dividida em quadrantes. A localização de cada quadrante é feita por duas coordenadas: a primeira é dada por uma letra maiúscula (C, no exemplo proposto) e a outra é definida por um número (7, no caso em questão). Deste modo, localizamos a rua Pirapitingui no quadrante C7. Note que o guia permite também localizar outras ruas e avenidas próximas à rua procurada.

03349-050	Piranji **165 F6**
05614-070	Pirapama, Br de **200 B8**
02322-240	Pirapemas **33 G3**
04643-065	Pirapetinga *(Chác. Flora)* **240 D8** 364P 373T
03940-020	Pirapetinga *(V. Sto. Antônio)* **189 H3**
07223-080	Pirapetininga *(Guarulhos)* **64 B2**
01508-020	Pirapitingui **162 C7**
09616-060	Pirapitingui *(S. Bernardo)* **264 B8**
05610-060	Pirapó **180 C8**
04008-060	Pirapora **183 B2**
09051-130	Pirapora *(Sto. André)* **265 H3**
05275-010	Pirapora, estr de **30 A2**
07242-241	Pirapora, ve. *(Guarulhos)* **45 C4**
06361-200	Pirapora do Bom Jesus *(Carapicuíba)* **154 C5**
07123-230	Pirapora do Bom Jesus *(Guarulhos)* **40 F9**

GUIA 4 RODAS 2002, ED. ABRIL

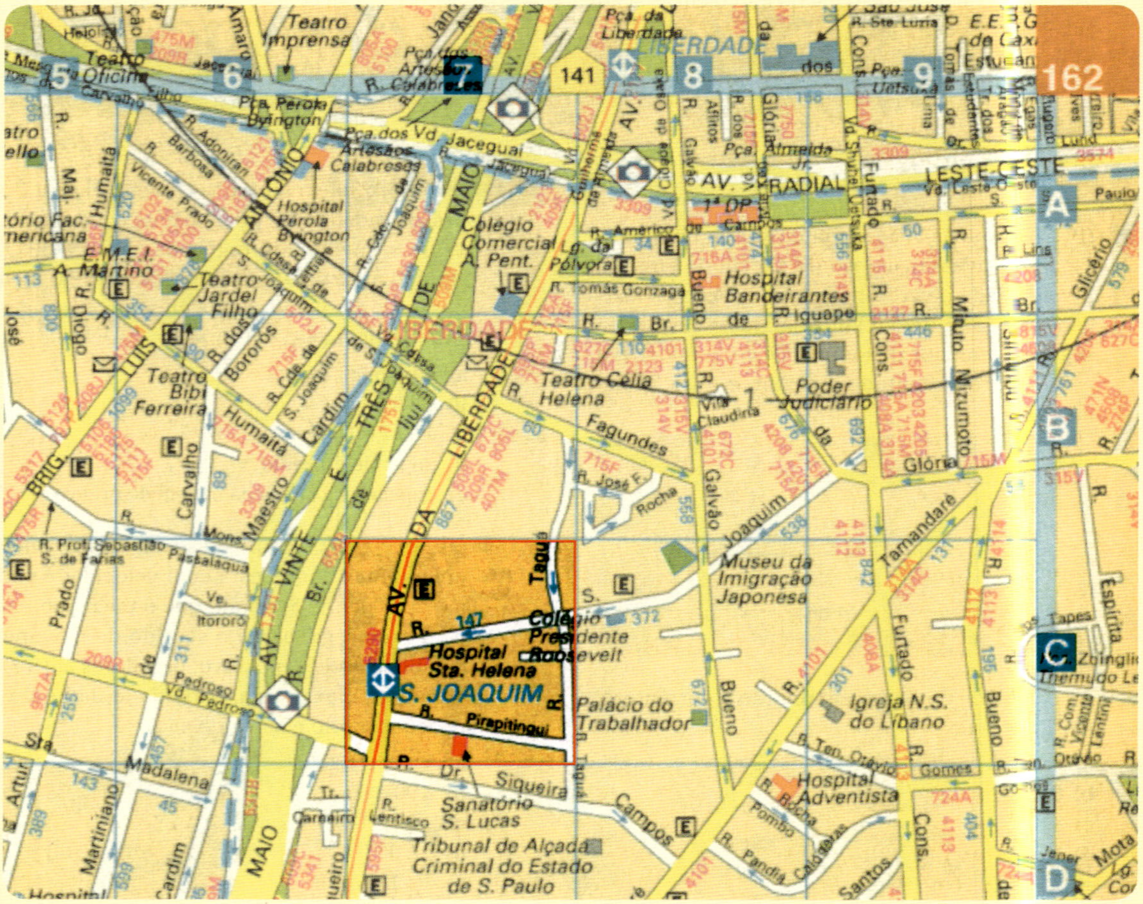

GUIA 4 RODAS 2002, ED. ABRIL

Teste sua leitura

L.14 Na planta a seguir, localize no quadrante G9 a rua Topázio.

GUIA 4 RODAS 2002, ED. ABRIL

Imagine que, ao percorrer de carro essa rua, você entre na avenida da Aclimação e se desloque até atingir a rua Esmeralda. O velocímetro de seu carro indica que o trecho percorrido na avenida da Aclimação se realiza com velocidade escalar constante. Analise as proposições, a respeito do trecho considerado:

01) O movimento do carro é uniforme.

02) A aceleração escalar do carro é nula.

04) A aceleração vetorial do carro não é nula.

08) A velocidade vetorial do carro tem direção e sentido constantes.

16) Considere o vetor deslocamento $\vec{d}$, com origem no ponto de cruzamento da rua Topázio com a avenida da Aclimação e extremidade no ponto de cruzamento da rua Esmeralda com a mesma avenida. Seja Δs a variação do espaço entre as citadas posições. Dessa forma, tem-se: $|\Delta s| > |\vec{d}|$.

32) Sejam v_m a velocidade escalar média e $\vec{v}_m$ a velocidade vetorial média, entre as posições citadas na proposição anterior. Dessa forma, tem-se: $|v_m| = |\vec{v}_m|$

Dê como resposta a soma dos números que antecedem as proposições corretas.

L.15 Observe no quadrante C3, do trecho de planta abaixo, o início da rua Luís Góis.
Um ciclista percorre um trecho desta rua, partindo do cruzamento com a rua Dr. Bacelar.
Entra à esquerda na rua Napoleão de Barros e atinge o cruzamento com a avenida Dr. Altino Arantes, onde para.

a) Calcule a distância percorrida nesse trajeto, sabendo-se que na escala utilizada cada 1 cm representa 125 m.

b) Sendo 6,0 m/s a velocidade escalar média do ciclista, qual é o intervalo de tempo gasto no percurso?

c) Represente o vetor deslocamento entre os pontos de partida e de chegada. Calcule seu módulo.

d) Calcule o módulo da velocidade vetorial média

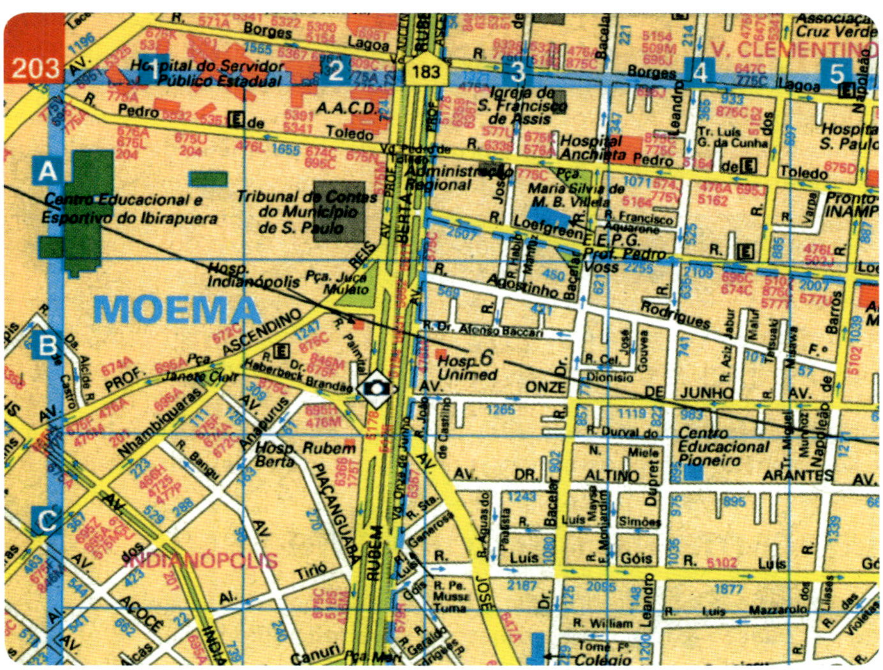

GUIA 4 RODAS 2002, ED. ABRIL

CAPÍTULO 9

Lançamento horizontal e lançamento oblíquo no vácuo

LESTER LEFKOWITZ / TAXI-GETTY IMAGES

Analisamos, neste capítulo, os movimentos dos corpos lançados horizontal e obliquamente, nas proximidades da superfície terrestre. Desprezamos a influência do ar, isto é, estudamos os movimentos como se eles ocorressem no vácuo. Por isso, os denominamos *lançamento horizontal* e *lançamento oblíquo no vácuo*. Tais movimentos são estudados com base no princípio da independência dos movimentos simultâneos. Na foto, observe as trajetórias parabólicas descritas pelas fagulhas.

1. PRINCÍPIO DA INDEPENDÊNCIA DOS MOVIMENTOS SIMULTÂNEOS (GALILEU)
2. LANÇAMENTO HORIZONTAL NO VÁCUO
3. LANÇAMENTO OBLÍQUO NO VÁCUO

1. Princípio da independência dos movimentos simultâneos (Galileu)

Estudando os problemas relativos a um movimento composto, isto é, resultante da composição de dois ou mais movimentos, Galileu propôs o **princípio da simultaneidade** ou **princípio da independência dos movimentos simultâneos** (veja pág. 134).

> Se um corpo apresenta um movimento composto, cada um dos movimentos componentes se realiza como se os demais não existissem e no mesmo intervalo de tempo.

Assim, por exemplo, consideremos o caso de um barco que sai perpendicularmente às margens de um rio e é arrastado pela correnteza, atingindo a margem oposta num ponto situado rio abaixo. O tempo gasto pelo barco na travessia é o mesmo que ele gastaria sem correnteza. O movimento de arrastamento rio abaixo é simultâneo ao movimento próprio do barco, mas independente dele. Os dois movimentos ocorrem ao mesmo tempo, mas um não interfere na realização do outro.

2. Lançamento horizontal no vácuo

Quando um corpo é lançado horizontalmente no vácuo, nas proximidades da superfície terrestre, ele descreve, **em relação à Terra, uma trajetória parabólica** (figura 1).

Esse movimento pode ser considerado, de acordo com o princípio da simultaneidade, como o resultado da composição de dois movimentos simultâneos e independentes: **queda livre** e **movimento horizontal**.

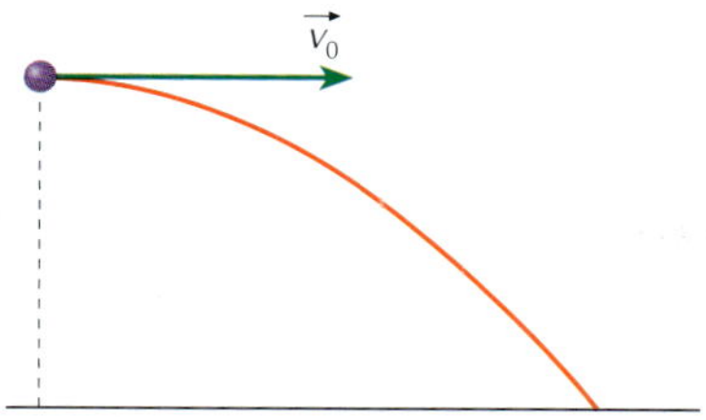

Figura 1. A trajetória de um corpo lançado horizontalmente no vácuo é um arco de parábola.

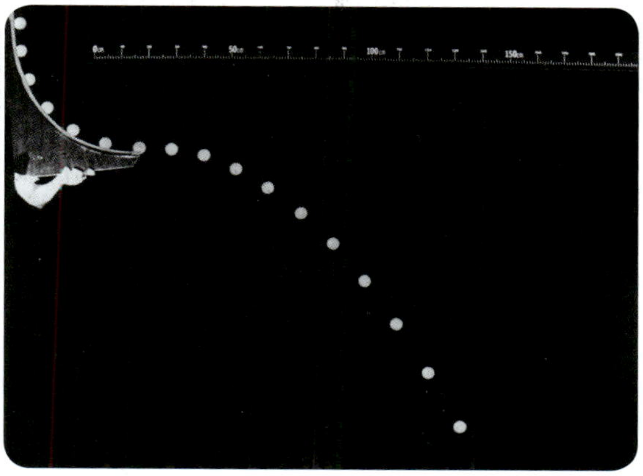

PROF. RODOLPHO CANIATO E EQUIPE

Foto estroboscópica que mostra a trajetória parabólica descrita por um corpo lançado horizontalmente.

2.1. Queda livre

É um movimento vertical, sob a ação exclusiva da gravidade. Trata-se de um movimento uniformemente variado, pois sua aceleração se mantém constante (aceleração da gravidade).

2.2. Movimento horizontal

É um movimento uniforme, pois não existe nenhuma aceleração na direção horizontal; o corpo o realiza por inércia, mantendo a velocidade $\vec{v}_0$ com que foi lançado.

Em cada ponto da trajetória, a velocidade resultante $\vec{v}$ do corpo, cuja direção é tangente à trajetória, é dada pela soma vetorial da velocidade horizontal $\vec{v}_0$, que permanece constante, e da velocidade vertical $\vec{v}_y$, cujo módulo varia, pois a aceleração da gravidade tem direção vertical (figura 2):

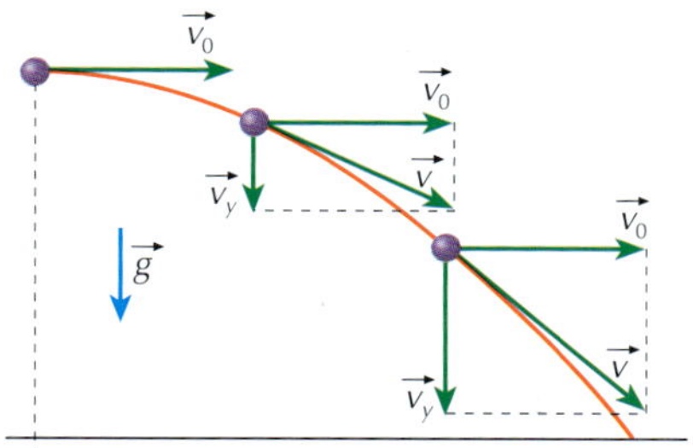

Figura 2.

$$\vec{v} = \vec{v}_0 + \vec{v}_y$$

Assim, no lançamento horizontal, à medida que o corpo se movimenta, o módulo de sua velocidade $\vec{v}$ cresce em virtude do aumento do módulo da velocidade vertical $\vec{v}_y$.

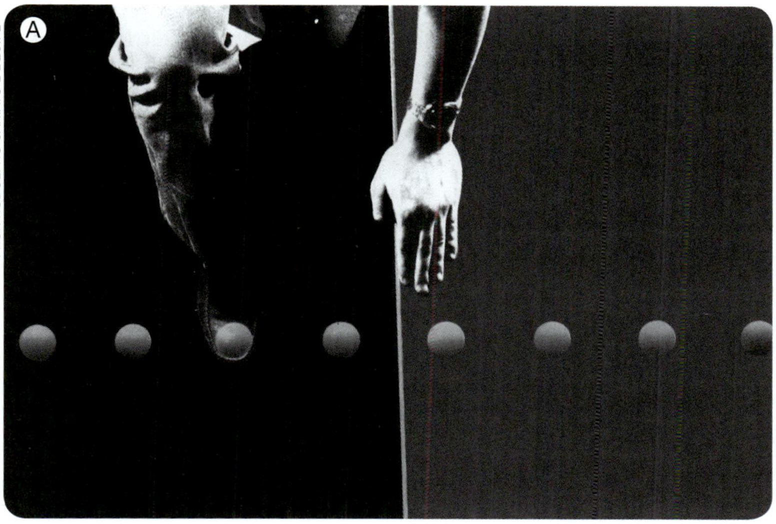

PROF. RODOLPHO CANIATO E EQUIPE

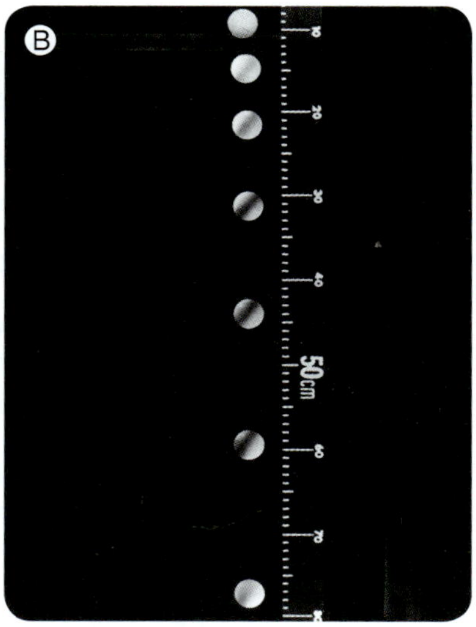

PROF. RODOLPHO CANIATO E EQUIPE

Fotos estroboscópicas do movimento de uma esfera que abandona uma mesa a certa altura do solo, tiradas de duas posições diferentes. Em (A), tirada de cima, percebe-se o movimento uniforme na direção horizontal: a mão do operador indica o ponto em que o corpo abandona a mesa. Em (B), tirada de frente, destaca-se o movimento da esfera na direção vertical (queda livre), após abandonar a mesa.

Exercícios resolvidos

R.63 Após uma enchente, um grupo de pessoas ficou ilhado numa região. Um avião de salvamento, voando horizontalmente a uma altura de 720 m e mantendo uma velocidade de 50 m/s, aproxima-se do local para que um pacote com medicamentos e alimentos seja lançado para as pessoas isoladas. A que distância, na direção horizontal, o pacote deve ser abandonado para que caia junto às pessoas? Despreze a resistência do ar e adote $g = 10\ m/s^2$.

Solução:

O pacote cai e, ao mesmo tempo, avança horizontalmente. Esse avanço horizontal se dá por inércia, acompanhando o movimento do avião. Assim, o pacote deve ser abandonado numa posição tal que, no intervalo de tempo que leva para cair, ele percorra a distância horizontal necessária para chegar junto às pessoas. Calculamos o tempo de queda como se o pacote caísse livremente na direção vertical.

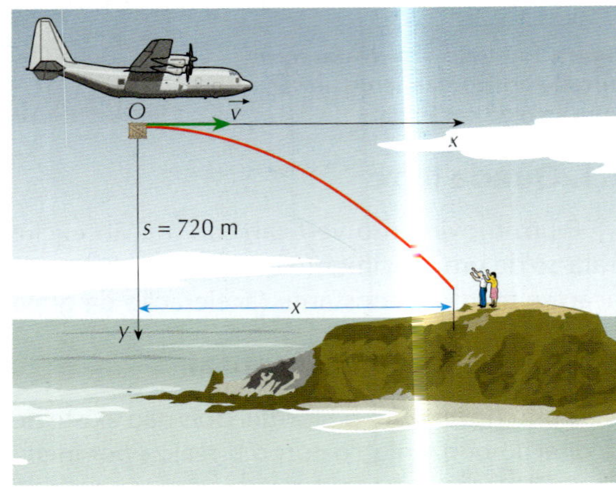

$$s = \frac{g}{2}t^2 \Rightarrow 720 = \frac{10}{2}t^2 \Rightarrow t^2 = 144 \Rightarrow \boxed{t = 12\ s}$$

Durante esses 12 s, o pacote avança com movimento uniforme na direção horizontal e com velocidade constante $v = 50$ m/s. Assim:

$$x = vt \Rightarrow x = 50 \cdot 12 \Rightarrow \boxed{x = 600\ m}$$

Resposta: O pacote deve ser abandonado quando o avião estiver a 600 m do grupo, medidos na direção horizontal.

R.64 Uma esfera rola com velocidade constante de 10 m/s sobre uma mesa horizontal. Ao abandonar a mesa, ela fica sujeita exclusivamente à ação da gravidade ($g = 10\ m/s^2$), atingindo o solo num ponto situado a 5 m do pé da mesa. Determine:

a) o tempo de queda;
b) a altura da mesa em relação ao solo;
c) o módulo da velocidade da esfera ao chegar ao solo.

Solução:

a) Ao abandonar a mesa, a esfera apresenta, na direção horizontal, movimento uniforme com velocidade $v_0 = 10$ m/s. Assim:

$$x = v_0t \Rightarrow 5 = 10t \Rightarrow \boxed{t = 0,5\ s}$$

Esse tempo é também o tempo de queda, cujo movimento é simultâneo.

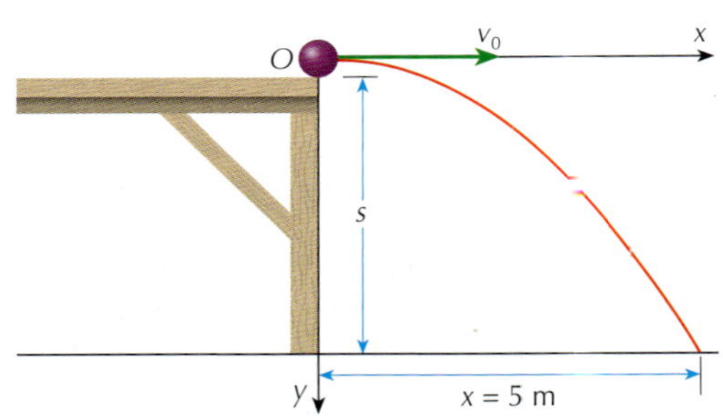

b) Simultaneamente ao movimento horizontal, a esfera cai de uma altura s em queda livre:

$$s = \frac{g}{2}t^2 \Rightarrow s = \frac{10}{2} \cdot (0,5)^2 \Rightarrow \boxed{s = 1,25\ m}$$

c) Ao chegar ao solo, a velocidade vetorial da esfera pode ser considerada resultante da composição da velocidade horizontal que se mantém constante e da velocidade vertical ($\vec{v}_y$), cujo módulo é dado por:

$v_y = v_{0_y} + gt$, sendo: $v_{0_y} = 0$; $g = 10\ m/s^2$; $t = 0,5$ s

Assim, temos: $v_y = 0 + 10 \cdot 0,5 \Rightarrow v_y = 5$ m/s

Aplicando o teorema de Pitágoras ao triângulo destacado na figura, obtemos o módulo da velocidade vetorial da esfera ao chegar ao solo:

$$v^2 = v_0^2 + v_y^2 \Rightarrow$$
$$\Rightarrow v^2 = (10)^2 + (5)^2 = 100 + 25 \Rightarrow$$
$$\Rightarrow v^2 = 125 \Rightarrow \boxed{v \simeq 11,2\ m/s}$$

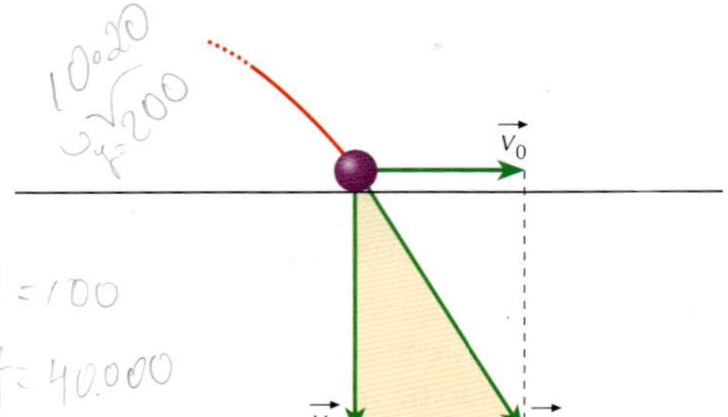

Respostas: a) 0,5 s; b) 1,25 m; c) $\simeq$11,2 m/s

AE Pratique! Ver AE pág. 162

Exercícios propostos

P.167 Um avião voa horizontalmente a 2.000 m de altura com velocidade de 250 m/s no instante em que abandona um pacote. Adote $g = 10\ m/s^2$ e despreze a ação do ar. Determine:

a) o tempo de queda do pacote;

b) a distância que o pacote percorre na direção horizontal desde o lançamento até o instante em que atinge o solo;

c) o módulo da velocidade do pacote ao atingir o solo.

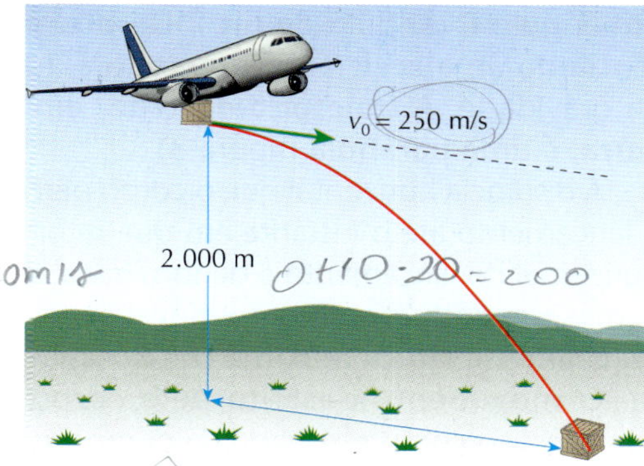

P.168 Da beira de um barranco situado a 39,2 m em relação ao nível inferior do solo, um garoto chuta uma bola, imprimindo-lhe uma velocidade horizontal de 4,0 m/s, como mostra a figura ao lado. Na parte inferior do barranco, a 40,0 m da vertical do primeiro garoto, um outro garoto vai tentar pegar a bola. Determine a que distância, à frente ou atrás do segundo garoto, a bola chutada cairá (adote $g = 10\ m/s^2$ e despreze a resistência do ar).

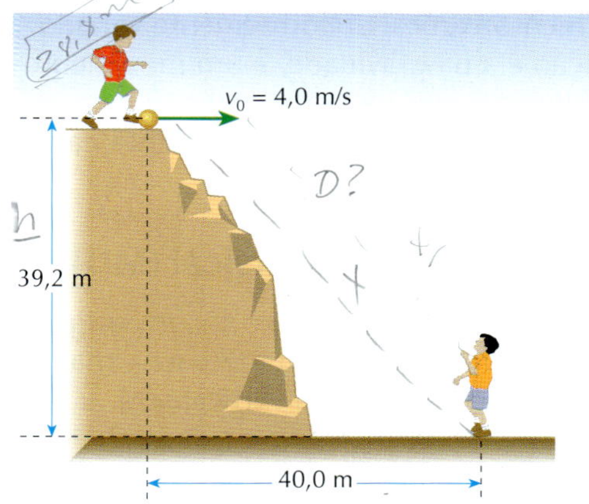

P.169 Um avião de socorro voa horizontalmente a uma altura $h = 720$ m, a fim de lançar um pacote de mantimentos para uma população flagelada. Quando o avião se encontra à distância $d = 1.200$ m da população, na direção horizontal (veja a figura), o piloto abandona o pacote. (Adote $g = 10\ m/s^2$.)

a) Qual é a trajetória do pacote vista pelo piloto, considerando que o avião mantenha invariável o seu movimento?

b) Qual é a trajetória do pacote vista por uma pessoa da população?

c) Quanto tempo o pacote leva até chegar aos flagelados?

d) Qual é o módulo da velocidade $\vec{v}$ do avião?

e) Qual é o módulo da velocidade do pacote quando ele chega ao solo?

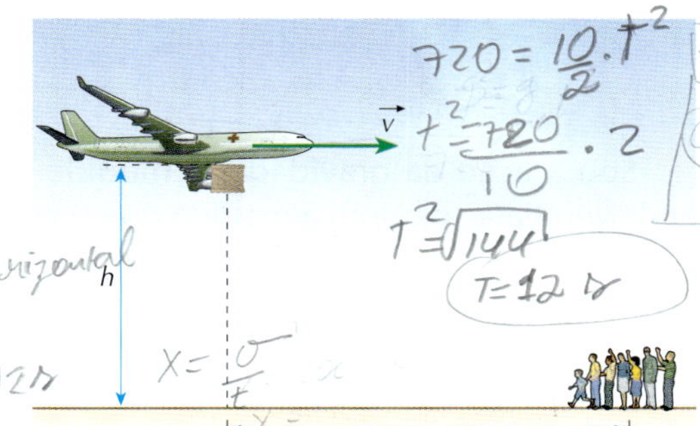

P.170 Uma bolinha rola com velocidade de módulo constante $v = 5$ m/s sobre uma mesa horizontal de altura $h = 1,25$ m e, com essa velocidade, abandona a borda da mesa. (Adote $g = 10\ m/s^2$.)

a) Desenhe a trajetória descrita pela bolinha, em relação ao solo, após abandonar a mesa.

b) Em quanto tempo a bolinha chega ao chão?

c) O intervalo de tempo calculado no item anterior seria maior, menor ou igual, se a bolinha fosse apenas abandonada a partir da borda da mesa? Por quê?

d) Localize o ponto em que a bolinha toca o chão, calculando seu deslocamento na direção horizontal a partir do instante em que abandona a borda da mesa.

e) Calcule o módulo da velocidade com que a bolinha chega ao chão.

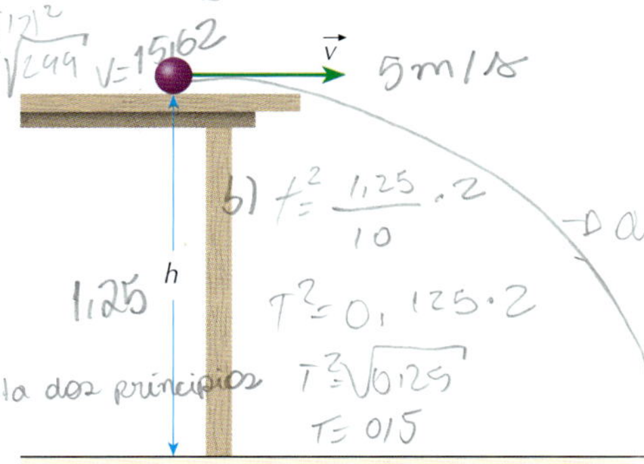

3. Lançamento oblíquo no vácuo

Considere um corpo sendo lançado com velocidade $\vec{v}_0$ numa direção que forma com a horizontal um ângulo θ (ângulo de tiro). Desprezada a resistência do ar, a aceleração do corpo é a aceleração da gravidade. **A trajetória descrita, em relação à Terra, é uma parábola** (figura 3).

A distância horizontal que o corpo percorre desde o lançamento até o instante em que retorna ao nível horizontal do lançamento é denominada **alcance** (*A*). O máximo deslocamento do móvel na direção vertical chama-se **altura máxima** (*H*) do lançamento.

O movimento descrito pelo corpo pode ser considerado como resultado da composição de dois movimentos simultâneos e independentes: um movimento vertical uniformemente variado, cuja aceleração é a da gravidade, e um movimento horizontal uniforme, pois na horizontal não há aceleração.

Vamos analisar separadamente cada um desses movimentos componentes.

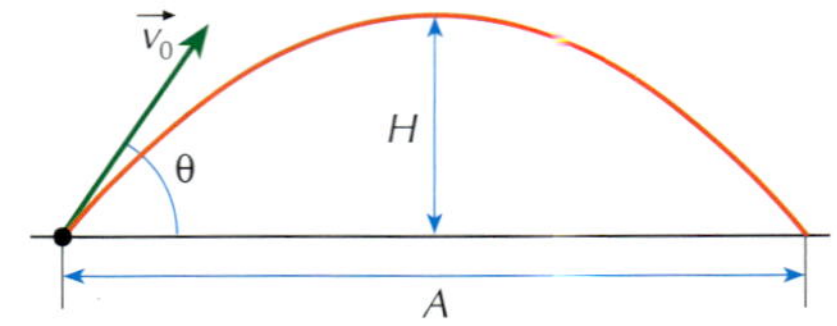

Figura 3. Lançamento oblíquo no vácuo.

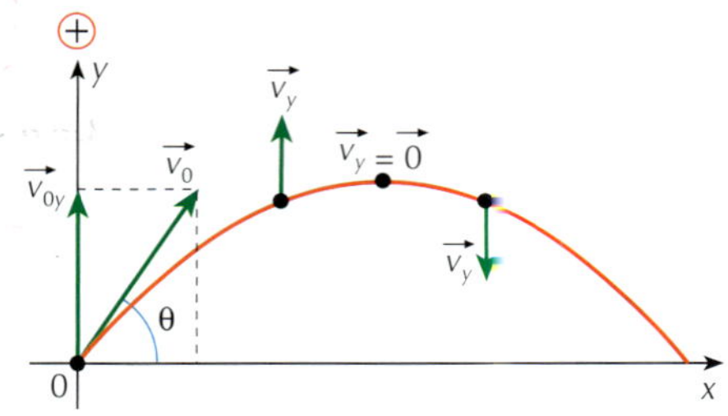

Figura 4. O módulo da velocidade vertical $\vec{v}_y$ varia como no lançamento vertical para cima.

3.1. Movimento vertical (MUV)

Consideremos o eixo *y* com origem no ponto de lançamento e orientado para cima. A aceleração escalar do movimento vertical será: $\alpha = -g$.

Se projetarmos a velocidade de lançamento $\vec{v}_0$ na direção do eixo *y*, obteremos a **velocidade inicial vertical** $\vec{v}_{0_y}$, cujo módulo (figura 4) é dado por:

$$v_{0_y} = v_0 \cdot \text{sen}\ \theta$$

Sob a ação da gravidade, o módulo da velocidade vertical $\vec{v}_y$ diminui à medida que o corpo sobe, anula-se no ponto mais alto e aumenta à medida que o corpo desce. Na figura 4 representa-se a velocidade $\vec{v}_y$ em várias posições do corpo, tendo-se omitido a componente horizontal.

Como o movimento na direção vertical é uniformemente variado, valem as funções:

$$y = v_{0_y}t + \frac{\alpha}{2}t^2 \qquad v_y = v_{0_y} + \alpha t \qquad v_y^2 = v_{0_y}^2 + 2\alpha y$$

Nessas funções, como a trajetória foi orientada para cima, a aceleração escalar é $\alpha = -g$. Para calcular a altura máxima do lançamento (*H*), pode-se utilizar a fórmula seguinte, cuja dedução se encontra no quadro ao lado:

$$H = \frac{v_0^2 \cdot \text{sen}^2\ \theta}{2g}$$

Altura máxima

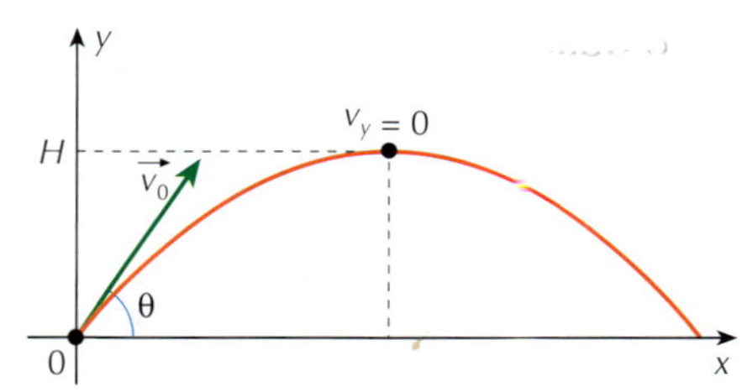

No ponto mais alto da trajetória:

$$y = H \quad \text{e} \quad v_y = 0$$

Pela equação de Torricelli, temos:

$$v_y^2 = v_{0_y}^2 + 2\alpha y$$

$$0 = v_{0_y}^2 + 2(-g)H$$

$$2gH = v_{0_y}^2$$

$$H = \frac{v_{0_y}^2}{2g}$$

Mas: $v_{0_y} = v_0 \cdot \text{sen}\ \theta$

Logo: $H = \dfrac{v_0^2 \cdot \text{sen}^2\ \theta}{2g}$

3.2. Movimento horizontal (MU)

Consideremos o eixo x com origem no ponto de lançamento e orientado no sentido da **velocidade horizontal** $\vec{v}_x$, dada pela projeção sobre esse eixo da velocidade de lançamento $\vec{v}_0$ (figura 5).

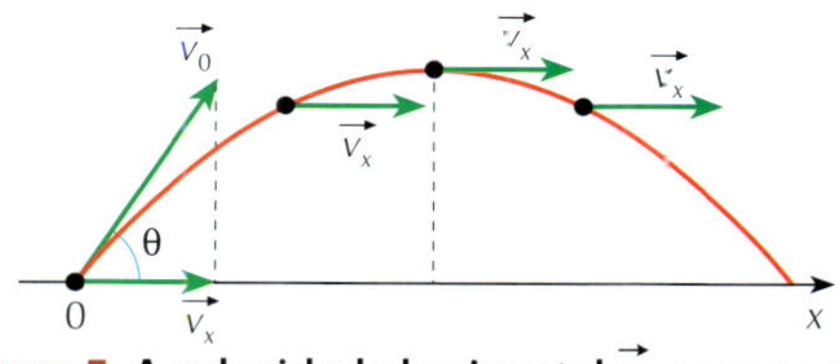

Figura 5. A velocidade horizontal $\vec{v}_x$ permanece constante durante o movimento.

O módulo da velocidade horizontal $\vec{v}_x$ é dado por:

$$v_x = v_0 \cdot \cos \theta$$

A figura 5, na qual não foi representada a velocidade vertical $\vec{v}_y$, mostra que, qualquer que seja o ponto da trajetória em que o corpo esteja, a velocidade horizontal é sempre a mesma:

$$\vec{v}_x = \text{constante}$$

Assim, sendo um movimento uniforme, a função horária do movimento horizontal pode ser escrita deste modo:

$$x = v_x t$$

No quadro abaixo, deduzimos a fórmula que nos permite determinar o alcance (A) em função da velocidade v_0 e do ângulo de tiro θ:

$$A = \frac{v_0^2 \cdot \text{sen } 2\theta}{g}$$

Por essa fórmula, verifica-se que o **alcance máximo** ($A_{\text{máx.}}$) para o lançamento, com dada velocidade v_0, é obtido quando:

$$\text{sen } 2\theta = 1 \Rightarrow 2\theta = 90° \Rightarrow \theta = 45°$$

Alcance do lançamento

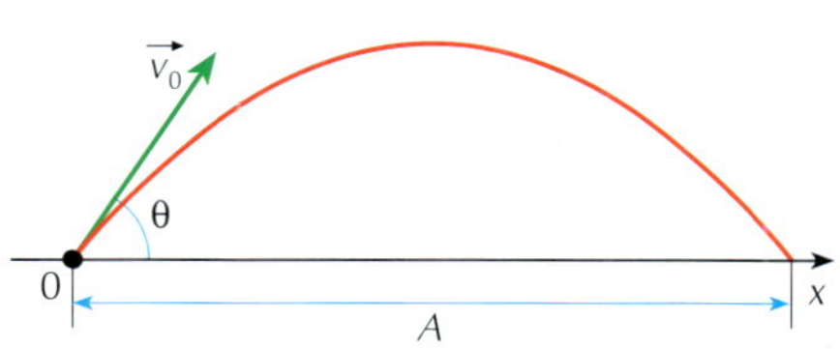

Quando o corpo retorna ao nível de lançamento: $v_y = -v_{0_y}$

Logo, sendo $\alpha = -g$, temos:

$$v_y = v_{0_y} + \alpha t$$
$$-v_{0_y} = v_{0_y} - gt$$
$$t = \frac{2v_{0_y}}{g}$$

Durante esse tempo, o corpo avança horizontalmente a distância A (alcance); assim, $x = A$.

Como $x = v_x t$, $v_{0_y} = v_0 \cdot \text{sen } \theta$ e $v_x = v_0 \cdot \cos \theta$, vem:

$$A = v_x \cdot \frac{2v_{0_y}}{g}$$

$$A = v_0 \cdot \cos \theta \cdot \frac{2v_0 \cdot \text{sen } \theta}{g}$$

Como $2 \cdot \text{sen } \theta \cdot \cos \theta = \text{sen } 2\theta$, temos:

$$A = \frac{v_0^2 \cdot \text{sen } 2\theta}{g}$$

Nessa condição ($\theta = 45°$), há uma relação simples entre o alcance ($A_{máx.}$) e a altura máxima (H). Substituindo θ por 45°, nas respectivas fórmulas, vem:

$$A_{máx.} = \frac{v_0^2 \cdot \text{sen } 2\theta}{g} = \frac{v_0^2 \cdot \text{sen } (2 \cdot 45°)}{g} = \frac{v_0^2 \cdot \overbrace{\text{sen } 90°}^{1}}{g} \Rightarrow A_{máx.} = \frac{v_0^2}{g}$$

$$H = \frac{v_0^2 \cdot \text{sen}^2 \theta}{2g} = \frac{v_0^2 \cdot \text{sen}^2 45°}{2g} = \frac{v_0^2 \cdot \left(\frac{\sqrt{2}}{2}\right)^2}{2g} \Rightarrow H = \frac{v_0^2}{4g}$$

Comparando:

$$A_{máx.} = 4H$$

Portanto, no lançamento com $\theta = 45°$ (figura 6), o alcance ($A_{máx.}$) é quatro vezes maior que a altura máxima (H) do lançamento.

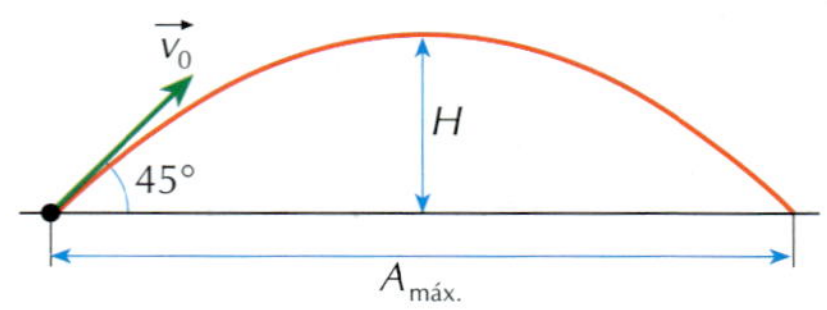

Figura 6. **Lançamento com $\theta = 45°$.**

É importante ressaltar que, considerando o movimento resultante, a velocidade $\vec{v}$ do projétil é sempre dada pela soma dos vetores componentes $\vec{v}_x$ e $\vec{v}_y$:

$$\vec{v} = \vec{v}_x + \vec{v}_y$$

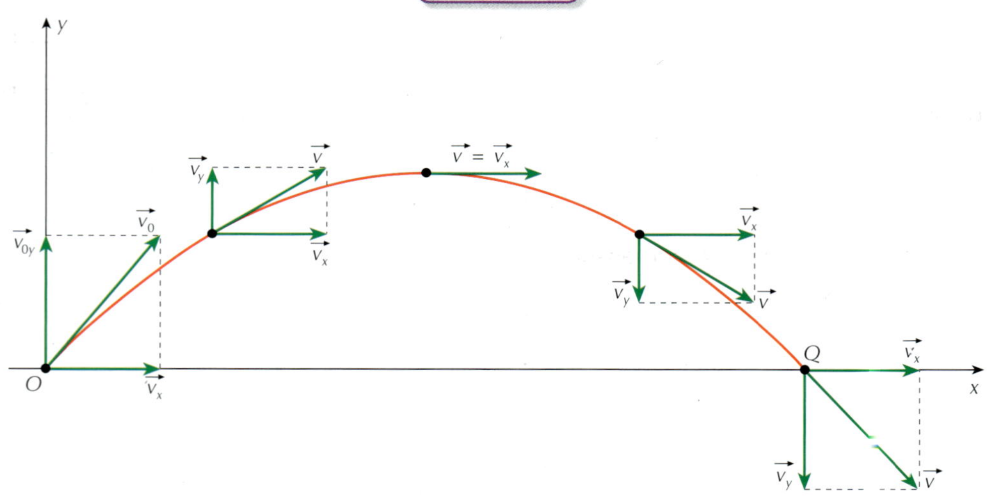

Figura 7. **Em qualquer ponto da trajetória, a velocidade resultante $\vec{v}$ é dada por $\vec{v} = \vec{v}_x + \vec{v}_y$.**

Observe, pela figura 7, que a velocidade $\vec{v}$ é sempre tangente à trajetória. No ponto mais alto da trajetória, tem-se $\vec{v}_y = \vec{0}$ e, portanto, $\vec{v} = \vec{v}_x$. Sendo assim, nesse ponto, a velocidade $\vec{v}$ tem módulo mínimo.

Ao retornar ao nível horizontal de lançamento, o projétil apresenta velocidade $\vec{v}$, cujo módulo é igual ao módulo da velocidade de lançamento $\vec{v}_0$. Isso equivale a dizer que a velocidade escalar v do corpo, no instante de retorno ao solo, é igual à velocidade escalar v_0 com que foi lançado a partir do solo.

Trajetória parabólica descrita por um corpo lançado obliquamente.

Entre na rede

No endereço eletrônico **http://www.ngsir.netfirms.com/englishhtm/ThrowABall.htm** (acesso em 13/2/2007), você pode simular o movimento de projéteis.

PARTE 3

A parábola

Denominam-se **cônicas** as **curvas** que podem ser obtidas a partir da secção de um cone circular reto por um plano. Dependendo da inclinação desse plano em relação à base do cone, como indica a figura ao lado, pode-se obter uma circunferência, uma elipse, uma hipérbole ou uma parábola.

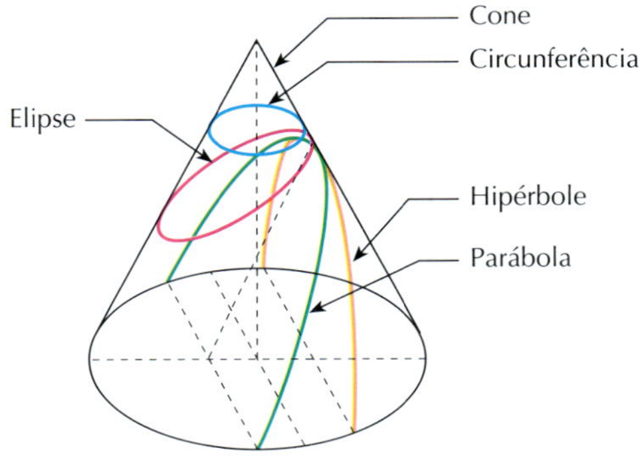

Etimologicamente, a palavra **parábola** provém do grego e significa **lançar ao longe**. Portanto, originalmente o termo surgiu com base num fenômeno físico e seu significado foi estendido para designar a trajetória, em relação à Terra, de um projétil lançado horizontal ou obliquamente no vácuo, nas proximidades da superfície terrestre. Somente depois é que o termo parábola assumiu o significado matemático que tem hoje.

Exercícios resolvidos

R.65 Um corpo é lançado obliquamente no vácuo com velocidade inicial $v_0 = 100$ m/s, numa direção que forma com a horizontal um ângulo θ tal que sen θ = 0,8 e cos θ = 0,6. Adotando $g = 10$ m/s², determine:

a) os módulos das componentes horizontal e vertical da velocidade no instante de lançamento;
b) o instante em que o corpo atinge o ponto mais alto da trajetória;
c) a altura máxima atingida pelo corpo;
d) o alcance do lançamento.

Solução:

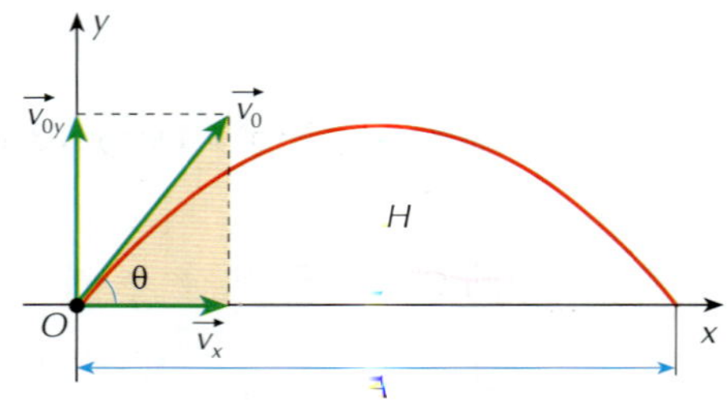

a) Do triângulo retângulo destacado, formado por $\vec{v}_0$, $\vec{v}_x$ e $\vec{v}_{0_y}$, tiramos:

$$v_{0_y} = v_0 \cdot \text{sen}\,\theta \quad \text{e} \quad v_x = v_0 \cdot \cos\theta$$

Como $v_0 = 100$ m/s, sen θ = 0,8 e cos θ = 0,6, vem:

$$v_{0_y} = 100 \cdot 0{,}8 \Rightarrow \boxed{v_{0_y} = 80 \text{ m/s}}$$

$$v_x = 100 \cdot 0{,}6 \Rightarrow \boxed{v_x = 60 \text{ m/s}}$$

b) No ponto mais alto da trajetória, $v_y = 0$. Como $v_y = v_{0_y} + \alpha t$, com $\alpha = -g = -10$ m/s², vem:

$$0 = 80 - 10t \Rightarrow 10t = 80 \Rightarrow \boxed{t = 8 \text{ s}}$$

c) Substituindo $t = 8$ s em $y = v_{0_y}t + \dfrac{\alpha}{2}t^2$, sendo $y = H$ e $\alpha = -g = -10$ m/s², vem:

$$H = 80 \cdot 8 - \frac{10 \cdot 64}{2} = 640 - 320 \Rightarrow \boxed{H = 320 \text{ m}}$$

d) O tempo total do movimento é $t_T = 2t = 2 \cdot 8 = 16$ s.
Para o movimento horizontal $x = v_x \cdot t$, temos: $x = A$, quando $t = 16$ s, e $v_x = 60$ m/s. Portanto:

$$A = 60 \cdot 16 \Rightarrow \boxed{A = 960 \text{ m}}$$

Respostas: a) $v_{0_y} = 80$ m/s; $v_x = 60$ m/s; b) 8 s; c) 320 m; d) 960 m

Observação:

Os itens **c** e **d** podem também ser resolvidos respectivamente pelas seguintes fórmulas, deduzidas anteriormente:

$$H = \frac{v_0^2 \cdot \text{sen}^2\,\theta}{2g}, \text{ para a altura máxima, e } A = \frac{v_0^2 \cdot \text{sen}\,2\theta}{g}, \text{ para o alcance.}$$

R.66 Um projétil é lançado obliquamente com velocidade que forma com a horizontal um ângulo θ, atingindo a altura máxima de 7,2 m. Sabendo que no ponto mais alto da trajetória a velocidade escalar do projétil é 10 m/s, determine:

a) o intervalo de tempo para o projétil chegar ao ponto mais alto de sua trajetória (tempo de subida);
b) o tempo total do movimento;
c) a velocidade de lançamento e o ângulo de tiro θ, expresso por uma de suas funções trigonométricas;
d) o alcance horizontal do lançamento.

Solução:

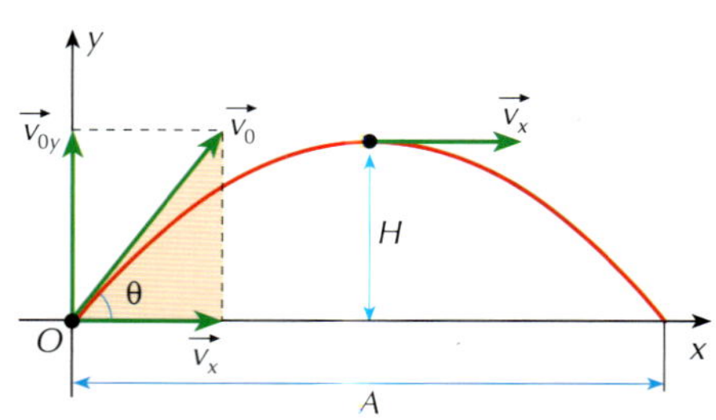

a) Em $y = H = 7{,}2$ m, $v_y = 0$. Aplicando a equação de Torricelli, vem:

$$v_y^2 = v_{0_y}^2 + 2\alpha y \text{ (com } \alpha = -g = -10 \text{ m/s}^2) \Rightarrow$$

$$\Rightarrow 0 = v_{0_y}^2 - 20 \cdot 7{,}2 \Rightarrow v_{0_y}^2 = 144 \Rightarrow v_{0_y} = 12 \text{ m/s}$$

Substituindo em $v_y = v_{0_y} - gt$:

$$0 = 12 - 10t_s \Rightarrow 10t_s = 12 \Rightarrow \boxed{t_s = 1{,}2 \text{ s}}$$

b) O tempo de subida é igual ao tempo de descida. Logo, o tempo total do movimento será:

$$t_T = 2t_s \Rightarrow t_T = 2 \cdot 1{,}2 \Rightarrow \boxed{t_T = 2{,}4 \text{ s}}$$

c) A velocidade de lançamento v_0 é obtida a partir de suas componentes v_x e v_{0_y}, aplicando-se o teorema de Pitágoras ao triângulo destacado na figura anterior:

$$v_0^2 = v_{0_y}^2 + v_x^2, \text{ sendo } v_{0_y} = 12 \text{ m/s e } v_x = 10 \text{ m/s}$$

Portanto: $v_0^2 = 144 + 100 \Rightarrow v_0^2 = 244 \Rightarrow \boxed{v_0 \simeq 15{,}6 \text{ m/s}}$

Como $v_x = v_0 \cdot \cos\theta$, vem: $10 = 15{,}6 \cdot \cos\theta \Rightarrow \cos\theta = \dfrac{10}{15{,}6} \Rightarrow \boxed{\cos\theta \simeq 0{,}64}$

Ou, ainda, $v_{0y} = v_0 \cdot \text{sen}\,\theta$. Logo: $12 = 15{,}6 \cdot \text{sen}\,\theta \Rightarrow \text{sen}\,\theta = \dfrac{12}{15{,}6} \Rightarrow \boxed{\text{sen}\,\theta \simeq 0{,}77}$

d) Para obter o alcance $x = A$, substituímos $t_T = 2{,}4$ s em $x = v_x t$. Assim:

$$A = 10 \cdot 2{,}4 \Rightarrow \boxed{A = 24 \text{ m}}$$

Respostas: a) 1,2 s; b) 2,4 s; c) 15,6 m/s; cos θ ≃ 0,64; sen θ ≃ 0,77; d) 24 m

Exercícios propostos

P.171 Um corpo é lançado obliquamente a partir do solo, no vácuo, sob ângulo de 60° com a horizontal e com velocidade de 10 m/s. Adotando $g = 10 \text{ m/s}^2$, sen 60° = sen 120° = 0,86 e cos 60° = 0,50, determine:

a) a velocidade escalar mínima assumida pelo corpo;
b) o instante em que o corpo atinge o ponto mais alto da trajetória;
c) a altura máxima atingida pelo corpo e o alcance do lançamento.

P.172 No lançamento oblíquo de um projétil, a altura máxima é 20 m. No ponto mais alto da trajetória, a velocidade escalar do projétil é 5 m/s. Desprezando a resistência do ar e adotando $g = 10 \text{ m/s}^2$, determine:

a) o tempo total do movimento e o tempo de subida;
b) a velocidade escalar de lançamento;
c) o ângulo de tiro expresso por uma de suas funções trigonométricas;
d) o alcance do lançamento.

P.173 (FMIt-MG) Uma bola está parada sobre o gramado de um campo horizontal, na posição *A*. Um jogador chuta a bola para cima, imprimindo-lhe velocidade $\vec{v}_0$ de módulo 8,0 m/s, fazendo com a horizontal um ângulo de 60°, como mostra a figura. A bola sobe e desce, atingindo o solo novamente, na posição *B*. Desprezando-se a resistência do ar, qual será a distância entre as posições *A* e *B*? (Use $g = 10 \text{ m/s}^2$, sen 60° = 0,87 e cos 60° = 0,5.)

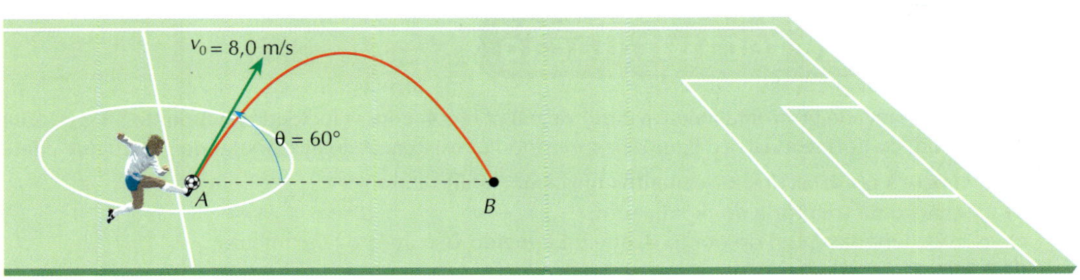

P.174 Um corpo é lançado de um ponto *O* do solo com velocidade inicial $\vec{v}_0$, que forma com a horizontal um ângulo θ, como indica a figura, tal que cos θ = 0,80 e sen θ = 0,60. Sendo $v_0 = 100$ m/s e $g = 10 \text{ m/s}^2$, despreze a resistência do ar e determine:

a) o instante em que o corpo atinge o ponto mais alto da trajetória;
b) o instante em que o corpo está de volta ao solo;
c) o alcance horizontal *A*;
d) a altura máxima *H*;
e) a velocidade escalar do corpo no ponto de altura máxima;
f) a velocidade escalar do corpo no instante em que toca o solo.

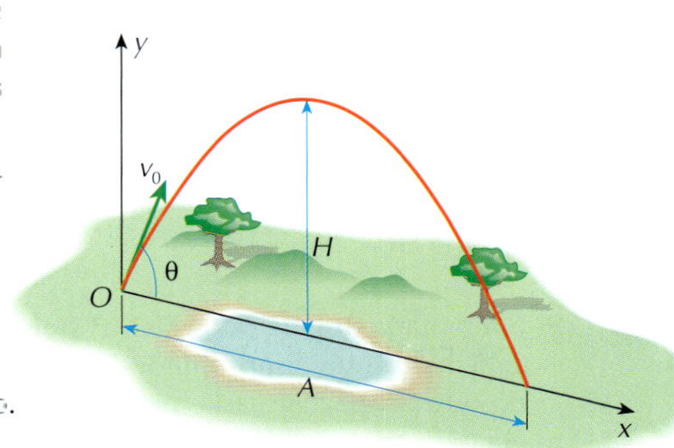

P.175 No exercício anterior, trace o gráfico em função do tempo das componentes horizontal e vertical da velocidade do corpo.

P.176 (UFSCar-SP) Em plena aula, o menino decide aprontar mais uma das suas. Inclina sua mesa segundo um ângulo de 30° com a horizontal e, utilizando a ponta do dedo indicador, golpeia violentamente um pedacinho de giz sobre a carteira. Após um breve voo, o giz atinge as costas de um colega de classe, na mesma altura em que foi lançado.

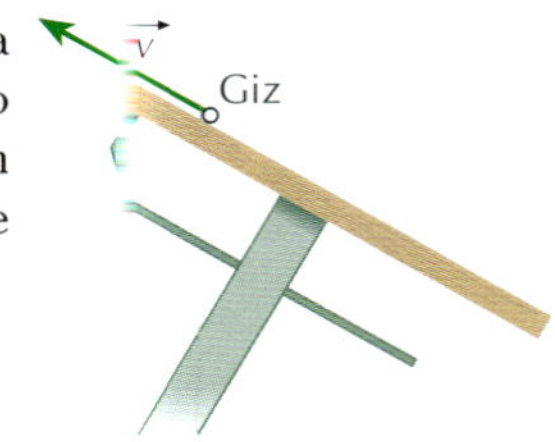

Considere:

- O módulo da velocidade do giz no momento do lançamento foi 10 m/s.
- O giz praticamente não encostou no tampo da mesa no momento do lançamento.
- Aceleração da gravidade = 10 m/s^2.
- Desprezar a ação resistiva do ar ao movimento do giz.
- sen 30° = 0,5 e cos 30° = 0,8.

Sob estas condições, determine:

a) O valor aproximado da altura alcançada pelo giz, em m, relativa à posição de seu lançamento.

b) O tempo de voo do giz, em s, do momento de seu lançamento até o instante em que atinge as costas do colega de classe.

P.177 (FMTM-MG) Em um espetacular show de acrobacia, uma motocicleta abandona a extremidade da rampa com velocidade de 108 km/h, sobrevoa uma fileira de fuscas estacionados, descendo finalmente em uma outra rampa idêntica e à mesma altura em que abandonou a primeira.

Considere desprezíveis ações resistivas do ar e do atrito.

Dados:

g = 10 m/s^2

inclinação do plano da rampa = 32°

sen 32° = 0,53

cos 32° = 0,85

sen 64° = 0,90

cos 64° = 0,44

a) Determine quanto tempo a motocicleta permanece "voando" sobre os carros.

b) Se os fuscas foram estacionados lado a lado, ocupando uma vaga de 2,1 m de largura, determine quantos carros compunham a fileira entre as rampas.

Exercícios propostos de recapitulação

P.178 Um corpo é lançado horizontalmente a partir de um ponto A, com velocidade de módulo 50 m/s, atingindo o solo no ponto B, conforme mostra a figura. Desprezando a resistência do ar e adotando g = 10 m/s^2, determine:

a) as funções horárias dos movimentos horizontal e vertical;

b) a equação da trajetória do movimento;

c) as coordenadas (x, y) do ponto B, que foi atingido 10 s após o lançamento;

d) a velocidade resultante do corpo no ponto B.

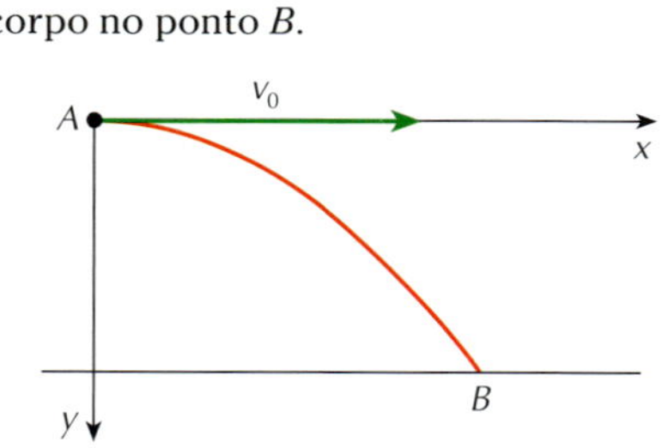

P.179 (Olimpíada Brasileira de Física) Dois rapazes brincam de tênis na praia. Um deles dá um a raquetada na bola a 2,45 m de altura, imprimindo-lhe uma velocidade de 72 km/h na horizontal. Qual deve ser a velocidade mínima do outro rapaz, situado inicialmente a 20,3 m à frente do primeiro, para que consiga aparar a bola antes que ela bata na areia? (Use g = 10 m/s^2.)

P.180 Um projétil é lançado obliquamente para cima com velocidade de 100 m/s numa direção que forma um ângulo de 60° com a horizontal. Desprezando a resistência do ar e adotando $g = 10\ m/s^2$, determine o módulo da velocidade vetorial do projétil 4 s após o lançamento. $\left(\text{Dados: sen } 60° = \frac{\sqrt{3}}{2};\ \cos 60° = \frac{1}{2}\right)$

P.181 (Faap-SP) Um projétil lançado para cima, sob um ângulo de 60° com a horizontal, tem velocidade de 30 m/s no ponto culminante de sua trajetória. Calcule a velocidade do projétil ao retornar ao solo. (Dados: sen 60° = 0,87; cos 60° = 0,50)

P.182 (Vunesp) Um garoto, voltando da escola, encontrou seus amigos jogando uma partida de futebol no campinho ao lado de sua casa e resolveu participar da brincadeira. Para não perder tempo, atirou sua mochila por cima do muro, para o quintal de sua casa: postou-se a uma distância de 3,6 m do muro e, pegando a mochila pelas alças, lançou-a a partir de uma altura de 0,4 m. Para que a mochila passasse para o outro lado com segurança, foi necessário que o ponto mais alto da trajetória estivesse a 2,2 m do solo. Considere que a mochila tivesse tamanho desprezível comparado à altura do muro e que durante a trajetória não houve movimento de rotação ou perda de energia. Tomando $g = 10\ m/s^2$, calcule:

a) o tempo decorrido, desde o lançamento, para a mochila atingir a altura máxima;
b) o ângulo de lançamento.
Dados:

θ	sen θ	cos θ	tg θ
30°	$\frac{1}{2}$	$\frac{\sqrt{3}}{2}$	$\frac{\sqrt{3}}{3}$
45°	$\frac{\sqrt{2}}{2}$	$\frac{\sqrt{2}}{2}$	1
60°	$\frac{\sqrt{3}}{2}$	$\frac{1}{2}$	$\sqrt{3}$

P.183 (Unicamp-SP) Um habitante do planeta Bongo atirou uma flecha e obteve os gráficos mostrados. Sendo x a distância horizontal e y a vertical:

a) qual é a velocidade horizontal da flecha?
b) qual é a velocidade vertical inicial da flecha?
c) qual é o valor da aceleração da gravidade no planeta Bongo?

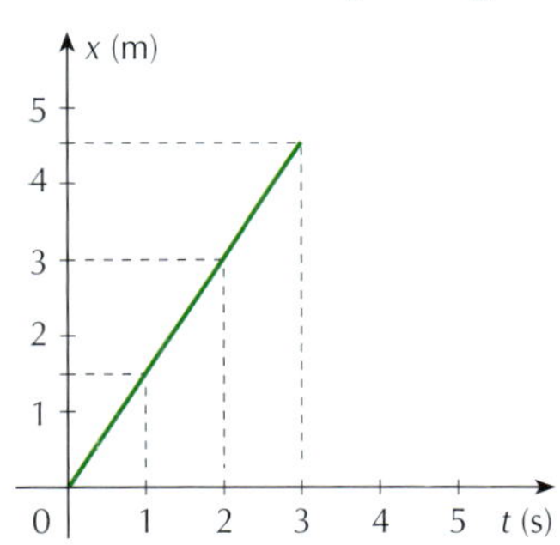

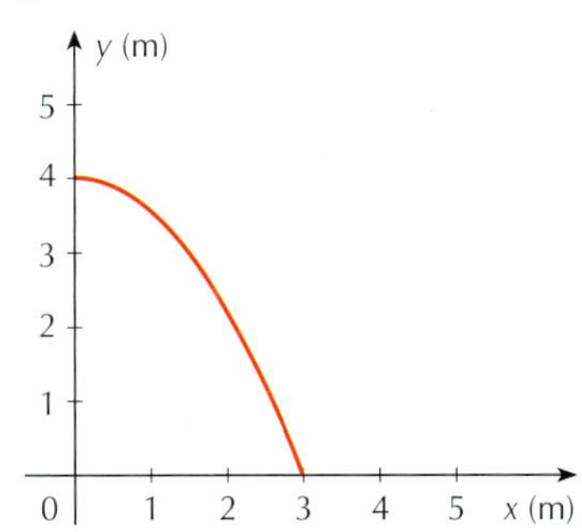

P.184 (Unicamp-SP) Até os experimentos de Galileu Galilei, pensava-se que, quando um projétil era arremessado, o seu movimento devia-se ao *impetus*, o qual mantinha o projétil em linha reta e com velocidade constante. Quando o *impetus* acabasse, o projétil cairia verticalmente até atingir o chão. Galileu demonstrou que a noção de *impetus* era equivocada. Consideremos que um canhão dispara projéteis com uma velocidade inicial de 100 m/s, fazendo um ângulo de 30° com a horizontal. Dois artilheiros calcularam a trajetória de um projétil: um deles, Simplício, utilizou a noção de *impetus*; o outro, Salviati, as ideias de Galileu. Os dois artilheiros concordavam apenas em uma coisa: o alcance do projétil. Considere $\sqrt{3} \simeq 1{,}8$ e $g = 10\ m/s^2$. Despreze o atrito com o ar.

$\left(\text{Dados: sen } 30° = \frac{1}{2};\ \cos 30° = \frac{\sqrt{3}}{2}\right)$

a) Qual é o alcance do projétil?
b) Qual é a altura máxima alcançada pelo projétil, segundo os cálculos de Salviati?
c) Qual é a altura máxima calculada por Simplício?

PARTE 3

Testes propostos

Nos testes seguintes, caso seja necessário, use os valores das funções trigonométricas dos ângulos envolvidos. A resistência do ar é sempre considerada desprezível.

T.151 (UFMG) Um corpo P é lançado horizontalmente de uma determinada altura. No mesmo instante, um outro corpo Q é solto em queda livre, a partir do repouso, dessa mesma altura, como mostra a figura.

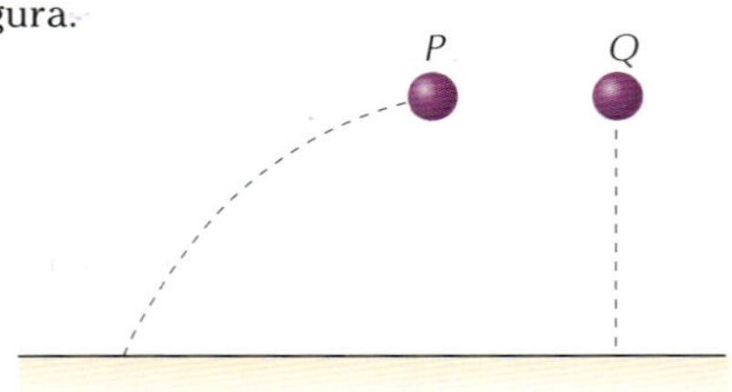

Sejam v_P e v_Q os módulos das velocidades dos corpos P e Q, respectivamente, imediatamente antes de tocarem o chão, e t_P e t_Q os tempos despendidos por cada corpo nesse percurso. Despreze os efeitos da resistência do ar. Nessas condições, pode-se afirmar que:

a) $v_P > v_Q$ e $t_P = t_Q$
b) $v_P > v_Q$ e $t_P > t_Q$
c) $v_P = v_Q$ e $t_P = t_Q$
d) $v_P = v_Q$ e $t_P > t_Q$

T.152 (Cefet-PR) Dois projéteis que têm massas 0,5 kg e 1 kg são disparados do alto de um edifício, na direção horizontal, com a mesma velocidade inicial. Desconsiderando a resistência do ar, podemos afirmar que:

a) o projétil de 0,5 kg terá maior alcance horizontal.
b) o projétil de 1 kg chegará ao solo antes.
c) o projétil de 1 kg terá maior alcance horizontal.
d) os dois projéteis terão o mesmo alcance horizontal e chegarão ao solo juntos.
e) o projétil menor terá menor alcance, mas tocará o solo antes do outro.

T.153 (UFMG) Uma pessoa observa o movimento parabólico de uma pedra lançada horizontalmente com velocidade v_0. A pessoa poderia ver a pedra cair verticalmente se se deslocasse:

a) com velocidade $v' = 2v_0$, paralela a v_0 e no mesmo sentido.
b) com velocidade $v' = v_0$, paralela a v_0 e no sentido oposto.
c) com velocidade $v' = v_0$, paralela a v_0 e no mesmo sentido.
d) com velocidade $v' = 2v_0$, paralela a v_0 e no sentido oposto.
e) com velocidade $v' = v_0$, em qualquer direção e em qualquer sentido.

T.154 (PUC-MG) A figura desta questão mostra uma esfera lançada com velocidade horizontal de 5,0 m/s de uma plataforma de altura 1,8 m.
(Use $g = 10\ m/s^2$.)

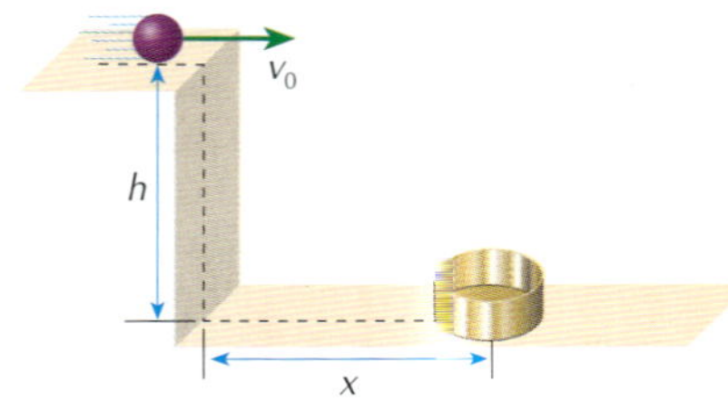

Ela deve cair dentro do pequeno frasco colocado a uma distância x do pé da plataforma. A distância x deve ser de, aproximadamente:

a) 1,0 m **b)** 2,0 m **c)** 2,5 m **d)** 3,0 m **e)** 3,5 m

T.155 (UFG-GO) Uma esfera rola sobre uma mesa horizontal, abandona essa mesa com uma velocidade horizontal v_0 e toca o solo após 1 s. Sabendo que a distância horizontal percorrida pela bola é igual à altura da mesa, a velocidade v_0, considerando $g = 10\ m/s^2$, é de:

a) 1,25 m/s
b) 10,00 m/s
c) 20,00 m/s
d) 5,00 m/s
e) 2,50 m/s

O enunciado a seguir refere-se aos testes **T.156** e **T.157**.

(PUC-SP) O esquema apresenta uma correia que transporta minério, lançando-o no recipiente R. A velocidade da correia é constante e a aceleração local da gravidade é 10 m/s².

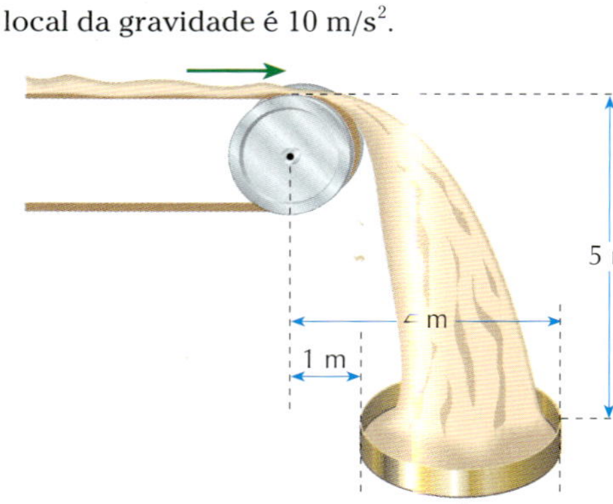

T.156 Para que todo o minério caia dentro do recipiente, a velocidade v da correia, dada em m/s, deve satisfazer a desigualdade:

a) $2 < v < 3$
b) $2 < v < 5$
c) $1 < v < 3$
d) $1 < v < 4$
e) $1 < v < 5$

T.157 Se for aumentado o desnível entre a correia transportadora e o recipiente R, o intervalo de variação das velocidades-limite para que todo o minério caia em R:

a) permanece o mesmo, assim como os valores das velocidades-limite.
b) permanece o mesmo, mas os valores das velocidades-limite aumentam.
c) permanece o mesmo, mas os valores das velocidades-limite diminuem.
d) aumenta.
e) diminui.

T.158 (Mackenzie-SP) Arremessa-se obliquamente uma pedra, como mostra a figura.

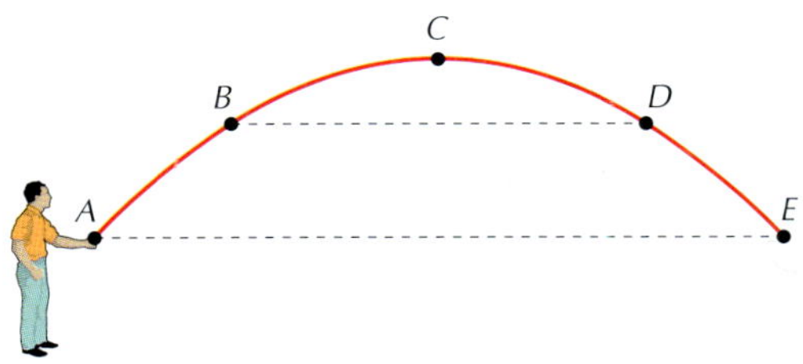

Nessas condições, podemos afirmar que:

a) a componente horizontal da velocidade da pedra é maior em A do que nos pontos B, C, D e E.
b) a velocidade da pedra no ponto A é a mesma que nos pontos B, C e D.
c) a componente horizontal da velocidade tem o mesmo valor nos pontos A, B, C, D e E.
d) a componente vertical da velocidade é nula no ponto E.
e) a componente vertical da velocidade é máxima no ponto C.

T.159 (FEI-SP) Um projétil é lançado com velocidade $\vec{v}_0$, formando um ângulo θ com um plano horizontal, em uma região onde a aceleração da gravidade é g. O projétil atinge a altura h e retorna ao plano horizontal de lançamento, à distância d do ponto em que foi lançado. Pode-se afirmar que:

a) o alcance d será tanto maior quanto maior for θ.
b) no ponto de altura h, a velocidade e a aceleração do projétil são nulas.
c) no ponto de altura h, a velocidade do projétil é nula, mas a sua aceleração não o é.
d) no ponto de altura h, a aceleração do projétil é nula, mas a sua velocidade não o é.
e) nenhuma das afirmativas anteriores é correta.

T.160 (UEL-PR) Um corpo é lançado para cima, com velocidade inicial de 50 m/s, numa direção que forma um ângulo de 60° com a horizontal (dados: sen 60° = 0,87; cos 60° = 0,50; g = 10 m/s²). Desprezando a resistência do ar, pode-se afirmar que no ponto mais alto da trajetória a velocidade do corpo, em m/s, será:

a) 5
b) 10
c) 25
d) 40
e) 50

O enunciado a seguir refere-se aos testes **T.161** e **T.162**.

(FMIt-MG) Uma pedra é lançada para cima, fazendo ângulo de 60° com a horizontal e com uma velocidade inicial de 20 m/s, conforme a figura abaixo. (Use g = 10 m/s².)

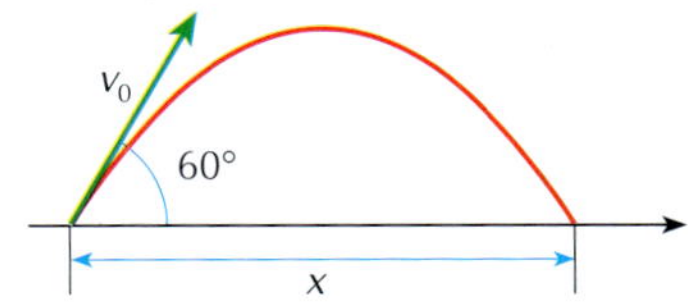

$\left(\text{Dados: } \cos 60° = 0{,}50;\ \text{sen } 60° = \dfrac{\sqrt{3}}{2}\right)$

T.161 Qual é o gráfico que melhor representa a variação do módulo de sua aceleração vetorial com o tempo enquanto ela permanece no ar? Despreze a resistência do ar.

a)
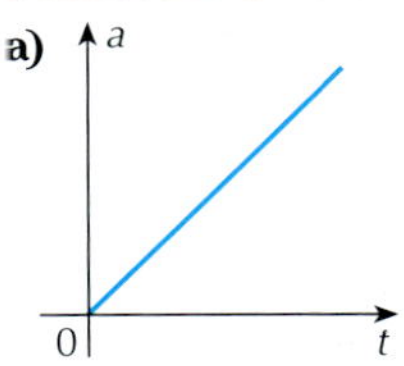

b)
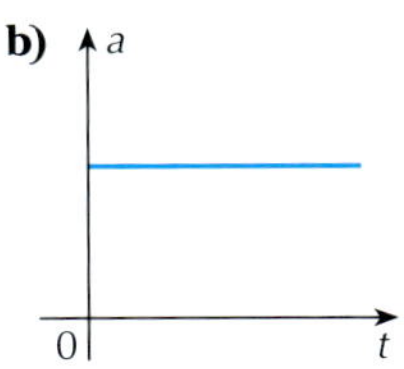

c)
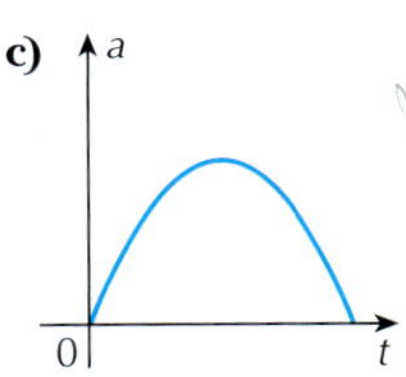

d)
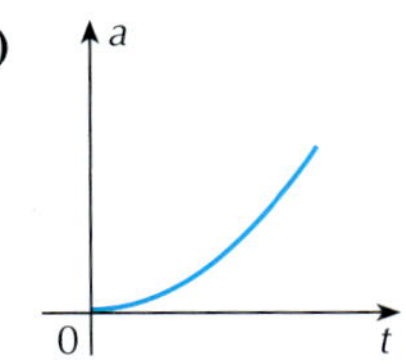

e)
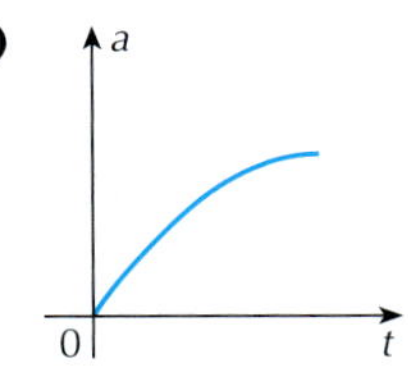

T.162 A que distância x do ponto de lançamento, na horizontal, a pedra tocou o solo?

a) 35 m
b) 40 m
c) 17,3 m
d) 17 m
e) n.d.a.

T.163 (Uece) Num lugar em que g = 10 m/s², lançamos um projétil com a velocidade inicial de 100 m/s, formando com a horizontal um ângulo de elevação de 30°. A altura máxima será atingida após:

a) 3 s **b)** 4 s **c)** 5 s **d)** 10 s

$\left(\text{Dados: sen } 30° = 0{,}50;\ \cos 30° = \dfrac{\sqrt{3}}{2}\right)$

T.164 (Fatec-SP) A velocidade do lançamento oblíquo de um projétil vale o dobro de sua velocidade no ponto de altura máxima. Considere constante a aceleração gravitacional e despreze a resistência do ar.
O ângulo de lançamento θ é tal que:

a) $\text{sen } \theta = \dfrac{1}{2}$
b) $\cos \theta = \dfrac{1}{2}$
c) $\text{tg } \theta = \dfrac{1}{2}$
d) $\text{tg } \theta = 2$
e) $\text{cotg } \theta = 2$

T.165 (Uerj) Um projétil é lançado segundo um ângulo de 30° com a horizontal e com uma velocidade de 200 m/s. Supondo a aceleração da gravidade igual a 10 m/s² e desprezando a resistência do ar, concluímos que o menor tempo gasto por ele para atingir a altura de 480 m acima do ponto de lançamento será de:

a) 8 s **b)** 10 s **c)** 9 s **d)** 14 s **e)** 12 s

T.166 (Mackenzie-SP) Seja T o tempo total de voo de um projétil disparado a 60° com a horizontal, e seja $v_{0y} = 200$ m/s o valor da componente vertical da velocidade inicial. Desprezando a resistência do ar e considerando a aceleração da gravidade $g = 10$ m/s², os valores da componente vertical da velocidade nos instantes $t = T$ e $t = \frac{T}{2}$ são, respectivamente:

a) zero; zero
b) zero; 200 m/s
c) 200 m/s; zero
d) 200 m/s; 200 m/s
e) 200 m/s; 100 m/s

T.167 (UFMG) Clarissa chuta, em sequência, três bolas (P, Q e R), cujas trajetórias estão representadas nesta figura:

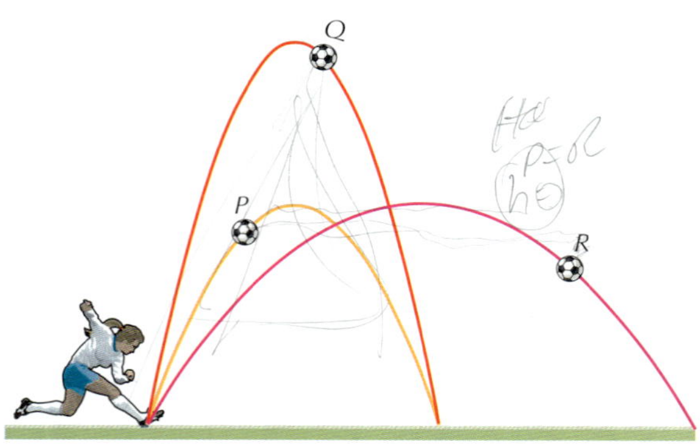

Sejam t_P, t_Q e t_R os tempos gastos, respectivamente, pelas bolas P, Q e R, desde o momento do chute até o instante em que atingem o solo. Considerando-se essas informações, é correto afirmar que:

a) $t_Q > t_P = t_R$
b) $t_R > t_Q = t_P$
c) $t_Q > t_R > t_P$
d) $t_R > t_Q > t_P$

T.168 (Unip-SP) Em uma região onde o efeito do ar é desprezível e o campo de gravidade é uniforme, dois projéteis, A e B, são lançados a partir de uma mesma posição de um plano horizontal. O intervalo de tempo decorrido desde o lançamento até o retorno ao solo horizontal é chamado de tempo de voo.

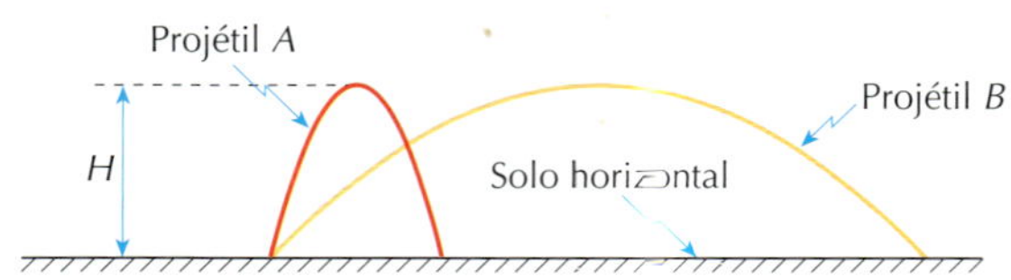

Sabendo que os projéteis A e B atingem a mesma altura máxima H e foram lançados no mesmo instante, podemos concluir que:

a) os projéteis foram lançados com velocidades de mesma intensidade.
b) as velocidades dos projéteis no ponto mais alto da trajetória são iguais.
c) os ângulos de tiro (ângulo entre a velocidade de lançamento e o plano horizontal) são complementares.
d) a cada instante os projéteis A e B estavam na mesma altura e o tempo de voo é o mesmo para os dois.
e) durante o voo os projéteis têm acelerações diferentes.

E Exercícios especiais de lançamento horizontal e oblíquo

Exercícios resolvidos

R.67 Um homem com um rifle faz pontaria num objeto situado a 500 m e a uma altura de 100 m do solo, como mostra a figura. No instante em que o projétil sai do cano da arma, o objeto inicia um movimento de queda. Despreze a resistência do ar e adote $g = 10$ m/s². Sendo 200 m/s a velocidade inicial do projétil, determine:

a) o instante em que o projétil atinge o objeto;
b) a altura do objeto em relação ao solo no instante em que é atingido.

Solução:

a) Observe que, se o objeto não caísse, mantendo-se na sua posição inicial, ele não seria atingido pelo projétil. Isso porque, à medida que avança horizontalmente, o projétil vai caindo sob a ação da gravidade. Desse modo, ele passaria sob o objeto, que não teria se movido. No caso, objeto e projétil caem simultaneamente com movimentos verticais idênticos e se encontram na vertical de queda do objeto, como é mostrado no esquema. Para calcular o instante de encontro, basta considerar o movimento horizontal do projétil, que é admitido uniforme:

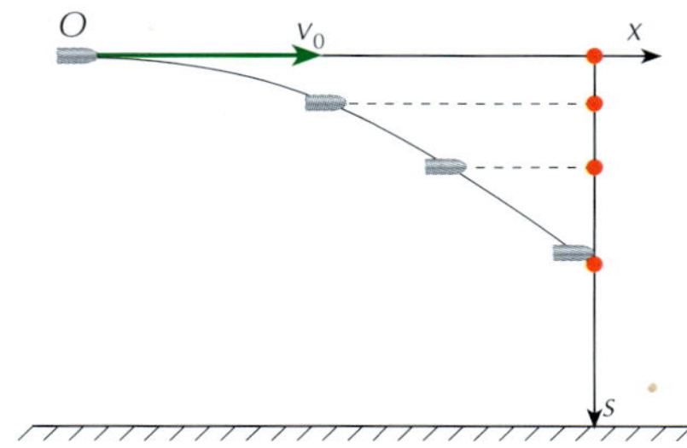

$$x = v_0 t \text{ (com } x = 500 \text{ m e } v_0 = 200 \text{ m/s)} \Rightarrow 500 = 200t \Rightarrow \boxed{t = 2{,}5 \text{ s}}$$

b) A posição de encontro em relação ao ponto de partida do objeto pode ser obtida substituindo-se esse valor de t na função horária do movimento de queda:

$$s = s_0 + v_0 t + \frac{\alpha}{2}t^2 \text{ (com } s_0 = 0;\ v_0 = 0;\ \alpha = +g = 10 \text{ m/s}^2) \Rightarrow$$

$$\Rightarrow s = 5t^2 \Rightarrow s = 5 \cdot (2{,}5)^2 \Rightarrow s = 31{,}25 \text{ m}$$

No entanto, pergunta-se a altura em relação ao solo em que ocorreu o encontro. Então, sendo $h_0 = 100$ m a altura inicial do projétil, temos:

$$h = h_0 - s \Rightarrow h = 100 - 31{,}25 \Rightarrow \boxed{h = 68{,}75 \text{ m}}$$

Respostas: a) 2,5 s; b) 68,75 m

R.68 Uma bola é lançada com velocidade 20 m/s numa direção que faz um ângulo de 60° com a horizontal. A bola, em sua trajetória, choca-se contra um muro vertical, situado a 30 m do ponto de lançamento.

Desprezando a resistência do ar, determine:

a) o instante em que a bola atinge o muro;

b) a altura do ponto do muro atingido pela bola.

(Dados: $g = 10 \text{ m/s}^2$; sen 60° = 0,87; cos 60° = 0,5)

Solução:

De acordo com o esquema ao lado, que representa o ocorrido, temos:

$$\alpha = -g = -10 \text{ m/s}^2$$

$$y_0 = 0 \text{ e } x_0 = 0$$

$$v_0 = 20 \text{ m/s e } \theta = 60°$$

As componentes horizontal e vertical da velocidade inicial valem:

$$v_x = v_0 \cdot \cos 60° = 20 \cdot 0{,}5 \Rightarrow v_x = 10 \text{ m/s}$$

$$v_{0_y} = v_0 \cdot \text{sen } 60° = 20 \cdot 0{,}87 \Rightarrow v_{0_y} = 17{,}4 \text{ m/s}$$

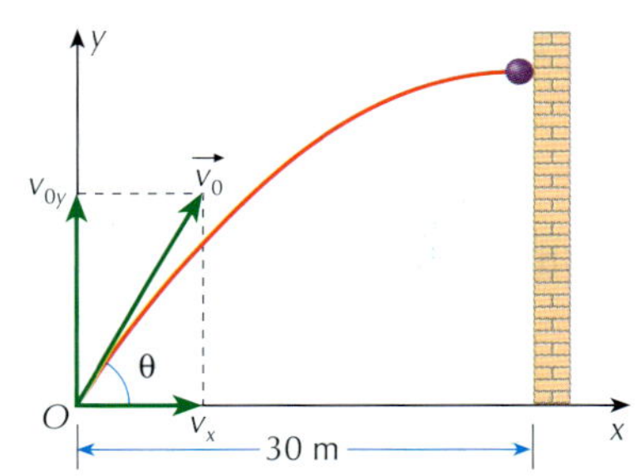

a) O impacto com o muro ocorre após a bola ter percorrido $x = 30$ m na direção horizontal. Como o movimento horizontal é uniforme:

$$x = x_0 + v_x t \Rightarrow x = 10t \Rightarrow 30 = 10t \Rightarrow \boxed{t = 3 \text{ s}}$$

b) A posição do ponto de impacto na direção vertical (altura) pode ser obtida substituindo-se o valor de t na função horária do movimento na direção vertical (MUV):

$$y = y_0 + v_{0_y} t + \frac{\alpha}{2}t^2 \Rightarrow y = 17{,}4t - 5t^2$$

Para $t = 3$ s, temos:

$$y = 17{,}4 \cdot 3 - 5 \cdot (3)^2 \Rightarrow \boxed{y = 7{,}2 \text{ m}}$$

Respostas: a) 3 s; b) 7,2 m

Exercícios propostos

P.185 Num exercício de tiro, um homem sobre uma plataforma aponta sua arma na direção de um objeto parado no ar e situado na mesma horizontal, a 200 m de distância, como mostra o esquema. No instante em que a arma é disparada, o objeto, que inicialmente se encontrava a 80 m do solo, inicia seu movimento de queda. Desprezando a resistência do ar e adotando $g = 10\ m/s^2$, determine a velocidade mínima que deve ter a bala para atingir o objeto.

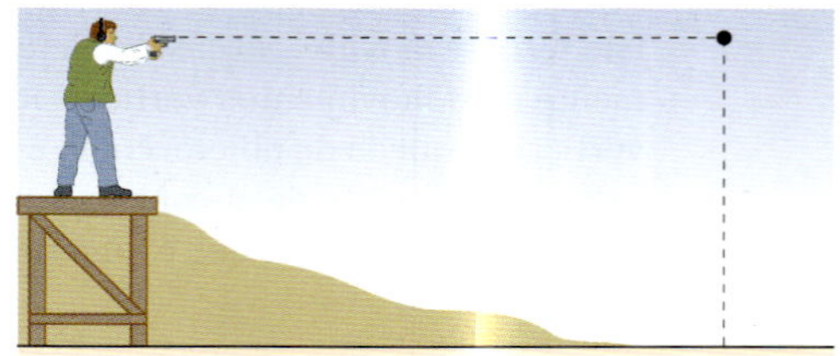

P.186 Um atirador aponta sua espingarda para um objeto parado no ar a uma altura de 525 m, como indica a figura. Despreze a resistência do ar e considere a aceleração da gravidade $g = 10\ m/s^2$. Admitindo que, no momento em que a bala sai da arma com velocidade 200 m/s, o objeto inicia seu movimento de queda, determine:

a) o instante em que a bala atinge o objeto;

b) a altura, relativamente ao solo, em que a bala atinge o objeto.

(Dados: sen 45° = cos 45° = 0,7)

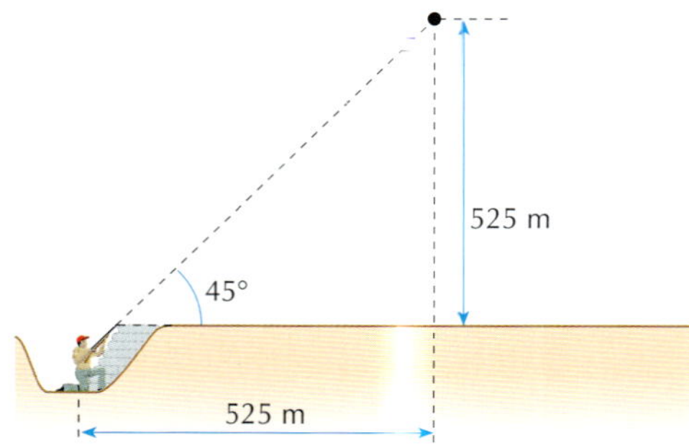

P.187 Num parque de diversões um dos brinquedos consiste em usar um canhão fixo, inclinado, fazendo um ângulo igual a 45° com o solo, para atingir uma pequena bola suspensa a 3,0 m de altura da boca do canhão e a uma distância horizontal de 5,0 m do canhão. Determine a velocidade inicial que deve ser imprimida ao projétil para se conseguir acertar o alvo.

$$\left(\text{Dados: } g = 10\ m/s^2;\ \text{sen } 45° = \cos 45° = \frac{\sqrt{2}}{2}\right)$$

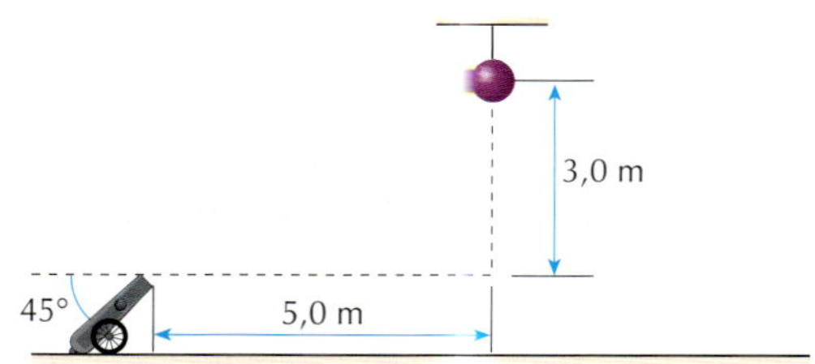

P.188 (PUC-SP) Um garoto parado num plano horizontal, a 3 m de uma parede, chuta uma bola, comunicando-lhe velocidade de 10 m/s, de tal modo que sua direção forma, com a horizontal, um ângulo de 45° (dados: sen 45° = cos 45° = 0,7). A aceleração da gravidade no local é $10\ m/s^2$ e a resistência do ar pode ser desprezada. Determine:

a) o instante em que a bola atinge a parede;

b) a altura do ponto da parede atingido pela bola;

c) a velocidade da bola no instante do impacto.

P.189 (EEM-SP) Em um jogo de futebol, houve a cobrança de uma falta a 30 m do gol, com a barreira posicionada a 9,6 m da bola. A bola passa sobre a barreira, a 2,3 m de altura. Nesse instante, o vetor velocidade da bola forma um ângulo de 30° com a horizontal. A altura máxima atingida pela bola é 4,8 m. Desprezando efeitos viscosos, determine:

a) a componente vertical da velocidade da bola ao chegar ao gol, também, a 2,3 m de altura;

b) o tempo que o goleiro tem para tentar a defesa, após o instante em que a bola passa sobre a barreira, admitindo que ele esteja sobre a linha do gol. (Use $g = 9,8\ m/s^2$.)

Testes propostos

T.169 (Aman-RJ) A figura ao lado mostra uma canhão sobre uma plataforma. A 1.200 m a norte dele, há um anteparo onde deverá ser colocado um alvo. O canhão, apontando para o ponto *A*, realiza um disparo de um projétil, que sai com velocidade inicial de 600 m/s. Sabendo-se que o ponto *A*, indicado na figura, está na mesma horizontal que a boca do canhão e que, no local, sopra um vento lateral constante, de oeste para leste, com velocidade de 15 m/s, assinale a alternativa que contém a distância do ponto de impacto, no anteparo, até o alvo *A*. Despreze a resistência do ar e considere $g = 10\ m/s^2$.

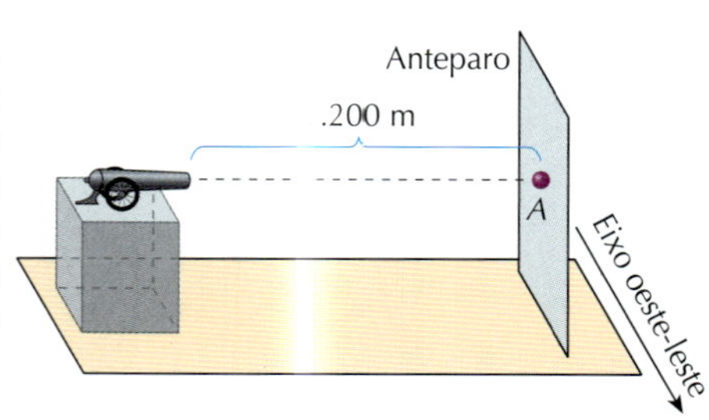

a) $10\sqrt{13}$ m **b)** 30 m **c)** $5\sqrt{10}$ m **d)** $\sqrt{130}$ m **e)** 50 m

T.170 (UFRN) A experiência ilustrada na figura a seguir é realizada na superfície da Terra. Nessa experiência, uma pessoa lança uma pequena esfera no mesmo instante em que um objeto que estava preso no teto é liberado e cai livremente. A esfera, lançada com velocidade v_0, atinge o objeto após um tempo t_g. Se repetirmos, agora, essa mesma experiência num ambiente hipotético, onde a aceleração local da gravidade é nula, o tempo de colisão entre a esfera e o objeto será t_0.

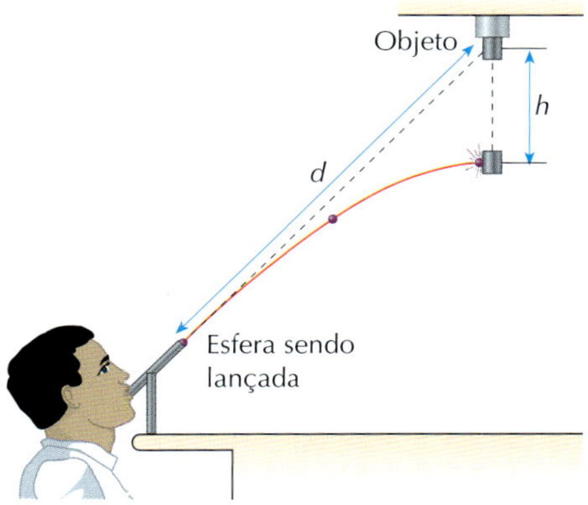

▲ **Ilustração do movimento de uma esfera lançada por um instrumento rudimentar (zarabatana).**

Considerando desprezível a resistência do ar nessas experiências, pode-se afirmar que:

a) $t_0 = t_g = \dfrac{d}{v_0}$

b) $t_0 = t_g = \dfrac{h}{v_0}$

c) $t_0 > t_g = \dfrac{d}{v_0}$

d) $t_0 > t_g = \dfrac{h}{v_0}$

T.171 (Mackenzie-SP) Da aresta superior do tampo retangular de uma mesa de 80 cm de altura, um pequeno corpo é disparado obliquamente, com velocidade inicial de módulo 5,00 m/s, conforme mostra a figura abaixo. O tampo da mesa é paralelo ao solo e o plano da trajetória descrita, perpendicular a ele.

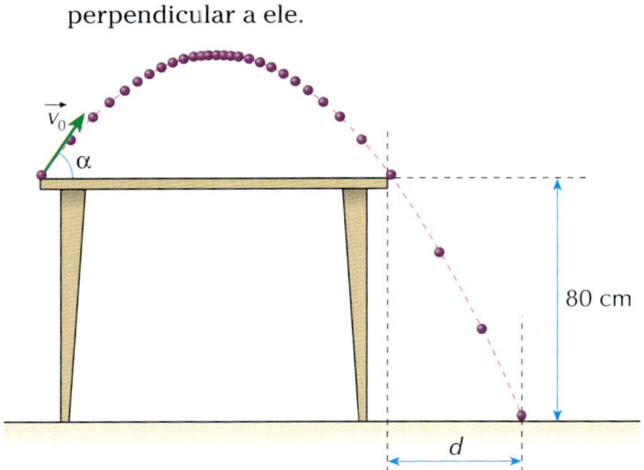

(Despreze a resistência do ar e considere: sen α = 0,60; cos α = 0,80; $g = 10$ m/s^2)

Sabendo que o corpo tangencia a aresta oposta, podemos afirmar que a distância d é de:

a) 0,60 m
b) 0,80 m
c) 1,20 m
d) 1,60 m
e) 3,20 m

O enunciado a seguir refere-se aos testes **T.172** e **T.173**.

(UFPA) A figura representa um projétil, que é lançado do ponto A segundo um ângulo de 30° com a horizontal, com uma velocidade $v_0 = 100$ m/s, atingindo o ponto D.

Dados:
$AB = 40$ m; $BC = 55$ m; $g = 10$ m/s^2;
sen 30° = 0,50; cos 30° = 0,866

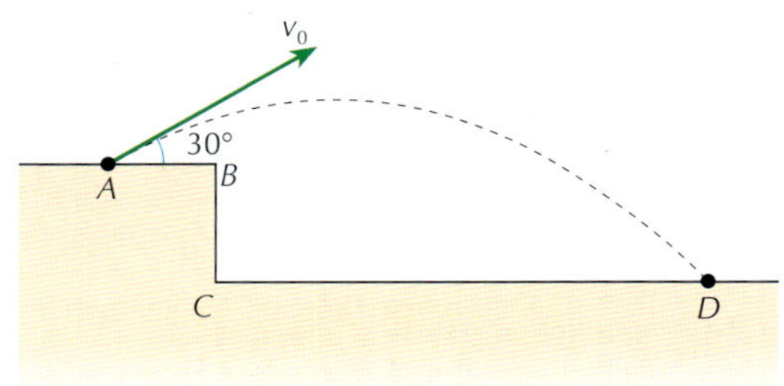

T.172 O tempo que o projétil levou para atingir o ponto D, em segundos, vale:

a) 5,3
b) 7,8
c) 11
d) 12,6
e) 16,2

T.173 A distância CD, em metros, vale:

a) 418,98
b) 458,98
c) 692,86
d) 912,60
e) 1.051,16

T.174 (Olimpíada Brasileira de Física) Um projétil é lançado por um canhão localizado sobre um trem que está com velocidade horizontal constante v_0 em relação ao solo. Para um passageiro do trem, o canhão aponta para a frente formando um ângulo θ com a horizontal, e o projétil é lançado com velocidade de módulo igual a v_1. Para esse passageiro a altura máxima, atingida pelo projétil, em relação ao solo, é h. Para um observador localizado no solo, qual será o ângulo de lançamento do projétil e a altura máxima, em relação ao solo, alcançada pelo projétil?

a) O mesmo ângulo de lançamento e a mesma altura.
b) O mesmo ângulo e altura diferente.
c) Um ângulo menor e a mesma altura.
d) Um ângulo maior e a mesma altura.
e) Um ângulo diferente e altura diferente.

Atividade experimental

Realize a experiência com supervisão de seu professor.

Determinação da velocidade no lançamento horizontal

Usando um pedaço de trilho de cortina, devidamente encurvado, monte o esquema conforme a foto.

Cubra a mesa, próximo à caixa, na direção da canaleta, com papel-carbono sobre folhas de papel. Prenda com fita adesiva.

Para realizar o experimento, abandone uma esfera de aço, sucessivamente, dos pontos *A*, *B* e *C* (observe a figura abaixo).

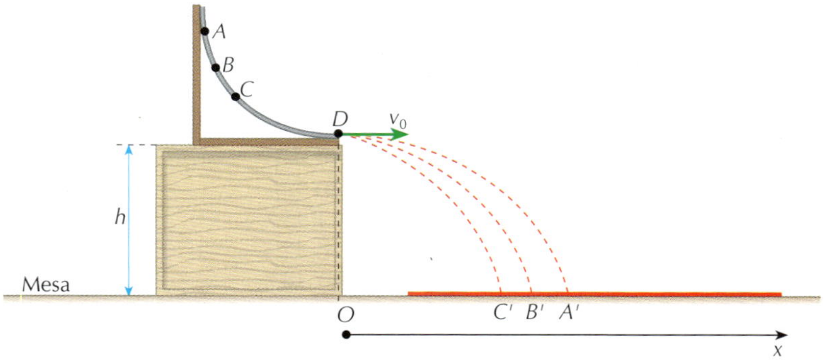

Ao bater na mesa, a esfera deixa marcados os pontos *A'*, *B'* e *C'* sobre a folha de papel.

Meça a altura de queda (h) e calcule o tempo de queda da esfera de aço, utilizando a fórmula $h = \frac{1}{2}gt^2$. Medindo as distâncias *OA'*, *OB'* e *OC'* (abscissas x), calcule a velocidade v_0 horizontal com a qual a esfera abandona o trilho em cada um dos experimentos $\left(v_x = \frac{x}{t}\right)$. Considere a aceleração local da gravidade $g = 10$ m/s^2.

Responda:

- Por que o tempo de queda é o mesmo nos três experimentos?
- Qual das velocidades obtidas é maior? Por quê?
- Não se levou em conta na experiência a resistência do ar. Por quê? Que alterações ocorreriam nos resultados se essa resistência fosse considerada?
- A componente horizontal da velocidade da esfera em cada um dos três trajetos se mantém constante? Por quê? Qual é o valor em cada caso?
- Com que velocidade a esfera de aço atinge o ponto *A'*?
- Em relação a um eixo horizontal x orientado para a direita e um eixo vertical y orientado para baixo, escreva as funções horárias dos movimentos horizontal e vertical da esfera que atinge o ponto *A'* durante seu movimento, sob a ação exclusiva da gravidade.
- Relativamente ao item anterior, escreva a equação da trajetória.
- Se a bolinha fosse abandonada do ponto *D* e atingisse a mesa no ponto *O*, seu tempo de queda seria maior, menor ou igual aos calculados anteriormente?
- Relativamente ao item anterior, a velocidade com que a esfera atinge o ponto *O* é maior, menor ou igual à calculada ao atingir o ponto *A'*?

CAPÍTULO 10

Movimentos circulares

MIKE POWELL / STONE-GETTY IMAGES

Neste capítulo, estudamos espaço, velocidade e aceleração angulares. São introduzidos os conceitos de período e frequência e analisados os movimentos de trajetórias circulares: o MCU e o MCUV. Analisamos também a transmissão de movimento circular como ocorre, por exemplo, nas bicicletas.

1. Grandezas angulares

1.1. Espaço angular

Quando pontos materiais descrevem trajetórias circulares, podemos determinar suas posições por meio de ângulos centrais φ em lugar do espaço s (arco $\overset{\frown}{OP}$) medido na própria trajetória (figura 1). O espaço s permite determinar a posição P do ponto material em cada instante; o ângulo φ também localiza P e, por isso, é chamado **espaço angular**. O espaço s é chamado **espaço linear** para diferenciar do espaço angular φ.

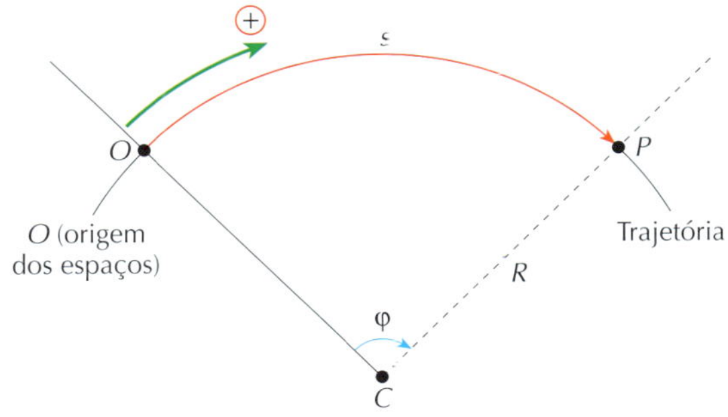

Figura 1.

Trabalharemos com ângulos em radianos (veja a definição de radiano a seguir). O arco s relaciona-se com o ângulo φ em radianos pela fórmula:

$$s = \varphi R$$ (R é o raio de curvatura da trajetória do ponto material)

De modo análogo às definições de velocidade escalar e aceleração escalar, definimos **velocidade angular** ω (letra grega ômega minúscula) e **aceleração angular** γ (letra grega gama minúscula). As grandezas angulares φ, ω e γ compõem a cinemática angular, em contraposição às grandezas lineares já estudadas s, v e α, que compõem a cinemática linear.

Definição de radiano (rad)

Um radiano é a medida do ângulo central φ que determina, na circunferência, um arco s de comprimento igual ao raio R ($s = R$). Por exemplo, para se obter o ângulo de 1 rad numa circunferência de raio igual a 10 cm, deve-se construir sobre ela um arco de comprimento 10 cm. O ângulo central que determina esse arco é igual a 1 rad (aproximadamente 57,3°).

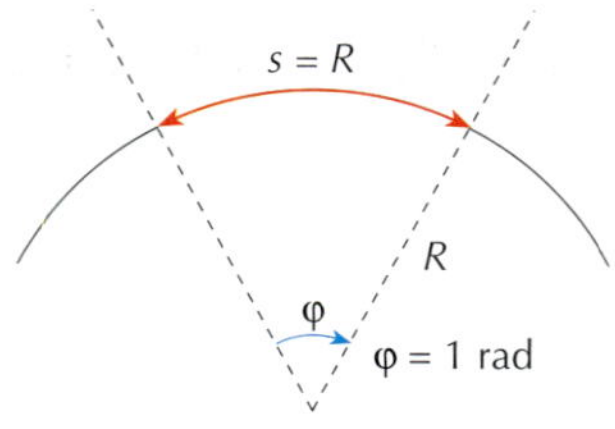

A definição de radiano

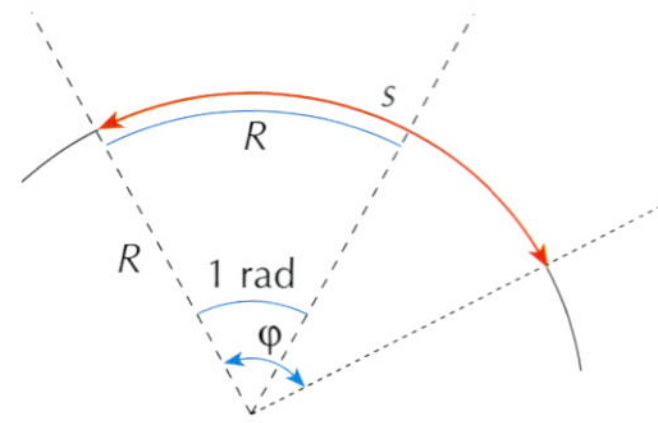

Por regra de três simples e direta pode-se obter a relação entre as grandezas s, φ e R.

Radiano		Comprimento do arco
1 rad	———	arco = R
φ rad	———	arco = s

Daí, temos: $s \cdot 1 = \varphi R \Rightarrow \boxed{s = \varphi R}$

O comprimento da circunferência é $2\pi R$. Substituindo-se em $s = \varphi R$, vem:

$$2\pi R = \varphi R \Rightarrow \varphi = 2\pi \text{ rad}$$

Desse modo, o ângulo central que determina a circunferência mede 2π radianos, equivalente portanto a 360°. Assim, chega-se a $180° = \pi$ rad; $90° = \frac{\pi}{2}$ rad; etc.

1.2. Velocidade angular

a) Velocidade angular média ω_m

Seja φ_1 o espaço angular de um ponto material, num instante t_1, e φ_2 o espaço angular, num instante posterior t_2 (figura 2). No intervalo de tempo $\Delta t = t_2 - t_1$, a variação do espaço angular é $\Delta\varphi = \varphi_2 - \varphi_1$. A velocidade angular média ω_m, no intervalo de tempo Δt, é, por definição:

$$\boxed{\omega_m = \frac{\Delta\varphi}{\Delta t}}$$

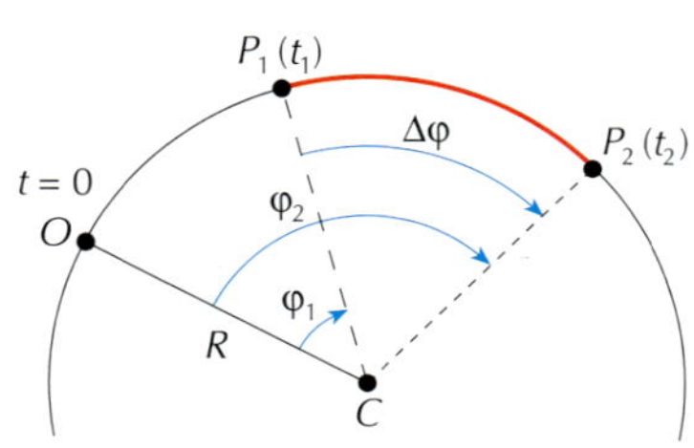

Figura 2.

b) Velocidade angular instantânea ω

A velocidade angular instantânea ω é o valor limite ao qual tende a velocidade angular média, quando o intervalo de tempo Δt tende a zero ($\Delta t \rightarrow 0$):

$$\boxed{\omega = \lim_{\Delta t \to 0} \frac{\Delta\varphi}{\Delta t}}$$

Medindo-se $\Delta\varphi$ em radianos e Δt em segundos, a velocidade angular (média e instantânea) é medida em radianos por segundo (rad/s).

c) Relação entre a velocidade escalar v e a velocidade angular ω

De $s_1 = \varphi_1 R$ e $s_2 = \varphi_2 R$, vem:

$$s_2 - s_1 = (\varphi_2 - \varphi_1)R \text{ ou } \Delta s = \Delta\varphi R$$

Dividindo ambos os membros da última igualdade por Δt, resulta:

$$\frac{\Delta s}{\Delta t} = \frac{\Delta\varphi}{\Delta t}R \Rightarrow v_m = \omega_m R$$

Considerando o intervalo de tempo Δt tendendo a zero ($\Delta t \to 0$), a igualdade anterior se torna:

$$v = \omega R$$

1.3. Aceleração angular

a) Aceleração angular média γ_m

Seja ω_1 a velocidade angular de um ponto material num instante t_1 e ω_2 a velocidade angular num instante posterior t_2. No intervalo de tempo $\Delta t = t_2 - t_1$, a variação da velocidade angular é $\Delta\omega = \omega_2 - \omega_1$. A aceleração angular média γ_m no intervalo de tempo Δt é, por definição:

$$\gamma_m = \frac{\Delta\omega}{\Delta t}$$

b) Aceleração angular instantânea γ

A aceleração angular instantânea γ é o valor limite ao qual tende a aceleração angular média quando o intervalo de tempo Δt tende a zero ($\Delta t \to 0$):

$$\gamma = \lim_{\Delta t \to 0} \frac{\Delta\omega}{\Delta t}$$

Medindo-se $\Delta\omega$ em radianos por segundo e Δt em segundos, a aceleração angular (média e instantânea) é medida em radianos por segundo ao quadrado (rad/s^2).

c) Relação entre a aceleração escalar α e a aceleração angular γ

De $v_1 = \omega_1 R$ e $v_2 = \omega_2 R$, vem:

$$v_2 - v_1 = (\omega_2 - \omega_1)R \text{ ou } \Delta v = \Delta\omega R$$

Dividindo ambos os membros da última igualdade por Δt, resulta:

$$\frac{\Delta v}{\Delta t} = \frac{\Delta\omega}{\Delta t}R \Rightarrow \alpha_m = \gamma_m R$$

Considerando o intervalo de tempo Δt tendendo a zero ($\Delta t \to 0$), a igualdade anterior se torna:

$$\alpha = \gamma R$$

Podemos observar na tabela abaixo que a cada grandeza angular (espaço, velocidade e aceleração) corresponde uma grandeza linear:

Grandezas angulares	Grandezas lineares
φ (rad)	s (m)
ω (rad/s)	v (m/s)
γ (rad/s^2)	α (m/s^2)

No estudo dos movimentos circulares é possível estabelecer uma relação entre grandezas lineares, grandezas angulares e raio:

GRANDEZA LINEAR = GRANDEZA ANGULAR × RAIO

$s = \varphi R$ $\quad$ $v = \omega R$ $\quad$ $\alpha = \gamma R$

2. Período e frequência

Dizemos que um fenômeno é **periódico** quando ele se repete, identicamente, em intervalos de tempo sucessivos e iguais. O **período** (T) é o menor intervalo de tempo da repetição do fenômeno. Exemplos:

- Desprezada a resistência do ar, o pêndulo da figura 3 oscila da posição A até B e retorna a A. O fenômeno é **periódico,** pois se repete em intervalos de tempo iguais. O período é o menor intervalo de tempo para o pêndulo partir de A e retornar novamente a A.

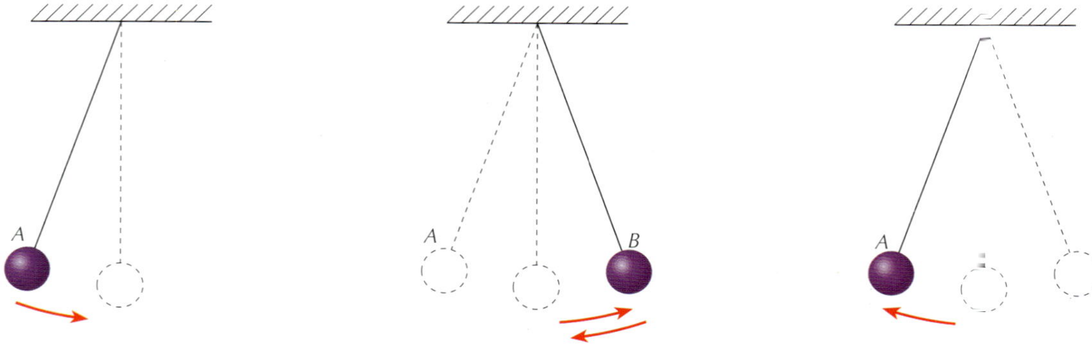

Figura 3.

- Num relógio, o ponteiro das horas tem movimento periódico: de 12 h em 12 h o ponteiro passa novamente pela mesma posição em idênticas condições. Seu período T é igual a 12 h. Os ponteiros dos minutos e dos segundos também realizam movimentos periódicos, de períodos diferentes.
- O movimento de rotação da Terra em torno do seu eixo se repete periodicamente em intervalos de tempo de 24 h. O período do movimento de rotação da Terra é de 24 h.

Num fenômeno periódico, chama-se **frequência** (f) o número de vezes em que o fenômeno se repete na unidade de tempo.

O período e a frequência se relacionam. Por regra de três simples e direta, temos:

Intervalo de tempo		**Nº de vezes em que o fenômeno se repete**
(período) T	————	1 vez
(unidade de tempo) 1	————	f vezes (frequência)

Daí, temos: $fT = 1$

Portanto:

$$f = \frac{1}{T} \quad \text{ou} \quad T = \frac{1}{f}$$

Observe que a frequência é o inverso do período e vice-versa.

O **período** T é o menor intervalo de tempo para o fenômeno se repetir; suas unidades podem ser: segundo (s), hora (h), dia. A **frequência** f é o número de vezes em que ocorre o fenômeno na unidade de tempo. Sua unidade é o inverso da unidade de tempo. Uma das unidades mais utilizadas de frequência é $\frac{1}{s} = 1\ s^{-1}$ que é chamada hertz* (Hz). Assim, $1\ s^{-1} = 1$ Hz. O quilohertz (kHz) corresponde a 1.000 Hz.

Como os fenômenos em estudo são periódicos, isto é, realizam ciclos ou rotações, é comum nos referirmos à unidade hertz falando em ciclos por segundo (cps) ou rotações por segundo (rps). Outra unidade usual de frequência é rotações por minuto (rpm): 1 rpm = 60 rps.

* **HERTZ**, Heinrich-Rudolf (1857-1894), físico alemão, dedicou a maior parte de sua curta existência (37 anos apenas) à pesquisa científica. Foi o primeiro cientista a demonstrar, por meio de experiências, a existência das ondas eletromagnéticas, comprovando os estudos teóricos efetuados por James Clerk Maxwell.

Exercícios resolvidos

R.69 Um motor executa 600 rotações por minuto. Determine sua frequência em hertz e seu período em segundos.

Solução:

A frequência do motor é de 600 rpm, isto é:

$$f = 600\text{ rpm} = 600\ \frac{\text{rot.}}{\text{min}} = 600\ \frac{\text{rot.}}{60\text{ s}} \Rightarrow f = 10\ \frac{\text{rot.}}{\text{s}} \Rightarrow \boxed{f = 10\text{ Hz}}$$

O período é: $T = \dfrac{1}{f} \Rightarrow T = \dfrac{1}{10} \Rightarrow \boxed{T = 0{,}1\text{ s}}$

Resposta: $f = 10$ Hz; $T = 0{,}1$ s

R.70 Um satélite artificial completa 6 voltas em torno da Terra, durante 24 h. Qual é, em horas, o período do movimento do satélite, suposto periódico?

Solução:

O período do movimento corresponde ao intervalo de tempo que o satélite gasta para completar 1 volta.

Se o satélite completa 6 voltas em 24 h, 1 volta será completada em 4 h. Portanto: $\boxed{T = 4\text{ h}}$

Resposta: 4 h

Exercícios propostos

P.190 Determine o período e a frequência dos movimentos de rotação dos ponteiros (das horas, dos minutos e dos segundos) de um relógio.

P.191 Uma roda efetua 120 rpm. Calcule:

a) sua frequência em hertz;

b) seu período em segundos.

P.192 Os primeiros satélites artificiais lançados em torno da Terra (1957-1958) levavam aproximadamente 120 min para dar uma volta completa em movimento periódico. Determine:

a) o período em segundos;

b) a frequência em hertz.

P.193 Um pêndulo vai de uma posição A a uma posição B, pontos extremos de uma oscilação, em 2 s. Desprezando a resistência do ar, determine o período e a frequência.

P.194 Um satélite artificial demora 2 h para completar $\dfrac{1}{4}$ de volta em torno da Terra. Qual é, em horas, o período do movimento do satélite, suposto periódico?

P.195 O planeta Mercúrio efetua uma volta em torno do Sol em 88 dias (isto é, um ano em Mercúrio é igual a 88 dias terrestres). Determine seu período em segundos e sua frequência.

3. Movimento circular uniforme (MCU)

No movimento uniforme, o ponto material percorre distâncias iguais em intervalos de tempo iguais. No caso particular do movimento circular uniforme (MCU), como a trajetória é circular, decorre que o intervalo de tempo de cada volta completa é sempre o mesmo, isto é, de tempos em tempos iguais o ponto material passa pela mesma posição.

Portanto, o MCU é um movimento periódico. Seu período (T) é o intervalo de tempo de uma volta completa. O número de voltas na unidade de tempo é sua frequência f:

$$\boxed{f = \frac{1}{T}}$$

A função horária do movimento uniforme é:

$$s = s_0 + vt$$

Dividindo pelo raio:

$$\frac{s}{R} = \frac{s_0}{R} + \frac{v}{R}t$$

Sendo $\frac{s}{R} = \varphi$, $\frac{s_0}{R} = \varphi_0$ (espaço angular inicial) e $\frac{v}{R} = \omega$, obtemos:

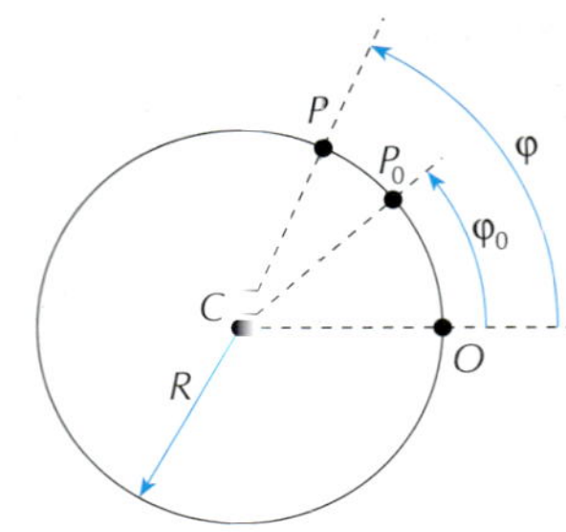

P_0 = posição inicial
P = posição no instante t

Figura 4.

$$\varphi = \varphi_0 + \omega t$$

que constitui a **função horária angular do MCU**.

Adotando-se $\varphi_0 = 0$, quando o ponto material completa uma volta têm-se: $\varphi = 2\pi$ rad e $t = T$ (período).

De $\varphi = \varphi_0 + \omega t$, vem:

$$2\pi = 0 + \omega T \Rightarrow \boxed{\omega = \frac{2\pi}{T}}$$

Sabemos que $\frac{1}{T} = f$. Assim, obtemos:

$$\omega = 2\pi f$$

Como o movimento é circular e uniforme, sua aceleração vetorial é a aceleração centrípeta $\vec{a}_{cp}$. Seu módulo pode ser expresso em função da velocidade angular ω:

$$|\vec{a}_{cp}| = \frac{v^2}{R} = \frac{(\omega R)^2}{R} = \frac{\omega^2 R^2}{R} = \omega^2 R \Rightarrow \boxed{|\vec{a}_{cp}| = \frac{v^2}{R} = \omega^2 R}$$

É importante associar as grandezas. Observe como, a partir da frequência f, podem-se obter as demais grandezas.

De fato, de f obtêm-se: $T = \frac{1}{f}$, $\omega = \frac{2\pi}{T}$, $v = \omega R$ e $a_{cp} = \frac{v^2}{R}$

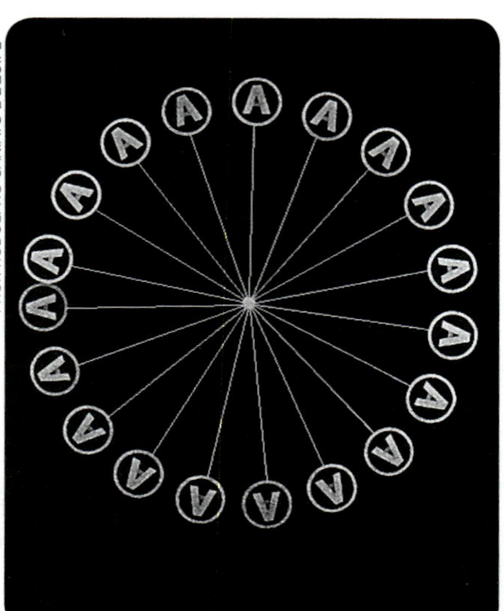

PROF. RODOLPHO CANIATO E EQUIPE

Um corpo em MCU percorre distâncias iguais em intervalos de tempo iguais, numa trajetória circular.

Funções do MCU

Forma linear	Forma angular	Relações
$s = s_0 + vt$ $v = \text{cte.} \neq 0$ $\alpha = 0$	$\varphi = \varphi_0 + \omega t$ $\omega = \text{cte.} \neq 0$ $\gamma = 0$	$s = \varphi R$ $\quad v = \omega R$ $\omega = \frac{2\pi}{T}$ $\quad T = \frac{1}{f}$

$|\vec{a}_{cp}| = \frac{v^2}{R} = \omega^2 R$

$\vec{a}_{cp}$: indica a variação da direção da velocidade vetorial $\vec{v}$

Exercícios resolvidos

R.71 Um ponto material descreve uma circunferência horizontal com velocidade constante em módulo. O raio da circunferência é 15 cm e o ponto material completa uma volta a cada 10 s. Calcule:

a) o período e a frequência;
b) a velocidade angular;
c) a velocidade escalar linear;
d) o módulo da aceleração centrípeta.

Solução:

a) O período corresponde ao tempo necessário para o ponto material completar uma volta. Portanto: $\boxed{T = 10 \text{ s}}$

A frequência é: $f = \dfrac{1}{T} = \dfrac{1}{10} \Rightarrow \boxed{f = 0{,}1 \text{ Hz}}$

b) A velocidade angular é dada por: $\omega = \dfrac{2\pi}{T} = \dfrac{2\pi}{10} \Rightarrow \boxed{\omega = \dfrac{\pi}{5} \dfrac{\text{rad}}{\text{s}}}$

c) A velocidade linear é: $v = \omega R = \dfrac{\pi}{5} \cdot 15 \Rightarrow \boxed{v = 3\pi \text{ cm/s}}$

d) A aceleração centrípeta tem módulo dado por:

$$|\vec{a}_{cp}| = \frac{v^2}{R} = \frac{(3\pi)^2}{15} = \frac{3\pi^2}{5} \Rightarrow \boxed{|\vec{a}_{cp}| = 0{,}6\pi^2 \text{ cm/s}^2}$$

Respostas: a) 10 s; 0,1 Hz; b) $\dfrac{\pi}{5}$ rad/s; c) 3π cm/s; d) $0{,}6\pi^2$ cm/s^2

R.72 Na vitrola da vovó, um disco gira com frequência de 45 rpm. Considerando nesse disco um ponto A situado a 10 cm do centro e outro B situado a 15 cm, determine para cada um deles:

a) a frequência em hertz e o período em segundos;
b) a velocidade angular em radianos por segundo;
c) a velocidade escalar linear em metros por segundo.

Solução:

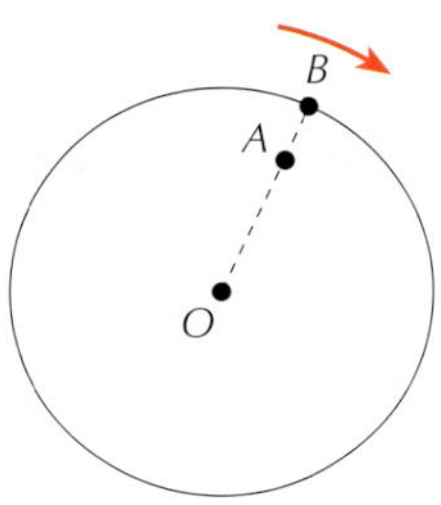

a) Todos os pontos do disco giram com a mesma frequência e o mesmo período, não importando a distância em relação ao centro:

$$f = 45 \text{ rpm} = \frac{45 \text{ rot.}}{\text{min}} = \frac{45 \text{ rot.}}{60 \text{ s}} \Rightarrow \boxed{f = 0{,}75 \text{ Hz}}$$

$$T = \frac{1}{f} = \frac{1}{0{,}75} \Rightarrow \boxed{T \simeq 1{,}33 \text{ s}}$$

b) A velocidade angular também não depende da distância do ponto ao centro do disco e é dada por:

$$\omega = \frac{2\pi}{T} \text{ ou } \omega = 2\pi f = 2\pi \cdot 0{,}75 \Rightarrow \boxed{\omega = 1{,}5\pi \text{ rad/s}}$$

c) A velocidade escalar linear depende do raio da trajetória descrita. Para o ponto A, cujo raio é $R_A = 10 \text{ cm} = 0{,}10 \text{ m}$, temos:

$$v_A = \omega R_A \Rightarrow v_A = 1{,}5\pi \cdot 0{,}10 \Rightarrow \boxed{v_A = 0{,}15\pi \text{ m/s}}$$

Para o ponto B, cujo raio é $R_B = 15 \text{ cm} = 0{,}15 \text{ m}$, vem:

$$v_B = \omega R_B \Rightarrow v_B = 1{,}5\pi \cdot 0{,}15 \Rightarrow \boxed{v_B = 0{,}225\pi \text{ m/s}}$$

Respostas: a) 0,75 Hz e $\simeq$ 1,33 s; b) $1{,}5\pi$ rad/s; c) $v_A = 0{,}15\pi$ m/s e $v_B = 0{,}225\pi$ m/s

Observação:

Assim como na situação descrita, há diversos outros casos em que pontos diferentes do sistema girante apresentam frequências, períodos e velocidades angulares iguais, mas velocidades lineares diferentes. É o que se verifica, por exemplo, em polias que giram juntas, presas a um único eixo de rotação (veja a figura). Os pontos alinhados P_1, P_2, P_3, ... P_n descrevem o mesmo ângulo central φ, num dado intervalo de tempo; daí decorre que a velocidade angular ω é a mesma para todas as polias acopladas. Lembrando que $v = \omega R$, e considerando que os raios das polias não são iguais ($R_1 > R_2 > R_3$), conclui-se que as velocidades lineares de P_1, P_2, P_3, ... P_n não são iguais ($v_{P_1} > v_{P_2} > v_{P_3} ... > v_{P_n}$).

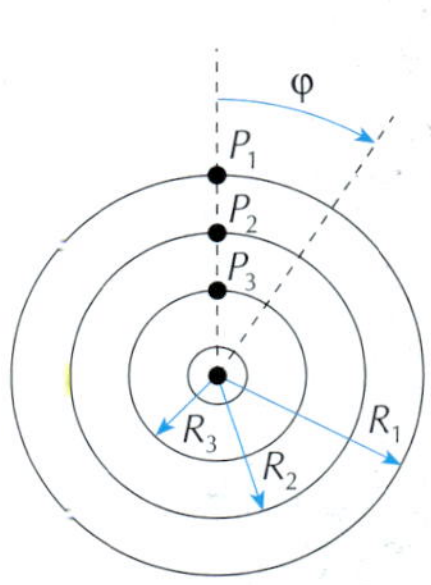

Vista de cima

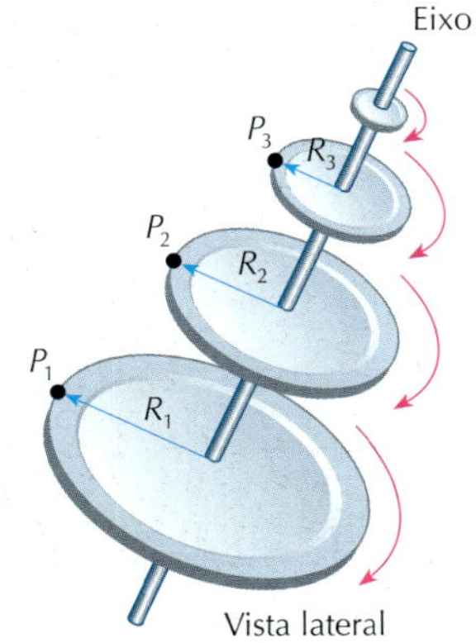

Vista lateral

Satélites geoestacionários

Em telecomunicações são utilizados satélites artificiais geoestacionários que se mantêm imóveis em relação a um observador na Terra. Embora os satélites geoestacionários sejam estudados com mais detalhes no capítulo sobre gravitação universal, já podemos estabelecer aqui a condição necessária para que mantenham essa situação.

Para ser estacionário em relação à Terra, um satélite deve ter a mesma velocidade angular que esse planeta:

$$\omega = \frac{2\pi}{T} = \frac{2\pi}{24\text{ h}} \Rightarrow \omega = \frac{\pi}{12}\text{ rad/h}$$

Além disso, sua órbita deve estar contida no plano do equador terrestre.

Os satélites geoestacionários recebem sinais de rádio, TV, telefonia, entre outros, e os retransmitem para outros pontos do país, normalmente inacessíveis por outro processo ou atingidos de maneira pouco eficiente. São responsáveis pela interligação entre continentes e pela expansão da internet.

CID

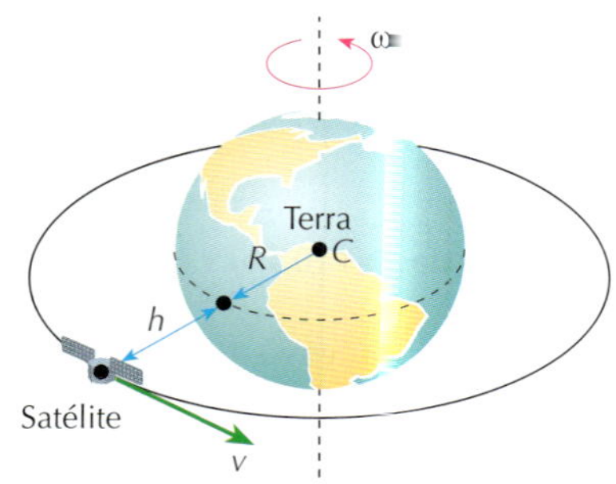

O Intelsat VI, lançado em 1990, é um satélite geoestacionário utilizado em comunicações. Em 1992 ele foi reparado em pleno espaço pelos tripulantes da nave Endeavour, ocasião em que foi feita esta foto.

O conjunto de satélites geoestacionários brasileiros chama-se **Brasilsat**; são operados pela Star One, uma subsidiária da Embratel. Sua frota é constituída pelo satélite Brasilsat A2, de 1ª geração, e os satélites de 2ª geração: Brasilsat B1, Brasilsat B2, Brasilsat B3 e Brasilsat B4. O Brasilsat B4 é o mais novo satélite de 2ª geração, e substituirá o Brasilsat A2. O Brasilsat A1, alugado a uma empresa americana, atualmente não faz parte do sistema brasileiro de telecomunicações por satélites.

NELSON ALMEIDA / AE

O satélite Brasilsat B1 é submetido aos testes finais no INPE, em 1994, antes de ser colocado em órbita.

Exercícios propostos

P.196 Um ponto material percorre uma circunferência de 20 cm de diâmetro efetuando 12 rpm. Determine:

a) a frequência em hertz;
b) o período;
c) a velocidade angular;
d) a velocidade escalar linear;
e) a aceleração centrípeta.

P.197 Um corpo gira com MCU completando uma volta em cada 4 s. O raio é 5 cm. Determine:

a) o período;
b) a velocidade angular;
c) o módulo da aceleração centrípeta.

P.198 Uma roda-gigante de raio 14 m gira em torno de um eixo horizontal. Um passageiro, sentado em uma cadeira, move-se com velocidade linear $v = 7$ m/s.

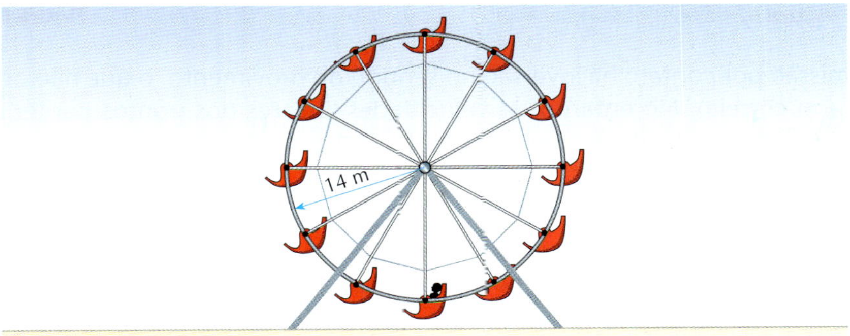

Determine:

a) a velocidade angular do movimento;
b) o módulo da aceleração centrípeta do passageiro;
c) em quanto tempo o passageiro executa uma volta completa.

P.199 Um movimento circular uniforme de raio 2 m tem função horária $s = 4 + 2t$ (unidades do SI). Determine:

a) o espaço angular inicial e a velocidade angular;
b) a função horária angular do movimento;
c) o período e a frequência do movimento.

P.200 As pás de um ventilador giram em torno de seu eixo com frequência de 120 rpm. Determine para dois pontos de uma das pás, situados respectivamente a 15 cm e 10 cm do centro:

a) a frequência em hertz e o período em segundos;
b) a velocidade angular em radianos por segundo;
c) a velocidade escalar linear em metros por segundo.

P.201 Um carro percorre uma circunferência de raio 500 m com velocidade escalar constante de 20 m/s. Qual é o ângulo que o carro descreve em 40 s?

P.202 O raio da Terra é de aproximadamente 6.400 km. Calcule a velocidade linear e o módulo da aceleração centrípeta de um ponto do equador que se desloca devido à rotação da Terra. Dê a resposta da velocidade em km/h e do módulo da aceleração em m/s^2. Considere $\pi = 3$.

P.203 A órbita da Terra em torno do Sol pode ser considerada aproximadamente circular e de raio $1{,}5 \cdot 10^8$ km. Determine, nessas condições, a velocidade linear e o módulo da aceleração centrípeta da Terra em torno do Sol. Dê a resposta da velocidade em km/s e do módulo da aceleração em m/s^2. Considere 1 ano aproximadamente $3{,}1 \cdot 10^7$ s e use $\pi = 3{,}1$.

P.204 Um satélite estacionário, usado em comunicações, é colocado em órbita circular, de raio aproximadamente $4{,}2 \cdot 10^4$ km, acima da linha do equador. Determine a velocidade angular e a velocidade linear do satélite em seu movimento em torno do eixo da Terra. Considere $\pi = 3$.

4. Transmissão de movimento circular uniforme

É possível efetuar a transmissão de movimento circular entre duas rodas, dois discos ou duas polias empregando dois procedimentos básicos: encostando-os (figura 5) ou ligando-os por uma correia ou corrente (figura 6). Em ambos os casos, costuma-se usar engrenagens cujos dentes se adaptam entre si, quando em contato, ou se encaixam nos elos da corrente de ligação, para não haver deslizamento ou escorregamento.

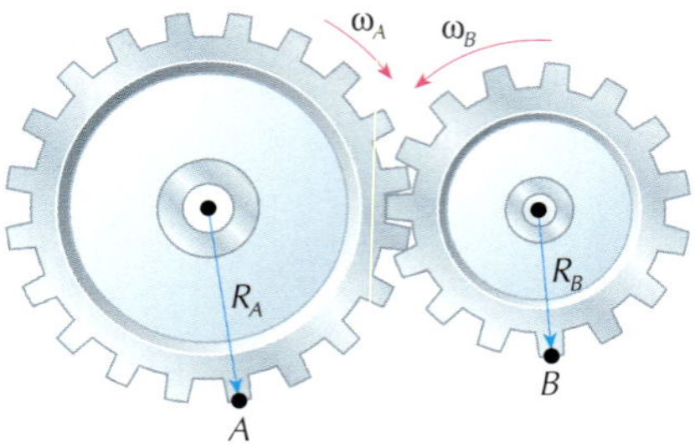

Figura 5.

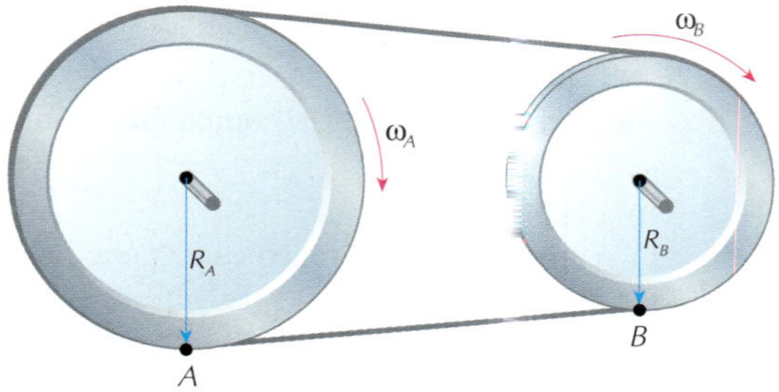

Figura 6.

Na transmissão por contato há inversão no sentido do movimento, o que não ocorre na transmissão por corrente (ou correia). No entanto, as velocidades lineares dos pontos periféricos das duas rodas, em cada instante, têm o mesmo módulo em ambas as situações. Assim, considerando os pontos A e B destacados nas figuras 5 e 6, temos:

$$\boxed{v_A = v_B}$$

Os raios das rodas e, portanto, dos movimentos descritos pelos pontos A e B são R_A e R_B, respectivamente. Sendo ω_A e ω_B as correspondentes velocidades angulares, podemos escrever:

$$v_A = \omega_A R_A \quad \text{e} \quad v_B = \omega_B R_B$$

Mas, como $v_A = v_B$, obtemos:

$$\boxed{\omega_A R_A = \omega_B R_B}$$

Portanto, as velocidades angulares das rodas são inversamente proporcionais aos respectivos raios. Essa proporcionalidade inversa em relação aos raios vale também para as frequências f_A e f_B, pois: $\omega_A = 2\pi f_A$ e $\omega_B = 2\pi f_B$.

$$2\pi f_A R_A = 2\pi f_B R_B \Rightarrow \boxed{f_A R_A = f_B R_B}$$

DAVID PARKER / SPL-LATINSTOCK

GABOR NEMES / KINO

LARRY BRAY / TAXI GETTY IMAGES

Vários tipos de transmissão de movimento circular.

As marchas da bicicleta

As mudanças de marcha de uma bicicleta, isto é, suas variações de velocidade, são feitas por meio de um sistema de transmissão constituído de pedais, coroas, catracas e corrente. As coroas são acionadas pelos pedais e as catracas estão acopladas à roda traseira.

Por exemplo, o que vem a ser uma bicicleta de marchas? Trata-se de uma bicicleta dotada de várias catracas e coroas, sendo que cada uma das coroas pode ser ligada a cada uma das catracas, proporcionando assim combinações diferentes. Por exemplo, a bicicleta da figura tem 3 coroas e 6 catracas. Cada coroa pode ser ligada a uma catraca, resultando: 3 coroas × 6 catracas = 18 possibilidades. Cada uma dessas possibilidades constitui uma marcha da bicicleta. A mudança de marchas é feita por meio de alavancas existentes no guidão da bicicleta.

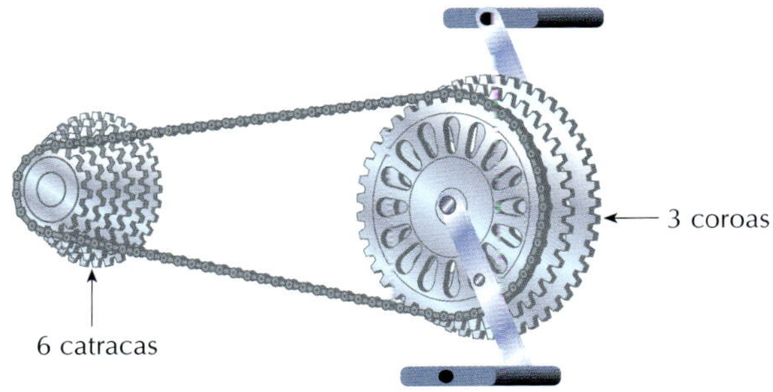

Considere uma coroa de raio R_A girando com velocidade angular ω_A. A catraca a ela ligada, de raio R_B, adquire velocidade angular ω_B. Teremos:

$$\omega_A R_A = \omega_B R_B \Rightarrow \omega_B = \frac{\omega_A R_A}{R_B}$$

Nessa fórmula, notamos que, para que a bicicleta se desloque com a maior velocidade possível, isto é, para que ω_B (velocidade angular da catraca e também das rodas traseiras) tenha o maior valor possível, devemos ligar a catraca de menor raio (R_B) à coroa de maior raio (R_A). Inversamente, para que a bicicleta desenvolva a menor velocidade possível (correspondendo à marcha de menor velocidade), devemos ligar a catraca de maior raio com a coroa de menor raio.

Exercícios resolvidos

R.73 Duas polias, A e B, ligadas por uma correia têm 10 cm e 20 cm de raio, respectivamente. A primeira efetua 40 rpm. Calcule:

a) a frequência da segunda polia;
b) a velocidade linear dos pontos da correia.

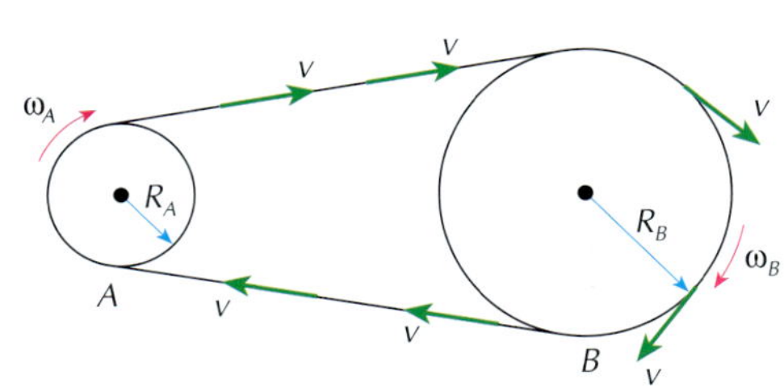

Solução:

a) $f_A R_A = f_B R_B$ (com $f_A = 40$ rpm, $R_A = 10$ cm, $R_B = 20$ cm)
Portanto:

$$40 \cdot 10 = f_B \cdot 20 \Rightarrow \boxed{f_B = 20 \text{ rpm}}$$

b) Todos os pontos da correia têm a mesma velocidade linear v, que é também a velocidade dos pontos periféricos das polias, uma vez que não há escorregamento da correia ao passar pelas polias.
Considerando a polia A, temos:

$$v = \omega_A R_A \Rightarrow v = 2\pi f_A R_A$$

Sendo $f_A = 40 \text{ rpm} = \frac{40}{60} \text{ Hz} = \frac{2}{3} \text{ Hz}$, vem:

$$v = 2\pi \cdot \frac{2}{3} \cdot 10 \Rightarrow \boxed{v_A = \frac{40\pi}{3} \text{ cm/s}}$$

Respostas: a) 20 rpm; b) $\frac{40\pi}{3}$ cm/s

R.74 Numa bicicleta de marchas, as pedaladas do ciclista imprimem uma velocidade angular de 3,0 rad/s à coroa, de raio 20 cm, que está ligada a uma catraca da roda traseira, de raio 5,0 cm. As rodas da bicicleta têm raio 40 cm. Determine:

a) a velocidade angular da catraca;

b) a velocidade escalar linear com que a bicicleta está se movendo.

Solução:

a) Sendo $\omega_A = 3{,}0$ rad/s, $R_A = 20$ cm e $R_B = 5{,}0$ cm, respectivamente, a velocidade angular da coroa e os raios da coroa e da catraca, podemos calcular a velocidade angular ω_B da catraca:

$$\omega_B R_B = \omega_A R_A \Rightarrow \omega_B = \frac{\omega_A R_A}{R_B} \Rightarrow \omega_B = \frac{3{,}0 \cdot 20}{5{,}0} \Rightarrow \boxed{\omega_B = 12 \text{ rad/s}}$$

b) A bicicleta percorre a distância $2\pi R$ (perímetro da roda) no intervalo de tempo igual a um período T de rotação das rodas. Assim, a velocidade escalar linear da bicicleta é dada por:

$$v = \frac{2\pi R}{T} \Rightarrow v = \omega R$$

A velocidade angular da catraca (ω_B) é a mesma da roda e, sendo $R = 40$ cm $= 0{,}40$ m o raio da roda, vem:

$$v = 12 \cdot 0{,}40 \Rightarrow \boxed{v = 4{,}8 \text{ m/s}}$$

Respostas: a) 12 rad/s; b) 4,8 m/s

Exercícios propostos

P.205 (Fuvest-SP) Uma cinta funciona solidária com dois cilindros de raios $R_1 = 10$ cm e $R_2 = 50$ cm.

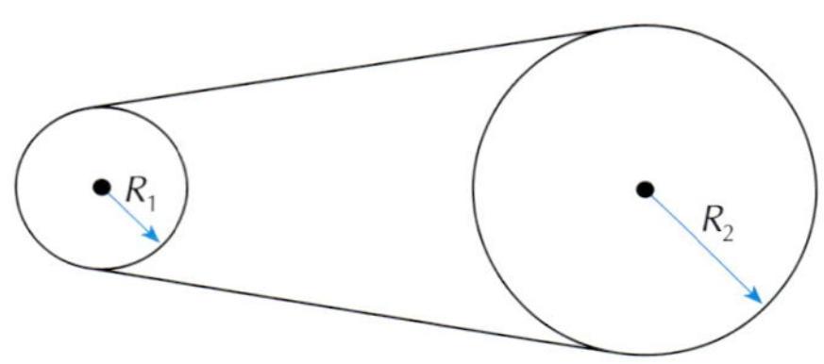

Supondo que o cilindro maior tenha uma frequência de rotação $f_2 = 60$ rpm:

a) qual é a frequência de rotação f_1 do cilindro menor?

b) qual é a velocidade linear da cinta?

P.206 Num relógio, a transmissão de movimento circular é feita por contato. Uma engrenagem de 0,5 cm de diâmetro tem período de 10 s e está em contato com outra engrenagem de diâmetro 1 cm. Determine para a segunda engrenagem:

a) o período;

b) a frequência;

c) a velocidade angular;

d) a velocidade linear de um ponto periférico.

P.207 A engrenagem A, acionada por um motor, gira com velocidade angular $\omega_A = 30$ rad/s.

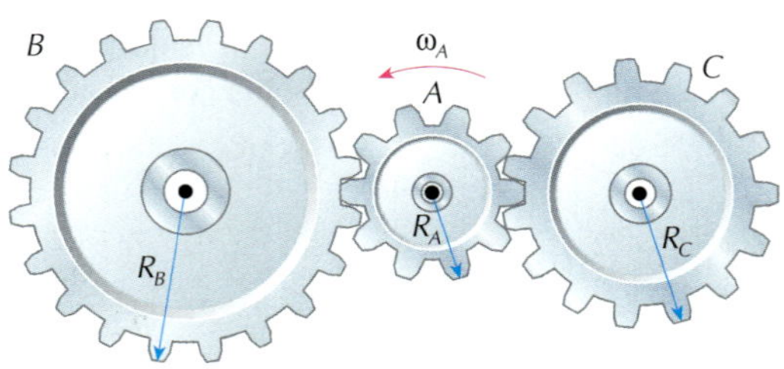

Sabendo que $R_B = 2R_A$ e que $R_C = 1{,}5R_A$, determine os sentidos de rotação e as velocidades angulares das engrenagens B e C.

P.208 No mecanismo esquematizado, o motor aciona a engrenagem A com uma frequência $f_A = 75$ rpm. As engrenagens B e C estão ligadas a um mesmo eixo.

Sendo $R_A = 10$ cm, $R_B = 15$ cm e $R_C = 8$ cm, determine:

a) a frequência de rotação das engrenagens B e C;

b) a velocidade linear de um ponto P pertencente à periferia da engrenagem C.

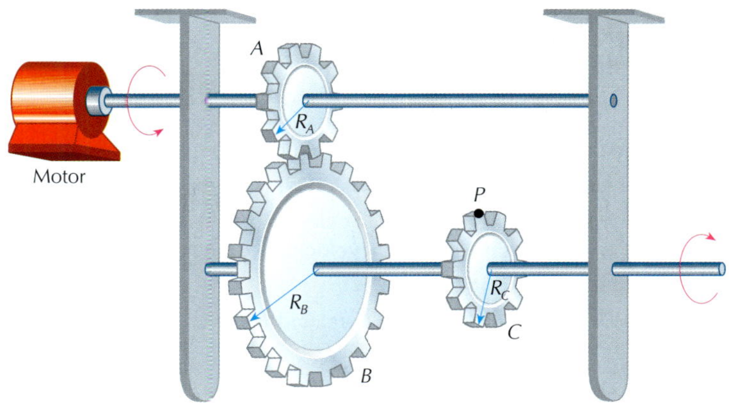

P.209 Uma bicicleta, cujo raio da roda é 40 cm, desloca-se em linha reta com velocidade escalar constante de 10 m/s.

a) Qual é a velocidade angular da catraca ligada à roda traseira?

b) Sabendo-se que os raios da catraca e da coroa são, respectivamente, 5,0 cm e 15 cm, determine a velocidade angular que o ciclista imprime à coroa.

5. Movimento circular uniformemente variado (MCUV)

O movimento circular uniformemente variado (MCUV) **não é um movimento periódico**, pois o módulo de sua velocidade varia e, portanto, o tempo de cada volta na circunferência é variável.

Possui aceleração centrípeta $\left(|\vec{a}_{cp}| = \frac{v^2}{R} = \omega^2 R\right)$ e aceleração tangencial ($|\vec{a}_t| = |\alpha|$).

A aceleração total $\vec{a}$ é a soma vetorial de $\vec{a}_{cp}$ com $\vec{a}_t$, como se representa na figura 7.

No quadro a seguir, temos todas as funções utilizadas no movimento circular uniformemente variado.

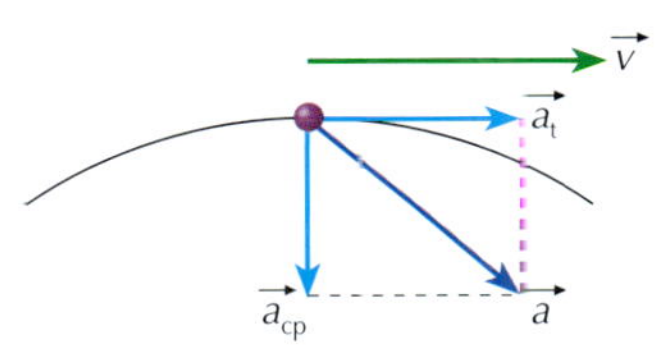

Figura 7.

Funções do MCUV

Forma linear	Forma angular	Relações
$s = s_0 + v_0 t + \frac{\alpha}{2}t^2$	$\varphi = \varphi_0 + \omega_0 t + \frac{\gamma}{2}t^2$	$s = \varphi R$
$v = v_0 + \alpha t$	$\omega = \omega_0 + \gamma t$	$v = \omega R$
$\alpha =$ cte. (escalar) $\neq 0$	$\gamma =$ cte. (escalar) $\neq 0$	$\alpha = \gamma R$
$v^2 = v_0^2 + 2\alpha\Delta s$	$\omega^2 = \omega_0^2 + 2\gamma\Delta\varphi$	

Aceleração tangencial $|\vec{a}_t| = |\alpha|$
(está relacionada com a variação do módulo da velocidade $\vec{v}$)

Aceleração centrípeta $|\vec{a}_{cp}| = \frac{v^2}{R} = \omega^2 R$
(está relacionada com a variação da direção da velocidade $\vec{v}$)

$\vec{a} = \vec{a}_t + \vec{a}_{cp}$
(adição vetorial)

Exercícios resolvidos

R.75 Um ponto material, partindo do repouso, percorre uma circunferência com raio de 10 cm em movimento uniformemente variado. Durante os dois primeiros segundos o ponto descreve um ângulo de $\frac{\pi}{4}$ rad. Determine:

a) a aceleração angular e a aceleração linear do movimento;

b) a velocidade angular e a velocidade linear no instante $t = 4$ s.

Solução:

a) De $\varphi = \varphi_0 + \omega_0 t + \frac{\gamma}{2} t^2$, fazendo $\varphi_0 = 0$ e sendo $\omega_0 = 0$, $\varphi = \frac{\pi}{4}$ rad e $t = 2$ s, vem:

$$\frac{\pi}{4} = \frac{\gamma}{2} \cdot 2^2 \Rightarrow \boxed{\gamma = \frac{\pi}{8} \text{ rad/s}^2}$$

Sendo $\alpha = \gamma R$, resulta:

$$\alpha = \frac{\pi}{8} \cdot 10 \Rightarrow \boxed{\alpha = \frac{5\pi}{4} \text{ cm/s}^2}$$

b) De $\omega = \omega_0 + \gamma t$, temos para $t = 4$ s:

$$\omega = 0 + \frac{\pi}{8} \cdot 4 \Rightarrow \boxed{\omega = \frac{\pi}{2} \text{ rad/s}}$$

Sendo $v = \omega R$, resulta:

$$v = \frac{\pi}{2} \cdot 10 \Rightarrow \boxed{v = 5\pi \text{ cm/s}}$$

Respostas: a) $\frac{\pi}{8}$ rad/s^2; $\frac{5\pi}{4}$ cm/s^2; b) $\frac{\pi}{2}$ rad/s; 5π cm/s

R.76 Um móvel realiza MCUV numa circunferência de raio igual a 10 cm. No instante $t = 0$ a velocidade angular é 10 rad/s e 5 s depois é 30 rad/s. Determine aproximadamente o número de revoluções (voltas) que o móvel realiza nestes 5 s. Considere $\pi = 3{,}14$.

Solução:

De $\omega = \omega_0 + \gamma t$, sendo $\omega_0 = 10$ rad/s e $\omega = 30$ rad/s quando $t = 5$ s, vem:

$$30 = 10 + \gamma \cdot 5 \Rightarrow \gamma = 4 \text{ rad/s}^2$$

De $\varphi = \varphi_0 + \omega_0 t + \frac{\gamma}{2} t^2$, sendo $\varphi_0 = 0$ (adotado), $\omega_0 = 10$ rad/s, $\gamma = 4$ rad/s^2 e $t = 5$ s, resulta:

$$\varphi = 0 + 10 \cdot 5 + \frac{4}{2} \cdot 5^2 \Rightarrow \varphi = 100 \text{ rad}$$

O número de voltas em 100 rad é obtido por uma regra de três simples:

$$\left.\begin{array}{l} 1 \text{ volta} \text{ ——— } 2\pi \text{ rad} \\ n \text{ voltas} \text{ ——— } 100 \text{ rad} \end{array}\right\} \Rightarrow n = \frac{100}{2\pi} = \frac{50}{\pi} \simeq 15{,}9 \Rightarrow \boxed{n \simeq 16 \text{ voltas}}$$

Resposta: $\simeq$ 16 voltas

Exercícios propostos

P.210 Um ponto material, partindo do repouso, percorre uma circunferência de raio 50 cm em movimento uniformemente variado de aceleração linear 2 m/s^2. Determine:

a) a aceleração angular do movimento;

b) a velocidade angular e a velocidade linear 10 s após o ponto ter partido.

P.211 Um ponto descreve um MCUV na periferia de um disco de diâmetro 10 cm, partindo do repouso. Após 10 s, sua velocidade angular é 20 rad/s. Determine quantas voltas o ponto realizou nesse intervalo de tempo.

T.192 Em que opção abaixo a roda traseira dá o maior número de voltas por pedalada?

a)

b)

c)

d)

e)

T.193

Quando se dá uma pedalada na bicicleta acima (isto é, quando a coroa acionada pelos pedais dá uma volta completa), qual é a distância aproximada percorrida pela bicicleta, sabendo-se que o comprimento de um círculo de raio R é igual a $2\pi R$, onde $\pi \simeq 3$?

a) 1,2 m
b) 2,4 m
c) 7,2 m
d) 14,4 m
e) 48,0 m

T.194 (Enem-MEC) Com relação ao funcionamento de uma bicicleta de marchas, na qual cada marcha é uma combinação de uma das coroas dianteiras com uma das coroas traseiras, são formuladas as seguintes afirmativas:

I. Numa bicicleta que tenha duas coroas dianteiras e cinco traseiras, temos um total de dez marchas possíveis, sendo que cada marcha representa a associação de uma das coroas dianteiras com uma das traseiras.

II. Em alta velocidade, convém acionar a coroa dianteira de maior raio com a coroa traseira de maior raio também.

III. Em uma subida íngreme, convém acionar a coroa dianteira de menor raio e a coroa traseira de maior raio.

Entre as afirmações anteriores, estão corretas:

a) I e III apenas.
b) I, II e III.
c) I e II apenas.
d) II apenas.
e) III apenas.

T.195 Um ponto na borda de um disco de 0,20 m de raio tem sua velocidade escalar alterada de 6,0 m/s para 8,0 m/s em 2,0 s. A aceleração angular constante (em rad/s^2) é:

a) 3,0
b) 5,0
c) 2,0
d) 1,0
e) 4,0

T.196 (Mackenzie-SP) Um disco inicia um movimento uniformemente acelerado a partir do repouso e, depois de 10 revoluções, a sua velocidade angular é de 20 rad/s. Podemos concluir que a aceleração angular da roda em rad/s^2 é aproximadamente igual a:

a) 3,5
b) 3,2
c) 3,0
d) 3,8
e) nenhuma das anteriores

Exercícios resolvidos

R.77 Um cilindro oco, cuja geratriz mede 5 m, tem as bases paralelas e gira em torno de seu eixo disposto horizontalmente, conforme a figura. Seu movimento é uniforme, efetuando 120 rpm. Um projétil lançado através desse cilindro, paralelamente ao seu eixo, perfura as duas bases em dois pontos: a base *A* no ponto 1 e a base *B* no ponto 2, antes de o cilindro completar uma volta. O ângulo formado pelos dois raios que passam por esses pontos 1 e 2, desde quando o projétil perfura a base *A* até emergir em *B*, é $\Delta\varphi = \frac{\pi}{2}$ rad. Supondo que o movimento do projétil no interior do cilindro seja retilíneo e uniforme, calcule a sua velocidade.

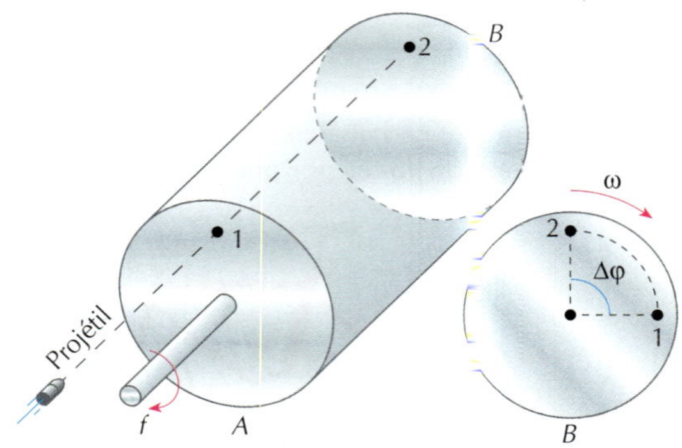

Solução:

O movimento do cilindro é um MCU:

$$f = 120 \text{ rpm} = \frac{120 \text{ rot.}}{60 \text{ s}} = 2 \text{ Hz}$$

Assim: $\omega = 2\pi f = 2\pi \cdot 2 \Rightarrow \boxed{\omega = 4\pi \text{ rad/s}}$

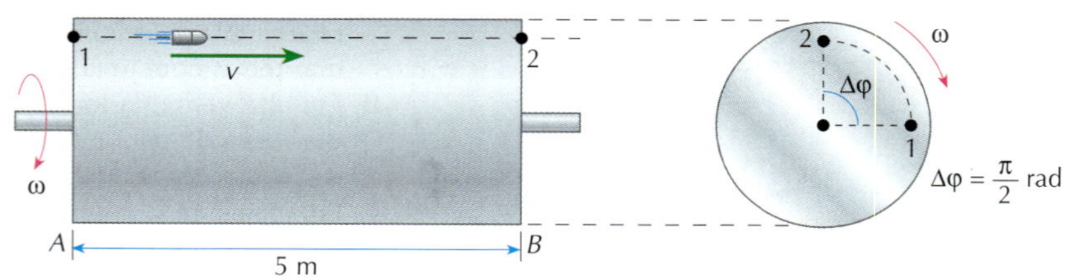

O intervalo de tempo Δt que a bala leva em MRU para percorrer 5 m é o mesmo intervalo de tempo que as bases *A* e *B* do cilindro levam para girar $\Delta\varphi = \frac{\pi}{2}$ rad.

Utilizando a função horária do MCU para o movimento do cilindro e a do MRU para o movimento do projétil, obtemos:

Movimento do cilindro: $\Delta\varphi = \omega\Delta t \Rightarrow \Delta t = \frac{\Delta\varphi}{\omega}$ ①

Movimento do projétil: $\Delta s = v\Delta t \Rightarrow \Delta t = \frac{\Delta s}{v}$ ②

Igualando os segundos membros de ① e ②, vem:

$$\frac{\Delta\varphi}{\omega} = \frac{\Delta s}{v} \Rightarrow v = \frac{\Delta s\omega}{\Delta\varphi} = \frac{5 \cdot 4\pi}{\frac{\pi}{2}} \Rightarrow \boxed{v = 40 \text{ m/s}}$$

Resposta: 40 m/s

R.78 Num brinquedo de corrida de automóveis, dois carros percorrem duas pistas circulares concêntricas em movimento circular uniforme (MCU). Verifica-se que esses carros passam um pelo outro a cada 30 s, quando se movem no mesmo sentido, e a cada 10 s, quando se movem em sentidos opostos. Para cada um dos carros determine:

a) a velocidade angular;

b) o período;

c) a velocidade escalar linear, sabendo que a pista do carro mais rápido tem raio 30 cm e a do mais lento tem raio 15 cm.

Solução:

a) Tomemos como instante inicial ($t = 0$) um dos instantes em que os carros passam um pelo outro e, portanto, estão alinhados com o centro das pistas (pontos C, B e A nas figuras).

No mesmo sentido

No próximo encontro, o carro mais rápido (A) estará uma volta à frente do mais lento (B). Nessa situação, a diferença entre os espaços angulares será de 2π radianos:

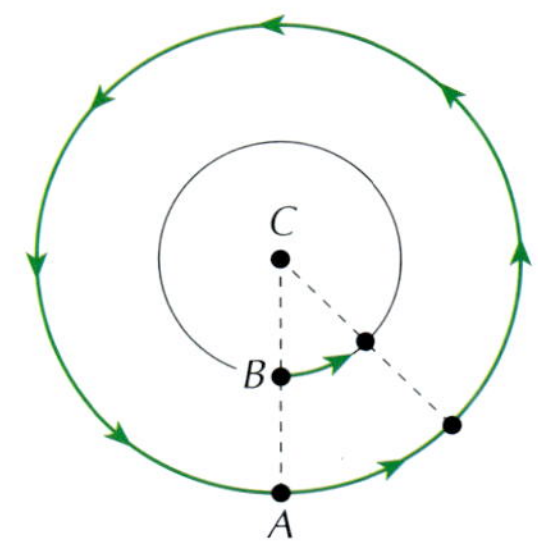

$$\varphi_A - \varphi_B = 2\pi$$

Como $\varphi_A = \omega_A t$ e $\varphi_B = \omega_B t$, vem:

$$\omega_A t - \omega_B t = 2\pi \Rightarrow (\omega_A - \omega_B)t = 2\pi \Rightarrow \omega_A - \omega_B = \frac{2\pi}{t}$$

Como $t = 30$ s, então:

$$\omega_A - \omega_B = \frac{2\pi}{30} \Rightarrow \omega_A - \omega_B = \frac{\pi}{15} \quad ①$$

Em sentidos opostos

No próximo encontro, os módulos dos espaços angulares somam 2π radianos (veja a figura):

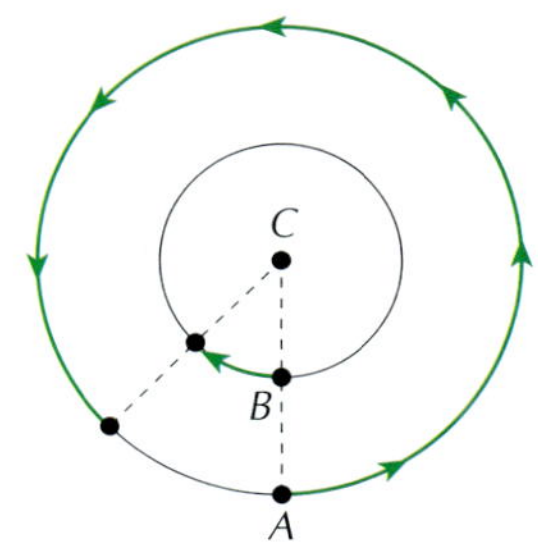

$$\varphi'_A + \varphi'_B = 2\pi$$

Como $\varphi'_A = \omega_A t'$ e $\varphi'_B = \omega_B t'$, vem:

$$\omega_A t' + \omega_B t' = 2\pi \Rightarrow (\omega_A + \omega_B)t' = 2\pi \Rightarrow \omega_A + \omega_B = \frac{2\pi}{t'}$$

Como $t' = 10$ s, então:

$$\omega_A + \omega_B = \frac{2\pi}{10} \Rightarrow \omega_A + \omega_B = \frac{\pi}{5} \quad ②$$

A diferença e a soma das velocidades angulares dos carros (equações ① e ②) formam um sistema de equações:

$$\left.\begin{array}{l} ① \ \omega_A - \omega_B = \dfrac{\pi}{15} \\ ② \ \omega_A + \omega_B = \dfrac{\pi}{5} \end{array}\right\} ① + ②: 2\omega_A = \frac{\pi}{15} + \frac{\pi}{5} \Rightarrow \boxed{\omega_A = \frac{2\pi}{15}\,\text{rad/s}}$$

Substituindo esse resultado na equação ①, obtemos:

$$\frac{2\pi}{15} - \omega_B = \frac{\pi}{15} \Rightarrow \omega_B = \frac{2\pi}{15} - \frac{\pi}{15} \Rightarrow \boxed{\omega_B = \frac{\pi}{15}\ \text{rad/s}}$$

b) Para o carro A, temos:

$$\omega_A = \frac{2\pi}{T_A} \Rightarrow T_A = \frac{2\pi}{\omega_A} = \frac{2\pi}{\frac{2\pi}{15}} \Rightarrow \boxed{T_A = 15\ \text{s}}$$

Para o carro B, temos:

$$\omega_B = \frac{2\pi}{T_B} \Rightarrow T_B = \frac{2\pi}{\omega_B} = \frac{2\pi}{\frac{\pi}{15}} \Rightarrow \boxed{T_B = 30\ \text{s}}$$

c) Sendo os raios das pistas $R_A = 30$ cm $= 0,3$ m e $R_B = 15$ cm $= 0,15$ m, as velocidades escalares lineares serão dadas por:

$$v_A = \omega_A R_A = \frac{2\pi}{15} \cdot 0,3 \Rightarrow \boxed{v_A = 0,04\pi\ \text{m/s}}$$

$$v_B = \omega_B R_B = \frac{\pi}{15} \cdot 0,15 \Rightarrow \boxed{v_B = 0,01\pi\ \text{m/s}}$$

Respostas: a) $\omega_A = \frac{2\pi}{15}$ rad/s; $\omega_B = \frac{\pi}{15}$ rad/s; b) $T_A = 15$ s; $T_B = 30$ s; c) $v_A = 0,04\pi$ m/s; $v_B = 0,01\pi$ m/s

Exercícios propostos

P.221 (UFRGS-RS) Determine a velocidade de um projétil disparado contra um alvo rotativo disposto a 15 m de distância, sabendo-se que o alvo executa 300 revoluções por minuto e que o arco medido entre o ponto visado no momento do disparo e o ponto de impacto do projétil no alvo é de 18°. Lembre-se de que 180° = π radianos.

P.222 (Vunesp) Um disco horizontal, de raio $R = 0{,}50$ m, gira em torno do seu eixo com velocidade angular $\omega = 2\pi$ rad/s. Um projétil é lançado de fora no mesmo plano do disco e rasante a ele, sem tocá-lo, com velocidade v_0 (figura), passando sobre o ponto P. O projétil sai do disco pelo ponto Q, no instante em que o ponto P está passando por aí pela primeira vez. Qual é a velocidade v_0?

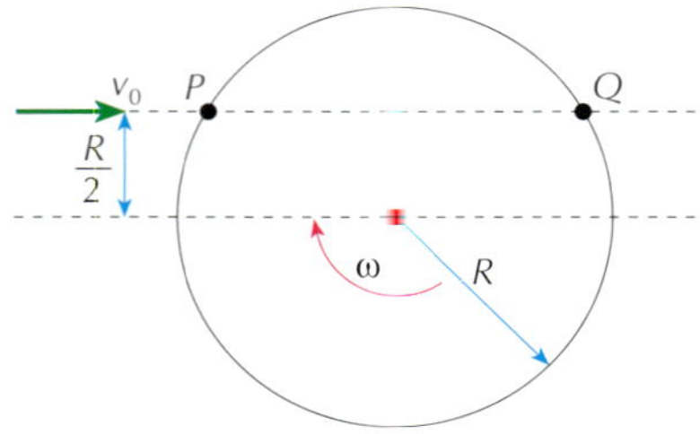

P.223 (UFPE) Uma arma dispara 30 balas por minuto. Essas balas atingem um disco girante sempre no mesmo ponto atravessando um orifício. Qual é a frequência do disco, em rotações por minuto?

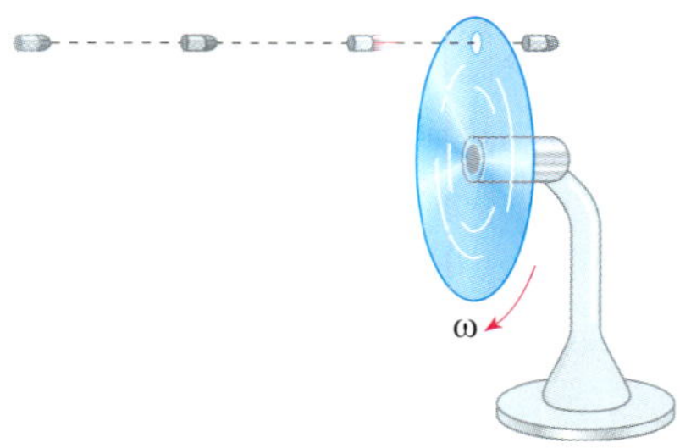

P.224 (Fuvest-SP) Dois corredores A e B partem do mesmo ponto de uma pista circular de 120 m de comprimento, com velocidades $v_A = 8$ m/s e $v_B = 6$ m/s.

a) Se partirem em sentidos opostos, qual será a menor distância entre eles, medida ao longo da pista, após 20 s?
b) Se partirem no mesmo sentido, após quanto tempo o corredor A estará com uma volta de vantagem sobre o B?

P.225 São feitas duas experiências com dois carrinhos A e B em pistas concêntricas de um autorama, sendo o carrinho A mais rápido que o carrinho B. Na primeira experiência, partindo da situação esquematizada e movendo-se no mesmo sentido, o carrinho A passa novamente por B após 40 s. Na segunda experiência, partindo da situação esquematizada e movendo-se em sentidos opostos, o carrinho A cruza novamente com o B após 8 s. Determine:

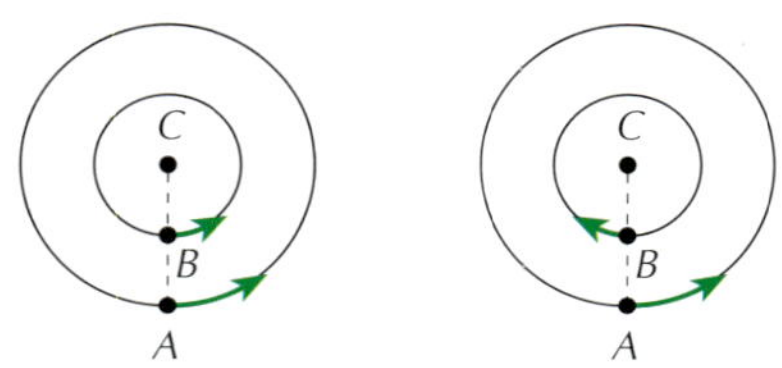

a) a velocidade angular dos carrinhos A e B;
b) seus períodos;
c) suas velocidades lineares, sendo 20 cm e 40 cm os raios das pistas.

P.226 (Fuvest-SP) Um automóvel percorre uma pista circular de 1 km de raio, com velocidade de 36 km/h.

a) Em quanto tempo o automóvel percorre um arco de circunferência de 30°?
b) Qual é a aceleração centrípeta do automóvel?

P.227 (Unicamp-SP) Um toca-discos está tocando em $33\frac{1}{3}$ rotações por minuto (rpm) um concerto de *rock* gravado numa única faixa de um LP. A largura da faixa ocupa toda a face útil do LP, tendo raio interno igual a 7,0 cm e raio externo igual a 15,0 cm. A faixa é tocada em 24 minutos.

a) Qual é a distância média entre dois sulcos consecutivos do disco?
b) Qual é a velocidade tangencial de um ponto do disco que está embaixo da agulha no final da execução da faixa?

P.228 (Fuvest-SP) O raio do cilindro de um carretel mede 2 cm. Uma pessoa, em 10 s, desenrola uniformemente 50 cm de linha que está em contato com o cilindro.

a) Qual é o valor da velocidade linear de um ponto na superfície do cilindro?
b) Qual é a velocidade angular de um ponto P distante 4 cm do eixo de rotação?

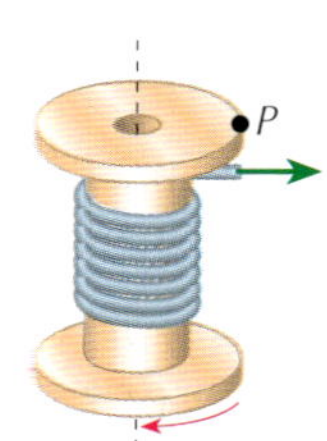

P.229 Num relógio comum, o ponteiro das horas e o ponteiro dos minutos se superpõem às 4 horas x minutos e y segundos. Determinte os valores de x e y.

T.197 (Fesp-SP) Uma esfera oca, de raio $R = 5$ m, gira em torno de seu eixo vertical, conforme a figura. Seu movimento é uniforme, efetuando 120 rpm. Um projétil lançado contra essa esfera a perfura em A, passando, então, pelo seu centro.

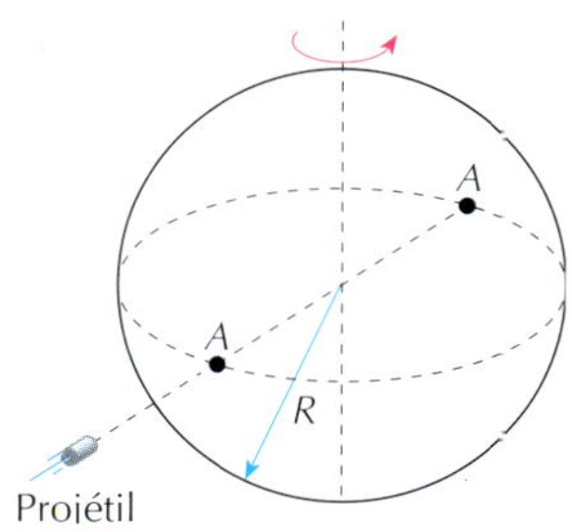

Supondo que o movimento do projétil no interior da esfera seja uniforme e retilíneo, calcule sua velocidade máxima para que o projétil saia pelo mesmo ponto A.

a) 10 m/s **b)** 20 m/s **c)** 30 m/s **d)** 40 m/s **e)** 80 m/s

T.198 (Fuvest-SP) Um disco tem seu centro fixo no ponto O do eixo fixo x da figura, e possui uma marca no ponto A de sua periferia. O disco gira com velocidade angular constante ω em relação ao eixo. Uma pequena esfera é lançada do ponto B do eixo em direção ao centro do disco no momento em que o ponto A passa por B. A esfera desloca-se sem atrito, passa pelo centro do disco e, após 6 s, atinge sua periferia exatamente na marca A, no instante em que esta passa pelo ponto C do eixo x.

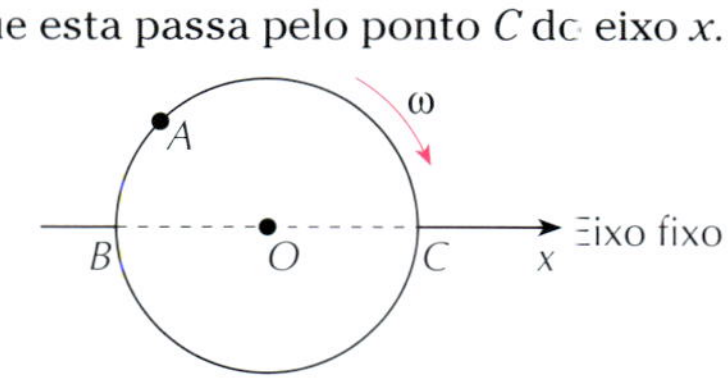

Se o tempo gasto pela esfera para percorrer o segmento BC é superior ao necessário para que o disco dê uma volta, mas é inferior ao tempo necessário para que o disco dê duas voltas, o período de rotação do disco é de:

a) 2 s **b)** 3 s **c)** 4 s **d)** 5 s **e)** 6 s

T.199 (UTFPR) Numa pista de autorama, dois carrinhos, A e B, com velocidades respectivamente iguais a 2π m/s e 3π m/s, percorrem uma pista circular de raio 6 metros. Se eles percorrem a pista no mesmo sentido, assinale a alternativa correta.

a) A velocidade angular do carrinho B é igual a $\frac{\pi}{3}$ rad/s.
b) A frequência do carrinho A é igual a 0,25 Hz.
c) O período do carrinho B é igual a 6 s.
d) O carrinho A é ultrapassado a cada 12 s.
e) A velocidade relativa entre os carrinhos é 5π m/s.

T.200 Duas partículas partem, no mesmo instante, de um mesmo ponto de uma circunferência, com movimentos uniformes de períodos 3 s e 7 s, respectivamente, no mesmo sentido. As partículas estarão novamente juntas na mesma posição de partida após um intervalo de tempo de:

a) 3 s **b)** 7 s **c)** 10 s **d)** 14 s **e)** 21 s

T.201 (UFJF-MG) Na figura ao lado, quando o ponteiro dos segundos do relógio está apontando para B, uma formiga parte do ponto A com velocidade angular constante $\omega = 2\pi$ rad/min, no sentido anti-horário.

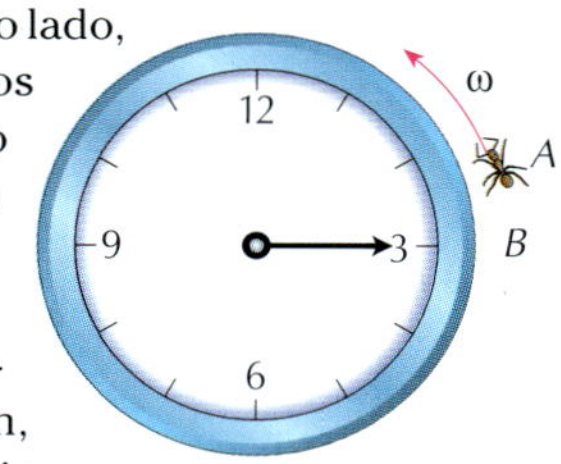

Ao completar uma volta, quantas vezes terá cruzado com o ponteiro dos segundos?

a) zero **b)** uma **c)** duas **d)** três **e)** π

T.202 (UFRN) Duas partículas percorrem uma mesma trajetória em movimentos circulares uniformes, uma em sentido horário e a outra em sentido anti-horário. A primeira efetua $\frac{1}{3}$ rpm e a segunda $\frac{1}{4}$ rpm. Sabendo que partiram do mesmo ponto, em uma hora encontrar-se-ão:

a) 45 vezes **b)** 35 vezes **c)** 25 vezes **d)** 15 vezes **e)** 7 vezes

T.203 (UPE) A Terra gira uniformemente em torno de seu eixo com velocidade angular ω. Qual o módulo da aceleração de um ponto na superfície da Terra, em função da latitude θ e do raio da Terra R?

a) $a = \omega R \cdot \text{sen}\,\theta$
b) $a = \omega R \cdot \cos\theta$
c) $a = \omega R \cdot \text{sen}^2\,\theta$
d) $a = \omega^2 R \cdot \cos\theta$
e) $a = \omega^2 R \cdot \text{sen}\,\theta$

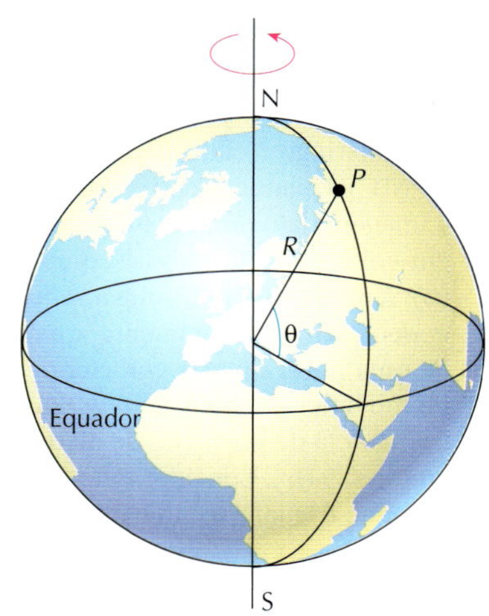

A Física em nosso Mundo

Efeito estroboscópico

No cinema e na TV, ao assistirmos à cena de um carro em movimento, dependendo da relação entre as frequências de projeção e de giro das rodas, três situações podem ser observadas:

a) as rodas aparentam estar paradas;

b) as rodas aparentam girar em sentido contrário ao sentido real;

c) as rodas aparentam girar mais lentamente, no sentido real.

Este fenômeno, denominado **efeito estroboscópico**, também pode ser observado quando utilizamos **lâmpadas estroboscópicas** (lâmpadas que acendem e apagam intermitentemente).

Para realçar as três situações citadas, vamos fixar um ponto A da roda. Se a lâmpada estroboscópica acender justamente no instante em que o ponto A volta para a mesma posição, teremos a impressão de a roda estar parada. Isso ocorre quando a frequência de giro das rodas é um múltiplo inteiro da frequência com que pisca a lâmpada estroboscópica:

$$f_{roda} = n \cdot f_{lâmpada}, \text{ com } n = 1, 2, 3, ...$$

De fato, nessa situação, a roda deve realizar n voltas ($n = 1, 2, 3, ...$) durante um intervalo de tempo igual ao período com que a lâmpada pisca.

Isto é:

$$n \cdot T_{roda} = T_{lâmpada}$$

Daí resulta:

$$f_{roda} = n \cdot f_{lâmpada}$$

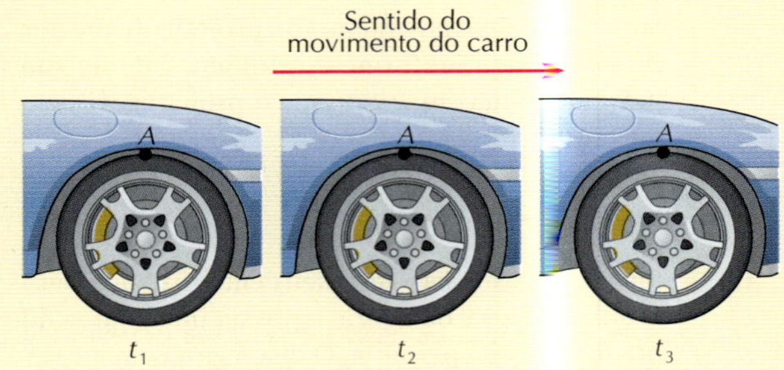

A lâmpada acende nos instantes t_1, t_2, t_3, ... A roda aparenta estar parada.

Teste sua leitura

L.16 (Unicamp-SP)

(a) (b) (c)

O quadro (a), acima, refere-se à imagem de televisão de um carro parado, em que podemos distinguir claramente a marca do pneu ("PNU"). Quando o carro está em movimento, a imagem da marca aparece como um borrão em volta de toda a roda, como ilustrado em (b). A marca do pneu volta a ser nítida, mesmo com o carro em movimento, quando este atinge uma determinada velocidade. Essa ilusão de movimento na imagem gravada é devido à frequência de gravação de 30 quadros por segundo (30 Hz). Considerando que o diâmetro do pneu é igual a 0,6 m e π = 3,0, responda:

a) Quantas voltas o pneu completa em um segundo, quando a marca filmada pela câmara aparece parada na imagem, mesmo estando o carro em movimento?

b) Qual a menor frequência angular ω do pneu em movimento, quando a marca aparece parada?

c) Qual a menor velocidade linear (em m/s) que o carro pode ter na figura (c)?

L.17 (UFRJ) O olho humano retém durante $\frac{1}{24}$ de segundo as imagens que se formam na retina. Essa *memória visual* permitiu a invenção do cinema. A filmadora bate 24 fotografias (fotogramas) por segundo. Uma vez revelado, o filme é projetado à razão de 24 fotogramas por segundo. Assim, o fotograma seguinte é projetado no exato instante em que o fotograma anterior está desaparecendo de nossa *memória visual*, o que nos dá a sensação de continuidade.

Se a frequência de giro das rodas não for um múltiplo inteiro da frequência com que a lâmpada pisca, podemos ter uma das situações a seguir.

A lâmpada pisca com frequência maior do que a de giro da roda. Neste caso o ponto A será visto antes de a roda completar uma volta. Isto acontece sucessivamente nas voltas seguintes. Daí a impressão de a roda girar para trás.

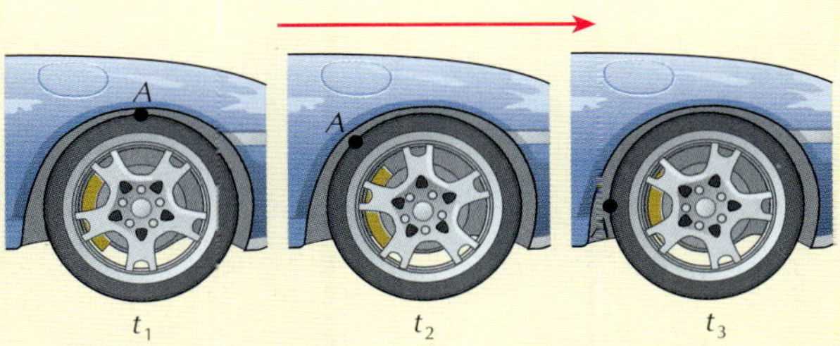

▲ **A roda aparenta girar para trás. É o que ocorre, por exemplo, quando o ponto *A* é visto antes de a roda completar uma volta.**

A lâmpada pisca com frequência menor do que a de giro da roda. Agora o ponto A será visto após a roda completar uma volta. Neste caso, a roda aparenta girar lentamente no sentido real.

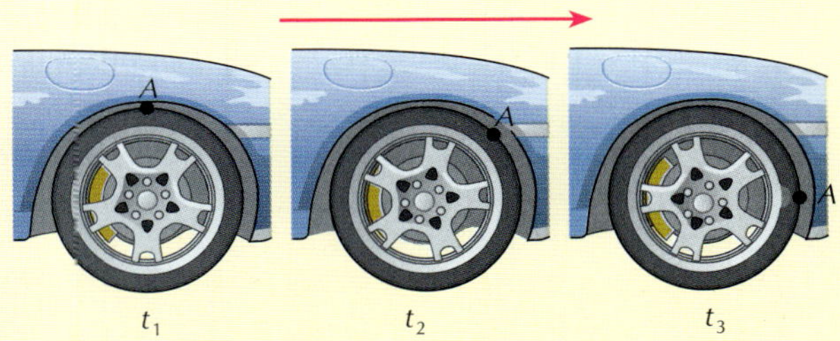

▲ **A roda aparenta girar lentamente no sentido real. É o que ocorre, por exemplo, quando o ponto *A* é visto depois de a roda completar uma volta.**

No caso do cinema e da TV, a frequência da lâmpada é substituída pela frequência com que a imagem é projetada.

Filma-se um ventilador cujas pás estão girando no sentido horário. O ventilador possui quatro pás simetricamente dispostas, uma das quais pintada de cor diferente, como ilustra a figura ao lado.

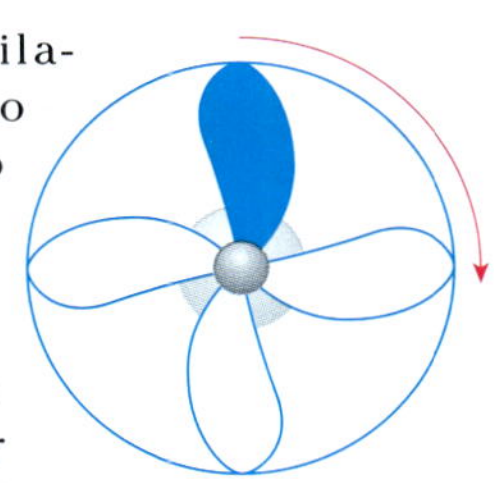

Ao projetarmos o filme, os fotogramas aparecem na tela na seguinte sequência:

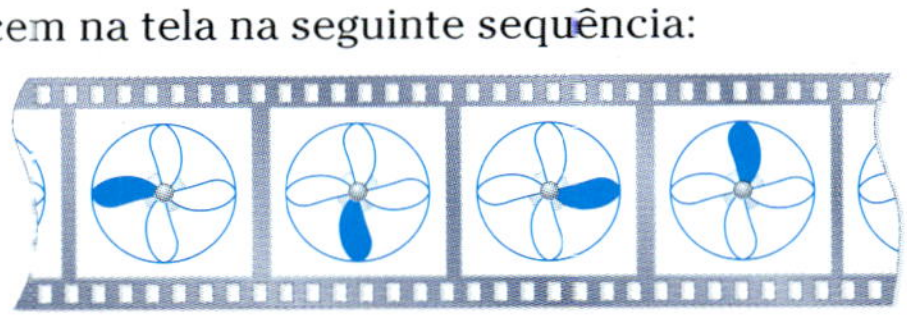

o que nos dá a sensação de que as pás estão girando no sentido anti-horário.

Calcule quantas rotações por segundo, no mínimo, as pás devem estar efetuando para que isso ocorra.

L.18 (UFF-RJ) Num antigo filme passado no tempo das diligências há uma cena na qual uma diligência, puxada por 2 cavalos, foge de um ataque dos índios. Ao assistir-se à cena, tem-se a ilusão de que as rodas da diligência não giram. Cada roda possui 8 raios formando ângulos de 45°. Pela altura de um índio que aparece de pé, pode-se estimar o diâmetro da roda em 1,5 m. Sabe-se também que a filmagem foi realizada no ritmo padrão de 24 quadros por segundo.

Marque a opção que contém a melhor estimativa da velocidade da diligência.

a) 25 km/s
b) 50 km/s
c) 75 km/h
d) 100 km/h
e) 125 km/h

PARTE 4

Forças em Dinâmica

Nesta parte, analisamos a Dinâmica, estudo dos movimentos e das causas que os produzem ou modificam. Duas novas grandezas são discutidas: força e massa. Discutimos os princípios fundamentais da Dinâmica propostos por Newton e leis experimentais que descrevem o comportamento de forças, como a força de atrito de escorregamento e a resistência do ar. Estudamos também a dinâmica dos movimentos curvilíneos.

F1 ONLINE / OTHER IMAGES

Nas manobras radicais que o jovem executa com o seu *skate* aplicam-se as leis da Mecânica.

CAPÍTULO 11

Os princípios fundamentais da Dinâmica

WAGNER SANTOS / KINO

Neste capítulo iniciamos o estudo da Dinâmica. Duas grandezas são apresentadas: massa e força. A primeira é uma grandeza escalar, e a segunda, vetorial; relacionam-se pela equação fundamental da Dinâmica, que é uma síntese dos princípios da Mecânica Clássica proposta por Newton.

1. Introdução

Nos capítulos anteriores fizemos uma descrição matemática dos movimentos (Cinemática), sem discutir as causas que os produziram ou modificaram. Estudaremos agora a Dinâmica.

A Dinâmica é a parte da Mecânica que estuda os movimentos e as causas que os produzem ou os modificam.

Consideraremos ainda pontos materiais: corpos cujas dimensões não interferem no estudo de determinado fenômeno. Os pontos materiais possuem **massa**, não devendo ser confundidos com pontos geométricos.

Uma noção operacional de massa

Massa é uma grandeza que atribuímos a cada corpo obtida pela comparação do corpo com um padrão, usando-se o princípio da balança de braços iguais (figura 1). O corpo-padrão pode ser o quilograma-padrão.

O quilograma-padrão (figura 2) é um pequeno cilindro de platina (90%) e irídio (10%) mantido no Instituto Internacional de Pesos e Medidas, em Sèvres, nas proximidades de Paris. Por definição, sua massa é **1 quilograma** (símbolo: **kg**).

O **grama** (símbolo: **g**) e a **tonelada** (símbolo: **t**) são, respectivamente, um submúltiplo e um múltiplo do quilograma.

$$1\ g = \frac{1}{1.000}\ kg = \frac{1}{10^3}\ kg = 10^{-3}\ kg$$

$$1\ t = 1.000\ kg = 10^3\ kg$$

Em Dinâmica, além da noção de massa, há também a noção de **força**. A primeira noção de força está associada ao esforço muscular. Quando empurramos um objeto, exercemos força sobre ele. É o caso ilustrado na foto de abertura deste capítulo. Dentre as forças produzidas de outras maneiras, podemos citar como exemplos a força de ação do vento, a força de atração entre cargas elétricas etc.

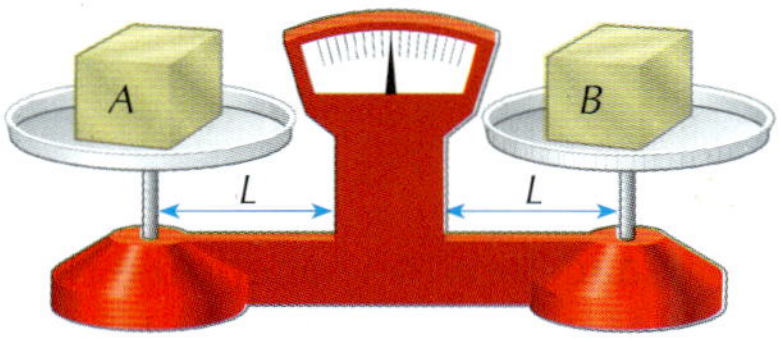

Figura 1. Dois corpos, *A* e *B*, têm massas iguais quando, colocados nos pratos da balança de braços iguais, esta permanece em equilíbrio.

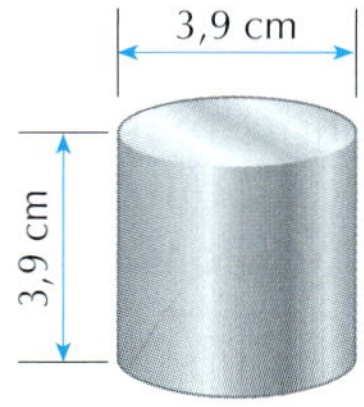

Figura 2. O quilograma-padrão é um cilindro de platina e irídio mantido em Sèvres. Por definição, sua massa é um quilograma (altura = medida do diâmetro = 3,9 cm).

A força é uma grandeza física **vetorial**, sendo, portanto, caracterizada pelos elementos: **módulo** (ou **intensidade**), **direção** e **sentido**.

▲ A força do vento.

2. Aristóteles, Galileu e Newton

Aristóteles (384-322 a.C.) elaborou uma teoria para explicar os movimentos dos corpos, que permaneceu até a Idade Média e apenas no Renascimento começou a ser reavaliada.

Um dos aspectos dessa teoria referia-se ao fato de que um corpo somente estaria em movimento se fosse continuamente impelido por uma força. Realizando experiências, Galileu Galilei (1564-1642) constatou que a tendência natural dos corpos, livres da ação de forças, é permanecer em repouso ou em movimento retilíneo uniforme. Sendo assim, **pode haver movimento mesmo na ausência de forças**. Por exemplo, um pequeno disco lançado sobre uma superfície horizontal (figura 3a), após percorrer uma certa distância, para devido às forças de atrito e de resistência do ar. Fazendo um polimento nas superfícies de contato, a intensidade da força de atrito diminui e o disco percorre uma distância maior (figura 3b). Se pudéssemos eliminar todo o atrito e a resistência do ar, o disco continuaria indefinidamente em movimento retilíneo uniforme. Na figura 3c, o atrito foi reduzido consideravelmente com o emprego da chamada mesa de ar, na qual o ar é soprado de baixo para cima através de uma série de orifícios. Na mesa de ar, forma-se uma pequena camada de ar entre as superfícies, reduzindo-se assim o atrito entre elas.

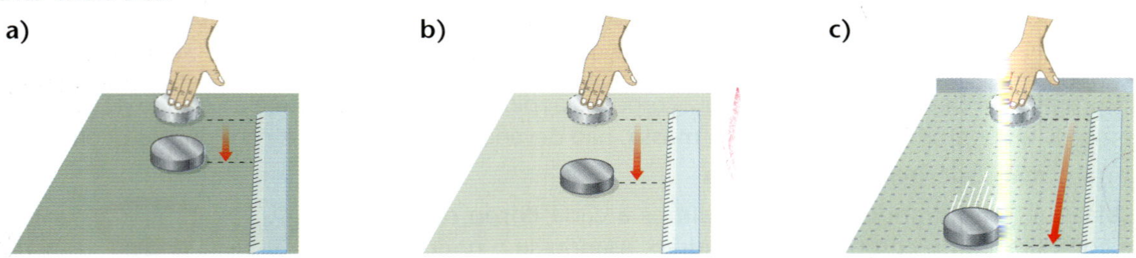

Figura 3.

Isaac Newton* aceitou e desenvolveu as ideias de Galileu. Em sua obra *Princípios Matemáticos de Filosofia Natural*, enunciou as três leis fundamentais do movimento, conhecidas hoje como **leis de Newton**. Sobre elas se estrutura a Dinâmica. A primeira lei de Newton é uma confirmação dos estudos realizados por Galileu.

3. Princípio da inércia (primeira lei de Newton)

Um ponto material é chamado **isolado** quando não existem forças atuando nele ou quando as forças aplicadas ao ponto têm soma vetorial nula.

O **princípio da inércia** (ou **primeira lei de Newton**) estabelece:

> Um ponto material isolado está em repouso ou em movimento retilíneo uniforme.

* NEWTON, Isaac (1642-1727) nasceu em Woolsthorpe (Inglaterra). Foi educado na Universidade de Cambridge e considerado aluno excelente e aplicado. Durante a grande peste de 1664-1666, fechadas as universidades, Newton produziu intensamente, fazendo descobertas importantes em Matemática (teorema do binômio, cálculo diferencial), em Óptica (teoria da cor) e em Mecânica. Foi presidente da Sociedade Real e chefe da Casa da Moeda da Inglaterra, ajudando na reorganização monetária de seu país.

Isso significa que um ponto material isolado possui velocidade vetorial constante. Em outras palavras, um ponto material isolado está em **equilíbrio estático** (repouso) ou em **equilíbrio dinâmico** (movimento retilíneo uniforme).

A aplicação de uma força (ou de um sistema de forças cuja soma vetorial não seja nula) em um ponto material produz nele uma variação de velocidade. Assim, na figura 3a a aplicação de uma força no disco tirou-o do repouso e as forças de atrito reduziram sua velocidade a zero.

A partir dessas noções, podemos apresentar o **conceito dinâmico de força**:

> Força é a causa que produz num corpo variação de velocidade e, portanto, aceleração.

4. Inércia

Um ponto material isolado e em repouso tem a tendência natural de permanecer em repouso. Quando em movimento retilíneo uniforme (MRU), tem a tendência natural de manter constante sua velocidade. Essa propriedade da matéria de resistir a qualquer variação em sua velocidade recebe o nome de **inércia**.

Um corpo em repouso tende, por inércia, a permanecer em repouso; um corpo em movimento tende, por inércia, a continuar em MRU.

Admita um ônibus em MRU em relação ao solo (figura 4a). Quando o ônibus é freado, os passageiros tendem, por inércia, a prosseguir com a velocidade que tinham em relação ao solo. Assim, deslocam-se para a frente em relação ao ônibus (figura 4b). Ao segurarem-se, os passageiros recebem uma força capaz de freá-los.

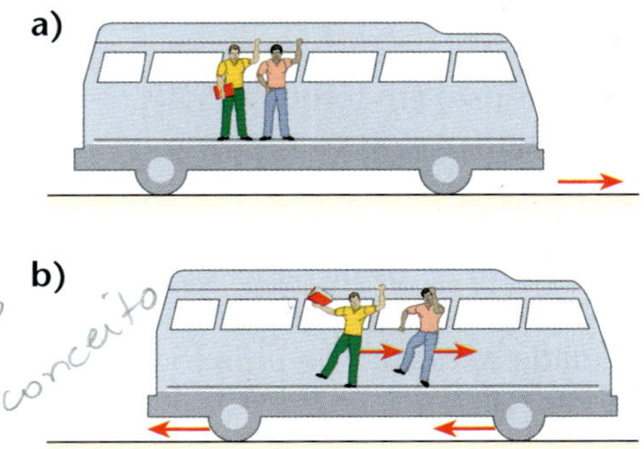

Figura 4. Por inércia, os passageiros são atirados para a frente quando o ônibus freia.

Analogamente, quando um carro inicia seu movimento, o motorista sente-se atirado para trás (em relação ao carro) por inércia, pois tende a permanecer na situação de repouso em que se encontrava em relação ao solo. A poltrona aplica no motorista uma força que o acelera.

Quando um cavalo para diante de um obstáculo, o cavaleiro é atirado para a frente por inércia, por ter a tendência de prosseguir com a mesma velocidade (figura 5). Um carro numa curva tende, por inércia, a sair pela tangente, mantendo a velocidade que possuía, a não ser que forças venham a alterar essa velocidade (figura 6).

Figura 5. Por inércia, o cavaleiro tende a prosseguir com sua velocidade.

Figura 6. Por inércia, o carro tende a sair pela tangente.

Pratique! Ver AEI pág. 221

5. Referenciais inerciais

Em todos os exemplos anteriores, o equilíbrio e o movimento dos corpos são relativos a referenciais.

Os referenciais para os quais vale o princípio da inércia são chamados **referenciais inerciais**.

Em relação aos referenciais inerciais, um corpo isolado está em repouso ou realiza movimento retilíneo uniforme (MRU). Para variar a velocidade do corpo é necessária a ação de uma força resultante não-nula.

Observações astronômicas permitem-nos admitir como inercial um referencial com origem no centro de massa do sistema solar (aproximadamente o centro do Sol) e eixos orientados para três "estrelas fixas". Essas são estrelas cujas posições relativas no firmamento parecem invariáveis e assim se têm mantido durante séculos de observações. Tal referencial é chamado **referencial de Copérnico**.

Qualquer referencial que se apresente em repouso ou em movimento retilíneo e uniforme em relação ao referencial de Copérnico é também inercial.

A Terra não é um referencial inercial, pois, além de seu movimento de rotação, descreve trajetória curva (elipse) em torno do Sol. Entretanto, esses movimentos interferem muito pouco nos movimentos usuais que os corpos realizam na superfície terrestre. Nessas condições, a Terra pode ser considerada um referencial inercial.

Em relação à Terra, suposta um referencial inercial, considere um ônibus em movimento. Quando o ônibus freia, os passageiros, em repouso em relação ao ônibus, são lançados para a frente sem ação de uma força. Isso significa que o ônibus freando não é um referencial inercial, pois há variação de velocidade sem ação de uma força. Analogamente, um ônibus acelerando em relação à Terra não é um referencial inercial. O mesmo ocorre com um ônibus fazendo uma curva.

Exercícios resolvidos

R.79 Uma partícula A está livre da ação de forças, enquanto outra partícula B está sujeita a duas forças de mesma intensidade, mesma direção e sentidos contrários. É correto afirmar que as partículas estão em repouso?

Solução:

Não, pois no caso temos duas partículas isoladas e, de acordo com o princípio da inércia, as partículas ou estão em repouso ou realizam movimento retilíneo uniforme.

R.80 Um ponto material está em repouso em relação a um referencial inercial. É necessária a aplicação de uma força para tirá-lo do estado de repouso?

Solução:

Sim. A força aplicada ao ponto é a causa da variação de sua velocidade.

R.81 É necessária a aplicação de uma força para manter um ponto material em movimento retilíneo uniforme?

Solução:

Não. A força, quando não equilibrada, produz no ponto material variação de velocidade.

R.82 Observe a "tirinha" abaixo. Comente o que ocorreu com o menino utilizando o conceito de inércia.

Solução:

Quando o cão entra em movimento, o menino, em repouso em relação ao solo, tende por inércia a permanecer em repouso. Note que em relação ao carrinho o menino é atirado para trás.

Exercícios propostos

P.230 Nas figuras abaixo (I, II e III), as forças que agem sobre as partículas têm todas o mesmo módulo. As partículas estão todas em movimento. Qual delas está em movimento retilíneo uniforme?

Figura I

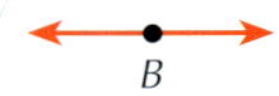

Figura II

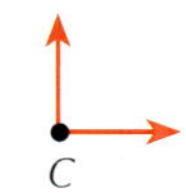

Figura III

P.231 Um objeto encontra-se em repouso num plano horizontal perfeitamente liso. Num instante t_0 uma força horizontal de módulo constante é aplicada ao objeto. Sob ação dessa força o objeto é acelerado e, num instante posterior t, quando a velocidade do objeto é v, a força é retirada. Após o instante t, o objeto:

a) para imediatamente.
b) adquire movimento acelerado.
c) prossegue em movimento retilíneo uniforme com velocidade v.
Qual das afirmações acima é correta?

P.232 (Vunesp) Enuncie a lei física à qual o herói da "tirinha" se refere.

FERNANDO GONSALES

P.233 Observe as fotos abaixo. Quando o papel é rapidamente removido, o corpo não acompanha o movimento do papel e cai dentro do copo. Comente por que isso acontece.

EDUARDO SANTALIESTRA / CID

EDUARDO SANTALIESTRA / CID

6. Princípio fundamental da Dinâmica (segunda lei de Newton)

Newton estabeleceu uma lei básica para a análise geral das causas dos movimentos, relacionando as forças aplicadas a um ponto material de massa m constante e as acelerações que provocam. Sendo $\vec{F}_R$ a soma vetorial (resultante) das forças aplicadas e $\vec{a}$ a aceleração adquirida, **a segunda lei de Newton** estabelece:

> A resultante das forças aplicadas a um ponto material é igual ao produto de sua massa pela aceleração adquirida:
>
> $$\vec{F}_R = m\vec{a}$$

Significa que a força resultante $\vec{F}_R$ produz uma aceleração $\vec{a}$ com **mesma direção e mesmo sentido da força resultante e suas intensidades são proporcionais.**

O enunciado anterior é também conhecido como **princípio fundamental da Dinâmica**. A igualdade vetorial $\vec{F}_R = m\vec{a}$ é a **equação fundamental da Dinâmica**, válida num referencial inercial.

Da equação fundamental ($\vec{F}_R = m\vec{a}$) concluímos que, se aplicarmos em corpos de massas diferentes a mesma força resultante, o corpo de maior massa adquirirá aceleração de menor módulo, isto é, o corpo de maior massa resiste mais a variações em sua velocidade. Por isso, **a massa é a medida da inércia de um corpo**.

Observe que $\vec{F}_R = m\vec{a}$ é uma igualdade vetorial, na qual $\vec{F}_R$ é a soma vetorial das forças que atuam na partícula, como se ilustra a seguir. Na figura 7a, $\vec{F}_R$ reduz-se à única força que atua no corpo e, nas figuras seguintes, $\vec{F}_R$ é dada pela adição vetorial das forças atuantes.

Na equação fundamental, se a massa m estiver em quilograma (kg) e a aceleração, em m/s^2, a unidade de intensidade de força denomina-se **newton** (símbolo: **N**), em homenagem ao célebre cientista inglês.

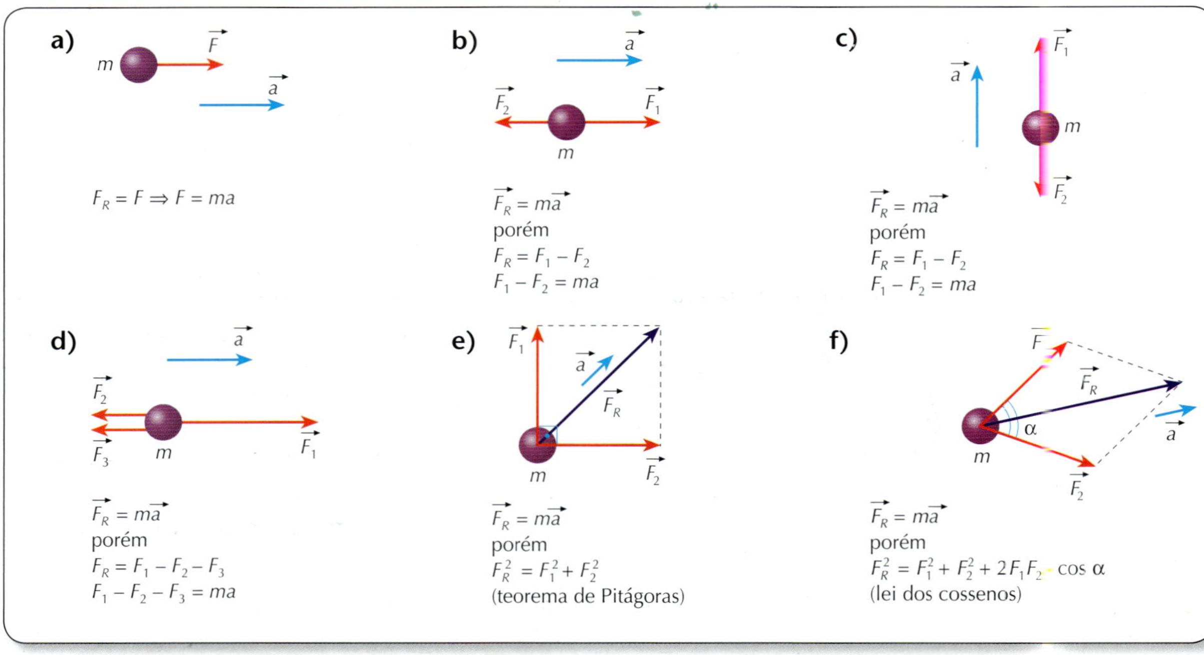

Figura 7. **Na equação fundamental da Dinâmica ($\vec{F}_R = m\vec{a}$), $\vec{F}_R$ é a soma vetorial das forças que atuam no corpo, m é a massa (grandeza escalar) e $\vec{a}$ é a aceleração adquirida.**

7. O peso é uma força

Quando são abandonados nas vizinhanças do solo, os corpos caem, sofrendo variações de velocidade.

Dizemos então que a Terra interage com esses corpos, exercendo uma força atrativa chamada **peso**, indicada por $\vec{P}$ (figura 8). Portanto:

> Peso de um corpo é a força de atração que a Terra exerce sobre ele.

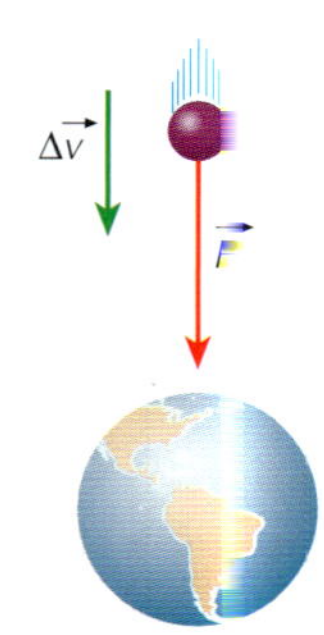

Figura 8. **O peso de um corpo é a força de atração da Terra sobre ele.**

Quando um corpo está em movimento sob ação exclusiva de seu peso $\vec{P}$, ele adquire uma aceleração denominada **aceleração da gravidade** $\vec{g}$. Sendo m a massa do corpo, a equação fundamental da Dinâmica $\vec{F}_R = m\vec{a}$ transforma-se em $\vec{P} = m\vec{g}$, pois a resultante $\vec{F}_R$ é o peso $\vec{P}$ e a aceleração $\vec{a}$ é a aceleração da gravidade $\vec{g}$:

$$\underset{\downarrow \; \vec{P}}{\vec{F}_R} = m\underset{\downarrow \; \vec{g}}{\vec{a}} \Rightarrow \boxed{\vec{P} = m\vec{g}}$$

Em módulo, temos: $\boxed{P = mg}$

Observe que a **massa** m é uma **grandeza escalar**, e o **peso** $\vec{P}$ é uma **grandeza vetorial**. O peso tem a direção da vertical do lugar onde o corpo se encontra e sentido de cima para baixo. A aceleração $\vec{g}$ tem a mesma direção e sentido de $\vec{P}$.

Sendo o peso uma força, sua intensidade é medida em newtons (N).

É importante distinguir cuidadosamente massa e peso. A massa é uma propriedade invariante do corpo. Contudo, seu peso tem intensidade que depende do valor local de g e varia, ainda que pouco, de um local para outro na Terra (pois na superfície da Terra a aceleração da gravidade aumenta do equador aos polos, conforme explicação a ser dada no Capítulo 17). Nas proximidades da superfície terrestre o valor de g é aproximadamente igual a 9,8 m/s^2. A massa é medida em quilogramas, enquanto o peso, que é uma força, tem sua intensidade medida em newtons.

Em termos rigorosos, é incorreto falar que "o peso de um corpo é 10 kg". Podemos nos referir à massa de 10 kg, cujo peso tem intensidade 10g N e depende do valor local de g.

Assim, um corpo de massa 10 kg, num local em que $g = 9{,}8$ m/s^2, tem peso cuja intensidade é:

$$P = mg = 10 \cdot 9{,}8 \Rightarrow P = 98 \text{ N}$$

Analogamente, um corpo de 49 newtons, no mesmo local, tem massa igual a:

$$P = mg \Rightarrow m = \frac{P}{g} = \frac{49}{9{,}8} \Rightarrow m = 5 \text{ kg}$$

A expressão $\vec{P} = m\vec{g}$ permite determinar o peso de um corpo mesmo quando outras forças, além do peso, atuam sobre o corpo. É o caso, por exemplo, de um corpo em repouso sobre uma mesa ou movendo-se sobre ela.

A partir da **lei das deformações elásticas**, explicada no quadro a seguir, podemos medir pesos.

Um corpo de peso $\vec{P}$ colocado na extremidade de uma mola vertical provoca uma deformação (figura 9). Com pesos de intensidades conhecidas, podemos calibrar convenientemente as deformações da mola e construir um aparelho para medir intensidade de forças. Esse aparelho (figura 10) chama-se **dinamômetro** (do grego: *dynamis*, força; *métron*, medida).

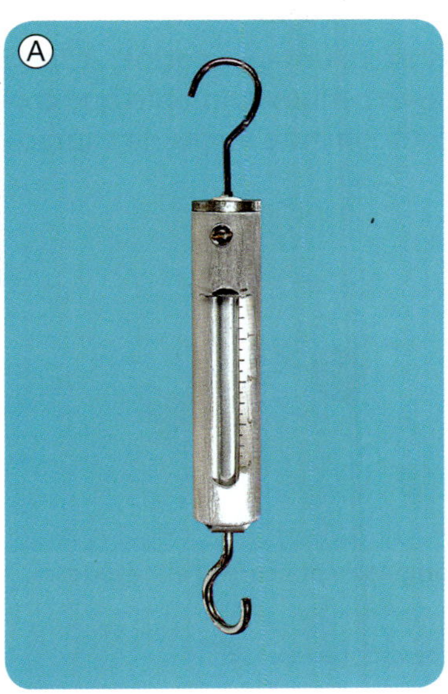

EDUARDO SANTALIESTRA / CID

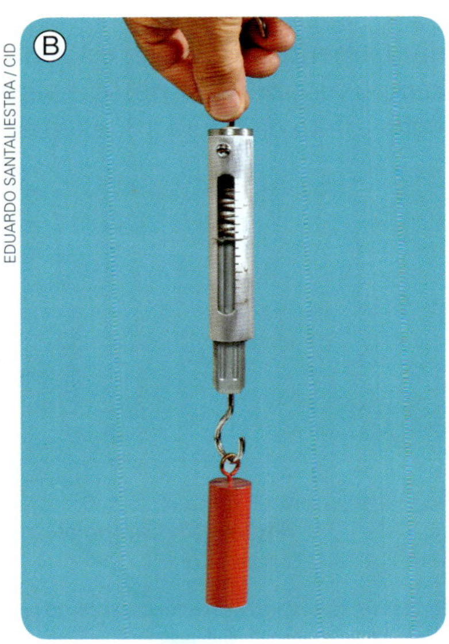

EDUARDO SANTALIESTRA / CID

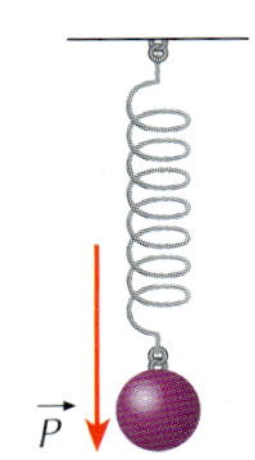

Figura 9.

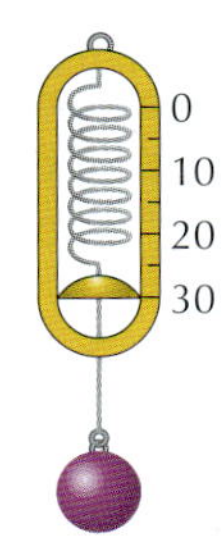

Figura 10.

O dinamômetro (A), é um aparelho destinado a medir intensidade de forças como, por exemplo, a intensidade do peso do corpo suspenso (B).

Deformações elásticas

Considere uma mola vertical presa em sua extremidade superior (figura a). Aplicando-se a força $\vec{F}$ na extremidade inferior da mola (figura b), ela sofre a deformação x. Essa deformação é chamada **elástica** quando, retirada a força $\vec{F}$, a mola retorna à mesma posição (figura c).

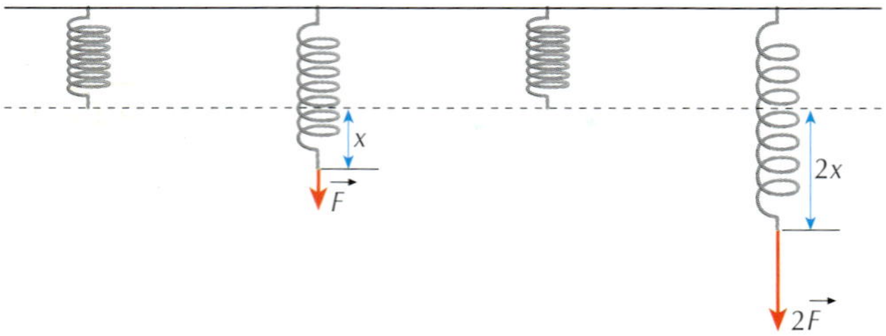

O cientista inglês Robert Hooke (1635-1703) estudou as deformações elásticas e chegou à seguinte conclusão: em regime de deformação elástica, a intensidade da força é proporcional à deformação. Isto é, se aplicarmos à mola anterior uma força $2\vec{F}$, obteremos uma deformação $2x$ (figura d), e assim sucessivamente, enquanto a deformação for elástica.

Se F é proporcional a x, podemos escrever: $F = kx$

Nessa fórmula, k é uma constante de proporcionalidade característica da mola, **chamada constante elástica da mola** (unidade: N/m). A fórmula $F = kx$ caracteriza a lei das deformações elásticas ou lei de Hooke.

8. Classes de forças

Quanto ao modo como são exercidas, as forças podem ser divididas em duas classes: forças de contato e forças de campo*.

8.1. Forças de contato

São forças que existem quando duas superfícies entram em contato. Quando empurramos um bloco contra uma parede (figura 11), há forças de contato entre o bloco e a parede. Analogamente aparecem forças de contato entre uma mesa e um corpo apoiado sobre ela.

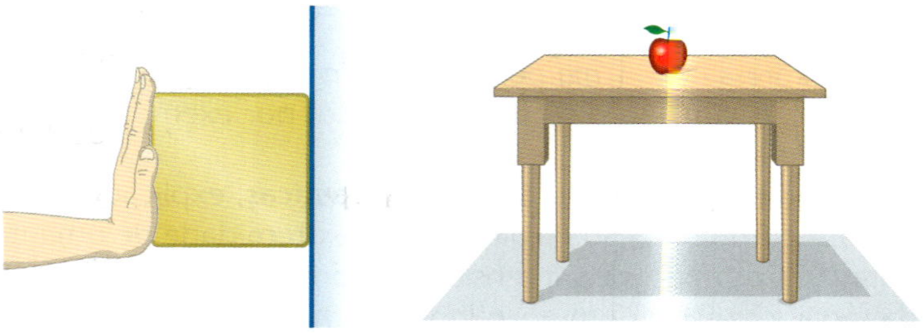

Figura 11.

8.2. Forças de campo

São forças que os corpos exercem mutuamente, ainda que estejam distantes uns dos outros. A Terra atrai corpos, exercendo neles forças de campo (figura 12). É possível verificar experimentalmente que corpos eletrizados, como o bastão e a pequena esfera da figura 13, exercem mutuamente forças de campo.

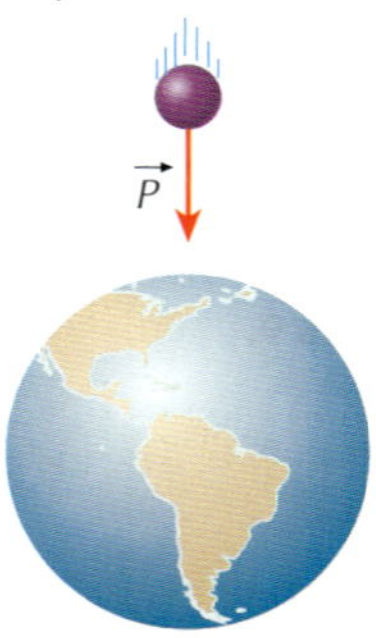

Figura 12. Campo gravitacional da Terra.

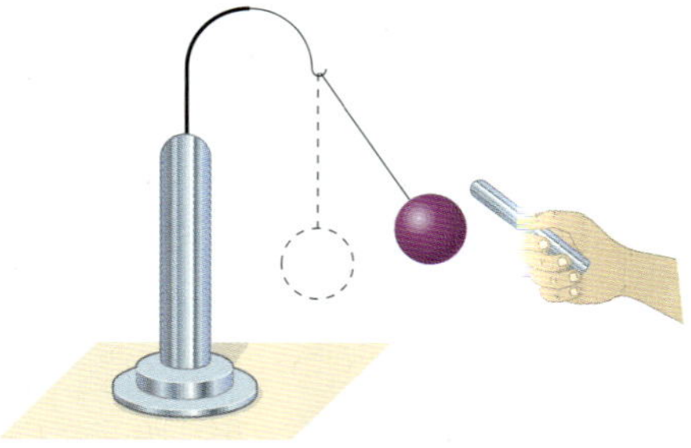

Figura 13. Campo elétrico originado por corpos eletrizados.

* Essas duas classes de forças permitem-nos compreender satisfatoriamente os fênomenos do ponto de vista macroscópico. No volume 3 (capítulo 20), faremos um estudo das forças fundamentais da Natureza.

No espaço, em torno da Terra, existe o campo de forças chamado **campo gravitacional terrestre**. A força com que a Terra atrai um corpo (peso do corpo) se deve à interação entre o campo gravitacional terrestre e a massa do corpo.

Reciprocamente, o corpo atrai a Terra devido à interação entre o campo gravitacional do corpo e a massa da Terra. Assim, o campo desempenha o papel de transmissor de interações entre corpos. Analogamente, em torno de cada corpo eletrizado existe um campo de forças denominado **campo elétrico**.

KAZUHITO NOGI / AFP-GETTY IMAGES

A força que o jogador exerce ao cortar a bola é uma força de contato.

THE NEXT

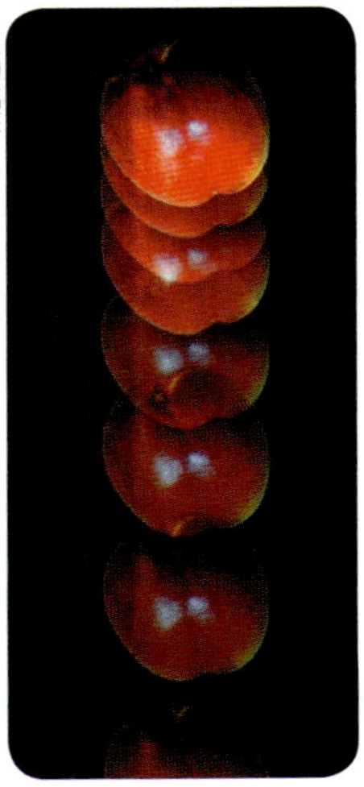

A força que produz a queda da fruta é uma força de campo.

9. Massa inercial e massa gravitacional

Ao enunciarmos a segunda lei de Newton ($\vec{F} = m\vec{a}$), vimos que a massa m é a medida da inércia de um corpo. Por isso, a massa m é denominada **massa inercial**. Entretanto, ao iniciarmos o capítulo, apresentamos a noção operacional de massa como sendo a grandeza que atribuímos a cada corpo pela comparação com um padrão, usando uma balança de braços iguais. A massa do corpo assim definida é denominada **massa gravitacional**, pois, neste caso, estamos fazendo uma comparação entre o peso do corpo e o peso do corpo padrão, isto é, das forças que o campo gravitacional da Terra exerce nos corpos. Observe que ao compararmos os pesos, num mesmo local (mesmo g), estamos comparando as massas.

Embora concebidas de maneiras diferentes, pela segunda lei de Newton $\left(m = \frac{F}{a}\right)$ e pelo método da balança, as massas inercial e gravitacional são idênticas, de acordo com experiências realizadas com precisão. Nessas condições, usaremos simplesmente o termo **massa** para nos referirmos tanto à massa inercial quanto à massa gravitacional.

10. Sistema de unidades

Em geral trabalharemos com as unidades **metro** (m), **quilograma** (kg) e **segundo** (s), chamadas unidades fundamentais, e com as que delas derivam, tais como m/s, m/s^2, newton (N) etc.

O conjunto dessas unidades constitui um sistema de unidades chamado MKS (**M** de metro; **K** de quilograma e **S** de segundo). A esse sistema foram acrescentadas outras unidades fundamentais, originando o **Sistema Internacional de Unidades**, abreviado pela sigla **SI**. O SI é o sistema de unidades oficialmente adotado no Brasil (veja apêndice à página 471).

Algumas unidades do Sistema Internacional (SI)	
Tempo: segundo (s)	Massa: quilograma (kg)
Comprimento: metro (m)	Aceleração: m/s^2
Velocidade: m/s	Intensidade de força: newton (N)

As definições das unidades segundo, metro e quilograma são dadas ao final do livro, à página 473.

Note que 1 N corresponde aproximadamente ao peso de um corpo de massa 100 g = 0,1 kg:

$$\begin{cases} m = 100\text{ g} = 0{,}1\text{ kg} \\ g \simeq 10\text{ m/s}^2 \end{cases} \Rightarrow P = mg = 0{,}1 \cdot 10 \Rightarrow P = 1\text{ N}$$

Eventualmente usamos a unidade **dina** (símbolo: **dyn**) quando a massa está em gramas e a aceleração em cm/s^2. Essas unidades pertencem ao sistema CGS (**C** de centímetro; **G** de grama e **S** de segundo).

Relação entre newton e dina

Na equação fundamental da Dinâmica, se $m = 1$ kg e $a = 1$ m/s^2, temos:

$$F_R = ma \Rightarrow \boxed{1\text{ N} = 1\text{ kg} \cdot 1\text{ m/s}^2}$$

Sendo 1 kg = 10^3 g e 1 m/s^2 = 10^2 cm/s^2, vem:

$$1\text{ N} = 1\text{ kg} \cdot 1\text{ m/s}^2 = 10^3\text{ g} \cdot 10^2\text{ cm/s}^2 = 10^5 \underbrace{\text{g} \cdot \text{cm/s}^2}_{\text{dina}}$$

Portanto:

$$\boxed{1\text{ N} = 10^5\text{ dyn} \quad \text{ou} \quad 1\text{ newton} = 100.000\text{ dinas}}$$

Existe ainda o **sistema técnico** de unidades, no qual a intensidade da força é expressa em **quilograma-força** (símbolo: **kgf**), a massa em **unidade técnica de massa** (símbolo: **utm**) e a aceleração em **m/s²**.

Um quilograma-força é a intensidade do peso de um corpo de massa 1 kg ao nível do mar e a uma latitude de 45°. Nesse local a aceleração da gravidade é chamada **aceleração normal** e seu valor é, aproximadamente, 9,8 m/s^2.

Um quilograma-força corresponde a aproximadamente 9,8 newtons:

$$\boxed{1\text{ kgf} \simeq 9{,}8\text{ N}}$$

Uma unidade técnica de massa corresponde a aproximadamente 9,8 quilogramas:

$$\boxed{1\text{ utm} \simeq 9{,}8\text{ kg}}$$

Exercícios resolvidos

R.83 Nas figuras abaixo, representamos as forças que agem nos blocos (todos de massa igual a 2,0 kg). Determine, em cada caso, o módulo da aceleração que esses blocos adquirem.

a)

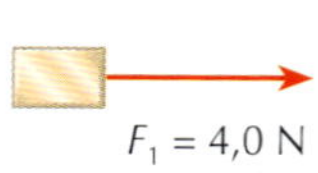

b)

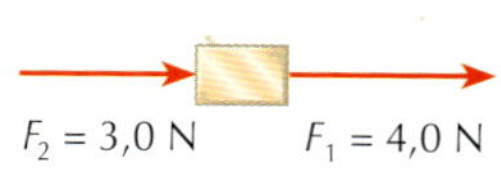

c)

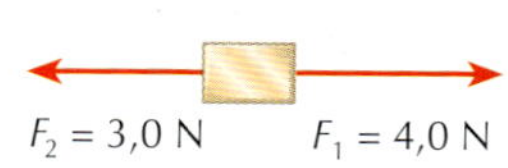

d)

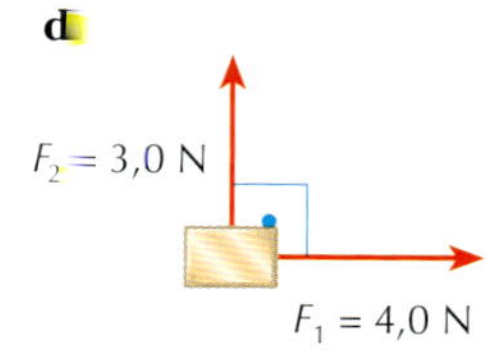

Solução:

a)

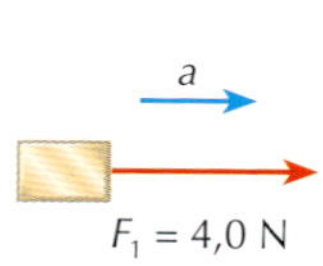

Nesse caso, a força $\vec{F}_1$ é a força resultante $\vec{F}_R$ que produz a aceleração $\vec{a}$.
Pela equação fundamental da Dinâmica, temos: $\vec{F}_R = m\vec{a}$. Em módulo:

$$F_R = ma \Rightarrow F_1 = ma \Rightarrow 4{,}0 = 2{,}0 \cdot a \Rightarrow \boxed{a = 2{,}0\text{ m/s}^2}$$

b)

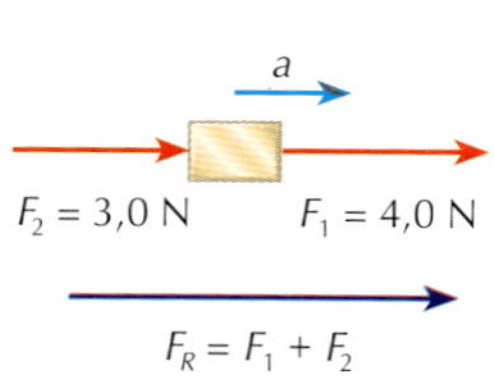

$$F_R = ma \Rightarrow F_1 + F_2 = ma \Rightarrow 4{,}0 + 3{,}0 = 2{,}0 \cdot a \Rightarrow \boxed{a = 3{,}5\text{ m/s}^2}$$

c) 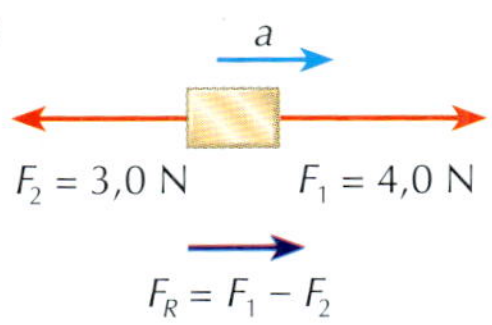

$F_R = ma \Rightarrow F_1 - F_2 = ma \Rightarrow 4{,}0 - 3{,}0 = 2{,}0 \cdot a \Rightarrow \boxed{a = 0{,}50\ m/s^2}$

d) 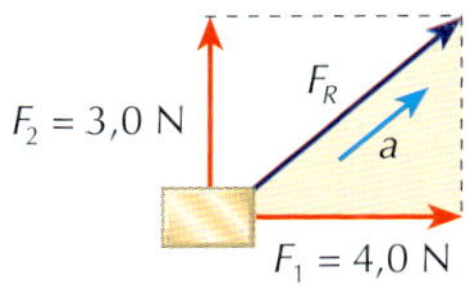

Nesse caso, como $\vec{F_1}$ e $\vec{F_2}$ têm direções diferentes, a força resultante $\vec{F_R}$ é obtida com o emprego da regra do paralelogramo.
Aplicando o teorema de Pitágoras ao triângulo destacado, temos:

$F_R^2 = F_1^2 + F_2^2 \Rightarrow F_R^2 = (4{,}0)^2 + (3{,}0)^2 \Rightarrow F_R^2 = 25 \Rightarrow F_R = 5{,}0\ N \Rightarrow F_R = ma \Rightarrow$

$\Rightarrow 5{,}0 = 2{,}0 \cdot a \Rightarrow \boxed{a = 2{,}5\ m/s^2}$

Em todos os casos, a aceleração $\vec{a}$ tem a direção e o sentido da respectiva força resultante $\vec{F_R}$.

Respostas: a) 2,0 m/s^2; b) 3,5 m/s^2; c) 0,50 m/s^2; d) 2,5 m/s^2

R.84 Um ponto material de massa igual a 2 kg parte do repouso sob a ação de uma força constante de intensidade 6 N, que atua durante 10 s, após os quais deixa de existir. Determine:

a) a aceleração nos 10 s iniciais;
b) a velocidade ao fim de 10 s.

Solução:

a) De $F_R = ma$, sendo $F_R = F = 6$ N e $m = 2$ kg, vem:

$$F = ma \Rightarrow 6 = 2 \cdot a \Rightarrow \boxed{a = 3\ m/s^2}$$

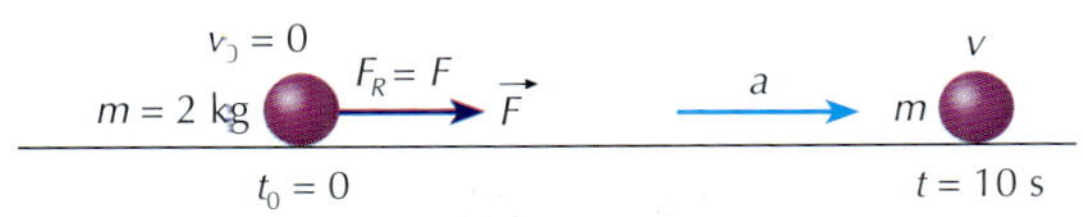

b) Ao fim de 10 s a velocidade do corpo é: $v = v_0 + at$ (sendo $v_0 = 0$, $a = 3\ m/s^2$ e $t = 10$ s)

$$v = 3 \cdot 10 \Rightarrow \boxed{v = 30\ m/s}$$

Respostas: a) 3 m/s^2; b) 30 m/s

R.85 Uma partícula de massa 0,50 kg realiza um movimento retilíneo uniformemente variado. Num percurso de 4,0 m sua velocidade varia de 3,0 m/s a 5,0 m/s. Qual é o módulo da força resultante que age sobre a partícula?

Solução:

Utilizando a equação de Torricelli, podemos determinar a aceleração escalar α:

$$v^2 = v_0^2 + 2\alpha\,\Delta s \Rightarrow (5{,}0)^2 = (3{,}0)^2 + 2\alpha \cdot 4{,}0 \Rightarrow \alpha = 2{,}0\ m/s^2$$

Sendo o movimento retilíneo, resulta: $a = |\alpha| = 2{,}0\ m/s^2$
Pela equação fundamental da Dinâmica calculamos o módulo da força resultante:

$$F_R = ma \Rightarrow F_R = 0{,}50 \cdot 2{,}0 \Rightarrow \boxed{F_R = 1{,}0\ N}$$

Resposta: 1,0 N

Exercícios propostos

P.234 Determine a aceleração de um bloco de massa 2 kg e que desliza, num plano horizontal sem atrito, nas situações indicadas abaixo:

a) 

b) 

P.235 Uma partícula de massa 0,20 kg é submetida à ação das forças $\vec{F}_1$, $\vec{F}_2$, $\vec{F}_3$ e $\vec{F}_4$, conforme indica a figura. Determine a aceleração da partícula.

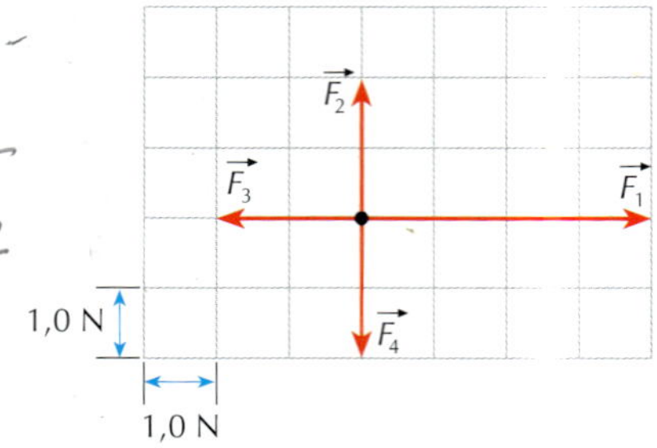

P.236 (UFMG) Submete-se um corpo de massa igual a 5.000 kg à ação de uma força constante que, a partir do repouso, lhe imprime a velocidade de 72 km/h, ao fim de 40 s. Determine:

a) a intensidade da força;

b) o espaço percorrido.

P.237 Qual é o valor, em newtons, da força média necessária para fazer parar, num percurso de 20 m, um automóvel de $1{,}5 \cdot 10^3$ kg a uma velocidade de 72 km/h?

P.238 Um astronauta, utilizando um dinamômetro, determina o peso de um corpo na Terra (figura a) e na Lua (figura b), encontrando os valores 4,9 N e 0,80 N, respectivamente. Sendo a aceleração da gravidade na superfície da Terra 9,8 m/s², determine:

a) a massa do corpo;

b) a aceleração da gravidade na superfície da Lua.

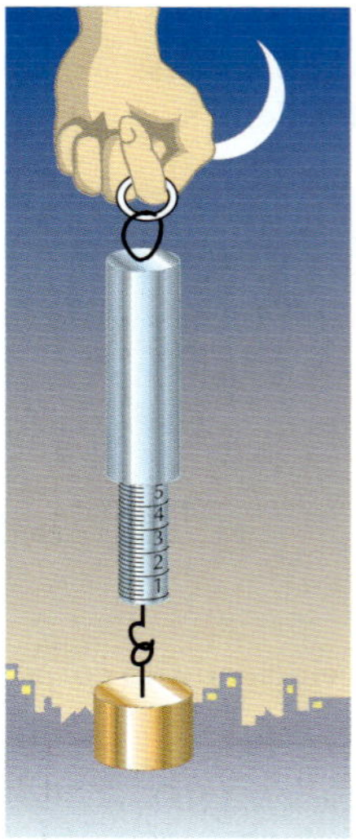

Figura a

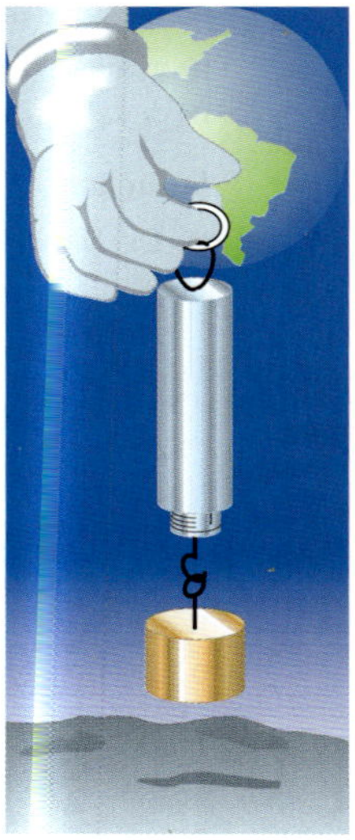

Figura b

11. Princípio da ação-e-reação (terceira lei de Newton)

Sempre que dois corpos quaisquer *A* e *B* interagem, as forças exercidas são mútuas. Tanto *A* exerce força em *B*, como *B* exerce força em *A*. A interação entre corpos é regida **pelo princípio da ação-e-reação** (ou **terceira lei de Newton**), como veremos no quadro seguinte.

Toda vez que um corpo *A* exerce uma força $\vec{F}_A$ num corpo *B*, este também exerce em *A* uma força $\vec{F}_B$ tal que essas forças:

a) têm a mesma intensidade $|\vec{F}_A| = |\vec{F}_B| = F$;

b) têm a mesma direção;

c) têm sentidos opostos;

d) têm a mesma natureza, sendo ambas de campo ou ambas de contato.

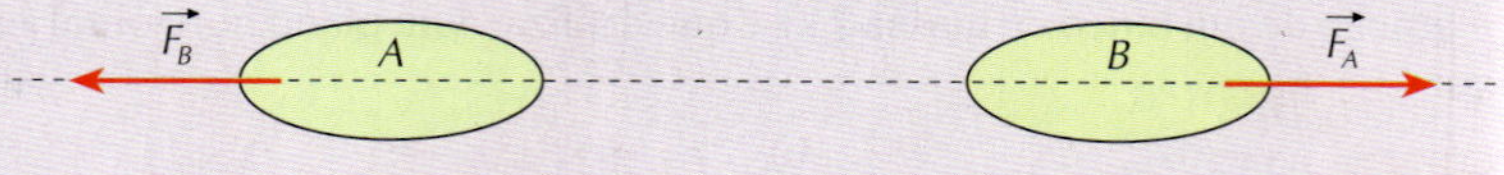

$|\vec{F}_A| = |\vec{F}_B| = F$ e $\vec{F}_A = -\vec{F}_B$

Uma das forças é chamada de **ação** e a outra de **reação**.

PASCAL ROSSIGNOL / REUTERS-LATINSTOCK

▲ Ao receber a bolada (ação), o rosto do jogador também exerce uma força (reação) sobre a bola.

CORTESIA DA NASA

▲ Ao ejetar os gases em combustão num sentido, a nave movimenta-se em sentido oposto, o que se explica pelo princípio da ação-e-reação.

◄ Quando a pessoa salta do barco para a margem, o barco movimenta-se em sentido oposto, de acordo com o princípio da ação-e-reação.

2001 BILL AMEND / DIST. BY ATLANTIC SYNDICATION / UNIVERSAL PRESS SYNDICATE

Vejamos algumas aplicações do princípio da ação-e-reação.

Um corpo próximo à superfície da Terra é atraído por ela: a Terra exerce sobre ele a força peso $\vec{P}$ (figura 14). Pelo princípio da ação-e-reação, o corpo também exerce na Terra uma força, de mesma intensidade e de mesma direção, mas de sentido contrário: $-\vec{P}$. Na figura 15, a Terra atrai o corpo com a força $\vec{P}$ e o corpo atrai a Terra com a força $-\vec{P}$.

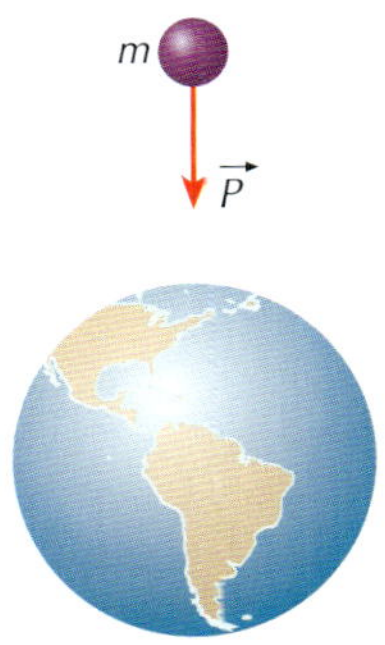

Figura 14. A Terra atrai o corpo com o peso $\vec{P}$...

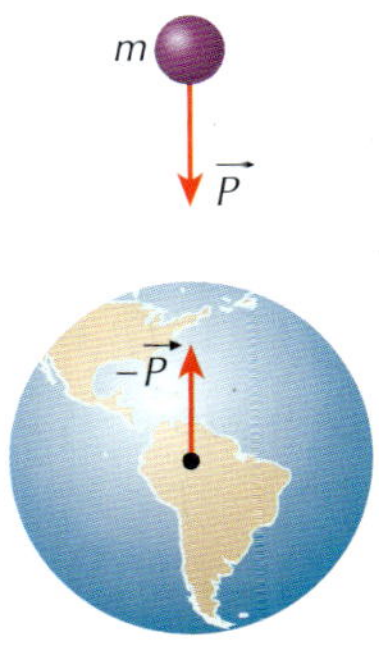

Figura 15. ... e o corpo atrai a Terra com a força $-\vec{P}$.

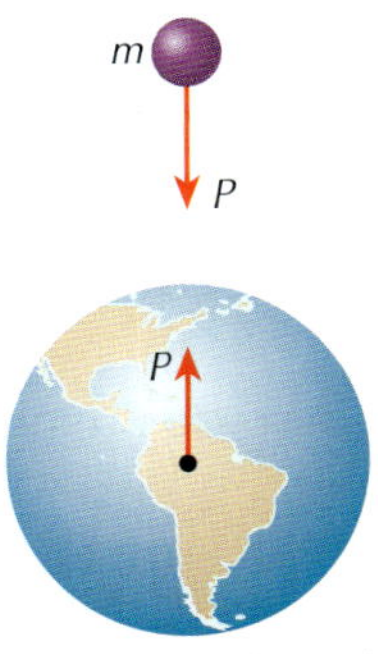

Figura 16. As forças $\vec{P}$ e $-\vec{P}$ têm a mesma intensidade P, mas sentidos opostos.

As chamadas forças de ação-e-reação não estão aplicadas no mesmo corpo. Observe que **a reação do peso de um corpo está aplicada no centro da Terra**.

Por que não se equilibram as forças $\vec{P}$ e $-\vec{P}$?

Não se equilibram porque estão aplicadas em corpos diferentes: uma no corpo, outra na Terra (figura 15).

> As forças de ação-e-reação não se equilibram, pois estão aplicadas em corpos diferentes.

Você também é atraído pela Terra e pelo princípio da ação-e-reação você atrai a Terra. No entanto, como sua massa é muito menor que a da Terra, é considerável o seu deslocamento e desprezível o da Terra.

E se o corpo estiver apoiado numa superfície horizontal, como a mesa da figura 17? Nesse caso, além da ação de campo da Terra, o corpo tem ação de contato com o apoio. A reação do peso do corpo continua aplicada no centro da Terra (figura 18). Atraído pela Terra, o corpo exerce no apoio a força de intensidade F_N, enquanto o apoio exerce no corpo outra força, de sentido contrário mas de igual intensidade F_N (figura 19).

Desse modo, no corpo atuam duas forças: $\vec{P}$ (ação da Terra) e $\vec{F_N}$ (ação do apoio). A reação do peso $\vec{P}$ está aplicada no centro da Terra e a reação da força $\vec{F_N}$ está no apoio (figura 20).

Figura 17. Num corpo apoiado...

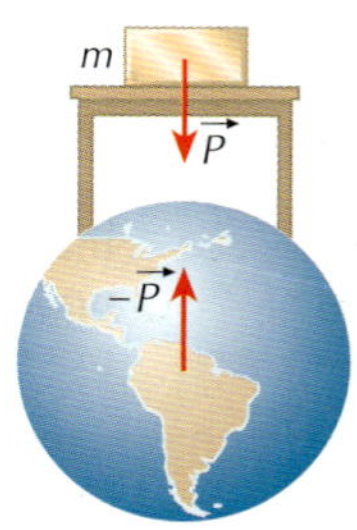

Figura 18. ... existe o peso $\vec{P}$, cuja reação está aplicada no centro da Terra...

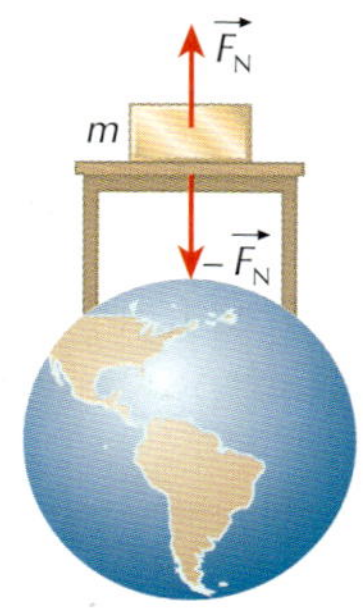

Figura 19. ... e a força de contato $\vec{F_N}$, cuja reação está no apoio.

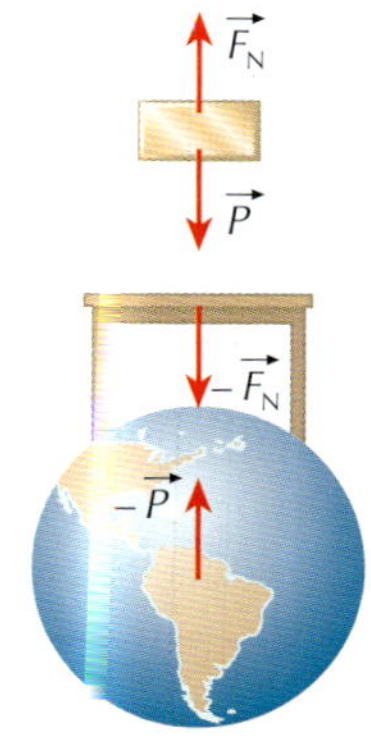

Figura 20. No corpo apoiado existe $\vec{P}$ (ação de campo) e $\vec{F_N}$ (ação de contato), cujas intensidades são P e F_N.

Apliquemos a equação fundamental da Dinâmica $\vec{F_R} = m\vec{a}$ ao corpo apoiado na mesa. Como ele está em repouso, decorre que $\vec{a} = \vec{0}$. Se $\vec{a} = \vec{0}$, a resultante $\vec{F_R}$ também deve ser nula, o que ocorre se $F_N = P$. As forças $\vec{F_N}$ e $\vec{P}$ podem equilibrar-se, pois estão no mesmo corpo e não são um par ação-e-reação.

A força de contato $\vec{F_N}$, por ser perpendicular à superfície de contato, é chamada **força normal** ou **reação normal do apoio**.

Consideremos agora um corpo de peso $\vec{P}$ suspenso por um fio inextensível de peso $\vec{P_f}$ cuja extremidade esteja ligada ao teto (figura 21). No corpo existem duas forças: o peso $\vec{P}$, força de campo da Terra, e $\vec{T_1}$, força de contato com o fio (figura 22). Se o corpo está em equilíbrio:

$$P = T_1 \text{ (pois a resultante } \vec{F_R} \text{ deve ser nula)}$$

Vamos chamar de $\vec{T_2}$ a força que o fio exerce no teto (figura 23). Assim, no fio há três forças: o peso do fio $\vec{P_f}$, a força de contato $-\vec{T_1}$ (devida ao corpo) e a força de contato $-\vec{T_2}$ (devida ao teto). Como o fio está em equilíbrio, decorre:

$$\vec{a} = \vec{0} \Rightarrow \vec{F_R} = \vec{0} \Rightarrow |\vec{P_f}| + |-\vec{T_1}| = |-\vec{T_2}| \Rightarrow P_f + T_1 = T_2$$

AE Pratique! Ver AEII pág. 222

Se o peso do fio inextensível for desprezível, isto é, $P_f \simeq 0$ (fio ideal), resultará:

$$T_1 = T_2 = T$$

Sendo assim, num fio ideal (inextensível e de massa desprezível) as forças de contato em seus extremos têm a mesma intensidade T e são chamadas forças de tração no fio, pois tendem a alongá-lo. A finalidade de um fio é **transmitir** forças. Na figura 24, a força de tração que o corpo aplica no fio é transmitida ao teto.

Figura 21. Um corpo suspenso por um fio.

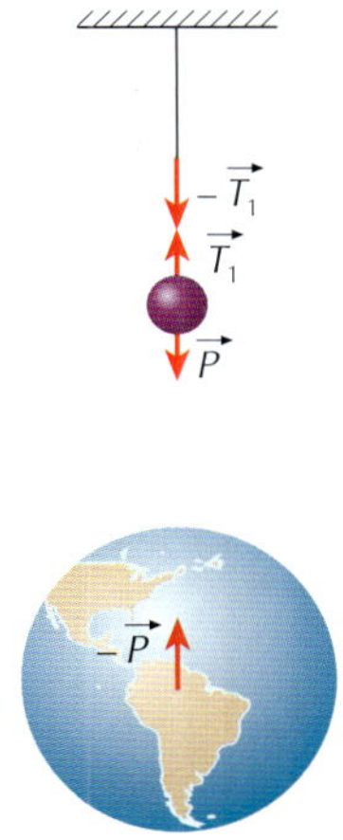

Figura 22. No corpo atuam $\vec{P}$ e $\vec{T}_1$, cujas intensidades são P e T_1.

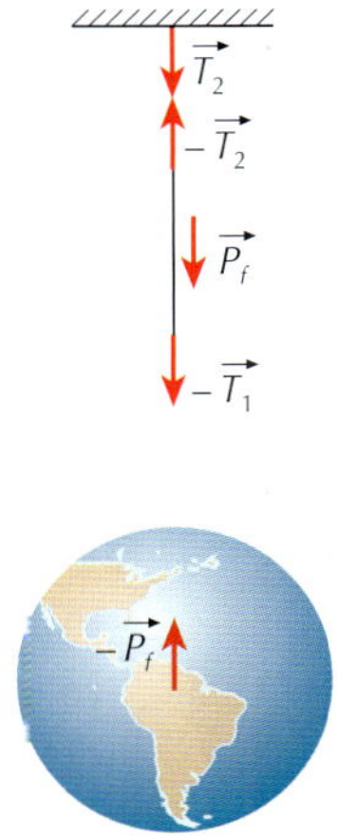

Figura 23. No fio atuam $\vec{P}_f$, $-\vec{T}_1$ e $-\vec{T}_2$, cujas intensidades são P_f, T_1 e T_2.

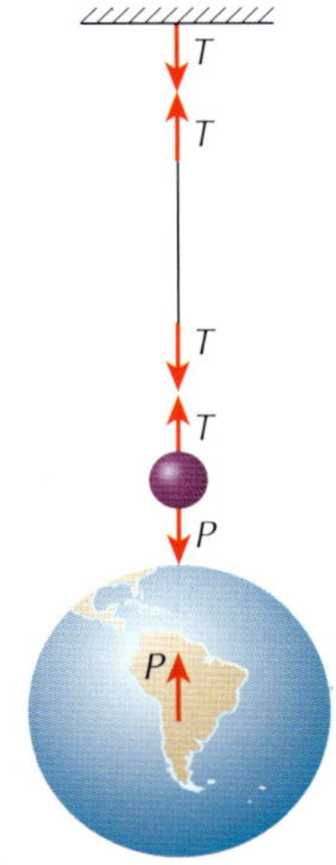

Figura 24. Se o fio for ideal, as forças em suas extremidades terão mesma intensidade.

12. Críticas à Mecânica Clássica

As leis de Newton constituem os fundamentos da Mecânica Clássica. Dão uma boa aproximação quando aplicadas para interpretar muitos fenômenos comuns no dia-a-dia. Para a Engenharia, por exemplo, são bastante adequadas.

Entretanto, de acordo com a teoria da relatividade de Einstein (1879-1955), a massa é função da velocidade, fato que Newton desconhecia. Porém, para velocidades bem inferiores à da luz, podemos considerar a massa praticamente constante, sendo portanto válida a equação fundamental da Dinâmica.

Ainda pela relatividade sabemos que nenhuma informação pode ser transmitida com velocidade superior à da luz no vácuo. Logo, o princípio da ação-e-reação é falho quando aplicado às forças de campo a longa distância. Os pares ação-e-reação não são simultâneos, levando um determinado tempo para a propagação da interação. Esse fato não foi discutido por Newton. Mesmo assim, trabalharemos com esse princípio e os demais da Mecânica Clássica de Newton, pois eles continuam válidos para o comportamento macroscópico e global da matéria.

Leia mais

Na página 222, em História da Física, leia a formulação original das leis de Newton.

Exercícios resolvidos

R.86 Na figura ao lado, temos uma maçã sobre uma mesa.

a) Represente todas as forças que agem sobre a maçã.
b) Onde estão aplicadas as correspondentes reações?

Solução:

a) Sobre a maçã agem o peso $\vec{P}$ e a força normal $\vec{F}_N$.

b) A reação do peso $\vec{P}$ da maçã é a força $-\vec{P}$ aplicada no centro da Terra. A reação da força normal $\vec{F}_N$ é a força $-\vec{F}_N$ aplicada na mesa:

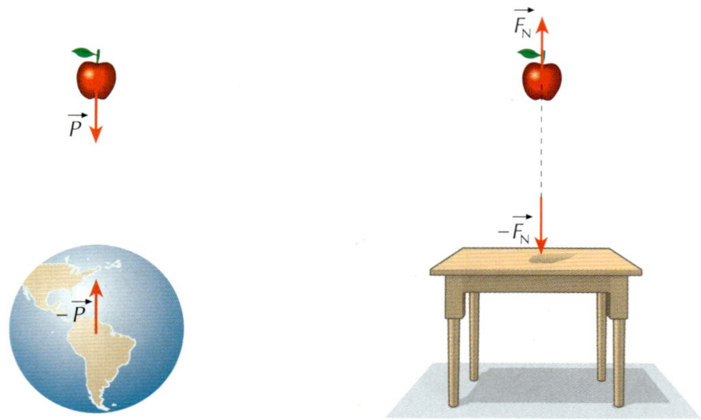

R.87 Dois blocos A e B, de massas respectivamente iguais a 2 kg e 3 kg, estão apoiados numa superfície horizontal perfeitamente lisa. Uma força horizontal $\vec{F}$, de intensidade constante $F = 10$ N, é aplicada no bloco A. Determine:

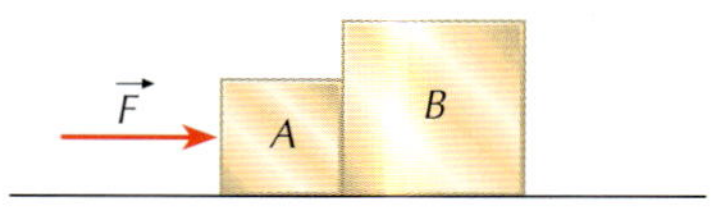

a) a aceleração adquirida pelo conjunto;

b) a intensidade da força que A aplica em B.

Solução:

a) Para aplicarmos a equação fundamental da Dinâmica $\vec{F}_R = m\vec{a}$, devemos analisar as forças que agem em cada bloco.

Em cada bloco, o peso $\vec{P}$ e a força normal $\vec{F}_N$ anulam-se; por isso vamos considerar apenas as forças horizontais, pois a solicitação inicial $\vec{F}$ é horizontal. Em A existe a força externa de intensidade F, cuja reação está no agente externo que a produziu, e a força de reação de intensidade f correspondente à sua ação de contato em B. Em B existe horizontalmente apenas a força de intensidade f, ação de A em B.

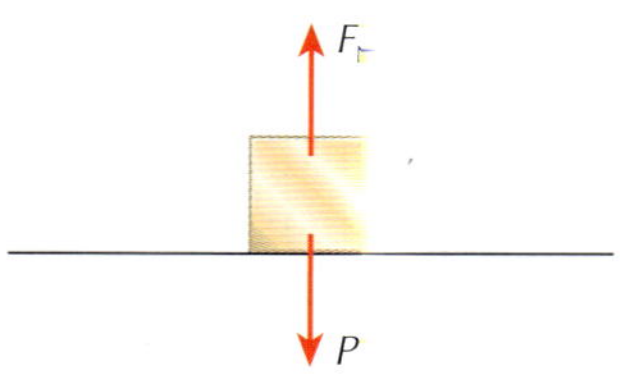

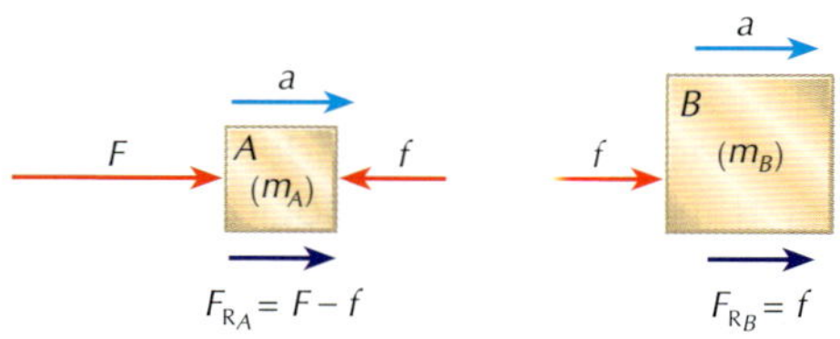

A intensidade da resultante das forças em A é $F - f$, pois $\vec{F}$ tem o mesmo sentido da aceleração $\vec{a}$, enquanto $\vec{f}$ se opõe. Em B a resultante é apenas f.

$$\vec{F}_R = m\vec{a}$$

Bloco A: $F - f = m_A a$ ①

Bloco B: $f = m_B a$ ②

(+)

$$F = (m_A + m_B) \cdot a \quad ③$$

Como $F = 10$ N, $m_A = 2$ kg e $m_B = 3$ kg, vem:

$$10 = (2 + 3) \cdot a \Rightarrow \boxed{a = 2 \text{ m/s}^2}$$

b) A intensidade f da força de A em B pode ser obtida por qualquer uma das equações (① ou ②) anteriores. Em ②:

$$f = m_B a = 3 \cdot 2 \Rightarrow \boxed{f = 6 \text{ N}}$$

Respostas: a) 2 m/s²; b) 6 N

Observações:

(1) Numa interação desse tipo, o corpo A não transmite integralmente a força $\vec{F}$ a B; a diferença entre o que A recebe e transmite é o que lhe comunica aceleração.

(2) Um cálculo rápido da aceleração pode ser feito considerando A e B como um único corpo; nessas condições, a força f não interfere no cálculo, pois passa a ser uma força interna ao conjunto de blocos A e B. Assim:

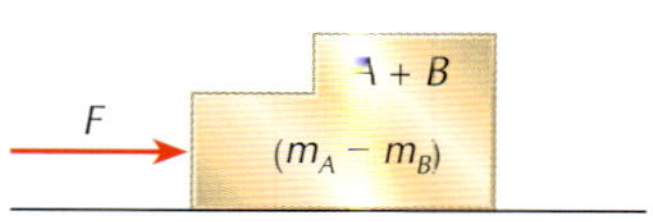

$$\vec{F}_R = m\vec{a} \Rightarrow F = (m_A + m_B) \cdot a \Rightarrow 10 = (2 + 3) \cdot a \Rightarrow \boxed{a = 2 \text{ m/s}^2}$$

R.88 Três corpos A, B e C de massas $m_A = 1$ kg, $m_B = 3$ kg e $m_C = 6$ kg estão apoiados numa superfície horizontal perfeitamente lisa. A força horizontal $\vec{F}$, de intensidade constante $F = 5$ N, é aplicada ao primeiro bloco A. Determine:

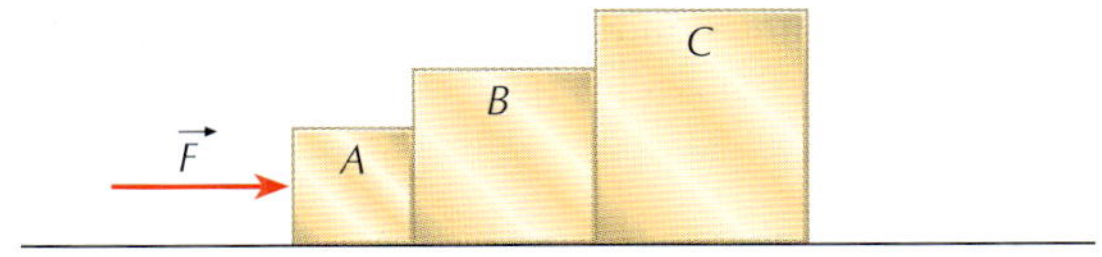

a) a aceleração adquirida pelo conjunto;
b) a intensidade da força que A exerce em B;
c) a intensidade da força que B exerce em C.

Solução:

Assim como no exercício anterior, o peso de cada bloco é anulado pela reação normal do apoio. Para a determinação da aceleração, consideremos o sistema de corpos como um único bloco de massa $m_A + m_B + m_C = 10$ kg. Pela equação fundamental da Dinâmica:

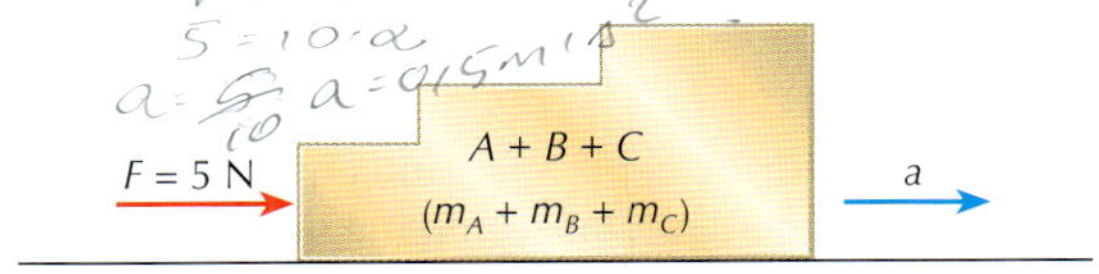

$$\vec{F}_R = m\vec{a} \Rightarrow F = (m_A + m_B + m_C) \cdot a \Rightarrow 5 = 10a \Rightarrow \boxed{a = 0{,}5 \text{ m/s}^2}$$

Para determinarmos as interações entre os corpos, devemos analisar cada um separadamente. Seja f_1 a intensidade da força de A sobre B, e f_2 a de B em C: $\vec{F}_R = m\vec{a}$

Para C:

$$f_2 = m_C a = 6 \cdot 0{,}5 \Rightarrow \boxed{f_2 = 3 \text{ N}}$$

Para B:

$$f_1 - f_2 = m_B a$$
$$f_1 - 3 = 3 \cdot 0{,}5$$
$$f_1 = 3 + 1{,}5$$
$$\boxed{f_1 = 4{,}5 \text{ N}}$$

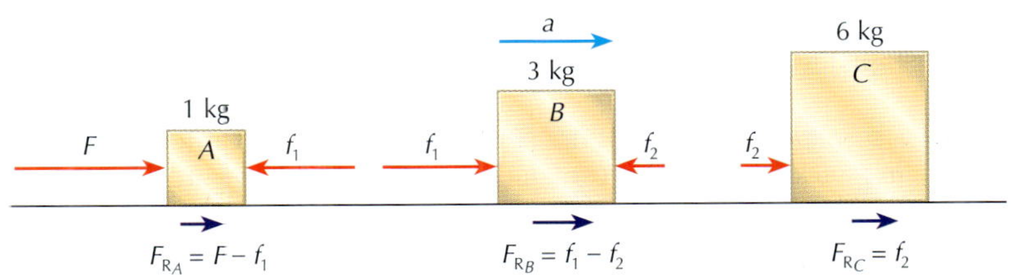

Respostas: a) 0,5 m/s²; b) 4,5 N; c) 3 N

R.89 Dois corpos A e B de massas iguais a $m_A = 2$ kg e $m_B = 4$ kg estão apoiados numa superfície horizontal perfeitamente lisa. O fio que liga A a B é ideal, isto é, de massa desprezível e inextensível. A força horizontal $\vec{F}$ tem intensidade igual a 12 N, constante. Determine:

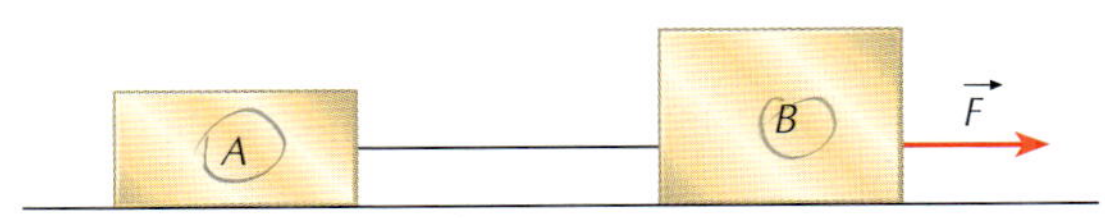

a) a aceleração do sistema;
b) a intensidade da força de tração do fio.

Solução:

a) Vamos analisar as forças em cada bloco. Em cada corpo o peso e a normal anulam-se; por isso vamos considerar apenas as forças horizontais: força de tração do fio em A e, em B, a força $\vec{F}$ e a força de tração do fio.

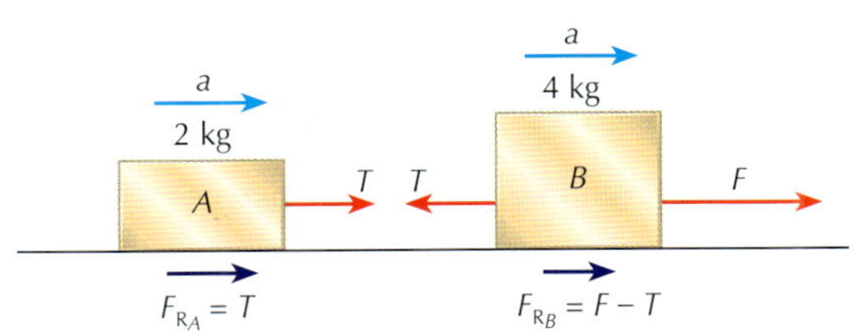

Sendo $m_A = 2$ kg, a equação fundamental da Dinâmica aplicada ao corpo A fornece:

$$\vec{F}_R = m\vec{a} \Rightarrow T = m_A a \Rightarrow T = 2a \quad ①$$

Os corpos A e B possuem a mesma aceleração, pois o fio é inextensível: no mesmo intervalo de tempo, A e B percorrem as mesmas distâncias e atingem a mesma velocidade. Em B, $\vec{F}$ tem o mesmo sentido da aceleração $\vec{a}$, enquanto a tração $\vec{T}$ opõe-se a $\vec{a}$. Assim, sendo $m_B = 4$ kg, a equação fundamental da Dinâmica aplicada a B fornece:

$$\vec{F}_R = m\vec{a} \Rightarrow F - T = m_B a \Rightarrow F - T = 4a \quad ②$$

Resolvendo o sistema de equações ① e ②, vem:

$$\begin{cases} T = 2a \\ F - T = 4a \end{cases} +$$

$$F = 6a \quad ③$$
$$12 = 6a$$
$$\boxed{a = 2 \text{ m/s}^2}$$

b) A intensidade da força de tração do fio pode ser obtida por uma das equações (① ou ②). Em ①:

$$T = 2a \Rightarrow T = 2 \cdot 2 \Rightarrow \boxed{T = 4\text{ N}}$$

Respostas: a) 2 m/s²; b) 4 N

Observações:

- A equação $F = (m_A + m_B) \cdot a$ possibilita o cálculo da aceleração de um modo mais rápido, considerando A e B como um único bloco:

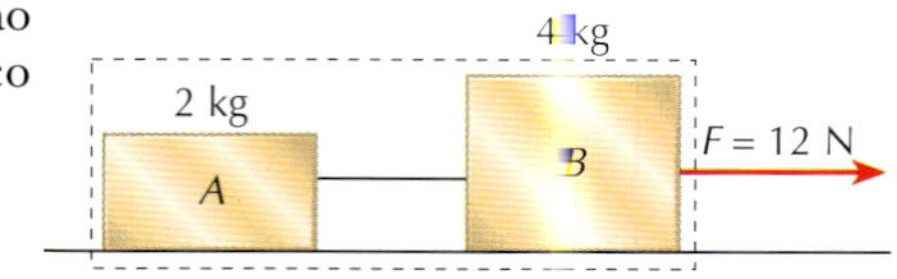

$$F = (m_A + m_B) \cdot a \Rightarrow$$
$$\Rightarrow 12 = (2 + 4) \cdot a \Rightarrow 12 = 6a \Rightarrow \boxed{a = 2\text{ m/s}^2}$$

- Anteriormente dissemos que o dinamômetro é um instrumento que mede intensidades de forças (veja página 195). Inserindo um dinamômetro num fio que liga os corpos A e B, ele medirá a intensidade da força de tração T do fio que se transmite de um corpo a outro. Assim:

Inserido num fio ideal, um dinamômetro mede a intensidade da força de tração do fio.

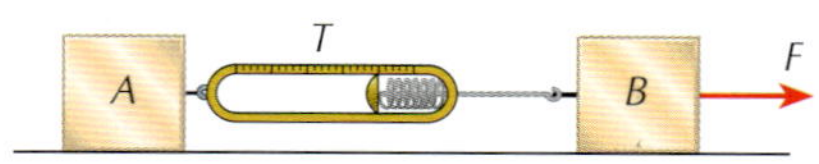

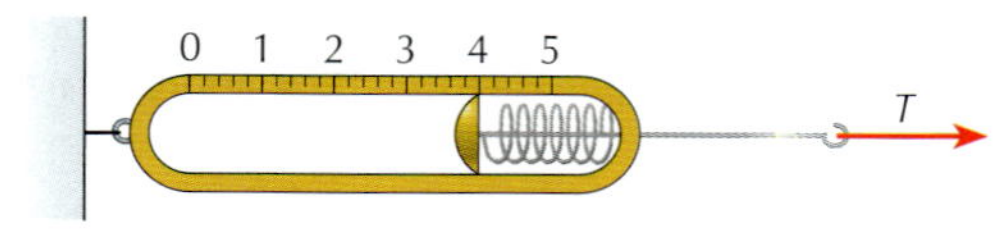

Considere o dinamômetro como um aparelho ideal: sua massa é desprezível.

R.90 Os corpos A e B da figura têm massas respectivamente iguais a $m_A = 6$ kg e $m_B = 2$ kg. O plano de apoio é perfeitamente liso e o fio é inextensível e de peso desprezível. Não há atrito entre o fio e a polia, considerada sem inércia. Adote $g = 10$ m/s². Determine a aceleração do conjunto e a tração do fio.

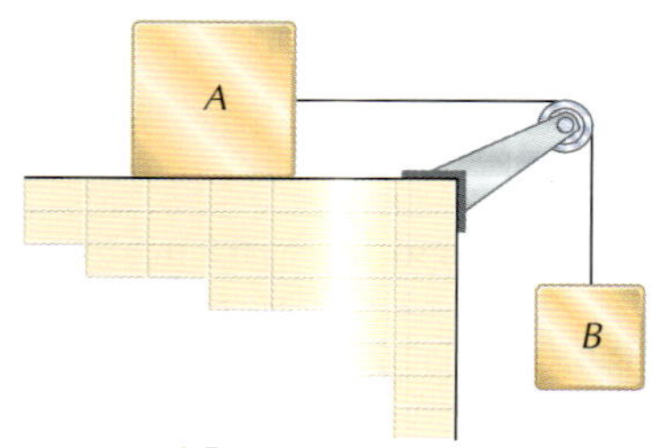

Solução:

Consideremos separadamente cada corpo.

Em A, a força normal $\vec{F}_{N_A}$ anula a ação do peso, pois não há movimento vertical. Pela equação fundamental da Dinâmica, e sendo $m_A = 6$ kg, vem:

$$T = m_A a \Rightarrow T = 6a \quad ①$$

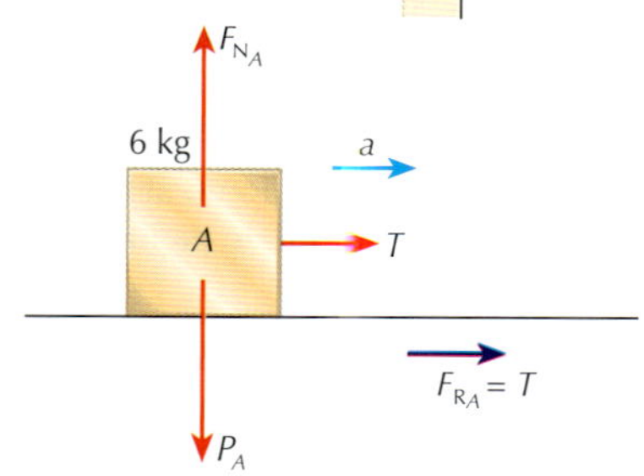

Considere o corpo B:

Sua aceleração é a mesma de A, pois o fio é inextensível: no mesmo intervalo de tempo, A e B percorrem as mesmas distâncias e atingem a mesma velocidade.

O peso $\vec{P}_B$ tem o mesmo sentido da aceleração $\vec{a}$, e a tração $\vec{T}$ opõe-se a $\vec{a}$; logo, pela equação fundamental, e sendo $m_B = 2$ kg, vem:

$$\vec{F}_R = m\vec{a} \Rightarrow P_B - T = m_B a \Rightarrow P_B - T = 2a \quad ②$$

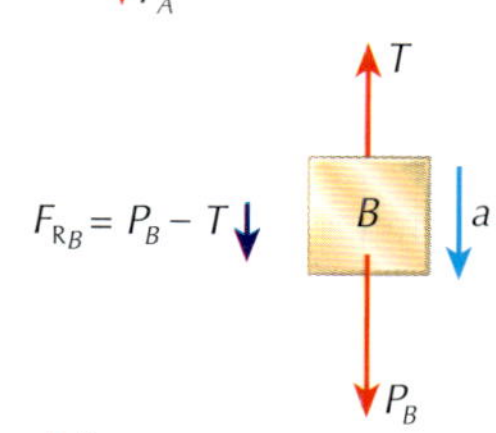

Resolvendo o sistema de equações ① e ②, vem:

$$\begin{cases} T = 6a \\ P_B - T = 2a \quad + \end{cases}$$
$$P_B = 8a \quad ③$$

Mas: $P_B = m_B g = 2 \cdot 10 \Rightarrow P_B = 20$ N

Substituindo esse resultado em ③, vem: $20 = 8a \Rightarrow \boxed{a = 2{,}5\text{ m/s}^2}$

Substituindo em ①, obtemos: $T = 6a = 6 \cdot 2{,}5 \Rightarrow \boxed{T = 15\text{ N}}$

Resposta: 2,5 m/s²; 15 N

Observação:

Pela equação $P_B = (m_A + m_B) \cdot a$, podemos propor um cálculo rápido da aceleração, considerando A e B como um único bloco.

$P_B = (m_A + m_B) \cdot a$

Como $m_A + m_B = 6\text{ kg} + 2\text{ kg} = 8$ kg, obtemos:

$$P_B = 8a \Rightarrow 20 = 8a \Rightarrow \boxed{a = 2{,}5\text{ m/s}^2}$$

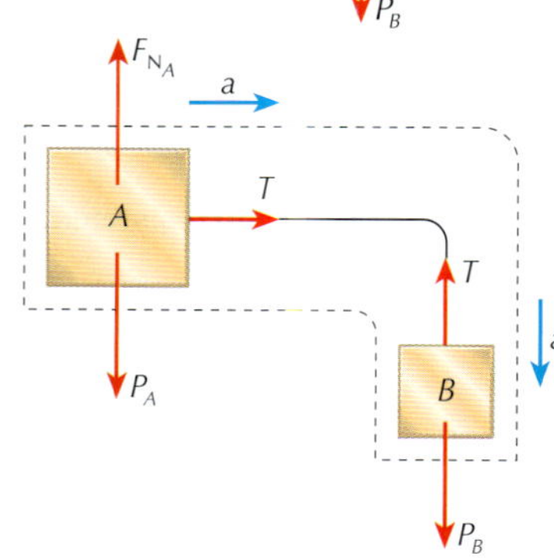

R.91 No arranjo experimental da figura, os corpos A, B e C têm, respectivamente, massas iguais a $m_A = 5$ kg, $m_B = 2$ kg e $m_C = 3$ kg. A aceleração da gravidade é 10 m/s². Os fios são inextensíveis e de inércia desprezível; não há atrito entre os fios e as polias; o plano horizontal é perfeitamente liso. Determine:

a) a aceleração do sistema de corpos;

b) as trações nos fios.

Solução:

a) O peso de B é anulado pela reação normal do apoio; porém os pesos P_A e P_C são forças externas ativas. P_A é maior que P_C:

$$m_A = 5 \text{ kg} \Rightarrow P_A = m_A g = 50 \text{ N}$$
$$m_C = 3 \text{ kg} \Rightarrow P_C = m_C g = 30 \text{ N}$$

Se o sistema partir do repouso, o corpo B move-se da esquerda para a direita, pois o peso de A é maior que o de C.

Vamos analisar cada corpo separadamente. No caso, há duas trações, pois temos dois fios:

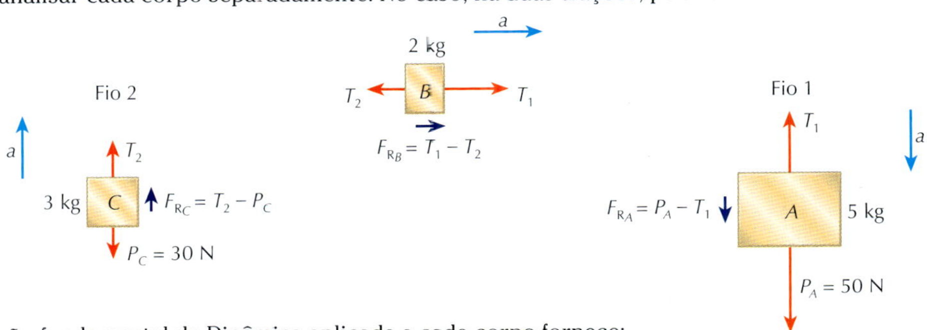

A equação fundamental da Dinâmica aplicada a cada corpo fornece:

$$\vec{F}_R = m\vec{a}$$

Corpo A: $P_A - T_1 = m_A a \Rightarrow 50 - T_1 = 5a$ ①

Corpo B: $T_1 - T_2 = m_B a \Rightarrow T_1 - T_2 = 2a$ ②

Corpo C: $T_2 - P_C = m_C a \Rightarrow T_2 - 30 = 3a$ ③

Resolvendo o sistema de equações ①, ② e ③, vem:

$$\begin{cases} 50 - T_1 = 5a \\ T_1 - T_2 = 2a \quad + \\ T_2 - 30 = 3a \end{cases}$$

$$50 - 30 = (5 + 2 + 3) \cdot a \Rightarrow 20 = 10a \Rightarrow \boxed{a = 2 \text{ m/s}^2}$$

b) De ①: $50 - T_1 = 5 \cdot 2 \Rightarrow \boxed{T_1 = 40 \text{ N}}$

De ②: $T_2 - 30 = 3 \cdot 2 \Rightarrow \boxed{T_2 = 36 \text{ N}}$

Respostas: a) 2 m/s²; b) $T_1 = 40$ N; $T_2 = 36$ N

Observações:

(1) Para um cálculo rápido da aceleração poderíamos aplicar a equação fundamental da Dinâmica ao conjunto de corpos de massa total $m_A + m_B + m_C$, observando que o peso $\vec{P}_A$ tem o mesmo sentido da aceleração e $\vec{P}_C$ se opõe:

$\vec{F}_R = m\vec{a}$

$P_A - P_C = (m_A + m_B + m_C) \cdot a$

$50 - 30 = (5 + 2 + 3) \cdot a$

$20 = 10a$

$\boxed{a = 2 \text{ m/s}^2}$

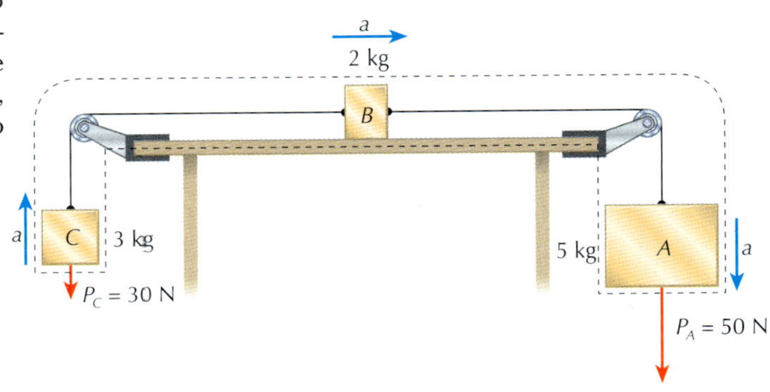

(2) Observe os resultados e conclua que $a < g$ e $P_C < T_2 < T_1 < P_A$.

(3) Se $P_A = P_C$ (ou $m_A = m_C$), o sistema permanece em equilíbrio ($a = 0$) e as trações serão iguais aos próprios pesos, independentemente do corpo B. Assim, no arranjo experimental da figura, em que $P_A = P_E = 50$ N, o dinamômetro D indica $T = P_A = P_E = 50$ N ($a = 0$).

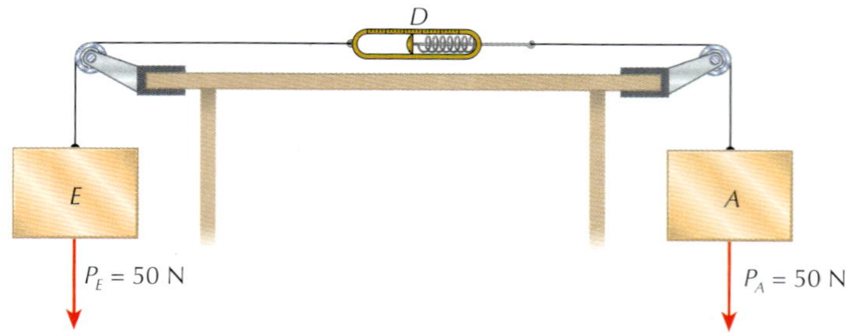

R.92 No arranjo experimental da figura ao lado, os corpos A e B têm, respectivamente, massas iguais a 6 kg e 2 kg. Os fios e as polias têm massas desprezíveis. Não há atrito entre o fio e a polia. Adote $g = 10$ m/s². Determine:

a) a aceleração do conjunto;

b) as trações nos fios.

Considere que o sistema partiu do repouso.

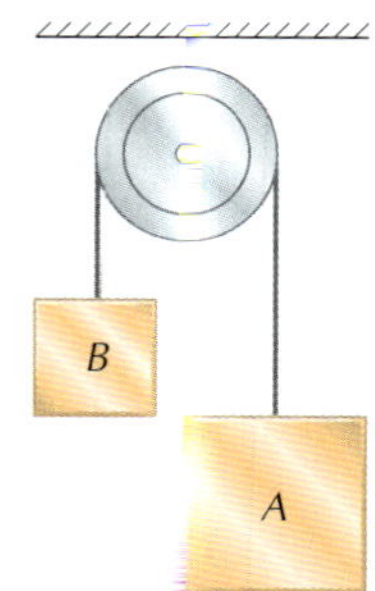

Solução:

a) Esse arranjo experimental é conhecido como máquina de Atwood (1745-1807), físico inglês que com um arranjo desse tipo estudou a queda dos corpos. O corpo A desce enquanto o corpo B sobe, pois o peso de A é maior que o de B.

$m_A = 6 \text{ kg} \Rightarrow P_A = m_A \cdot g = 60 \text{ N}$ $\quad m_B = 2 \text{ kg} \Rightarrow P_B = m_B \cdot g = 20 \text{ N}$

Na figura ao lado representamos as forças que agem em cada bloco. A equação fundamental da Dinâmica aplicada a A e a B fornece:

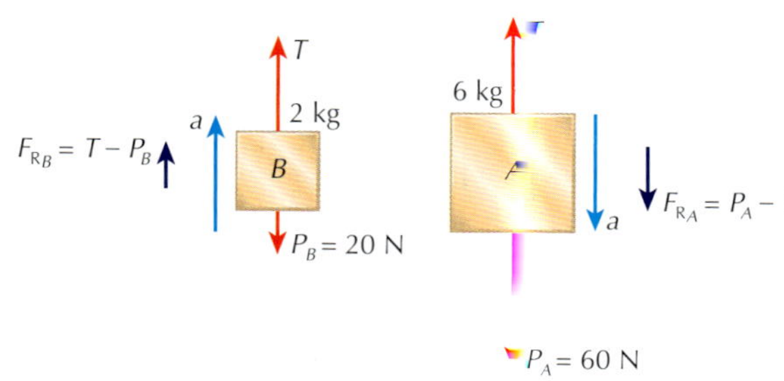

$$\vec{F}_R = m\vec{a}$$

Corpo A: $P_A - T = m_A a \Rightarrow 60 - T = 6a$ ①

Corpo B: $T - P_B = m_B a \Rightarrow T - 20 = 2a$ ②

Resolvendo o sistema de equações ① e ②:

$$\begin{cases} 60 - T = 6a \\ T - 20 = 2a \end{cases} \quad +$$

$$60 - 20 = 6a + 2a$$

$$40 = 8a$$

$$\boxed{a = 5 \text{ m/s}^2}$$

b) Qualquer uma das equações anteriores nos fornece T. Por exemplo, em ②:

$$T - 20 = 2 \cdot 5 \Rightarrow \boxed{T = 30 \text{ N}}$$

A tração T' no fio que liga o eixo da polia ao teto pode ser obtida como se segue. A polia não possui peso e seu eixo está em equilíbrio. Desse modo, a resultante das forças deve ser nula.

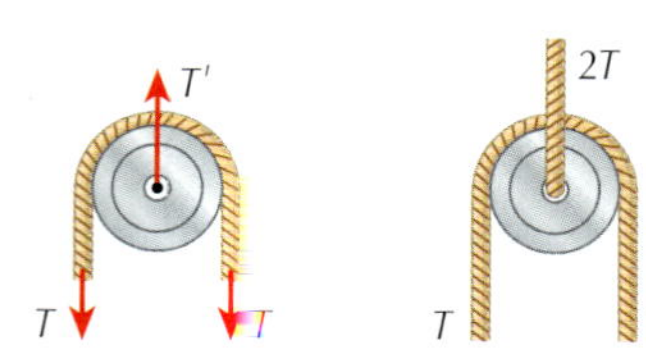

$$F_R = 0 \Rightarrow T' = T + T = 2T = 2 \cdot 30 \Rightarrow \boxed{T' = 2T = 60 \text{ N}}$$

Respostas: a) 5 m/s²; b) 30 N e 60 N

Observação:

Para o cálculo da aceleração podemos aplicar a equação fundamental da Dinâmica para o conjunto de corpos de massa total $m_A + m_B$, observando que o peso P_A tem o mesmo sentido da aceleração e P_B se opõe:

$$F_R = ma$$

$$P_A - P_B = (m_A + m_B) \cdot a$$

$$60 - 20 = (6 + 2)a$$

$$40 = 8a$$

$$\boxed{a = 5 \text{ m/s}^2}$$

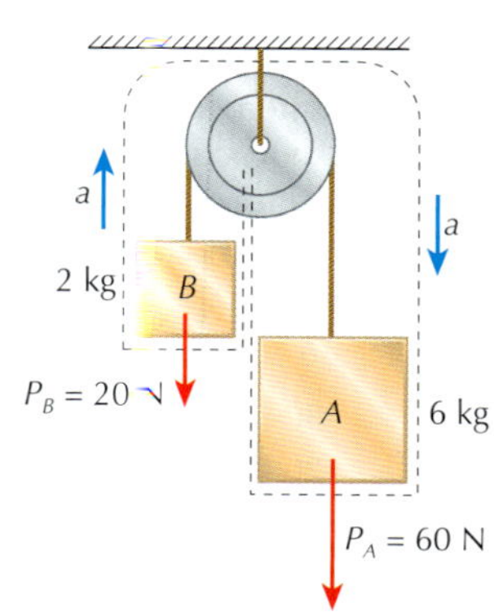

R.93 Determine a força que o homem deve exercer no fio para manter em equilíbrio estático o corpo suspenso de 120 N. Os fios são considerados inextensíveis e de massas desprezíveis; entre os fios e as polias não há atrito. As polias são ideais, isto é, não têm peso.

Solução:

Para haver equilíbrio, a resultante das forças deve ser nula. No corpo suspenso, a tração T é igual ao peso $P = 120$ N, pois não há aceleração. A distribuição de trações é idêntica à discutida no exercício anterior.

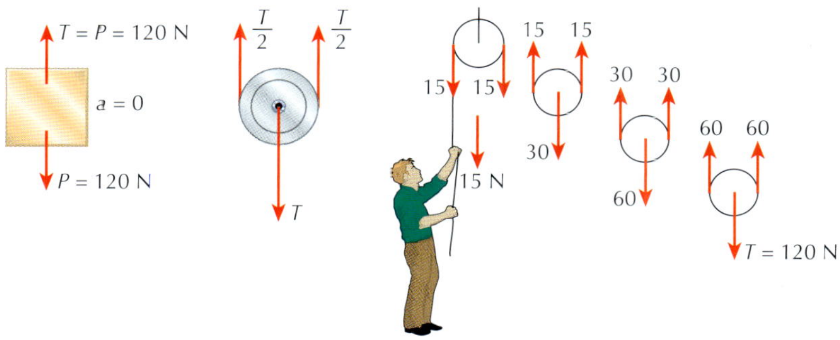

Entre na rede

No endereço eletrônico **http://www.walter-fendt.de/ph11br/pulleysystem_br.htm** (acesso em 13/2/2007), você pode analisar um sistema constituído de duas, quatro e seis polias.

Resposta: 15 N

Observação:

Note que o homem equilibra o peso de 120 N, exercendo uma força de intensidade bem menor; por isso, na prática, são muito utilizadas as associações de polias como se veem em guindastes.

R.94 Um homem de 70 kg está no interior de um elevador que desce acelerado à razão de 2 m/s². Adote $g = 10$ m/s² e considere o homem apoiado numa balança calibrada em newtons. Determine a intensidade da força indicada pela balança.

Solução:

O elevador desce verticalmente com aceleração $a = 2$ m/s² em relação a um observador externo em repouso no solo. Esse observador externo, que é um referencial inercial, vê atuarem no homem dentro do elevador as forças $\vec{P}$, ação da Terra, e $\vec{F_N}$, ação da balança no homem. O homem atua na balança, exercendo a força de intensidade F_N, que é a indicação da balança, pois esta está calibrada para medir intensidades de forças.

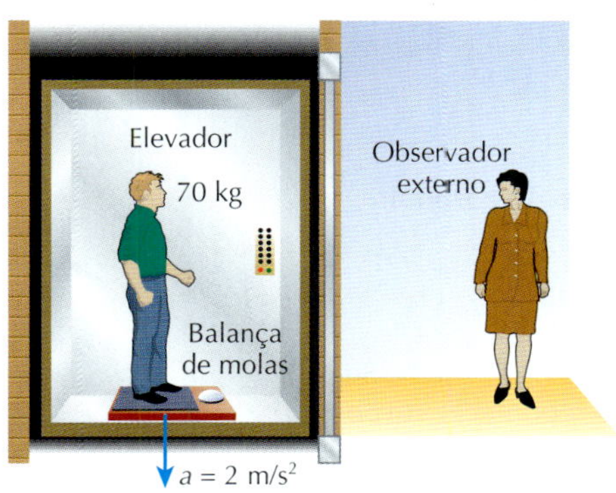

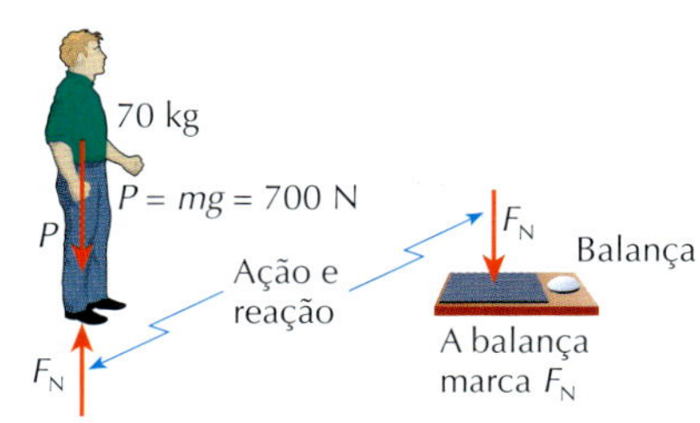

A resultante das forças que atuam no homem é $F_R = P - F_N$. Logo:

$$P - F_N = ma \quad ①$$
$$F_N = P - ma \quad ②$$

$P = mg = 70 \cdot 10 \Rightarrow P = 700$ N. Sendo $m = 70$ kg e $a = 2$ m/s², vem: $F_N = 700 - 70 \cdot 2 \Rightarrow \boxed{F_N = 560 \text{ N}}$

Resposta: A indicação da balança é 560 N.

Observações:

(1) O homem lê na balança $F_N = 560$ newtons, inferior ao seu peso $P = 700$ newtons. Sente-se mais leve e tem a impressão de que seu peso diminuiu. Por isso a força F_N é chamada **peso aparente**.

(2) Se o elevador descesse acelerado com aceleração $a = g$ (caso em que se rompem os cabos que sustentam o elevador), o peso aparente seria nulo.
De fato: $F_N = P - ma \Rightarrow F_N = P - mg \Rightarrow F_N = P - P \Rightarrow F_N = 0$
Portanto, no caso em que o elevador cai sob ação da gravidade, o peso aparente é nulo: a pessoa flutua no interior do elevador.

R.95 Um corpo de peso $\vec{P}$ desliza num plano inclinado perfeitamente liso, que forma um ângulo θ em relação à horizontal. Determine:

a) a aceleração do corpo;

b) a intensidade da força normal que o plano exerce no corpo.

É dada a aceleração da gravidade g.

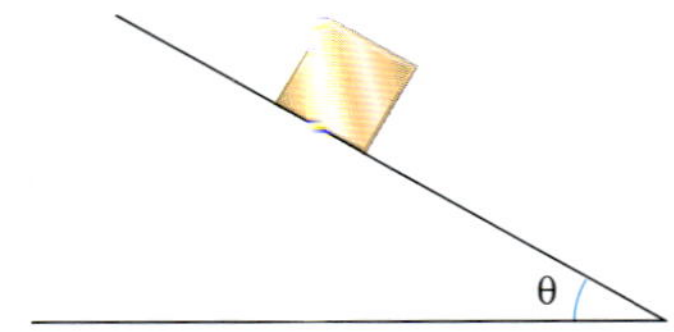

Solução:

a) No corpo atuam o peso $\vec{P}$ e a força normal $\vec{F}_N$. É comum decompor o peso $\vec{P}$ em duas forças componentes:

$\vec{P}_n$: normal ao plano inclinado e que anula $\vec{F}_N$, pois não há movimento na direção perpendicular ao plano inclinado.

$\vec{P}_t$: paralela ao plano inclinado e que é a resultante das forças $\vec{P}$ e $\vec{F}_N$.

No triângulo destacado na figura ao lado, o ângulo indicado é θ, pois seus lados são dois a dois perpendiculares às retas que definem o ângulo θ do plano inclinado. Nesse triângulo, P_t é a medida do cateto oposto ao ângulo θ e P é a medida da hipotenusa do triângulo. Da definição de seno de um ângulo, vem:

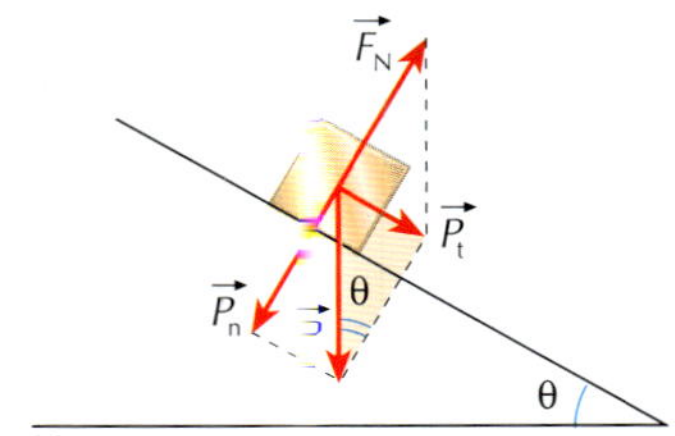

$$\text{sen}\,\theta = \frac{P_t}{P} \quad \text{ou} \quad \boxed{P_t = P \cdot \text{sen}\,\theta}$$

Pela equação fundamental da Dinâmica ($F_R = ma$) e sendo $F_R = P_t = P \cdot \text{sen}\,\theta = mg \cdot \text{sen}\,\theta$, vem:

$$mg \cdot \text{sen}\,\theta = ma \Rightarrow \boxed{a = g \cdot \text{sen}\,\theta}$$

b) No triângulo destacado, P_n é a medida do cateto adjacente ao ângulo θ. Da definição de cosseno de um ângulo, vem:

$$\cos\theta = \frac{P_n}{P} \Rightarrow \boxed{P_n = P \cdot \cos\theta}$$

Como $\vec{P}_n$ anula $\vec{F}_N$, resulta:

$$\boxed{F_N = P_n = P \cdot \cos\theta}$$

Respostas: a) $a = g \cdot \text{sen}\,\theta$; b) $F_N = P \cdot \cos\theta$

R.96 No arranjo experimental da figura, os corpos A e B têm massas iguais a 10 kg. O plano inclinado é perfeitamente liso. O fio é inextensível e passa sem atrito pela polia de massa desprezível. Determine:

a) a aceleração do sistema de corpos;

b) a tração no fio (dado: sen 30° = 0,5).

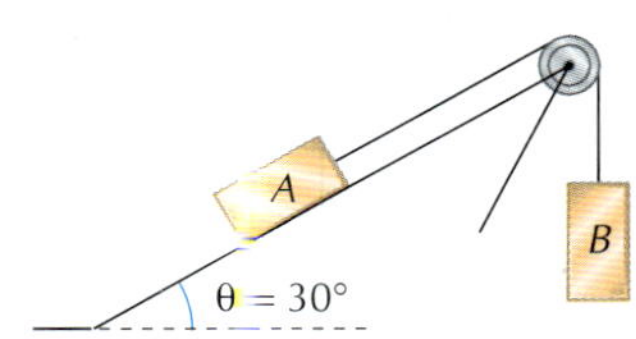

Solução:

a) Vamos inicialmente calcular a componente P_{t_A} do peso do corpo A:

$P_{t_A} = P_A \cdot \text{sen}\,30° \Rightarrow P_{t_A} = m_A g \cdot \text{sen}\,30° \Rightarrow$

$\Rightarrow P_{t_A} = 10 \cdot 10 \cdot 0{,}5 \Rightarrow \boxed{P_{t_A} = 50\ \text{N}}$

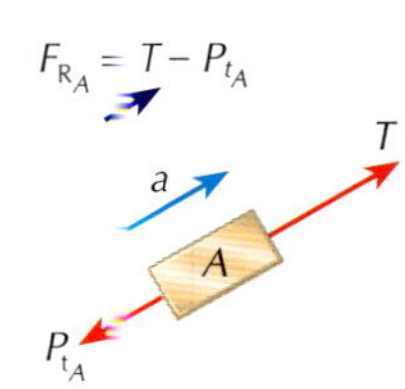

O corpo B possui peso $P_B = m_B\,g = 10 \cdot 10$, ou seja, $P_B = 100$ N. Sendo $P_B > P_{t_A}$, concluímos que, se o sistema partir do repouso, o corpo B desce e o corpo A sobe ao longo do plano inclinado.

Na figura ao lado representamos as forças que agem em cada bloco. Observe que a componente normal $\vec{P}_{n_A}$ e a normal $\vec{F}_{N_A}$ anulam-se. A equação fundamental da Dinâmica aplicada a A e B fornece:

Corpo A: $T - P_{t_A} = m_A a \Rightarrow T - 50 = 10a$ ①

Corpo B: $P_B - T = m_B a \Rightarrow 100 - T = 10a$ ②

Resolvendo o sistema de equações ① e ②, vem:

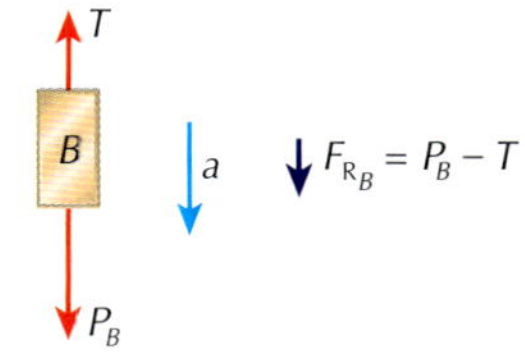

$$\begin{cases} T - 50 = 10a \quad + \\ 100 - T = 10a \end{cases}$$

$$100 - 50 = 10a + 10a$$

$$50 = 20a$$

$$\boxed{a = 2{,}5\ \text{m/s}^2}$$

b) De ① resulta: $T - 50 = 10 \cdot 2{,}5 \Rightarrow \boxed{T = 75\ \text{N}}$

Respostas: a) 2,5 m/s²; b) 75 N

Observação:

A aceleração pode ser calculada aplicando-se a equação fundamental da Dinâmica ao sistema de corpos de massa total $m_A + m_B$:

$$F_R = (m_A + m_B) \cdot a \quad (\text{sendo } F_R = P_B - P_{t_A})$$
$$P_B - P_{t_A} = (m_A + m_B) \cdot a$$
$$100 - 50 = (10 + 10) \cdot a$$
$$50 = 20a \Rightarrow \boxed{a = 2{,}5 \text{ m/s}^2}$$

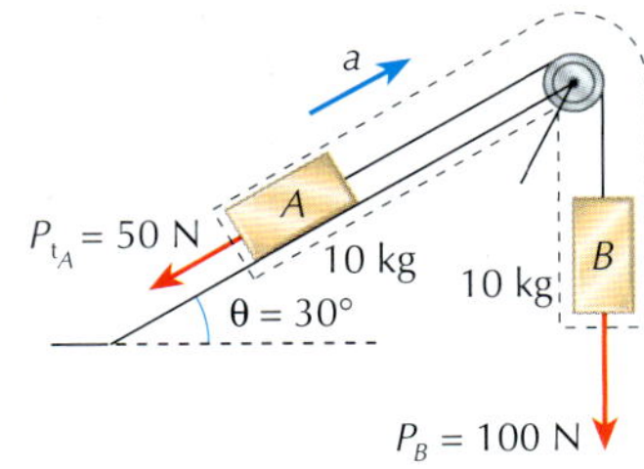

R.97 Um ponto material de massa m e peso $\vec{P}$ está suspenso por um fio de massa desprezível ao teto de um vagão hermeticamente fechado (figura a). O vagão parte uniformemente acelerado e o corpo suspenso desloca-se para trás em relação a um observador em repouso no interior do trem, até atingir o ângulo de 35° em relação à vertical (figura b). Adote $g = 10 \text{ m/s}^2$ e tg 35° = 0,7. Determine a aceleração do trem para um observador externo em repouso na Terra.

Figura a **Figura b**

Solução:

Considerando que as leis de Newton são válidas em relação a um referencial inercial, interpretaremos o fenômeno em relação ao observador na Terra, pois esta é praticamente um referencial inercial.

Em relação ao observador externo em repouso na Terra, atuam no ponto material as forças peso $\vec{P}$ e tração $\vec{T}$ (figura c). A resultante $\vec{F_R}$ produz no ponto material a mesma aceleração $\vec{a}$ do trem (figura d). No triângulo destacado, temos:

$$\text{tg } 35° = \frac{F_R}{P}$$
$$F_R = P \cdot \text{tg } 35°$$
$$F_R = mg \cdot \text{tg } 35°$$

Sendo $F_R = ma$, vem:

$$ma = mg \cdot \text{tg } 35°$$
$$a = g \cdot \text{tg } 35°$$
$$a = 10 \cdot 0{,}7$$
$$\boxed{a = 7 \text{ m/s}^2}$$

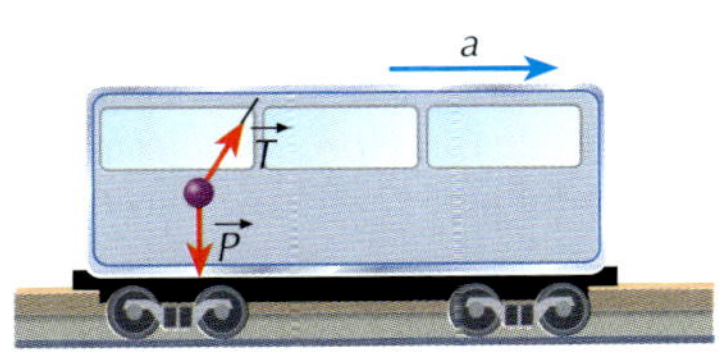

Figura c

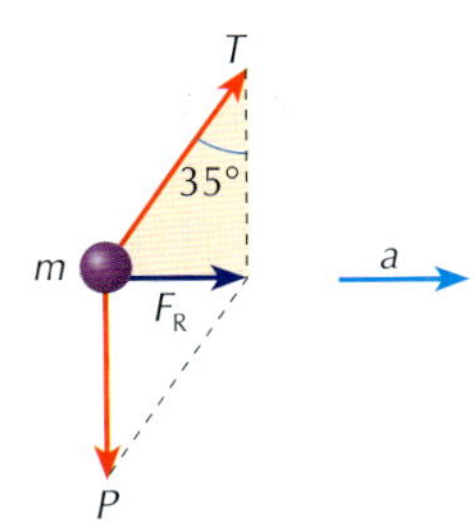

Figura d

Resposta: 7 m/s²

Observação:

Ao atingir o ângulo de 35°, o ponto material permanece em repouso em relação ao observador no interior do trem. Este interpreta o fato da seguinte maneira: além de $\vec{P}$ e $\vec{T}$ uma outra força $\vec{f}$ age no ponto material no sentido indicado (figura e). Essa força é chamada **força de inércia**. Forças de inércia são consideradas relativamente a referenciais acelerados em relação à Terra, denominados referenciais não-inerciais, como é o caso do trem. O princípio da ação-e-reação não se aplica às forças de inércia.

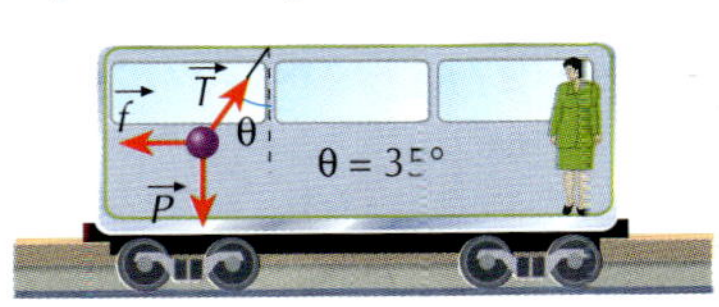

Figura e

Exercícios propostos

P.239 (PUC-SP) Com base no princípio de ação-e-reação, responda:

a) A afirmação abaixo está certa ou errada? Justifique.
"Quando exercemos uma força $\vec{F}$ numa mesa, esta exerce uma força oposta $-\vec{F}$ que anula a força $\vec{F}$, de modo que a força resultante sobre a mesa é nula e ela, portanto, não se move."

b) Descreva uma situação em que se evidenciem as forças de ação e de reação (mostre como as duas forças estão agindo).

P.240 Uma força horizontal de intensidade $F = 10$ N é aplicada no bloco A, de 6 kg, o qual está apoiado em um segundo bloco B, de 4 kg.

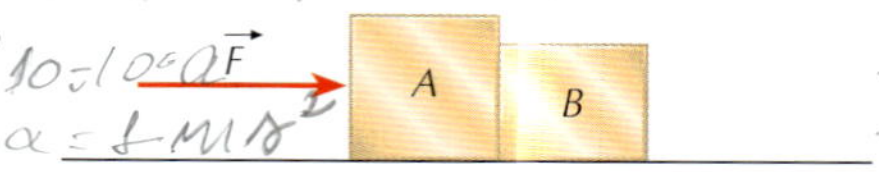

Os blocos deslizam sobre um plano horizontal sem atrito. Determine:

a) a aceleração do conjunto;

b) a intensidade da força que um bloco exerce no outro;

c) a intensidade da força resultante em A e em B.

P.241 Três blocos A, B e C, de massa $m_A = 5$ kg, $m_B = 2$ kg e $m_C = 3$ kg, estão numa superfície horizontal sem atrito. Aplica-se ao bloco A uma força de 20 N, constante, como indicado na figura.
Determine:

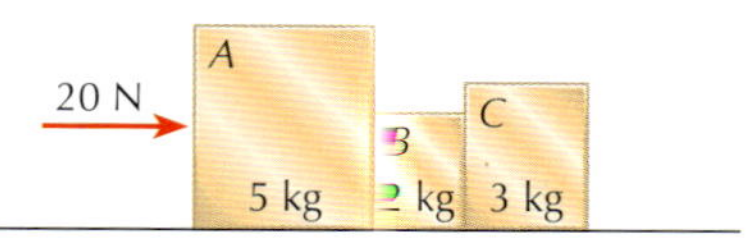

a) a aceleração do conjunto;

b) a intensidade da força que B exerce em C;

c) a intensidade da força que A exerce em B.

P.242 Dois blocos de massas 5 kg e 3 kg estão numa superfície horizontal sem atrito e ligados por um fio de massa desprezível. A força horizontal $\vec{F}$ tem intensidade constante igual a 4 N. Determine a tração no fio que liga os corpos.

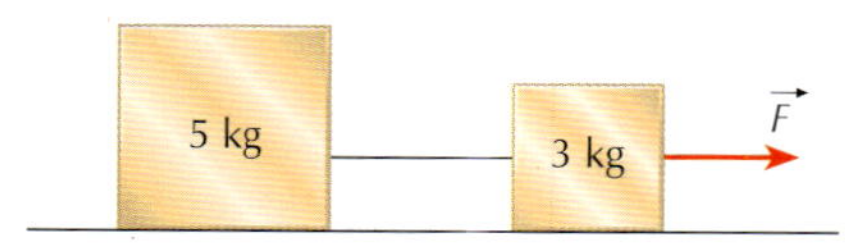

P.243 (FEI-SP) Sabendo-se que a tração no fio que une os dois blocos vale 100 N, qual é o valor do módulo da força $\vec{F}$? Não há atritos.

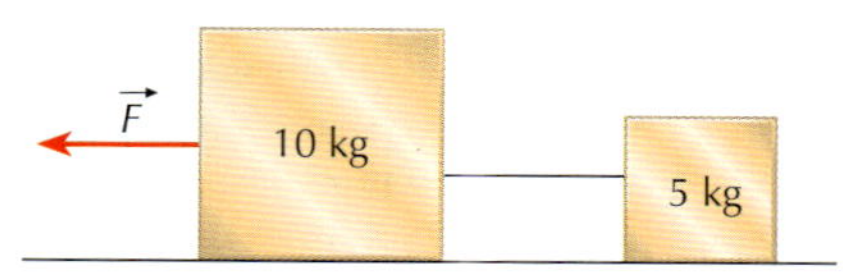

P.244 (UFRJ) Dois blocos de massa igual a 4 kg e 2 kg, respectivamente, estão presos entre si por um fio inextensível e de massa desprezível. Deseja-se puxar o conjunto por meio de uma força $\vec{F}$ cujo módulo é igual a 3 N sobre uma mesa horizontal e sem atrito. O fio é fraco e corre o risco de romper-se.
Qual é o melhor modo de puxar o conjunto sem que o fio se rompa: pela massa maior ou pela menor? Justifique sua resposta.

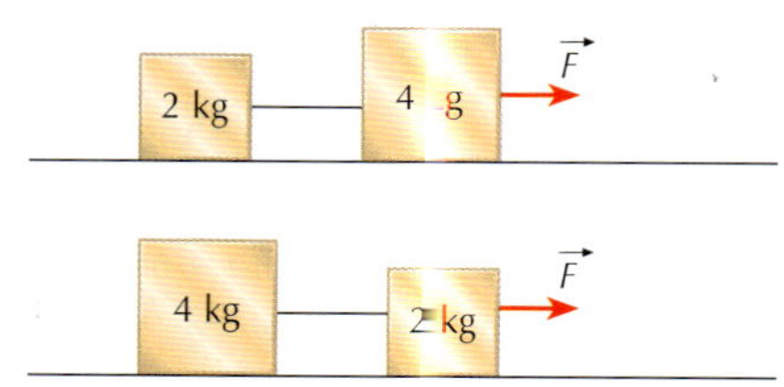

P.245 No arranjo experimental da figura não há atrito algum e o fio tem massa desprezível. Adote $g = 10$ m/s^2. Determine:

a) a aceleração do corpo A;

b) a tração no fio.

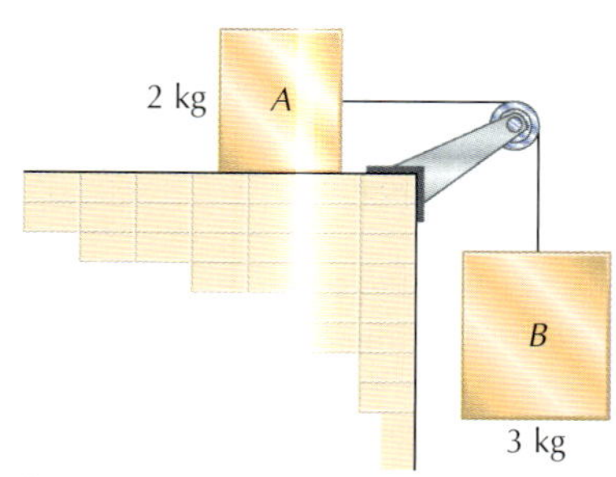

P.246 Na situação indicada na figura, os fios têm massa desprezível e passam pelas polias sem atrito.
Adote $g = 10$ m/s^2. Determine:

a) a aceleração do conjunto;

b) a tração no fio que liga A a B;

c) a tração no fio que liga B a C.

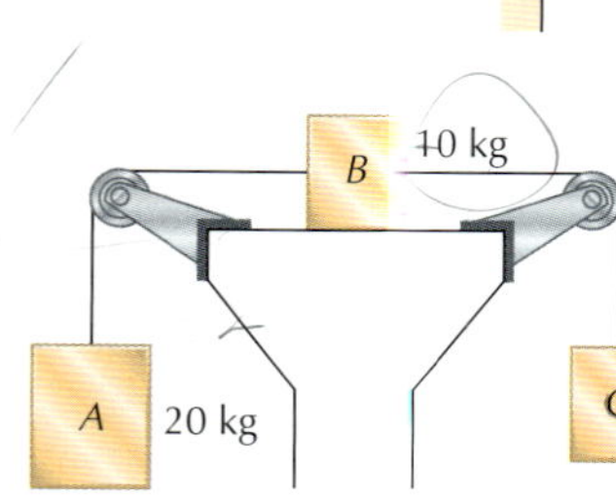

P.247 Os corpos A e B têm massas $m_A = 1$ kg e $m_B = 3$ kg. O corpo C, pendurado pelo fio, tem massa $m_C = 1$ kg. O fio é inextensível e tem massa desprezível. Adote $g = 10$ m/s^2 e suponha que A e B deslizam sem atrito sobre o plano horizontal. Calcule:

a) a aceleração do corpo C;
b) a intensidade da força que o corpo B exerce em A.

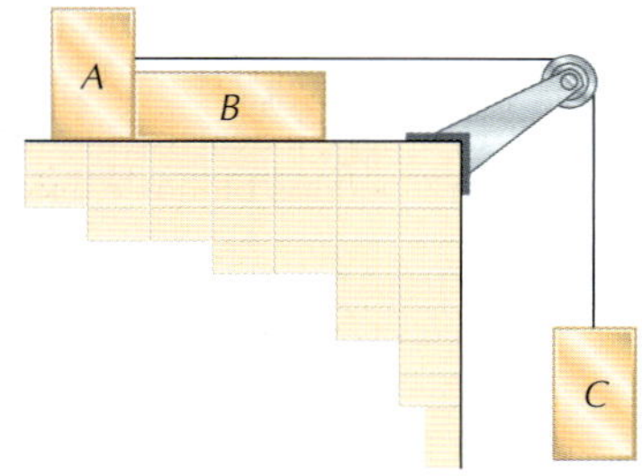

P.248 No arranjo experimental da figura os fios e a polia têm massas desprezíveis. O fio é inextensível e passa sem atrito pela polia. Adotando $g = 10$ m/s^2, determine:

a) a aceleração dos corpos;
b) as trações T_1 e T_2.

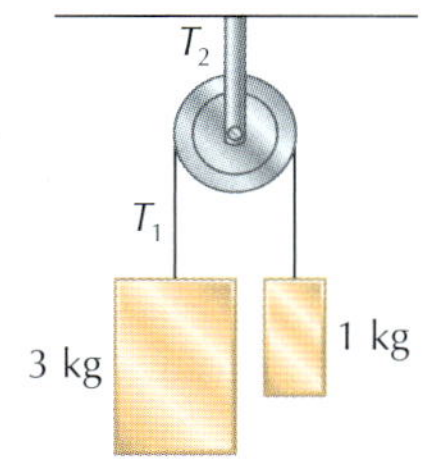

P.249 (Fuvest-SP) As figuras mostram dois arranjos (A e B) de polias, construídos para erguer um corpo de massa $m = 8$ kg. Despreze as massas das polias e da corda, bem como os atritos. Calcule as forças F_A e F_B, em newtons, necessárias para manter o corpo suspenso e em repouso nos dois casos (use $g = 10$ m/s^2).

(A)

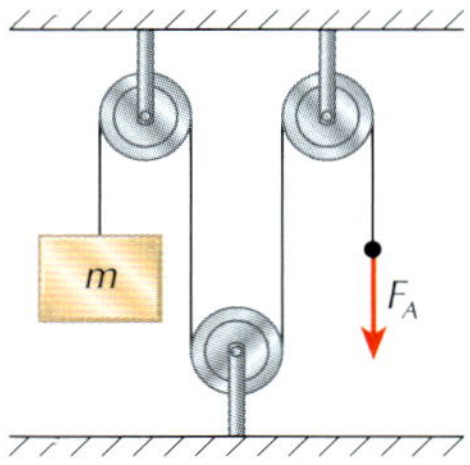

(B)

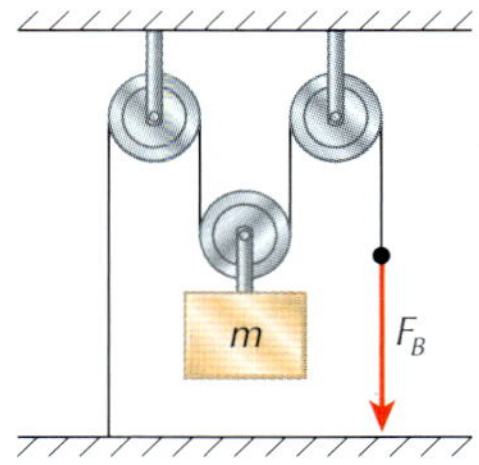

P.250 Num elevador de massa $m = 1.000$ kg atuam unicamente a força de sustentação do cabo e o peso. Adote $g = 10$ m/s^2 e determine a intensidade da força de sustentação do cabo quando o elevador:

a) sobe em movimento uniforme;
b) sobe uniformemente acelerado com $a = 2$ m/s^2;
c) sobe uniformemente retardado com $a = 2$ m/s^2.

P.251 (Olimpíada Paulista de Física) Um homem de 70 kg está em cima de uma balança dentro de um elevador. Determine qual é a indicação da balança, nas seguintes situações:

a) O elevador subindo acelerado com aceleração de 3 m/s^2.
b) O elevador subindo com velocidade constante de 2 m/s.
c) O elevador descendo acelerado com aceleração de 1 m/s^2.
d) O elevador caindo em queda livre.
Considere a balança graduada em newtons e adote $g = 10$ m/s^2.

P.252 Nas figuras abaixo estão indicadas as leituras de um dinamômetro preso ao teto de um elevador que sobe, estando um corpo de massa 1,0 kg pendurado na extremidade do aparelho. Com base nesses dados, responda: como é o movimento de subida do elevador, nas três situações esquematizadas — acelerado, retardado ou uniforme? Justifique. Considere $g = 10$ m/s^2.

P.253 Deixam-se cair simultaneamente, no vácuo, dois corpos A e B de massas $m_A = 100$ kg e $m_B = 1$ kg.

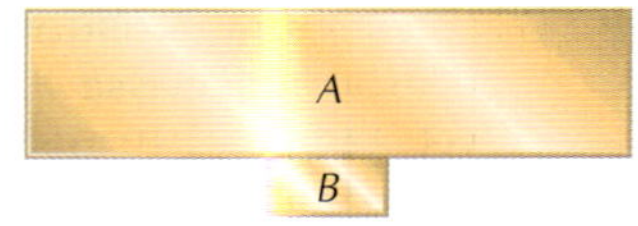

a) Qual é a aceleração de cada um deles?
b) Qual dos blocos exerce força sobre o outro?

P.254 (Efoa-MG) No esquema representado na figura ao lado, o bloco C tem massa 0,5 kg e está em repouso sobre o plano inclinado de 37° com a horizontal, preso pelo fio AB. Não há atrito entre o bloco e o plano.

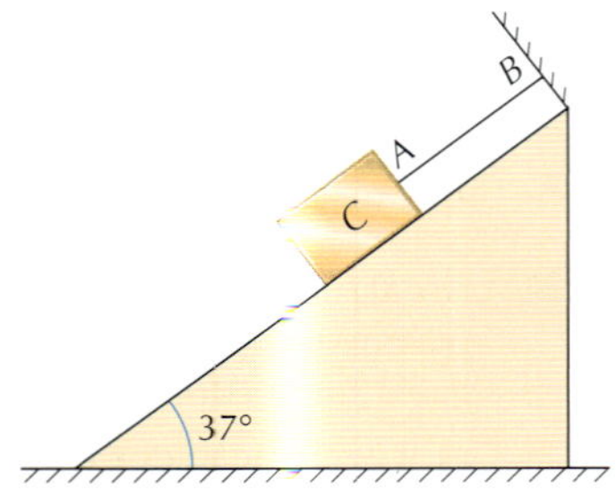

a) Qual é a tração exercida pelo fio?
b) Cortando-se o fio, qual é a aceleração adquirida pelo bloco?
(Dados: $g = 10$ m/s²; sen 37° = cos 53° = 0,6; sen 53° = cos 37° = 0,8)

P.255 (UFPR) Um corpo de massa igual a 5 kg parte, do repouso, da base de um plano inclinado — este com ângulo igual a 30° e comprimento 5 m — e atinge sua extremidade superior em 10 s. Qual é a intensidade da força externa paralela ao plano inclinado que foi aplicada ao corpo? (Use $g = 9{,}8$ m/s².) Despreze os atritos.

P.256 Determine a aceleração dos corpos na situação esquematizada ao lado. Adote $g = 10$ m/s². O fio e a polia têm massa desprezível. Não há atrito (dado: sen 30° = 0,5).

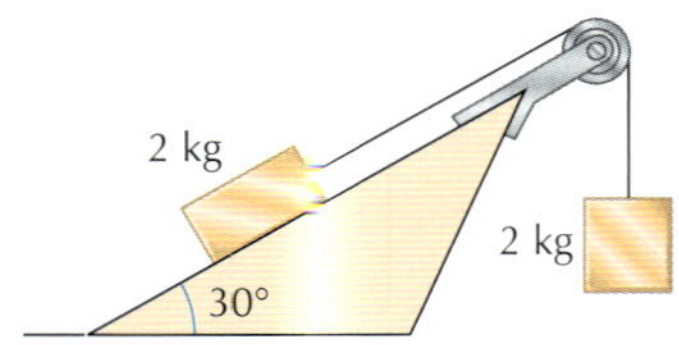

Exercícios propostos de recapitulação

P.257 (Unirio-RJ) Um corpo A, de 10 kg, é colocado num plano horizontal sem atrito. Uma corda ideal de peso desprezível liga o corpo A a um corpo B, de 40 kg, passando por uma polia de massa desprezível e também sem atrito. O corpo B, inicialmente em repouso, está a uma altura de 0,36 m, como mostra a figura. Sendo a aceleração da gravidade $g = 10$ m/s², determine:

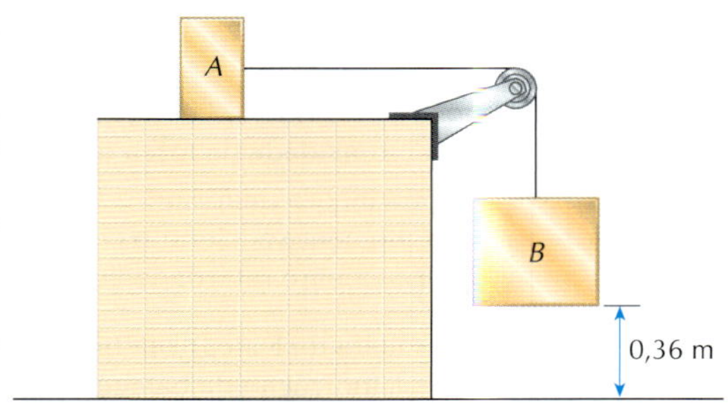

a) o módulo da tração na corda;
b) o intervalo de tempo necessário para que o corpo B chegue ao solo.

P.258 (UFRJ) Um operário usa uma empilhadeira de massa total igual a uma tonelada para levantar verticalmente uma caixa de massa igual a meia tonelada, com uma aceleração inicial de 0,5 m/s², que se mantém constante durante um curto intervalo de tempo. Use $g = 10$ m/s² e calcule, nesse intervalo de tempo:

a) a intensidade da força que a empilhadeira exerce sobre a caixa;
b) a intensidade da força que o chão exerce sobre a empilhadeira (despreze a massa das partes móveis da empilhadeira).

P.259 No arranjo experimental da figura os fios e a polia têm massas desprezíveis. Despreze atritos e adote $g = 10$ m/s². Os corpos têm massas $m_A = 5$ kg, $m_B = 4$ kg e $m_C = 1$ kg. O corpo C é uma balança graduada em newtons. Determine a indicação da balança.

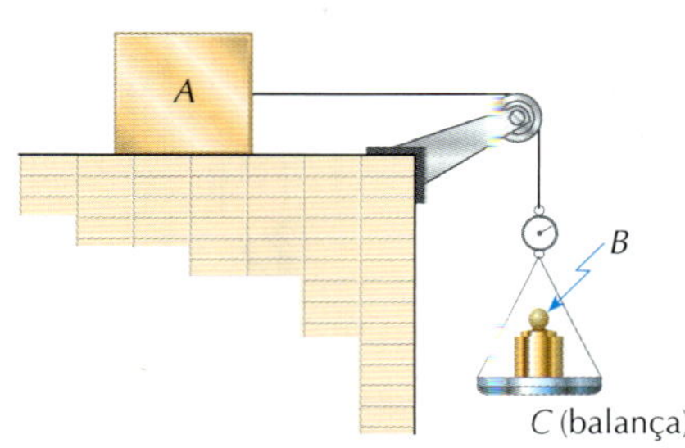

P.260 (Olimpíada Brasileira de Física) A figura representa dois baldes de massas M_1 e M_2, contendo cada um uma quantidade de areia de massa M.

Considere a polia e os fios ideais. Supondo que a massa M_2 seja ligeiramente maior que a massa M_1, responda:

a) Qual a quantidade m de areia que deve ser transferida do balde de massa M_1 para o balde de massa M_2, para que a aceleração do sistema aumente de um fator f?

b) Qual o maior valor de f possível?

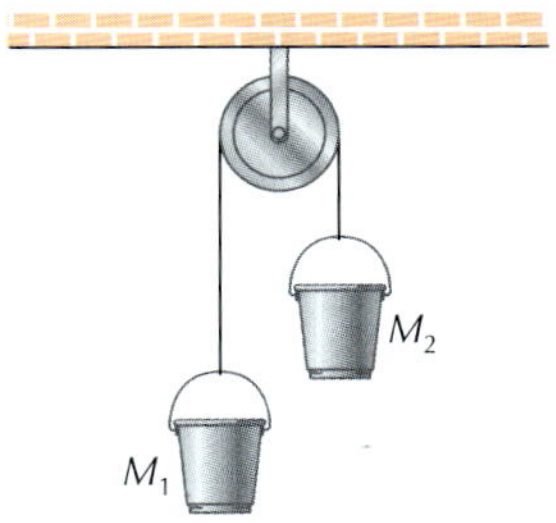

P.261 (EEM-SP) Num elevador há uma balança graduada em newtons. Um homem de 60 kg, sobre ela, lê 720 newtons, quando o elevador sobe com certa aceleração, e 456 newtons, quando desce com a mesma aceleração. Quais são as acelerações da gravidade e do elevador? Quanto registrará a balança se o elevador subir ou descer com velocidade constante? Que deverá ter ocorrido quando a balança registrar zero?

P.262 (UFSCar-SP) A polia e os fios da figura são considerados ideais, sem inércia. O fio é perfeitamente flexível e não há atritos a considerar. Use $g = 10\ m/s^2$. Dadas as massas $m_A = 40$ kg, $m_B = 24$ kg, determine as acelerações a_A (do corpo A) e a_B (do corpo B) quando:

a) $Q = 400$ N

b) $Q = 720$ N

c) $Q = 1.200$ N

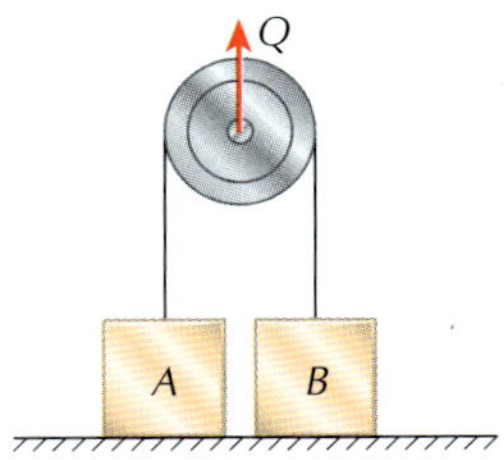

P.263 (UFSCar-SP) O sistema esquematizado compõe-se de um elevador de massa M e um homem de massa m. O elevador está suspenso a uma corda que passa por uma polia fixa e vem às mãos do operador; a corda e a roldana são supostas ideais. O operador puxa a corda e sobe com aceleração constante a, juntamente com o elevador. São supostos conhecidos M, m, a e g.

Determine a intensidade da força $\vec{F}_N$ que a plataforma exerce no operador.

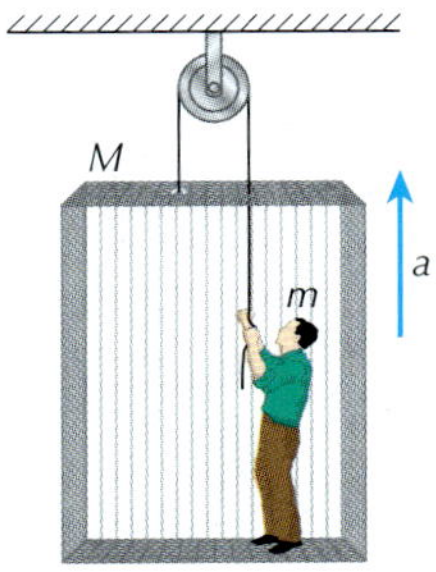

P.264 (Fuvest-SP) Duas cunhas A e B, de massas M_A e M_B, respectivamente, se deslocam juntas sobre um plano horizontal sem atrito, com aceleração constante $\vec{a}$, sob a ação de uma força horizontal $\vec{F}$ aplicada à cunha A, como mostra a figura. A cunha A permanece parada em relação à cunha B, apesar de não haver atrito entre elas.

a) Determine a intensidade da força $\vec{F}$ aplicada à cunha A.

b) Determine a intensidade da força $\vec{F}_N$ que a cunha B aplica à cunha A.

c) Sendo θ o ângulo de inclinação da cunha B, determine a tangente de θ.

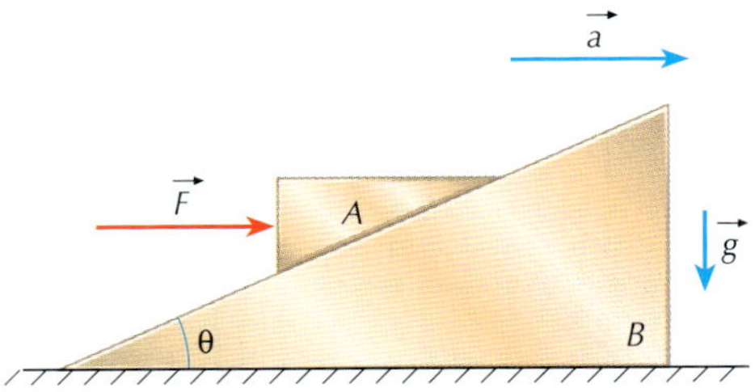

P.265 O carrinho da figura desliza no plano horizontal com aceleração $8\ m/s^2$. O corpo A possui 4 kg de massa e não há atrito entre o corpo e os planos de apoio. Dados sen 30° = 0,50, cos 30° = 0,87 e $g = 10\ m/s^2$, determine a força horizontal que a parede vertical exerce no corpo, considerando-o em repouso em relação ao carrinho.

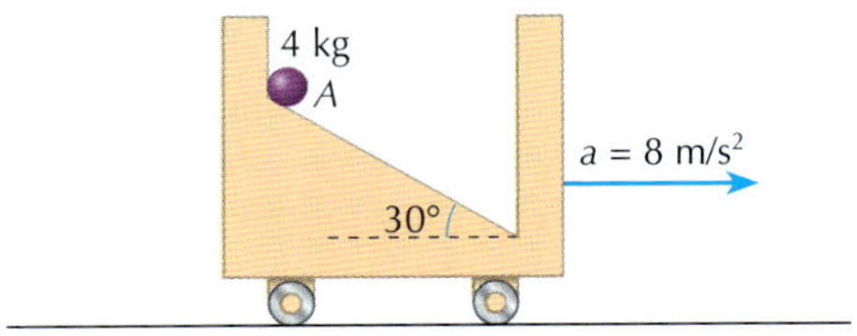

P.266 Que força horizontal deve ser constantemente aplicada a $M = 21$ kg para que $m_1 = 5$ kg não se movimente em relação a $m_2 = 4$ kg? Despreze atritos. (Use $g = 10\ m/s^2$.)

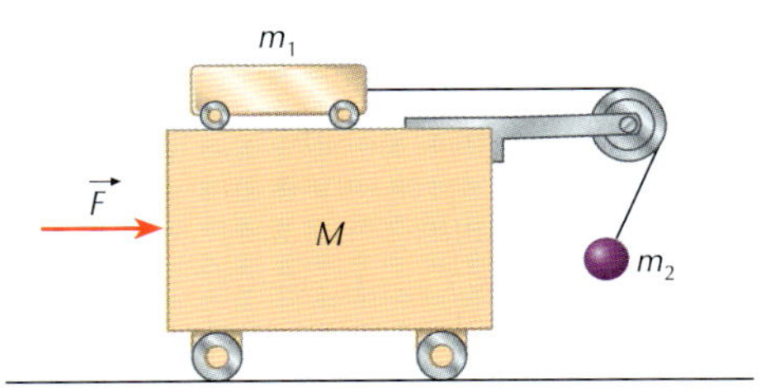

Testes propostos

T.204 (Uepa) Na parte final de seu livro *Discursos e demonstrações concernentes a duas novas ciências*, publicado em 1638, Galileu Galilei trata do movimento do projétil da seguinte maneira:

"Suponhamos um corpo qualquer, lançado ao longo de um plano horizontal, sem atrito; sabemos... que esse corpo se moverá indefinidamente ao longo desse mesmo plano, com um movimento uniforme e perpétuo, se tal plano for ilimitado".

O princípio físico com o qual se pode relacionar o trecho destacado acima é:

a) o princípio da inércia ou Primeira Lei de Newton.
b) o princípio fundamental da Dinâmica ou Segunda Lei de Newton.
c) o princípio da ação e reação ou Terceira Lei de Newton.
d) a lei da gravitação universal.
e) o princípio da energia cinética.

T.205 (UFSCar-SP) Leia a tirinha.

(*Calvin e Haroldo*, Bill Watterson)

Imagine que Calvin e sua cama estivessem a céu aberto, em repouso sobre um ponto *P* do equador terrestre, no momento que a gravidade foi "desligada" por falta de pagamento de conta.

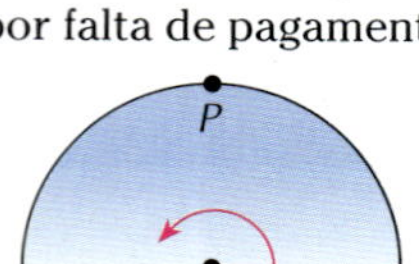

Tendo em vista que o ponto *P*' corresponde ao ponto *P* horas mais tarde, e supondo que nenhuma outra força atuasse sobre o garoto após "desligada" a gravidade, o desenho que melhor representa a posição de Calvin (ponto *C*) no instante considerado é:

a)

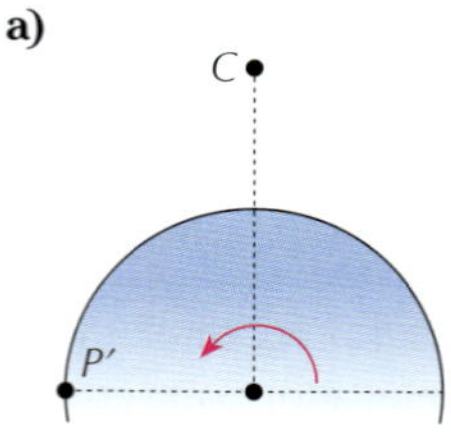

b)

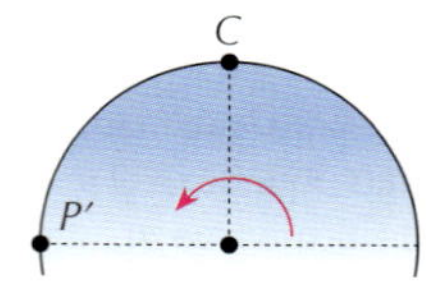

c)

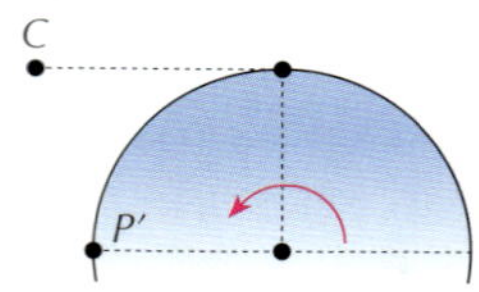

d)

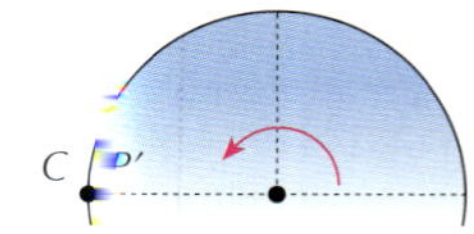

e)

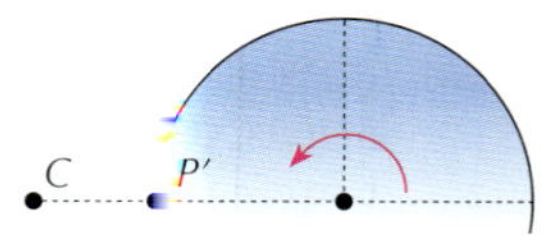

T.206 (Fatec-SP) Uma motocicleta sofre aumento de velocidade de 10 m/s para 30 m/s enquanto percorre, em movimento retilíneo uniformemente variado, a distância de 100 m. Se a massa do conjunto piloto + moto é de 500 kg, pode-se concluir que o módulo da força resultante sobre o conjunto é:

a) $2{,}0 \cdot 10^2$ N **b)** $4{,}0 \cdot 10^2$ N **c)** $8{,}0 \cdot 10^2$ N **d)** $2{,}0 \cdot 10^3$ N **e)** $4{,}0 \cdot 10^3$ N

T.207 (UFPE) Um objeto de 2,0 kg descreve uma trajetória retilínea, que obedece à equação horária $s = 7{,}0t^2 + 3{,}0t + 5{,}0$, na qual *s* é medido em metros e *t* em segundos. O módulo da força resultante que está atuando sobre o objeto é, em N:

a) 10 **b)** 17 **c)** 19 **d)** 28 **e)** 35

T.208 (Enem-MEC) O peso de um corpo é uma grandeza física:

a) que não varia com o local onde o corpo se encontra.
b) cuja unidade de medida é o quilograma.
c) caracterizada pela quantidade de matéria que o corpo encerra.
d) que mede a intensidade da força de reação de apoio.
e) cuja intensidade é o produto da massa do corpo pela aceleração da gravidade local.

T.209 (Fuvest-SP) Uma força de 1 newton (1 N) tem a ordem de grandeza do peso de:

a) um homem adulto.
b) uma criança recém-nascida.
c) um litro de leite.
d) uma xicrinha cheia de café.
e) uma moeda.

T.210 (Unitins-TO) Assinale a proposição correta:

a) A massa de um corpo na Terra é menor do que na Lua.
b) O peso mede a inércia de um corpo.
c) Peso e massa são sinônimos.
d) A massa de um corpo na Terra é maior do que na Lua.
e) O sistema de propulsão a jato funciona baseado no princípio da ação e reação.

T.211 (Uniube-MG) O princípio da ação e da reação explica o fato de que:

a) algumas pessoas conseguem tirar a toalha de uma mesa puxando-a rapidamente, de modo que os objetos que estavam sobre a toalha permaneçam em seus lugares sobre a mesa.
b) um corpo, ao ser lançado verticalmente para cima, atinge o ponto mais alto da trajetória e volta ao ponto de lançamento.
c) quando atiramos uma pedra em qualquer direção no espaço, se nenhuma força atuar nela, a pedra seguirá seu movimento sempre com a mesma velocidade e na mesma direção.
d) a força de atração do Sol sobre a Terra é igual, em intensidade e direção, à força de atração da Terra sobre o Sol.
e) quanto maior a massa de um corpo é mais difícil movimentá-lo, se está parado, e mais difícil pará-lo, se está em movimento.

T.212 (UFMG) Uma pessoa está empurrando um caixote. A força que essa pessoa exerce sobre o caixote é igual e contrária à força que o caixote exerce sobre ela.
Com relação a essa situação, assinale a afirmativa correta:

a) A pessoa poderá mover o caixote porque aplica a força sobre o caixote antes de ele poder anular essa força.
b) A pessoa poderá mover o caixote porque as forças citadas não atuam no mesmo corpo.
c) A pessoa poderá mover o caixote se tiver uma massa maior do que a massa do caixote.
d) A pessoa terá grande dificuldade para mover o caixote, pois nunca consegue exercer uma força sobre ele maior do que a força que esse caixote exerce sobre ela.

T.213 (PUC-SP)

Garfield, o personagem da história anterior, é reconhecidamente um gato malcriado, guloso e obeso.
Suponha que o bichano esteja na Terra e que a balança utilizada por ele esteja em repouso, apoiada no solo horizontal.
Considere que, na situação de repouso sobre a balança, Garfield exerça sobre ela uma força de compressão de intensidade 150 N.
A respeito do descrito, são feitas as seguintes afirmações:

I. O peso de Garfield, na Terra, tem intensidade de 150 N.

II. A balança exerce sobre Garfield uma força de intensidade 150 N.

III. O peso de Garfield e a força que a balança aplica sobre ele constituem um par ação-reação.

É (são) verdadeira(s):

a) somente I.
b) somente II.
c) somente I e II.
d) somente II e III.
e) todas as afirmações.

T.214 (Uniube-MG) Considere as frases:

1. Numa luta de boxe, a luva atinge o rosto do oponente e seu rosto provoca dores na mão de quem aplicou o soco.
2. Certa lei física justifica o uso do cinto de segurança nos veículos.
3. Há uma proporcionalidade entre a força e a aceleração atuantes num corpo.

Pode-se associá-las com as leis de Newton:

A. Primeira lei de Newton ou Princípio da Inércia.
B. Segunda lei de Newton ou Princípio Fundamental da Dinâmica.
C. Terceira lei de Newton ou Princípio da ação-e-reação.

A combinação correta é:

a) A–1; B–2; C–3
b) A–2; B–1; C–3
c) A–3; B–2; C–1
d) A–1; B–3; C–2
e) A–2; B–3; C–1

T.215 (Fuvest-SP) Um homem tenta levantar uma caixa de 5 kg, que está sobre uma mesa, aplicando uma força vertical de 10 N.

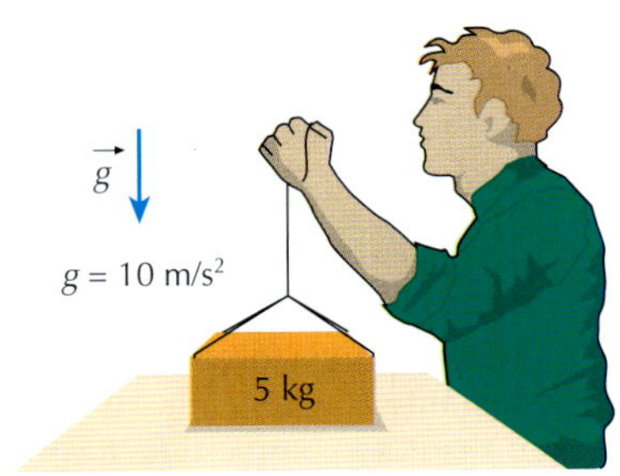

Nessa situação, o valor da força que a mesa aplica na caixa é:

a) 0 N
b) 5 N
c) 10 N
d) 40 N
e) 50 N

T.216 (UEL-PR) Numa situação de emergência, um bombeiro precisa retirar do alto de um prédio, usando uma corda, um adolescente de 40 kg. A corda suporta, no máximo, 300 N. Uma alternativa é fazer com que o adolescente desça com uma certa aceleração, para que a tensão na corda não supere o seu limite. Sob essas condições e considerando a aceleração da gravidade igual a 10 m/s^2, qual deve ser o módulo dessa aceleração?

a) 17,5 m/s^2 **c)** 7,5 m/s^2 **e)** 9,5 m/s^2
b) 1,3 m/s^2 **d)** 2,5 m/s^2

T.217 (Vunesp) Um bloco de massa m_A desliza no solo horizontal, sem atrito, sob ação de uma força constante, quando um bloco de massa m_B é depositado sobre ele. Após a união, a força aplicada continua sendo a mesma, porém a aceleração dos dois blocos fica reduzida à quarta parte da aceleração que o bloco A possuía. Pode-se afirmar que a razão entre as massas, $\frac{m_A}{m_B}$, é:

a) $\frac{1}{3}$ **c)** $\frac{3}{2}$ **e)** 2
b) $\frac{4}{3}$ **d)** 1

T.218 Dois blocos A e B, de massas respectivamente iguais a 5 kg e 10 kg, estão inicialmente em repouso, encostados um no outro, sobre uma mesa horizontal sem atrito. Aplicamos uma força horizontal $F = 90$ N, como mostra a figura.

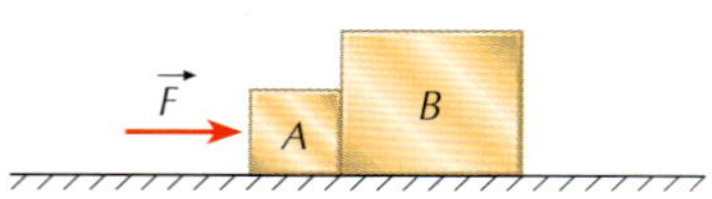

Os valores, em N, das forças resultantes que atuam sobre os blocos A e B são, respectivamente:

a) 40 e 50 **c)** 90 e 90 **e)** 30 e 60
b) 45 e 45 **d)** 20 e 70

T.219 (Olimpíada Brasileira de Física) Dois blocos, um de massa M e outro de massa m, estão em contato sobre uma superfície horizontal sem atrito.

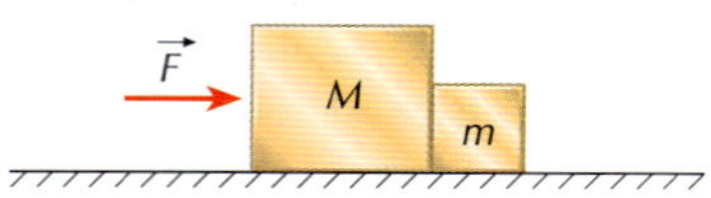

Situação 1

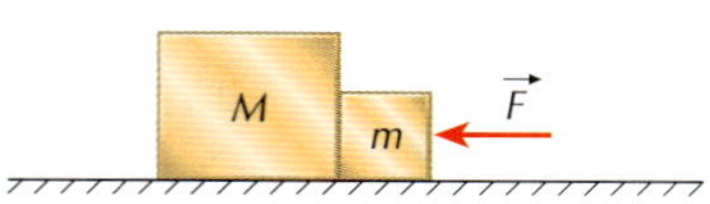

Situação 2

Na situação 1, uma força horizontal, de intensidade constante F, é aplicada ao bloco de massa M. Como resultado, surge uma força de contato de valor f_1 entre os blocos. Na situação 2, uma força, de mesma intensidade F, mas sentido oposto, atua no bloco de massa m, resultando no surgimento de uma força de contato de valor f_2 entre os blocos. Pode-se afirmar que:

a) na situação 1, $f_1 = F$, e portanto o bloco de massa M jamais poderá se deslocar, devido à terceira lei de Newton.

b) na situação 2, $f_2 = F$, e portanto o bloco de massa M se deslocará em um movimento retilíneo e uniforme, devido à primeira lei de Newton.

c) se $m < M$, então $f_1 > f_2$, não importando a magnitude de F.

d) se $m < M$, então $f_1 < f_2$, não importando a magnitude da aceleração atingida pelos blocos.

e) $f_1 = f_2$, independentemente dos valores relativos das massas m e M.

T.220 (FCC-BA) Quatro blocos M, N, P e Q deslizam sobre uma superfície horizontal, empurrados por uma força $\vec{F}$, conforme esquema abaixo.

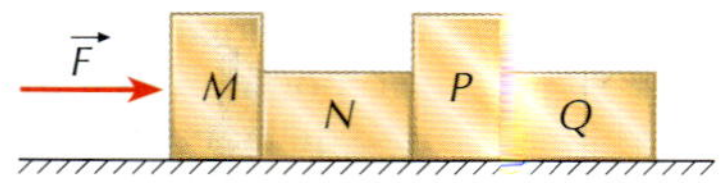

A força de atrito entre os blocos e a superfície é desprezível e a massa de cada bloco vale 3,0 kg. Sabendo-se que a aceleração escalar dos blocos vale 2,0 m/s^2, a força do bloco M sobre o bloco N é, em newtons, igual a:

a) zero **b)** 6,0 **c)** 12 **d)** 18 **e)** 24

T.221 (Unirio-RJ) A segunda lei de Newton diz que a aceleração adquirida por um corpo é diretamente proporcional à força resultante que atua sobre ele e inversamente proporcional à sua massa; em termos matemáticos $\vec{a} = \frac{\vec{R}}{m}$. Devido a essa lei, fica claro que se aplicarmos $\vec{F}$ e $\vec{F'}$, de mesmo módulo, aos corpos indicados nas figuras I e II, eles adquirem a mesma aceleração, mas a tração na corda, considerada ideal, terá módulos diferentes. Qual deverá ser a relação entre os módulos de $\vec{F}$ e de $\vec{F'}$ para que a tração na corda, que liga os corpos, apresente o mesmo módulo? Despreze os atritos:

a) $\frac{1}{2}$ **b)** 2 **c)** 3 **d)** 1 **e)** $\frac{1}{3}$

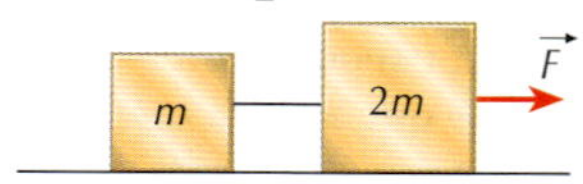

Figura I

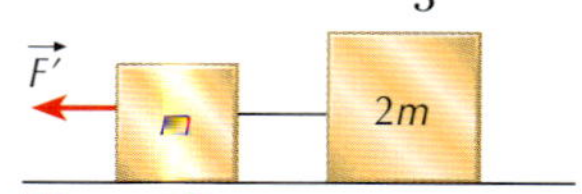

Figura II

T.222 (Mackenzie-SP) No sistema abaixo, o corpo 1, de massa 6,0 kg, está preso na posição A. O corpo 2 tem massa de 4,0 kg. Despreze os atritos e adote $g = 10$ m/s^2.

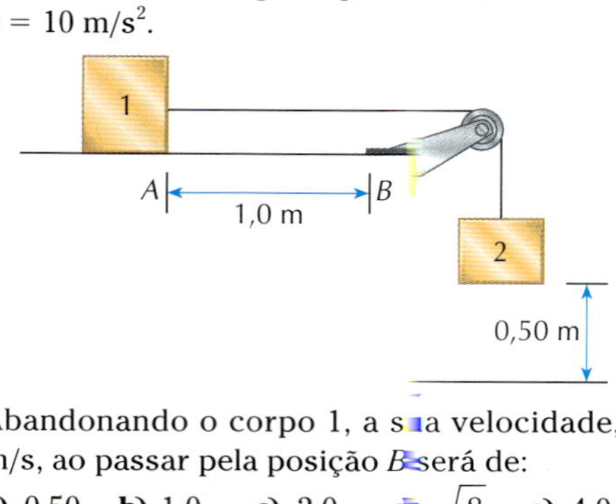

Abandonando o corpo 1, a sua velocidade, em m/s, ao passar pela posição B será de:

a) 0,50 **b)** 1,0 **c)** 2,0 **d)** $\sqrt{8}$ **e)** 4,0

T.223 (Fuvest-SP) Uma esfera de massa m_0 está pendurada por um fio, ligado em sua outra extremidade a um caixote, de massa $M = 3m_0$, sobre uma mesa horizontal. Quando o fio entre eles permanece não esticado e a esfera é largada, após percorrer uma distância H_0, ela atingirá uma velocidade v_0, sem que o caixote se mova. Na situação em que o fio entre eles estiver esticado, a esfera, puxando o caixote, após percorrer a mesma distância H_0, atingirá uma velocidade v igual a:

a) $\frac{1}{4}v_0$ **b)** $\frac{1}{3}v_0$ **c)** $\frac{1}{2}v_0$ **d)** $2v_0$ **e)** $3v_0$

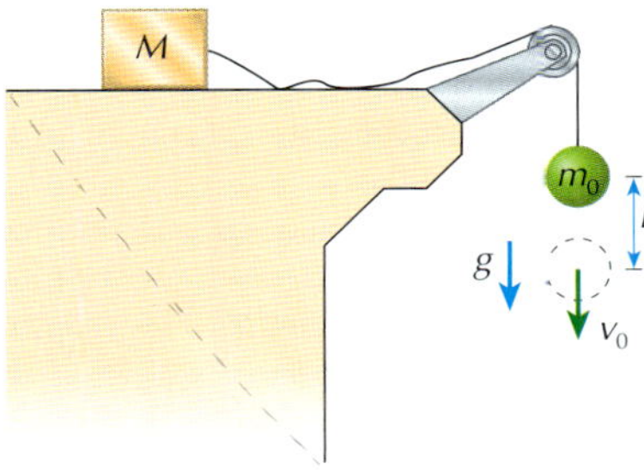

T.224 (Ceub-DF) Na figura a seguir, temos dois blocos, A e B, de massas respectivamente iguais a $m_A = 4{,}0$ kg e $m_B = 6{,}0$ kg, que deslizam, sem atrito, em uma superfície plana e horizontal, sob ação de uma força horizontal constante e de intensidade F. Os blocos estão ligados por fios ideais a um dinamômetro também ideal (massa desprezível), calibrado em newtons.

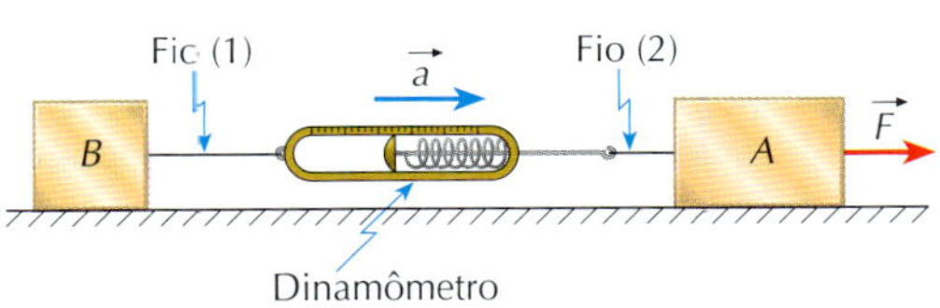

Não considere o efeito do ar e admita que os blocos têm uma aceleração horizontal constante e de módulo igual a 2,0 m/s^2.

Julgue os itens a seguir.

(1) A força tensora no fio (1) tem intensidade igual a 12 N.

(2) O valor de F é 20 N.

(3) Como o dinamômetro tem massa desprezível, as forças que tracionam os fios (1) e (2) têm intensidades iguais.

(4) O dinamômetro indica 12 N.

T.225 (Unifesp) Às vezes, as pessoas que estão num elevador em movimento sentem uma sensação de desconforto, em geral na região do estômago. Isso se deve à inércia dos nossos órgãos internos localizados nessa região, e pode ocorrer:

a) quando o elevador sobe ou desce em movimento uniforme.

b) apenas quando o elevador sobe em movimento uniforme.

c) apenas quando o elevador desce em movimento uniforme.

d) quando o elevador sobe ou desce em movimento variado.

e) apenas quando o elevador sobe em movimento variado.

T.226 (UFU-MG) Um elevador tem uma balança no seu assoalho. Uma pessoa de massa $m = 70$ kg está sobre a balança conforme figura abaixo. Adote $g = 10$ m/s^2.

Julgue os itens abaixo.

I. Se o elevador subir acelerado com aceleração constante de 2 m/s^2, a leitura da balança será 840 N.

II. Se o elevador descer com velocidade constante, a balança indicará 700 N.

III. Se o elevador descer retardado com aceleração constante de 2 m/s^2, a leitura da balança será 840 N.

IV. Rompendo-se o cabo do elevador e ele caindo com aceleração igual à da gravidade, a balança indicará zero.

V. Se o elevador descer acelerado com aceleração constante de 2 m/s^2, a leitura da balança será 560 N.

São corretos:

a) apenas I, II e III

b) apenas I, II e IV

c) apenas I, III e IV

d) apenas I, II, IV e V

e) I, II, III, IV e V

T.227 (Uece) As massas m_1 e m_2 estão ligadas por um fio flexível e inextensível, apoiado sobre uma polia ideal. Inicialmente, m_1 é mantida sobre a mesa. Considere $g = 10$ m/s^2.

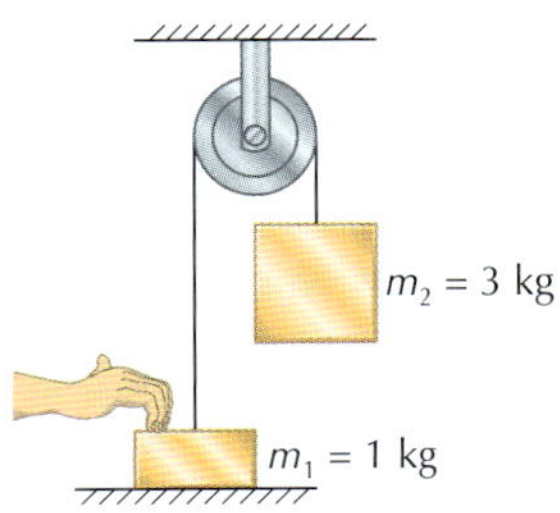

A razão da intensidade da força de tração no fio (T_1), enquanto m_1 é mantida sobre a mesa, para a intensidade da força de tração no fio (T_2), após m_1 ser liberada, é:

a) $\frac{1}{2}$ **b)** 1 **c)** 2 **d)** 3

PARTE 4

T.228 (Uniube-MG) Considerando o sistema mecânico representado na figura, onde os atritos e as massas do fio e das polias são desprezíveis, e que nele $F = 500$ N, $m_1 = 15$ kg, $m_2 = 10$ kg e a aceleração da gravidade local vale 10 m/s², a tração no fio e a aceleração do sistema valem, respectivamente:

a) 400 N e 20 m/s²
b) 360 N e 15 m/s²
c) 300 N e 20 m/s²
d) 260 N e 16 m/s²
e) 130 N e 16 m/s²

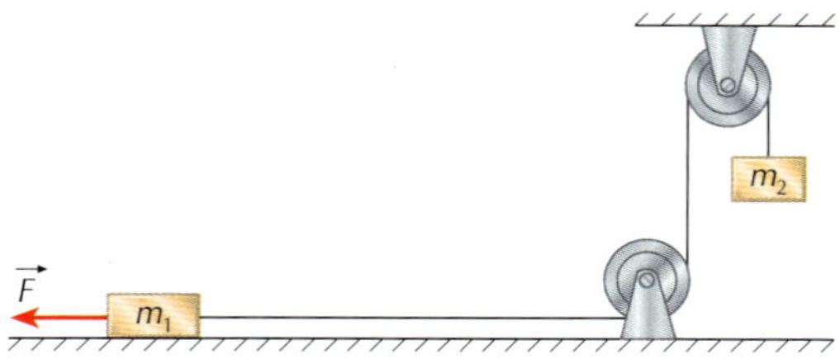

T.229 (Fuvest-SP) Um sistema mecânico é formado por duas polias ideais que suportam três corpos A, B e C de mesma massa m, suspensos por fios ideais como representados na figura.

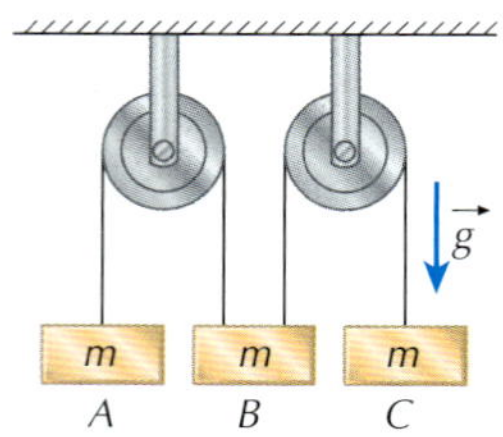

O corpo B está suspenso simultaneamente por dois fios, um ligado a A e outro a C. Podemos afirmar que a aceleração do corpo B será:

a) zero
b) $\frac{g}{3}$ para baixo
c) $\frac{g}{3}$ para cima
d) $\frac{2g}{3}$ para baixo
e) $\frac{2g}{3}$ para cima

T.230 (Cesgranrio-RJ) Um corpo de peso P encontra-se em equilíbrio, devido à ação da força $\vec{F}$, como indica a figura abaixo.

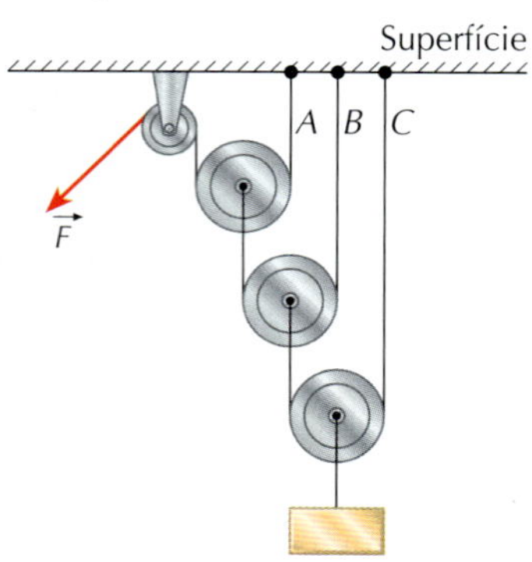

Os pontos A, B e C são os pontos de contato entre os fios e a superfície. A força que a superfície exerce sobre os fios nos pontos A, B e C são respectivamente:

a) $\frac{P}{8}$, $\frac{P}{4}$, $\frac{P}{2}$
b) $\frac{P}{8}$, $\frac{P}{2}$, $\frac{P}{4}$
c) $\frac{P}{2}$, $\frac{P}{4}$, $\frac{P}{8}$
d) P, $\frac{P}{2}$, $\frac{P}{4}$
e) iguais a P

T.231 (Univás-MG) Na montagem ao lado, sendo 30 kg a massa do corpo suspenso e 70 kg a massa do homem, podemos afirmar, supondo o sistema em equilíbrio:

I. A tração na corda é cerca de 30 N.
II. A compressão que o homem faz no chão é cerca de 1.000 N.
III. A reação normal do chão sobre o homem é cerca de 400 N.

a) Só a frase I é certa.
b) Só a frase II é certa.
c) Só a frase III é certa.
d) Todas as frases estão certas.
e) Todas as frases estão erradas.

T.232 (Fuvest-SP) Uma pessoa segura uma esfera A, de 1,0 kg, que está presa numa corda inextensível C, de 200 g, a qual, por sua vez, tem presa na outra extremidade uma esfera B, de 3,0 kg, como se vê na figura.

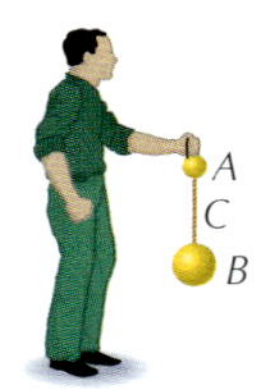

A pessoa solta a esfera A. Enquanto o sistema estiver caindo, e desprezando-se a resistência do ar, podemos afirmar que a intensidade da força de tração na corda vale:

a) zero
b) 2 N
c) 10 N
d) 20 N
e) 30 N

T.233 (E. Naval-RJ) Sejam a_1 e a_3 os módulos das acelerações dos blocos de massa M_1 e M_3, respectivamente.

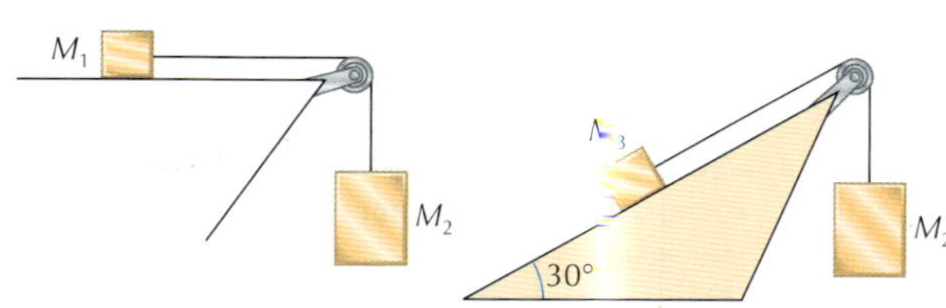

Encontre a relação entre a_1 e a_3, sabendo-se que $M_1 = M_3 = \frac{M_2}{3}$. Despreze todos os atritos e as massas das roldanas.

a) $a_1 = \frac{6}{5} a_3$
b) $a_1 = \frac{5}{6} a_3$
c) $a_1 = \frac{2}{3} a_3$
d) $a_1 = \frac{4}{5} a_3$
e) $a_1 = \frac{3}{2} a_3$

Atividade experimental • I

Realize a experiência com supervisão de seu professor.

Verificando o princípio da inércia

Coloque sobre a palma da mão um cartão rígido e, sobre ele, uma moeda, como indica a foto I. Dê um "peteleco" no cartão, de modo a lançá-lo longe (foto II). O que você observou?

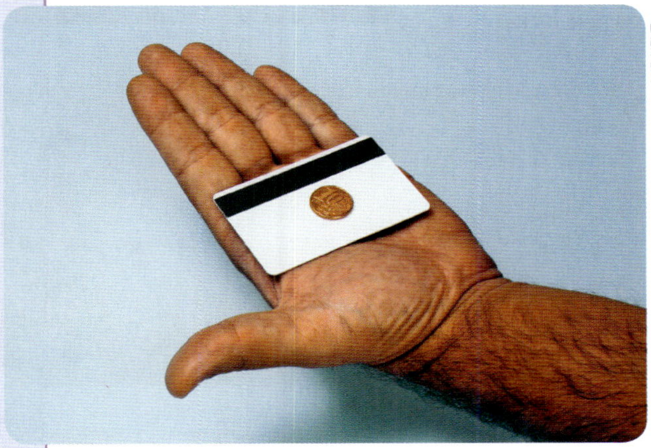

THE NEXT

▲ Foto I

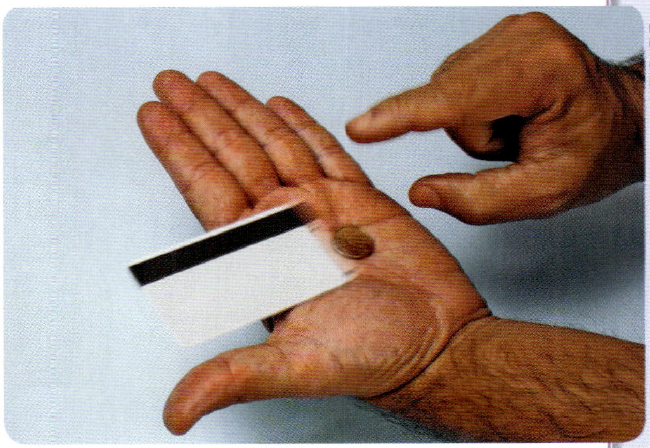

THE NEXT

▲ Foto II

Responda:

- Em que princípio se baseia o fato observado?
- O que aconteceria se você empurrasse lentamente o cartão?

Para verificar o princípio da inércia, outro experimento interessante é o ilustrado abaixo. Coloque sobre uma superfície lisa uma pilha de dez moedas (de 10 centavos, por exemplo) e, não muito longe da pilha, coloque uma outra moeda (igual às da pilha), conforme a foto III. Dê um "peteleco" nessa moeda, de modo que ela deslize com grande velocidade de encontro à pilha (foto IV).

Esse experimento nos mostra que a tendência de um corpo em repouso é permanecer em repouso.

THE NEXT

▲ Foto III

THE NEXT

▲ Foto IV

Atividade experimental • II

Realize a experiência com supervisão de seu professor.

Verificando o princípio da ação-e-reação

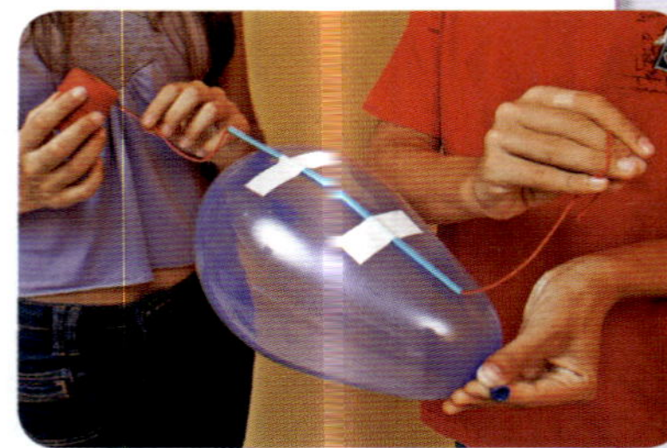
THE NEXT

Encha um balão de borracha com ar e, com fita adesiva, prenda um canudinho de refresco em sua lateral, conforme foto ao lado.

Passe um barbante ou uma linha de pesca pelo canudinho e prenda as extremidades do barbante, mantendo-o esticado, com a ajuda de um colega. Abra o bico do balão. O ar será expulso para um lado e o balão se movimentará para o outro.

Responda:

- Por que o balão se movimenta para o lado contrário ao da saída do ar?
- A força que lança o ar para fora do balão e a força do ar sobre o balão têm a mesma intensidade?
- Essas forças se equilibram?
- A propulsão de naves espaciais baseia-se no mesmo princípio. Explique.
- Na situação descrita anteriormente, é necessária a existência de ar fora da nave? Por quê?

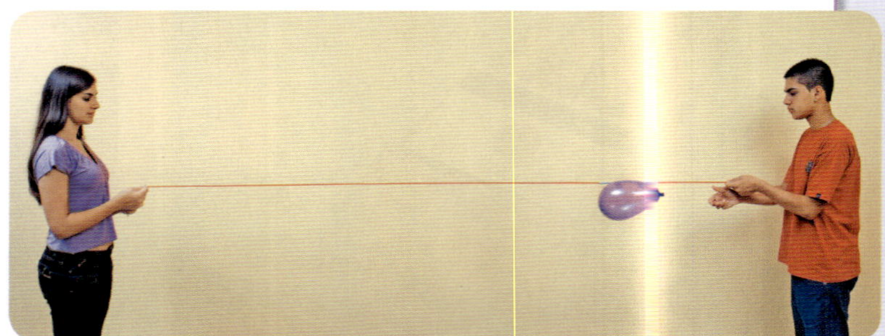
THE NEXT

THE NEXT

História da Física

ISAAC NEWTON

ISAAC NEWTON (1642-1727) contribuiu decisivamente para o progresso da Física, além de seus trabalhos na Matemática.

GALILEU já havia observado que tudo na Natureza pode ser descrito por leis e que, para descobri-las, é preciso fazer experiências e interpretá-las matematicamente. Entretanto, essas noções eram aplicadas principalmente no estudo dos movimentos dos corpos, sobretudo a queda livre.

Newton procurou mostrar que essas mesmas leis podiam ser aplicadas a todo o Universo. Suas principais contribuições situam-se no campo da Ciência Natural e na Matemática (binômio de Newton e cálculo infinitesimal). A eles se devem o desenvolvimento e a sistematização da Mecânica, a formulação da teoria da Gravitação Universal, experiências e leis relativas à reflexão, refração, decomposição da luz e a hipótese controversa da natureza corpuscular da luz.

Em sua obra *Princípios matemáticos da Filosofia Natural*, em três volumes publicados em 1687, Newton une as conquistas de Galileu e a Astronomia de Kepler, além de colocar os princípios e as bases da metodologia da pesquisa científica.

Em *Óptica*, publicada em 1704, Newton estabelece a teoria sobre a natureza corpuscular da luz. A luz, segundo essa teoria, seria constituída por corpúsculos que emanariam dos corpos luminosos.

Newton dedicou-se também ao estudo de Teologia, e uma coletânea desses escritos foi publicada postumamente sob o título de *Observações sobre as Profecias de Daniel e o Apocalipse de São João*, em 1733.

Para a Física e a ciência em geral, entretanto, sua obra mais importante é *Princípios matemáticos da Filosofia Natural*, em que utiliza um esquema metodológico semelhante ao da Geometria, partindo de definições e encadeando-as logicamente para chegar ao estabelecimento de axiomas, princípios e proposições. É no livro I desta obra que encontramos enunciadas as três leis fundamentais da Mecânica, por ele denominadas "Axiomas ou Leis do Movimento", que em sua formulação original são as seguintes:

Primeira Lei

Todo corpo continua em seu estado de repouso ou movimento uniforme em uma linha reta, a menos que ele seja obrigado a mudar aquele estado por forças imprimidas sobre ele.

Segunda Lei

A mudança de movimento é proporcional à força motora imprimida, e é produzida na direção da linha reta na qual aquela força é imprimida.

Terceira Lei

A uma ação sempre se opõe uma reação igual, ou seja, as ações de dois corpos um sobre o outro sempre são iguais e se dirigem a partes contrárias.

No Livro III dos *Princípios*..., Newton expõe a Teoria da Gravitação Universal, isto é, seu sistema do mundo centralizado na lei da gravitação universal, assim enunciada: a matéria atrai a matéria na razão direta das massas e na inversa do quadrado das distâncias.

Por ter formulado uma ciência com bases puramente mecanicistas, por ter compreendido uma variedade tão grande de fenômenos e por ter dado as bases da Mecânica científica, Newton foi considerado por muitos o maior cientista de todos os tempos.

A respeito dele disse o poeta Alexander Pope: "A Natureza e suas leis estavam ocultas na obscuridade. Então disse Deus: 'Nasça Newton!' — e tudo foi claridade".

AKG-LATINSTOCK

▲ *Principia Mathematica* (frontispício da 3ª edição, Londres, 1726) é considerada a principal obra de Newton e um dos pilares da Física Clássica.

Entre na rede

No endereço eletrônico **http://www.seara.ufc.br/folclore/folclore54.htm** (acesso em 13/2/2007), você pode conhecer fatos pitorescos da vida de Newton.

Enquanto isso...

Consulte a **Linha do tempo**, nas primeiras páginas deste volume, onde são destacados os principais acontecimentos históricos que ocorreram na época de Isaac Newton e personagens importantes, em vários ramos de atividades, que viveram nesse mesmo período. Dentre eles, salientamos:

- **Pedro, o Grande** (1672-1725), czar da Rússia. Foi o primeiro imperador do Império Russo.
- Edmond **Halley** (1656-1742), astrônomo e matemático inglês.
- Charles de **Montesquieu** (1689-1755), escritor e pensador francês. Foi um teórico do liberalismo político.
- Gottfried W. **Leibniz** (1646-1716), filósofo e matemático alemão. Inventou o cálculo diferencial, independentemente de Newton. Essas invenções simultâneas resultaram em disputas entre os dois cientistas.
- Robert **Hooke** (1635-1703), cientista inglês. Deixou inúmeras contribuições, não só no campo da Física, como também no da Biologia, Química e Astronomia. Foi um rival de Newton na disputa de prioridades.
- Daniel **Defoe** (1660-1731), escritor e jornalista inglês. Escreveu *Robinson Crusoé*.
- **Rembrandt** H. van Rijn (1606-1669), pintor e gravador holândes. Um de seus quadros mais famosos é *A lição de anatomia do dr. Tulp*.
- Antônio **Vivaldi** (1678-1741), compositor italiano de música barroca. Autor da famosa série de concertos "As quatro estações".

CAPÍTULO 12

Forças de atrito

MONSTOCK/OTHER IMAGES

Neste capítulo são analisadas forças descritas por leis experimentais, como a força de atrito de escorregamento e a força de resistência do ar. Esta última, por exemplo, é a que age num paraquedas, limitando a velocidade com que o paraquedista atinge o solo.

1. Introdução

No capítulo anterior discutimos as leis de Newton, da Dinâmica, aplicadas a corpos em situações ideais — as superfícies em contato eram isentas de atrito e desprezamos a resistência do ar. Agora, para que possamos compreender melhor essas leis, será necessária uma discussão mais profunda das forças.

Comecemos analisando a **força de atrito de escorregamento** entre sólidos. O atrito é denominado **dinâmico** quando há movimento relativo entre os corpos em contato. Quando não há movimento, o atrito é denominado **estático**.

2. Atrito dinâmico

Considere um livro apoiado sobre uma mesa (figura 1a). Pela aplicação de uma força ele atinge, após certo tempo, uma velocidade v (figura 1b). Quando cessa a força, a velocidade diminui até o livro parar (figura 1c). Interpretamos esse fato considerando uma força de resistência oposta ao movimento relativo dos corpos, chamada **força de atrito dinâmico** (figura 1d).

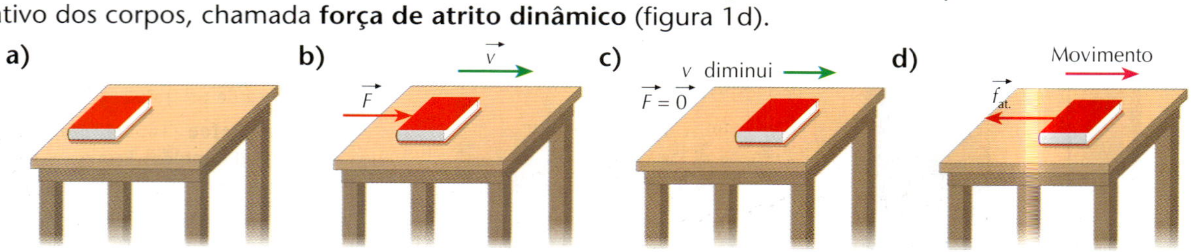

Figura 1. **A força de atrito $\vec{f}_{at.}$ é oposta ao movimento relativo das superfícies em contato.**

A força de atrito é devida às rugosidades das superfícies em contato e às forças de adesão entre as moléculas das duas superfícies. As rugosidades se interpenetram e as forças de adesão entre os pontos de contato formam "microssoldas", dificultando o movimento de um corpo em relação ao outro.

Quando há movimento, a experiência mostra que a intensidade da força de atrito, dentro de uma boa aproximação, é proporcional à intensidade da força normal F_N:

$$f_{at.} = \mu_d \cdot F_N$$

Nessa fórmula, μ_d é uma constante de proporcionalidade chamada **coeficiente de atrito dinâmico**.

O coeficiente μ_d não possui unidade, pois é a relação entre duas intensidades de forças $\left(\mu_d = \frac{f_{at.}}{F_N}\right)$. Em Física, grandezas que não têm unidades são chamadas **grandezas adimensionais**.

O coeficiente de atrito depende da natureza dos sólidos em contato (aço sobre aço, madeira sobre aço etc.) e do estado de polimento das superfícies. Pode variar desde valores baixos (por exemplo, 0,02) até valores bastante elevados (por exemplo, 1,20).

A força normal $\vec{F}_N$ entre as superfícies em contato tem intensidade igual ao próprio peso P ou sua componente $P_n = P \cdot \cos \theta$, nos casos simples indicados na figura 2.

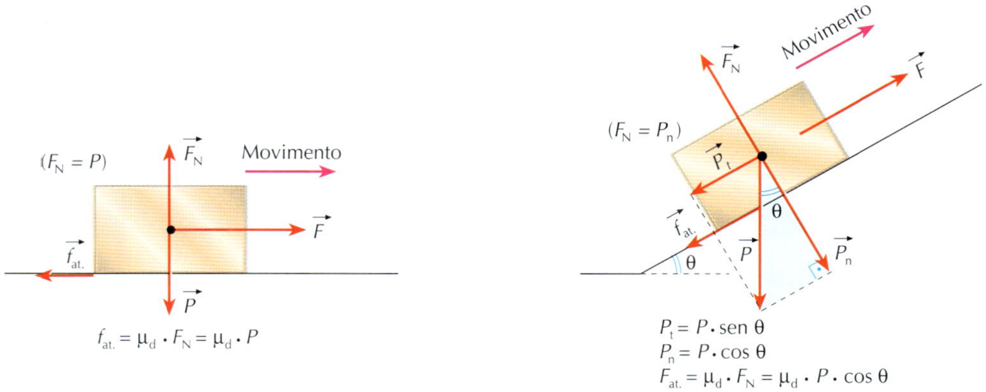

Figura 2. Em movimento: $f_{at.} = \mu_d \cdot F_N$.

A força de atrito dinâmico independe da velocidade com que o corpo desliza sobre a superfície e também independe da área de contato entre o corpo e a superfície. Assim, por exemplo, um bloco de madeira desliza sobre uma mesa por ação de uma força $\vec{F}$ (figura 3). A força de atrito $\vec{f}_{at.}$ tem a mesma intensidade, quer o bloco se apoie na face de maior área ou na de menor área.

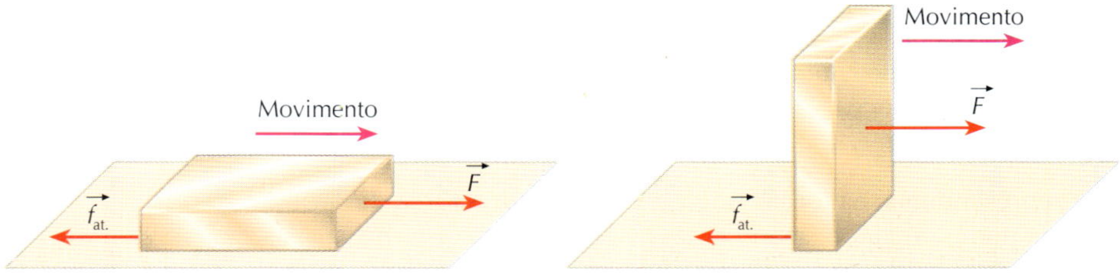

Figura 3. A intensidade da força de atrito $\vec{f}_{at.}$ independe da área de contato entre o bloco e a superfície sobre a qual desliza.

SCHLEGELMILCH/CORBIS-LATINSTOCK

▲ **É o atrito que possibilita a um carro diminuir sua velocidade quando é freado.**

O coeficiente de atrito dinâmico é também chamado **coeficiente de atrito cinético**

ANDREW LAMBERT PHOTOGRAPHY / SPL-LATINSTOCK

▲ A força aplicada pelo operador sobre a placa de madeira desloca-a em movimento uniforme. A força de atrito dinâmico tem intensidade igual à da força aplicada pelo operador e que é indicada pelo dinamômetro: 2,2 N.

ANDREW LAMBERT PHOTOGRAPHY / SPL-LATINSTOCK

▲ Ao colocar a carga sobre a placa, para que seu movimento continue uniforme, a intensidade da força aplicada pelo operador passa para 3,7 N. Isso significa que a intensidade da força de atrito aumenta, pois aumenta a intensidade da força normal que a mesa exerce na placa.

R Exercícios resolvidos

R.98 Um bloco de massa $m = 10$ kg movimenta-se numa mesa horizontal sob ação de uma força horizontal $\vec{F}$ de intensidade 30 N. O coeficiente de atrito dinâmico entre o bloco e a mesa é $\mu_d = 0{,}20$. Sendo $g = 10$ m/s^2, determine a aceleração do bloco.

Solução:

Na figura representamos as forças que agem no bloco. A força de atrito é dada por $f_{at.} = \mu_d F_N$ e, sendo $F_N = P = mg$, vem $f_{at.} = \mu_d mg$. Sendo $\mu_d = 0{,}20$, $m = 10$ kg e $g = 10$ m/s^2, temos:

$$f_{at.} = 0{,}20 \cdot 10 \cdot 10 \Rightarrow f_{at.} = 20\text{ N}$$

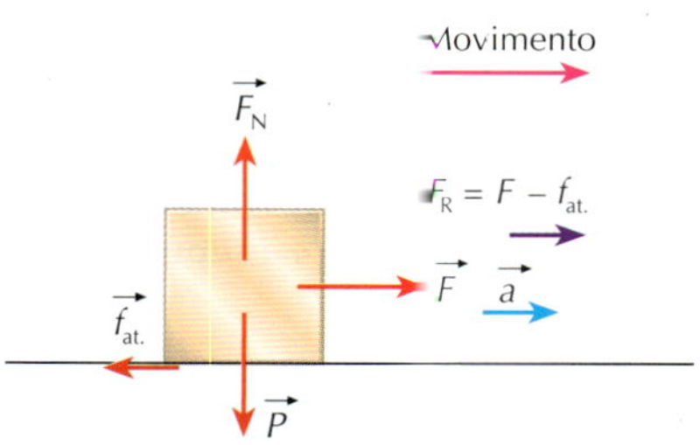

A equação fundamental da Dinâmica ($\vec{F}_R = m\vec{a}$) fornece:

$$F_R = ma \Rightarrow F - f_{at.} = ma \Rightarrow$$

$$\Rightarrow 30 - 20 = 10a \Rightarrow \boxed{a = 1{,}0\text{ m/s}^2}$$

Resposta: 1,0 m/s^2

Observação:

A força de atrito $\vec{f}_{at.}$ e a força normal $\vec{F}_N$ são as componentes da força resultante $\vec{R}$ que a mesa exerce no bloco, isto é, $\vec{R} = \vec{f}_{at.} + \vec{F}_N$.

A intensidade de $\vec{R}$ é calculada pela aplicação do teorema de Pitágoras ao triângulo destacado:

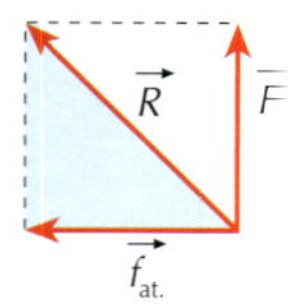

$$R = \sqrt{f_{at.}^2 + F_N^2}$$

Sendo $f_{at.} = 20$ N e $F_N = 100$ N, temos: $R = \sqrt{(20)^2 + (100)^2} \Rightarrow \boxed{R \simeq 102\text{ N}}$

R.99 Um bloco de massa $m = 5{,}0$ kg realiza um movimento retilíneo e uniforme numa mesa horizontal, sob ação de uma força horizontal $\vec{F}$ de intensidade 10 N. Sendo $g = 10$ m/s^2, determine o coeficiente de atrito dinâmico entre o bloco e a mesa.

Solução:

Na figura apresentamos as forças que agem no bloco. Observe, inicialmente, que o movimento é horizontal e portanto $\vec{F}_N$ e $\vec{P}$ se anulam. Como o movimento é retilíneo e uniforme, a aceleração $\vec{a}$ é nula e, pela equação fundamental da Dinâmica ($\vec{F}_R = m\vec{a}$), concluímos que a resultante é nula. Nessas condições, $\vec{F}$ e $\vec{f}_{at.}$ têm mesma direção, sentidos opostos e intensidades iguais: $f_{at.} = F$. Sendo $f_{at.} = \mu_d F_N$ com $F_N = mg$, vem:

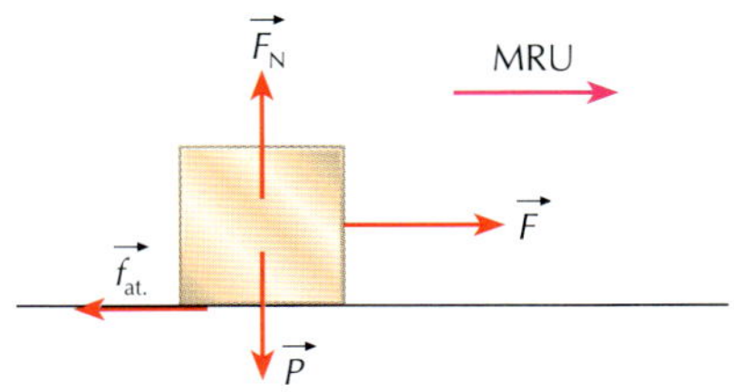

$$\mu_d \cdot mg = F$$

$$\mu_d \cdot 5{,}0 \cdot 10 = 10 \Rightarrow \boxed{\mu_d = 0{,}20}$$

Resposta: 0,20

R.100 Um bloco é lançado sobre um plano horizontal com velocidade de 30 m/s e percorre 90 m até parar. Considere $g = 10\ m/s^2$ e calcule o coeficiente de atrito dinâmico entre o bloco e o plano.

Solução:

Com a equação de Torricelli determinamos a aceleração escalar do bloco:

$v^2 = v_0^2 + 2\alpha\Delta s \Rightarrow 0^2 = 30^2 + 2\alpha \cdot 90 \Rightarrow \alpha = -5{,}0\ m/s^2$

Como $\vec{F}_N$ e $\vec{P}$ se anulam, concluímos que a resultante é a força de atrito ($\vec{F}_R = \vec{f}_{at.}$).

Mas $f_{at.} = \mu_d F_N$ e $F_N = P = mg$.

Logo: $F_R = f_{at.} = \mu_d \cdot mg$.

Pela equação fundamental da Dinâmica ($\vec{F}_R = m\vec{a}$), vem:

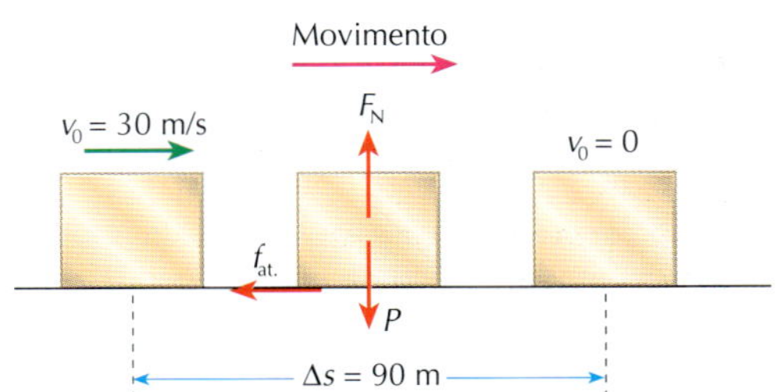

$$F_R = ma \Rightarrow \mu_d \cdot mg = ma \Rightarrow \boxed{\mu_d \cdot g = a}$$

Sendo $g = 10\ m/s^2$ e $a = |\alpha| = 5{,}0\ m/s^2$, resulta: $\mu_d \cdot 10 = 5{,}0 \Rightarrow \boxed{\mu_d = 0{,}50}$

Resposta: 0,50

R.101 Dois corpos A e B de massas $m_A = 1$ kg e $m_B = 2$ kg estão ligados por uma corda de peso desprezível, que passa sem atrito pela polia C. Entre A e o apoio existe atrito de coeficiente $\mu_d = 0{,}5$. Adote $g = 10\ m/s^2$. Determine:

a) a aceleração dos corpos;

b) a tração do fio.

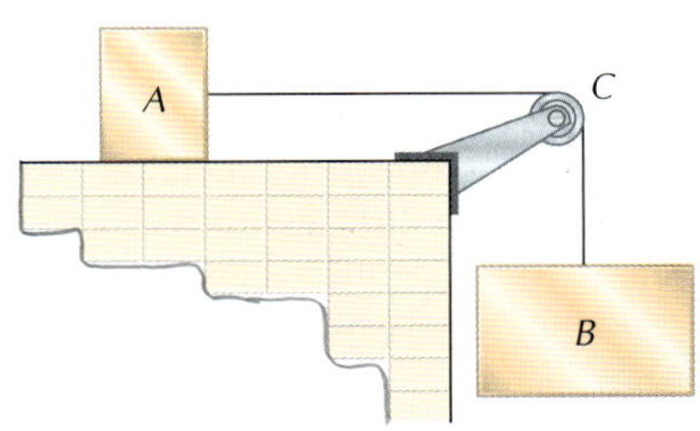

Solução:

a) As forças que atuam em cada corpo estão indicadas nas figuras.

Corpo A: $m_A = 1$ kg; $P_A = m_A g = 10$ N; $F_N = P_A = 10$ N

$f_{at.} = \mu_d F_N = 0{,}5 \cdot 10 \Rightarrow f_{at.} = 5$ N

Corpo B: $m_B = 2$ kg; $P_B = m_B g = 20$ N

Pela equação fundamental da Dinâmica ($\vec{F}_R = m\vec{a}$), obtemos o seguinte sistema:

$$\begin{cases} T - f_{at.} = m_A a \quad \text{(corpo } A\text{)} \\ P_B - T = m_B a \quad \text{(corpo } B\text{)} \end{cases}$$

$$P_B - f_{at.} = (m_A + m_B) \cdot a \Rightarrow 20 - 5 = (1 + 2) \cdot a \Rightarrow$$

$$\Rightarrow 15 = 3a \Rightarrow \boxed{a = 5\ m/s^2}$$

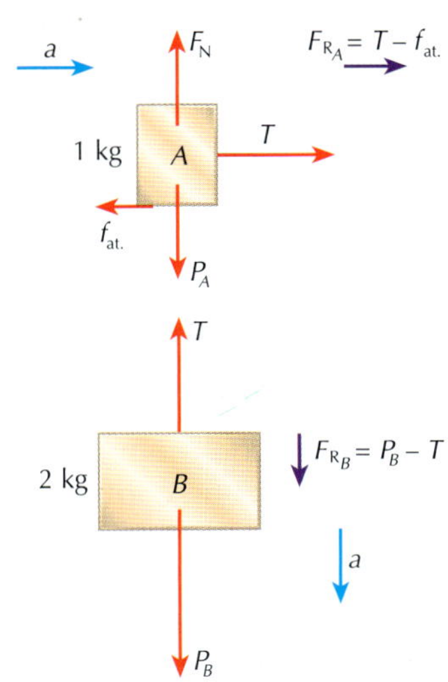

b) Substituindo na primeira equação:

$$T - f_{at.} = m_A a \Rightarrow T - 5 = 1 \cdot 5 \Rightarrow \boxed{T = 10\ N}$$

Respostas: a) 5 m/s²; b) 10 N

Observação:
A aceleração pode ser determinada considerando-se os dois corpos como um sistema. A força favorável ao movimento é $P_B = 20$ N e a força resistente é $f_{at.} = 5$ N em A.
Logo, para o sistema de massa total $m_A + m_B$, temos:

$$P_B - f_{at.} = (m_A + m_B) \cdot a \Rightarrow 20 - 5 = (1 + 2) \cdot a \Rightarrow \boxed{a = 5 \text{ m/s}^2}$$

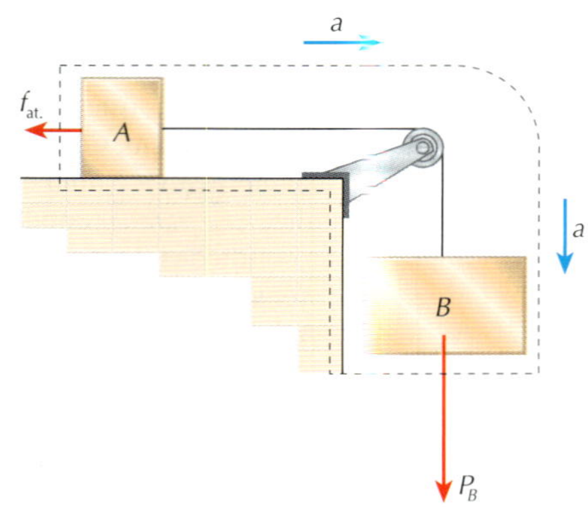

Entre na rede

No endereço eletrônico **http://www.walter-fendt.de/ph11br/n2law_br.htm** (acesso em 14/2/2007), você pode aplicar a segunda lei de Newton para o movimento de um sistema constituído de dois blocos. O movimento pode ser analisado com ou sem atrito.

Exercícios propostos

P.267 Um corpo de massa $m = 2{,}0$ kg movimenta-se numa mesa horizontal sob ação de uma força horizontal $\vec{F}$ de intensidade 8,0 N, conforme a figura ($g = 10$ m/s²). Sendo 2,0 m/s² a aceleração que o corpo adquire, determine:

a) a intensidade da força de atrito que a mesa exerce no corpo;
b) o coeficiente de atrito dinâmico entre o corpo e a mesa;
c) a intensidade da força resultante que a mesa exerce no corpo.

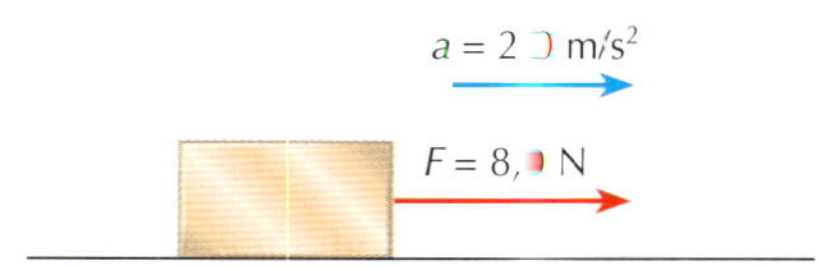

P.268 Um pequeno bloco de massa $m = 20$ kg desloca-se numa superfície lisa com velocidade de 72 km/h. A seguir, atinge uma superfície áspera, onde o atrito entre o corpo e a superfície tem coeficiente $\mu_d = 0{,}4$. As superfícies são consideradas horizontais. Determine o espaço percorrido pelo bloco na superfície áspera até parar ($g = 10$ m/s²).

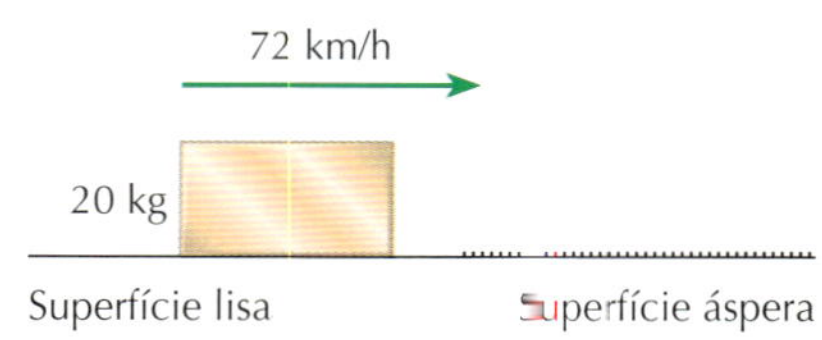

P.269 Arrasta-se um corpo de massa 60 kg sobre um plano horizontal rugoso, em movimento retilíneo uniforme, mediante uma força horizontal de intensidade 180 N. Qual é o coeficiente de atrito dinâmico entre o corpo e o plano? (Adote $g = 10$ m/s².)

P.270 Dois corpos A e B, de massas iguais a 10 kg, estão ligados por um fio de peso desprezível, que passa por uma polia sem atrito, como se indica na figura. Entre A e o apoio existe atrito de coeficiente $\mu_d = 0{,}6$. Determine a aceleração dos corpos e a tração do fio ($g = 10$ m/s²).

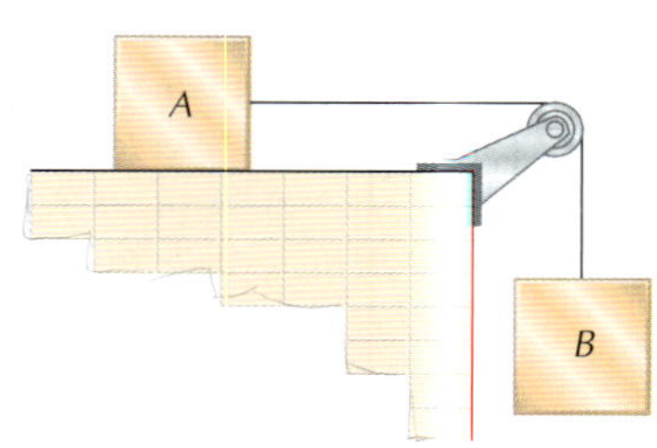

3. Atrito estático

Considere um corpo em repouso sobre uma superfície horizontal. Vamos aplicar no corpo uma força $\vec{F}$ que tende a deslocá-lo na direção horizontal. Enquanto o corpo estiver em repouso, à medida que a intensidade da força solicitadora $\vec{F}$ aumenta, a intensidade da força de atrito também aumenta, de modo que $\vec{F}$ e $\vec{f}_{at.}$ se equilibram (figura 4).

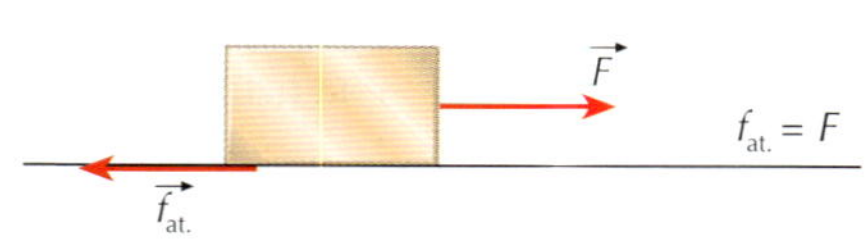

Figura 4.

Se, por exemplo, a força solicitadora tiver intensidade F igual a 1 N (figura 5a) e o corpo não se mover, a força de atrito no corpo terá também intensidade igual a 1 N, pela condição de equilíbrio (resultante nula). Se F cresce para 2 N e o corpo continua em repouso, decorre que $f_{at.} = 2$ N (figura 5b).

Assim, a força de atrito $\vec{f}_{at.}$ tem intensidade igual à da força solicitadora $\vec{F}$ enquanto não houver movimento. Se F continuar crescendo, $f_{at.}$ também crescerá até atingir um valor máximo e o corpo ficará na iminência de movimento.

A máxima intensidade da força de atrito estático, e que corresponde à **iminência de movimento**, é dada por:

$$f_{at.(máx.)} = \mu_e F_N$$

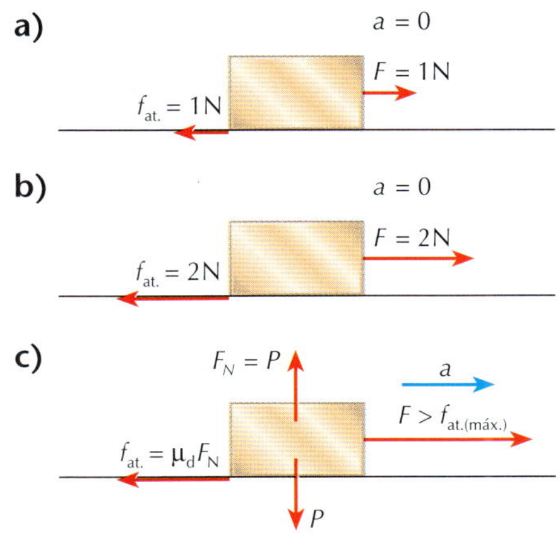

Figura 5. Só há movimento quando $F > f_{at.(máx.)}$.

Nessa fórmula, μ_e é uma constante de proporcionalidade chamada **coeficiente de atrito estático**.

A partir desse momento, se F crescer, o corpo entra em movimento e a força de atrito passa a ser a força de atrito dinâmico ($f_{at.} = \mu_d F_N$), conforme a figura 5c.

Admita que o corpo da figura anterior tenha massa igual a 2 kg (peso $P = 20$ N e normal $F_N = P = 20$ N). Supondo-se que o valor do coeficiente de atrito estático entre o corpo e o apoio seja $\mu_e = 0{,}4$, o máximo valor da força de atrito é:

$$f_{at.(máx.)} = \mu_e F_N = 0{,}4 \cdot 20 \quad \Rightarrow \quad f_{at.(máx.)} = 8 \text{ N}$$

Esse resultado significa que o bloco somente entrará em movimento quando a força $\vec{F}$ tiver intensidade maior que 8 N. Se aplicarmos $F = 6$ N, a força de atrito terá intensidade 6 N e o bloco permanecerá em repouso. Se aplicarmos $F = 8$ N, $f_{at.}$ atingirá seu valor máximo (8 N) e o bloco estará na iminência de movimento.

Verifica-se experimentalmente que a intensidade da força de atrito dinâmico ($f_{at.(d)} = \mu_d F_N$) é menor do que a intensidade da força de atrito estático máxima ($f_{at.(máx.)} = \mu_e F_N$). Desse modo, temos $\mu_d < \mu_e$. Na tabela abaixo apresentamos valores de coeficientes de atrito estático e dinâmico para alguns materiais.

Materiais	Coeficientes de atrito	
	Estático (μ_e)	Dinâmico (μ_d)
aço com aço	0,74	0,57
alumínio com aço	0,61	0,47
cobre com aço	0,53	0,36
borracha com asfalto seco	1,0	0,80
borracha com asfalto molhado	0,30	0,25

No gráfico da figura 6, representamos a intensidade da força de atrito ($f_{at.}$) em função da intensidade da força solicitadora (F) para o bloco em repouso (atrito estático) e, em seguida, para o bloco em movimento (atrito dinâmico).

Da noção de iminência de movimento podemos estabelecer um método experimental simples para a determinação do coeficiente de atrito estático. Inclinamos aos poucos o plano de apoio até o instante em que o corpo fique na iminência de escorregar (figura 7). Quando o corpo está na iminência de escorregar, a força de atrito atinge seu valor máximo:

$$f_{at.(máx.)} = \mu_e F_N = \mu_e P \cdot \cos\theta$$

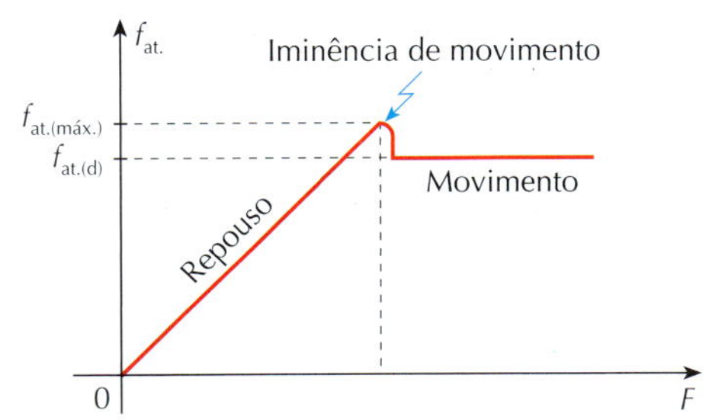

Figura 6.
Corpo em repouso: $0 \leq f_{at.} \leq \mu_e F_N$
Corpo em movimento: $f_{at.} = \mu_d F_N$

Estando o corpo em equilíbrio, decorre que $f_{at.\,máx.}$ e $P \cdot \text{sen}\,\theta$ devem ser iguais:

$$f_{at.(máx.)} = P \cdot \text{sen}\,\theta \Rightarrow \mu_e P \cdot \cos\theta = P \cdot \text{sen}\,\theta \Rightarrow \mu_e = \frac{\text{sen}\,\theta}{\cos\theta} \Rightarrow \mu_e = \text{tg}\,\theta$$

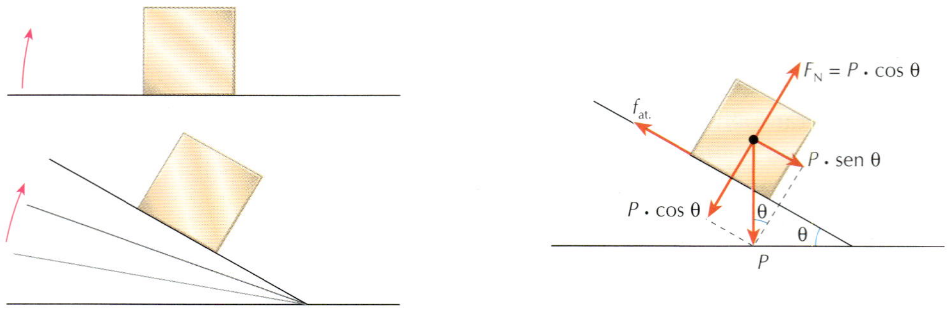

Figura 7.

Conhecendo o ângulo θ do plano com a horizontal, quando o corpo se encontra na iminência de escorregar, teremos determinado o coeficiente de atrito estático pela expressão:

$$\mu_e = \text{tg}\,\theta$$

GUNNAR SVANBERG SKULASSON/NORDIC-GETTY IMAGES

▲ **O carro não desce a ladeira, pois a força de atrito estático é igual à componente do peso na direção do declive.**

Pratique! Ver AE pág. 246

OBSERVAÇÃO

Existem casos em que os valores de μ_e e μ_d são muito próximos. Nessas situações, consideraremos $\mu_e = \mu_d$ e indicaremos esse valor por μ, chamando-o simplesmente de **coeficiente de atrito**. Nessas condições, temos:

corpo em repouso: $0 \leq f_{at.} \leq \mu F_N$

corpo em movimento: $f_{at.} = \mu F_N$

Leia mais

E o atrito pode ser importante? Qual é a diferença entre o freio ABS e o convencional? Para responder a estas questões, sugerimos as leituras apresentadas nas páginas 232 e 247, respectivamente.

Entre na rede

No endereço eletrônico **http://www.walter-fendt.de/ph11br/inclplane_br.htm** (acesso em 14/2/2007), você pode simular o movimento de um bloco ao longo de um plano inclinado, com ou sem atrito.

Exercícios resolvidos

R.102 O coeficiente de atrito estático entre o corpo de massa $m = 10$ kg e a superfície plana horizontal de apoio é $\mu_e = 0{,}2$. Em que intervalo pode variar a intensidade da força horizontal $\vec{F}$ para que o corpo permaneça em repouso? Adote $g = 10$ m/s^2.

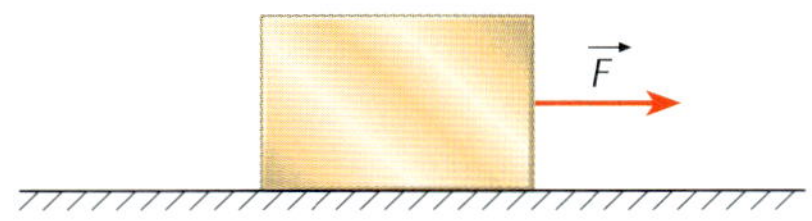

Solução:

As forças que atuam no corpo estão indicadas na figura. A força máxima de atrito, que corresponde à iminência de o corpo escorregar, tem intensidade: $f_{at.(máx.)} = \mu_e F_N$

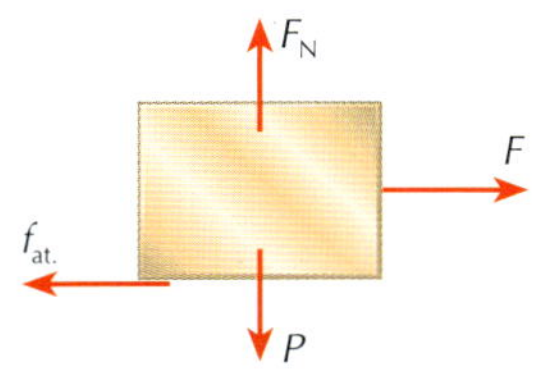

Sendo $F_N = mg$, vem: $f_{at.(máx.)} = \mu_e \cdot mg = 0{,}2 \cdot 10 \cdot 10 \Rightarrow f_{at.(máx.)} = 20$ N

Nessas condições, a máxima intensidade da força $\vec{F}$, estando o corpo em repouso, é igual a 20 N. Por outro lado, o mínimo valor de F é zero, situação que ocorre quando o corpo não é solicitado.

Resposta: $0 \leq F \leq 20$ N

R.103 O bloco A de massa $m = 3{,}0$ kg está apoiado num plano inclinado que forma um ângulo θ em relação à horizontal. O bloco A está na iminência de escorregar para baixo. Determine, nessas condições, o peso P_B do bloco B. O coeficiente de atrito estático entre o bloco A e o plano é $\mu_e = 0{,}50$. (Dados: sen $\theta = 0{,}60$; cos $\theta = 0{,}80$; $g = 10$ m/s^2.)

Considere o fio e a polia ideais.

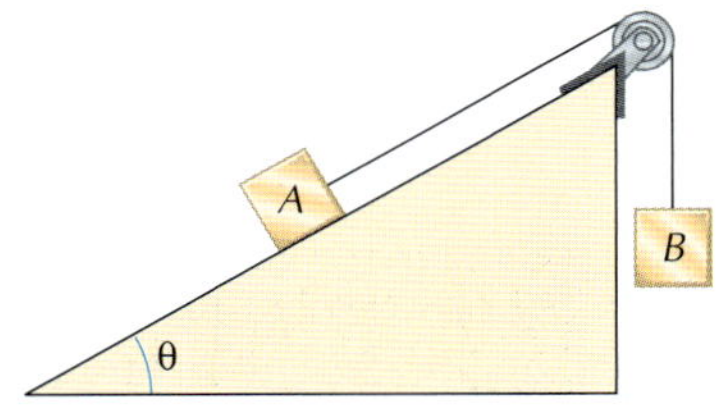

Solução:

Vamos inicialmente calcular as componentes P_t e P_n do peso P_A do bloco A:

$$P_t = P_A \cdot \text{sen}\,\theta \Rightarrow P_t = 3{,}0 \cdot 10 \cdot 0{,}60 \Rightarrow P_t = 18 \text{ N}$$
$$P_n = P_A \cdot \cos\theta \Rightarrow P_n = 3{,}0 \cdot 10 \cdot 0{,}80 \Rightarrow P_n = 24 \text{ N}$$

Na figura ao lado representamos as forças que agem em cada bloco. Observe que a força de atrito $\vec{f}_{at.}$, que o plano exerce em A, tem sentido para cima, pois o bloco A está na iminência de escorregar para baixo. Estando os blocos em equilíbrio, podemos escrever:

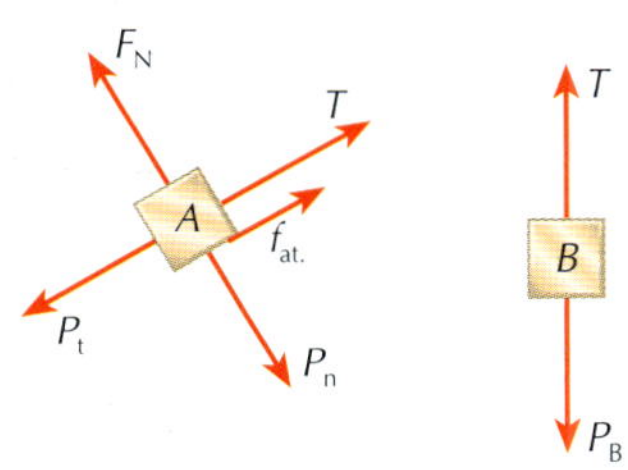

bloco B: $T = P_B$

bloco A: $T + f_{at.} = P_t$

Portanto: $P_B + f_{at.} = P_t$

Como o bloco A está na iminência de escorregar, temos:

$f_{at.} = f_{at.(máx.)} = \mu_e F_N = \mu_e P_n$.

Logo: $P_B + \mu_e P_n = P_t \Rightarrow P_B + 0{,}50 \cdot 24 = 18 \Rightarrow \boxed{P_B = 6{,}0 \text{ N}}$

Resposta: 6,0 N

Exercícios propostos

P.271 Um corpo de massa $m = 20$ kg está inicialmente em repouso sobre uma superfície horizontal. O coeficiente de atrito estático entre o corpo e a superfície é $\mu_e = 0{,}3$ e o coeficiente de atrito dinâmico é $\mu_d = 0{,}2$. A aceleração da gravidade é $g = 10$ m/s^2. Aplica-se ao corpo uma força horizontal $\vec{F}$. Verifique se ele entra ou não em movimento nos casos:

a) $F = 40$ N **b)** $F = 60$ N **c)** $F = 80$ N

Calcule, em cada caso, a intensidade da força de atrito.

P.272 O bloco A de massa $m = 3{,}0$ kg está apoiado num plano inclinado que forma um ângulo θ com a horizontal. O bloco A está na iminência de escorregar para cima. O coeficiente de atrito estático entre o bloco A e o plano é $\mu_e = 0{,}50$. Considere o fio e a polia ideais. Determine, nessas condições, o peso P_B do bloco B. (Dados: sen $\theta = 0{,}60$; cos $\theta = 0{,}80$; $g = 10$ m/s^2)

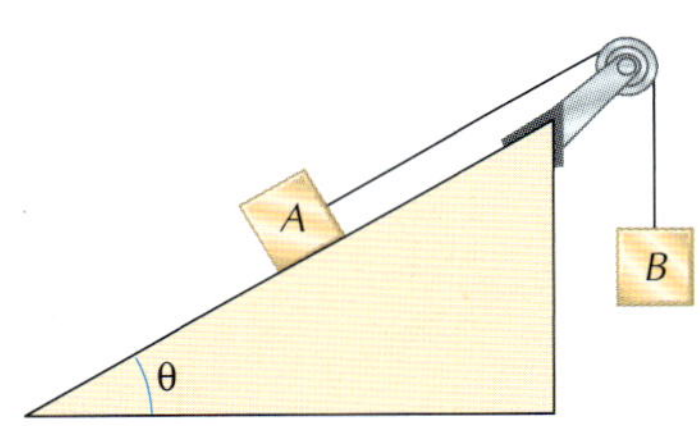

Quando o atrito é importante!

As forças de atrito são opostas à tendência de movimento ou ao movimento relativo das superfícies em contato e são tangentes a essas superfícies.

No entanto, as forças de atrito podem eventualmente ser favoráveis ao movimento de um corpo. Assim, observe que conseguimos andar porque há atrito entre o chão e a sola de nosso sapato. Pelo princípio da ação-e-reação, se nosso sapato exerce no solo a força de intensidade $f_{at.}$, empurrando-o para trás, o solo exerce na sola do sapato outra força, de mesma intensidade $f_{at.}$, mas em sentido contrário. Na sola do sapato a força de atrito tem sentido oposto ao da tendência de movimento do pé em relação ao solo. Porém, para o homem que caminha, a força de atrito é favorável ao seu movimento.

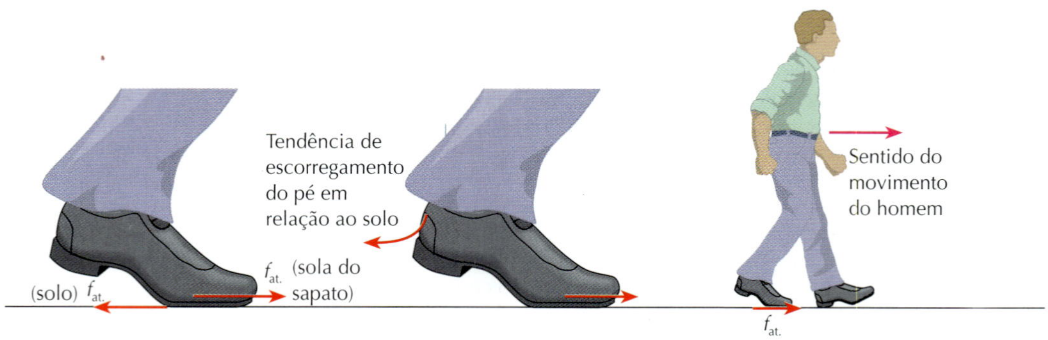

Podemos observar o mesmo fato no movimento das rodas de um carro ligadas ao motor. Essas rodas são chamadas "rodas de tração motora": o movimento de seu eixo é comandado pelo motor do carro.

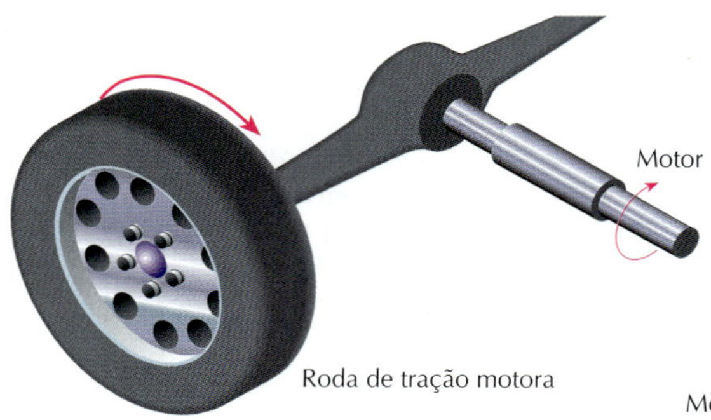

Quando aceleramos um carro, as rodas de tração motora "empurram" o chão para trás e, pelo princípio da ação-e-reação, o chão exerce uma força de mesma intensidade e sentido contrário, movimentando o automóvel para a frente.

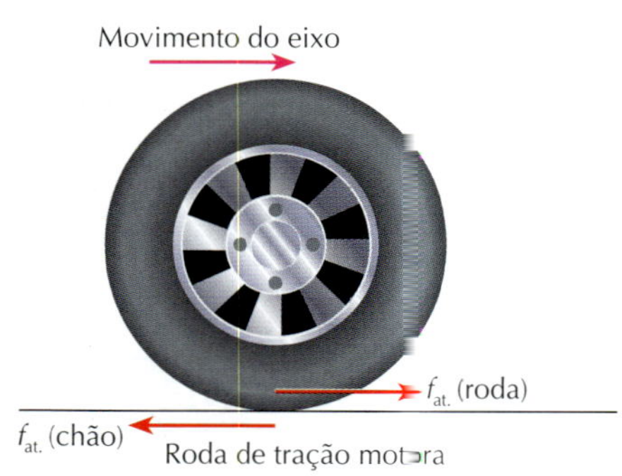

Ainda com o carro em movimento acelerado, a roda que não tem tração motora "empurra" o chão para a frente e, na roda, a força de atrito tem sentido oposto, como indica a figura.

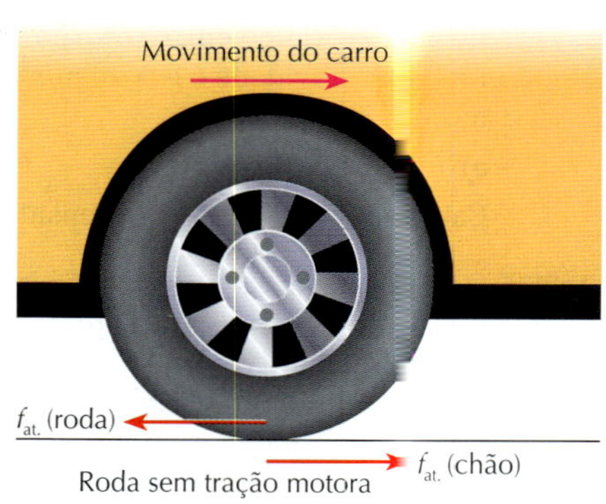

Um carro de tração traseira possui o eixo traseiro das rodas ligado ao motor. As rodas traseiras têm tração motora, e as da frente, não. Há carros de tração dianteira e de tração nas quatro rodas. Ao acelerarmos o carro, as forças de atrito nas rodas de tração têm o mesmo sentido do movimento do automóvel; nas rodas não-tracionadas, têm sentido oposto.

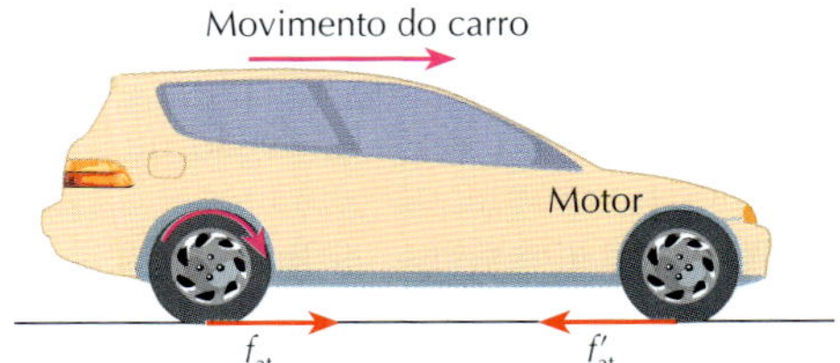

Tração traseira

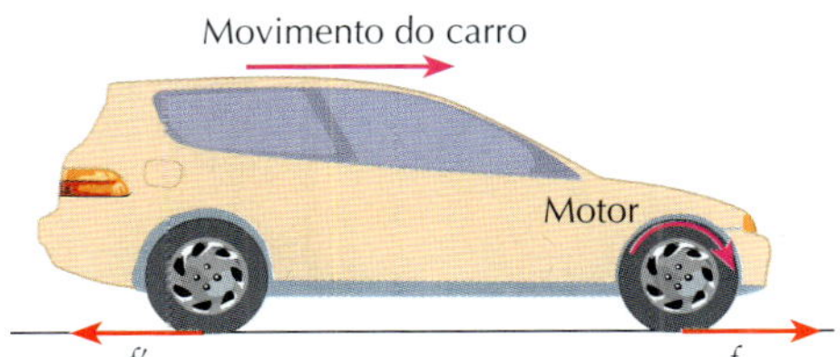

Tração dianteira

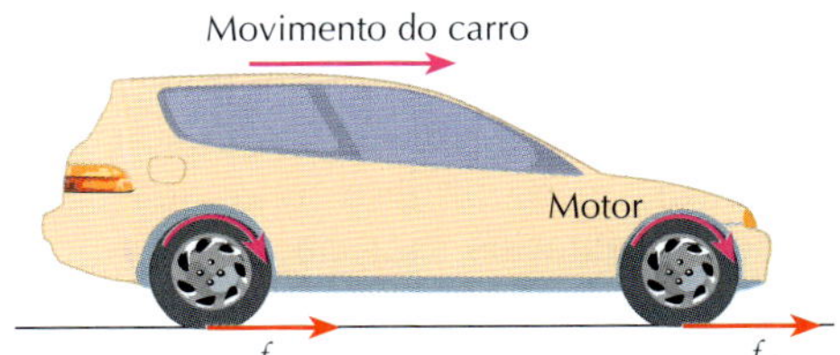

Tração nas quatro rodas

4. Força de resistência do ar

Considere um corpo movendo-se em contato com um líquido ou um gás. Esses meios aplicam ao corpo forças que se opõem ao movimento. As intensidades dessas forças resistentes são determinadas experimentalmente.

Para o movimento de um corpo em contato com o ar (por exemplo, a queda vertical de um bloco, o movimento de um carro ou de um avião), considerando-se as velocidades usuais, a **força de resistência do ar** tem intensidade R diretamente proporcional ao quadrado da velocidade v do corpo:

$$R = kv^2$$

Estudos experimentais sobre a constante de proporcionalidade k concluem que ela depende:

- **da forma do corpo**, caracterizada por uma grandeza adimensional chamada **coeficiente de arrasto aerodinâmico C_x**. Para os veículos, seu valor varia, em geral, de 0,30 a 0,90.
  A gota de chuva é o corpo que possui a mais perfeita aerodinâmica, com $C_x = 0{,}05$. Para os automóveis modernos, C_x fica em torno de 0,30, para os ônibus 0,70 e para os caminhões, 0,90.
- **da maior área A** da seção transversal do corpo perpendicular à direção do movimento.

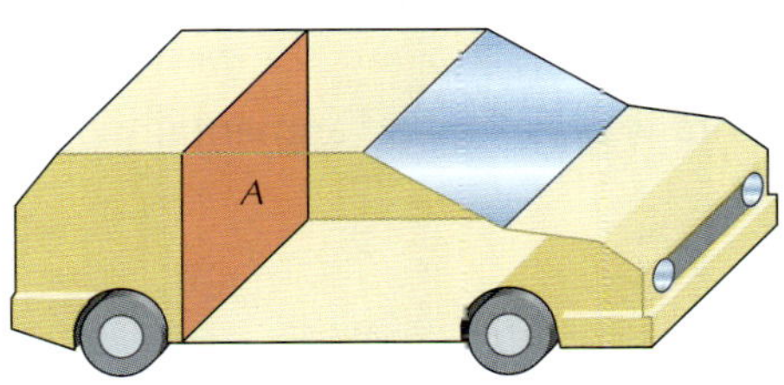

- **da densidade d do ar.** Um mesmo corpo, deslocando-se com a mesma velocidade, ficará sob ação de uma força de resistência de menor intensidade num local onde a densidade do ar é menor.

  A constante k é dada por: $k = \frac{1}{2} dAC_x$

  Nessas condições, temos para a intensidade R da força de resistência do ar:

$$R = \frac{1}{2} dAC_x v^2$$

Túnel aerodinâmico

No desenvolvimento do projeto de aviões ou de automóveis, uma etapa muito importante é o teste de seu comportamento aerodinâmico. Para tal, constrói-se um protótipo ou uma miniatura do veículo, que é colocada no interior de um túnel de vento (túnel aerodinâmico). Nesse recinto, o modelo permanece estático e o vento é direcionado rapidamente sobre ele. Com isso consegue-se reproduzir as condições do veículo em movimento. Por meio de um monitoramento bem elaborado, é possível determinar a intensidade e a direção das forças que agem sobre o veículo em teste e, se necessário, corrigir sua forma, de modo a obter o melhor rendimento possível.

Historicamente, foram os irmãos Wright que, em 1901, construíram o primeiro túnel aerodinâmico, com a finalidade de testar as asas de seus "aeroplanos" nos primórdios da aviação. Hoje em dia, há várias outras situações em que os túneis aerodinâmicos são utilizados: projetos de mísseis, testes de veículos ferroviários e rodoviários, efeitos dos ventos em prédios, pontes, linhas de alta tensão, antenas etc.

RAPHAEL GAILLARDE/GAMMA-OTHER IMAGES

Para minimizar a resistência do ar, a aerodinâmica dos automóveis é testada em túneis de vento, que simulam o movimento relativo entre o veículo e o ar.

1999 BILL AMEND/DIST. BY ATLANTIC SYNDICATION/UNIVERSAL PRESS SYNDICATE

5. Velocidade limite

Considere um corpo em queda livre no vácuo. A única força atuando é o peso $\vec{P}$, e seu movimento é uniformemente acelerado, com velocidade crescente. Porém, se o corpo cair no ar, devido à força de resistência $\vec{R}$, sua velocidade não será sempre crescente. A força resultante de $\vec{P}$ e $\vec{R}$ tem intensidade:

$$F_R = P - R$$
$$F_R = P - kv^2$$

F_R diminui à medida que aumenta v, pois $R = kv^2$ aumenta.

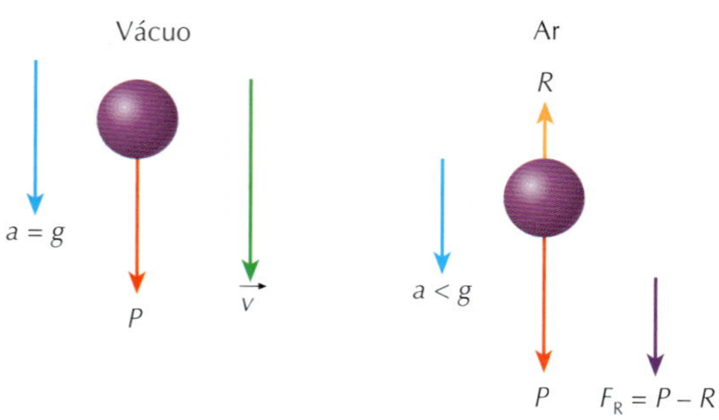

Figura 8. No ar, devido à força de resistência $\vec{R}$, a aceleração diminui até chegar a zero, quando então a velocidade de queda permanece constante.

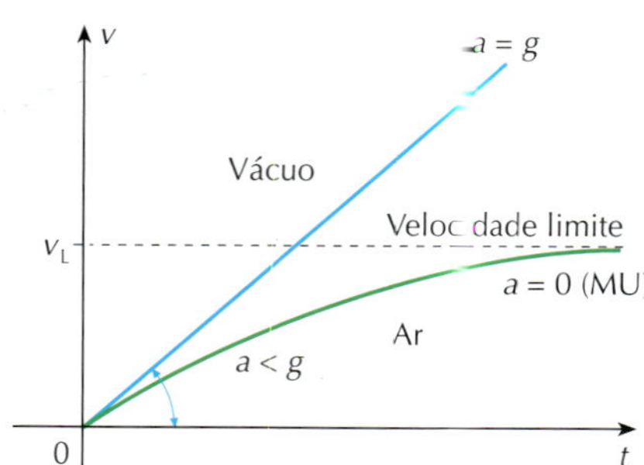

Figura 9. No vácuo, a velocidade é sempre crescente. No ar, após certo intervalo de tempo, ela atinge o valor limite v_L.

Assim, à medida que R cresce com a velocidade, a resultante F_R decresce e a aceleração a é cada vez menor: a velocidade tende para um valor limite v_L ao mesmo tempo que F_R tende a zero.

Essa velocidade v_L, chamada **velocidade limite**, é, em muitas situações, rapidamente atingida na queda de um corpo no ar: é o caso da queda de gotas de chuva e de flocos de neve.

Quando atinge a velocidade limite, o corpo adquire movimento uniforme.

Esse fenômeno é utilizado no salto de paraquedas. A face côncava do paraquedas dirigida contra o ar aumenta consideravelmente o coeficiente k, de modo que é elevada a intensidade da força de resistência $\vec{R}$. Assim, rapidamente $\vec{R}$ equilibra o peso $\vec{P}$ atingindo a velocidade limite, que se mantém constante na queda.

Para o cálculo da velocidade limite devemos impor $F_R = 0$, isto é, $R = P$.

O paraquedas

Os paraquedas é um dispositivo que, aproveitando o efeito da resistência do ar, tem a finalidade de frear em pouco tempo o movimento de um corpo que se desloca nesse meio. Geralmente é utilizado para impedir que um corpo caia muito depressa, mas também é empregado para reduzir a velocidade de veículos que se deslocam horizontalmente, como jatos que pousam em porta-aviões e *dragsters* (veículos de corrida capazes de grandes acelerações em pequenos percursos).

Embora o primeiro salto com paraquedas tenha sido realizado em 1797, por muito tempo o dispositivo se manteve como simples diversão. Apenas na Primeira Guerra Mundial é que ele se tornou um eficiente equipamento de segurança, livrando muitos aviadores alemães e ingleses das consequências de acidentes aéreos. Hoje, são usados em salvamentos, no lançamento de tropas, no envio de suprimentos para regiões de difícil acesso etc. Além disso, existe atualmente uma atividade esportiva baseada no seu uso: o paraquedismo.

Os paraquedas mais antigos apresentam um formato que lembra o de um guarda-chuva, feito de gomos de tecido resistente e flexível ligados a um sistema de cordéis e correias de suporte de carga. Com o desenvolvimento da indústria, foram criados novos modelos, com materiais mais resistentes e seguros.

Quando o paraquedista chega ao chão, o impacto equivale a um salto livre de uma altura aproximada de 2,6 m. Sendo assim, é preciso treinamento para que a pessoa saiba como amortecer esse impacto e consiga se livrar rapidamente dos cordéis e das correias para não ser eventualmente arrastada. Os "mergulhadores aéreos", que fazem dos saltos uma arte descem em queda livre por centenas de metros, controlando a velocidade e a direção da queda pela contração e distensão do corpo. Entretanto, por razões de segurança, os paraquedistas amadores são obrigados a abrir seus paraquedas quando se encontram a pelo menos 670 metros de altura em relação ao solo.

STEVE FITCHETT/TAXI-GETTY IMAGES

▲ Com o paraquedas fechado, a velocidade do paraquedista vai aumentando e, consequentemente, aumenta a intensidade da força de resistência do ar, até atingir a velocidade limite. Observe que os paraquedistas se dispõem paralelamente ao solo. Com isso aumentam a área de seus corpos, perpendicularmente à direção do movimento.

SUPERSTOCK/KEYSTONE

▲ Ao abrir o paraquedas, os paraquedistas passam a cair em movimento retardado até atingir a nova velocidade limite, bem inferior à primeira.

Exercício resolvido

R.104 Um homem e seu paraquedas têm massa total de 100 kg. A força de resistência do ar tem intensidade:

$$R = kv^2, \text{ sendo } k = 40 \ \frac{\text{Ns}^2}{\text{m}^2}$$

Adote $g = 10 \text{ m/s}^2$ e determine a velocidade limite de queda.

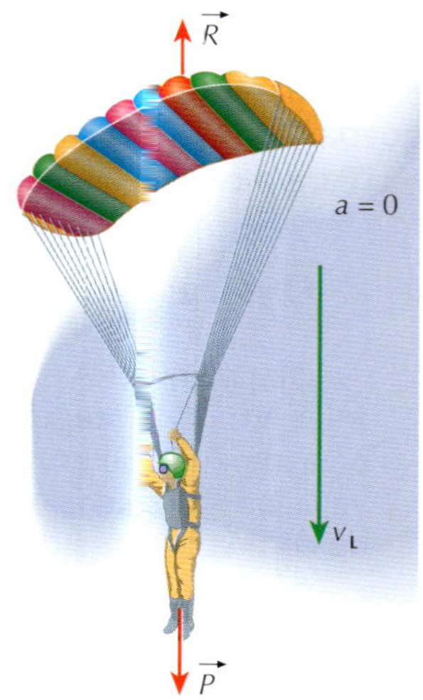

Solução:

O sistema adquire velocidade limite v_L quando $R = P$.

Sendo $R = kv_L^2$ e $P = mg$, vem: $kv_L^2 = mg \Rightarrow \boxed{v_L = \sqrt{\frac{mg}{k}}}$

Para $m = 100$ kg, $g = 10 \text{ m/s}^2$ e $k = 40 \ \frac{\text{Ns}^2}{\text{m}^2}$, temos:

$$v_L = \sqrt{\frac{100 \cdot 10}{40}} \Rightarrow \boxed{v_L = 5 \text{ m/s}}$$

Resposta: 5 m/s

1999 STEVE MOORE/DIST. BY ATLANTIC SYNDICATION/UNIVERSAL PRESS SYNDICATE

"Aaaah! Eu perdi as lentes de contato! Ajudem-me a encontrá-las!"

Exercícios propostos

P.273 Um automóvel de massa total 1.000 kg desloca-se num trecho retilíneo. A força máxima que o motor do carro pode exercer é 1.800 N. Admita que as forças de resistência ao movimento do carro se reduzam praticamente à resistência do ar R, dada por $R = 1{,}5v^2$, sendo v a velocidade do carro medida em metros por segundo e R em newtons. Calcule a velocidade limite do automóvel nessas condições.

P.274 Uma esfera parte do repouso, em queda vertical no ar. A força resultante que age na esfera durante sua queda tem intensidade F_R, que varia com a velocidade escalar v segundo a relação: $F_R = 50 - 2{,}0v^2$, para v em metros por segundo e F_R em newtons. Após certo tempo, a esfera passa a realizar movimento de queda uniforme. Calcule a velocidade limite que a esfera atinge.

P.275 (UnB-DF) No salto de paraquedas, como ilustra o desenho ao lado, o paraquedista é acelerado durante um certo intervalo de tempo, até atingir uma velocidade da ordem de 150 km/h a 200 km/h, dependendo do peso e da área do seu corpo, quando, então, o paraquedas é aberto e o conjunto sofre uma força contrária ao movimento que o faz desacelerar até uma velocidade constante bem menor, da ordem de 5 km/h, que permite uma aterrissagem tranquila.

Com o auxílio dessas informações, julgue os itens abaixo, indicando os certos e os errados.

1) Em um salto normal, conforme o descrito, a aceleração resultante sobre o paraquedista, imediatamente antes de ele tocar o solo, é igual à aceleração da gravidade.

2) No momento em que o paraquedista deixa o avião, sua velocidade inicial vertical de queda é nula e, nesse caso, a única força vertical que age sobre o seu corpo é a gravitacional.

3) Considerando a aceleração da gravidade igual a 10 m/s^2 e desprezando a resistência do ar, o paraquedista que salta do avião e mantém o paraquedas fechado por 10 s atinge, ao final desse período, uma velocidade de 36 km/h.

4) Do instante em que o paraquedas abre completamente até a chegada ao solo, o conjunto é desacelerado pela resistência do ar; nessa situação, a força contrária ao movimento é sempre maior ou igual à força da gravidade.

Exercícios propostos de recapitulação

Nos exercícios a seguir, quando não forem especificados, os coeficientes de atrito estático e dinâmico deverão ser considerados iguais.

P.276 Um caixote de peso 80 N, inicialmente em repouso sobre o solo horizontal, é empurrado por uma força $\vec{F}$, também horizontal, de intensidade 24 N. Determine a velocidade que o caixote adquire ao fim de 10 s, sabendo que o coeficiente de atrito entre o caixote e o solo é 0,25 (use: $g = 10$ m/s^2).

P.277 (EEM-SP) Um garçom faz escorregar sem tombar, pelo balcão, uma garrafa de cerveja até que ela pare em frente a um freguês a 5,0 m de distância. Sabendo-se que o coeficiente de atrito entre o balcão e a garrafa vale 0,16 e que a aceleração local da gravidade deve ser tomada como 10,0 m/s^2, pede-se determinar a velocidade inicial imposta à garrafa pelo garçom.

P.278 (Vunesp) A figura ilustra um bloco A, de massa $m_A = 2{,}0$ kg, atado a um bloco B, de massa $m_B = 1{,}0$ kg, por um fio inextensível de massa desprezível. O coeficiente de atrito cinético entre cada bloco e a mesa é μ. Uma força $F = 18{,}0$ N é aplicada ao bloco B, fazendo com que ambos se desloquem com velocidade constante.

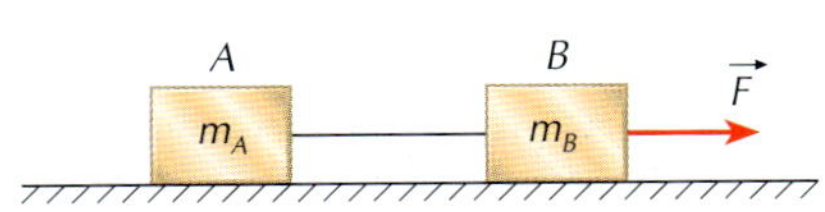

Considerando $g = 10{,}0$ m/s^2, calcule:

a) o coeficiente de atrito μ;

b) a tração T no fio.

P.279 Dois blocos A e B, apoiados sobre uma superfície horizontal, estão inicialmente em repouso e possuem massas iguais a 10 kg. Uma força horizontal $\vec{F}$ de intensidade 60 N é aplicada ao bloco A, conforme a figura. O coeficiente de atrito entre os blocos e a superfície é $\mu = 0{,}20$. Adote $g = 10$ m/s^2. Determine:

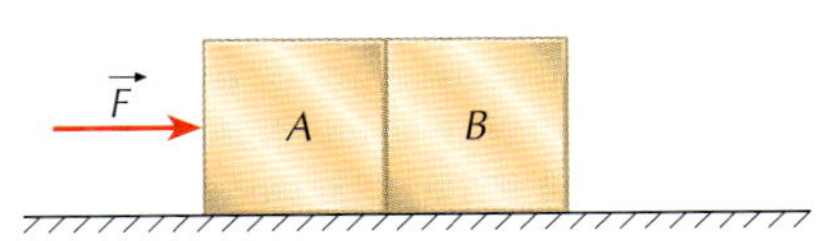

a) a aceleração que os blocos adquirem;

b) a intensidade da força que A exerce em B.

P.280 (Ufes) Dois corpos de massas m_A e m_B ($m_B > m_A$) estão ligados por um fio inextensível e de massa desprezível conforme a figura ao lado. Dois mancais exercem, cada um, uma força horizontal de intensidade F_N sobre o corpo A. O coeficiente de atrito dinâmico entre os mancais e o corpo A é μ, e a aceleração da gravidade g é conhecida. Considere que o fio desliza livremente sobre as duas polias e que estas possuem massa desprezível. Estando os corpos em movimento, determine:

a) a aceleração com que os corpos A e B se deslocam;

b) a intensidade da força F_N que cada um dos mancais deve exercer sobre o corpo A, para que os corpos A e B se desloquem com velocidade constante.

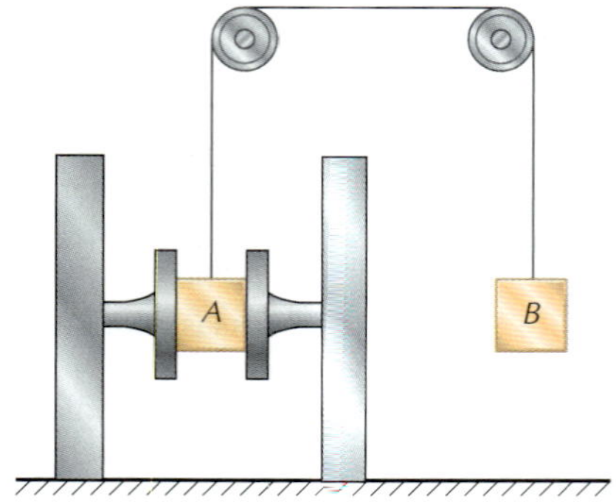

P.281 (UFPel-RS) Uma empresa de transportes faz a entrega de produtos para um supermercado. Um desses produtos é de dimensões consideráveis e peso elevado, o que requer o uso de uma máquina simples (plano inclinado) para facilitar a descarga.

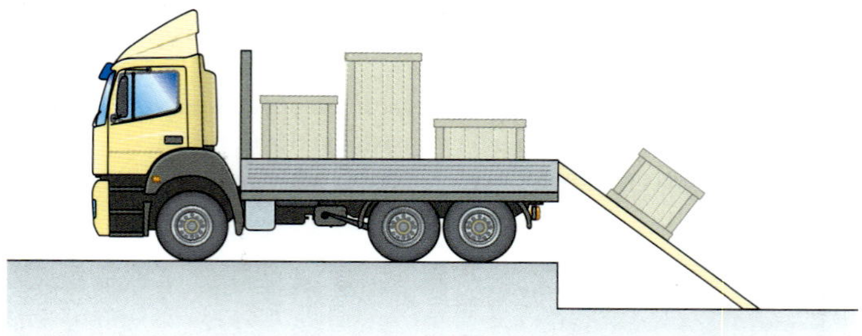

Suponha que a inclinação do plano de apoio, em relação à horizontal, não seja suficiente para provocar o deslizamento da caixa rampa abaixo. Resolva, para a situação proposta, as questões que se seguem.

a) Represente graficamente as forças que atuam sobre a caixa.

b) Qual é a intensidade da força resultante na direção do plano de apoio? Justifique.

c) Qual é o valor do coeficiente de atrito entre a caixa e o plano, considerando, para esse caso, que a inclinação do plano de apoio, igual a 30°, é a máxima, sem que a caixa deslize? (Dados: sen 30° = 0,50; cos 30° ≃ 0,87.)

P.282 (Mackenzie-SP) Um corpo de massa m_2 está num plano inclinado ligado por uma corda fina, flexível, inextensível e sem peso a um corpo de massa m_1. A corda passa por uma roldana sem peso e sem atrito. O coeficiente de atrito entre m_2 e o plano é 0,2 e a massa m_2 vale 4 vezes a massa m_1. (Dados: $g = 10\ \text{m/s}^2$; sen $\theta = 0{,}6$; cos $\theta = 0{,}8$; θ é o ângulo de inclinação do plano com a horizontal.)

a) O sistema permanecerá em repouso ou entrará em movimento?

b) Se houver movimento, que sentido terá a aceleração de m_1 e qual será o seu valor?

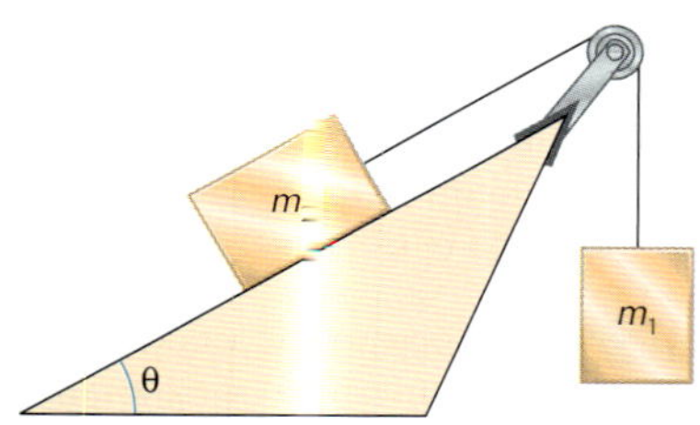

P.283 (Unicamp-SP) Considere, na figura ao lado, dois blocos A e B, de massas conhecidas, ambos em repouso.

Uma força $F = 5{,}0$ N é aplicada no bloco A, que permanece em repouso. Há atrito entre o bloco A e a mesa, e entre os blocos A e B.

a) O que acontece com o bloco B?

b) Reproduza a figura, indicando as forças horizontais (sentido, módulo e onde estão aplicadas) que atuam sobre os blocos A e B.

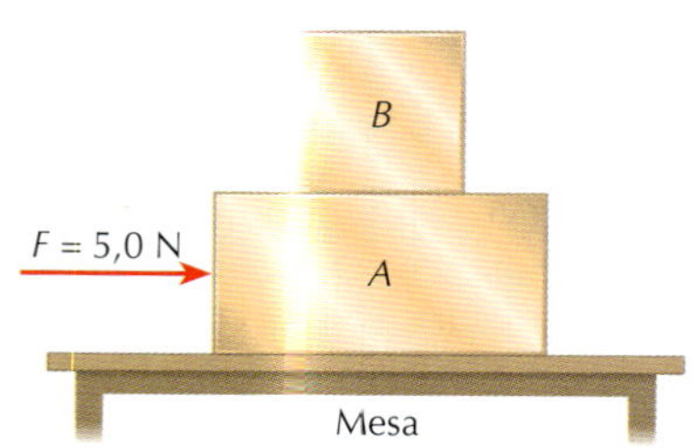

P.284 (UFBA) O corpo A pesa 100 N e está em repouso sobre o corpo B, que pesa 200 N. O corpo A está ligado por uma corda ao anteparo C, enquanto o corpo B está sendo solicitado por uma força horizontal F, de 125 N. O coeficiente de atrito de escorregamento entre os corpos A e B é 0,25. Determine o coeficiente de atrito entre o corpo B e a superfície de apoio e a tração na corda, considerando o corpo B na iminência de movimento.

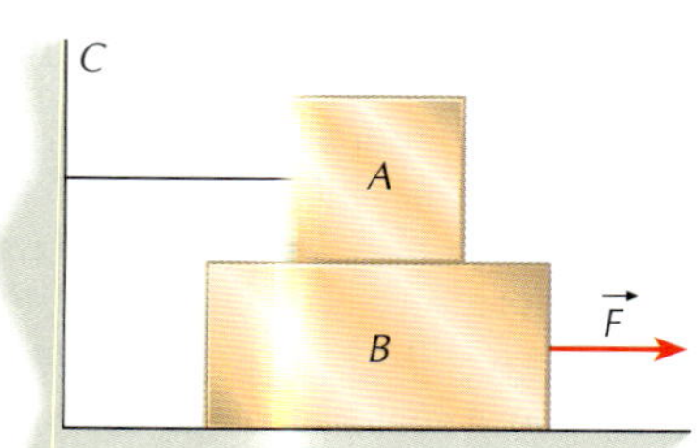

P.285 (ITA-SP) Os blocos A e B da figura têm massa m. O coeficiente de atrito entre todas as superfícies é μ. A força $\vec{F_1}$ imprime ao bloco B da figura (I) velocidade uniforme. Calcule as relações $\frac{F_2}{F_1}$ e $\frac{F_3}{F_1}$, nas quais F_2 é a força indicada na figura (II) e F_3 é indicada na figura (III), para que o bloco B nessas figuras tenha velocidade constante.

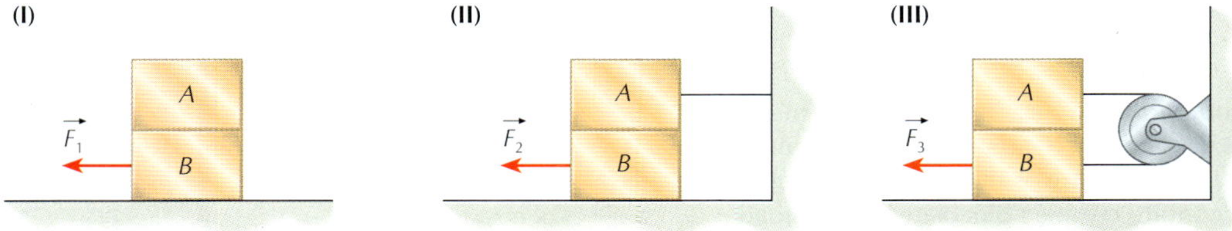

P.286 (UFJF-MG) Um apagador, de massa 0,05 kg, inicialmente em repouso, é pressionado contra um quadro-negro por uma força horizontal constante F, como mostra a figura. O coeficiente de atrito estático entre o apagador e o quadro é 0,4 e o coeficiente de atrito cinético é 0,3.

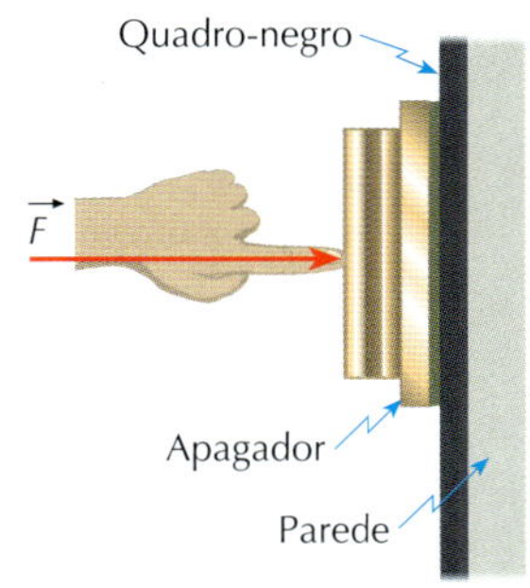

a) Desenhe o diagrama de forças para o apagador, identificando e escrevendo explicitamente os pares ação–reação (isto é, pares da terceira lei de Newton) nos corpos em que eles atuam.

b) Calcule f, o valor mínimo da força F que se deve fazer no apagador para que ele não caia.

c) Calcule a aceleração do apagador se $F = \frac{f}{2}$. Qual é a aceleração se $F = 2f$?

P.287 (Vunesp) Um caixote de massa 20 kg está em repouso sobre a carroceria de um caminhão que percorre uma estrada plana, horizontal, com velocidade constante de 72 km/h. Os coeficientes de atrito estático e dinâmico, entre o caixote e o piso da carroceria, são aproximadamente iguais e valem $\mu = 0{,}25$. (Use $g = 10\ m/s^2$.)

a) Qual é a intensidade da força de atrito que está atuando no caixote? Justifique.

b) Determine o menor tempo possível para que esse caminhão possa frear sem que o caixote escorregue.

P.288 Um objeto de massa $m = 1{,}2$ kg parte do repouso em queda vertical, de uma grande altura, numa região onde $g = 10\ m/s^2$. A força de resistência do ar tem intensidade $R = 3{,}0 \cdot v^2$, para R em newtons e v em m/s.

a) Represente as forças que agem no objeto durante a queda.

b) Calcule a velocidade limite que o objeto atinge.

Testes propostos

T.234 (Uerj) Um bloco de madeira desloca-se sobre uma superfície horizontal, com velocidade constante, na direção e sentido da seta, puxado por uma pessoa, conforme a figura abaixo.

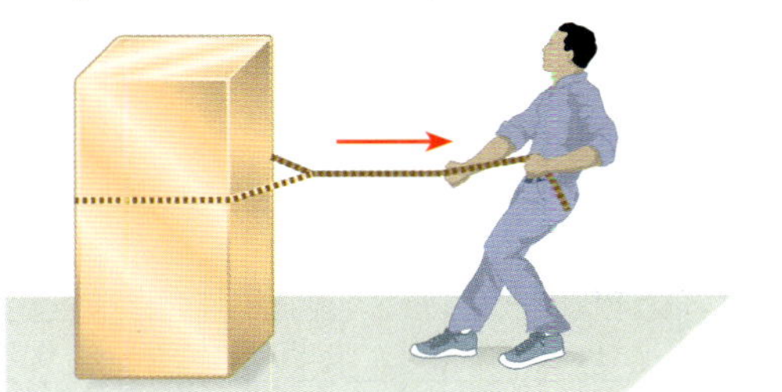

A resultante das forças que a superfície exerce sobre o bloco pode ser representada por:

a) 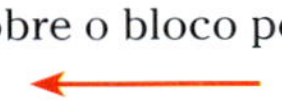

b) 

c) 

d) 

T.235 (UFBA) Um corpo de massa m, inicialmente em repouso sobre um plano horizontal rugoso, adquire movimento retilíneo uniforme sob a ação de uma força constante $\vec{F}$, paralela ao plano e de módulo igual à metade do peso do corpo. Sendo g o módulo da aceleração da gravidade local, é correto afirmar que:

01) sobre o corpo em movimento, atua uma força resultante de direção horizontal.

02) o coeficiente de atrito dinâmico, para o par de superfícies em contato, é 0,5.

04) a resultante das forças que o corpo aplica sobre o plano tem módulo igual a $\frac{\sqrt{5}}{2}mg$.

08) a força de atrito estático máxima, para o par de superfícies em contato, tem o módulo menor do que o de $\vec{F}$.

16) duplicando-se o módulo de $\vec{F}$, o módulo da força de atrito cinético fica reduzido à metade.

Dê como resposta a soma dos números associados às proposições corretas.

T.236 (Fatec-SP) $\vec{F_1}$ e $\vec{F_2}$ são forças horizontais de intensidade 30 N e 10 N, respectivamente, conforme a figura.

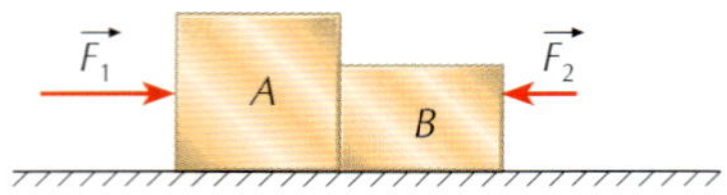

Sendo a massa de A igual a 3 kg, a massa de B igual a 2 kg, $g = 10$ m/s^2 e 0,3 o coeficiente de atrito dinâmico entre os blocos e a superfície, a força de contato entre os blocos tem intensidade:

a) 24 N **b)** 30 N **c)** 40 N **d)** 10 N **e)** 18 N

T.237 (Ufal) Uma força F horizontal e de intensidade 30 N é aplicada num corpo A de massa 4,0 kg, preso a um corpo B de massa 2,0 kg que, por sua vez, se prende a um corpo C.

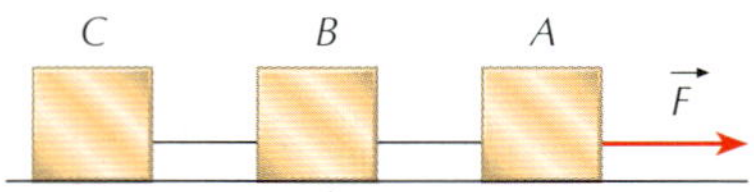

O coeficiente de atrito entre cada corpo e a superfície horizontal de apoio é 0,10 e verifica-se que a aceleração do sistema é, nessas condições, 2,0 m/s^2. Adote $g = 10$ m/s^2 e analise as afirmações.

01) A massa do corpo C é 5,0 kg.
02) A tração no fio que une A e B tem módulo 18 N.
04) A força de atrito que age no corpo A tem módulo 4,0 N.
08) A tração no fio que une B a C tem módulo 8,0 N.
16) A força resultante no corpo B tem módulo 4,0 N.

Dê como resposta a soma dos números que precedem as afirmativas corretas.

T.238 (Efoa-MG) Dois blocos idênticos, ambos com massa m, são ligados por um fio leve, flexível.

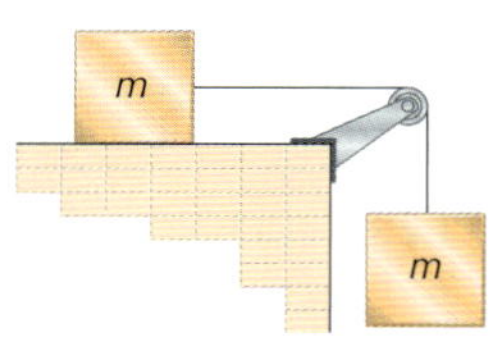

Adotar $g = 10$ m/s^2. A polia é leve e o coeficiente de atrito do bloco com a superfície é $\mu = 0{,}2$. A aceleração dos blocos é:

a) 10 m/s^2 **c)** 5 m/s^2 **e)** nula
b) 6 m/s^2 **d)** 4 m/s^2

T.239 (Mackenzie-SP) Sobre uma superfície plana e horizontal, um bloco A, de massa m_A, desloca-se em MRU (movimento retilíneo uniforme) no sentido indicado na figura a seguir.

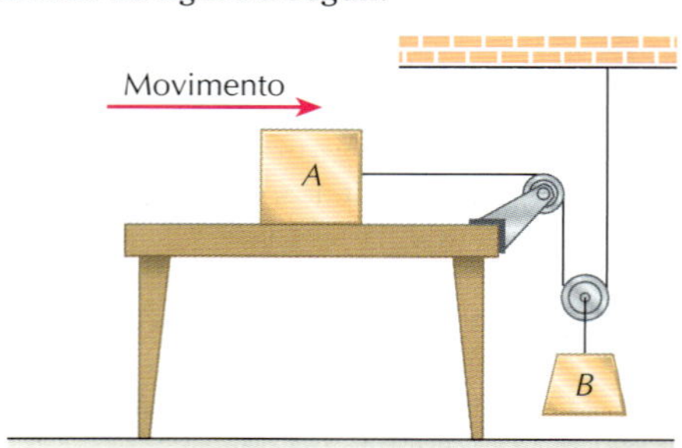

Esse corpo faz parte do conjunto ilustrado, no qual as polias e os fios são considerados ideais e a massa do corpo B é m_B. Nessas condições, podemos dizer que o coeficiente de atrito cinético entre a base inferior do corpo A e a referida superfície plana é:

a) zero **c)** $\mu = \dfrac{2m_A}{m_B}$ **e)** $\mu = \dfrac{m_B}{2m_A}$

b) $\mu = \dfrac{2m_B}{m_A}$ **d)** $\mu = \dfrac{m_A}{2m_B}$

T.240 (UFF-RJ) Um pano de prato retangular, com 60 cm de comprimento e constituição homogênea, está em repouso sobre uma mesa, parte sobre sua superfície, horizontal e fina, e parte pendente, como mostra a figura.

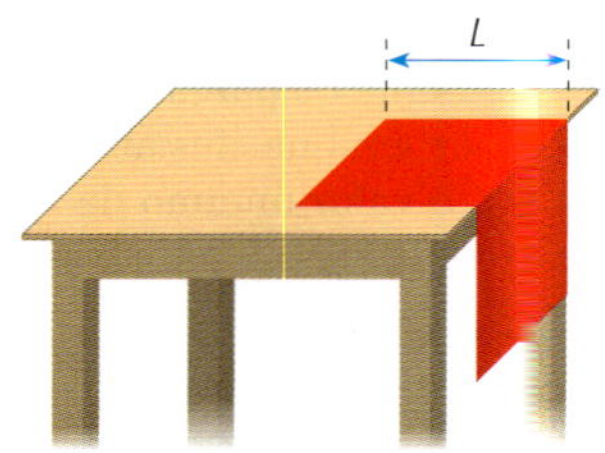

Sabendo-se que o coeficiente de atrito estático entre a superfície da mesa e o pano é igual a 0,5 e que o pano está na iminência de deslizar, pode-se afirmar que o comprimento L da parte sobre a mesa é:

a) 40 cm **c)** 15 cm **e)** 30 cm
b) 20 cm **d)** 60 cm

T.241 (Mackenzie-SP) Uma esteira rolante, inclinada de 18°, é utilizada para transportar grandes caixas, de massas iguais a 100 kg cada uma. Seu deslocamento dá-se com velocidade constante de 0,96 m/s, conforme mostra a figura abaixo. O menor coeficiente de atrito estático entre as bases inferiores das caixas e a esteira, necessário para que elas não deslizem, é:

a) 0,104 **c)** 0,325 **e)** 0,951
b) 0,309 **d)** 0,618

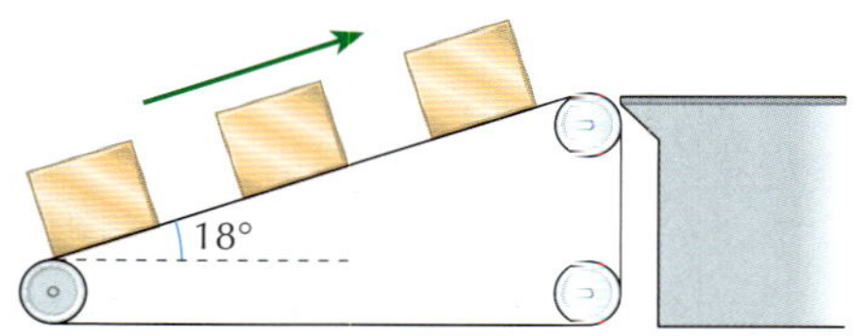

seno de 18°	cosseno de 18°	tangente de 18°
0,309	0,951	0,325

T.242 (UEL-PR) Um pequeno bloco de granito desce por um plano inclinado de madeira, que forma um ângulo θ com a horizontal. O coeficiente de atrito dinâmico entre o granito e a madeira é μ e a aceleração local da gravidade é g. Nessas condições, a aceleração do movimento do bloco é dada por:

a) $g \cdot (\text{sen}\,\theta - \mu \cdot \cos\theta)$ **d)** $g \cdot \text{sen}\,\theta$
b) $g \cdot (\cos\theta - \mu \cdot \text{sen}\,\theta)$ **e)** g
c) $g \cdot \cos\theta$

T.243 (Olimpíada Brasileira de Física) Um bloco desliza sobre um plano inclinado com atrito (ver figura). No ponto A, a velocidade é $v_A = 2$ m/s, e no ponto B, distando 1 m do ponto A ao longo do plano, $v_B = 3$ m/s.

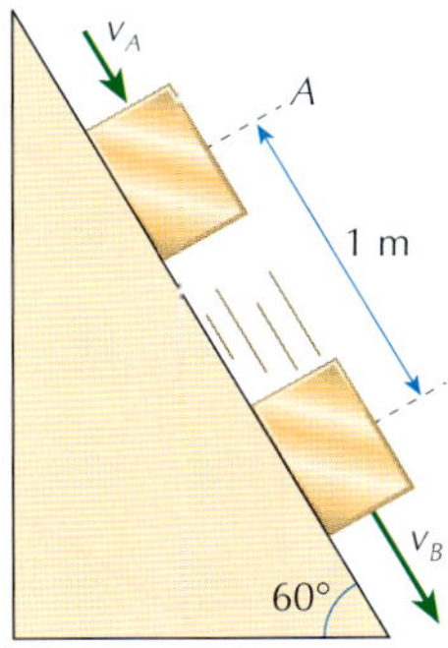

Dados:

$\text{sen } 60° = \frac{\sqrt{3}}{2}$

$\cos 60° = \frac{1}{2}$

$g = 10 \text{ m/s}^2$

Obtenha o valor do coeficiente de atrito cinético entre o bloco e o plano.

a) $\sqrt{3}$

b) $\frac{\sqrt{3}}{2}$

c) $\frac{\sqrt{3}}{2} + 1$

d) $\sqrt{3} + \frac{1}{2}$

e) $\sqrt{3} - \frac{1}{2}$

T.244 (Uesb-BA) O bloco A, de massa 5,0 kg, sobe o plano inclinado representado na figura abaixo com velocidade constante de 2,0 m/s. O coeficiente de atrito entre o bloco A e o plano inclinado vale 0,50. (Dados: sen 37° = 0,60; cos 37° = 0,80; $g = 10 \text{ m/s}^2$.)

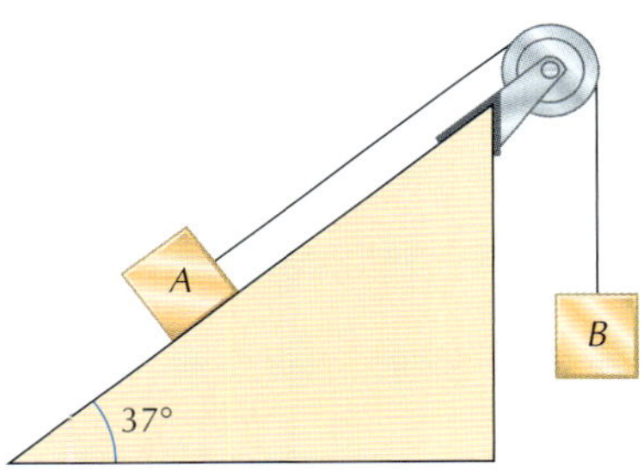

Nessas condições, a massa do bloco B, em kg, vale:

a) 10 **b)** 8,0 **c)** 6,0 **d)** 5,0 **e)** 4,0

T.245 (UFJF-MG) Um caminhão é carregado com duas caixas de madeira, de massas iguais a 500 kg, conforme mostra a figura.

O caminhão é então posto em movimento numa estrada reta e plana, acelerando até adquirir uma velocidade de 108 km/h e depois é freado até parar, conforme mostra o gráfico. (Use $g = 10 \text{ m/s}^2$.)

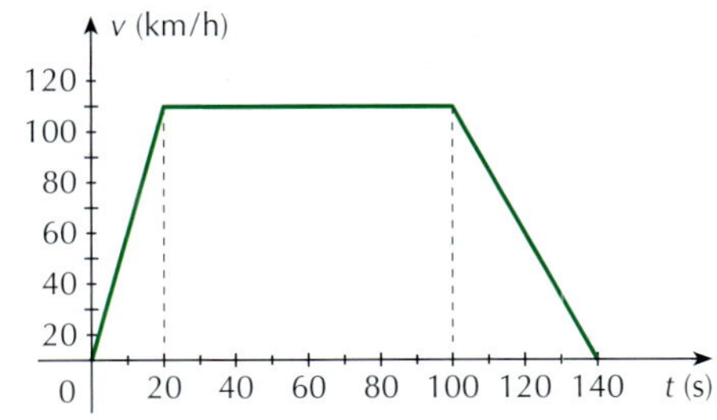

O coeficiente de atrito estático entre as caixas e a carroceria do caminhão é $\mu = 0{,}1$. Qual das figuras abaixo melhor representa a disposição das caixas sobre a carroceria no final do movimento?

a)

b)

c)

d)

T.246 (Unifesp) Em um salto de paraquedismo, identificam-se duas fases no movimento de queda do paraquedista. Nos primeiros instantes do movimento, ele é acelerado. Mas devido à força de resistência do ar, o seu movimento passa rapidamente a ser uniforme com velocidade v_1, com o paraquedas ainda fechado. A segunda fase tem início no momento em que o paraquedas é aberto. Rapidamente, ele entra novamente em um regime de movimento uniforme, com velocidade v_2. Supondo que a densidade do ar é constante, a força de resistência do ar sobre um corpo é proporcional à área sobre a qual atua a força e ao quadrado de sua velocidade. Se a área efetiva aumenta 100 vezes no momento em que o paraquedas se abre, pode-se afirmar que:

a) $\frac{v_2}{v_1} = 0{,}08$

b) $\frac{v_2}{v_1} = 0{,}1$

c) $\frac{v_2}{v_1} = 0{,}15$

d) $\frac{v_2}{v_1} = 0{,}21$

e) $\frac{v_2}{v_1} = 0{,}3$

Exercícios resolvidos

R.105 Um bloco de massa $m = 5{,}0$ kg desloca-se na horizontal sob ação da força $\vec{F}$, de intensidade $F = 50$ N, como mostra a figura. O coeficiente de atrito entre o bloco e o solo é $\mu = 0{,}40$. Considerando $g = 10$ m/s², determine a aceleração do bloco. (Dados: sen θ = 0,60; cos θ = 0,80.)

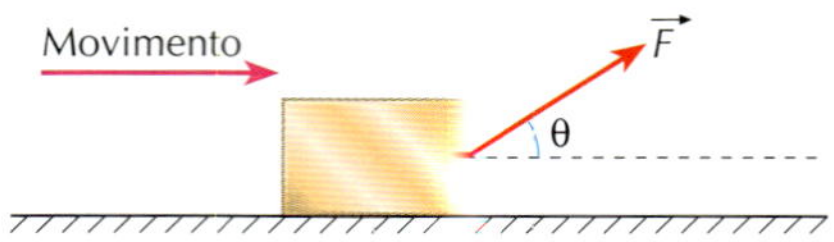

Solução:

As forças que agem no bloco estão representadas na figura ao lado. Vamos, inicialmente, decompor a força $\vec{F}$ nas forças componentes $\vec{F}_x$ (horizontal) e $\vec{F}_y$ (vertical). No triângulo destacado, temos:

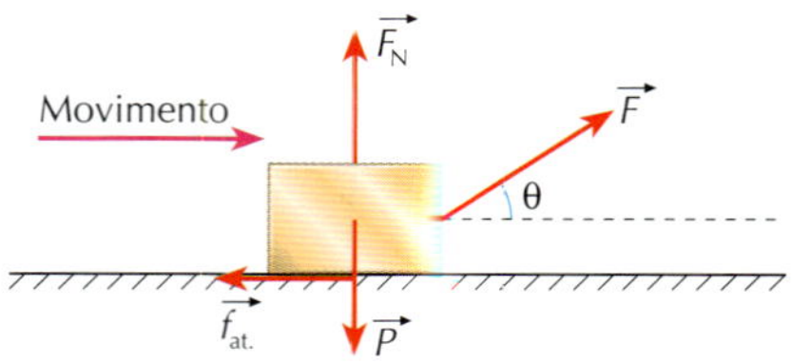

$$\cos\theta = \frac{F_x}{F} \Rightarrow F_x = F \cdot \cos\theta \Rightarrow F_x = 50 \cdot 0{,}80 \Rightarrow F_x = 40 \text{ N}$$

$$\text{sen}\,\theta = \frac{F_y}{F} \Rightarrow F_y = F \cdot \text{sen}\,\theta \Rightarrow F_y = 50 \cdot 0{,}60 \Rightarrow F_y = 30 \text{ N}$$

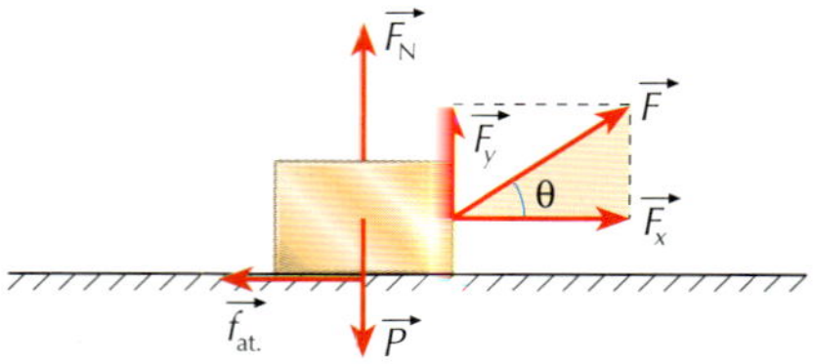

Como o movimento é horizontal, as forças verticais têm resultante nula. Portanto:

$$F_N + F_y = P \Rightarrow F_N + F_y = mg \Rightarrow F_N + 30 = 5{,}0 \cdot 10 \Rightarrow F_N = 20 \text{ N}$$

Estando o bloco em movimento, podemos escrever:

$$f_{at.} = \mu F_N \Rightarrow f_{at.} = 0{,}40 \cdot 20 \Rightarrow f_{at.} = 8{,}0 \text{ N}$$

Pela equação fundamental da Dinâmica, temos:

$$F_x - f_{at.} = ma \Rightarrow 40 - 8{,}0 = 5{,}0 \cdot a \Rightarrow \boxed{a = 6{,}4 \text{ m/s}^2}$$

Resposta: 6,4 m/s²

R.106 O bloco A está apoiado sobre o carrinho B, que se movimenta com aceleração constante de módulo $a = 2{,}0$ m/s². Para que o bloco A não se movimente em relação ao carrinho B, qual deve ser o coeficiente de atrito mínimo entre as superfícies de A e B? Considere $g = 10$ m/s².

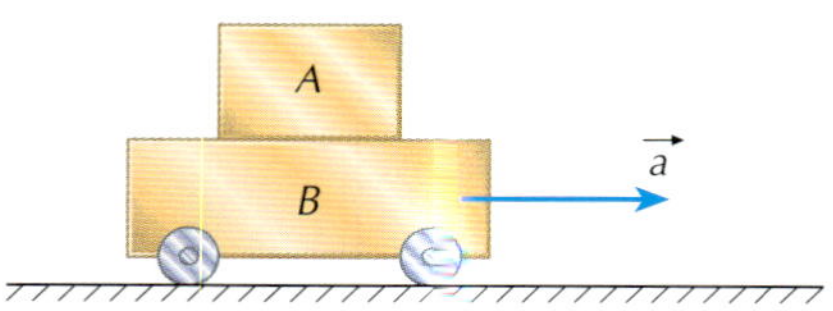

Solução:

O bloco A não se movimenta em relação ao carrinho B e, portanto, sua aceleração, em relação ao solo, é também $a = 2{,}0$ m/s². As forças que agem em A estão mostradas ao lado. Observe que é a força de atrito que acelera o bloco A. O mínimo coeficiente de atrito corresponde ao bloco A na iminência de escorregar, isto é:

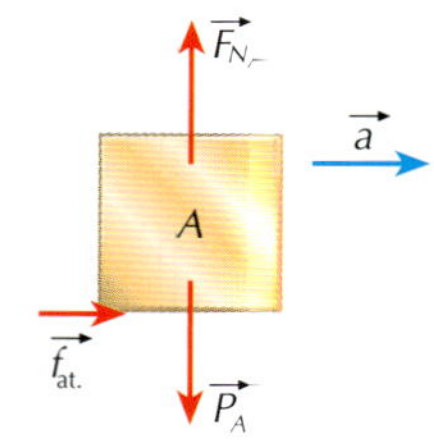

$$f_{at.} = \mu F_{N_A}$$

Mas: $f_{at.} = m_A a$ e $F_{N_A} = P_A = m_A g$

Substituindo na primeira equação, vem:

$$m_A a = \mu \cdot m_A g \Rightarrow \mu = \frac{a}{g} \Rightarrow \mu = \frac{2{,}0}{10} \Rightarrow \boxed{\mu = 0{,}20}$$

Resposta: 0,20

R.107 Na figura, os fios e as polias são ideais e os corpos A e B, de massas $m_A = 1{,}0$ kg e $m_B = 6{,}0$ kg, respectivamente, são abandonados do repouso. Determine o módulo da aceleração $\vec{a}_A$ do bloco A e o módulo da aceleração $\vec{a}_B$ do bloco B. (Use $g = 10$ m/s².)

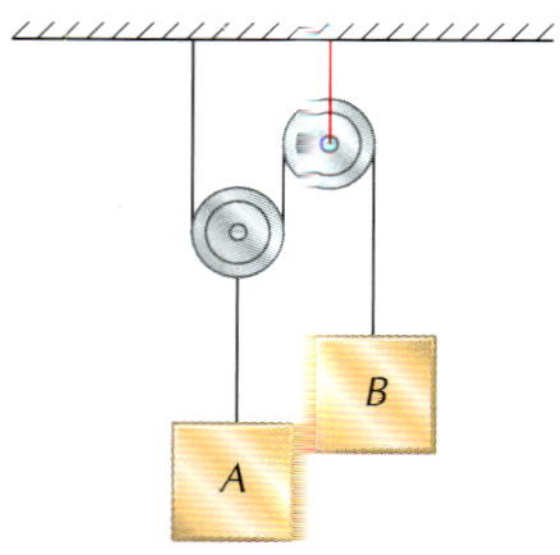

Solução:

Analisemos separadamente os corpos A e B e a polia móvel. Da polia móvel ideal concluímos que:

$$2T' = T \text{ ou } T' = \frac{T}{2}$$

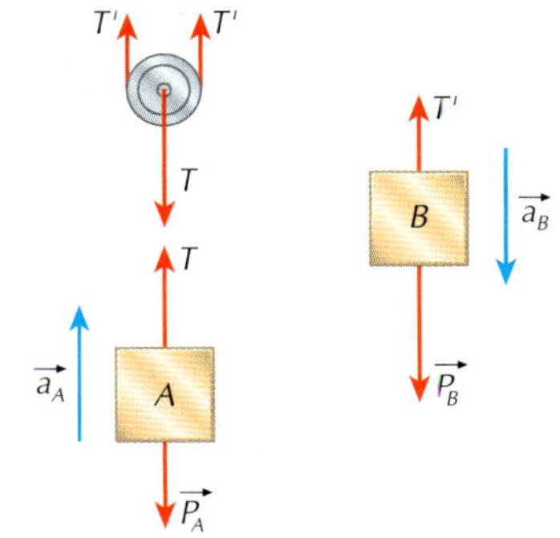

Vamos adotar para as acelerações $\vec{a}_A$ e $\vec{a}_B$ os sentidos indicados na figura. Se os módulos das acelerações resultarem positivos, significa que os sentidos adotados são os corretos. A equação fundamental da Dinâmica aplicada aos corpos A e B fornece:

Corpo A:

$T - P_A = m_A a_A$

$T - m_A g = m_A a_A$

$T - 1{,}0 \cdot 10 = 1{,}0 \cdot a_A$

$T - 10 = a_A$ ①

Corpo B:

$P_B - T' = m_B a_B$

$m_B g - \dfrac{T}{2} = m_B a_B$

$6{,}0 \cdot 10 - \dfrac{T}{2} = 6{,}0 \cdot a_B$

$120 - T = 12a_B$ ②

Somando membro a membro ① e ②, vem: $110 = a_A + 12a_B$

Mas sendo $a_B = 2a_A$ (veja quadro a seguir), vem:

$$110 = a_A + 12 \cdot 2a_A \Rightarrow 25a_A = 110 \Rightarrow \boxed{a_A = 4{,}4 \text{ m/s}^2} \text{ e } \boxed{a_B = 8{,}8 \text{ m/s}^2}$$

Resposta: $a_A = 4{,}4$ m/s^2; $a_B = 8{,}8$ m/s^2

Relação entre os módulos das acelerações $\vec{a}_A$ e $\vec{a}_B$

Considere o sistema em dois instantes t_1 e t_2:

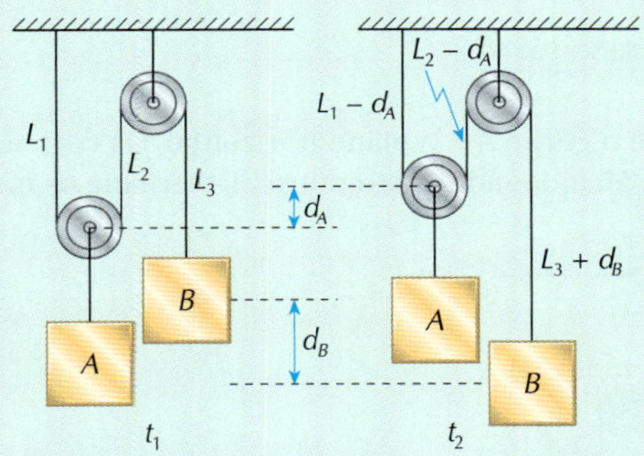

Sejam d_A e d_B os módulos dos deslocamentos de A e B entre os instantes considerados.

Como o fio é inextensível, podemos escrever:

$L_1 + L_2 + L_3 = L_1 - d_A + L_2 - d_A + L_3 + d_B \Rightarrow$
$\Rightarrow d_B = 2d_A$

Portanto o bloco B sofre um deslocamento de módulo igual ao dobro do módulo do deslocamento de A no mesmo intervalo de tempo. Isso significa que, em cada instante, o módulo da velocidade de B é o dobro do módulo da velocidade de A, o mesmo acontecendo com as acelerações:

$$v_B = 2v_A \quad \text{e} \quad a_B = 2a_A$$

Exercícios propostos

P.289 O bloco da figura, de peso 187 N, move-se com velocidade constante no sentido indicado. Sendo sen 60° = 0,87 e cos 60° = 0,50, determine:

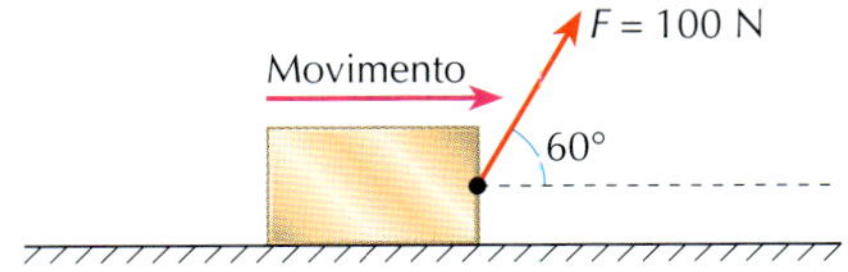

a) a intensidade da força de atrito que o solo exerce no bloco;
b) o coeficiente de atrito dinâmico entre o bloco e o solo.

P.290 Um bloco A de massa 2,0 kg repousa sobre um segundo bloco B de massa 4,0 kg. O coeficiente de atrito entre os blocos é igual a 0,40. Entre o bloco B e o solo não existe atrito. Qual a máxima intensidade da força horizontal $\vec{F}$ que podemos aplicar em B, de modo que os blocos A e B se movimentem sem escorregar um em relação ao outro? (Use $g = 10$ m/s^2.)

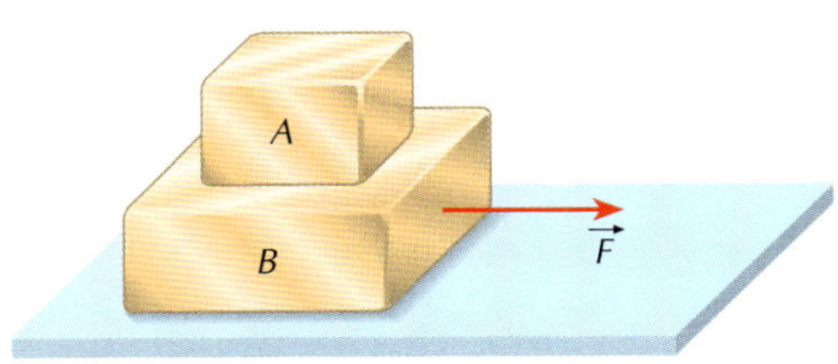

P.291 (Vunesp) Dois blocos, A e B, com A colocado sobre B, estão em movimento sob ação de uma força horizontal de 4,5 N aplicada sobre A, como ilustrado na figura.

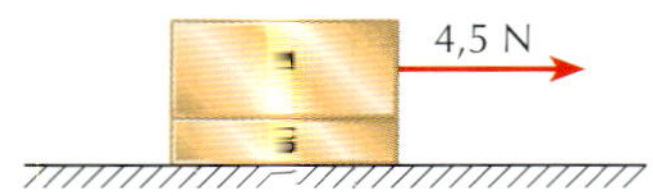

Considere que não há atrito entre o bloco B e o solo e que as massas são respectivamente $m_A = 1{,}8$ kg e $m_B = 1{,}2$ kg. Tomando $g = 10$ m/s^2, calcule:

a) a aceleração dos blocos, se eles se locomovem juntos.

b) o valor mínimo do coeficiente de atrito estático para que o bloco A não deslize sobre B.

P.292 (Unifesp) A figura representa uma demonstração simples que costuma ser usada para ilustrar a primeira lei de Newton.

O copo, sobre uma mesa, está com a boca tampada pelo cartão c e, sobre este, está a moeda m. A massa da moeda é 0,010 kg e o coeficiente de atrito estático entre a moeda e o cartão é 0,15. O experimentador puxa o cartão com a força $\vec{F}$, horizontal, e a moeda escorrega do cartão e cai dentro do copo.

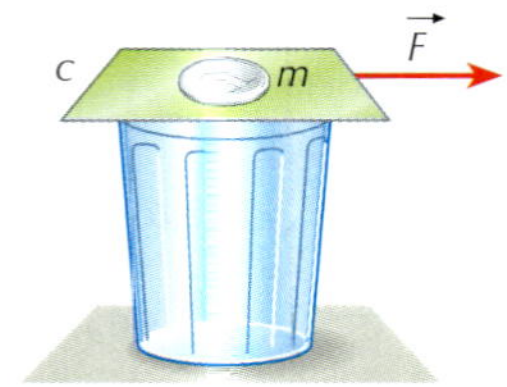

a) Represente todas as forças que atuam sobre a moeda quando ela está escorregando sobre o cartão puxado pela força $\vec{F}$. Nomeie cada uma das forças representadas.

b) Costuma-se explicar o que ocorre com a afirmação de que, devido à sua inércia, a moeda escorrega e cai dentro do copo. Isso é sempre verdade ou é necessário que o módulo de $\vec{F}$ tenha uma intensidade mínima para que a moeda escorregue sobre o cartão? Se for necessária essa força mínima, qual é, nesse caso, o seu valor? (Despreze a massa do cartão, o atrito entre o cartão e o copo e admita $g = 10$ m/s^2.)

P.293 (UnB-DF) O coeficiente de atrito estático entre os blocos A e B, montados como mostra a figura abaixo, é de 0,9. Considerando que as massas dos blocos A e B sejam, respectivamente, iguais a 5,0 kg e 0,4 kg e que $g = 10$ m/s^2, calcule, em newtons, o menor valor do módulo da força $\vec{F}$ para que o bloco B não caia. Despreze a parte fracionária de seu resultado, caso exista.

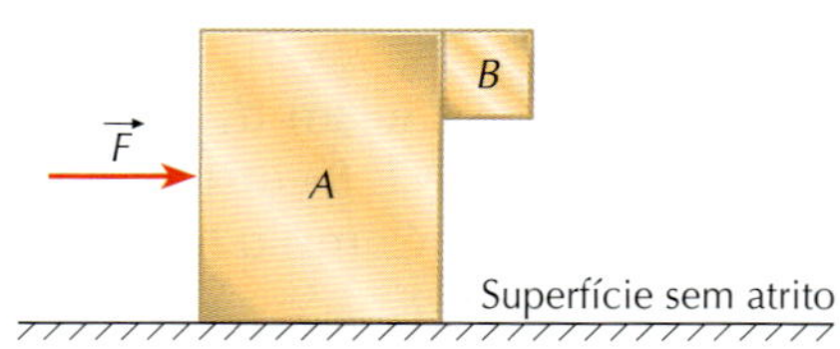

P.294 Na figura, os fios e as polias são ideais e não há atrito entre o corpo A e o plano horizontal. Os corpos A e B, de massas $m_A = 0{,}50$ kg e $m_B = 2{,}0$ kg, respectivamente, são abandonados do repouso. Determine os módulos das acelerações de A e de B. (Use $g = 10$ m/s^2.)

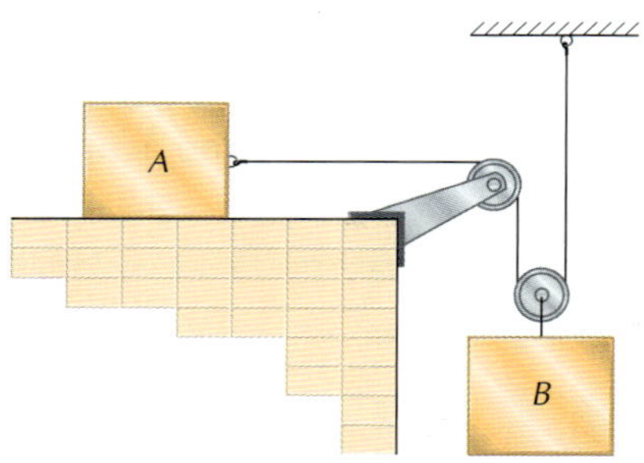

P.295 (UFPE) Uma vassoura, de massa 0,4 kg, está posicionada sobre um piso horizontal como indicado na figura. Uma força, de módulo F é aplicada para baixo ao longo do cabo da vassoura. Sabendo-se que o coeficiente de atrito estático entre o piso e a base da vassoura é $\mu_e = \frac{1}{8}$, calcule F, em newtons, para que a vassoura fique na iminência de se deslocar. Considere desprezível a massa do cabo, quando comparada com a base da vassoura. (Use $g = 10$ m/s^2.)

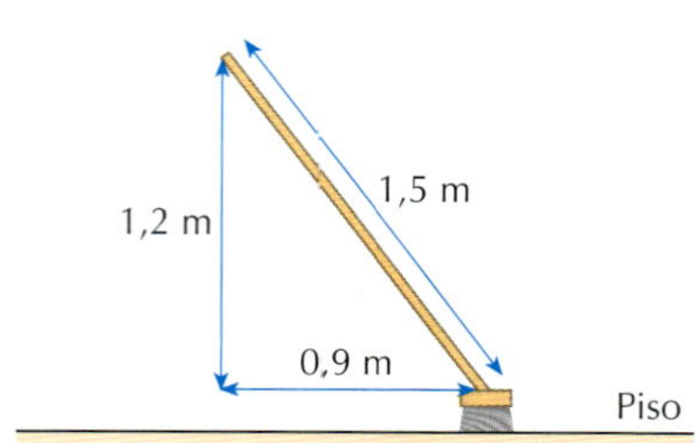

Testes propostos

T.247 (Unifesp) Suponha que um comerciante inescrupuloso aumente o valor assinalado pela sua balança, empurrando sorrateiramente o prato para baixo com uma força $\vec{F}$ de módulo 5,0 N, na direção e sentido indicados na figura.

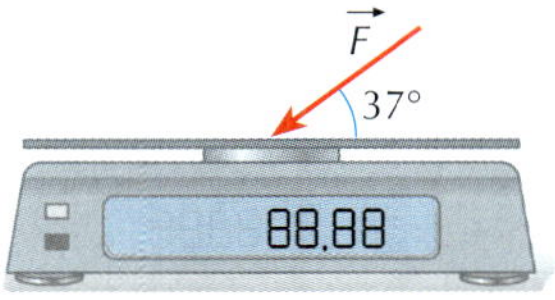

Dados:
sen 37° = 0,60
cos 37° = 0,80

Com essa prática, ele consegue fazer com que uma mercadoria de massa 1,5 kg seja medida por essa balança como se tivesse massa de:

a) 3,0 kg
b) 2,4 kg
c) 2,1 kg
d) 1,8 kg
e) 1,7 kg

T.248 (UFSC) Um homem empurra uma mesa com uma força horizontal $\vec{F}$, da esquerda para a direita, movimendo-a neste sentido. Um livro solto sobre a mesa permanece em repouso em relação a ela.

Considerando a situação descrita, assinale a(s) proposição(ões) correta(s).

01) Se a mesa deslizar com velocidade constante, atuarão somente as forças peso e normal sobre o livro.

02) Se a mesa deslizar com velocidade constante, a força de atrito sobre o livro não será nula.

04) Se a mesa deslizar com aceleração constante, atuarão sobre o livro somente as forças peso, normal e a força $\vec{F}$.

08) Se a mesa deslizar com aceleração constante, a força de atrito que atua sobre o livro será responsável pela aceleração do livro.

16) Como o livro está em repouso em relação à mesa, a força de atrito que age sobre ele é igual, em módulo, à força $\vec{F}$.

32) Se a mesa deslizar com aceleração constante, o sentido da força de atrito que age sobre o livro será da esquerda para a direita.

Dê como resposta a soma dos números associados às proposições corretas.

T.249 (UEL-PR) Dois blocos A e B, com massas respectivamente iguais a $m_A = 4{,}0$ kg e $m_B = 2{,}0$ kg, estão unidos conforme mostra a figura a seguir.

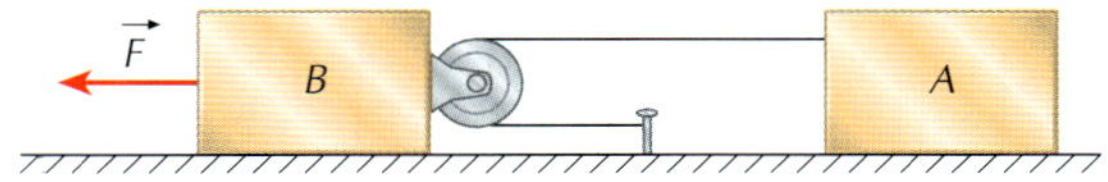

O fio que prende o corpo A tem a outra extremidade presa a um pino fixo no chão. Despreze as massas dos fios e da roldana, considere que não há atritos e que a intensidade da força aplicada em B é 36 N. Lembrando que, na situação esquematizada, a aceleração do corpo A será igual ao dobro da aceleração do corpo B, a tração no fio, em newtons, será igual a:

a) 20 **b)** 16 **c)** 12 **d)** 8,0 **e)** 4,0

T.250 (FEI-SP) Na figura, os fios e as polias são ideais e os corpos (1) e (2) de mesma massa M são abandonados do repouso. Considere $g = 10$ m/s².

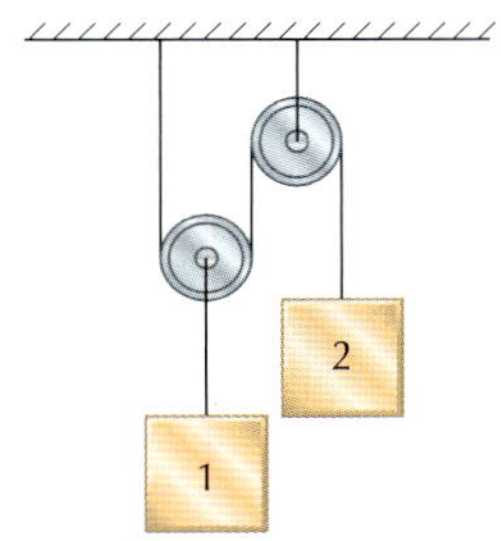

As acelerações a_1 do bloco (1) e a_2 do bloco (2) têm valores:

a) $a_1 = 4$ m/s² para baixo e $a_2 = 2$ m/s² para cima.
b) $a_1 = 4$ m/s² para cima e $a_2 = 2$ m/s² para baixo.
c) $a_1 = 2$ m/s² para baixo e $a_2 = 4$ m/s² para cima.
d) $a_1 = 2$ m/s² para cima e $a_2 = 4$ m/s² para baixo.
e) Os dois blocos têm o mesmo valor de aceleração, mas de sentidos opostos.

T.251 (UFSCar-SP) No sistema de roldanas simples, sem massa, sem atrito, e fio flexível, ideal, sem massa, se $M >> m$, o valor mais aproximado da tensão T no fio é:

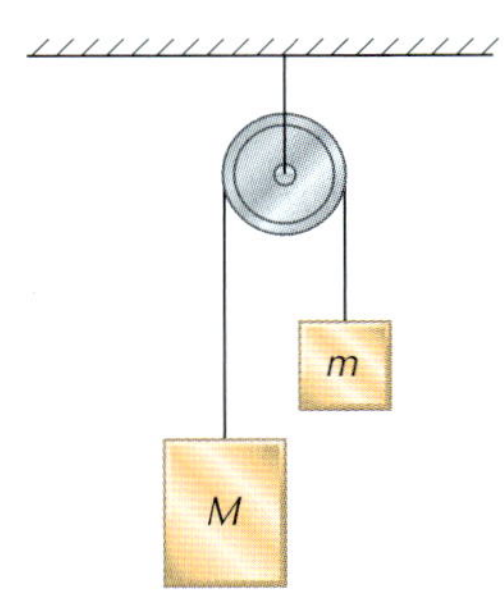

a) $T = Mg$
b) $T = mg$
c) $T =$ zero
d) $T = \frac{M + m}{2} g$
e) $T = 2mg$

T.252 (Fuvest-SP) Os corpos A, B e C têm massas iguais. Um fio inextensível e de massa desprezível une o corpo C ao B, passando por uma roldana de massa desprezível. O corpo A está apoiado sobre o B. Despreze qualquer efeito das forças de atrito. O fio f mantém o sistema em repouso.

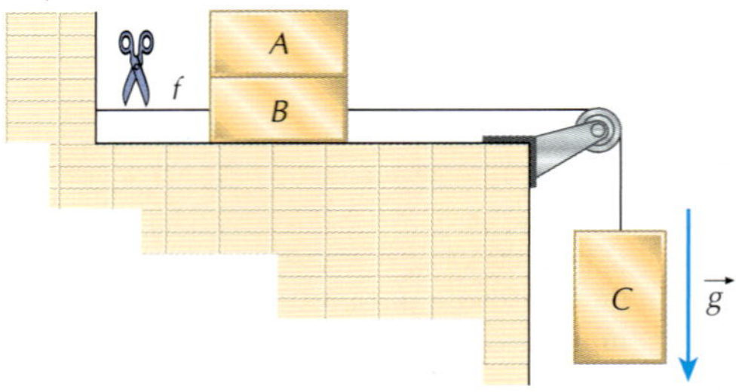

Logo que o fio f é cortado, as acelerações a_A, a_B e a_C dos corpos A, B e C serão:

a) $a_A = 0$ $\quad a_B = \frac{g}{2}$ $\quad a_C = \frac{g}{2}$

b) $a_A = \frac{g}{3}$ $\quad a_B = \frac{g}{3}$ $\quad a_C = \frac{g}{3}$

c) $a_A = 0$ $\quad a_B = \frac{g}{3}$ $\quad a_C = \frac{g}{3}$

d) $a_A = 0$ $\quad a_B = g$ $\quad a_C = g$

e) $a_A = \frac{g}{2}$ $\quad a_B = \frac{g}{2}$ $\quad a_C = \frac{g}{2}$

T.253 (Vunesp) Um plano inclinado faz um ângulo de $30°$ com a horizontal. Determine a força constante que, aplicada a um bloco de 50 kg, paralelamente ao plano, faz com que ele deslize:

I. para cima, com aceleração de $1{,}2\ m/s^2$;

II. para baixo, com a mesma aceleração de $1{,}2\ m/s^2$.

Despreze o atrito do bloco com o plano e adote $g = 10\ m/s^2$.

	(I)	(II)
a)	310 N para cima	190 N para cima
b)	310 N para cima	310 N para baixo
c)	499 N para cima	37[illegible] N para cima
d)	433 N para cima	60 N para cima
e)	310 N para cima	190 N para baixo

T.254 (Cesgranrio-RJ) Em um referencial inercial, um bloco de madeira está em equilíbrio sobre um plano inclinado, como mostra a figura.

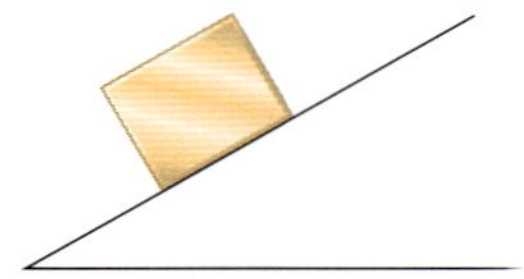

Assinale a opção que representa corretamente, no modelo de partícula, a força exercida pelo plano sobre o bloco:

a)

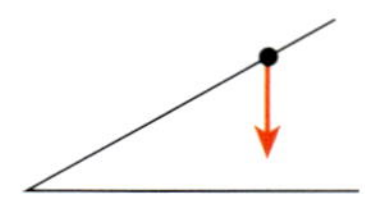

b)

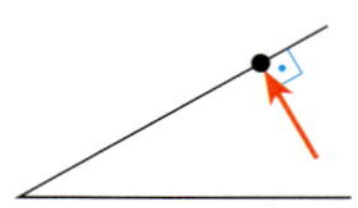

c)

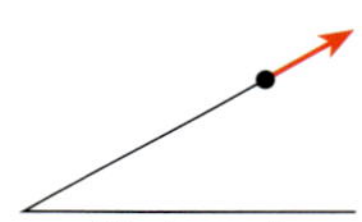

d)

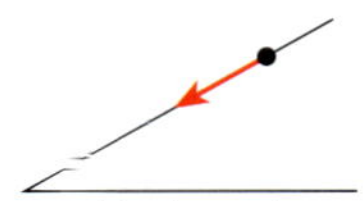

e)

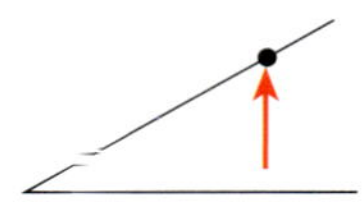

Atividade experimental

Realize a experiência com supervisão de seu professor.

Determinação do coeficiente de atrito estático

Coloque um corpo não muito liso sobre uma prancha de madeira, como mostra a figura. Vá inclinando a prancha gradativamente (aumentando o ângulo θ). Quando o corpo estiver na iminência de movimento, meça as distâncias h e d indicadas na figura.

Calcule em seguida o valor da tangente do ângulo θ: $\text{tg}\ \theta = \frac{h}{d}$

O valor obtido é o coeficiente de atrito estático μ_e entre o corpo e a prancha de madeira.

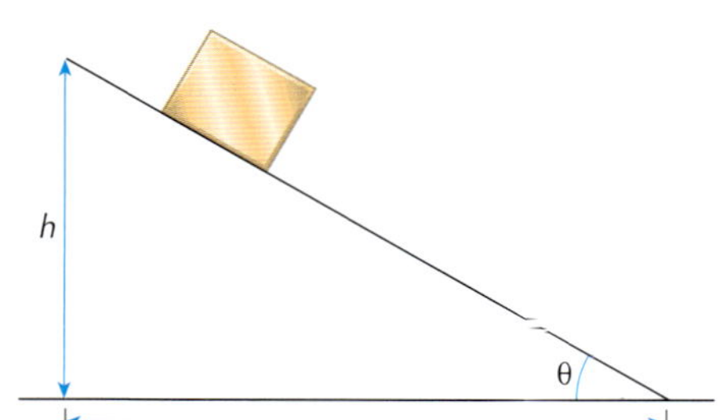

- Demonstre que $\text{tg}\ \theta = \mu_e$.
- Passe óleo na madeira e calcule novamente μ_e. O resultado obtido é maior ou menor? Por quê?
- Use outros corpos sobre a prancha e repita a experiência. Explique a razão de os resultados obtidos serem diferentes.
- Seria possível calcular o coeficiente de atrito dinâmico com esse dispositivo? Explique.

O freio ABS

O fato de o coeficiente de atrito estático (μ_e) ser maior que o dinâmico (μ_d) implica um fator de segurança para os veículos. Imagine que um automóvel, deslocando-se com velocidade v_0 numa pista horizontal, seja freado. Se as quatro rodas forem travadas, o coeficiente de atrito é o dinâmico. A força resultante que age no veículo é a força de atrito dinâmico que o chão exerce nos pneus:

$f_{at} = \mu_d F_N = ma \Rightarrow \mu_d mg = ma \Rightarrow a = \mu_d g$

Considerando a equação de Torricelli, podemos calcular a distância d_1 que o veículo percorre, com as rodas travadas, até parar.

De $v^2 = v_0^2 + 2\alpha\Delta s$ e sendo $v = 0$, $\Delta s = d_1$ e $\alpha = -\mu_d \cdot g$, vem:

$$0 = v_0^2 - 2\mu_d g d_1 \Rightarrow \boxed{d_1 = \frac{v_0^2}{2\mu_d g}}$$

Se, entretanto, o veículo possuir freio ABS (*anti-lock braking system*), as rodas continuam girando durante o freamento, sem derrapar e na iminência de escorregamento. O coeficiente de atrito é o estático e a distância percorrida será $d_2 = \frac{v_0^2}{2\mu_e g}$.

Sendo $\mu_e > \mu_d$, vem $d_2 < d_1$, isto é, com freio ABS o carro freia percorrendo uma distância menor até parar.

No caso de dois carros, o primeiro com freio convencional e o segundo com freio ABS, temos, para uma velocidade inicial de 50 km/h e considerando o asfalto seco, as seguintes distâncias percorridas: 13,5 m e 11,5 m. Para uma velocidade de 100 km/h essas distâncias valem, respectivamente, 53 m e 45 m.

Teste sua leitura

L.19 (PUC-RJ) Um motorista freia o seu carro até que ele fique em repouso. Que força faz o carro parar?

a) A força do solo sobre os pneus.
b) A força dos freios sobre as rodas.
c) A força dos freios sobre o motor.
d) A desaceleração do motor produzida pela ação dos freios.
e) A força de resistência do ar.

L.20 Analise as proposições:

I. Em um veículo, com freios convencionais, as rodas travam durante a freada. Há movimento relativo entre os pneus e o solo. A força responsável pela desaceleração do veículo é a força de atrito dinâmico.

II. Em um veículo, com freios ABS, as rodas continuam a girar durante a freada, sem derrapar e na iminência de escorregar. A força responsável pela desaceleração do veículo é a força de atrito estático.

III. Dois veículos se deslocam paralelamente na mesma estrada retilínea e com a mesma velocidade v_0. Um dos veículos possui freios convencionais e o outro, freios ABS. Em certo instante os veículos freiam. O veículo com freios convencionais percorre uma distância d_1 até parar, enquanto o outro para após percorrer a distância d_2. Sendo μ_d e μ_e os coeficientes de atrito dinâmico e estático, respectivamente, entre os pneus e o solo, pode-se afirmar que: $d_1 \cdot \mu_d = d_2 \cdot \mu_e$

Tem-se:

a) somente I e II são corretas.
b) somente II e III são corretas.
c) somente I e III são corretas.
d) somente I é correta.
e) todas as proposições são corretas.

CAPÍTULO 13

Forças em trajetórias curvilíneas

HERBERT HOPKENSPERGER / AGE-KEYSTOCK

Neste capítulo, fazemos uma análise da dinâmica dos movimentos curvilíneos, nos quais a velocidade varia em direção e, portanto, há aceleração centrípeta. Pelo princípio fundamental da Dinâmica, as forças que atuam no móvel devem garantir essa aceleração para a realização do movimento curvilíneo.

1. Variação da direção da velocidade

Se lançarmos um corpo horizontalmente, próximo à superfície da Terra, com uma velocidade inicial de grande intensidade, da ordem de 8 km/s = 28.800 km/h, o corpo ficará em órbita circular em torno da Terra (figura 1). Essa foi a velocidade alcançada pelos primeiros satélites artificiais, Sputnik I e Explorer I, em 1957 e 1958. A força de atração da Terra sobre o satélite altera a direção de sua velocidade, garantindo-lhe a aceleração centrípeta necessária para permanecer em órbita.

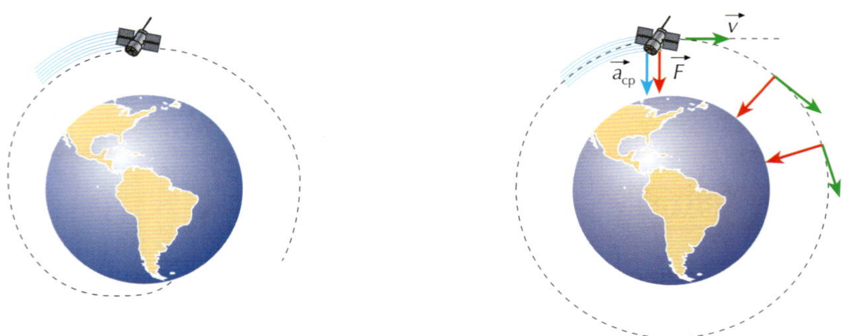

Figura 1. Para um observador na Terra, a força de atração $\vec{F}$ altera a direção da velocidade do satélite. Esquemas sem proporção e escala.

Considere o átomo de hidrogênio. Segundo o modelo atômico proposto por Rutherford, o átomo de hidrogênio possui um único elétron, que gira em torno de seu núcleo, constituído por um único próton (figura 2). O próton e o elétron possuem cargas elétricas, as quais interagem exercendo forças de campo (figura 3). A força $\vec{F}$, com que o próton atrai o elétron, altera a direção da velocidade do elétron, mantendo-o em órbita em torno do próton (figura 4).

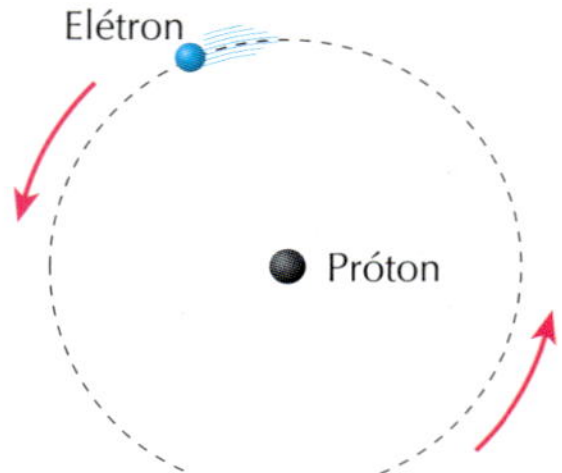

Figura 2.

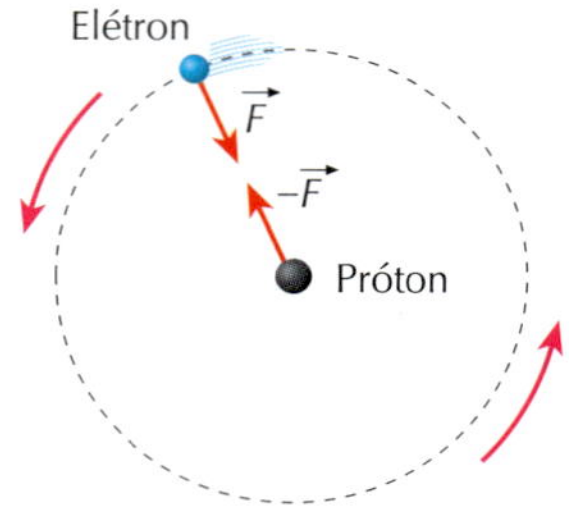

Figura 3.

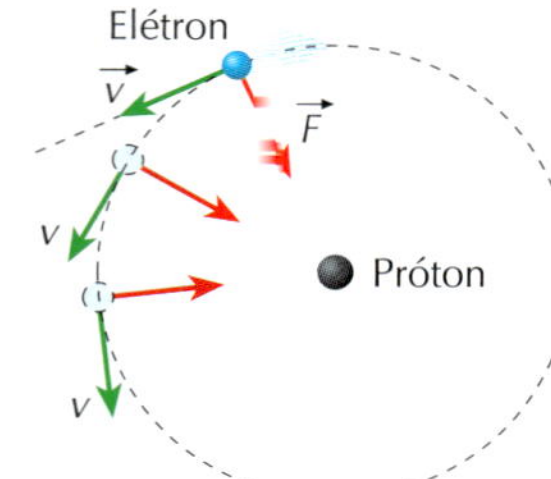

Figura 4.

Considere, agora, uma bola de ferro presa a um fio e que descreve uma circunferência horizontal (figura 5). Sobre a bola atuam as forças peso e tração do fio, que lhe garantem a aceleração centrípeta.

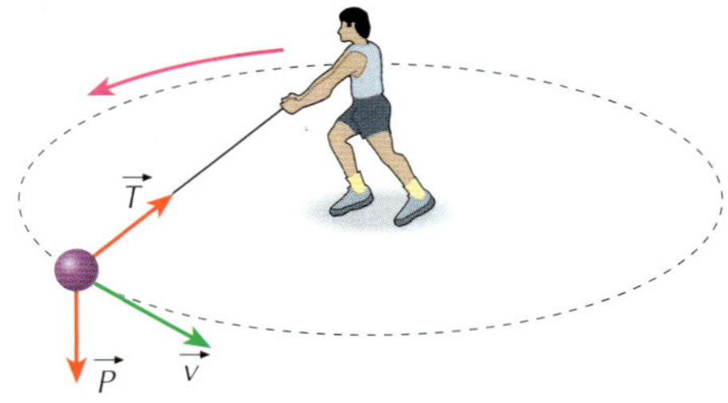

Figura 5.

2. Resultante centrípeta

Pelos exemplos anteriores podemos concluir que: toda vez que um corpo descreve uma curva, sua velocidade vetorial varia em direção. Para que isso ocorra, pelo princípio fundamental da Dinâmica, as forças que atuam no corpo devem garantir a aceleração centrípeta.

Admita, então, que um corpo esteja realizando um movimento plano, curvilíneo e uniforme sob ação das forças $\vec{F}_1$, $\vec{F}_2$, ..., $\vec{F}_n$ (figura 6a). Como o movimento curvilíneo é uniforme, a aceleração é centrípeta, e a resultante das forças $\vec{F}_{cp}$ está orientada para o centro da trajetória (figura 6b). Pelo princípio fundamental da Dinâmica:

$$\vec{F}_{cp} = m\vec{a}_{cp}$$

Nessa fórmula, $\vec{F}_{cp}$ é a **força centrípeta** ou **resultante centrípeta** das forças $\vec{F}_1$, $\vec{F}_2$, ..., $\vec{F}_n$ que atuam no corpo.

a) b)

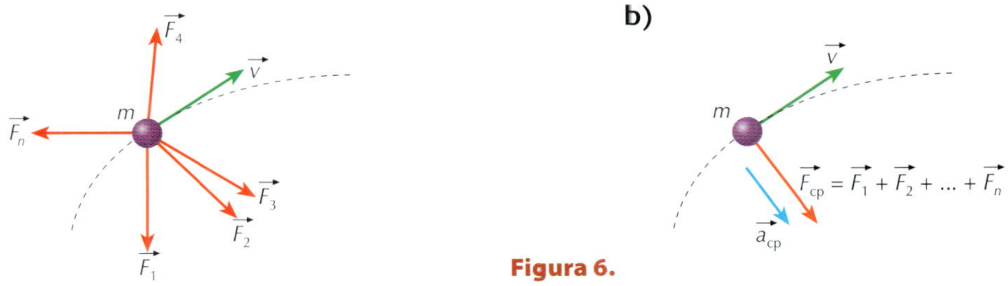

Figura 6.

Eventualmente $\vec{F}_{cp}$ pode ser uma única força. Nos exemplos anteriores, $\vec{F}_{cp}$ é a força de atração gravitacional que a Terra exerce no satélite em órbita ou a força de atração elétrica que o próton exerce no elétron, no átomo de hidrogênio. No exemplo da bola de ferro, $\vec{F}_{cp}$ é a soma vetorial das forças de tração $\vec{T}$ e do peso $\vec{P}$.

WILLIAM WEBSTER / REUTERS-LATINSTOCK

▲ No globo da morte, como o da foto, a moto não cai porque as forças nela atuantes garantem a aceleração centrípeta do movimento que ela realiza.

Exercícios resolvidos

R.108 Um pequeno bloco de massa $m = 4{,}0$ kg, preso à extremidade de um fio, descreve, sobre uma mesa horizontal e perfeitamente lisa, um movimento circular de raio $R = 0{,}50$ m, com velocidade escalar constante $v = 3{,}0$ m/s. Determine a intensidade da força de tração que o fio exerce no bloco.

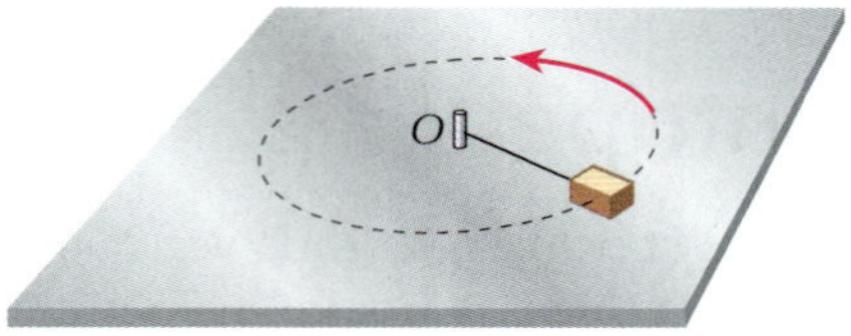

Solução:

As forças que agem no bloco são: o peso $\vec{P}$, a normal $\vec{F}_N$ e a força de tração $\vec{T}$. O peso e a normal se anulam e **a tração $\vec{T}$ é a resultante centrípeta**. A aceleração centrípeta tem módulo:

$$a_{cp} = \frac{v^2}{R} \Rightarrow a_{cp} = \frac{(3{,}0)^2}{0{,}50} \Rightarrow a_{cp} = 18\ \text{m/s}^2$$

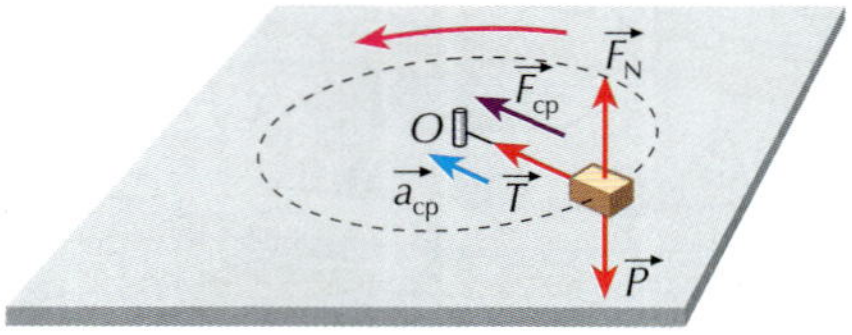

Pela equação fundamental da Dinâmica ($\vec{F}_{cp} = m\vec{a}_{cp}$), podemos escrever:

$$T = ma_{cp} \Rightarrow T = 4{,}0 \cdot 18 \Rightarrow \boxed{T = 72\ \text{N}}$$

Resposta: 72 N

R.109 Uma bola de ferro de massa $m = 0{,}5$ kg, presa a um fio inextensível de comprimento igual a 1,5 m, descreve uma circunferência vertical de raio igual ao comprimento do fio. Quando passa pelo ponto inferior, sua velocidade é 3 m/s. Determine a intensidade da tração do fio nesse ponto (use $g = 10$ m/s²).

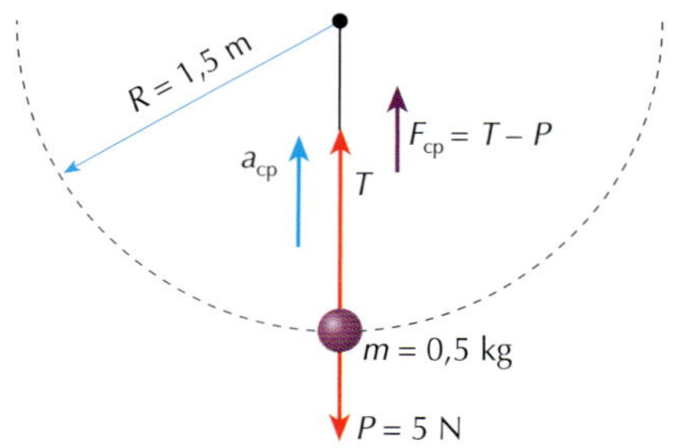

Solução:

A resultante centrípeta $\vec{F}_{cp}$ que atua na esfera tem intensidade igual a $T - P$, sendo:

$P = mg = 0{,}5 \cdot 10 \Rightarrow P = 5$ N

A aceleração centrípeta tem módulo igual a:

$$a_{cp} = \frac{v^2}{R} = \frac{3^2}{1{,}5} \Rightarrow a_{cp} = 6\ \text{m/s}^2$$

Pela equação fundamental da Dinâmica:

$$\vec{F}_{cp} = m\vec{a}_{cp} \Rightarrow T - P = ma_{cp} \Rightarrow T - 5 = 0{,}5 \cdot 6 \Rightarrow \boxed{T = 8\ \text{N}}$$

Resposta: 8 N

Observação:

Note que, no ponto inferior da trajetória, a força centrípeta $\vec{F}_{cp}$ é a resultante de $\vec{T}$ e $\vec{P}$. Sua intensidade é:

$$F_{cp} = T - P = 8 - 5 \Rightarrow F_{cp} = 3\ \text{N}$$

R.110 Um veículo de massa $m = 600$ kg percorre uma pista curva de raio $R = 80$ m. Há atrito de escorregamento lateral de coeficiente $\mu = 0{,}5$. Adote $g = 10$ m/s^2. Determine a máxima velocidade que o veículo pode ter para fazer a curva sem derrapar. Considere-o um ponto material.

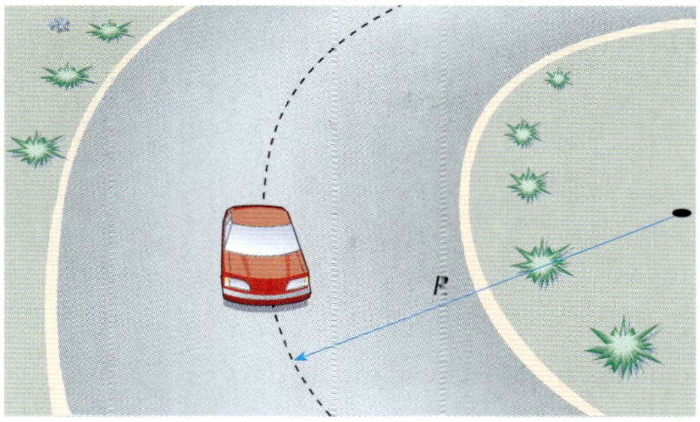

Solução:

As forças que atuam no veículo são a normal $\vec{F}_N$, o peso $\vec{P}$ e a força de atrito $\vec{f}_{at.}$ de escorregamento lateral. A normal $\vec{F}_N$ e o peso $\vec{P}$ se anulam e a força de atrito $\vec{f}_{at.}$ garante a aceleração centrípeta $\vec{a}_{cp}$ para o veículo fazer a curva:

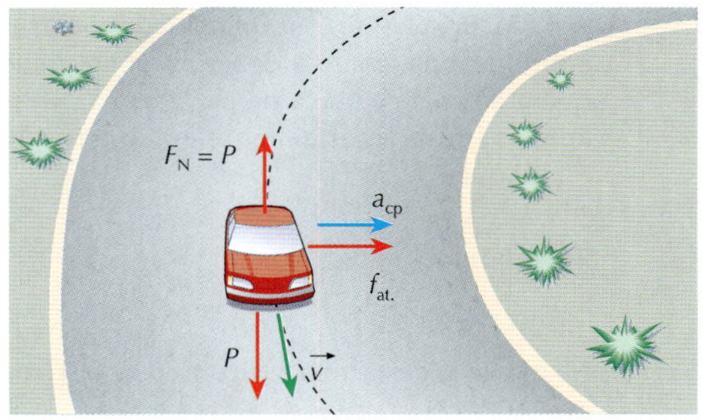

$$f_{at.} = ma_{cp} = m\frac{v^2}{R}$$

Pela igualdade anterior, a velocidade v é máxima quando $f_{at.}$ for máxima. O valor máximo de $f_{at.}$ é μF_N. Nessas condições, o carro está na iminência de escorregamento lateral.

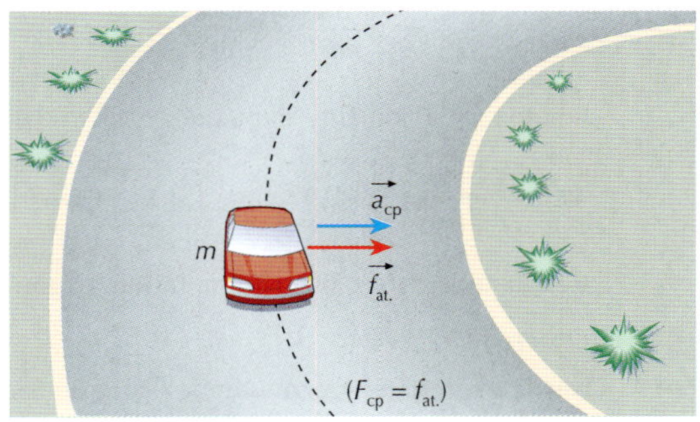

Então, temos: $f_{at.\ máx.} = m\frac{v^2_{máx.}}{R}$

Mas: $f_{at.\ máx.} = \mu F_N = \mu P = \mu mg$

Portanto:

$$\mu mg = m\frac{v^2_{máx.}}{R} \Rightarrow v^2_{máx.} = \mu Rg \Rightarrow \boxed{v_{máx.} = \sqrt{\mu Rg}}$$

Substituindo nessa fórmula os valores dados no enunciado, obtemos:

$$v_{máx.} = \sqrt{0{,}5 \cdot 80 \cdot 10} = \sqrt{400}$$

$$\boxed{v_{máx.} = 20 \text{ m/s} = 72 \text{ km/h}}$$

Resposta: 20 m/s ou 72 km/h

Observação:

É comum observar, nas corridas de automóveis, que os carros entram numa curva por fora, tangenciam o lado interno da curva e saem pelo lado externo da pista. Isto é feito para aumentar o raio R da trajetória e consequentemente aumentar a velocidade máxima $v_{máx.}$ com que o carro pode fazer a curva sem derrapar, pois $v_{máx.} = \sqrt{\mu Rg}$.

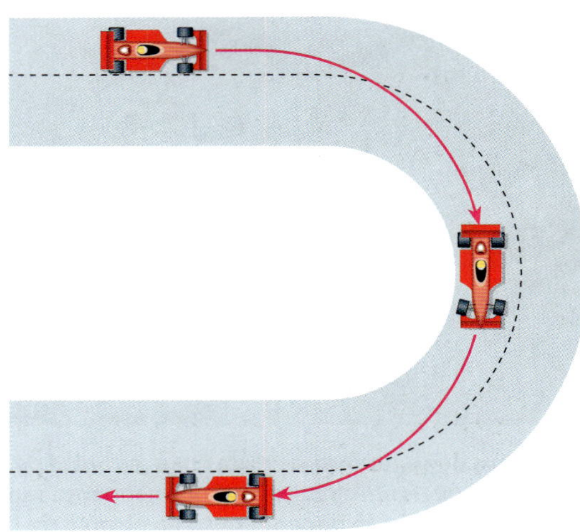

R.111 Um veículo de 1.000 kg percorre com velocidade de 90 km/h uma curva de raio $R = 100$ m. A estrada é sobrelevada, isto é, sua margem externa é mais elevada em relação à margem interna. Adote $g = 10$ m/s^2. Determine a tangente do ângulo de sobrelevação θ da pista para que a segurança do veículo na curva não dependa do atrito.

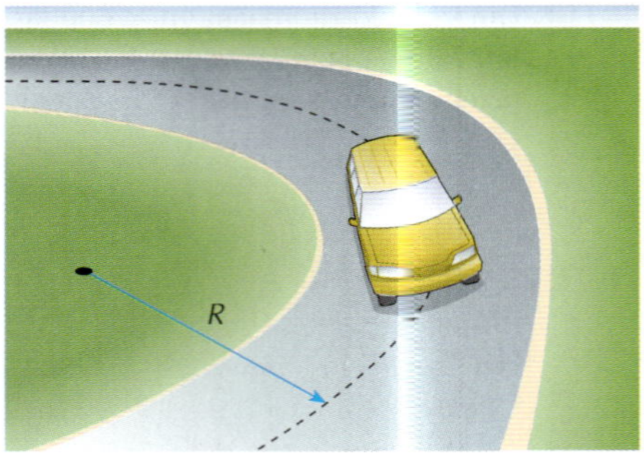

Solução:

No exercício anterior concluímos que a velocidade de um carro na curva depende do raio R e do coeficiente de atrito μ. Se o coeficiente de atrito entre pneu e estrada for pequeno, a velocidade máxima diminui e a segurança do veículo é afetada. Resolve-se essa dificuldade construindo-se estradas sobrelevadas, como a descrita na figura ao lado. Observe que a normal $\vec{F}_N$ deixa de ser vertical. Desse modo, $\vec{F}_N$ e $\vec{P}$ adicionam-se vetorialmente e dão a resultante centrípeta $\vec{F}_{cp}$ tal que:

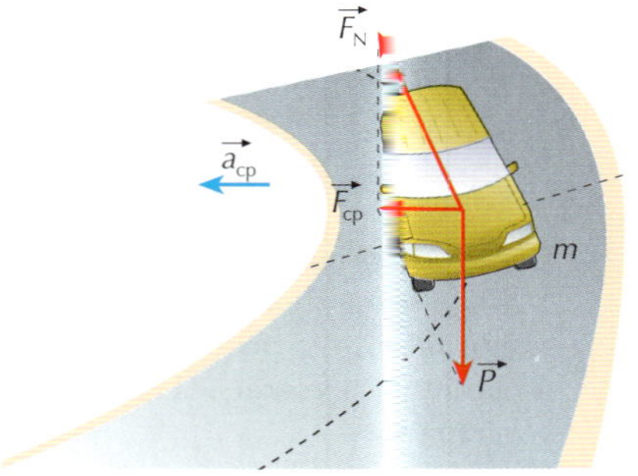

$$\vec{F}_{cp} = m\vec{a}_{cp}$$

Em módulo, temos:

$$F_{cp} = m\frac{v^2}{R}$$

No triângulo destacado na figura ao lado, temos:

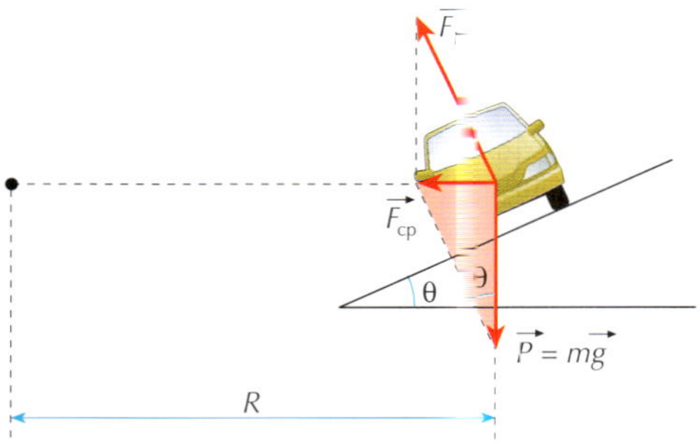

$$\text{tg}\,\theta = \frac{F_{cp}}{P} = \frac{\frac{mv^2}{R}}{mg} = \frac{v^2}{Rg} \Rightarrow \boxed{\text{tg}\,\theta = \frac{v^2}{Rg}}$$

Sendo $v = 90$ km/h $= 25$ m/s, $R = 100$ m e $g = 10$ m/s^2, vem:

$$\text{tg}\,\theta = \frac{25^2}{100 \cdot 10} = 0{,}625 \Rightarrow \boxed{\text{tg}\,\theta = 0{,}625}$$

Resposta: tg θ = 0,625 (numa tabela trigonométrica podemos verificar que esse ângulo é 32°).

Observação:

Nesse exercício determinamos o ângulo θ sem considerar a existência de atrito. Na prática, devido ao atrito, o ângulo de sobrelevação é bem menor.

GAVIN LAWRENCE / GETTY IMAGES SPORT

ANTON MERES-REUTERS / CORBIS-LATINSTOCK

Por razões de segurança, as pistas para corridas de motos, de bicicletas e de automóveis em circuito oval normalmente são sobrelevadas, para que os competidores não dependam só do atrito para fazer as curvas.

R.112 Um corpo descreve um movimento, num plano vertical, no interior de uma superfície esférica de raio igual a 2,5 m. Adote $g = 10\ m/s^2$. Determine a mínima velocidade que o corpo deve ter para não perder contato com a superfície esférica.

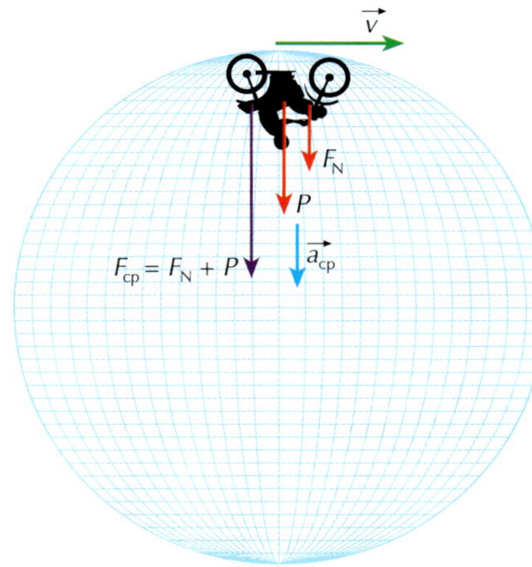

Solução:

O fenômeno descrito ocorre em circos ou parques de diversões. Um motociclista movimenta-se no interior de um globo metálico conhecido por **globo da morte**. À medida que o corpo sobe, tende a perder contato com a pista e o ponto crítico é o superior. Considere o corpo nessa posição superior. Nele atuam o peso $\vec{P}$ e a normal $\vec{F}_N$, que dão a resultante centrípeta $\vec{F}_{cp}$.

$$F_{cp} = ma_{cp} \Rightarrow F_N + P = ma_{cp} = m\frac{v^2}{R} \Rightarrow \boxed{F_N + P = m\frac{v^2}{R}} \quad ①$$

Por essa fórmula, à medida que decresce a velocidade v, diminui também a força de contato F_N, pois P, m e R são constantes. Sendo assim, a velocidade mínima para se fazer a curva ocorre quando $F_N = 0$. Observe que o corpo não cai, pois possui velocidade $\vec{v}$. Na fórmula ①, $v = v_{mín.}$ quando $F_N = 0$. Sendo $R = 2{,}5$ m e $g = 10\ m/s^2$, temos:

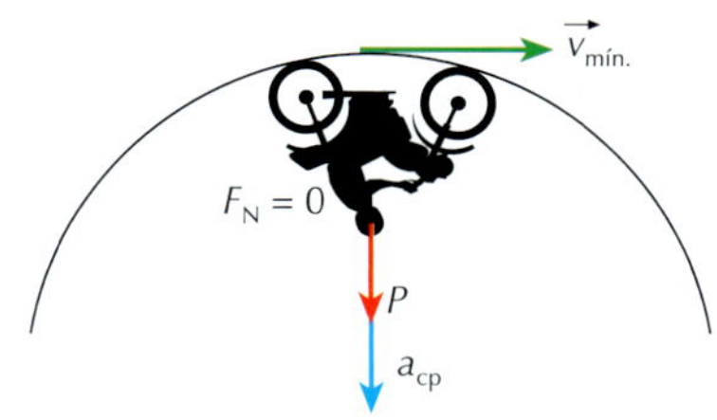

$v = v_{mín.} \Rightarrow F_N = 0$

$P = ma_{cp}$

$mg = \frac{mv^2_{mín.}}{R}$

$v_{mín.} = \sqrt{Rg}$

$$F_N + P = m\frac{v^2}{R} \Rightarrow 0 + P = m\frac{v^2_{mín.}}{R} \Rightarrow mg = m\frac{v^2_{mín.}}{R} \Rightarrow$$

$$\Rightarrow \boxed{v_{mín.} = \sqrt{Rg}} \Rightarrow v_{mín.} = \sqrt{2{,}5 \cdot 10} = \sqrt{25} \Rightarrow$$

$$\Rightarrow \boxed{v_{mín.} = 5\ m/s = 18\ km/h}$$

Resposta: 5 m/s ou 18 km/h

Observação:

O fenômeno discutido neste exercício é muito importante. Iremos nos referir a ele mais adiante, chamando-o de "o problema do globo da morte".

R.113 Considere um cilindro vertical de raio $R = 4$ m girando em torno de seu eixo. Uma pessoa no seu interior está encostada na parede interna. O coeficiente de atrito entre sua roupa e a parede do cilindro é 0,5. O cilindro começa a girar com velocidade angular ω. Quando essa velocidade atinge determinado valor, o piso horizontal do cilindro é retirado e a pessoa não escorrega verticalmente. Esse aparelho existe em parques de diversões e é conhecido por rotor. Adote $g = 10\ m/s^2$. Determine o menor valor da velocidade angular ω para ocorrer o fenômeno descrito.

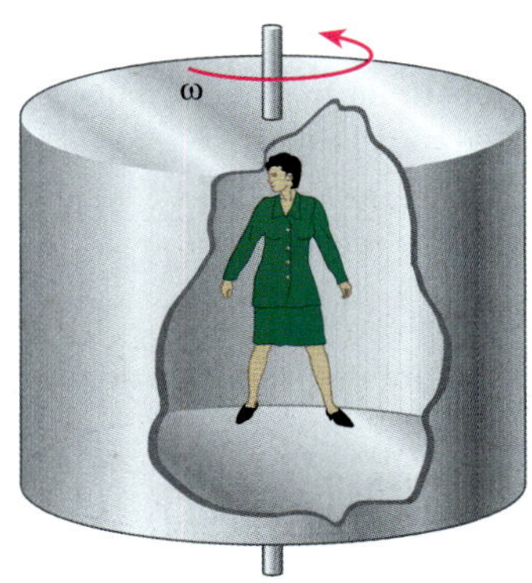

Solução

Na pessoa atuam seu peso $\vec{P}$, a normal $\vec{F}_N$ e a força de atrito de direção vertical, que equilibra o peso quando o piso é retirado. A resultante centrípeta é a normal $\vec{F}_N$:

$$F_{cp} = ma_{cp} = m\frac{v^2}{R} = m\omega^2 R \Rightarrow \boxed{F_N = m\omega^2 R} \quad ①$$

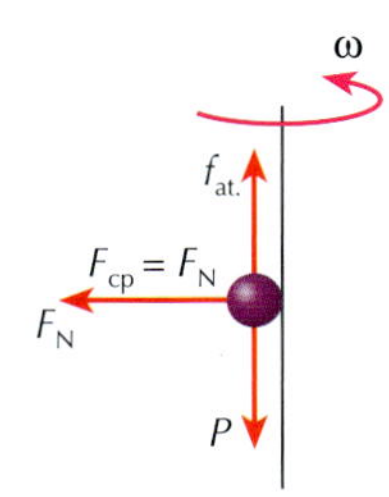

O menor valor da velocidade angular ω, para ocorrer o fenômeno descrito, corresponde à pessoa na iminência de escorregar. Nessas condições, a força de atrito tem valor máximo $f_{at.(máx.)} = \mu F_N$ e deve equilibrar o peso:

$$f_{at.(máx.)} = P \Rightarrow \mu F_N = P \Rightarrow \boxed{\mu F_N = mg} \quad ②$$

Substituindo ① em ②, vem:

$$\mu m\omega^2 R = mg \Rightarrow \omega^2 = \frac{g}{\mu R} \Rightarrow \boxed{\omega = \sqrt{\frac{g}{\mu R}}} \Rightarrow \omega = \sqrt{\frac{10}{0{,}5 \cdot 4}} \Rightarrow \omega = \sqrt{5} \Rightarrow \boxed{\omega \simeq 2{,}23\ rad/s}$$

Resposta: $\simeq$ 2,23 rad/s

Observação:

Se a velocidade angular do cilindro diminuir, pela fórmula ①, F_N diminui; consequentemente, diminui a força de atrito máxima $f_{at.(máx.)} = \mu F_N$. Nesse caso, a força de atrito torna-se menor que o peso, e o corpo escorrega para baixo. Se a velocidade ω crescer além do valor calculado, pela fórmula ①, a normal F_N aumenta, o que acarreta um aumento no valor da força de atrito máxima. O corpo, porém, não escorrega para cima, pois a força de atrito é passiva; sua intensidade continua igual a P, isto é: $P = f_{at.} < f_{at.(máx.)}$.

R.114 Uma massa m está presa a um fio inextensível, de peso desprezível, e gira num plano horizontal constituindo um pêndulo cônico. Se o comprimento do fio é $L = 2$ m e o ângulo que o fio forma com a vertical é $\theta = 60°$ ($\cos 60° = 0{,}5$), determine a velocidade angular ω de rotação da massa m. Adote $g = 10$ m/s².

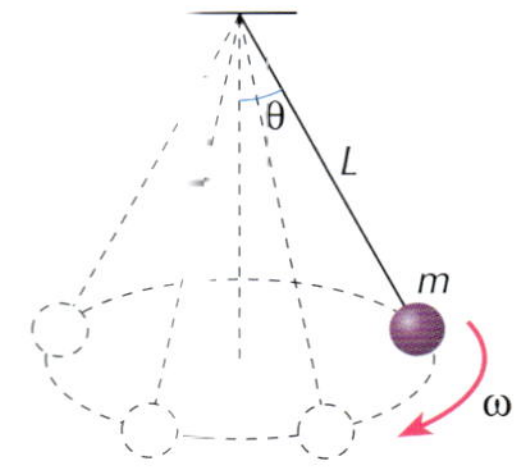

Solução:

Na massa pendular atuam o peso $\vec{P}$ e a tração $\vec{T}$. A resultante centrípeta $\vec{F}_{cp}$ é a soma de $\vec{P}$ e $\vec{T}$ conforme se indica no diagrama de forças da figura I. Pela equação fundamental da Dinâmica:

$$F_{cp} = ma_{cp} = m\omega^2 R \quad ①$$

Do triângulo destacado da figura II abaixo, vem:

$$\text{tg}\,\theta = \frac{F_{cp}}{P} = \frac{F_{cp}}{mg} = \frac{m\omega^2 R}{mg} \Rightarrow \text{tg}\,\theta = \frac{\omega^2 R}{g} \quad ②$$

Entre na rede

No endereço eletrônico **http://www.walter-fendt.de/ph11br/carousel_br.htm** (acesso em 13/2/2007), você pode fazer a análise das forças que agem em esferas, que realizam MCU, no movimento de um carrossel.

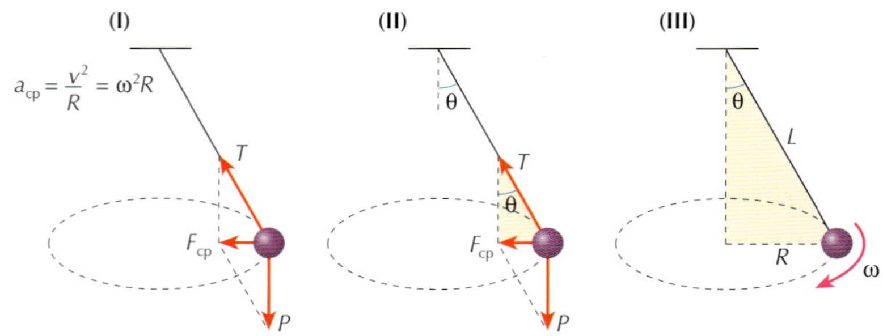

O raio R, porém, depende do comprimento L do fio. Do triângulo destacado da figura III acima, vem:

$$R = L \cdot \text{sen}\,\theta \quad ③$$

Substituindo ③ na fórmula ② e considerando $\text{tg}\,\theta = \frac{\text{sen}\,\theta}{\cos\theta}$, obtemos:

$$\text{tg}\,\theta = \frac{\omega^2 R}{g} = \frac{\omega^2 L \cdot \text{sen}\,\theta}{g} \Rightarrow \frac{\text{sen}\,\theta}{\cos\theta} = \frac{\omega^2 L \cdot \text{sen}\,\theta}{g} \Rightarrow \omega^2 = \frac{g}{L \cdot \cos\theta} \Rightarrow \boxed{\omega = \sqrt{\frac{g}{L \cdot \cos\theta}}} \quad ④$$

Substituindo os dados do problema na fórmula ④, vem: $\omega = \sqrt{\frac{10}{2 \cdot 0{,}5}} = \sqrt{10} \Rightarrow \boxed{\omega \simeq 3{,}2 \text{ rad/s}}$

Resposta: $\simeq 3{,}2$ rad/s

Observação:

Considere um pêndulo cujo ângulo θ seja pequeno, de modo que $\cos\theta$ tende a 1.
Na fórmula ④, vem:

$$\omega = \sqrt{\frac{g}{L \cdot \cos\theta}} \Rightarrow \omega \simeq \sqrt{\frac{g}{L}}$$

Então, como $\omega = \frac{2\pi}{T}$, vem:

$$\frac{2\pi}{T} \simeq \sqrt{\frac{g}{L}} \text{ ou } \boxed{T \simeq 2\pi\sqrt{\frac{L}{g}}}$$

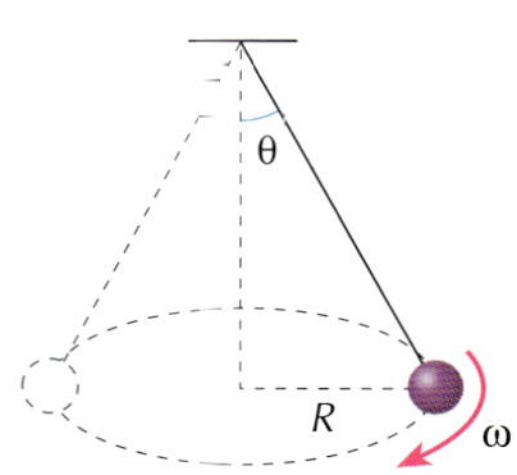

Nessas condições, o período do pêndulo cônico não depende da massa pendular mas depende do comprimento do fio e da aceleração da gravidade local.

Exercícios propostos

P.296 (EEM-SP) Um ponto material de massa $m = 0,25$ kg descreve uma trajetória circular de raio $R = 0,50$ m, com velocidade constante e frequência $f = 4,0$ Hz. Calcule a intensidade da força centrípeta que age sobre o ponto material.

P.297 (UFPel-RS) Um estudante, indo para a faculdade, em seu carro, desloca-se num plano horizontal, no qual descreve uma trajetória curvilínea de 48 m de raio, com uma velocidade constante em módulo. Entre os pneus e a pista existe um coeficiente de atrito cinético de 0,3.

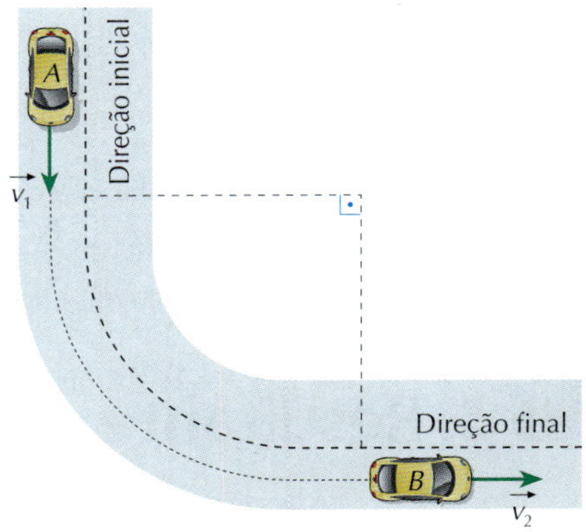

Considerando a figura, a aceleração da gravidade no local, de 10 m/s², e a massa do carro de 1.200 kg, faça o que se pede.

a) Caso o estudante resolva imprimir uma velocidade de 60 km/h ao carro, ele conseguirá fazer a curva? Justifique.

b) A velocidade máxima possível para que o carro possa fazer a curva, sem derrapar, irá se alterar se diminuirmos a sua massa? Explique.

c) O vetor velocidade apresenta variações neste movimento? Justifique.

P.298 (Udesc) A sobreelevação das pistas nas curvas de autódromos, velódromos ou mesmo em avenidas, rodovias ou ferrovias dá mais segurança aos usuários, dificultando ou impedindo que os veículos sejam arremessados para fora da pista, quando em alta velocidade.

Considere a seguinte situação: em um percurso de triatlo, os ciclistas precisam fazer curvas circulares sobre-elevadas de 70 m de raio com velocidade de módulo 72 km/h.

Despreze a força de atrito e admita $g = 10$ m/s².

a) Represente as forças que atuam sobre o sistema bicicleta-ciclista.

b) Qual deve ser o ângulo de inclinação da pista, nesse caso?

c) Avaliando as forças que atuam sobre o ciclista, o resultado anterior depende da massa do sistema? Justifique sua resposta.

P.299 (UFMG) Ana está sentada em um banco de uma roda-gigante, que gira com velocidade angular constante. Nesse movimento, Ana passa, sucessivamente, pelos pontos P, Q, R e S, como mostrado na figura ao lado.

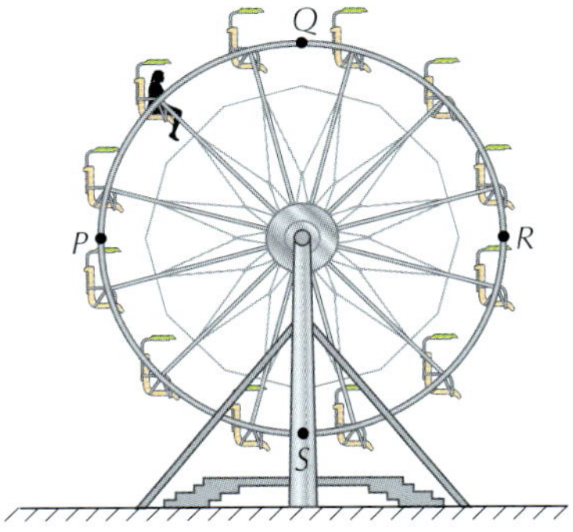

Considere que a massa de Ana é 30 kg, que o raio de sua trajetória é 5,0 m e que o módulo de sua velocidade angular é 0,40 rad/s.

Com base nessas informações:

a) Determine a força resultante — módulo, direção e sentido — sobre Ana quando esta passa pelo ponto Q, indicado na figura.

b) O módulo da força que o banco faz sobre Ana é maior no ponto Q ou no ponto S? Justifique sua resposta.

P.300 Um motociclista percorre uma trajetória circular vertical de raio $R = 3,6$ m, no interior de um globo da morte. Calcule qual deve ser o menor valor da velocidade no ponto mais alto que permita ao motociclista percorrer toda a trajetória circular. É dado $g = 10$ m/s².

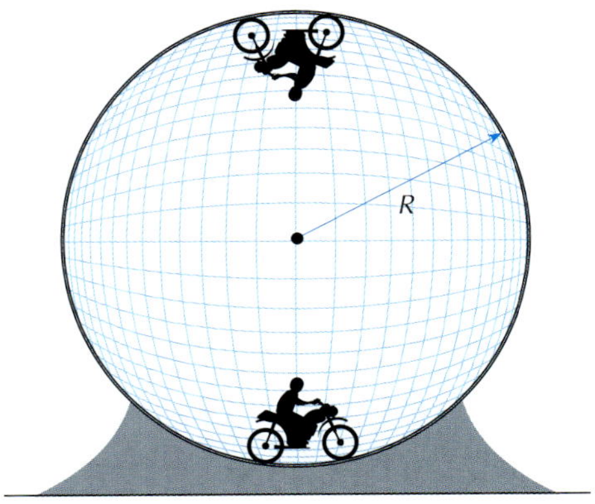

P.301 Uma pedra de 3 N de peso, amarrada a um cordel de 2,5 m de comprimento, descreve uma circunferência horizontal de 2 m de raio. O cordel, fixo em uma das extremidades, gera uma superfície cônica. Determine:

a) a intensidade da força de tração do fio, em newtons;
b) a frequência *f* de rotação, em hertz.
Use $g = 10 \text{ m/s}^2$.

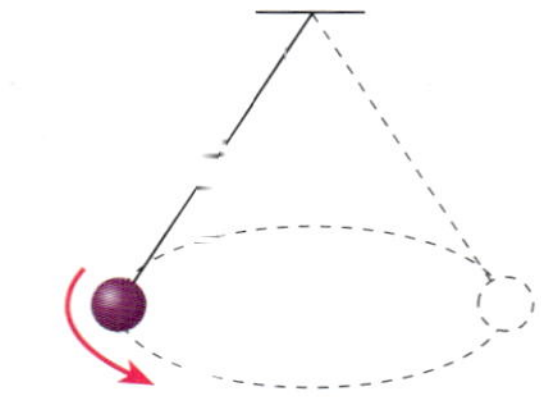

P.302 Um corpo de peso *P* está encostado à parede vertical de um compartimento cilíndrico de raio *R*, e apoiado em seu piso. O compartimento (parede cilíndrica mais piso) passa a girar com velocidade angular crescente até um valor ω_1, tal que o corpo permanece encostado à parede, na mesma posição inicial, sem escorregar, ainda que o piso seja retirado.

a) Nessa situação, represente, por meio de um diagrama vetorial, as forças que atuam no corpo, dando suas expressões.
b) Se a velocidade angular crescer além de ω_1, o corpo tende a subir? Explique.
c) Se o peso do corpo fosse $\frac{P}{2}$ e não *P*, e a velocidade angular ainda fosse a mesma ω_1, haveria movimento segundo a vertical? Justifique.

3. Resultante centrípeta e resultante tangencial

No item 2, consideramos o movimento uniforme e, portanto, a resultante das forças que agem no corpo, orientada para o centro da trajetória. Entretanto, se a força resultante $\vec{F}_R$ não estiver orientada para o centro da trajetória, **o que ocorre nos movimentos curvilíneos variados** (figura 7a), podemos decompor $\vec{F}_R$ nas direções normal e tangente à trajetória (figura 7b). A resultante das forças normais à trajetória é a **resultante centrípeta** $\vec{F}_{cp}$, responsável pela variação da direção da velocidade $\vec{v}$. A resultante das forças tangentes à trajetória é a **resultante tangencial** $\vec{F}_t$, responsável pela variação do módulo de $\vec{v}$.

Figura 7.

A resultante centrípeta produz a aceleração centrípeta $\vec{a}_{cp}$ e a resultante tangencial produz a aceleração tangencial $\vec{a}_t$. Pelo princípio fundamental da Dinâmica, temos:

$$\vec{F}_{cp} = m\vec{a}_{cp} \quad \text{e} \quad \vec{F}_t = m\vec{a}_t$$

No movimento circular uniforme $\vec{F}_t = \vec{0}$ e a resultante das forças é a centrípeta.

Considere, por exemplo, um pêndulo simples. A figura 8a mostra as forças que agem na esfera no instante em que passa pela posição *A*. A força de tração $\vec{T}$ tem direção da normal à trajetória e o peso $\vec{P}$ é decomposto nas direções normal (P_n) e tangencial (P_t), conforme a figura 8b. Sendo $P_n = P \cdot \cos\theta$ e $P_t = P \cdot \text{sen}\,\theta$, concluímos que as resultantes centrípeta e tangencial têm módulos: $F_{cp} = T - P \cdot \cos\theta$ e $F_t = P \cdot \text{sen}\,\theta$.

Figura 8.

Quando a esfera passa pela posição mais baixa, *B*, as forças $\vec{T}$ e $\vec{P}$ têm direção da normal à trajetória e, nesse instante, $F_{cp} = T - P$ e $F_t = 0$ (figura 9).

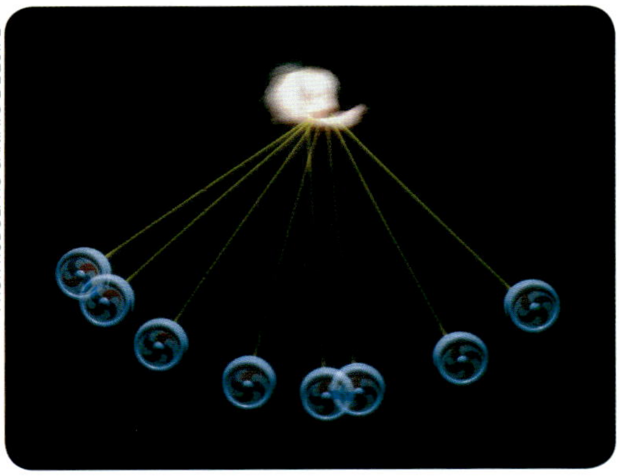

◀ A intensidade da força no fio do pêndulo varia conforme a posição da massa pendular.

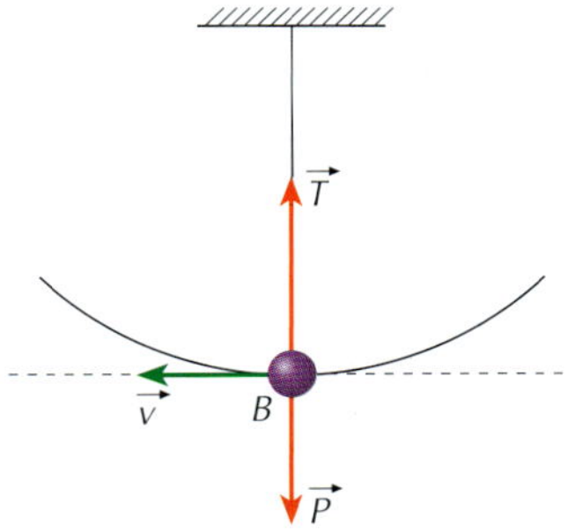

Figura 9.

4. Força em referencial não-inercial

Considere um carro numa curva de raio *R*. Para um observador externo fixo na estrada (referencial inercial), o veículo tende a sair pela tangente conservando sua velocidade, pelo princípio da inércia (figura 10a).

Para esse observador externo, as forças que atuam no veículo, peso $\vec{P}$, normal $\vec{F}_N$ e atrito de escorregamento lateral $\vec{f}_{at.}$, garantem a resultante centrípeta $\vec{F}_{cp}$, que altera a direção da velocidade.

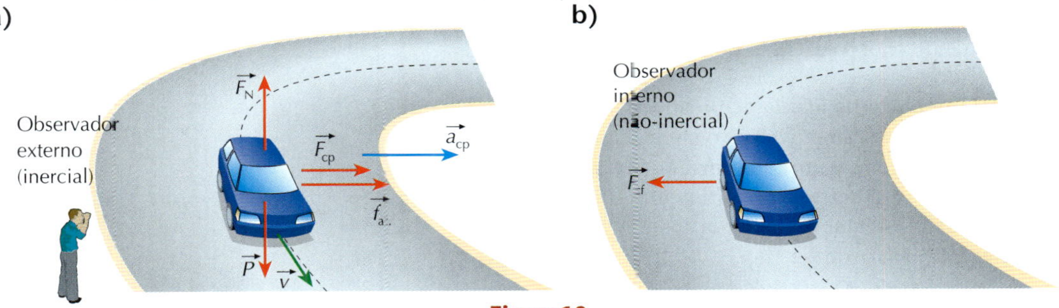

Figura10.

O fenômeno, porém, é diferente para um observador no interior do próprio carro, pois este possui aceleração em relação à estrada e, por isso, é um referencial não-inercial. Esse observador interno sente-se atirado para fora do carro na curva e interpreta o fenômeno considerando uma força $\vec{F}_{cf}$ em relação ao próprio carro (figura 10b). Essa força $\vec{F}_{cf}$ é chamada **força centrífuga**, e somente existe em relação a referenciais não-inerciais.

Para o observador externo fixo na estrada (referencial inercial), a força centrífuga não existe.

A força centrífuga não é reação da força centrípeta.

A força centrífuga é uma força de inércia semelhante à força $\vec{f}$ que age no ponto material do exercício R.97 da página 211, em relação ao observador acelerado no interior do trem.

Exercícios propostos de recapitulação

P.303 A figura mostra um sistema de dois corpos de massas iguais a 0,2 kg, ligados por fios inextensíveis e de massas desprezíveis, de 0,3 m cada, girando num plano horizontal sem atrito, com velocidade angular $\omega = 4$ rad/s, em torno do ponto fixo *O*. Determine as intensidades das trações nos fios.

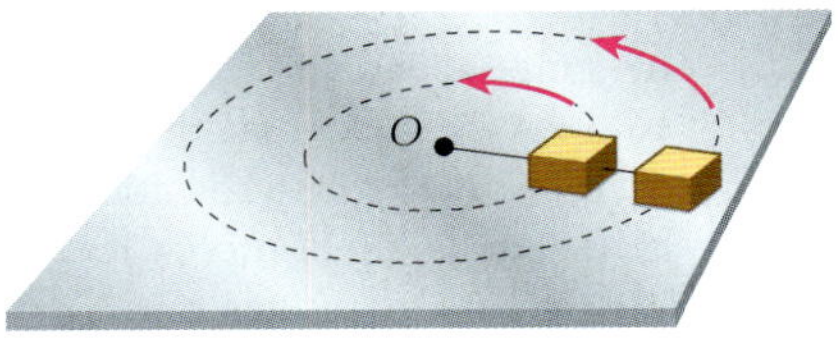

P.304 (UFPR) Um disco de raio R está em movimento circular uniforme com velocidade angular ω. Sobre esse disco está posicionado um pequeno bloco de madeira de massa m, a uma distância r do eixo de rotação, conforme mostra, em perfil, a figura ao lado. O coeficiente de atrito estático entre o bloco e o disco é μ. Sabe-se que existe uma velocidade angular máxima $\omega_{máx.}$ a partir da qual o bloco desliza para fora do disco. A aceleração da gravidade é representada por g. Com base nesses dados, responda os itens a seguir.

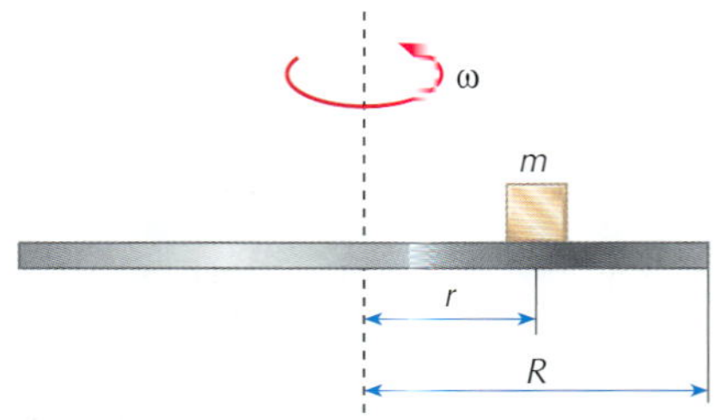

a) Represente na figura as forças que atuam sobre o bloco durante o movimento e indique os seus nomes.
b) Obtenha uma equação para a velocidade angular máxima $\omega_{máx.}$ com os dados fornecidos.
c) O que acontecerá com a velocidade angular máxima $\omega_{máx.}$ quando a distância r do bloco ao eixo de rotação for duplicada? Justifique.

P.305 Uma rodovia tem 8 m de largura. Calcule a diferença de nível que deve existir entre suas margens externa e interna para que um carro possa fazer uma curva de 600 m de raio a 72 km/h sem depender do atrito. Adote $g = 10\ m/s^2$ e, para pequenos ângulos, considere sen $\theta \simeq$ tg θ.

P.306 O veículo da figura tem peso $P = 10.000$ N e passa no ponto inferior da depressão com 54 km/h. O raio da curva nesse ponto é 10 m. Determine a força de reação da pista no veículo nesse ponto. Adote $g = 10\ m/s^2$.

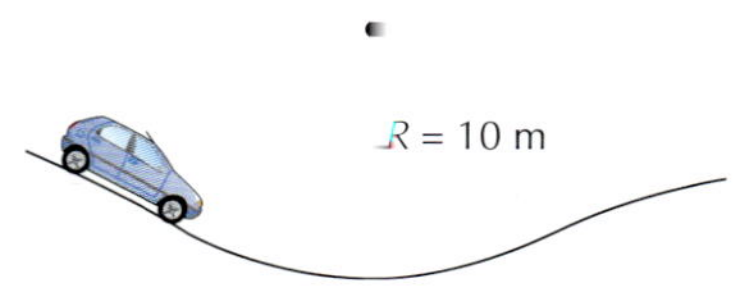

P.307 (FEI-SP) Um veículo de massa 1.600 kg percorre um trecho de estrada (desenhada em corte na figura e contida num plano vertical) em lombada, com velocidade de 72 km/h. Adote $g = 10\ m/s^2$. Determine a intensidade da força que o leito da estrada exerce no veículo quando este passa pelo ponto mais alto da lombada.

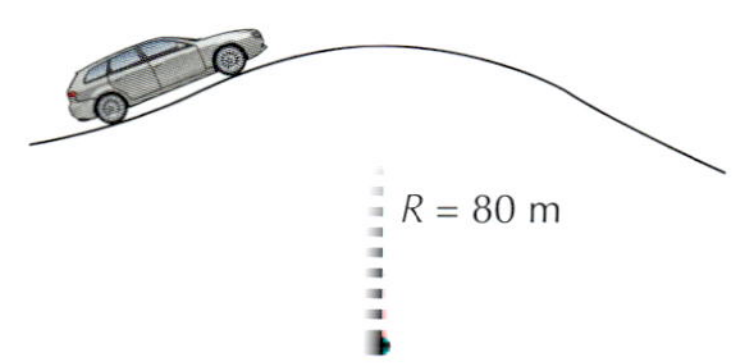

P.308 (UFG-GO) Um bloco de massa m, preso a uma mola de constante elástica k, descreve um movimento circular uniforme numa mesa horizontal lisa (sem atrito), conforme a figura ao lado. A mola, quando não-deformada, tem comprimento L. Quando o bloco gira com velocidade angular ω, o raio da trajetória é R.
Nessas condições, pede-se:

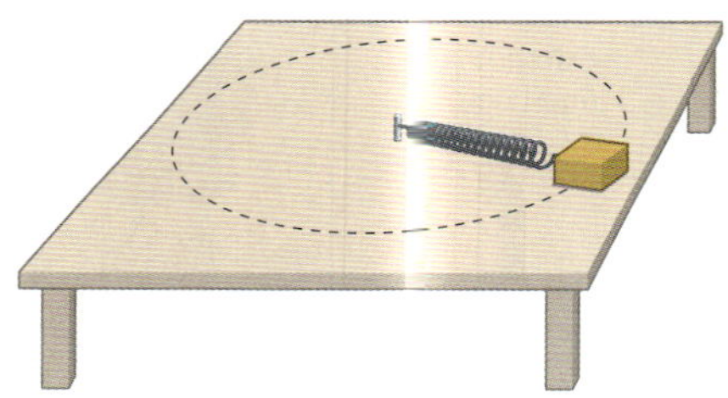

a) o esquema das forças que atuam no bloco;
b) o valor da constante elástica k da mola, considerando que: $L = 0{,}6$ m; $R = 0{,}8$ m; $m = 2$ kg; $\omega = 5$ rad/s.

P.309 Um pequeno bloco de massa m_1 gira sobre uma mesa horizontal sem atrito. Esse bloco está ligado a outro, de massa m_2, por um fio que passa por um orifício existente na mesa. O bloco de massa m_1 descreve um movimento circular uniforme de raio $R = 0{,}50$ m e velocidade $v = 5{,}0$ m/s, e o bloco de massa m_2 permanece em repouso. Sendo $g = 10\ m/s^2$, determine a relação $\dfrac{m_2}{m_1}$.

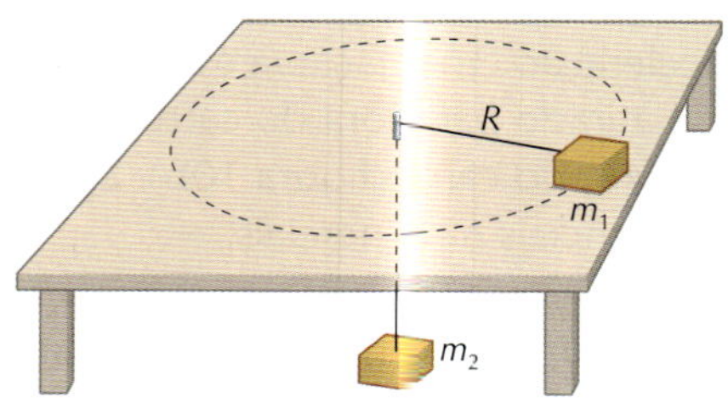

P.310 (Fuvest-SP) Um ventilador de teto, com eixo vertical, é constituído por três pás iguais e rígidas, encaixadas em um rotor de raio $R = 0{,}10$ m, formando ângulos de 120° entre si. Cada pá tem massa $M = 0{,}20$ kg e comprimento $L = 0{,}50$ m. No centro de uma das pás foi fixado um prego P, com massa $m_P = 0{,}020$ kg, que desequilibra o ventilador, principalmente quando este se movimenta. Suponha, então, o ventilador girando com uma velocidade de 60 rotações por minuto e determine:

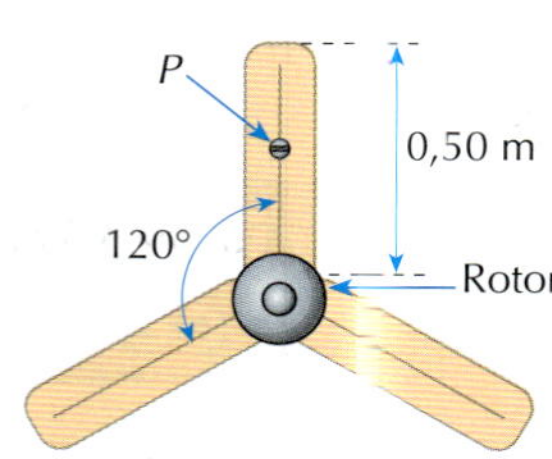

a) a intensidade da força radial horizontal F, em newtons, exercida pelo prego sobre o rotor;
b) a massa M_0, em kg, de um pequeno contrapeso que deve ser colocado em um ponto D_0 sobre a borda do rotor, para que a resultante das forças horizontais, agindo sobre o rotor, seja nula;
c) a posição do ponto D_0, localizando-a no esquema dado acima.
(Se necessário, utilize $\pi = 3$.)

Testes propostos

T.255 Uma partícula tem movimento circular uniforme em um referencial inercial. A força que age sobre a partícula é F. Se você quiser dobrar o raio da trajetória mantendo a velocidade angular constante, deverá exercer uma força igual a:

a) $2F$ **b)** $\frac{F}{2}$ **c)** $\frac{F}{4}$ **d)** $4F$ **e)** F

T.256 Referindo-se ao teste anterior, se você quiser dobrar o raio da trajetória mantendo a velocidade escalar constante, deverá exercer uma força igual a:

a) $2F$ **b)** $\frac{F}{2}$ **c)** $\frac{F}{4}$ **d)** $4F$ **e)** F

T.257 Um corpo de massa igual a 1,0 kg descreve, sobre uma mesa bem polida, uma circunferência horizontal de raio igual a 1,0 m quando preso por um fio a um ponto fixo na mesa. O corpo efetua 60 voltas completas por minuto. A força de tração exercida no fio, expressa em newtons, é mais aproximadamente igual a:

a) 1 **b)** 6 **c)** 12 **d)** 40 **e)** 80

T.258 (PUC-SP) A figura mostra um sistema de dois corpos de massas iguais, ligados por fios inextensíveis e de massas desprezíveis, girando num plano horizontal, sem atrito, com velocidade angular ω, constante, em torno do ponto fixo O.

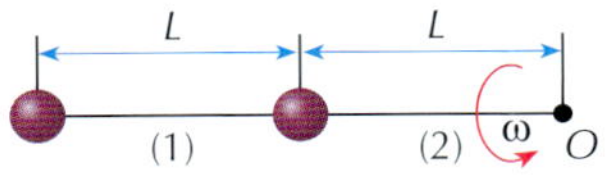

A razão $\frac{T_2}{T_1}$ entre as trações T_2 e T_1, que atuam respectivamente nos fios (2) e (1), tem valor:

a) 2 **b)** $\frac{3}{2}$ **c)** 1 **d)** $\frac{2}{3}$ **e)** $\frac{1}{2}$

T.259 (UFF-RJ) Uma pequena moeda está na iminência de se deslocar sobre uma plataforma horizontal circular, devido ao movimento dessa plataforma, que gira com velocidade angular de 2,0 rad/s. O coeficiente de atrito estático entre a moeda e a plataforma é 0,80. É dado $g = 10 \text{ m/s}^2$. Logo, a distância da moeda ao centro da plataforma é:

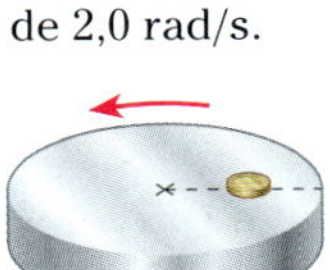

a) 2,0 m **b)** 6,4 m **c)** 4,0 m **d)** 3,2 m **e)** 8,0 m

T.260 (Fatec-SP) Uma esfera de massa 2,0 kg oscila num plano vertical, suspensa por um fio leve e inextensível de 1,0 m de comprimento. Ao passar pela parte mais baixa da trajetória, sua velocidade é de 2,0 m/s. Sendo $g = 10 \text{ m/s}^2$, a tração no fio quando a esfera passa pela posição inferior é, em newtons:

a) 2 **b)** 8 **c)** 12 **d)** 20 **e)** 28

T.261 (UEPB) Num parque de diversão, uma das atrações que geram sempre muita expectativa é a da montanha-russa, principalmente no momento do *loop*, em que se percebe que o passageiro não cai quando um dos carrinhos atinge o ponto mais alto, conforme se observa na figura abaixo.

KAJ R. SVENSSON / SPL-LATINSTOCK

Considerando-se a aceleração da gravidade de 10 m/s^2 e o raio R de 10 metros, pode-se afirmar que isto ocorre porque:

a) o módulo do peso do conjunto (carrinho-passageiro) é maior que o módulo da força centrípeta.

b) a força centrípeta sobre o conjunto (carrinho-passageiro) é nula.

c) a velocidade mínima do carrinho é de 8 m/s, e independe do peso do passageiro.

d) o módulo do peso do conjunto (carrinho-passageiro) é menor ou igual ao módulo da força centrípeta.

e) o conjunto (carrinho-passageiro) está em equilíbrio dinâmico.

T.262 (Unisa-SP) Um motociclista descreve uma circunferência vertical num globo da morte de raio 4 m. Que força é exercida sobre o globo no ponto mais alto da trajetória se a velocidade da moto é de 12 m/s? A massa total (motociclista + moto) é de 150 kg ($g = 10 \text{ m/s}^2$).

a) 1.500 N **c)** 3.900 N **e)** 6.900 N
b) 2.400 N **d)** 5.400 N

T.263 Uma pedra amarrada num fio de 0,40 m é posta a girar num plano vertical. Use $g = 10 \text{ m/s}^2$. A mínima velocidade que a pedra deve ter no ponto mais alto para que permaneça em trajetória circular é de:

a) 1,0 m/s **c)** 3,0 m/s **e)** zero
b) 2,0 m/s **d)** 4,0 m/s

T.264 (UFJF-MG) Um motoqueiro contou, para o amigo, que subiu em alta velocidade um viaduto e, quando chegou ao ponto mais alto deste, sentiu-se muito leve e por pouco a moto não perdeu o contato com o chão (veja figura abaixo).

Podemos afirmar que:

a) isso aconteceu em função de sua alta velocidade, que fez com que seu peso diminuísse um pouco naquele momento.

b) o fato pode ser mais bem explicado levando-se em consideração que a força normal, exercida pela pista sobre os pneus da moto, teve intensidade maior que o peso naquele momento.

c) isso aconteceu porque seu peso, mas não sua massa, aumentou um pouco naquele momento.

d) este é o famoso "efeito inercial", que diz que peso e força normal são forças de ação e reação.

e) o motoqueiro se sentiu muito leve, porque a intensidade da força normal exercida sobre ele chegou a um valor muito pequeno naquele momento.

T.265 (Mackenzie-SP) Na figura, o fio ideal prende uma partícula de massa m a uma haste vertical presa a um disco horizontal que gira com velocidade angular ω constante. A distância do eixo de rotação do disco ao centro da partícula é igual a $0{,}1\sqrt{3}$ m. Use $g = 10$ m/s^2.

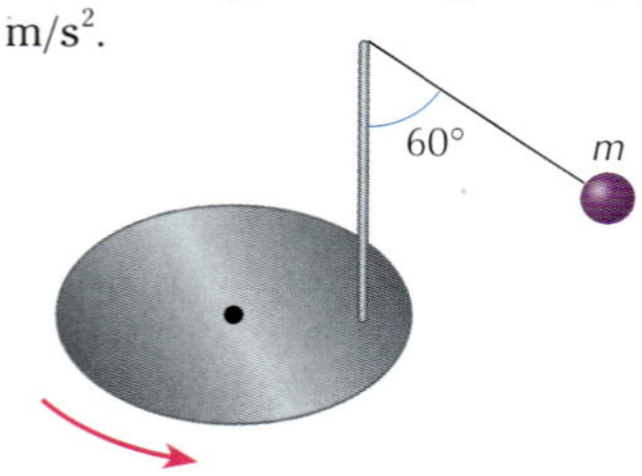

A velocidade angular do disco é:

a) 3 rad/s
b) 5 rad/s
c) $5\sqrt{2}$ rad/s
d) $8\sqrt{3}$ rad/s
e) 10 rad/s

T.266 (Ufla-MG) Um dos fatores que influem no desempenho de um carro de fórmula 1 é o "efeito asa". Esse efeito, que pode ser mais ou menos acentuado, surge da interação do ar com a geometria do carro. Quando se altera o ângulo de inclinação dos aerofólios, surge uma força vertical para baixo, de forma que o carro fica mais preso ao solo. Considerando um carro com "efeito asa" igual ao seu peso, coeficiente de atrito estático $\mu_e = 1{,}25$ entre pneus e asfalto, $g = 10$ m/s^2, esse carro pode fazer uma curva plana horizontal de raio de curvatura 100 m, sem deslizar, com velocidade máxima de:

a) 50 m/s
b) 180 m/s
c) 120 m/s
d) 100 m/s
e) 80 m/s

T.267 (UFSC) Um piloto executa um *looping* com seu avião — manobra acrobática em que a aeronave descreve um arco de circunferência no plano vertical — que atinge, no ponto mais baixo da trajetória, ao completar a manobra, a velocidade máxima de 540 km/h. O raio da trajetória é igual a 450 m e a massa do piloto é 70 kg. Nessas manobras acrobáticas deve-se considerar que a maior aceleração que o organismo humano pode suportar é 9 g (g = aceleração da gravidade).

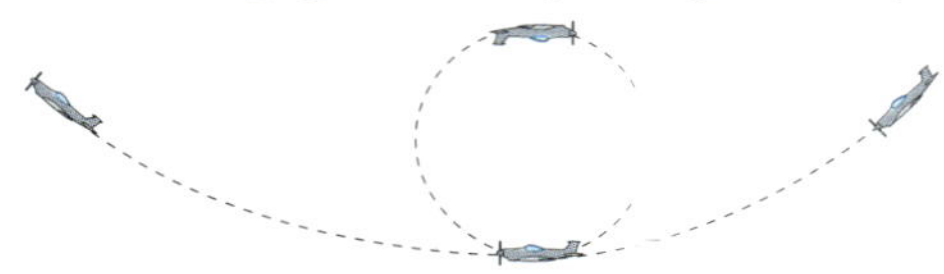

Com base nos dados fornecidos, assinale a(s) proposição(ões) correta(s).

01) O piloto é submetido a uma aceleração centrípeta máxima no topo da trajetória, quando a força de sustentação do avião é mínima.

02) A força centrípeta sobre o piloto, na parte mais baixa da trajetória, é cinco vezes maior do que o seu peso.

04) O piloto é submetido a uma aceleração centrípeta máxima igual a 5 g (cinco vezes a aceleração da gravidade).

08) A velocidade mínima para que o avião complete a volta, no topo da trajetória, é igual a 270 km/h.

16) A força que o avião faz sobre o piloto, na parte mais baixa da trajetória, é igual a 4.200 N.

32) A força que o piloto faz sobre o avião é igual ao seu peso, em toda a trajetória.

64) Se o raio de trajetória fosse menor do que 250 m, o piloto seria submetido a uma aceleração centrípeta máxima maior do que 9 g (nove vezes a aceleração da gravidade).

Dê como resposta a soma dos números que precedem as proposições corretas.

T.268 (UFC-CE) Uma partícula P, de massa m, descreve um movimento circular de raio R, centrado no ponto O, sob a ação das forças $\vec{F}_1$ e $\vec{F}_2$, conforme figura.

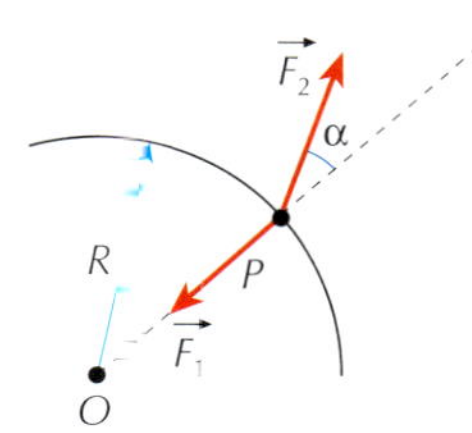

Das equações de movimento apresentadas nas alternativas abaixo, assinale a correta para este sistema.

Considere:

- a_t a aceleração tangencial da partícula P
- v_p a velocidade tangencial da partícula P

a) $F_2 \cdot \cos\alpha = ma_t$

b) $F_1 + F_2 = m\left(\dfrac{v_p^2}{R}\right)$

c) $F_1 - F_2 \cdot \cos\alpha = m\left(\dfrac{v_p^2}{R}\right)$

d) $F_1 - F_2 = m\left(\dfrac{v_p^2}{R}\right)$

e) $F_1 = m\left(\dfrac{v_p^2}{R}\right)$

PARTE 5

Os princípios da conservação

Os princípios da conservação são fundamentais na Física. Nesta parte analisamos dois desses princípios: o da conservação da energia e o da conservação da quantidade de movimento. Definimos trabalho, para discutir a conservação da energia, e impulso, para discutir a conservação da quantidade de movimento. Analisamos também as noções de potência e rendimento, e os diversos tipos de choques.

ZIGY KALUZNY / STONE-GETTY IMAGES

No impacto entre uma bola de boliche e os pinos, há várias formas de energia envolvidas. Entretanto, a energia não é criada nem destruída; apenas ocorre a transformação de uma forma em outra.

CAPÍTULO 14

Trabalho

IFA-LATINSTOCK

Neste capítulo estabelecemos a noção de trabalho de uma força e determinamos o trabalho de duas forças importantes, o peso e a força elástica; concluímos que seus trabalhos são independentes da trajetória. Os significados de potência e rendimento são apresentados no final do capítulo. Na foto, a força com que o guindaste ergue o contêiner, retirando-o da carreta, realiza trabalho.

1. Introdução

É comum ouvirmos frases do tipo "o trabalho deste operário é muito difícil" ou "vou levar 12 horas para concluir esse trabalho". Nessas frases há o termo **trabalho**, que também é empregado em Física, mas com significado muito preciso e diferente do anterior.

Em Física, **trabalho** está associado a forças, e não a corpos: diz-se "trabalho de uma força" e nunca "trabalho de um corpo".

A noção de trabalho será apresentada por etapas, pelas dificuldades matemáticas que envolve. De início, veremos trabalho de uma força constante em dois casos particulares: paralela e não-paralela ao deslocamento. A seguir, analisaremos o caso geral: forças e deslocamentos quaisquer.

2. Trabalho de uma força constante paralela ao deslocamento

Considere um corpo que realiza o deslocamento $\overrightarrow{AB}$ sob a ação de um conjunto de forças. Destaquemos, desse conjunto, a força $\vec{F}$, constante, paralela e de mesmo sentido que o deslocamento $\overrightarrow{AB}$ (figura 1).

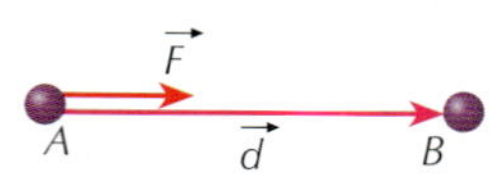

Figura 1.

Por definição, **trabalho** τ* da força constante $\vec{F}$, paralela e de mesmo sentido que o deslocamento $\overrightarrow{AB}$, é a grandeza escalar:

$$\tau = Fd \text{, sendo } d = |\overrightarrow{AB}|$$

Se a força constante $\vec{F}$ for paralela e de sentido contrário ao deslocamento $\overrightarrow{AB}$ (figura 2), o trabalho de $\vec{F}$ será dado por:

Figura 2.

$$\tau = -Fd$$

* τ: tau (letra grega).

Quando a força favorece o deslocamento, seu trabalho é positivo e denominado **trabalho motor** (figura 3a). Quando a força se opõe ao deslocamento, seu trabalho é negativo e denominado **trabalho resistente** (figura 3b).

a)

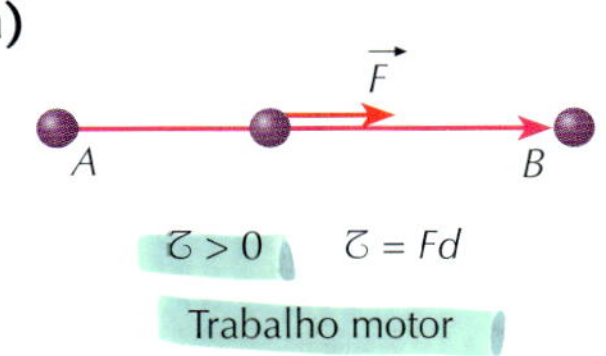

b)

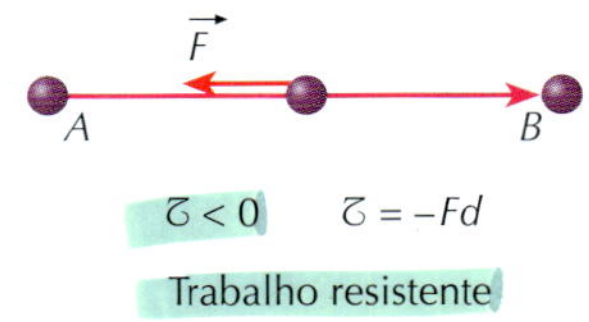

Figura 3.

Por exemplo, se abandonamos um corpo, deixando-o em queda livre (figura 4), seu peso favorece o deslocamento; nesse caso, o trabalho do peso é motor (positivo). Porém, se atiramos um corpo para cima, seu peso se opõe ao deslocamento, e o trabalho do peso será resistente (negativo).

Portanto:

$$\tau = \pm Fd \text{ (com } \vec{F} \text{ paralelo a } \overrightarrow{AB}\text{)}$$

Observe que:

a) o trabalho é sempre de uma força;
b) o trabalho é realizado num deslocamento (entre dois pontos);
c) o trabalho é uma grandeza escalar (intensidade de $\vec{F}$ e de $\overrightarrow{AB}$);
d) o trabalho depende do referencial;
e) o trabalho é positivo, quando a força favorece o deslocamento; e negativo, quando a força se opõe ao deslocamento (figura 5).

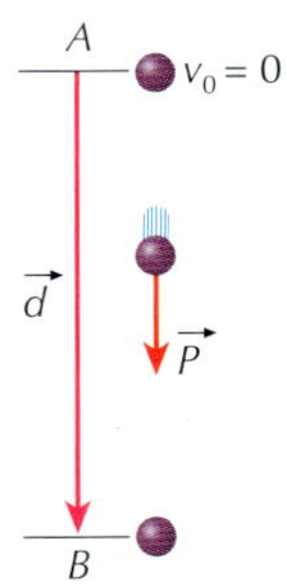

Corpo caindo: o peso favorece o deslocamento.
$\tau > 0$ (trabalho motor)

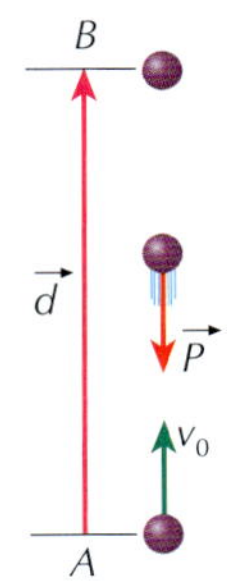

Corpo atirado para cima: o peso se opõe ao deslocamento.
$\tau < 0$ (trabalho resistente)

Figura 4.

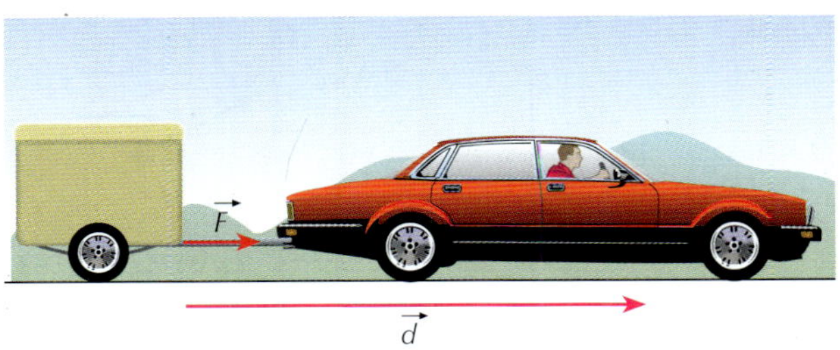

No deslocamento $\vec{d}$ a força $\vec{F}$ que o carro aplica no reboque realiza um trabalho motor (positivo).

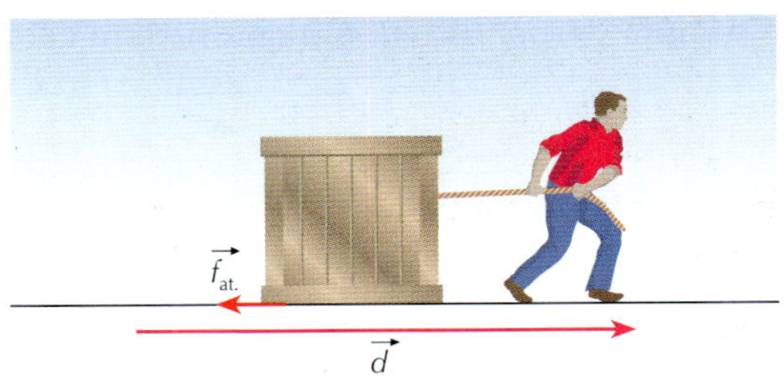

No deslocamento $\vec{d}$ a força de atrito $\vec{f}_{at.}$ que o solo aplica no bloco realiza um trabalho resistente (negativo).

Figura 5.

3. Trabalho de uma força constante não-paralela ao deslocamento

Vamos estender o conceito anterior para o caso da força não-paralela ao deslocamento. Na figura 6, seja F_t a projeção da força $\vec{F}$ na direção do deslocamento $\overrightarrow{AB}$. Nessas condições, por definição, o trabalho da força $\vec{F}$ é dado por:

$$\tau = F_t d$$

Sendo $F_t = F \cdot \cos\theta$, vem:

$$\tau = F \cdot \cos\theta \cdot d$$

$$\boxed{\tau = Fd \cdot \cos\theta}$$

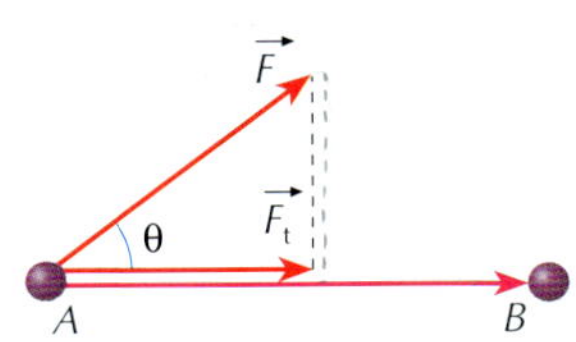

$\tau = (\text{proj. } \vec{F}) \cdot d = F_t d = (F \cdot \cos\theta) \cdot d$

Figura 6.

Se a força componente $\vec{F}_t$ é favorável ao deslocamento (figura 7a), o trabalho da força $\vec{F}$ é motor ($\tau > 0$). Se $\vec{F}_t$ é contrário ao deslocamento (figura 7b), o trabalho de $\vec{F}$ é resistente ($\tau < 0$).

a) **b)**

Figura 7.

Na expressão $\tau = Fd \cdot \cos \theta$, o termo $d \cdot \cos \theta$ representa a projeção do deslocamento $\overrightarrow{AB}$ na direção da força $\vec{F}$ (figura 8).

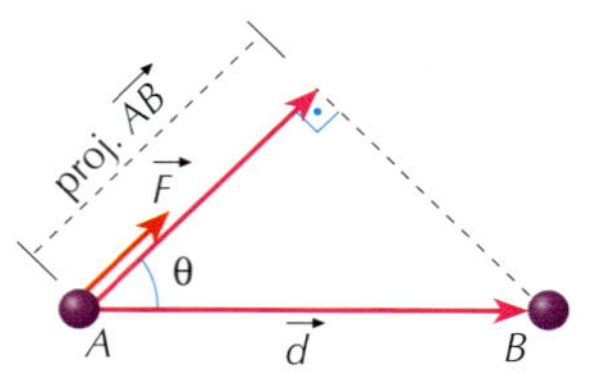

$\tau = F \cdot d \cdot \cos \theta = F \cdot (\text{proj. } \overrightarrow{AB})$

Figura 8.

Portanto, para o cálculo do trabalho, conforme a conveniência:

a) projete a força na direção do deslocamento (figuras 6 e 7); ou

b) projete o deslocamento na direção da força (figura 8).

Feito isso, para os elementos paralelos, aplique a definição de trabalho.

Quando a força $\vec{F}$ é perpendicular ao deslocamento $\overrightarrow{AB}$, sua projeção (ou a projeção de seu deslocamento) é nula; logo, seu trabalho é nulo (figura 9). Assim, num deslocamento horizontal, o peso e a reação normal do apoio têm trabalhos nulos. Analogamente, a força centrípeta tem trabalho nulo, pois é sempre perpendicular à trajetória, em cada instante.

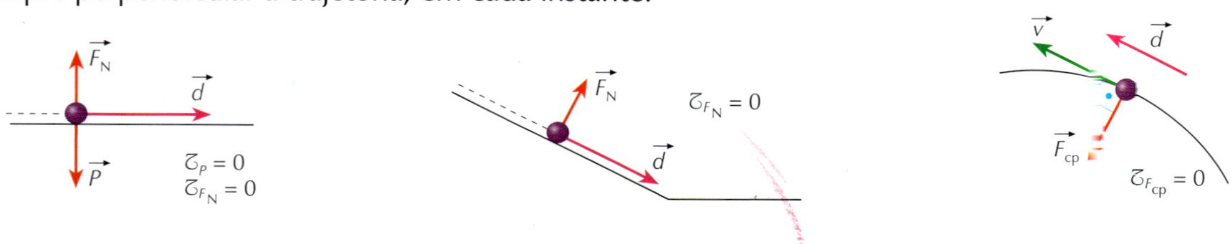

Figura 9.

Unidades

unidade de trabalho = (unidade de intensidade de força) × (unidade de comprimento)

No Sistema Internacional de Unidades (SI), temos:

joule* (J) = newton × metro

Um múltiplo bastante utilizado é o quilojoule (kJ).

No sistema CGS, a unidade de trabalho é o erg = dina × centímetro.

Relações: $1 \text{ kJ} = 10^3 \text{ J}$ e $1 \text{ J} = 10^7 \text{ erg}$

Há outras unidades de trabalho que serão posteriormente definidas, o quilowatt-hora (kWh) e o elétron-volt (eV):

$$1 \text{ kWh} = 3{,}6 \cdot 10^6 \text{ J}$$

$$1 \text{ eV} = 1{,}6 \cdot 10^{-19} \text{ J}$$

* **JOULE**, James Prescott (1818-1889), viveu na Inglaterra e estabeleceu a equivalência entre o trabalho mecânico e o calor. Estudou também as propriedades termodinâmicas dos gases e o aquecimento de condutores quando percorridos por corrente elétrica.

4. Trabalho de uma força qualquer

No caso de uma força constante $\vec{F}$ agindo sobre o corpo, paralela e de mesmo sentido que o deslocamento de módulo d, o trabalho pode ser calculado pela área do retângulo destacado no gráfico da figura 10a. Essa área corresponde ao produto Fd, isto é:

$$\boxed{A = \tau} \quad \text{(numericamente)}$$

Se a força for constante, mas não paralela ao deslocamento, o cálculo gráfico deve ser feito, como se indica na figura 10b, no gráfico da projeção F_t da força na direção do deslocamento.

Generalizando, se a força $\vec{F}$ atuante for variável em módulo, direção e sentido, o cálculo por meio do gráfico pode ser feito como é mostrado na figura 10c. O trabalho realizado num deslocamento muito pequeno Δs ($\Delta\tau = F_t\Delta s$) corresponde à área de uma estreita faixa retangular, sendo F_t a projeção da força na direção do deslocamento. O trabalho total τ realizado pela força é medido pela soma dos retângulos semelhantes ao anterior. Considerando-se deslocamentos infinitesimais ($\Delta s \to 0$), a soma das áreas dos retângulos tenderá à área sob a curva. Assim, esse trabalho é numericamente igual à área total destacada no gráfico da figura 10c:

$$\boxed{A = \tau} \quad \text{(numericamente)}$$

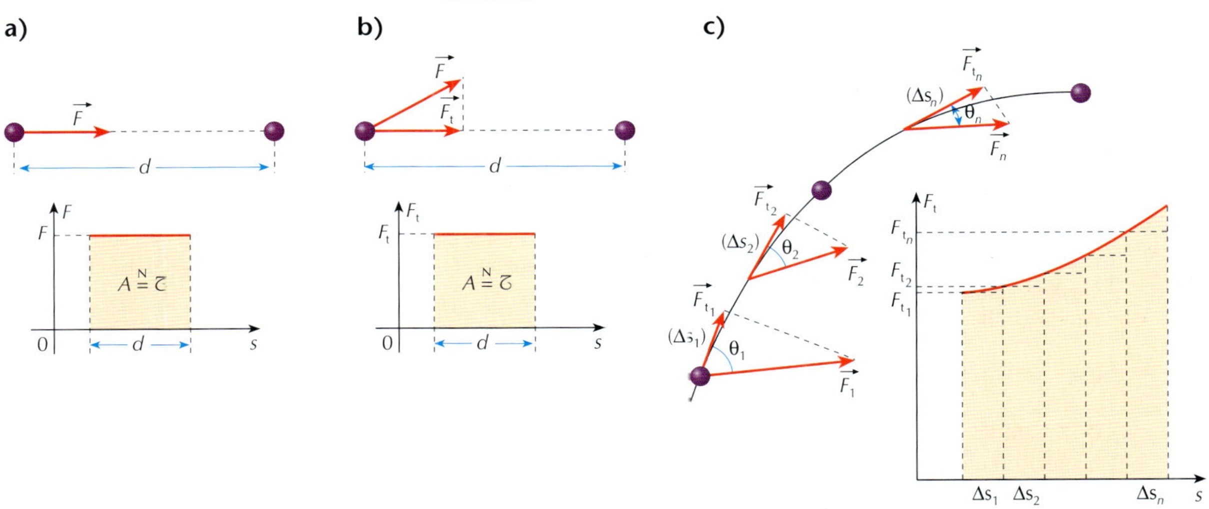

Figura 10. Cálculo gráfico do trabalho de uma força.

Exercícios resolvidos

R.115 Um bloco parte da posição A e atinge a posição B sob ação de um sistema de forças, conforme mostra a figura:

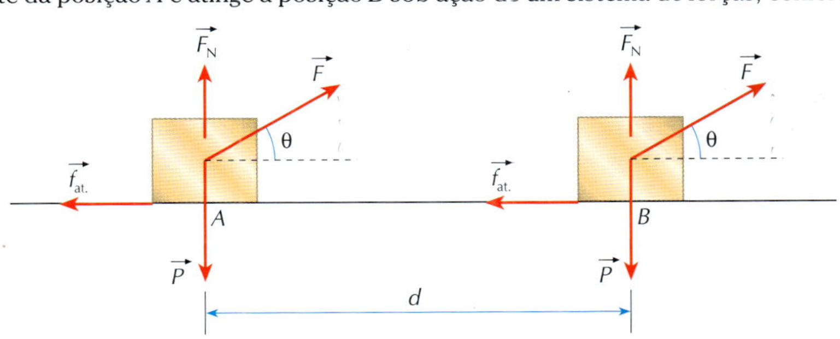

Sendo $F = 50$ N, $\cos\theta = 0{,}80$, $P = 70$ N, $F_N = 40$ N, $f_{at.} = 10$ N e $d = 5{,}0$ m, determine:

a) o trabalho que cada força realiza no deslocamento $\overline{AB}$;

b) o trabalho da força resultante nesse deslocamento.

Solução:

a) O trabalho que a força $\vec{F}$ realiza é dado por:

$$\tau_F = Fd \cdot \cos\theta \Rightarrow \tau_F = 50 \cdot 5{,}0 \cdot 0{,}80 \Rightarrow \boxed{\tau_F = 2{,}0 \cdot 10^2\ \text{J}}$$

Os trabalhos de $\vec{F}_N$ e $\vec{P}$ são nulos, pois estas forças são perpendiculares ao deslocamento $\overrightarrow{AB}$. Portanto:

$$\boxed{\tau_{F_N} = 0} \quad \text{e} \quad \boxed{\tau_P = 0}$$

A força de atrito $\vec{f}_{at.}$ realiza um trabalho resistente:

$$\tau_{f_{at.}} = -f_{at.}d \Rightarrow \tau_{f_{at.}} = -10 \cdot 5{,}0 \Rightarrow \boxed{\tau_{f_{at.}} = -50\ \text{J}}$$

b) O trabalho da força resultante $\vec{F}_R$ é a soma algébrica dos trabalhos das forças componentes. Assim, temos:

$$\tau_{F_R} = \tau_F + \tau_P + \tau_{F_N} + \tau_{f_{at.}} \Rightarrow \tau_{F_R} = 2{,}0 \cdot 10^2 + 0 + 0 + (-50) \Rightarrow \boxed{\tau_{F_R} = 1{,}5 \cdot 10^2\ \text{J}}$$

Respostas: a) $\tau_F = 2{,}0 \cdot 10^2$ J; $\tau_P = 0$; $\tau_{F_N} = 0$; $\tau_{f_{at.}} = -50$ J; b) $\tau_{F_R} = 1{,}5 \cdot 10^2$ J

R.116 Um carro de massa 1.000 kg move-se sem resistências dissipadoras em trajetória retilínea, a partir do repouso. O gráfico da força motora na própria direção do movimento é representado na figura ao lado. Determine:

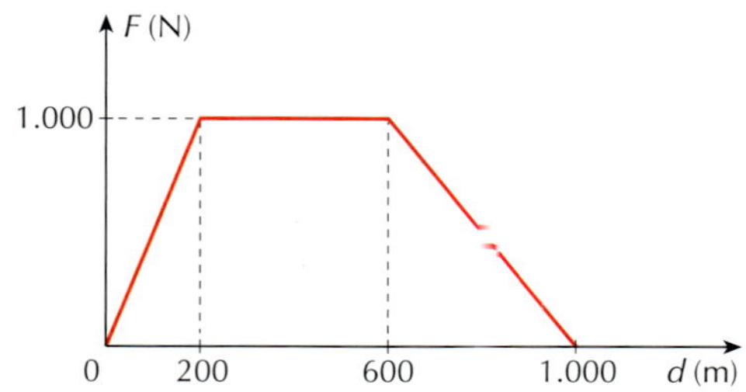

a) o tipo do movimento em cada trecho do deslocamento;

b) a aceleração do carro quando se encontra a 400 m da origem;

c) o trabalho da força $\vec{F}$ no deslocamento de 0 a 1.000 m.

Solução:

a) Até 200 m a força é variável e a aceleração que produz também é variável — é um movimento variado sem ser MUV.
De 200 m a 600 m a força é constante, portanto a aceleração é constante, e o movimento é MUV.
De 600 m a 1.000 m a força novamente é variável, produzindo uma aceleração variável — o movimento é variado sem ser MUV.

b) Para $d = 400$ m, pelo gráfico, $F = 1.000$ N.

Como $F = ma$, vem: $1.000 = 1.000a \Rightarrow \boxed{a = 1\ \text{m/s}^2}$

c) O trabalho da força $\vec{F}$ é numericamente igual à área do trapézio (sua área é dada pela soma das bases vezes a altura dividida por 2):

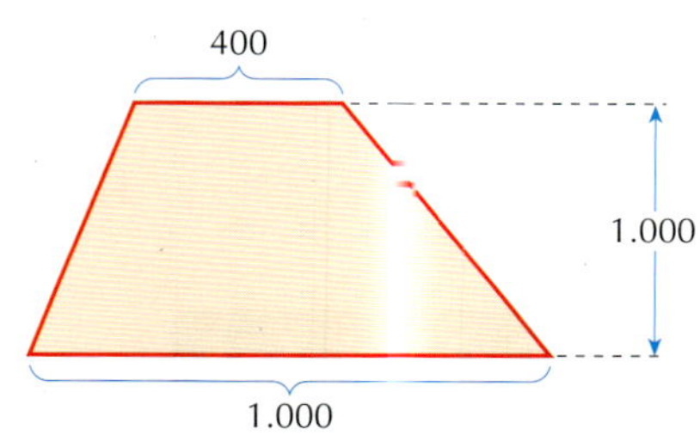

$$\tau = \frac{(1.000 + 400) \cdot 1.000}{2} = 700.000$$

$$\boxed{\tau = 700.000\ \text{joules} = 700\ \text{kJ}}$$

Respostas: b) 1 m/s²; c) 700 kJ

Exercícios propostos

P.311 Um bloco está se deslocando numa mesa horizontal em movimento retilíneo e uniforme, sob ação das forças indicadas na figura. A força $\vec{F}$ é horizontal e tem intensidade 20 N. Determine:

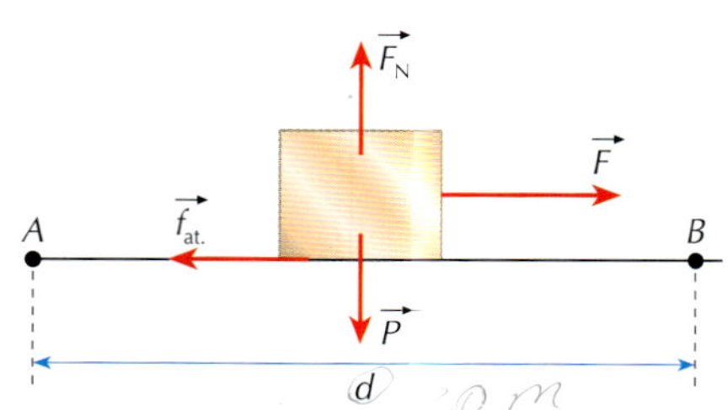

a) o trabalho realizado pela força $\vec{F}$ e pela força de atrito $\vec{f}_{at.}$ num deslocamento $\overrightarrow{AB}$, sendo $d = |\overrightarrow{AB}| = 2{,}0$ m;

b) o trabalho da força resultante nesse deslocamento.

P.312 A jovem da figura desloca sua mala de viagem aplicando, por meio do fio, uma força de intensidade $T = 1{,}0 \cdot 10^2$ N, formando um ângulo de 60° com a horizontal. Determine o trabalho que $\vec{T}$ realiza no deslocamento $\overrightarrow{AB}$ tal que $d = |\overrightarrow{AB}| = 50$ m.

Dados: cos 60° = 0,50; sen 60° = 0,87.

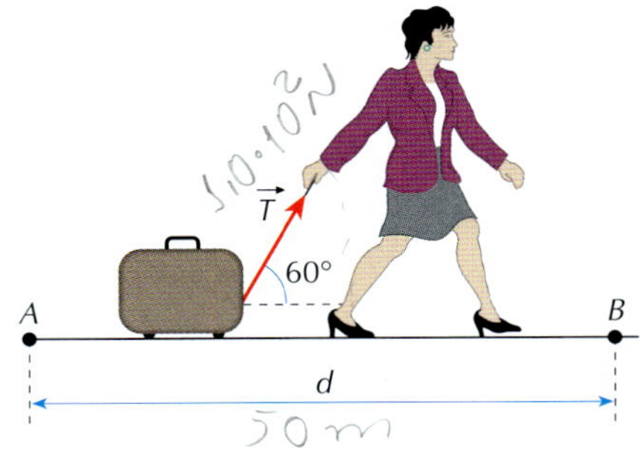

P.313 O gráfico representa a variação da intensidade da força resultante $\vec{F}$ que atua sobre um corpo de 2 kg de massa em função do deslocamento x. Sabendo que a força $\vec{F}$ tem a mesma direção e sentido do deslocamento, determine:

a) a aceleração máxima adquirida pelo corpo;

b) o trabalho total realizado pela força $\vec{F}$ entre as posições $x = 0$ e $x = 3$ m.

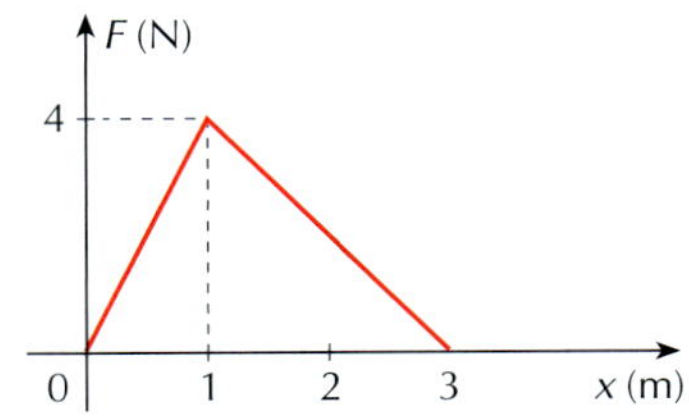

5. Dois casos notáveis

5.1. Trabalho do peso

Considere um corpo de peso $\vec{P}$ e seja $\overrightarrow{AB}$ um deslocamento vertical e h o desnível entre A e B (figura 11). Como o peso $\vec{P}$ é constante e paralelo ao deslocamento $\overrightarrow{AB}$, temos:

$$\tau = \pm Fd, \quad \text{sendo} \quad F = P \quad \text{e} \quad d = |\overrightarrow{AB}| = h$$

Portanto:

$$\boxed{\tau = \pm Ph}$$

Se o corpo cai (figura 11a), o peso está a favor do deslocamento e o trabalho é motor ($\tau = +Ph$). Se o corpo estiver subindo (figura 11b), o peso tem sentido contrário ao deslocamento e o trabalho é resistente ($\tau = -Ph$).

Se o corpo vai de A até B, passando por um ponto C intermediário (figura 12), projetamos o deslocamento na direção do peso. Sejam h_1 a projeção vertical de $\overline{AC}$ e h_2 a projeção vertical de $\overline{CB}$. Daí:

$$\tau = \tau_{AC} + \tau_{CB}$$

$$\tau = Ph_1 + Ph_2 = P \cdot (h_1 + h_2) = Ph$$

$$\boxed{\tau = Ph}$$

Observe que o resultado é o mesmo.

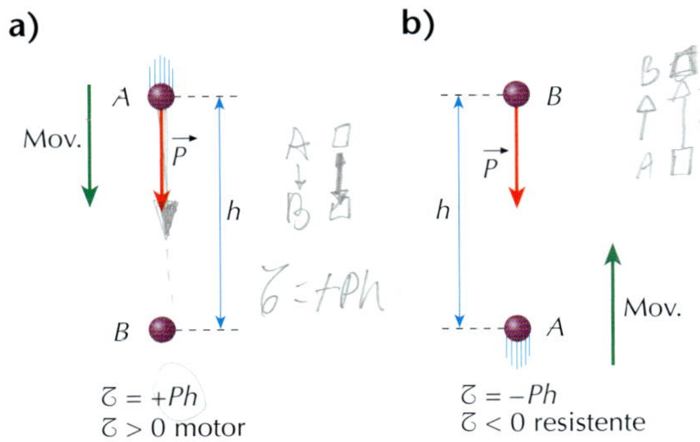

Figura 11.

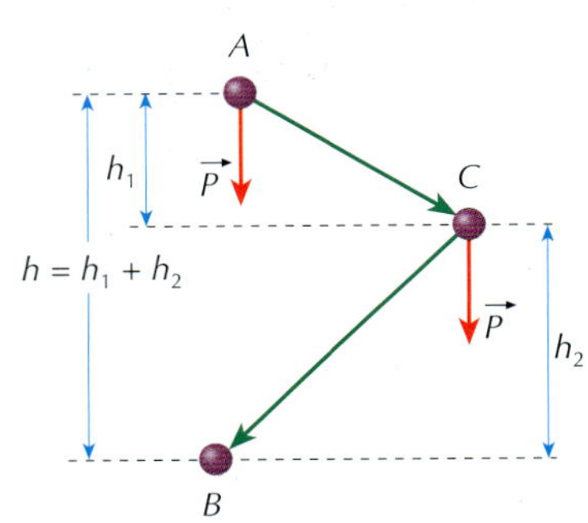

Figura 12.

Considere agora (figura 13) uma sucessão de segmentos retilíneos $\overline{AC}$, $\overline{CD}$, $\overline{DE}$, ..., $\overline{XB}$, de *A* até *B*. Pelo mesmo raciocínio anterior, sejam h_1, h_2, ..., h_n as projeções verticais desses segmentos. Daí:

$$\tau = Ph_1 + Ph_2 + ... + Ph_n = P \cdot (h_1 + h_2 + ... + h_n)$$

$$\tau = Ph$$

Se a linha poligonal *ACDE...B* possuir um conjunto demasiadamente grande de segmentos (figura 14), tenderá a uma curva. O trabalho do peso, porém, continua a ser o mesmo.

O trabalho do peso é independente da trajetória.

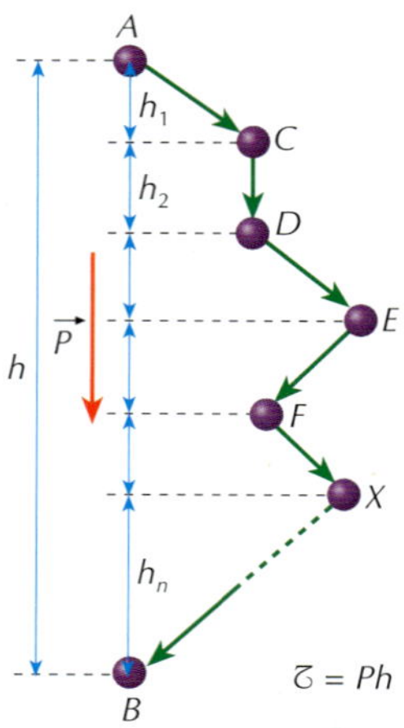

Figura 13.

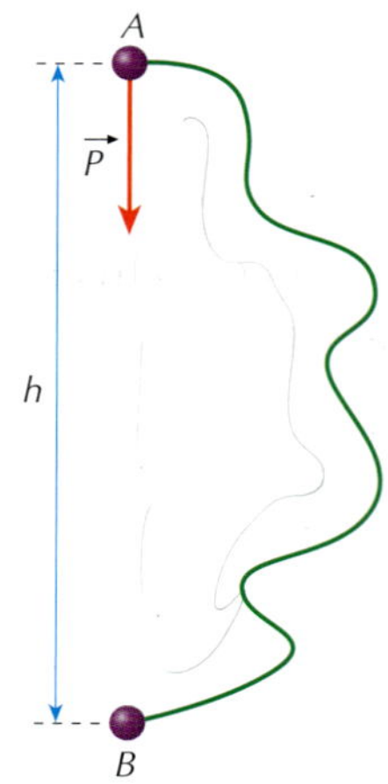

Figura 14.

Resumindo, temos:

Trabalho do peso

a) Positivo quando o corpo desce: $\tau = +Ph$
Negativo quando o corpo sobe: $\tau = -Ph$
Nulo em deslocamento horizontal: $\tau = 0$

b) Só depende do próprio peso e do desnível entre posição inicial e final (*h*

c) Não depende da forma da trajetória.

Exemplos:

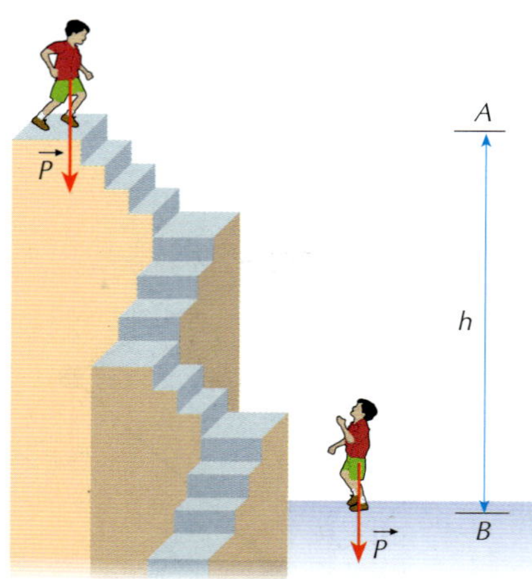

Figura 15. O trabalho do peso é $\pm Ph$, não dependendo da trajetória.

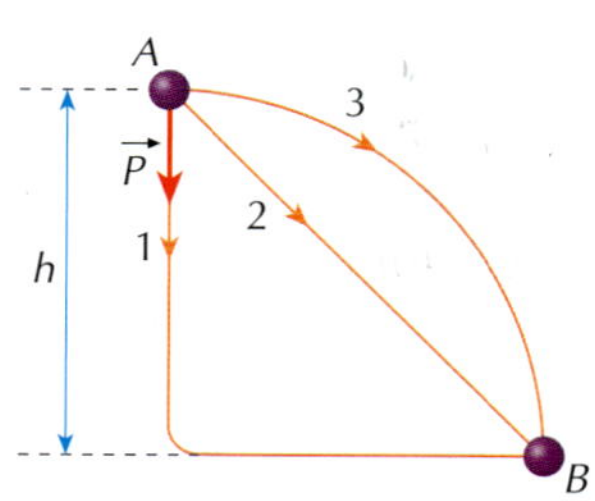

Figura 16. Em qualquer uma das trajetórias (1), (2) e (3) o trabalho do peso é o mesmo.

Exercício resolvido

R.117 Uma partícula de massa $m = 0{,}10$ kg é lançada obliquamente, descrevendo a trajetória indicada na figura.
Sendo $g = 10$ m/s², $h_A = 1{,}0$ m e $h_B = 0{,}30$ m, determine o trabalho realizado pelo peso da partícula nos deslocamentos de O para A e de A para B.

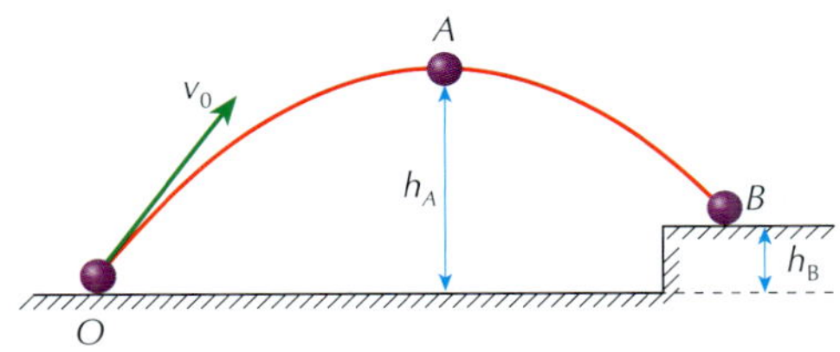

Solução:

No deslocamento de O para A a partícula sobe e portanto seu peso realiza trabalho negativo:

$$\tau_{OA} = -Ph_A \Rightarrow \tau_{OA} = -mgh_A$$

Sendo $m = 0{,}10$ kg, $g = 10$ m/s² e $h_A = 1{,}0$ m (desnível entre O e A), vem:

$$\tau_{OA} = -0{,}10 \cdot 10 \cdot 1{,}0 \Rightarrow \boxed{\tau_{OA} = -1{,}0 \text{ J}}$$

No deslocamento de A para B o corpo desce e o trabalho do peso é positivo: $\tau_{AB} = +mgh$

O desnível h entre A e B é: $h_A - h_B = 1{,}0 \text{ m} - 0{,}30 \text{ m} = 0{,}70 \text{ m}$

Portanto: $\tau_{AB} = +0{,}10 \cdot 10 \cdot 0{,}70$ $\boxed{\tau_{AB} = +0{,}70 \text{ J}}$

Resposta: $\tau_{OA} = -1{,}0$ J; $\tau_{AB} = +0{,}70$ J

Exercícios propostos

P.314 Uma pequena esfera de massa $m = 0{,}2$ kg está presa à extremidade de um fio de comprimento 0,8 m, que tem a outra extremidade fixa num ponto O. Determine o trabalho que o peso da esfera realiza no deslocamento de A para B, conforme a figura. Use $g = 10$ m/s².

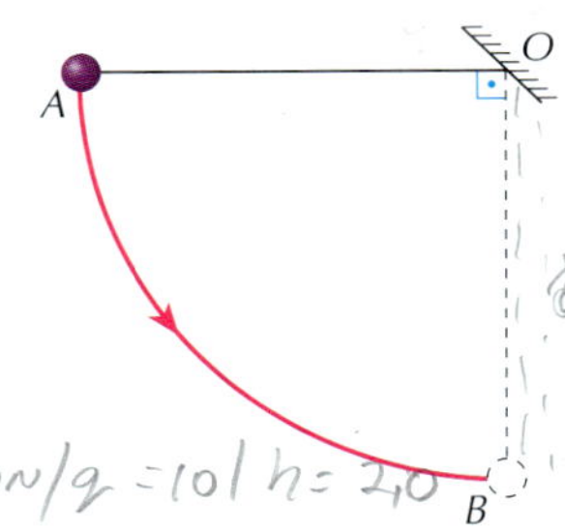

P.315 Um pequeno bloco de massa igual a 2,0 kg sobe uma rampa inclinada de 30° em relação à horizontal, sob a ação da força $\vec{F}$ de intensidade 20 N, conforme indica a figura. Sendo $g = 10$ m/s² e $h = 2{,}0$ m, determine o trabalho realizado pela força $\vec{F}$, pelo peso $\vec{P}$ e pela normal $\vec{F}_N$ no deslocamento de A para B.

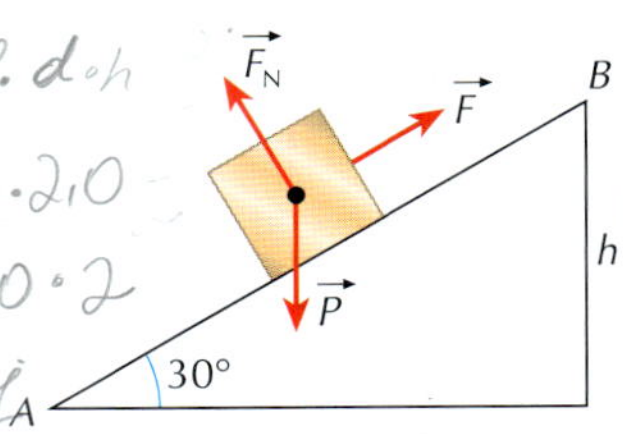

5.2. Trabalho da força elástica

Considere um sistema elástico constituído por uma mola e um bloco. Na figura 17a, a mola não está deformada e o sistema está em repouso. Ao ser alongada (figura 17b) ou comprimida (figura 17c), a mola exerce no bloco uma força denominada **força elástica** $\vec{F}_{\text{elást.}}$ que tende a trazer o bloco de volta à posição de equilíbrio.

A intensidade da força elástica é proporcional à deformação x (lei de Hooke):

$$\boxed{F_{\text{elást.}} = kx}$$

Nessa fórmula, k é a constante elástica da mola.

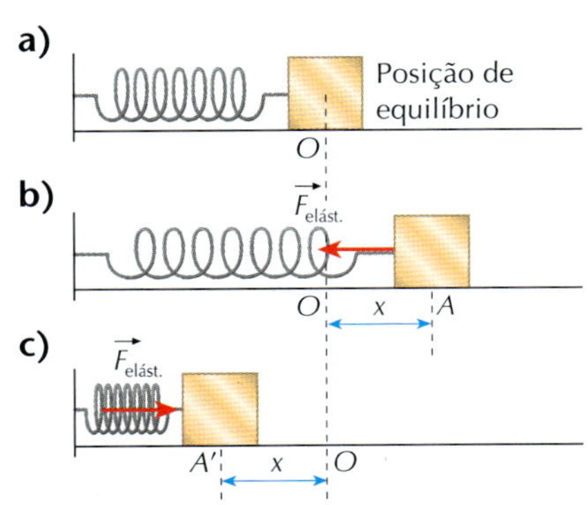

Figura 17.

Para calcular o trabalho de uma força elástica, não se utiliza a definição "força vezes deslocamento", pois essa força não é constante, variando com a deformação.

Para isso devemos usar o cálculo gráfico. No gráfico da figura 18, o valor absoluto do trabalho da força elástica é numericamente igual à área destacada na figura (área de um triângulo):

$$|\tau| = \frac{kx \cdot x}{2} \Rightarrow \boxed{|\tau| = \frac{kx^2}{2}}$$

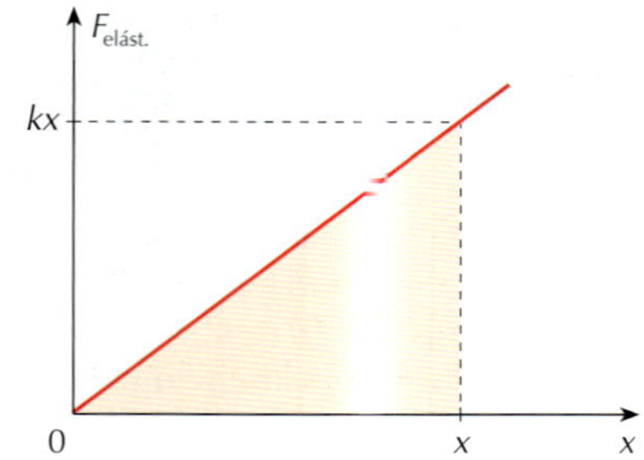

Figura 18.

Esse trabalho pode ser motor ou resistente. Será resistente, quando a mola for alongada ou comprimida: $\tau_{OA} < 0$ e $\tau_{OA'} < 0$; será motor, quando a mola voltar à sua posição de equilíbrio: $\tau_{AO} > 0$ e $\tau_{A'O} > 0$ (figuras 19b e 19c). Desse modo:

$$\boxed{\tau = \pm\frac{kx^2}{2}}$$

A exemplo do peso, o trabalho da força elástica é **independente da trajetória**. Assim, o trabalho da força elástica ao longo da trajetória AO ($A \rightarrow O$) é igual ao trabalho ao longo da trajetória $AA'O$ ($A \rightarrow A' \rightarrow O$), como se mostra nas figuras 19d e 19e.

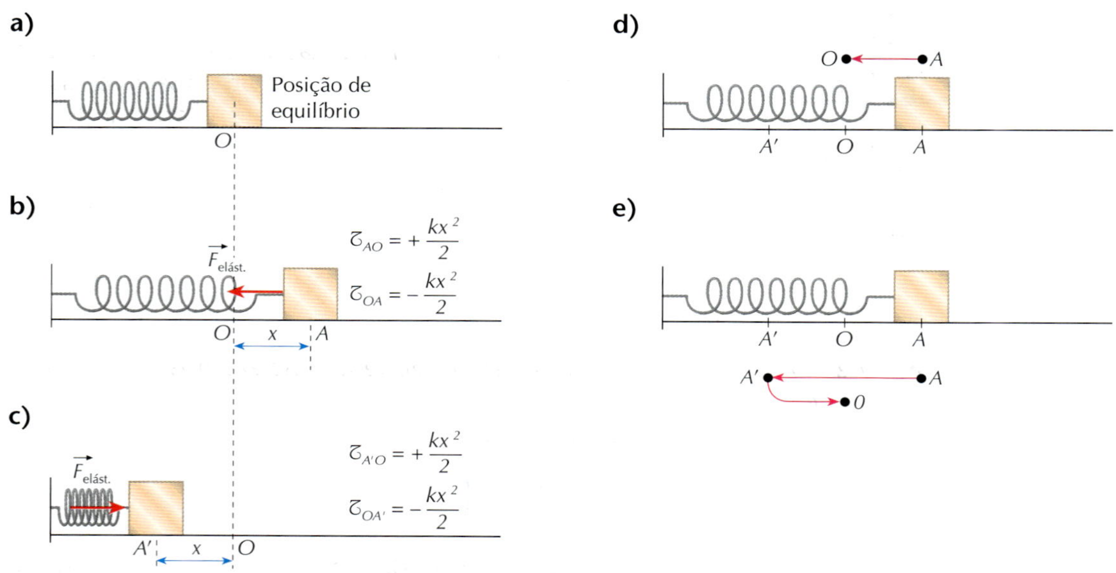

Figura 19.

Concluindo, as forças peso e elástica têm a seguinte propriedade: seus trabalhos são independentes da forma da trajetória. No entanto, nem todas as forças apresentam essa propriedade.

As forças cujo trabalho entre dois pontos independe da forma da trajetória são chamadas **forças conservativas**. O peso e a força elástica são exemplos de forças conservativas.

Às forças conservativas associa-se o conceito de **energia potencial**, conforme veremos no capítulo 15, item 3.

A força de atrito não é conservativa. Quando a força de atrito realiza trabalho, este depende da forma da trajetória. A força de atrito é chamada **força dissipativa**. A resistência do ar é outro exemplo de força dissipativa.

> Forças conservativas, como o peso e a força elástica, têm trabalhos independentes da forma da trajetória.

P.335 A força necessária para mover um barco a velocidade constante é proporcional à velocidade. Utilizam-se 20 hp para movê-lo à velocidade de 10 m/s. Qual é a potência requerida para se rebocar o barco à velocidade de 30 m/s?

P.336 (Fuvest-SP) Um automóvel com massa de 1.000 kg percorre, com velocidade constante $v = 20$ m/s (ou 72 km/h), uma estrada (ver figura) com dois trechos horizontais (I e III), um trecho em subida (II) e um em descida (IV). Nos trechos horizontais o motor do automóvel desenvolve uma potência de 30 kW para vencer a resistência do ar, que pode ser considerada constante ao longo de todo o trajeto percorrido. Suponha que não há outras perdas por atrito. Use $g = 10$ m/s^2. São dados: sen $\alpha = 0{,}10$ e sen $\beta = 0{,}15$. Determine:

a) o valor, em newtons, da componente paralela a cada trecho da estrada das forças F_I, F_{II} e F_{IV}, aplicadas pela estrada ao automóvel nos trechos I, II e IV, respectivamente;
b) o valor, em kW, da potência P_{II} que o motor desenvolve no trecho II.

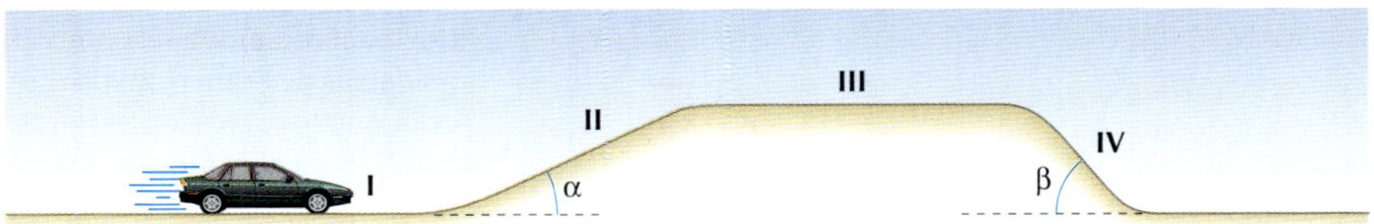

P.337 O elevador E da figura possui 4 toneladas, incluindo sua carga. Ele está ligado a um contrapeso C de 3 toneladas e é acionado por um motor elétrico M de 80% de rendimento. Determine a potência requerida pelo motor quando o elevador se move para cima com velocidade constante de 2,0 m/s. Adote $g = 10$ m/s^2.

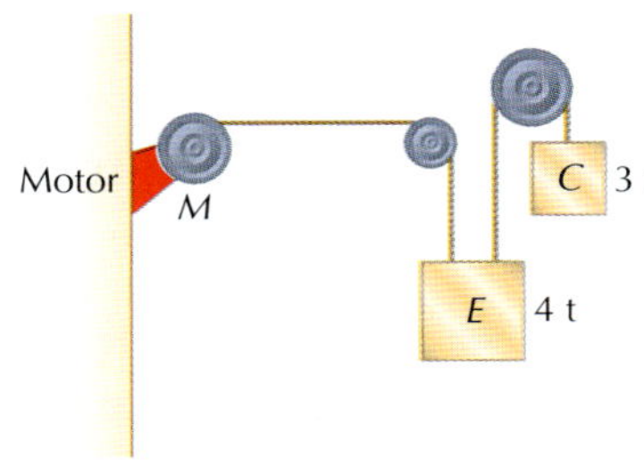

Testes propostos

T.269 (Acafe-SC) Uma estudante do primeiro ano do Ensino Médio, fazendo seus trabalhos sobre a matéria "Trabalho e Energia", apresentou dificuldade em responder a seguinte pergunta: Em que condições uma força realiza um trabalho negativo?

Denominando-se $\vec{F}$ o vetor força aplicada, $\vec{d}$ o vetor deslocamento efetuado e θ o menor ângulo entre $\vec{F}$ e $\vec{d}$, a resposta **correta** para a pergunta é:

a) sempre que $0° \leq \theta < 90°$.
b) sempre que F for negativo.
c) sempre que d for negativo.
d) somente quando F for negativo e d for positivo.
e) sempre que $90° < \theta \leq 180°$.

T.270 (UFPE) O gráfico da figura mostra a variação da intensidade da força $\vec{F}$ que atua sobre um corpo, paralelamente à sua trajetória, em função de seu espaço (x).

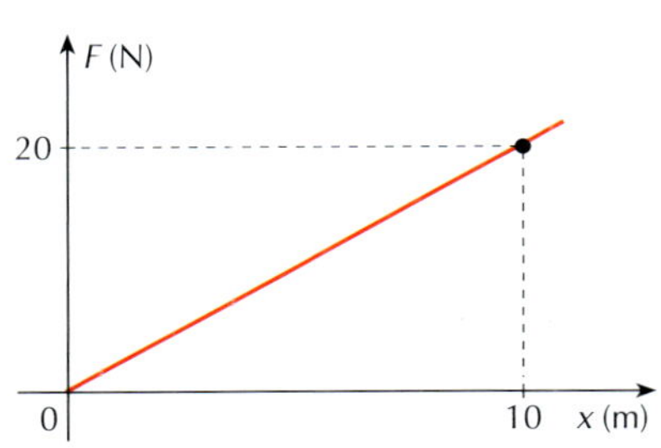

Qual é o trabalho, em joules, realizado pela força quando o corpo vai de $x = 2$ m para $x = 6$ m?

a) 4 **b)** 6 **c)** 10 **d)** 32 **e)** 64

T.271 (UFSCar-SP) Um bloco de 10 kg movimenta-se em linha reta sobre uma mesa lisa em posição horizontal, sob a ação de uma força variável que atua na mesma direção do movimento, conforme o gráfico abaixo.

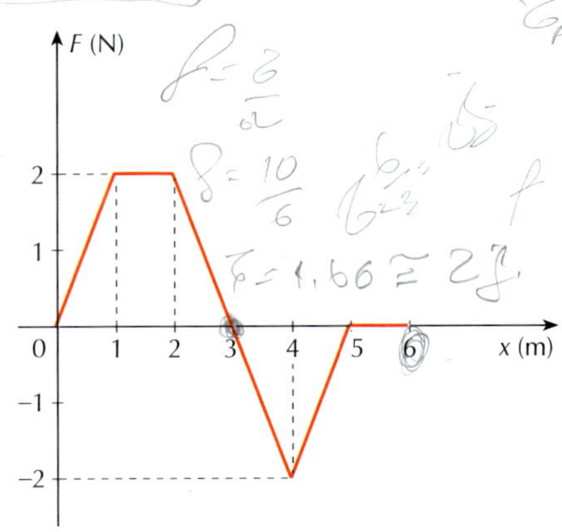

O trabalho realizado pela força quando o bloco se desloca da origem até o ponto $x = 6$ m é:

a) 1 J **b)** 6 J **c)** 4 J **d)** zero **e)** 2 J

T.272 (Unisa-SP) Um bloco com 4,0 kg, inicialmente em repouso, é puxado por uma força constante e horizontal, ao longo de uma distância de 15,0 m, sobre uma superfície plana, lisa e horizontal, durante 2,0 s. O trabalho realizado, em joules, é de:

a) 50 **c)** 250 **e)** 450
b) 150 **d)** 350

T.273 (Uerj) Um pequeno vagão, deslocando-se sobre trilhos, realiza o percurso entre os pontos *A* e *C*, segundo a forma representada na figura abaixo, onde h_1 e h_2 são os desníveis do trajeto.

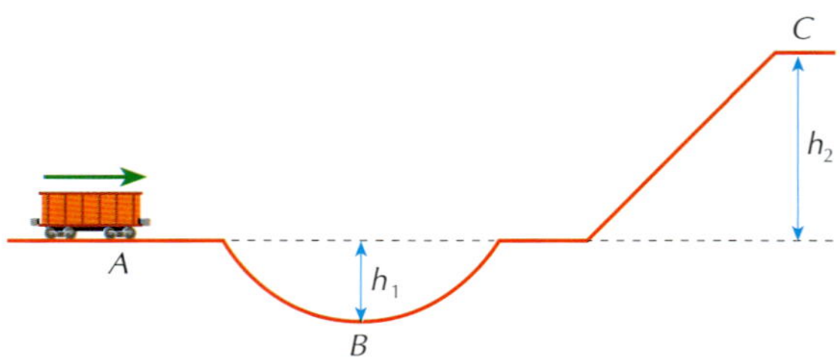

Os trabalhos realizados entre os pontos *A* e *C*, pelo peso $\vec{P}$ do carrinho e pela reação normal $\vec{F}_N$ exercida pelos trilhos sobre o vagão, correspondem, respectivamente, a:

a) $-|\vec{P}| \cdot (h_1 + h_2)$ e $|\vec{F}_N| \cdot (h_1 + h_2)$
b) $-|\vec{P}| \cdot (h_1 + h_2)$ e 0
c) $-|\vec{P}| \cdot h_2$ e $|\vec{F}_N| \cdot h_2$
d) $-|\vec{P}| \cdot h_2$ e 0
e) $-|\vec{P}| \cdot h_1$ e $|\vec{F}_N| \cdot h_2$

T.274 (UFPB) Um avião decola e segue, inicialmente, uma trajetória de ascensão retilínea por 3 km, formando um ângulo de 30° com a horizontal. Se a força peso realizou um trabalho de $-1{,}5 \times 10^8$ J, a massa do avião, em toneladas, vale:

a) 10 **c)** 4,5 **e)** 1,0
b) 5 **d)** 1,5

T.275 (UEL-PR) Um pêndulo é constituído de uma esfera de massa 2,0 kg, presa a um fio de massa desprezível e comprimento 2,0 m, que pende do teto conforme figura abaixo. O pêndulo oscila formando um ângulo máximo de 60° com a vertical.

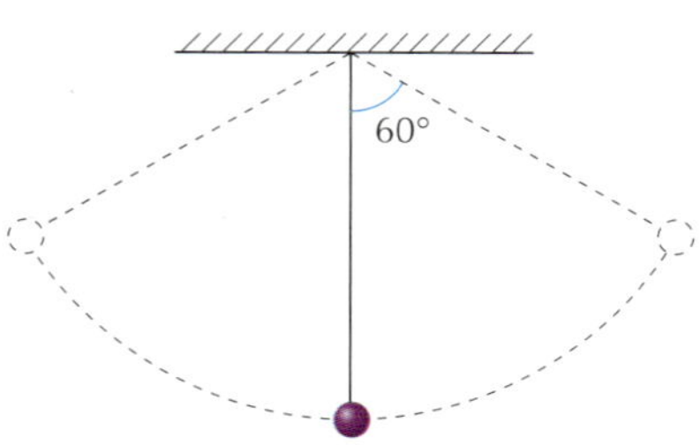

Nessas condições, o trabalho realizado pela força de tração que o fio exerce sobre a esfera, entre a posição mais baixa e a mais alta, em joules, vale:

a) 20 **c)** zero **e)** −20
b) 10 **d)** −10

T.276 (Vunesp) O elevador de um prédio em construção é capaz de erguer uma carga de 1.200 N a uma altura de 20 m, em 12 s. Nessas condições, a potência média útil desenvolvida por esse elevador, em watts, é de:

a) 1.000 **c)** 2.000 **e)** 5.000
b) 1.500 **d)** 3.000

T.277 (Fuvest-SP) Uma esteira rolante transporta 15 caixas de bebida por minuto, de um depósito no subsolo até o andar térreo. A esteira tem comprimento de 12 m, inclinação de 30° com a horizontal e move-se com velocidade constante. As caixas a serem transportadas já são colocadas com a velocidade da esteira. Se cada caixa pesa 200 N, o motor que aciona esse mecanismo deve fornecer a potência de:

a) 20 W **c)** 300 W **e)** 1.800 W
b) 40 W **d)** 600 W

T.278 (FEI-SP) Um corpo de massa $m = 2$ kg desloca-se ao longo de uma trajetória retilínea. Sua velocidade varia com o tempo segundo o gráfico dado.

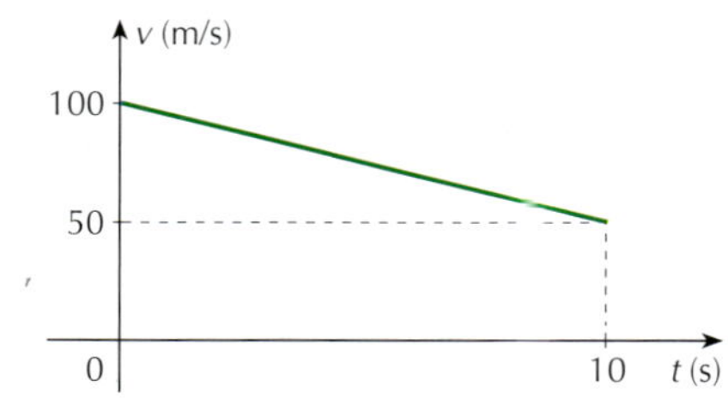

A potência média desenvolvida entre 0 e 10 s e a potência instantânea em $t = 10$ s valem, respectivamente, em valor absoluto:

a) 750 W e 500 W
b) 750 W e 750 W
c) 500 W e 750 W
d) 100 W e 50 W
e) 50 W e 100 W

T.279 (UFSM-RS) Suponha que um caminhão de massa $1{,}0 \cdot 10^4$ kg suba, com velocidade constante de 9 km/h, uma estrada com 30° de inclinação com a horizontal. Que potência seria necessária ao motor do caminhão? Adote $g = 10$ m/s².

a) $9{,}0 \cdot 10^5$ W
b) $2{,}5 \cdot 10^5$ W
c) $1{,}25 \cdot 10^5$ W
d) $4{,}0 \cdot 10^4$ W
e) $1{,}1 \cdot 10^4$ W

T.280 (ITA-SP) Uma queda-d'água escoa 120 m³ de água por minuto e tem 10,0 m de altura. A massa específica da água é 1,00 g/cm³ e a aceleração da gravidade é 9,81 m/s². A potência mecânica da queda-d'água é:

a) 2,00 W
b) $235 \cdot 10^5$ W
c) 196 kW
d) $3{,}13 \cdot 10^3$ N
e) $1{,}96 \cdot 10^2$ W

AE Atividade experimental

Realize a experiência com supervisão de seu professor.

Calculando trabalho e potência

Ao subir uma escada, sua força muscular realiza trabalho. Conforme o intervalo de tempo gasto na subida, a potência que você despende é maior ou menor. Realize então o experimento seguinte.

Escolha uma certa escada, conte o número de degraus e meça a altura de cada degrau. Você terá assim a altura que você vai se deslocar. Sua massa você deve saber. Se não, procure uma balança para determiná-la. Suba a escada e meça o tempo que você gastou nesse percurso.

TONY GARCIA / STONE-GETTY IMAGES

Responda:

- Qual foi o trabalho que sua força-peso realizou nesse deslocamento?
- Esse trabalho seria diferente se, caso fosse possível, você pulasse do piso até o último degrau? E se a escada fosse rolante?
- Calcule a potência despendida por você no deslocamento em questão. Ela seria maior, menor ou a mesma caso você se deslocasse mais rapidamente? Por quê?

120 m³ água p/ minuto — (min)
10,0 m de altura = h
1,00 = m
9,81 = g

$P_{ot} = m \cdot g \cdot h$
$P_m = 1,00 \cdot 9,81 \cdot 10,0$
$P_m = 98,1$

$P_m = \frac{98,1}{120}$

CAPÍTULO 15

Energia

STEVE CHENN / CORBIS-LATINSTOCK

Neste capítulo, estudamos inicialmente a energia cinética, associada ao estado de movimento de um corpo. Introduzimos também o conceito de energia potencial e enunciamos o princípio da conservação da energia, um dos princípios básicos da Física. Outras formas de energia, como o calor, são discutidas no final do capítulo.

1. Introdução

No mundo atual, muito se fala em energia. Sabe-se que ela é essencial à vida. O papel do Sol, do petróleo e de outros combustíveis é de vital importância para que se consiga a energia que nos mantém vivos e que faz nossas máquinas e mecanismos funcionarem. Novas fontes de energia estão sendo constantemente investigadas, para substituir outras já quase esgotadas.

Mas, afinal, o que é energia?

Na verdade, é um conceito difícil de ser definido. Apesar disso, a ideia está tão arraigada em nosso cotidiano que praticamente a aceitamos sem definição. Assim, as considerações a seguir não trazem em si o objetivo de definir energia, mas sim de relacioná-la com outros conceitos físicos já estudados. Veremos que muito frequentemente a energia está associada ao movimento (energia cinética). No entanto, mesmo estando em repouso, um corpo pode possuir energia apenas em função da posição que ocupa (energia potencial). Outra relação importante a ser apresentada é a que existe entre energia e trabalho.

Na foto de abertura deste capítulo, no instante em que o atleta atinge a altura máxima, sua energia cinética é nula. Entretanto, em relação ao solo, o atleta possui energia potencial.

2. Energia cinética

Considere, atuando num corpo, as forças $\vec{F_1}$, $\vec{F_2}$, ... $\vec{F_n}$ (figura 1a), cuja resultante $\vec{F_R}$ é constante em intensidade, direção e sentido (figura 1b).

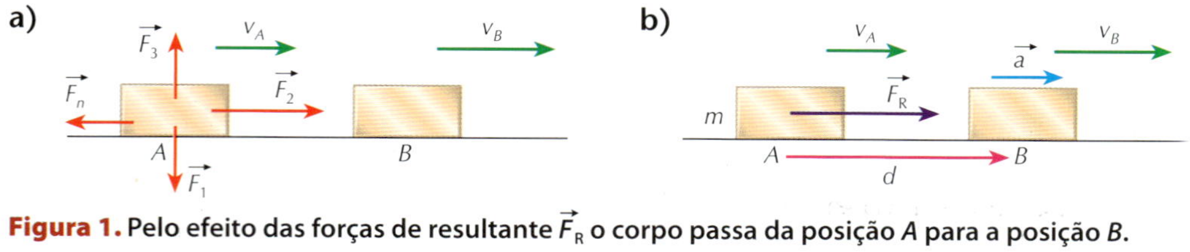

Figura 1. Pelo efeito das forças de resultante $\vec{F_R}$ o corpo passa da posição *A* para a posição *B*.

Essa resultante garante um movimento uniformemente variado tal que: $v_B^2 = v_A^2 + 2ad$

Da equação acima, obtemos a aceleração: $a = \dfrac{v_B^2 - v_A^2}{2d}$

Pela equação fundamental da Dinâmica, vem: $F_R = ma = m \cdot \left(\dfrac{v_B^2 - v_A^2}{2d}\right)$

Multiplicando os dois membros por d, e reorganizando o segundo membro, temos:

$$F_R d = m \cdot \left(\frac{v_B^2 - v_A^2}{2} \right) = m \cdot \left(\frac{v_B^2}{2} - \frac{v_A^2}{2} \right) \Rightarrow F_R d = \frac{mv_B^2}{2} - \frac{mv_A^2}{2}$$

Nessa última igualdade, $F_R d$ é o trabalho τ_R da força resultante $\vec{F}_R$ entre os pontos A e B; as parcelas $\frac{mv^2}{2}$, presentes no segundo membro, representam uma grandeza escalar chamada **energia cinética** (energia associada ao estado de movimento do corpo de massa m e velocidade v):

$$\tau_R = F_R d = \frac{mv_B^2}{2} - \frac{mv_A^2}{2} \text{ onde } \begin{cases} \frac{mv_A^2}{2} = E_{c_A} \text{ (energia cinética em } A) \\ \frac{mv_B^2}{2} = E_{c_B} \text{ (energia cinética em } B) \end{cases}$$

$$\tau_R = E_{c_B} - E_{c_A} = \underset{A \to B}{\Delta E_c}$$

A variação da energia cinética de um corpo entre dois instantes é medida pelo trabalho da resultante das forças entre os instantes considerados.

Esse enunciado é conhecido por **teorema da energia cinética**, de validade geral para qualquer tipo de movimento.

O teorema da energia cinética:

- introduz um novo conceito: o de energia cinética $\left(E_c = \frac{mv^2}{2} \right)$;
- estabelece um critério de medida dessa energia: **a sua variação será medida pelo trabalho da resultante das forças** ($\Delta E_c = E_{c_B} - E_{c_A} = \tau_R$).

A energia cinética aumenta quando o trabalho da resultante é motor (figura 2a), isto é, a força resultante é favorável ao deslocamento, aumentando a velocidade.

A energia cinética diminui quando o trabalho da resultante é resistente (figura 2b), isto é, a força resultante é oposta ao deslocamento, diminuindo a velocidade.

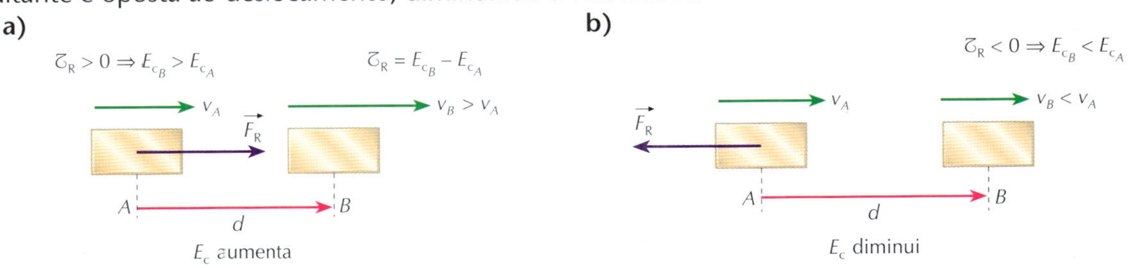

Figura 2. A energia cinética aumenta ou diminui conforme a resultante seja favorável ou contrária ao deslocamento.

Pelo teorema da energia cinética, concluímos que a energia tem a mesma unidade do trabalho. No Sistema Internacional de Unidades (SI), essa unidade é o joule (J).

OBSERVAÇÃO

No enunciado do teorema da energia cinética, o corpo considerado é um ponto material. No caso do corpo extenso, além do trabalho das forças externas, devemos levar em conta também o trabalho das forças internas. Por exemplo, na situação de uma pessoa subindo uma escada, além do trabalho do peso (força externa), devemos considerar o trabalho da força muscular da pessoa (força interna).

Entre na rede

No endereço eletrônico **http://www.ngsir.netfirms.com/englishhtm/Work.htm** (acesso em 16/2/2007), você pode simular o movimento de um bloco ao longo de um plano horizontal ou inclinado, calculando o trabalho das forças que agem no bloco e a variação de sua energia cinética.

Exercícios resolvidos

R.125 Um corpo de 10 kg parte do repouso sob a ação de uma força constante paralela à trajetória e 5 s depois atinge a velocidade de 15 m/s. Determine sua energia cinética no instante 5 s e o trabalho da força, suposta única, que atua no corpo no intervalo de 0 s a 5 s.

Solução:

A energia cinética no instante $t = 5$ s é:

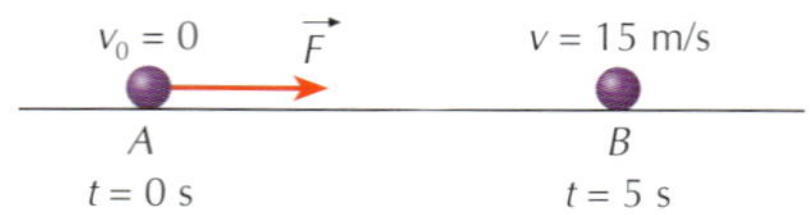

$$E_{c_B} = \frac{mv_B^2}{2} = \frac{10 \cdot 15^2}{2} \Rightarrow \boxed{E_{c_B} = 1.125 \text{ J}}$$

Pelo teorema da energia cinética:

$$\tau_R = E_{c_B} - E_{c_A} = 1.125 - 0 \text{ (note que } E_{c_A} = 0\text{, pois } v_0 = 0)$$

Portanto: $\boxed{\tau_R = E_{c_B} = 1.125 \text{ J}}$

Resposta: $E_{c_B} = 1.125$ J; $\tau_R = 1.125$ J

Observação:

O trabalho de $\vec{F}$ é motor (a energia cinética do corpo aumenta).

R.126 Um projétil de 10 g atinge perpendicularmente uma parede com velocidade igual a 600 m/s e ali penetra 20 cm, na direção do movimento. Determine a intensidade da força de resistência oposta pela parede à penetração, supondo essa força constante.

Solução:

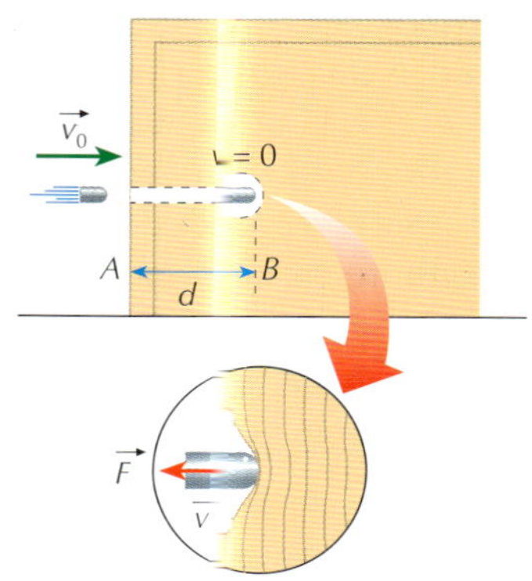

O projétil, ao chocar-se com a parede, possui energia cinética. Depois de penetrar $d = 20$ cm $= 0{,}20$ m, sua energia cinética torna-se nula (o projétil para). Pelo teorema da energia cinética, o trabalho da força de resistência é dado por:

$$\tau_R = E_{c_B} - E_{c_A} = -E_{c_A}, \text{ pois } E_{c_B} = 0$$

Da definição de trabalho resulta: $\tau_R = -Fd$

Comparando-se as duas expressões de τ_R, vem:

$$-Fd = -E_{c_A} \Rightarrow Fd = E_{c_A} \Rightarrow Fd = \frac{mv_A^2}{2}$$

A massa do projétil ($m = 10$ g $= 10 \cdot 10^{-3}$ kg) e a velocidade de impacto ($v_A = 600$ m/s) são dadas no enunciado. Substituindo esses valores, obtemos:

$$F \cdot 0{,}20 = \frac{10 \cdot 10^{-3} \cdot 600^2}{2} \Rightarrow \boxed{F = 9.000 \text{ N}}$$

Resposta: 9.000 N

R.127 Um pequeno bloco de massa 2,0 kg encontra-se inicialmente em repouso num ponto O. A força resultante $\vec{F}$ que passa a agir no bloco o faz mover-se ao longo de um eixo Ox. A intensidade da força $\vec{F}$ varia de acordo com o gráfico. Determine a velocidade do bloco após deslocar-se 4,0 m.

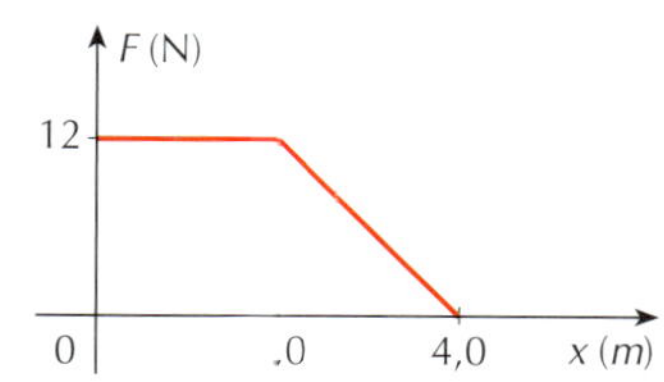

Solução:

A área do trapézio da figura ao lado é numericamente igual ao trabalho realizado pela força resultante $\vec{F}$ no deslocamento de 0 a 4,0 m:

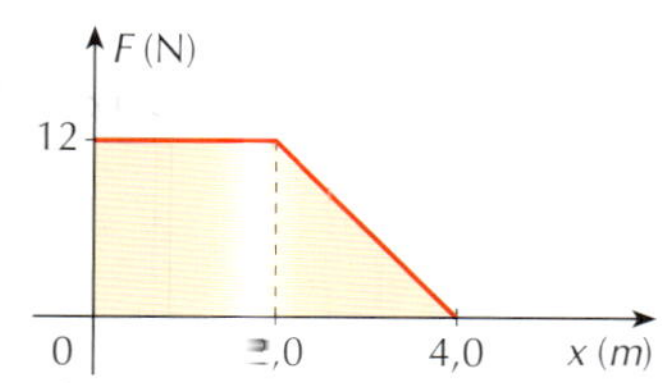

$$\tau_R \overset{N}{=} A_{\text{trapézio}} = \frac{4{,}0 + 2{,}0}{2} \cdot 12$$

$$\tau_R = 36 \text{ J}$$

Pelo teorema da energia cinética, vem:

$$\tau_R = E_{c_B} - E_{c_A} \Rightarrow \tau_R = E_{c_B} \text{ (note que } E_{c_A} = 0\text{, pois o bloco parte do repouso)}$$

Assim, obtemos: $\tau_R = \frac{mv^2}{2} \Rightarrow 36 = \frac{2{,}0 \cdot v^2}{2} \Rightarrow \boxed{v = 6{,}0 \text{ m/s}}$

Resposta: 6,0 m/s

R.128 Para levantar um corpo de massa 2 kg a uma altura de 2 m, um operador aplicou uma força $\vec{F}$, que realizou um trabalho de 56 J. Se inicialmente o corpo estava em repouso, qual foi a sua velocidade ao atingir aquela altura? Adote $g = 10\ m/s^2$ e despreze a resistência do ar.

Solução:

As forças que agem no corpo são: o peso $\vec{P}$ e a força $\vec{F}$ do operador.

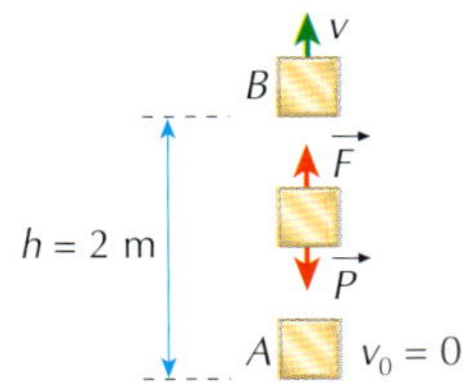

Pelo teorema da energia cinética, temos: $\tau_R = E_{c_B} - E_{c_A}$

Mas o trabalho da resultante das forças é a soma algébrica do trabalho das forças componentes: $\tau_R = \tau_P + \tau_F$

Igualando as duas expressões de τ_R, vem: $\tau_P + \tau_F = E_{c_B} - E_{c_A}$

Como o corpo sobe, o trabalho do peso é negativo: $\tau_P = -Ph = -mgh$. Logo:

$$-mgh + \tau_F = E_{c_B} - E_{c_A} \Rightarrow -mgh + \tau_F = \frac{mv^2}{2}\ (E_{c_A} = 0,\ \text{pois}\ v_0 = 0)$$

Sendo $m = 2$ kg, $g = 10\ m/s^2$, $h = 2$ m e $\tau_F = 56$ J, obtemos $-2 \cdot 10 \cdot 2 + 56 = \frac{2v^2}{2} \Rightarrow \boxed{v = 4\ m/s}$

Resposta: 4 m/s

Exercícios propostos

P.338 Um corpo de 10 kg parte do repouso, sob a ação de uma força constante, em trajetória horizontal, e após 16 s atinge 144 km/h. Qual é o trabalho dessa força nesse intervalo de tempo?

P.339 Calcule a força necessária para fazer parar um trem de 60 toneladas a 45 km/h numa distância de 500 m.

P.340 (Vunesp) Um projétil de 20 gramas, com velocidade de 240 m/s, atinge o tronco de uma árvore e nele penetra uma certa distância até parar.

a) Determine a energia cinética E_c do projétil antes de colidir com o tronco e o trabalho τ realizado sobre o projétil na sua trajetória no interior do tronco, até parar.

b) Sabendo que o projétil penetrou 18 cm no tronco da árvore, determine o valor médio F_m da força de resistência que o tronco ofereceu à penetração do projétil.
(O valor médio F_m é a intensidade de uma força constante que realiza o mesmo trabalho da força variável, como é o caso da força de resistência do tronco.)

P.341 O gráfico representa a variação da intensidade da força resultante $\vec{F}$ que atua num pequeno bloco de massa 2 kg em função do deslocamento x. Sabe-se que a força $\vec{F}$ tem a mesma direção e sentido do deslocamento. Em $x = 0$ a velocidade do bloco é 5 m/s. Determine a energia cinética do bloco quando $x = 4$ m.

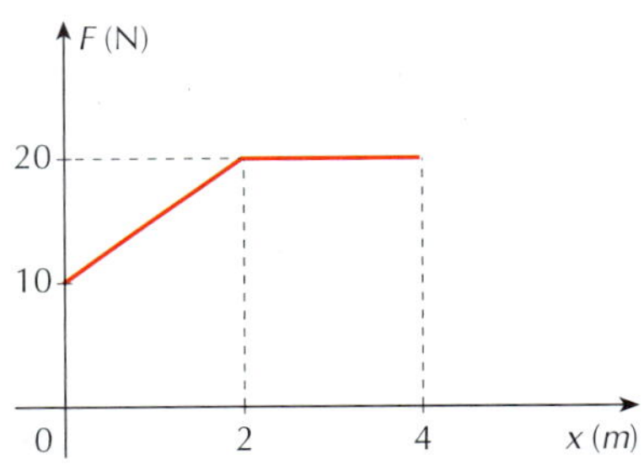

P.342 Um homem ergue um corpo que se encontrava em repouso no solo até uma altura de 2 m. O corpo chegou com velocidade nula. A força que o homem aplica no corpo realiza um trabalho de 12 J. Determine:

a) o trabalho realizado pelo peso do corpo;

b) a intensidade do peso do corpo.

3. Energia potencial gravitacional. Energia potencial elástica

No capítulo anterior calculamos o trabalho do peso (item 5.1) e o trabalho da força elástica (item 5.2):

Trabalho do peso: $\boxed{\tau = \pm Ph}$ (h: desnível entre os pontos considerados)

Trabalho da força elástica: $\boxed{\tau = \pm\frac{kx^2}{2}}$ onde $\begin{cases} k\text{: constante elástica da mola} \\ x\text{: deformação da mola} \end{cases}$

Esses trabalhos independem da forma da trajetória e conduzem ao conceito de uma nova forma de energia.

Considere em primeiro lugar o peso. Apliquemos ao corpo da figura 3a uma força contrária ao peso, erguendo-o até a posição B, à altura h (figura 3b). Se abandonarmos o corpo nessa posição, espontaneamente ele cai (figura 3c) e seu peso realiza trabalho, que, pelo teorema da energia cinética de B a A (figura 3d), é:

$$\mathcal{T}_{BA} = E_{c_A} - E_{c_B} = E_{c_A} - 0 \quad (\text{observe que } E_{c_B} = 0, \text{ pois } v_B = 0)$$

Então: $\mathcal{T}_{BA} = Ph = \dfrac{mv_A^2}{2} = E_{c_A}$

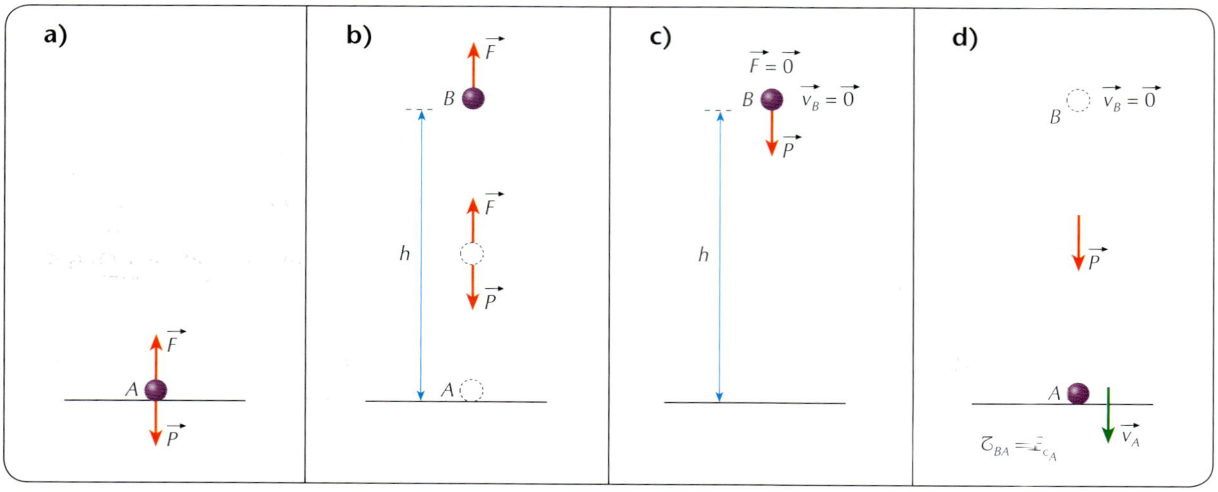

Figura 3.

Na posição B, o corpo não possui energia de movimento ($v_B = 0$), mas sabemos que possui a qualidade em potencial de vir a ter energia cinética, pois, caindo, seu peso realizará trabalho, que será sua energia cinética. Desse modo, na posição B, o corpo tem uma energia associada à sua posição (em relação à Terra) ainda não transformada na forma útil (energia cinética). Essa energia, que será transformada em energia cinética à medida que o corpo cai e o peso realiza trabalho, é denominada **energia potencial gravitacional** ($E_{p_{grav.}}$).

A energia potencial gravitacional $E_{p_{grav.}}$ na posição B em relação a um nível de referência em A é igual ao trabalho que o peso realiza no deslocamento de B para A:

$$E_{p_{grav.}} = Ph \quad \text{ou} \quad E_{p_{grav.}} = mgh$$

Vamos considerar agora o sistema elástico constituído pela mola de massa desprezível e de constante elástica k e pela esfera de massa m (figura 4).

Apliquemos à esfera uma força $\vec{F}$ (figura 4a) que provoca uma deformação da mola $x = AB$ (figura 4b). Abandonando-a nessa posição B, espontaneamente ela retorna (figura 4c) e a força elástica realiza trabalho, que pelo teorema da energia cinética de B para A (figura 4d) é:

$$\mathcal{T}_{BA} = E_{c_A} - E_{c_B} = E_{c_A} - 0 \quad (E_{c_B} = 0, \text{ pois } v_B = 0)$$

Então: $\mathcal{T}_{BA} = \dfrac{kx^2}{2} = \dfrac{mv_A^2}{2} = E_{c_A}$

Na posição B a esfera não possui energia de movimento ($v_B = 0$), mas sim a qualidade em potencial de vir a ter energia cinética, pois, ao ser abandonada, a força elástica realizará trabalho.

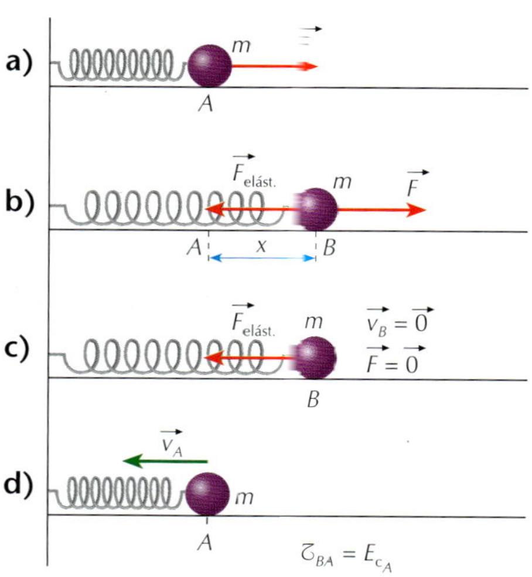

Figura 4.

Desse modo, concluímos que na posição B a mola tem energia associada à sua deformação. Essa energia, que será transformada em energia cinética da esfera quando esta retornar e a força elástica realizar trabalho, é denominada **energia potencial elástica** ($E_{P_{\text{elást.}}}$).

A energia potencial elástica $E_{P_{\text{elást.}}}$ da mola em B em relação a um nível de referência em A (mola não-deformada) é igual ao trabalho que a força elástica realiza no deslocamento de B para A:

$$E_{P_{\text{elást.}}} = \frac{kx^2}{2}$$

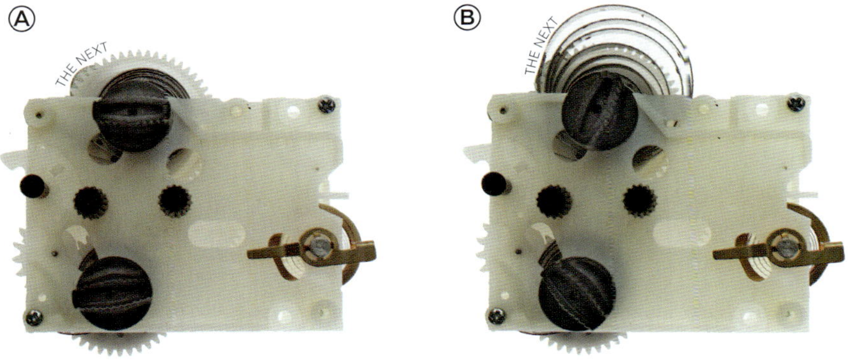

Num relógio "com a corda dada" (A), a mola possui energia potencial elástica, que vai se transformando em energia cinética e movimentando o mecanismo, até o relógio ficar "sem corda" (B).

Resumindo, em Mecânica consideramos duas energias potenciais: a associada ao trabalho do peso, chamada energia potencial gravitacional, e a associada ao trabalho da força elástica, chamada energia potencial elástica.

$$E_{P_{\text{grav.}}} = Ph \quad \text{e} \quad E_{P_{\text{elást.}}} = \frac{kx^2}{2}$$

Há outros tipos de energia potencial associados a trabalhos de outras forças conservativas, como veremos no terceiro volume.

A energia potencial gravitacional é uma forma importante de energia: a água na parte superior de uma cachoeira, por exemplo, possui energia potencial gravitacional que se converte em cinética ao cair.

JOÃO PRUDENTE / PULSAR

A energia potencial gravitacional depende do nível horizontal de referência utilizado para a medida da altura h em $E_{P_{\text{grav.}}} = Ph$. O nível de referência a ser adotado é arbitrário, pois o que vai nos interessar são as diferenças de energia, conforme mostraremos nos exercícios resolvidos. No nível horizontal de referência, a energia potencial gravitacional é nula ($h = 0 \Rightarrow E_{P_{\text{grav.}}} = 0$).

No caso de uma mola, $E_{P_{\text{elást.}}} = \dfrac{kx^2}{2}$ representa a energia potencial elástica na posição correspondente à deformação x, medida em relação à posição natural da mola (não-deformada).

Exercícios propostos

P.343 Uma pequena bola de borracha, de massa 50 g, é abandonada de um ponto A situado a uma altura de 5,0 m e, depois de chocar-se com o solo, eleva-se verticalmente até um ponto B, situado a 3,6 m. Considere a aceleração local da gravidade 10 m/s^2.

a) Calcule a energia potencial gravitacional da bola nas posições A e B. Adote o solo como nível horizontal de referência para a medida da energia potencial.

b) Como se modificariam as respostas anteriores se o nível de referência fosse o plano horizontal que passa por B?

P.344 (Fuvest-SP) Uma bala de morteiro, de massa $5{,}0 \cdot 10^2$ g, está a uma altura de 50 m acima do solo horizontal com uma velocidade de 10 m/s, em um instante t_0. Tomando o solo como referencial e adotando $g = 10$ m/s^2, determine no instante t_0:

a) a energia cinética da bala;

b) a energia potencial gravitacional da bala.

P.345 No sistema elástico da figura, O representa a posição de equilíbrio (mola não-deformada). Ao ser alongada, passando para a posição A, a mola armazena a energia potencial elástica $E_p = 2{,}0$ J. Determine:

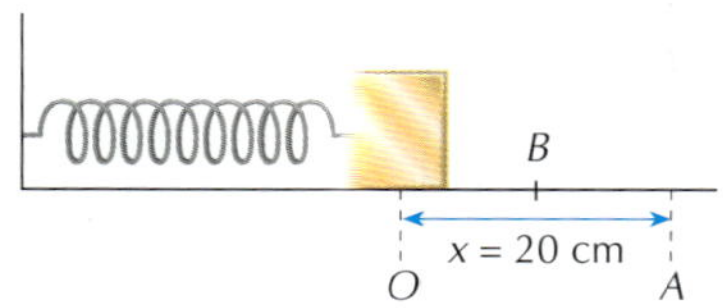

a) a constante elástica da mola;

b) a energia potencial elástica que a mola armazena na posição B, ponto médio do segmento $\overline{OA}$.

P.346 (Unicamp-SP) O gráfico ao lado representa a intensidade da força elástica aplicada por uma mola, em função de sua deformação.

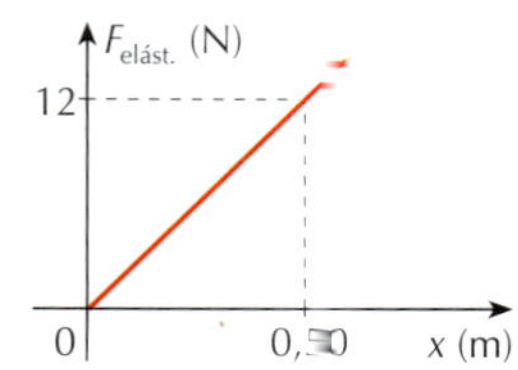

a) Qual é a constante elástica da mola?

b) Qual é a energia potencial elástica armazenada na mola para $x = 0{,}50$ m?

4. Conservação da energia mecânica

A energia pode transformar-se de cinética em potencial ou vice-versa, nos processos mecânicos.

Um corpo atirado para cima com velocidade inicial v_0 retorna à mesma posição com a mesma velocidade em sentido contrário, se desprezarmos a resistência do ar (figura 5). Isto é, na ausência de forças dissipativas, a energia cinética inicialmente fornecida ao corpo é a mesma na posição final. Porém, no fenômeno descrito, essa energia se transforma (figura 6).

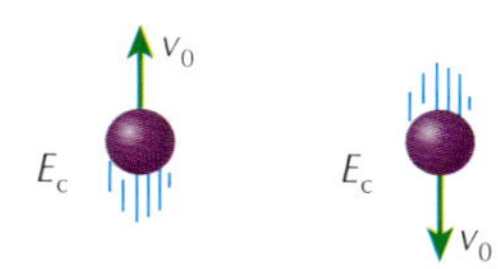

Figura 5. Desprezada a ação do ar, a energia cinética inicial é igual à final.

Quando o corpo sobe, diminui sua velocidade e sua energia cinética; porém o corpo ganha altura e, portanto, aumenta sua energia potencial (figura 6b).

Na altura máxima, o corpo tem somente energia potencial, pois sua velocidade é nula (figura 6c).

Durante a queda, o corpo perde energia potencial, pois perde altura, mas adquire energia cinética (figura 6d).

Ao retornar ao ponto de lançamento, o corpo recupera sua energia cinética inicial (figura 6e).

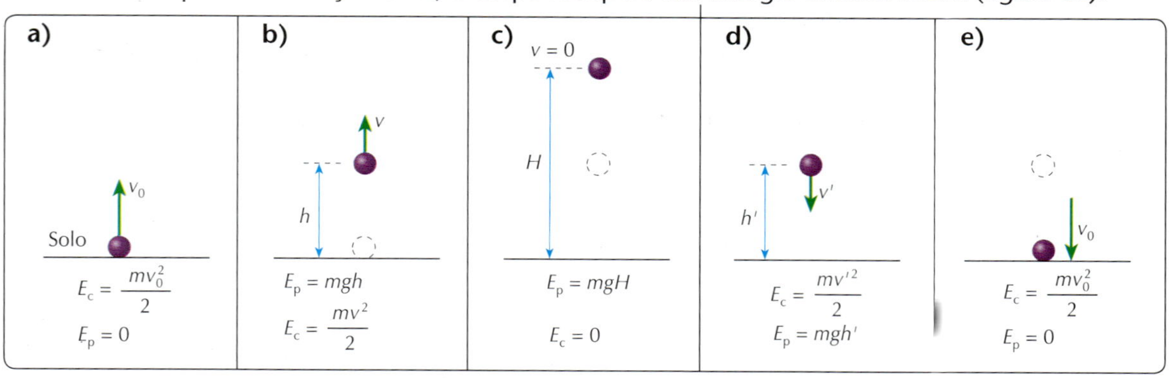

Figura 6. Adotamos o solo como nível de referência para medida de energia potencial ($E_p = 0$).

Chamando de energia mecânica a soma da energia potencial com a energia cinética, temos:

$$E_{mec.} = E_p + E_c$$

Verifica-se que:

> A energia mecânica permanece constante na ausência de forças dissipativas, apenas ocorre a conversão entre suas formas cinética e potencial.

Considere agora uma esfera presa a uma mola e apoiada numa superfície horizontal sem atrito; despreze a resistência do ar.

Entre na rede

No endereço eletrônico **http://br.geocities.com/saladefisica3/laboratorio/mecanica/mecanica.htm** (acesso em 16/2/2007), você pode verificar a conservação da energia mecânica, analisando o movimento de uma esfera ao longo de um plano inclinado, isento de atrito.

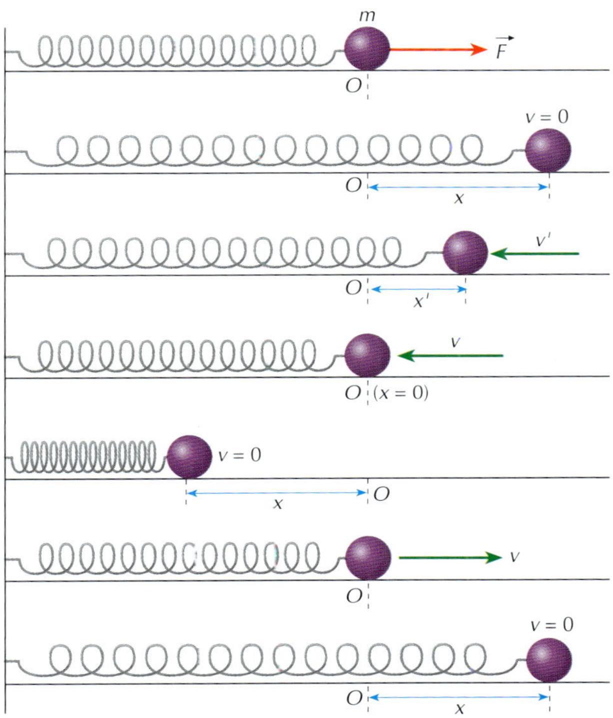

a) posição de equilíbrio

b) $E_{mec.} = E_p = \dfrac{kx^2}{2}$

c) $E_{mec.} = E_p + E_c = \dfrac{kx'^2}{2} + \dfrac{mv'^2}{2}$

d) $E_{mec.} = E_c = \dfrac{mv^2}{2}$

e) $E_{mec.} = E_p = \dfrac{kx^2}{2}$

f) $E_{mec.} = E_c = \dfrac{mv^2}{2}$

g) $E_{mec.} = E_p = \dfrac{kx^2}{2}$

Figura 7. Oscilador harmônico.

Pratique! Ver AE pág. 315

A esfera é tirada da posição de equilíbrio (figura 7a) pela ação de $\vec{F}$ e abandonada depois que a mola sofre uma deformação x (figura 7b). Nessa posição, o sistema tem energia potencial elástica.

Abandonado (figura 7c), o sistema perde energia potencial (a deformação é menor), mas ganha energia cinética, pois tem velocidade.

Na posição central O (figura 7d), toda a energia do sistema é cinética, pois a mola não está nem alongada nem comprimida.

A esfera vai até o outro extremo (figura 7e), comprimindo a mola: o sistema tem apenas energia potencial e o processo se repete.

O sistema descrito constitui um oscilador harmônico.

Desprezadas as forças dissipativas, a energia mecânica permanece constante. Na prática, o sistema perde a energia mecânica inicial, devido à dissipação por atrito e à resistência do ar.

De modo geral podemos afirmar que:

> A energia mecânica de um sistema se conserva quando este se movimenta sob ação de forças conservativas e eventualmente de outras forças que realizam trabalho nulo.

O mito do moto-perpétuo

Muitas pessoas, algumas leigas e outras com bom conhecimento científico, tentaram imaginar e construir uma máquina de movimento perpétuo. Essa máquina, por meio apenas de conversões de energia no seu interior, deveria funcionar eternamente, sem nenhum suprimento externo de energia. Entretanto, todas as tentativas se mostraram infrutíferas, pois sempre uma parcela da energia, por mínima que seja, se perde no processo de funcionamento da máquina.

Hoje está cientificamente provado ser impossível a criação de um moto-perpétuo (também conhecido como moto-contínuo), de modo que todos os escritórios de registro de patentes do mundo rejeitam *a priori* projetos de tais máquinas.

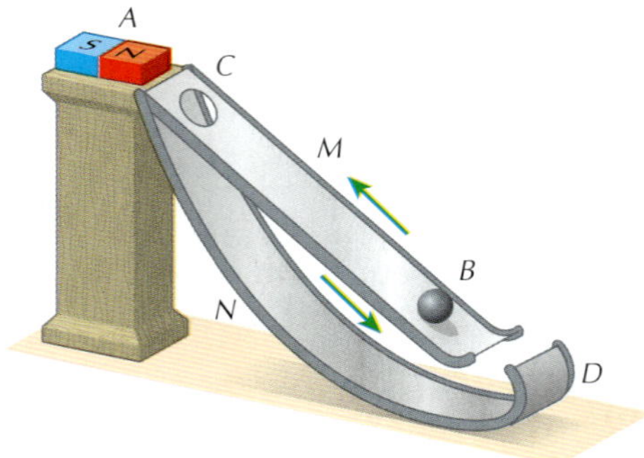

Máquina de movimento perpétuo proposta em 1670, por John Wilkins, bispo de Chester: a esfera de ferro *B* sobe a rampa *M*, atraída por um ímã *A*, atinge o buraco *C* e desce pela rampa *N*. Devido à curva em *D*, a esfera retorna à rampa *M*, e o movimento "repete-se indefinidamente". Onde está a impossibilidade prática desse dispositivo?

Exercícios resolvidos

Até informação contrária, nos exercícios seguintes despreze forças dissipativas, como atrito e resistência do ar.

R.129 Determine a velocidade que um corpo adquire ao cair de uma altura h, conhecida, a partir do repouso. Dado g = aceleração da gravidade local.

Solução:

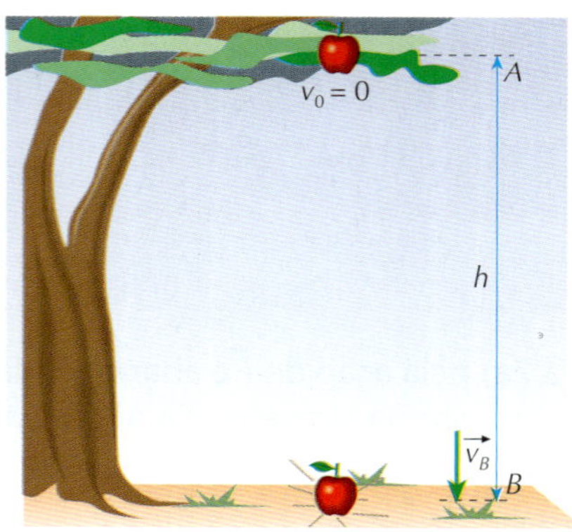

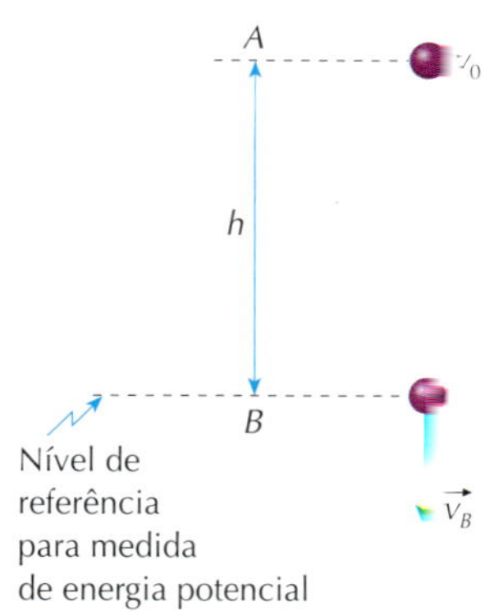

Pela conservação da energia mecânica:

$$E_{\text{mec.}A} = E_{\text{mec.}B}$$

$$E_{pA} + E_{cA} = E_{pB} + E_{cB}$$

$$mgh + 0 = 0 + \frac{mv_B^2}{2}$$

$$mgh = \frac{mv_B^2}{2}$$

$$\boxed{v_B = \sqrt{2gh}}$$

Resposta: $v_B = \sqrt{2gh}$

Observação:

Há outros problemas análogos a este, mudando apenas a situação física. Vejamos alguns exemplos.

- Um pêndulo é abandonado de uma altura h. Determine a velocidade em seu ponto inferior.
  Na massa pendular atuam somente o peso $\vec{P}$ (força conservativa) e a tração $\vec{T}$, que não realiza trabalho, pois é perpendicular em cada instante ao deslocamento.
  Assim, a energia mecânica se conserva:

$$E_{mec_A} = E_{mec_B}$$
$$E_{p_A} + E_{c_A} = E_{p_B} + E_{c_B}$$
$$mgh + 0 = 0 + \frac{mv_B^2}{2}$$
$$\boxed{v_B = \sqrt{2gh}}$$

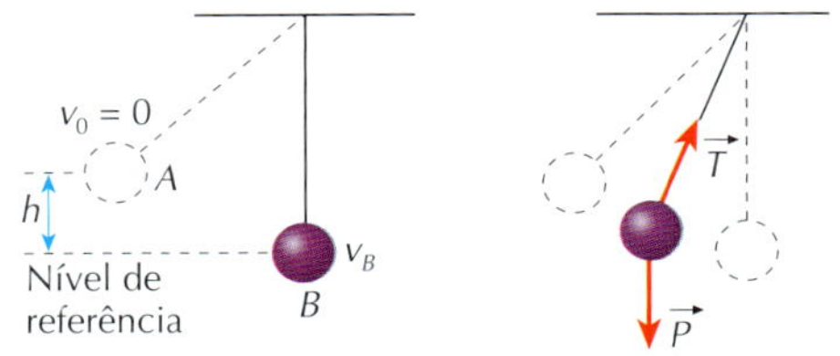

- Em todos os casos propostos a seguir, as superfícies são supostas sem atrito:

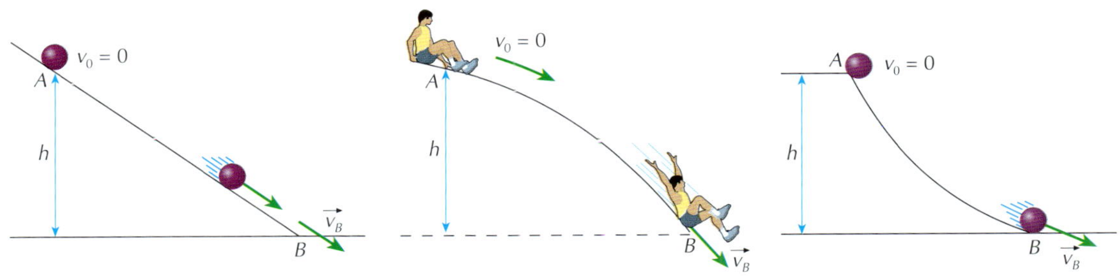

$$\boxed{v_B = \sqrt{2gh}}$$

R.130 Um corpo é atirado verticalmente para cima com velocidade v_0. Supondo conhecidos v_0 e a aceleração da gravidade g, determine a altura máxima que o corpo atinge.

Solução:

Na altura máxima a velocidade é nula. Pela conservação da energia mecânica:

$$E_{mec_A} = E_{mec_B}$$
$$E_{p_A} + E_{c_A} = E_{p_B} + E_{c_B}$$
$$0 + \frac{mv_0^2}{2} = mgh + 0$$
$$\boxed{h = \frac{v_0^2}{2g}}$$

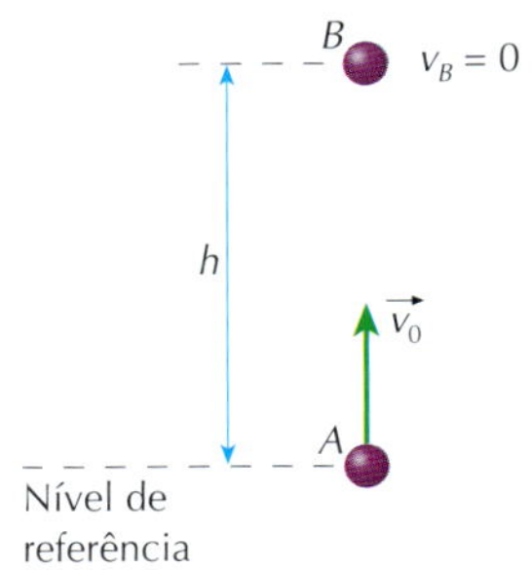

Resposta: $h = \frac{v_0^2}{2g}$

Observação:

De modo semelhante a esse exercício, podemos propor: abandonando um corpo de uma altura h (figura a) na superfície polida indicada, a altura h' que ele atinge é igual a h, pois sua energia potencial inicial é idêntica à energia final, que é apenas potencial. Abandonando o pêndulo da altura h (figura b), a altura h' que ele atinge será o próprio h, ainda que se considere um obstáculo como o da figura c, que altere a direção do fio.

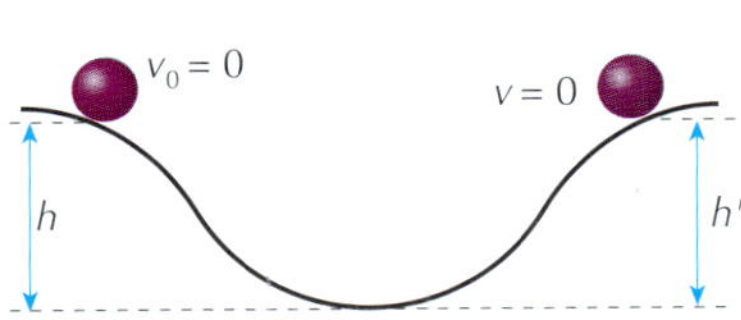

Figura a

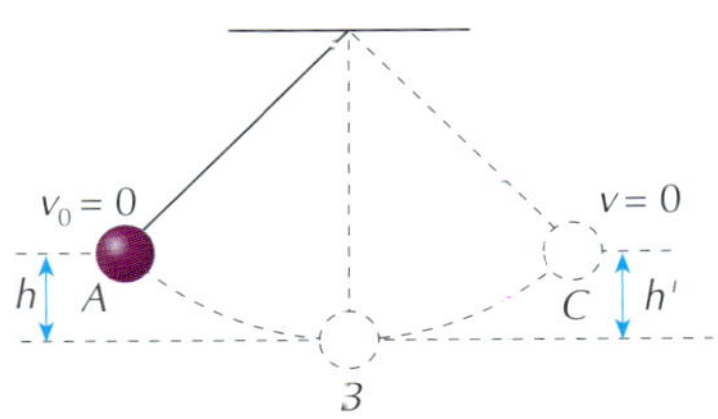

Figura b

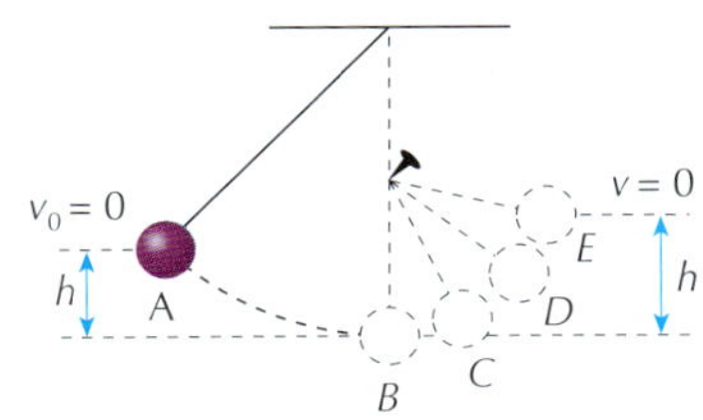

Figura c

R.131 Uma bola é lançada horizontalmente do alto de uma colina de 120 m de altura com velocidade de 10 m/s. Determine a velocidade da bola ao atingir o solo. Despreze a resistência do ar e adote $g = 10\ \text{m/s}^2$.

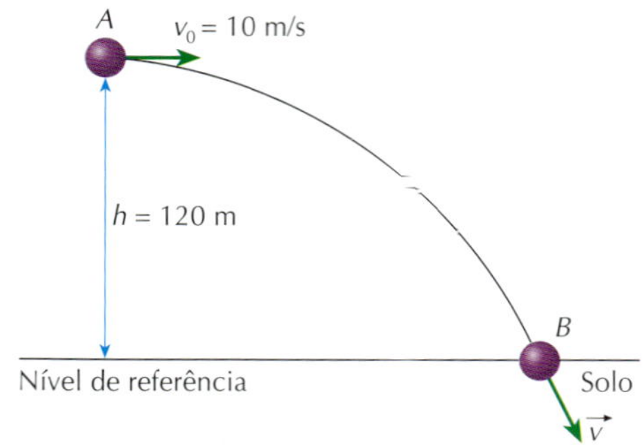

Solução:

Pela conservação da energia mecânica:

$$E_{\text{mec}_A} = E_{\text{mec}_B}$$

$$E_{p_A} + E_{c_A} = E_{p_B} + E_{c_B}$$

$$mgh + \frac{mv_0^2}{2} = 0 + \frac{mv^2}{2} \Rightarrow v^2 = 2gh + v_0^2$$

Substituindo os valores dados, vem:

$$v^2 = 2 \cdot 10 \cdot 120 + 10^2 \Rightarrow v^2 = 2.500 \Rightarrow \boxed{v = 50\ \text{m/s}}$$

Resposta: 50 m/s

R.132 Uma esfera de massa $m = 2{,}0$ kg presa a um fio de comprimento $L = 0{,}45$ m é abandonada na posição A, conforme a figura. No instante em que a esfera passa pela posição B, determine:

a) sua velocidade escalar;

b) a intensidade da força de tração no fio.

Despreze os atritos e considere $g = 10\ \text{m/s}^2$.

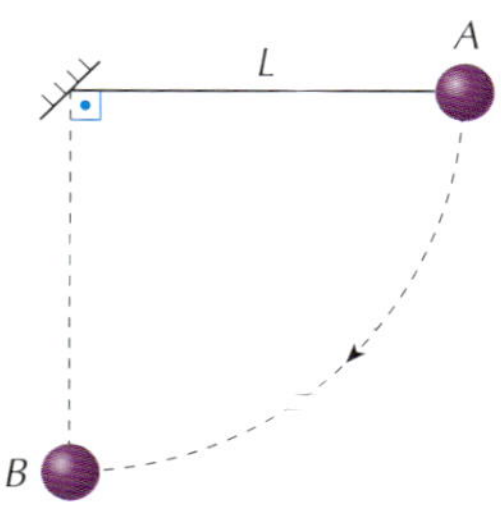

Solução:

a) Pela conservação da energia mecânica:

$$E_{\text{mec}_A} = E_{\text{mec}_B}$$

$$E_{p_A} + E_{c_A} = E_{p_B} + E_{c_B}$$

$$mgh + 0 = 0 + \frac{mv^2}{2}$$

$$v^2 = 2gh$$

Sendo $h = L = 0{,}45$ m e $g = 10\ \text{m/s}^2$, vem:

$$v^2 = 2 \cdot 10 \cdot 0{,}45 \Rightarrow \boxed{v = 3{,}0\ \text{m/s}}$$

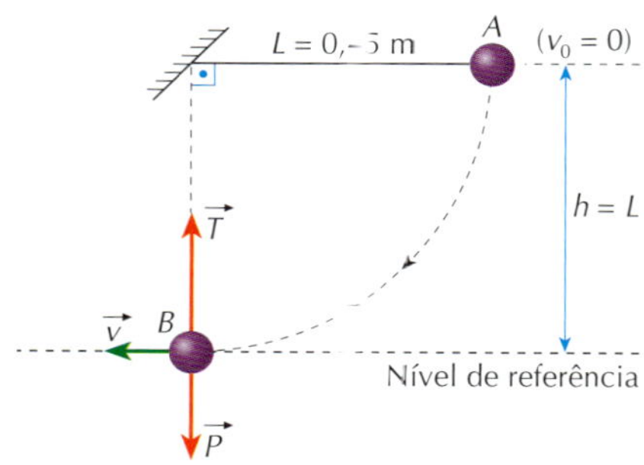

b) As forças que agem na esfera são o peso $\vec{P}$ e a tração do fio $\vec{T}$. A resultante dessas forças, na posição B, é a própria resultante centrípeta. Portanto:

$$F_{\text{cp}} = ma_{\text{cp}} \Rightarrow T - P = m\frac{v^2}{R}$$

Sendo $P = mg = 20$ N, $m = 2{,}0$ kg, $v = 3{,}0$ m/s e $R = L = 0{,}45$ m, vem:

$$T - 20 = 2{,}0 \cdot \frac{(3{,}0)^2}{0{,}45} \Rightarrow \boxed{T = 60\ \text{N}}$$

Respostas: a) 3,0 m/s; b) 60 N

R.133 A esteira da figura transporta quatro corpos de igual massa presos a ela. A esteira passa pelos roletes sem atrito e, na posição da figura, encontra-se travada. Destravando-a, o sistema põe-se em movimento. Determine a velocidade do primeiro corpo quando atinge a posição B indicada na figura. Despreze as dimensões dos corpos e das polias que compõem o sistema, isto é, considere que todos os corpos, na situação inicial, estão à mesma altura. Adote $g = 10\ \text{m/s}^2$.

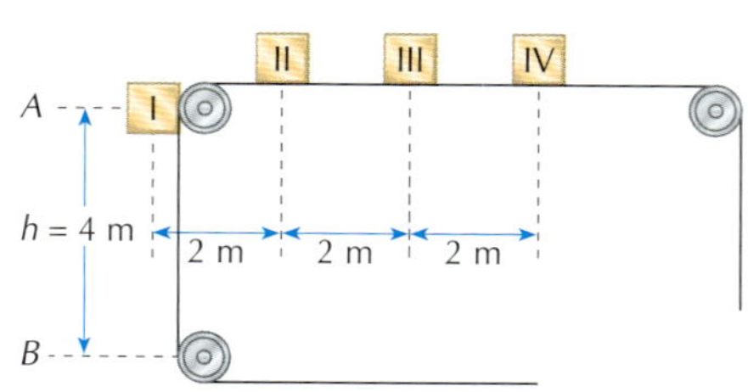

Solução:

Os quatro corpos presos à esteira constituem um sistema de corpos de massa total $4M$, sendo M a massa de cada corpo. Adotaremos a linha horizontal que passa por B como nível de referência.

Na figura a, o sistema tem apenas energia potencial ($v_0 = 0$):

$$E_{\text{mec.}} = E_p = 4Mgh \quad ①$$

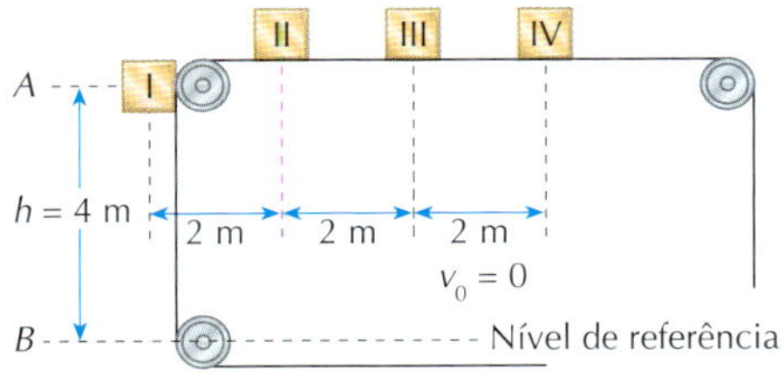

Figura a

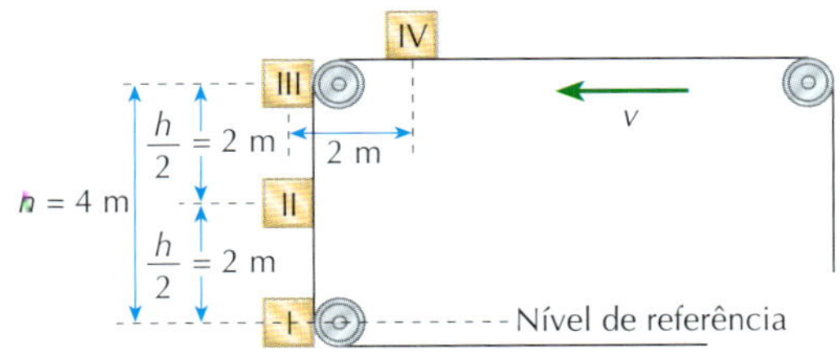

Figura b

Na figura b, o sistema está em movimento. Além de energia cinética (a esteira e todos os corpos possuem a mesma velocidade v), o sistema apresenta também a energia potencial dos corpos II $\left(\frac{Mgh}{2}\right)$, III ($Mgh$) e IV ($Mgh$).

$$E_{\text{mec.}} = \frac{4Mv^2}{2} + \frac{Mgh}{2} + Mgh + Mgh = 2Mv^2 + \frac{5}{2}Mgh \quad ②$$

Igualando ① e ②, vem:

$$4Mgh = 2Mv^2 + \frac{5}{2}Mgh \Rightarrow 2Mv^2 = \frac{3}{2}Mgh \Rightarrow v = \sqrt{\frac{3}{4}gh} \Rightarrow \boxed{v = \sqrt{30}\ \text{m/s} \simeq 5{,}5\ \text{m/s}}$$

Resposta: $\sqrt{30}$ m/s $\simeq$ 5,5 m/s

R.134 Numa superfície plana e polida um carrinho tem velocidade v_0 e percorre a pista curva indicada.
Conhecendo-se R, raio da curva da pista, e g, aceleração da gravidade local, determine o menor valor da velocidade inicial para que o fenômeno seja possível. (A curva é chamada *looping*.)

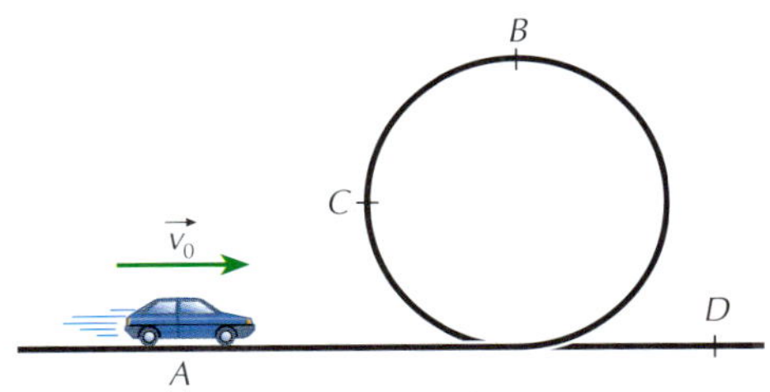

Solução:

O ponto superior B é o mais difícil de toda a trajetória. Considere que o carrinho tenha nesse ponto uma velocidade v_B de modo que ele consiga completar a curva. Pela conservação da energia mecânica:

$$E_{\text{mec.}(A)} = E_{\text{mec.}(B)}$$

$$\frac{mv_0^2}{2} = mgh + \frac{mv_B^2}{2}, \text{ sendo } h = 2R$$

$$\frac{mv_0^2}{2} = mg2R + \frac{mv_B^2}{2}$$

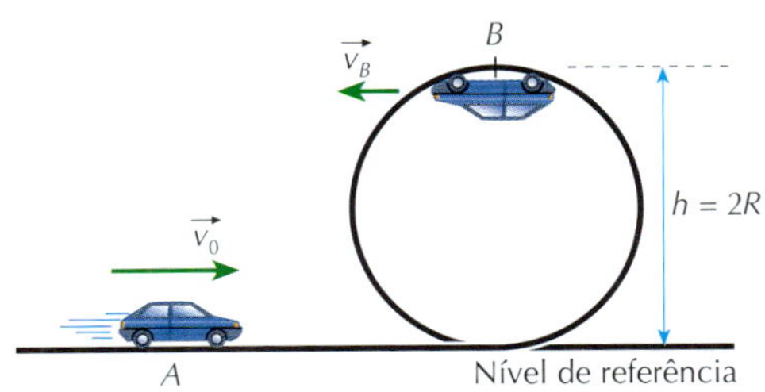

Cancelando m e multiplicando todos os termos por 2, obtemos: $v_0^2 = 4Rg + v_B^2$ ①

Nessa equação, $4Rg$ é constante e v_0 varia em função de v_B: quanto menor v_0, menor v_B. A velocidade v_0 será mínima quando v_B também for mínima:

$$v_{0_{\text{mín.}}}^2 = 4Rg + v_{B_{\text{mín}}}^2 \quad ②$$

O cálculo de $v_{B_{\text{mín.}}}$ é baseado no problema do globo da morte (veja R.112, no capítulo 13, página 253). No ponto superior B, em condições críticas, a aceleração centrípeta $a_{cp} = \frac{v_B^2}{R}$ deve ser a própria aceleração da gravidade g, situação em que a força de contato $\vec{F}_N$ é nula:

$$a_{cp} = g \Rightarrow \frac{v_{B\text{mín.}}^2}{R} = g \Rightarrow \boxed{v_{B\text{mín.}}^2 = Rg}$$

Substituindo na expressão ②, temos:

$$v^2_{0_{mín.}} = 4Rg + v^2_{B_{mín.}} \Rightarrow v^2_{0_{mín.}} = 4Rg + Rg = 5Rg \Rightarrow \boxed{v_{0_{mín.}} = \sqrt{5Rg}}$$

Resposta: $\sqrt{5Rg}$

a)

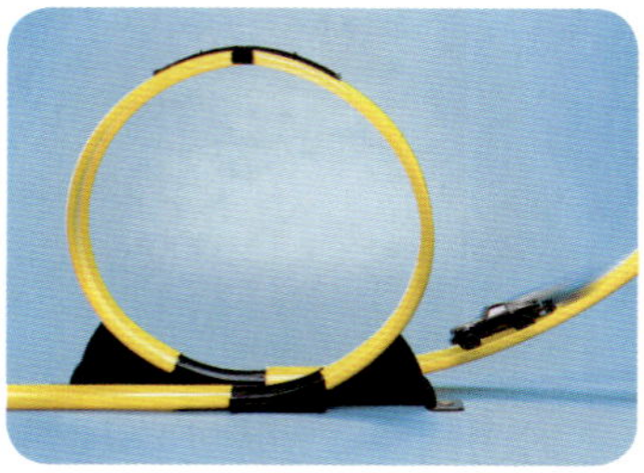

b)

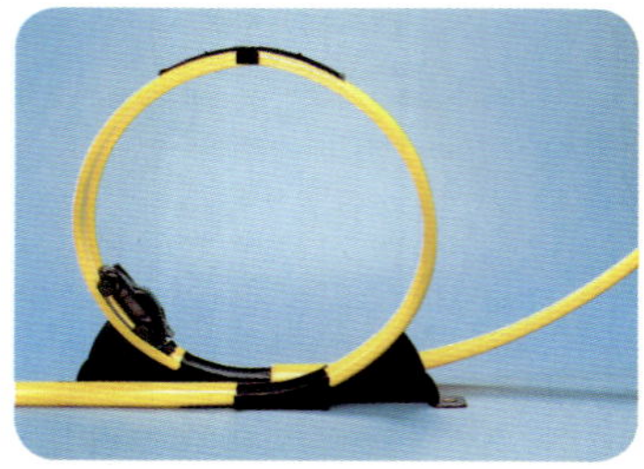

c)

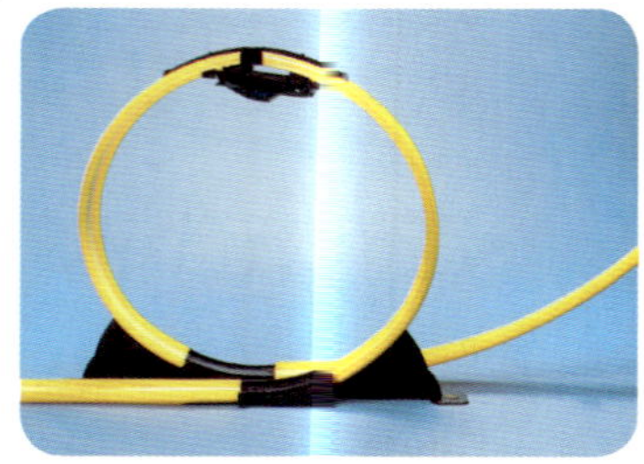

FOTOS: EDUARDO SANTALIESTRA / CID

d)

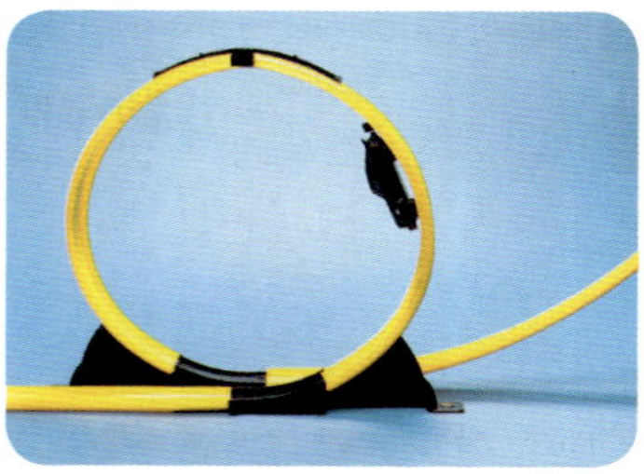

e)

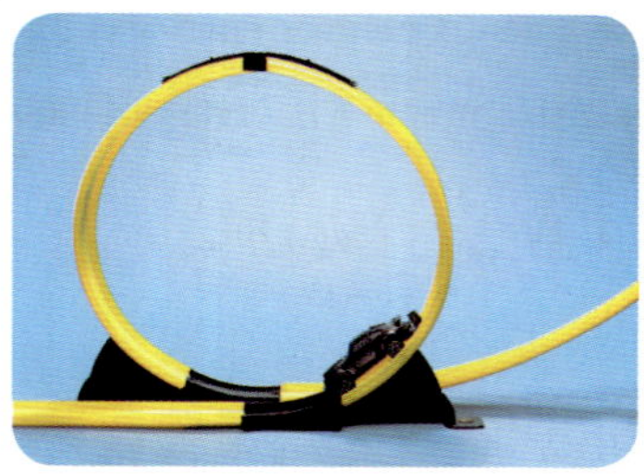

f)

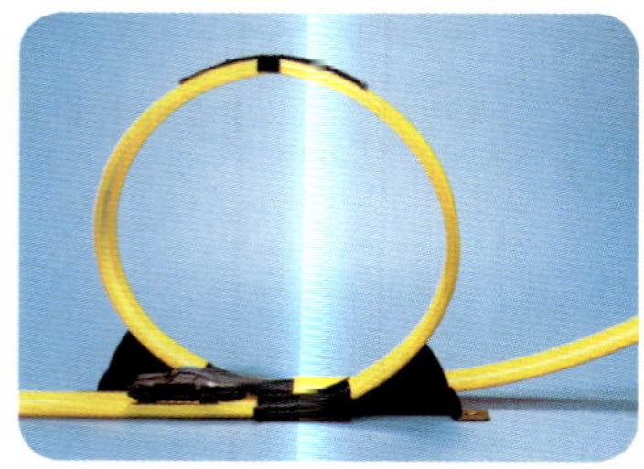

Para que possa realizar esse *looping*, o carrinho deve entrar na curva com velocidade no mínimo igual a $\sqrt{5Rg}$, sendo R o raio da curva descrita.

R.135 Um carrinho cai de uma altura h desconhecida e descreve a trajetória indicada. O raio da curva é conhecido, bem como a aceleração da gravidade g. Determine o menor valor da altura h para que o fenômeno seja possível. Despreze os atritos e a resistência do ar.

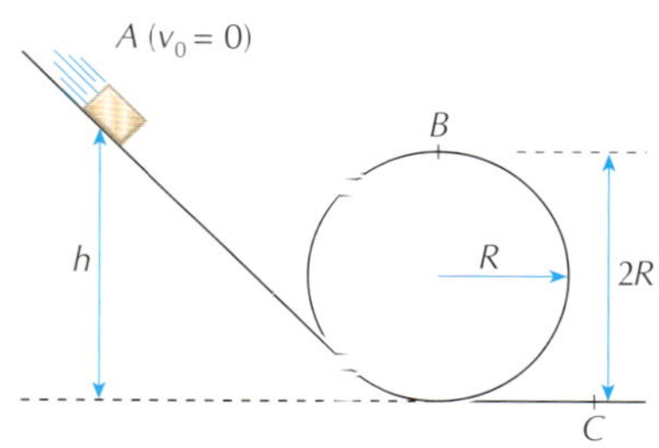

Solução:

Como no problema anterior, o ponto superior B é o mais difícil da trajetória: o móvel deve passar por esse ponto com certa velocidade v_B.

Pela conservação da energia mecânica:

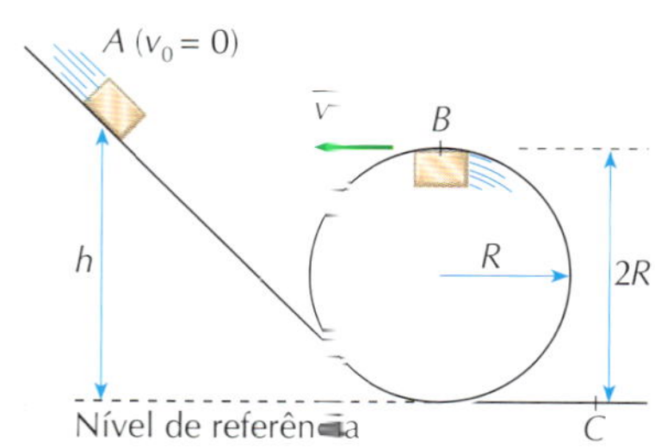

$$E_{mec.\,(A)} = E_{mec.\,(B)}$$

$$mgh = mg \cdot 2R + \frac{mv_B^2}{2}$$

$$gh = g \cdot 2R + \frac{v_B^2}{2} \quad ①$$

Por essa expressão, h é mínimo quando v_B for mínimo, o que ocorre nas condições analisadas no problema anterior. O ponto B é alcançado em condições críticas quando $F_N = 0$, o que resulta:

$$a_{cp} = g \Rightarrow \frac{v^2_{B_{mín.}}}{R} = g \Rightarrow v^2_{B_{mín.}} = Rg$$

Substituindo em ①, vem:

$$gh_{mín.} = g \cdot 2R + \frac{v^2_{B_{mín.}}}{2} \Rightarrow gh_{mín.} = g \cdot 2R + \frac{Rg}{2} \Rightarrow h_{mín.} = 2R + \frac{R}{2} \Rightarrow \boxed{h_{mín.} = 2{,}5R}$$

Resposta: $h_{mín.} = 2{,}5R$

Observação:

A normal $\vec{F}_N$ só é nula instantaneamente, no ponto superior B. Em qualquer outro ponto, a normal não é nula.

R.136 Um bloco de massa $m = 4$ kg e velocidade horizontal $v = 0,5$ m/s choca-se com uma mola de constante elástica $k = 100$ N/m. Não há atrito entre o bloco e a superfície de contato. Determine a máxima deformação sofrida pela mola.

Solução:

A energia cinética que o bloco possui será transferida integralmente à mola quando esta estiver totalmente comprimida: $E_{c_{corpo}} = E_{p_{mola}}$

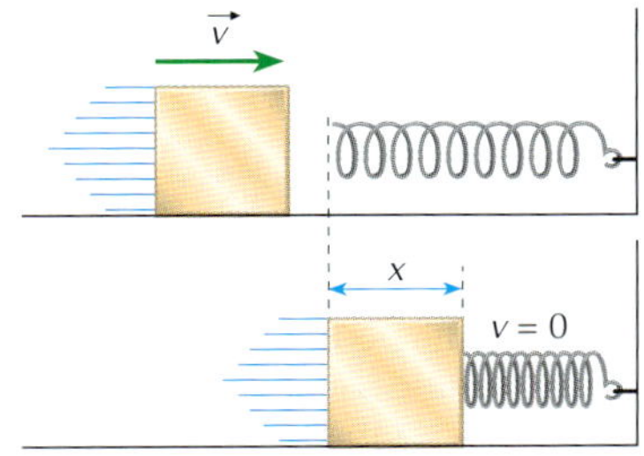

Então:

$$\frac{mv^2}{2} = \frac{kx^2}{2}$$

$$4 \cdot 0,5^2 = 100 \cdot x^2$$

$$\boxed{x = 0,10 \text{ m} = 10 \text{ cm}}$$

Resposta: 0,10 m ou 10 cm

R.137 Um corpo de massa 2 kg é abandonado sobre uma mola ideal de constante elástica 50 N/m, como mostra a figura. Considerando $g = 10$ m/s^2 e desprezando as perdas de energia mecânica, determine:

a) a deformação da mola no instante em que a velocidade do corpo é máxima;

b) a velocidade máxima do corpo.

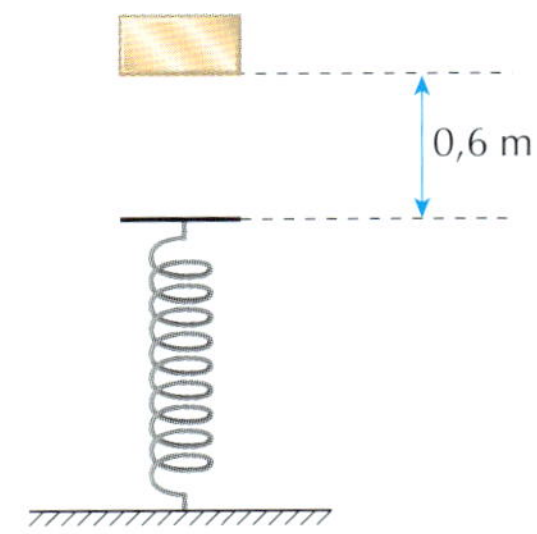

Solução:

a) Inicialmente o corpo cai acelerado sob a ação de seu peso $\vec{P}$ (figura a) até atingir a mola. Em contato com a mola, além do peso, passa a agir no corpo a força elástica $\vec{F}_{elást.}$ cuja intensidade é proporcional à deformação da mola. Enquanto $F_{elást.} < P$, o movimento é acelerado (figura b). Quando $F_{elást.} = P$, o corpo atinge sua velocidade máxima (figura c). A seguir, $F_{elást.} > P$ e o movimento passa a ser retardado (figura d) até a velocidade se anular.

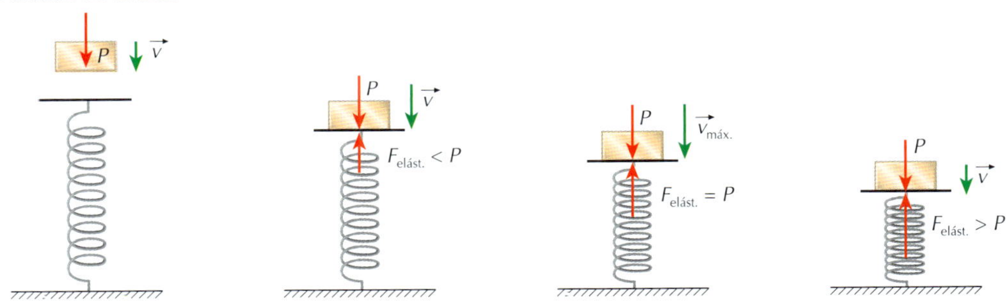

Figura a **Figura b** **Figura c** **Figura d**

Portanto, a velocidade máxima ocorre quando o movimento passa de acelerado para retardado, e isso acontece quando a intensidade da força elástica se torna igual ao peso do corpo:

$$F_{elást.} = P \Rightarrow kx = mg$$

Sendo $k = 50$ N/m, $m = 2$ kg e $g = 10$ m/s^2, vem:

$$50x = 2 \cdot 10 \Rightarrow \boxed{x = 0,4 \text{ m}}$$

b) Em relação ao nível de referência adotado na figura, concluímos que a energia potencial gravitacional inicial do corpo (situação A) transforma-se em energia cinética do corpo e em energia potencial elástica (situação B):

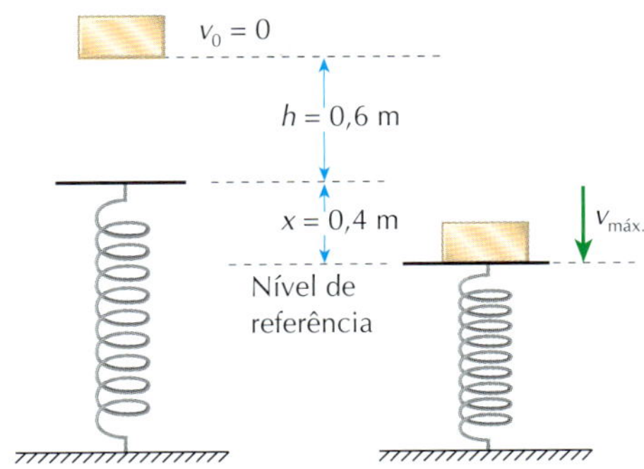

Situação A Situação B

$$mg \cdot (h + x) = \frac{mv_{máx.}^2}{2} + \frac{kx^2}{2}$$

$$2 \cdot 10 \cdot (0,6 + 0,4) = \frac{2 \cdot v_{máx.}^2}{2} + \frac{50 \cdot (0,4)^2}{2}$$

$$\boxed{v_{máx.} = 4 \text{ m/s}}$$

Respostas: a) 0,4 m; b) 4 m/s

Exercícios propostos

P.347 Uma pedra de 5 g cai de uma altura de 5 m em relação ao solo. Adote $g = 10 \text{ m/s}^2$ e despreze a resistência do ar. Determine a velocidade da pedra quando atinge o solo.

P.348 Um objeto de 10 g é atirado verticalmente para cima com velocidade de 12 m/s. Adote $g = 10 \text{ m/s}^2$ e despreze a resistência do ar. Determine a altura máxima que o objeto atinge.

P.349 Uma pedra de massa 0,2 kg é atirada verticalmente para baixo de uma torre de altura igual a 25 m com velocidade inicial de 20 m/s. Desprezando a resistência do ar e adotando $g = 10 \text{ m/s}^2$, determine a energia cinética da pedra ao atingir o solo.

P.350 Um bloco de 2 kg cai no vácuo, a partir do repouso, de uma altura igual a 20 m do solo. Determine as energias cinética e potencial à metade da altura de queda ($g = 10 \text{ m/s}^2$). Considere nula a energia potencial da pedra no solo.

P.351 Uma pequena esfera, partindo do repouso da posição A, desliza sem atrito sobre uma canaleta semicircular, contida num plano vertical. Determine a intensidade da força normal que a canaleta exerce na esfera quando esta passa pela posição mais baixa B. Dados: massa da esfera (m); aceleração da gravidade (g).

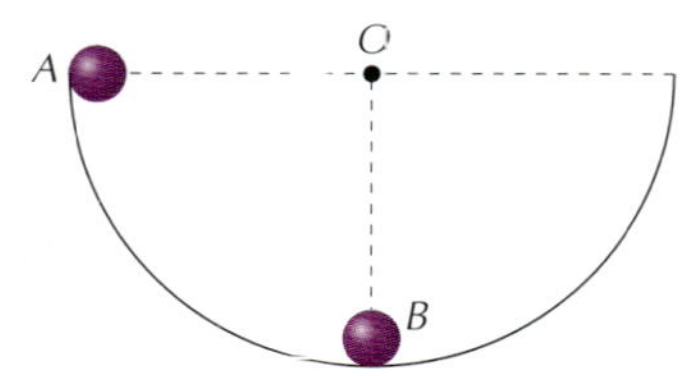

P.352 (Olimpíada Brasileira de Física) Um bloco de massa m é abandonado sobre o trilho e desliza, a partir do ponto A, como representado na figura ao lado.

O coeficiente de atrito cinético entre o trilho e o bloco no trajeto AB é μ. A seção circular que se inicia no ponto B não tem atrito.

a) Qual a menor velocidade que o bloco deve ter no ponto B para que consiga passar pelo ponto C?

b) Qual a altura h_A para que isso ocorra?

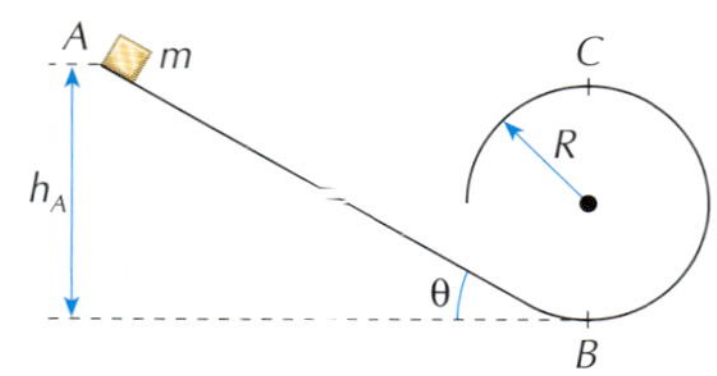

P.353 (UFPE) Um pequeno bloco, de massa $m = 0{,}5$ kg, inicialmente em repouso no ponto A, é largado de uma altura de $h = 1{,}6$ m. O bloco desliza, sem atrito, ao longo de uma superfície e colide, no ponto B, com uma mola de constante elástica $k = 100$ N/m (veja a figura abaixo). Determine a compressão máxima da mola, em cm. (Use $g = 10 \text{ m/s}^2$.)

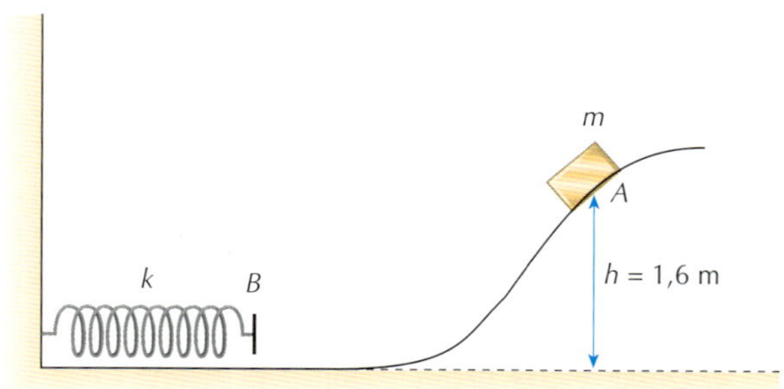

P.354 Uma mola de constante elástica $k = 1.200$ N/m está comprimida de $x = 10$ cm pela ação de um corpo de 1 kg. Abandonado o conjunto, o corpo é atirado verticalmente, atingindo a altura h. Adote $g = 10 \text{ m/s}^2$ e despreze a resistência do ar. Determine h.

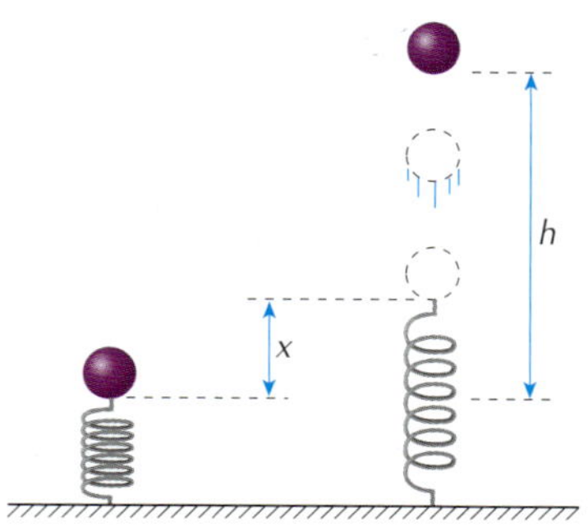

P.355 (Vunesp) Na figura ao lado, uma esfera de massa $m = 2$ kg é abandonada do ponto A, caindo livremente e colidindo com o aparador que está ligado a uma mola de constante elástica $k = 2 \cdot 10^4$ N/m. As massas da mola e do aparador são desprezíveis. Não há perda de energia mecânica. Admita $g = 10$ m/s². Na situação 2 a compressão da mola é máxima. Determine as deformações da mola quando a esfera atinge sua velocidade máxima e quando ela está na situação 2, medidas em relação à posição inicial B.

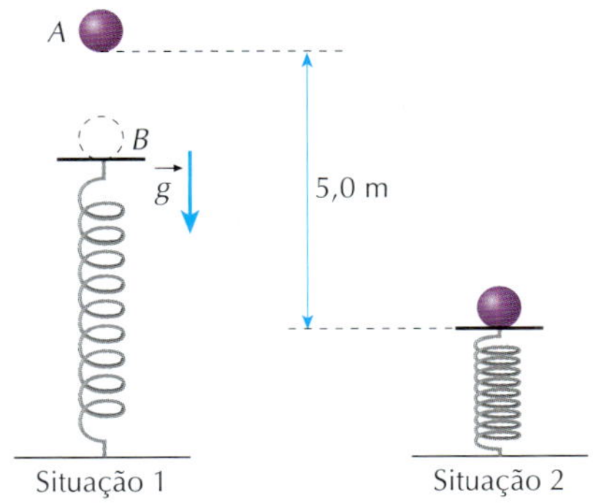

JOHN MCPHERSON / DIST. BY ATLANTIC SYNDICATION / UNIVERSAL PRESS SYNDICATE

5. Diagramas de energia

A energia potencial de uma mola $E_p = \dfrac{kx^2}{2}$ é uma função do 2º grau em x, cujo gráfico é uma parábola.

Nos pontos extremos da oscilação do oscilador harmônico (figura 8), a energia mecânica total é a energia potencial. Na posição central a energia potencial é nula e a energia cinética é igual à energia mecânica total. A representação gráfica da energia potencial em função de x é uma parábola; logo, a representação gráfica da energia cinética será também uma parábola, porém invertida, para que a soma da energia potencial com a cinética permaneça constante.

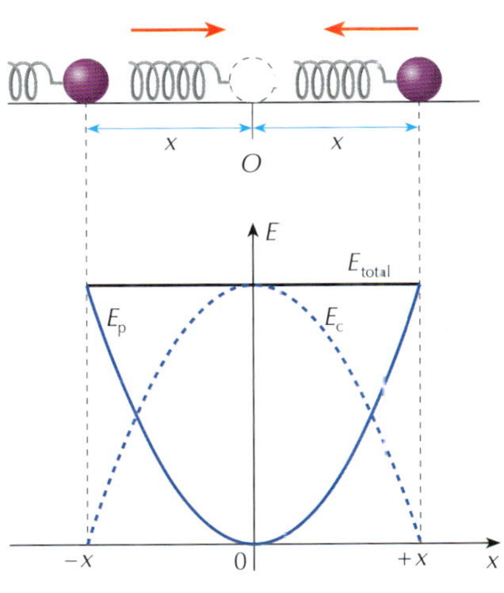

Figura 8.

Considere um corpo em queda sem resistência do ar. Em relação ao solo sua energia potencial é $E_p = Ph$, sendo h uma função do 2º grau em t.

Assim, a representação gráfica da energia potencial gravitacional em função do tempo também é uma parábola. Em consequência, a energia cinética terá por representação gráfica uma parábola invertida para que a soma da energia potencial com a cinética permaneça constante (figura 9). A figura 10 ilustra outro exemplo.

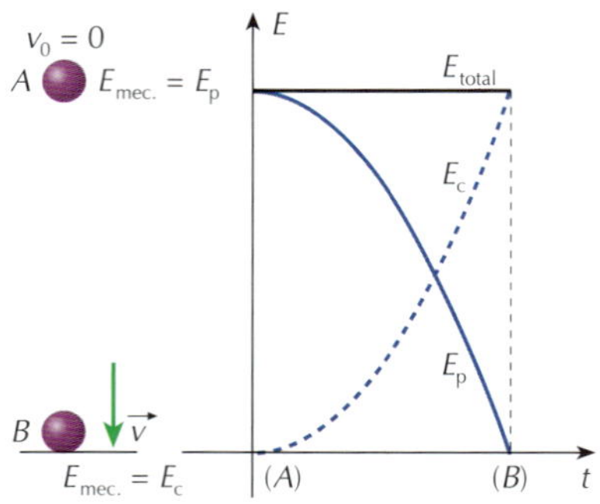

Figura 9.

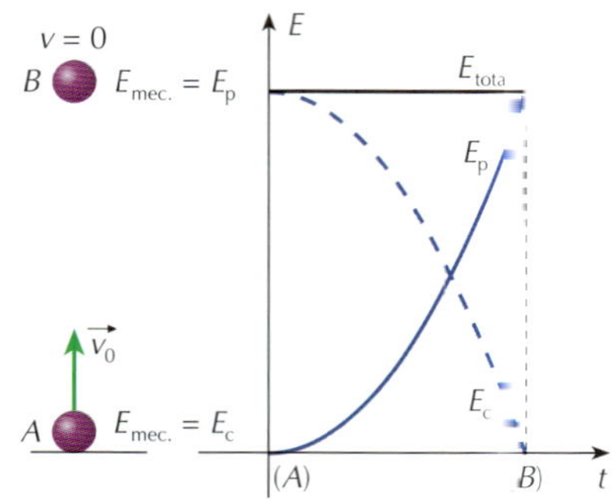

Figura 10.

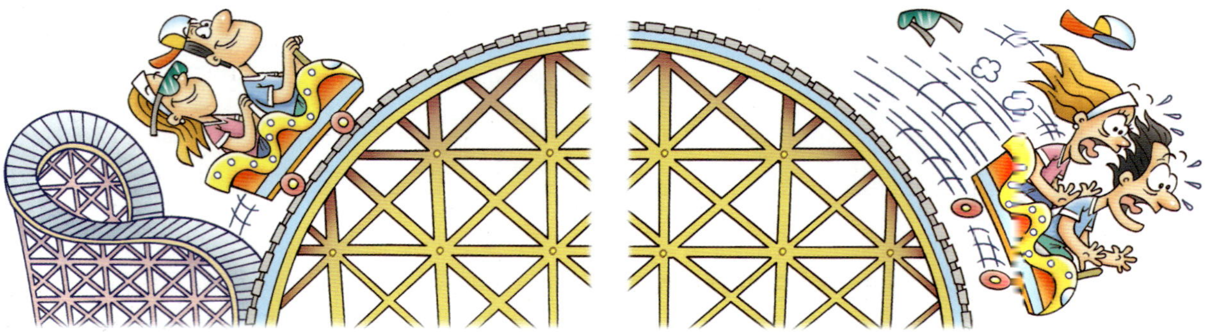

Exercício resolvido

R.138 O gráfico da figura representa a energia potencial em função da posição de um sistema mecânico conservativo. Determine:

a) a energia total do sistema;

b) a energia potencial e a energia cinética quando $x = 1$ m.

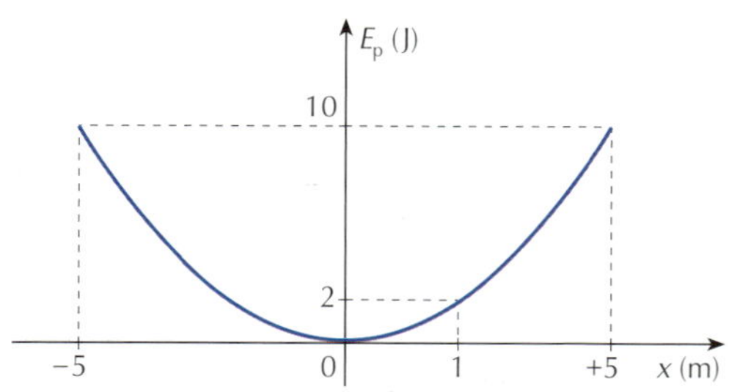

Solução:

a) A energia mecânica total corresponde ao valor da máxima energia potencial. Do gráfico: $\boxed{E_{mec.} = 10 \text{ J}}$

b) Quando $x = 1$ m, do gráfico temos $\boxed{E_p = 2 \text{ J}}$. Como $E_p + E_c = E_{mec.} = 10$ J, vem:

$$E_c = 10 - E_p = 10 - 2 \Rightarrow \boxed{E_c = 8 \text{ J}}$$

Respostas: a) 10 J; b) $E_p = 2$ J e $E_c = 8$ J

Exercício proposto

P.356 O diagrama representa a energia potencial de um sistema mecânico conservativo variando em função da posição x. Sabe-se que, quando $x = 1$ m, o sistema possui apenas energia potencial.

Determine:

a) a energia mecânica total do sistema;
b) a energia potencial e cinética em $x = 2$ m e $x = 3$ m;
c) o tipo de movimento no trecho de $x = 10$ m a $x = 11$ m;
d) o tipo de movimento no trecho de $x = 1$ m a $x = 2$ m.

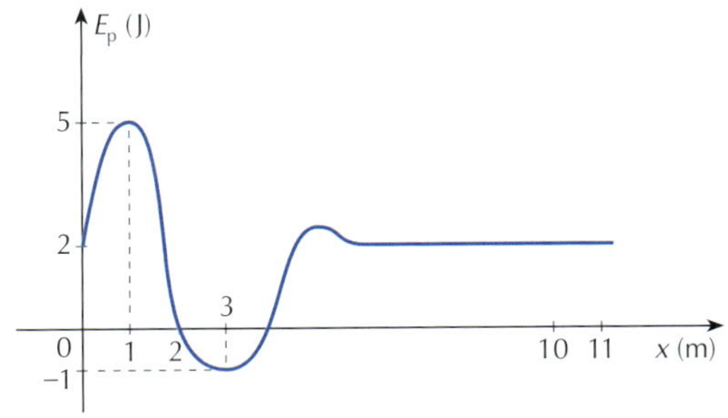

6. Outras formas de energia

A energia mecânica transforma-se passando de potencial a cinética, ou vice-versa, permanecendo constante nos sistemas conservativos. Se atuarem forças dissipativas, haverá energia dissipada correspondente ao trabalho realizado por essas forças.

No arrastamento de um corpo numa superfície, com atrito, a energia dissipada é transferida às suas moléculas e átomos, que sofrem um aumento de energia cinética. Essa energia cinética interna é chamada **energia térmica**.

BERENICE ABBOTT / PR-LATINSTOCK

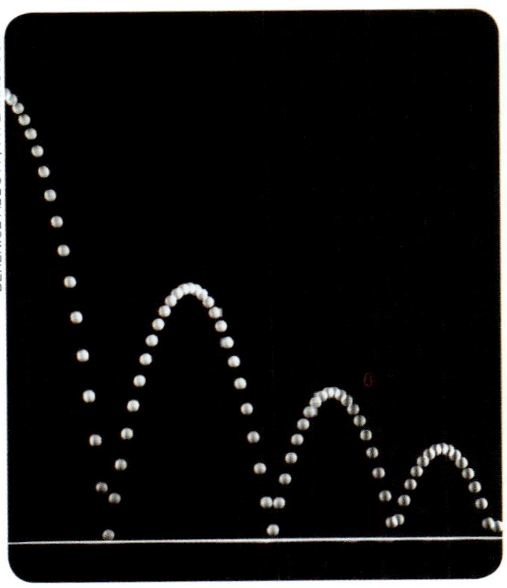

▲ **A bola descreve arcos de parábola cada vez mais baixos, após chocar-se com o solo, devido à dissipação de energia.**

TOM BRANCH / PR-LATINSTOCK

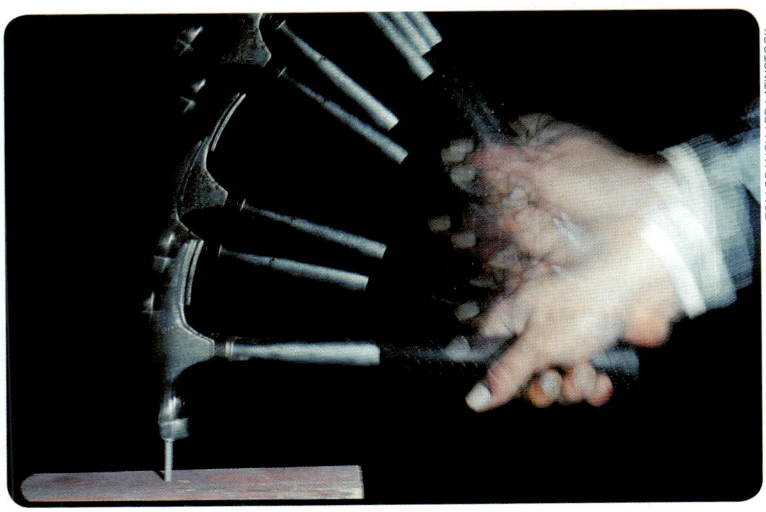

▲ **Fotografia estroboscópica de um martelo golpeando um prego. Há diversas formas de energia envolvidas, tais como as energias potencial e cinética do martelo, a energia sonora, produzida no instante do impacto, e a energia térmica, devida à resistência que o material oferece à entrada do prego.**

A energia térmica transferida de um corpo a outro é chamada **calor**. Assim, o calor é **energia térmica em trânsito**. O estudo do calor é feito em **Termologia**, assunto do segundo volume deste curso.

O calor é frequentemente medido em **caloria** (símbolo: **cal**), unidade de energia que se relaciona com o joule da seguinte maneira:

$$1 \text{ cal} = 4{,}1868 \text{ J}$$

A energia pode se manifestar de muitas outras maneiras. Além da mecânica e da térmica, temos a **energia luminosa**, que se propaga sob a forma de ondas eletromagnéticas; a **energia química**, armazenada nas substâncias e liberada nas reações químicas; a **energia elétrica**, associada a cargas elétricas; a **energia nuclear**, relacionada à disposição das partículas no interior do núcleo atômico; etc.

Nos exemplos dos itens anteriores analisamos a conservação da energia mecânica. Conhecendo agora outras formas de energia, enunciamos:

Princípio da conservação da energia

A energia não pode ser criada ou destruída, mas unicamente transformada. O aparecimento de certa forma de energia é sempre acompanhado do desaparecimento de outra forma de energia em igual quantidade.

Além da energia, há outras grandezas que se conservam, em Física, como a quantidade de movimento e a carga elétrica. Os princípios da conservação são importantes e úteis nas análises dos mais diversos fenômenos. Por enquanto, você utilizou apenas a conservação da energia mecânica, pois só estudou esse tipo de energia.

O quadro seguinte indica uma série de transformações energéticas — algumas espontâneas, que ocorrem na Natureza, e outras induzidas pelo ser humano, para seu proveito.

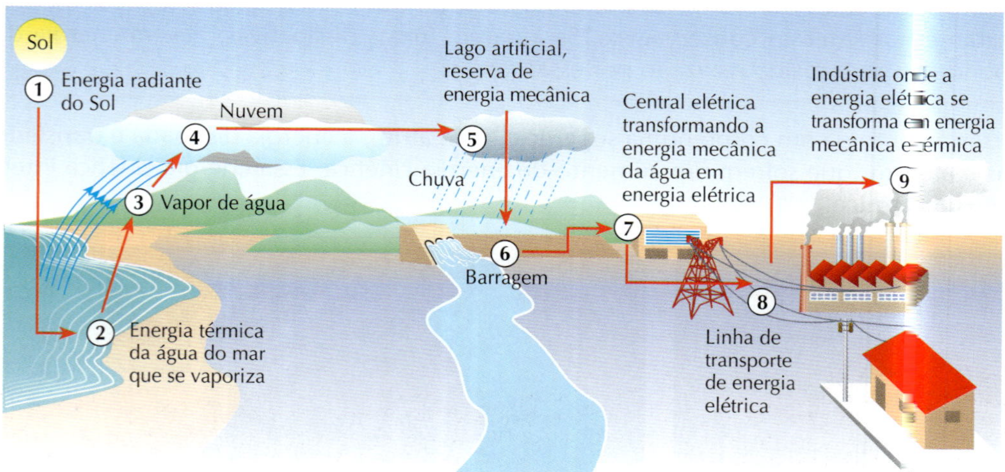

Exercícios resolvidos

R.139 Um menino desce num escorregador de altura 3,0 m a partir do repouso e atinge o solo. Supondo que 40% de energia mecânica é dissipada nesse trajeto, determine a velocidade do menino ao chegar ao solo. Considere $g = 10\ m/s^2$.

Solução:

Da posição A para a posição B ocorre uma perda de 40% de energia mecânica. Isso significa que a energia mecânica do menino em B é 60% da energia mecânica do menino em A:

$$E_{mec.B} = 60\% \cdot E_{mec.A} \Rightarrow$$

$$\Rightarrow (E_{p_B} + E_{c_B}) = 60\% \cdot (E_{p_A} + E_{c_A}) \Rightarrow$$

$$\Rightarrow \left(0 + \frac{mv^2}{2}\right) = 0{,}60 \cdot (mgh + 0) \Rightarrow$$

$$\Rightarrow v^2 = 2 \cdot 0{,}60gh \Rightarrow v^2 = 2 \cdot 0{,}60 \cdot 10 \cdot 3{,}0 \Rightarrow$$

$$\Rightarrow v^2 = 36 \Rightarrow \boxed{v = 6{,}0\ m/s}$$

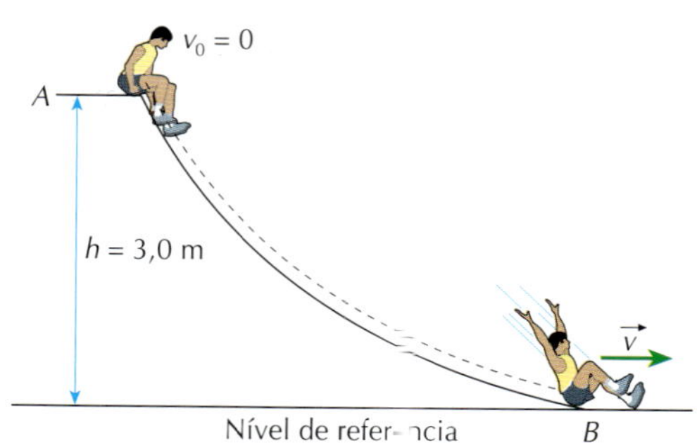

Resposta: 6,0 m/s

R.140 Um corpo de massa 1,0 kg move-se horizontalmente com velocidade constante de 10 m/s, num plano sem atrito. Encontra uma rampa e sobe até atingir a altura máxima de 3,0 m. A partir do ponto *A*, início da subida da rampa, existe atrito. Determine a quantidade de energia mecânica transformada em energia térmica durante a subida do corpo na rampa. Considere $g = 10\ m/s^2$.

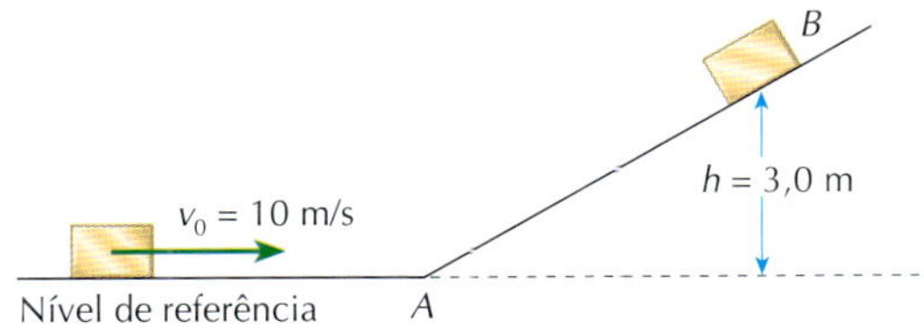

Solução:

Nesse caso não há conservação da energia mecânica. A transformação de energia mecânica em energia térmica é devida ao atrito.

A energia mecânica transformada em energia térmica é dada pela diferença entre as energias mecânicas inicial (E_{mec_A}) e final (E_{mec_B}):

$$E_{térm.} = E_{mec_A} - E_{mec_B}$$

Mas:

$$E_{mec_A} = E_{p_A} + E_{c_A} = 0 + \frac{mv_0^2}{2} \Rightarrow E_{mec_A} = \frac{1,0 \cdot 10^2}{2} \Rightarrow \boxed{E_{mec_A} = 50\ J}$$

$E_{mec_B} = E_{p_B} + E_{c_B} = mgh + 0$ (note que $E_{c_B} = 0$, pois ao atingir altura máxima a velocidade se anula)

$E_{mec_B} = 1,0 \cdot 10 \cdot 3,0$

$\boxed{E_{mec_B} = 30\ J}$

Portanto: $E_{térm.} = 50 - 30 \Rightarrow \boxed{E_{térm.} = 20\ J}$

Resposta: 20 J

Exercícios propostos

P.357 Uma esfera movimenta-se num plano horizontal subindo em seguida uma rampa, conforme a figura. Com qual velocidade a esfera deve passar pelo ponto *A* para chegar a *B* com velocidade de 4 m/s? Sabe-se que no percurso *AB* há uma perda de energia mecânica de 20%. (Dados: $h = 3,2$ m; $g = 10\ m/s^2$.)

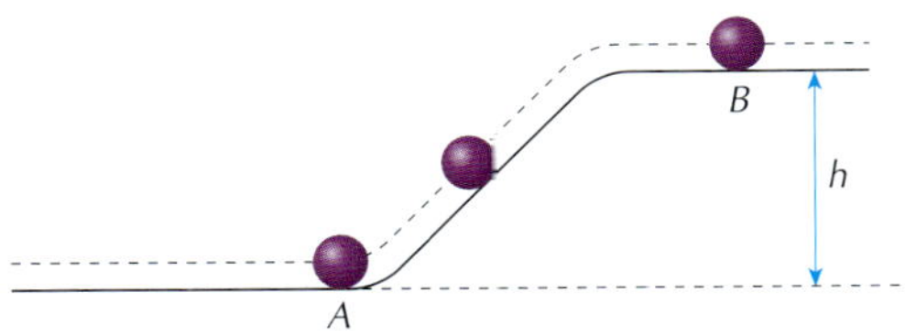

P.358 Um pequeno bloco de 0,4 kg de massa desliza sobre uma pista, de um ponto *A* até um ponto *B*, conforme a figura abaixo ($g = 10\ m/s^2$). Se as velocidades do bloco nos pontos *A* e *B* têm módulos iguais a 10 m/s e 5 m/s, respectivamente, determine para o trecho *AB*:

a) a quantidade de energia mecânica transformada em térmica;

b) o trabalho realizado pela força de atrito.

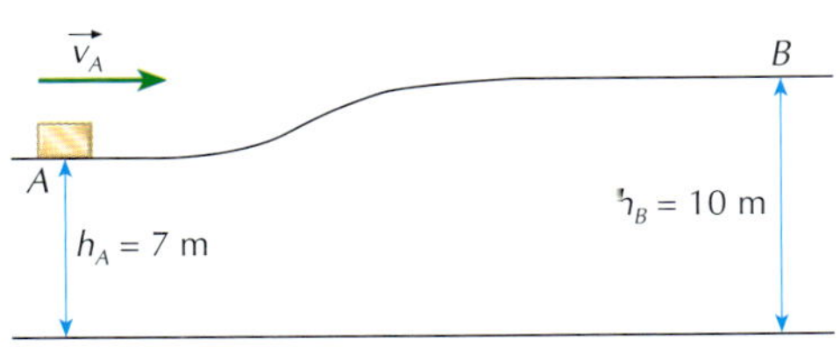

Valores de energia

Uma força de intensidade 1 N equivale ao peso de um corpo de massa 100 g. De fato, de $P = mg$, sendo $m = 100\ g = 0{,}1\ kg$ e $g = 10\ m/s^2$, temos:

$$P = 0{,}1 \cdot 10 \Rightarrow P = 1\ N$$

Imagine que um livro de peso 1 N seja elevado a uma altura de 1 m em movimento uniforme. Significa que a força $\vec{F}$ que ergue o livro tem também intensidade 1 N. O trabalho da força $\vec{F}$ neste deslocamento de 1 m é de 1 J.

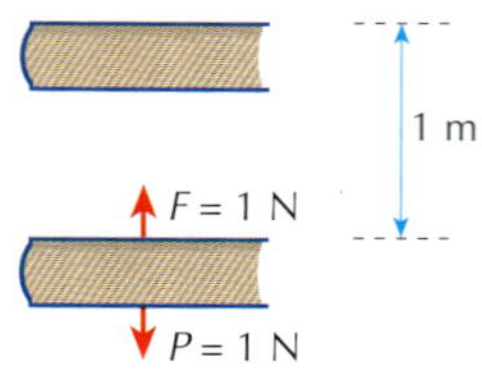

Um corpo de massa 100 g, situado a 1 m do solo, possui energia potencial gravitacional de 1 J em relação ao solo. Desprezada a resistência do ar, abandonando-se o corpo, ele atinge o solo com energia cinética de 1 J e velocidade aproximadamente de 4,5 m/s ou 16 km/h.

Um carro de massa 1.000 kg, com velocidade de 10 m/s ou 36 km/h, possui a energia cinética de 50.000 J ou 50 kJ. É a mesma energia cinética que o carro teria, ao atingir o solo, se caísse de uma altura de 5 m. Se sua velocidade fosse de 20 m/s ou 72 km/h, sua energia cinética seria de 200.000 J = 200 kJ, equivalente à energia cinética de uma queda de 20 m de altura. Por isso, bater num muro a 72 km/h pode produzir o mesmo efeito que uma queda de 20 m de altura.

A energia de $3{,}6 \cdot 10^6$ J equivale a 1 kWh (quilowatt-hora). Um chuveiro elétrico de potência 3 kW, funcionando durante 20 min, consome uma energia elétrica de 1 kWh. Para consumir a energia elétrica de 1 kWh uma lâmpada de 40 W deveria ficar acesa durante 25 h. Já um ferro elétrico de potência 500 W consome a energia de 1 kWh se ficar ligado durante 2 h.

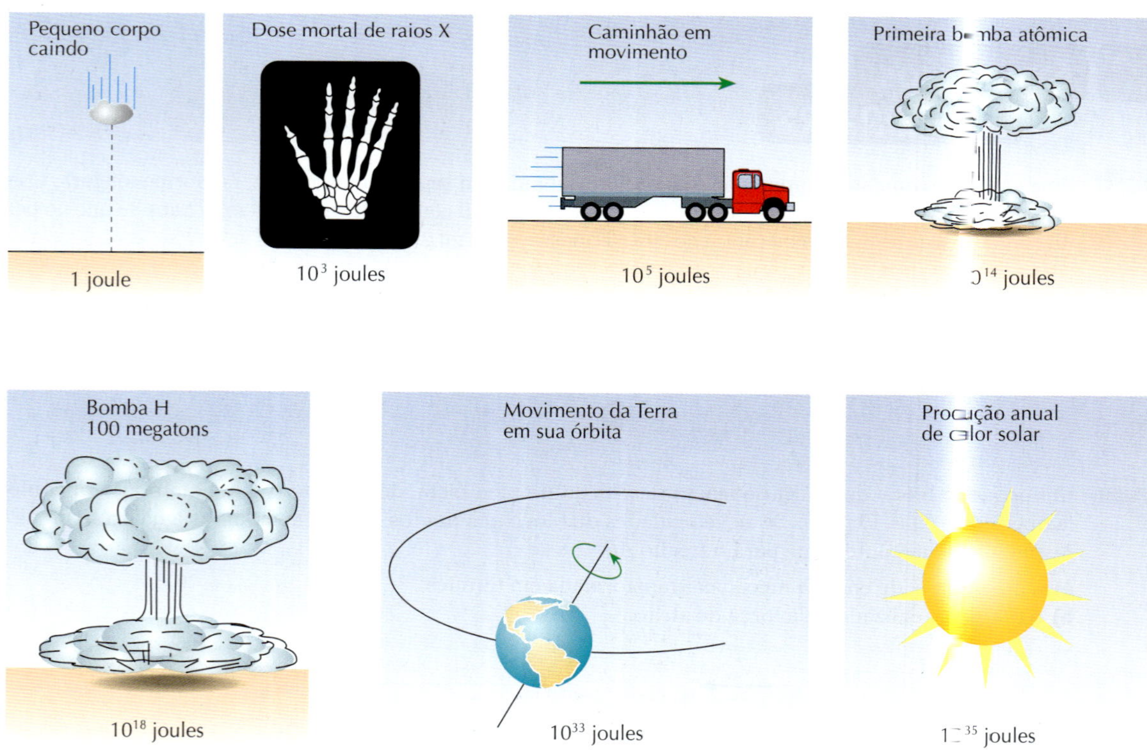

Figura 11. **Ordem de grandeza de algumas quantidades de energia.**

Exercícios propostos de recapitulação

P.359 (UFC-CE) Os gráficos da posição $x(t)$, da velocidade instantânea $v(t)$ e da energia cinética $E_c(t)$, de uma partícula, em função do tempo, são mostrados na figura abaixo.

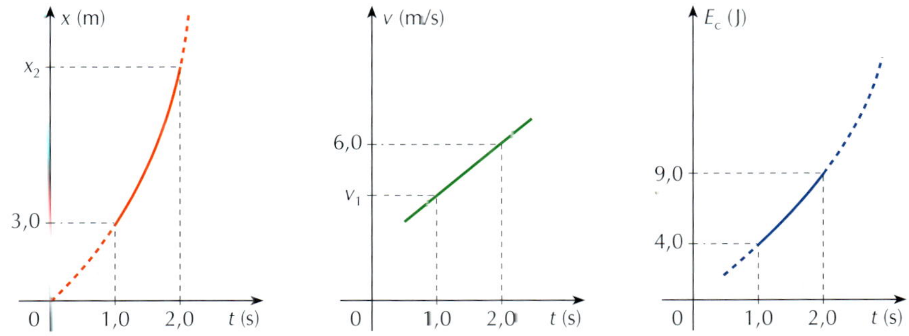

Determine:

a) a velocidade da partícula em $t = 1{,}0$ s;

b) a aceleração instantânea da partícula;

c) a força resultante que atua na partícula;

d) o valor da posição da partícula em $t = 2{,}0$ s;

e) a velocidade média no intervalo de tempo entre $t_1 = 1{,}0$ s e $t_2 = 2{,}0$ s.

P.360 (Fuvest-SP) Um bloco de 1,0 kg de massa é posto a deslizar sobre uma mesa horizontal com energia cinética inicial de 2,0 joules (dado: $g = 10$ m/s^2). Devido ao atrito entre o bloco e a mesa ele para, após percorrer a distância de 1,0 m. Pergunta-se:

a) Qual é o coeficiente de atrito, suposto constante, entre a mesa e o bloco?

b) Qual é o trabalho efetuado pela força de atrito?

P.361 (UFPE) Um pequeno projétil, de massa $m = 60$ g, é lançado da Terra com velocidade de módulo $v_0 = 100$ m/s, formando um ângulo de 30° com a horizontal.

Considere apenas o movimento ascendente do projétil, ou seja, desde o instante do seu lançamento até o instante no qual ele atinge a altura máxima. Calcule o trabalho, em joules, realizado pela gravidade terrestre (força peso) sobre o projétil durante este intervalo de tempo. Despreze a resistência do ar ao longo da trajetória do projétil.

P.362 (Fuvest-SP) Numa montanha-russa um carrinho de 300 kg de massa é abandonado do repouso de um ponto A, que está a 5,0 m de altura (dado: $g = 10$ m/s^2). Supondo-se que o atrito seja desprezível, pergunta-se:

a) o valor da velocidade do carrinho no ponto B;

b) a energia cinética do carrinho no ponto C, que está a 4,0 m de altura.

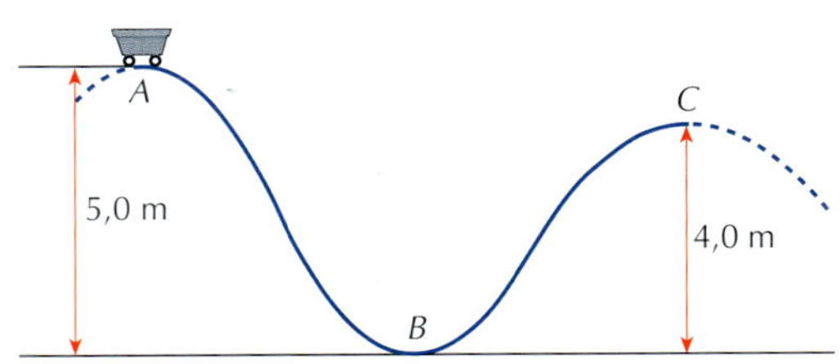

P.363 (Unicamp-SP) Um carrinho de massa $m = 300$ kg percorre uma montanha-russa cujo trecho BCD é um arco de circunferência de raio $R = 5{,}4$ m, conforme a figura. A velocidade do carrinho no ponto A é $v_A = 12$ m/s. Considerando $g = 10$ m/s^2 e desprezando o atrito, calcule:

a) a velocidade do carrinho no ponto C;

b) a aceleração do carrinho no ponto C;

c) a força feita pelos trilhos sobre o carrinho no ponto C.

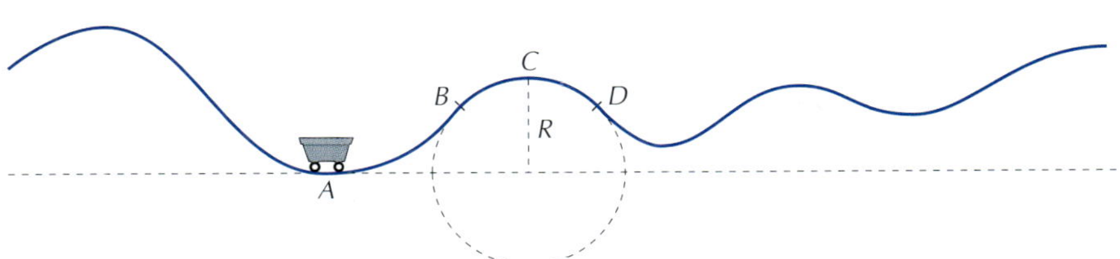

P.364 (Ufla-MG) Um parque aquático tem um toboágua, conforme mostra a figura abaixo. Um indivíduo de 60 kg desliza pelo toboágua a partir do ponto A, sendo lançado numa piscina de uma altura de 0,8 m, ponto B, numa direção que faz ângulo de 30° com a horizontal.

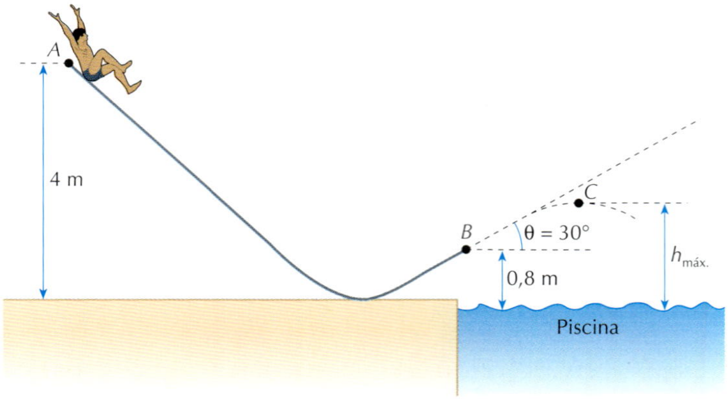

Considerando o atrito desprezível, $g = 10\ m/s^2$ e $\cos 30° = \dfrac{\sqrt{3}}{2}$, calcule:

a) a velocidade do indivíduo ao deixar o toboágua no ponto B;

b) a energia cinética do indivíduo no ponto mais alto da trajetória, ponto C;

c) a altura do ponto C, $h_{máx.}$.

P.365 (UFF-RJ) A figura abaixo mostra uma rampa de *skate* constituída de um trecho curvo que corresponde a um quarto de circunferência de raio R, e de um trecho plano horizontal. Os três pontos A, B e C, indicados no esquema abaixo, se encontram localizados, respectivamente, no topo, no meio do trecho curvo e no trecho plano da pista de *skate*.

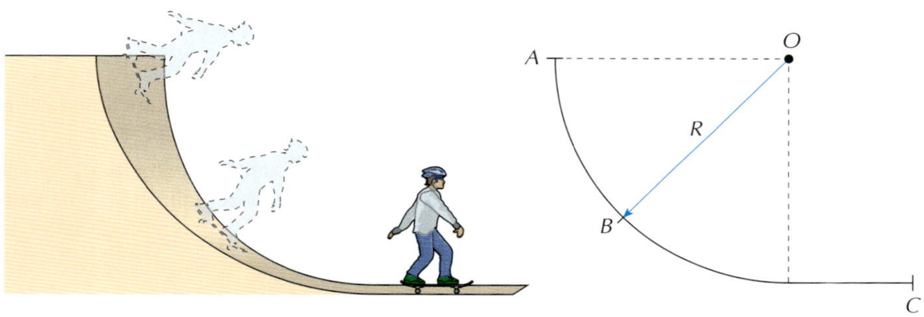

Para a análise desse movimento, o jovem, junto com sua prancha de *skate*, pode ser tratado como uma partícula de massa total M. Admita, também, que os efeitos de forças dissipativas sobre o movimento dessa partícula possam ser ignorados.

a) Indique e identifique, na figura, as forças que atuam sobre a partícula:

I. quando ela se encontra no ponto A;

II. quando ela se encontra no ponto B.

b) Obtenha, em função de R, M e g (aceleração da gravidade local):

I. a velocidade da partícula no instante em que ela alcança o ponto C;

II. o módulo da força exercida pela rampa sobre a partícula, quando esta se encontra no ponto B.

P.366 Quatro corpos, considerados pontos materiais, de massas m iguais, estão sobre uma esteira transportadora que se encontra parada e travada na posição indicada na figura. O corpo 1 está no início da descida e as massas da esteira e dos roletes podem ser consideradas desprezíveis, quando comparadas com as massas dos quatro corpos.

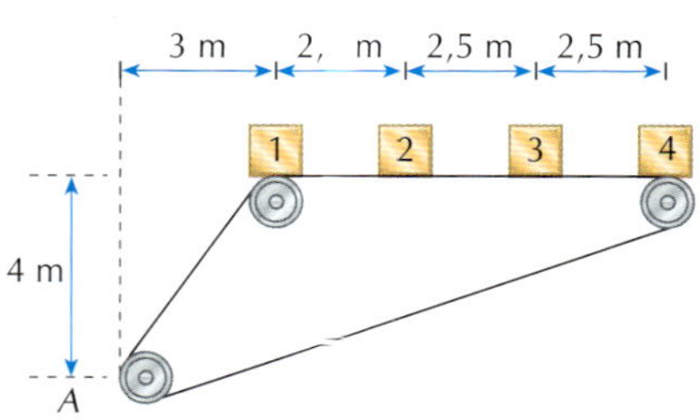

Num determinado instante destrava-se o sistema e a esteira começa a movimentar-se, transportando os corpos sem escorregamento. Calcule a velocidade do corpo 1 quando deixar a esteira no ponto A. Adote $g = 10\ m/s^2$.

P.367 (Unirio-RJ) Um bloco de massa $m = 2{,}0$ kg, apresentado no desenho ao lado, desliza sobre um plano horizontal com velocidade de 10 m/s. No ponto A, a superfície passa a ser curva, com raio de curvatura 2,0 m.

Suponha que o atrito seja desprezível ao longo de toda a trajetória e que $g = 10$ m/s^2. Determine, então:

a) a aceleração centrípeta no ponto B;
b) a reação da superfície curva sobre o bloco no ponto C.

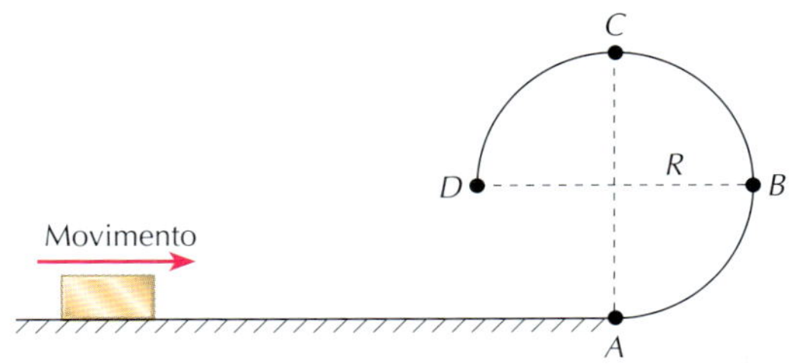

P.368 (Covest-PE) Um bloco de massa $m = 100$ g, inicialmente em repouso sobre um plano inclinado de 30°, está a uma distância L de uma mola ideal de constante elástica $k = 200$ N/m. O bloco é então solto e quando atinge a mola fica preso nela, comprimindo-a até um valor máximo D. Despreze o atrito entre o plano e o bloco. Supondo que $L + D = 0{,}5$ m, qual o valor, em centímetros, da compressão máxima da mola? (Dados: $g = 10$ m/s^2; sen 30° = 0,50.)

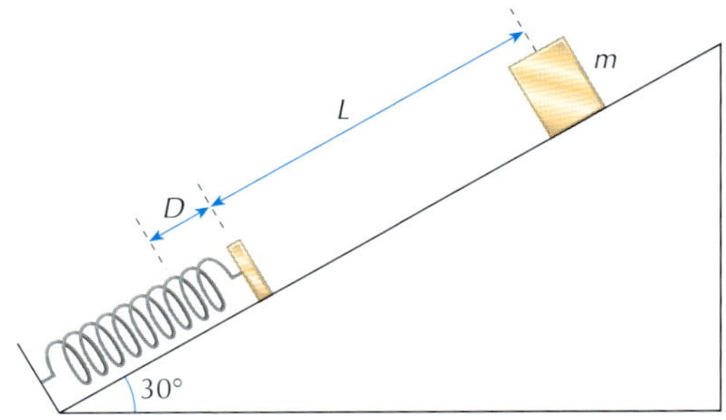

P.369 (Unicamp-SP) *Bungee jumping* é um esporte radical, muito conhecido hoje em dia, em que uma pessoa salta de uma grande altura, presa a um cabo elástico. Considere o salto de uma pessoa de 80 kg. A velocidade máxima atingida pela pessoa durante a queda livre é de 20 m/s. A partir desse instante, a força elástica do cabo começa a agir. O cabo atinge o dobro de seu comprimento normal quando a pessoa atinge o ponto mais baixo de sua trajetória. Para resolver as questões abaixo, despreze a resistência do ar e considere $g = 10$ m/s^2.

a) Calcule o comprimento normal do cabo.
b) Determine a constante elástica do cabo.

P.370 (Fuvest-SP) Uma mola pendurada num suporte apresenta comprimento igual a 20 cm. Na sua extremidade livre dependura-se um balde vazio, cuja massa é 0,50 kg. Em seguida coloca-se água no balde até que o comprimento da mola atinja 40 cm. O gráfico ilustra a força que a mola exerce sobre o balde, em função do seu comprimento. Pede-se:

a) a massa de água colocada no balde;
b) a energia potencial elástica acumulada na mola no final do processo.

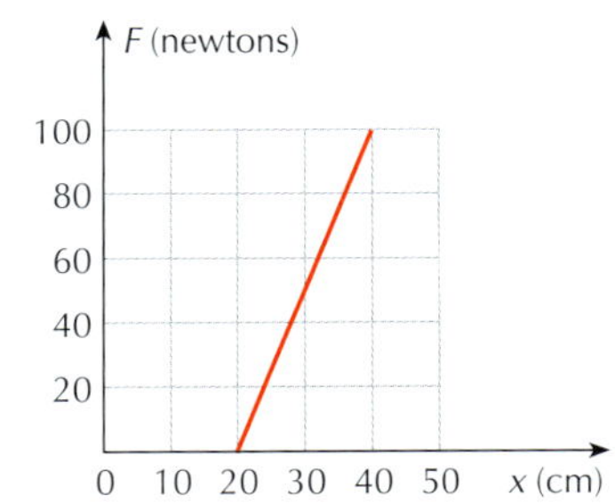

P.371 (Vunesp) Um praticante de esporte radical, amarrado a uma corda elástica, cai de uma plataforma, a partir do repouso, seguindo uma trajetória vertical. A outra extremidade da corda está presa na plataforma. A figura mostra dois gráficos que foram traçados desprezando-se o atrito do ar em toda a trajetória. O primeiro é o da energia potencial gravitacional, $U_{gravitacional}$, do praticante em função da distância y entre ele e a plataforma, sendo que o potencial zero foi escolhido em $y = 30$ m. Nesta posição, o praticante atinge o maior afastamento da plataforma, quando sua velocidade se reduz, momentaneamente, a zero. O segundo é o gráfico da energia armazenada na corda, $U_{elástica}$, em função da distância entre suas extremidades.

Determine:

a) o peso P do praticante e o comprimento L_0 da corda, quando não está esticada;
b) a constante elástica k da corda.

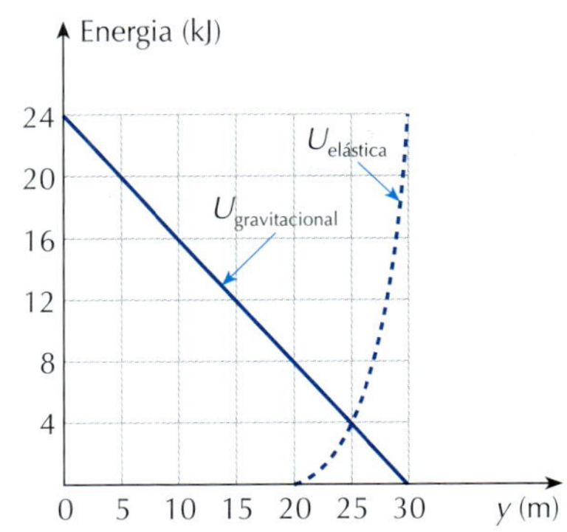

P.372 (Olimpíada Brasileira de Física) Um corpo de massa M igual a 2 kg é abandonado de uma certa altura de um plano inclinado e atinge uma mola ideal de constante elástica igual a 900 N/m, deformando-a de 10 cm. Entre os pontos A e B, separados 0,50 m, existe atrito cujo coeficiente de atrito vale 0,10. As outras regiões não possuem atrito. A que distância de A o corpo M irá parar?

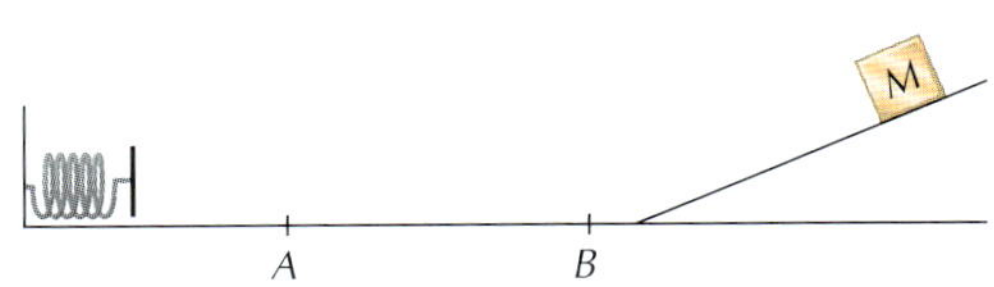

P.373 (Ufla-MG) Um bloco de massa $m = 5$ kg encontra-se numa superfície curva a uma altura $h_0 = 10$ m do chão, como mostra a figura. Na região plana da figura, de comprimento 10 m, existe atrito. O coeficiente de atrito dinâmico entre o bloco e o chão é $\mu = 0{,}1$. O bloco é solto a partir do repouso. Adote $g = 10$ m/s^2.

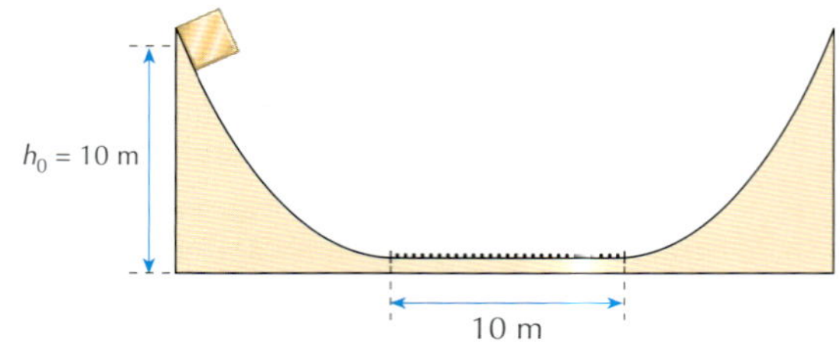

a) Indique num diagrama as forças sobre o bloco quando este se encontra na parte curva e na parte plana da trajetória.

b) Calcule a altura máxima que o bloco irá atingir quando chegar pela primeira vez à parte curva da direita.

c) Quantas vezes o bloco irá passar pelo plano antes de parar definitivamente?

P.374 (UFRRJ) Um trenó de massa 50 kg desliza em uma rampa, partindo de uma altura de 5 m em relação à parte plana mostrada na figura. Ele chega à base da rampa com velocidade de 6 m/s.

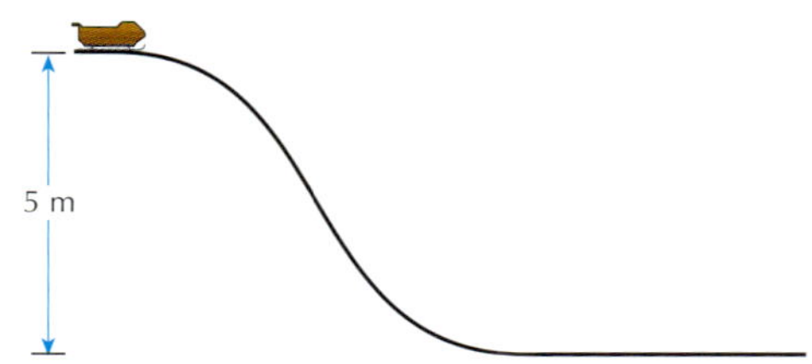

a) Qual o trabalho realizado pelo atrito?

b) Com que velocidade ele deveria partir da base para atingir o topo da rampa?

(Use $g = 10$ m/s^2.)

P.375 (Vunesp) Uma esfera de aço de $3{,}0 \cdot 10^{-2}$ kg, abandonada de uma altura de 2,0 m, cai sobre uma superfície plana, horizontal, rígida, e volta atingindo a altura máxima de 0,75 m. Despreze a resistência do ar e admita $g = 10$ m/s^2.

a) Qual é a energia dissipada no choque da esfera contra a superfície?

b) Qual deveria ser o valor da velocidade vertical inicial da esfera para que, na volta, ela atingisse a posição inicial?

P.376 (UFSCar-SP) Num tipo de brinquedo de um parque de diversões, uma pessoa é içada por um cabo de aço até uma determinada altura, estando presa a um segundo cabo. Solta do cabo que a içou, passa a oscilar como um pêndulo simples. Considere uma pessoa de 60 kg que, solta com velocidade nula da altura de 53 m em relação ao solo, passa pelo ponto mais próximo do solo a apenas 2 m e sobe até atingir a altura de 43 m, quando sua velocidade se anula novamente. Nesse percurso completa meia oscilação. Adote $g = 10$ m/s^2.

a) Qual é o valor da energia mecânica dissipada na oscilação da pessoa entre os dois pontos mais afastados do solo, descritos no problema?

b) Esse brinquedo permite que até três pessoas realizem o "voo" conjuntamente, presas à extremidade do mesmo cabo de aço. Se, em vez de apenas uma pessoa de 60 kg, fossem três pessoas de 60 kg cada que estivessem oscilando juntas e, considerando desprezível todo tipo de atrito envolvido no movimento, mostre o que ocorreria com a velocidade do grupo de pessoas, no ponto mais próximo ao solo, comparada com a velocidade de uma pessoa sozinha passando por esse mesmo ponto.

Testes propostos

T.281 (UEL-PR) Numa pista de teste de freios, um boneco é arremessado pela janela de um veículo com a velocidade de 72 km/h.

Assinale, respectivamente, a energia cinética do boneco ao ser arremessado e a altura equivalente de uma queda livre que resulte da energia potencial de mesmo valor.

Considere que o boneco tenha 10 kg e que a aceleração da gravidade seja 10 m/s^2.

a) 1.000 joules e 30 metros

b) 2.000 joules e 20 metros

c) 2.200 joules e 30 metros

d) 2.400 joules e 15 metros

e) 4.000 joules e 25 metros

T.282 (ESPM-SP) Sobre um corpo de massa 4,0 kg, inicialmente em repouso sobre uma mesa horizontal, perfeitamente lisa, é aplicada uma força resultante constante e horizontal. A velocidade do corpo varia de acordo com o gráfico abaixo.

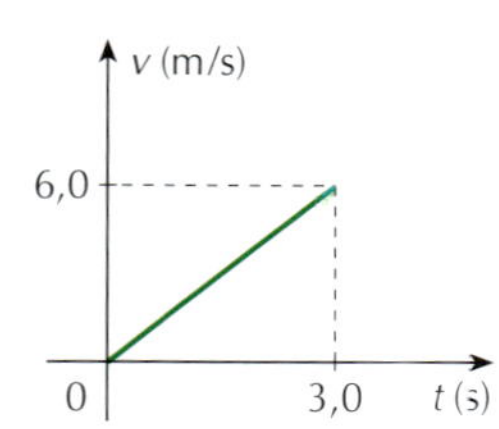

O trabalho realizado pela força resultante no intervalo de tempo representado, em joules, vale:

a) 72

b) 60

c) 48

d) [illegible]6

e) [illegible]8

T.283 (Ufac) Um veículo de 100 toneladas parte do repouso e percorre uma distância de 2.000 m até atingir a velocidade de 360 km/h. A força média que movimenta o veículo tem intensidade:

a) $2,5 \cdot 10^5$ N **c)** 10^5 N **e)** 10^{12} N
b) 2,5 N **d)** $2,5 \cdot 10^8$ N

T.284 (Ufac) Um corpo de 12 kg de massa desliza sobre uma superfície horizontal sem atrito, com velocidade de 10 m/s e passa para uma região onde o coeficiente de atrito cinético é de 0,50. Pergunta-se: qual é o trabalho realizado pela força de atrito após ter o bloco percorrido 5,0 m na região com atrito? E qual é a velocidade do bloco ao final desses 5,0 m? (Dado: $g = 10$ m/s^2.)

a) -300 J e $6\sqrt{5}$ m/s
b) -300 J e $5\sqrt{6}$ m/s
c) -900 J e $6\sqrt{5}$ m/s
d) 900 J e $5\sqrt{6}$ m/s
e) -300 J e $5\sqrt{2}$ m/s

T.285 (Fuvest-SP) Um bloco de 2 kg é solto do alto de um plano inclinado, atingindo o plano horizontal com uma velocidade de 5 m/s, conforme ilustra a figura.

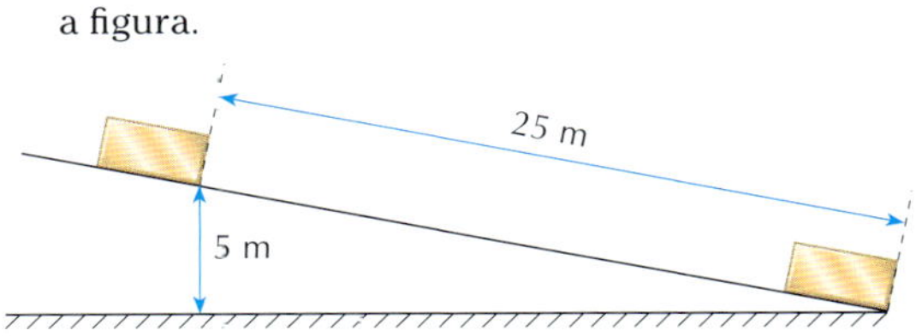

(Use $g = 10$ m/s^2.)

A força de atrito (suposta constante) entre o bloco e o plano inclinado vale:

a) 1 N **b)** 2 N **c)** 3 N **d)** 4 N **e)** 5 N

T.286 (Olimpíada Brasileira de Física) Para arrastar um corpo de massa 100 kg entre os pontos A e B, distantes 60 m, sobre uma rampa inclinada e mantendo um movimento uniforme, foi utilizado um motor de potência igual a 500 W, consumindo um tempo de 100 s.

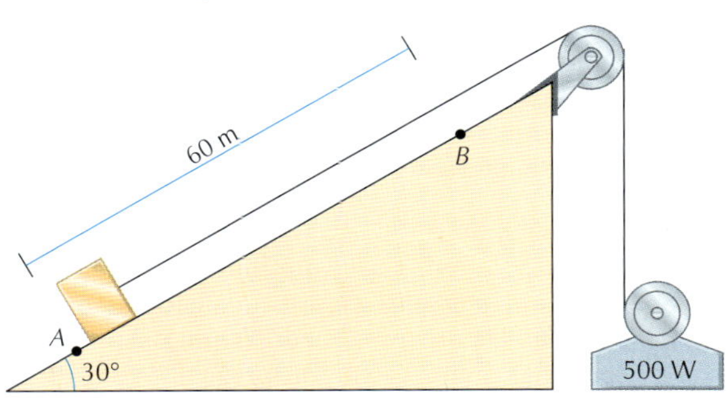

Considerando a aceleração da gravidade igual a 10 m/s^2, o trabalho em joules, realizado pela força de atrito no transporte do corpo de A para B, é, em módulo, igual a:

a) 1×10^4 **d)** 5×10^4
b) 2×10^4 **e)** 6×10^4
c) 3×10^4

T.287 (Furg-RS) Um ponto material de massa 2 kg encontra-se em repouso sobre uma superfície plana, horizontal e sem atrito. Em determinado instante, uma força horizontal passa a atuar sobre ele. Essa força mantém sempre a mesma direção. Se o gráfico da figura representa a intensidade dessa força em função da posição d do ponto material, qual é o valor de sua velocidade quando $d = 4$ m?

a) 8 m/s **c)** 18 m/s **e)** 72 m/s
b) 10 m/s **d)** 64 m/s

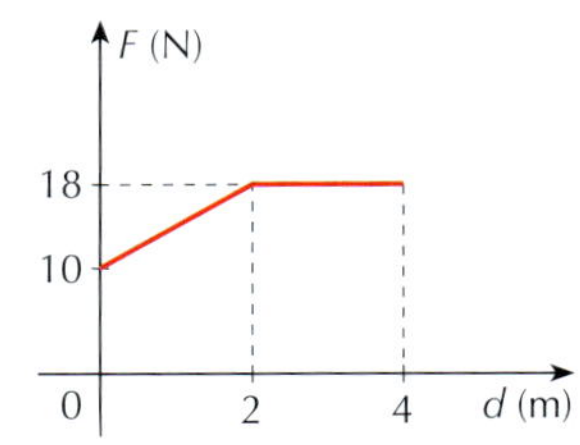

T.288 (Ufes) Suponha-se que a energia potencial gravitacional da água possa ser totalmente convertida em energia elétrica e que a meta mensal de consumo de energia elétrica, de uma residência, seja de 100 kWh. Adote $g = 10$ m/s^2. Se a água, de densidade 1.000 kg/m^3, cai de uma altura de 100 m, o volume de água necessário para gerar essa energia é:

a) 3.600 ℓ **c)** 36.000 ℓ **e)** 360.000 ℓ
b) 7.200 ℓ **d)** 72.000 ℓ

T.289 (UFMG) Uma atleta de massa m está saltando em uma cama elástica. Ao abandonar a cama com velocidade v_0, ela atingirá uma altura h.

Considere que a energia potencial gravitacional é nula no nível da cama e despreze a resistência do ar.

A figura mostra o momento em que a atleta passa, subindo, pela metade da altura h.

Nessa posição, a energia mecânica da atleta é:

a) $mgh + \frac{mv_0^2}{2}$ **c)** $\frac{mgh}{2}$
b) $\frac{mv_0^2}{2}$ **d)** $\frac{mgh}{2} + \frac{mv_0^2}{2}$

T.290 (Cesgranrio-RJ) Na figura, três partículas (1, 2 e 3) são abandonadas sem velocidade inicial de um mesmo plano horizontal e caem: a partícula 1, em queda livre; a partícula 2, amarrada a um fio inextensível; e a partícula 3, ao longo de um plano inclinado sem atrito.

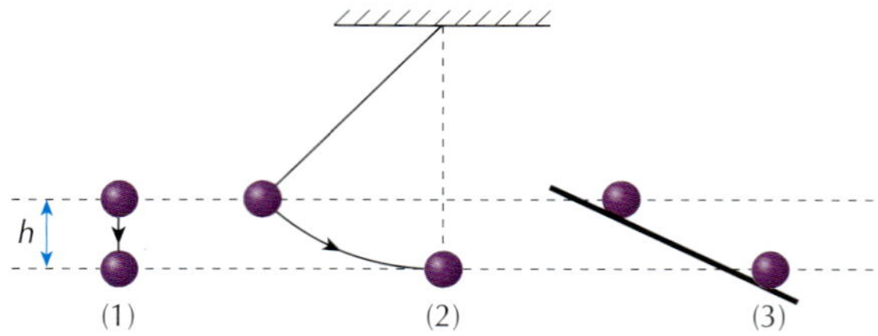

A resistência do ar é desprezível nos três casos. Quando passam pelo plano horizontal situado a uma altura h abaixo do plano a partir do qual foram abandonadas, as partículas têm velocidades respectivamente iguais a v_1, v_2 e v_3. Assim, pode-se afirmar que:

a) $v_1 > v_2 > v_3$
b) $v_1 > v_3 > v_2$
c) $v_1 = v_2 > v_3$
d) $v_1 = v_3 > v_2$
e) $v_1 = v_2 = v_3$

T.291 (Uerj) Numa partida de futebol, o goleiro bate o tiro de meta e a bola, de massa 0,5 kg, sai do solo com velocidade de módulo igual a 10 m/s, conforme mostra a figura.

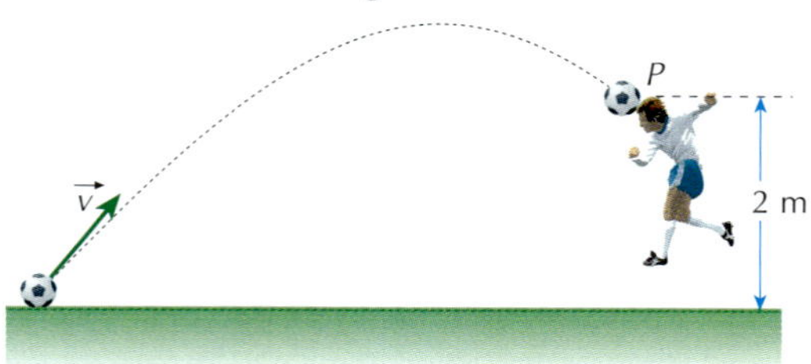

No ponto P, a 2 metros do solo, um jogador da defesa adversária cabeceia a bola. Considerando $g = 10\ m/s^2$ e desprezando-se a resistência do ar, a energia cinética da bola no ponto P vale, em joules:

a) zero
b) 5
c) 10
d) 15
e) 25

T.292 (Unemat-MT) Um corpo de massa igual a 10 kg é abandonado de uma altura de 10 m. Considerando a aceleração da gravidade igual a 10 m/s² e desde que haja somente forças conservativas atuando no sistema Terra-corpo, analise as afirmações a seguir.

01) Ao atingir o solo, o valor da energia cinética do corpo é igual ao valor de sua energia potencial na altura de 10 m e vale 1.000 J.
02) O trabalho realizado sobre o corpo, durante a queda, possui o mesmo valor da energia cinética quando o corpo toca o solo.
04) A velocidade com que o corpo vai chegar ao solo é de aproximadamente 14,14 m/s.
08) Quando o corpo atinge a altura de 5 m, os valores da energia potencial e da energia cinética são os mesmos e iguais a 500 J.
16) A velocidade do corpo na altura de 5 m é de 10 m/s.
32) A diferença entre a energia potencial quando o corpo está na altura de 10 m e quando está na altura de 5 m é igual ao trabalho realizado sobre o corpo durante a queda até a altura de 5 m.

Dê como resposta a soma dos números que precedem as afirmações corretas.

T.293 (Mackenzie-SP) Num local onde a aceleração gravitacional é 10 m/s², lança-se um corpo de massa 4,0 kg, verticalmente para cima, com velocidade inicial de 36 km/h. No instante em que a energia cinética desse corpo é igual à sua energia potencial gravitacional em relação ao ponto de lançamento, sua velocidade tem módulo:

a) 8,6 m/s
b) 7,1 m/s
c) 6,7 m/s
d) 5,4 m/s
e) 3,8 m/s

T.294 (UFMG) Daniel e André, seu irmão, estão parados em um tobogã, nas posições mostradas nesta figura:

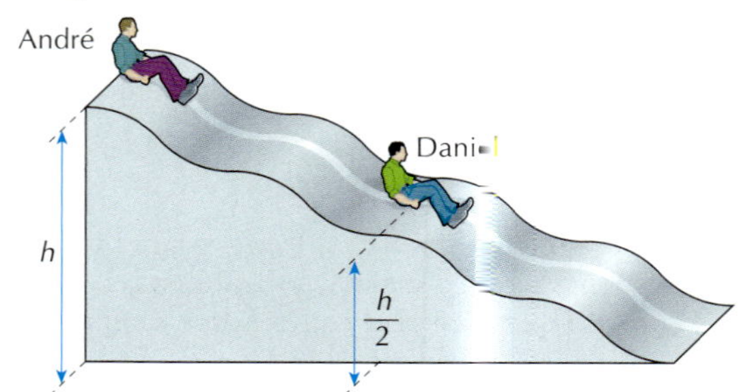

Daniel tem o dobro do peso de André e a altura em que ele está, em relação ao solo, corresponde à metade da altura em que está seu irmão.
Em um certo instante, os dois começam a escorregar pelo tobogã.
Despreze as forças de atrito.
É correto afirmar que, nessa situação, ao atingirem o nível do solo, André e Daniel terão:

a) energias cinéticas diferentes e módulos de velocidade diferentes.
b) energias cinéticas iguais e módulos de velocidade iguais.
c) energias cinéticas diferentes e módulos de velocidade iguais.
d) energias cinéticas iguais e módulos de velocidade diferentes.

T.295 (UEPB) A figura abaixo representa um garoto brincando com seu *skate*. Inicialmente ele se diverte deslocando-se numa calçada plana, horizontal. De repente, encontra um desnível, em forma de rampa (atrito desprezível), com altura máxima de 40 centímetros.

Para que o garoto no seu *skate* consiga chegar ao topo da rampa com velocidade de 1 m/s, o conjunto (garoto + *skate*) deve ter velocidade, no início da rampa, igual a:

a) 3 m/s **b)** 9 m/s **c)** 4 m/s **d)** 5 m/s **e)** 6 m/s

(Use $g = 10$ m/s².)

T.296 (Fuvest-SP) Um jovem escorrega por um tobogã aquático, com uma rampa retilínea, de comprimento L, como na figura, podendo o atrito ser desprezado.

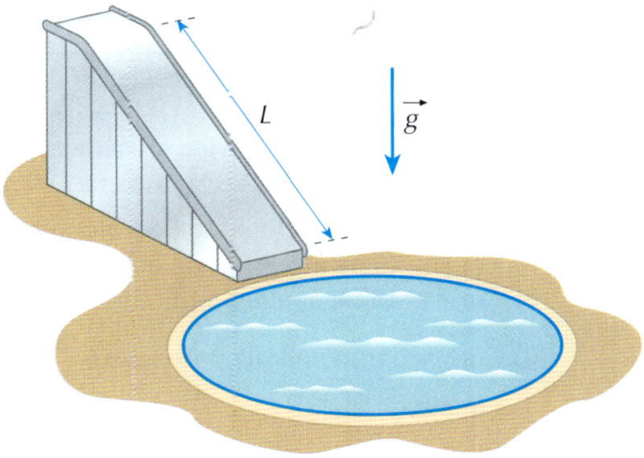

Partindo do alto, sem impulso, ele chega ao final da rampa com uma velocidade de cerca de 6 m/s. Para que essa velocidade passe a ser de 12 m/s, mantendo-se a inclinação da rampa, será necessário que o comprimento dessa rampa passe a ser aproximadamente de:

a) $\frac{L}{2}$ **b)** L **c)** $1{,}4L$ **d)** $2L$ **e)** $4L$

T.297 (Vunesp) Um bloco sobe uma rampa deslizando sem atrito, em movimento uniformemente retardado, exclusivamente sob a ação da gravidade, conforme mostrado na figura.

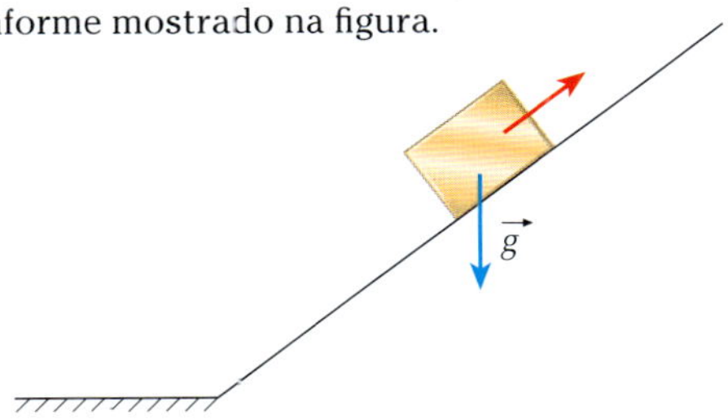

Ele parte do solo no instante $t = 0$ e chega ao ponto mais alto em 1,2 s. O módulo da velocidade em função do tempo é apresentado no gráfico.

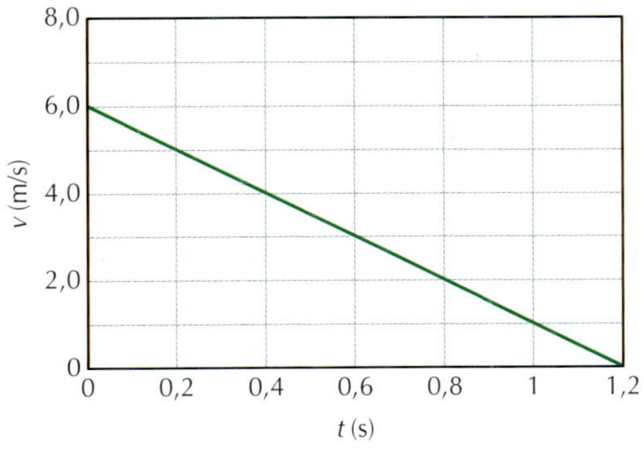

Considerando $g = 10{,}0$ m/s², a altura em que o bloco se encontrava em $t = 0{,}4$ s era:

a) 0,5 m **b)** 1,0 m **c)** 1,6 m **d)** 2,5 m **e)** 3,2 m

T.298 (Uneb-BA) Um carrinho percorre a pista, sem atrito, esquematizada abaixo.
(Use $g = 10$ m/s².)

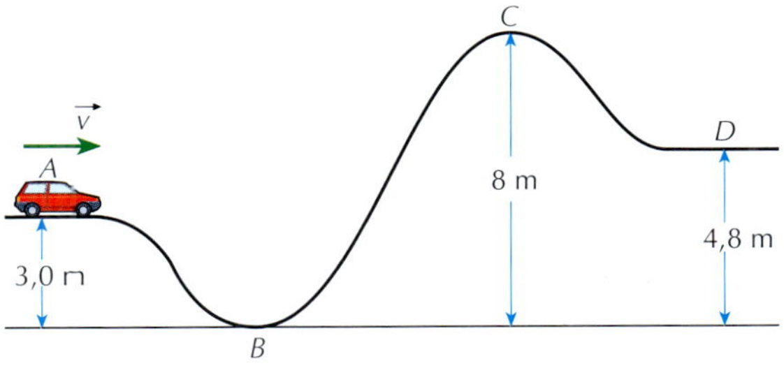

A mínima velocidade escalar v, em m/s, que o carrinho deve ter em A para conseguir chegar a D deve ser maior que:

a) 12 **b)** 10 **c)** 8,0 **d)** 6,0 **e)** 4,0

T.299 (PUC-Campinas-SP) Um corpo de massa 0,30 kg é seguro encostado a uma mola de constante elástica 400 N/m, comprimindo-a de 20 cm. Abandonado o sistema, a mola impulsiona o corpo que sobe por uma pista sem atrito.

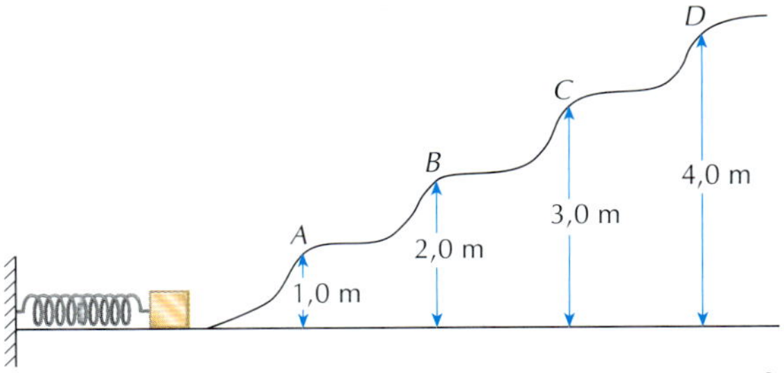

Se a aceleração local da gravidade é de 10 m/s², pode-se afirmar que o corpo:

a) retorna de um ponto entre A e B.
b) retorna de um ponto entre B e C.
c) retorna de um ponto entre C e D.
d) retorna de um ponto além de D.
e) não chega ao ponto A.

T.300 (UFSCar-SP) Um corpo de peso P preso à extremidade de um fio de massa desprezível é abandonado na posição horizontal, conforme a figura.

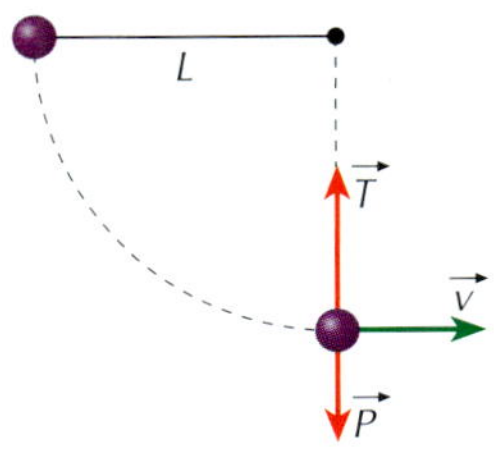

Desse modo, a tração no fio no ponto mais baixo da trajetória é dada por:

a) $T = 3P$ **b)** $T = 2P$ **c)** $T = 0$ **d)** $T = \frac{P}{2}$ **e)** $T = P$

T.301 (Mackenzie-SP) Uma haste rígida, de peso desprezível e comprimento 0,4 m, tem uma extremidade articulada e suporta, na outra, um corpo de 10 kg.

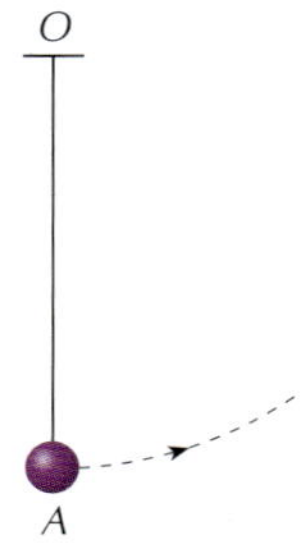

Despreze os atritos e adote $g = 10\ m/s^2$. A menor velocidade com que devemos lançar o corpo de A, para que ele descreva uma trajetória circular no plano vertical, é:

a) 5 m/s
b) 4 m/s
c) $3\sqrt{2}$ m/s
d) 2 m/s
e) $1\sqrt{2}$ m/s

T.302 (Olimpíada Brasileira de Física) Um bloco de massa $m = 0,60$ kg, sobre um trilho de atrito desprezível, comprime uma mola de constante elástica $k = 2.000$ N/m, conforme a figura abaixo.

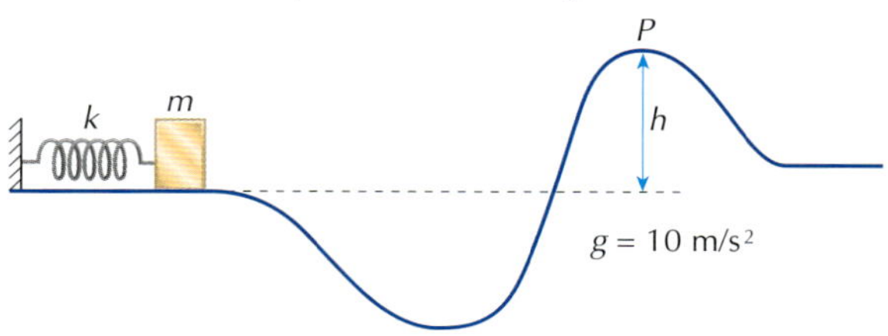

Considere que a energia potencial gravitacional seja zero na linha pontilhada. O bloco, ao ser liberado, passa pelo ponto P ($h = 0,60$ m) onde 75% de sua energia é cinética.
A compressão x da mola foi de:

a) 9,0 cm
b) 12 cm
c) 15 cm
d) 18 cm
e) 21 cm

T.303 (AFA-SP) Duas crianças estão brincando de atirar bolas de gude dentro de uma caixa no chão. Elas usam um brinquedo que lança as bolas pela descompressão de uma mola que é colocada horizontalmente sobre uma mesa onde o atrito é desprezível. A primeira criança comprime a mola 2 cm e a bola cai a 1,0 m antes do alvo, que está a 3,0 m horizontalmente da borda da mesa. A deformação da mola imposta pela segunda criança, de modo que a bola atinja o alvo, é:

a) 1,7 cm
b) 2,0 cm
c) 3,0 cm
d) 9,0 cm

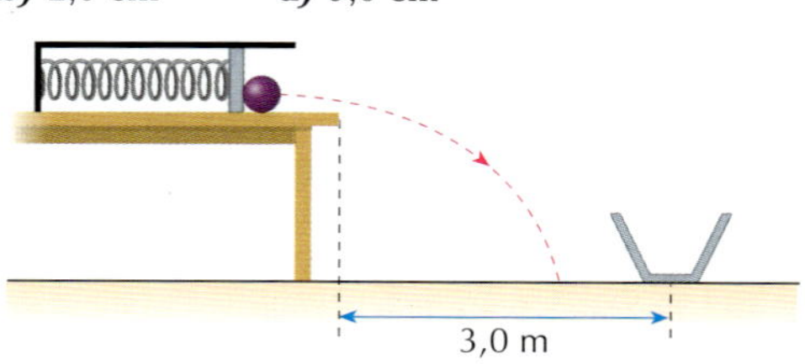

T.304 (E. Naval-RJ) Um bloco está em movimento sob a ação de forças conservativas. A figura abaixo mostra o gráfico de sua energia cinética em função do deslocamento.

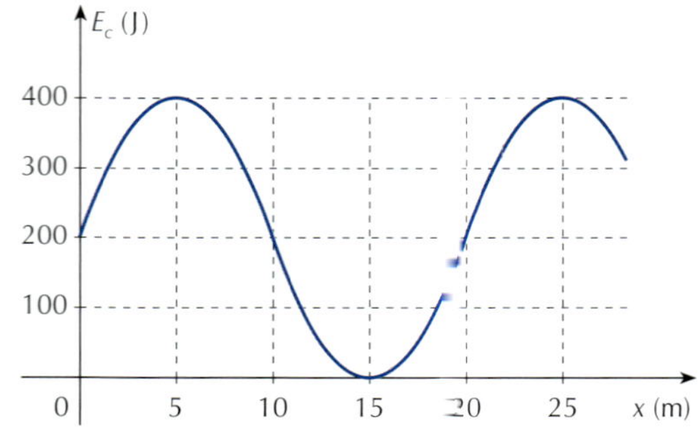

Considerando que a energia mecânica do bloco é 400 J, assinale a alternativa correta.

a) Em $x = 5$ m, a velocidade do bloco é 3 m/s.
b) Em $x = 10$ m, a velocidade do bloco é 250 m/s.
c) Em $x = 15$ m, a energia potencial é máxima.
d) Em $x = 5$ m, a energia potencial é $\frac{2}{3}$ da energia cinética.
e) Em $x = 25$ m, o bloco está parado.

T.305 (UFC-CE) Uma partícula está sujeita à ação de uma única força, $F(x)$, onde x é sua posição. A força é conservativa e a energia potencial, a ela associada, $E_p(x)$, é mostrada na figura abaixo.

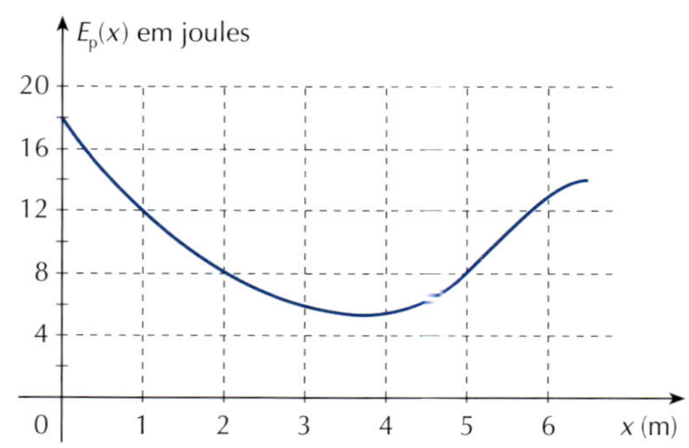

A variação da energia cinética da partícula, entre as posições $x = 0$ e $x = 5$ m, é

a) 10 J
b) 12 J
c) 15 J
d) 18 J
e) 20 J

T.306 (UFMG) Na figura, está representado o perfil de uma montanha coberta de neve.

Um trenó, solto no ponto K com velocidade nula, passa pelos pontos L e M e chega, com velocidade nula, ao ponto N. A altura da montanha no ponto M é menor que a altura em K. Os pontos L e N estão a uma mesma altura.
Com base nessas informações, é correto afirmar que:

a) a energia cinética em L é igual à energia potencial gravitacional em K.
b) a energia mecânica em K é igual à energia mecânica em M.
c) a energia mecânica em M é menor que a energia mecânica em L.
d) a energia potencial gravitacional em L é maior que a energia potencial gravitacional em N.

T.307 (UEL-PR) O módulo v da velocidade de um corpo de 4,0 kg, que cai verticalmente, está representado no gráfico em função do tempo t.

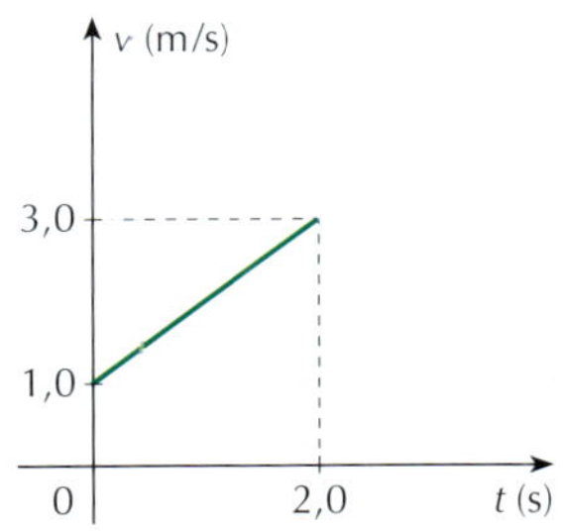

Adotando $g = 10\ m/s^2$, os dados do gráfico indicam que a queda não foi livre e a energia mecânica dissipada, em joules, no intervalo de tempo representado, vale:

a) 144
b) 72
c) 18
d) 9,0
e) 2,0

T.308 (Fuvest-SP) Uma bola de 0,2 kg de massa é lançada verticalmente para baixo, com velocidade inicial de 4 m/s. A bola bate no solo e, na volta, atinge uma altura máxima que é idêntica à altura do lançamento ($g = 10\ m/s^2$). Qual é a energia mecânica perdida durante o movimento?

a) 0 J
b) 1.600 J
c) 1,6 J
d) 800 J
e) 50 J

T.309 (FMTM-MG) Com o auxílio de seu carrinho, um senhor transportava alguns caixotes em um declive de inclinação constante de 6°.

A 15,0 m de um muro no final da descida, percebeu que não mais podia controlar o carrinho, pondo-se a escorregar em linha reta, com seus sapatos firmemente mantidos em contato com o chão enquanto desenvolvia aceleração constante de 0,2 m/s^2.

Supondo-se que o carrinho junto com sua carga totalizava uma massa de 200,0 kg e que o homem pesava 800,0 N e, desprezando as ações resistivas do ar e os atritos relativos ao carrinho, o módulo da energia dissipada por seus sapatos, do momento em que iniciou o escorregamento até o iminente acidente, foi, em J, de:

a) 3.360
b) 3.270
c) 2.790
d) 2.480
e) 2.130
(Adote $g = 10\ m/s^2$; sen 6° = 0,1; cos 6° = 1,0.)

T.310 (UFSC) A figura mostra um bloco, de massa $m = 500$ g, mantido encostado em uma mola comprimida de $x = 20$ cm. A constante elástica da mola é $k = 400$ N/m. A mola é solta e empurra o bloco que, partindo do repouso no ponto A, atinge o ponto B, onde para. No percurso entre os pontos A e B, a força de atrito da superfície sobre o bloco dissipa 20% da energia mecânica inicial no ponto A (dado: $g = 10\ m/s^2$).

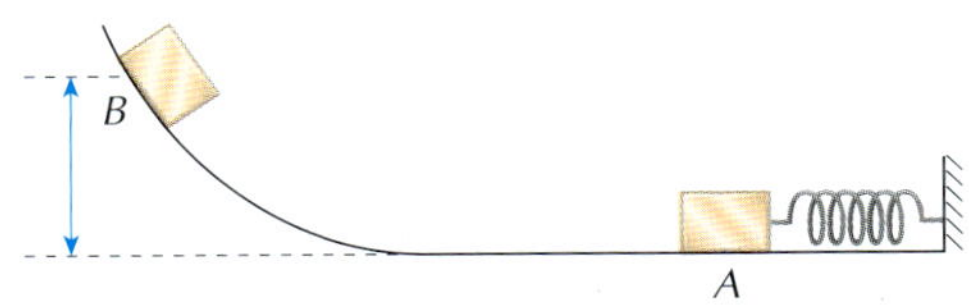

Assinale as proposições corretas.

01) Na situação descrita, não há conservação da energia mecânica.
02) A energia mecânica do bloco no ponto B é igual a 6,4 J.
04) O trabalho realizado pela força de atrito sobre o bloco, durante o seu movimento, foi 1,6 J.
08) O ponto B situa-se a 80 cm de altura, em relação ao ponto A.
16) A força peso não realizou trabalho no deslocamento do bloco entre os pontos A e B, por isso não houve conservação da energia mecânica do bloco.
32) A energia mecânica total do bloco, no ponto A, é igual a 8,0 J.
64) A energia potencial elástica do bloco, no ponto A, é totalmente transformada na energia potencial gravitacional do bloco, no ponto B.

Dê como resposta a soma dos números que precedem as proposições corretas.

Exercícios especiais de trabalho, potência e energia

Exercício resolvido

R.141 Na figura representamos a seção transversal de uma semiesfera de raio R. Uma partícula é abandonada do ponto A, desliza sem atrito e, ao atingir o ponto B, perde contato com a semiesfera. Determine, em função de R, a altura h que define a posição do ponto B.

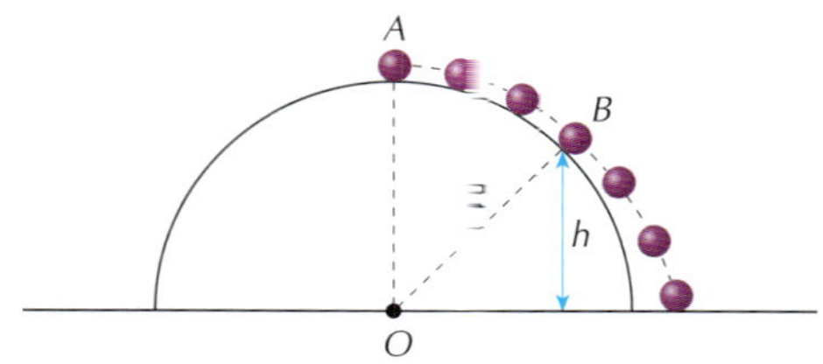

Solução:

Ao atingir o ponto B a partícula perde contato com a semiesfera e a normal se anula. Nessa posição a resultante é o peso da partícula. A resultante centrípeta tem intensidade $P \cdot \cos\theta$. Portanto:

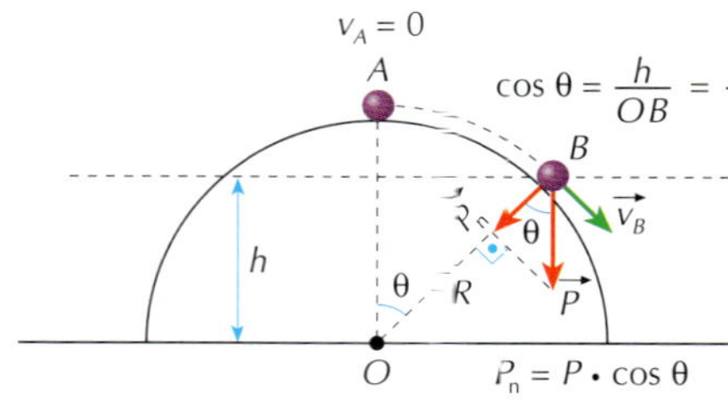

$$P \cdot \cos\theta = m\frac{v_B^2}{R} \Rightarrow mg \cdot \cos\theta = m\frac{v_B^2}{R} \Rightarrow g \cdot \cos\theta = \frac{v_B^2}{R}$$

Sendo $\cos\theta = \frac{h}{R}$, vem: $g \cdot \frac{h}{R} = \frac{v_B^2}{R} \Rightarrow \boxed{v_B^2 = gh}$ ①

A conservação da energia mecânica entre as posições A e B, tomando como nível de referência a horizontal passando por B, fornece:

$$E_{p_A} + E_{c_A} = E_{p_B} + E_{c_B}$$

$$mg \cdot (R - h) + 0 = 0 + \frac{mv_B^2}{2}$$

$$\boxed{v_B^2 = 2g(R - h)} \quad ②$$

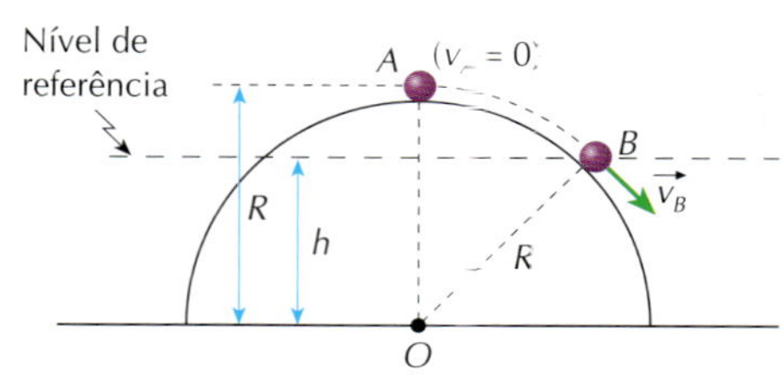

De ① e ②, vem:

$$gh = 2g(R - h) \Rightarrow h = 2R - 2h \Rightarrow 3h = 2R \Rightarrow \boxed{h = \frac{2R}{3}}$$

Resposta: $h = \frac{2R}{3}$

Exercícios propostos

P.377 (UFSCar-SP) Uma formiga de massa m encontra-se no topo de uma bola de bilhar rigidamente presa ao solo, conforme a figura. A bola possui raio R e superfície altamente polida. Considere g a aceleração da gravidade e despreze os possíveis efeitos dissipativos. A formiga começa a deslizar na bola com velocidade inicial nula.

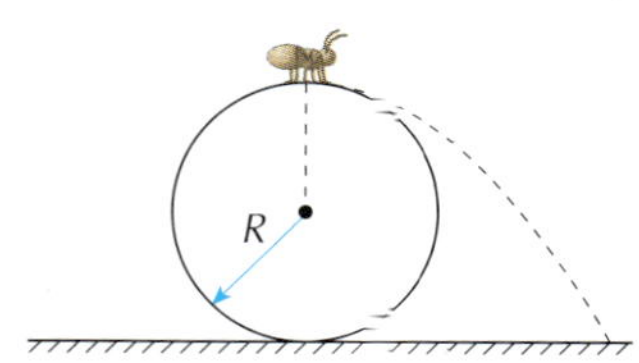

a) Calcule o módulo da velocidade da formiga no ponto em que ela perde contato com a bola.

b) Calcule a altura, a partir do solo, em que a formiga perde o contato com a bola.

P.378 (Fuvest-SP) A figura ao lado representa esquematicamente um elevador E com massa 800 kg e um contrapeso B, também de 800 kg, acionados por um motor M. A carga interna do elevador é de 500 kg. (Use $g = 10\ m/s^2$.)

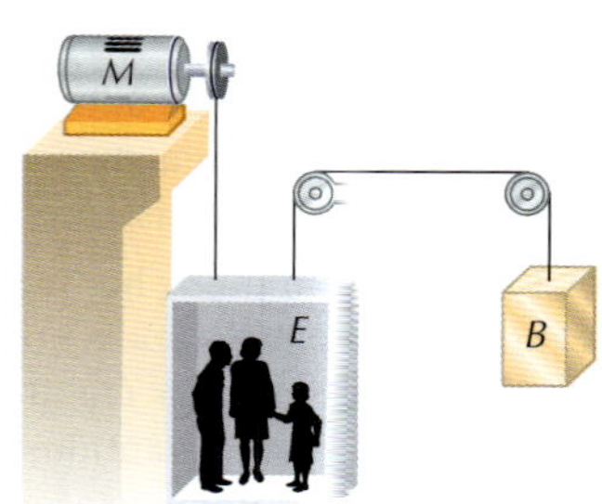

a) Qual é a potência fornecida pelo motor com o elevador subindo com uma velocidade constante de 1 m/s?

b) Qual é a força aplicada pelo motor através do cabo para acelerar o elevador em ascensão à razão de 0,5 m/s^2?

P.379 (Fuvest-SP) Um carro alegórico do bloco carnavalesco "Os Filhos do Nicolau" possui um plano inclinado e se move com velocidade horizontal u constante em relação à pista. Albert, o filho mais moço, escorrega desde o alto da rampa sem atrito. É observado por Galileu, o mais velho, sentado no carro, e por Isaac, parado na pista. Quando Albert chega ao fim da rampa, Isaac observa que a componente horizontal da velocidade de Albert é nula. Suponha que o movimento de Albert não altera a velocidade do carro, muito mais pesado do que ele. São dados: $h = 5{,}0$ m; $\theta = 30°$; $g = 10$ m/s^2.

a) Quais são os valores das componentes horizontal (v_H) e vertical (v_V) da velocidade de Albert no fim da rampa, observados por Galileu?

b) Quanto vale u?

c) Qual é o valor da componente vertical (v'_V) da velocidade de Albert no fim da rampa, observado por Isaac?

Testes propostos

T.311 (Uece) Uma partícula se move sobre a superfície lisa de um cilindro, partindo, do repouso, de um ponto arbitrariamente próximo de 0 (zero) e situado à direita de O.

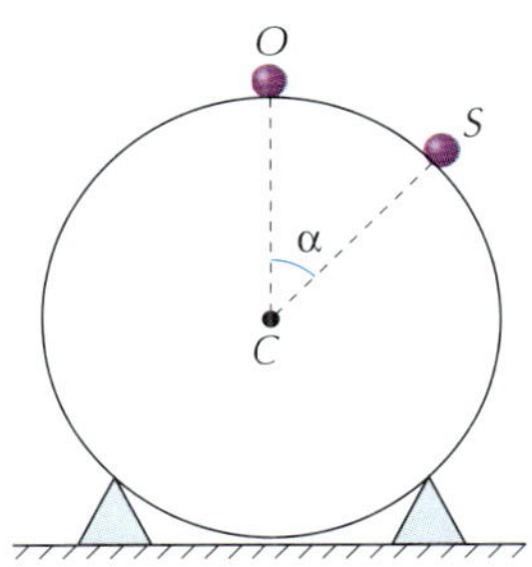

A partícula desliza ao longo da curva OS e, quando chega ao ponto S, se separa do cilindro.
O valor de cos α é:

a) $\frac{2}{3}$ **b)** $\frac{2}{5}$ **c)** $\frac{2}{7}$ **d)** $\frac{2}{9}$

T.312 (ITA-SP) Um pequeno bloco, solto com velocidade nula a uma altura h, move-se sob o efeito da gravidade e sem atrito sobre um trilho em forma de dois quartos de círculo de raio R que se tangenciam, como mostra a figura.

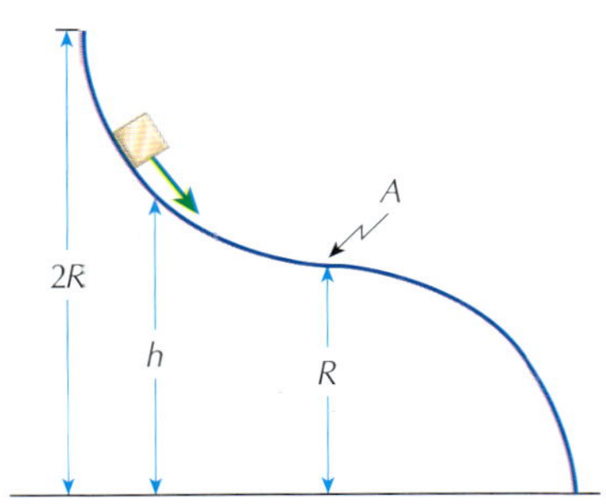

A mínima altura inicial h que acarreta a saída do bloco, do trilho, após o ponto A é:

a) $\frac{4R}{3}$ **b)** $\frac{5R}{4}$ **c)** $\frac{3R}{2}$ **d)** $\frac{5R}{2}$ **e)** $2R$

T.313 (Unirio-RJ) Uma esfera desliza sobre um trilho perfeitamente liso, cujo perfil é mostrado na figura abaixo.

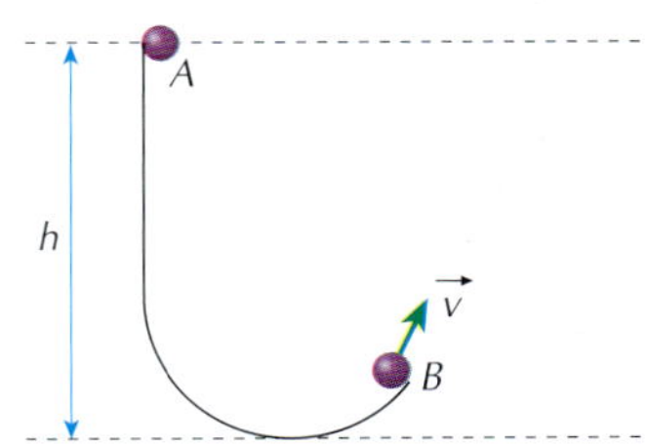

Considere que a esfera inicia o seu movimento, a partir do repouso, no ponto A. Que trajetória poderia representar o movimento da esfera após abandonar o trilho no ponto B?

a)

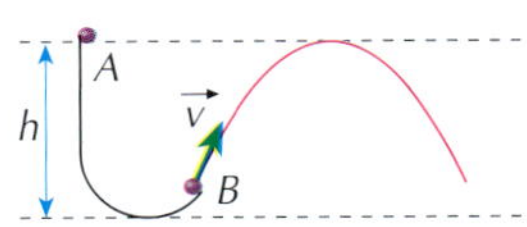

b)

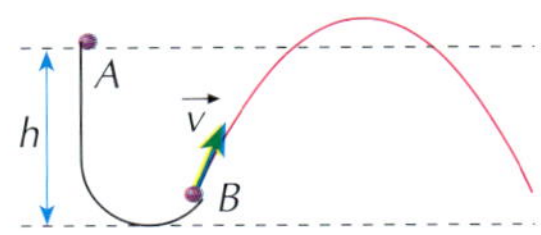

c)

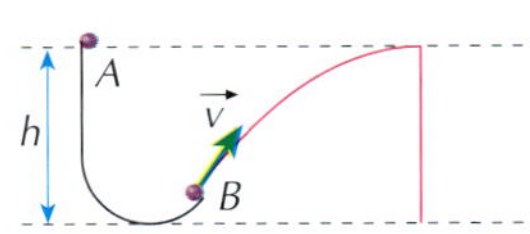

d)

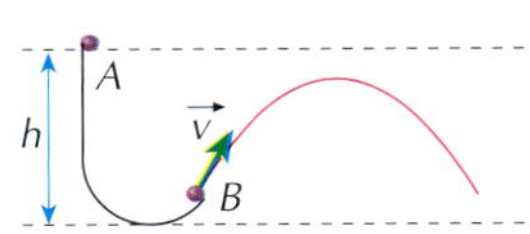

e)

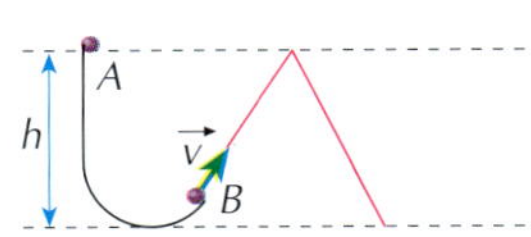

T.314 (UFSC) Na figura abaixo, a esfera tem massa igual a 2,0 kg e encontra-se presa na extremidade de uma mola de massa desprezível e constante elástica de 500 N/m. A esfera encontra-se, inicialmente, em repouso, mantida na posição *A*, onde a mola não está deformada. A posição *A* situa-se a 30 cm de altura em relação à posição *B*.

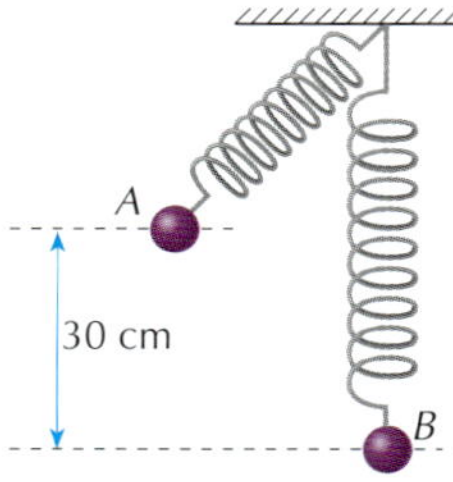

Soltando-se a esfera, ela desce sob a ação da gravidade. Ao passar pelo ponto *B*, a mola se encontra na vertical e distendida de 10 cm. Desprezam-se as dimensões da esfera e os efeitos da resistência do ar ($g = 10$ m/s^2).

Considerando-se a situação física descrita, assinale as proposições corretas.

01) A velocidade da esfera no ponto *B* é igual a $\sqrt{3{,}5}$ m/s.
02) Toda a energia potencial gravitacional da esfera, na posição *A*, é transformada em energia cinética, na posição *B*.
04) A velocidade da esfera no ponto mais baixo da trajetória, ponto *B*, é igual a $\sqrt{6{,}0}$ m/s.
08) A força resultante sobre a esfera na posição *B* é igual a 30 N.
16) A energia mecânica da esfera, na posição *B*, é igual à sua energia potencial gravitacional na posição *A*.
32) Parte da energia potencial gravitacional da esfera, na posição *A*, é convertida em energia potencial elástica, na posição *B*.
64) A energia cinética da esfera, na posição *B*, é igual à sua energia potencial gravitacional, na posição *A*.

Dê como resposta a soma dos números que precedem as proposições corretas.

T.315 (ITA-SP) Um anel de peso 30 N está preso a uma mola e desliza sem atrito num fio circular situado num plano vertical, conforme mostrado na figura.

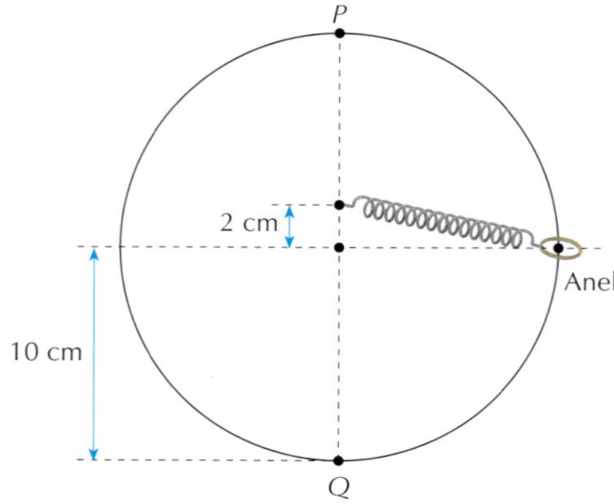

Considerando que a mola não se deforma quando o anel se encontra na posição *P* e que a velocidade do anel seja a mesma nas posições *P* e *Q*, a constante elástica da mola deve ser de:

a) $3{,}0 \cdot 10^3$ N/m
b) $4{,}5 \cdot 10^3$ N/m
c) $7{,}5 \cdot 10^3$ N/m
d) $1{,}2 \cdot 10^4$ N/m
e) $3{,}0 \cdot 10^4$ N/m

T.316 (AFA-SP) Duas partículas são lançadas nos pontos *A* e *B* com a mesma velocidade v_0, conforme indica a figura abaixo:

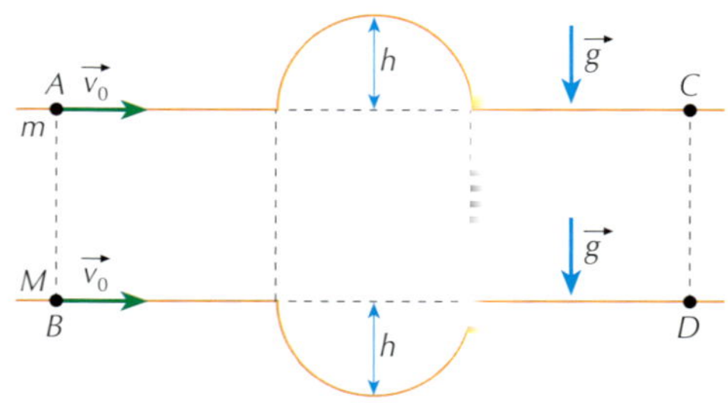

Enquanto a partícula de massa *m* passa por um trecho em elevação, a outra, de massa *M*, passa por uma depressão com a mesma forma e "profundidade" *h*.

Desprezando-se quaisquer forças dissipativas, pode-se afirmar que a razão [illegible] entre os tempos gastos pelas partículas para atingirem os pontos *C* e *D* é:

a) menor que 1, se $m > M$.
b) maior que 1, independentemente da razão $\frac{m}{M}$.
c) igual a 1, independentemente da razão $\frac{m}{M}$.
d) pode ser igual a 1, se $m < M$.

T.317 (Mackenzie-SP) Um garoto, que se encontra apoiado sobre seu *skate*, desce por uma rampa, saindo do repouso no ponto *B*. Deslocando-se sempre sobre o mesmo plano vertical, atinge o ponto *C*, com velocidade nula. Admitindo o mesmo percentual de perda de energia mecânica, se o garoto saísse do repouso no ponto *A*, atingiria o ponto *C* com velocidade:

a) 4,0 km/h
b) 8,0 km/h
c) 14,4 km/h
d) 16,0 km/h
e) 32,0 km/h

(Use $g = 10$ m/s^2.)

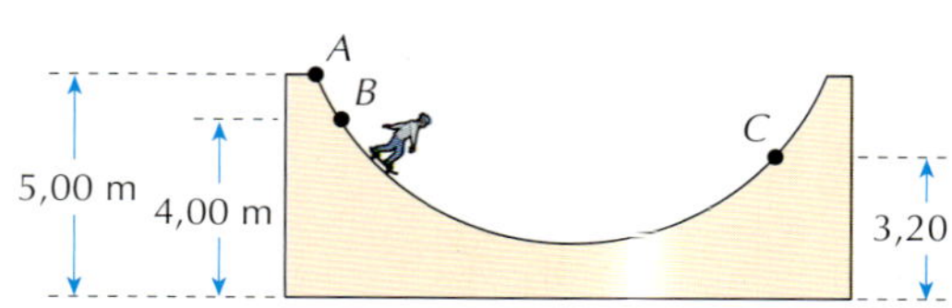

Atividade experimental

Realize a experiência com supervisão de seu professor.

Conversão de energia potencial gravitacional em energia cinética

Usando um pedaço de trilho de cortina, realize a experiência conforme esquematizado na figura.

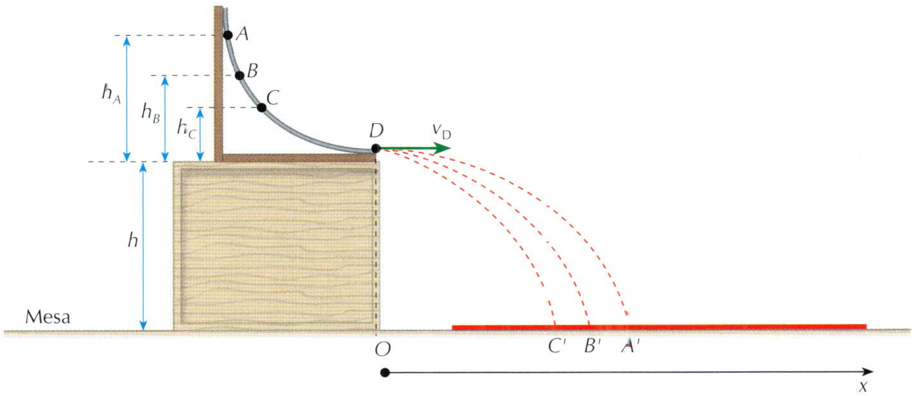

Meça as alturas h_A, h_B e h_C, da posição inicial da qual a esfera foi abandonada nos experimentos sucessivos. Calcule a energia potencial gravitacional em cada posição em relação à face superior da caixa. Para tanto, determine previamente a massa m da esfera e considere $g = 10\ m/s^2$.

Repita o cálculo das velocidades v_D com que a esfera abandona o trilho, do modo como foi feito na atividade experimental de lançamento horizontal (capítulo 9, página 162). Calcule a energia cinética com a qual a esfera abandona o trilho em cada um dos experimentos $\left(E_c = \frac{mv^2}{2}\right)$.

Compare os valores obtidos para a energia cinética com os da energia potencial gravitacional.

Responda:

- Que tipos de transformação energética ocorreram durante os experimentos?

A Física em nosso Mundo

Fontes convencionais e fontes alternativas de energia

No Brasil, são exemplos de fontes convencionais de energia as usinas hidrelétricas e termelétricas, os combustíveis fósseis e o gás natural. Algumas ocasionam grandes danos ao meio ambiente, outras estão em via de se esgotarem.

• As usinas hidrelétricas

Nas usinas hidrelétricas, a energia potencial gravitacional da água represada é transformada, durante a queda, em energia cinética que movimenta as pás da turbina. O eixo do gerador é movimentado gerando energia elétrica.

Na implantação de uma usina hidrelétrica, é fundamental a preservação do meio ambiente. Uma etapa importante dessa implantação é a formação do grande reservatório, a represa. A inundação de uma vasta área ocasiona profunda alteração no ecossistema da região. Por exemplo, haverá um significativo

Entre na rede

No endereço eletrônico **http://www.abcdaenergia.com** (acesso em 16/2/2007), em Energias Vivas, você encontra muitas informações sobre formas de energia renováveis e não-renováveis.

aumento na umidade relativa do ar da região, em virtude da evaporação da água da represa. As chuvas tendem a se tornarem mais frequentes e mais intensas e a temperatura média no local se modifica. A região deve ser escolhida de modo a causar um mínimo de efeitos negativos.

No que diz respeito à flora, em vista do desaparecimento da vegetação nativa, impõe-se que se planeje um reflorestamento criterioso para repor as espécies vegetais.

Antes da inundação deve ser feito o desmatamento da área para evitar que madeiras de boa qualidade sejam cobertas pelas águas.

Atenção especial deve ser dada à fauna nativa da área a ser inundada, por meio de uma coleta criteriosa dos animais que vivem na região.

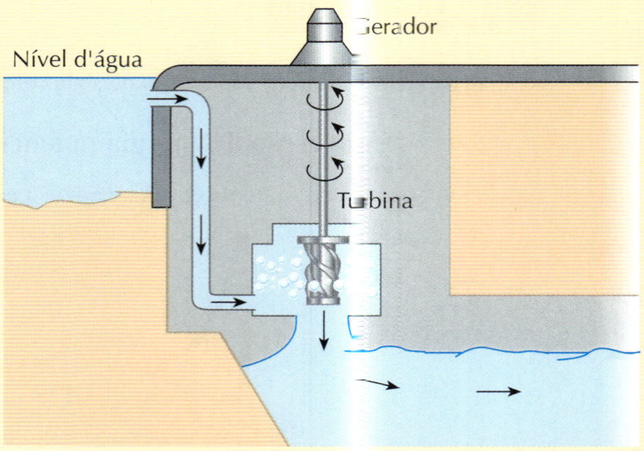

A água em movimento aciona a turbina, gerando energia elétrica.

As populações humanas que habitam a região onde uma usina será implantada são seriamente afetadas. As pessoas devem ser assentadas em outros locais. O ideal seria que tivessem sua condição original de vida minimamente alterada ou até mesmo melhorada.

A eficiência de uma usina hidrelétrica, no que diz respeito à produção e aos impactos ambientais, pode ser avaliada pela **razão entre a potência instalada e a área inundada**. Por exemplo, na usina de Ilha Solteira, inundou-se uma área de 1.077 km^2 e a potência elétrica instalada é de 3.230 MW. Já na usina de Tucuruí estes valores são, respectivamente, 2.430 km^2 e 4.240 MW. A razão entre a potência instalada e a área inundada é de 3,0 MW/km^2 para a usina de Ilha Solteira e de 1,75 MW/km^2 para a usina de Tucuruí.

• As usinas termelétricas

Nas usinas termelétricas a rotação das turbinas é feita pelo vapor de água produzido pela queima de um combustível como, por exemplo, o carvão. Estas usinas intensificam o "efeito estufa", fenômeno que produz um aumento da temperatura média da Terra, com graves consequências. Esse aquecimento ocorre porque a queima do carvão gera grande quantidade de gás carbônico (CO_2), que é despejado na atmosfera. Ele age como uma barreira, impedindo que a Terra perca para o espaço, durante a noite, uma grande quantidade do calor que recebe do Sol.

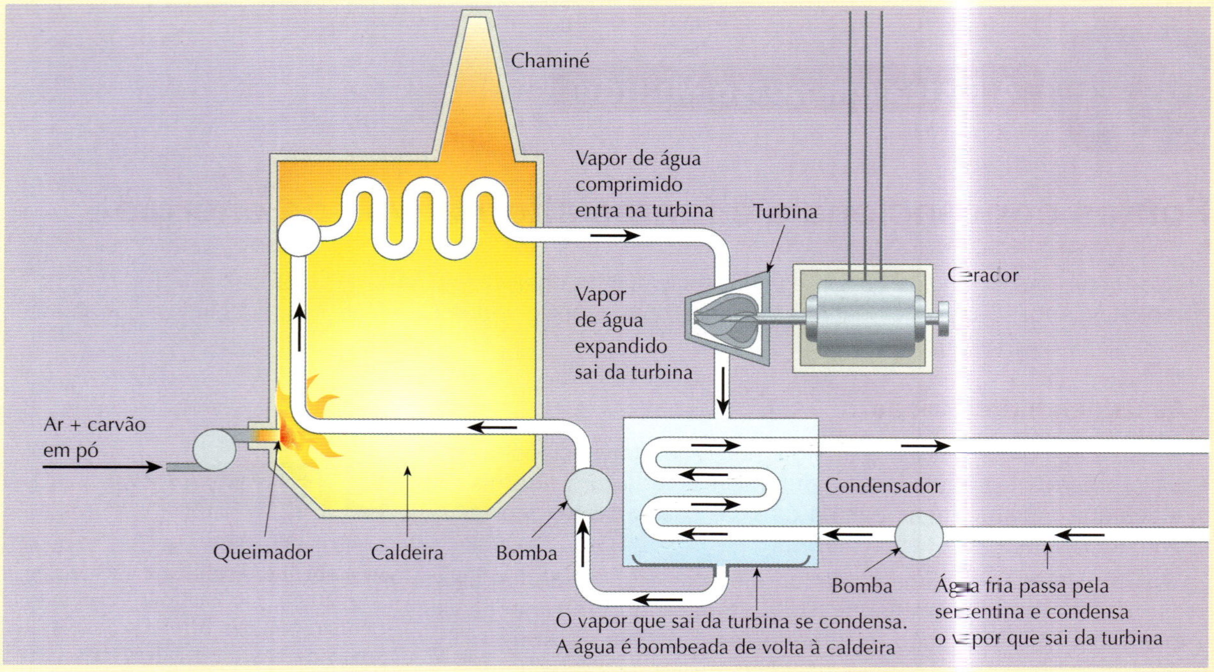

Esquema de uma usina termelétrica.

• Novas fontes de energia

As reservas de combustíveis fósseis, como carvão e petróleo, estão próximas de se esgotarem, sem possibilidade de renovação.

Existem outras maneiras de aproveitar os recursos energéticos naturais. Entre as principais fontes de energia renováveis alternativas temos a energia eólica e a energia solar. A eólica é produzida pelos ventos, ou seja, pelas correntes de ar que se formam na atmosfera. Estas correntes incidem sobre as pás das turbinas, movimentando-as. A energia solar pode ser captada pelos **coletores solares**, utilizados para o aquecimento de água, e pelas **células fotovoltaicas**, que convertem diretamente energia solar em energia elétrica.

Entre na rede

No endereço eletrônico **http://www.cienciahoje.uol.com.br/controlPanel/materia/view/2874** (acesso em 16/2/2007), você encontra informações sobre como a energia do Sol pode ser usada para esquentar água e gerar energia elétrica.

PARTE 5

HANK MORGAN / SPL-LATINSTOCK

Complexo de captação de energia solar no deserto de Mojave, na Califórnia (Estados Unidos). A potência elétrica total gerada é de 275 MW.

JOHN MEAD / SPL-LATINSTOCK

Captadores de energia eólica, em Palm Springs, na Califórnia (Estados Unidos). A potência elétrica gerada numa turbina é proporcional ao cubo da velocidade com que o vento incide nas hélices.

Há outras fontes renováveis e alternativas de energia, como a energia da biomassa e a energia das marés.

A biomassa é um biocombustível, originado de resíduos agrícolas, madeira, plantas e partes biodegradáveis de resíduos industriais e urbanos. O álcool, extraído da cana-de-açúcar, é o biocombustível mais conhecido. O biodiesel é um combustível biodegradável, produzido por diversas espécies vegetais como a mamona, o girassol, a soja, o amendoim e o dendê. O biodiesel é bem menos poluente do que o óleo diesel obtido a partir do petróleo, podendo substituí-lo parcial ou totalmente.

A energia das marés é utilizada em regiões onde ocorre um grande desnível entre as marés alta e baixa. De modo análogo ao das usinas hidrelétricas, é construída uma barragem, originando um reservatório junto ao mar. Por ocasião da maré alta, a água que enche o reservatório passa pela turbina acionando-a. Na maré baixa, o reservatório esvazia e novamente a turbina entra em rotação gerando energia elétrica. Entretanto, este processo é descontínuo e de baixo rendimento, o que limita sua utilização. Em La Rance, na França, existe uma usina mareomotriz em funcionamento, onde o desnível entre as marés alta e baixa chega a 13 m e a capacidade instalada é de 240 MW.

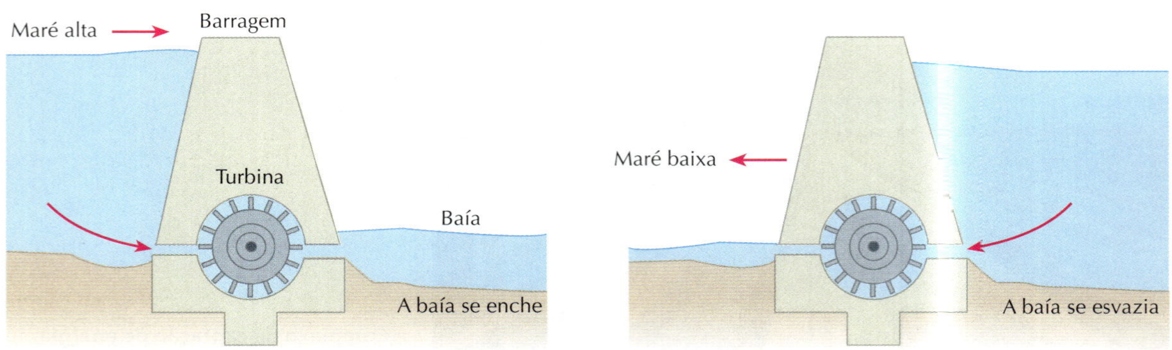

▲ **Esquema de funcionamento de uma usina mareomotriz.**

• A energia nuclear

Em alguns países, como a França, por exemplo, a energia nuclear não é uma fonte alternativa de energia, mas sim a principal fonte de obtenção de energia elétrica. As usinas nucleares funcionam basicamente como as termelétricas: as turbinas são acionadas pelo vapor de água. Enquanto nas termelétricas o vapor é obtido pela queima de combustível, nas nucleares a produção do calor é proveniente da fissão nuclear: núcleos pesados, como os dos isótopos do urânio-235, ao serem bombardeados por nêutrons, originam núcleos menores, liberando uma grande quantidade de energia.

A implantação ou não de usinas nucleares tem provocado inúmeras discussões. Muitos consideram uma forma limpa de energia e os riscos decorrentes de sua utilização perfeitamente controláveis. Outros afirmam que os riscos, que advêm dos resíduos radioativos que se formam quando o urânio é preparado para ser usado como "combustível", são extremamente graves e contraindicam a utilização da energia nuclear. Além disso, após seu processamento, obtém-se como produto final o "lixo atômico", também radioativo, ainda sem um local definido para ser colocado. Na Alemanha, a instalação de novas usinas nucleares está proibida. O desmonte dos reatores nucleares ainda existentes deve ser completado até o ano 2021.

Teste sua leitura

L.21 (Enem-Mec) Na avaliação da eficiência de usinas quanto à produção e aos impactos ambientais, utilizam-se vários critérios, tais como: razão entre produção efetiva anual de energia elétrica e potência instalada ou razão entre potência instalada e área inundada pelo reservatório. No quadro ao lado, esses parâmetros são aplicados às duas maiores hidrelétricas do mundo: Itaipu, no Brasil, e Três Gargantas, na China.

Parâmetros	Itaipu	Três Gargantas
potência instalada	12.600 MW	18.200 MW
produção efetiva de energia elétrica	93 bilhões de kWh/ano	84 bilhões de kWh/ano
área inundada pelo reservatório	1.400 km^2	1.000 km^2

Fonte: www.itaipu.gov.br

Teste sua leitura

Com base nessas informações, avalie as afirmativas que se seguem:

I. A energia elétrica gerada anualmente e a capacidade máxima de geração da hidrelétrica de Itaipu são maiores que as da hidrelétrica de Três Gargantas.

II. Itaipu é mais eficiente que Três Gargantas no uso da potência instalada na produção de energia elétrica.

III. A razão entre potência instalada e área inundada pelo reservatório é mais favorável na hidrelétrica Três Gargantas do que em Itaipu.

É correto apenas o que se afirma em:

a) I
b) II
c) III
d) I e III
e) II e III

L.22 (Enem-MEC) A construção de grandes projetos hidroelétricos também deve ser analisada do ponto de vista do regime das águas e de seu ciclo na região. Em relação ao ciclo da água, pode-se argumentar que a construção de grandes represas:

a) não causa impactos na região, uma vez que a quantidade total de água da Terra permanece constante.
b) não causa impactos na região, uma vez que a água que alimenta a represa prossegue depois rio abaixo com a mesma vazão e velocidade.
c) aumenta a velocidade dos rios, acelerando o ciclo da água na região.
d) aumenta a evaporação na região da represa, acompanhada também por um aumento local da umidade relativa do ar.
e) diminui a quantidade de água disponível para a realização do ciclo da água.

L.23 (Enem-MEC) Em usinas hidrelétricas, a queda-d'água move turbinas que acionam geradores. Em usinas eólicas, os geradores são acionados por hélices movidas pelo vento. Na conversão direta solar-elétrica são células fotovoltaicas que produzem tensão elétrica. Além de todos produzirem eletricidade, esses processos têm em comum o fato de:

a) não provocarem impacto ambiental.
b) independerem de condições climáticas.
c) a energia gerada poder ser armazenada.
d) utilizarem fontes de energia renováveis.
e) dependerem das reservas de combustíveis fósseis.

L.24 (Enem-MEC) Não é nova a ideia de se extrair energia dos oceanos aproveitando-se a diferença das marés alta e baixa. Em 1967, os franceses instalaram a primeira usina "maré-motriz", construindo uma barragem equipada de 24 turbinas, aproveitando-se a potência máxima instalada de 240 MW, suficiente para a demanda de uma cidade com 200 mil habitantes. Aproximadamente 10% da potência total instalada são demandados pelo consumo residencial.
Nessa cidade francesa, aos domingos, quando parcela dos setores industrial e comercial para, a demanda diminui 40%. Assim, a produção de energia correspondente à demanda aos domingos será atingida mantendo-se:

I. todas as turbinas em funcionamento, com 60% da capacidade máxima de produção de cada uma delas.
II. a metade das turbinas funcionando em capacidade máxima e o restante, com 20% da capacidade máxima.
III. quartoze turbinas funcionando em capacidade máxima, uma com 40% da capacidade máxima e as demais desligadas.

Está correta a situação descrita:

a) apenas em I.
b) apenas em II.
c) apenas em I e III.
d) apenas em II e III.
e) em I, II e III.

L.25 (Enem-MEC) Um problema ainda não resolvido da geração nuclear de eletricidade é a destinação dos rejeitos radiativos, o chamado "lixo atômico". Os rejeitos mais ativos ficam por um período em piscinas de aço inoxidável nas próprias usinas antes de ser, como os demais rejeitos, acondicionados em tambores que são dispostos em áreas cercadas ou encerrados em depósitos subterrâneos secos, como antigas minas de sal. A complexidade do problema do lixo atômico, comparativamente a outros lixos com substâncias tóxicas, se deve ao fato de:

a) emitir radiações nocivas, por milhares de anos, em um processo que não tem como ser interrompido artificialmente.
b) acumular-se em quantidades bem maiores do que o lixo industrial convencional, faltando assim locais para reunir tanto material.
c) ser constituído de materiais orgânicos que podem contaminar muitas espécies vivas, incluindo os próprios seres humanos.
d) exalar continuamente gases venenosos, que tornariam o ar irrespirável por milhares de anos.
e) emitir radiações e gases que podem destruir a camada de ozônio e agravar o efeito estufa.

CAPÍTULO 16

Impulso e quantidade de movimento

O impulso e a quantidade de movimento são duas grandezas vetoriais relacionadas pelo teorema do impulso: o impulso da força resultante é a variação da quantidade de movimento no intervalo de tempo considerado. Essas grandezas são importantes para a análise dos choques entre corpos, como o das bolas de bilhar da foto. Neste capítulo estabelecemos mais um princípio da conservação: a conservação da quantidade de movimento em sistemas de corpos isolados de forças externas.

1. Introdução

Considerando que uma força atua num corpo durante um certo intervalo de tempo, cabem as perguntas: Será que o produto da força pelo intervalo de tempo tem, em Física, tanta importância quanto o produto da força pelo deslocamento? Será que esse produto também está relacionado a algum princípio de conservação?

Para ambas as questões a resposta é positiva. O produto da força pelo intervalo de tempo constitui o **impulso da força** e é muito importante nos fenômenos físicos. Essa grandeza está associada, como veremos, ao **princípio da conservação da quantidade de movimento**.

2. Impulso de uma força

Considere uma força constante $\vec{F}$ atuando num ponto material durante um intervalo de tempo $\Delta t = t_2 - t_1$ (figura 1). O **impulso** $\vec{I}$ dessa força constante nesse intervalo de tempo é a grandeza vetorial dada por:

$$\vec{I} = \vec{F}\Delta t$$

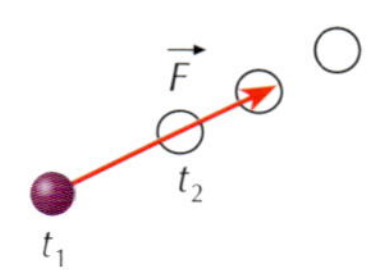

Figura 1.

Sendo uma **grandeza vetorial**, o impulso possui intensidade, direção e sentido.

- Intensidade (módulo): $|\vec{I}| = |\vec{F}|\Delta t$
- Direção: a mesma de $\vec{F}$ (paralelo a $\vec{F}$)
- Sentido: o mesmo de $\vec{F}$ (pois Δt é positivo)

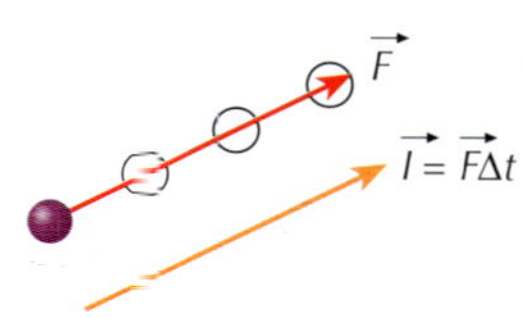

No Sistema Internacional de Unidades (SI), a unidade de intensidade do impulso é **newton × segundo (N · s)**.

A partir do gráfico da intensidade F da força atuante em função do tempo, é possível calcular a intensidade do impulso. Na figura 2, é mostrado o gráfico em questão para uma força $\vec{F}$ constante. A intensidade do impulso no intervalo de tempo Δt considerado é numericamente igual à área do retângulo destacado nesse gráfico. Essa área é dada por:

$$A = F\Delta t \Rightarrow \boxed{A = I} \quad \text{(numericamente)}$$

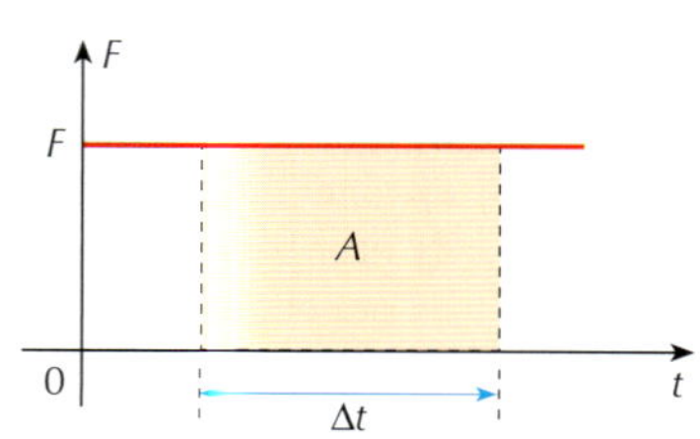

Figura 2.

Se a força $\vec{F}$ tem direção constante e se sua intensidade varia em função do tempo, de acordo com o gráfico da figura 3, para a determinação do impulso devemos recorrer necessariamente ao cálculo de áreas. A área A_1 destacada (figura 3a) representa numericamente a intensidade do impulso num curto intervalo de tempo. A soma de áreas como a anterior, considerando intervalos de tempo Δt extremamente pequenos ($\Delta t \to 0$), é a área total A delimitada pela curva da função e pelo eixo dos tempos (figura 3b), que numericamente é a intensidade do impulso da força no intervalo de tempo t_1 a t_2.

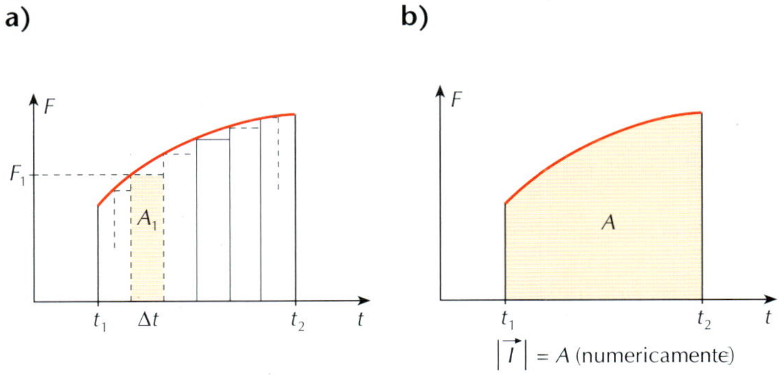

Figura 3.

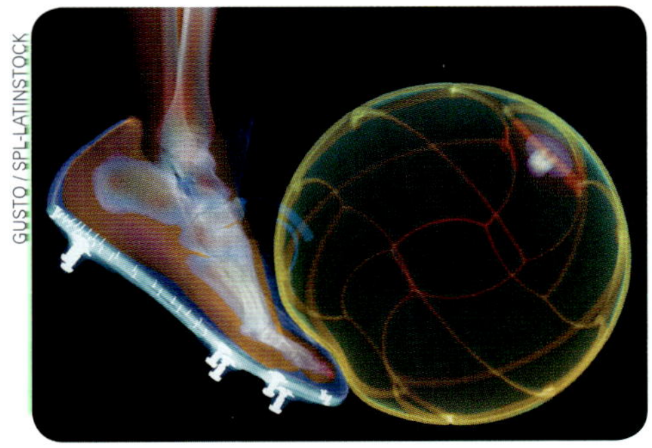

▲ **O pé do jogador está aplicando um impulso à bola.**

Exercícios resolvidos

R.142 Ao dar o saque "viagem ao fundo do mar" num jogo de vôlei, um jogador aplica uma força de intensidade $6{,}0 \cdot 10^2$ N sobre a bola, durante um intervalo de tempo de $1{,}5 \cdot 10^{-1}$ s. Calcule a intensidade do impulso da força aplicada pelo jogador.

Solução:

Sendo $F = 6{,}0 \cdot 10^2$ N a intensidade da força aplicada e $\Delta t = 1{,}5 \cdot 10^{-1}$ s o intervalo de tempo de sua ação, a intensidade do impulso será dada por:

$$I = F\Delta t \Rightarrow I = (6{,}0 \cdot 10^2) \cdot (1{,}5 \cdot 10^{-1}) \Rightarrow \boxed{I = 90 \text{ N} \cdot \text{s}}$$

Resposta: 90 N · s

R.143 Uma partícula se movimenta sob ação de uma força de direção constante e cuja intensidade varia com o tempo de acordo com o gráfico. Determine:

a) o módulo do impulso da força no intervalo de tempo de 0 a 6,0 s;

b) a intensidade da força constante que produz o mesmo impulso que a força dada no intervalo de tempo de 0 a 6,0 s.

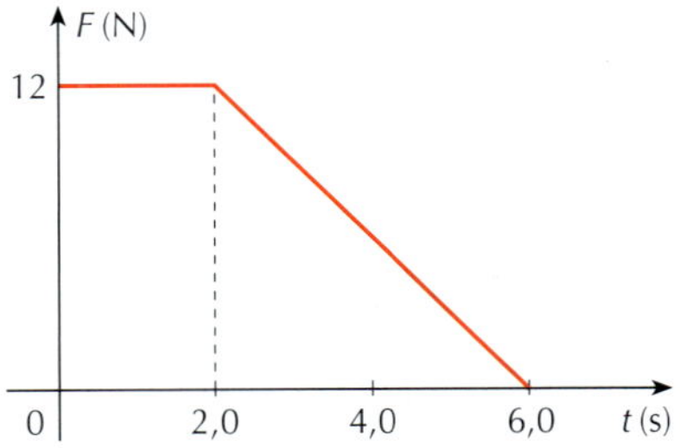

Solução:

a) O módulo do impulso no intervalo de tempo de 0 a 6,0 s corresponde numericamente à área A da figura (área do trapézio):

$$A = \frac{6{,}0 + 2{,}0}{2} \cdot 12 = 48 \Rightarrow \boxed{I = 48 \text{ N} \cdot \text{s}}$$

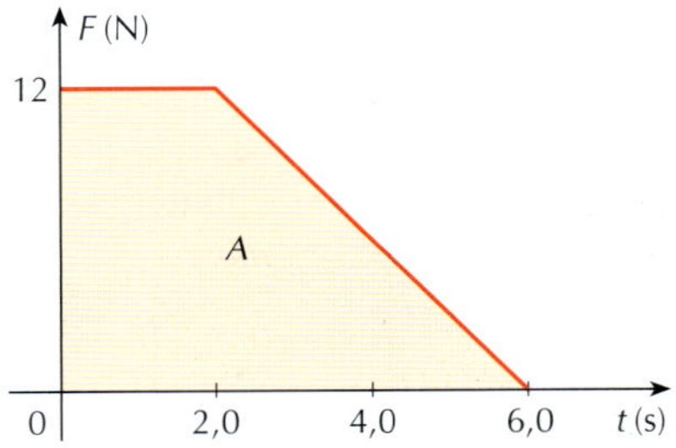

b) A força constante que produz o mesmo impulso que uma força variável no mesmo intervalo de tempo é chamada **força média**. No caso, para calcular sua intensidade, podemos usar a fórmula:

$$I = F\Delta t \Rightarrow 48 = F \cdot 6{,}0 \Rightarrow \boxed{F = 8{,}0 \text{ N}}$$

Respostas: a) 48 N · s; b) 8,0 N

Exercícios propostos

P.380 Uma força age sobre um corpo durante 2 s na direção vertical, orientada de baixo para cima, com intensidade de 20 N. Dê as características (direção, sentido e intensidade) do impulso dessa força.

P.381 Uma partícula de massa 0,6 kg está em queda livre. Dê as características do impulso do peso da partícula durante 3 s de movimento. (Dado: $g = 10\ m/s^2$.)

P.382 Uma partícula se movimenta sob ação de uma força de direção constante e cujo valor algébrico varia com o tempo, de acordo com o gráfico. Determine:

a) o módulo do impulso da força nos intervalos de tempo de 0 a 4,0 s e de 0 a 6,0 s;

b) a intensidade da força constante que produz o mesmo impulso da força dada no intervalo de tempo de 0 a 6,0 s.

Observação:
Valor algébrico negativo da força no gráfico indica que a força apresenta sentido oposto ao inicial.

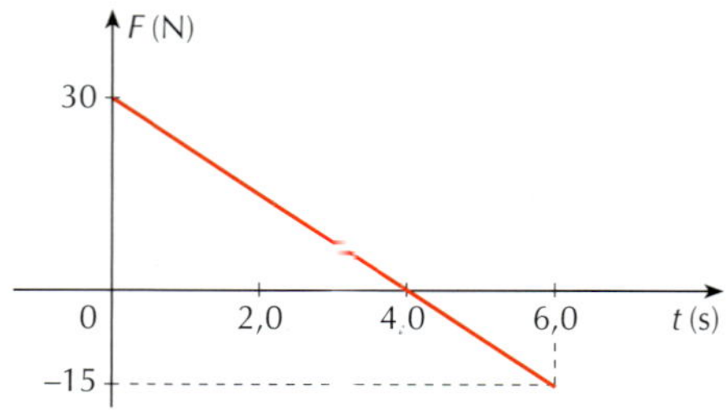

3. Quantidade de movimento

Considere um corpo de massa m com velocidade $\vec{v}$ num determinado referencial (figura 4). A **quantidade de movimento**, ou **momento linear**, desse corpo é a grandeza vetorial dada por:

$$\vec{Q} = m\vec{v}$$

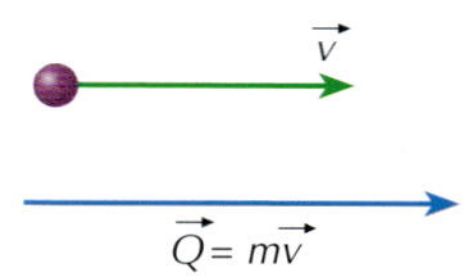

Figura 4.

Sendo uma grandeza vetorial, a **quantidade de movimento** possui intensidade, direção e sentido.

- Intensidade (módulo): $|\vec{Q}| = m|\vec{v}|$
- Direção: a mesma de $\vec{v}$ (paralela a $\vec{v}$)
- Sentido: o mesmo de $\vec{v}$ (pois m é positivo)

No Sistema Internacional de Unidades (SI), a unidade do módulo da quantidade de movimento é o **quilograma × metro por segundo (kg · m/s)**.

Exercícios resolvidos

R.144 Uma partícula de massa $m = 0{,}20$ kg possui, num certo instante, velocidade $\vec{v}$ de módulo $v = 10$ m/s, direção horizontal e sentido da direita para a esquerda. Determine, nesse instante, o módulo, a direção e o sentido da quantidade de movimento da partícula.

Solução:

No instante considerado a quantidade de movimento tem as seguintes características:

- módulo: $Q = mv$

$$Q = 0{,}20 \cdot 10 \Rightarrow \boxed{Q = 2{,}0\ kg \cdot m/s}$$

- direção: a mesma de $\vec{v}$, isto é, horizontal
- sentido: o mesmo de $\vec{v}$, isto é, da direita para a esquerda

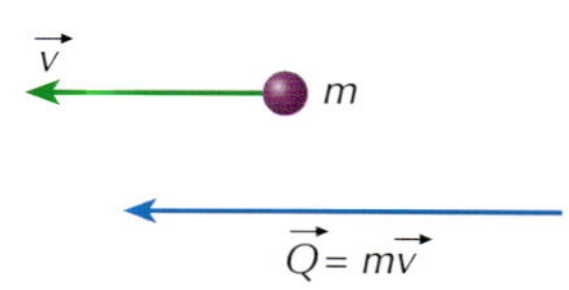

Resposta: 2,0 kg · m/s, horizontal, da direita para a esquerda.

R.145 Uma partícula de massa $m = 0{,}5$ kg realiza um movimento obedecendo à função horária $s = 5 + 2t + 3t^2$, para s em metros e t em segundos. Determine o módulo da quantidade de movimento da partícula no instante $t = 2$ s.

Solução:

Comparando $s = 5 + 2t + 3t^2$ com $s = s_0 + v_0t + \frac{1}{2}\alpha t^2$, concluímos que $v_0 = 2$ m/s e $\alpha = 6$ m/s^2.

De $v = v_0 + \alpha t$, vem: $v = 2 + 6 \cdot t$
Para $t = 2$ s, resulta: $v = 2 + 6 \cdot 2 \Rightarrow v = 14$ m/s

Sendo $Q = mv$, vem: $Q = 0{,}5 \cdot 14 \Rightarrow \boxed{Q = 7 \text{ kg} \cdot \text{m/s}}$

Resposta: 7 kg · m/s

Exercícios propostos

P.383 Uma partícula de massa 2,0 kg apresenta, num certo instante, velocidade horizontal, orientada da esquerda para a direita com módulo igual a 5,0 m/s. Determine as características (direção, sentido e intensidade) da quantidade de movimento da partícula nesse instante.

P.384 Um móvel se desloca numa trajetória retilínea, obedecendo à função horária $s = 3 + 4t - 4t^2$. Sendo 4 kg a massa do móvel, determine o módulo da quantidade de movimento desse móvel nos instantes:

a) $t = 0$; **b)** $t = 0{,}5$ s; **c)** $t = 4$ s.

P.385 No exercício anterior, compare o sentido da quantidade de movimento nos instantes $t = 0$ e $t = 4$ s.

P.386 A quantidade de movimento de uma partícula de massa 0,20 kg tem módulo 1,0 kg · m/s. Determine a energia cinética da partícula.

P.387 Uma partícula de massa 0,10 kg parte do repouso com aceleração constante. Após 10 s encontra-se a 50 m da posição de partida. Determine o módulo da quantidade de movimento nesse instante.

4. Teorema do impulso

Considere um corpo de massa m submetido a um conjunto de forças cuja resultante é $\vec{F}_R$, suposta constante e de mesma direção da velocidade (figura 5a). Pelo princípio fundamental da Dinâmica:

$$\vec{F}_R = m\vec{a}$$

Sendo $\vec{a} = \dfrac{\Delta\vec{v}}{\Delta t}$, temos:

$$\vec{F}_R = m \cdot \frac{\Delta\vec{v}}{\Delta t}$$

$$\vec{F}_R\Delta t = m\Delta\vec{v} = m \cdot (\vec{v}_2 - \vec{v}_1)$$

$$\vec{F}_R\Delta t = m\vec{v}_2 - m\vec{v}_1$$

Como $\vec{F}_R\Delta t = \vec{I}_F$, $m\vec{v}_2 = \vec{Q}_2$ e $m\vec{v}_1 = \vec{Q}_1$ (figura 5b), vem:

$$\boxed{\vec{I}_R = \vec{Q}_2 - \vec{Q}_1 = \Delta\vec{Q}}$$

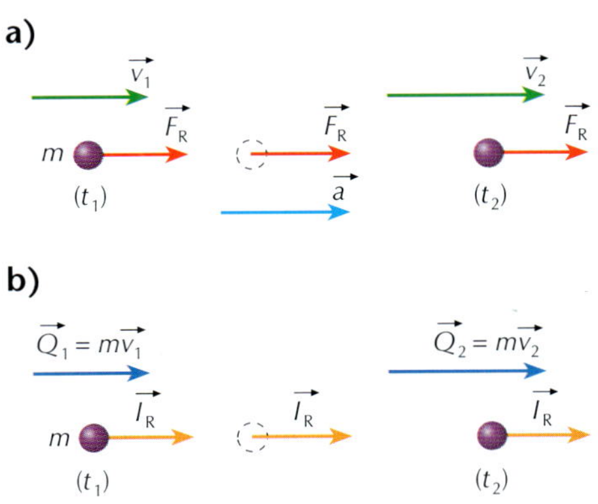

Figura 5.

O impulso da força resultante num intervalo de tempo é igual à variação da quantidade de movimento do corpo no mesmo intervalo de tempo.

O enunciado anterior é conhecido como **teorema do impulso**, de validade geral para qualquer tipo de movimento.

O teorema do impulso:

- introduz os conceitos de impulso e de quantidade de movimento;
- estabelece um critério para a medida da quantidade de movimento: sua variação $\Delta\vec{Q} = \vec{Q}_2 - \vec{Q}_1$ é o impulso da força resultante.

Em vista do teorema do impulso, podemos concluir que, no Sistema Internacional de Unidades (SI), a unidade do módulo de impulso (**newton × segundo**) e a do módulo de quantidade de movimento (**quilograma × metro por segundo**) são equivalentes, não tendo nomes especiais.

Exercícios resolvidos

R.146 Uma força constante atua durante 5,0 s sobre uma partícula de massa 2,0 kg, na direção e no sentido de seu movimento, fazendo com que sua velocidade escalar varie de 5,0 m/s para 9,0 m/s. Determine:

a) o módulo da variação da quantidade de movimento da partícula;
b) a intensidade do impulso da força atuante;
c) a intensidade da força.

Solução:

a) As quantidades de movimento inicial $\vec{Q}_1$ e final $\vec{Q}_2$ da partícula são dadas por:

$$\vec{Q}_1 = m\vec{v}_1 \quad \text{e} \quad \vec{Q}_2 = m\vec{v}_2$$

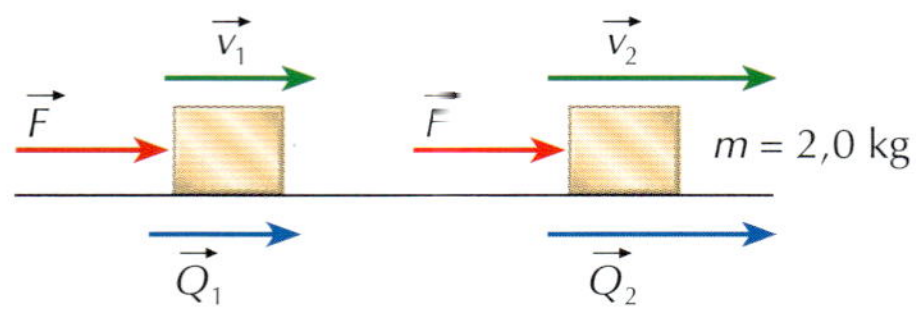

Sendo $v_1 = 5{,}0$ m/s e $v_2 = 9{,}0$ m/s as velocidades escalares inicial e final, os módulos das quantidades de movimento valem:

$$Q_1 = mv_1 = 2{,}0 \cdot 5{,}0 \Rightarrow Q_1 = 10 \text{ kg} \cdot \text{m/s}$$
$$Q_2 = mv_2 = 2{,}0 \cdot 9{,}0 \Rightarrow Q_2 = 18 \text{ kg} \cdot \text{m/s}$$

Como $\vec{Q}_1$ e $\vec{Q}_2$ têm a mesma direção e o mesmo sentido, o módulo da variação da quantidade de movimento é:

$$\Delta Q = Q_2 - Q_1 = 18 - 10 \Rightarrow \boxed{\Delta Q = 8{,}0 \text{ kg} \cdot \text{m/s}}$$

b) Aplicando o teorema do impulso à situação considerada: $\vec{I} = \vec{Q}_2 - \vec{Q}_1$

Como o impulso tem a mesma direção e o mesmo sentido que as quantidades de movimento, vale escrever, para sua intensidade:

$$I = Q_2 - Q_1 = 18 - 10 \Rightarrow \boxed{I = 8{,}0 \text{ N} \cdot \text{s}}$$

c) Como $\vec{I} = \vec{F}\Delta t$, a intensidade da força será dada por: $I = F\Delta t \Rightarrow F = \dfrac{I}{\Delta t}$

Sendo $\Delta t = 5{,}0$ s, vem: $F = \dfrac{8{,}0}{5{,}0} \Rightarrow \boxed{F = 1{,}6 \text{ N}}$

Respostas: a) 8,0 kg · m/s; b) 8,0 N · s; c) 1,6 N

R.147 Um corpo de massa $m = 10$ kg possui velocidade $\vec{v}_1$ de direção horizontal e intensidade 3 m/s. Recebe um impulso $\vec{I}$ de uma força $\vec{F}$ que altera sua velocidade inicial $\vec{v}_1$ para $\vec{v}_2$, perpendicular a $\vec{v}_1$ e de intensidade igual a 4 m/s. Determine o impulso $\vec{I}$ dessa força $\vec{F}$.

Solução:

Intensidades das quantidades de movimento:

$Q_1 = mv_1 = 10 \cdot 3 \Rightarrow Q_1 = 30 \text{ kg} \cdot \text{m/s}$

$Q_2 = mv_2 = 10 \cdot 4 \Rightarrow Q_2 = 40 \text{ kg} \cdot \text{m/s}$

Para a determinação do impulso $\vec{I}$ temos que fazer uma subtração vetorial (teorema do impulso):

$$\vec{I} = \vec{Q}_2 - \vec{Q}_1$$

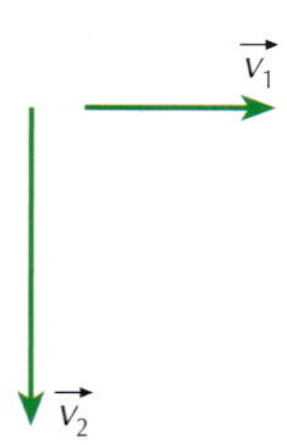

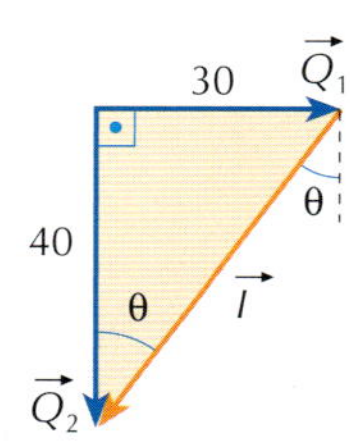

A intensidade $\vec{I}$ na figura pode ser obtida a partir do teorema de Pitágoras aplicado ao triângulo destacado:

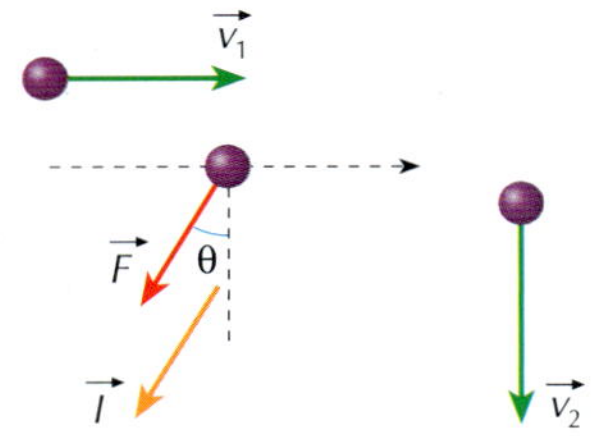

$|\vec{I}|^2 = 30^2 + 40^2 \Rightarrow |\vec{I}| = I = 50 \text{ kg} \cdot \text{m/s} \Rightarrow \boxed{I = 50 \text{ N} \cdot \text{s}}$

Sua direção θ com a vertical pode ser dada por:

$$\text{tg}\,\theta = \frac{30}{40} \Rightarrow \text{tg}\,\theta = 0{,}75$$

Resposta: módulo: 50 N · s; direção: θ é o ângulo cuja tangente vale 0,75; sentido: indicado na figura

Observação:
Entenda o significado físico do impulso: a velocidade $\vec{v_1}$ horizontal, do móvel, muda de direção, passando a $\vec{v_2}$, na direção perpendicular, ao receber a força $\vec{F}$ e, consequentemente, um impulso na direção inclinada θ.

R.148 O gráfico ao lado mostra a variação da intensidade da força $\vec{F}$ de direção constante que atua num ponto material de massa $m = 2$ kg. Admita em $t = 0$, $v_0 = 0$. Determine:

a) o módulo do impulso de $\vec{F}$ no intervalo de tempo 0 a 10 s;
b) sua velocidade em $t = 10$ s.

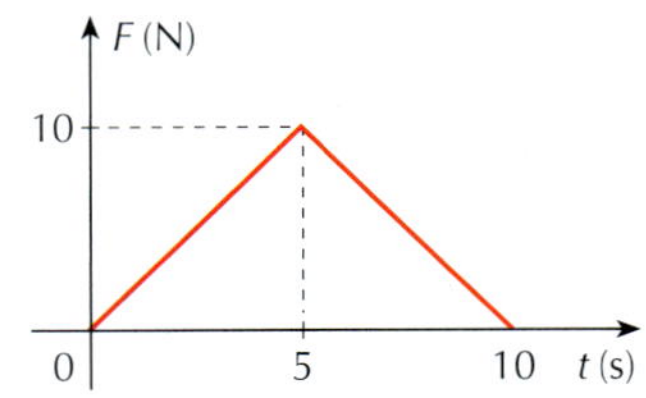

Solução:

a) O módulo de $\vec{I}$ corresponde numericamente à área A da figura (área de um triângulo):

$$A = \frac{10 \cdot 10}{2} = 50 \Rightarrow \boxed{I = 50 \text{ N} \cdot \text{s}}$$

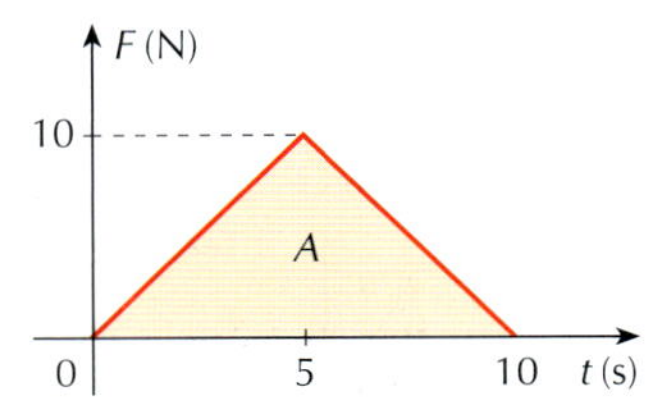

b) Pelo teorema do impulso: $\vec{I} = \vec{Q_2} - \vec{Q_1}$

De 0 a 10 s, temos: $\vec{I} = \vec{Q}_{10} - \vec{Q}_0$

Como $\vec{Q}_0 = \vec{0}$ (pois $v_0 = 0$), vem:

$$\vec{I} = \vec{Q}_{10} \Rightarrow I = mv_{10} \Rightarrow 50 = 2v_{10} \Rightarrow \boxed{v_{10} = 25 \text{ m/s}}$$

Respostas: a) 50 N · s; b) 25 m/s

R.149 Um projétil de massa 20 g incide horizontalmente sobre uma tábua com velocidade de 500 m/s e a abandona com velocidade horizontal e de mesmo sentido de valor 300 m/s. Qual a intensidade do impulso aplicado ao projétil pela tábua?

Solução:

Intensidades das quantidades de movimento:

$$Q_1 = mv_1 = 20 \cdot 10^{-3} \cdot 500 \Rightarrow Q_1 = 10 \text{ kg} \cdot \text{m/s}$$
$$Q_2 = mv_2 = 20 \cdot 10^{-3} \cdot 300 \Rightarrow Q_2 = 6{,}0 \text{ kg} \cdot \text{m/s}$$

Para a determinação do impulso $\vec{I}$ devemos fazer a subtração vetorial: $\vec{I} = \vec{Q_2} - \vec{Q_1}$. Entretanto, como $\vec{Q_2}$, $\vec{Q_1}$ e $\vec{I}$ têm, neste caso, mesma direção, a igualdade vetorial anterior transforma-se numa igualdade escalar, **adotando-se um eixo.**

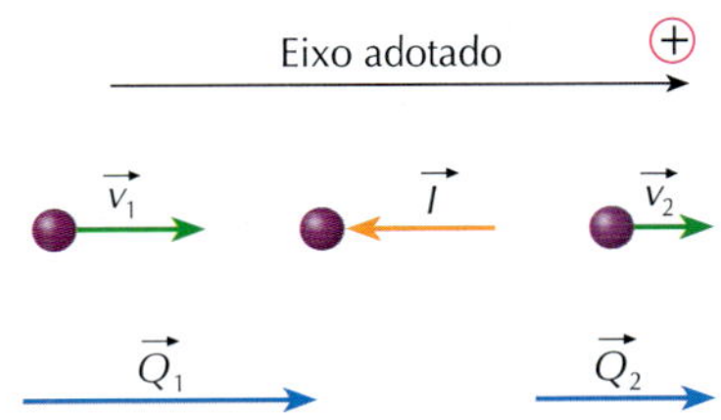

Na figura, $\vec{Q_1}$ e $\vec{Q_2}$ têm o mesmo sentido do eixo adotado e $\vec{I}$ tem sentido oposto. Indicando por I, Q_1 e Q_2 os módulos dos vetores em questão, de $\vec{I} = \vec{Q_2} - \vec{Q_1}$, vem:

$$-I = Q_2 - Q_1 \Rightarrow -I = 6{,}0 - 10 \Rightarrow \boxed{I = 4{,}0 \text{ N} \cdot \text{s}}$$

Resposta: 4,0 N · s

Exercícios propostos

P.388 Um móvel de massa 3,0 kg desloca-se horizontalmente com velocidade escalar igual a 15 m/s constante. Num dado instante, passa a atuar sobre o móvel uma força constante de intensidade 2,5 N, durante 4,0 s, na mesma direção e no mesmo sentido do movimento. Determine:

a) a intensidade do impulso da força atuante;
b) o módulo da quantidade de movimento do móvel antes da ação da força;
c) o módulo da quantidade do movimento do móvel no instante em que a força deixa de agir.

P.389 Um corpo é lançado verticalmente para cima com velocidade inicial de 20 m/s. Sendo 5,0 kg a massa do corpo, determine a intensidade do impulso da força-peso entre o instante inicial e o instante em que o corpo atinge o ponto mais alto da trajetória.

P.390 (Olimpíada Brasileira de Física) Sobre um corpo de massa de 3,0 kg, movendo-se a 5,0 m/s, age uma força de maneira que, após 10 s, sua velocidade tem o valor de 2,0 m/s em sentido oposto ao inicial. Qual o valor da intensidade da força que atuou sobre esse corpo?

P.391 Numa partida de futebol, a bola, que se desloca horizontalmente, atinge o pé do zagueiro com velocidade $v_1 = 15$ m/s. O impulso do chute do jogador faz com que a bola adquira velocidade $v_2 = 20$ m/s, na direção vertical, imediatamente após o chute. A massa da bola é igual a 0,40 kg. Determine a intensidade do impulso que o pé do jogador imprime à bola. Despreze o peso da bola durante a interação entre o jogador e a bola.

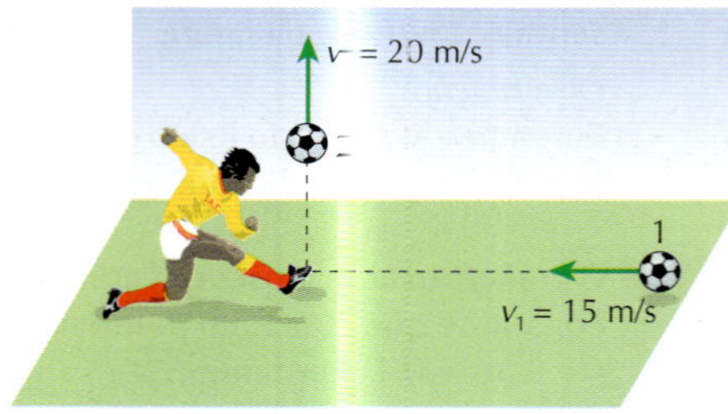

P.392 Uma partícula de massa 4,0 kg descreve um movimento circular uniforme com velocidade escalar 10 m/s. Determine as características (direção, sentido e módulo):

a) da quantidade de movimento no ponto *A*;
b) da quantidade de movimento no ponto *B*;
c) do impulso recebido pela partícula entre as posições *A* e *B*.

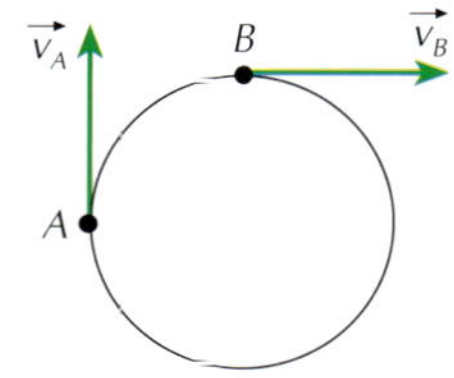

P.393 Um carrinho de massa 100 g encontra-se em repouso quando nele passa a atuar uma força resultante $\vec{F}$, de direção constante, e cuja intensidade varia com o tempo, conforme o gráfico ao lado.
Determine:

a) a intensidade do impulso da força $\vec{F}$ no intervalo de tempo de 0 a 1,0 s;
b) a velocidade do carrinho no instante $t = 2{,}0$ s.

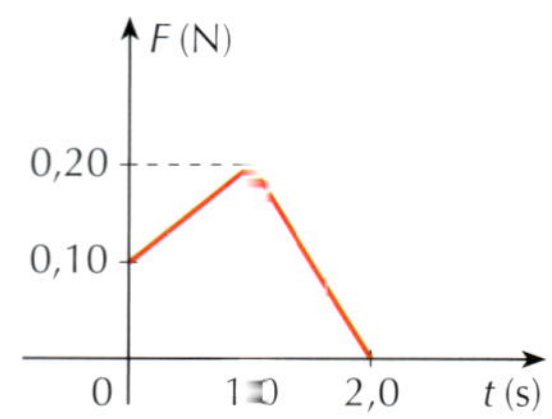

P.394 O gráfico ao lado representa a variação do módulo da força resultante que atua num corpo de massa $m = 2{,}5$ kg, cuja velocidade inicial é de 10 m/s. A força é sempre paralela e de sentido contrário ao da velocidade inicial. Calcule:

a) o impulso da força entre os instantes 0 e 2 s;
b) a velocidade do corpo no instante $t = 2$ s.

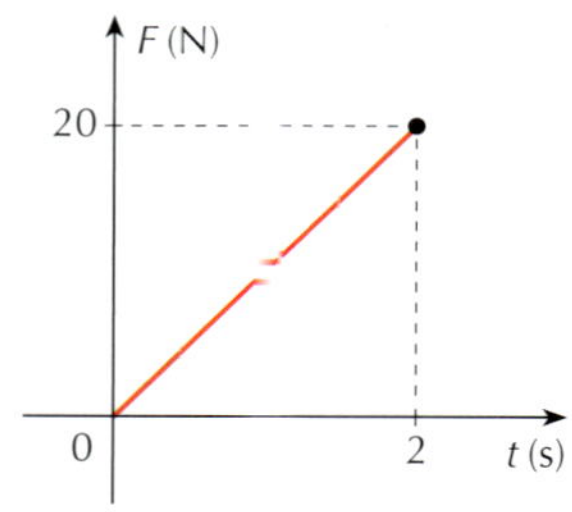

5. Conservação da quantidade de movimento

Considere um sistema de corpos **isolado de forças externas.** Por sistema isolado de forças externas entenda:

1) não atuam forças externas, podendo no entanto haver forças internas entre os corpos;
2) existem ações externas, mas sua resultante é nula;
3) existem ações externas, mas tão pouco intensas (quando comparadas às ações internas) que podem ser desprezadas.

Se o sistema é isolado de forças externas, a resultante dessas forças é nula e também é nulo seu impulso. Pelo teorema do impulso, vem:

$$\vec{I}_R = \vec{Q}_2 - \vec{Q}_1$$

Sendo o sistema isolado: $\vec{F}_R = \vec{0} \Rightarrow \vec{I}_R = \vec{0}$

Portanto: $\vec{0} = \vec{Q}_2 - \vec{Q}_1 \Rightarrow \vec{Q}_2 = \vec{Q}_1$

Como os instantes t_1 e t_2 são quaisquer, decorre que a quantidade de movimento permanece constante. Assim, podemos enunciar o **princípio da conservação da quantidade de movimento**:

> A quantidade de movimento de um sistema de corpos isolado de forças externas é constante.

A quantidade de movimento pode permanecer constante ainda que a energia mecânica não permaneça, como veremos adiante nos exercícios resolvidos. Em outras palavras, os princípios da conservação da energia e da quantidade de movimento são independentes.

GUY MARCHE / TAXI-GETTY IMAGES

Na explosão da lâmpada, a soma das quantidades de movimento dos fragmentos é igual à quantidade de movimento da lâmpada antes da explosão, supondo-a isolada de forças externas.

MICROZOA / PHOTOGRAPHER'S CHOICE-GETTY IMAGES

Quando a rolha salta, a garrafa sofre um recuo, de modo a conservar a quantidade de movimento original do sistema garrafa-rolha, supondo-o isolado de forças externas.

Leia mais

Leia na página 351, em História da Física, sobre a evolução do conceito de quantidade de movimento e sua conservação.

Exercícios resolvidos

R.150 Um canhão de artilharia horizontal de 1 tonelada (1 t) dispara uma bala de 2 kg que sai da peça com velocidade de 300 m/s. Admita a velocidade da bala constante no interior do canhão. Determine a velocidade de recuo da peça do canhão.

Solução:

O sistema de corpos canhão-bala é isolado de forças externas, pois no conjunto atuam apenas o peso e a normal, que se anulam (figura a). A força que o canhão exerce na bala e a força que a bala exerce no canhão são internas (figura b). Se o sistema é isolado, antes e logo depois do disparo, a quantidade de movimento permanece a mesma.

(I) Antes do disparo (figura c)

No início $\vec{v}_a = \vec{0}$ (repouso): $\vec{Q}_a = (M + m) \cdot \vec{v}_a = (M + m) \cdot \vec{0}$

Portanto: $\vec{Q}_a = \vec{0}$

(II) Depois do disparo (figura d)

A bala adquire a velocidade $\vec{v}$ e o canhão recua com $\vec{V}$. A quantidade de movimento do conjunto $\vec{Q}_d$ depois do disparo é $\vec{Q}_d = M\vec{V} + m\vec{v}$.

a)

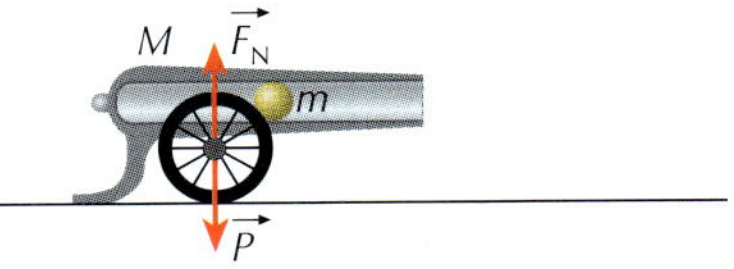

b)

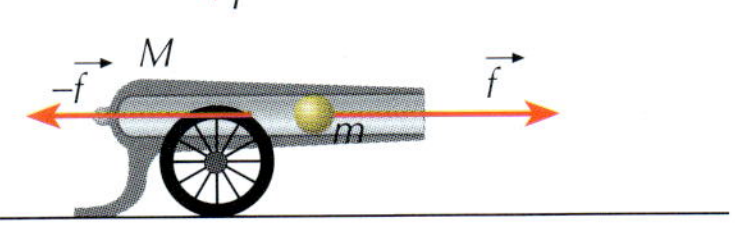

c)

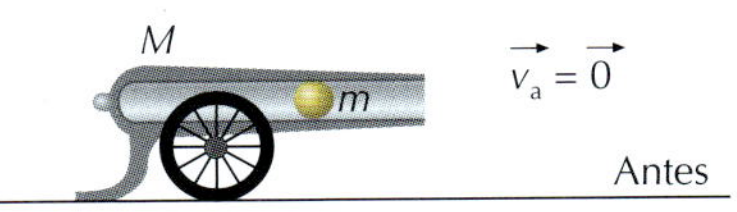

d)

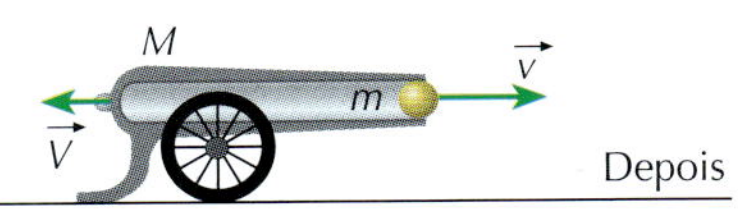

Como o conjunto é isolado:

$$\vec{Q}_a = \vec{Q}_d \Rightarrow \vec{0} = M\vec{V} + m\vec{v} \Rightarrow M\vec{V} = -m\vec{v} \text{ (igualdade vetorial)}$$

O sinal (−) indica que as quantidades de movimento adquiridas pelo canhão e pela bala têm sentidos contrários, mas o mesmo módulo:

$$MV = mv \text{ (igualdade escalar)}$$

Temos, então: $V = \dfrac{mv}{M}$

Sendo: $m = 2$ kg; $M = 1$ t $= 1.000$ kg; $v = 300$ m/s, vem:

$$V = \frac{2 \cdot 300}{1.000} = \frac{600}{1.000} \Rightarrow \boxed{V = 0{,}6 \text{ m/s}}$$

Resposta: 0,6 m/s

Observação:

Semelhante a este exercício e de mesma solução:

Figura a — Um garoto (m) caminha com $\vec{v}$ sobre um carrinho (M) que recua com $\vec{V}$.

Figura b — Um homem (m) caminha com $\vec{v}$ num barco (M) que recua com $\vec{V}$.

Figura c — Um garoto (m) sobre patins empurra sua namorada (M), também sobre patins; o garoto recua com $\vec{v}$ e a namorada adquire $\vec{V}$.

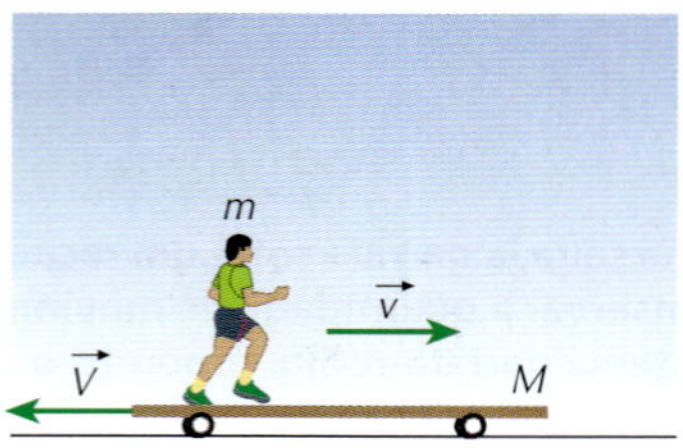

Figura a

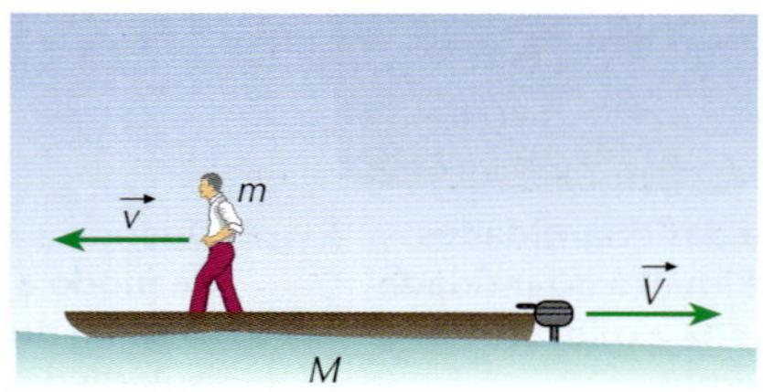

Figura b

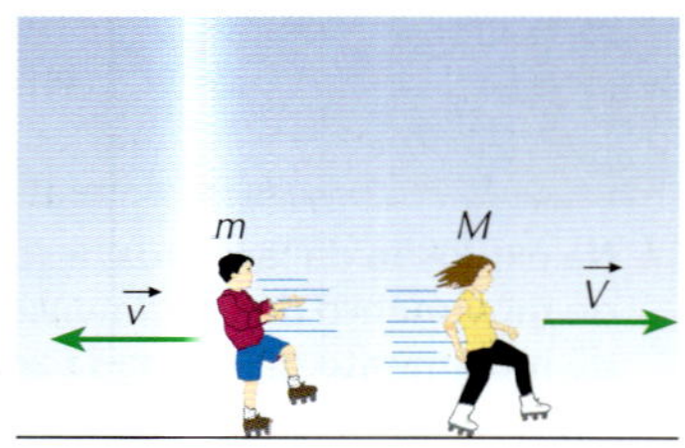

Figura c

Em todos esses exemplos, a quantidade de movimento adquirida por um corpo tem o mesmo módulo da quantidade de movimento adquirida pelo outro:

$$\boxed{MV = mv}$$

R.151 Um homem de massa m está sentado na popa de um barco em repouso, num lago. A massa do barco é $M = 3m$ e seu comprimento é $L = 4$ m. O homem levanta-se e anda em direção à proa. Desprezando a resistência da água, determine a distância D que o bote percorre durante o percurso do homem da popa à proa.

Solução:

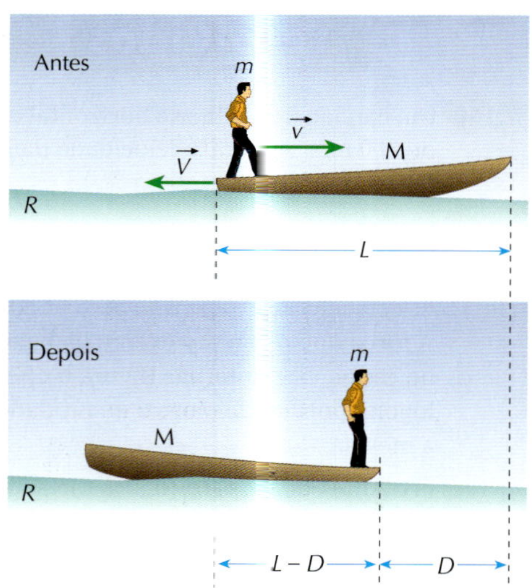

A força de interação homem-barco é interna ao conjunto. Assim, o sistema é isolado e a quantidade de movimento permanece constante.

Em relação ao referencial R na água em repouso:

[antes] $Q_a = Q_d$ [depois] $\Rightarrow mv = MV$

E, para o mesmo intervalo de tempo Δt, temos:

$$m\frac{\Delta s}{\Delta t} = M\frac{\Delta S}{\Delta t} \Rightarrow \boxed{m\Delta s = M\Delta S}$$

Cuidado com os referenciais: o homem percorre a distância L (comprimento do barco) em relação ao barco; em relação ao referencial R (água), a distância que percorre (veja figura) é $L - D$ enquanto o barco percorre D. Assim:

$$m\Delta s = M\Delta S \text{ onde } \begin{cases} \Delta s = L - D \text{ (homem)} \\ \Delta S = D \text{ (barco)} \\ M = 3m \end{cases}$$

Portanto: $m \cdot (L - D) = 3mD \Rightarrow L - D = 3D \Rightarrow L = 4D \Rightarrow D = \dfrac{L}{4} = \dfrac{4}{4} \Rightarrow \boxed{D = 1 \text{ m}}$

Resposta: O barco afasta-se 1 m em relação à água.

R.152 Um foguete de massa M move-se no espaço sideral com velocidade de módulo v. Uma repentina explosão fragmenta esse foguete em duas partes iguais que continuam a se movimentar na mesma direção e no mesmo sentido que o foguete original. Uma das partes está se movimentando com velocidade de módulo $\frac{v}{5}$. Qual é o módulo da velocidade da outra parte?

Solução:

Como o corpo está isolado de forças externas, há conservação da quantidade de movimento:

$$\begin{bmatrix}\text{antes da}\\ \text{explosão}\end{bmatrix} \vec{Q}_a = \vec{Q}_d \begin{bmatrix}\text{depois da}\\ \text{explosão}\end{bmatrix}$$

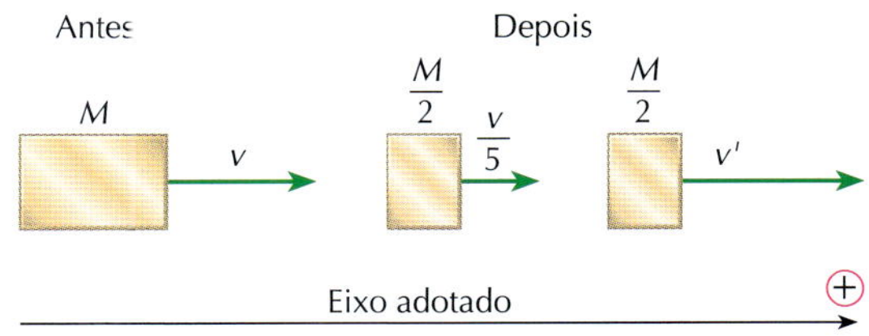

Nesse caso, todos os vetores têm mesma direção e a igualdade vetorial anterior transforma-se numa igualdade escalar, adotando-se um eixo. Em relação ao eixo da figura, de $\vec{Q}_a = \vec{Q}_d$, vem:

$$Mv = \frac{M}{2} \cdot \frac{v}{5} + \frac{M}{2} \cdot v' \Rightarrow v = \frac{v}{10} + \frac{v'}{2} \Rightarrow \frac{v'}{2} = v - \frac{v}{10} \Rightarrow \frac{v'}{2} = \frac{9v}{10} \Rightarrow \boxed{v' = 1{,}8v}$$

Resposta: $v' = 1{,}8v$

R.153 Seja o corpo A de massa m_A que se move horizontalmente numa mesa lisa e se choca com o corpo B de massa m_B inicialmente em repouso. A velocidade v_0 de A é igual a 4 m/s, na direção θ indicada na figura, tal que cos θ = 0,80. Após o choque, A sai na direção x com velocidade v_A e B sai na direção y. Determine v_A.

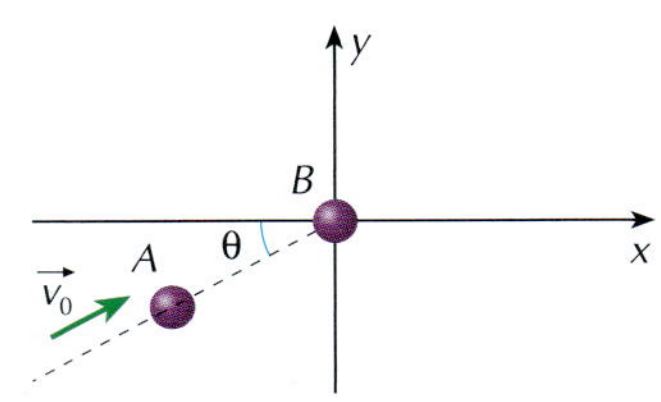

Solução:

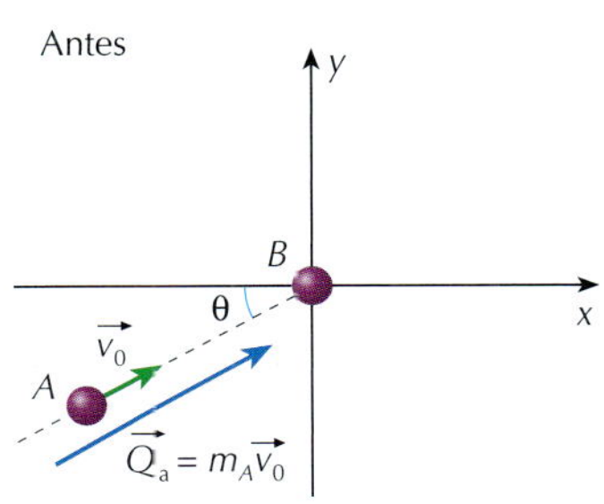

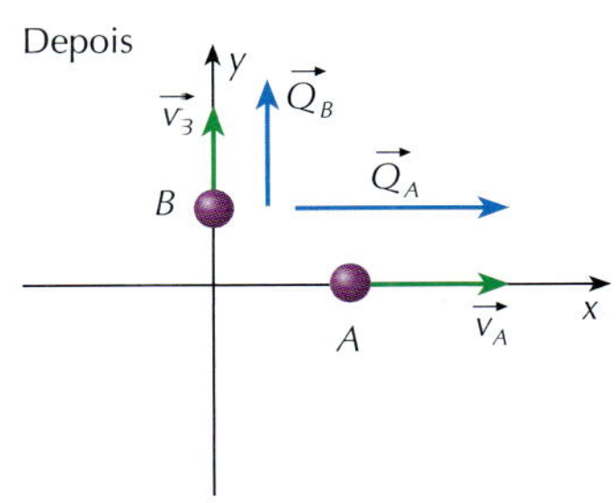

Antes do choque: $\vec{Q}_a = m_A\vec{v}_0$ (na direção θ)

Depois do choque: $\vec{Q}_d = \vec{Q}_A + \vec{Q}_B$

sendo: $\begin{cases} \vec{Q}_A = m_A\vec{v}_A \text{ (direção } x\text{)} \\ \vec{Q}_B = m_B\vec{v}_B \text{ (direção } y\text{)} \end{cases}$

Pelo princípio da conservação da quantidade de movimento:

$$\vec{Q}_a = \vec{Q}_d \Rightarrow \vec{Q}_a = \vec{Q}_A + \vec{Q}_B$$

$\vec{Q}_a = m_A\vec{v}_0$ é o vetor soma de $\vec{Q}_A$ e $\vec{Q}_B$, como se indica pela regra do paralelogramo:

$$\vec{Q}_a = \vec{Q}_A + \vec{Q}_B$$

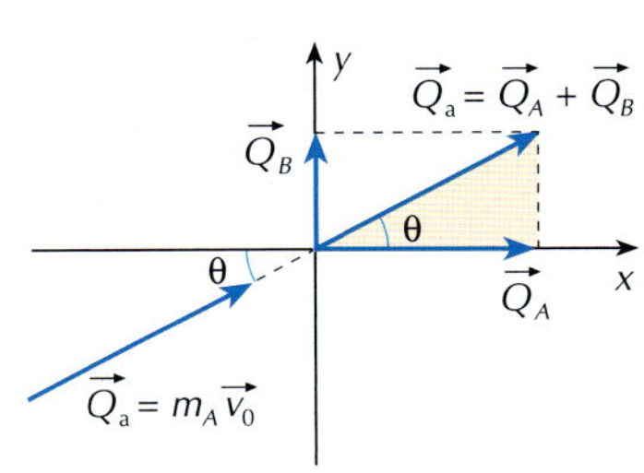

No triângulo destacado:

$$\cos\theta = \frac{m_A v_A}{m_A v_0} = \frac{v_A}{v_0}$$

Portanto:

$$v_A = v_0 \cdot \cos\theta = 4 \cdot 0{,}80 \Rightarrow \boxed{v_A = 3{,}2 \text{ m/s}}$$

Resposta: 3,2 m/s

Exercícios propostos

P.395 Uma peça de artilharia de massa 2 t dispara uma bala de 8 kg. A velocidade do projétil no instante em que abandona a peça é 250 m/s. Calcule a velocidade de recuo da peça, desprezada a ação de forças externas.

P.396 (UFSCar-SP) No esquema abaixo, $m_A = 1$ kg e $m_B = 2$ kg. Não há atrito entre os corpos e o plano de apoio. A mola tem massa desprezível. Estando a mola comprimida entre os blocos, o sistema é abandonado em repouso. A mola distende-se e cai por não estar presa a nenhum deles. O corpo *B* adquire velocidade de 0,5 m/s. Determine a energia potencial da mola no instante em que o sistema é abandonado livremente.

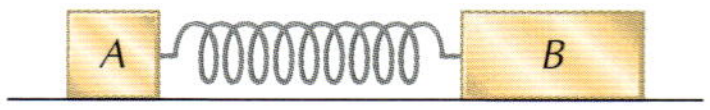

P.397 Na figura representada ao lado, um homem de massa *M* está de pé sobre uma tábua de comprimento *L*, que se encontra em repouso numa superfície sem atrito. O homem caminha de um extremo a outro da tábua. Que distância percorreu o homem em relação ao solo se a massa da tábua é $\frac{M}{4}$?

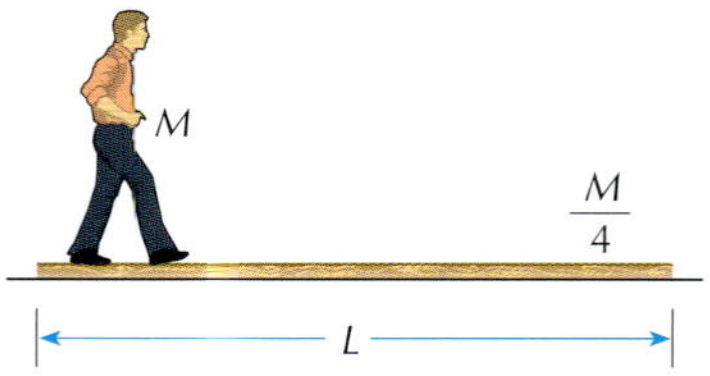

P.398 Uma bomba de massa *m* tem velocidade 50 m/s e explode em duas partes. Uma parte de massa $\frac{m}{3}$ é lançada para trás com velocidade de 30 m/s. Determine a velocidade com que é lançada a outra parte.

P.399 O corpo *A* move-se sobre uma mesa horizontal e perfeitamente lisa com velocidade $v_0 = 6{,}0$ m/s. Após chocar-se com o corpo *B*, inicialmente em repouso, *A* passa a mover-se na direção do eixo *x*, e *B* na direção do eixo *y*. Sabendo-se que $\theta = 60°$, determine a velocidade do corpo *A* depois do choque.

Dados: sen $60° = \sqrt{\frac{3}{2}}$; cos $60° = \frac{1}{2}$.

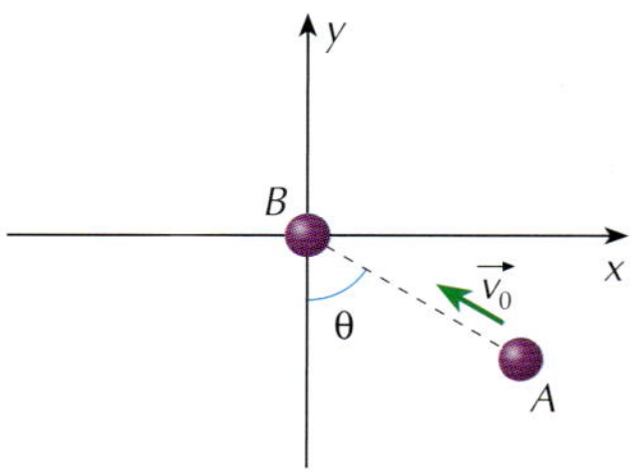

6. Choques

Uma colisão entre dois corpos que se movem numa mesma reta, antes e depois da colisão, é chamada de **choque frontal** ou **unidimensional**.

Considere, então, uma colisão frontal de um corpo *A* com um corpo *B* (figura 6a), na qual os corpos não sofram deformações permanentes. Considere ainda *A* e *B* isolados de forças externas.

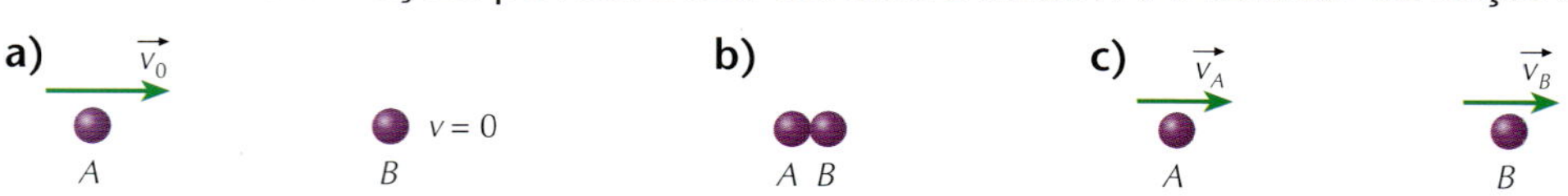

Figura 6. Choque perfeitamente elástico: $E_{c_{final}} = E_{c_{inicial}}$

Durante um intervalo de tempo muito curto, *A* e *B* sofrem deformações elásticas (figura 6b), havendo transformação de energia cinética inicial de *A* em energia potencial elástica dos corpos deformados. Quase que instantaneamente os corpos restituem sua forma inicial, com a retransformação da energia potencial elástica em energia cinética. Do ponto de vista ideal admitamos que nessa deformação/restituição não haja dissipação de energia.

> Se a energia cinética final é igual à energia cinética inicial, a colisão é chamada **choque perfeitamente elástico**.

A quantidade de movimento também se conserva durante a colisão, pois o sistema de corpos é isolado de forças externas. Assim, na análise de um choque perfeitamente elástico, temos dois pares de equações, antes e depois da colisão: a conservação da quantidade de movimento e a conservação da energia cinética, conforme mostrado no quadro a seguir.

Choques perfeitamente elásticos

Antes da colisão

$Q_a = m_A v_0 \qquad E_{c_a} = \dfrac{m_A v_0^2}{2}$

Depois da colisão

$Q_d = m_A v_A + m_B v_B \qquad E_{c_d} = \dfrac{m_A v_A^2}{2} + \dfrac{m_B v_B^2}{2}$

Conservação da quantidade de movimento

$$Q_a = Q_d \Rightarrow m_A v_0 = m_A v_A + m_B v_B$$

Conservação da energia cinética

$$E_{c_a} = E_{c_d} \Rightarrow m_A v_0^2 = m_A v_A^2 + m_B v_B^2$$

Há choques diferentes dos perfeitamente elásticos: um corpo *A* (por exemplo, uma pequena esfera) choca-se com um corpo *B* muito deformável (por exemplo, um corpo feito de "massa de vidraceiro") e, após o choque, *A* se aloja no interior de *B*. Devido à resistência que o corpo *B* oferece à penetração de *A*, há dissipação de energia e, consequentemente, elevação de temperatura dos corpos.

Em choques desse tipo ainda se conserva a quantidade de movimento, pois as forças que aparecem são internas, mas não se conserva a energia cinética (veja o quadro seguinte). A energia cinética final é menor que a inicial, e a diferença corresponde à energia térmica, energia sonora e trabalho de deformação permanente.

Choques em que os corpos se deformam de tal maneira que permaneçam unidos após a colisão são denominados **choques perfeitamente inelásticos**.

Choques perfeitamente inelásticos

Antes da colisão

$Q_a = m_A v_0 \qquad E_{c_a} = \dfrac{m_A v_0^2}{2}$

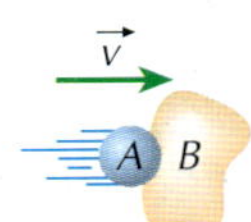

Depois da colisão

$Q_d = (m_A + m_B) \cdot v \qquad E_{c_d} = \dfrac{(m_A + m_B) \cdot v^2}{2}$

Conservação da quantidade de movimento

$$Q_a = Q_d \Rightarrow m_A v_0 = (m_A + m_B) \cdot v$$

Máxima dissipação da energia: $E_{c_a} > E_{c_d}$

No choque perfeitamente inelástico, se não soubermos a energia dissipada, só dispomos de uma equação para sua análise — a da conservação da quantidade de movimento.

Se o choque se situa entre o perfeitamente elástico e o perfeitamente inelástico, ele é chamado de **parcialmente elástico**. Nesse choque também há conservação da quantidade de movimento e perda de energia cinética, mas **os corpos se separam após o choque**, ao contrário do que acontece no perfeitamente inelástico.

7. Coeficiente de restituição

Para medir-se a variação da energia cinética eventualmente ocorrida num choque, é comum recorrer-se a uma grandeza adimensional chamada **coeficiente de restituição (*e*)**, que corresponde à razão entre a velocidade relativa* de afastamento dos corpos depois do choque e a velocidade relativa de aproximação antes do choque:

$$e = \frac{\text{velocidade relativa de afastamento (depois)}}{\text{velocidade relativa de aproximação (antes)}}$$

No choque perfeitamente elástico, como há conservação de energia cinética, a velocidade relativa de aproximação tem módulo igual ao da velocidade relativa de afastamento. Portanto, nesse choque, $e = 1$.

No choque perfeitamente inelástico, os corpos prosseguem juntos, pois há alojamento de um em outro e consequentemente é nula a velocidade relativa de afastamento (figura 7). Portanto, nesse choque, $e = 0$.

Entre na rede

No endereço eletrônico **http://www.walter-fendt.de/ph11br/collision_br.htm** (acesso em 16/2/2007), você pode simular colisões entre dois vagões, havendo a possibilidade de alterar a velocidade e a massa de cada um. Você pode, ainda, optar por colisões elásticas ou inelásticas e analisar o que ocorre com a quantidade de movimento e a energia cinética do conjunto, antes e depois da colisão.

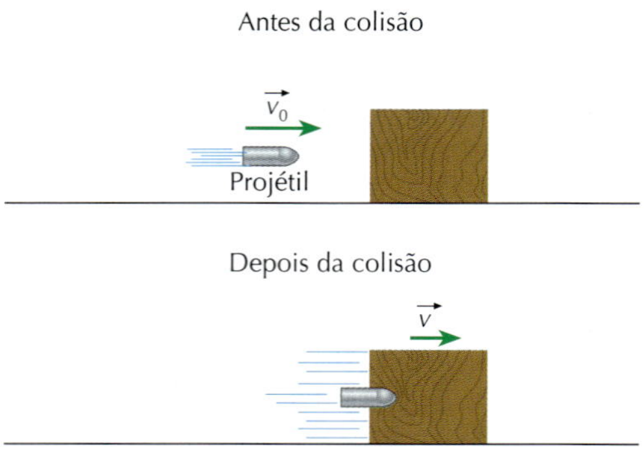

Figura 7. Choque perfeitamente inelástico: os corpos permanecem juntos após a colisão.

TRL / SPL-LATINSTOCK

▲ **Teste de colisão frontal entre dois carros, cada um a 56 km/h. A filmagem do impacto pode ser usada para melhorar o *design* dos veículos e a segurança nas estradas.**

* Para recordar o conceito de velocidade relativa de aproximação e de afastamento, veja o quadro apresentado no capítulo 3, página 40.

Entre essas situações extremas, há o choque parcialmente elástico, em que há perda de energia cinética, mas a velocidade relativa de asfastamento não é nula. Nesse tipo de choque, o coeficiente de restituição tem um valor intermediário entre 0 e 1, isto é, $0 < e < 1$.

Principais tipos de choque	Coeficiente de restituição	Energia	Quantidade de movimento
Choque perfeitamente inelástico	$e = 0$	Máxima dissipação	Constante $Q_{antes} = Q_{depois}$
Choque parcialmente elástico	$0 < e < 1$	Dissipação parcial	Constante $Q_{antes} = Q_{depois}$
Choque perfeitamente elástico	$e = 1$	Conservação da energia cinética	Constante $Q_{antes} = Q_{depois}$

Há ainda os **choques superelásticos**, nos quais $e > 1$ e há ganho de energia, evidentemente à custa de outra forma de energia. Ocorrem frequentemente choques superelásticos nas reações nucleares: um próton atinge um núcleo de lítio, formando duas partículas que saem com energia cinética maior que a do próton incidente.

Na resolução de exercícios de choques é comum estabelecermos uma equação com a conservação da quantidade de movimento e outra com o coeficiente de restituição, em lugar da conservação ou dissipação de energia.

Exercícios resolvidos

R.154 Dois corpos A e B iguais e de mesma massa m estão numa mesa perfeitamente lisa e horizontal. A choca-se com B num choque perfeitamente elástico e frontal, com velocidade v_0. Prove que, após o choque, A permanece em repouso e B adquire a velocidade v_0.

Solução:

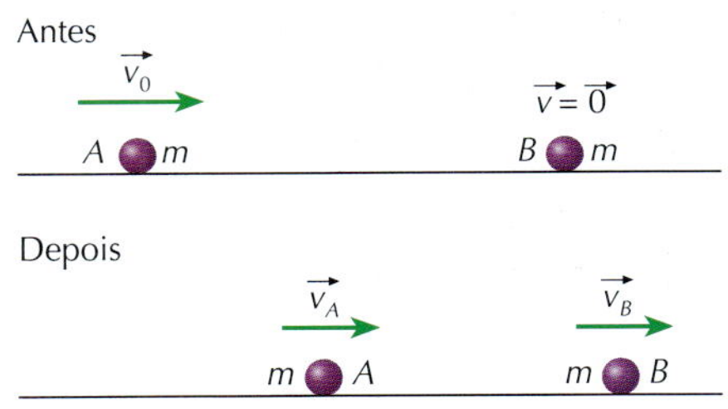

Choque perfeitamente elástico

Pretendemos provar que após a colisão, $v_A = 0$ e $v_B = v_0$.

(I) Conservação da quantidade de movimento

Antes da colisão: $Q_a = mv_0$

Depois da colisão: $Q_d = mv_A + mv_B$

Aplicando o princípio da conservação, temos:

$Q_a = Q_d$

$mv_0 = mv_A + mv_B$

$v_0 = v_A + v_B$ ①

(II) Coeficiente de restituição $e = 1$ (choque perfeitamente elástico)

$$e = \frac{\text{velocidade relativa de afastamento (depois)}}{\text{velocidade relativa de aproximação (antes)}}$$

velocidade relativa de aproximação (antes da colisão) $= v_0$ (pois $v_{0_B} = 0$)

velocidade relativa de afastamento (depois da colisão) $= v_B - v_A$ (admitindo evidentemente $v_B > v_A$)

$$1 = \frac{v_B - v_A}{v_0} \Rightarrow v_B - v_A = v_0 \quad ②$$

Resolvendo o sistema de equações (somando membro a membro):

$$\begin{cases} v_0 = v_A + v_B & ① \\ v_0 = v_B - v_A & ② \end{cases} \Rightarrow 2v_0 = 2v_B \Rightarrow \boxed{v_B = v_0} \text{ e } \boxed{v_A = 0}$$

Observação:

A conclusão desse exercício é bastante importante:

> Corpos idênticos em colisões elásticas e frontais trocam de velocidades.

Considere a seguir esferas idênticas.

Na figura I, em colisões elásticas há uma troca sucessiva de velocidades, de A para B, de B para C, ..., e a última esfera E adquire a velocidade inicial da primeira.

No pêndulo múltiplo da figura II, uma esfera abandonada troca de velocidade com as outras, elevando-se a última esfera (figuras IIa e IIb). Se inicialmente abandonarmos duas esferas, há trocas de velocidades e elevam-se duas esferas (figuras IIc e IId).

Analogamente, se corpos iguais A e B, ambos com velocidades ($v_A = 8$ m/s e $v_B = 5$ m/s), chocam-se elástica e frontalmente, trocam igualmente de velocidade ($v_A = 5$ m/s e $v_B = 8$ m/s), conforme a figura III.

MARK TOMALTY / MASTERFILE-OTHER IMAGES

▲ **Para qualquer número de elementos de um pêndulo múltiplo vale a regra: quando a primeira esfera se choca, a última se eleva.**

AE Pratique! Ver AE pág. 350

Figura I

Figura II

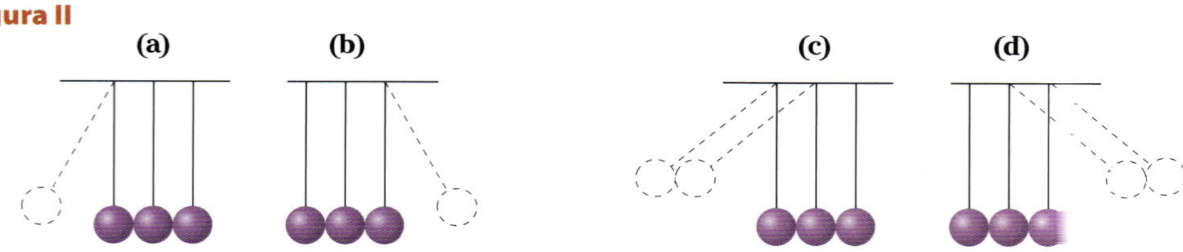

Figura III

R.155 Seja um choque perfeitamente elástico de dois corpos A e B. A velocidade de cada corpo está indicada na própria figura e suas massas são $m_A = 2$ kg e $m_B = 10$ kg. Determine as velocidades de A e B após o choque.

Solução:

Nesse caso não há troca de velocidades, pois as massas dos corpos não são iguais.

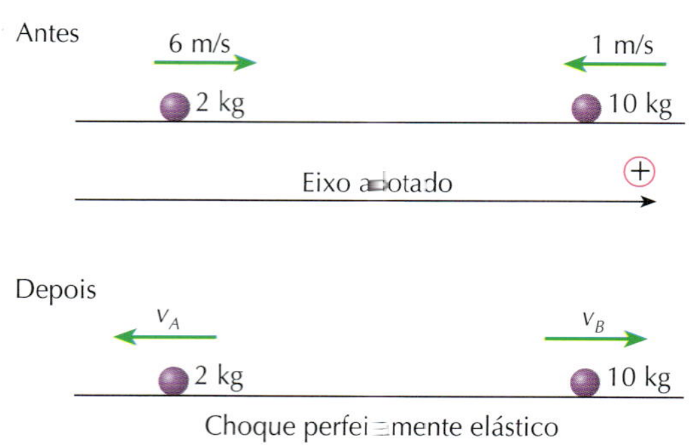

(I) Conservação da quantidade de movimento
Em relação ao eixo adotado, temos:

- antes da colisão

$Q_a = +2 \cdot 6 - 10 \cdot 1 \Rightarrow Q_a = 2 \text{ kg} \cdot \text{m/s}$

- depois da colisão

$Q_d = +10v_B - 2v_A$

Pelo princípio da conservação, vem:

$Q_a = Q_d \Rightarrow 2 = 10v_B - 2v_A \Rightarrow 5v_B - v_A = 1$ ①

(II) Coeficiente de restituição

velocidade relativa de aproximação (antes da colisão): 6 m/s + 1 m/s = 7 m/s

velocidade relativa de afastamento (depois da colisão): $v_B - v_A$

$e = 1$ (choque perfeitamente elástico)

$$e = \frac{\text{velocidade relativa de afastamento (depois)}}{\text{velocidade relativa de aproximação (antes)}} \Rightarrow 1 = \frac{v_B + v_A}{7} \Rightarrow v_B + v_A = 7 \quad ②$$

Resolvendo o sistema:
$$\begin{cases} 5v_B - v_A = 1 & ① \\ v_B + v_A = 7 & ② \end{cases} \Rightarrow \begin{cases} v_A = \dfrac{17}{3} \text{ m/s} \Rightarrow \boxed{v_A \simeq 5{,}67 \text{ m/s}} \\ v_B = \dfrac{4}{3} \text{ m/s} \Rightarrow \boxed{v_B \simeq 1{,}33 \text{ m/s}} \end{cases}$$

Resposta: $v_A \simeq 5{,}67$ m/s e $v_B \simeq 1{,}33$ m/s nos sentidos indicados.

Observação:

Se uma das velocidades resultasse negativa, significaria sentido contrário ao adotado para essa velocidade.

R.156 Os dois corpos da figura de massas $m_A = 4{,}0$ kg e $m_B = 12$ kg deslocam-se numa mesa perfeitamente lisa, com velocidade de módulos 8,0 m/s e 2,0 m/s. Sendo $e = 0{,}30$ o coeficiente de restituição do choque entre os corpos, determine os módulos das velocidades de A e B após a colisão e o sentido de seus movimentos.

Solução:

Adotando um eixo orientado da esquerda para a direita:

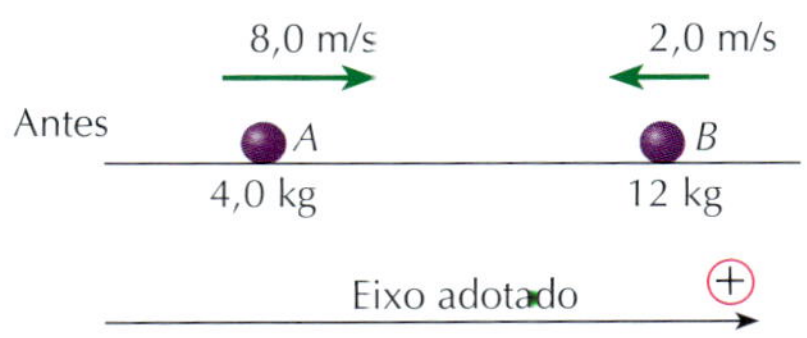

Antes da colisão:

$Q_a = +4{,}0 \cdot 8{,}0 - 12 \cdot 2{,}0 \Rightarrow Q_a = 8{,}0 \text{ kg} \cdot \text{m/s}$

Depois da colisão: $Q_d = -4{,}0 \cdot v_A + 12 \cdot v_B$

Como $Q_a = Q_d$, temos:

$8{,}0 = -4{,}0v_A + 12v_B \quad (: 4)$

$2{,}0 = -v_A + 3{,}0v_B \quad ①$

Como $e = 0{,}30$, temos:

- velocidade relativa de aproximação (antes): 8,0 m/s + 2,0 m/s = 10 m/s
- velocidade relativa de afastamento (depois): $v_B + v_A$

$$e = 0{,}30 = \frac{v_B + v_A}{10} \Rightarrow v_B + v_A = 3{,}0 \quad ②$$

Resolvendo o sistema:

$$\begin{cases} -v_A + 3{,}0v_B = 2{,}0 & ① \\ v_A + v_B = 3{,}0 & ② \end{cases} \Rightarrow +4{,}0v_B = 5{,}0 \Rightarrow \boxed{v_B = 1{,}25 \text{ m/s}} \text{ e } \boxed{v_A = 1{,}75 \text{ m/s}}$$

Resposta: $v_A = 1{,}75$ m/s e $v_B = 1{,}25$ m/s nos sentidos indicados.

R.157 Considere uma bola de bilhar chocando-se perpendicularmente contra uma parede com velocidade v, num choque perfeitamente elástico. Seja m a massa da bola e Δt o intervalo de tempo que dura o choque. Supondo conhecidos m, v e Δt, determine a intensidade da força média que a parede exerce sobre a bola.

Solução:

A bola retorna com a mesma velocidade v em módulo, pois o choque é perfeitamente elástico. Adotamos um eixo no sentido de retorno da bola.

(I) Quantidade de movimento

Antes da colisão: $Q_a = -mv$

(negativo, pois está em sentido oposto ao eixo)

Depois da colisão: $Q_d = +mv$

(II) Impulso da força média durante a colisão

$$I = +F\Delta t$$

Pelo teorema do impulso:

$I = Q_d - Q_a \Rightarrow F\Delta t = (+mv) - (-mv) = 2mv$

Portanto: $F\Delta t = 2mv \Rightarrow \boxed{F = \dfrac{2mv}{\Delta t}}$

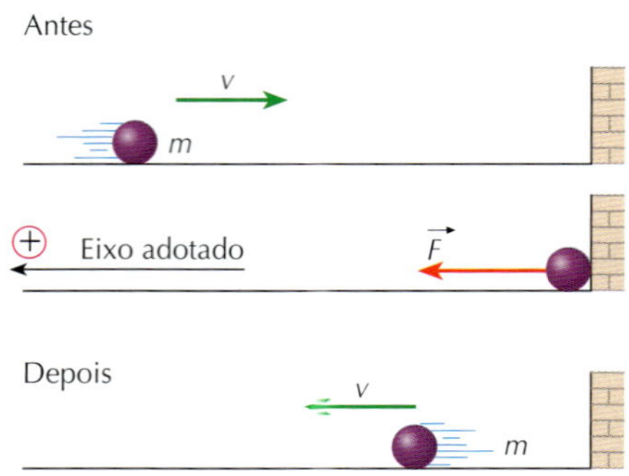

Choque perfeitamente elástico

Resposta: $F = \dfrac{2mv}{\Delta t}$

R.158 Um projétil de massa $m = 20$ g é atirado horizontalmente com velocidade v_0 contra um pêndulo vertical cuja massa pendular é $M = 2$ kg e de fácil penetração. O projétil aloja-se no pêndulo e, devido ao choque, o conjunto sobe até a altura $h = 20$ cm. Adote $g = 10$ m/s^2 e determine a velocidade inicial do projétil.

Solução:

É um choque perfeitamente inelástico, pois a bala aloja-se no pêndulo após o choque. Há perda de energia na penetração da bala, mas a quantidade de movimento do conjunto bala-pêndulo permanece constante.

a) b) c)

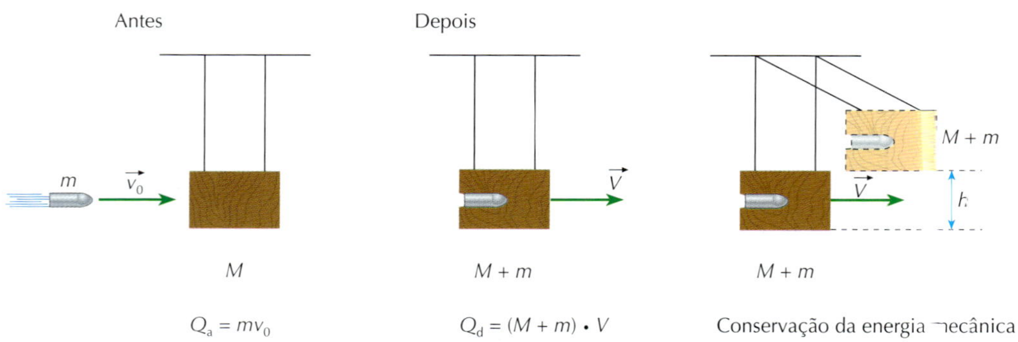

Pela conservação da quantidade de movimento, $Q_a = Q_d$ (figuras a e b). Então, vem:

$mv_0 = (M + m)V$ ①

Após a colisão (figura c), a energia cinética do conjunto se transforma em potencial quando o pêndulo atinge a altura h:

$$\frac{(M + m) \cdot V^2}{2} = (M + m) \cdot gh \Rightarrow V = \sqrt{2gh}$$

Substituindo na expressão ①:

$$v_0 = \frac{M + m}{m} \cdot V \Rightarrow v_0 = \frac{M + m}{m} \cdot \sqrt{2gh}$$

Portanto:

$$v_0 = \frac{2 + 20 \cdot 10^{-3}}{20 \cdot 10^{-3}} \cdot \sqrt{2 \cdot 10 \cdot 20 \cdot 10^{-2}}$$

$$\boxed{v_0 = 202 \text{ m/s}}$$

Resposta: 202 m/s

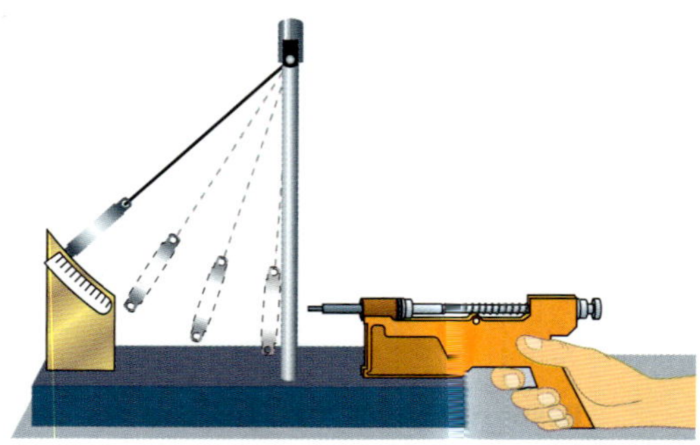

▲ **Pêndulo balístico usado em laboratório para a determinação da velocidade de projéteis.**

Observação:

A dissipação da energia no fenômeno (figuras a e b) pode ser analisada como se segue.

Antes da colisão: $E_{ca} = \dfrac{mv_0^2}{2} = \dfrac{20 \cdot 10^{-3} \cdot 202^2}{2} \Rightarrow E_{ca} \simeq 408 \text{ J}$

Depois da colisão: $E_{cd} = \dfrac{(M + m)V^2}{2} = \dfrac{(2 + 20 \cdot 10^{-3}) \cdot 2^2}{2} \Rightarrow E_{cd} \simeq 4 \text{ J}$

Estabelecendo uma relação entre os valores encontrados, obtemos:

$$\frac{E_{cd}}{E_{ca}} = \frac{4}{408} \simeq 0{,}01 = 1\% \Rightarrow E_{cd} \simeq 1\% \cdot E_{ca}$$

Esse resultado significa que a energia cinética depois da colisão é apenas 1% da energia cinética inicial; foram dissipados no fenômeno 99% da energia cinética inicial.

R.159 Uma bola de tênis, partindo do repouso, cai de uma altura h e, após atingir uma superfície, eleva-se até a altura h'. Mostre que o coeficiente de restituição e é dado pela expressão: $e = \sqrt{\dfrac{h'}{h}}$. Despreze a resistência do ar.

Solução:

A velocidade da bola, ao atingir o solo partindo da altura h, é $v = \sqrt{2gh}$ pela conservação da energia. No retorno, a bola com velocidade inicial v' atinge a altura h' tal que $v' = \sqrt{2gh'}$.

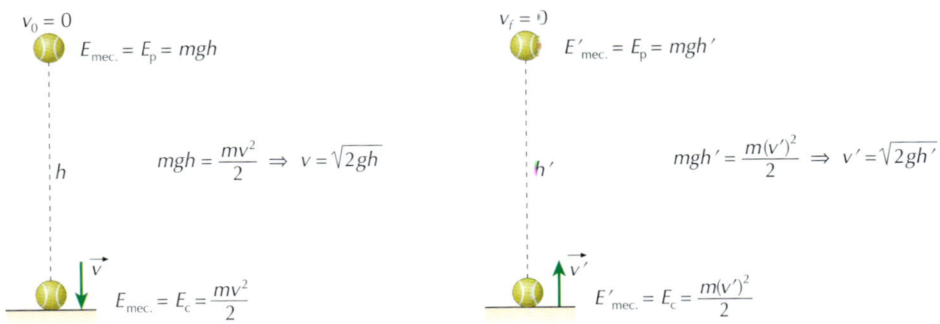

O coeficiente de restituição é:

$$e = \frac{\text{velocidade relativa de afastamento}}{\text{velocidade relativa de aproximação}} = \frac{v'}{v} = \frac{\sqrt{2gh'}}{\sqrt{2gh}} \Rightarrow \boxed{e = \sqrt{\frac{h'}{h}}}$$

Observação:

Se o choque for perfeitamente elástico, temos $e = 1$ e $h' = h$.
Para o choque perfeitamente inelástico, $e = 0$ e $h' = 0$.
No choque parcialmente elástico, $0 < e < 1$ e, portanto $0 < h' < h$.

R.160 A figura mostra o choque oblíquo perfeitamente elástico entre duas esferas idênticas A e B, estando a esfera B inicialmente em repouso. Sendo $v_A = 10$ m/s o módulo da velocidade inicial da esfera A, determine:

a) o desvio da esfera A em relação à sua trajetória original;
b) o módulo da velocidade da esfera A após o choque.
(Dados: sen 60° = cos 30° = 0,87; sen 30° = cos 60° = 0,5.)

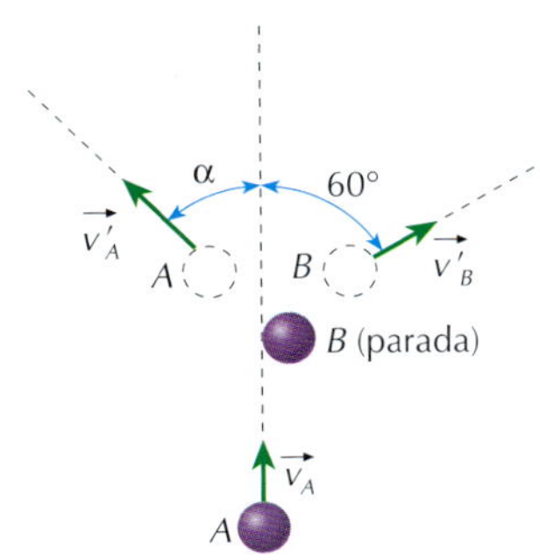

Solução:

Choque oblíquo é aquele em que as direções em que se movem os corpos, antes e/ou depois do choque, são diferentes.

a) A quantidade de movimento se conserva, isto é, a quantidade de movimento antes é igual à quantidade de movimento depois da colisão.

$$\vec{Q}_A = \vec{Q}'_A + \vec{Q}'_B$$

Como as massas de A e B são iguais, temos:

$$m \cdot \vec{v}_A = m \cdot \vec{v}'_A + m \cdot \vec{v}'_B \Rightarrow \vec{v}_A = \vec{v}'_A + \vec{v}'_B$$

Esquematicamente, essa igualdade pode ser representada como mostra a figura ao lado. Aplicando a lei dos cossenos, obtemos:

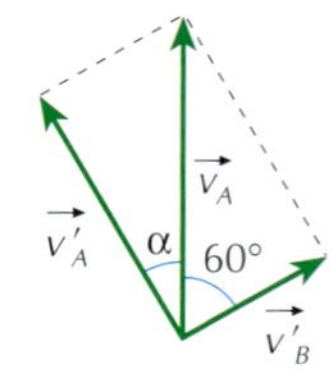

$$v_A^2 = v_A'^2 + v_B'^2 + 2\, v'_A v'_B \cdot \cos\,(\alpha + 60°) \quad ①$$

Sendo o choque perfeitamente elástico, conserva-se a energia cinética:

$$\frac{mv_A^2}{2} = \frac{mv_A'^2}{2} + \frac{mv_B'^2}{2} \Rightarrow v_A^2 = v_A'^2 + v_B'^2 \quad ②$$

Comparando ① e ②, concluímos que cos (α + 60°) = 0. Portanto:

$$\alpha + 60° = 90° \Rightarrow \boxed{\alpha = 30°}$$

b) Na figura, sendo α + 60° = 90°, os dois triângulos são retângulos. Então:

$$v'_A = v_A \cdot \cos\alpha = v_A \cdot \cos 30° \Rightarrow v'_A = 10 \cdot 0{,}87 \Rightarrow \boxed{v'_A = 8{,}7 \text{ m/s}}$$

Respostas: a) 30°; b) 8,7 m/s

Observação:

No choque oblíquo e perfeitamente elástico entre corpos de massas iguais, estando inicialmente um dos corpos em repouso, após o choque os corpos se deslocam em direções perpendiculares.

Exercícios propostos

P.400 Uma bola é lançada com velocidade v_1 sobre outra, parada, idêntica e que está próxima a uma parede. Os choques são perfeitamente elásticos e frontais e ocorrem num plano horizontal, sem atrito.

a) Quantos choques ocorrem no fenômeno? Descreva-os.

b) Quais são, após os choques, as velocidades das bolas? Justifique fisicamente.

P.401 Um corpo de massa m choca-se frontalmente com outro de massa $4m$, que está em repouso num plano horizontal sem atrito. O choque é perfeitamente elástico e a velocidade do primeiro corpo no instante da colisão é 10 m/s. Determine as velocidades dos corpos após a colisão.

P.402 A esfera A possui massa m_A = 0,5 kg e a esfera B possui m_B = 3,0 kg. A velocidade de A, no instante da colisão, é v_A = 12 m/s, e a de B, no mesmo instante, é v_B = 1 m/s em sentido contrário, como se indica na figura. A superfície de apoio é horizontal e sem atrito. O choque é frontal e perfeitamente elástico. Determine as novas velocidades de A e de B após o choque.

P.403 Um vagão de 10 toneladas desloca-se a 0,90 m/s sobre trilhos horizontais, chocando-se com outro vagão carregado e de 20 toneladas, em repouso e com o freio solto. Se os dois carros engatam, determine sua velocidade após o choque e o decréscimo de energia resultante da colisão.

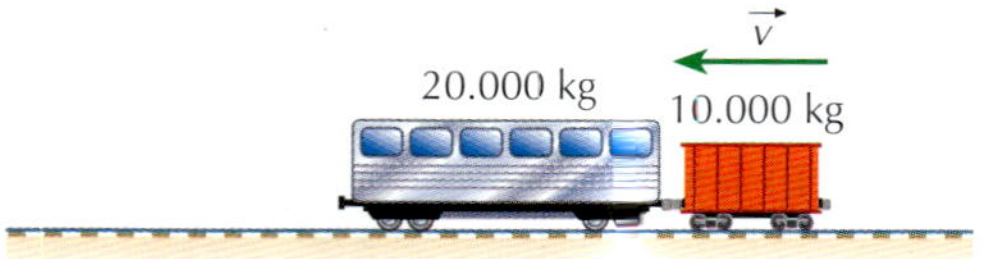

P.404 Como indica a figura, um corpo A de massa 6,0 kg e velocidade 10 m/s choca-se com um corpo B de massa 8,0 kg inicialmente em repouso. Sendo e = 0,50 o coeficiente de restituição do choque, determine as velocidades dos corpos A e B após a colisão.

P.405 Os corpos A e B esquematizados apresentam, nesse momento, velocidades 8,0 m/s e 4,0 m/s, respectivamente. As massas de A e B valem, respectivamente, 5,0 kg e 8,0 kg. Sendo e = 0,40 o coeficiente de restituição, determine as velocidades de A e B e o sentido de seus movimentos após a colisão.

P.406 A figura mostra uma esfera A que, partindo do repouso, desliza (sem rolar) ao longo de uma rampa de altura $H = 20$ m e, a seguir, ao longo de um plano horizontal, ambos sem atrito. Num dado ponto do plano horizontal, a esfera A se choca com uma esfera B de mesma massa, presa ao teto por um fio ideal.

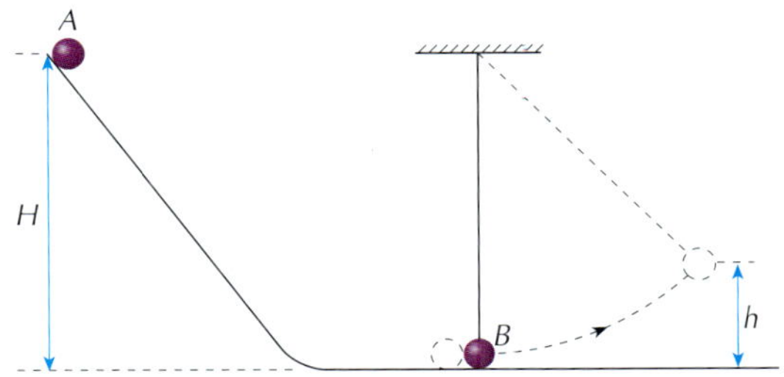

$g = 10$ m/s²

Sendo esse choque parcialmente elástico com coeficiente de restituição $e = 0{,}4$, determine:

a) a velocidade com que a esfera A desliza no plano horizontal antes do choque;
b) as velocidades de A e de B imediatamente após o choque;
c) a altura máxima h atingida pela esfera B após o choque com A.

P.407 Uma bola de 0,50 kg aproxima-se de uma parede com uma velocidade de 10 m/s e, após um choque com a parede, retorna, na mesma direção, sem alterar o módulo de sua velocidade. Determine:

a) a intensidade do impulso recebido pela bola na interação com a parede;
b) a intensidade da força média com que a parede atuou sobre a bola, supondo que a interação tenha durado 0,02 s;
c) o tipo de choque ocorrido entre a bola e a parede. Justifique.

P.408 Na figura o projétil de massa $m = 5$ g bate no pêndulo de massa $M = 2$ kg e aí se aloja. Após o choque, o conjunto se eleva à altura $h = 5$ cm. Considere que os fios permaneçam paralelos. Calcule a velocidade com que o projétil atinge o pêndulo. (Dado: $g = 10$ m/s².)

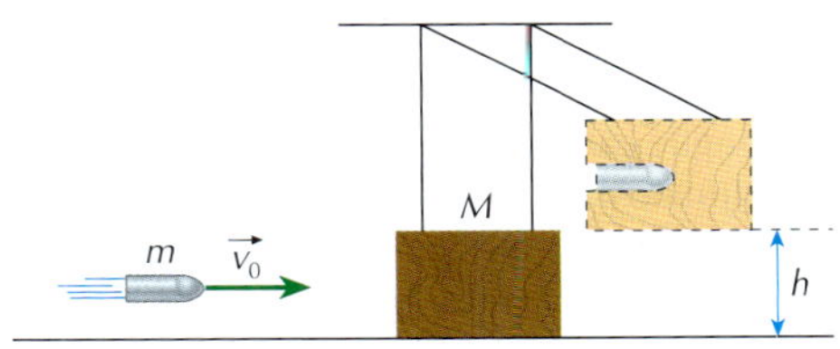

P.409 Admitindo os mesmos dados do exercício anterior, prove que a relação entre a energia cinética após a colisão E_{c_d} e a energia cinética antes da colisão E_{c_a} é dada por:

$$\frac{E_{c_d}}{E_{c_a}} = \frac{m}{m+M}$$ (onde m é a massa do projétil e M, a massa pendular).

P.410 (Olimpíada Brasileira de Física) Uma bola, de massa igual a 100 g, é abandonada de uma altura de 1,25 m, bate no chão e torna a subir até a altura de 0,80 m. Desprezando a resistência do ar, determine:

a) o coeficiente de restituição;
b) o impulso do chão sobre a bola;
c) a intensidade da força máxima exercida pelo chão sobre a bola, considerando que a colisão dure 20 ms e que a variação da intensidade da força com o tempo seja como no gráfico ao lado.

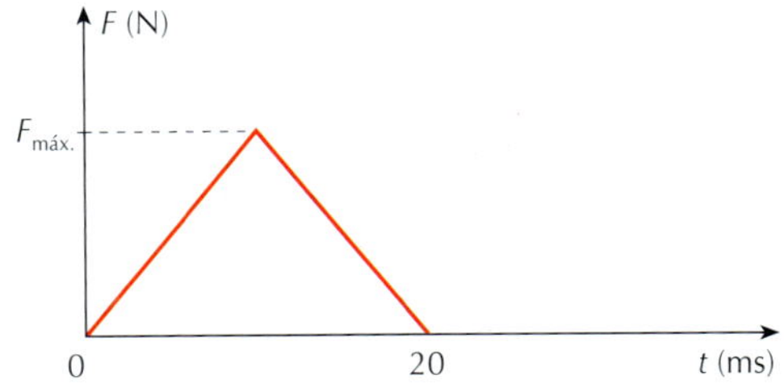

(Despreze o impulso do peso da bola durante sua interação com o chão.)

P.411 Uma esfera A de massa m encontra-se em repouso sobre uma superfície, quando é atingida por outra esfera B de mesma massa que se desloca com velocidade constante de intensidade 20 m/s. A esfera A passa a se movimentar formando um ângulo de 30° com a direção do movimento inicial da esfera B. Considerando que o choque é perfeitamente elástico, determine:

a) o desvio angular que sofre a esfera B em relação à sua direção original;
b) a velocidade das duas esferas após o choque.

(Dados: sen 60° = cos 30° = 0,87; sen 30° = cos 60° = 0,5.)

Exercícios propostos de recapitulação

P.412 (UFSCar-SP) Uma bola de tênis de massa 60 g adquire, num saque, velocidade inicial de 30 m/s. Admita que, ao ser atingida pela raquete, a bola esteja praticamente em repouso, e que o impacto seja normal à raquete e "sem efeito", isto é, a bola é lançada sem rotação. Adote $g = 10\ m/s^2$.

a) Quais os valores do trabalho e do módulo do impulso exercidos pela raquete sobre a bola?

b) Suponha que o intervalo de tempo em que ocorre a interação entre a bola e a raquete seja de 0,10 s. Qual a razão $\frac{F}{P}$ entre o módulo da força média $\vec{F}$ exercida pela raquete sobre a bola durante esse intervalo de tempo e o módulo do peso $\vec{P}$ da bola?

P.413 (Unicamp) As histórias de super-heróis estão sempre repletas de feitos incríveis. Um desses feitos é o salvamento, no último segundo, da mocinha que cai de uma grande altura. Considere a situação em que a desafortunada caia, a partir do repouso, de uma altura de 81,0 m e que nosso super-herói a intercepte 1,0 m antes dela chegar ao solo, demorando 0,05 s para detê-la, isto é, para anular sua velocidade vertical. Considere que a massa da mocinha é de 50 kg. Despreze a resistência do ar e considere $g = 10\ m/s^2$.

a) Calcule a força média aplicada pelo super-herói sobre a mocinha, para detê-la.

b) Uma aceleração 8 vezes maior que a gravidade ($8g$) é letal para um ser humano. Determine quantas vezes a aceleração à qual a mocinha foi submetida é maior que a aceleração letal.

P.414 (UFJF-MG) As leis de trânsito proíbem viajar com crianças de colo nos bancos da frente dos automóveis por ser esta uma região mais vulnerável e também porque é muito difícil segurar a criança no caso de uma colisão.

a) Para ilustrar a importância deste último ponto, calcule a intensidade da força média que seria necessário exercer sobre o corpo de uma criança de 10 kg de massa, para impedir que ela fosse projetada para a frente, no caso de uma colisão frontal de um automóvel que estivesse viajando em uma estrada horizontal a uma velocidade de 72 km/h.
Admita que, na colisão, a velocidade do automóvel é reduzida a zero em 0,02 s.

b) Calcule a massa cujo peso é igual à intensidade da força do item anterior. (Use $g = 10\ m/s^2$.)

P.415 (UFRJ) Uma bola de pingue-pongue cai verticalmente e se choca, com velocidade $\vec{v}$, com um anteparo plano, inclinado 45° com a horizontal. A velocidade $\vec{v}'$ da bola imediatamente após o choque é horizontal, como ilustra a figura.
O peso da bola, o empuxo e a força de resistência do ar são desprezíveis quando comparados à força média que o anteparo exerce sobre a bola durante o choque.
Suponha $|\vec{v}| = |\vec{v}'| = v$.

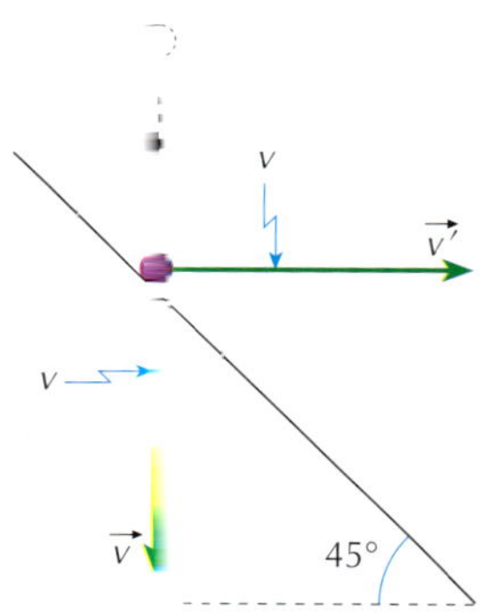

a) Determine a direção e o sentido da força média exercida pelo anteparo sobre a esfera durante o choque, caracterizando-os pelo ângulo que ela forma com o anteparo.

b) Calcule o módulo dessa força média em função da massa m da esfera, do módulo v de suas velocidades, tanto imediatamente antes quanto imediatamente após o choque, e do tempo Δt que a bola permanece em contato com o anteparo.

P.416 (Vunesp) Durante um jogo de futebol, uma bola atingiu acidentalmente a cabeça de um policial, em pé e imóvel, nas proximidades do campo. A bola, com massa de 400 g e velocidade de 8 m/s, bateu e voltou na mesma direção, porém com velocidade de 7 m/s.

a) Qual foi o impulso da força exercida pela cabeça do policial na bola?

b) Pode-se afirmar que ocorreu transferência de momento linear (quantidade de movimento) da bola para o policial durante o choque? Justifique.

P.417 (Vunesp) Um carrinho A, de massa m, e outro B, de massa $2m$, mantidos em repouso sobre uma superfície plana e horizontal, estão comprimindo uma mola, de massa desprezível, como mostra a figura.

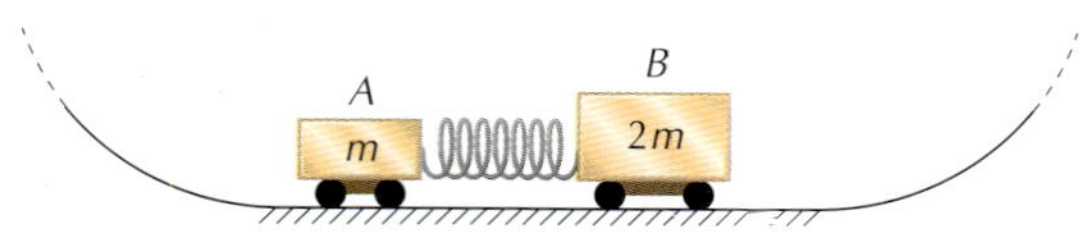

Quando os carrinhos são liberados simultaneamente, a mola se distende, impulsionando-os, e B adquire, depois que a mola estiver totalmente distendida, uma velocidade de 1,0 m/s.

a) Nessas condições, determine a velocidade adquirida por A.

b) Denominando h_A e h_B as alturas máximas alcançadas, respectivamente, pelos carrinhos A e B, ao subirem as rampas mostradas na figura, determine a razão $\frac{h_A}{h_B}$.

P.418 (Fuvest-SP) Dois carrinhos iguais, com 1 kg de massa cada um, estão unidos por um barbante e se deslocam com velocidade de 3 m/s. Entre os carrinhos há uma mola comprimida, cuja massa pode ser desprezada. Num determinado instante o barbante se rompe, a mola se desprende e um dos carrinhos para imediatamente.

a) Qual é a quantidade de movimento inicial do conjunto?

b) Qual é a velocidade do carrinho que continua em movimento?

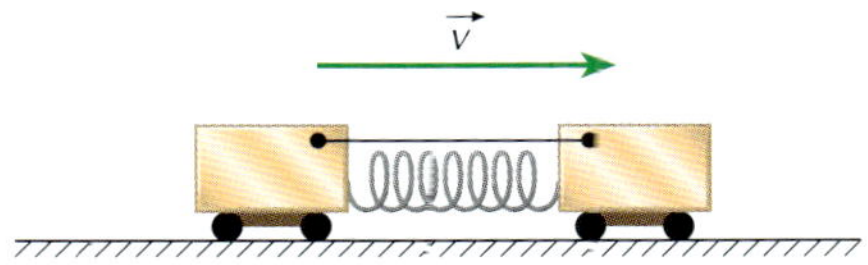

P.419 (Unicamp-SP) A existência do neutrino e do antineutrino foi proposta em 1930 por Wolfgang Pauli, que aplicou as leis de conservação de quantidade de movimento e energia ao processo de desintegração β. O esquema ao lado ilustra esse processo para um núcleo de trítio, H^3 (um isótopo do hidrogênio), que se transforma em um núcleo de hélio, He^3, mais um elétron, e^-, e um antineutrino, $\bar{\nu}$. O núcleo de trítio encontra-se inicialmente em repouso. Após a desintegração, o núcleo de hélio possui uma quantidade de movimento com módulo de $12 \cdot 10^{-24}$ kg · m/s e o elétron sai em uma trajetória fazendo um ângulo de 60° com o eixo horizontal e uma quantidade de movimento de módulo $6{,}0 \cdot 10^{-24}$ kg · m/s.

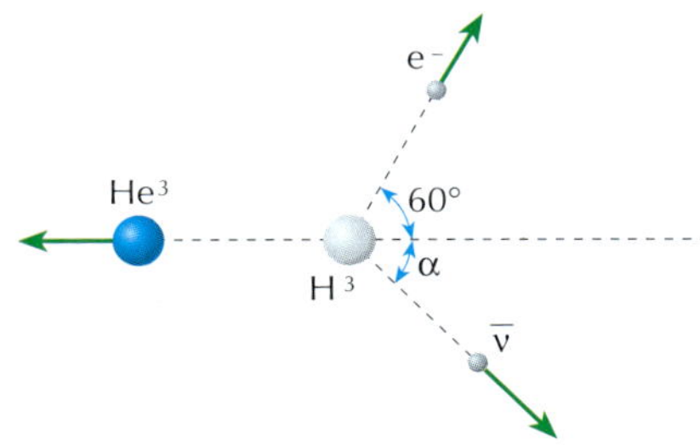

a) O ângulo α que a trajetória do antineutrino faz com o eixo horizontal é de 30°. Determine o módulo da quantidade de movimento do antineutrino.

b) Qual é a velocidade do núcleo de hélio após a desintegração? A massa do núcleo de hélio é $5{,}0 \cdot 10^{-27}$ kg.

P.420 (IME-RJ) O carro *A* foi abalroado pelo caminhão *B* de massa igual ao triplo da massa do carro. O caminhão desloca-se com velocidade 36 km/h. Após o choque, que se deu no ponto *P*, os dois veículos, unidos, deslocaram-se em linha reta até o ponto *Q*. O motorista do carro declarou que sua velocidade no instante do choque era inferior à máxima permitida, que é de 80 km/h. Diga, justificando, se essa declaração é falsa ou verdadeira.

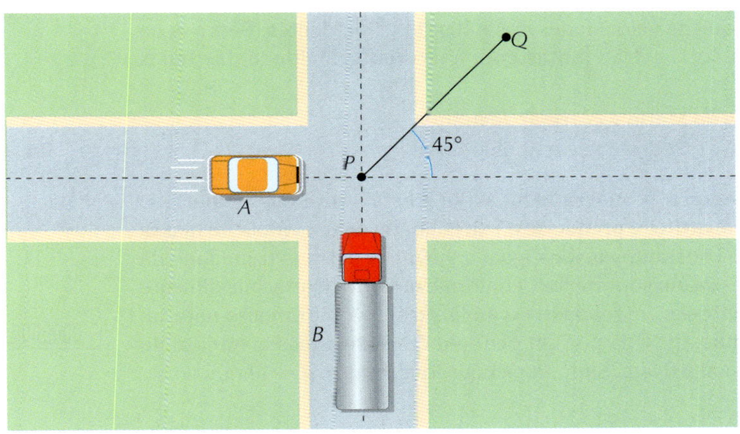

P.421 (Unicamp-SP) No episódio II do filme *Guerra nas Estrelas*, um personagem mergulha em queda livre, caindo em uma nave que se deslocava horizontalmente a 100 m/s com os motores desligados. O personagem resgatado chegou à nave com uma velocidade de 6 m/s na vertical. Considere que a massa da nave é de 650 kg, a do personagem resgatado de 80 kg e a do piloto de 70 kg.

a) Quais as componentes horizontal e vertical da velocidade da nave imediatamente após o resgate?

b) Qual foi a variação da energia cinética total nesse resgate?

P.422 (Vunesp) Uma criança empurra um carrinho de supermercado de 10 kg, contendo 15 kg de mercadorias, com uma velocidade constante de 0,1 m/s, num piso plano e horizontal. Ela abandona o carrinho por alguns instantes, mas, como o atrito é desprezível, ele se mantém em movimento com a mesma velocidade constante. Sua mãe, preocupada, retira do carrinho um pacote de açúcar de 5 kg, verticalmente, em relação ao carrinho, sem exercer qualquer ação sobre o carrinho.

a) Qual é a quantidade de movimento do carrinho com as mercadorias, quando abandonado pela criança?

b) Quando a mãe retira o pacote de açúcar, a velocidade do carrinho varia? Justifique.

P.423 (UFBA) A figura mostra um dispositivo constituído de uma caixa de massa 0,5 kg e de um projétil de massa 0,125 kg, preso a ela por um mecanismo de espoleta. Esse dispositivo se encontra na borda de uma mesa sem atrito, de altura 0,45 m. Sabendo-se que, disparada a espoleta, o projétil atinge o solo no ponto A, distando 0,3 m do pé da mesa, determine, em cm/s, a velocidade de recuo da caixa sobre a mesa. (Use $g = 10$ m/s^2.)

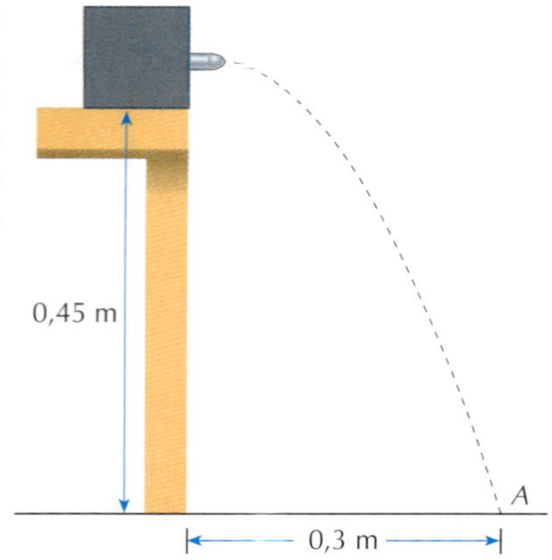

P.424 (Olimpíada Brasileira de Física) São realizadas experiências com 5 pêndulos de mesmos comprimentos. As massas pendulares são de bolas de bilhar iguais, cada uma ligeiramente encostada na outra.

Experiência I: A bola 1 é erguida de uma altura H e abandonada. Ela colide com a bola 2. O choque se propaga e a bola 5 é lançada, praticamente, até a mesma altura H.

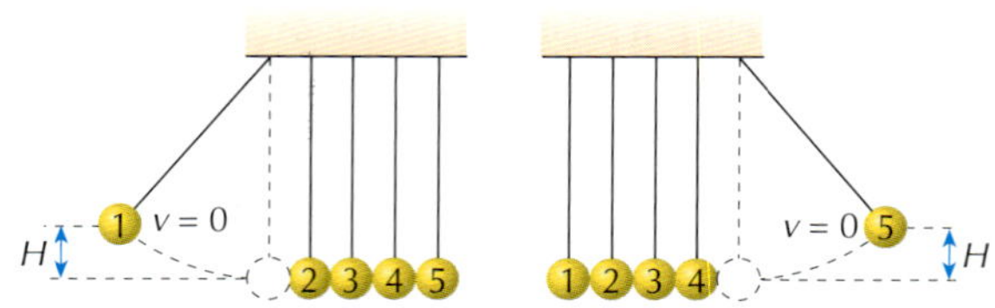

Experiência II: Agora as bolas 1 e 2 são erguidas conforme ilustra a figura e abandonadas. Elas caminham juntas até a colisão com a bola 3. Dois estudantes, Mário e Pedro, têm respostas diferentes com relação à previsão do que irá ocorrer após a propagação do choque. Mário acha que somente a bola 5 irá se movimentar, saindo com velocidade duas vezes maior que as velocidades das bolas 1 e 2 incidentes. Pedro acha que as bolas 4 e 5 sairão juntas com a mesma velocidade das bolas incidentes 1 e 2.

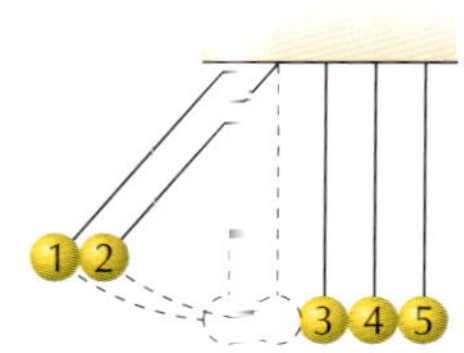

a) A previsão de Mário é correta? Justifique.

b) A previsão de Pedro é correta? Justifique.

P.425 (UFRJ) Uma esfera de massa igual a 100 g está sobre uma superfície horizontal sem atrito, e prende-se à extremidade de uma mola de massa desprezível e constante elástica igual a 9 N/m. A outra extremidade da mola está presa a um suporte fixo, conforme mostra a figura. Inicialmente a esfera encontra-se em repouso e a mola, no seu comprimento natural. A esfera é então atingida por um pêndulo de mesma massa que cai de uma altura igual a 0,5 m. Suponha a colisão elástica e $g = 10$ m/s^2. Calcule:

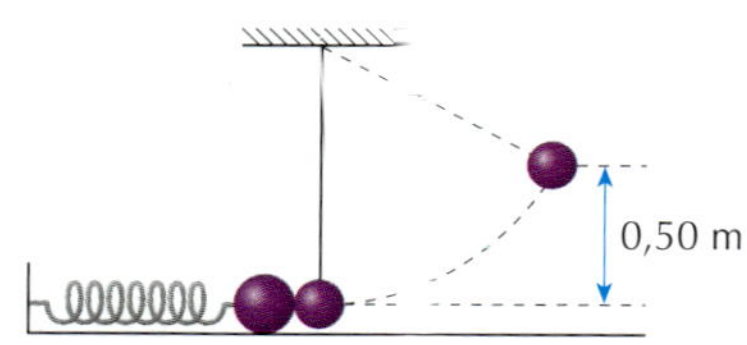

a) as velocidades da esfera e do pêndulo imediatamente após a colisão;

b) a compressão máxima da mola.

P.426 (UFRJ) A figura representa o gráfico velocidade-tempo de uma colisão unidimensional entre dois carrinhos A e B.

a) Qual é o módulo da razão entre a força média que o carrinho A exerce sobre o carrinho B e a força média que o carrinho B exerce sobre o carrinho A? Justifique sua resposta.

b) Calcule a razão entre as massas m_A e m_B dos carrinhos.

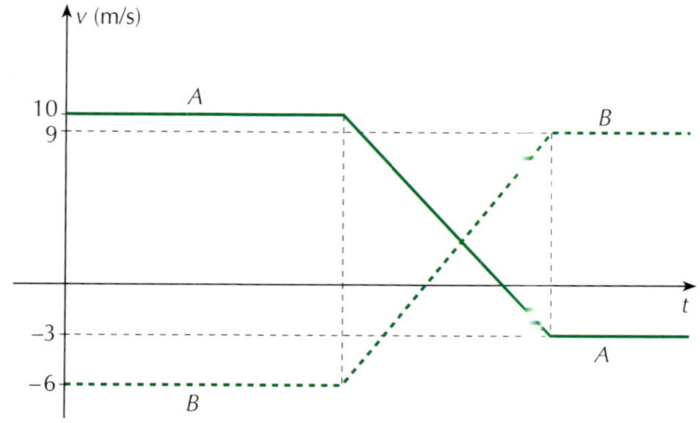

P.427 (Ufes) Um patinador A de massa $m_A = 40$ kg persegue um patinador B de massa $m_B = 30$ kg. Ambos se deslocam inicialmente em movimento retilíneo uniforme com velocidades $v_A = 2{,}0$ m/s e $v_B = 1{,}0$ m/s no mesmo sentido. A variação da velocidade do patinador A, devido ao choque com B, é medida experimentalmente em função do tempo, cujo resultado é mostrado no gráfico ao lado.
Considerando desprezíveis as forças de atrito, determine:

a) a velocidade do patinador B após o choque com o patinador A;

b) a intensidade da força média de contato entre A e B, durante o choque.

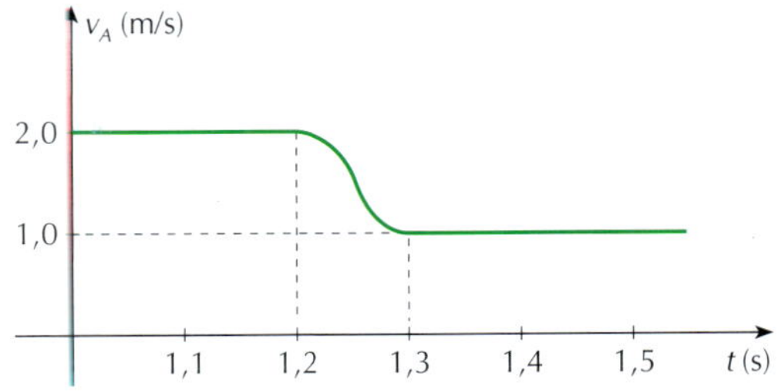

P.428 (Unifei-MG) Um projétil de massa m e velocidade v_0 atravessa o bloco de massa M do pêndulo da figura. Sabendo que a velocidade do projétil após atravessar o pêndulo é $\frac{v_0}{2}$, qual é o menor valor de v_0 para que o bloco de massa M dê uma volta completa?

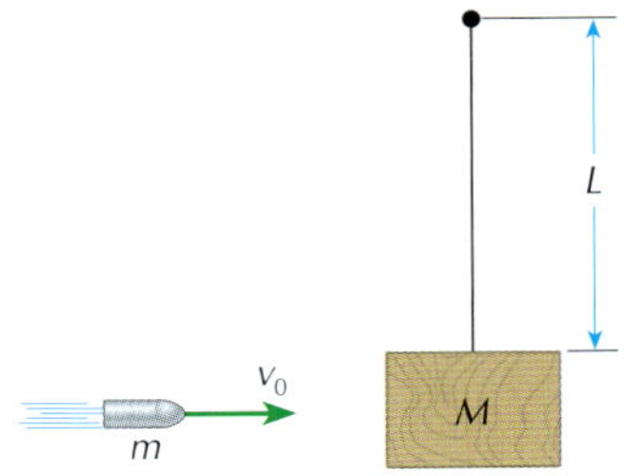

P.429 (Unicamp-SP) Jogadores de sinuca e bilhar sabem que, após uma colisão não frontal de duas bolas A e B de mesma massa, estando a bola B inicialmente parada, as duas bolas saem em direções que formam um ângulo de 90°. Considere a colisão de duas bolas de 200 g, representada na figura ao lado. A se dirige em direção a B com velocidade $v_0 = 2{,}0$ m/s formando um ângulo α com a direção y tal que sen $\alpha = 0{,}80$. Após a colisão, B sai na direção y.

a) Calcule as componentes x e y das velocidades de A e B logo após a colisão.

b) Calcule a variação da energia (cinética de translação) na colisão.

(Nota: Despreze a rotação e o rolamento das bolas.)

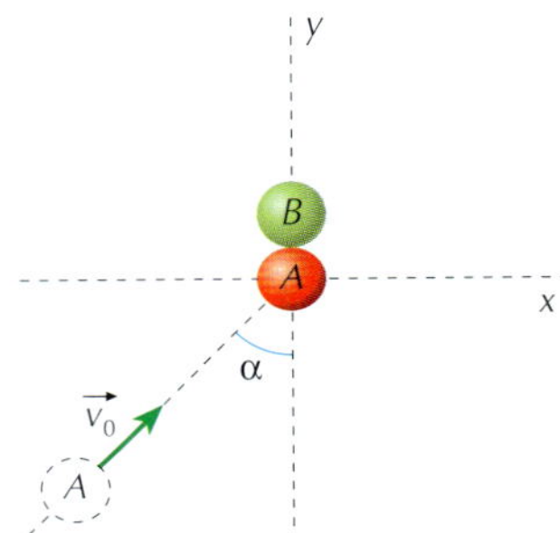

Testes propostos

T.318 (AFA-SP) Uma partícula de massa m é lançada obliquamente com velocidade v_0 próxima à superfície terrestre, conforme indica a figura abaixo.

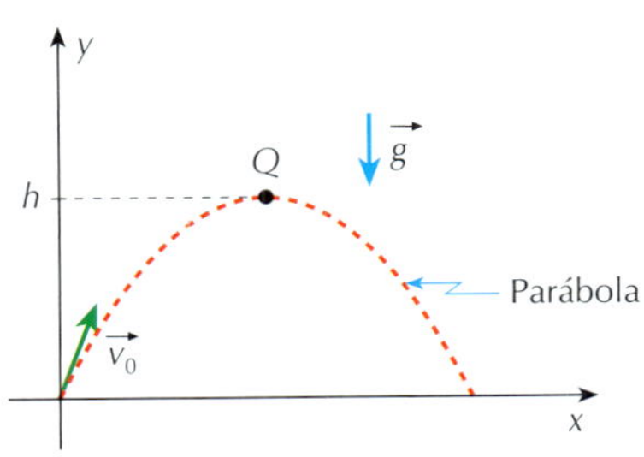

A quantidade de movimento adquirida pela partícula no ponto Q, de altura máxima, têm módulo:

a) mv_0

b) $m\sqrt{v_0^2 - 2gh}$

c) $m\sqrt{2gh}$

d) $m\sqrt{\frac{v_0^2}{2} - gh}$

T.319 (Fatec-SP) Uma esfera se move sobre uma superfície horizontal sem atrito. Num dado instante, sua energia cinética vale 20 J e sua quantidade de movimento tem módulo 20 N · s.
Nestas condições, é correto afirmar que sua:

a) velocidade vale 1,0 m/s.
b) velocidade vale 5,0 m/s.
c) velocidade vale 10 m/s.
d) massa é de 1,0 kg.
e) massa é de 10 kg.

T.320 (UFRN) Na cobrança de uma penalidade máxima em um jogo de futebol, a bola, que está inicialmente parada na marca do pênalti, sai com velocidade de 20 m/s, imediatamente após ser chutada pelo jogador. A massa da bola é 0,45 kg, e o tempo de contato entre o pé do jogador e a bola é 0,25 s.

A força média que o pé do jogador aplica sobre a bola, nessa cobrança, é:

a) 23 N **b)** 2,3 N **c)** 3,6 N **d)** 36 N

T.321 (UCSal-BA) Sobre um carrinho de supermercado de massa 20 kg, inicialmente em repouso, atua uma força resultante horizontal variável com o tempo, de acordo com o gráfico abaixo.

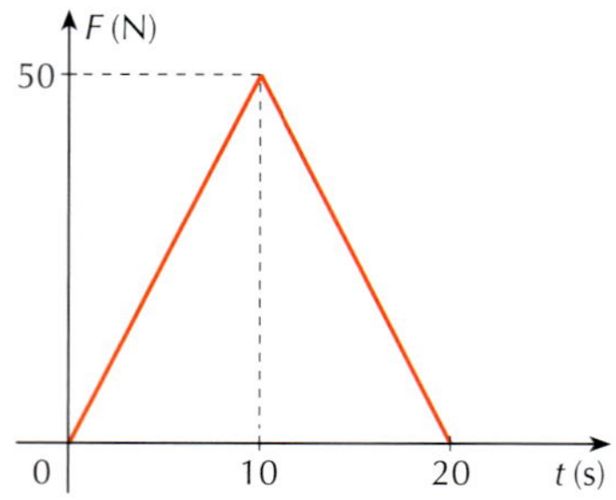

O módulo da velocidade máxima adquirida pelo carrinho é, em m/s:

a) 5 **b)** 10 **c)** 15 **d)** 20 **e)** 25

T.322 (UFTM-MG) Uma esteira rolante, horizontal, que se move com velocidade constante de 0,5 m/s, é utilizada para transportar areia de um recipiente em forma de funil para dentro da caçamba de um caminhão basculante. Ao atingir a esteira, a areia imediatamente adquire a sua velocidade.

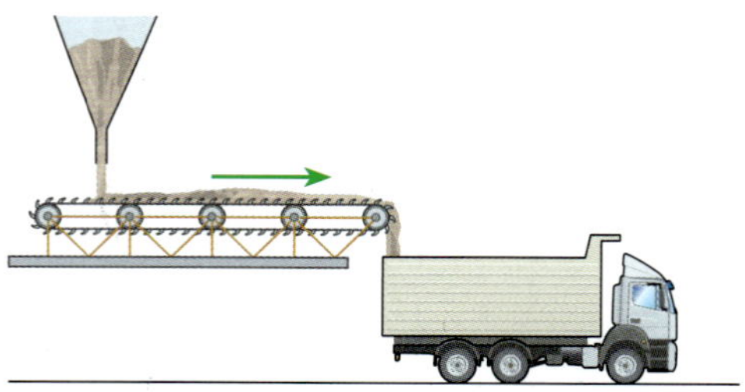

Se a vazão de areia sobre a esteira é de 80 kg/s, a intensidade da força adicional necessária para manter o movimento da esteira à mesma velocidade de 0,5 m/s é, em newtons, igual a:

a) 10 **b)** 20 **c)** 40 **d)** 60 **e)** 80

T.323 (Uesb-BA) Um projétil de massa 20 g é disparado perpendicularmente contra uma porta de madeira, de 8,0 cm de espessura. O projétil atinge a porta com velocidade de 250 m/s e a abandona com 150 m/s. O módulo de impulso que o projétil recebeu ao atravessar a porta, em N · s, foi de:

a) 2,0 **b)** 10 **c)** 20 **d)** 100 **e)** 200

T.324 (Ufla-MG) Em uma partida de tênis o jogador recebe a bola com componente horizontal de velocidade v_i e a rebate com componente horizontal de velocidade $3v_i$ em sentido contrário. Considere $g = 10\ m/s^2$. Supondo que a força aplicada na colisão da bola com a raquete seja 60 vezes o peso da bola e atue durante 0,2 s, a velocidade inicial da bola, em módulo, é de:

a) 60 m/s **c)** 30 m/s **e)** 36 m/s
b) 8 m/s **d)** 100 m/s

T.325 (Fatec-SP) Uma bola de massa 0,50 kg foi chutada diretamente para o gol, chegando ao goleiro com velocidade de 40 m/s. Este consegue espalmá-la para a lateral e a bola deixa as mãos do goleiro com velocidade de 30 m/s, perpendicularmente à direção inicial de seu movimento.

O impulso que o goleiro imprime à bola tem módulo, em unidades do Sistema Internacional:

a) 50 **b)** 25 **c)** 20 **d)** 15 **e)** 10

T.326 (FMTM-MG) A figura representa a vista superior da trajetória de uma esfera de aço de massa 0,10 kg, em movimento sobre um plano horizontal, que se choca contra uma parede rígida, plana e vertical.

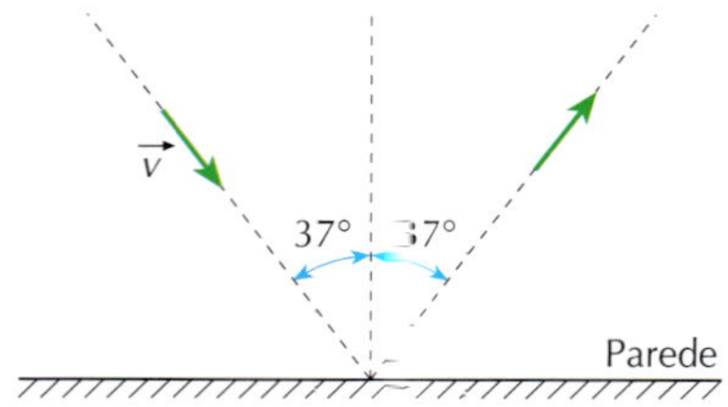

(Dados: sen 37° = cos 53° = 0,60;
sen 53° = cos 37° = 0,80.)

Admita que o módulo da velocidade, $v = 15$ m/s, se mantenha constante antes e depois do choque. Nessas condições, o módulo do impulso exercido pela parede sobre a esfera de aço, em N · s, é de:

a) 0,80 **b)** 1,6 **c)** 2,4 **d)** 3,0 **e)** 3,6

T.327 (UFPI) Na figura a seguir, o peixe maior, de massa $M = 5{,}0$ kg, nada para a direita a uma velocidade $v = 1{,}0$ m/s e o peixe menor, de massa $m = 1{,}0$ kg, se aproxima dele a uma velocidade $u = 8{,}0$ m/s, para a esquerda.

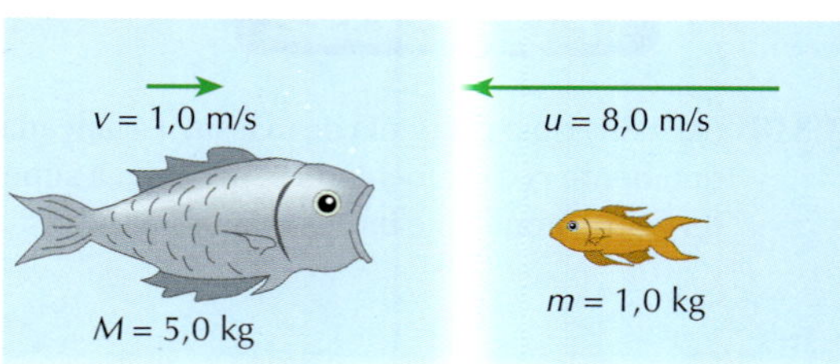

Despreze qualquer efeito de resistência da água. Após engolir o peixe menor, o peixe maior terá uma velocidade:

a) de 0,50 m/s, para a esquerda.
b) de 1,0 m/s, para a esquerda.
c) nula.
d) de 0,50 m/s, para a direita.
e) de 1,0 m/s, para a direita.

T.328 (PUC-RS) O móvel A, de massa M, move-se com velocidade constante v ao longo de um plano horizontal sem atrito. Quando o corpo B, de massa $\frac{M}{3}$, é solto, encaixa-se perfeitamente na abertura do móvel A.

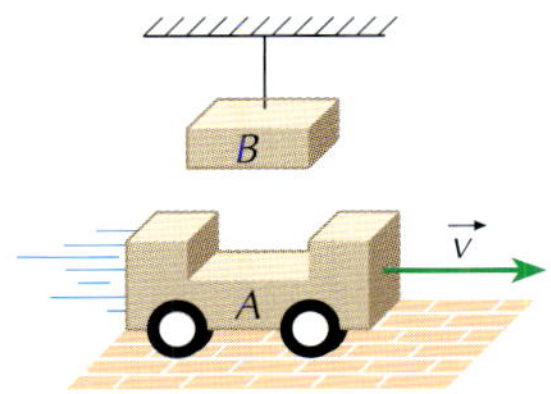

Qual será a nova velocidade do conjunto após as duas massas terem se encaixado perfeitamente?

a) $\frac{3v}{4}$ **b)** $\frac{2v}{3}$ **c)** $\frac{v}{3}$ **d)** $3v$ **e)** $\frac{4v}{3}$

T.329 (Ufla-MG) No mesmo instante em que um corpo de massa M é abandonado no alto de um prédio, um projétil de massa m é atirado verticalmente para cima com velocidade inicial v_0. Esse projétil atinge o corpo que cai, alojando-se em seu interior, de forma que instantaneamente o conjunto corpo/projétil fica em repouso. Considerando a velocidade do corpo no instante do impacto $\frac{1}{6}$ da velocidade inicial do projétil, ou seja, $\frac{v_0}{6}$, pode-se afirmar que a massa do projétil é de:

a) $\frac{M}{5}$ **b)** $\frac{M}{6}$ **c)** $\frac{M}{4}$ **d)** $\frac{3}{4}M$ **e)** $\frac{2}{5}M$

T.330 (Fuvest-SP) Em uma canaleta circular, plana e horizontal, podem deslizar duas pequenas bolas A e B, de massas M_A e M_B, com $M_A = 3M_B$, que são lançadas uma contra a outra, com igual velocidade v_0, a partir das posições indicadas. Após o primeiro choque entre elas (em 1), que não é elástico, as duas passam a movimentar-se no sentido horário, sendo que a bola B mantém o módulo de sua velocidade v_0. Pode-se concluir que o próximo choque entre elas ocorrerá nas vizinhanças da posição:

a) 3 **b)** 5 **c)** 6 **d)** 7 **e)** 8

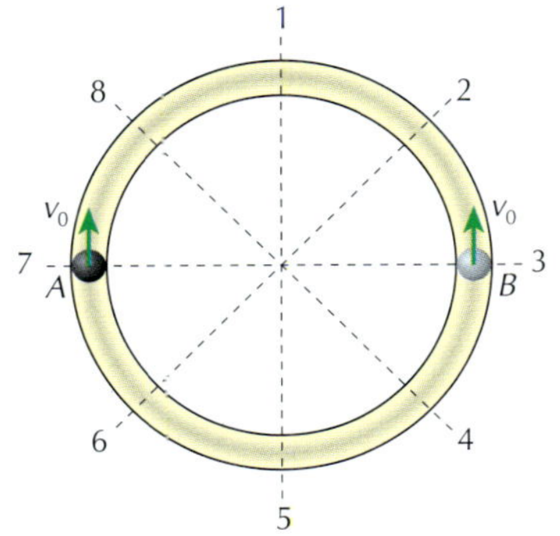

T.331 (Vunesp) Um asteroide, no espaço, está em repouso em relação a um determinado referencial. Num certo instante ele explode em três fragmentos. Dentre os esquemas representados, assinale o único que pode representar os vetores velocidades dos fragmentos do asteróide logo após a explosão, em relação ao referencial inicial.

a) 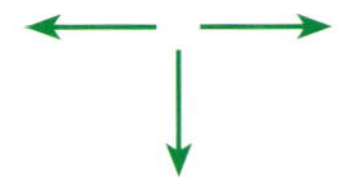

b) 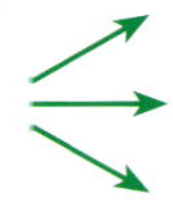

c) 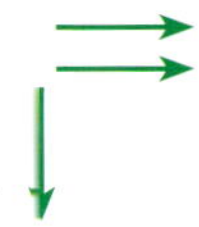

d) 

e) 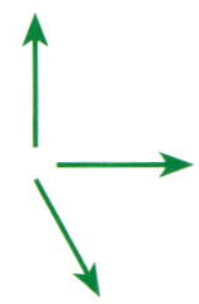

T.332 (Fuvest-SP) Uma granada foi lançada verticalmente, a partir do chão, em uma região plana. Ao atingir sua altura máxima, 10 s após o lançamento, a granada explodiu, produzindo dois fragmentos com massa total igual a 5 kg, lançados horizontalmente. Um dos fragmentos, com massa igual a 2 kg, caiu a 300 m, ao sul do ponto de lançamento, 10 s depois da explosão.

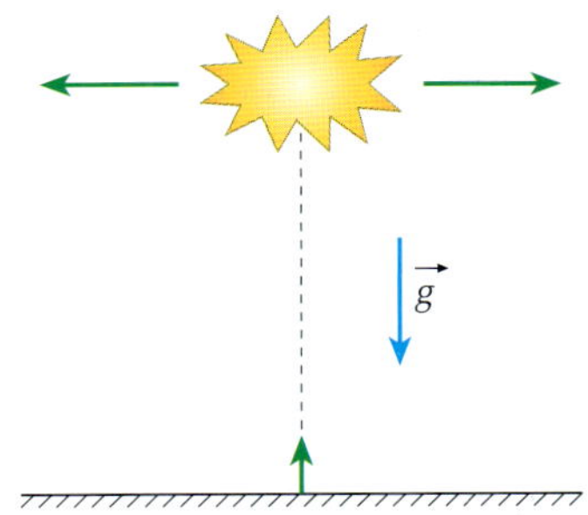

Pode-se afirmar que a parte da energia liberada na explosão, e transformada em energia cinética dos fragmentos, é aproximadamente de:

a) 900 J **b)** 1.500 J **c)** 3.000 J **d)** 6.000 J **e)** 9.000 J

T.333 (UFSC) Durante as festividades comemorativas da Queda da Bastilha, na França, realizadas em 14 de julho de 2005, foram lançados fogos de artifício em homenagem ao Brasil. Durante os fogos, suponha que um rojão com defeito, lançado obliquamente, tenha explodido no ponto mais alto de sua trajetória, partindo-se em apenas dois pedaços que, imediatamente após a explosão, possuíam quantidades de movimento $\vec{p}_1$ e $\vec{p}_2$. Considerando-se que todos os movimentos ocorrem em um mesmo plano vertical, assinale a(s) proposição(ões) que apresenta(m) o(s) par(es) de vetores $\vec{p}_1$ e $\vec{p}_2$ fisicamente possível(eis).

Dê como resposta a soma dos números que precedem as afirmativas corretas.

01) 

02) 

04) 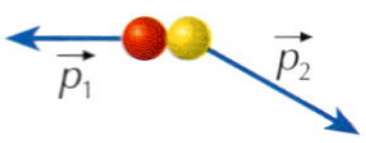

08) 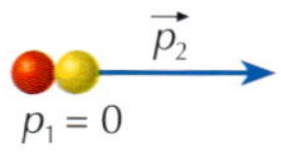

16) 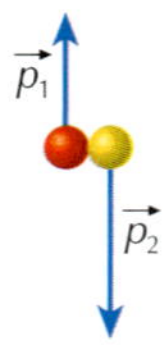

T.334 (Unifor-CE) Uma granada, que estava em queda livre ao longo de uma reta *r*, explode em duas partes que têm, respectivamente, massas m_1 e m_2, tais que $m_1 = 2m_2$. A de massa m_1 atinge o solo de uma grande planície horizontal a 50 m de *r*, no mesmo instante em que a outra atinge o solo à distância *d* de *r*. Nesse caso, *d*, medido em m, vale:

a) 5,0 **b)** 25 **c)** 50 **d)** 100 **e)** 200

T.335 (Fuvest-SP) Núcleos atômicos instáveis, existentes na natureza e denominados isótopos radioativos, emitem radiação espontaneamente. Tal é o caso do Carbono 14 (^{14}C), um emissor de partículas beta (β^-). Nesse processo, o núcleo de ^{14}C deixa de existir e se transforma em um núcleo de Nitrogênio 14 (^{14}N), com a emissão de um antineutrino $\overline{\nu}$ e uma partícula β^-: $^{14}C \rightarrow {}^{14}N + \beta^- + \overline{\nu}$. Os vetores quantidade de movimento das partículas, em uma mesma escala, resultantes do decaimento beta de um núcleo de ^{14}C, em repouso, poderiam ser melhor representados, no plano do papel, pela figura:

a) 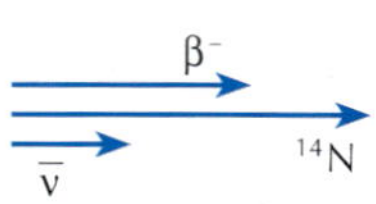

b) 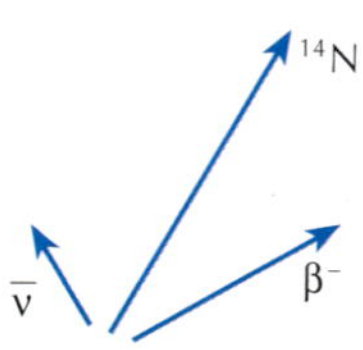

c) 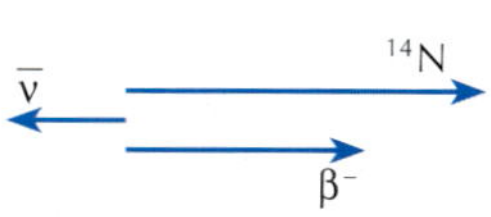

d) 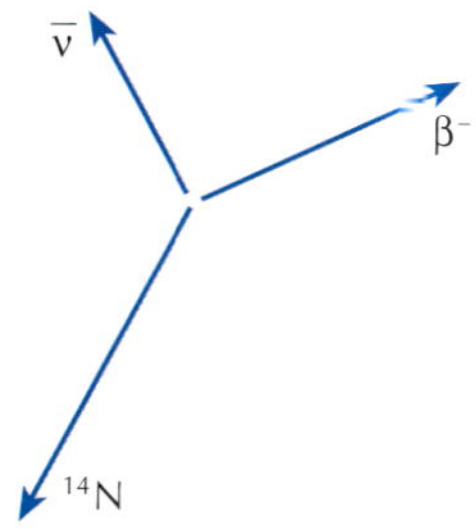

e) 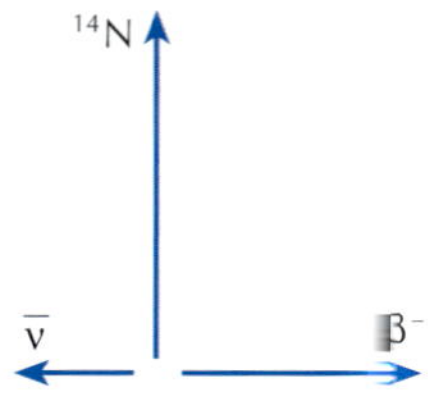

T.336 (Fuvest-SP) Perto de uma esquina, um pipoqueiro, **P**, e um "dogueiro", **D**, empurram distraidamente seus carrinhos, com a mesma velocidade (em módulo), sendo que o carrinho do "dogueiro" tem o triplo da massa do carrinho do pipoqueiro. Na esquina, eles colidem (em *O*) e os carrinhos se engancham, em um choque totalmente inelástico. Uma trajetória possível dos dois carrinhos, após a colisão, é compatível com a indicada por:

a) *A* **b)** *B* **c)** *C* **d)** *D* **e)** *E*

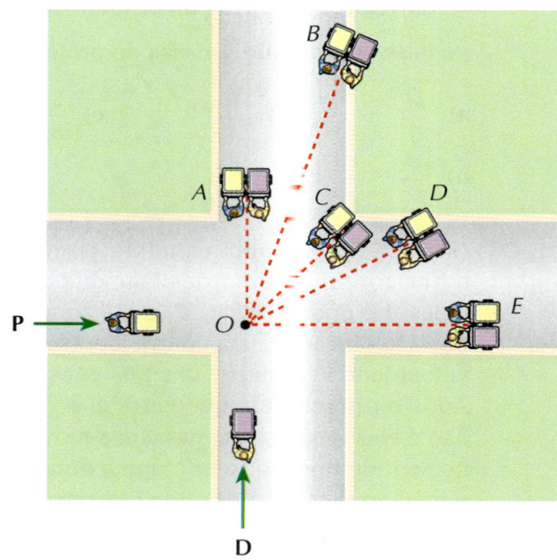

T.337 (PUC-SP) O rojão representado na figura tem, inicialmente, ao cair, velocidade vertical de módulo 20 m/s. Ao explodir, divide-se em dois fragmentos, de massas iguais, cujas velocidades têm módulos iguais e direções que formam entre si um ângulo de 120°.

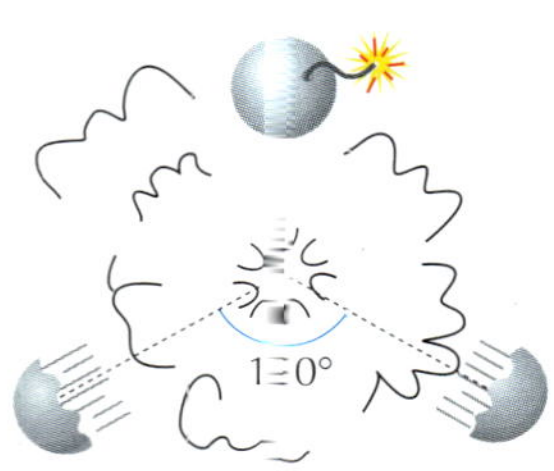

Dados:
sen 30° = cos 60° = 0,50
cos 30° = sen 60° ≃ 0,87
O módulo da velocidade, em m/s, de cada fragmento, imediatamente após a explosão, será:

a) 10 **b)** 20 **c)** 30 **d)** 40 **e)** 50

T.338 (PUC-Campinas-SP) O gráfico abaixo representa, em um certo sistema de referência, os valores das quantidades de movimento de duas esferas iguais, de massa 2,0 kg cada, que se movem sobre uma mesma reta e realizam um choque central.

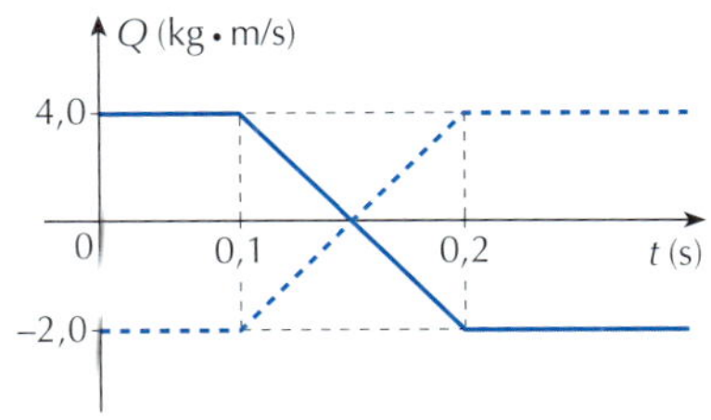

De acordo com o gráfico, é correto afirmar que:

a) a energia cinética de cada esfera se conservou no choque.
b) a quantidade de movimento de cada esfera se conservou no choque.
c) o choque foi totalmente inelástico.
d) o choque foi parcialmente elástico, com coeficiente de restituição 0,5.
e) o choque foi perfeitamente elástico.

T.339 (UEL-PR) Dois carrinhos de mesma massa estão numa superfície horizontal, um com velocidade de 4,0 m/s e o outro parado. Em determinado instante, o carrinho em movimento se choca com aquele que está parado. Após o choque, seguem grudados e sobem uma rampa até pararem num ponto de altura h.

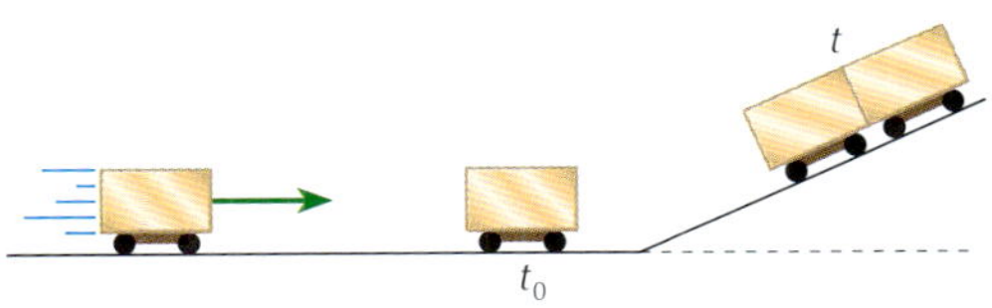

Adotando $g = 10$ m/s^2 e considerando desprezíveis as forças não-conservativas sobre os carrinhos, a altura h é um valor, em cm, igual a:

a) 2,5 **b)** 5,0 **c)** 10 **d)** 20 **e)** 25

T.340 (Fuvest-SP) Sobre uma mesa horizontal de atrito desprezível, dois blocos A e B de massas m e $2m$, respectivamente, movendo-se ao longo de uma reta, colidem um com o outro. Após a colisão os blocos se mantêm unidos e deslocam-se para a direita com velocidade $\vec{v}$, como indicado na figura.

Depois da colisão

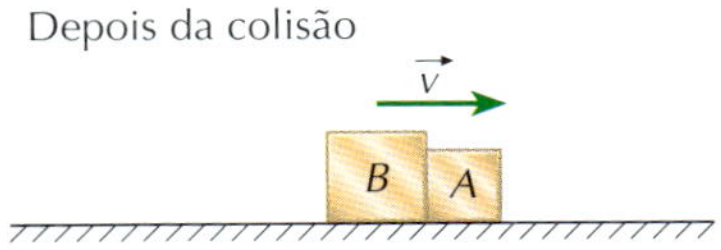

O único esquema que não pode representar os movimentos dos dois blocos antes da colisão é:

a)

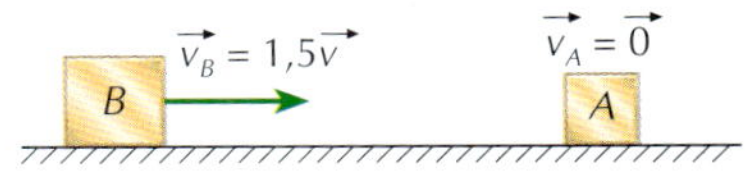

b)

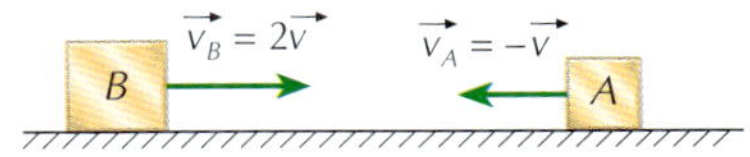

c)

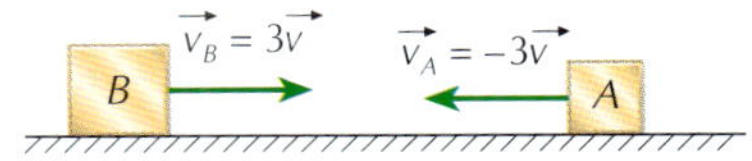

d)

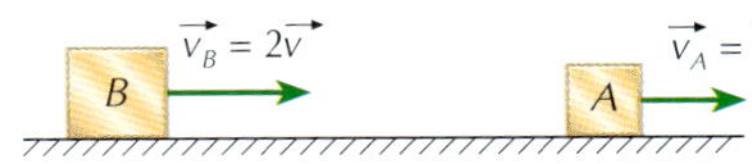

e)

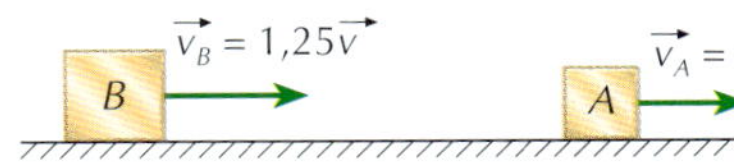

T.341 (Mackenzie-SP) Uma pequena esfera E_1, de massa 100 g, é abandonada do repouso no ponto A de um trilho altamente polido, deslizando até se chocar frontalmente com uma esfera E_2, de massa 300 g, inicialmente em repouso no ponto B.

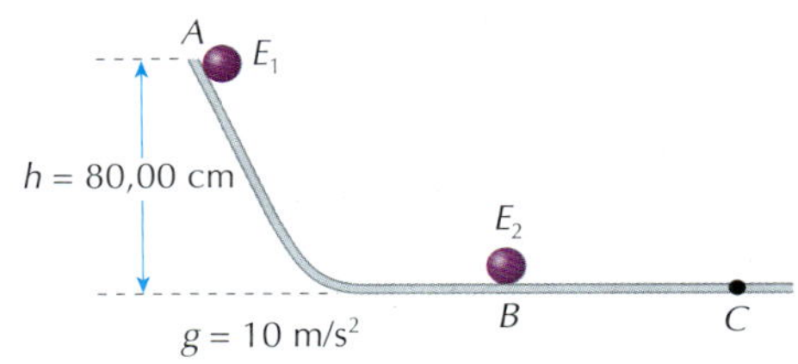

O choque ocorre com coeficiente de restituição 1. Após o choque:

a) a esfera E_1 retorna pelo trilho e atingirá a altura máxima de 20,00 cm em relação à parte horizontal, enquanto a esfera E_2 se deslocará no sentido de B para C, com velocidade de 2,0 m/s.
b) a esfera E_1 retorna pelo trilho e atingirá a altura máxima de 40,00 cm em relação à parte horizontal, enquanto a esfera E_2 se deslocará no sentido de B para C, com velocidade de 2,0 m/s.
c) ambas as esferas se deslocarão sobre o trilho no sentido de B para C, cada qual com velocidade de 2,0 m/s.
d) as esferas E_1 e E_2 se deslocarão sobre o trilho no sentido de B para C, com velocidades respectivamente iguais a 1,0 m/s e 3,0 m/s.
e) a esfera E_1 permanecerá parada em B e a esfera E_2 se deslocará sobre o trilho no sentido de B para C, com velocidade de 4,0 m/s.

T.342 (Vunesp) Na figura, P e Q são blocos idênticos que se comportam numa colisão como corpos perfeitamente elásticos. Sobre o bloco P, no percurso ao longo do trecho horizontal AB, atua uma força de atrito constante de módulo igual a 10 N. Não há atrito no trecho BC. Os corpos P e Q têm massas iguais a 5 kg, $g = 10\ m/s^2$. Considerar os blocos como pontos materiais. A velocidade do bloco P no ponto A é $v = 10\ m/s$.

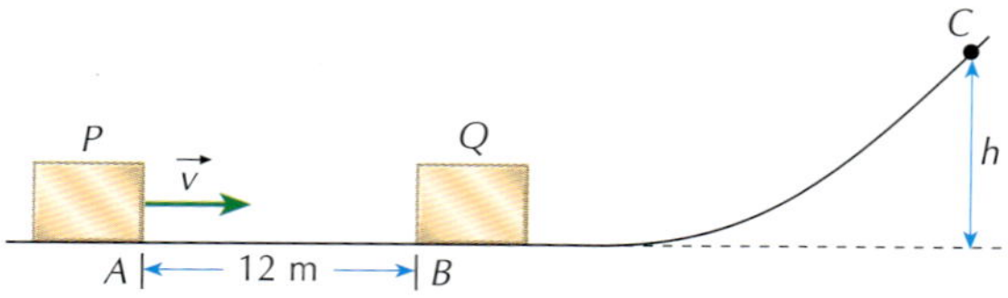

O ponto mais alto atingido pelo bloco Q ao percorrer o trecho BC é:

a) 2,6 m
b) 3,6 m
c) 3,4 m
d) 2,2 m
e) 2 m

T.343 (Univali-SC) Um corpo cuja massa é de 2 kg cai, a partir do repouso, de uma altura H e, após atingir o solo retorna, atingindo uma altura igual a $\frac{H}{4}$.

Desprezando a resistência do ar, o coeficiente de restituição do choque entre o corpo e o solo é:

a) 0,2
b) 0,5
c) 0,4
d) 0,8
e) 1,0

T.344 (Unifesp) Uma pequena esfera maciça é lançada de uma altura de 0,6 m na direção horizontal, com velocidade inicial de 2,0 m/s. Ao chegar ao chão, somente pela ação da gravidade, colide elasticamente com o piso e é lançada novamente para o alto. Considerando $g = 10{,}0\ m/s^2$, o módulo da velocidade e o ângulo de lançamento do solo, em relação à direção horizontal, imediatamente após a colisão, são respectivamente dados por:

a) 4,0 m/s e 30°
b) 3,0 m/s e 30°
c) 4,0 m/s e 60°
d) 6,0 m/s e 45°
e) 5,0 m/s e 60°

T.345 (UFV-MG) Dois blocos feitos de materiais idênticos, um de massa M e outro de massa $2M$, encontram-se inicialmente em repouso sobre uma superfície plana e com atrito, separados por uma carga explosiva cuja massa é desprezível. A situação é ilustrada na figura abaixo.

Após a explosão da carga, o bloco de massa M percorre uma distância L, deslizando pela superfície antes de parar. É correto afirmar que a distância percorrida pelo bloco de massa $2M$ será:

a) $2L$ **b)** L **c)** $\frac{L}{2}$ **d)** $\frac{L}{4}$ **e)** $4L$

A Física em nosso Mundo

O *air-bag*

Quando um veículo sofre uma colisão, ocorre uma variação brusca no módulo da quantidade de movimento. A intensidade do impulso que age no veículo e em seus ocupantes é igual à correspondente variação no módulo da quantidade de movimento ($I = \Delta Q$).

De $I = F \cdot \Delta t$, concluímos que a intensidade F da força média, que age no veículo e em seus ocupantes, depende do intervalo de tempo Δt durante o qual ocorre a colisão. Para o mesmo ΔQ, quanto maior o intervalo de tempo, menor a intensidade da força.

A utilização de bolsas infláveis (*air-bags*) nos automóveis tem essa função: sensores detectam a rápida desaceleração do veículo e essas bolsas, instaladas no volante e no painel de instrumentos, acima do porta-luvas, são acionadas. Imediatamente elas inflam e o motorista e o passageiro, numa colisão frontal, são projetados contra os *air-bags*, em vez de contra os para-brisas. A deformação das bolsas exige um intervalo de tempo relativamente grande, reduzindo de forma considerável a intensidade da força atuante nas pessoas no interior do carro.

ROMILY LOCKYER / THE IMAGE BANK-GETTY IMAGES

A barreira de pneus nos circuitos de corridas automobilísticas tem a mesma finalidade. A batida contra essa barreira demanda um tempo maior do que se o choque fosse contra um muro de concreto, fazendo com que o veículo fique submetido a uma força de menor intensidade, protegendo o piloto.

MARINO / CANTRELL / UPI-LATINSTOCK

PARTE 5

Teste sua leitura

L.26 (UFRN) Alguns automóveis dispõem de um eficiente sistema de proteção para o motorista, que consiste de uma bolsa inflável de ar. Essa bolsa é automaticamente inflada, do centro do volante, quando o automóvel sofre uma desaceleração súbita, de modo que a cabeça e o tórax do motorista, em vez de colidirem com o volante, colidem com a bolsa.

A figura abaixo mostra dois gráficos da variação temporal da força que age sobre a cabeça de um boneco que foi colocado no lugar do motorista. Os dois gráficos foram registrados em duas colisões de testes de segurança. A única diferença entre essas colisões é que, na colisão I, se usou a bolsa e, na colisão II, ela não foi usada.

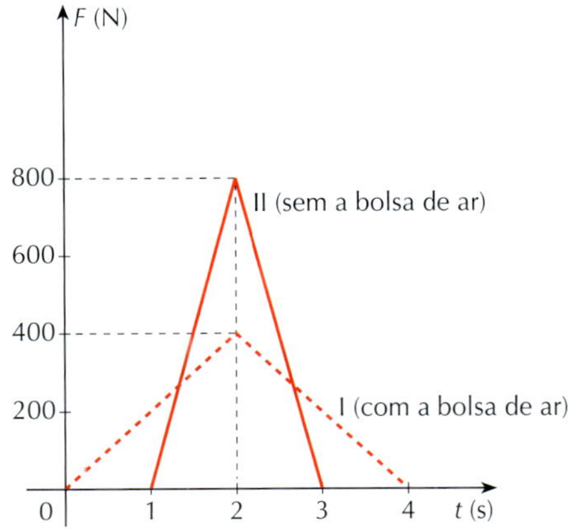

Da análise desses gráficos, concluiu-se que a explicação para o sucesso da bolsa como equipamento de proteção é:

a) A bolsa diminui o intervalo de tempo da desaceleração da cabeça do motorista, diminuindo, portanto, a força média que atua sobre a cabeça.

b) A bolsa aumenta o intervalo de tempo da desaceleração da cabeça do motorista, diminuindo, portanto, a força máxima que atua sobre a cabeça.

c) A bolsa diminui o impulso total transferido para a cabeça do motorista, diminuindo, portanto, a força máxima que atua sobre a cabeça.

d) A bolsa diminui a variação total de momento linear transferida para a cabeça do motorista, diminuindo, portanto, a força média que atua sobre a cabeça.

L.27 (Unifesp) Uma xícara vazia cai de cima da mesa de uma cozinha e quebra ao chocar-se com o piso rígido. Se essa mesma xícara caísse, da mesma altura, da mesa da sala e, ao atingir o piso, se chocasse com um tapete felpudo, ela não se quebraria. Adote $g = 10\ m/s^2$.

a) Por que no choque com o piso rígido a xícara se quebra e no choque com o piso fofo (do tapete) não?

b) Suponha que a xícara caia sobre o tapete e pare, sem quebrar. Admita que a massa da xícara seja 0,10 kg, que ela atinja o solo com velocidade de 2,0 m/s e que o tempo de interação do choque seja de 0,50 s. Qual será a intensidade média da força exercida pelo tapete sobre a xícara? Qual seria essa força, se o tempo de interação fosse 0,010 s?

Atividade experimental

Realize as experiências com supervisão de seu professor.

A conservação da quantidade de movimento

1ª experiência

Usando duas caixas de madeira A e B, idênticas, abertas na face superior e providas de rodinhas, construa dois carrinhos. Sejam m_A e m_B suas massas. Como as caixas são idênticas, temos $m_A = m_B$. Determine essas massas utilizando uma balança.

Mantenha uma mola comprimida entre os carrinhos sobre uma mesa horizontal, conforme mostra a foto da direita.

THE NEXT

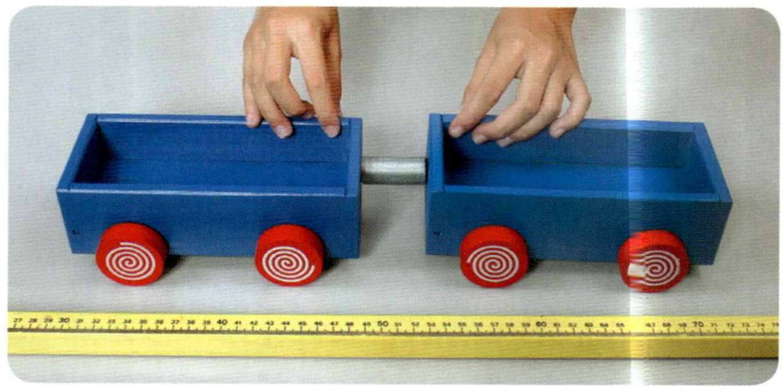

THE NEXT

Soltando-se o sistema, a mola se distende, desprende-se dos carrinhos e estes entram em movimento. Com auxílio de uma régua, medimos as distâncias percorridas pelos carrinhos em um certo intervalo de tempo Δt (por exemplo: 3,0 s).

Responda:

- Os carrinhos A e B percorrem a mesma distância?
- As velocidades médias dos carrinhos A (v_A) e B (v_B) são iguais? Calcule-as.
- Os produtos $m_A v_A$ e $m_B v_B$ são iguais?

Coloque, agora, dentro da caixinha A um corpo de massa conhecida. Seja m_A a nova massa total de A e m_B a massa de B.

Repita a mesma experiência anterior e responda:

- Os carrinhos A e B percorrem a mesma distância?
- As velocidades médias dos carrinhos A (v_A) e B (v_B) são iguais? Calcule-as.
- Os produtos $m_A v_A$ e $m_B v_B$ são iguais?
- Qual é a quantidade de movimento do sistema antes e depois dele ser liberado?

2ª experiência

Fixe, usando fita adesiva, duas réguas de 30 cm sobre a mesa, de modo a formarem um trilho pelo qual possa se movimentar uma moeda (por exemplo, de 1 real). Faça uma fileira com pelo menos 5 moedas idênticas e coloque-as a partir de 10 cm de uma das extremidades.

Dê um piparote numa outra moeda colocada a uma distância de 5 cm da fileira, de modo que ela atinja a primeira moeda da fileira.

Observe que somente a última moeda se movimenta, permanecendo as demais em repouso.

Responda:

- Por que apenas a última moeda se movimenta?
- Se, em vez de uma, lançarmos duas moedas contra a fileira, o que acontece?
  Faça a experiência e verifique se sua previsão se confirma.
- Explique o porquê do sucedido.

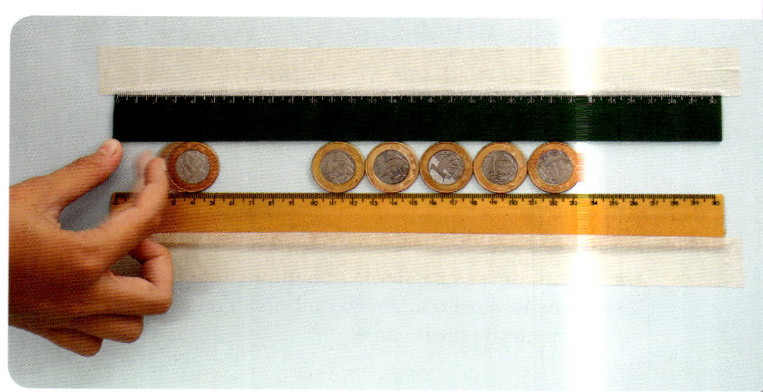

THE NEXT

A CONSERVAÇÃO DA QUANTIDADE DE MOVIMENTO

A ideia da existência de uma grandeza que medisse a *quantidade de movimento* do Universo e que permanecesse invariável com o tempo nasceu na verdade de especulações filosóficas. Para os pensadores do século XVII era impossível conceber que o Universo — divina criação — pudesse ser um mecanismo imperfeito, cujos movimentos cessassem algum dia. Para eles, a *quantidade de movimento* do Universo, fosse lá o que fosse, deveria manter-se invariável, apesar da interação entre os corpos. Mas que grandeza seria essa?

Muitos filósofos e cientistas se debruçaram sobre o problema, sem conseguir resolvê-lo. Foi RENÉ DESCARTES (1596-1650), cientista e filósofo francês, quem primeiro propôs uma formulação adequada para o problema. Segundo ele*, essa grandeza, à qual deu o nome de **quantidade de movimento**, corresponderia ao produto da massa m do corpo por sua velocidade escalar v. Assim, nas interações entre os corpos, a grandeza escalar $Q = mv$ se manteria invariável.

Coube a ISAAC NEWTON (1642-1727) formular de maneira correta e completa a hipótese cartesiana. Na realidade, a grandeza criada por Descartes mantinha-se invariável apenas em algumas situações, não se mantendo constante, por exemplo, quando as colisões entre os corpos deixavam de ser frontais. Newton propôs, então, que a quantidade de movimento de um corpo deveria ser uma grandeza vetorial ($\vec{Q}$), e não escalar, como supusera Descartes. Desse modo, a quantidade de movimento seria dada pelo produto da massa m do corpo pela velocidade vetorial $\vec{v}$, $\vec{Q} = m\vec{v}$. Com essa formulação, os cientistas verificaram ser verdadeiro que a quantidade de movimento total do Universo permanece constante.

O princípio da conservação da quantidade de movimento, ao lado de outras leis da Física, é considerado um dos princípios fundamentais da Física. No campo da Física Atômica e Nuclear, em particular, a aplicação desse princípio às colisões de partículas nos aceleradores tem permitido uma série de importantíssimas descobertas, responsáveis por muito do desenvolvimento científico de nossa civilização.

SHEILA TERRY / SPL-LATINSTOCK

▲ Descartes

SHEILA TERRY / SPL-LATINSTOCK

▲ Newton

Entre na rede

No endereço eletrônico **http://www.seara.ufc.br/folclore/folclore28.htm** (acesso em 16/2/2007), leia o artigo *A polêmica entre os conceitos de quantidade de movimento, força-viva, energia cinética e impulso.*

CERN / SPL-LATINSTOCK

◀ **O LEP (Large Electron-Positron collider), em Genebra, é o maior acelerador de partículas da Europa. Na foto, sua extensão de 27 km está assinalada sobre a região na qual foi instalado, abaixo do solo. A circunferência menor representa outro acelerador, para colisões de prótons e antiprótons.**

* Fontes: **BEN-DOV**, Yoav. *Convite à Física*. Rio de Janeiro, Jorge Zahar, 1996. p. 43; PROJECTO FÍSICA. *O triunfo da Mecânica* — unidade 3. Lisboa, Fundação Calouste Gulbenkian, 1985.

PARTE 6

Gravitação Universal

Nesta parte estudamos o movimento planetário e suas leis. Analisamos também o comportamento de satélites artificiais e a lei da Gravitação Universal, de Newton.

CORTESIA DA NASA

A Estação Espacial Internacional, construída com o esforço conjunto de diversos países, inclusive o Brasil, constitui um importante passo da humanidade no sentido de melhor conhecer o Universo.

CAPÍTULO 17
A Gravitação Universal

CORTESIA DA NASA

Muitas concepções cosmológicas foram propostas, até que Kepler estabelecesse as leis do movimento planetário. Estas, por sua vez, possibilitaram a Newton estabelecer a lei da Gravitação Universal. Atualmente, nosso conhecimento sobre o Universo tem se ampliado de forma notável, graças aos novos recursos tecnológicos de que dispomos, como o telescópio Hubble mostrado na foto.

1. Introdução

Desde cedo, na história da humanidade, há registros de observações dos corpos celestes. Antigos escritos chineses falam de fenômenos astronômicos, como eclipses, surgimento de cometas etc. Os antigos navegantes orientavam-se pelo movimento da Lua e pelas estrelas. As mitologias grega, romana e de outros povos do passado colocavam seus deuses no céu e procuravam explicar os fenômenos observados como manifestações divinas.

O estudo propriamente científico dos astros iniciou-se com os filósofos da Grécia Antiga que, pela primeira vez, tentaram explicar os movimentos dos corpos celestes sem recorrer aos mitos e à religião. São deles as primeiras descrições do nosso sistema planetário.

Em sua famosa obra *Almagesto*, o último grande astrônomo grego da Antiguidade, Cláudio Ptolomeu, que viveu no século II d.C., propõe um sistema planetário **geocêntrico**, pois estabelece a Terra como centro do Universo. A Lua e o Sol descreveriam órbitas circulares em torno da Terra. Quanto aos demais planetas, cada um descreveria órbita circular em torno de um centro que, por sua vez, descreveria outra órbita circular em torno da Terra (figura 1). Esse artifício era necessário para explicar as observações dos movimentos dos planetas no céu.

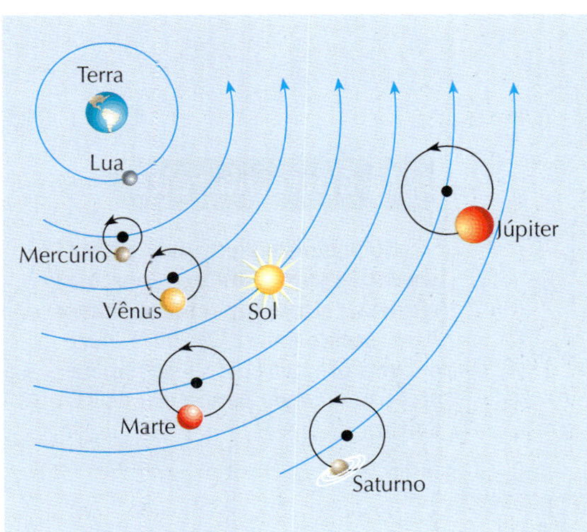

Figura 1. Sistema planetário de Ptolomeu.

ROYAL ASTRONOMICAL SOCIETY / SPL-LATINSTOCK

Gravura do século XVI. Ptolomeu usa um quadrante, guiado pela musa Astronomia.

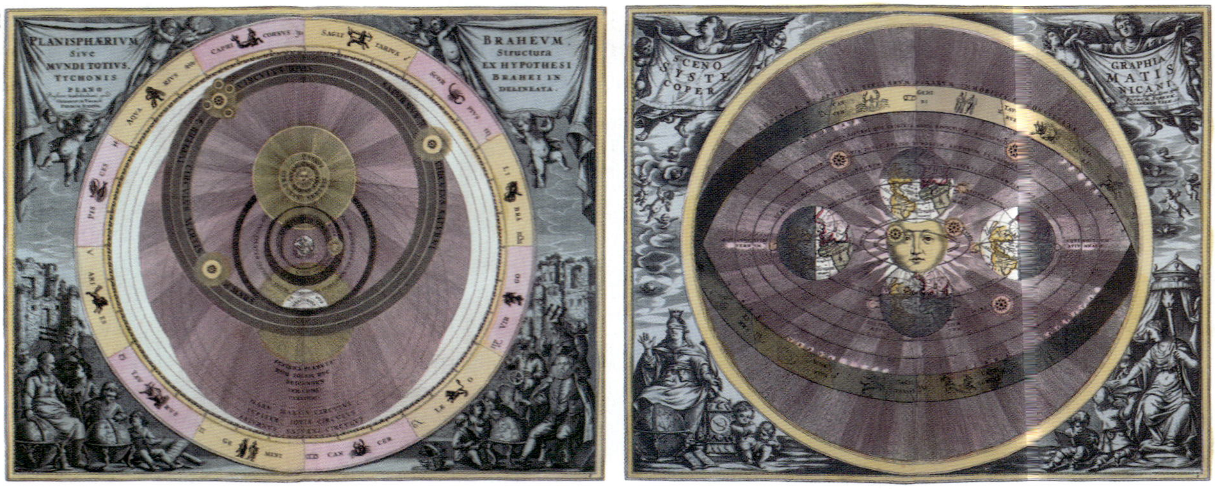

CID

Mapas celestes publicados no livro *Harmonia macrocósmica* (de Andrés Cellarius, Amsterdã, 1661): o da esquerda representa o modelo de Ptolomeu, e o da direita, o modelo de Copérnico.

Durante muito tempo o sistema de Ptolomeu se manteve aceito sem contestação. Somente no século XVI foram levantadas novas hipóteses sobre o Universo. O astrônomo polonês Nicolau Copérnico (1473-1543), em sua obra *Sobre a revolução dos corpos celestes*, publicada prudentemente no ano de sua morte, rompe com o passado, propondo ser o Sol o centro do Universo (por isso seu sistema planetário é dito **heliocêntrico**). Os seis planetas então conhecidos, Mercúrio, Vênus, Terra, Marte, Júpiter e Saturno, nessa ordem, descreveriam órbitas circulares em torno do Sol.

Galileu Galilei (1564-1642) foi um ardente defensor das ideias copernicanas. A utilização de instrumentos ópticos de maneira sistemática nas observações astronômicas lhe possibilitou obter fortes evidências a favor do sistema planetário heliocêntrico de Copérnico. Uma dessas evidências foi sua descoberta dos satélites de Júpiter. Se havia corpos (os satélites) que giravam em torno de um planeta (Júpiter), a Terra não poderia ser o centro do Universo.

Entretanto, coube ao astrônomo alemão, contemporâneo de Galileu, Johannes Kepler (1571-1630), estabelecer de forma definitiva como os planetas se movem em volta do Sol. Discípulo e assistente do astrônomo dinamarquês Tycho Brahe (1546-1601), Kepler herdou os registros das pacientes e precisas observações de seu mestre, que lhe possibilitaram, após muito estudo e trabalho, enunciar as três leis que descrevem o movimento planetário.

Atualmente, considera-se que o sistema solar seja constituído de oito planetas (Mercúrio, Vênus, Terra, Marte, Júpiter, Saturno, Urano e Netuno) que, nessa ordem, descrevem órbitas elípticas ao redor do Sol (figura 2).

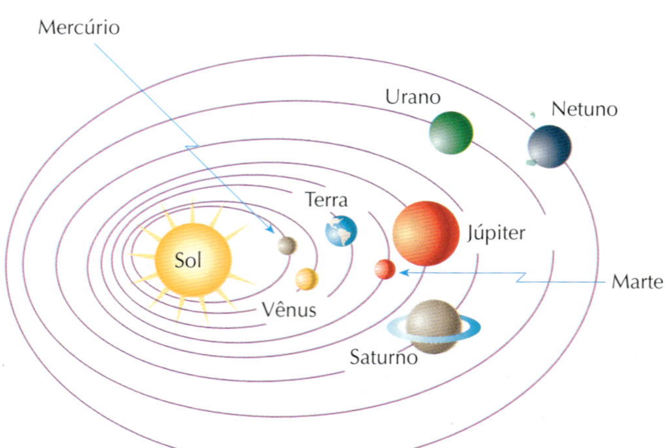

Figura 2. Representação esquemática dos planetas do sistema solar.

Entre na rede

No endereço eletrônico **http://www.tvcultura.com.br/aloescola/ciencias/olhandoparaoceu/index.htm** (acesso em 22/2/2007), você encontra textos sobre Astronomia da série *Olhando para o céu* da TV Cultura.

Em agosto de 2006, a União Astronômica Internacional, reunida em Praga, durante sua XXVI Assembleia Geral, deixou de considerar Plutão como o nono planeta do sistema solar. Juntamente com Ceres e Éris, ele passou a constituir uma nova categoria, a dos planetas-anões. Ceres está situado entre as órbitas de Marte e Júpiter, no denominado cinturão de asteroides. Éris (inicialmente chamado de Xena) é maior que Plutão, mas está bem mais afastado do Sol (16 bilhões de quilômetros) do que este, que está a 6 bilhões de quilômetros, aproximadamente.

AKG-LATINSTOCK

▲ Johannes Kepler, em pintura anônima de 1620.

THE BRIDGEMAN ART LIBRARY / KEYSTONE

Tycho Brahe, em detalhe ► de um mapa colorizado onde mostra seu sistema de órbitas planetárias. Extraído do *Atlas Celestial* (1660-1661).

2. As leis de Kepler

As leis de Kepler descrevem os movimentos dos planetas de nosso sistema solar, tomando o Sol como referencial.

Primeira lei de Kepler (ou **lei das órbitas**)

Os planetas descrevem órbitas elípticas em torno do Sol, o qual ocupa um dos focos da elipse descrita.

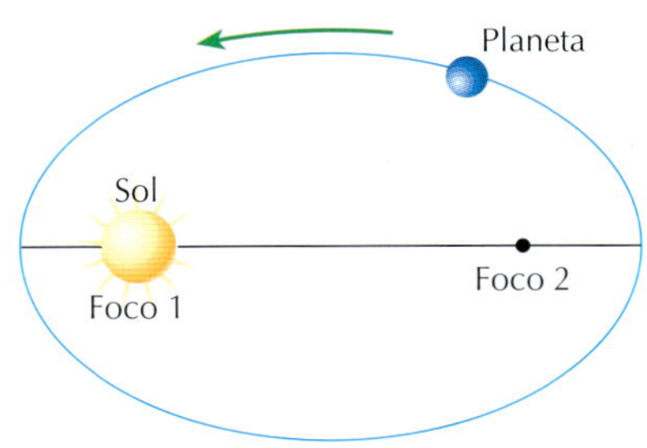

Figura 3.

Conta-se que, ao descobrir que as órbitas descritas pelos planetas não eram circulares, mas sim elípticas, Kepler se sentiu profundamente decepcionado. Apesar de cientista, seu arraigado espírito religioso tinha dificuldade em aceitar que Deus tivesse criado algo que não fosse perfeito. A crença predominante em sua época era a de que o movimento dos astros, sendo uma criação divina, teria de ser circular, considerado o movimento perfeito. A elipse, cujas principais características são apresentadas no quadro seguinte, era considerada uma figura imperfeita. No entanto, embora sua fé religiosa tivesse sido abalada, Kepler fez prevalecer sua condição de cientista e enunciou suas leis.

Entre na rede

No endereço eletrônico **http://www.walter-fendt.de/ph14br/keplerlaw1_br.htm** (acesso em 22/2/2007), você pode realizar simulações a respeito da 1ª lei de Kepler.

A elipse

A elipse pode ser construída usando-se dois pregos, um barbante e um lápis. Os pontos F_1 e F_2 são os focos da elipse, que pode ser definida como uma curva onde a soma das distâncias r_1 e r_2, dos focos a um ponto qualquer P da curva, é constante. As linhas $\overline{F_1P}$ e $\overline{F_2P}$ formam ângulos iguais com a tangente à elipse no ponto P. Se uma sala for construída em forma de elipse, uma onda de som ou de luz, partindo de F_1, será refletida para o outro foco F_2, pela propriedade anterior. Esse é o princípio da sala de sussurro que existe em museus e exposições: duas pessoas nos focos F_1 e F_2 podem conversar entre si em voz baixa sem serem ouvidas por nenhuma outra pessoa da sala.

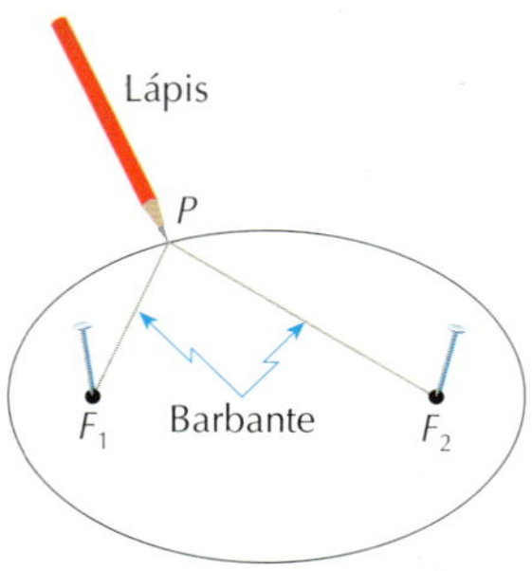

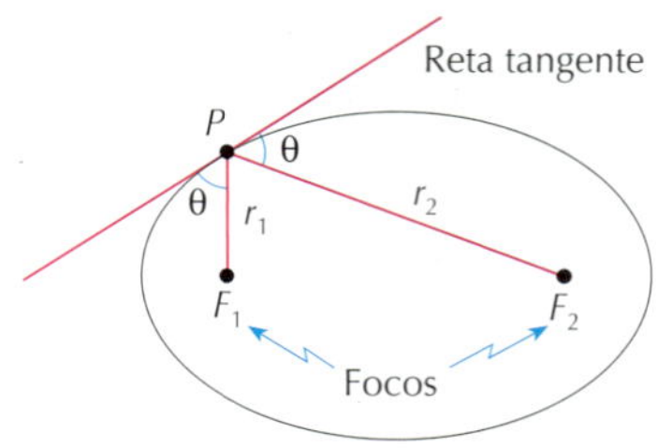

Segunda lei de Kepler (ou **lei das áreas**)

O segmento imaginário que une o centro do Sol e o centro do planeta (raio-vetor) varre áreas proporcionais aos intervalos de tempo dos percursos.

Na figura 4, seja A a área descrita no intervalo de tempo Δt por um planeta (P) qualquer. De acordo com a segunda lei de Kepler:

$$A = k \cdot \Delta t$$

A constante de proporcionalidade K depende do planeta e é denominada **velocidade areolar** do planeta.

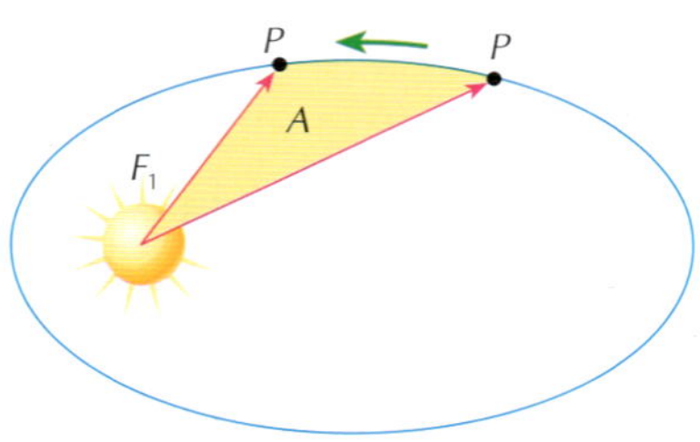

$$A = k \cdot \Delta t \Rightarrow k = \frac{A}{\Delta t}$$

(velocidade areolar do planeta)

Figura 4.

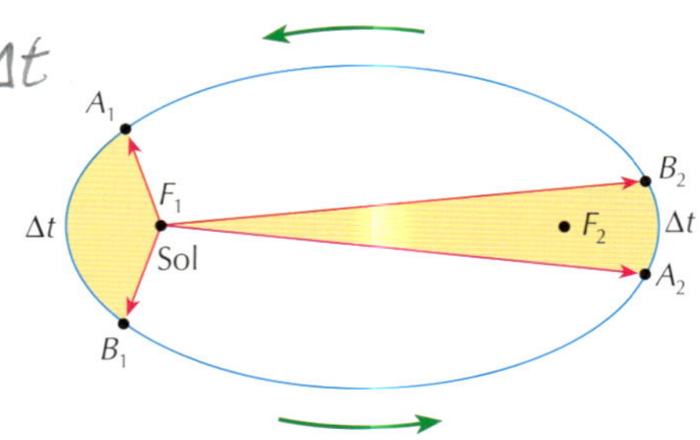

Figura 5.

Se as áreas destacadas da figura 5 forem iguais, teremos, segundo Kepler, que os intervalos de tempo do percurso do planeta serão iguais. Desse modo, para o arco maior $\overset{\frown}{A_1B_1}$ ser descrito no mesmo intervalo de tempo que o arco menor $\overset{\frown}{A_2B_2}$, a velocidade em $\overset{\frown}{A_1B_1}$ (planeta próximo do Sol) deve ser maior do que a velocidade em $\overset{\frown}{A_2B_2}$ (planeta longe do Sol).

Portanto os planetas **não se movem ao redor do Sol com velocidade de módulo constante**: são mais rápidos quando estão mais próximos do Sol e mais lentos quando estão mais afastados.

Entre na rede

No endereço eletrônico **http://www.walter-fendt.de/ph14br/keplerlaw2_br.htm** (acesso em 22/2/2007), você pode verificar a 2ª lei de Kepler seguindo as instruções do quadro.

O ponto **mais próximo** do Sol chama-se **periélio** (*peri* = perto, *hélio* = Sol) e o **mais afastado** chama-se **afélio** (*apo* = longínquo). O planeta é mais veloz no periélio e mais lento no afélio. Para a Terra, o máximo e o mínimo da velocidade são 30,2 km/s (no periélio) e 29,3 km/s (no afélio).

> **Terceira lei de Kepler** (ou **lei dos períodos**)
> O quadrado do período de translação de cada planeta em torno do Sol é proporcional ao cubo do raio médio da respectiva órbita.

O **raio médio** (r) da órbita de um planeta coincide com a média aritmética entre a distância do Sol ao afélio (r_a) e a distância do Sol ao periélio (r_p). Essa medida é igual à medida do semieixo maior da trajetória elíptica descrita pelo planeta em sua órbita.

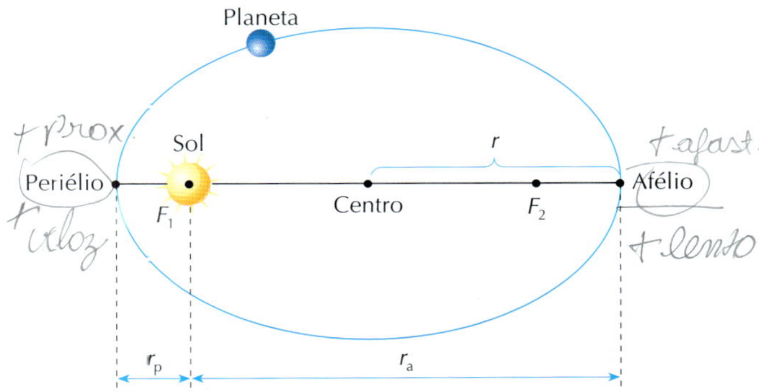

$$r = \frac{r_a + r_p}{2}$$

Sendo T o período de translação do planeta, isto é, o intervalo de tempo para ele dar uma volta completa em torno do Sol, e r a medida do raio médio, a terceira lei de Kepler pode ser escrita algebricamente:

$$T^2 = Kr^3$$

A constante de proporcionalidade K depende das massas do Sol e do planeta. Como a massa do planeta é desprezível em relação à do Sol, considera-se que a constante K depende só da massa do Sol.

> **Leia mais**
> Para conhecer melhor as condições nas quais Kepler estabeleceu suas três leis do movimento planetário, você pode ler a biografia desse grande astrônomo alemão na página 382.

De acordo com a terceira lei de Kepler, quanto mais distante do Sol for a órbita de um planeta, maior será o período de translação desse planeta, isto é, maior o seu ano, pois um ano é o intervalo de tempo necessário para dar uma volta em torno do Sol.

A tabela seguinte apresenta, a título de informação, as massas e os períodos dos planetas em relação, respectivamente, à massa da Terra e ao período da Terra (ano terrestre).

Massas e períodos dos planetas em relação à Terra

Planeta	Massa	Período (ano terrestre)
Mercúrio	0,054	0,241
Vênus	0,814	0,615
Terra	1,000	1,000
Marte	0,107	1,881
Júpiter	317,45	11,865
Saturno	95,00	29,650
Urano	14,6	83,745
Netuno	17,6	165,951

Massa da Terra (M_T) $\simeq 5{,}98 \cdot 10^{24}$ kg
Período da Terra (1 ano terrestre) $\simeq$ 365,2 dias
Período de rotação da Terra $\simeq$ 23 h 56 min 4 s
Período da Lua em torno da Terra $\simeq$ 27,3 dias

Massa do Sol $\simeq 333.000 M_T \simeq 1{,}99 \cdot 10^{30}$ kg
Massa da Lua $\simeq \frac{1}{81{,}3} M_T \simeq 7{,}3 \cdot 10^{22}$ kg

Um ano terrestre é aproximadamente igual a 365,2 dias. Pela tabela o ano marciano é 1,881 vez o ano terrestre, isto é, aproximadamente 687 dias terrestres. Vênus, mais próximo do Sol, tem um ano equivalente a 220 dias terrestres aproximadamente (da tabela, 0,615 ano terrestre). Mercúrio, mais próximo ainda, tem um ano com cerca de 88 dias terrestres, e Netuno, o planeta conhecido mais distante, tem um ano igual a 60.500 dias terrestres, aproximadamente.

Entre na rede

No endereço eletrônico **http://www.phy.ntnu.edu.tw/oldjava/portuguese/dinamica/keplermotion/keplermotion.html** (acesso em 22/2/2007), as simulações propostas permitem a análise das três leis de Kepler.

OBSERVAÇÃO

As três leis de Kepler não valem apenas para os movimentos dos planetas em torno do Sol. Elas são válidas para quaisquer corpos que gravitem em torno de outro cuja massa seja bem maior. É o caso dos satélites artificiais que se movem ao redor da Terra.

BETTMANN / CORBIS-LATINSTOCK

AKG-LATINSTOCK

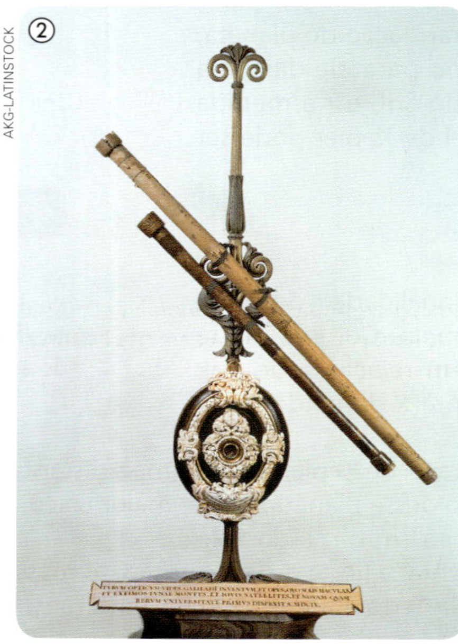

REPRODUÇÃO

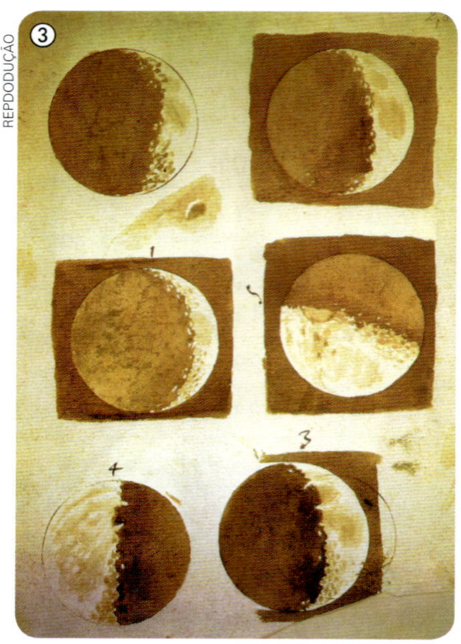

TECH PHOTO / TAXI-GETTY IMAGES

Galileu Galilei (1), físico italiano, foi um dos pioneiros no estudo do céu com o auxílio de instrumentos. Suas lunetas (2), embora rudimentares, foram suficientes para que ele, além de descobrir os satélites de Júpiter e as manchas solares, observasse com detalhes as fases da Lua, das quais chegou a fazer esboços (3), publicados em seu livro *O mensageiro das estrelas* (1610). Com o desenvolvimento da tecnologia, os instrumentos de observação foram sendo aperfeiçoados, até se alcançar o estágio das modernas lunetas e telescópios (4).

Exercícios resolvidos

R.161 Quais são as características da órbita que um planeta descreve em torno do Sol? Defina afélio e periélio. Em qual dessas posições o planeta apresenta maior velocidade?

Solução:

De acordo com a primeira lei de Kepler, a órbita descrita por um planeta em torno do Sol é elíptica. O Sol ocupa um dos focos da elipse descrita. Em consequência, a distância do planeta ao Sol varia à medida que ele descreve a órbita:

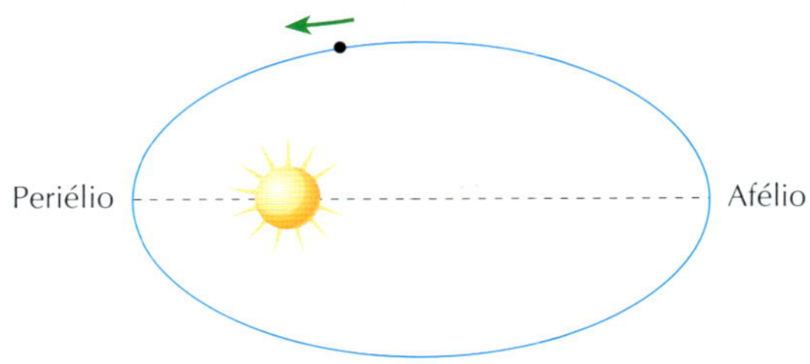

A posição do planeta mais próxima do Sol é o periélio e a posição mais afastada é o afélio. A maior velocidade do planeta em sua órbita ocorre no periélio.

R.162 Determine a velocidade areolar de um planeta que descreve em torno do Sol uma órbita praticamente circular de raio R. O período de translação do planeta é T.

Solução:

De acordo com a segunda lei de Kepler, um planeta em torno do Sol tem velocidade areolar constante. Assim, sendo A a área descrita no intervalo de tempo Δt, teremos, para a velocidade areolar:

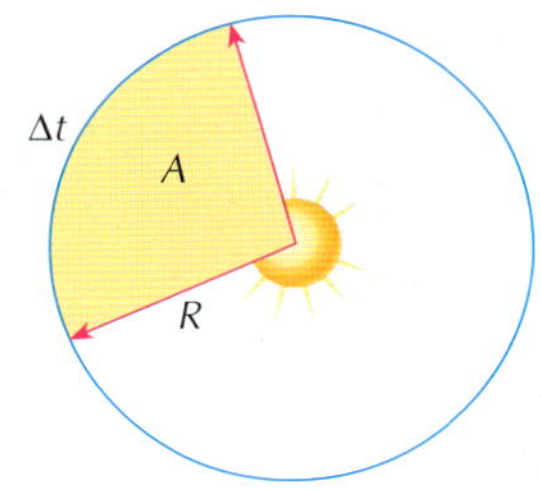

$$\boxed{k = \frac{A}{\Delta t}}$$

Para uma volta completa: $A = \pi R^2$ e $\Delta t = T$. Portanto: $\boxed{k = \frac{\pi R^2}{T}}$

Resposta: $k = \frac{\pi R^2}{T}$

R.163 O período de Mercúrio em torno do Sol é da ordem de $\frac{1}{4}$ do ano terrestre. O raio médio da órbita do planeta-anão Plutão em torno do Sol é 100 vezes maior que o raio médio da órbita de Mercúrio. Calcule o valor aproximado do período de Plutão em torno do Sol, medido em anos terrestres.

Solução:

De acordo com a terceira lei de Kepler, podemos escrever para Plutão e Mercúrio:

$$T_P^2 = Kr_P^3$$

$$T_M^2 = Kr_M^3$$

Dividindo membro a membro, resulta: $\frac{T_P^2}{T_M^2} = \frac{r_P^3}{r_M^3}$

Sendo $T_M = \frac{1}{4}$ do ano terrestre e $r_P = 100r_M$ vem:

$$\frac{T_P^2}{\left(\frac{1}{4}\right)^2} = \frac{(100r_M)^3}{r_M^3} \Rightarrow T_P^2 = \left(\frac{1}{4}\right)^2 \cdot 10^6 \Rightarrow \boxed{T_P = 250 \text{ anos terrestres}}$$

Resposta: O período de Plutão em torno do Sol é da ordem de 250 anos terrestres.

Exercícios propostos

P.430 (Unicamp-SP) A figura ao lado representa exageradamente a trajetória de um planeta em torno do Sol. O sentido do percurso é indicado pela seta. O ponto *V* marca o início do verão no hemisfério Sul e o ponto *I* marca o início do inverno. O ponto *P* indica a maior aproximação do planeta ao Sol, o ponto *A* marca o maior afastamento. Os pontos *V*, *I* e o Sol são colineares, bem como os pontos *P*, *A* e o Sol.

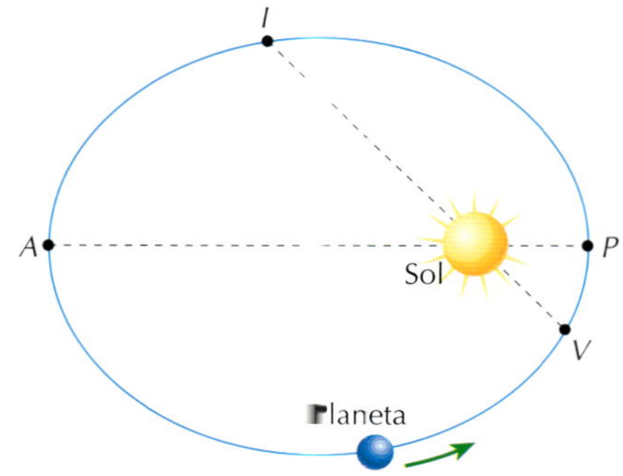

a) Em que ponto da trajetória a velocidade do planeta é máxima? Em que ponto essa velocidade é mínima? Justifique sua resposta.

b) Segundo Kepler, a linha que liga o planeta ao Sol percorre áreas iguais em tempos iguais. Coloque em ordem crescente os tempos necessários para realizar os seguintes percursos: *VPI*, *PIA*, *IAV*, *AVP*.

P.431 Um planeta descreve um quarto de sua órbita em torno de seu Sol, num sistema planetário de outra galáxia, em 28 dias terrestres. Determine:

a) o período de translação desse planeta em torno de seu Sol.

b) a velocidade areolar desse planeta, supondo que o raio de sua órbita, considerada circular, vale 5.000 km.

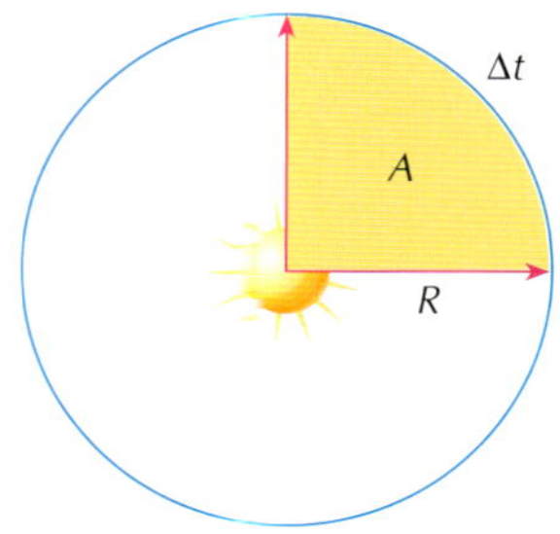

P.432 A figura representa a órbita da Terra ao redor do Sol. A área destacada *A* corresponde a um quinto da área total da elipse. Calcule o número de dias que a Terra demora para se deslocar da posição *P* para a posição *Q* de sua órbita.

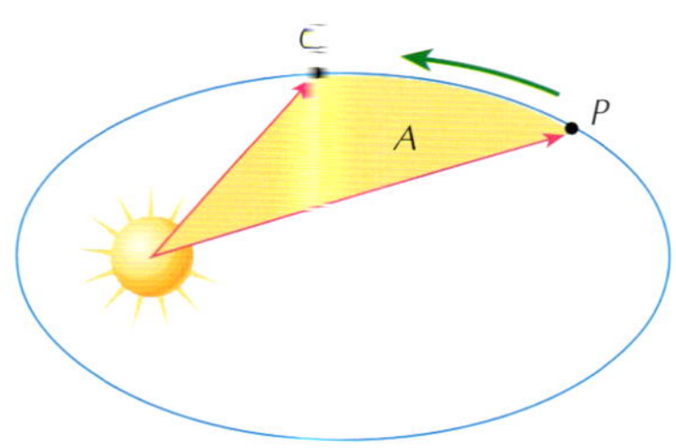

P.433 O período de translação de Urano em torno do Sol equivale a 84 anos terrestres, aproximadamente. Supondo o raio médio da órbita de Urano cerca de 4 vezes maior que o da órbita de Júpiter, determine, aproximadamente, o período de translação de Júpiter, expresso em anos terrestres.

P.434 De quantos anos terrestres seria o período de um planeta que, girando em torno do Sol, tivesse o raio médio de sua órbita 9 vezes maior do que o raio médio da órbita da Terra?

P.435 Um satélite artificial em órbita circular dista *R* do centro da Terra e o seu período é *T*. Um outro satélite da Terra, também em órbita circular, tem período igual a 8*T*. Qual é o raio de sua órbita em função de *R*?

3. Lei da Gravitação Universal

Analisando as leis de Kepler, Newton notou que as velocidades dos planetas variam ao longo da órbita em módulo e direção. Como a variação da velocidade é devida a forças, Newton concluiu que os planetas e o Sol interagem **a distância**, com forças chamadas **gravitacionais**. Uma tremenda capacidade de generalização e um conhecimento profundo de Matemática permitiram a Newton descobrir que as forças gravitacionais dependem diretamente das massas do Sol e do planeta e inversamente do quadrado da distância entre eles.

Esse resultado tem validade geral, podendo ser aplicado a quaisquer corpos materiais, constituindo a **lei da Gravitação Universal**:

> Dois pontos materiais atraem-se com forças cujas intensidades são diretamente proporcionais às suas massas e inversamente proporcionais ao quadrado da distância que os separa.

Se M e m são as massas de dois pontos materiais e r é a distância que os separa (figura 6), a intensidade da força gravitacional é dada por:

$$F = G\frac{Mm}{r^2}$$

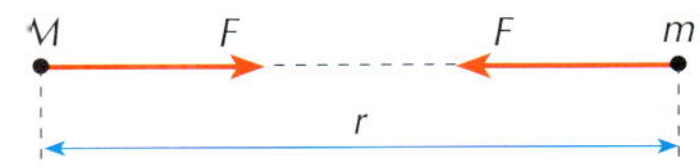

Figura 6.

Nessa expressão, $G = 6{,}67 \cdot 10^{-11}$ unidades do Sistema Internacional é uma constante chamada **constante de gravitação universal**. Ela não depende do meio: seu valor é o mesmo no ar, vácuo ou qualquer outro meio interposto entre os corpos.

Se em vez de pontos materiais tivermos esferas homogêneas, a distância r a ser considerada é entre seus centros (figura 7).

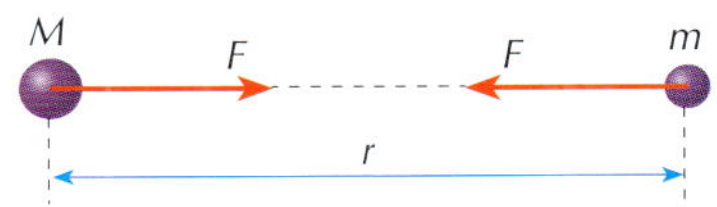

Figura 7.

A força gravitacional $\vec{F}$ (figuras 6 e 7) é uma força de campo que atua a distância ao longo da reta que une os centros dos corpos.

Como a constante G é muito pequena, a força $\vec{F}$ só tem intensidade apreciável se ao menos uma das massas for elevada, como a de um planeta. Para corpos de pequenas massas (pessoas, objetos, veículos), a atração gravitacional $\vec{F}$ tem intensidade desprezível.

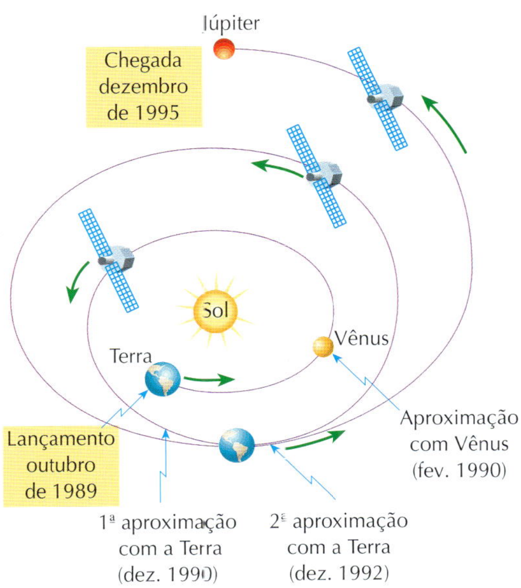

▲ **A sonda espacial Galileu foi lançada em outubro de 1989 e alcançou Júpiter em dezembro de 1995. Em cada ponto de sua trajetória as forças que atuam sobre ela obedecem à lei da Gravitação Universal.**

SPL-LATINSTOCK

▲ **O reconhecimento da lei estabelecida por Newton não foi imediato. Nessa gravura, contemporânea ao grande cientista, sua teoria é satirizada e ridicularizada.**

Exercícios resolvidos

R.164 O planeta Marte está a uma distância média igual a $2,3 \cdot 10^8$ km do Sol. Sendo $6,4 \cdot 10^{23}$ kg a massa de Marte e $2,0 \cdot 10^{30}$ kg a massa do Sol, determine a intensidade da força com que o Sol atrai Marte. É dada a constante de gravitação universal $G = 6,67 \cdot 10^{-11} \dfrac{N \cdot m^2}{kg^2}$.

Solução:

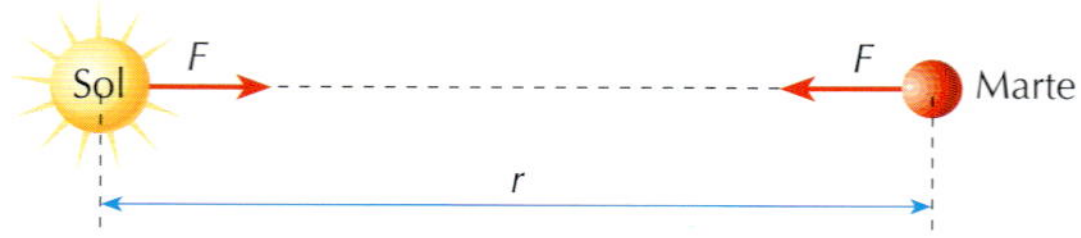

A distância entre os astros deve ser expressa em metros: $r = 2,3 \cdot 10^8 \text{ km} = 2,3 \cdot 10^8 \cdot 10^3 \text{ m} = 2,3 \cdot 10^{11} \text{ m}$

As massas valem: $m_1 = 2,0 \cdot 10^{30}$ kg (Sol) e $m_2 = 6,4 \cdot 10^{23}$ kg (Marte)

Aplicando a lei da gravitação universal:

$$F = G \cdot \frac{m_1 m_2}{r^2} \Rightarrow F = 6,67 \cdot 10^{-11} \cdot \frac{2,0 \cdot 10^{30} \cdot 6,4 \cdot 10^{23}}{(2,3 \cdot 10^{11})^2} \Rightarrow$$

$$\Rightarrow F = 6,67 \cdot 10^{-11} \cdot \frac{12,8 \cdot 10^{53}}{5,29 \cdot 10^{22}} \Rightarrow \boxed{F \simeq 1,6 \cdot 10^{21} \text{ N}}$$

Resposta: $\simeq 1,6 \cdot 10^{21}$ N

R.165 Dois corpos de massas iguais a m_1 e m_2, situados à distância D um do outro, atraem-se mutuamente com força de intensidade F. Qual será a intensidade F' da nova força de interação nas seguintes situações:

a) a massa m_1 se torna duas vezes maior;
b) a massa m_2 se torna três vezes menor;
c) a distância entre os corpos quadruplica.

Solução:

A situação inicial é:

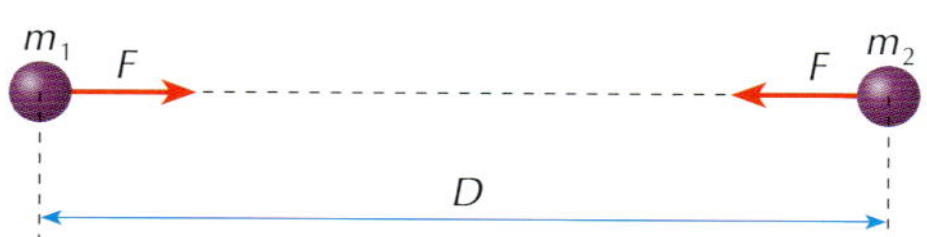

$$F = G\frac{m_1 m_2}{D^2}$$

a) se a massa do primeiro corpo passa a ser $m'_1 = 2m_1$, a nova força atuante $\vec{F'}$ terá intensidade:

$$F' = G\frac{m'_1 m_2}{D^2} \Rightarrow F' = G\frac{2m_1 m_2}{D^2} \Rightarrow \boxed{F' = 2F}$$

b) se a massa do segundo corpo passa a ser $m'_2 = \dfrac{m_2}{3}$, a nova força entre os corpos $\vec{F'}$ terá intensidade:

$$F' = G\frac{m_1 m'_2}{D^2} \Rightarrow F' = G\frac{m_1 \frac{m_2}{3}}{D^2} \Rightarrow \boxed{F' = \frac{F}{3}}$$

c) se a distância entre os corpos quadruplicar, teremos $D' = 4D$ e, daí, $D'^2 = 16D^2$. Na fórmula da Lei da Gravitação Universal:

$$F' = G\frac{m_1 m_2}{D'^2} \Rightarrow F' = G\frac{m_1 m_2}{16D^2} \Rightarrow \boxed{F' = \frac{F}{16}}$$

Respostas: a) $2F$; b) $\dfrac{F}{3}$; c) $\dfrac{F}{16}$

R.166 Uma nave interplanetária parte da Terra e dirige-se à Lua numa trajetória retilínea determinada por um segmento que une o centro da Terra ao centro da Lua. Sabendo-se que a massa da Terra M_T é aproximadamente igual a 81 vezes a massa da Lua M_L, determine o ponto no qual é nula a intensidade da força gravitacional resultante que age na nave devido às ações exclusivas da Lua e da Terra. Considere ainda a Terra e a Lua estacionárias no espaço, com distribuição de massa homogênea e, para efeito de cálculo, com massa total localizada nos seus centros.

Solução:

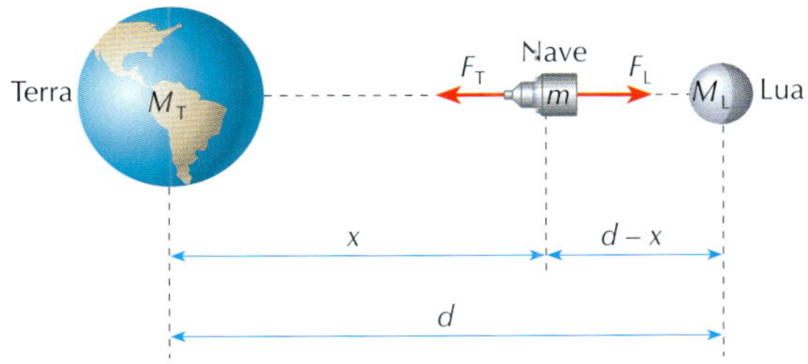

Seja m a massa da nave, F_T a intensidade da força da Terra na nave na posição à distância x e F_L a intensidade da força da Lua na nave nessa posição (em relação à Lua, a distância é $d - x$, sendo d a distância Terra-Lua).

A lei da gravitação estabelece: $F = G\dfrac{Mm}{r^2}$

Interação Terra-nave:

$$F_T = G\frac{M_T m}{x^2}$$

Interação Lua-nave:

$$F_L = G\frac{M_L m}{(d - x)^2}$$

Como queremos que a força gravitacional resultante seja nula, devemos impor $F_T = F_L$. Assim:

$$G\frac{M_T m}{x^2} = G\frac{M_L m}{(d - x)^2} \Rightarrow \frac{M_T}{M_L} = \frac{x^2}{(d - x)^2} = \left(\frac{x}{d - x}\right)^2$$

Como $M_T \simeq 81M_L$, vem:

$$81 = \left(\frac{x}{d - x}\right)^2 \Rightarrow 9 = \frac{x}{d - x} \Rightarrow 9 \cdot (d - x) = x \Rightarrow \boxed{x = \frac{9}{10}d}$$

Resposta: O ponto situa-se a nove décimos da distância Terra-Lua partindo da Terra.

Exercícios propostos

P.436 Calcule aproximadamente a intensidade da força de atração gravitacional do Sol sobre a Terra. Dados aproximados: massa do Sol $M \simeq 2{,}0 \cdot 10^{30}$ kg; massa da Terra $m \simeq 6{,}0 \cdot 10^{24}$ kg; distância média do Sol à Terra $d \simeq 1{,}5 \cdot 10^{11}$ m; constante de gravitação universal $G \simeq 6{,}7 \cdot 10^{-11}$ (SI).

P.437 Calcule aproximadamente a intensidade da força de atração gravitacional da Terra sobre a Lua. Compare a intensidade dessa força com a intensidade da força de atração Sol-Terra do exercício anterior. Dados aproximados: massa da Terra $M \simeq 6{,}0 \cdot 10^{24}$ kg; massa da Lua $m \simeq 7{,}0 \cdot 10^{22}$ kg; distância média da Terra à Lua $d \simeq 4{,}0 \cdot 10^{8}$ m; constante de gravitação universal $G \simeq 6{,}7 \cdot 10^{-11}$ (SI).

P.438 Dois corpos estão situados a uma distância r um do outro, atraindo-se com força de intensidade 5 N. Qual será a nova intensidade da força de interação entre eles se:

a) a massa de um deles for duplicada?
b) a massa de ambos for triplicada?
c) a distância entre eles for reduzida à metade?

P.439 Dois corpos de massas m_1 e m_2, tais que $m_1 = 9m_2$, estão situados à distância d um do outro. Determine onde deve ser colocado um terceiro corpo, na reta que une os corpos, para que seja nula a força resultante que age nesse corpo, em virtude das ações gravitacionais dos dois corpos.

Descobrindo planetas

Uma das mais notáveis comprovações da validade da lei da Gravitação Universal foi a descoberta do planeta Netuno. Esse planeta foi descoberto antes de ser visto.

No início do século XIX, o astrônomo francês Alexis Bouvard (1767-1843) verificou que o movimento de Urano não coincidia com o calculado matematicamente. Supôs-se então que outro planeta, até então desconhecido, deveria estar causando essa alteração. Após exaustivas pesquisas, o astrônomo Urbain Le Verrier (1811-1877) anunciou à Academia de Ciências da França, em agosto de 1846, a provável posição do novo planeta. Um mês mais tarde (23 de setembro de 1846), após receber correspondência de Le Verrier, o astrônomo alemão Johann Gottfried Galle (1812-1910) conseguiu localizar, na posição indicada, o planeta que foi batizado de Netuno.

Antes, em 1846, o astrônomo inglês John Couch Adams (1819-1892) encontrara, com seus cálculos, a solução do problema, tendo escrito aos astrônomos George Airy (1801-1892) — do Observatório de Greenwich — e James Challis (1803-1882) — do Observatório de Cambridge —, pedindo que verificassem a posição do provável planeta. Entretanto nenhum deles deu crédito a Adams, impedindo-o de ter sozinho a glória da descoberta.

Em 1855, o próprio Urbain Le Verrier observou alterações na órbita de Mercúrio e, por conta delas, previu a existência de um planeta interior, a que deu o nome de Vulcan. Essa previsão, entretanto, não se confirmou.

A descoberta de Plutão também foi resultado da aplicação das leis da Mecânica Celeste ao movimento dos astros. Dessa vez, foram perturbações na órbita calculada para Netuno que indicaram a existência de mais um astro. Entre 1905 e 1908, o diplomata e astrônomo americano Percival Lowell (1855-1916), em seu próprio observatório no Arizona, tentou sem êxito localizá-lo.

Foi somente em 1930, após sua morte, que o astrônomo Clyde William Tombaugh (1906-1997) localizou-o, não por visão direta, mas analisando fotografias obtidas em 1910 da região da constelação de Gêmeos, onde se supunha que ele estava. O novo astro foi durante muito tempo (até 2006) considerado o nono planeta do sistema solar e recebeu o nome de Plutão, em homenagem ao astrônomo Percival Lowell — as duas primeiras letras, P e L, são as iniciais de seu nome.

THE BRIDGEMAN ART LIBRARY / KEYSTONE

▲ Urbain Le Verrier em óleo sobre tela de Felix H. Giacomotti, século XIX.

BIBLIOTECA DO CONGRESSO, WASHINGTON D. C. / SPL-LATINSTOCK

▲ Percival Lowell

THE BRIDGEMAN ART LIBRARY / KEYSTONE

◄ Charge de 1846, do cartunista francês Cham, ridicularizando o astrônomo inglês Adams, insinuando que ele descobrira Netuno no artigo de Le Verrier.

4. Campo gravitacional e campo de gravidade

Um corpo colocado nas proximidades da Terra fica sujeito a uma força de atração gravitacional. Dizemos, neste caso, que a Terra origina, no espaço que a envolve, um **campo gravitacional***.

Considerando a Terra esférica e homogênea, de massa M e raio R, a intensidade da força de atração gravitacional que a Terra exerce no corpo de massa m, colocado a uma distância r do centro da Terra (figura 8), é dada pela Lei da Gravitação Universal:

$$F = G\frac{Mm}{r^2}$$

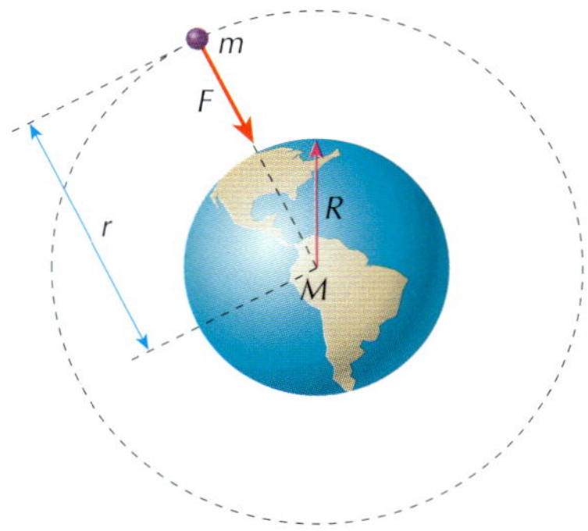

Figura 8.

Além da força de atração gravitacional terrestre, outras forças agem no corpo, devido à presença do Sol, da Lua, dos planetas e da rotação da Terra. Tem-se, então, um novo campo particular para a Terra: o **campo de gravidade** da Terra.

A força resultante que age no corpo, nestas condições, é o seu peso $\vec{P} = m\vec{g}$.

5. Aceleração da gravidade

Vamos desprezar a ação do Sol, da Lua e de outros astros (Terra isolada no Universo) e não vamos levar em conta sua rotação. Nessas condições, o campo gravitacional coincide com o campo de gravidade. Assim, a força de atração gravitacional $\vec{F}$ é o próprio peso $\vec{P}$. Para um corpo situado na superfície da Terra (figura 9), temos:

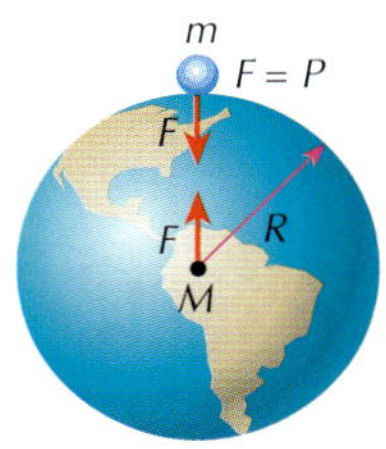

Figura 9.

$$F = P \Rightarrow G\frac{Mm}{R^2} = mg$$

Portanto:

$$\boxed{g = G\frac{M}{R^2}} \quad ①$$

(aceleração da gravidade nos pontos da superfície terrestre**)

A uma altitude h (figura 10) a aceleração da gravidade é menor que na superfície:

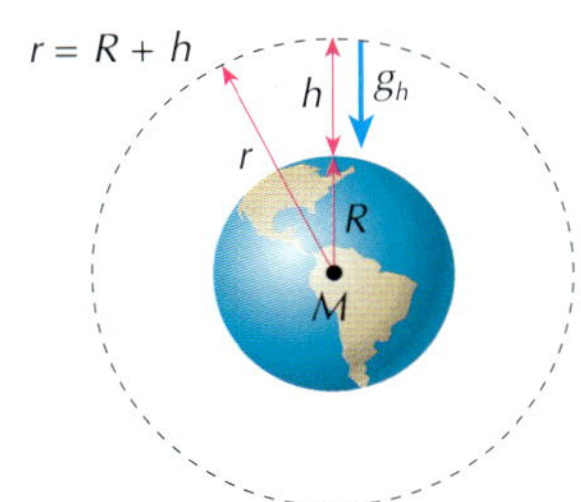

Figura 10.

$$\boxed{g_h = \frac{GM}{r^2} = \frac{GM}{(R+h)^2}} \quad ②$$

Da equação ① vem $GM = gR^2$ que, substituída em ②, resulta:

$$g_h = \frac{GM}{(R+h)^2} = g\frac{R^2}{(R+h)^2} \Rightarrow g_h = g\left(\frac{R}{R+h}\right)^2$$

Sendo h pequeno em comparação com R (h bem menor que R), resulta $g_h \simeq g$. Portanto, nas vizinhanças da Terra, a aceleração da gravidade é praticamente constante.

* O campo gravitacional não se restringe à Terra. Qualquer corpo material — como por exemplo a Lua, os planetas, uma cadeira, uma nave ou um satélite — origina, na região que o envolve, um campo gravitacional.

** Neste estudo, a Terra foi suposta estacionária. A análise da influência da rotação da Terra é feita no exercício **R.170**.

Resumindo:

Aceleração da gravidade na superfície da Terra

$$g = \frac{GM}{R^2} \text{ onde } \begin{cases} M = \text{ massa da Terra} \\ R = \text{ raio da Terra} \end{cases}$$

Aceleração da gravidade à altitude *h* da superfície da Terra

$$g_h = \frac{GM}{r^2} = \frac{GM}{(R + h)^2} = g\left(\frac{R}{R + h}\right)^2 \text{ onde } \begin{cases} g = \text{ aceleração da gravidade na superfície da Terra} \\ R = \text{ raio da Terra} \end{cases}$$

As expressões anteriores podem ser generalizadas e fornecer a aceleração da gravidade em qualquer planeta: M passa a ser a massa do planeta, R o seu raio e h a altitude considerada.

STEVE MOORE / DIST. BY ATLANTIC SYNDICATION / UNIVERSAL PRESS SYNDICATE

A gravidade no interior da Terra

Consideremos um ponto A interno à Terra, pertencente a uma esfera imaginária de raio r, e seja ΔM a massa dessa esfera.

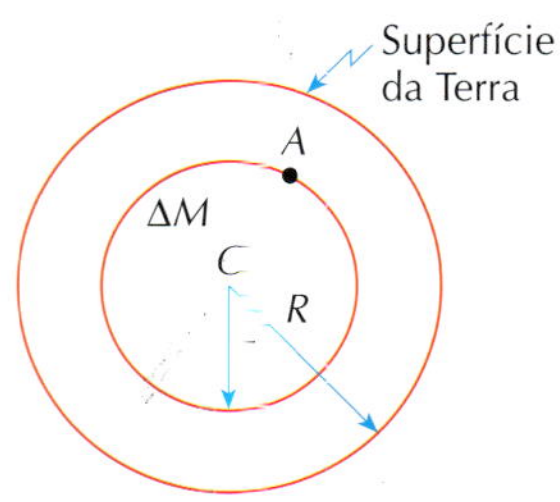

O campo gravitacional em A é devido apenas a essa massa ΔM. Assim, aplicando a fórmula para pontos da superfície esférica de raio r, temos:

$$g_A = G\frac{\Delta M}{r^2} \quad ①$$

A densidade d da esfera pode ser escrita: $d = \frac{\Delta M}{\Delta V}$, sendo $\Delta V = \frac{4}{3}\pi r^3$ o volume da esfera imaginária à qual pertence A.

Portanto: $\Delta M = d \cdot \Delta V = d \cdot \frac{4}{3}\pi r^3$

Substituindo em ①: $g_A = G\frac{d \cdot \frac{4}{3}\pi r^3}{r^2} \Rightarrow$ $\boxed{g_A = \left(\frac{4}{3}G\pi d\right) \cdot r}$

Como $\frac{4}{3}G\pi d$ é constante, concluímos que a aceleração da gravidade em pontos internos da Terra é diretamente proporcional à distância r do ponto considerado ao centro da Terra. Particularmente no centro da Terra (C), $r = 0$ e $g_C = 0$.

Em resumo, a aceleração da gravidade g, a partir do centro da Terra, varia com a distância r, de acordo com o gráfico seguinte:

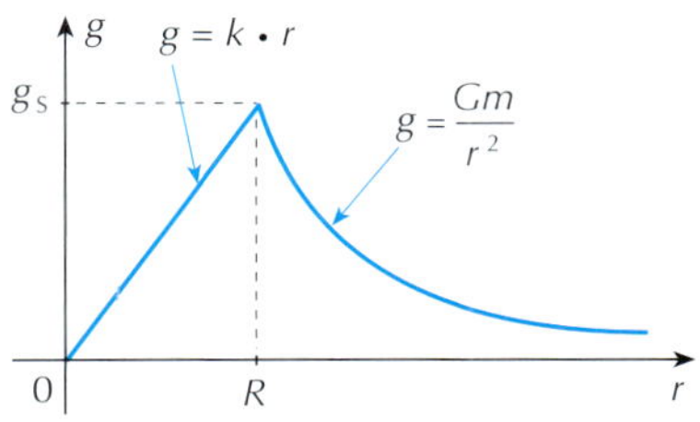

g_S: aceleração da gravidade na superfície da Terra
R: raio da Terra

PARTE 6

Exercícios resolvidos

R.167 Considere um corpo de 100 kg no interior de um satélite artificial em torno da Terra. O satélite encontra-se, em relação à superfície da Terra, à altitude igual ao próprio raio da Terra. Suponha a Terra estacionária no espaço. Determine:

a) a aceleração da gravidade no interior do satélite em relação à aceleração da gravidade na superfície da Terra (adote $g = 10\ m/s^2$);

b) o peso do corpo de massa 100 kg na superfície da Terra e na altura em que se encontra o satélite.

Solução:

a) A aceleração da gravidade numa altitude h é dada por:

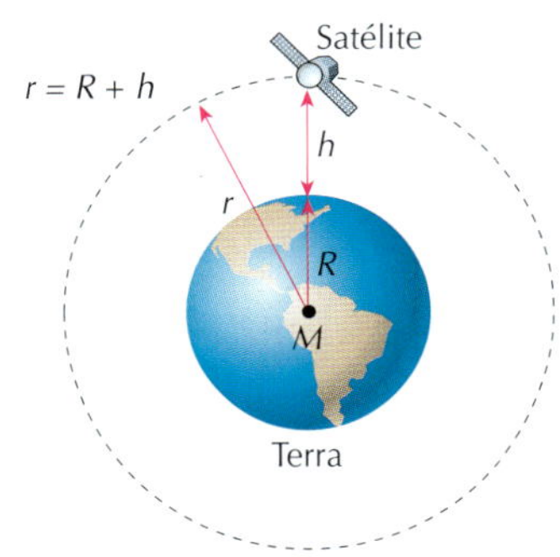

$$g_h = g \cdot \left(\frac{R}{R + h}\right)^2$$

Nesse caso, $h = R$. Portanto:

$$g_h = g \cdot \left(\frac{R}{R + R}\right)^2 = g \cdot \left(\frac{R}{2R}\right)^2 \Rightarrow \boxed{g_h = \frac{g}{4} = 2{,}5\ m/s^2}$$

b) O peso do corpo na Terra é: $P = mg = 100 \cdot 10 \Rightarrow \boxed{P = 1.000\ N}$

À altura h, temos: $P_h = mg_h = 100 \cdot 2{,}5 \Rightarrow \boxed{P_h = 250\ N}$

Respostas: a) $g_h = \frac{g}{4} = 2{,}5\ m/s^2$; b) $P_h = 250$ N; na superfície $P = 1.000$ N

R.168 A massa da Terra é aproximadamente igual a 81 vezes a massa da Lua e o seu raio é aproximadamente 3,7 vezes o raio da Lua. Se g_T é a aceleração da gravidade na superfície da Terra, determine a aceleração da gravidade na Lua g_L em relação a g_T. Quanto pesará, na Lua, um corpo de peso 60 N na superfície da Terra?

Solução:

A aceleração da gravidade na superfície da Terra é: $g_T = G\frac{M_T}{R_T^2}$

Na Lua: $g_L = G\frac{M_L}{R_L^2}$

Com $M_T \simeq 81M_L$ e $R_T \simeq 3{,}7R_L$, vem na primeira expressão:

$$g_T = G\frac{81M_L}{(3{,}7R_L)^2} = \frac{81}{13{,}69}\frac{GM_L}{R_L^2} \simeq 6 \cdot \frac{GM_L}{R_L^2} = 6g_L \Rightarrow \boxed{g_L \simeq \frac{1}{6}g_T}$$

Como a massa de um corpo é constante, decorre que seu peso na Lua será da ordem de $\frac{1}{6}$ de seu peso na Terra $\left(g_L \simeq \frac{1}{6}g_T\right)$; assim, 60 N na Terra equivalem a 10 N na Lua: $\boxed{P_L = 10\ N}$

Resposta: $g_L \simeq \frac{1}{6}g_T$; $P_L = 10$ N

R.169 O planeta *X* tem a metade da massa do planeta *Y* e raio quatro vezes menor. Compare as acelerações da gravidade, g_X e g_Y, nas superfícies desses planetas.

Solução:

Planeta *Y*: massa *M*; raio *R* Planeta *X*: massa $M' = \dfrac{M}{2}$; raio $R' = \dfrac{R}{4}$

Para *Y*, temos: $g_Y = G\dfrac{M}{R^2}$ ①

Para *X*, temos: $g_X = G\dfrac{M'}{R'^2} = G\dfrac{\frac{M}{2}}{\left(\frac{R}{4}\right)^2} = G\dfrac{M \cdot 16}{2 \cdot R^2} = G\dfrac{M}{R^2} \cdot \dfrac{16}{2}$ ②

Comparando ① e ②, vem: $\boxed{g_X = 8g_Y}$

Resposta: O planeta *X* tem aceleração da gravidade em sua superfície oito vezes maior que no planeta *Y*.

R.170 Analise o efeito da rotação da Terra no valor da aceleração da gravidade para um corpo transportado do polo ao equador.
Adote: período de rotação da Terra em torno de seu eixo = 24 h (86.400 s); raio da Terra $R = 6{,}37 \cdot 10^6$ m
Considere a Terra uma esfera homogênea.

Solução:

Pode-se medir o peso de um corpo com um dinamômetro de mola, calibrado em força, quando o corpo atinge o equilíbrio (figura a). Considere agora um corpo suspenso a um dinamômetro de mola no plano do equador (a figura b é vista do Polo Norte). No corpo atuam a força de gravitação $\vec{F}$ e a força da mola (cuja intensidade é igual à intensidade do peso $\vec{P}$ do corpo). Devido à rotação da Terra, $\vec{F}$ e $\vec{P}$ não têm intensidades iguais, pois existe aceleração centrípeta do movimento circular. Assim, pela equação fundamental da Dinâmica:

$$F - P = ma_{cp}$$

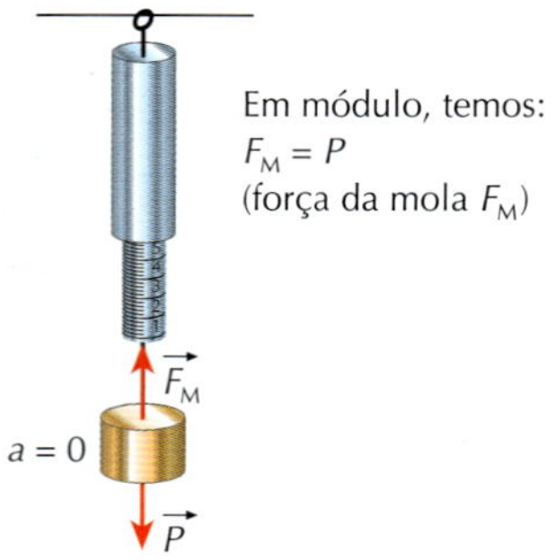

Figura a

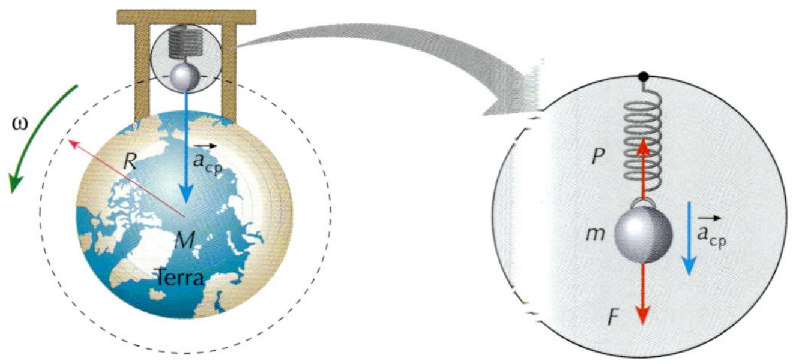

Figura b

Sendo $F = G\dfrac{Mm}{R^2}$ e $P = mg_e$, sendo g_e a **aceleração da gravidade nos pontos do equador**, vem:

$$G\frac{Mm}{R^2} - mg_e = ma_{cp} \Rightarrow \frac{GM}{R^2} - g_e = a_{cp}$$

Mas $\dfrac{GM}{R^2} = g_p$ é a **aceleração da gravidade nos polos**, pois nesses pontos não existe influência da rotação da Terra. Sendo $a_{cp} = \omega^2 R$, resulta:

$$g_p - g_e = \omega^2 R \Rightarrow \boxed{g_e = g_p - \omega^2 R}$$

Sendo $R = 6{,}37 \cdot 10^6$ m, $\omega = \dfrac{2\pi}{T}$ e $T = 86.400$ s, vem: $\omega^2 R = \left(\dfrac{2\pi}{86.400}\right)^2 \cdot 6{,}37 \cdot 10^6 \Rightarrow \omega^2 R = 0{,}0337$ m/s^2

Portanto: $\boxed{g_e = g_p - 0{,}0337 \text{ m/s}^2}$

Resposta: A aceleração da gravidade varia ao longo da superfície da Terra devido ao movimento de rotação. No equador seu valor é **mínimo** e nos polos seu valor é **máximo**.

Observação:
A aceleração da gravidade tomada ao nível do mar, a uma latitude 45°, é chamada **aceleração normal** da gravidade e é igual a $g = 9{,}80665$ m/s^2.

Exercícios propostos

P.440 O peso de um corpo na superfície da Terra é 40 N. Esse mesmo corpo pesa 10 N no interior de uma nave espacial que se move sob a ação da gravidade em torno da Terra, suposta estacionária no espaço. Calcule a distância da nave ao centro da Terra no momento da pesagem em função do raio da Terra (R).

P.441 Imagine um planeta cuja massa seja 10 vezes a massa da Terra e cujo raio seja 2 vezes o raio da Terra. Sendo g a aceleração da gravidade na superfície da Terra, determine a aceleração da gravidade na superfície do planeta em função de g. Não considere os efeitos da rotação.

P.442 Se existisse um planeta de massa oito vezes maior que a da Terra e raio três vezes maior, qual seria a relação entre a aceleração da gravidade na superfície desse planeta g_P e a aceleração da gravidade na superfície da Terra g_T?

P.443 No caso do exercício anterior, qual seria o peso de um corpo de massa 50 kg na superfície desse planeta imaginário? Adote $g_T = 10\ m/s^2$.

P.444 Considere a Terra uma esfera homogênea de raio $R = 6{,}4 \cdot 10^6$ m e seja $g_p = 10\ m/s^2$ a aceleração da gravidade nos polos. Suponha que a velocidade angular de rotação da Terra aumentasse até um valor ω, de modo que o peso de uma pessoa no equador ficasse nulo. Qual seria, nessas condições, o valor de ω?

6. Corpos em órbita

Considere um planeta de raio R e massa M. Seja m a massa de um satélite em órbita circular em torno do planeta à altitude h (figura 11).

A força da interação gravitacional entre M e m é responsável pela aceleração centrípeta necessária para manter m em órbita. Essa aceleração é a própria aceleração da gravidade à altitude h:

$$a_{cp} = g_h$$

A partir dessa igualdade, tanto podemos determinar a velocidade orbital como o período de revolução do satélite em torno do planeta.

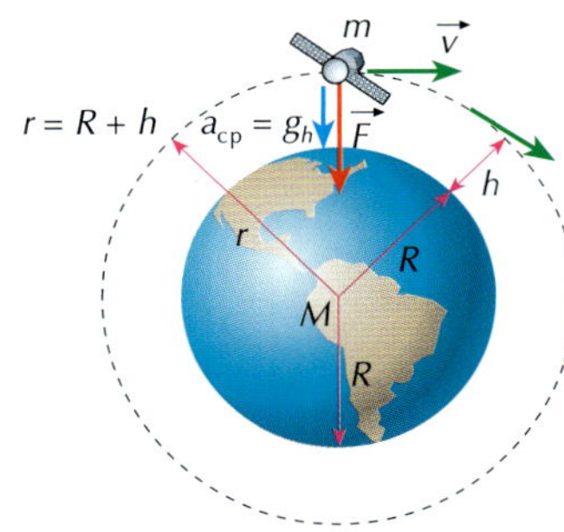

Figura 11.

Velocidade

Sendo $a_{cp} = \dfrac{v^2}{r}$ e $g_h = \dfrac{GM}{r^2}$, vem: $\dfrac{v^2}{r} = \dfrac{GM}{r^2} \Rightarrow$ $\boxed{v = \sqrt{\dfrac{GM}{r}} = \sqrt{\dfrac{GM}{R+h}}}$

Período

Sendo $a_{cp} = \dfrac{v^2}{r} = \omega^2 r = \dfrac{4\pi^2}{T^2} \cdot r$ e $g_h = \dfrac{GM}{r^2}$, vem:

$$\frac{4\pi^2}{T^2} r = \frac{GM}{r^2} \Rightarrow T^2 = \frac{4\pi^2}{GM} r^3 \Rightarrow \boxed{T^2 = Kr^3,\ \text{sendo } K = \frac{4\pi^2}{GM} = \text{constante}}$$

Note que:

- a velocidade e o período independem da massa m do satélite;
- a velocidade e o período dependem da massa do planeta M e da distância r;
- a fórmula do período é a própria terceira lei de Kepler. Para o sistema solar, M é a massa do Sol e a constante $K = \dfrac{4\pi^2}{GM}$ é comum para todos os planetas, independentemente de suas massas.

Entre na rede

O endereço eletrônico **http://www.phy.ntnu.edu.tw/oldjava/portuguese/dinamica/satelliteorbits/satelliteorbits.htm** (acesso em 22/2/2007) permite estudar o movimento de um projétil e o movimento orbital de um satélite.

Conhecida a velocidade do satélite, a uma determinada altura, determinamos sua energia cinética:

$$v = \sqrt{\frac{GM}{r}} \Rightarrow v^2 = \frac{GM}{r}$$

Como $E_c = \dfrac{mv^2}{2}$, temos: $\boxed{E_c = \dfrac{GMm}{2r}}$

Demonstra-se que a **energia potencial gravitacional**, adotando-se referencial no infinito, é dada por:

$$\boxed{E_p = -G\frac{Mm}{r}}$$

O sinal negativo significa que, em todos os pontos do campo gravitacional, a energia potencial gravitacional é menor do que no infinito.

No campo gravitacional, a energia mecânica se conserva, isto é, $E_{mec.} = E_p + E_c =$ constante.

6.1. Velocidade de escape

Velocidade de escape é a menor velocidade com que se deve lançar um corpo da superfície terrestre para que este se livre da atração da Terra, isto é, chegue ao infinito com velocidade nula.

Para o cálculo dessa velocidade (v_0), desprezando a resistência do ar, aplicamos o princípio da conservação da energia mecânica.

Corpo na Terra: $E_c = \dfrac{mv_0^2}{2}$; $E_p = -G\dfrac{Mm}{R}$

Corpo no infinito: $E_c = 0$; $E_p = 0$ (referencial no infinito)

Portanto: $\dfrac{mv_0^2}{2} - \dfrac{GMm}{R} = 0 \Rightarrow$ $\boxed{v_0 = \sqrt{\dfrac{2GM}{R}}}$

Substituindo os valores de G, M (massa da Terra) e R (raio médio da Terra), vem:

$$\boxed{v_0 \simeq 11{,}3 \text{ km/s}}$$

WATTERSON / DIST. BY ATLANTIC SYNDICATION / UNIVERSAL PRESS SYNDICATE

6.2. Satélite rasante

A velocidade de um satélite a baixa altitude (raio da órbita = raio da Terra), isto é, rasante à superfície da Terra, é dada por:

$$\boxed{v = \sqrt{\frac{GM}{R}}}$$

Substituindo os valores de G, M (massa da Terra) e R (raio médio da Terra), vem: $\boxed{v \simeq 8 \text{ km/s}}$

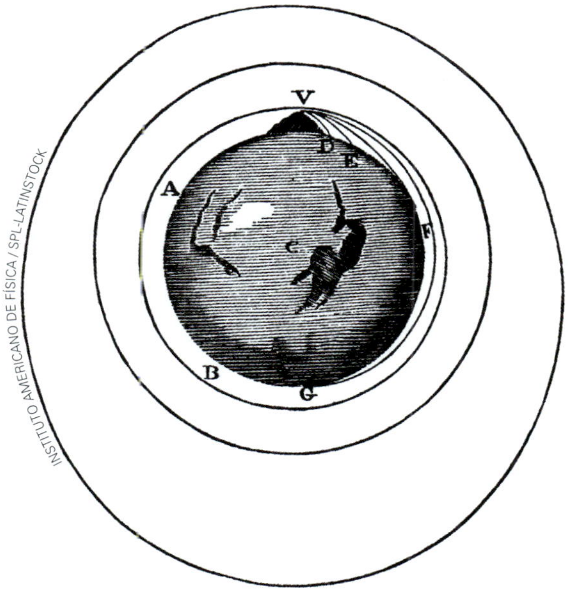

INSTITUTO AMERICANO DE FÍSICA / SPL-LATINSTOCK

Entre na rede

No endereço eletrônico **http://galileoandeinstein.physics.virginia.edu/more_stuff/Applets/newt/newtmtn.html** você pode encontrar a simulação dos lançamentos desenhados por Newton.

Esse esboço, feito pelo próprio Newton, mostra que se um projétil fosse lançado horizontalmente de um monte tão alto que o atrito do ar fosse desprezível, com velocidade suficiente, ele entraria em órbita ao redor da Terra.

6.3. A imponderabilidade

ROGER RESSMEYER-NASA / CORBIS-LATINSTOCK

É comum dizer que, no interior de uma nave em órbita ao redor da Terra, os astronautas têm a sensação de ausência de peso. Os objetos no interior da nave parecem flutuar. Entretanto, tal imponderabilidade não significa realmente que a força de atração gravitacional deixou de existir. Na verdade ela continua presente, tendo sua intensidade expressa pela Lei da Gravitação Universal de Newton. Nessa situação, a força de atração gravitacional funciona como resultante centrípeta, responsável pela manutenção da órbita circular dos astronautas e de todos os objetos no interior da nave.

Se um astronauta estiver encostado ao piso da nave, como mostra o esquema seguinte, ele não exerce compressão sobre esse piso, à semelhança do que acontece quando um elevador está em queda livre — um ocupante não comprime o chão do elevador, porque ambos estão caindo com a mesma aceleração, a da gravidade. O esquema seguinte mostra um astronauta no interior de uma nave em órbita e, ao lado, as forças atuantes.

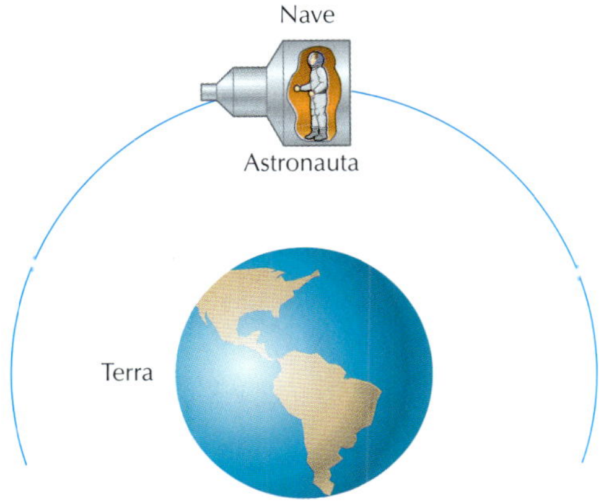

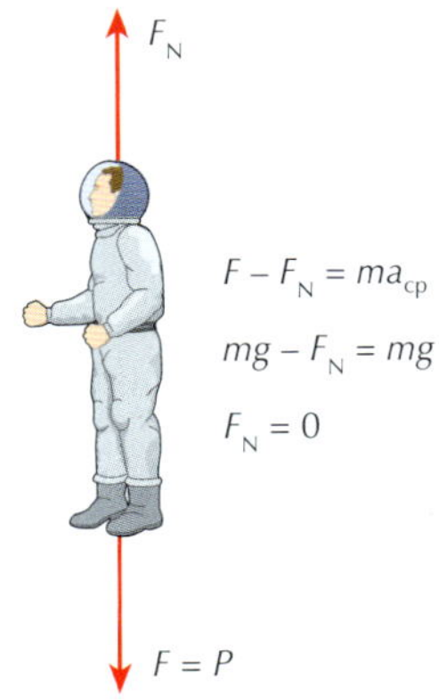

Pode-se dizer que uma nave orbitando a Terra está em constante queda livre, apenas não se aproximando da superfície pelo fato de estar executando o movimento circular. A força de atração gravitacional tem, como única função, fazer com que a nave descreva a curva.

O lixo espacial — poluição em órbita

Mais de 20 mil objetos produzidos pelo homem foram colocados em órbita nos últimos trinta anos. A estimativa é de que existam ao redor da Terra, atualmente, por volta de 10 mil objetos de médio e grande porte, além de outros milhares de fragmentos menores. O que preocupa é o fato de que mais de 5 mil possuem dimensões apreciáveis, superiores a 20 centímetros.

Com o ritmo dos lançamentos, admite-se que nos próximos anos haverá sérias ameaças às atividades do homem nas circunvizinhanças da Terra, sem contar o evidente prejuízo às observações astronômicas feitas a partir do solo.

Há fragmentos que orbitam a Terra a 15 mil, 20 mil ou 30 mil quilômetros por hora, constituindo portanto formidáveis projéteis que podem provocar sérias colisões com naves, sondas e satélites tripulados, sem contar as estações espaciais que estão sendo projetadas e construídas, como, por exemplo, a Estação Espacial Internacional (EEI). Já existem muitos exemplos de veículos danificados por colisões com detritos.

Entretanto, além do perigo das colisões no espaço, existe outro grave problema a resolver: a cada mês, cerca de 40 objetos espaciais reentram na atmosfera. Todos os dispositivos colocados em órbita mais cedo ou mais tarde retornarão à superfície do nosso planeta. Apesar de, felizmente, cerca de três quartos da Terra serem cobertos pela água dos oceanos e mares, não é desprezível a probabilidade de objetos de porte razoável caírem em zonas densamente povoadas.

Por isso, a Nasa, agência espacial norte-americana, e organizações de outros países estão atentas, monitorando os céus em busca desses fragmentos cadentes. Paralelamente, a ONU busca meios para controlar os novos lançamentos e minimizar, no futuro, os prejuízos decorrentes dessa verdadeira poluição espacial nas órbitas em torno da Terra.

Leia mais

Você pode obter informações sobre a Estação Espacial Internacional, visitada em 2006 pelo astronauta brasileiro Marcos Pontes, na página 380.

Exercícios resolvidos

R.171 Um satélite artificial está descrevendo órbita circular de raio $R = 1,2 \cdot 10^7$ m ao redor da Terra. Sendo conhecida a massa da Terra $M_T = 6,0 \cdot 10^{24}$ kg e a constante de gravitação universal $G = 6,67 \cdot 10^{-11}\ \frac{N \cdot m^2}{kg^2}$, determine, para esse satélite:

a) a velocidade orbital;
b) o período.

Solução:

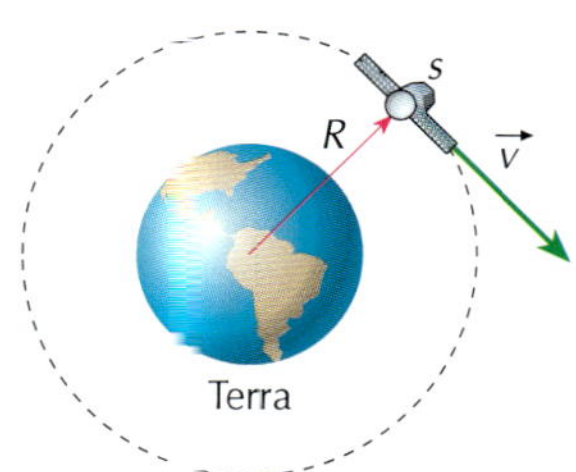

a) Sendo $G = 6,67 \cdot 10^{-11}\ \frac{N \cdot m^2}{kg^2}$, $R = 1,2 \cdot 10^7$ m e $M_T = 6,0 \cdot 10^{24}$ kg, a velocidade orbital do satélite será dada por:

$$v = \sqrt{\frac{GM_T}{R}} = \sqrt{\frac{6,67 \cdot 10^{-11} \cdot 6,0 \cdot 10^{24}}{1,2 \cdot 10^7}}$$

$$v = \sqrt{33,35 \cdot 10^6}$$

$$\boxed{v \simeq 5,8 \cdot 10^3 \text{ m/s}}$$

b) Pela terceira lei de Kepler, $T^2 = KR^3$, sendo $K = \frac{4\pi^2}{GM_T}$.

Calculando a constante K, vem: $K = \frac{4 \cdot (3{,}14)^2}{6{,}67 \cdot 10^{-11} \cdot 6{,}0 \cdot 10^{24}} \Rightarrow K \simeq 1{,}0 \cdot 10^{-13} \frac{s^2}{m^3}$

O período do satélite será dado por: $T^2 = 1{,}0 \cdot 10^{-13} \cdot (1{,}2 \cdot 10^7)^3 = 1{,}73 \cdot 10^8 \Rightarrow \boxed{T \simeq 1{,}3 \cdot 10^4 \text{ s}}$

Outra solução: $v = \frac{2\pi R}{T} \Rightarrow 5{,}8 \cdot 10^3 = \frac{2 \cdot 3{,}14 \cdot 1{,}2 \cdot 10^7}{T} \Rightarrow \boxed{T \simeq 1{,}3 \cdot 10^4 \text{ s}}$

Respostas: a) $\simeq 5{,}8 \cdot 10^3$ m/s; b) $\simeq 1{,}3 \cdot 10^4$ s

R.172 O planeta Marte possui massa de $6{,}46 \cdot 10^{23}$ kg e raio $3{,}37 \cdot 10^6$ m. Sendo $G = 6{,}67 \cdot 10^{-11} \frac{N \cdot m^2}{kg^2}$ a constante de gravitação universal, determine:

a) a velocidade de escape nesse planeta;

b) a velocidade orbital e o período de um satélite artificial que orbite a baixa altitude (satélite rasante) nesse planeta (raio da órbita = raio de Marte).

Solução:

a) A velocidade de escape é dada por: $v_0 = \sqrt{\frac{2GM}{R}}$

Sendo $G = 6{,}67 \cdot 10^{-11} \frac{N \cdot m^2}{kg^2}$, $M = 6{,}46 \cdot 10^{23}$ kg e $R = 3{,}37 \cdot 10^6$ m, vem:

$$v_0 = \sqrt{\frac{2 \cdot 6{,}67 \cdot 10^{-11} \cdot 6{,}46 \cdot 10^{23}}{3{,}37 \cdot 10^6}} \Rightarrow v_0 = \sqrt{25{,}57 \cdot 10^6} \Rightarrow v_0 \simeq 5{,}05 \cdot 10^3 \text{ m/s} \Rightarrow \boxed{v_0 \simeq 5{,}05 \text{ km/s}}$$

b) Para um satélite a baixa altitude (satélite rasante):

$$v = \sqrt{\frac{GM}{R}} = \sqrt{\frac{6{,}67 \cdot 10^{-11} \cdot 6{,}46 \cdot 10^{23}}{3{,}37 \cdot 10^6}} \Rightarrow v \simeq 3{,}57 \cdot 10^3 \text{ m/s} \Rightarrow \boxed{v \simeq 3{,}57 \text{ km/s}}$$

$$v = \frac{2\pi R}{T} \Rightarrow 3{,}57 \cdot 10^3 = \frac{2 \cdot 3{,}14 \cdot 3{,}37 \cdot 10^6}{T} \Rightarrow \boxed{T \simeq 5{,}93 \cdot 10^3 \text{ s}}$$

Respostas: a) $\simeq 5{,}05$ km/s; b) $\simeq 3{,}57$ km/s; $\simeq 5{,}93 \cdot 10^3$ s

Exercícios propostos

P.445 Um satélite artificial é lançado para que descreva uma órbita circular de raio $8{,}0 \cdot 10^3$ km. Sendo a constante de gravitação universal $6{,}67 \cdot 10^{-11} \frac{N \cdot m^2}{kg^2}$ e a massa da Terra $6{,}0 \cdot 10^{24}$ kg, determine:

a) a velocidade orbital desse satélite;

b) o intervalo de tempo que ele demora para completar uma volta ao redor da Terra.

P.446 Admita que o satélite do exercício anterior tenha 100 kg de massa.

a) Determine a intensidade da força centrípeta que age sobre ele.

b) Explique por que uma pessoa dentro desse satélite experimenta a sensação de imponderabilidade ou "ausência" de peso.

P.447 Qual é a velocidade de escape de um corpo na superfície da Lua, cuja massa é $7{,}0 \cdot 10^{22}$ kg e cujo raio é $1{,}73 \cdot 10^6$ m? A constante de gravitação universal vale $6{,}67 \cdot 10^{-11} \frac{N \cdot m^2}{kg^2}$.

Exercícios propostos de recapitulação

P.448 (Unicamp-SP) A terceira lei de Kepler diz que "o quadrado do período de revolução de um planeta (tempo para dar uma volta em torno do Sol) dividido pelo cubo da distância do planeta ao Sol é uma **constante**". A distância da Terra ao Sol é equivalente a 1 UA (unidade astronômica).

a) Entre Marte e Júpiter existe um cinturão de asteroides (veja figura). Os asteroides são corpos sólidos que teriam sido originados do resíduo de matéria existente por ocasião da formação do sistema solar. Se no lugar do cinturão de asteroides essa matéria tivesse se aglutinado formando um planeta, quanto duraria o ano deste planeta (tempo para dar uma volta em torno do Sol)?

b) De acordo com a terceira lei de Kepler, o ano de Mercúrio é mais longo ou mais curto que o ano terrestre?

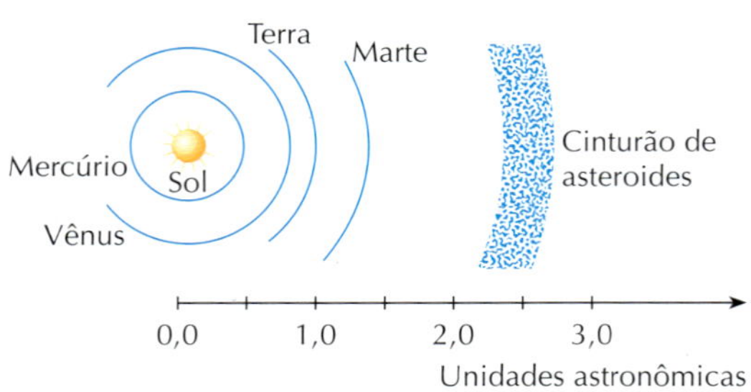

P.449 (Vunesp) A Terra descreve uma elipse em torno do Sol, cuja área é $A = 6{,}98 \cdot 10^{22}$ m².

a) Qual é a área varrida pelo raio que liga a Terra ao Sol entre 0,0 h do dia 1º de abril até 24 h do dia 30 de maio do mesmo ano?

b) Qual foi o princípio ou lei que você usou para efetuar o cálculo acima?

P.450 (Mackenzie-SP) Que alteração sofreria o módulo da aceleração da gravidade se a massa da Terra fosse reduzida à metade e o seu raio diminuído de $\frac{1}{4}$ de seu valor real?

P.451 (Covest-PE) À medida que se aproxima da superfície de um planeta, uma sonda espacial envia dados para a Terra. A tabela abaixo indica os valores medidos para a aceleração da gravidade desse planeta como função da distância h da sonda à sua superfície.

g (m/s²)	h (km)
0,6	$4{,}8 \times 10^3$
2,4	$0{,}7 \times 10^3$

Com base nesses dados, determine o valor do raio desse planeta, medido em unidades de 10^5 m.

P.452 (Mackenzie-SP) Qual é o valor da aceleração da gravidade do Sol se o seu raio é 110 vezes maior do que o da Terra e sua densidade é $\frac{1}{4}$ da densidade média da Terra?

A aceleração da gravidade na superfície da Terra é 9,8 m/s².

Densidade $= \frac{\text{massa}}{\text{volume}}$; volume de uma esfera: $V = \frac{4}{3}\pi R^3$

P.453 (PUC-RJ) Um satélite de massa m gira com velocidade angular ω constante em torno de um planeta de massa M, em órbita circular de raio R.

a) Represente, no desenho abaixo, por setas, a(s) força(s) que atua(m) no satélite.

b) Calcule a velocidade angular ω do satélite em função de M, R e G (constante de gravitação universal).

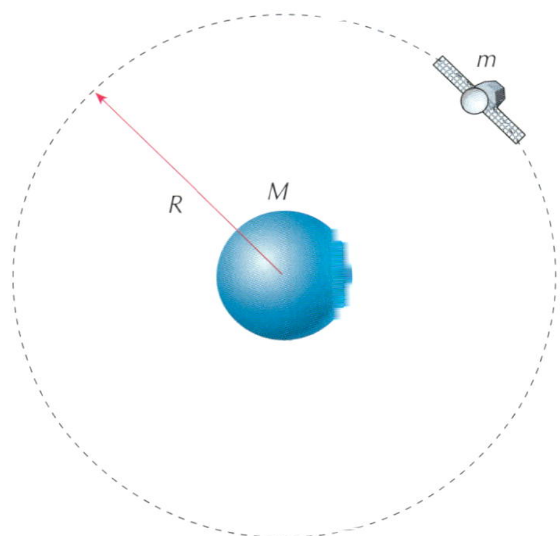

P.454 (UFF-RJ) Em certo sistema planetário, alinham-se, num dado momento, um planeta, um asteroide e um satélite, como representa a figura.

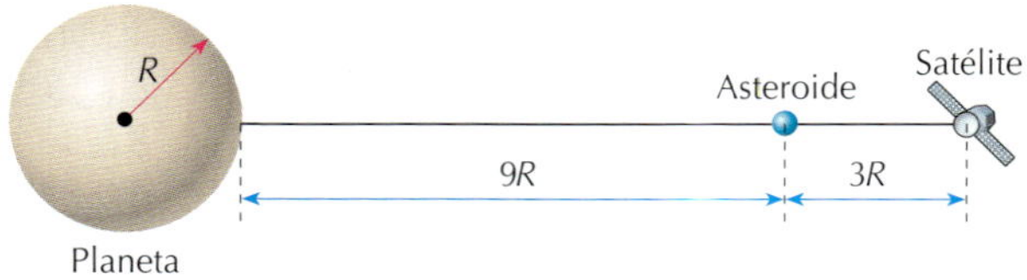

Sabe-se que:

(1) a massa do satélite é mil vezes menor que a massa do planeta.

(2) o raio do satélite é muito menor que o raio R do planeta.

Determine a razão entre as forças gravitacionais exercidas pelo planeta e pelo satélite sobre o asteroide.

P.455 (UFSCar-SP) No filme *Armageddon*, para salvar a Terra do impacto de um gigantesco asteroide, a NASA envia a esse asteroide um grupo de perfuradores de petróleo. Lá, sem nenhuma experiência em atividades no espaço, trabalhando na superfície do asteroide como se estivessem na superfície da Terra, esses trabalhadores perfuram um poço no fundo do qual colocam um artefato nuclear de 9,0 megatons (cerca de $4{,}0 \cdot 10^{14}$ J). A explosão desse artefato dividiu o asteroide em duas metades de igual massa que, em relação ao asteroide, se deslocaram perpendicularmente à trajetória inicial de colisão, livrando a Terra do catastrófico impacto.

A partir de outras informações fornecidas no filme e admitindo-se o asteroide esférico, é possível concluir que o seu raio seria de $6{,}5 \cdot 10^5$ m, a sua massa de $6{,}0 \cdot 10^{21}$ kg e cada uma das metades em que ele se dividiu na explosão deveria ter adquirido velocidade inicial mínima de $2{,}1 \cdot 10^3$ m/s, em relação ao centro de massa do asteroide, para que elas também não atingissem a Terra.

a) Qual seria a aceleração da gravidade na superfície desse asteroide? O valor obtido está de acordo com o que descrevemos do filme? Justifique.
Dado: constante de gravitação universal $= G = 6{,}7 \cdot 10^{-11}\ \text{N} \cdot \text{m}^2/\text{kg}^2$

b) A energia do artefato nuclear utilizado tinha o valor suficiente para separar o asteroide em duas metades e dar a elas a velocidade inicial necessária para livrar a Terra do choque? Justifique.

P.456 (Fuvest-SP) Um astrônomo, ao estudar uma estrela dupla E_1 — E_2, observou que ambas executavam um movimento em torno de um mesmo ponto P, como se estivessem ligadas por uma barra imaginária. Ele mediu a distância D entre elas e o período T de rotação das estrelas, obtendo $T = 12$ dias. Observou, ainda, que o raio R_1, da trajetória circular de E_1, era três vezes menor do que o raio R_2, da trajetória circular de E_2. Observando essas trajetórias, ele concluiu que as massas das estrelas eram tais que $M_1 = 3M_2$. Além disso, supôs que E_1 e E_2 estivessem sujeitas apenas à força gravitacional entre elas.

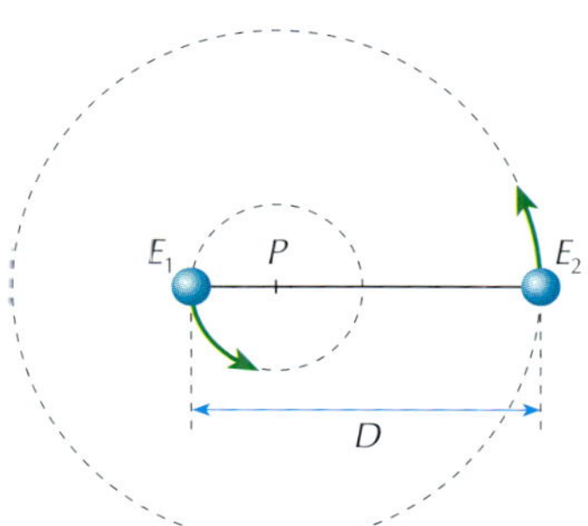

A partir das medidas e das considerações do astrônomo:

a) Indique as posições em que E_1 e E_2 estariam, quinze dias após uma observação em que as estrelas foram vistas, como está representado no esquema abaixo. Marque e identifique claramente, no mesmo esquema, as novas posições de E_1 e E_2.

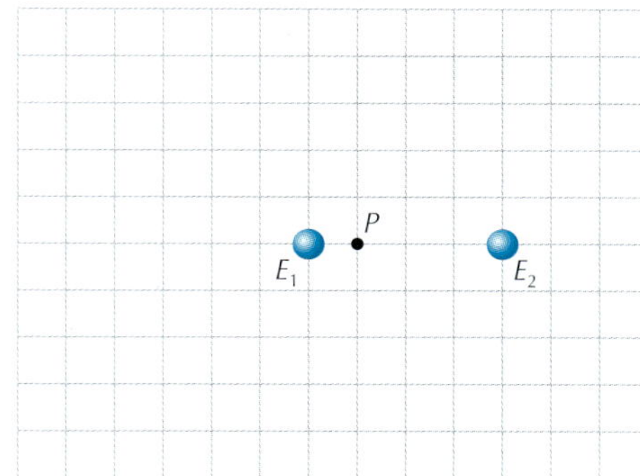

b) Determine a razão $R = \dfrac{v_2}{v_1}$ entre os módulos das velocidades lineares das estrelas E_2 e E_1.

c) Escreva a expressão da massa M_1 da estrela E_1, em função de T, de D e da constante universal da gravitação G.
A força de atração gravitacional F_G entre dois corpos, de massas M_1 e M_2, é dada por $F_G = G\dfrac{M_1M_2}{D^2}$, onde G é a constante universal da gravitação e D é a distância entre os corpos.

P.457 (Unicamp-SP) Satélites de comunicações são retransmissores de ondas eletromagnéticas. Eles são operados normalmente em órbitas cuja velocidade angular ω_T é igual à da Terra, de modo a permanecerem imóveis em relação às antenas transmissoras e receptoras. Essas órbitas são chamadas de órbitas geoestacionárias.

a) Dados ω_T e a distância R entre o centro da Terra e o satélite, determine a expressão da sua velocidade em órbita geoestacionária.

b) Dados ω_T, o raio da Terra R_T e a aceleração da gravidade na superfície da Terra g, determine a distância R entre o satélite e o centro da Terra para que ele se mantenha em órbita geoestacionária.

P.458 (Unicamp-SP) Um míssil é lançado horizontalmente em órbita circular rasante à superfície da Terra. Adote o raio da Terra $R = 6.400$ km e, para simplificar, tome 3 como valor aproximado de π. (Use $g = 10\ \text{m/s}^2$)

a) Qual é a velocidade de lançamento?

b) Qual é o período da órbita?

P.459 (Fuvest-SP) Se fosse possível colocar um satélite em órbita rasante em torno da Terra, o seu período seria *T*. Sendo *G* a constante de gravitação universal, expresse a massa específica média (densidade média) da Terra em função de *T* e *G*.

P.460 Dois satélites *A* e *B*, de mesma massa, descrevem órbitas circulares em torno da Terra com altitudes iguais a *R* e 3*R*, sendo *R* o raio da Terra. Considere a Terra estacionária no espaço. Determine a relação entre:

a) as energias cinéticas dos satélites *A* e *B*;
b) os períodos dos satélites *A* e *B*.

T Testes propostos

T.346 Associe a primeira coluna de acordo com a segunda e, a seguir, marque a opção que contiver a ordem correta.

1. Modelo dos gregos (século III a.C.)
2. Sistema de Ptolomeu (século II d.C.)
3. Sistema de Copérnico (século XVI)

( ) Os planetas movem-se em círculos cujos centros giram em torno da Terra.
( ) O Sol está em repouso. Os planetas (inclusive a Terra) giram em torno dele em órbitas circulares.
( ) A Terra ocupa o centro do universo. O Sol, a Lua e as estrelas estão incrustados em esferas que giram em torno dela.

a) 3 - 2 - 1
b) 1 - 3 - 2
c) 3 - 1 - 2
d) 2 - 3 - 1

T.347 (PUC-MG) A figura abaixo representa o Sol, três astros celestes e suas respectivas órbitas em torno do Sol: Urano, Netuno e o objeto recentemente descoberto de nome 1996 TL_{66}.

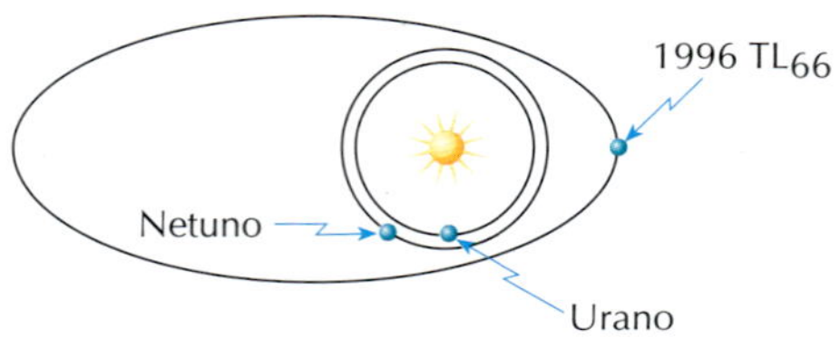

Analise as afirmativas a seguir:

I. Essas órbitas são elípticas, estando o Sol em um dos focos dessas elipses.
II. Os três astros representados executam movimento uniforme em torno do Sol, cada um com um valor de velocidade diferente da dos outros.
III. Dentre todos os astros representados, quem gasta menos tempo para completar uma volta em torno do Sol é Urano.

Assinale:

a) se todas as afirmativas são corretas.
b) se todas as afirmativas são falsas.
c) se apenas as afirmativas I e II são corretas.
d) se apenas as afirmativas II e III são corretas.
e) se apenas as afirmativas I e III são corretas.

T.348 (PUC-MG) É bem conhecida a Lei das Áreas, de Kepler, segundo a qual "o segmento que liga um planeta ao Sol varre áreas iguais em tempos iguais". Esta lei é obedecida pelos outros corpos que orbitam o Sol, como é o caso do cometa Hale-Bopp, que passou recentemente nas proximidades da Terra. Na figura abaixo, estão esquematizados o Sol e a órbita do cometa.

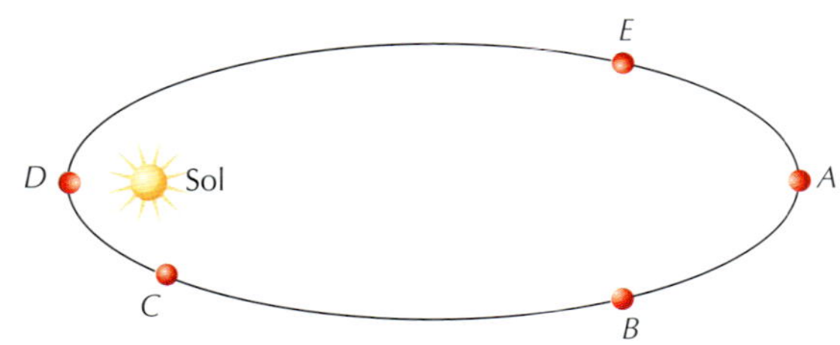

O ponto em que o cometa desenvolve a maior velocidade é:

a) *A*
b) *B*
c) *C*
d) *D*
e) *E*

T.349 (PUC-SP) A sonda Galileo terminou sua tarefa de capturar imagens do planeta Júpiter quando, em 29 de setembro deste ano*, foi lançada em direção à superfície do planeta depois de orbitá-lo por um intervalo de tempo correspondente a 8 anos terrestres. Considerando que Júpiter está cerca de 5 vezes mais afastado do Sol do que a Terra, é correto afirmar que, nesse intervalo de tempo, Júpiter completou, em torno do Sol:

a) cerca de 1,6 volta.
b) menos de meia volta.
c) aproximadamente 8 voltas.
d) aproximadamente 11 voltas.
e) aproximadamente $\frac{3}{4}$ de volta.

* ano de 2003

T.350 (Efoa-MG) Numa descoberta recente de dois planetas que estão em órbita em torno de uma mesma estrela, distante do Sistema Solar, constatou-se que os períodos orbitais destes são T_1 e T_2, respectivamente. Determine as razões dos raios orbitais destes dois planetas, considerando que neste sistema planetário as leis de Kepler também possam ser aplicadas:

a) $(T_1 \times T_2)^{\frac{2}{3}}$

b) $\left(\frac{T_1}{T_2}\right)^{\frac{3}{2}}$

c) $\left(\frac{T_1}{T_2}\right)^{\frac{2}{3}}$

d) $(T_1 \times T_2)^{\frac{3}{2}}$

e) $\frac{T_1^{\frac{2}{3}}}{T_2^{\frac{3}{2}}}$

T.351 (Uece) O ano terrestre é, por definição, o tempo de que a Terra precisa para fazer, no seu movimento circular, uma volta completa em torno do Sol. Imagine um planeta *P*, descrevendo, também, uma órbita circular, em torno do Sol em um tempo igual a 8 anos terrestres. Considerando r_{ST} a distância do centro do Sol ao centro da Terra e r_{SP} a distância do centro do Sol ao centro do planeta *P*, a razão $\frac{r_{SP}}{r_{ST}}$ é igual a:

a) 2
b) 4
c) 8
d) 16

T.352 (Enem-MEC) A tabela a seguir resume alguns dados importantes sobre os satélites de Júpiter.

Nome	Diâmetro (km)	Distância média ao centro de Júpiter (km)	Período orbital (dias terrestres)
Io	3.642	421.800	1,8
Europa	3.138	670.900	3,6
Ganimedes	5.262	1.070.000	7,2
Calisto	4.800	1.880.000	16,7

Ao observar os satélites de Júpiter pela primeira vez, Galileu Galilei fez diversas anotações e tirou importantes conclusões sobre a estrutura de nosso universo. A figura abaixo reproduz uma anotação de Galileu referente a Júpiter e seus satélites.

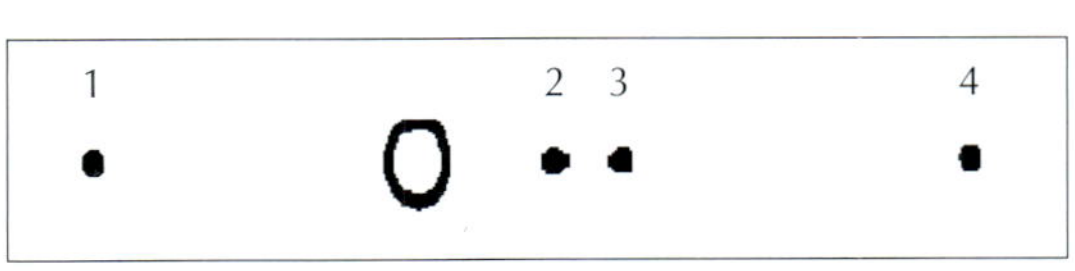

De acordo com essa representação e com os dados da tabela, os pontos indicados por 1, 2, 3 e 4 correspondem, respectivamente, a:

a) Io, Europa, Ganimedes e Calisto.
b) Ganimedes, Io, Europa e Calisto.
c) Europa, Calisto, Ganimedes e Io.
d) Calisto, Ganimedes, Io e Europa.
e) Calisto, Io, Europa e Ganimedes.

T.353 (Mackenzie-SP) Dois satélites de um planeta têm períodos de revolução de 32 dias e 256 dias, respectivamente. Se o raio da órbita do primeiro satélite vale 1 unidade, então o raio da órbita do segundo será:

a) 4 unidades
b) 8 unidades
c) 16 unidades
d) 64 unidades
e) 128 unidades

T.354 (Unifor-CE) A força de atração gravitacional entre dois corpos esféricos de massas *M* e *m*, separados de uma distância *d*, tem intensidade *F*. Então, a força de atração entre dois corpos de massas $\frac{M}{2}$ e $\frac{m}{2}$, separados de uma distância $\frac{d}{2}$, terá intensidade:

a) $\frac{F}{4}$
b) $\frac{F}{2}$
c) F
d) $2F$
e) $4F$

T.355 (Fuvest-SP) No sistema solar, o planeta Saturno tem massa cerca de 100 vezes maior do que a da Terra e descreve uma órbita, em torno do Sol, a uma distância média 10 vezes maior do que a distância média da Terra ao Sol (valores aproximados). A razão $\frac{F_{Sat}}{F_T}$ entre a força gravitacional com que o Sol atrai Saturno e a força gravitacional com que o Sol atrai a Terra é de aproximadamente:

a) 1.000
b) 10
c) 1
d) 0,1
e) 0,001

T.356 (PUC-MG) Dois corpos *A* e *B*, de massas 16*M* e *M*, respectivamente, encontram-se no vácuo e estão separados de uma certa distância. Observa-se que um outro corpo, de massa *m*, fica em repouso quando colocado no ponto *P*, conforme a figura.

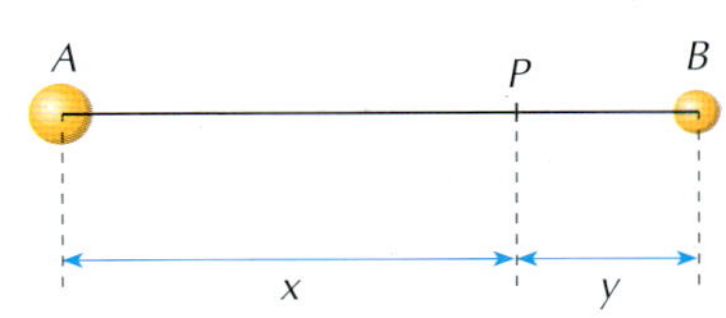

A razão $\frac{x}{y}$ entre as distâncias indicadas é igual a:

a) 2
b) 4
c) 6
d) 8
e) 16

T.357 (Uesb-BA) Um planeta X tem massa três vezes maior que a massa da Terra e raio cinco vezes maior que o raio da Terra. Uma pessoa de massa 50 kg deve pesar, na superfície do planeta X, aproximadamente:

a) 40 N
b) 60 N
c) 50 N
d) 70 N
e) 80 N

T.358 (UFF-RJ) Um corpo de massa m é pendurado em uma balança de mola, de alta precisão, de modo que seu peso aparente possa ser medido em duas posições de latitudes distintas — L_1 e L_2 — conforme ilustrado na figura a seguir.

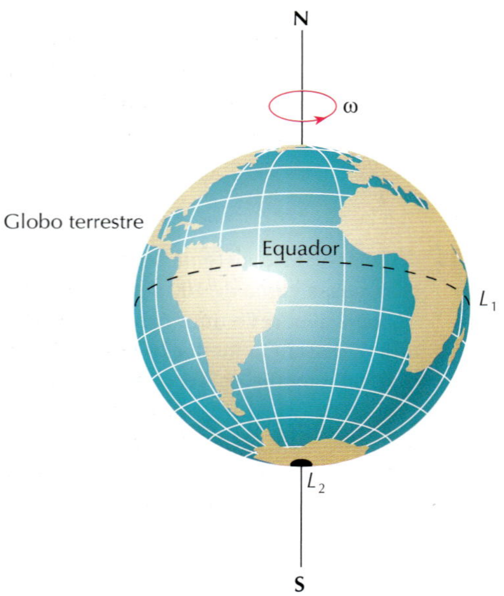

Levando-se em conta os efeitos de rotação da Terra em torno do seu próprio eixo, o corpo terá, em princípio, acelerações diferentes: a_1 em L_1 e a_2 em L_2.
Considerando que a Terra seja esférica, e que P_1 e P_2 sejam as duas medidas registradas, respectivamente, na balança, é correto prever que:

a) $P_1 = P_2$ porque o peso aparente não depende da aceleração
b) $P_1 > P_2$ porque $a_1 > a_2$
c) $P_1 > P_2$ porque $a_1 < a_2$
d) $P_1 < P_2$ porque $a_1 < a_2$
e) $P_1 < P_2$ porque $a_1 > a_2$

T.359 (Fuvest-SP) O gráfico da figura representa a aceleração da gravidade g da Terra em função da distância d ao seu centro.

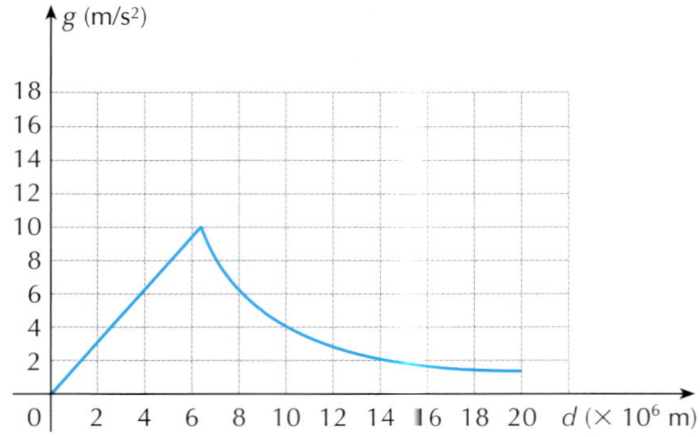

Considere uma situação hipotética em que o valor do raio R_T da Terra seja diminuído para R', sendo $R' = 0{,}8R_T$, e em que seja mantida (uniformemente) sua massa total. Nessas condições, os valores aproximados das acelerações da gravidade g_1 à distância R' e g_2 a uma distância igual a R_T do centro da "Terra Hipotética" são, respectivamente:

	g_1 (m/s²)	g_2 (m/s²)
a)	10	10
b)	8	6,4
c)	6,4	4,1
d)	12,5	10
e)	15,6	10

T.360 (Uniube-MG) Um satélite de massa m gira com velocidade angular ω constante, em torno da Terra, cuja massa é M, em órbita circular de raio R. Considerando G a constante de gravitação universal, a velocidade ω do satélite é:

a) $\frac{1}{R}\sqrt{\frac{G \cdot M}{R}}$
b) $\sqrt{\frac{2 \cdot G \cdot M}{R}}$
c) $\frac{G \cdot M \cdot m}{R}$
d) $\frac{G \cdot M \cdot m}{R^2}$
e) $\frac{G \cdot M}{R^2}$

T.361 (Vunesp) Ao se colocar um satélite em órbita circular em torno da Terra, a escolha de sua velocidade v não pode ser feita independentemente do raio R da órbita. Se M é a massa da Terra e G a constante universal de gravitação, v e R devem satisfazer a condição:

a) $v^2R = GM$
b) $vR^2 = GM$
c) $\frac{v}{R^2} = GM$
d) $\frac{v^2}{R} = GM$
e) $vR = GM$

T.362 (Fuvest-SP) Satélites utilizados para telecomunicações são colocados em órbitas geoestacionárias ao redor da Terra, ou seja, de tal forma que permaneçam sempre acima de um mesmo ponto da superfície da Terra. Considere algumas condições que poderiam corresponder a esses satélites:

I. Ter o mesmo período, de cerca de 24 horas.
II. Ter aproximadamente a mesma massa.
III. Estar aproximadamente à mesma altitude.
IV. Manter-se num plano que contenha o círculo do equador terrestre.

O conjunto de todas as condições a que satélites em órbita geoestacionária devem necessariamente obedecer corresponde a:

a) I e III
b) I, II, III
c) I, III e IV
d) II e III
e) II, IV

T.363 (UFMG) Um satélite é colocado em órbita e fica estacionário sobre um ponto fixo do equador terrestre.

O satélite se mantém em órbita porque:

a) a força de atração que a Terra exerce sobre o satélite equilibra a atração exercida sobre ele pela Lua.
b) a força que o satélite exerce sobre a Terra, de acordo com a terceira lei de Newton, é igual à força que a Terra exerce sobre o satélite, resultando disso o equilíbrio.
c) o satélite é atraído por forças iguais, aplicadas em todas as direções.
d) o satélite está a uma distância tão grande da Terra que a força gravitacional exercida pela Terra sobre o satélite é desprezível.
e) a força de atração da Terra é a força centrípeta necessária para manter o satélite em órbita em torno do centro da Terra com um período de 24 horas.

T.364 (Vunesp) Turistas que visitam Moscou podem experimentar a ausência de gravidade voando em aviões de treinamento de cosmonautas. Uma das maneiras de dar aos passageiros desses voos a sensação de ausência de gravidade, durante um determinado intervalo de tempo, é fazer um desses aviões:

a) voar em círculos, num plano vertical, com velocidade escalar constante.
b) voar em círculos, num plano horizontal, com velocidade escalar constante.
c) voar verticalmente para cima, com aceleração igual a $\vec{g}$.
d) voar horizontalmente, em qualquer direção, com aceleração igual a $\vec{g}$.
e) cair verticalmente de grande altura, em queda livre.

T.365 (UEL-PR) Em 21 de junho de 2004, a nave espacial SpaceShipOne realizou um feito memorável: foi o primeiro veículo espacial concebido pela iniciativa privada a entrar em órbita em torno da Terra, em uma altura pouco superior a 100 km. Durante o intervalo de tempo em que a nave alcançou sua máxima altitude, e com os motores praticamente desligados, seu piloto abriu um pacote de confeitos de chocolates para vê-los flutuar no interior da nave. Assinale a alternativa que apresenta corretamente a explicação da flutuação dos confeitos.

a) A gravidade é praticamente zero na altitude indicada.
b) Não há campo gravitacional fora da atmosfera da Terra.
c) A força gravitacional da Terra é anulada pela gravidade do Sol e da Lua.
d) As propriedades especiais do material de que é feita a nave espacial blindam, em seu interior, o campo gravitacional da Terra.
e) Nave e objetos dentro dela estão em queda livre, simulando uma situação de ausência de gravidade.

T.366 (Mackenzie-SP) Uma das observações científicas mais interessantes, noticiada pelas emissoras de TV, foi a do astronauta que, a bordo de uma estação espacial, borrifou leite líquido contido numa embalagem tradicional e, este, sob a falta de gravidade, adentrou a boca do cientista como uma "bola flutuante". Considerando totalmente desprezível a gravidade no local dessa experiência, duas "bolas" de leite de massas, respectivamente iguais a m e $2m$, terão seus pesos:

a) na proporção $\frac{P_A}{P_B} = 3$.
b) na proporção $\frac{P_A}{P_B} = 2$.
c) na proporção $\frac{P_A}{P_B} = \frac{1}{2}$.
d) na proporção $\frac{P_A}{P_B} = \frac{1}{3}$.
e) iguais a zero.

PARTE 6

A Física em nosso Mundo

A Estação Espacial Internacional

A Estação Espacial Internacional (EEI), cuja construção teve início em 1998, pode ser considerada a primeira grande base avançada da humanidade no espaço. Suas dimensões são gigantescas. Somente seus painéis solares medem 110 metros de comprimento por 80 metros de largura. Sua massa é de aproximadamente 450 toneladas e seu volume interno destinado à habitação tem capacidade para sete tripulantes.

CORTESIA DA NASA

Astronautas durante atividades extraveiculares, dando continuidade à construção da Estação Espacial Internacional, em dezembro de 2006. Ao fundo, veem-se a Nova Zelândia e o Estreito Cook.

A órbita da EEI é inclinada 51,6° em relação à linha do equador e a sua altitude, em relação à superfície da Terra, é de 402 quilômetros. Essa disposição permite a observação de 85% do território terrestre, possibilitando aos pesquisadores um estudo eficiente das mudanças no nosso ambiente. Seu período é de uma hora e meia, com a velocidade linear aproximada de 28 mil km/h. Seu custo foi inicialmente orçado em cerca de 100 bilhões de dólares a serem rateados entre os 16 países sócios, incluindo o Brasil (0,12%). A participação majoritária, técnica e financeira, é dos Estados Unidos (50%) seguida da Rússia (30%).

Benefícios da EEI

A previsão do tempo com maior antecedência permitirá antecipar a ocorrência de muitos desastres naturais, propiciando a prevenção de seus efeitos. O estudo dos micrometeoritos vai guiar os engenheiros no desenvolvimento do *design* de naves e ônibus espaciais. Um grande progresso no campo industrial é previsto. O centro de pesquisa em engenharia da EEI terá grande potencial para afetar a qualidade de vida humana na Terra.

Na área médica, os estudos científicos na EEI podem levar a novos medicamentos e a um novo entendimento da vida. Os efeitos biológicos da baixa gravidade no corpo humano estão sendo testados, alguns tratamentos de câncer serão verificados em culturas de células vivas, sem oferecer riscos para os pacientes, além de muitos outros experimentos. Um bom exemplo das perspectivas desses estudos está na declaração de John David Schumacher, um dos diretores da NASA, segundo o qual "um vírus ou uma bactéria apresenta sua forma pura, sem deformidades do campo gravitacional, permitindo saber exatamente onde encontrar uma brecha que permita a ação de um medicamento".

Em abril de 2006, após um grande período de treinamento, iniciado em 1998, o então tenente-coronel Marcos César Pontes entrou para o seleto clube dos seres humanos que visitaram o espaço. O astronauta brasileiro permaneceu na EEI durante oito dias, realizando uma série de experiências científicas, uma das quais visava estudar o efeito da microgravidade na cinética das enzimas (velocidade das reações químicas), que são proteínas produzidas por seres vivos.

NIK / DIST. BY ATLANTIC SYNDICATION /

PARTE 6

Teste sua leitura

L.28 (Fuvest-SP) A Estação Espacial Internacional, construída num esforço conjunto de diversos países, orbita a Terra a uma distância do seu centro igual a 1,05 do raio médio da Terra. A razão $r = \frac{F_E}{F}$, entre a força F_E com que a Terra atrai um corpo nessa Estação e a força com que a Terra atrai o mesmo corpo na superfície da Terra, é aproximadamente de:

a) 0,02
b) 0,05
c) 0,10
d) 0,50
e) 0,90

L.29 (Cefet-CE) Recentemente, o astronauta brasileiro Cel. Marcos César Pontes esteve em órbita e passou alguns dias na Estação Espacial Internacional (EEI) a 402 km de altitude, onde experimentou um ambiente de microgravidade. O ambiente de microgravidade é a condição de quase ausência de efeitos gravitacionais que é encontrada na órbita da Terra. A falta de impacto gravitacional do ambiente espacial provoca perda de massa muscular nos astronautas, uma vez que a resistência a ser vencida, para mover-se, é sempre bem menor do que na Terra.

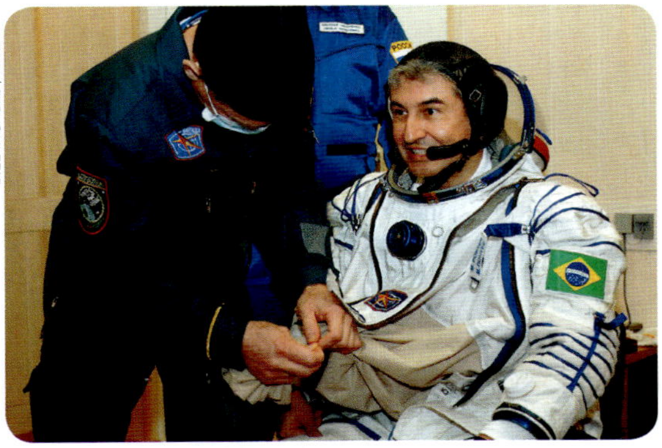
BILL INGALLS / NASA

▲ **O astronauta brasileiro Marcos César Pontes sendo preparado para uma missão, em março de 2006.**

Em relação a este assunto, analise as proposições a seguir e marque V ou F.

I. No ambiente de microgravidade da EEI, não há aceleração e, desta forma, não existem forças atuando sobre ela.

II. A Terra atrai a EEI com uma força de mesma direção, mesmo sentido e mesma intensidade que a força com a qual a EEI atrai a Terra.

III. Em relação à Terra, o Cel. Marcos César Pontes, mesmo sem apresentar movimento na estação, estava sob a ação de força.

IV. Na Terra, a resistência para movermo-nos e vencer nossa inércia é maior que na EEI, face aos efeitos gravitacionais e atritos.

Com base na análise feita:

a) II e III são verdadeiras.
b) I, III e IV são falsas.
c) I e II são falsas.
d) apenas a I é falsa.
e) apenas a IV é verdadeira.

L.30 (Colégio Naval-RJ) A figura representa, de forma rudimentar, a Estação Espacial Internacional (EEI) em órbita ao redor da Terra onde, em março de 2006, esteve o primeiro astronauta brasileiro.

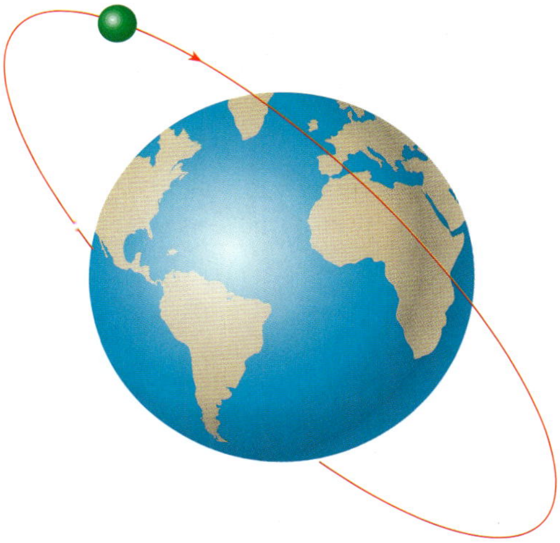

Em relação aos corpos em órbita, é correto afirmar que:

a) só não caem sobre a Terra porque a gravidade, em órbita, é nula e isso impossibilita a queda dos corpos.
b) devido à ausência de gravidade, não sofrem aceleração e, por isso, giram vagarosamente ao redor da Terra.
c) realizam movimento uniforme, porque a aceleração resultante (gravidade) é nula.
d) por causa da gravidade, é necessário que os corpos tenham propulsão própria para poderem permanecer em órbita.
e) sem tocar o solo, eles caem indefinidamente em direção à Terra, devido à ação da gravidade.

JOHANNES KEPLER

O astrônomo alemão JOHANNES KEPLER (1571-1630) entrou para a história como o "legislador dos céus". Essa alcunha deveu-se ao fato de ter sido ele, a partir do modelo heliocêntrico proposto por Copérnico, o primeiro a estabelecer as leis que descrevem o movimento dos planetas em torno do Sol. Entretanto, não foi fácil o caminho que seguiu até essa descoberta.

Kepler nasceu na cidade protestante de Weil der Stadt, na Suábia, Alemanha. Desde cedo manteve relações tumultuadas com a família. Casou-se duas vezes e teve 13 filhos, dos quais a maioria morreu ao nascer ou na primeira infância.

Quando jovem, Kepler foi educado em escolas religiosas, pois seus pais determinaram que deveria ser pastor protestante. Na Universidade de Tübingen, no ducado de Württemberg, dedicou-se por cinco anos ao estudo de teologia (de 1589 a 1594). Durante esse período, começou a desenvolver o gosto pela Matemática e pela Astronomia, devido principalmente ao convívio com seu professor Michael Mästlin (1550-1631), em quem encontrou não só um mestre, mas um grande amigo, que lhe ensinou tanto o modelo geocêntrico de Ptolomeu quanto a nova proposta de Nicolau Copérnico. Abandonando definitivamente a carreira religiosa, em 1594, Kepler passou a ocupar o cargo de professor de Matemática na escola provincial de Graz, onde permaneceu até 1600.

AKG-LATINSTOCK

▲ **Xilogravura de 1600: Kepler e Rodolfo II**

Embora usasse com frequência seus conhecimentos astronômicos para elaborar horóscopos dos poderosos da época e levantar recursos, sua maior dedicação era o estudo dos movimentos planetários.

A convite do astrônomo dinamarquês Tycho Brahe, de quem se tornou assistente, mudou-se para Praga. Apesar das muitas desavenças entre os dois, o contato com Brahe serviu de impulso para Kepler direcionar os novos rumos que daria para a Astronomia. Ao tomar conhecimento e analisar as minuciosas observações de Brahe em relação ao planeta Marte, Kepler abandonou definitivamente a ideia de órbita circular, que mantinha até então, e estabeleceu uma formulação matemática que o levou à órbita elíptica.

Em 1601, com a morte de Tycho Brahe, Kepler substituiu-o no posto de Matemático Imperial da corte do rei Rodolfo II da Germânia, permanecendo nesse cargo até 1612. É o período mais profícuo da vida de Kepler, época em que estabelece as duas primeiras leis dos movimentos planetários.

Sentindo-se pouco seguro em Praga devido a conflitos políticos e religiosos, resolveu procurar outro local de trabalho. Em maio de 1612, após a morte da mulher, mudou-se para Linz, na Áustria, onde ocupou o cargo de matemático distrital e professor da escola local. Pouco depois outro fato lhe veio encher de preocupação. Sua mãe, em 1615, foi acusada de bruxaria e submetida a um longo processo judicial durante o qual chegou a ser submetida a tortura. Kepler envolveu-se com grande empenho nesse episódio para livrá-la da condenação à morte. A libertação da mãe só aconteceu em 1621, mas seis meses depois ela viria a falecer.

Apesar dos contratempos durante esses anos, Kepler prosseguiu com suas pesquisas e enunciou, em maio de 1615, sua terceira lei, culminando seu trabalho com a publicação, em 1619, de sua obra mais importante, *Harmonia dos mundos* (*Harmonice mundi*). Embora tivesse cogitado que o Sol, de alguma maneira, controlava o movimento dos planetas, ele não conseguiu estabelecer como se dava esse controle. Entretanto, suas três leis vieram concretizar a fundação de um cálculo astronômico inteiramente novo, abrindo caminho para que, 50 anos mais tarde, Newton pudesse estabelecer sua lei da Gravitação Universal.

Enquanto isso...

Consulte a **Linha do tempo**, nas primeiras páginas deste volume, onde são destacados os principais acontecimentos históricos que ocorreram na época de Johannes Kepler e personagens importantes, em vários ramos de atividades, que viveram nesse mesmo período. Dentre eles, salientamos:

- **Tycho Brahe** (1546-1601) foi um astrônomo observacional da era anterior à invenção do telescópio; suas observações da posição das estrelas e dos planetas alcançaram uma precisão sem paralelo para a época.
- Luiz Vaz de **Camões** (1524?-1580) é considerado o maior poeta de Língua Portuguesa e um dos maiores da humanidade. Sua obra mais significativa é a epopeia *Os Lusíadas*.
- Félix **Lope de Vega** (1562-1635), dramaturgo e poeta espanhol, é o fundador da comédia espanhola e um dos mais prolíficos autores da literatura universal.
- Girolamo **Frescobaldi** (1583-1643), músico italiano, é considerado um dos maiores compositores de música para cravo do século XVII. São famosas suas tocatas, publicadas entre 1615 e 1627.
- Jean **Bodin** (1530-1596), jurista e filósofo francês, membro do parlamento de Paris, é considerado o "pai" da Ciência Política, devido à sua teoria sobre soberania. Com base nessa teoria, legitimou o poder do homem sobre a mulher.
- William **Gilbert** (1544-1603), físico e médico da rainha Elizabeth I, da Inglaterra, foi um dos primeiros a estudar o magnetismo terrestre, propondo uma explicação para o comportamento da bússola, em sua obra *De Magnete*.
- Michel Eyquem **Montaigne** (1533-1592), escritor e ensaísta francês, é considerado por muitos o inventor do ensaio pessoal. Em suas obras, analisou as instituições, as opiniões e os costumes de sua época. É considerado um filósofo cético e humanista.

PARTE 7

Estática. Hidrostática. Hidrodinâmica

Nesta parte analisamos as condições de equilíbrio de um ponto material e de um corpo extenso (Estática). Estudamos a Hidrostática, na qual são apresentados os teoremas de Stevin e de Arquimedes. Finalizamos com o estudo da Hidrodinâmica, analisando o conceito de vazão e as equações da continuidade e de Bernoulli.

RAYMOND DELALANDE / GAMMA-OTHER IMAGES

Com muita técnica e habilidade, acrobatas do Circo de Pequim conseguem montar uma estrutura de pessoas em equilíbrio sobre duas bicicletas.

CAPÍTULO 18

Sistema de forças aplicadas a um ponto material. Equilíbrio do ponto material

CHARLES D. WINTERS / PR-LATINSTOCK

Neste capítulo analisamos sistemas de forças e indicamos como se determina sua resultante. Em seguida aplicamos esses conceitos ao equilíbrio do ponto material.
No cabo-de-guerra representado na foto, temos uma situação de equilíbrio do ponto comum aos três fios.

1. Resultante de um sistema de forças

Considere um sistema de forças $\vec{F}_1$, $\vec{F}_2$, ..., $\vec{F}_n$, de pontos de aplicação P_1, P_2, ..., P_n, respectivamente (figura 1a). A soma vetorial de $\vec{F}_1$, $\vec{F}_2$, ..., $\vec{F}_n$ é denominada resultante do sistema de forças.

Se o sistema de forças estiver aplicado a um ponto material (figura 1b), a resultante é a força que, aplicada ao ponto material, produz o mesmo efeito que o sistema de forças.

Indicando a resultante por $\vec{F}_R$, podemos escrever: $\vec{F}_R = \vec{F}_1 + \vec{F}_2 + ... + \vec{F}_n$

Para a obtenção da resultante valem as regras já estudadas para a soma de vetores.

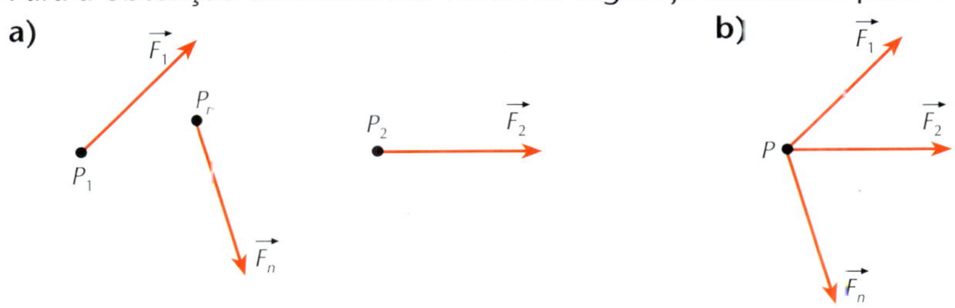

Figura 1. a) Sistema de forças. b) Sistema de forças aplicadas a um ponto material *P*.

2. Determinação da resultante de um sistema de forças

Vamos supor que um sistema de *n* forças conhecidas, $\vec{F}_1$, $\vec{F}_2$, ..., $\vec{F}_n$, esteja aplicado a um ponto material *P* (figura 2a). A resultante é obtida da seguinte maneira: os segmentos orientados que representam as forças são dispostos de modo a tornarem-se consecutivos, isto é, a extremidade do primeiro coincide com a origem do segundo, e assim por diante. A figura assim obtida (figura 2b) recebe o nome de **linha poligonal das forças**. A resultante é representada pelo segmento orientado, cuja origem é a origem do primeiro, e a extremidade é a extremidade do último (figura 2c).

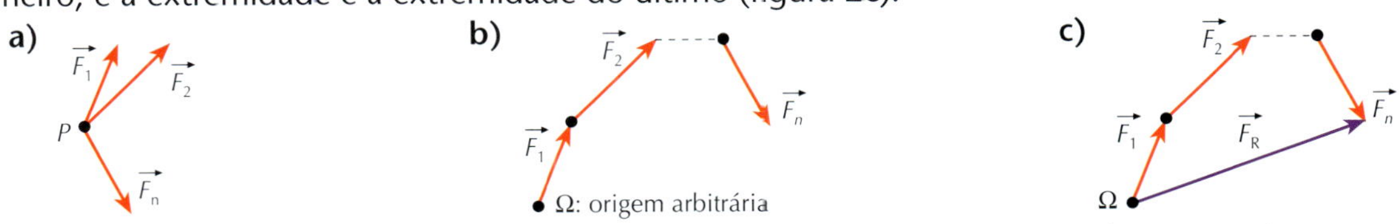

Figura 2. a) Ponto material sob a ação de *n* forças. b) Os segmentos orientados, tornados consecutivos, definem a linha poligonal das forças. c) O segmento orientado que fecha a linha poligonal das forças representa a resultante das *n* forças que atuam sobre o ponto material.

A ordem de colocação dos segmentos orientados, que são representações das forças, não altera o resultado final.

Se a extremidade do último segmento orientado coincidir com a origem do primeiro (linha poligonal fechada), a resultante do sistema de forças será nula.

Se a linha poligonal das forças for fechada, a resultante será nula.

Além da determinação gráfica da resultante pela linha poligonal das forças, podemos determiná-la analiticamente, empregando o método das projeções: tomamos um sistema cartesiano no plano das forças e determinamos as projeções de $\vec{F_1}$, $\vec{F_2}$, ..., $\vec{F_n}$ segundo os eixos x e y. Sejam F_{1_x}, F_{2_x} ..., F_{n_x} as projeções em relação ao eixo x e F_{1_y}, F_{2_y}, ..., F_{n_y} em relação ao eixo y (figura 3).

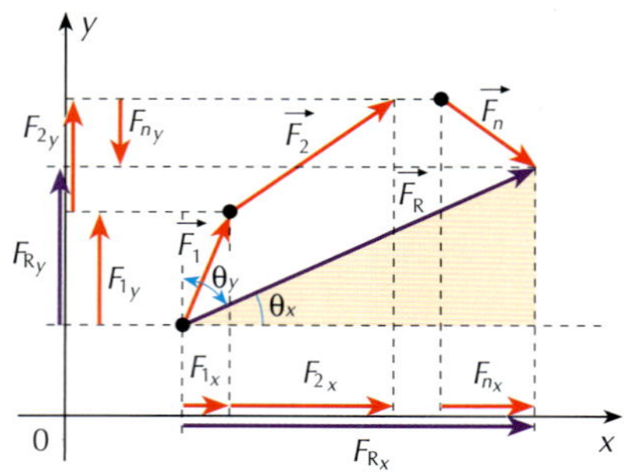

Figura 3.

Projeções ortogonais de uma força $\vec{F}$

Seja θ o ângulo de $\vec{F}$ com o eixo x. As projeções ortogonais de $\vec{F}$ em relação aos eixos x e y são dadas respectivamente por:

$$F_x = F \cdot \cos\theta \text{ e } F_y = F \cdot \text{sen}\,\theta$$

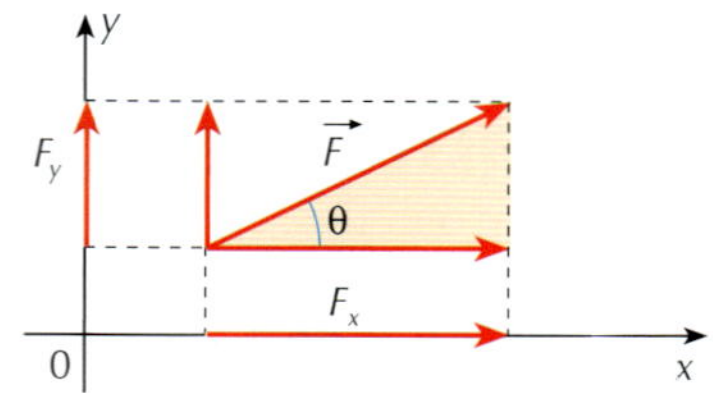

Sendo F_{R_x} e F_{R_y} as projeções de $\vec{F_R}$ respectivamente em relação aos eixos x e y e sabendo-se que **a projeção da resultante num eixo é a soma algébrica das projeções das forças componentes**, resulta:

$$F_{R_x} = F_{1_x} + F_{2_x} + ... + F_{n_x}$$
$$F_{R_y} = F_{1_y} + F_{2_y} + ... + F_{n_y}$$

A intensidade da força resultante é obtida pela aplicação do Teorema de Pitágoras ao triângulo retângulo destacado na figura 3:

$$F_R = \sqrt{F_{R_x}^2 + F_{R_y}^2}$$

A direção de $\vec{F_R}$ forma com os eixos x e y, respectivamente, os ângulos θ_x e θ_y tais que:

$$\cos\theta_x = \frac{F_{R_x}}{F_R} \text{ e } \cos\theta_y = \frac{F_{R_y}}{F_R}$$

2.1. Sistemas de duas forças: casos particulares

a) Forças colineares

Se as forças $\vec{F_1}$ e $\vec{F_2}$ tiverem a mesma direção e o mesmo sentido, a resultante $\vec{F_R}$ terá a mesma direção e o mesmo sentido das forças componentes, e intensidade igual à soma das intensidades (figura 4):

$$\vec{F_R} = \vec{F_1} + \vec{F_2}$$
$$F_R = F_1 + F_2$$

Figura 4. **Os segmentos orientados $\overrightarrow{AB}$ e $\overrightarrow{BC}$, que são representações de $\vec{F_1}$ e $\vec{F_2}$, foram tornados consecutivos (ponto *B* comum). A força resultante $\vec{F_R}$ é representada pelo segmento orientado de origem *A* e extremidade *C*.**

Se as forças $\vec{F_1}$ e $\vec{F_2}$ tiverem a mesma direção e sentidos opostos, a resultante $\vec{F_R}$ terá a mesma direção das forças componentes e o sentido será o mesmo da componente de maior intensidade. Sua intensidade será igual à diferença entre as intensidades (intensidade da maior menos a intensidade da menor). Supondo $F_2 > F_1$ (figura 5), resulta:

Figura 5.

$$\vec{F_R} = \vec{F_1} + \vec{F_2}$$
$$F_R = F_2 - F_1 \ (F_2 > F_1)$$

b) Forças não-colineares

Considere agora que o ponto material P esteja sob a ação de duas forças conhecidas $\vec{F_1}$ e $\vec{F_2}$ não-colineares. A resultante $\vec{F_R}$ pode ser obtida por meio da linha poligonal das forças ou simplesmente pela aplicação da **regra do paralelogramo**: a resultante $\vec{F_R}$ é representada pela diagonal orientada do paralelogramo que passa por P e cujos lados orientados são representações de $\vec{F_1}$ e $\vec{F_2}$ (figura 6).

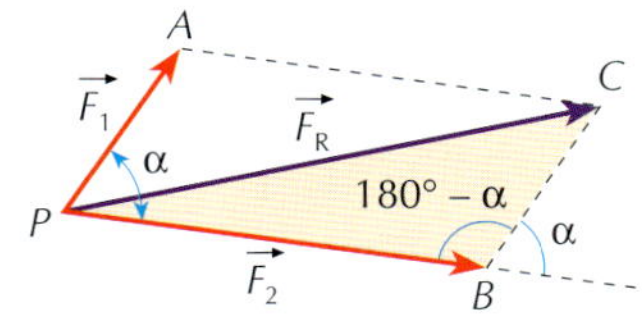

Figura 6.

Para a determinação da intensidade da resultante, podemos aplicar a lei dos cossenos ao triângulo PBC destacado na figura 6.

$$F_R^2 = F_1^2 + F_2^2 - 2F_1F_2 \cdot \cos(180° - \alpha)$$

Sendo $\cos(180° - \alpha) = -\cos\alpha$, resulta:

$$\boxed{F_R^2 = F_1^2 + F_2^2 + 2F_1F_2 \cdot \cos\alpha}$$

Entre na rede

No endereço eletrônico **http://www.walter-fendt.de/ph14br/forceresol.htm** (acesso em 23/2/2007), por meio de uma simulação você pode analisar as componentes de uma força.

Exercícios resolvidos

R.173 Duas forças de intensidade F_1 e F_2, sendo $F_2 > F_1$, agem sobre um ponto material. Variando-se o ângulo α entre as forças de 0° até 180° ($0° \leq \alpha \leq 180°$), qual será o correspondente intervalo de variação da intensidade F_R da resultante?

Solução:

No caso $\alpha = 0°$ (figura a), temos: $F_R = F_1 + F_2$ ①

Para $\alpha = 180°$ (figura b), vem: $F_R = F_2 - F_1$ ②

Para um valor qualquer de α diferente de 0° e 180°, podemos aplicar a regra do paralelogramo (figura c). Aplicando ao triângulo destacado a propriedade que diz "em todo triângulo, a medida de qualquer lado é menor que a soma das medidas dos outros dois e maior que a diferença", resulta:

$$F_2 - F_1 < F_R < F_2 + F_1 \quad ③$$

Reunindo as condições ①, ② e ③, temos:

$$\boxed{F_2 - F_1 \leq F_R \leq F_2 + F_1}$$

Vamos ilustrar esse exercício com um exemplo numérico.

Se $F_1 = 10$ N e $F_2 = 15$ N, a intensidade da força resultante, dependendo do ângulo entre as forças, assume valores entre $F_2 - F_1 = 5$ N e $F_2 + F_1 = 25$ N, isto é: $5 \text{ N} \leq F_R \leq 25 \text{ N}$

Resposta: $F_2 - F_1 \leq F_R \leq F_2 + F_1$

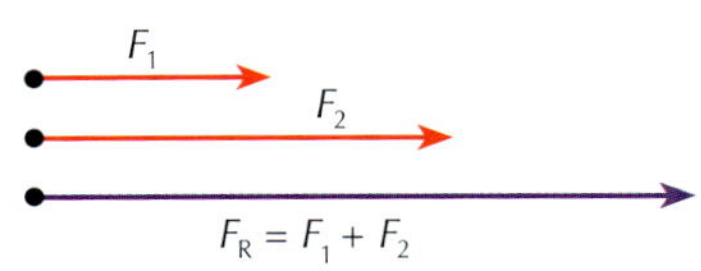

Figura a

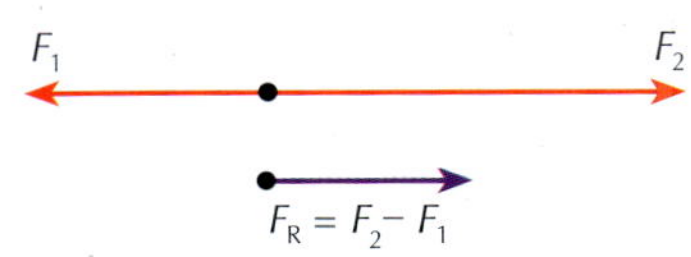

Figura b

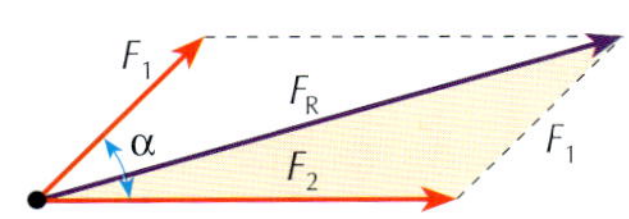

Figura c

R.174 Duas forças de mesma intensidade $F = 20$ N atuam sobre um ponto material. O ângulo entre as forças é de 120°. Determine a intensidade da resultante.

Solução:

Pela lei dos cossenos, temos:

$$F_R^2 = F^2 + F^2 + 2FF \cdot \cos 120°$$

$$F_R^2 = 20^2 + 20^2 + 2 \cdot 20 \cdot 20 \cdot \left(-\frac{1}{2}\right)$$

$$\boxed{F_R = 20 \text{ N}}$$

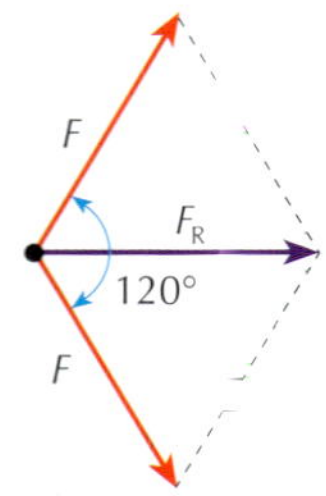

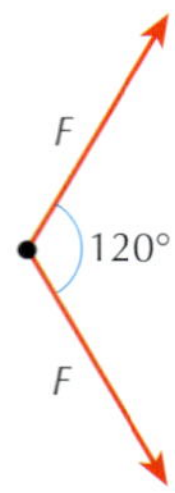

Observe, nesse caso ($\alpha = 120°$ e forças de mesma intensidade), que a resultante tem mesma intensidade que as forças componentes.
Podemos ainda resolver esse exercício determinando a resultante graficamente pelo método da linha poligonal, que nos conduz a um triângulo equilátero.

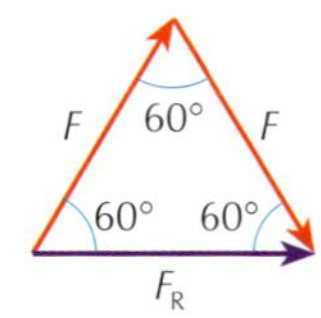

Portanto: $\boxed{F_R = F = 20 \text{ N}}$

Resposta: 20 N

R.175 Duas forças $\vec{F_1}$ e $\vec{F_2}$ de intensidades 20 N e 10 N, respectivamente, atuam sobre um ponto material, conforme indica a figura. Determine graficamente a resultante pelo método da linha poligonal e pela regra do paralelogramo. Em seguida, determine a intensidade e a direção da resultante pelo método das projeções.

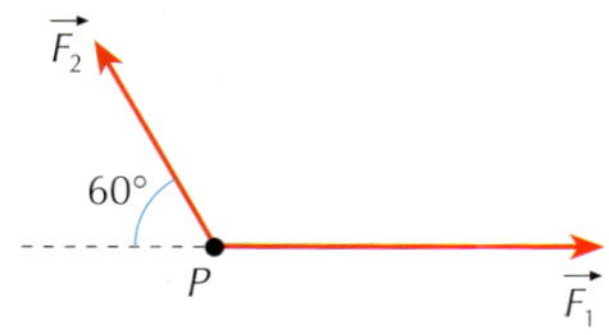

Solução:

Nas figuras ao lado, mostramos a resultante $\vec{F_R}$ obtida graficamente pelo método da linha poligonal e pela regra do paralelogramo.
Para a determinação das características da resultante pelo método das projeções, adotamos um sistema cartesiano com a origem coincidente com P.

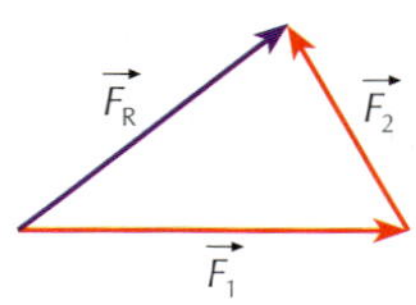

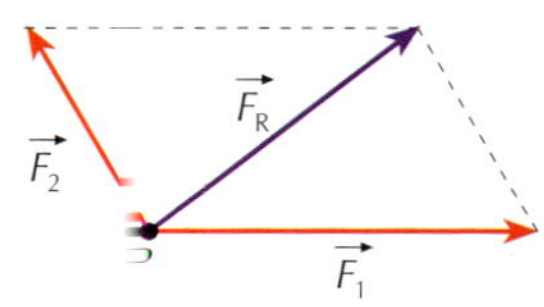

Projeções em *x*:

$$F_{1_x} = F_1 \Rightarrow F_{1_x} = 20 \text{ N}$$

$$F_{2_x} = -F_2 \cdot \cos 60° \Rightarrow F_{2_x} = -10 \cdot \frac{1}{2} \Rightarrow F_{2_x} = -5 \text{ N}$$

Sendo $F_{R_x} = F_{1_x} + F_{2_x}$, temos:

$$F_{R_x} = 20 \text{ N} - 5 \text{ N} \Rightarrow F_{R_x} = 15 \text{ N}$$

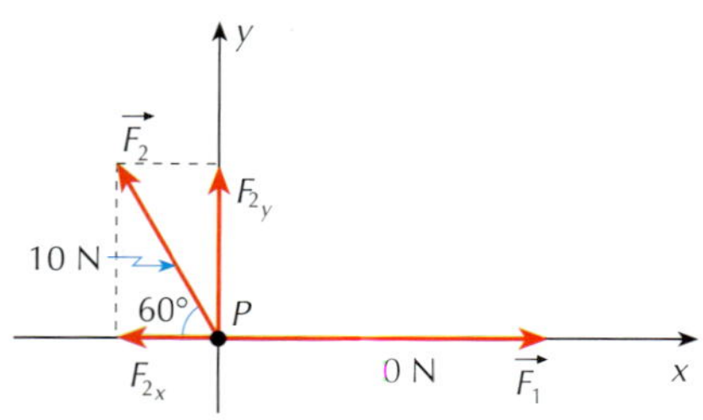

Projeções em *y*:

$$F_{1_y} = 0$$

$$F_{2_y} = F_2 \cdot \text{sen } 60° \Rightarrow F_{2_y} = 10 \cdot \frac{\sqrt{3}}{2} \Rightarrow F_{2_y} = 5\sqrt{3} \text{ N}$$

Sendo $F_{R_y} = F_{1_y} + F_{2_y}$, vem: $F_{R_y} = 5\sqrt{3}$ N

A intensidade F_R da resultante é dada por: $F_R = \sqrt{F_{R_x}^2 + F_{R_y}^2} \Rightarrow F_R = \sqrt{(15)^2 + (5\sqrt{3})^2} = \boxed{F_R = 10\sqrt{3} \text{ N}}$

A direção de $\vec{F_R}$ forma com os eixos x e y ângulos θ_x e θ_y tais que:

$$\cos \theta_x = \frac{F_{R_x}}{F_R} = \frac{15}{10\sqrt{3}} = \frac{3}{2\sqrt{3}} \Rightarrow \cos \theta_x = \frac{\sqrt{3}}{2} \Rightarrow \boxed{\theta_x = 30°}$$

$$\cos \theta_y = \frac{F_{R_y}}{F_R} = \frac{5\sqrt{3}}{10\sqrt{3}} = \frac{1}{2} \Rightarrow \cos \theta_y = \frac{1}{2} \Rightarrow \boxed{\theta_y = 60°}$$

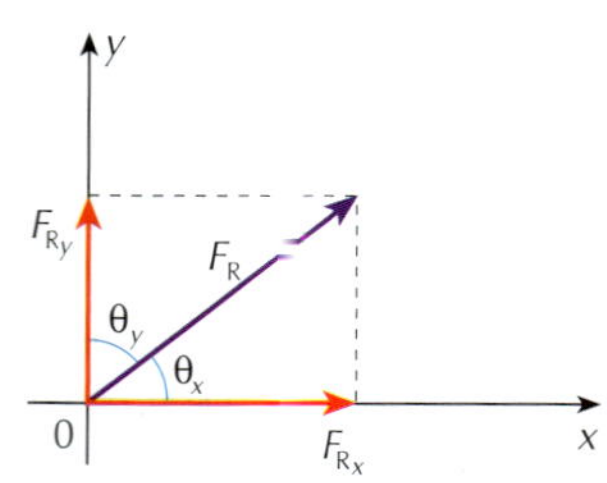

Resposta: $10\sqrt{3}$ N; 30° com o eixo x e 60° com o eixo y

Exercícios propostos

P.461 Duas forças de intensidades 3 N e 7 N, respectivamente, atuam sobre um ponto material. Em que intervalo está compreendida a intensidade da resultante?

P.462 Duas forças de mesma intensidade F, formando um ângulo de $60°$, atuam sobre um ponto material. Qual é a intensidade da resultante?

P.463 Um ponto material está sob a ação de três forças, conforme indica a figura. Determine a intensidade da resultante. Dados:

$F_1 = 3$ N
$F_2 = 5$ N
$F_3 = 2$ N
$\alpha + \beta = 90°$
sen $\alpha = 0{,}6$
cos $\alpha = 0{,}8$

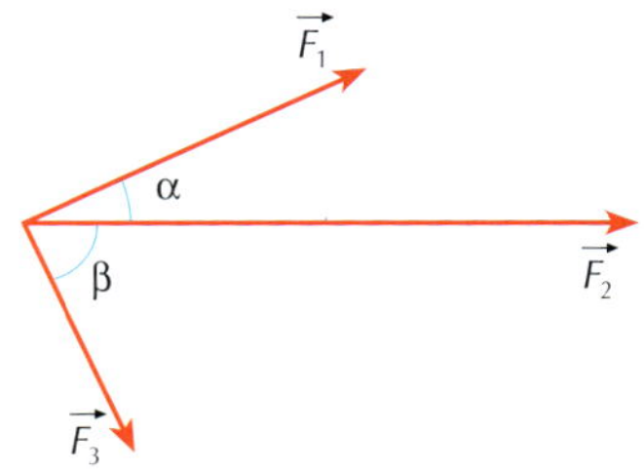

3. Equilíbrio de um ponto material

Um ponto material está em equilíbrio, num dado referencial, quando sua velocidade vetorial permanece constante com o tempo; assim, se a velocidade vetorial é constante, a aceleração vetorial é nula, e do princípio fundamental da Dinâmica ($\vec{F}_R = m\vec{a}$) concluímos:

> A resultante do sistema de forças aplicadas a um ponto material em equilíbrio deve ser constantemente nula ($\vec{F}_R = \vec{0}$).

3.1. Método da linha poligonal das forças

A resultante sendo nula, a linha poligonal das forças é fechada.

Na figura 7a, temos um ponto material P em equilíbrio sob ação de três forças. Na figura 7b, representamos a linha poligonal dessas forças, que é fechada.

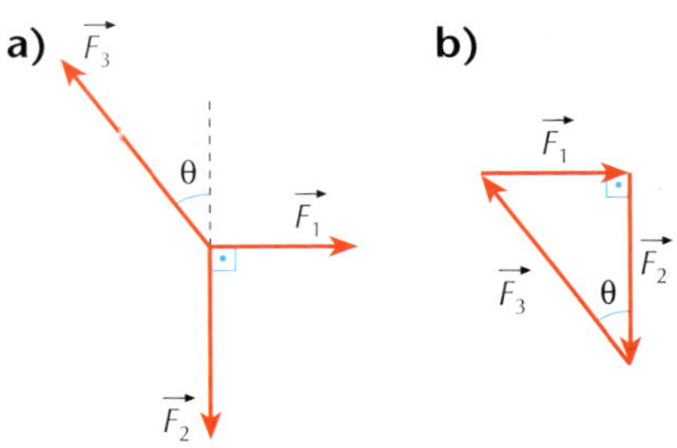

sen $\theta = \dfrac{F_1}{F_3}$

cos $\theta = \dfrac{F_2}{F_3}$

Figura 7.

3.2. Método das projeções

Considere um ponto material sob a ação de um sistema de forças $\vec{F}_1, \vec{F}_2, ..., \vec{F}_n$. Adote um sistema cartesiano situado no plano das forças. Sendo a resultante nula ($\vec{F}_R = \vec{0}$), decorre que suas projeções nos eixos x e y são nulas ($F_{R_x} = 0$ e $F_{R_y} = 0$). Sendo $F_{1_x}, F_{2_x}, ..., F_{n_x}$ e $F_{1_y}, F_{2_y}, ..., F_{n_y}$ as projeções de $\vec{F}_1, \vec{F}_2, ..., \vec{F}_n$, nos eixos x e y, respectivamente, de acordo com o que vimos no item 2 deste capítulo, resulta:

$$\vec{F}_R = \vec{0} \quad \Rightarrow \begin{cases} F_{R_x} = 0 \text{ ou } F_{1_x} + F_{2_x} + ... + F_{n_x} = 0 \\ F_{R_y} = 0 \text{ ou } F_{1_y} + F_{2_y} + ... + F_{n_y} = 0 \end{cases}$$

> Se um ponto material sujeito à ação de um sistema de forças estiver em equilíbrio, as somas algébricas das projeções dessas forças sobre dois eixos perpendiculares e pertencentes ao plano das forças são nulas.

Portanto, o estudo de equilíbrio de um ponto material sob ação de um sistema de forças coplanares nos fornece duas equações escalares.

Exercícios resolvidos

R.176 Um ponto material está em equilíbrio sob ação de três forças $\vec{F_1}$, $\vec{F_2}$ e $\vec{F_3}$, que não têm a mesma direção. Prove que as três forças estão necessariamente no mesmo plano.

Solução:

Basta observar que qualquer uma das forças (por exemplo $\vec{F_3}$) tem que anular a resultante ($\vec{F_R}$) das outras duas ($\vec{F_1}$ e $\vec{F_2}$), pois é dado que o ponto material está em equilíbrio. Como $\vec{F_R}$ está no mesmo plano de $\vec{F_1}$ e $\vec{F_2}$, pois é a resultante delas, então $\vec{F_3}$, que anula $\vec{F_R}$, também pertence a esse plano.

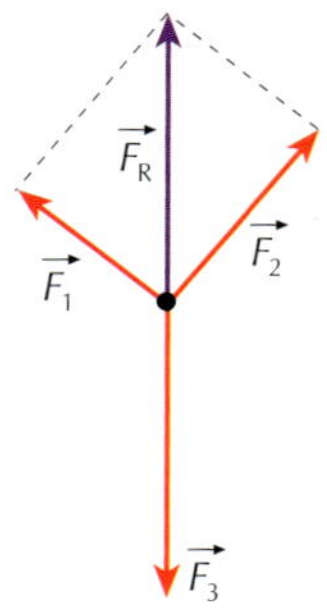

Entre na rede

No endereço eletrônico **http://www.walter-fendt.de/ph14br/equilibrium_br.htm** (acesso em 23/2/2007), você pode estudar situações de equilíbrio de um ponto material.

Observação:

De acordo com o exercício **R.173**, podemos escrever $F_2 - F_1 \leqslant F_R \leqslant F_2 + F_1$, supondo $F_2 > F_1$. Por outro lado,

sendo $F_3 = F_R$, vem: $\boxed{F_2 - F_1 \leqslant F_3 \leqslant F_2 + F_1}$

Portanto, se um ponto material estiver em equilíbrio sob a ação de três forças, conhecidas as intensidades F_1 e F_2 de duas delas, podemos determinar o intervalo em que deve estar compreendida a intensidade F_3 da terceira.

R.177 Determine as trações T nos fios ideais AB e BC, sabendo-se que o sistema está em equilíbrio na posição indicada.

Dados: $P = 90$ N; $\text{sen}\ \theta = 0{,}6$; $\cos\theta = 0{,}8$

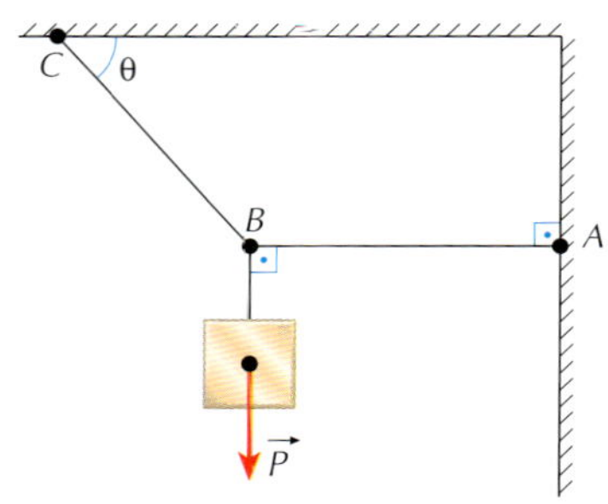

Solução:

Isolemos o ponto B, onde concorrem os três fios. Observe que a tração no fio vertical tem módulo igual ao peso P. Vamos resolver este exercício, inicialmente, pelo método das projeções.

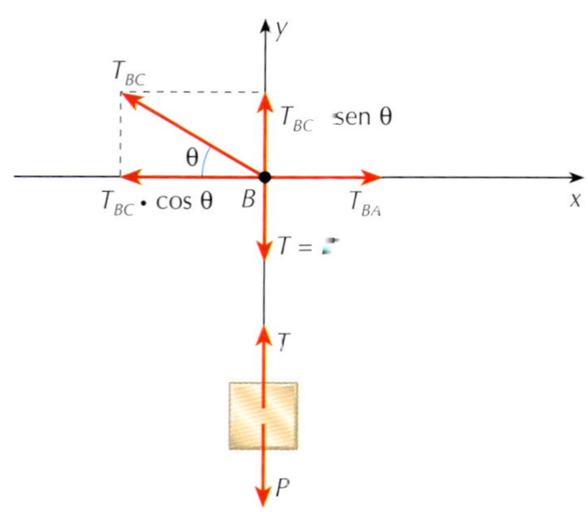

Projeções em x:

$T_{BA} - T_{BC} \cdot \cos\theta = 0$

$T_{BA} = T_{BC} \cdot \cos\theta$

$T_{BA} = T_{BC} \cdot 0{,}8$ ①

Projeções em y:

$T_{BC} \cdot \text{sen}\ \theta - P = 0$

$T_{BC} \cdot \text{sen}\ \theta = P$

$T_{BC} \cdot 0{,}6 = 90$

$\boxed{T_{BC} = 150 \text{ N}}$

Em ①, vem: $T_{BA} = 150 \cdot 0{,}8 \Rightarrow \boxed{T_{BA} = 120 \text{ N}}$

Outro método de resolução é o da linha poligonal das forças, que deve ser fechada. No caso em questão, sendo um triângulo retângulo, vem:

$$\text{sen}\ \theta = \frac{P}{T_{BC}} \Rightarrow 0{,}6 = \frac{90}{T_{BC}} \Rightarrow \boxed{T_{BC} = 150 \text{ N}}$$

$$\cos\theta = \frac{T_{BA}}{T_{BC}} \Rightarrow 0{,}8 = \frac{T_{BA}}{150} \Rightarrow \boxed{T_{BA} = 120 \text{ N}}$$

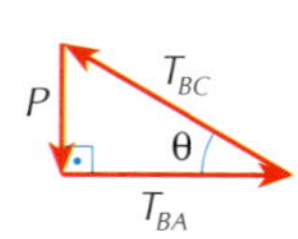

Resposta: $T_{BC} = 150$ N; $T_{BA} = 120$ N

R.178 Para o sistema da figura, em equilíbrio, qual é a relação entre os pesos P_A e P_B dos corpos A e B? Os fios e as polias são ideais.

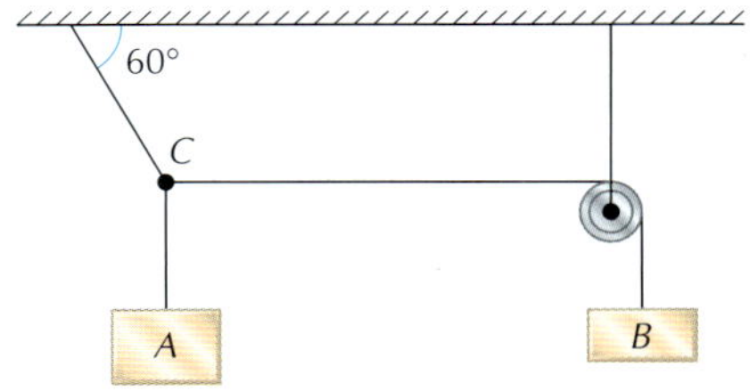

Solução:

Isolemos o ponto C onde concorrem os três fios. Observe que a tração no fio vertical tem módulo igual ao peso P_A e no fio horizontal tem módulo igual ao peso P_B, pois o sistema está em equilíbrio.

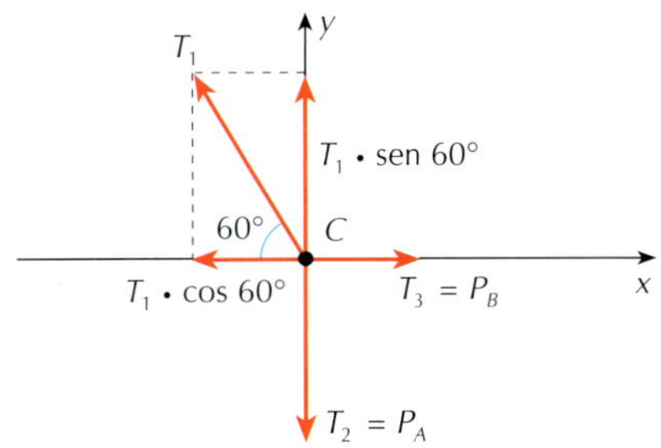

Projeções em x:

$$P_B - T_1 \cdot \cos 60° = 0 \Rightarrow P_B = T_1 \cdot \frac{1}{2} \quad ①$$

Projeções em y:

$$T_1 \cdot \text{sen } 60° - P_A = 0 \Rightarrow P_A = T_1 \cdot \frac{\sqrt{3}}{2} \quad ②$$

Dividindo-se, membro a membro, ② por ①, resulta:

$$\boxed{\frac{P_A}{P_B} = \sqrt{3}}$$

Resposta: $\frac{P_A}{P_B} = \sqrt{3}$

R.179 O esquema ao lado representa um sistema em equilíbrio e na iminência de movimento. Determine o coeficiente de atrito μ entre o corpo A e o plano horizontal. Os fios são ideais.
São dados:
pesos dos corpos A e B: $P_A = 200$ N e $P_B = 100$ N
sen θ = 0,8 e cos θ = 0,6

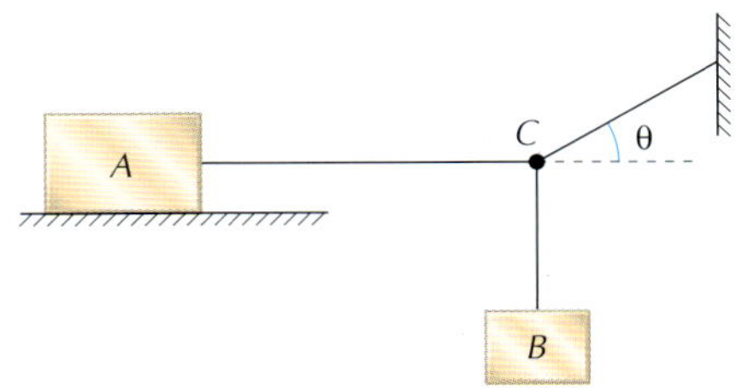

Solução:

Isolemos o corpo A e o ponto C:

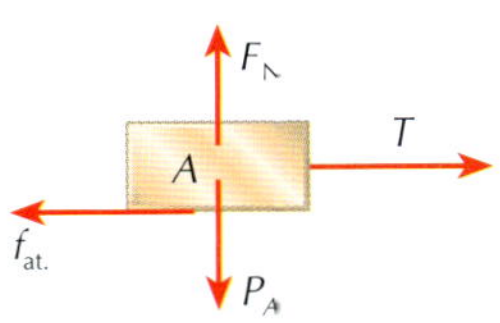

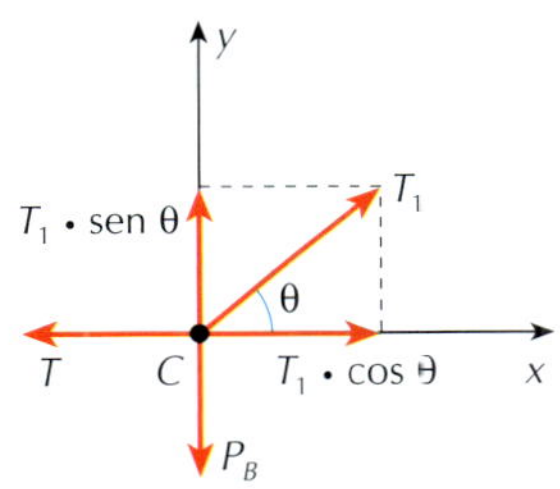

Como o corpo A está em equilíbrio, temos: $T = f_{at.}$. Como o corpo está na iminência de movimento, podemos escrever $f_{at.} = \mu F_N$. Sendo $F_N = P_A$, vem:

$$T = \mu P_A \quad ①$$

Como o ponto C está em equilíbrio, temos:

Projeções em x: $T_1 \cdot \cos \theta - T = 0 \Rightarrow T_1 \cdot 0{,}6 = T \quad ②$

Projeções em y: $T_1 \cdot \text{sen } \theta - P_B = 0 \Rightarrow T_1 \cdot 0{,}8 = P_B \quad ③$

Dividindo-se, membro a membro, ② por ③, resulta: $\frac{0{,}6}{0{,}8} = \frac{T}{P_B} \Rightarrow T = \frac{3}{4} \cdot P_B$

De ①, sendo $T = \mu P_A$, vem: $\mu P_A = \frac{3}{4} P_B \Rightarrow \mu \cdot 200 = \frac{3}{4} \cdot 100 \Rightarrow \boxed{\mu = \frac{3}{8}}$

Resposta: $\frac{3}{8}$

PARTE 7

Exercícios propostos

P.464 Na figura ao lado o corpo suspenso tem massa igual a 2 kg. Os fios têm pesos desprezíveis e o sistema está em equilíbrio estático (repouso). Determine as trações nos fios AB e BC. (Dados: $g = 10\ m/s^2$; sen 30° = 0,50; cos 30° ≃ 0,87)

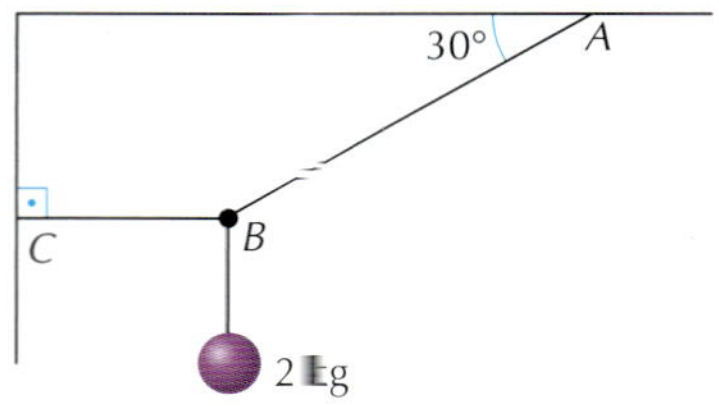

P.465 No sistema em equilíbrio esquematizado, o fio BC deve permanecer horizontal. Os fios e a polia são ideais. Sendo $M_1 = 3$ kg e $g = 10\ m/s^2$, determine:

a) a tração no fio AB;
b) o peso do bloco 2.

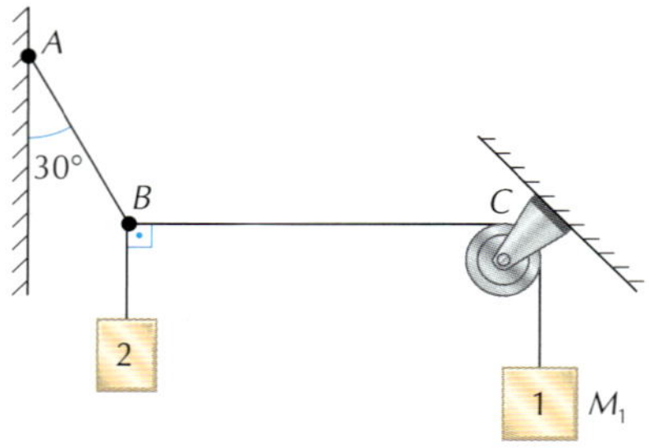

P.466 (Faap-SP) Uma corda AB tem a sua extremidade A fixa, enquanto a outra B está ligada ao bloco M em forma de paralelepípedo de peso 120 N. Esse bloco repousa sobre um plano horizontal. O coeficiente de atrito entre o plano e o bloco é 0,30. Em um ponto C da corda é dependurado um peso Q tal que o ângulo formado pelo trecho AC com a horizontal seja 60°; o trecho CB é horizontal. (Adotar $g = 10\ m/s^2$.)

a) Qual a força de atrito exercida pelo plano sobre o bloco quando ele estiver na iminência de movimento?
b) Qual o peso máximo que se pode pendurar em C?

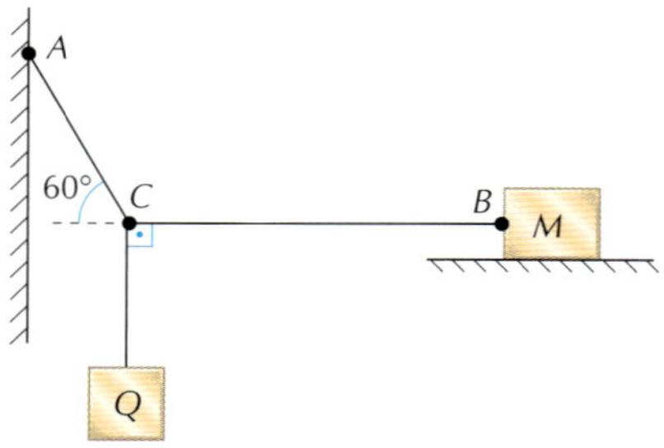

Exercícios propostos de recapitulação

P.467 (UFRJ) Os antigos romanos foram os primeiros a usar extensivamente o arco arquitetônico em suas construções. A propriedade mais notável do arco é que as pedras que o compõem permanecem em equilíbrio devido somente às forças mútuas de contato, sem necessidade de argamassa para cimentá-las umas às outras.
Considere que o arco representado na figura ao lado está, desse modo, em equilíbrio e que cada uma de suas pedras pesa 150 N. Determine a direção e o sentido da resultante das forças que as pedras laterais D e E exercem sobre a pedra central C e calcule seu módulo.

P.468 (UFJF-MG) Uma equilibrista de massa $m = 70$ kg encontra-se na metade da extensão de uma corda, presa na mesma altura de duas paredes A e B, como mostra a figura. A corda faz um ângulo $\alpha = 30°$ com a horizontal. A massa da corda é muito pequena comparada com a massa da equilibrista.

a) Desenhe setas que indiquem a direção e o sentido das forças que a corda exerce sobre as paredes A e B.
b) Desenhe uma seta que indique a direção e o sentido da força que a corda exerce sobre a equilibrista.
c) Calcule o módulo da força T, exercida pela corda na parede B.

$\left(\text{Dados: cos } 30° = \dfrac{\sqrt{3}}{2}\text{; sen } 30° = \dfrac{1}{2}\text{; } g = 10\ m/s^2\right)$

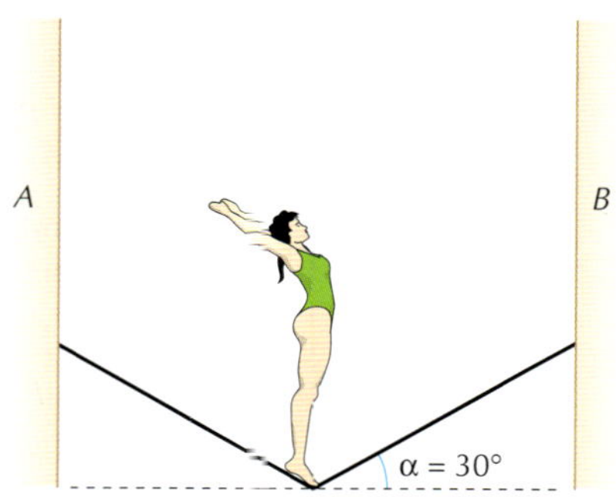

P.469 (UFPE) A figura mostra um peso de 44 N suspenso no ponto P de uma corda. Os trechos AP e BP da corda formam um ângulo de 90°, e o ângulo entre BP e o teto é igual a 60°. Qual é o valor, em newtons, da tração no trecho AP da corda?
Dados:

$$\text{sen } 30° = \frac{1}{2}; \text{ sen } 60° = \frac{\sqrt{3}}{2}$$

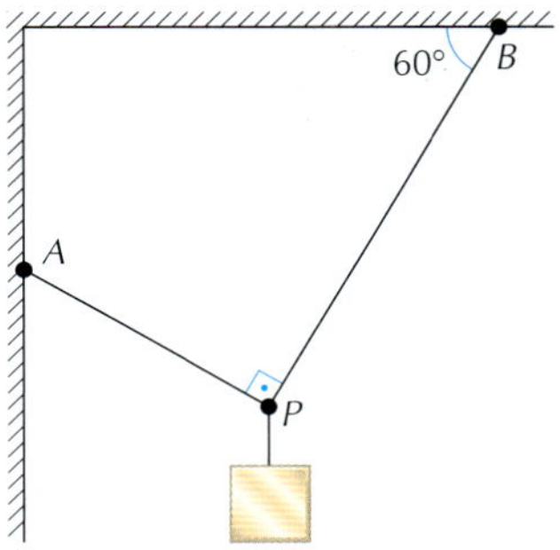

P.470 (Vunesp) Um semáforo pesando 100 N está pendurado por três cabos conforme ilustra a figura. Os cabos 1 e 2 formam ângulos α e β com a horizontal, respectivamente.

a) Em qual situação as tensões nos fios 1 e 2 serão iguais?

b) Considerando o caso em que α = 30° e β = 60°, determine as tensões nos cabos 1, 2 e 3.

$$\left(\text{Dados: sen } 30° = \frac{1}{2}; \text{ sen } 60° = \frac{\sqrt{3}}{2}\right)$$

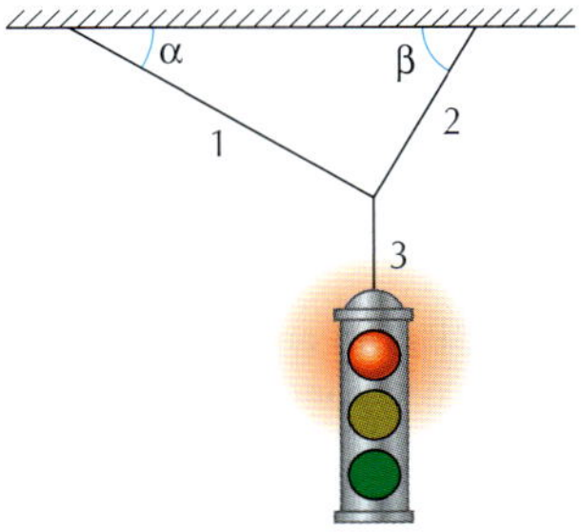

P.471 (Uerj) Considere o sistema em equilíbrio representado na figura ao lado. O corpo A tem massa m_A e pode deslizar ao longo do eixo Δ; o corpo B tem massa m_B; a roldana é fixa e ideal; o eixo vertical Δ é rígido, retilíneo e fixo entre o teto e o solo; o fio que liga os corpos A e B é inextensível. Sabendo-se que $m_B > m_A$ e desprezando-se todos os atritos:

a) escreva, na forma de uma expressão trigonométrica, a condição de equilíbrio do sistema, envolvendo o ângulo θ e as massas de A e B;

b) explique, analisando as forças que atuam no bloco A, o que ocorrerá com o mesmo se ele for deslocado ligeiramente para baixo e, em seguida, abandonado.

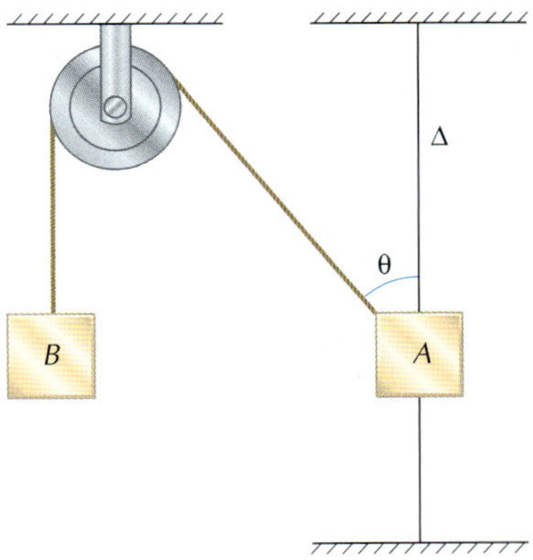

P.472 (UFJF-MG) Na figura ao lado, representamos o maxilar inferior de uma pessoa. Na tentativa de colocar o primeiro molar na posição correta, podemos ligá-lo aos dentes incisivo e terceiro molar por meio de dois elásticos (A e B) cujas constantes elásticas são $k = 2\sqrt{2}$ N/m. O elástico A é fixo e produz uma força elástica de intensidade constante igual a $\sqrt{3} \cdot 10^{-2}$ N. Um parafuso P é preso ao elástico B, de tal forma que, ao girá-lo, o elástico estica 1 mm a cada volta completa. Quantas voltas devemos dar no parafuso para que o dente seja puxado somente na direção x, sabendo que o elástico B estava inicialmente em sua posição natural de equilíbrio?
Dados:

$$\text{sen } 45° = \cos 45° = \frac{\sqrt{2}}{2}; \cos 60° = \frac{1}{2}; \text{ sen } 60° = \frac{\sqrt{3}}{2}$$

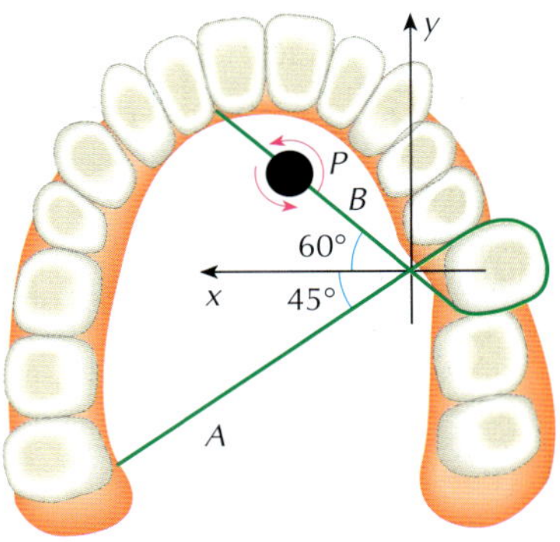

P.473 (FEI-SP) Um corpo de peso $P = 50$ N está apoiado num plano inclinado de 30° com a horizontal. O coeficiente de atrito estático entre o corpo e o plano é μ = 0,2. Um segundo corpo de peso Q está preso ao primeiro por meio de um fio que passa por uma polia sem atrito. Entre que limites pode variar o peso Q de forma que o sistema permaneça em repouso? Poderá ser nula a força de atrito entre o corpo e o plano inclinado? Justifique. (Dados: sen 30° = 0,5; cos 30° = 0,87)

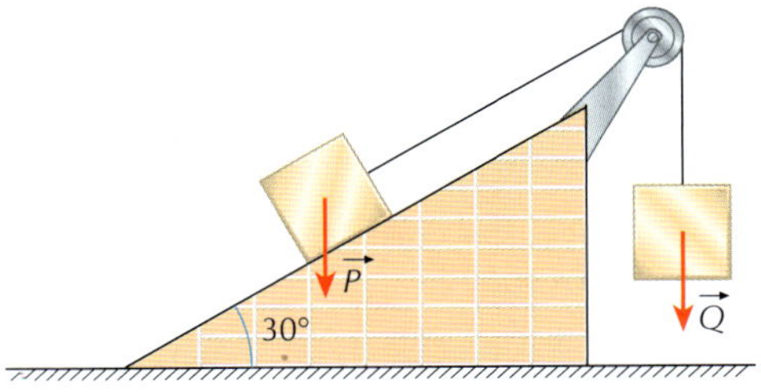

T.367 (Fesp-SP) O módulo da resultante do sistema de forças que age sobre a partícula da figura vale:

a) 200 N **b)** 300 N **c)** 500 N **d)** 100 N **e)** 150 N

(Dados: sen 37° = 0,60; cos 37° = 0,80)

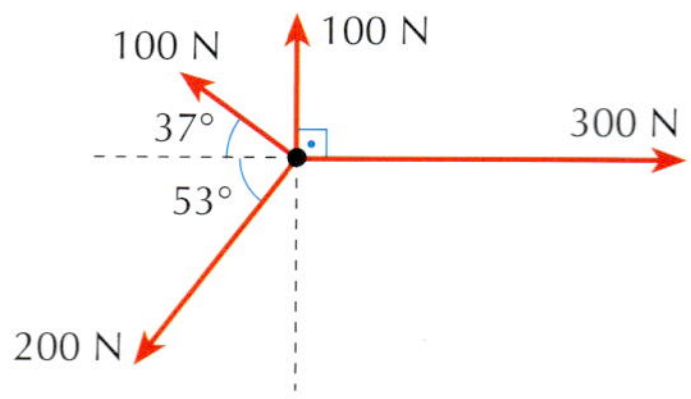

T.368 (PUC-SP) Um corpo está sujeito a um sistema de três forças concorrentes. As intensidades de duas delas são 5 N e 20 N. Quanto à intensidade da terceira força f, para que haja equilíbrio ela deve satisfazer à desigualdade:

a) $f \leq 5$ N
b) $5 \text{ N} \leq f \leq 20$ N
c) $f \geq 25$ N
d) $15 \text{ N} \leq f \leq 25$ N
e) $f \geq 5$ N

T.369 (Mackenzie-SP) Um corpo, que está sob a ação de 3 forças coplanares de mesmo módulo, está em equilíbrio. Assinale a alternativa na qual esta situação é possível.

a)

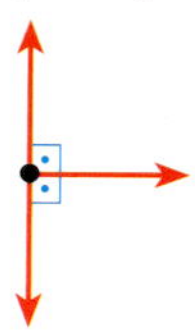

b)

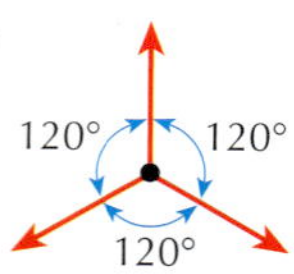

c)

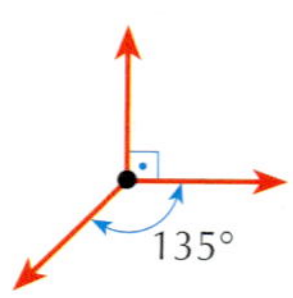

d)

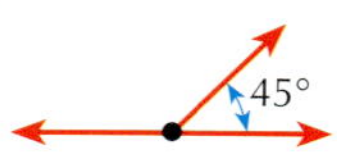

e)

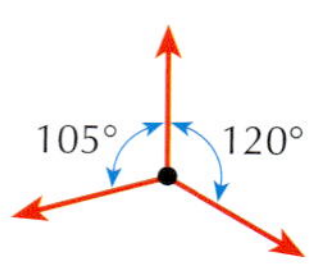

T.370 (Uerj) Na figura ao lado, a corda ideal suporta um homem pendurado num ponto equidistante dos dois apoios (A_1 e A_2), a uma certa altura do solo, formando um ângulo θ de 120°.

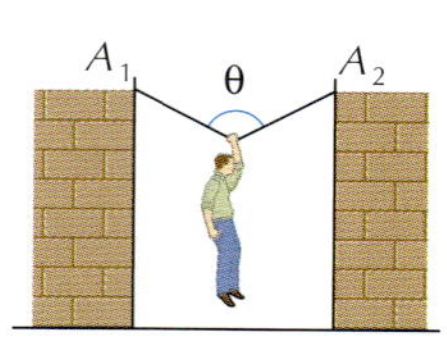

A razão $\frac{T}{P}$ entre as intensidades da força de tração na corda (T) e do peso do homem (P) corresponde a:

a) $\frac{1}{4}$ **b)** $\frac{1}{2}$ **c)** 1 **d)** 2

T.371 (Fuvest-SP) Para vencer o atrito e deslocar um grande contêiner C, na direção indicada, é necessária uma força F = 500 N. Na tentativa de movê-lo, blocos de massa m = 15 kg são pendurados em um fio, que é esticado entre o contêiner e o ponto P na parede, como na figura. Para movimentar o contêiner, é preciso pendurar no fio, no mínimo:

a) 1 bloco **b)** 2 blocos **c)** 3 blocos **d)** 4 blocos **e)** 5 blocos

sen 45° = cos 45° ≃ 0,7;
tg 45° = 1; g = 10 m/s²

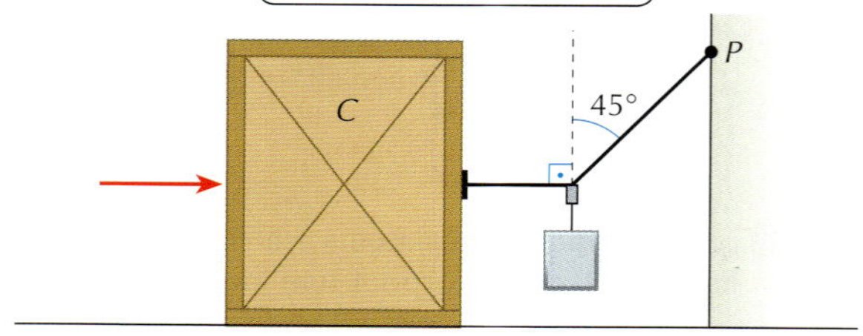

T.372 (Mackenzie-SP) Na figura E é uma esfera de peso $400\sqrt{3}$ N, em equilíbrio, apoiada sobre um plano horizontal indeformável

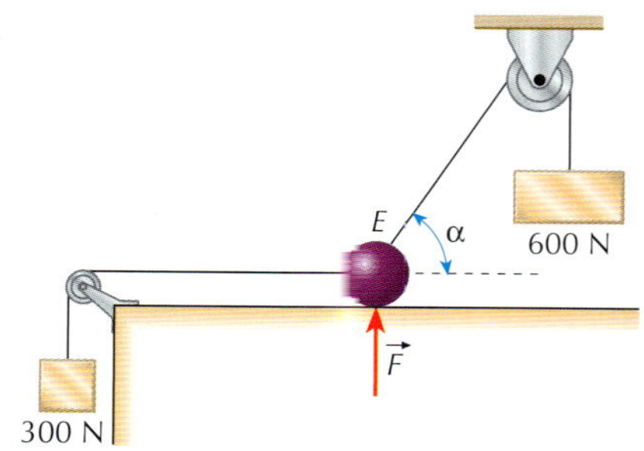

Desprezando-se os pesos dos fios (inextensíveis) e das roldanas, bem como todos os atritos, podemos afirmar que os valores da reação do apoio F e do ângulo α são respectivamente:

a) $100\sqrt{3}$ N e 60°
b) $400\sqrt{3}$ N e 90°
c) $200\sqrt{3}$ N e 30°
d) $400\sqrt{3}$ N e 60°

T.373 (Unama-PA) No sistema esquematizado na figura abaixo, o corpo A tem massa m_A = 10,0 kg e repousa sobre uma superfície horizontal com atrito.

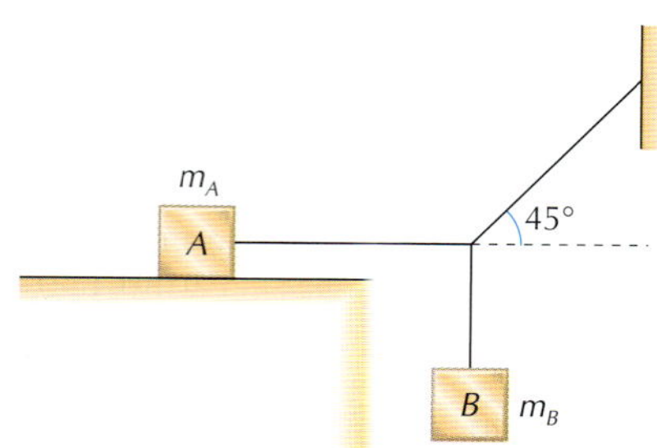

Sabendo-se que $m_B = 2{,}0$ kg é o maior valor da massa do corpo B que o sistema pode suportar ainda em equilíbrio, então o coeficiente de atrito estático μ_e entre a superfície e o corpo A vale:

a) 0,10 **b)** 0,20 **c)** 0,30 **d)** 0,40 **e)** 0,50

T.374 (Mackenzie-SP) No esquema representado, o homem exerce sobre a corda uma força de 120 N e o sistema ideal se encontra em equilíbrio. O peso da carga Q é:

a) 120 N **c)** 240 N **e)** 480 N
b) 200 N **d)** 316 N

(Dados: sen θ = 0,6; cos θ = 0,8)

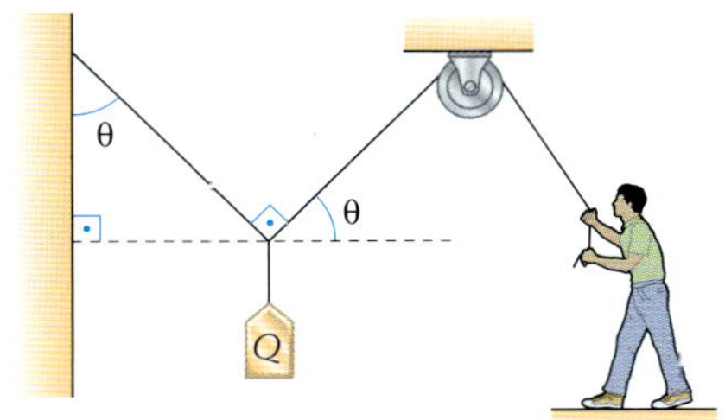

T.375 (IME-RJ) Um bloco de massa $M = 20$ kg está pendurado por três cabos em repouso, conforme mostra a figura. Considerando a aceleração da gravidade igual a $10\ m/s^2$, $\sqrt{2} = 1{,}414$ e $\sqrt{3} = 1{,}732$, os valores das forças de tração, em newtons, nos cabos 1 e 2 são, respectivamente:

a) 146 e 179 **c)** 200 e 146 **e)** 146 e 200
b) 179 e 146 **d)** 200 e 179

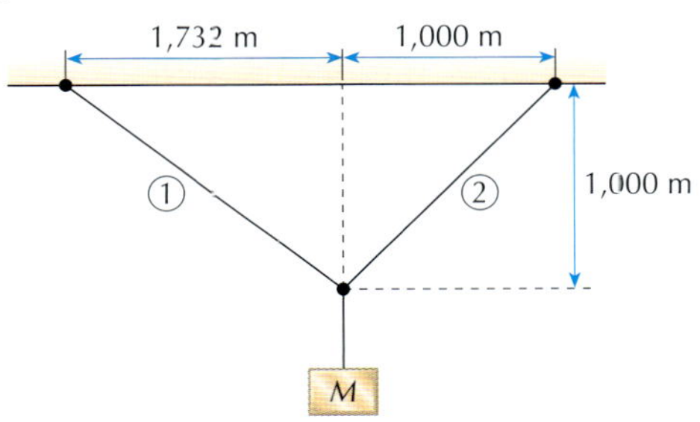

T.376 (Vunesp) Um corpo de massa m e peso $\vec{P}$ está suspenso por dois fios, 1 e 2, da maneira mostrada na figura da esquerda. A figura da direita mostra, em escala, as forças $\vec{F_1}$ e $\vec{F_2}$ que equilibram o peso $\vec{P}$, exercidas, respectivamente, pelos fios 1 e 2 sobre o corpo.

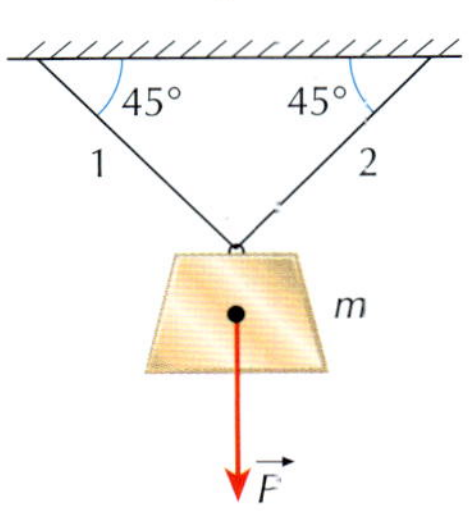

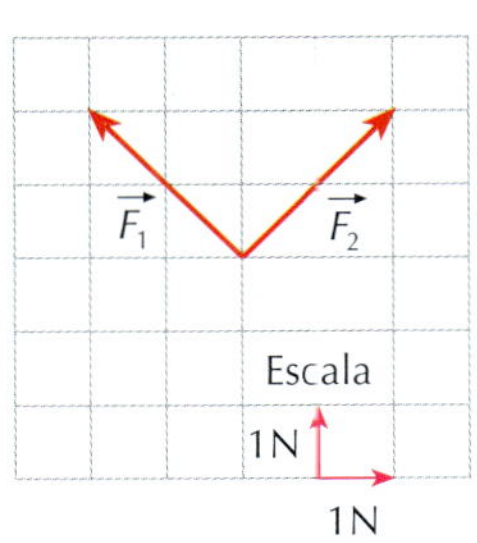

A partir dessas informações, pode-se concluir que o módulo (intensidade) do peso $\vec{P}$ vale, em newtons:

a) 0,0 **b)** 2,0 **c)** 3,0 **d)** 4,0 **e)** 5,0

T.377 (Uerj) Em uma sessão de fisioterapia, a perna de um paciente acidentado é submetida a uma força de tração que depende do ângulo α, como indica a figura. O ângulo α varia deslocando-se a roldana R sobre a horizontal. Se, para um mesmo peso P, o fisioterapeuta muda α de 60° para 45°, o valor da tração na perna fica multiplicado por:

a) $\sqrt{3}$ **b)** $\sqrt{2}$ **c)** $\frac{\sqrt{3}}{2}$ **d)** $\frac{\sqrt{2}}{2}$

Dados: sen 45° $= \frac{\sqrt{2}}{2}$; sen 60° $= \frac{\sqrt{3}}{2}$

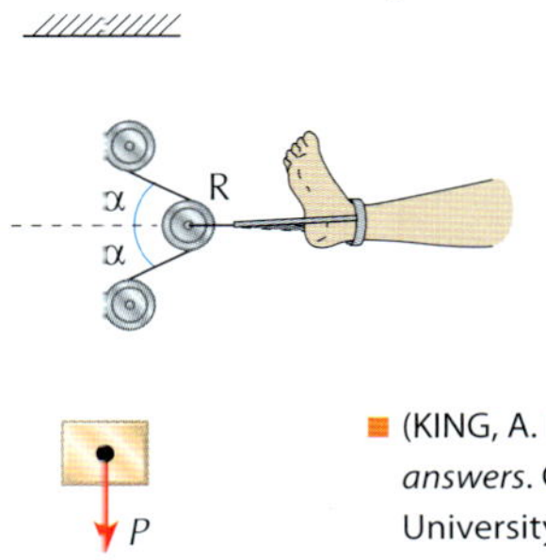

(KING, A. R. e REGEV, O. *Physics with answers*. Cambridge, Cambridge University Press, 1997.)

T.378 (Mackenzie-SP) No sistema abaixo, o peso P está preso ao fio AB por uma argola. Despreze os atritos. Levando a extremidade A do fio ao encontro da extremidade B, a intensidade da tração no fio CA é sempre igual à do fio OB e varia com o ângulo θ conforme o gráfico dado.

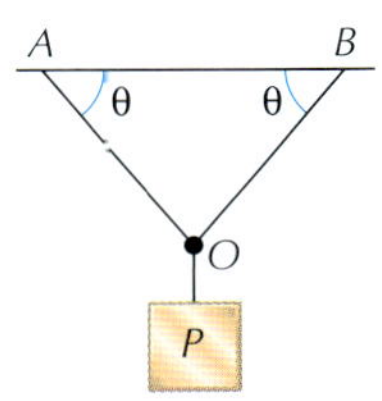

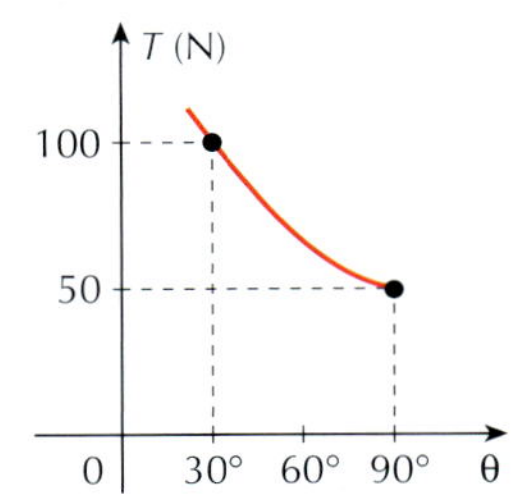

O peso P vale:

a) 150 N **c)** 80 N **e)** 10 N
b) 100 N **d)** 50 N

T.379 Um corpo de massa M é pendurado de cinco maneiras diferentes numa corda que tem suas duas extremidades fixas, como mostram as figuras a seguir.

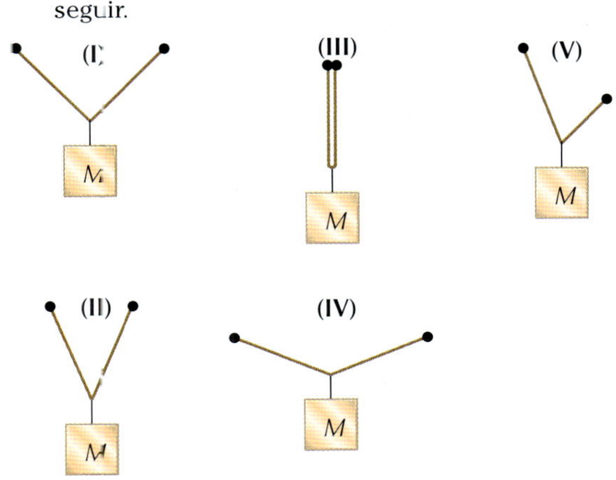

A maior força na corda ocorre em:

a) I **b)** II **c)** III **d)** IV **e)** V

CAPÍTULO 19

Equilíbrio dos corpos extensos

GABOR NEMES / KINO

Neste capítulo, estudamos inicialmente os conceitos de momento de uma força e de binário. Analisamos também as condições de equilíbrio dos corpos extensos, como no sistema representado na foto.

1. Momento de uma força em relação a um ponto

Chama-se **momento*** **de uma força** $\vec{F}$ aplicada num ponto *P*, em relação a um ponto *O*, ao produto da intensidade *F* da força pela distância *d* do ponto *O* à linha de ação da força (figura 1):

$$M_O = \pm Fd$$

Por convenção, o momento pode ser positivo ou negativo. Adota-se o sinal (+) se a força $\vec{F}$ tende a girar o segmento $\overline{OP}$ em torno de *O* no sentido anti-horário, e (−) no sentido horário.

O ponto *O* é denominado **polo**, e a distância *d*, **braço**.

A unidade de momento no Sistema Internacional de Unidades (SI) é **newton × metro (N · m)**.

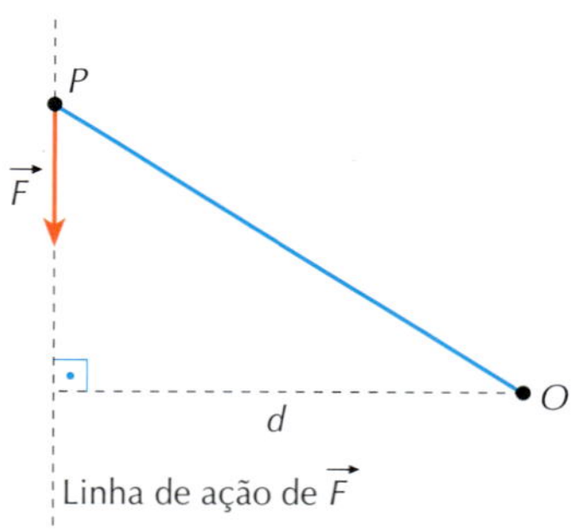

Figura 1. **A linha de ação da força $\vec{F}$ é a reta que passa pelo ponto *P* e na direção de $\vec{F}$.**

EDUARDO SANTALIESTRA / CID

Aumentando o braço da força aplicada na chave de roda, fica mais fácil a remoção dos parafusos para a troca do pneu.

* O momento de uma força em relação a um ponto, também denominado **torque**, é uma grandeza vetorial. No nosso curso, por serem as forças coplanares (pertencentes ao mesmo plano), definimos apenas a intensidade e fizemos uma convenção de sinais.

Exercícios resolvidos

R.180 Uma barra OA situada num plano vertical pode girar em torno do ponto de suspensão O. Determine o momento da força $\vec{F}$ de intensidade 10 N em relação ao ponto O nos casos indicados abaixo:

Solução:

Nas situações (a) e (b) os momentos são nulos, pois são nulas as distâncias de O às linhas de ação das forças. Observe nesses casos que a força $\vec{F}$ não tende a produzir rotação da barra OA em torno de O.

c) Da definição de momento, e observando que $\vec{F}$ tende a produzir rotação de OB em torno de O no sentido anti-horário, temos $M_O = +Fd$. Sendo $F = 10$ N e $d = 0{,}2$ m, vem:

$$M_O = 10 \cdot 0{,}2 \Rightarrow \boxed{M_O = 2\ \text{N} \cdot \text{m}}$$

d) Nesse caso, $d = 0{,}5$ m. Portanto: $M_O = +Fd = 10 \cdot 0{,}5 \Rightarrow \boxed{M_O = 5\ \text{N} \cdot \text{m}}$

Respostas: a) zero; b) zero; c) 2 N · m; d) 5 N · m

Observação:

Nas situações (c) e (d) os momentos não são nulos e as forças tendem a produzir rotação da barra OA em torno de O. Observe que na situação (d) é mais fácil fazer girar a barra em torno de O (maior momento em módulo) do que em (c). Dessa maneira podemos dizer que: **o momento da força $\vec{F}$ em relação ao ponto O mede a eficiência da força em produzir rotação da barra em torno desse ponto**.

R.181 Determine o momento da força $\vec{F}$ indicada na figura ao lado em relação ao ponto O.
Dados: $F = 10$ N; $d = 1$ m; $\theta = 60°$

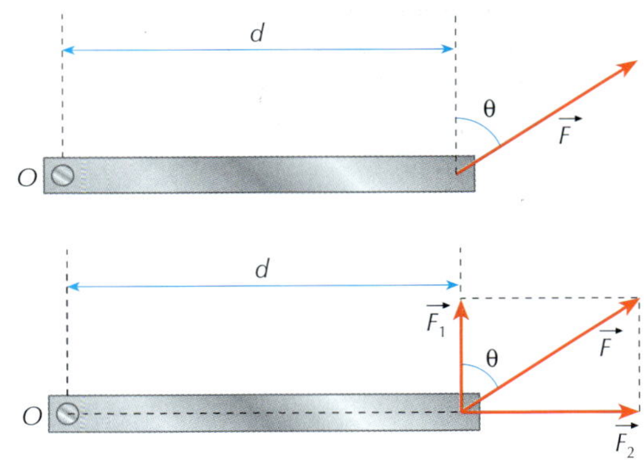

Solução:

Vamos inicialmente decompor a força $\vec{F}$, na direção da barra e na direção perpendicular à barra. O momento de $\vec{F}$ em relação a O é igual ao momento de $\vec{F_1}$ em relação a O, pois o momento de $\vec{F_2}$ é nulo.

Assim: $M_{O_F} = M_{O_{F_1}} = +F_1 d$ (sentido anti-horário)

Sendo $F_1 = F \cdot \cos\theta$, vem:

$M_{O_F} = F \cdot \cos\theta \cdot d \Rightarrow M_{O_F} = 10 \cdot \cos 60° \cdot 1 \Rightarrow$

$$\Rightarrow M_{O_F} = 10 \cdot \frac{1}{2} \cdot 1 \Rightarrow \boxed{M_{O_F} = 5\ \text{N} \cdot \text{m}}$$

Resposta: 5 N · m

Exercício proposto

P.474 Nas figuras abaixo determine os momentos das forças dadas em relação ao ponto O.

a)

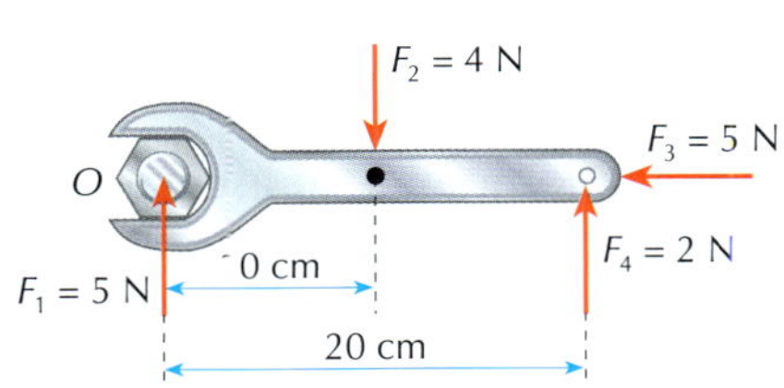

b)

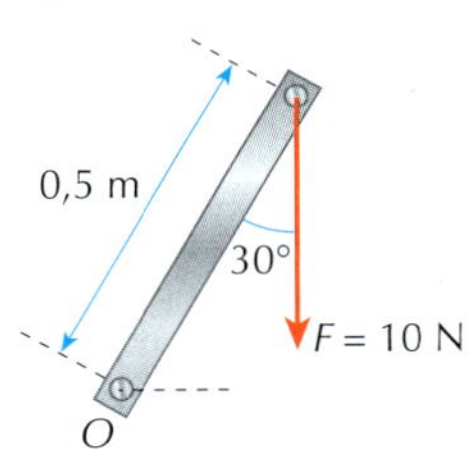

2. Binário

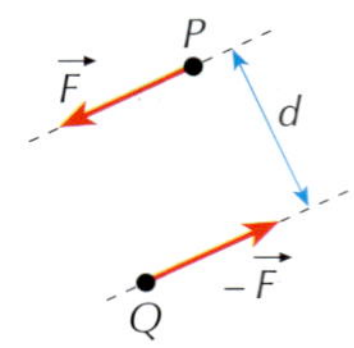

Figura 2. Binário

Binário é um sistema constituído de duas forças de mesma intensidade, mesma direção e sentidos opostos, cujas linhas de ação estão a uma certa distância *d* (figura 2). A distância *d* chama-se **braço do binário**.

2.1. Momento do binário

O momento do binário é a soma algébrica dos momentos das forças que o constituem. Assim, considerando um polo *O* arbitrário (figura 3) e levando em conta a convenção de sinais, vem:

$$M = +Fd_2 - Fd_1$$
$$M = F \cdot (d_2 - d_1)$$

$$\boxed{M = Fd}$$

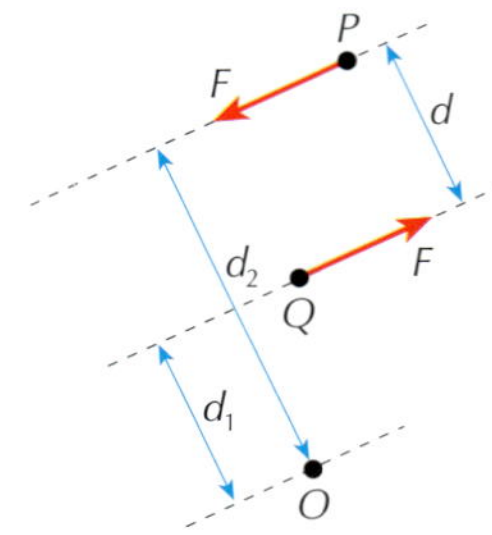

Figura 3.

O binário da figura 3 tem sentido anti-horário e seu momento resultou positivo; se tivesse sentido horário, seu momento seria negativo.

Da expressão obtida podemos concluir que o momento de um binário independe do polo *O* escolhido.

EDUARDO SANTALIESTRA / CID

Numa chave de roda convencional, aplica-se um binário para remover ou apertar os parafusos da roda do automóvel.

2.2. Resultante do binário

A resultante do binário é nula, pois as forças que o constituem têm mesma intensidade, mesma direção e sentidos opostos. Desse modo, se aplicarmos um binário a um sólido, inicialmente em repouso, este não adquire movimento de translação (pois a resultante é nula), mas adquire movimento de rotação não-uniforme (pois o momento não é nulo).

3. Equilíbrio dos corpos extensos

Considere um corpo extenso em equilíbrio, num dado referencial, sob ação de um sistema de forças coplanares.

Dizer que o corpo extenso está em equilíbrio significa que o corpo não apresenta movimento de translação ou que ele realiza translação retilínea e uniforme; e, ainda, que o corpo não está em rotação ou que ele realiza rotação uniforme. Em outras palavras, é preciso considerar os equilíbrios de translação e de rotação.

Nessas condições:

O sistema de forças que age sobre o corpo em equilíbrio deve ser tal que:
a) a resultante do sistema de forças seja nula (equilíbrio de translação);
b) a soma algébrica dos momentos das forças do sistema, em relação a qualquer ponto, seja nula (equilíbrio de rotação).

A condição resultante nula ($\vec{F}_R = \vec{0}$) nos fornece duas equações escalares:

$$\begin{cases} F_{R_x} = F_{1_x} + F_{2_x} + \ldots + F_{n_x} = 0 \text{ (projeções em } x) \\ F_{R_y} = F_{1_y} + F_{2_y} + \ldots + F_{n_y} = 0 \text{ (projeções em } y) \end{cases}$$

A condição soma algébrica dos momentos nula nos fornece mais uma equação escalar:

$$M_O = M_{F_1} + M_{F_2} + \ldots + M_{F_n} = 0$$

Assim, o equilíbrio de um corpo extenso sob ação de um sistema de forças coplanares nos possibilita obter três equações escalares.

4. Teorema das três forças

Se um corpo estiver em equilíbrio sob ação exclusiva de três forças, estas deverão ser coplanares e suas linhas de ação serão, necessariamente, concorrentes num único ponto ou paralelas (figura 4).

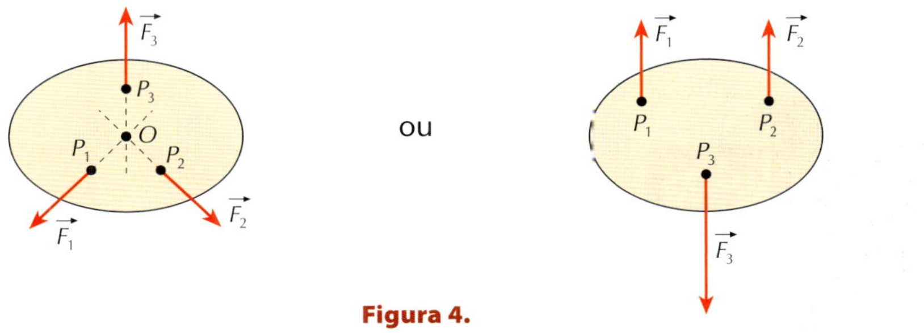

Figura 4.

Como exemplos de aplicação deste teorema considere os seguintes casos:

1º) Uma escada AB encontra-se em equilíbrio apoiada em uma parede lisa. Na figura, duas das três forças que atuam sobre a escada são o peso $\vec{P}$ e a força $\vec{F}$ exercida pela parede. Podemos obter graficamente a direção da força $\vec{R}$, que o chão exerce na escada, na posição de equilíbrio. Basta determinar o ponto C (ponto de concorrência das linhas de ação de $\vec{F}$ e $\vec{P}$) para concluir que a linha de ação de $\vec{R}$ é a reta determinada pelos pontos C e B.

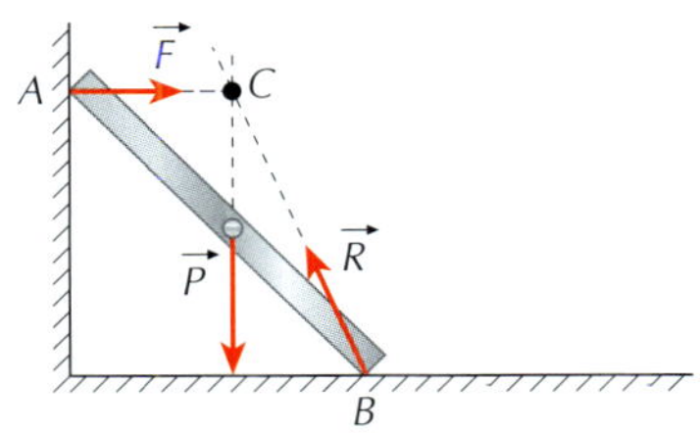

2º) Considere uma barra AB em equilíbrio pendurada em uma parede por meio de um fio de peso desprezível. Podemos determinar a direção da força $\vec{R}$ exercida pela parede sobre a barra. As linhas de ação do peso $\vec{P}$ e da tração $\vec{T}$ concorrem no ponto C. A força $\vec{R}$ tem linha de ação definida pelos pontos A e C.

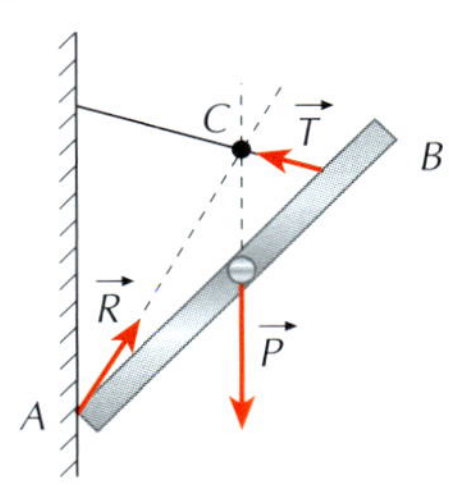

Centro de gravidade e centro de massa

O ponto de aplicação do peso de um corpo é denominado **centro de gravidade (CG)** ou **baricentro**. Podemos imaginar que, nesse ponto, concentra-se todo o peso do corpo.

Se um corpo homogêneo apresentar um elemento de simetria (um ponto, um eixo ou um plano), o centro de gravidade pertence necessariamente a esse elemento. Significa que o centro de gravidade coincide, nesse caso, com o centro geométrico.

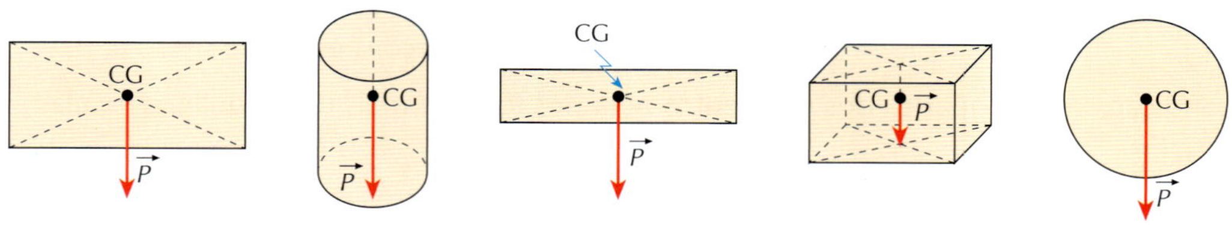

O ponto no qual podemos considerar concentrada toda a massa de um corpo é denominado **centro de massa (CM)**.

Nos locais onde a aceleração da gravidade pode ser considerada constante, o centro de gravidade coincide com o centro de massa. Um corpo que se encontra no espaço, livre da atração gravitacional da Terra e de outros corpos celestes, tem centro de massa, mas não tem centro de gravidade.

Exercícios resolvidos

R.182 A barra homogênea AB de seção reta uniforme está articulada em A e é mantida na horizontal pelo fio ideal BC. A barra tem peso 100 N e o corpo D pesa 250 N. Determine a tração no fio e as componentes vertical e horizontal da reação da articulação A.

Dados: sen $\theta = 0,6$; cos $\theta = 0,8$

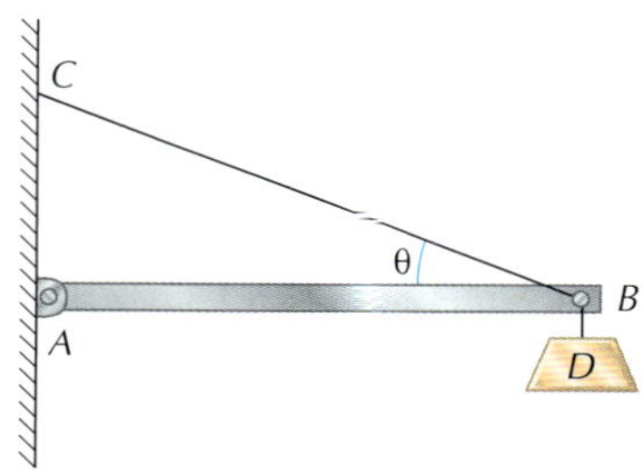

Solução:

Observemos, inicialmente, que uma articulação plana pode ser entendida como um pino ligado à parede e passando por um orifício existente na barra. A articulação A permite que a barra gire no plano da figura em torno do ponto A. A força de reação da articulação na barra tem direção não determinada *a priori*. Por isso usaremos suas componentes horizontal (X_A) e vertical (Y_A).

Vamos, então, isolar a barra AB. Sejam X_A e Y_A as componentes horizontal e vertical da reação da articulação na barra, T a intensidade da força de tração do fio, $P = 100$ N o peso da barra homogênea, aplicado no seu ponto médio (centro de gravidade), e $P_D = 250$ N o peso do corpo D.

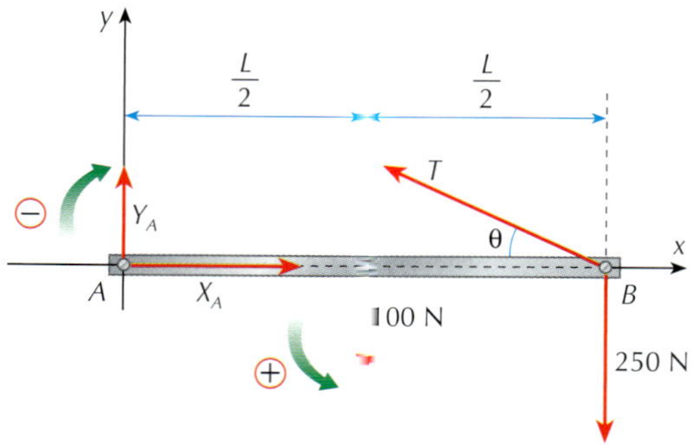

Vamos impor as condições de equilíbrio da barra AB:

1ª) Resultante nula

Projeções em x: $X_A - T \cdot \cos\theta = 0 \Rightarrow X_A = T \cdot 0,8$ ①

Projeções em y: $Y_A + T \cdot \text{sen}\,\theta - 100 - 250 = 0 \Rightarrow Y_A + T \cdot 0,6 = 350$ ②

2ª) Soma algébrica dos momentos nula em relação ao ponto B

Em relação a B, Y_A e $P = 100$ N apresentam momentos não-nulos sendo o momento de Y_A negativo (horário) e de $P = 100$ N positivo (anti-horário).

$$M_B = M_{Y_A} + M_P = 0 \Rightarrow -Y_A L + 100 \cdot \frac{L}{2} = 0 \Rightarrow \boxed{Y_A = 50 \text{ N}}$$

Substituindo Y_A por 50 N na expressão ② resulta: $\boxed{T = 500 \text{ N}}$

Substituindo T por 500 N na expressão ① vem: $\boxed{X_A = 400 \text{ N}}$

Resposta: $X_A = 400$ N, $Y_A = 50$ N e $T = 500$ N

Observações:
- Se X_A ou Y_A ou ambos resultassem negativos, significaria que os sentidos adotados não foram corretos.
- Em geral escolhe-se como polo o ponto em relação ao qual a maioria das forças tem momento nulo.

R.183 Uma barra homogênea AB de peso $P = 100$ N está articulada em A. Em B suspende-se por meio de um fio de peso desprezível um corpo de peso $Q = 900$ N. Determine:

a) a intensidade da força horizontal $\vec{F}$ capaz de manter a barra em equilíbrio, formando 30° com a horizontal;

b) as componentes horizontal e vertical da reação da articulação sobre a barra.

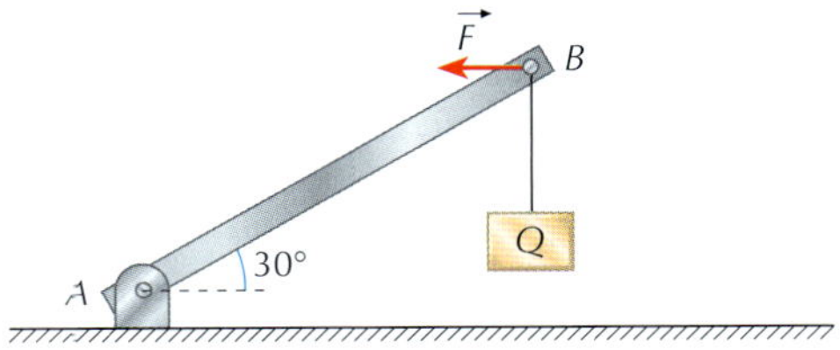

Solução:

Vamos isolar a barra AB e impor as condições de equilíbrio:

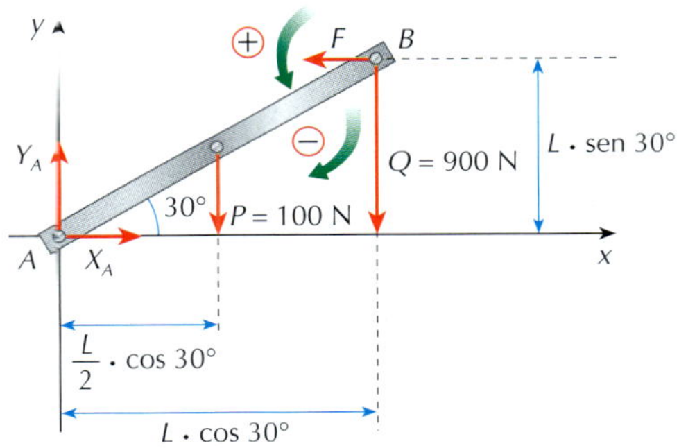

1ª) Resultante nula

Projeções em x:

$X_A - F = 0 \Rightarrow X_A = F$ ①

Projeções em y:

$Y_A - 100 - 900 = 0 \Rightarrow \boxed{Y_A = 1.000 \text{ N}}$

2ª) Soma algébrica dos momentos nula em relação ao ponto A

$$M_A = M_F + M_P + M_Q = 0$$

$$+FL \cdot \text{sen } 30° - P \cdot \frac{L}{2} \cdot \cos 30° - QL \cdot \cos 30° = 0$$

$$F \cdot \frac{1}{2} - 100 \cdot \frac{1}{2} \cdot \frac{\sqrt{3}}{2} - 900 \cdot \frac{\sqrt{3}}{2} = 0$$

$$\boxed{F = 950\sqrt{3} \text{ N}}$$

De ① resulta: $\boxed{X_A = 950\sqrt{3} \text{ N}}$

Respostas: a) $950\sqrt{3}$ N; b) $X_A = 950\sqrt{3}$ N e $Y_A = 1.000$ N

R.184 Uma barra homogênea de peso $P = 20$ N está apoiada nos extremos A e B distanciados de 1,0 m. A 0,20 m da extremidade B foi colocado um corpo C de peso $P_C = 20$ N. Determine as intensidades das reações dos apoios A e B sobre a barra.

Solução:

Vamos isolar a barra AB e impor as condições de equilíbrio. Observe que as reações dos apoios A e B sobre a barra têm direção vertical:

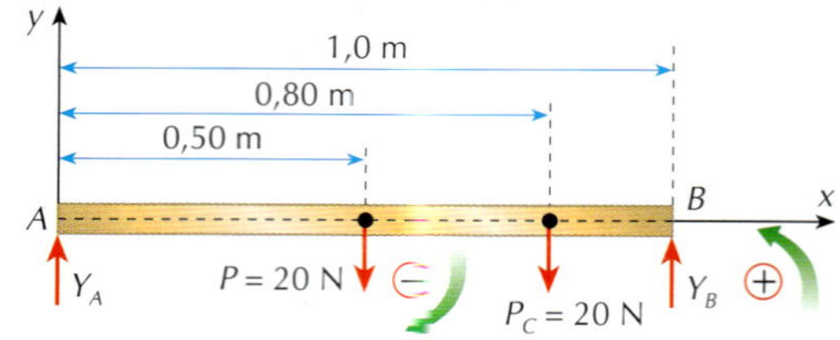

1ª) Resultante nula

Projeções em y:

$$Y_A + Y_B - 20 - 20 = 0 \Rightarrow Y_A + Y_B = 40 \quad ①$$

2ª) Soma algébrica dos momentos nula em relação ao ponto A

$$M_A = M_{Y_B} + M_P + M_{P_C} = 0 \Rightarrow Y_B \cdot 1{,}0 - 20 \cdot 0{,}50 - 20 \cdot 0{,}80 = 0 \Rightarrow \boxed{Y_B = 26 \text{ N}}$$

Substituindo Y_B na expressão ①, resulta: $\boxed{Y_A = 14 \text{ N}}$

Resposta: $Y_A = 14$ N e $Y_B = 26$ N

R.185 Uma barra homogênea AB de peso $P = 10$ N e comprimento $L = 50$ cm está apoiada num ponto O a 10 cm de A. De A pende um corpo de peso $Q_1 = 50$ N. A que distância x de B deve ser colocado um corpo de peso $Q_2 = 10$ N para que a barra fique em equilíbrio na horizontal?

Solução:

Vamos isolar a barra AB. Observe que, impondo soma algébrica dos momentos nula em relação ao ponto O, obtemos x. Note que o momento de Y_0 em relação a O é nulo.

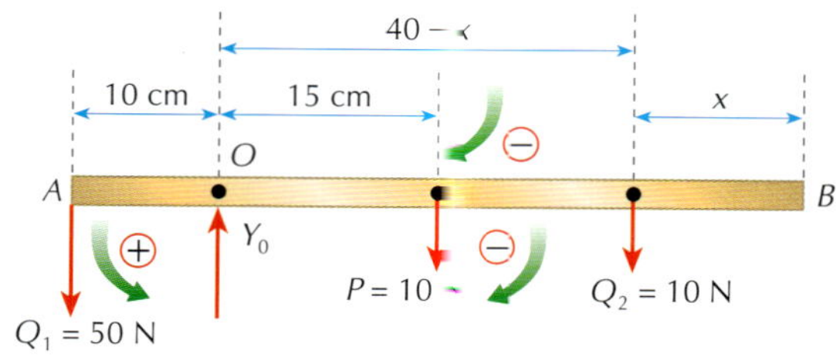

$$M_O = M_{Q_1} + M_P + M_{Q_2} = 0$$

$$50 \cdot 10 - 10 \cdot 15 - 10 \cdot (40 - x) = 0$$

$$\boxed{x = 5 \text{ cm}}$$

Resposta: 5 cm

R.186 Um homem de peso $P = 600$ N caminha numa tábua de madeira apoiada em A e articulada em C. O peso da tábua é $P_{\text{tábua}} = 900$ N e seu comprimento é de 6 m. Determine a máxima distância x, indicada na figura, que o homem pode caminhar sobre a tábua para que ela fique em equilíbrio.

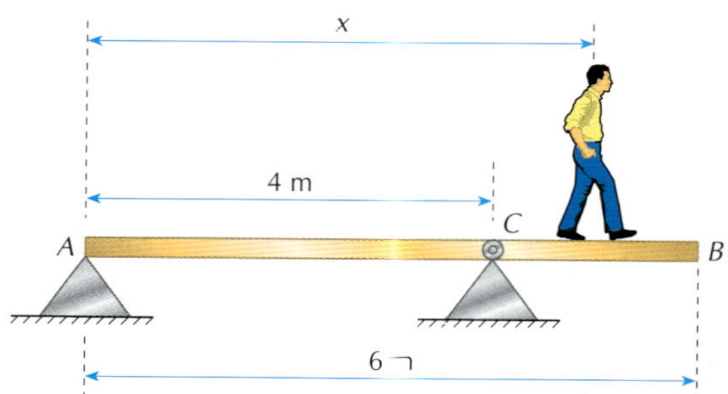

Solução:

A máxima distância x ocorre quando a tábua está na iminência de girar em torno da articulação C; nessa condição não há contato entre a tábua e o apoio A. Para a determinação de x, impomos a soma algébrica dos momentos nula em relação ao ponto C.

$$M_C = M_{P_{\text{tábua}}} + M_P = 0 \Rightarrow 900 \cdot 1 - 600 \cdot d = 0 \Rightarrow$$

$$\Rightarrow d = 1{,}5 \text{ m}$$

A contar do ponto A, temos:

$$x = AC + d \Rightarrow x = 4 + 1{,}5 \Rightarrow \boxed{x = 5{,}5 \text{ m}}$$

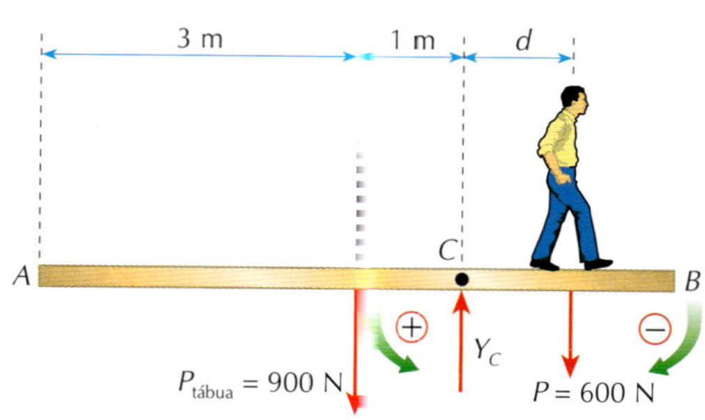

Resposta: 5,5 m

Leia mais

Na seção A Física em nosso Mundo, página 416, leia sobre máquinas simples e o princípio da alavanca.

Exercícios propostos

P.475 Uma barra homogênea de peso 100 N é articulada em A e mantida em equilíbrio por meio do fio BC. Em B é suspenso um peso de 200 N. Determine a intensidade da força que traciona o fio BC e a reação da articulação A (componentes horizontal e vertical).

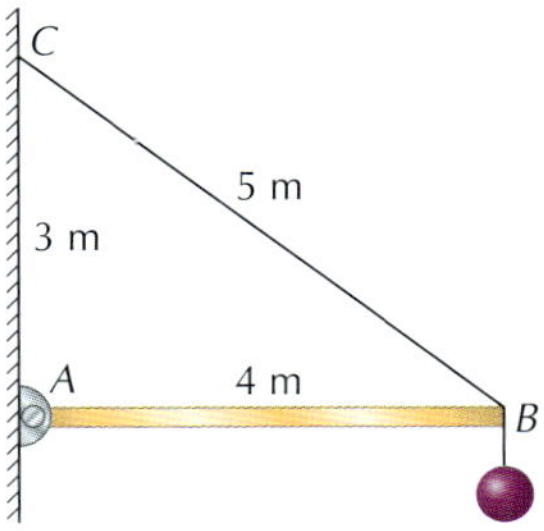

P.476 No sistema da figura abaixo, a barra é homogênea e de peso 20 N. A polia e o fio são ideais.

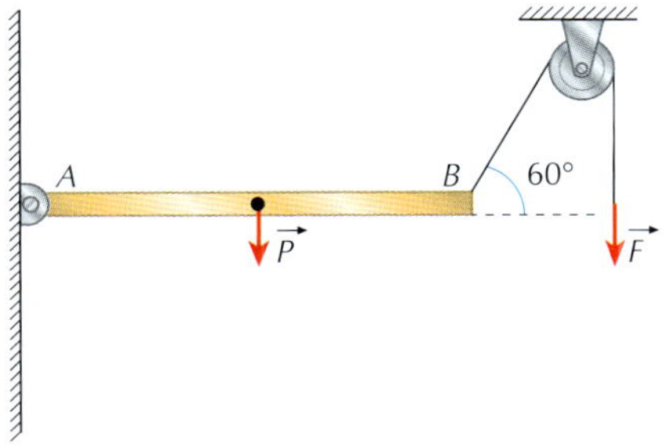

Determine:

a) a intensidade da força $\vec{F}$ que deve ser aplicada ao cabo para manter a barra horizontal;

b) a reação do pino A.

P.477 Uma barra homogênea de peso $P = 50$ N é apoiada nos pontos A e B. Determine as reações dos apoios sobre a barra.

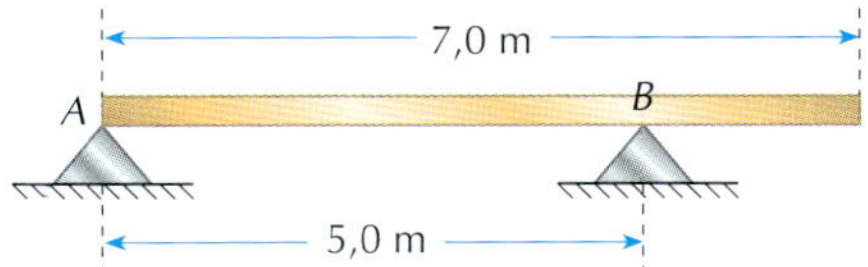

P.478 A barra homogênea BC da figura tem um peso P de 10^5 N e seu comprimento é de 10 m. O centro de gravidade CG e o ponto de apoio A da barra estão, respectivamente, a 5 m e 2 m da extremidade B. Qual é, em newtons, o peso do corpo X que deve ser suspenso ao ponto B para manter a barra em equilíbrio na posição horizontal?

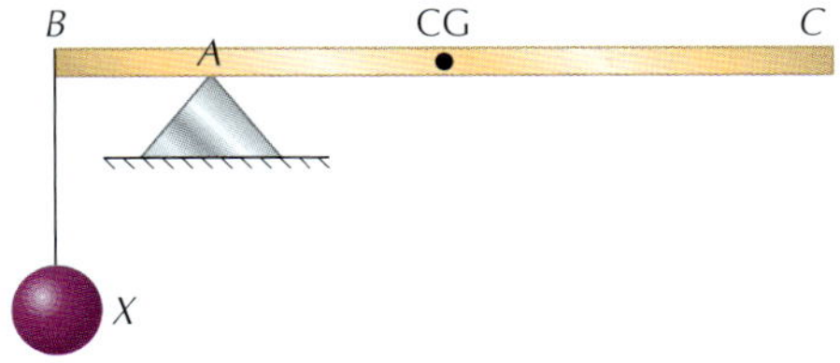

5. Tipos de equilíbrio de um corpo

Considere que uma placa de centro de gravidade CG seja suspensa pelo ponto O (figura 5). Na posição de equilíbrio, as forças que agem na placa são o peso $\vec{P}$, aplicado no centro de gravidade CG, e a força de suspensão $\vec{F}$, aplicada em O. Nessas condições, $\vec{F}$ e $\vec{P}$ devem ser opostas. Para isso, **o ponto de suspensão O e o centro de gravidade CG devem pertencer à mesma reta vertical** (figura 6).

Deslocando-se ligeiramente a placa da posição de equilíbrio, girando-a em torno de O e abandonando-a em seguida, ela tende a retornar à posição original. Nesse caso dizemos que o equilíbrio é **estável** (figura 7).

No equilíbrio estável o centro de gravidade CG está abaixo do ponto de suspensão O.

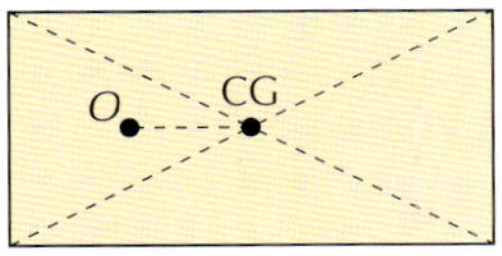

Figura 5.

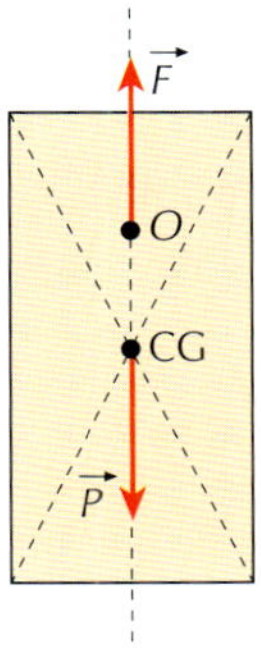

Figura 6.

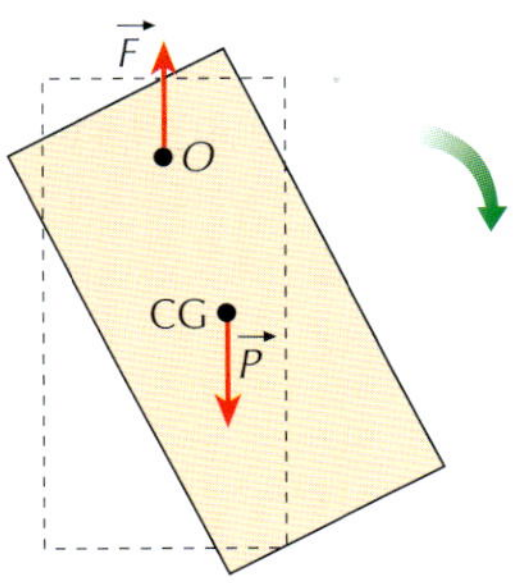

Figura 7. O peso $\vec{P}$ tem momento em relação ao ponto de suspensão O, tendendo a restaurar a posição de equilíbrio.

Se o centro de gravidade estiver acima do ponto de suspensão, o equilíbrio é **instável** (figura 8). Deslocando-se ligeiramente a placa da posição de equilíbrio, girando-a em torno de O e abandonando-a em seguida, ela se afasta ainda mais da posição de equilíbrio (figura 9).

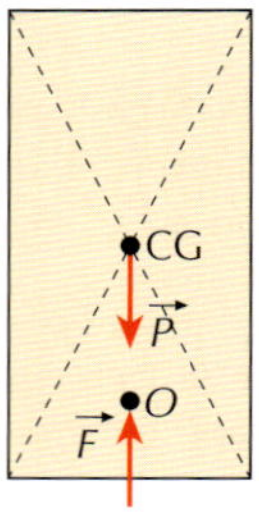

Figura 8. Equilíbrio instável.

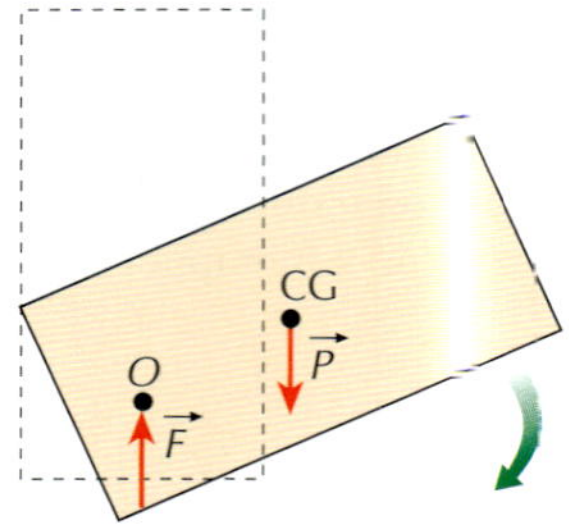

Figura 9. O peso $\vec{P}$ tem momento em relação ao ponto de suspensão, fazendo com que a placa se afaste da posição de equilíbrio.

Quando o centro de gravidade coincide com o ponto de suspensão, o equilíbrio é **indiferente**, pois, afastando-se a placa da posição de equilíbrio, girando-a em torno de O, ela permanece em equilíbrio na nova posição (figura 10).

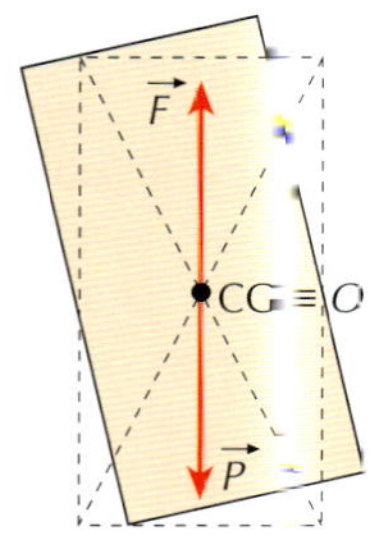

Figura 10. Equilíbrio indiferente.

Vamos analisar outro exemplo: uma esfera homogênea encontra-se em equilíbrio num apoio côncavo (figura 11). Seu equilíbrio é **estável**. Ao ser deslocada ligeiramente da posição de equilíbrio e abandonada em seguida, ela tende a voltar à posição original.

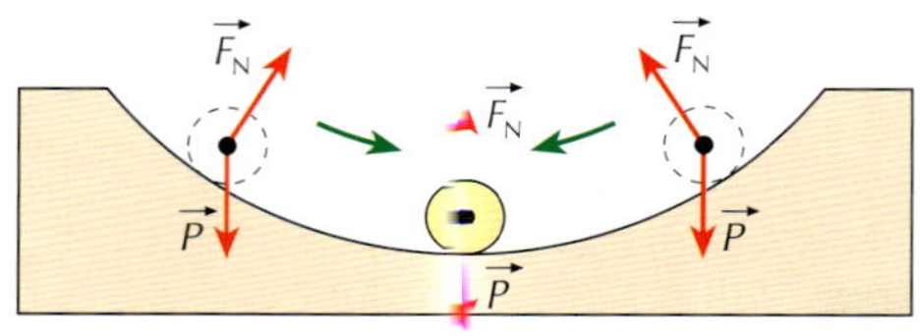

Figura 11. Equilíbrio estável.

No caso em que a esfera está em equilíbrio num apoio convexo, seu equilíbrio é **instável**: deslocando-se a esfera ligeiramente da posição de equilíbrio, ela se afasta ainda mais dessa posição (figura 12).

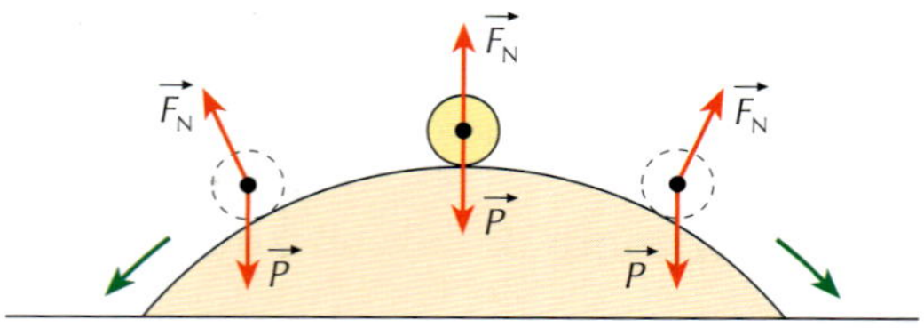

Figura 12. Equilíbrio instável.

Entre na rede

No endereço eletrônico **http://www.phy.ntnu.edu.tw/ntnujava2/** em Easy Java Simulations Dynamics, item 22 (acesso em 23/2/2007), você pode analisar várias situações relacionadas com a estática de um corpo extenso.

Estando a esfera apoiada num plano horizontal, seu equilíbrio é **indiferente**: deslocando-se ligeiramente a esfera da posição de equilíbrio e abandonando-a em seguida, ela permanece em equilíbrio na nova posição (figura 13).

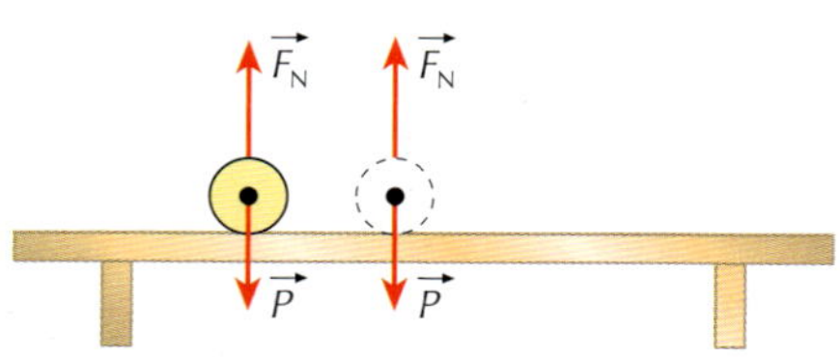

Figura 13. Equilíbrio indiferente.

Considere, agora, um bloco de centro de gravidade CG em equilíbrio, simplesmente apoiado numa tábua horizontal (figura 14). Note que o peso $\vec{P}$ e a força $\vec{R}$ (força que a tábua exerce no bloco) são forças opostas.

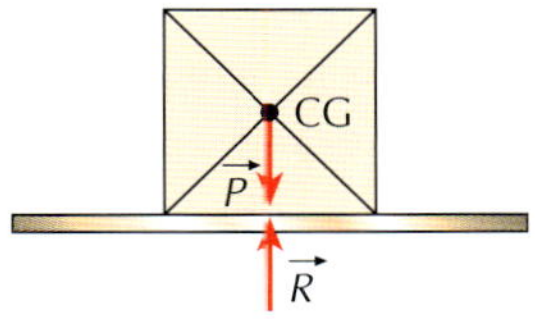

Figura 14.

Vamos inclinar gradativamente a tábua e supor que o atrito seja suficiente para que o bloco não escorregue.

AE Pratique! Ver AE pág. 419

Na figura 15a o bloco não tomba, pois **a reta vertical traçada pelo centro de gravidade CG passa pela base de apoio**. Na figura 15b o bloco está na iminência de tombar — a reta vertical traçada pelo centro de gravidade CG está prestes a deixar de passar pela base de apoio do bloco. Um ligeiro aumento na inclinação da tábua e o bloco tomba (figura 15c).

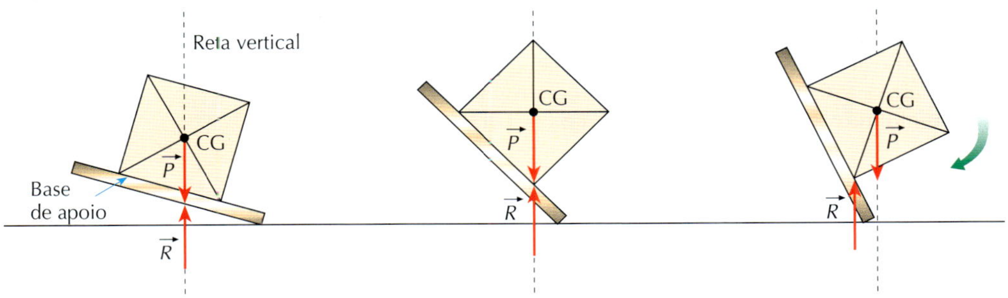

Figura 15.

EDUARDO SANTALIESTRA / CID

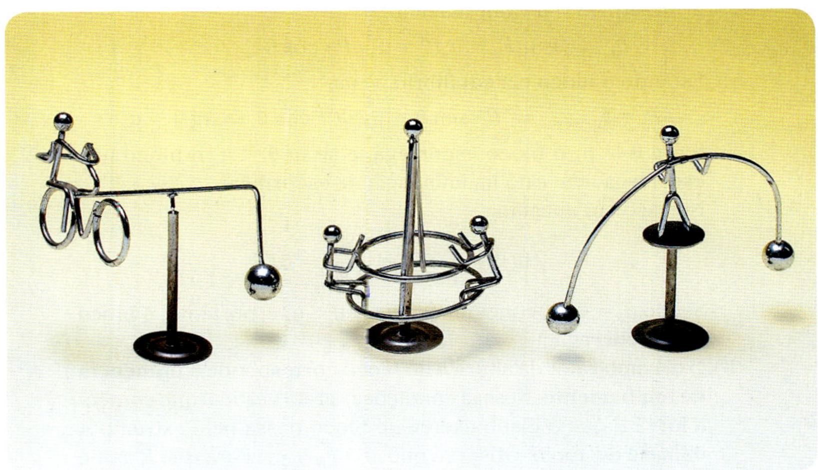

EDUARDO SANTALIESTRA / CID

O brinquedo joão-teimoso e os adornos metálicos são exemplos de situações de equilíbrio estável.

2006 MOCO / DIST. BY ATLANTIC SYNDICATION / UNIVERSAL PRESS SYNDICATE

Exercícios resolvidos

R.187 De uma chapa uniforme e homogênea recorta-se um retângulo com medidas $AB = 10$ cm e $AD = 10\sqrt{3}$ cm, conforme a figura ao lado.

Suspende-se a chapa pelo vértice A. Determine, na posição de equilíbrio, o ângulo que a reta AB forma com a vertical.

Solução:

Na posição de equilíbrio o ponto de suspensão A e o centro de gravidade CG devem pertencer à mesma reta vertical.

No triângulo ABC, temos:

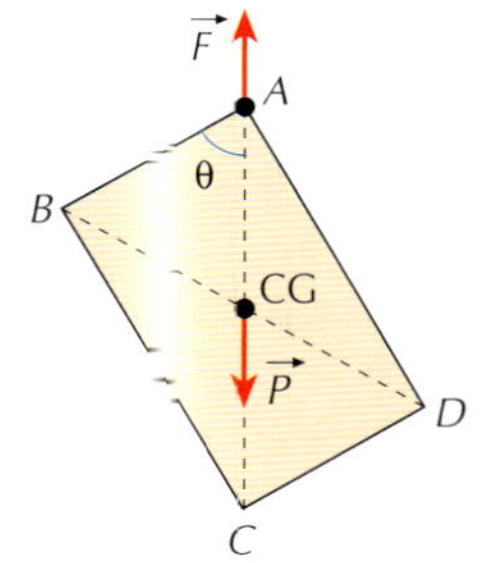

$$\text{tg}\,\theta = \frac{BC}{AB} = \frac{10\sqrt{3}}{10} = \sqrt{3}$$

Portanto: $\boxed{\theta = 60°}$

Resposta: 60°

R.188 O coeficiente de atrito estático entre um bloco homogêneo e um plano inclinado vale $\mu_e = 0{,}80$. O bloco é colocado em repouso sobre o plano inclinado (dados: sen θ = 0,60; cos θ = 0,80; $b = 1{,}5$ cm).

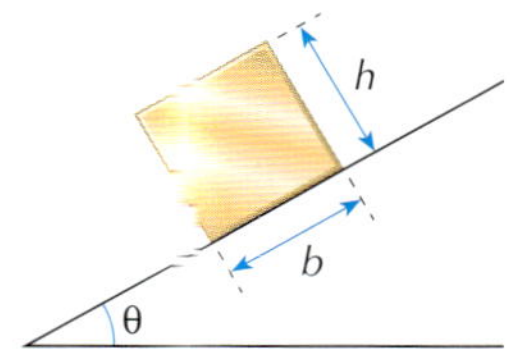

a) Demonstre que o bloco não escorrega ao longo do plano inclinado.

b) Determine o máximo valor da altura h do bloco para que ele fique apoiado sem tombar.

Solução:

a) Quando o bloco está na **iminência de escorregar**, a força de atrito atinge seu valor máximo:

$$f_{at.(máx.)} = \mu_e F_N = \mu_e P_n = \mu_e \cdot P \cdot \cos\theta$$

Estando o bloco em equilíbrio, vem:

$$P_t = f_{at.(máx.)} \Rightarrow P \cdot \text{sen}\,\theta = \mu_e \cdot P \cdot \cos\theta \Rightarrow \text{tg}\,\theta = \mu_e$$

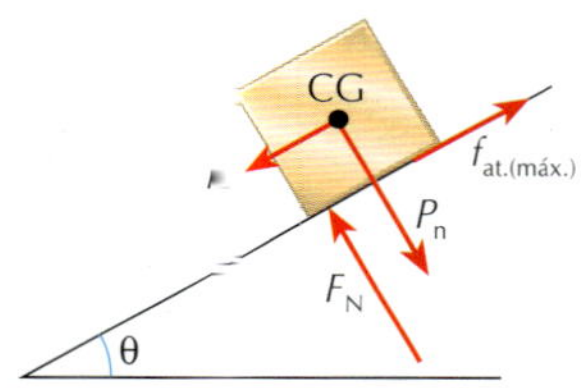

Se $\text{tg}\,\theta > \mu_e$ o bloco escorrega, e se $\text{tg}\,\theta < \mu_e$ o bloco não escorrega nem está na iminência de escorregar.

No caso em questão:

$$\text{tg}\,\theta = \frac{\text{sen}\,\theta}{\cos\theta} = \frac{0{,}60}{0{,}80} = 0{,}75$$

Sendo $\mu_e = 0{,}80$, concluímos que $\text{tg}\,\theta < \mu_e$ e, portanto, **o bloco não escorrega**.

b) O máximo valor da altura h do bloco corresponde **à iminência de tombamento**. Nessas condições, a reta vertical que contém a força $\vec{R}$ que o plano exerce no bloco passa pelo extremo A da base de apoio. Observe que $\vec{R} = \vec{F}_N + \vec{f}_{at.}$. Para que $\vec{R}$ anule $\vec{P}$ temos, na iminência de tombamento, a situação mostrada na figura ao lado.

Da figura, concluímos que o ângulo $A\hat{C}D$ também vale θ. No triângulo ACD, temos:

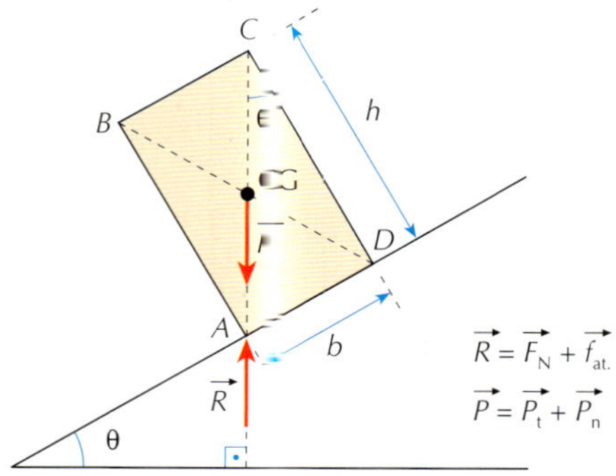

$$\text{tg}\,\theta = \frac{b}{h} \Rightarrow \frac{\text{sen}\,\theta}{\cos\theta} = \frac{b}{h}$$

São dados: sen θ = 0,60; cos θ = 0,80; $b = 1{,}5$ cm. Logo:

$$\frac{0{,}60}{0{,}80} = \frac{1{,}5}{h} \Rightarrow \boxed{h = 2{,}0 \text{ cm}}$$

Respostas: a) $\text{tg}\,\theta < \mu_e$; b) 2,0 cm

R.189 O centro de gravidade de um boneco de madeira situa-se no seu próprio corpo. Fixamos no boneco um arame com duas bolas de madeira, conforme a figura. Apoiando-se a ponta do pé do boneco numa superfície plana, ele permanece em equilíbrio. Observa-se que, afastando-se o boneco ligeiramente da posição de equilíbrio (girando-o em torno do ponto de apoio), ele tende a voltar à posição de equilíbrio, isto é, **o equilíbrio é estável**. O que se pode afirmar, nessas condições, a respeito da posição do centro de gravidade do sistema (boneco + arame com bolas) em relação ao ponto de apoio?

Solução:

Sendo **o equilíbrio estável, o centro de gravidade CG do sistema fica abaixo do ponto de apoio *O***. De fato, ao afastarmos ligeiramente o sistema da posição de equilíbrio, girando-o em torno do ponto *O*, o peso $\vec{P}$ do sistema passa a ter momento em relação ao ponto *O*. Esse momento tende a restaurar a posição de equilíbrio.

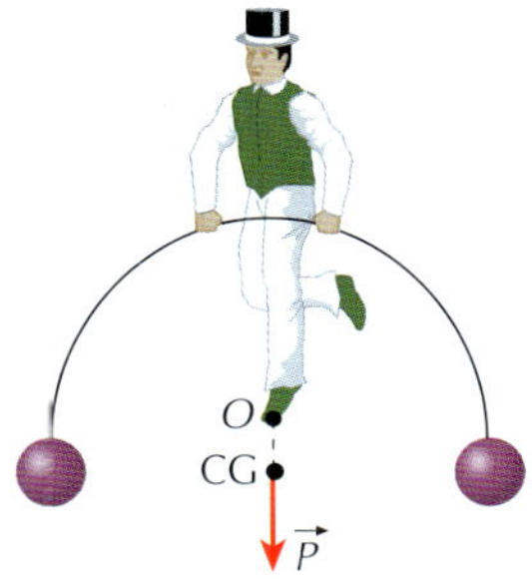

Posição de equilíbrio estável
O momento de $\vec{P}$ em relação a *O* é nulo.

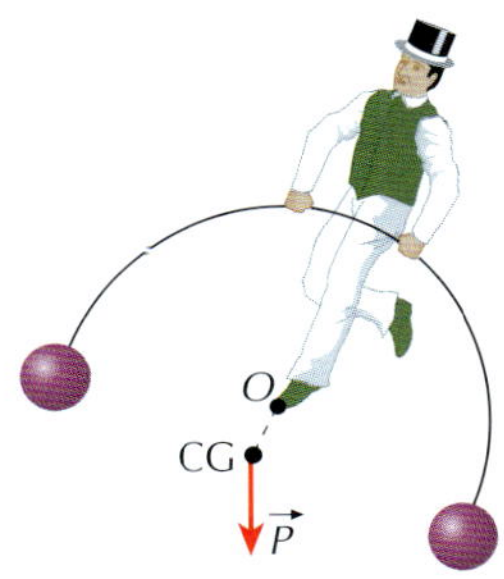

Posição deslocada de um certo ângulo
O momento de $\vec{P}$ em relação a *O* não é nulo e tende a restaurar a posição de equilíbrio.

Exercícios propostos

P.479 O centro de gravidade de uma placa quadrada não-homogênea coincide com o ponto indicado por *G* na figura. Determine a tangente do ângulo entre a vertical e o lado $\overline{AB}$ quando a placa, em equilíbrio, é suspensa por *A*.

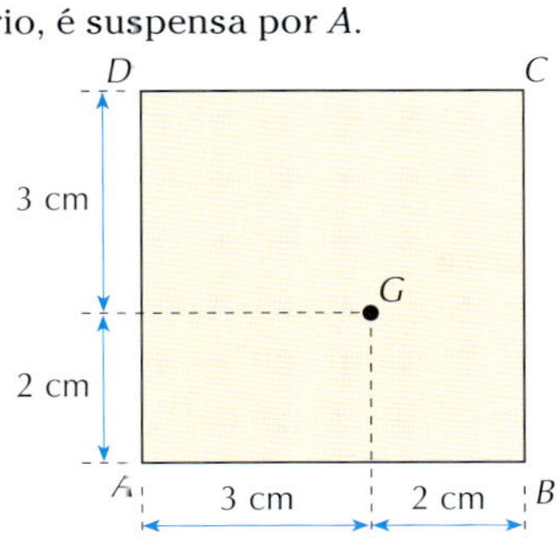

P.480 (EEM-SP) É dado um prisma homogêneo oblíquo, de base quadrada de lado *a* e altura *h*, com densidade (massa específica) *d*.

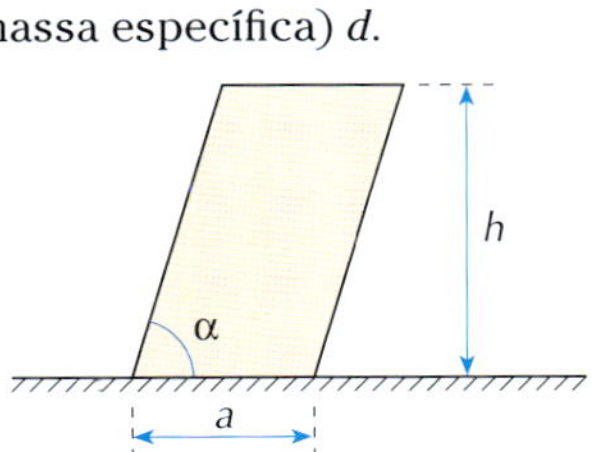

Determine:

a) o menor valor que pode ter o ângulo α para que o prisma fique apoiado sobre uma das bases sem tombar;

b) o peso do prisma nas condições do item (a).

P.481 Uma esfera, constituída de partes iguais de alumínio (Aℓ) e chumbo (Pb), foi abandonada sobre um plano horizontal, conforme mostra a figura.

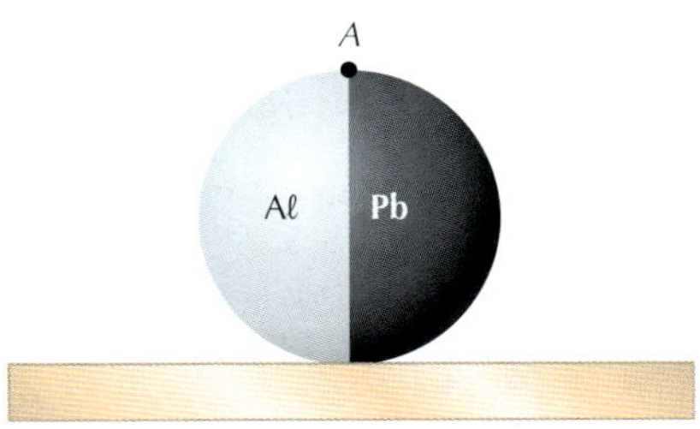

a) A esfera permanece em equilíbrio na posição mostrada na figura? Como seria a posição de equilíbrio estável e de equilíbrio instável? Faça esquemas.

b) Faça um esquema da posição de equilíbrio que a esfera atinge ao ser suspensa pelo ponto *A*.

Exercícios propostos de recapitulação

P.482 (UFRJ) Um jovem e sua namorada passeiam de carro por uma estrada e são surpreendidos por um furo num dos pneus. O jovem, que pesa 750 N, pisa a extremidade de uma chave de roda, inclinada em relação à horizontal, como mostra a figura a, mas só consegue soltar o parafuso quando exerce sobre a chave uma força igual a seu peso.

A namorada do jovem, que pesa 510 N, encaixa a mesma chave, mas na horizontal, em outro parafuso, e pisa a extremidade da chave, exercendo sobre ela uma força igual a seu peso, como mostra a figura b.

Supondo que este segundo parafuso esteja tão apertado quanto o primeiro, e levando em conta as distâncias indicadas nas figuras, verifique se a moça consegue soltar esse segundo parafuso. Justifique sua resposta.

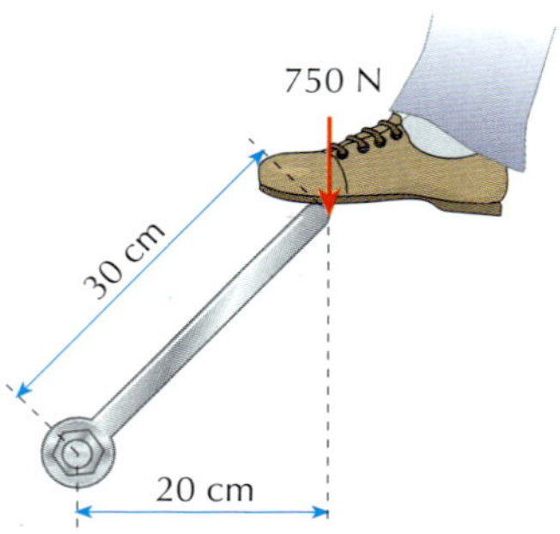

Figura a

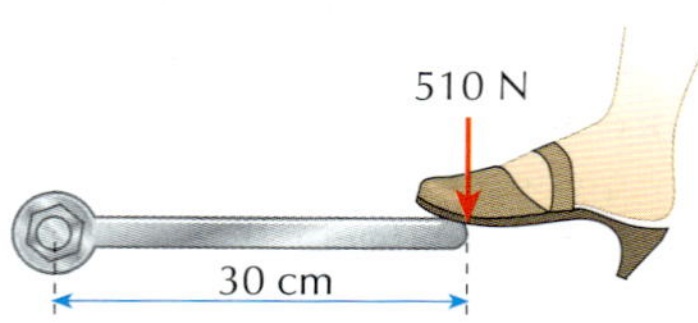

Figura b

P.483 (UFPE) Uma barra horizontal de massa desprezível possui uma de suas extremidades articulada em uma parede vertical. A outra extremidade está presa à parede por um fio que faz um ângulo de 45° com a horizontal e possui um corpo de 55 N pendurado. Qual o módulo da força normal à parede, em newtons, que a articulação exerce sobre a barra?

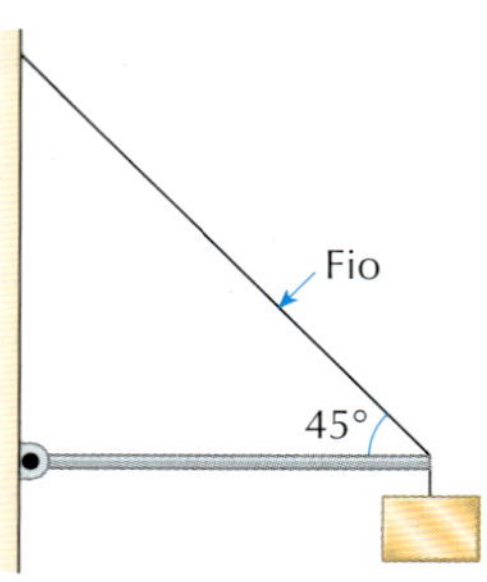

P.484 (UFG-GO) No arranjo da figura, uma barra rígida AC, de peso desprezível apoiada numa estaca fixa vertical em B, sustenta um peso $P = 80\sqrt{3}$ N.

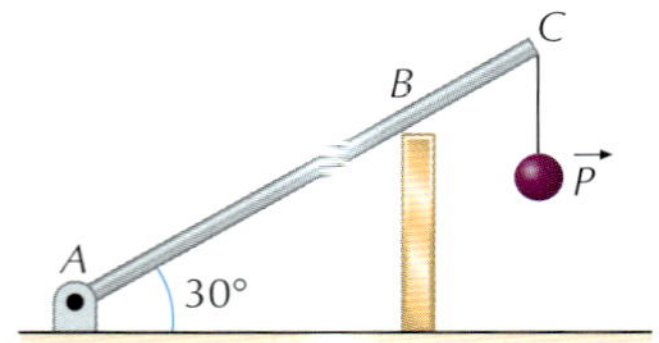

Conhecidas as distâncias $AC = 80$ cm, $BC = 30$ cm e estando o sistema em equilíbrio estático, calcule o módulo:

a) da reação da estaca na barra em B;

b) das componentes horizontal e vertical da reação de A na barra AC.

$\left(\text{Dados: sen } 30° = \dfrac{1}{2} \text{ e cos } 30° = \dfrac{\sqrt{3}}{2}\right)$

P.485 (UFC-CE) Uma tábua de massa desprezível e comprimento $L = 3{,}0$ m é articulada em uma de suas extremidades, por meio de uma dobradiça D. Sua outra extremidade está presa (a uma altura $y = 0{,}3$ m acima da dobradiça) a uma mola ideal, de constante elástica $k = 600$ N/m (figura a). Um menino, de peso $P = 300$ N, partindo da dobradiça, caminha uma distância x sobre a tábua, até que ela adquira o equilíbrio, em posição horizontal (figura b). Suponha que a mola, ao se distender, manteve-se vertical. Determine o valor de x.

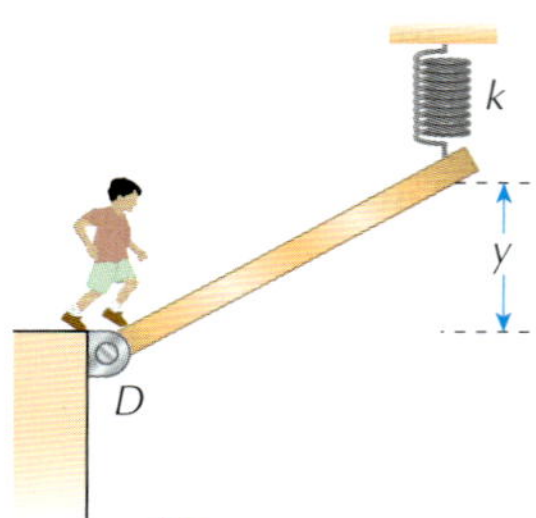

Figura a

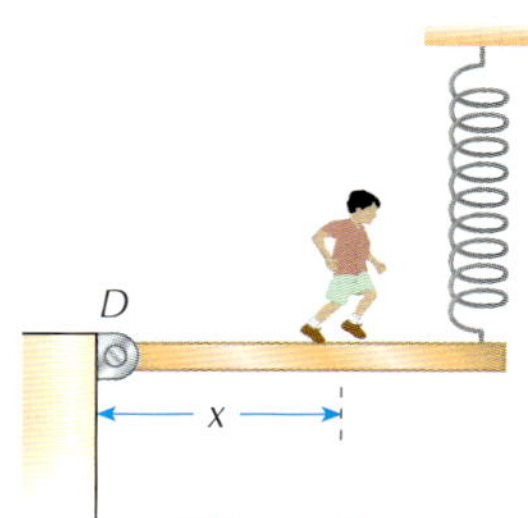

Figura b

P.486 (UFPE) Uma menina de 50 kg caminha sobre uma prancha com 10 m de comprimento e 10 kg de massa. A prancha está apoiada em suas extremidades, nos pontos A e B, como mostra a figura. No instante em que a força normal em B é igual ao dobro da normal em A, a que distância, em metros, a menina se encontra do ponto B? (Use $g = 10$ m/s^2.)

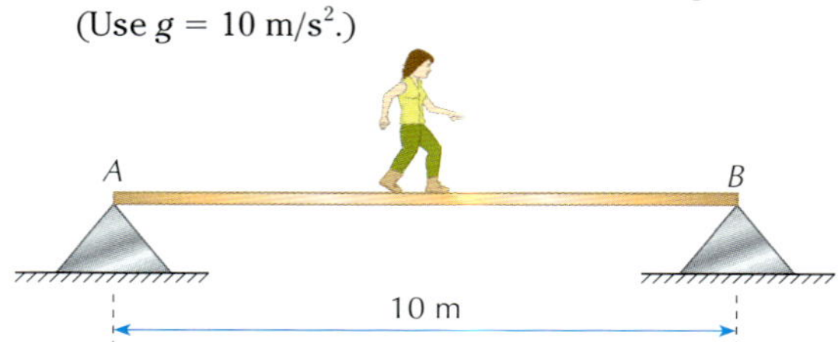

P.487 (Unicamp-SP) Uma das modalidades de ginástica olímpica é a das argolas. Nessa modalidade, os músculos mais solicitados são os dos braços, que suportam as cargas horizontais, e os da região dorsal, que suportam os esforços verticais.

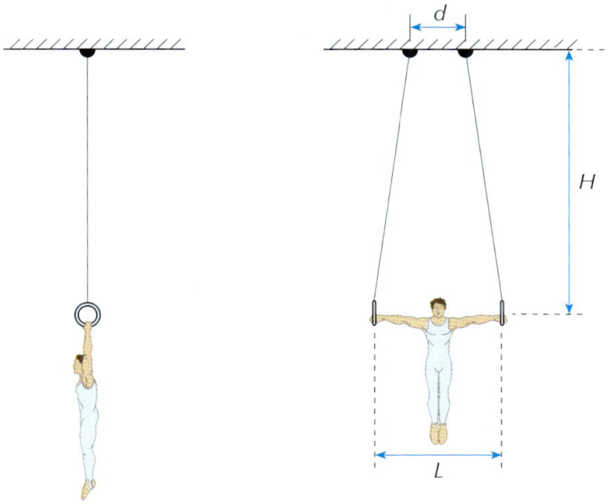

Considerando um atleta cuja massa é de 60 kg e sendo os comprimentos indicados na figura $H = 3{,}0$ m; $L = 1{,}5$ m e $d = 0{,}5$ m, responda:

a) Qual a tensão em cada corda quando o atleta se encontra pendurado no início do exercício com os braços na vertical?

b) Quando o atleta abre os braços na horizontal, qual a componente horizontal da tensão em cada corda?

(Dado: $g = 10$ m/s^2)

P.488 (Fuvest-SP) A figura mostra uma barra apoiada entre uma parede e o chão. A parede é perfeitamente lisa; o coeficiente de atrito estático entre a barra e o chão é $\mu = 0{,}25$.

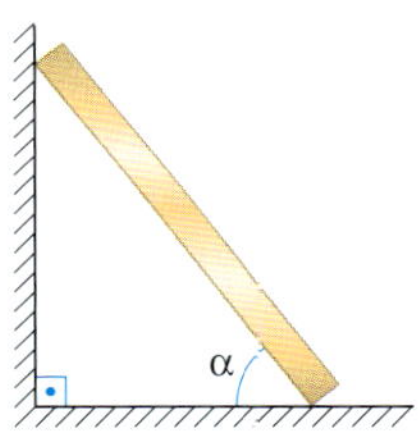

a) Desenhe o esquema das forças que atuam sobre a barra.

b) Calcule a tangente do menor ângulo α entre a barra e o chão para que não haja escorregamento.

P.489 (UFPR) Uma esfera de peso $P = 10\sqrt{3}$ N e raio R está suspensa por meio de um fio inextensível de comprimento $L = R$ e apoia-se em uma parede vertical sem atrito. Determine a força de tração no fio e a força que a parede aplica na esfera.

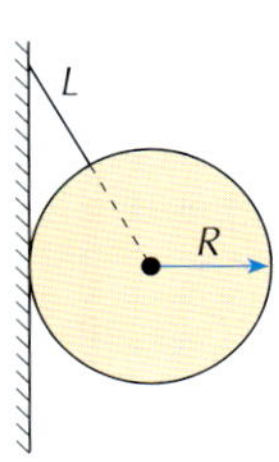

P.490 Empilham-se três livros idênticos sobre uma mesa, conforme mostra a figura. Cada livro tem comprimento $L = 20$ cm. Quais os valores máximos de x e y para que o conjunto mantenha-se em equilíbrio?

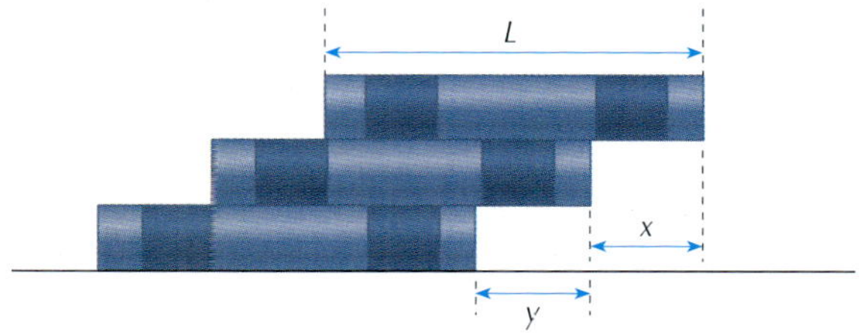

P.491 (Fuvest-SP) Um gaveteiro, cujas dimensões estão indicadas no corte transversal, em escala, representado nas figuras, possui três gavetas iguais, onde foram colocadas massas de 1 kg, 8 kg e 3 kg, distribuídas de modo uniforme, respectivamente no fundo das gavetas G_1, G_2 e G_3. Quando a gaveta G_2 é puxada, permanecendo aberta, existe o risco de o gaveteiro ficar desequilibrado e inclinar-se para a frente.

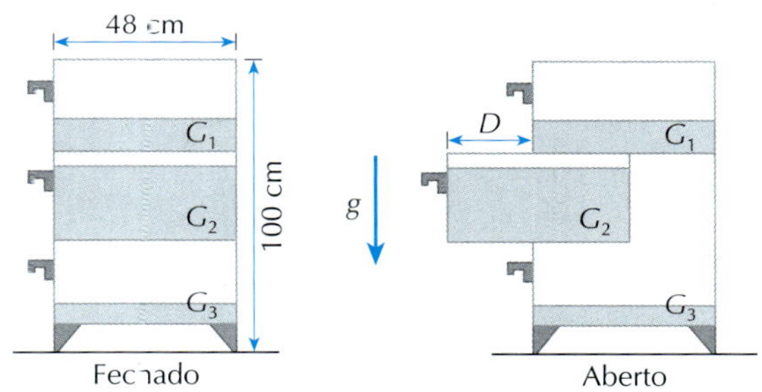

Figura I **Figura II**

a) Indique, no esquema abaixo, a posição do centro de massa de cada uma das gavetas quando fechadas, identificando esses pontos com o símbolo ×.

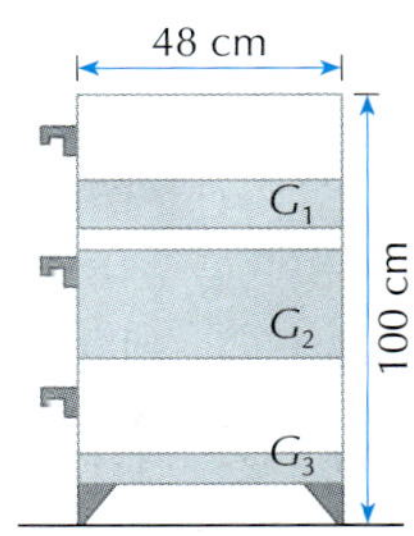

Corte transversal pelo centro do gaveteiro fechado

b) Determine a distância máxima D, em cm, de abertura da gaveta G_2, nas condições da figura II, de modo que o gaveteiro não tombe para a frente.

c) Determine a maior massa $M_{máx.}$, em kg, que pode ser colocada em G_2, sem que haja risco de desequilibrar o gaveteiro quando essa gaveta for aberta completamente, mantendo as demais condições.

> Note e adote:
>
> Desconsidere o peso das gavetas e do gaveteiro vazios.

P.492 (Vunesp) Justifique por que uma pessoa, sentada conforme a figura, mantendo o tronco e as tíbias na vertical e os pés no piso, não consegue se levantar por esforço próprio. Se julgar necessário, faça um esquema para auxiliar sua explicação.

O enunciado a seguir refere-se aos exercícios **P.493** a **P.496**.

(PUC-SP) A noção de equilíbrio estático ou dinâmico adotada pela Física está presente em várias manifestações artísticas. Nas figuras podemos observar três exemplos.

AFP-GETTY IMAGES

▲ **Alexander Calder mostrando um de seus móbiles na Galeria de Roma (março de 1955).**

JOÃO CANDIDO PORTINARI / PROJETO PORTINARI

▲ ***Meninos com carneiro*, de Cândido Portinari, pintura a óleo/madeira, 1959.**

SERGE BENHAMOU / GAMMA-OTHER IMAGES

▲ **Acrobata em monociclo sobre corda, durante uma apresentação do Grande Circo de Pequim em Paris, França (2003).**

Os móbiles são uma criação de Alexander Calder (1898-1976), considerado um dos mais inovadores e originais artistas americanos do século XX. Com seus móbiles e suas esculturas, Calder ousou atribuir movimento ao que sempre fora estático e ajudou a redefinir determinados princípios básicos das artes plásticas, a partir da associação entre movimento e equilíbrio. A tela de Cândido Portinari (1903-1962) retrata um pouco daquilo que chamamos de mundo do artista. O universo de Portinari contém a gente e a paisagem do Brasil. Sua pintura, de grande inspiração social, traz a felicidade de crianças brincando, mostra trabalhadores e mulheres em sua miséria, descritos sem aflição, transmitindo-nos a ideia de que a vida que deles exala vale a pena ser vivida. O que existe é sempre a tensão, o portentoso equilíbrio de tudo que pintou: o arco num mundo, a corda do arco em outro. O acrobata do Grande Circo de Pequim, apoiando-se em um fino fio de metal, produz, com sua capacidade de equilibrar-se, um momento mágico de beleza de uma arte popular em todo o mundo.
(Sempre que necessário, use $g = 10\ m/s^2$.)

P.493 Suponha que, na tela de Portinari, o menino no balanço esteja em equilíbrio e que a massa do conjunto menino + balanço seja de 45 kg. Qual é a intensidade da força de tração em cada uma das cordas que sustentam o balanço? Suponha que o menino esteja equidistante das cordas verticais que são inextensíveis e possuem massa desprezível. Dê sua resposta em unidades do Sistema Internacional.

P.494 Na tela de Portinari, apesar de parecer, em alguns aspectos, desproporcional, a imagem do garoto em equilíbrio apoiado em apenas uma das mãos retrata uma situação possível de ocorrer. Se considerarmos a mão do garoto como ponto de apoio, qual a condição geométrica que o centro da gravidade do garoto e sua mão devem satisfazer para que ocorra o equilíbrio?

P.495 Observando a foto do acrobata, nota-se que o fio no qual o conjunto (acrobata + monociclo) está apoiado inclina-se sob a ação do seu peso. Supondo que a corda, tanto à frente quanto às costas do acrobata, inclina-se 37° em relação à horizontal e que o fio seja inextensível e de massa desprezível, calcule a intensidade da força de tração no fio. Considere a massa do conjunto igual a 45 kg. Use sen 37° = 0,6 e cos 37° = 0,8.

P.496 Seu trabalho nesta questão será o de projetar adequadamente um móbile, segundo os princípios físicos que regem o equilíbrio. Na sua figura, deverão estar indicadas numericamente, em cada haste, as distâncias entre as extremidades e o ponto de suspensão.

Móbile: escultura abstrata móvel, que consta de elementos individuais leves, suspensos artisticamente no espaço por fios, de maneira equilibrada e harmoniosa.

Para essa criação você dispõe dos seguintes elementos:

- 1 haste de massa desprezível de 30 cm de comprimento que deve ser amarrada em um único fio que vai ao teto e estar disposta **horizontalmente**.
- 1 haste de massa desprezível de 20 cm de comprimento que deve estar disposta **horizontalmente** e suspensa por um único fio amarrado a uma das extremidades da haste maior.

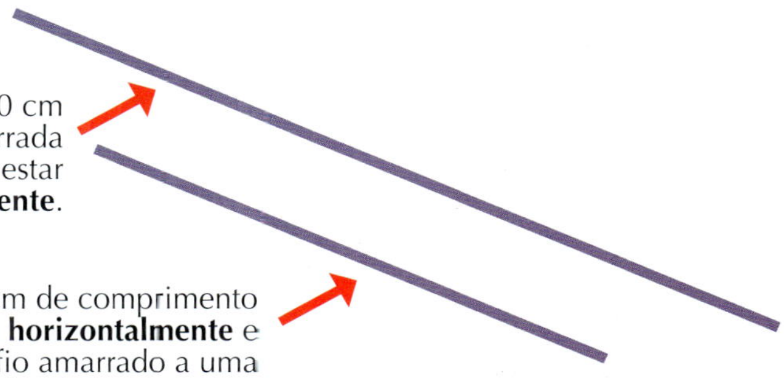

- Fios ideais tanto quanto se necessite.
- Sólidos que deverão ser amarrados individualmente às extremidades das hastes.

1 sólido de massa 15 g

1 sólido de massa 25 g

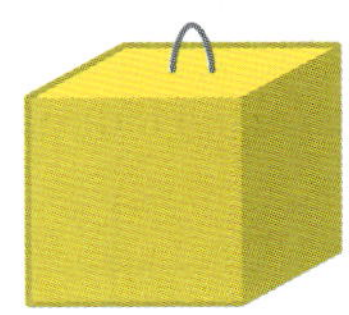

1 sólido de massa 60 g

Testes propostos

T.380 (Enem-MEC) Um portão está fixo em um muro por duas dobradiças *A* e *B*, conforme mostra a figura, sendo *P* o peso do portão.

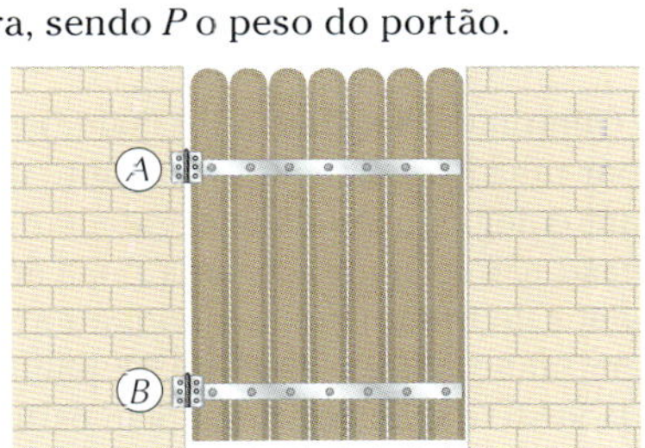

Caso um garoto se dependure no portão pela extremidade livre, e supondo que as reações máximas suportadas pelas dobradiças sejam iguais:

a) é mais provável que a dobradiça *A* arrebente primeiro que a *B*.

b) é mais provável que a dobradiça *B* arrebente primeiro que a *A*.

c) seguramente as dobradiças *A* e *B* arrebentarão simultaneamente.

d) nenhuma delas sofrerá qualquer esforço.

e) o portão quebraria ao meio, ou nada sofreria.

T.381 (Unirio-RJ) A figura a seguir mostra uma placa retangular, homogênea, presa na vertical por um eixo horizontal que passa pelo seu centro de massa (ponto de encontro das linhas tracejadas) e é perpendicular à folha. Além do peso da placa e da força que o eixo exerce sobre ela, estão indicadas as forças $F_1 = 20$ N, $F_2 = 10$ N e $F_3 = 30$ N que são aplicadas à placa nos pontos indicados. Para que a placa não tenha rotação em torno do seu centro de massa, pensa-se em aplicar no vértice A uma força.

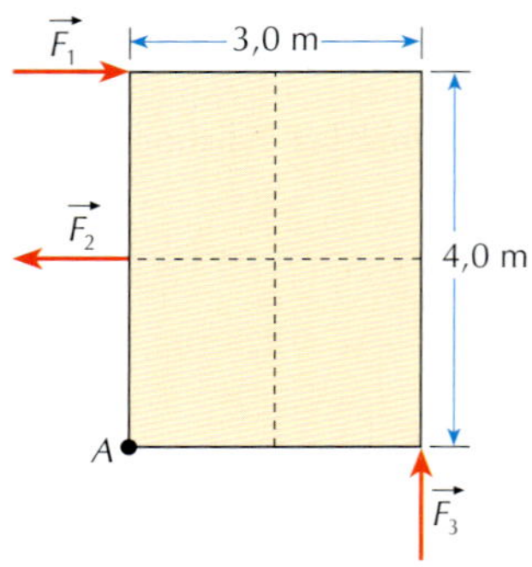

A alternativa que indica o módulo, a direção e o sentido da força, respectivamente, satisfazendo esse intento, é:

a) 5,0 N; vertical e para cima.
b) 2,5 N; horizontal e para a direita.
c) 5,0 N; horizontal e para a esquerda.
d) 2,5 N; horizontal e para a esquerda.
e) 5,0 N; vertical e para baixo.

T.382 (Vunesp) As figuras a e b indicam duas posições de um braço humano que tem na palma da mão uma esfera de 2,5 kgf. As distâncias entre as articulações estão indicadas na figura a.

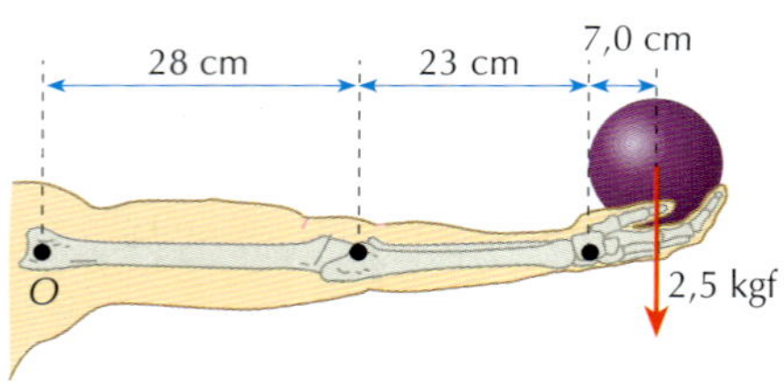

Figura a

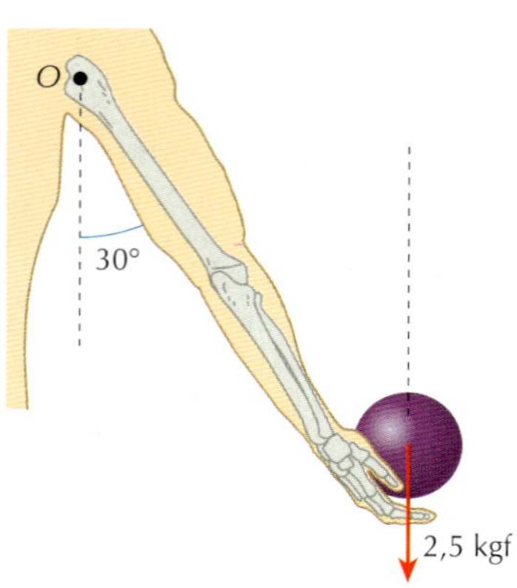

Figura b

Nas condições das figuras a e b é possível afirmar que os torques (ou momentos das forças) em relação ao ponto O são respectivamente:

	Figura a	Figura b
a)	1,5 kgf · m	$7,3 \cdot 10^{-1}$ kgf · m
b)	1,5 kgf · m	$3,7 \cdot 10^{-1}$ kgf · m
c)	5,1 kgf · m	$3,7 \cdot 10^{-1}$ kgf · m
d)	5,1 kgf · m	$7,3 \cdot 10^{-1}$ kgf · m
e)	$7,3 \cdot 10^{-1}$ kgf · m	5,1 kgf · m

T.383 (Mackenzie-SP) O tipo de luminária ilustrada a seguir foi utilizado na decoração de um ambiente. A haste AC, presa à parede, é homogênea, tem seção transversal constante e massa 800 g.

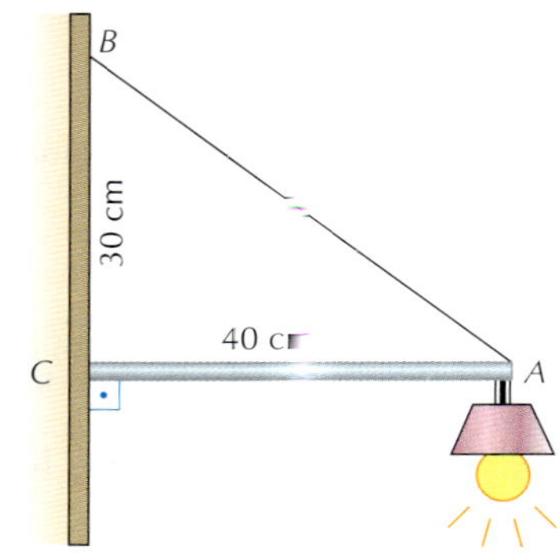

Quando o lampadário, pendente em A, tem massa superior a 500 g, o fio ideal AB arrebenta. Nesse caso, podemos dizer que a intensidade máxima da força tensora suportada por esse fio é:

a) 15 N **b)** 13 N **c)** 10 N **d)** 8 N **e)** 5 N
(Use $g = 10$ m/s^2.)

T.384 (UFPE) A figura mostra uma corda que passa por uma polia ideal, tendo uma de suas extremidades presa ao bloco de massa M, e a outra presa na extremidade B de uma viga uniforme.

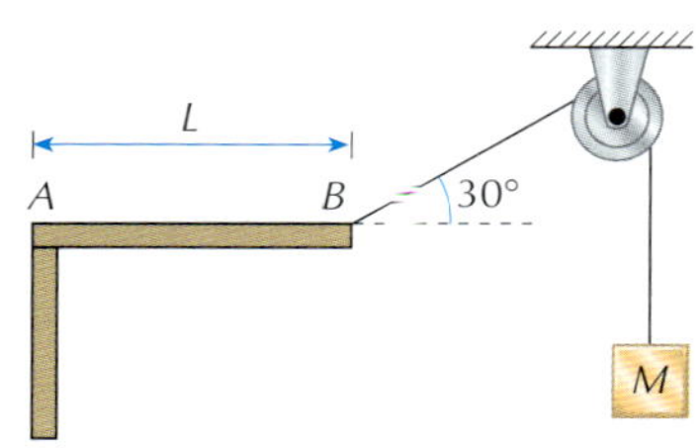

Considerando que a viga de comprimento L e massa igual a 50 kg, é mantida em equilíbrio na horizontal apoiada em A, determine a massa do bloco, em kg.

a) 25 **b)** 40 **c)** 50 **d)** 75 **e)** 80

$\left(\text{Dado: sen } 30° = \dfrac{1}{2}\right)$

T.385 (Olimpíada Brasileira de Física) Ao passarem por uma gangorra, um estudante de 48 kg diz a um colega que consegue calcular a sua massa, caso ele se sente em uma posição em um dos lados do brinquedo. Concordando, ele sentou-se em uma posição distante 2 palmos do ponto de sustentação, medidos pelo estudante que se sentou do lado oposto, e buscou um lugar de tal maneira que o sistema ficou em equilíbrio. Contou 9 palmos de onde se encontrava até o ponto de sustentação. Fez rapidamente umas contas e o valor calculado da massa foi de:

a) 36 kg **b)** 64 kg **c)** 21 kg **d)** 24 kg **e)** 57 kg

T.386 (ITA-SP) Um corpo de massa m é colocado no prato A de uma balança de braços desiguais e equilibrado por uma massa p colocada no prato B. Esvaziada a balança, o corpo de massa m é colocado no prato B e equilibrado por uma massa q colocada no prato A. O valor da massa m é:

a) pq **b)** $\sqrt{pq}$ **c)** $\frac{p+q}{2}$ **d)** $\sqrt{\frac{p+q}{2}}$ **e)** $\frac{pq}{p+q}$

T.387 (Cesgranrio-RJ) Cristiana e Marcelo namoram em um balanço constituído por um assento horizontal de madeira de peso desprezível e preso ao teto por duas cordas verticais. Cristiana pesa $4{,}8 \cdot 10^2$ N e Marcelo, $7{,}0 \cdot 10^2$ N. Na situação descrita na figura, o balanço está parado e os centros de gravidade da moça e do rapaz distam 25 cm e 40 cm, respectivamente, da corda que, em cada caso, está mais próxima de cada um.

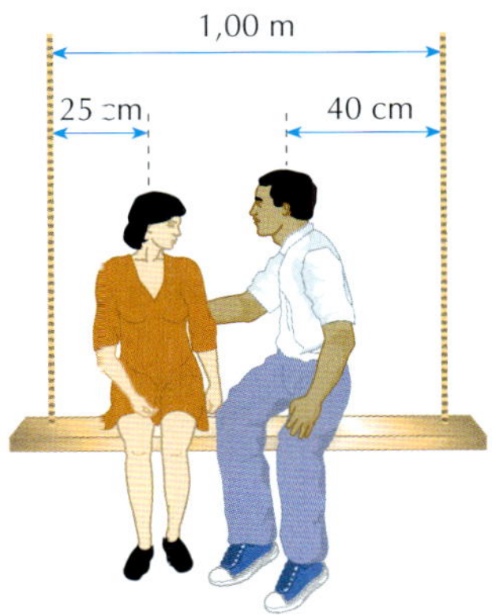

Sendo de 1,00 m a distância que separa as duas cordas, qual a intensidade da força de tração em cada uma delas?

Corda mais próxima de:

	Cristiana	Marcelo
a)	$1{,}6 \cdot 10^2$ N	$10{,}2 \cdot 10^2$ N
b)	$3{,}2 \cdot 10^2$ N	$8{,}6 \cdot 10^2$ N
c)	$4{,}0 \cdot 10^2$ N	$7{,}8 \cdot 10^2$ N
d)	$4{,}8 \cdot 10^2$ N	$7{,}0 \cdot 10^2$ N
e)	$6{,}4 \cdot 10^2$ N	$5{,}4 \cdot 10^2$ N

T.388 (Unifesp) A figura representa um cilindro de massa m, que rola para a direita sobre uma prancha homogênea e horizontal de massa $2m$, assentada livremente em dois apoios verticais, sobre os quais não desliza.

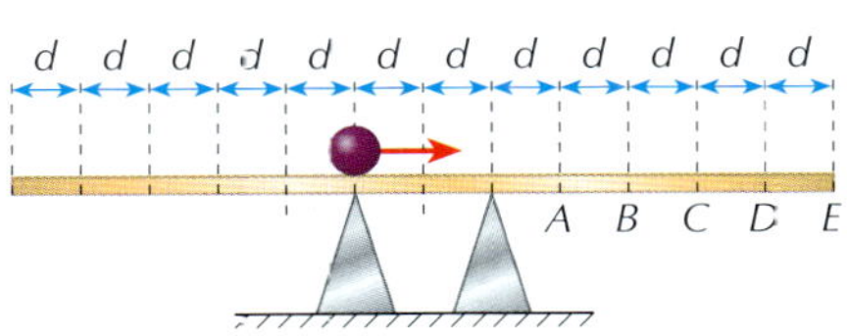

Pode-se afirmar que a prancha começa a tombar quando o cilindro passa pelo ponto:

a) A **b)** B **c)** C **d)** D **e)** E

T.389 (AFA-SP) Uma barra rígida homogênea de comprimento $2L$ e massa m está apoiada em dois suportes A e B, como mostra a figura abaixo.

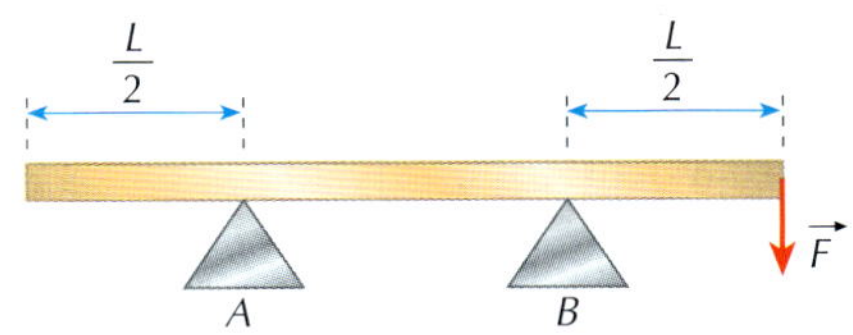

O gráfico que melhor indica a intensidade N_A da reação que o apoio A exerce sobre a barra, em função da intensidade da força $\vec{F}$ aplicada na extremidade, é:

a)

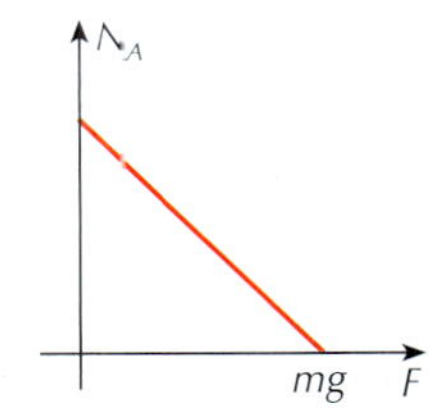

c)

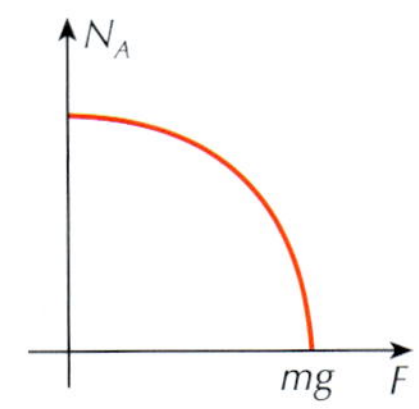

b)

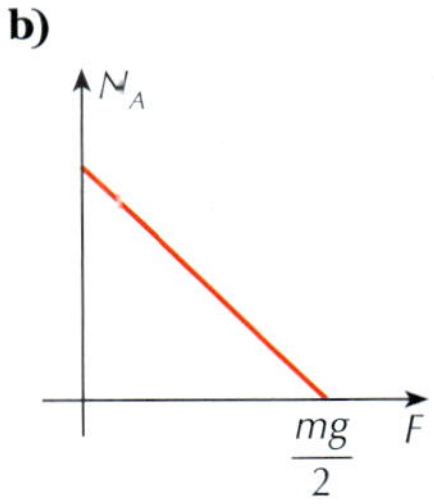

d)

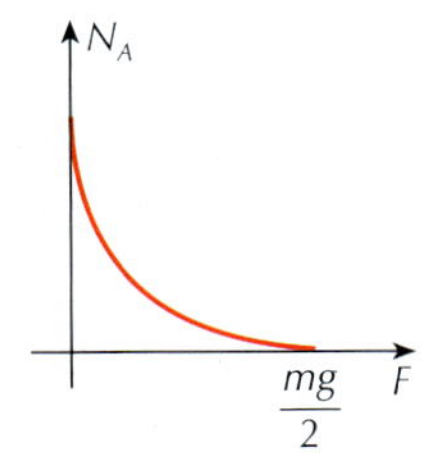

T.390 (Olimpíada Brasileira de Física) Considere uma garota de massa m caminhando por uma prancha de comprimento L, como representado na figura abaixo.

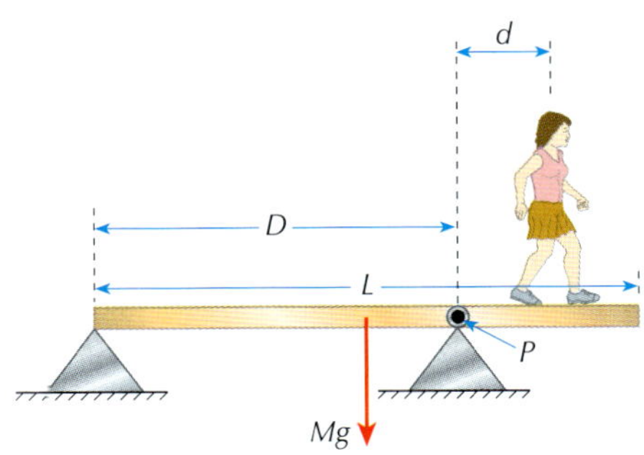

A distância máxima, d, que a garota se afasta do ponto P sem que a prancha gire é:

a) $\left(D - \frac{L}{2}\right) \cdot \frac{M}{m}$

b) $\frac{D}{2} \cdot \frac{M}{m}$

c) $\frac{(L-D)}{2} \cdot \frac{M}{m}$

d) $\left(D - \frac{L}{2}\right) \cdot \frac{m}{M}$

e) $\frac{(L-D)}{2} \cdot \frac{m}{M}$

T.391 (ITA-SP) Um canudinho de refresco de massa M e comprimento $L = 18$ cm acha-se apoiado na borda de uma mesa, com dois terços de seu comprimento jazendo sobre a mesa. Um mosquito de massa $M' = 0{,}75M$ parte do repouso caminhando sobre o canudinho, com velocidade constante $v = 2{,}5$ mm/s, da extremidade do canudinho, apoiada sobre a mesa, para a extremidade livre. t segundos após o mosquito ter iniciado seu movimento, o canudinho cairá. Isso ocorre para t igual a:

a) 70 s
b) 64 s
c) 62 s
d) 58 s
e) O canudinho não cairá porque a massa do mosquito é insuficiente para isso.

T.392 (Mackenzie-SP) Um rapaz caminha sobre uma prancha homogênea e de secção transversal constante, no sentido de A para B, como mostra a figura.

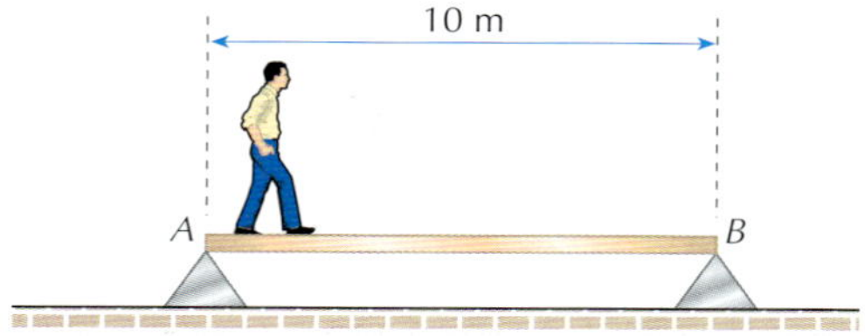

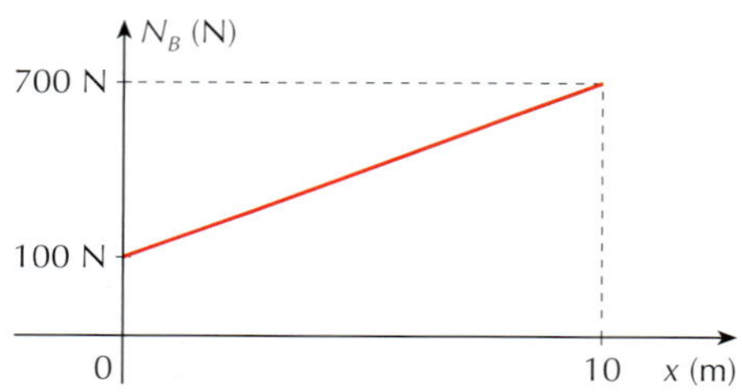

A prancha está apoiada sobre cavaletes. O gráfico da intensidade da reação normal na extremidade B em função da distância (x), da qual o rapaz se encontra da extremidade A, é dado acima. Pelo exposto, concluímos que o peso do rapaz é de:

a) 550 N **b)** 600 N **c)** 650 N **d)** 700 N **e)** 750 N

T.393 (UFSCar-SP) Para minimizar o número de furos na parede, o suporte de televisores esquematizado fixa-se apenas por dois parafusos, colocados na direção e altura indicadas por $\overline{AB}$, enquanto em C o conjunto pressiona uma sapata de borracha contra a parede.

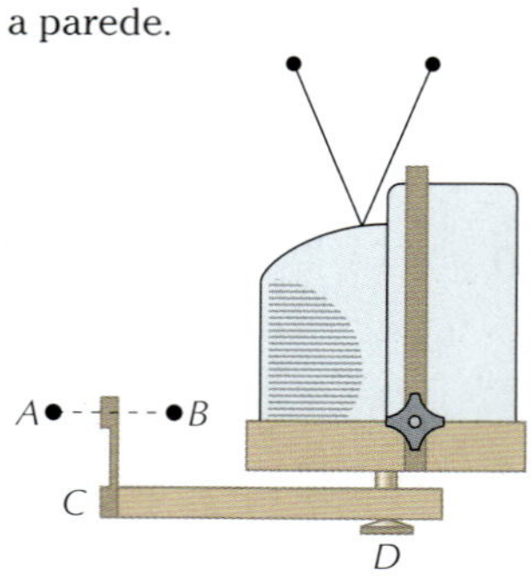

Considere:

- a parede vertical e plana;
- $\overline{AB}$ e $\overline{CD}$ horizontais
- medida de $A\hat{C}D = 90°$;
- distância de C até $\overline{AB} = 9$ cm;
- distância de C até $D = 45$ cm;
- aceleração da gravidade $= 10$ m/s^2.

Desprezando-se a massa do suporte, se um televisor de 14 kg é nele montado, a componente horizontal da força que o conjunto de parafusos aguenta é, em N:

a) 450 **b)** 700 **c)** 950 **d)** 1.250 **e)** 1.500

T.394 (UFPB) Um homem de 60 kg sobe por uma escada de 20 kg, que está com uma extremidade apoiada no chão e a outra em uma parede, como mostra a figura.

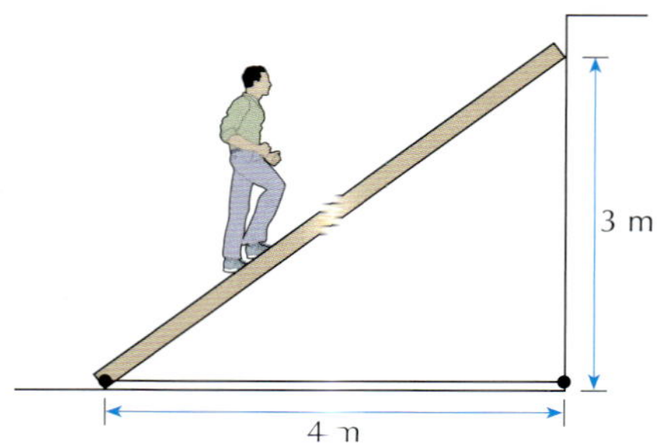

O coeficiente de atrito estático entre a parede e a escada é nulo. Por ser também nulo o coeficiente de atrito estático entre o chão e a escada, o homem prendeu o "pé" da escada à parede com um cabo que suporta uma tensão máxima de 800 N. Nessas condições, o degrau mais alto possível de ser alcançado pelo homem está a uma altura de:

a) 0,5 m **b)** 1,0 m **c)** 1,5 m **d)** 2,0 m **e)** 2,5 m

(Use $g = 10$ m/s^2.)

T.395 (Mackenzie-SP) Uma viga AB homogênea, de secção transversal uniforme, com peso 400 N e comprimento 5,00 m, é apoiada em um muro de 3,20 m de altura, como mostra a figura.

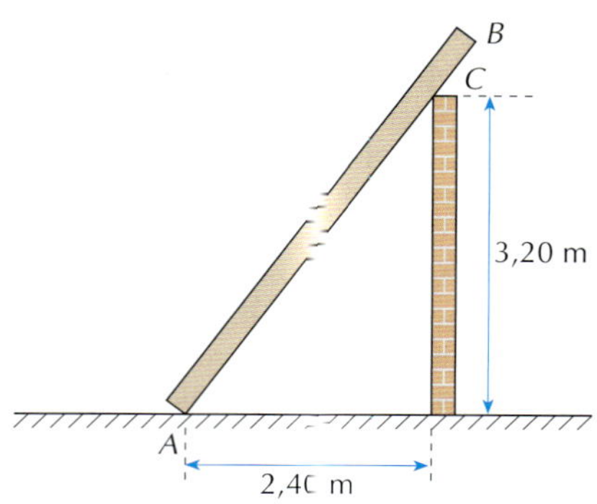

A força que essa viga exerce sobre o muro, no ponto C, tem intensidade igual a:

a) 150 N **b)** 200 N **c)** 250 N **d)** 300 N **e)** 350 N

T.396 (Mackenzie-SP) Uma esfera homogênea de raio R e peso $\vec{P}$ está apoiada como mostra a figura a seguir. A intensidade da força $\vec{F}$ horizontal, aplicada no centro da esfera, capaz de tornar o movimento iminente, é:

a) $F = \dfrac{d}{R - h}P$

b) $F = \dfrac{h}{R - d}P$

c) $F = \dfrac{R - h}{R}P$

d) $F = \dfrac{R - h}{d}P$

e) $F = \dfrac{R}{d}P$

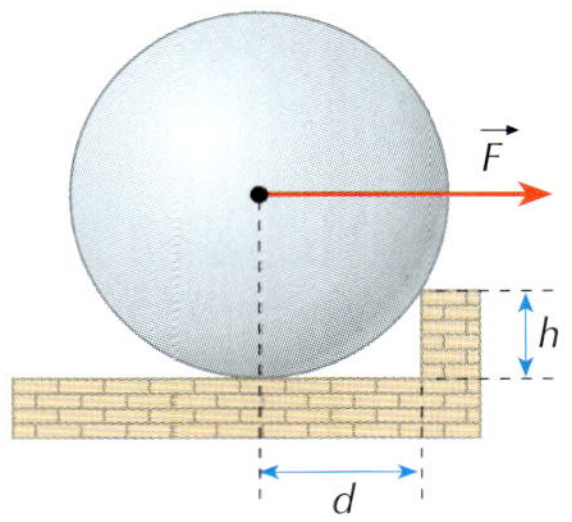

T.397 (FCC-BA) O coeficiente de atrito estático entre um bloco homogêneo e um plano inclinado vale 0,80. O bloco é colocado em repouso sobre o plano, cuja inclinação vai sendo aumentada a partir de 10° com a horizontal.

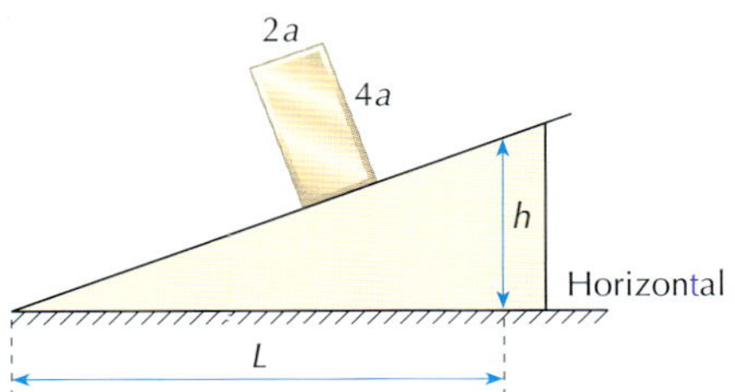

A inclinação máxima do plano, sem que o bloco deslize ou tombe, é tal que a razão $\dfrac{h}{L}$ vale:

a) $\dfrac{1}{6}$ b) $\dfrac{1}{4}$ c) $\dfrac{1}{3}$ d) $\dfrac{1}{2}$ e) 0,8

T.398 (ITA-SP) É dado um pedaço de cartolina com a forma de um sapinho, cujo centro de gravidade situa-se no seu próprio corpo. Em seguida, com o auxílio de massa de modelagem, fixamos uma moeda de 10 centavos em cada uma das patas dianteiras do sapinho. Apoiando-se o nariz do sapinho na extremidade de um lápis, ele permanece em equilíbrio.

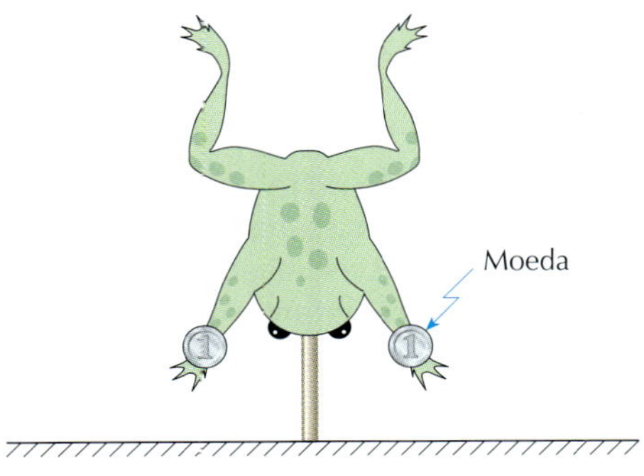

Nessas condições, pode-se afirmar que o sapinho com as moedas permanece em equilíbrio estável porque o centro de gravidade do sistema:

a) continua no corpo do sapinho.
b) situa-se no ponto médio entre seus olhos.
c) situa-se no nariz do sapinho.
d) situa-se abaixo do ponto de apoio.
e) situa-se no ponto médio entre as patas traseiras.

T.399 (UFRN) Rafael gosta de fazer "pegadinhas" com seus colegas. Ele começou demonstrando um exercício físico de flexibilidade, tocando nos pés sem dobrar os joelhos (figura I). O bem-humorado Rafael, com ar de gozação, disse que seus colegas não seriam capazes de fazer esse exercício sem perder o equilíbrio do corpo e, por isso, daria a chance de eles realizarem o exercício, encostados na parede (figura II).

Figura I. Exercício feito por Rafael.

Figura II. Colega de Rafael, encostado na parede, tentando repetir o exercício.

Esse procedimento, proposto por Rafael, em vez de auxiliar, dificulta ainda mais o equilíbrio corporal da pessoa, pois a parede faz com que:

a) o centro de gravidade da pessoa seja deslocado para uma posição que impede o equilíbrio.
b) a força normal exercida na pessoa, pela parede, seja maior do que a força que a pessoa faz na parede.
c) o torque exercido na pessoa, pela parede, seja maior do que o torque que a pessoa faz na parede, ambos em relação aos pés da pessoa.
d) o centro de gravidade da pessoa não coincida com o seu próprio centro de massa.

As máquinas simples

Máquina simples, em Física, é qualquer dispositivo utilizado em uma tarefa (por exemplo, o transporte de uma carga), constituído de um único sistema rígido. Assim, são máquinas simples: o plano inclinado, a polia (fixa ou móvel) e as alavancas, entre as quais a balança de braços e a gangorra. As máquinas simples fazem parte de outras máquinas mais complexas, como máquinas de costura, bicicletas etc.

• Vantagem mecânica

Numa máquina simples, a intenção é aplicar uma força para realizar uma tarefa que pode consistir, por exemplo, em manter uma carga suspensa. A vantagem mecânica de uma máquina simples é dada pela relação entre a intensidade da força a ser equilibrada (força resistente $\vec{F}_R$) e a intensidade da força aplicada para esse fim (força potente $\vec{F}_p$):

$$VM = \frac{F_R}{F_p}$$

Por exemplo, na polia simples, a vantagem mecânica vale 1, pois a intensidade da força potente é igual a da força resistente. Na polia móvel, a vantagem mecânica é 2, pois a força resistente tem intensidade duas vezes maior que a potente. As figuras a seguir indicam esses fatos.

$F_R = F_p \Rightarrow VM = 1$

Polia fixa

$F_p = \frac{F_R}{2} \Rightarrow VM = 2$

Polia móvel

• As alavancas

Dentre as máquinas simples, as que o ser humano utiliza há mais tempo são as alavancas. Em diversas operações, há necessidade de se obterem forças de grande intensidade a partir de forças pouco intensas (a vantagem mecânica nesses casos é maior que 1); em outras, convém simplesmente alterar a direção de uma ou mais forças (nessas situações a vantagem mecânica pode ser igual a 1 ou mesmo menor que 1).

Para que uma alavanca opere, deve sempre existir um ponto de apoio *A*, em relação ao qual se estabelecem as ações de duas forças: a força potente $\vec{F}_p$ e a força resistente $\vec{F}_R$. Conforme a posição desse ponto de apoio *A* em relação a $\vec{F}_p$ e a $\vec{F}_R$, podemos classificar as alavancas em três tipos: a **interfixa** (ponto de apoio entre $\vec{F}_p$ e $\vec{F}_R$), a **inter-resistente** ($\vec{F}_R$ entre o ponto de apoio e $\vec{F}_p$) e a **interpotente** ($\vec{F}_p$ entre o ponto de apoio e $\vec{F}_R$). Eis alguns exemplos de alavancas duplas (cada parte é uma alavanca simples):

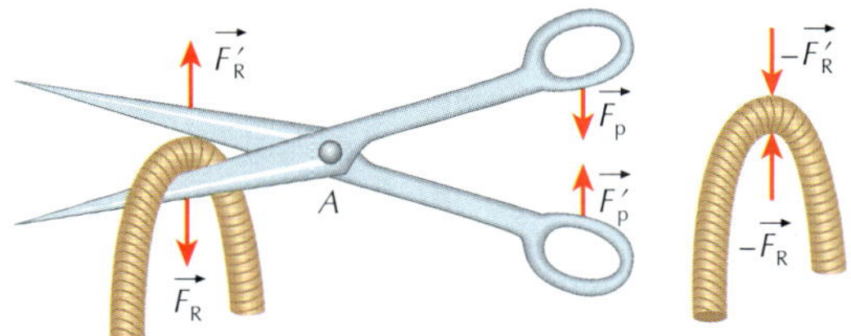

Interfixa: tesoura

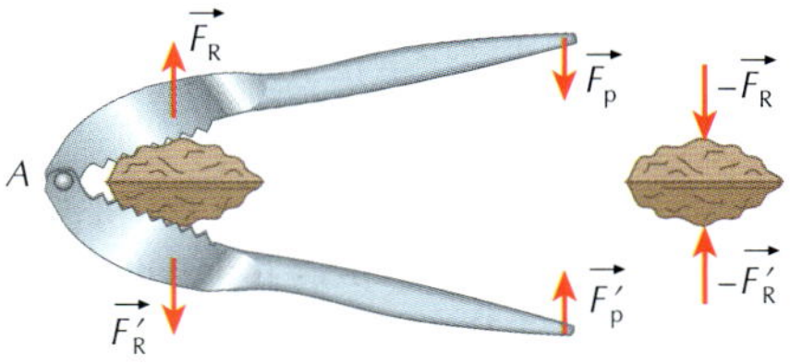

Inter-resistente: quebra-nozes

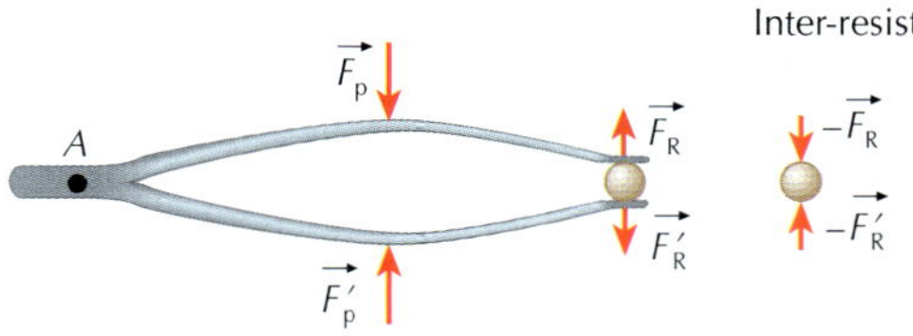

Interpotente: pinça

A necessidade de existir um ponto de apoio para que uma alavanca possa funcionar está expressa na famosa frase atribuída ao grande sábio grego Arquimedes: "Dê-me um ponto de apoio e moverei o mundo".

• Alavancas no corpo humano

As alavancas que existem no corpo humano são formadas pelos ossos, sendo os músculos responsáveis pelas forças potentes. Vamos descrever algumas dessas alavancas.

O **antebraço** é uma alavanca interpotente. O peso do corpo sustentado pela mão é a força resistente $\vec{F}_R$; a força potente $\vec{F}_p$ é exercida pelo músculo bíceps. O ponto de apoio *A* é o cotovelo.

O **pé** é uma alavanca inter-resistente quando estamos erguendo o corpo, ficando na ponta do pé. O peso do nosso corpo, transmitido através dos ossos tíbia e fíbula, é a força resistente $\vec{F}_R$; a força potente $\vec{F}_p$ é exercida pelos músculos gêmeos, que formam a barriga da perna. Esses músculos prendem-se ao calcanhar pelo tendão calcâneo. O ponto de apoio *A* é a ponta do pé.

A **cabeça** é uma alavanca interfixa quando a inclinamos para trás ou para a frente. O peso da cabeça é a força resistente $\vec{F}_R$; a força potente $\vec{F}_p$ é exercida pelos músculos do pescoço. A articulação da cabeça com a coluna vertebral define o ponto de apoio *A*.

Entre na rede

No endereço eletrônico **http://www.walter-fendt.de/ph14br/lever_br.htm** (acesso em 23/2/2007), você pode realizar simulações sobre o princípio da alavanca.

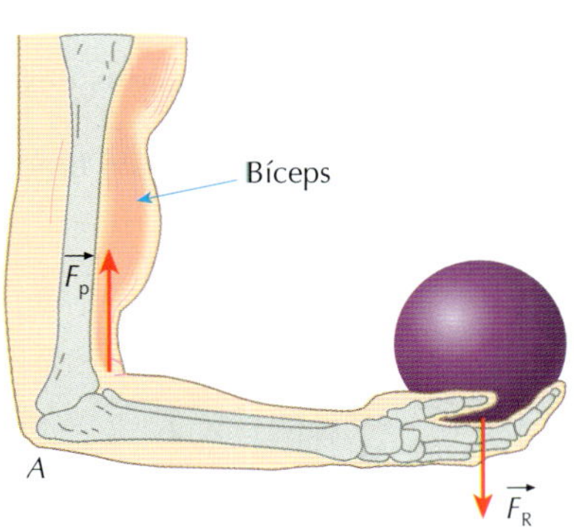

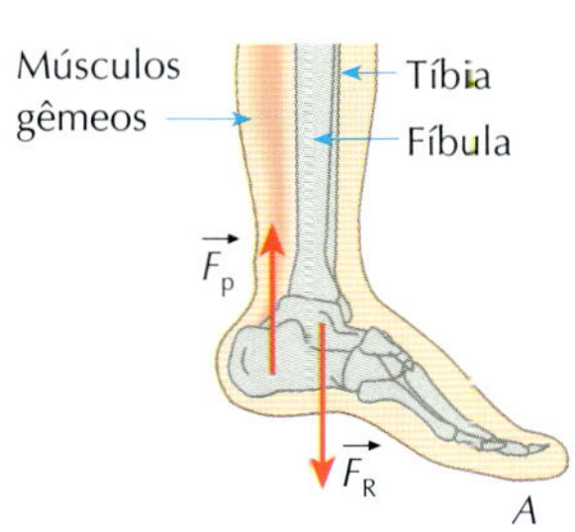

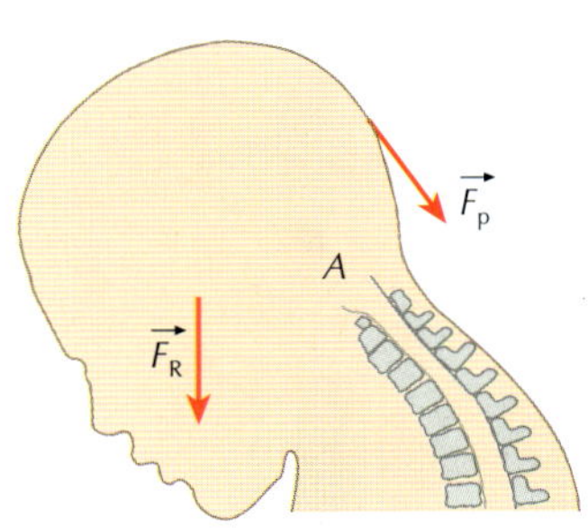

Teste sua leitura

L.31 Considere a associação de polias esquematizada na figura. Os fios e as polias são supostos ideais e a barra AB tem peso desprezível. O peso da carga é de 600 N (intensidade da força resistente: $F_R = 600$ N).

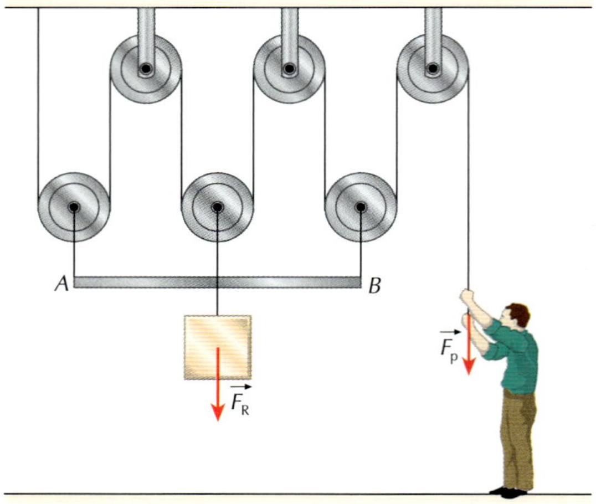

Determine:

a) a intensidade da força potente F_p aplicada pelo operador para manter o sistema em equilíbrio;

b) a vantagem mecânica da associação.

L.32 Classifique cada alavanca em interfixa, interpotente ou inter-resistente.

a)

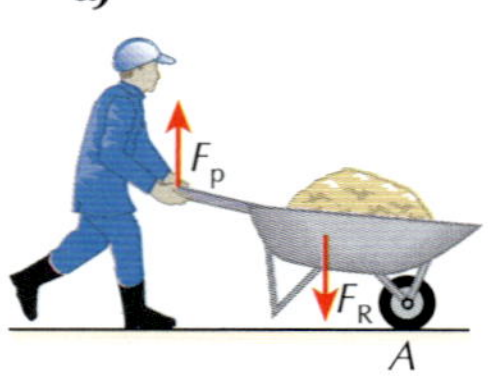

b)

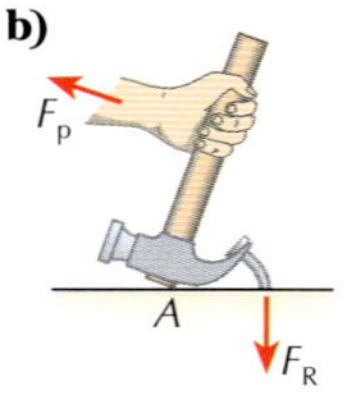

c)

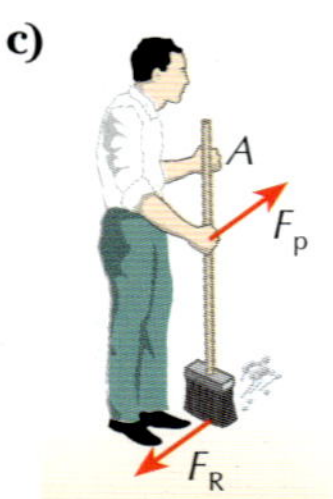

d)

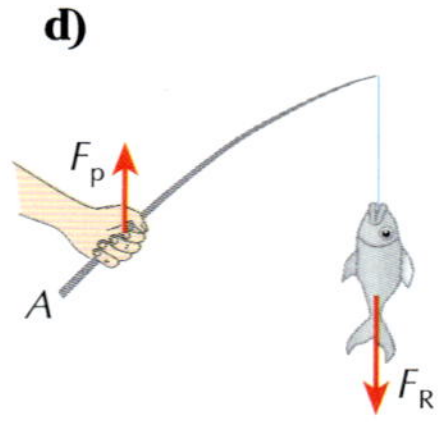

e)

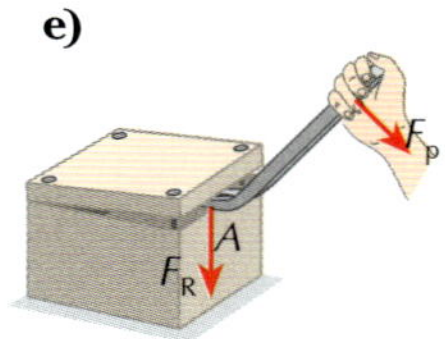

L.33 (Unicamp-SP) O bíceps é um dos músculos envolvidos no processo de dobrar nossos braços. Esse músculo funciona num sistema de alavanca como é mostrado na figura abaixo. O simples ato de equilibrarmos um objeto na palma da mão, estando o braço em posição vertical e o antebraço em posição horizontal, é o resultado de um equilíbrio das seguintes forças: o peso P do objeto, a força F que o bíceps exerce sobre um dos ossos do antebraço e a força C que o osso do braço exerce sobre o cotovelo. A distância do cotovelo até a palma da mão é $a = 0{,}30$ m e a distância do cotovelo ao ponto em que o bíceps está ligado a um dos ossos do antebraço é de $d = 0{,}04$ m. O objeto que a pessoa está segurando tem massa $M = 2{,}0$ kg. Despreze o peso do antebraço e da mão. Use $g = 10$ m/s^2.

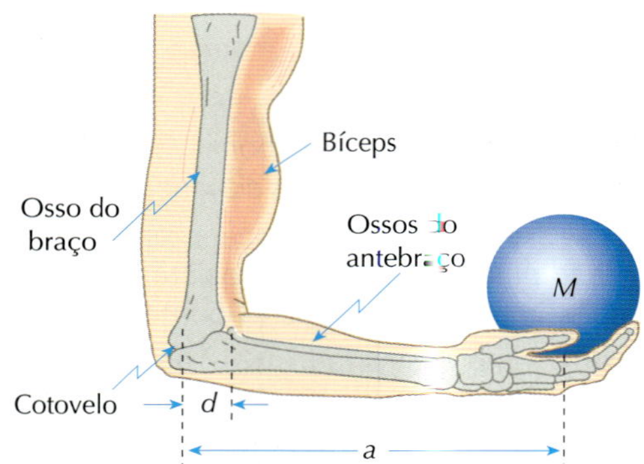

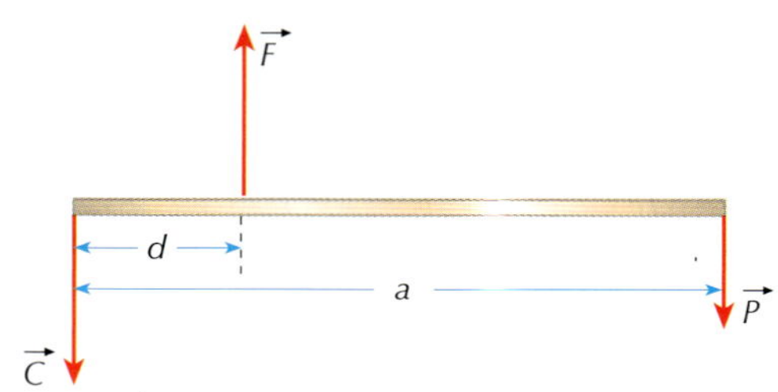

a) Determine a força F que o bíceps deve exercer no antebraço.

b) Determine a força C que o peso do braço exerce nos ossos do antebraço.

Atividade experimental

Realize as experiências com supervisão de seu professor.

O equilíbrio e o centro de gravidade

1ª experiência

Espete dois garfos idênticos na parte lateral de uma rolha. Em seguida atravesse a rolha com um prego, como indica a foto. Depois, apoie o sistema pela ponta do prego numa superfície qualquer.

- Que tipo de equilíbrio apresenta o sistema? Por quê?
- Onde se localiza o centro de gravidade em relação ao ponto de apoio?

THE NEXT

2ª experiência

Com uma régua de madeira, um martelo e um cordão, monte o sistema indicado na foto. Ele permanece em equilíbrio com uma parte da régua apoiada numa mesa. Para que haja equilíbrio, como deve estar o centro de gravidade do sistema em relação à base de apoio?

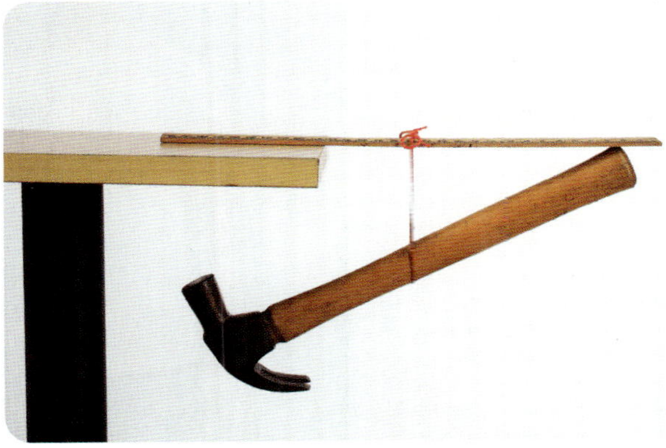

THE NEXT

3ª experiência

Pegue uma vassoura e mantenha-a em equilíbrio na posição horizontal, apoiada sobre os dedos indicadores, que são mantidos bem afastados.

THE NEXT

- Tente deslizar os dedos, um de encontro ao outro. Você notará que um dos dedos desliza e o outro fica parado, até que depois de alguns instantes também começa a deslizar. Explique por quê.
- Num certo ponto os dedos se encontram. A vassoura fica em equilíbrio apoiada neles. O que representa este ponto de apoio?
- Qual parte da vassoura pesa mais, a da direita ou a da esquerda do ponto de apoio?

4ª experiência

Fique de pé, em frente a uma parede e com os dedos do pé encostados na parede (foto I). Tente, em seguida, ficar em equilíbrio levantando os calcanhares. Você consegue? Explique.

Agora, fique em pé com um ombro encostado na parede (foto II). Levante lateralmente a perna mais afastada da parede. Você consegue ficar em equilíbrio nessa nova situação? Explique.

▲ Foto I

▲ Foto II

5ª experiência

Desenhe o mapa do Brasil numa folha de cartolina e em seguida o recorte. Descreva um método que permita determinar o centro de gravidade do mapa.

CAPÍTULO 20

Hidrostática

Na Hidrostática estudamos os fluidos (gases e líquidos) em equilíbrio, analisando a pressão que exercem e a força com que atuam sobre corpos neles imersos.
Num corpo flutuante, como o navio da foto, aplicam-se os princípios da Hidrostática.

1. Conceito de pressão

Se você apertar um lápis entre os dedos, conforme a figura 1, sentirá dor apenas no dedo em contato com a extremidade apontada. A força exercida tem igual intensidade nas duas extremidades do lápis, mas na extremidade com ponta a força se distribui por uma área menor. Dizemos que do lado da ponta a pressão é maior.

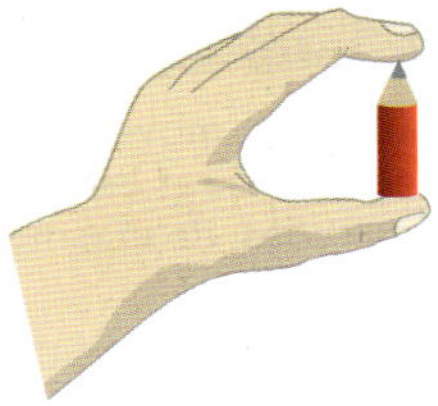

Figura 1. A pressão é maior no contato com a ponta do lápis (menor área).

A grandeza dada pela relação entre a intensidade da força que atua perpendicularmente e a área em que ela se distribui é denominada **pressão** (p).

Assim, por exemplo, se uma força de intensidade 10 N estiver distribuída perpendicularmente à área de 0,4 m² (figura 2a), a pressão sobre ela será:

$$p = \frac{10\ \text{N}}{0{,}4\ \text{m}^2} = 25\ \text{N/m}^2$$

Distribuindo-se a mesma força numa área de apenas 0,2 m² (figura 2b), a pressão exercida será:

$$p = \frac{10\ \text{N}}{0{,}2\ \text{m}^2} = 50\ \text{N/m}^2$$

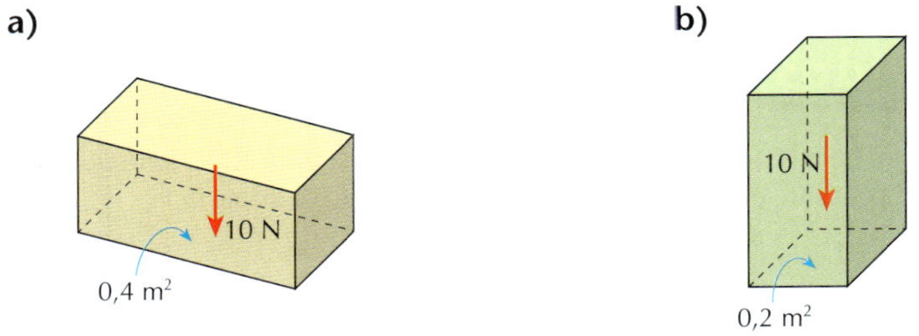

Figura 2. O mesmo corpo de peso 10 N está apoiado em faces de áreas diferentes. A pressão é maior quando o corpo está apoiado na base de área menor.

Observe que a mesma força exerce maior pressão no segundo caso, onde a área é menor.

Assim, sendo F a intensidade da resultante das forças distribuídas perpendicularmente em uma superfície de área A, a pressão p é dada pela relação:

$$p = \frac{F}{A}$$

ALBERT NORMANDIN / MASTERFILE-OTHER IMAGES

▲ **A escavadeira se move bem num terreno lamacento porque suas esteiras exercem menor pressão do que um veículo de rodas, de mesmo peso.**

GABOR NEMES / KINO

▲ **A ponta afilada do prego garante elevada pressão, facilitando sua penetração na madeira.**

SERIDEC PHOTOIMAGENE / CID

▲ **A pressão que a patinadora exerce sobre o gelo é grande, pois é pequena a área da lâmina dos patins.**

A unidade de pressão no Sistema Internacional de Unidades (SI) é o **newton por metro quadrado (N/m^2)**, também denominada **pascal (Pa)**. Eventualmente são usadas as unidades **dina por centímetro quadrado (dyn/cm^2)** e **bar**. As relações entre essas unidades são:

$$1 \text{ Pa} = 10 \text{ dyn/cm}^2$$
$$1 \text{ bar} = 10^6 \text{ dyn/cm}^2 = 10^5 \text{ Pa}$$

Os aparelhos que medem pressão são denominados **manômetros**.

EDUARDO SANTALIESTRA / CID

▲ **Os manômetros dos postos de serviço medem a pressão dos pneus dos carros na unidade prática lbf/pol² (libra-força por polegada quadrada), também chamada psi.**

Exercícios resolvidos

R.190 Uma força de intensidade 2 N é aplicada perpendicularmente a uma superfície por meio de um pino de 1 mm² de área. Determine a pressão, em N/m^2, que o pino exerce sobre a superfície.

Solução:

Como a pressão é pedida em N/m^2, a área da superfície deve ser expressa em m^2. Assim:

$$A = 1 \text{ mm}^2 \Rightarrow A = 10^{-6} \text{ m}^2$$

Sendo $F = 2$ N, a pressão é dada por:

$$p = \frac{F}{A} \Rightarrow p = \frac{2}{10^{-6}} \Rightarrow \boxed{p = 2 \cdot 10^6 \text{ N/m}^2}$$

Resposta: $2 \cdot 10^6$ N/m²

R.191 Um tijolo tem dimensões 5 cm × 10 cm × 20 cm e massa 200 g. Determine as pressões, expressas em N/m², que ele pode exercer quando apoiado sobre uma superfície horizontal. Adote $g = 10$ m/s².

Solução:

O tijolo exerce sobre a superfície horizontal uma pressão devida ao seu peso: $P = mg$.

Sendo $m = 200$ g $= 200 \cdot 10^{-3}$ kg $= 0{,}2$ kg, vem: $P = 0{,}2 \cdot 10 \Rightarrow P = 2$ N

Como o tijolo possui três faces sobre as quais pode ser apoiado, ele pode exercer três pressões diferentes:

$A_1 = 10 \text{ cm} \cdot 20 \text{ cm} = 200 \text{ cm}^2 = 200 \cdot 10^{-4} \text{ m}^2 = 2 \cdot 10^{-2} \text{ m}^2$

$A_2 = 5 \text{ cm} \cdot 20 \text{ cm} = 100 \text{ cm}^2 = 100 \cdot 10^{-4} \text{ m}^2 = 1 \cdot 10^{-2} \text{ m}^2$

$A_3 = 5 \text{ cm} \cdot 10 \text{ cm} = 50 \text{ cm}^2 = 50 \cdot 10^{-4} \text{ m}^2 = 0{,}5 \cdot 10^{-2} \text{ m}^2$

$$p_1 = \frac{P}{A_1} = \frac{2}{2 \cdot 10^{-2}} \Rightarrow \boxed{p_1 = 10^2 \text{ N/m}^2}$$

$$p_2 = \frac{P}{A_2} = \frac{2}{1 \cdot 10^{-2}} \Rightarrow \boxed{p_2 = 2 \cdot 10^2 \text{ N/m}^2}$$

$$p_3 = \frac{P}{A_3} = \frac{2}{0{,}5 \cdot 10^{-2}} \Rightarrow \boxed{p_3 = 4 \cdot 10^2 \text{ N/m}^2}$$

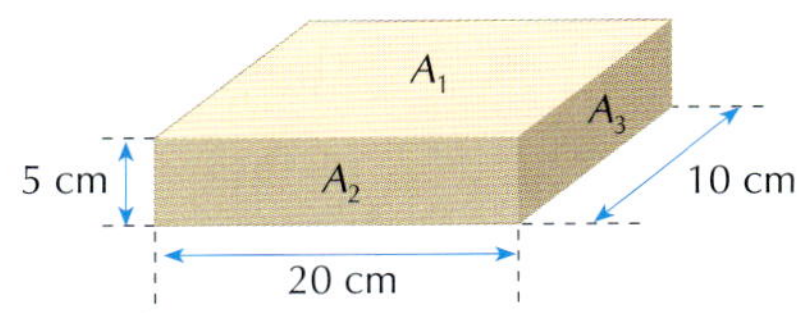

Resposta: $p_1 = 10^2$ N/m²; $p_2 = 2 \cdot 10^2$ N/m² e $p_3 = 4 \cdot 10^2$ N/m²

Exercícios propostos

P.497 A cápsula de um toca-discos tem 2 g de massa e a ponta da agulha apresenta área igual a 10^{-6} cm². Determine a pressão que a agulha exerce sobre o disco, expressa em N/m². Adote, para a aceleração da gravidade, o valor $g = 10$ m/s².

P.498 (Faap-SP) Uma banqueta de três pernas pesa 50 newtons e cada perna tem seção reta de área 5 cm². Subindo nela uma pessoa de peso 700 newtons, qual será a pressão que cada perna exercerá no chão?

P.499 Um paralelepípedo de massa 5 kg tem 2 m de comprimento, 0,5 m de largura e 0,2 m de altura. Sendo $g = 10$ m/s², determine as pressões que esse paralelepípedo pode exercer quando apoiado sobre uma superfície horizontal.

2. Conceito de massa específica e densidade

Considere uma amostra de certa substância cuja massa seja m e cujo volume seja V (figura 3a). Define-se a **massa específica** da substância pela relação:

$$\boxed{\mu = \frac{m}{V}}$$

Considere agora um corpo, homogêneo ou não, de massa m e volume V (figura 3b). A **densidade** d do corpo é dada pela relação:

$$\boxed{d = \frac{m}{V}}$$

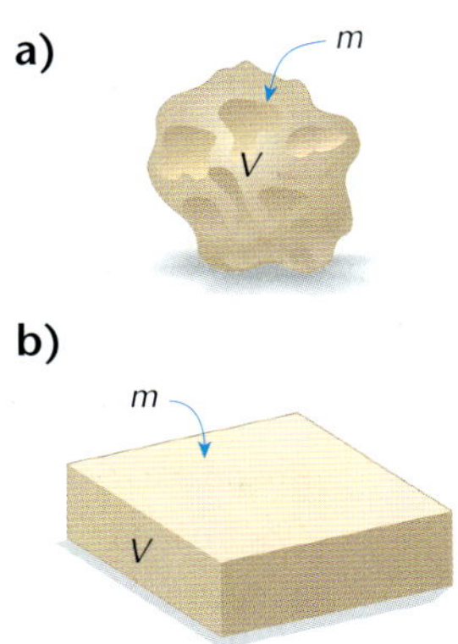

Figura 3.

> Se o corpo é maciço e homogêneo, a sua **densidade** (d) coincide com a **massa específica** (μ) do material que o constitui.

Assim, por exemplo, um cubo maciço e homogêneo de alumínio, cuja massa específica é 2,7 g/cm^3, terá densidade igual a 2,7 g/cm^3. Se o cubo de alumínio for oco, sua densidade será menor que 2,7 g/cm^3, isto é, menor que a massa específica do alumínio.

Para os líquidos, considerados sempre homogêneos, não é necessário fazer a distinção entre densidade e massa específica.

A tabela seguinte fornece valores de massa específica para alguns materiais.

Sólidos		Líquidos	
Alumínio	2,7 g/cm^3	Álcool	0,79 g/cm^3
Ferro	7,9 g/cm^3	Benzeno	0,90 g/cm^3
Chumbo	11,3 g/cm^3	Mercúrio	13,6 g/cm^3
Platina	21,5 g/cm^3	Água	1 g/cm^3

As unidades de densidade ou massa específica correspondem sempre à relação entre **unidade de massa** e **unidade de volume**. As unidades mais usadas são kg/m^3, g/cm^3 e kg/ℓ. Por exemplo, a densidade da água, à temperatura de 4 °C, nessas unidades, vale:

$$1\ \text{g/cm}^3 = 1 \cdot \frac{10^{-3}\ \text{kg}}{10^{-3}\ \ell} = 1\ \text{kg}/\ell$$

$$1\ \text{g/cm}^3 = 1 \cdot \frac{10^{-3}\ \text{kg}}{10^{-6}\ \text{m}^3} = 10^3\ \text{kg/m}^3 = 1.000\ \text{kg/m}^3$$

Em resumo: $\boxed{d_{\text{água}} = 1\ \text{g/cm}^3 = 1\ \text{kg}/\ell = 1.000\ \text{kg/m}^3}$

Exercícios resolvidos

R.192 Um objeto feito de ouro maciço tem 500 g de massa e 25 cm^3 de volume. Determine a densidade do objeto e a massa específica do ouro em g/cm^3 e kg/m^3.

Solução:

Como se trata de um objeto homogêneo e maciço de ouro, sua densidade coincide com o valor da massa específica da substância que o constitui.

Sendo $m = 500$ g e $V = 25$ cm^3, vem:

$$\mu_{Au} = d = \frac{m}{V} \Rightarrow \mu_{Au} = d = \frac{500}{25} \Rightarrow \boxed{\mu_{Au} = d = 20\ \text{g/cm}^3}$$

Como 1 g = 10^{-3} kg e 1 cm^3 = 10^{-6} m^3, vem:

$$\mu_{Au} = d = 20\frac{10^{-3}\ \text{kg}}{10^{-6}\ \text{m}^3} \Rightarrow \mu_{Au} = d = 20 \cdot 10^3\ \text{kg/m}^3 \Rightarrow \boxed{\mu_{Au} = d = 2 \cdot 10^4\ \text{kg/m}^3}$$

Resposta: $d = 20$ g/cm^3 e $\mu_{Au} = 2 \cdot 10^4$ kg/m^3

Observação:

A unidade kg/m^3 é **mil vezes menor** que a unidade g/cm^3. Por isso, o número que expressa a densidade em kg/m^3 é **mil vezes maior** que o número que expressa a densidade em g/cm^3. Então, para converter uma densidade de g/cm^3 para kg/m^3, basta multiplicá-la por 10^3.

R.193 Um cilindro tem 5 cm^2 como área da base e 20 cm de altura, sendo sua massa igual a 540 g. Esse cilindro tem a parte central oca na forma de um paralelepípedo de volume 64 cm^3. Determine:

a) a densidade do cilindro;

b) a massa específica da substância de que é feito.

Solução:

a) A densidade do cilindro é dada pela relação entre sua massa e seu volume:

$m = 540$ g

$V = A_{base} \cdot H = 5 \cdot 20 \Rightarrow V = 100\ cm^3$

$$d = \frac{m}{V} = \frac{540}{100} \Rightarrow \boxed{d = 5{,}4\ g/cm^3}$$

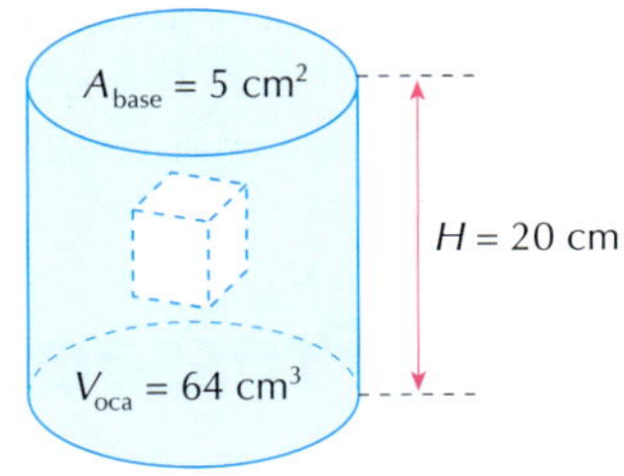

b) Para calcular a massa específica da substância do cilindro, devemos descontar do volume total o volume da parte oca:

$$V_{subst.} = V - V_{oca} = 100\ cm^3 - 64\ cm^3 = 36\ cm^3$$

Por ser desprezível a eventual massa de ar existente na parte oca, podemos admitir que a massa da substância é $m = 540$ g. Então:

$$\mu = \frac{m}{V_{subst.}} = \frac{540}{36} \Rightarrow \boxed{\mu = 15\ g/cm^3}$$

Resposta: a) 5,4 g/cm^3; b) 15 g/cm^3

R.194 Misturam-se massas iguais de dois líquidos de densidade $d_1 = 0{,}4\ g/cm^3$ e $d_2 = 0{,}6\ g/cm^3$. Determine a densidade da mistura, suposta homogênea.

Solução:

A densidade da mistura será dada por $d = \frac{2m}{V_1 + V_2}$, sendo m a massa de cada um dos líquidos e V_1 e V_2 os respectivos volumes.

$$d_1 = \frac{m}{V_1} \Rightarrow V_1 = \frac{m}{d_1} \quad \text{e} \quad d_2 = \frac{m}{V_2} \Rightarrow V_2 = \frac{m}{d_2}$$

Substituindo na primeira equação, obtemos:

$$d = \frac{2m}{\frac{m}{d_1} + \frac{m}{d_2}} \Rightarrow d = \frac{2m}{m\left(\frac{1}{d_1} + \frac{1}{d_2}\right)} \Rightarrow d = \frac{2}{\frac{1}{d_1} + \frac{1}{d_2}} \Rightarrow d = \frac{2}{\frac{d_2 + d_1}{d_1 d_2}} \Rightarrow \boxed{d = \frac{2d_1 d_2}{d_2 + d_1}}$$

Como $d_1 = 0{,}4\ g/cm^3$ e $d_2 = 0{,}6\ g/cm^3$, vem: $d = \frac{2 \cdot 0{,}4 \cdot 0{,}6}{0{,}6 + 0{,}4} \Rightarrow d = \frac{0{,}48}{1{,}0} \Rightarrow \boxed{d = 0{,}48\ g/cm^3}$

Resposta: 0,48 g/cm^3

R.195 Misturam-se volumes iguais de dois líquidos de densidades $d_1 = 0{,}4\ g/cm^3$ e $d_2 = 0{,}6\ g/cm^3$. Determine a densidade da mistura, susposta homogênea.

Solução:

A densidade da mistura será dada por $d = \frac{m_1 + m_2}{2V}$, sendo V o volume de cada um dos líquidos e m_1 e m_2 as respectivas massas.

$$d_1 = \frac{m_1}{V} \Rightarrow m_1 = d_1 V \quad \text{e} \quad d_2 = \frac{m_2}{V} \Rightarrow m_2 = d_2 V$$

Substituindo na primeira equação, temos: $d = \frac{d_1 V + d_2 V}{2V} \Rightarrow d = \frac{(d_1 + d_2)V}{2V} \Rightarrow \boxed{d = \frac{d_1 + d_2}{2}}$

Como $d_1 = 0{,}4\ g/cm^3$ e $d_2 = 0{,}6\ g/cm^3$, vem: $d = \frac{0{,}4 + 0{,}6}{2} \Rightarrow d = \frac{1{,}0}{2}\ \boxed{d = 0{,}5\ g/cm^3}$

Resposta: 0,5 g/cm^3

Exercícios propostos

P.500 Uma joia de prata pura, homogênea e maciça tem massa de 200 g e ocupa um volume de 20 cm^3. Determine a densidade da joia e a massa específica da prata.

P.501 Um cubo de aresta 8 cm é homogêneo, exceto na sua parte central, onde existe uma região oca, na forma de um cilindro de altura 4 cm e área da base 5 cm^2. Sendo 1.280 g a massa do cubo, determine:

a) a densidade do cubo;

b) a massa específica da substância que o constitui.

P.502 Determine a densidade de uma mistura homogênea em volumes iguais de dois líquidos de densidades 0,8 g/cm³ e 1 g/cm³.

P.503 Determine a densidade de uma mistura homogênea em massas iguais de dois líquidos de densidades 0,3 g/cm³ e 0,7 g/cm³.

3. Pressão em um líquido. Teorema de Stevin

Considere um líquido de densidade *d*, homogêneo e incompressível, em equilíbrio. Imagine uma porção desse líquido com a forma de um cilindro reto de altura *h* e cujas bases tenham área *A*, estando a base superior exatamente na superfície livre do líquido (figura 4).

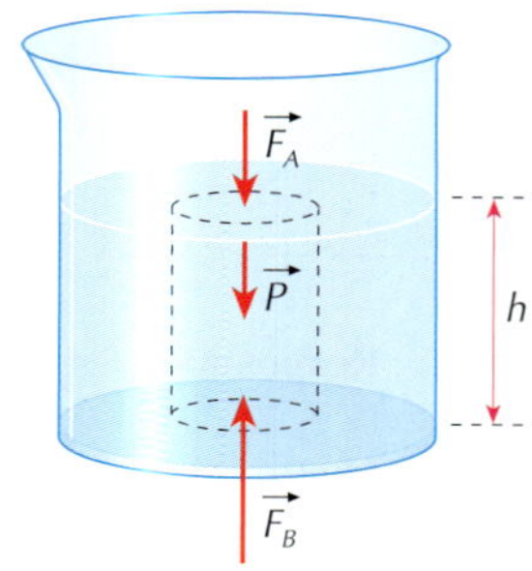

Figura 4. No cilindro líquido de peso $\vec{P}$, $\vec{F}_A$ age na base superior e $\vec{F}_B$, na base inferior.

Na base superior atua a força $\vec{F}_A$, exercida pelo ar existente sobre o líquido, e, na base inferior, a força hidrostática $\vec{F}_B$. Seja $\vec{P}$ o peso do cilindro líquido. Como há equilíbrio, podemos escrever:

$$F_B = F_A + P$$

Mas o peso do cilindro líquido vale: $P = mg = dVg = dAhg$

Assim: $F_B = F_A + dAhg$

Dividindo pela área *A* da base, vem: $\frac{F_B}{A} = \frac{F_A}{A} + \frac{dAhg}{A}$

Mas $\frac{F_A}{A} = p_A$ é a pressão exercida pelo ar na base superior e $\frac{F_B}{A} = p_B$ é a pressão na base inferior do cilindro. Logo:

$$p_B = p_A + dgh$$

Essa fórmula exprime o **teorema de Stevin***.

A pressão em um ponto situado à profundidade *h* no interior de um líquido em equilíbrio é dada pela pressão na superfície, exercida pelo ar (p_A), chamada pressão atmosférica, somada à pressão exercida pela coluna de líquido situada acima do ponto e expressa pelo produto *dgh*.

▲ Corte lateral de uma barragem

◄ A parede da barragem de uma usina hidrelétrica é mais espessa na parte inferior, que suporta pressão mais elevada.

* **STEVIN**, Simon (1548-1620), matemático e físico flamengo, realizou notáveis trabalhos sobre a estática dos fluidos na Física e sobre as funções decimais na Matemática.

3.1. Superfícies isobáricas num líquido em equilíbrio

Como consequência imediata do teorema de Stevin, concluímos que todos os pontos de uma mesma superfície horizontal (situados a uma mesma profundidade h) e pertencentes a um mesmo líquido em equilíbrio ficam sujeitos à mesma pressão. Na figura 5, os pontos X e Y apresentam pressões iguais.

$$p_X = p_Y$$

Particularmente, a superfície livre de um líquido em equilíbrio, em contato com o ar, apresenta em todos os seus pontos a mesma pressão, igual à pressão atmosférica.

Portanto, num líquido homogêneo em equilíbrio, qualquer superfície horizontal é **isobárica** (mesma pressão), e a recíproca é verdadeira.

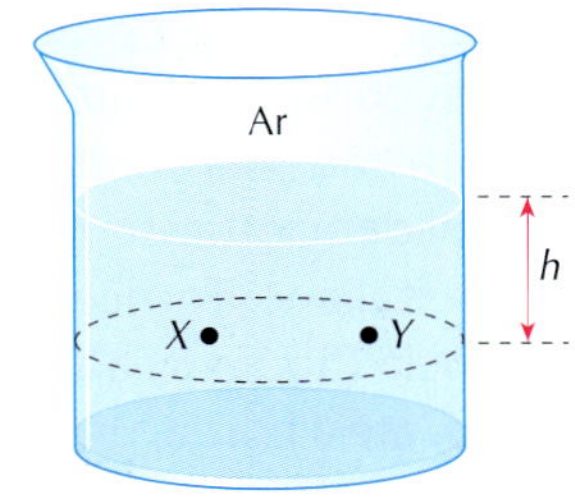

Figura 5. Em pontos de uma mesma superfície horizontal, as pressões são iguais.

3.2. Pressão de colunas líquidas

O teorema de Stevin permite concluir ainda que uma coluna líquida exerce na sua base uma pressão, devida ao seu peso, denominada **pressão hidrostática** e expressa por:

$$p_H = dgh$$

em que d é a densidade do líquido, g a aceleração local da gravidade e h a altura da coluna (figura 6).

A pressão total na base da coluna líquida corresponderá à soma da pressão exercida pelo ar na superfície livre superior (pressão atmosférica: p_{atm}) com a pressão exercida pela coluna líquida (pressão hidrostática: p_H).

$$p = p_{atm} + p_H \Rightarrow p = p_{atm} + dgh$$

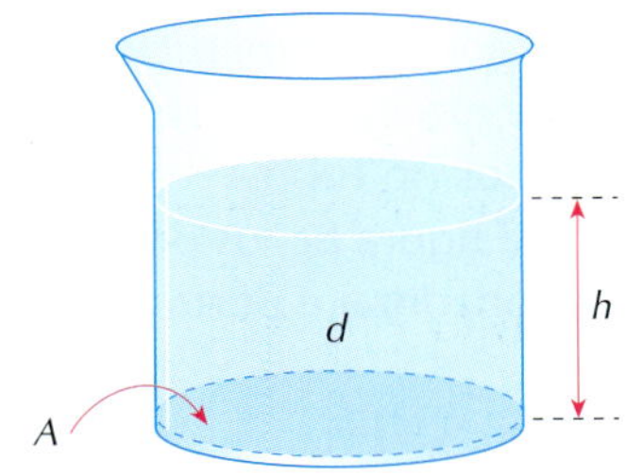

Figura 6. A coluna líquida exerce na base a pressão hidrostática.

Na figura 7, representa-se graficamente como varia a pressão p no interior de um líquido em equilíbrio com a profundidade h, medida a partir da superfície livre do líquido exposta ao ar. Observe que o coeficiente angular da reta corresponde a:

$$\text{tg}\ \theta = dg$$

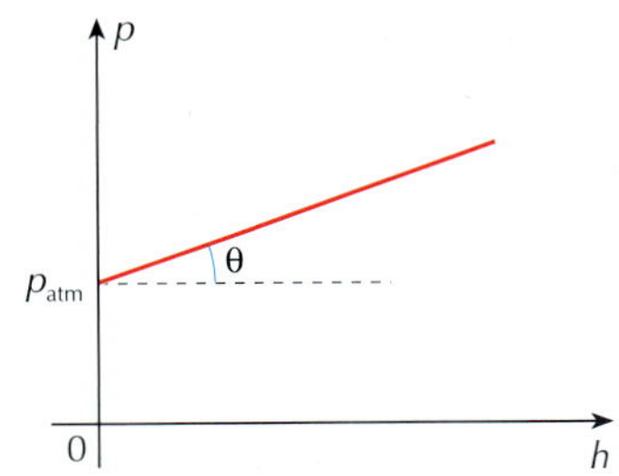

Figura 7. Representação gráfica da função: $p = p_{atm} + dgh$

3.3. Unidades práticas de pressão

Do fato de colunas líquidas exercerem pressão, foram definidas as unidades práticas **centímetro de mercúrio** (cmHg) e **milímetro de mercúrio** (mmHg). Tais unidades correspondem às pressões hidrostáticas que exercem em sua base colunas de mercúrio com alturas de 1 cm e 1 mm, respectivamente, a 0 °C e num local onde a aceleração da gravidade vale 9,8 m/s^2.

Como a densidade do mercúrio a 0 °C é $13,6 \cdot 10^3$ kg/m^3, essas unidades valem, em N/m^2:

$$1\ \text{cmHg} = dgh = 13,6 \cdot 10^3\ (\text{kg/m}^3) \cdot 9,8\ (\text{m/s}^2) \cdot 0,01\ (\text{m}) \Rightarrow 1\ \text{cmHg} = 1.332,8\ \text{N/m}^2$$

$$1\ \text{mmHg} = dgh = 13,6 \cdot 10^3\ (\text{kg/m}^3) \cdot 9,8\ (\text{m/s}^2) \cdot 0,001\ (\text{m}) \Rightarrow 1\ \text{mmHg} = 133,28\ \text{N/m}^2$$

Sendo assim, temos: $1\ \text{cmHg} = 10\ \text{mmHg}$

3.4. A pressão atmosférica

Acima de cada ponto da superfície terrestre, podemos considerar que há uma coluna de ar exercendo pressão — a chamada **pressão atmosférica**. Quem evidenciou esse fato pela primeira vez foi o cientista italiano Torricelli*, ao realizar a seguinte experiência (figura 8) ao nível do mar: encheu com mercúrio, até a borda, um tubo de vidro com 120 cm de comprimento. Tapou a extremidade aberta (figura 8a) e inverteu o tubo num recipiente contendo mercúrio (figura 8b). Ao destapar o tubo (figura 8c) verificou que a coluna de mercúrio atingia a altura de 76 cm, restando o vácuo acima do mercúrio, região esta denominada câmara barométrica.

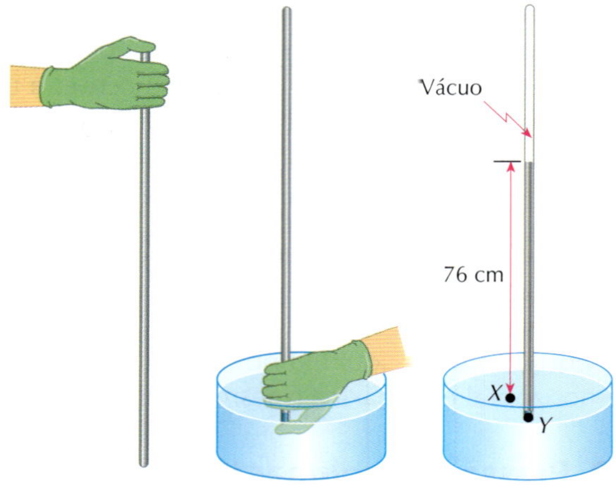

Figura 8. Experiência de Torricelli.

Torricelli concluiu da experiência que a pressão do ar sobre a superfície livre do mercúrio no recipiente era igual à pressão dos 76 cm de mercúrio contidos no tubo.

Na figura 8c, os pontos X e Y pertencem à mesma horizontal e portanto:

$$p_X = p_Y$$

Mas $p_X = p_{atm}$ e $p_Y = p_{coluna}$. Logo:

$$p_{atm} = p_{coluna}$$

Nas unidades práticas de pressão, a pressão atmosférica ao nível do mar vale:

$$p_{atm} = 76 \text{ cmHg} = 760 \text{ mmHg}$$

No Sistema Internacional de Unidades (SI), temos:

$$p_{atm} = 76 \cdot 1.332{,}8 \text{ N/m}^2$$

$$p_{atm} \simeq 1{,}013 \cdot 10^5 \text{ N/m}^2$$

Atenção: **o mercúrio é um metal tóxico e de efeito cumulativo no corpo humano. Seus vapores são facilmente absorvidos pelo organismo, motivo pelo qual não é recomendável a realização do experimento de Torricelli.**

Entre na rede

No endereço eletrônico **http://br.geocities.com/saladefisica3/laboratorio/atmosferica/atmosferica.htm** (acesso em 23/2/2007), por meio de simulações, você pode fixar os conceitos relacionados à pressão atmosférica.

A pressão atmosférica depende da altitude do local. Por exemplo, a pressão atmosférica na cidade do Rio de Janeiro é maior que a pressão atmosférica em Belo Horizonte. Esse fato pode ser explicado com base no teorema de Stevin: sobre o Rio de Janeiro, ao nível do mar, a coluna de ar é maior que sobre Belo Horizonte, situada numa maior altitude (836 metros).

Tendo em vista que a pressão atmosférica ao nível do mar é suficiente para sustentar uma coluna de mercúrio com 76 cm de altura, define-se outra unidade de pressão, denominada **atmosfera (atm)**. Assim, uma atmosfera é a pressão hidrostática que exerce na sua base uma coluna de mercúrio com 76 cm de altura, a 0 °C e num local onde $g = 9{,}8 \text{ m/s}^2$. Assim:

$$1 \text{ atm} = 76 \text{ cmHg} = 760 \text{ mmHg}$$

* **TORRICELLI**, Evangelista (1608-1647), discípulo de Galileu, estudou a grandeza física pressão; a ele se deve a invenção do primeiro barômetro (do grego: *baros*, pressão; *metro*, medida), aparelho destinado à medida da pressão atmosférica.

Quando a pressão atmosférica é igual a 1 atmosfera, ela é denominada **pressão normal**:

$$p_{normal} = 1 \text{ atm}$$

Ao nível do mar, a pressão atmosférica é igual, em média, à pressão normal.

O manômetro usado para medir a pressão atmosférica é denominado **barômetro**.

Leia mais

Para relacionar os conceitos hidrostáticos com os processos fisiológicos, leia a seção A Física em nosso Mundo, na página 452.

PARTE 7

Exercícios resolvidos

R.196 Um reservatório contém água, cuja densidade é 1 g/cm³, até uma altura de 10 m. A pressão atmosférica local é 10^5 N/m² e a aceleração da gravidade é $g = 10$ m/s². Determine a pressão no fundo do reservatório expressa em N/m².

Solução:

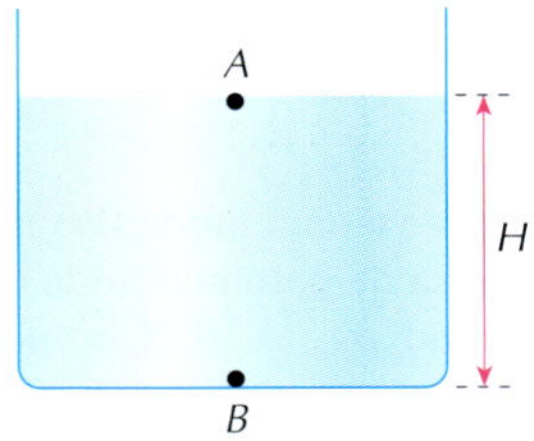

De acordo com o teorema de Stevin, a pressão no ponto B, situada no fundo do reservatório, vale:

$$p = p_A + dgH$$

Mas: $p_A = p_{atm} = 10^5$ N/m²; $d = 1$ g/cm³ $= 10^3$ kg/m³;
$H = 10$ m

Assim: $p = 10^5 + 10^3 \cdot 10 \cdot 10 \Rightarrow p = 10^5 + 10^5 \Rightarrow$

$$\Rightarrow \boxed{p = 2 \cdot 10^5 \text{ N/m}^2}$$

Resposta: $2 \cdot 10^5$ N/m²

Observação:

Note que a pressão no fundo do reservatório é o dobro da pressão atmosférica. Significa que a **pressão exercida pela coluna de água de 10 m de altura é igual à pressão atmosférica**. Por essa razão, na foto ao lado, a água com corante, que enche completamente o copo, não cai, pois a pressão atmosférica que age na parte inferior do papel é maior que a pressão da coluna líquida.

EDUARDO SANTALIESTRA / CID

R.197 A pressão no interior de um líquido homogêneo em equilíbrio varia com a profundidade, de acordo com o gráfico. Determine:

a) a pressão atmosférica;
b) a densidade do líquido;
c) a pressão à profundidade de 20 m.
(Adote $g = 10$ m/s².)

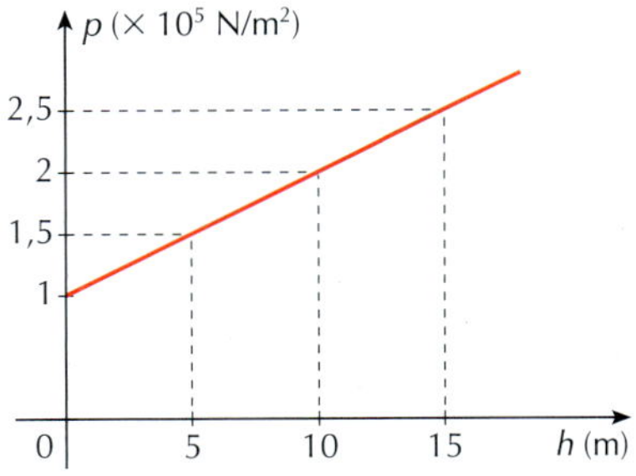

Solução:

A representação gráfica em questão corresponde ao teorema de Stevin e portanto à fórmula:

$$p = p_{atm} + dgh$$

a) A pressão atmosférica é o valor da pressão na superfície livre do líquido, isto é, a pressão no ponto de profundidade nula. No gráfico, $h = 0$ corresponde a:

$$\boxed{p_{atm} = 1 \cdot 10^5 \text{ N/m}^2}$$

b) Para calcular a densidade do líquido, lemos no gráfico um par de valores de pressão e profundidade (exemplo: $p = 2 \cdot 10^5$ N/m² em $h = 10$ m). Aplicando o teorema de Stevin, obtemos:

$$2 \cdot 10^5 = 1 \cdot 10^5 + d \cdot 10 \cdot 10 \Rightarrow 100d = 2 \cdot 10^5 - 1 \cdot 10^5 \Rightarrow$$

$$\Rightarrow 100d = 1 \cdot 10^5 \Rightarrow d = \frac{1 \cdot 10^5}{100} \Rightarrow \boxed{d = 1 \cdot 10^3 \text{ kg/m}^3}$$

c) Aplicando novamente o teorema de Stevin, para a profundidade $h = 20$ m, obtemos:

$$p = 1 \cdot 10^5 + 1 \cdot 10^3 \cdot 10 \cdot 20 = 1 \cdot 10^5 + 2 \cdot 10^5 \Rightarrow \boxed{p = 3 \cdot 10^5 \text{ N/m}^2}$$

Respostas: a) $1 \cdot 10^5$ N/m²; b) $1 \cdot 10^3$ kg/m³; c) $3 \cdot 10^5$ N/m²

R.198 Três recipientes com alturas iguais a 0,5 m, mas com formatos diferentes, são totalmente preenchidos com um mesmo líquido de densidade 10^3 kg/m³, como indica a figura. O fundo de todos os recipientes tem área de 0,4 m². Sendo a aceleração da gravidade $g = 10$ m/s² e a pressão atmosférica igual a 10^5 N/m², determine:

a) a pressão total exercida no fundo dos três recipientes;

b) a intensidade da força que atua no fundo dos três recipientes.

Solução:

a) A pressão no fundo dos três recipientes é a mesma e é dada pelo teorema de Stevin, independentemente da forma da coluna líquida.
Sendo: $p_{atm} = 10^5$ N/m², $d = 10^3$ kg/m³, $g = 10$ m/s² e $h = 0{,}5$ m, vem:

$$p = p_{atm} + dgh \Rightarrow p = 10^5 + 10^3 \cdot 10 \cdot 0{,}5 = 10 \cdot 10^4 + 0{,}5 \cdot 10^4 \Rightarrow p = 10{,}5 \cdot 10^4 \text{ N/m}^2 \Rightarrow \boxed{p = 1{,}05 \cdot 10^5 \text{ N/m}^2}$$

b) Como os três recipientes têm fundos de mesma área ($A = 0{,}4$ m²), a força também será a mesma no fundo dos três recipientes:

$$F = pA \Rightarrow F = 1{,}05 \cdot 10^5 \cdot 0{,}4 \Rightarrow F = 0{,}42 \cdot 10^5 \text{ N} \Rightarrow \boxed{F = 4{,}2 \cdot 10^4 \text{ N}}$$

Respostas: a) $1{,}05 \cdot 10^5$ N/m²; b) $4{,}2 \cdot 10^4$ N

Observação:

É fácil perceber que, nesse exercício, embora as forças no fundo dos três recipientes tenham intensidades iguais, as quantidades de líquido, e portanto os pesos, são diferentes. A esse fato se costuma dar o nome de **paradoxo hidrostático**.

Na verdade, o paradoxo é apenas aparente, pois o fato de a força no fundo ter intensidade menor que o peso (segundo recipiente) ou maior (terceiro recipiente) explica-se pela reação das paredes do recipiente à força com que o líquido age sobre elas.

No segundo recipiente, a reação $\vec{R}$ da parede sobre o líquido pode ser decomposta na componente horizontal $\vec{R}_H$ (cuja ação não se faz sentir no fundo) e na componente vertical $\vec{R}_V$ (que, estando orientada para cima, "alivia" o peso do líquido que existe a mais nesse recipiente, em relação ao primeiro).

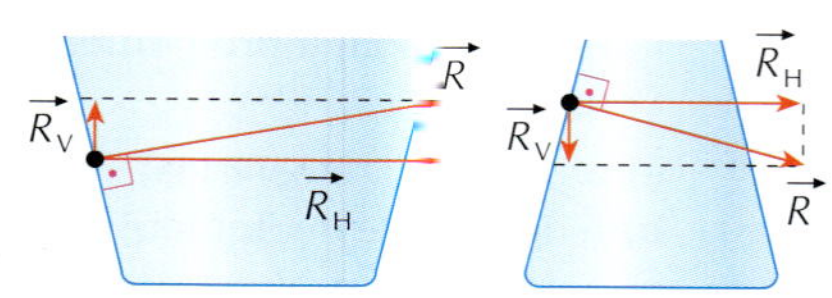

No terceiro recipiente, a componente horizontal $\vec{R}_H$ da reação $\vec{R}$ da parede não exerce ação no fundo. A componente vertical $\vec{R}_V$, estando orientada para baixo, atua sobre o fundo do recipiente, como se houvesse mais líquido no recipiente.

R.199 O esquema representa um recipiente R, contendo um gás, conectado com um tubo em U, com mercúrio e aberto para o exterior. Na situação de equilíbrio esquematizada, a altura H da coluna de mercúrio é 24 cm e a pressão atmosférica é 76 cmHg. Determine a pressão exercida pelo gás:

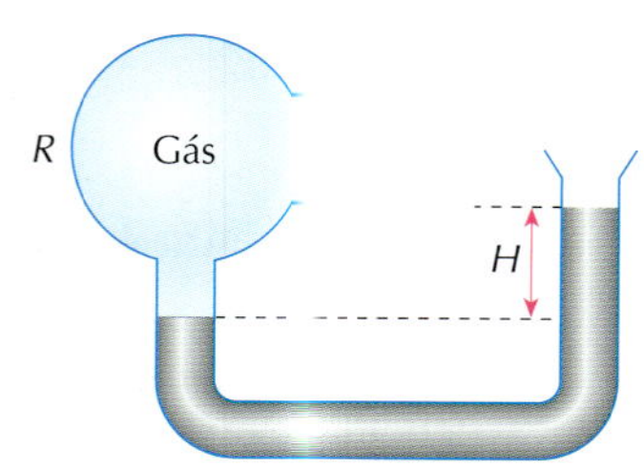

a) expressa em centímetros de mercúrio (cmHg);

b) expressa em N/m², sendo dadas a densidade do mercúrio ($d = 13{,}6 \cdot 10^3$ kg/m³) e a aceleração da gravidade ($g = 9{,}8$ m/s²).

Solução:

De acordo com o teorema de Stevin, pontos em uma mesma horizontal no interior de um líquido em equilíbrio apresentam a mesma pressão:

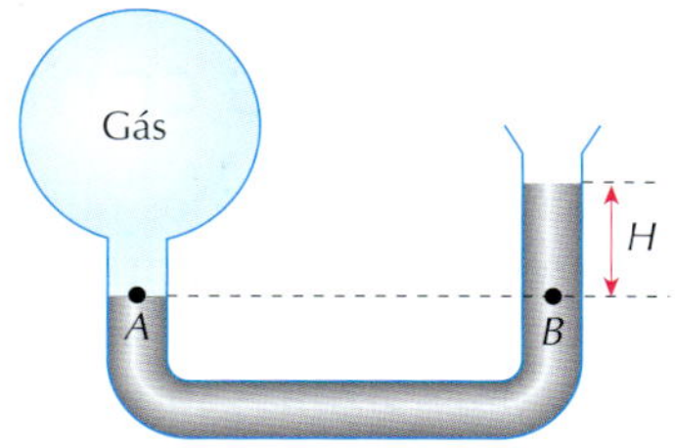

$$p_A = p_B$$

Mas: $p_A = p_{gás}$ e $p_B = p_{coluna} + p_{atm}$

Portanto: $p_{gás} = p_{coluna} + p_{atm}$

a) Em centímetros de mercúrio, temos:
$p_{coluna} = 24$ cmHg e $p_{atm} = 76$ cmHg

Portanto: $p_{gás} = 24 + 76 \Rightarrow \boxed{p_{gás} = 100 \text{ cmHg}}$

b) A pressão exercida pelo gás equivale, portanto, à pressão exercida na sua base por uma coluna de mercúrio de altura 100 cm. Aplicando o teorema de Stevin:

$$p_{gás} = d_{Hg}gH$$

Mas: $d_{Hg} = 13{,}6 \cdot 10^3$ kg/m^3; $g = 9{,}8$ m/s^2; $H = 100$ cm $= 1$ m

Logo: $p_{gás} = 13{,}6 \cdot 10^3 \cdot 9{,}8 \cdot 1 \Rightarrow \boxed{p_{gás} = 1{,}33 \cdot 10^5 \text{ N/m}^2}$

Respostas: a) 100 cmHg; b) $1{,}33 \cdot 10^5$ N/m^2

Entre na rede

No endereço eletrônico **http://www.walter-fendt.de/ph14br/hydrostpr_br.htm** (acesso em 23/2/2007), podem ser realizadas várias simulações em que a pressão hidrostática de um líquido é medida por um manômetro em forma de U.

Exercícios propostos

P.504 Num vaso cilíndrico de raio 5 cm é colocado mercúrio até a altura de 50 cm. Sendo $13{,}6 \cdot 10^3$ kg/m^3 a densidade do mercúrio, 10 m/s^2 a aceleração da gravidade e 10^5 Pa a pressão atmosférica, determine:

a) a pressão hidrostática do mercúrio no fundo do vaso;
b) a pressão total no fundo do vaso;
c) a intensidade da força atuante no fundo do vaso.

P.505 A pressão no interior de um líquido homogêneo em equilíbrio varia com a profundidade conforme o gráfico. Considerando $g = 10$ m/s^2, determine:

a) a pressão atmosférica;
b) a densidade do líquido;
c) a pressão hidrostática e a pressão total num ponto situado a 5 m de profundidade.

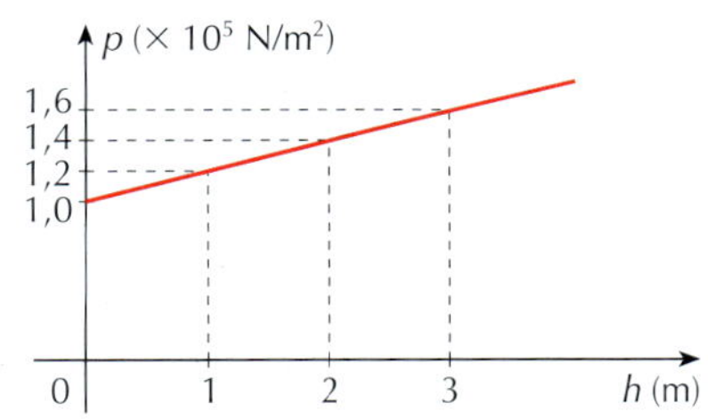

P.506 Os recipientes da figura contêm o mesmo líquido até a altura $h = 0{,}5$ m, sendo que o da esquerda contém 20 kg desse líquido. A pressão atmosférica é 10^5 N/m^2 e $g = 10$ m/s^2.
Determine:

a) as pressões exercidas nos fundos dos dois recipientes, cujas áreas são iguais e valem 0,02 m^2;
b) a intensidade das forças que agem no fundo dos recipientes;
c) a densidade do líquido que preenche os recipientes.

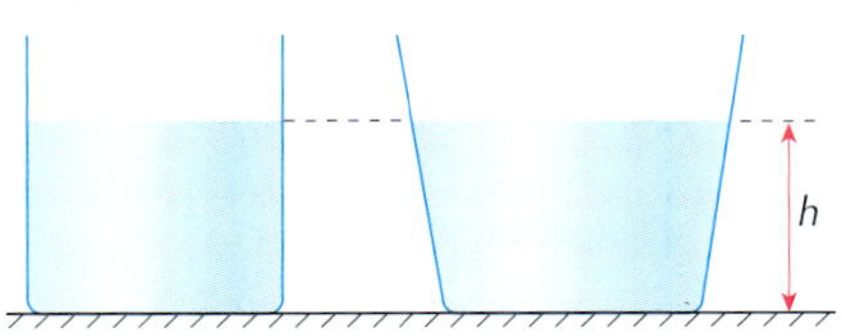

P.507 A pressão exercida por um gás pode ser medida por um manômetro de tubo aberto (figura a) ou por um manômetro de tubo fechado (figura b). A altura da coluna de mercúrio no manômetro de tubo aberto é $h_1 = 20$ cm.
Sendo a pressão atmosférica igual a 76 cmHg, determine:

a) a pressão exercida pelo gás em cmHg, mmHg e atm;
b) a altura h_2 da coluna de mercúrio no manômetro de tubo fechado.

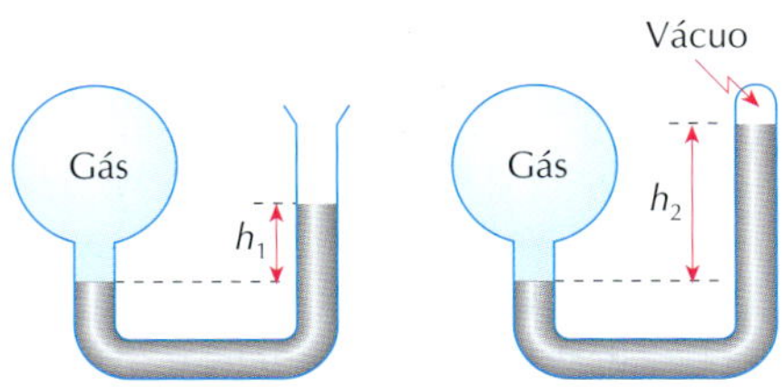

Figura a **Figura b**

4. Equilíbrio de líquidos imiscíveis. Vasos comunicantes

Quando dois líquidos que não se misturam (imiscíveis) são colocados num mesmo recipiente, eles se dispõem de modo que o líquido de maior densidade ocupa a parte de baixo, e o de menor densidade, a parte de cima (figura 9a). A superfície de separação entre eles é horizontal.

Por exemplo, se óleo e água forem colocados com cuidado num recipiente, o óleo fica na parte superior porque é menos denso que a água, que permanece na parte inferior.

Caso os líquidos imiscíveis sejam colocados num sistema constituído por vasos comunicantes, como um tubo em U (figura 9b), eles se dispõem de modo que as alturas das colunas líquidas, medidas a partir da superfície de separação, sejam inversamente proporcionais às respectivas densidades.

Sejam d_1 a densidade do líquido menos denso; d_2 a densidade do líquido mais denso; h_1 e h_2 as respectivas alturas das colunas, em relação à superfície de separação. Considere os pontos A e B situados na mesma horizontal, como indicado na figura 9b. A pressão no ponto A é igual à pressão no ponto B (mesma horizontal e mesmo líquido):

$$p_A = p_B$$

Mas: $p_A = p_{atm} + d_1gh_1$ e $p_B = p_{atm} + d_2gh_2$

Assim:

$$p_{atm} + d_1gh_1 = p_{atm} + d_2gh_2 \Rightarrow d_1gh_1 = d_2gh_2 \Rightarrow \boxed{d_1h_1 = d_2h_2}$$

a)

b)

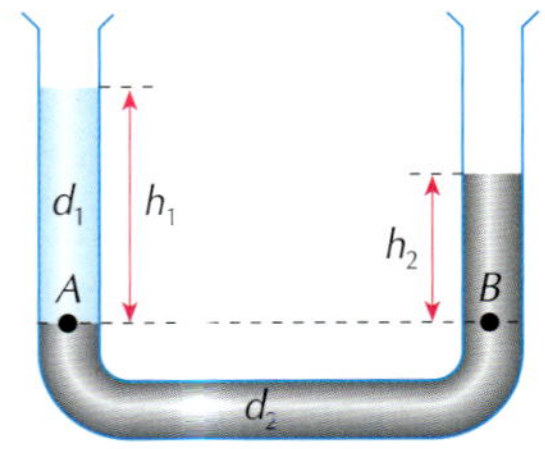

Figura 9. a) Líquidos imiscíveis em equilíbrio estável. b) Equilíbrio de líquidos imiscíveis num tubo em U.

Exercícios resolvidos

R.200 Água e óleo, de densidades 1 g/cm³ e 0,8 g/cm³, respectivamente, são colocados em um sistema de vasos comunicantes, como mostra a figura. Sendo 26 cm a altura da coluna de óleo, determine a altura da coluna de água medida acima do nível de separação entre os líquidos.

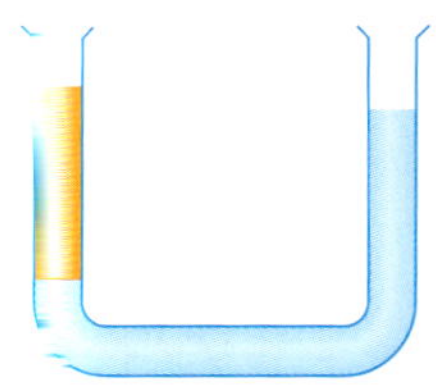

Solução:

Evidentemente, o óleo é o líquido do ramo esquerdo (menos denso), e a água, o do ramo direito (mais denso). São dados: $d_1 = 0{,}8\ g/cm^3$, $d_2 = 1\ g/cm^3$ e $h_1 = 26$ cm.

De $d_1h_1 = d_2h_2$, vem: $0{,}8 \cdot 26 = 1 \cdot h_2 \Rightarrow \boxed{h_2 = 20{,}8\ cm}$

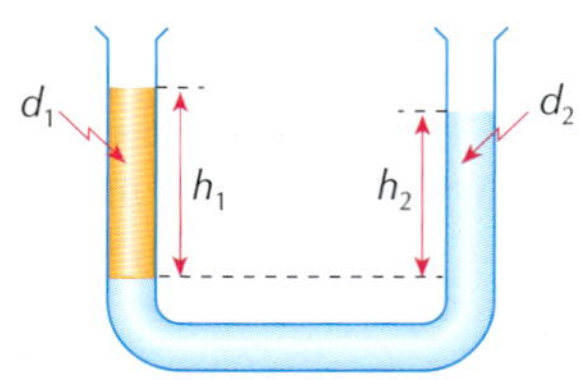

Resposta: 20,8 cm

R.201 Três líquidos imiscíveis de diferentes densidades se dispõem num tubo em U como mostra a figura. Sendo 0,6 g/cm³ a densidade do líquido menos denso e 2,5 g/cm³ a do líquido mais denso, determine a densidade do terceiro líquido.

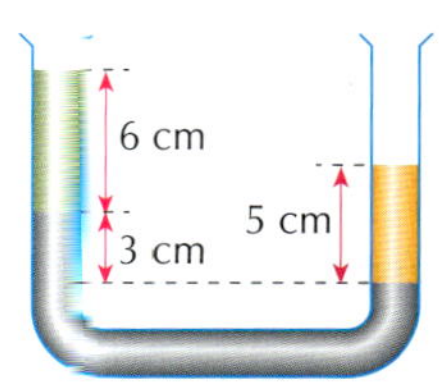

Solução:

Para o líquido menos denso:

$d_1 = 0{,}6\ g/cm^3$ e $h_1 = 6$ cm

Para o líquido mais denso:

$d_2 = 2{,}5\ g/cm^3$ e $h_2 = 3$ cm

Para o terceiro líquido: $d_3 = ?$ e $h_3 = 5$ cm

São iguais as pressões nos pontos A e B: $p_A = p_B$

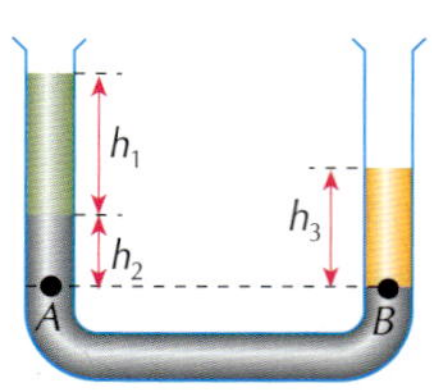

Como $p_A = p_{atm} + d_1gh_1 + d_2gh_2$ e $p_B = p_{atm} + d_3gh_3$, vem:

$$p_{atm} + d_1gh_1 + d_2gh_2 = p_{atm} + d_3gh_3 \Rightarrow d_1gh_1 + d_2gh_2 = d_3gh_3 \Rightarrow d_1h_1 + d_2h_2 = d_3h_3$$

Substituindo pelos valores numéricos:

$$0{,}6 \cdot 6 + 2{,}5 \cdot 3 = d_3 \cdot 5 \Rightarrow 3{,}6 + 7{,}5 = d_3 \cdot 5 \Rightarrow d_3 = \frac{11{,}1}{5} \Rightarrow \boxed{d_3 = 2{,}22 \text{ g/cm}^3}$$

Resposta: 2,22 g/cm^3

Exercícios propostos

P.508 Água de densidade 1 g/cm^3 e mercúrio de densidade 13,6 g/cm^3 são colocados num tubo em U, de modo que a altura da coluna de mercúrio, medida a partir da superfície de separação, é 2 cm. Determine a altura da coluna de água medida a partir da mesma superfície.

P.509 A figura ao lado mostra como três líquidos imiscíveis de densidades diferentes se dispõem num tubo em U. Sendo dadas as densidades do líquido ① ($d_1 = 0{,}4$ g/cm^3) e do líquido ③ ($d_3 = 2{,}5$ g/cm^3), determine a densidade d_2 do líquido ②.

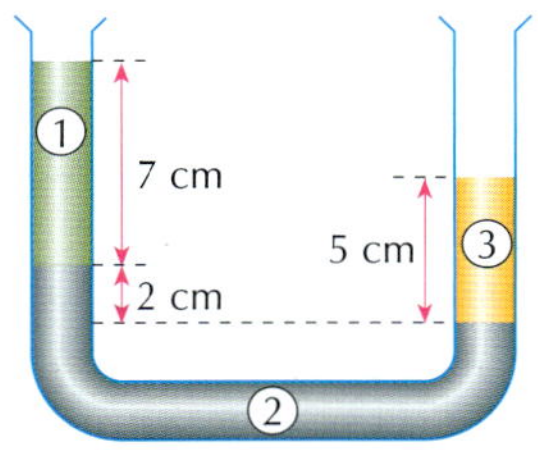

5. Princípio de Pascal. Prensa hidráulica

Quando é exercida uma pressão num ponto de um líquido em equilíbrio, essa pressão se transmite a todos os pontos do líquido. É o que ocorre, por exemplo, no freio hidráulico de um automóvel, no qual a pressão exercida pelo motorista no pedal se transmite até as rodas através de um líquido (óleo).

Esse fato é conhecido como:

Princípio de Pascal*

Os acréscimos de pressão sofridos por um ponto de um líquido em equilíbrio são transmitidos integralmente a todos os pontos do líquido e das paredes do recipiente que o contém.

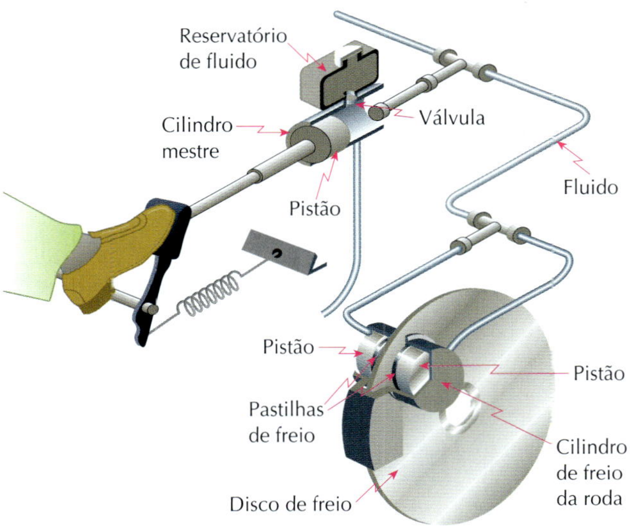

Freio a disco. Ao acionarmos o pedal do freio estamos empurrando o pistão, exercendo assim uma pressão no fluido existente no cilindro. Essa pressão se transmite aos pistões existentes no cilindro de freio da roda, que comprimem as pastilhas contra o disco de freio ligado à roda.

* **PASCAL**, Blaise (1623-1662), filósofo, matemático e físico francês, inventou a primeira calculadora de que se tem notícia. Em Física notabilizou-se por seus trabalhos na Hidrostática.

Outra importante aplicação do princípio de Pascal é a **prensa hidráulica**, que consiste em dois recipientes cilíndricos de diâmetros diferentes, ligados pela base e preenchidos por um líquido homogêneo (figura 10). Sobre o líquido são colocados dois êmbolos, cujas seções têm áreas A_1 e A_2 diferentes ($A_1 < A_2$).

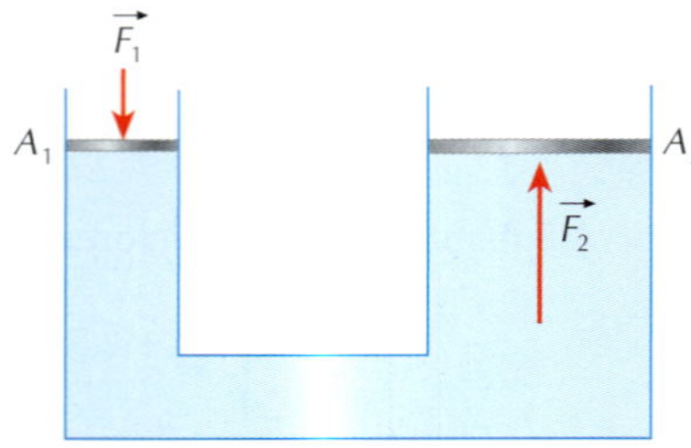

Figura 10. Prensa hidráulica.

Aplicando no êmbolo menor uma força $\vec{F_1}$, o líquido fica sujeito a um acréscimo de pressão $p_1 = \dfrac{F_1}{A_1}$. Como a pressão se transmite integralmente através do líquido, o êmbolo maior fica sujeito ao acréscimo de pressão $p_2 = \dfrac{F_2}{A_2}$, igual à pressão p_1. Portanto:

$$p_1 = p_2 \Rightarrow \boxed{\frac{F_1}{A_1} = \frac{F_2}{A_2}}$$

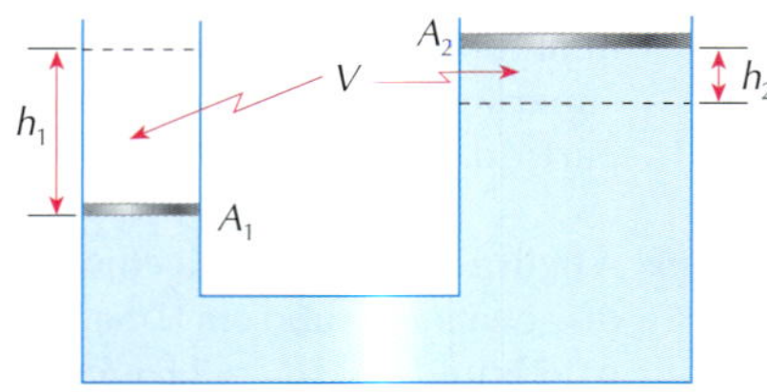

Figura 11.

Portanto, as intensidades das forças aplicadas são diretamente proporcionais às áreas dos êmbolos. Por exemplo, se a área A_2 for dez vezes maior que a área A_1, a força $\vec{F_2}$ terá intensidade dez vezes maior que a intensidade da força $\vec{F_1}$.

Em cada operação da prensa, o volume de líquido (V) deslocado do recipiente menor passa para o recipiente maior. Chamando de h_1 e h_2 os deslocamentos respectivos dos dois êmbolos, cujas áreas são A_1 e A_2 (figura 11), podemos escrever:

$$V = h_1A_1 \quad \text{e} \quad V = h_2A_2$$

Assim:

$$\boxed{h_1A_1 = h_2A_2}$$

Portanto, numa prensa hidráulica, os deslocamentos sofridos pelos êmbolos são inversamente proporcionais às suas áreas. Em outros termos, o que se ganha na intensidade da força perde-se no deslocamento do êmbolo.

Nas aplicações práticas da prensa hidráulica, como a prensa usada para comprimir fardos (figura 12) e o elevador hidráulico de um posto de serviços (figura 13), o deslocamento total h_1 que o êmbolo menor deveria sofrer é subdividido em vários deslocamentos menores e sucessivos, por meio de válvulas convenientemente colocadas. Observe nas figuras que, em cada incursão, ao se deslocar para baixo o êmbolo E_1, a válvula V se fecha e a válvula V' se abre, permitindo a passagem de líquido e a elevação do êmbolo E_2. Ao se trazer de volta o êmbolo E_1 à posição inicial, a válvula V' se fecha e V se abre, fazendo com que entre líquido do reservatório no sistema. E o processo vai se repetindo. Durante a operação, a torneira T permanece fechada. Ao final, para início de uma nova operação, o líquido do tubo maior retorna ao reservatório, mediante a abertura da torneira T.

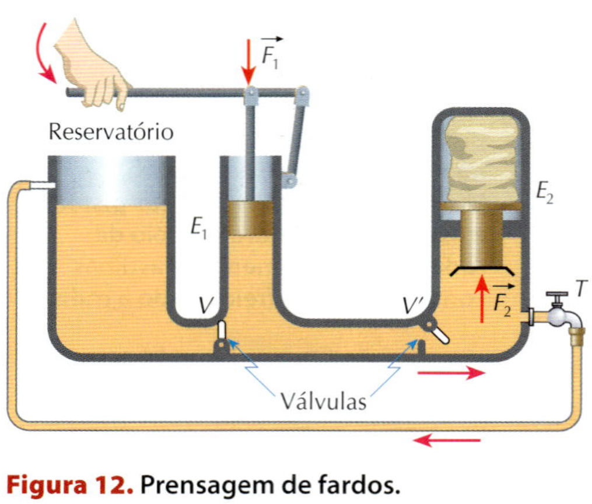

Figura 12. Prensagem de fardos.

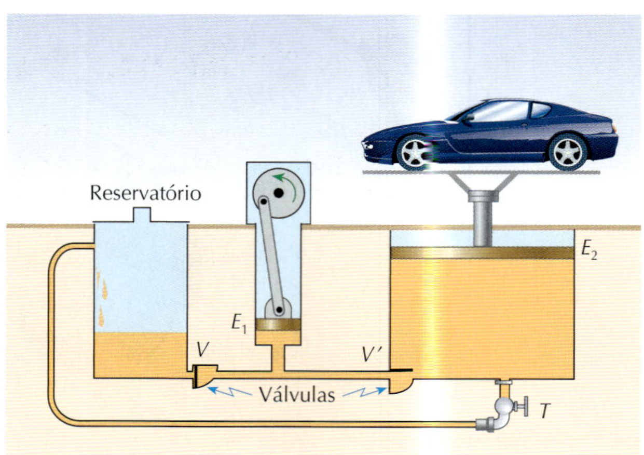

Figura 13. Elevador hidráulico.

Exercício resolvido

R.202 O elevador hidráulico de um posto de automóveis é acionado mediante um cilindro de área $3 \cdot 10^{-5}$ m². O automóvel a ser elevado tem massa $3 \cdot 10^3$ kg e está sobre o êmbolo de área $6 \cdot 10^{-3}$ m². Sendo a aceleração da gravidade $g = 10$ m/s², determine:

a) a intensidade mínima da força que deve ser aplicada no êmbolo menor para elevar o automóvel;

b) o deslocamento que teoricamente deve ter o êmbolo menor para elevar de 10 cm o automóvel.

Solução:

a) As intensidades das forças nos dois êmbolos são diretamente proporcionais às respectivas áreas:

$$\frac{F_1}{A_1} = \frac{F_2}{A_2}$$

Temos: $\begin{cases} F_2 = mg = 3 \cdot 10^3 \cdot 10 \Rightarrow F_2 = 3 \cdot 10^4 \text{ N} \\ A_1 = 3 \cdot 10^{-5} \text{ m}^2 \quad \text{e} \quad A_2 = 6 \cdot 10^{-3} \text{ m}^2 \end{cases}$

Assim: $\frac{F_1}{3 \cdot 10^{-5}} = \frac{3 \cdot 10^4}{6 \cdot 10^{-3}} \Rightarrow \boxed{F_1 = 1{,}5 \cdot 10^2 \text{ N}}$

b) São dados: $A_1 = 3 \cdot 10^{-5}$ m²; $A_2 = 6 \cdot 10^{-3}$ m²; $h_2 = 10$ cm $= 0{,}1$ m

Substituindo em $h_1A_1 = h_2A_2$, vem:

$$h_1 \cdot 3 \cdot 10^{-5} = 0{,}1 \cdot 6 \cdot 10^{-3} \Rightarrow \boxed{h_1 = 20 \text{ m}}$$

Esse deslocamento teórico que o êmbolo menor deveria sofrer é muito grande. Na prática, como vimos, esse deslocamento é subdividido em vários deslocamentos menores e sucessivos, por meio de válvulas adequadas.

Respostas: a) $1{,}5 \cdot 10^2$ N; b) 20 m

Exercício proposto

P.510 Numa prensa hidráulica, o êmbolo menor tem raio 10 cm e o êmbolo maior, raio 50 cm. Se aplicarmos no êmbolo menor uma força de intensidade 20 N, deslocando-o 15 cm, qual será a intensidade da força no êmbolo maior e seu deslocamento?

6. Teorema de Arquimedes

Quando uma pessoa está mergulhada nas águas de uma piscina ou no mar, sente-se mais leve, como se o líquido estivesse empurrando seu corpo para cima, aliviando seu peso. Ao que se sabe, foi o sábio grego Arquimedes* de Siracusa quem pela primeira vez teve a percepção desse fato. Segundo alguns, ele teria chegado a essa conclusão durante um banho nas termas públicas da cidade em que vivia. Entusiasmado com a descoberta, o cientista teria saído nu pelas ruas, exclamando: *"Heureka! Heureka!"* ("Descobri! Descobri!").

* **ARQUIMEDES** (287 a.C.-212 a.C.), célebre matemático e engenheiro grego. É responsável por uma série de inventos, como rodas dentadas, roldanas e vários dispositivos militares, usados nas batalhas travadas entre sua cidade, Siracusa, e os romanos.

A verificação da existência de uma força com que o líquido atua sobre um corpo nele mergulhado pode ser feita com o auxílio de uma balança de braços iguais, conforme se indica na figura 14. Na figura 14a, o peso do corpo P é, em módulo, igual à tração T do fio, aplicada no prato da balança à direita:

$$T = P$$

Na figura 14b, o corpo imerso no líquido parece pesar menos, pois a balança desequilibra do lado do contrapeso. A conclusão é que o líquido deve necessariamente estar exercendo no corpo uma força $\vec{E}$ de direção vertical (como o peso e a tração), de sentido para cima, provocando assim esse desequilíbrio. A essa força $\vec{E}$ que o líquido exerce no corpo imerso dá-se o nome de **empuxo**.

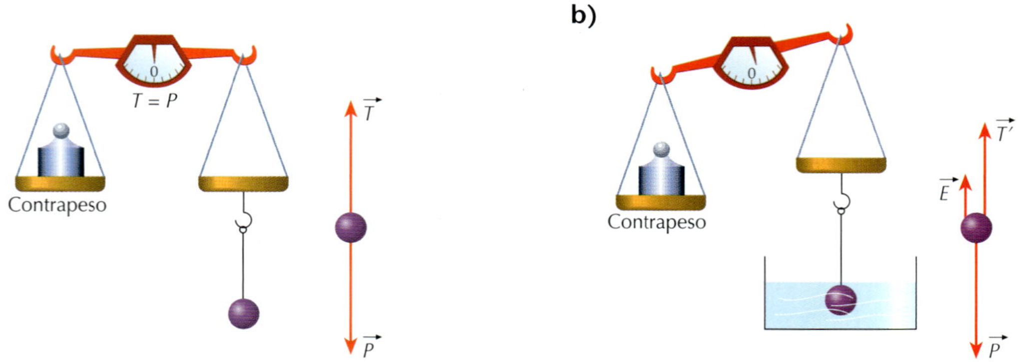

Figura 14. a) O contrapeso equilibra o corpo suspenso. b) A balança se desequilibra quando o corpo é imerso num líquido.

A nova tração do fio T' (figura 14b) é menor que a tração T (figura 14a), sendo dada por:

$$T' = P - E$$

A força de intensidade T' costuma ser chamada de **peso aparente** ($P_{ap.}$), pois aparentemente o corpo pesa menos quando está imerso. Sendo assim, podemos escrever:

$$P_{ap.} = P - E$$

A intensidade E do empuxo pode ser determinada segundo a experiência descrita na figura 15. Há dois cilindros: A, sólido e fechado, e B, aberto em sua parte superior e de mesmo volume que A. Assim, o cilindro A preenche exatamente a cavidade vazia do cilindro B.

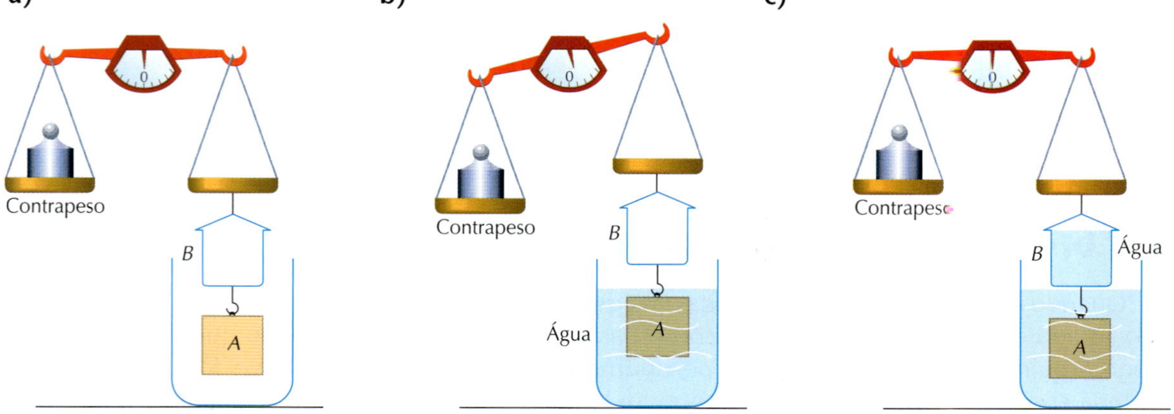

Figura 15. O empuxo é igual ao peso do volume de líquido deslocado pelo corpo.

Na figura 15a, o equilíbrio é obtido com o contrapeso no prato da balança, à esquerda. Na figura 15b o empuxo da água sobre o corpo provoca desequilíbrio: o peso aparente do corpo é inferior ao do contrapeso. Na figura 15c, o equilíbrio é restabelecido quando o cilindro B é preenchido completamente com água.

Conclusão: o corpo imerso desloca uma quantidade de água. O peso do volume de água deslocado equilibra o empuxo, pois o equilíbrio foi restituído, colocando-se esse volume de água deslocado no cilindro vazio.

Chegaremos ao mesmo resultado se refizermos a experiência inúmeras vezes e para diversos sólidos de formas e naturezas diferentes, imersos total ou parcialmente em água ou em outro líquido.

O líquido exercerá no corpo uma força $\vec{E}$ (empuxo) vertical para cima, de intensidade igual ao peso do líquido deslocado. Essa conclusão é válida para corpos imersos em fluidos em geral, líquidos ou gases. Existe, por exemplo, empuxo devido à água, ao ar etc. Esse fenômeno é descrito pelo **teorema de Arquimedes**:

> Todo corpo sólido mergulhado num fluido em equilíbrio recebe uma força de direção vertical e sentido de baixo para cima cuja intensidade é igual ao peso do fluido deslocado.

Logo, a intensidade do empuxo é dada por: $E = P_f = m_f g$

Sendo d_f a densidade e V_f o volume do fluido deslocado, decorre: $d_f = \dfrac{m_f}{V_f} \Rightarrow m_f = d_f V_f$

Portanto: $E = P_f = m_f g \Rightarrow \boxed{E = d_f V_f g}$

O volume V_f do fluido deslocado é o próprio volume do corpo se ele estiver totalmente imerso (figura 16a); é o volume imerso quando o corpo está flutuando (figuras 16b e 16c).

a) **b)** **c)**

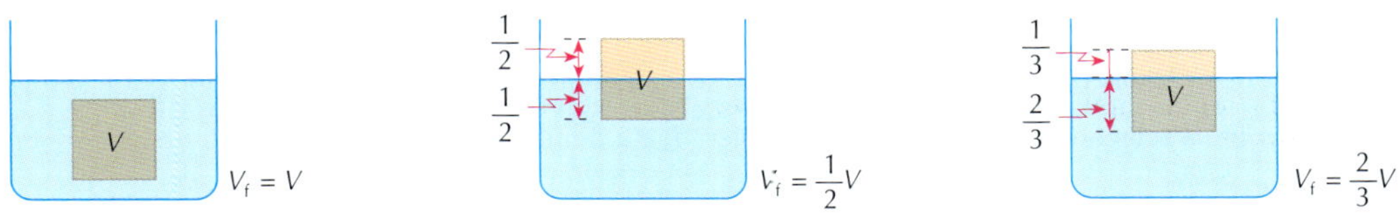

Figura 16. **O volume do fluido deslocado corresponde ao volume imerso do corpo.**

Entre na rede

Nos endereços **http://www.walter-fendt.de/ph11br/buoyforce_br.htm** e **http://www.cepa.if.usp.br/fkw/buoyant/buoyant.html** (acesso em 23/2/2007), você pode fazer diversas simulações para comprovar o teorema de Arquimedes.

O Mar Morto

Ao adicionarmos sal à água, obtemos uma solução cuja densidade é maior que a da água pura.

Se um objeto estiver flutuando nessa solução (uma bola de isopor, por exemplo), ele vai subindo à medida que mais sal é dissolvido. Esse fenômeno ocorre porque o aumento gradativo da densidade do líquido faz com que diminua o volume imerso, para que o empuxo permaneça o mesmo, equilibrando o peso do objeto.

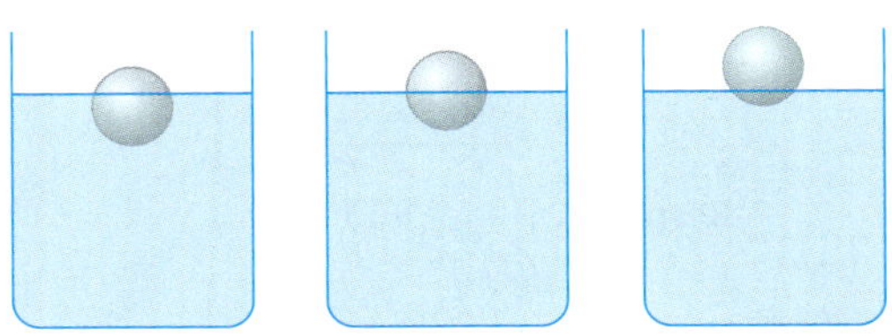

O Mar Morto, situado na Jordânia, é o reservatório natural de água de maior salinidade no mundo. A excessiva concentração de sal dissolvido na água desse mar (que na verdade é um grande lago) impede a sobrevivência de qualquer ser vivo no seu interior, justificando seu nome.

PETER GUTTMAN / CORBIS-LATINSTOCK

Além disso, essa elevada salinidade faz com que a densidade da água do Mar Morto seja tão alta que uma pessoa não consegue afundar, permanecendo sempre boiando em sua superfície.

Exercícios resolvidos

R.203 Um balão de hidrogênio de peso igual a 400 N está preso a um fio, em equilíbrio estático vertical. Seu volume é 50 m^3.

a) Determine o empuxo exercido pelo ar sobre o balão, considerando que a densidade do ar é igual a 1,2 kg/m^3. Adote $g = 10$ m/s^2.

b) Determine a tração do fio que sustém o balão.

Solução:

No balão em equilíbrio atuam seu peso $P = 400$ N, a tração do fio T e o empuxo E devido ao ar.

a) O empuxo E é igual ao peso do fluido (ar) deslocado. O volume de ar deslocado é igual ao próprio volume (50 m^3) do balão.
Sendo $d_f = d_{ar} = 1{,}2$ kg/m^3, $V_f = V = 50$ m^3 e $g = 10$ m/s^2, vem:

$$E = P_f = m_f g = d_f V_f g \Rightarrow E = 1{,}2 \cdot 50 \cdot 10 \Rightarrow \boxed{E = 600 \text{ N}}$$

b) Como o balão está em equilíbrio, a resultante das forças é igual a zero. Daí, $\vec{P}$ e $\vec{T}$ equilibram $\vec{E}$:

$$T + P = E \Rightarrow T = E - P = 600 - 400 \Rightarrow \boxed{T = 200 \text{ N}}$$

Respostas: a) 600 N; b) 200 N

R.204 Um sólido flutua em água com $\frac{1}{8}$ de seu volume imerso. O mesmo corpo flutua em óleo com $\frac{1}{6}$ de seu volume imerso. Determine a relação entre a densidade do óleo d_o e a densidade da água d_a.

Solução:

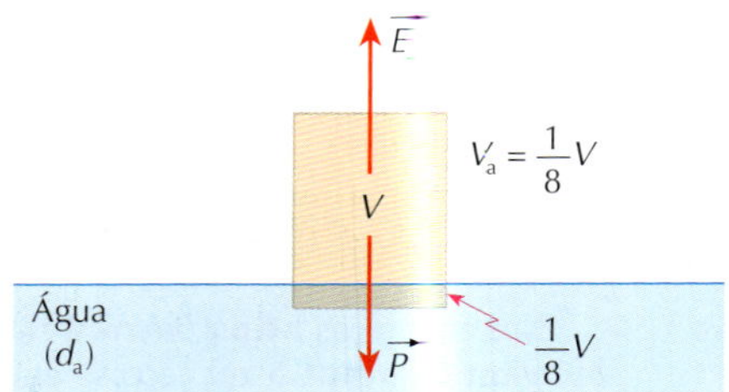

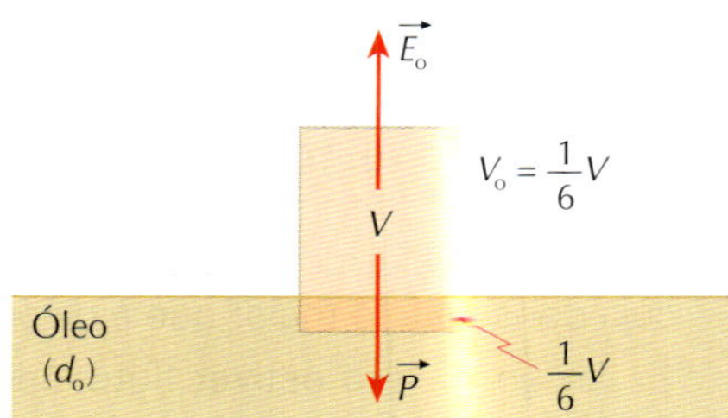

No corpo atuam o peso e o empuxo.

Quando o corpo está na água: $E_a = P$ ①

Quando está no óleo: $E_o = P$ ②

De ① e ②, decorre: $E_a = E_o$ ③

Empuxo da água: $E_a = d_a V_a g = d_a \cdot \left(\frac{1}{8}V\right) \cdot g$

Empuxo do óleo: $E_o = d_o V_o g = d_o \cdot \left(\frac{1}{6}V\right) \cdot g$

Substituindo em ③:

$$d_a \cdot \left(\frac{1}{8}V\right) \cdot g \Rightarrow d_o \cdot \left(\frac{1}{6}V\right) \cdot g \Rightarrow \frac{d_o}{d_a} = \frac{6}{8} = \frac{3}{4} = 0{,}75$$

Portanto: $\boxed{\frac{d_o}{d_a} = 0{,}75}$

Resposta: $\frac{d_o}{d_a} = 0{,}75$

R.205 Um cilindro circular reto, de altura $h = 30$ cm e área de base $A = 10$ cm^2, flutua na água, em posição vertical, tendo $\frac{2}{3}$ de sua altura imersos. Aplica-se axialmente na base superior uma força $\vec{F}$, passando o cilindro a ter $\frac{5}{6}$ de sua altura imersos.

(Dados: $g = 10$ m/s^2; densidade da água $= 1$ g/cm^3.)

Determine:

a) a densidade do cilindro;

b) a intensidade da força $\vec{F}$.

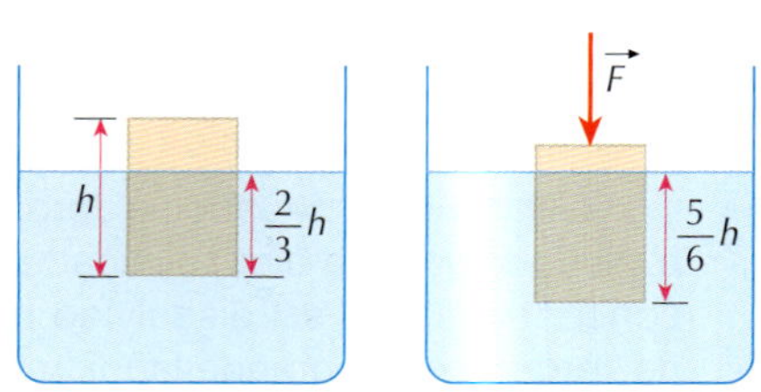

Solução:

a) Na primeira situação atuam apenas o peso $\vec{P}$ e o empuxo $\vec{E}$: $P = mg = dVg$; $E = d_a V_a g$
O volume V é dado pelo produto da área A da base pela altura h: $V = Ah$

O volume de água deslocado é dado pelo produto da área da base A pela altura $\left(\frac{2}{3}h\right)$ do sólido imerso em água: $V_a = A\frac{2}{3}h$

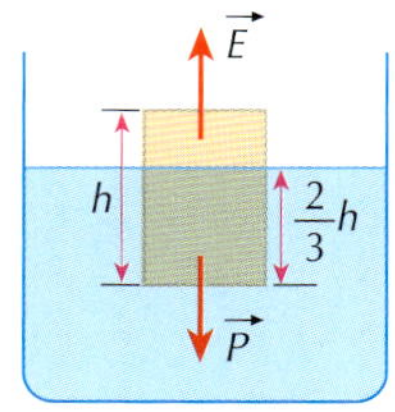

Portanto: $P = dVg = dAhg$; $E = d_aV_ag = d_aA\frac{2}{3}hg$

No equilíbrio: $P = E \Rightarrow dAhg = d_aA\frac{2}{3}hg \Rightarrow d = \frac{2}{3}d_a$

Como $d_a = 1\ g/cm^3$, vem: $\boxed{d = \frac{2}{3}\ g/cm^3}$

b) Aplicada a força $\vec{F}$ temos: $F + P = E' \Rightarrow F = E' - F$

Mas: $P = mg = dVg = dAhg$; $E' = d_aV_ag = d_aA\frac{5}{6}hg$

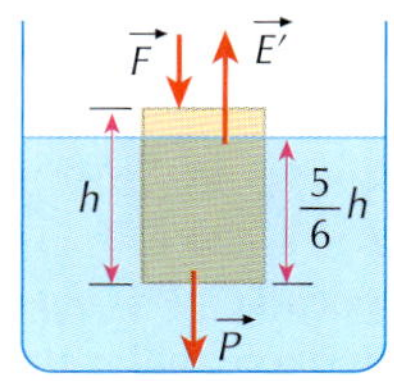

Portanto: $F = \frac{5}{6}d_aAhg - dAhg \Rightarrow F = \left(\frac{5}{6}d_a - d\right)\cdot Ahg$

Como $d = \frac{2}{3}d_a$ (item **a**), temos:

$$F = \left(\frac{5}{6}d_a - \frac{2}{3}d_a\right)\cdot Ahg = \frac{1}{6}d_aAhg$$

Sendo: $\begin{cases} d_a = 1\ g/cm^3 = 10^3\ kg/m^3 \\ A = 10\ cm^2 = 10\cdot 10^{-4}\ m^2 = 10^{-3}\ m^2 \\ h = 30\ cm = 3\cdot 10^{-1}\ m \\ g = 10\ m/s^2 \end{cases}$

Vem: $F = \frac{1}{6}\cdot 10^3\cdot 10^{-3}\cdot 3\cdot 10^{-1}\cdot 10 \Rightarrow \boxed{F = 0{,}5\ N}$

Respostas: a) $\frac{2}{3}\ g/cm^3$; b) 0,5 N

R.206 A balança de braços iguais esquematizada nas figuras a e b encontra-se em equilíbrio. Na figura a o equilíbrio é obtido pelo contrapeso de 1,5 kg e em b, quando o corpo está imerso em água, o contrapeso é 1,0 kg. O fio que sustenta o corpo tem peso desprezível. Determine o volume do corpo. A densidade da água é 1,0 kg/ℓ.

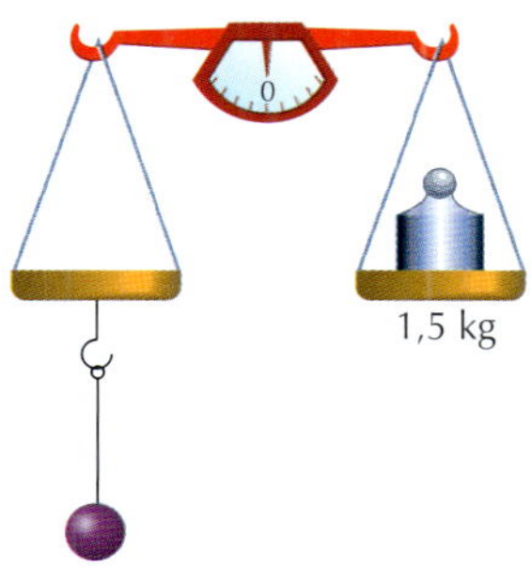

Figura a

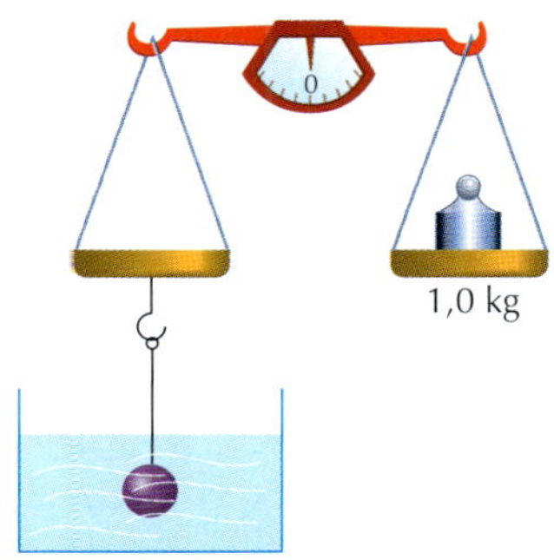

Figura b

Solução:

Na situação a, sabe-se que a massa do corpo é 1,5 kg.

Na situação b, o peso correspondente à massa de 1,0 kg (que vale $1{,}0 \times g$) equilibra a tração do fio aplicada no prato da esquerda. Logo: $T = 1{,}0g$

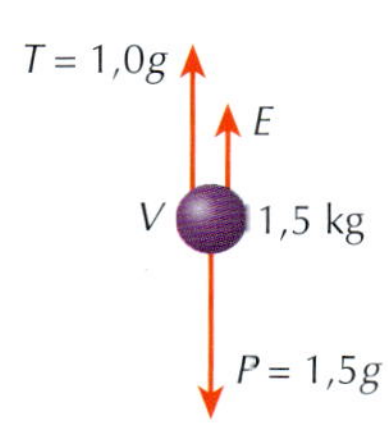

No corpo em equilíbrio: $T + E = P \Rightarrow E = P - T = 1{,}5g - 1{,}0g = 0{,}5g$

Como $E = d_aVg$, vem: $d_aVg = 0{,}5\ g \Rightarrow d_aV = 0{,}5 \Rightarrow 1{,}0V = 0{,}5 \Rightarrow \boxed{V = 0{,}5\ \ell}$

Resposta: 0,5 ℓ

R.207 O corpo da figura a está preso a uma mola não-deformada e a um fio de peso desprezível. Seu volume é 20 litros e está totalmente imerso em água. A constante elástica da mola é 50 N/cm. Na figura b, o fio foi cortado e o corpo atingiu o equilíbrio, deformando a mola de um comprimento x. Determine x.
(Dados: densidade da água = 1 g/cm³ = 1 kg/ℓ; g = 10 m/s²; massa do corpo = 8 kg)

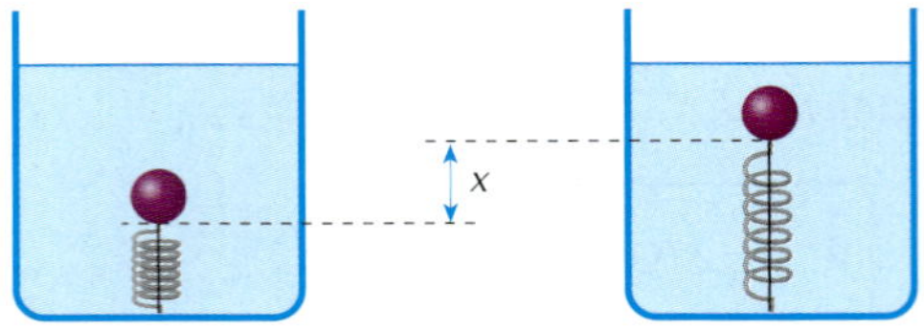

Figura a **Figura b**

Solução:

Pratique!
Ver AEI e II pág. 454

O empuxo no corpo nas duas situações é o mesmo, pois o corpo permaneceu totalmente imerso: $E = d_a V g$

Mas: $d_a = 1$ kg/ℓ; $V = 20$ ℓ; $g = 10$ m/s²

Portanto: $E = 1 \cdot 20 \cdot 10 \Rightarrow E = 200$ N

O peso do corpo é: $P = mg = 8 \cdot 10 \Rightarrow P = 80$ N

Como o empuxo é maior que o peso, o corpo tende a subir. Na situação a, o fio impede a subida do corpo. Na situação b, o fio é cortado e o corpo sobe, deformando a mola. Depois de a mola sofrer a deformação x, o equilíbrio é obtido. A força $\vec{F}$ que a mola exerce no corpo tem intensidade:

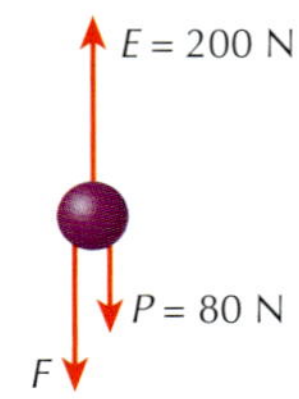

$$F + P = E \Rightarrow F = E - P = 200 - 80 \Rightarrow F = 120 \text{ N}$$

Pela lei das deformações elásticas de Hooke: $F = kx$

Substituindo $F = 120$ N e $k = 50$ N/cm, vem: $50x = 120 \Rightarrow$ $\boxed{x = 2{,}4 \text{ cm}}$

Resposta: 2,4 cm

Exercícios propostos

P.511 Um balão de hidrogênio de peso igual a 600 N está preso a um fio em equilíbrio estático vertical. Seu volume é igual a 80 m³. Adote g = 10 m/s². Densidade do ar: d_{ar} = 1,25 kg/m³. Determine:

a) o empuxo exercido pelo ar sobre o balão;
b) a tração no fio que sustém o balão.

P.512 (Vunesp) Um bloco de madeira de massa 0,63 kg é abandonado cuidadosamente sobre um líquido desconhecido, que se encontra em repouso dentro de um recipiente. Verifica-se que o bloco desloca 500 cm³ do líquido, até que passa a flutuar em repouso.

Líquido	Massa específica (g/cm³) à temperatura ambiente
Álcool etílico	0,79
Benzeno	0,88
Óleo mineral	0,92
Água	1,00
Leite	1,03
Glicerina	1,26

a) Considerando g = 10,0 m/s², determine a intensidade (módulo) do empuxo exercido pelo líquido no bloco.
b) Qual é o líquido que se encontra no recipiente? Para responder, consulte a tabela anterior, após efetuar seus cálculos.

P.513 Um paralelepípedo de altura igual a 1,2 m e área da base igual a 1 m² flutua em água com 0,4 m imerso. Determine a densidade do paralelepípedo em relação à água.

P.514 (Fuvest-SP) Numa experiência de laboratório, os alunos observaram que uma bola de massa especial afundava na água. Arquimedes, um aluno criativo, pôs sal na água e viu que a bola flutuou. Já Ulisses conseguiu o mesmo efeito modelando a massa sob forma de barquinho. Explique, com argumentos de Física, os efeitos observados por Arquimedes e por Ulisses.

P.515 (Unirio-RJ) Um cilindro maciço de plástico flutua em água com 60% de seu volume submerso. O cilindro tem a área da base S = 50 cm² e altura h = 10 cm (dados: massa específica da água = 1,0 g/cm³). Calcule:

a) a massa específica do plástico;
b) a massa m de um corpo que, colocado no topo do cilindro, faz com que esse topo venha a coincidir com a superfície da água.

P.516 Determine a densidade de um sólido suspenso por um fio de peso desprezível ao prato de uma balança equilibrada nas duas situações mostradas na figura. A densidade da água é 1 g/cm³.

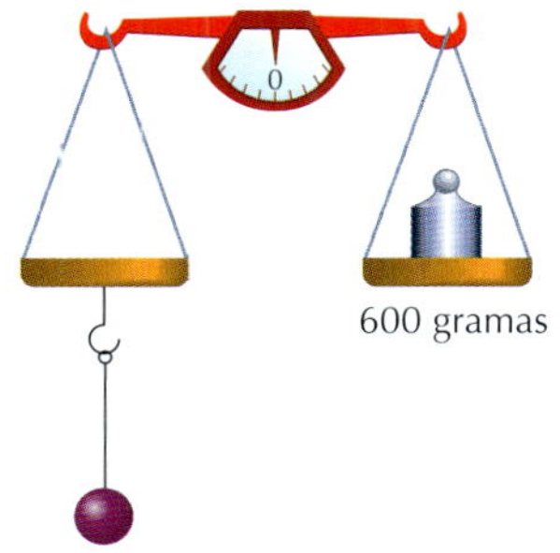

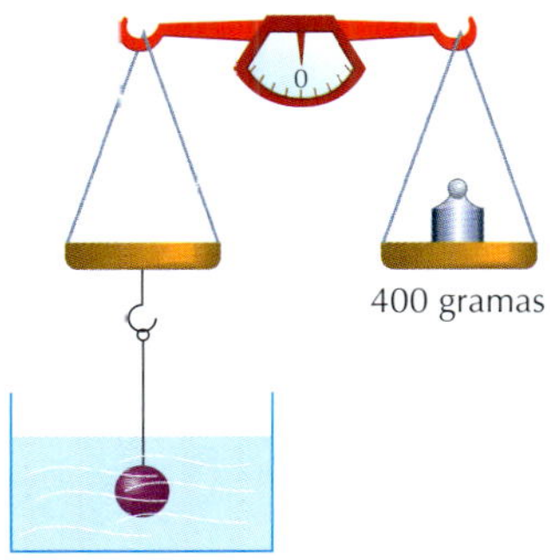

P.517 (Efoa-MG) Na figura está representada uma esfera E de alumínio, com 50% de seu volume imerso na água. Para que isso seja possível, a esfera é sustentada parcialmente pelo dinamômetro D, que marca 4,4 N.

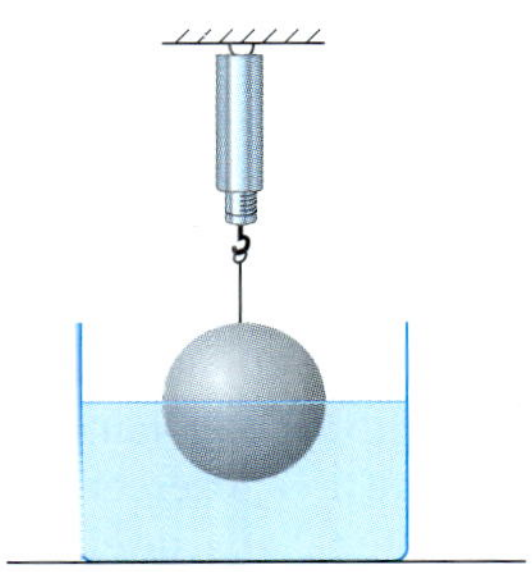

Dados: $g = 10$ m/s²; massa específica (densidade) do alumínio $d_{Al} = 2{,}7 \cdot 10^3$ kg/m³; massa específica (densidade) da água $d_{\text{água}} = 1{,}0 \cdot 10^3$ kg/m³

a) Represente graficamente as forças que atuam sobre a esfera, nomeando-as.
b) Determine o volume da esfera.

P.518 Um corpo de massa 5 kg e volume 0,02 m³ é colocado a uma profundidade de 5 m no interior de um líquido homogêneo em equilíbrio e de densidade 500 kg/m³. Quando o corpo é solto, ele sobe até emergir do líquido. Desprezando a resistência do ar e adotando $g = 10$ m/s², determine:

a) a densidade do corpo;
b) a intensidade da resultante que o impulsiona para cima;
c) a aceleração adquirida pelo corpo;
d) a velocidade com que o corpo emerge do líquido;
e) o volume da parte do corpo que permanece submersa, ao se estabelecer o equilíbrio.

P.519 A figura mostra dois corpos A e B, de 10 kg de massa cada um, presos a um fio flexível, inextensível, identificado pelo número 2, que passa por uma polia de eixo fixo e de massa desprezível. O corpo A tem volume de 10.000 cm³ e está imerso num líquido de densidade 1.000 kg/m³. O fio 1, que mantém inicialmente o sistema em equilíbrio, é cortado num determinado instante. Desprezando a massa dos fios e considerando $g = 10$ m/s², determine:

a) as trações nos fios 1 e 2 antes de cortar o fio 1;
b) a tração no fio 2 e a aceleração do sistema logo após o corte do fio 1;
c) a tração no fio 2 e a aceleração do sistema após o corpo A sair completamente do líquido.

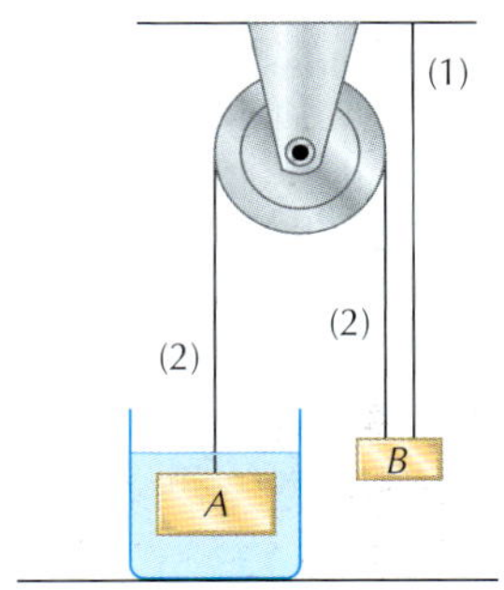

P.520 (Faap-SP) Um cilindro de chumbo de raio 2 cm e altura 10 cm se encontra totalmente imerso em óleo de massa específica 0,8 g/cm³ e preso a uma mola de constante elástica $k = 1{,}5$ N/cm. É sustentado por um fio ideal, que passa por uma polia, sem atrito, como mostra a figura. Determine a intensidade da carga $\vec{Q}$ para que a deformação sofrida pela mola seja 4,0 cm. (Dados: $g = 9{,}8$ m/s²; massa específica do chumbo $d = 11{,}4$ g/cm³)
Analise os casos:

a) a mola está comprimida;
b) a mola está distendida.

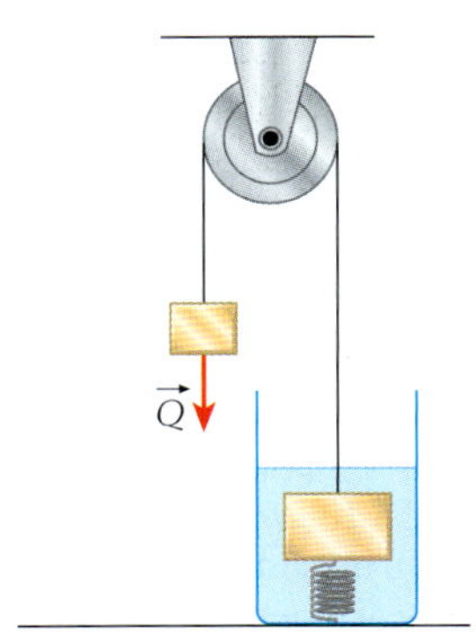

Exercícios propostos de recapitulação

P.521 (Vunesp) Um bloco de granito com formato de um paralelepípedo retângulo, com altura de 30 cm e base de 20 cm de largura por 50 cm de comprimento, encontra-se em repouso sobre uma superfície plana horizontal.

a) Considerando a massa específica do granito igual a $2,5 \cdot 10^3$ kg/m^3, determine a massa m do bloco.

b) Considerando a aceleração da gravidade igual a 10 m/s^2, determine a pressão p exercida pelo bloco sobre a superfície plana, em N/m^2.

P.522 (UFRJ) Um recipiente contém um líquido A de densidade 0,60 g/cm^3 e volume V. Outro recipiente contém um líquido B de densidade 0,70 g/cm^3 e volume $4V$. Os dois líquidos são miscíveis. Qual a densidade da mistura?

P.523 (UEL-PR) Dois líquidos miscíveis têm, respectivamente, densidades $D = 3$ g/cm^3 e $d = 2$ g/cm^3. Qual é a densidade de uma mistura homogênea dos dois líquidos composta, em volume, de 40% do primeiro e 60% do segundo?

P.524 (Fuvest-SP) Um vaso cilíndrico I contém água à altura de 1,0 m e está ligado, por um tubo fino, a outro vaso cilíndrico II, inicialmente vazio, com diâmetro duas vezes maior que o de I. O tubo de comunicação está a 0,5 m de altura e fechado, no ínicio, por uma torneira T, como mostra a figura.

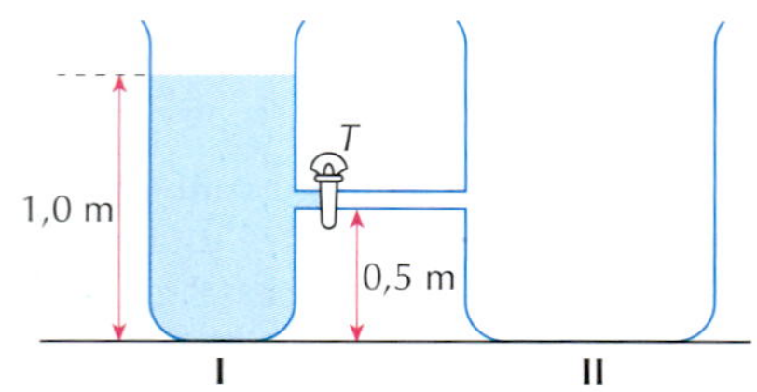

a) Abrindo-se a torneira T, que altura atinge a água no vaso II?

b) Antes de abrir a torneira, qual era a pressão da água no fundo do vaso I?

(Dados: pressão atmosférica $= 1,0 \cdot 10^5$ N/m^2; densidade da água $= 1,0 \cdot 10^3$ kg/m^3; aceleração da gravidade $= 10$ m/s^2)

P.525 (Fuvest-SP) O organismo humano pode ser submetido, sem consequências danosas, a uma pressão de no máximo $4 \cdot 10^5$ N/m^2 e a uma taxa de variação de pressão de no máximo 10^4 N/m^2 por segundo. (Dados: densidade da água $d = 10^3$ kg/m^3 e $g = 10$ m/s^2)

Nessas condições:

a) qual a máxima profundidade recomendada a um mergulhador? Adote pressão atmosférica igual a 10^5 N/m^2.

b) qual a máxima velocidade de movimentação na vertical recomendada para um mergulhador?

P.526 (Covest-PE) Se o fluxo sanguíneo não fosse ajustado pela expansão de artérias, para uma pessoa em pé a diferença de pressão arterial entre o coração e a cabeça seria de natureza puramente hidrostática. Nesse caso, para uma pessoa em que a distância entre a cabeça e o coração vale 50 cm, qual o valor em mmHg dessa diferença de pressão? (Considere a densidade do sangue igual a 10^3 kg/m^3 e a densidade do mercúrio igual a $13,6 \cdot 10^3$ kg/m^3.)

P.527 (Vunesp) Uma pessoa, com o objetivo de medir a pressão interna de um botijão de gás contendo butano, conecta à válvula do botijão um manômetro em forma de U, contendo mercúrio. Ao abrir o registro R, a pressão do gás provoca um desnível de mercúrio no tubo, como ilustrado na figura.

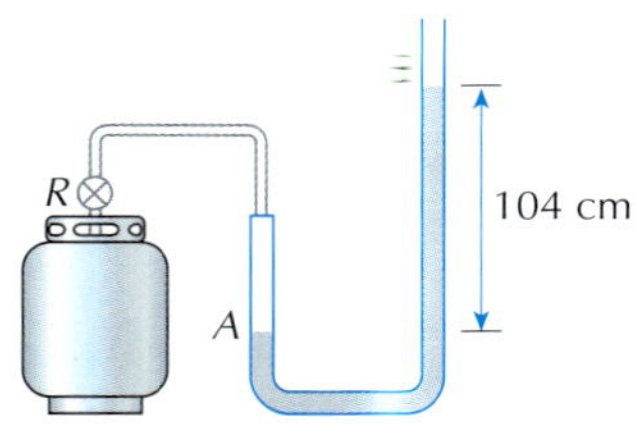

Considere a pressão atmosférica dada por 10^5 Pa, o desnível $h = 104$ cm de Hg e a secção do tubo 2 cm^2. Adotando a massa específica do mercúrio igual a 13,6 g/cm^3 e $g = 10$ m/s^2, calcule:

a) a pressão do gás, em pascal;

b) a força que o gás aplica na superfície do mercúrio em A.

(**Advertência:** este experimento é perigoso. Não tente realizá-lo.)

P.528 (Uerj) Um adestrador quer saber o peso de um elefante. Utilizando uma prensa hidráulica, consegue equilibrar o elefante sobre um pistão de 2.000 cm^2 de área, exercendo uma força vertical F equivalente a 200 N, de cima para baixo, sobre o outro pistão da prensa, cuja área é igual a 25 cm^2. Calcule o peso do elefante.

P.529 (Vunesp) A figura I mostra um corpo sólido, suspenso no ar, em equilíbrio com uma quantidade de areia numa balança de braços iguais. Na figura II, o mesmo corpo está imerso num líquido e 36 g de areia foram retirados para restabelecer o equilíbrio.

Figura I

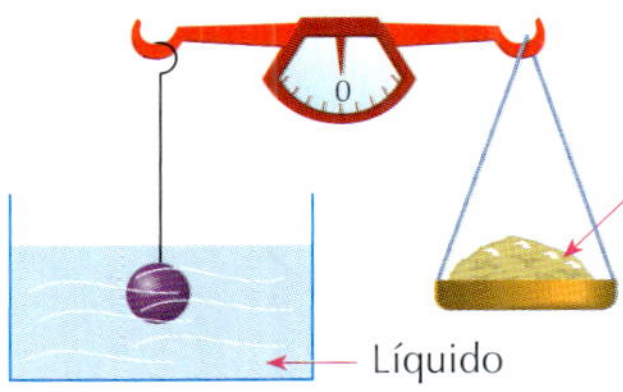

Figura II

Considerando a aceleração da gravidade igual a 10 m/s^2, determine:

a) o empuxo E exercido pelo líquido sobre o sólido;

b) a massa específica (densidade) d do líquido, em kg/m^3, sabendo que o volume do líquido deslocado é 30 cm^3.

P.530 (Covest-PE) Uma mola ideal de comprimento $L = 65$ cm está presa no fundo de uma piscina que está sendo cheia. Um cubo de isopor de aresta $a = 10$ cm e massa desprezível é preso na extremidade superior da mola. O cubo fica totalmente coberto no instante em que o nível da água atinge a altura $H = 1{,}0$ m em relação ao fundo da piscina. Calcule a constante elástica da mola, em N/m.

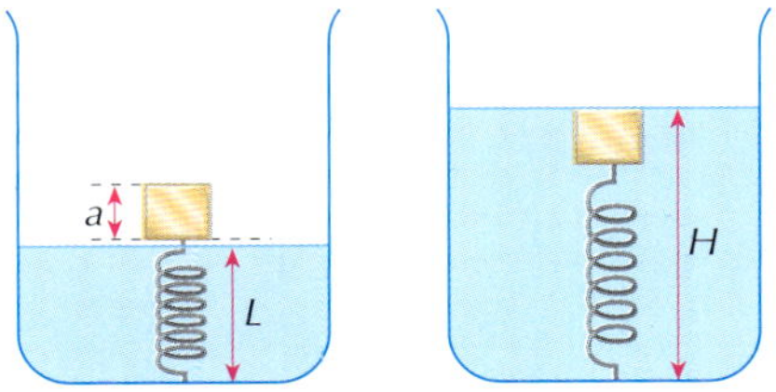

P.531 (UFRJ) Um recipiente cilíndrico contém água em equilíbrio hidrostático (figura I). Introduz-se na água uma esfera metálica maciça de volume igual a $5{,}0 \times 10^{-5}$ m^3 suspensa por um fio ideal de volume desprezível a um suporte externo. A esfera fica totalmente submersa na água sem tocar as paredes do recipiente (figura II).

Restabelecido o equilíbrio hidrostático, verifica-se que a introdução da esfera na água provocou um acréscimo de pressão Δp no fundo do recipiente.

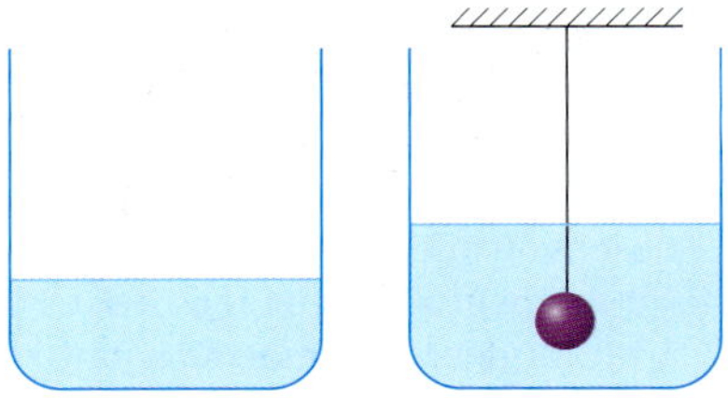

Figura I **Figura II**

A densidade da água a $1{,}0 \times 10^3$ kg/m^3 e a área da base do recipiente é igual a $2{,}0 \times 10^{-3}$ m^2. Considere $g = 10$ m/s^2.

Calcule esse acréscimo de pressão Δp.

P.532 (Fuvest-SP) Um sistema industrial é constituído por um tanque cilíndrico, com 600 litros de água e área do fundo $S_1 = 0{,}6$ m^2, e por um balde, com área do fundo $S_2 = 0{,}2$ m^2. O balde está vazio e é mantido suspenso, logo acima do nível da água do tanque, com auxílio de um fino fio de aço e de um contrapeso C, como indicado na figura. Então, em $t_0 = 0$, o balde passa a receber água de uma torneira, à razão de 20 litros por minuto, e vai descendo, com velocidade constante, até que encoste no fundo do tanque e a torneira seja fechada.

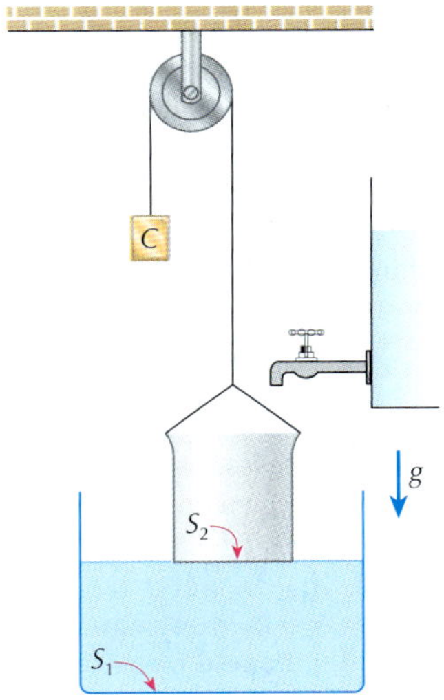

Para o instante $t = 6$ minutos, com a torneira aberta, na situação em que o balde ainda não atingiu o fundo, determine:

a) a tensão adicional ΔF, em N, que passa a agir no fio que sustenta o balde, em relação à situação inicial, indicada na figura;

b) a altura da água H_6, em m, dentro do tanque;

c) o intervalo de tempo T, em minutos, que o balde leva para encostar no fundo do tanque, considerando todo o tempo em que a torneira fica aberta.

> Note e adote:
> O contrapeso equilibra o peso do balde, quando vazio.
> O volume das paredes do balde é desprezível.

P.533 (UFSCar-SP) Distante da zona dos banhistas, nas "fazendas" para "cultivo" de mariscos, os pescadores amarram, em grandes flutuadores cilíndricos, fiadas de mariscos ainda jovens, para desenvolvimento e procriação.

No momento em que um desses criadouros de 1 m^3 foi deixado amarrado junto a uma boia, o pescador verifica que 75% do volume do flutuador fica emerso, em equilíbrio. Meses depois, na "colheita", apenas metade do volume do flutuador encontra-se emerso. Admitindo que a densidade da água do mar é $1{,}0 \times 10^3$ kg/m^3 e que a aceleração da gravidade é 10 m/s^2, responda:

a) Qual o peso total do equipamento, incluindo a carga inicial de jovens mariscos?

b) Passados os referidos meses, qual a expectativa de produção de mariscos, em kg?

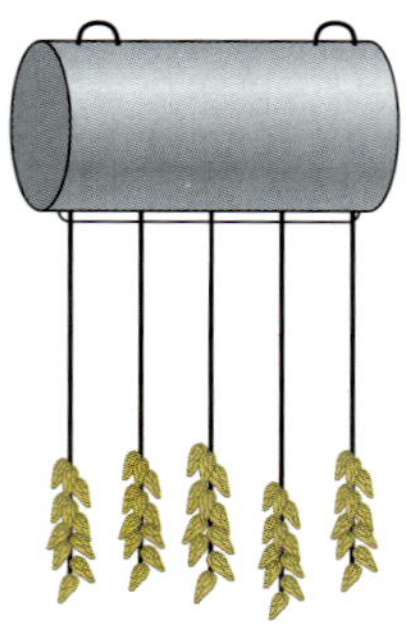

P.534 (Uerj) Na última etapa de uma viagem, para chegar a uma ilha, o carro é embarcado, junto com o motorista, em uma balsa de madeira, constituída de toras cilíndricas idênticas, cada uma com um volume igual a 100 ℓ. Nesta situação, apenas 10% do volume da balsa permanecem emersos da água. Calcule o número de toras que compõem a balsa.

Dados: massa do carro = 1.000 kg; massa do motorista = 80 kg; massa específica da madeira = 0,8 kg/ℓ e massa específica da água = 1,0 kg/ℓ.

P.535 (Fuvest-SP) As esferas maciças *A* e *B*, que têm o mesmo volume e foram coladas, estão em equilíbrio, imersas na água. Quando a cola que as une se desfaz, a esfera *A* sobe e passa a flutuar, com metade de seu volume fora da água (densidade da água: 1 g/cm^3).

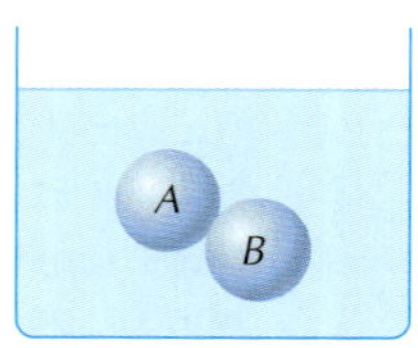

a) Qual a densidade da esfera *A*?

b) Qual a densidade da esfera *B*?

P.536 (UFMG) Uma caixa cúbica de isopor, cuja massa é de 10 g, flutua dentro de um reservatório de óleo. Essa caixa está presa ao fundo do reservatório por um fio, como mostrado na figura I. Considere que a massa do fio é desprezível e que, inicialmente, a altura da parte submersa da caixa é muito pequena.

Em um certo instante, uma torneira que abastece o reservatório é aberta.

Na figura II, está representado o gráfico do módulo da tensão *T* no fio em função da altura *h* do nível de óleo.

(Adote $g = 10$ m/s^2.)

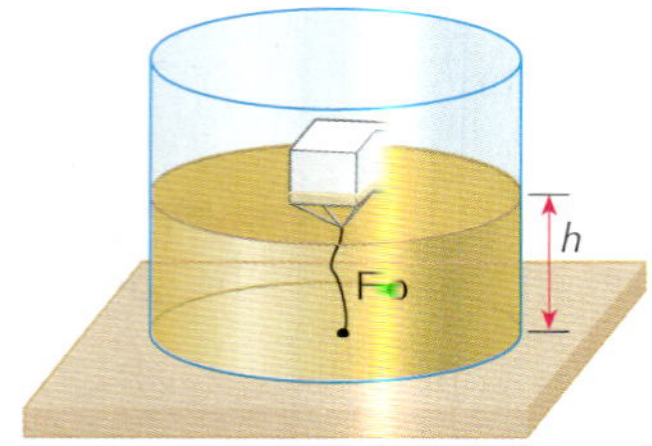

Figura I

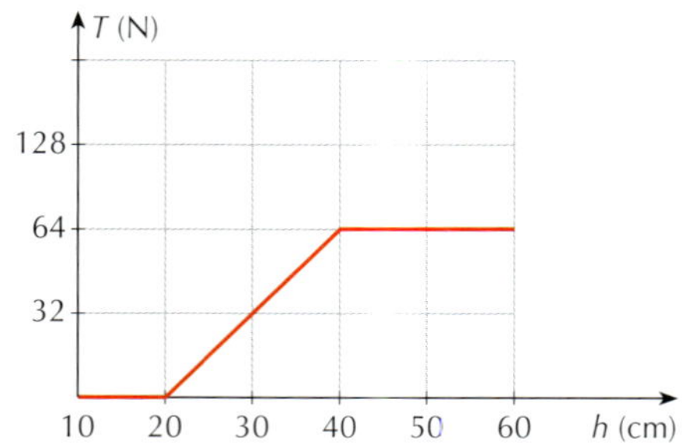

Figura II

I. Com base nessas informações, explique por que a tensão no fio:

a) é nula para o nível de óleo abaixo de 20 cm;

b) aumenta linearmente para o nível de óleo entre 20 e 40 cm;

c) é constante para o nível de óleo acima de 40 cm.

II. Determine o comprimento aproximado da aresta do cubo. Justifique sua resposta.

III. Determine a densidade do óleo utilizado.

P.537 (Fuvest-SP) Uma bolinha de isopor é mantida submersa, em um tanque, por um fio preso ao fundo. O tanque contém um líquido de densidade *d* igual à da água (1 g/cm^3). A bolinha, de volume $V = 200$ cm^3 e massa $m = 40$ g, tem seu centro mantido a uma distância $H_0 = 50$ cm da superfície (figura I). Cortando o fio, observa-se que a bolinha sobe, salta fora do líquido, e que seu centro atinge uma altura $h = 30$ cm acima da superfície (figura II).

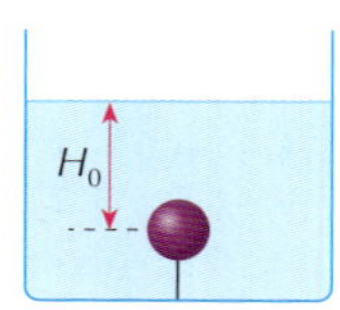

Situação inicial

Figura I

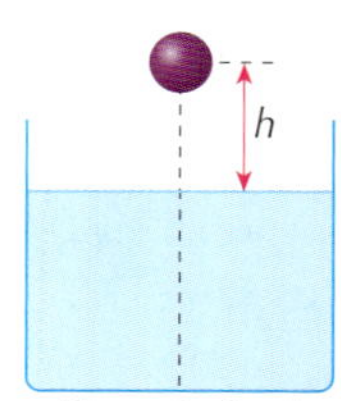

Situação final

Figura II

Desprezando os efeitos do ar, determine:

a) a altura *h'*, acima da superfície, que o centro da bolinha atingiria, se não houvesse perda de energia mecânica (devida, por exemplo, à produção de calor, ao movimento da água etc.);

b) a energia mecânica *E* (em joules) dissipada entre a situação inicial e a final.

(Use: $g = 10$ m/s^2.)

Testes propostos

T.400 (Cesgranrio-RJ) Você está em pé sobre o chão de uma sala. Seja p a pressão média sobre o chão debaixo das solas dos seus sapatos. Se você suspende um pé, equilibrando-se numa perna só, essa pressão média passa a ser:

a) p **b)** $\frac{1}{2}p$ **c)** p^2 **d)** $2p$ **e)** $\frac{1}{p^2}$

T.401 (UFMG) José aperta uma tachinha entre os dedos, como mostrado na figura abaixo:

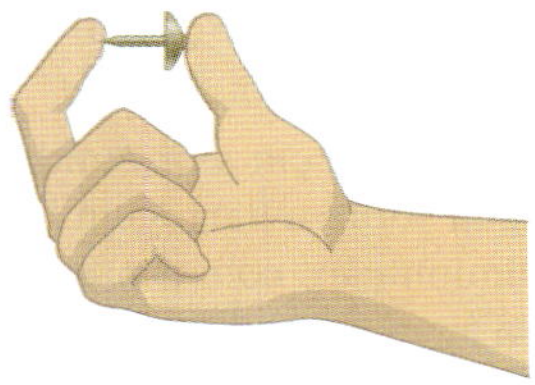

A cabeça da tachinha está apoiada no polegar e a ponta, no indicador.

Sejam F_i o módulo da força e p_i a pressão que a tachinha faz sobre o dedo indicador de José. Sobre o polegar, essas grandezas são, respectivamente, F_p e p_p.

Considerando-se essas informações, é correto afirmar que:

a) $F_i > F_p$ e $p_i = p_p$
b) $F_i = F_p$ e $p_i = p_p$
c) $F_i > F_p$ e $p_i > p_p$
d) $F_i = F_p$ e $p_i > p_p$

T.402 (Fuvest-SP) A janela retangular de um avião, cuja cabine é pressurizada, mede 0,5 m por 0,25 m. Quando o avião está voando a uma certa altitude, a pressão em seu interior é de, aproximadamente, 1,0 atm, enquanto a pressão ambiente fora do avião é de 0,60 atm. Nessas condições, a janela está sujeita a uma força, dirigida de dentro para fora, igual ao peso, na superfície da Terra, da massa de:

a) 50 kg **b)** 320 kg **c)** 480 kg **d)** 500 kg **e)** 750 kg

Dados:
1 atm = 10^5; Pa = 10^5 N/m²; g = 10 m/s²

T.403 (UCSal-BA) Um recipiente, de paredes rígidas e forma cúbica, contém gás à pressão de 150 N/m². Sabendo-se que cada aresta do recipiente é igual a 10 cm, a força resultante sobre cada uma das faces do recipiente, em newtons, tem intensidade:

a) $1{,}5 \cdot 10^{-1}$ **b)** 1,5 **c)** $1{,}5 \cdot 10$ **d)** $1{,}5 \cdot 10^2$ **e)** $1{,}5 \cdot 10^3$

T.404 (UEL-PR) Uma sala tem as seguintes dimensões: 4,0 m × 5,0 m × 3,0 m. A densidade do ar é de 1,2 kg/m³ e a aceleração da gravidade vale 10 m/s². O peso do ar na sala, em newtons, é de:

a) 720 **b)** 600 **c)** 500 **d)** 72 **e)** 60

T.405 (Fesp-SP) Um cubo oco de alumínio apresenta 100 g de massa e volume de 50 cm³. O volume da parte vazia é 10 cm³. A densidade do cubo e a massa específica do alumínio são respectivamente:

a) 0,5 g/cm³ e 0,4 g/cm³
b) 2,5 g/cm³ e 2,0 g/cm³
c) 0,4 g/cm³ e 0,5 g/cm³
d) 2,0 g/cm³ e 2,5 g/cm³
e) 2,0 g/cm³ e 10,0 g/cm³

T.406 (UFPR) Quatro cubos metálicos homogêneos e iguais, de aresta 10^{-1} m, acham-se dispostos sobre um plano. Sabe-se que a pressão aplicada pelo conjunto sobre o plano é 10^4 N/m².

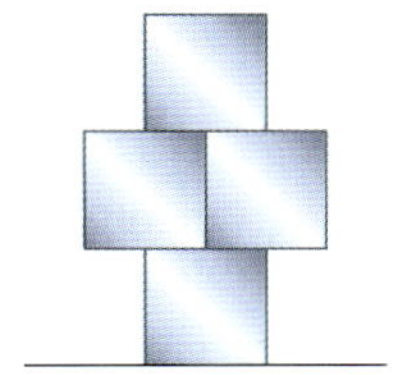

Adotando g = 10 m/s², podemos afirmar que a densidade dos cubos será aproximadamente de:

a) $4 \cdot 10^3$ kg/m³
b) $2{,}5 \cdot 10^3$ kg/m³
c) 10^3 kg/m³
d) $0{,}4 \cdot 10^3$ kg/m³
e) $0{,}25 \cdot 10^3$ kg/m³

T.407 (Enem-MEC) Pelas normas vigentes, o litro do álcool hidratado que abastece os veículos deve ser constituído de 96% de álcool puro e 4% de água (em volume). As densidades desses componentes são dadas na tabela.

Substância	Densidade (g/ℓ)
Água	1.000
Álcool	800

Um técnico de um órgão de defesa do consumidor inspecionou cinco postos suspeitos de venderem álcool hidratado fora das normas. Colheu uma amostra do produto em cada posto, mediu a densidade de cada uma, obtendo:

Posto	Densidade (g/ℓ)
I	822
II	820
III	815
IV	808
V	805

A partir desses dados, o técnico pôde concluir que estavam com o combustível adequado somente os postos:

a) I e II
b) I e III
c) II e IV
d) III e V
e) IV e V

T.408 (ITA-SP) Têm-se duas soluções de um mesmo sal. A massa específica da primeira é $1{,}7\ g \cdot cm^{-3}$ e a da segunda, $1{,}2\ g \cdot cm^{-3}$. Deseja-se fazer 1,0 litro de solução de massa específica $1{,}4\ g \cdot cm^{-3}$. Devemos tomar de cada uma das soluções originais:

a) 0,50 ℓ e 0,50 ℓ
b) 0,52 ℓ da primeira e 0,48 ℓ da segunda
c) 0,48 ℓ da primeira e 0,52 ℓ da segunda
d) 0,40 ℓ da primeira e 0,60 ℓ da segunda
e) 0,60 ℓ da primeira e 0,40 ℓ da segunda

T.409 (UFTM-MG) A figura mostra um antigo dispositivo utilizado pelos mergulhadores para que pudessem permanecer sob as águas, sem utilizar seus equipamentos de mergulho, podendo trocar ideias sobre suas observações em um ambiente com ar respirável – e que inicialmente se encontrava no interior do dispositivo no momento em que era submerso –, o chamado sino de mergulho.

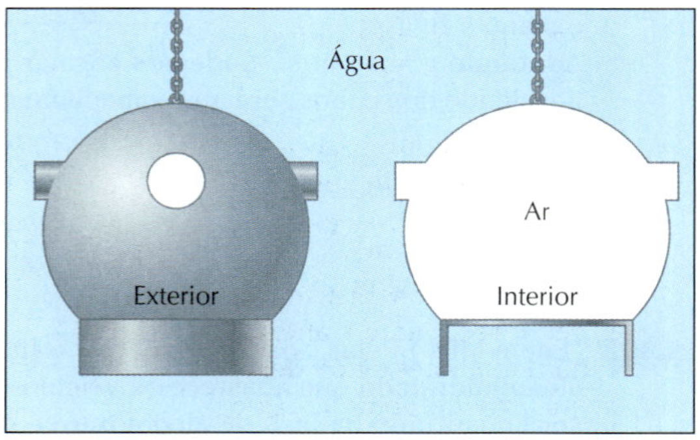

Em uma expedição, um sino de mergulho foi baixado até a profundidade de 10 m. O ar contido no interior do sino ficou submetido à pressão, em Pa, de:

a) 1×10^4
b) 2×10^4
c) 1×10^5
d) 2×10^5
e) 5×10^5

Dados:
densidade da água $= 1 \times 10^3$ kg/m³
pressão atmosférica ao nível do mar $= 1 \times 10^5$ Pa
aceleração da gravidade $= 10$ m/s²

T.410 (UFPR) Uma tarefa de rotina em depósitos de combustíveis consiste em retirar uma amostra de líquido dos tanques e colocar em provetas para análise. Ao inspecionar o conteúdo de um dos tanques de um certo depósito, observou-se na parte inferior da proveta uma coluna de 20 cm de altura de água e, flutuando sobre ela, uma coluna com 80 cm de altura de óleo. Considerando a densidade da água igual a 1,00 g/cm³, a do óleo igual a 0,80 g/cm³, a aceleração da gravidade igual a 10 m/s² e a pressão atmosférica igual a $1{,}01 \times 10^5$ Pa, a pressão no fundo desse tubo é:

a) $1{,}094 \times 10^5$ Pa
b) $9{,}41 \times 10^5$ Pa
c) $1{,}03 \times 10^5$ Pa
d) $1{,}66 \times 10^5$ Pa
e) $0{,}941 \times 10^5$ Pa

T.411 (UFV-MG) As represas normalmente são construídas de maneira que a largura da base da barragem, *B*, seja maior que a largura da parte superior, *A*, como ilustrado na figura abaixo.

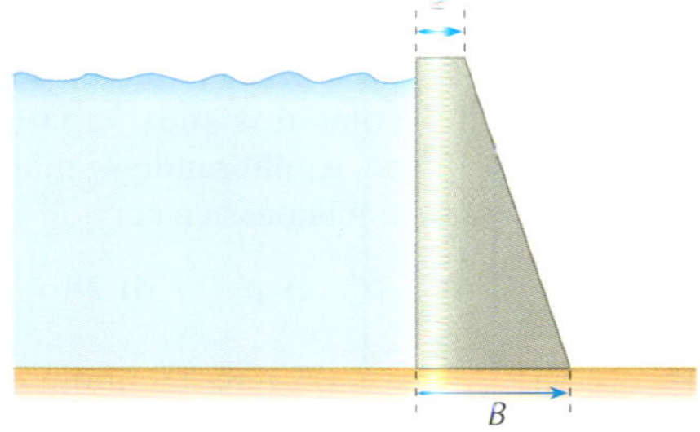

Essa diferença de largura justifica-se, principalmente, pelo(a):

a) aumento, com a profundidade, da pressão da água sobre a barragem.
b) diminuição, com a profundidade, da pressão da água sobre a barragem.
c) aumento, com a profundidade, do empuxo exercido pela água.
d) diminuição, com a profundidade, do empuxo exercido pela água.
e) diminuição, com a profundidade, da viscosidade da água.

T.412 (Mackenzie-SP) Dispõe-se de um recipiente cilíndrico, aberto na extremidade superior, sujeito à pressão atmosférica normal ($p_{atm} = 1{,}00 \cdot 10^5\ N/m^2$). Em seu interior, existem três líquidos ideais imiscíveis, de massas específicas $\rho_1 = 0{,}80$ g/cm³, $\rho_2 = 0{,}90$ g/cm³ e $\rho_3 = 1{,}00$ [illegible]/cm³.
(Use $g = 10$ m/s².)

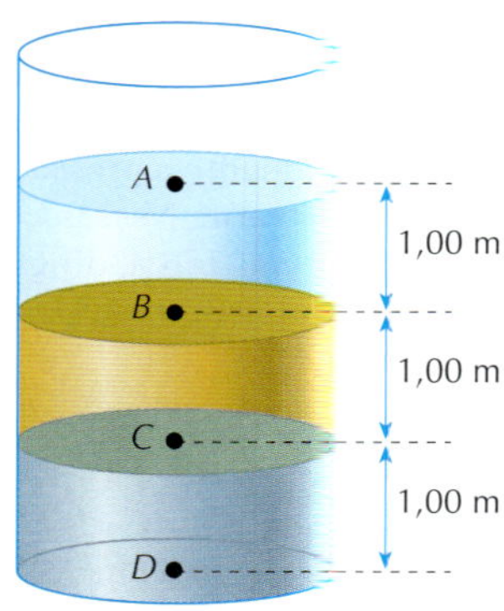

O gráfico que melhor representa a pressão (p), nos diversos pontos dos líquidos, em função da profundidade (y), é:

a)

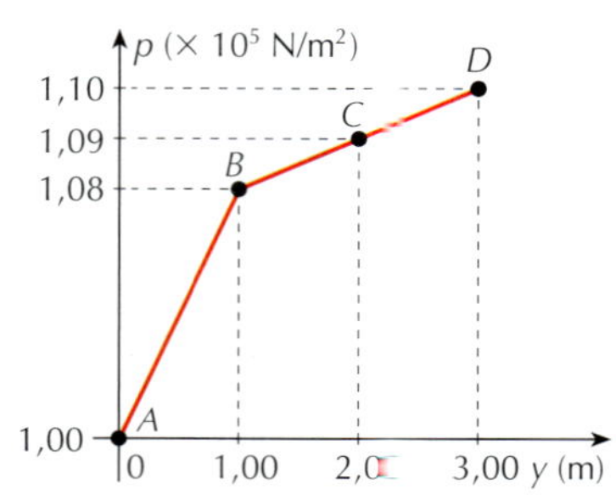

b)

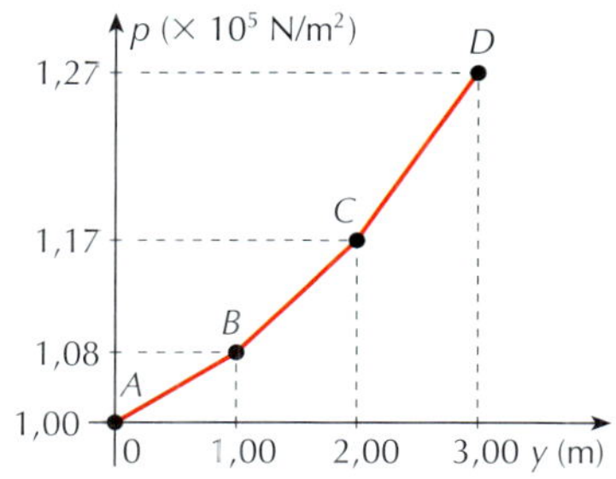

c)

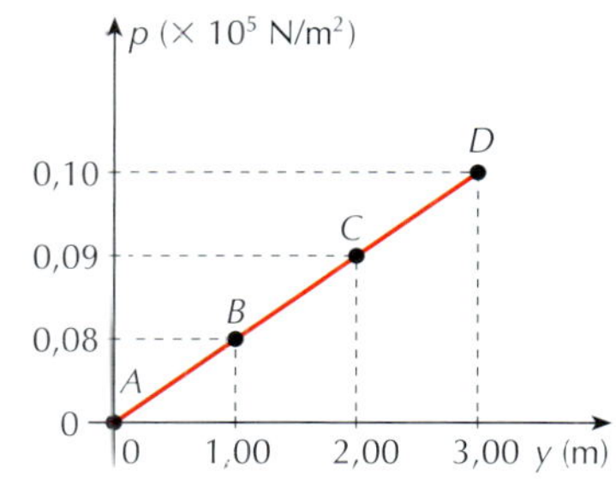

d)

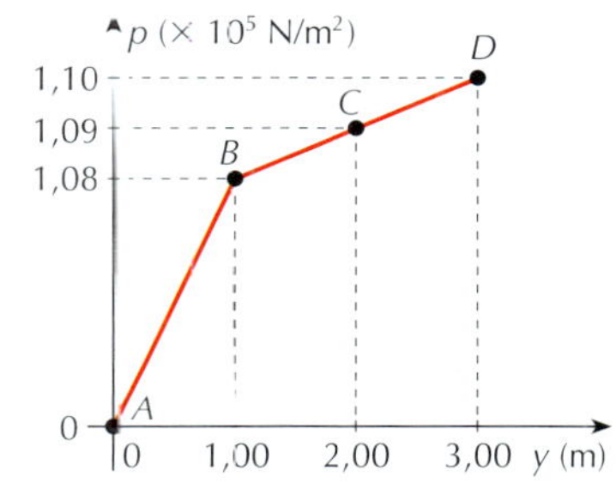

e)

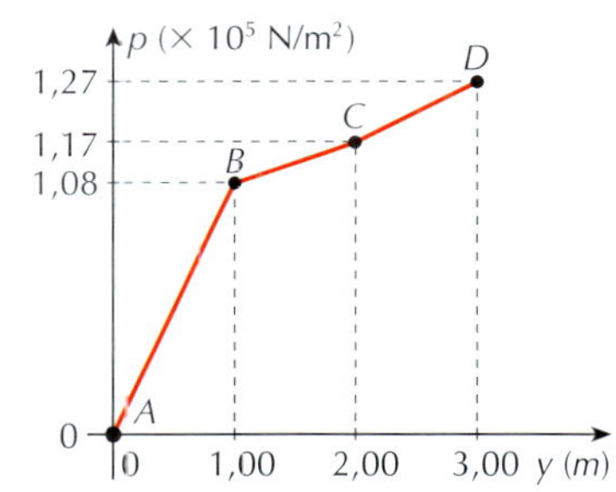

T.413 (UFMT-MG) Todos os recipientes abaixo estão preenchidos à mesma altura *h* por um líquido de mesma densidade.

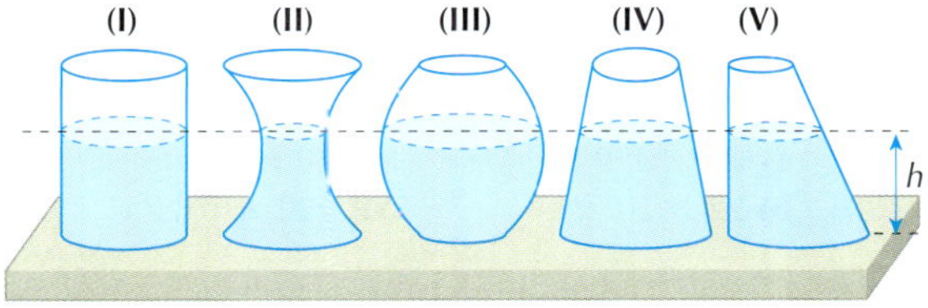

A partir dessas informações, assinale a afirmativa correta.

a) No recipiente I, a força que o líquido exerce sobre a base é igual ao peso do líquido.

b) A pressão que o líquido exerce sobre a base é maior nos recipientes IV e V que nos outros.

c) A pressão que o líquido exerce sobre a base é menor no recipiente III que nos outros.

d) A força que o líquido exerce sobre a base dos recipientes independe da área das bases.

e) Em todos os recipientes a força sobre a base é menor que o peso do líquido.

T.414 (Uneb-BA) A camada gasosa que envolve a Terra exerce pressão sobre a superfície terrestre e sobre todos os corpos nela situados. Segundo Evangelista Torricelli, a pressão atmosférica, ao nível do mar, equivale a 760 mmHg.

Com base nessas informações, se um barômetro indica, para a pressão atmosférica, o valor 70 cmHg, é possível que esse instrumento esteja situado:

a) em uma estação meteorológica qualquer.

b) no alto de uma montanha.

c) em um posto salva-vidas à beira-mar.

d) em um navio ancorado num ponto qualquer.

e) no terraço de um prédio de três andares, construído numa cidade litorânea.

T.415 (UFSCar-SP) No bebedouro doméstico representado na figura, a água do garrafão virado para baixo, de boca aberta, não vaza para o recipiente onde ele se apoia, devido à pressão atmosférica.

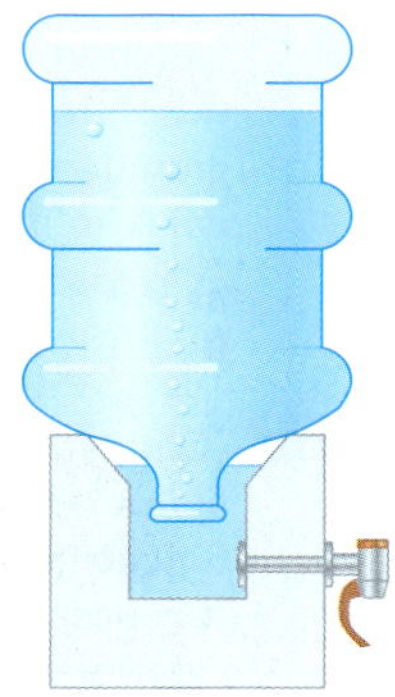

Cada vez que a torneirinha desse recipiente é aberta, há um momentâneo desequilíbrio de pressões, que permite a saída de água do bebedouro e a entrada de ar no garrafão, mas que logo se restabelece, assim que a torneirinha é fechada.

Supondo constante a pressão atmosférica, pode-se afirmar que entre duas situações de equilíbrio em que o nível da água no garrafão diminui, a pressão do ar nele aprisionado:

a) aumenta, porque a altura da água contida no garrafão diminui.

b) aumenta, porque o volume do ar contido no garrafão aumenta.

c) permanece constante, porque ela deve se igualar sempre à pressão atmosférica externa.

d) diminui, porque a altura da água contida no garrafão diminui.

e) diminui, porque o volume do ar contido no garrafão aumenta.

T.416 (UFSCar-SP) Quando efetuamos uma transfusão de sangue, ligamos a veia do paciente a uma bolsa contendo plasma, posicionada a uma altura *h* acima do paciente. Considerando $g = 10\ m/s^2$ e que a densidade do plasma seja 1,04 g/cm³, se uma bolsa de plasma for colocada 2 m acima do ponto da veia por onde se fará a transfusão, a pressão do plasma ao entrar na veia será:

a) 0,0016 mmHg

b) 0,016 mmHg

c) 0,156 mmHg

d) 15,6 mmHg

e) 156 mmHg

(Considere $1\ atm = 1{,}013 \cdot 10^5\ N/m^2$.)

PARTE 7

T.417 (UFSM-RS) Um dos ramos de um tubo em forma de U está aberto à atmosfera, e o outro, conectado a um balão contendo um gás, conforme ilustra a figura. O tubo contém água, cuja densidade é 1×10^3 kg/m^3.

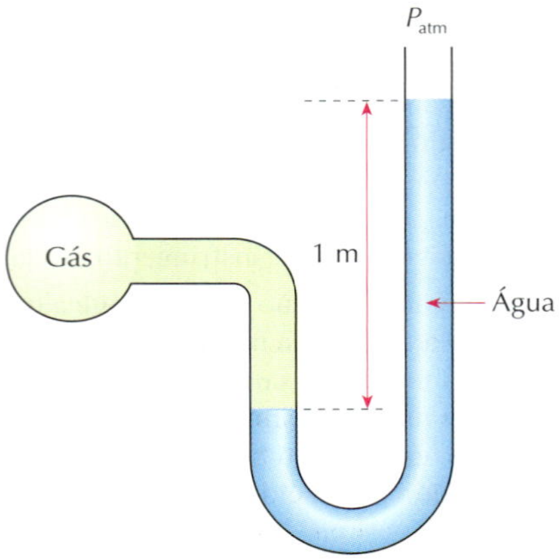

Sabendo que a pressão exercida pela atmosfera é 1×10^5 N/m^2 e considerando a aceleração da gravidade 10 m/s^2, a pressão exercida pelo gás é, em N/m^2:

a) $0{,}9 \times 10^5$ **b)** $1{,}0 \times 10^5$ **c)** $1{,}1 \times 10^5$ **d)** $1{,}2 \times 10^5$ **e)** $1{,}3 \times 10^5$

T.418 (Unifesp) O sistema de vasos comunicantes da figura contém água em repouso e simula uma situação que costuma ocorrer em cavernas: o tubo *A* representa a abertura para o meio ambiente exterior e os tubos *B* e *C* representam ambientes fechados, onde o ar está aprisionado.

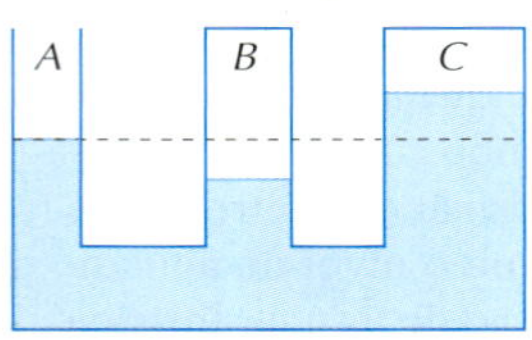

Sendo p_A a pressão atmosférica ambiente, p_B e p_C as pressões do ar confinado nos ambientes *B* e *C*, pode-se afirmar que é válida a relação:

a) $p_A = p_B > p_C$
b) $p_A > p_B = p_C$
c) $p_A > p_B > p_C$
d) $p_B > p_A > p_C$
e) $p_B > p_C > p_A$

T.419 (ITA-SP) Um vaso comunicante em forma de U possui duas colunas da mesma altura $h = 42{,}0$ cm, preenchidas com água até a metade. Em seguida, adiciona-se óleo de massa específica igual a 0,80 g/cm^3 a uma das colunas até a coluna estar totalmente preenchida, conforme a figura *B*.

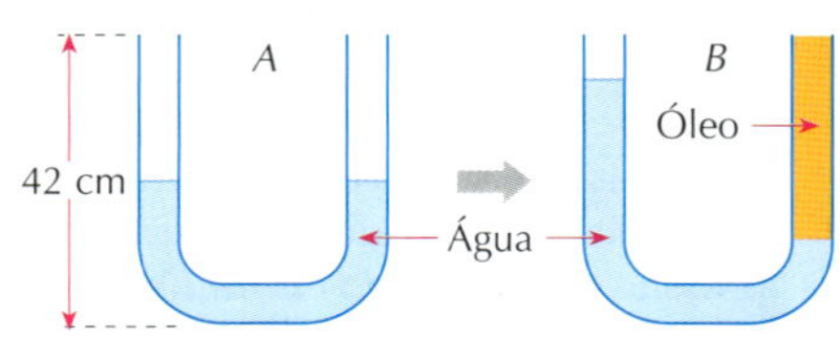

A coluna de óleo terá comprimento de:

a) 14,0 cm **b)** 16,8 cm **c)** 28,0 cm **d)** 35,0 cm **e)** 37,8 cm

T.420 (UFPA) A figura representa um tubo em forma de U com ramos verticais abertos que contêm três líquidos imiscíveis. As densidades dos líquidos são d_1, d_2 e d_3.

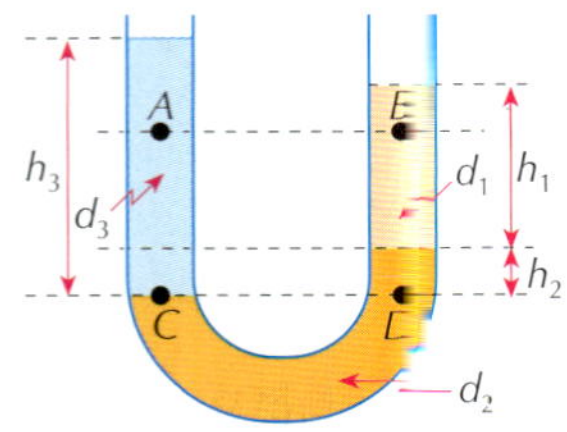

Se os líquidos estão em equilíbrio, então:

a) a pressão em *A* é igual à pressão em *B*.
b) a pressão em *A* é igual à pressão em *C*.
c) a pressão em *C* é igual à pressão em *D*.
d) a altura h_3 é a soma das alturas h_1 e h_2.
e) a densidade d_3 é a soma das densidades d_1 e d_2.

T.421 (Ufam) A figura mostra um tubo em U, aberto nas duas extremidades. Esse tubo contém dois líquidos *A* e *B* que não se misturam e que têm densidades diferentes. Sejam p_M e p_N as pressões nos pontos *M* e *N*, respectivamente. Esses pontos estão no mesmo nível, como indicado pela linha tracejada, e as densidades dos dois líquidos são tais que $d_A = 2d_B$.

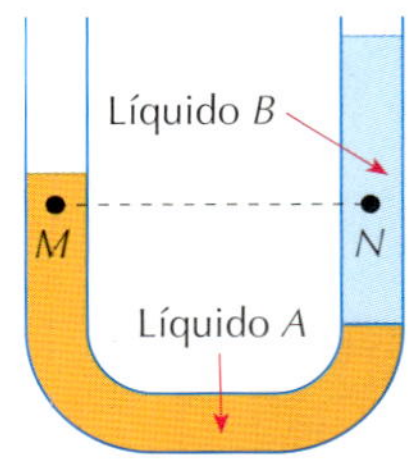

Nessas condições, é correto afirmar que:

a) $p_M < p_N$
b) $p_M = p_N$
c) $p_M > p_N$
d) $p_M = 2p_N$
e) Nada se pode afirmar a respeito das pressões.

T.422 (Ufop-MG) Um recipiente, dotado de um êmbolo, contém água.

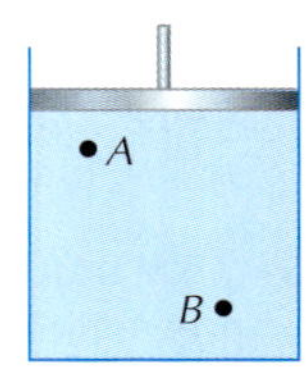

Quando a pressão exercida pelo êmbolo é 2×10^5 Pa, a diferença entre as pressões dos pontos *B* e *A* é 6×10^4 Pa. Se a pressão do êmbolo for elevada para 2[illegible] $\times 10^5$ Pa, a diferença entre as pressões dos pontos *B* e *A* será:

a) 6×10^4 Pa **b)** 22×10^4 Pa **c)** 60×10^4 Pa **d)** 120×10^4 Pa

T.423 (Fasp-SP) Com uma prensa hidráulica ergue-se um automóvel de massa 1.000 kg num local onde a aceleração da gravidade é 10 m/s^2. Sabendo que o êmbolo maior tem área de 2.000 cm^2 e o menor, 10 cm^2, a força necessária para manter o automóvel erguido é:

a) 150 N
b) 100 N
c) 50 N
d) 10 N
e) nenhum dos valores anteriores.

T.424 (FGV-SP) O macaco hidráulico consta de dois êmbolos: um estreito, que comprime o óleo, e outro largo, que suspende a carga. Um sistema de válvulas permite que uma nova quantidade de óleo entre no mecanismo sem que haja retorno do óleo já comprimido. Para multiplicar a força empregada, uma alavanca é conectada ao corpo do macaco.

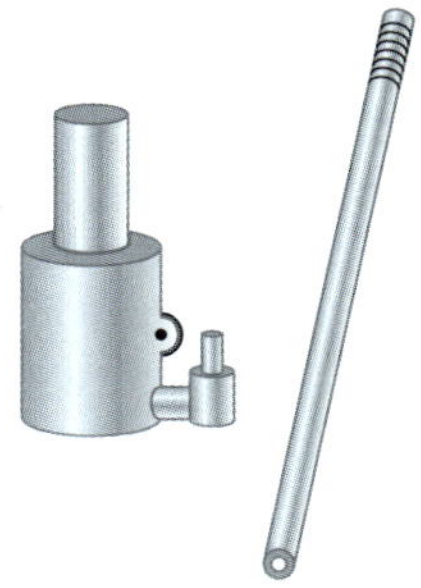

Tendo perdido a alavanca do macaco, um caminhoneiro de massa 80 kg, usando seu peso para pressionar o êmbolo pequeno com o pé, considerando que o sistema de válvulas não interfira significativamente sobre a pressurização do óleo, poderá suspender uma carga máxima, em kg, de:

a) 2.880 **c)** 2.990 **e)** 3.510
b) 2.960 **d)** 3.320

Dados:
diâmetro do êmbolo menor = 1,0 cm
diâmetro do êmbolo maior = 6,0 cm
aceleração da gravidade = 10 m/s^2

T.425 (UFMG) Ana lança caixas — I, II e III —, de mesma massa, dentro de um poço com água.
Elas ficam em equilíbrio nas posições indicadas na figura ao lado.

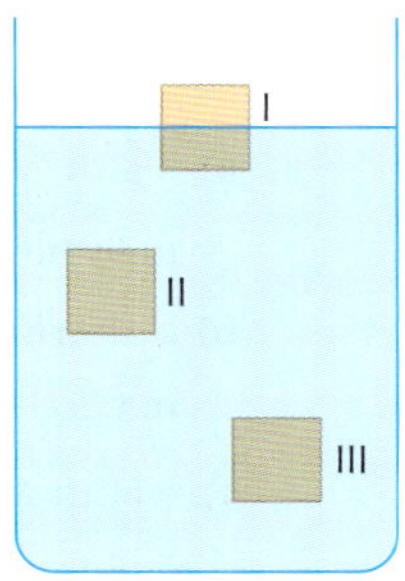

Sejam E_I, E_{II} e E_{III} os módulos dos empuxos sobre, respectivamente, as caixas I, II e III. Com base nessas informações, é correto afirmar que:

a) $E_I > E_{II} > E_{III}$ **c)** $E_I = E_{II} = E_{III}$
b) $E_I < E_{II} = E_{III}$ **d)** $E_I > E_{II} = E_{III}$

T.426 (UEL-PR) Um cubo maciço de 2,0 cm de aresta e densidade 5,0 g/cm^3 é abandonado no interior de um líquido cuja densidade é 1,25 g/cm^3 (dado: g = 10 m/s^2). O empuxo exercido pelo líquido no cubo é igual a:

a) zero **c)** 0,38 N **e)** 0,50 N
b) 0,10 N **d)** 0,40 N

T.427 (UEPA) Saturno, denominado planeta dos anéis, está muito distante do Sol, levando quase trinta anos para dar uma volta completa em sua órbita. Possui um volume de aproximadamente 10^{24} m^3 e massa da ordem de 6×10^{26} kg. Suponha que uma esfera de densidade igual à do planeta Saturno seja colocada em cada um dos recipientes contendo líquidos de densidades de acordo com a figura abaixo:

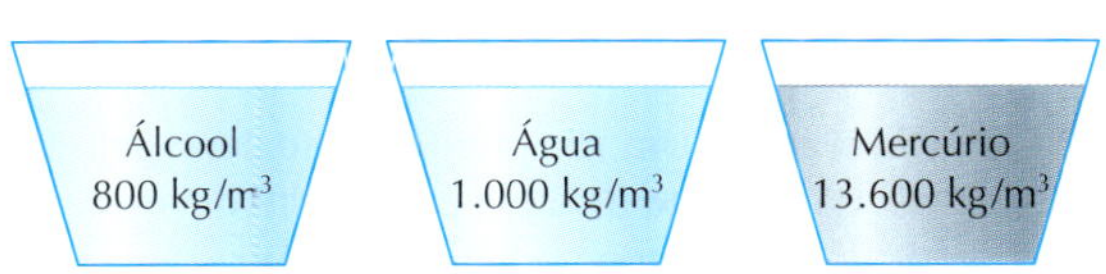

Analise as afirmativas abaixo sobre o que acontecerá com a esfera nos três líquidos:

I. Afundará no álcool e flutuará na água e no mercúrio.
II. Flutuará nos três recipientes.
III. Sofrerá o mesmo empuxo nos três líquidos.
IV. Sofrerá maior empuxo no mercúrio.

Estão corretas somente as afirmativas:

a) I, II e IV **d)** II e III
b) I e III **e)** II e IV
c) I, III e IV

T.428 (Olimpíada Brasileira de Física) Uma criança está dentro de uma piscina, brincando com três objetos fabricados com materiais diferentes, mas que possuem o mesmo peso. Você observa que o objeto 1 fica boiando, submerso pela metade, que o objeto 2 fica imerso totalmente e parado em qualquer lugar dentro da água e que o objeto 3 submerge totalmente indo para o fundo da piscina.

a) O empuxo no objeto 1 é a metade do empuxo no objeto 2.
b) O empuxo no objeto 2 é igual ao empuxo no objeto 3.
c) O empuxo no objeto 1 é maior do que o empuxo no objeto 2.
d) O empuxo no objeto 3 é menor do que o empuxo no objeto 1.
e) Os empuxos nos três objetos são iguais.

T.429 (Olimpíada Brasileira de Física) Um estudante realizou a seguinte experiência: colocou no prato de uma balança de ponteiro uma vasilha contendo água e verificou que a balança marcou 1,5 kg; em seguida, mergulhou sua mão, de volume igual a 500 cm^3, na água contida na vasilha (figura a seguir).

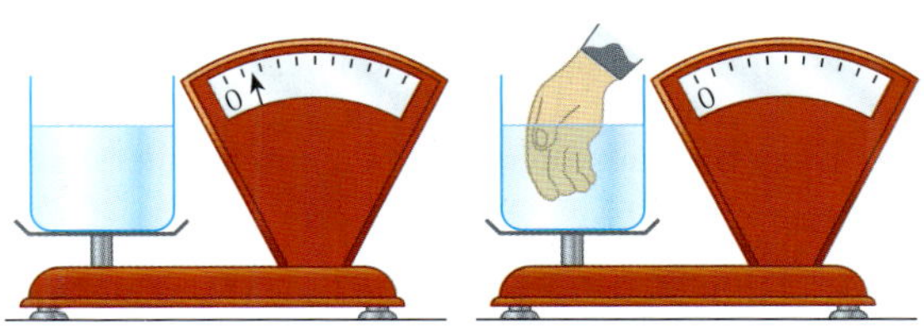

Dessa experiência o estudante verificou que:

a) a balança continuou marcando 1,5 kg, pois ele não toca com a mão o fundo da vasilha.
b) a balança passou a marcar 1,0 kg por causa do empuxo provocado pelo deslocamento de água produzido pela mão.
c) a balança passou a marcar 2,0 kg por causa do empuxo provocado pelo deslocamento de água produzido pela mão.
d) a balança continuou marcando 1,5 kg, pois o deslocamento da água é compensado pela mão que passa a ocupar seu lugar.
e) a balança passou a marcar 2,0 kg porque, sendo massa igual a (densidade × volume), a água aumentou sua massa ao ter seu volume aumentado.

Dados: $d_{água}$ = 1 g/cm^3 e g = 10 m/s^2

T.430 (Vunesp) Na figura, o bloco A, de volume V, encontra-se totalmente imerso num líquido de massa específica d, e o bloco B, de volume $\frac{3}{2}V$, totalmente imerso num líquido de massa específica $\frac{2}{3}d$. Esses blocos estão em repouso, sem tocar o fundo do recipiente, presos por um fio de massa desprezível, que passa por polias que podem girar sem atrito.

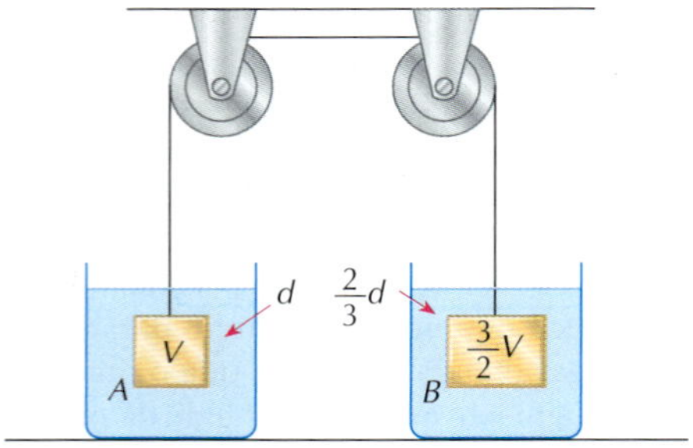

Se m_A e m_B forem, respectivamente, as massas de A e B, teremos:

a) $\frac{m_B}{m_A} = \frac{2}{3}$ **c)** $\frac{m_B}{m_A} = \frac{6}{5}$ **e)** $\frac{m_B}{m_A} = 2$

b) $\frac{m_B}{m_A} = 1$ **d)** $\frac{m_B}{m_A} = \frac{3}{2}$

T.431 (UFV-MG) Um navio cargueiro proveniente do Oceano Atlântico passa a navegar nas águas menos densas do rio Amazonas. Em comparação com a situação no mar, é correto afirmar que no rio:

a) o empuxo e a porção imersa do navio serão menores.
b) o empuxo será menor e a porção imersa do navio será maior.
c) o empuxo será maior e a porção imersa do navio será menor.
d) o empuxo e a porção imersa do navio serão maiores.
e) o empuxo será igual e a porção imersa do navio será maior.

T.432 (Olimpíada Brasileira de Física) Um menino no interior de um barco notou que quando navega em água doce, sem o seu pequeno cachorro, a linha d'água é a mesma daquela quando navega no mar com o cachorro. Considerando que a massa do cachorro é de 3 kg, a massa do menino é de 40 kg e que a densidade da água do mar é 3% maior do que a da água doce, a massa do barco é:

a) 60 kg **c)** 50 kg **e)** 63 kg
b) 200 kg **d)** 43 kg

T.433 (UFMA) Uma esfera homogênea flutua em água com um hemisfério submerso, e no óleo, com $\frac{3}{4}$ de seu volume submerso. A relação entre as densidades da água e do óleo é:

a) $\frac{4}{3}$ **c)** 1 **e)** $\frac{2}{3}$

b) $\frac{3}{4}$ **d)** $\frac{3}{2}$

T.434 (UEL-PR) Uma esfera de massa 180 g é colocada num recipiente contendo um líquido de densidade 1,2 g/cm^3. O volume da esfera é de 200 cm^3. A densidade da esfera, em g/cm^3, e o volume de líquido deslocado pela esfera, em cm^3, valem, respectivamente:

a) 0,90 e 150 **d)** 0,32 e 180
b) 0,90 e 180 **e)** 0,32 e 200
c) 0,90 e 200

T.435 (Vunesp) Um bloco de madeira, de volume V, é fixado a outro bloco, construído com madeira idêntica, de volume $5V$, como mostra a figura I. Em seguida, o conjunto é posto para flutuar na água, de modo que o bloco menor fique em cima do maior. Verifica-se, então, que $\frac{3}{5}$ do volume do bloco maior ficam imersos e que o nível da água sobe até a altura h, como mostra a figura II.

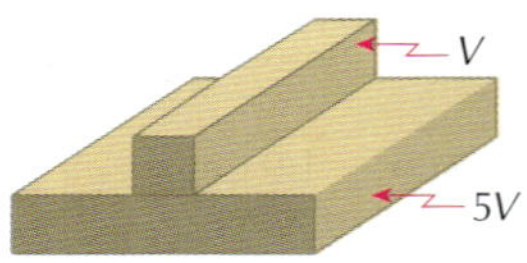

Figura I

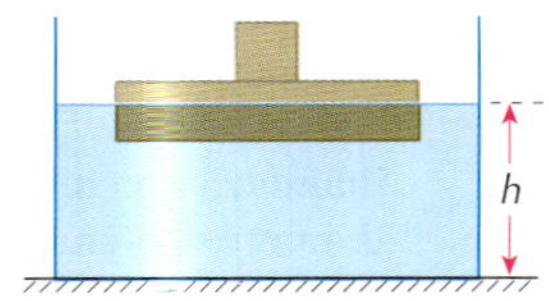

Figura II

Se o conjunto for virado, de modo a flutuar com o bloco menor embaixo do maior:

a) a altura h diminuirá e $\frac{1}{5}$ do volume do bloco maior permanecerá imerso.
b) a altura h permanecerá a mesma e $\frac{2}{5}$ do volume do bloco maior permanecerão imersos.
c) a altura h aumentará e $\frac{3}{5}$ do volume do bloco maior permanecerão imersos.
d) a altura h permanecerá a mesma e $\frac{4}{5}$ do volume do bloco maior permanecerão imersos.
e) a altura h aumentará e $\frac{5}{5}$ do volume do bloco maior permanecerão imersos.

T.436 (AFA-SP) Uma pessoa deita-se sobre uma prancha de madeira que flutua mantendo sua face superior no mesmo nível da superfície da água.

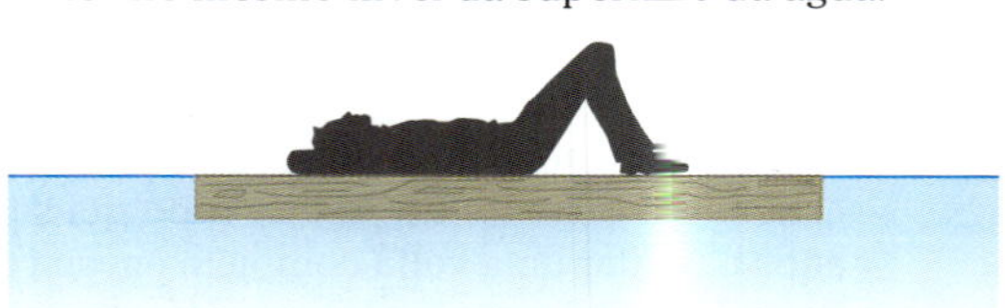

A prancha tem 2 m de comprimento, 50 cm de largura e 15 cm de espessura. As densidades da água e da madeira são, respectivamente, 1.000 kg/m^3 e 600 kg/m^3. Considerando $g = 10$ m/s^2, pode-se afirmar que o peso da pessoa é:

a) 600 N **b)** 700 N **c)** 400 N **d)** 500 N

T.437 (Fuvest-SP) Um recipiente cilíndrico vazio flutua em um tanque de água com parte de seu volume submerso, como na figura a seguir.

O recipiente possui marcas graduadas igualmente espaçadas, paredes laterais de volume desprezível e um fundo grosso e pesado.

Quando o recipiente começa a ser preenchido, lentamente, com água, a altura máxima que a água pode atingir em seu interior, sem que ele afunde totalmente, é melhor representada por:

a) 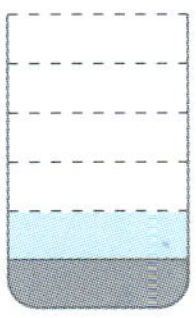

c) 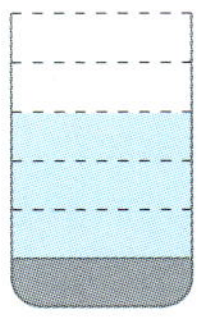

e) 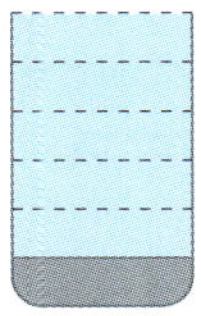

b) 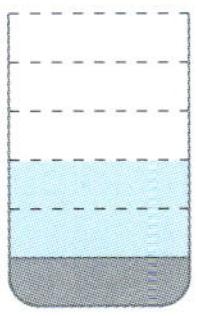

d) 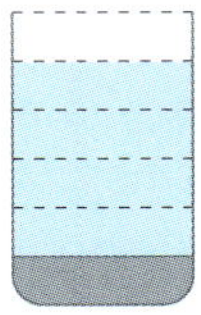

T.438 (Unifesp) Um estudante adota um procedimento caseiro para obter a massa específica de um líquido desconhecido. Para isso, utiliza um tubo cilíndrico transparente e oco, de secção circular, que flutua tanto na água quanto no líquido desconhecido. Uma pequena régua e um pequeno peso são colocados no interior desse tubo e ele é fechado. Qualquer que seja o líquido, a função da régua é registrar a porção submersa do tubo, e a do peso, fazer com que o tubo fique parcialmente submerso em posição estática vertical, como ilustrado na figura.

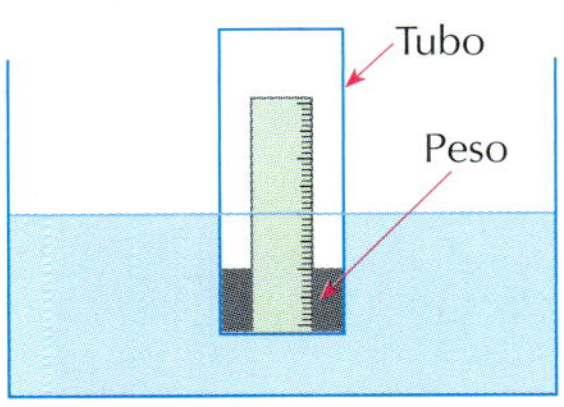

Quando no recipiente com água, a porção submersa da régua é de 10,0 cm e, quando no recipiente com o líquido desconhecido, a porção submersa é de 8,0 cm. Sabendo-se que a massa específica da água é 1,0 g/cm^3, o estudante deve afirmar que a massa específica procurada é:

a) 0,08 g/cm^3 **c)** 0,8 g/cm^3 **e)** 1,25 g/cm^3
b) 0,12 g/cm^3 **d)** 1,0 g/cm^3

T.439 (PUC-SP) Uma bolinha de certo material, quando colocada em um líquido I, fica em equilíbrio com metade de seu volume imerso. Quando colocada em outro líquido II, a mesma bolinha fica em equilíbrio com 20% de seu volume acima da superfície do líquido.

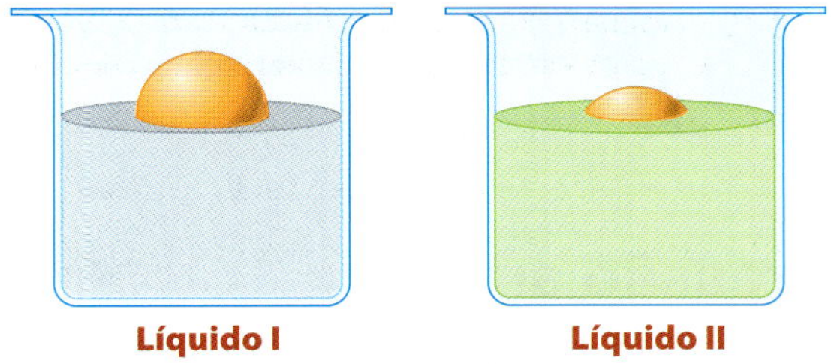

Se a densidade do líquido I é igual a 1,20 g/cm^3, qual é a densidade do líquido II em g/cm^3?

a) 0,48 **c)** 1,25 **e)** 2,0
b) 0,75 **d)** 1,33

T.440 (Unifesp) A figura representa um cilindro flutuando na superfície da água, preso ao fundo do recipiente por um fio tenso e inextensível.

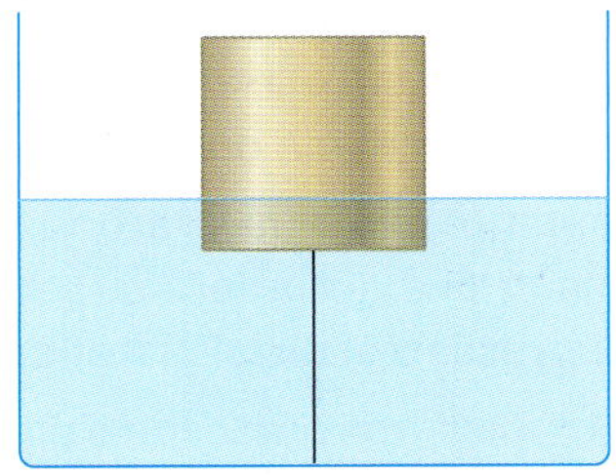

Acrescenta-se aos poucos mais água ao recipiente, de forma que o seu nível suba gradativamente. Sendo $\vec{E}$ o empuxo exercido pela água sobre o cilindro, $\vec{T}$ a tração exercida pelo fio sobre o cilindro, $\vec{P}$ o peso do cilindro e admitindo-se que o fio não se rompe, pode-se afirmar que, até que o cilindro fique completamente imerso:

a) o módulo de todas as forças que atuam sobre ele aumenta.
b) só o módulo do empuxo aumenta, o módulo das demais forças permanece constante.
c) os módulos do empuxo e da tração aumentam, mas a diferença entre eles permanece constante.
d) os módulos do empuxo e da tração aumentam, mas a soma deles permanece constante.
e) só o módulo do peso permanece constante; os módulos do empuxo e da tração diminuem.

T.441 (Mackenzie-SP) Um cubo de aresta 20 cm é colocado em um recipiente que contém óleo (densidade = 0,8 g/cm^3) e água (densidade = 1 g/cm^3), ficando em equilíbrio quando totalmente imerso, como mostra a figura.

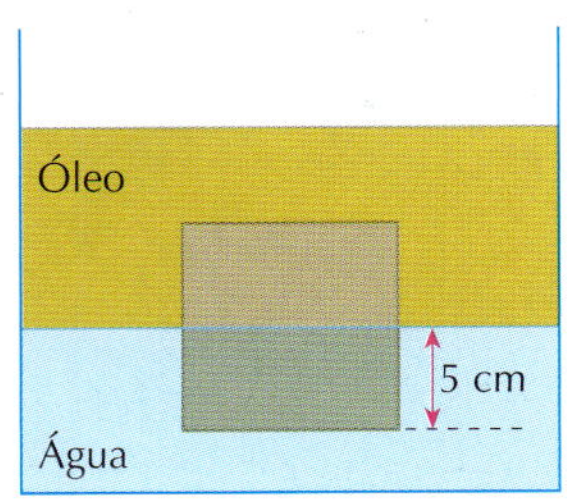

A massa desse cubo é:

a) 1,2 kg **c)** 4,2 kg **e)** 7,2 kg
b) 2,4 kg **d)** 6,8 kg

A Física em nosso Mundo

Pressão arterial

Pressão arterial é a pressão que o sangue exerce na superfície interna das artérias. Esta pressão é determinada pelo batimento cardíaco, sofrendo uma variação cíclica. É o chamado **ciclo cardíaco**, que compreende o que acontece entre um batimento cardíaco e o seguinte. Em resumo, o coração ciclicamente se contrai e relaxa. Ao se contrair, o coração ejeta o sangue em direção às artérias, na fase chamada **sístole**. Ao se relaxar, ele recebe o sangue das veias, na fase chamada **diástole**.

No instante em que é produzida a ejeção do sangue na artéria aorta tem-se a pressão máxima, chamada **pressão arterial sistólica**.

No momento que antecede o próximo batimento, a pressão arterial do ciclo cardíaco é mínima. Esta é a **pressão arterial diastólica**.

Ao se medir a pressão arterial de uma pessoa, costumam ser referidos dois valores, que correspondem exatamente a esses valores máximo e mínimo. Por exemplo, quando se diz que a pressão é de 13 por 8 significa que a pressão arterial varia, nos ciclos cardíacos, entre 13 cmHg e 8 cmHg acima da pressão ambiente (pressão atmosférica). Nesse par de valores, o 13 corresponde ao auge da sístole e o 8 ao término da diástole.

A medida da pressão arterial é feita por meio de um aparelho denominado **esfigmomanômetro**, que consta de um manguito de borracha que envolve o braço durante a medição e o ar é inflado por meio de uma bomba. Um mostrador indica a pressão exercida pelo ar inflado. Soltando-se o ar, a pressão vai diminuindo. Com o auxílio de um estetoscópio, colocado sobre a artéria radial do braço, verifica-se o instante em que o pulso começa a ser ouvido com maior intensidade, assinalando-se então o valor de pressão registrado pelo mostrador (pressão sistólica). Continuando o escape de ar, há um segundo instante em que o pulso desaparece. O valor assinalado então pelo mostrador é a pressão diastólica.

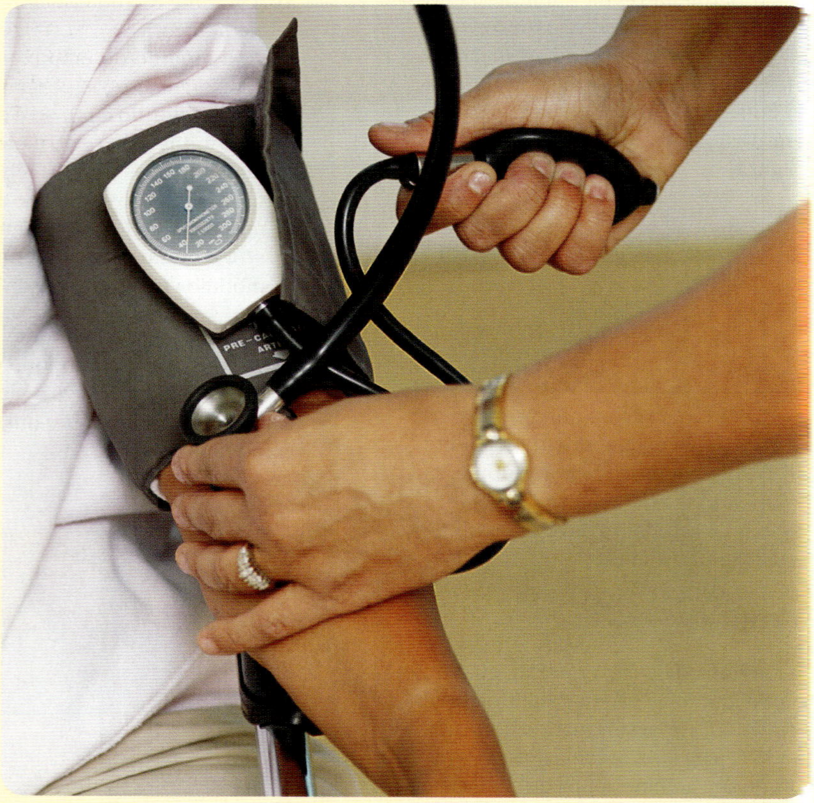

ROLF BRUDERER / MASTERFILE-OTHER IMAGES

Teste sua leitura

L.34 (Unicamp-SP) Se você agora está tranquilo e em repouso, seu coração deve estar batendo cerca de 60 vezes por minuto. Sua pressão arterial deve ser de "12 por 8", ou seja, 120 mmHg acima da atmosférica no auge da contração e 80 mmHg no relaxamento do coração. Seu coração tem o volume externo aproximado de uma mão fechada e em cada batida consegue bombear aproximadamente a metade de seu volume em sangue. Considere a densidade do mercúrio $d_{Hg} = 14\ g/cm^3$ e a densidade do sangue igual à da água, ou seja, $d_{sangue} = 1{,}0\ g/cm^3$.

a) Até que altura máxima na vertical o coração conseguiria elevar uma coluna de sangue?

b) Faça uma estimativa da quantidade de sangue bombeada em cada batida do coração e calcule a vazão média de sangue através desse órgão (volume de sangue por segundo).

L.35 (UPF-RS) Sabe-se que a pressão do sangue corresponde à pressão manométrica, isto é, à diferença entre a pressão do sangue no interior da artéria e a pressão atmosférica ambiente, e é medida em centímetros de mercúrio. Supondo que, em média, a pressão arterial de uma pessoa seja de 10 cmHg e sendo a densidade do mercúrio de $13{,}6 \cdot 10^3\ kg/m^3$, pode-se afirmar que a altura mínima, acima do braço do paciente, em que deveria ser colocado um recipiente de soro para que penetrasse na artéria seria, em metros, de:

a) 0,75
b) 1,36
c) 1,86
d) 2,75
e) 3,45

(Dado: densidade do soro $= 1{,}0 \cdot 10^3\ kg/m^3$)

L.36 (UEPB) Em um processo de transfusão de sangue, a bolsa contendo plasma sanguíneo, que é conectada à veia do recebedor por meio de um tubo, é colocada à altura de 1,20 m acima do braço do paciente (conforme a figura a seguir).

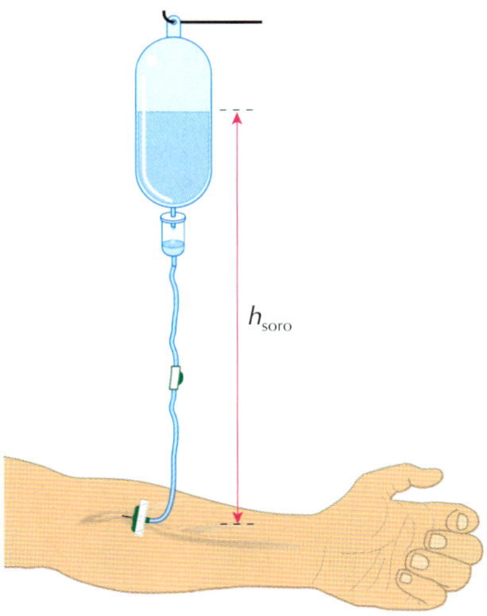

Considerando a aceleração da gravidade $10\ m/s^2$, a densidade do plasma aproximadamente igual a $1{,}0\ g/cm^3$ e sabendo que a pressão atmosférica é de $1{,}0 \times 10^5\ N/m^2$, analise as proposições a seguir, escrevendo V ou F, conforme sejam verdadeiras ou falsas, respectivamente:

I. A bolsa contendo plasma sanguíneo deve ser colocada sempre a uma altura acima do nível da veia, devido à pressão sanguínea superar a pressão atmosférica.

II. A pressão da coluna de plasma, ao entrar na veia do paciente, é de $12{,}0 \times 10^3\ N/m^2$.

III. Supondo que a pressão venosa se mantenha constante, se o paciente for transportado para um local em que a aceleração da gravidade é menor, a altura mínima a que a bolsa deve ser colocada será menor.

IV. Se a pressão venosa for de $3{,}0 \times 10^3\ N/m^2$, a altura mínima a que a bolsa de plasma deve ser colocada é de $4{,}0 \times 10^{-2}$ m.

Assinale a alternativa que corresponde à sequência correta:

a) V V F V
b) V F F V
c) F V F V
d) V V F F
e) V F V F

Atividade experimental • I

Realize a experiência com supervisão de seu professor.

Estudo do teorema de Arquimedes

Faça uma bola com massa de modelar e coloque-a em um recipiente contendo água. Verifique que ela afunda.

Em seguida, pegue a bola e molde-a no formato de um barquinho. Coloque o "barquinho" na água do recipiente. Verifique que ele flutua.

EDUARDO SANTALIESTRA / CID

EDUARDO SANTALIESTRA / CID

Responda:

- Por que a mesma quantidade de massa de modelar afundou num caso e flutuou no outro?
- O empuxo variou de uma situação para outra? Por quê?
- Em qual (ou quais) das situações o peso e o empuxo têm a mesma intensidade?

Atividade experimental • II

Realize a experiência com supervisão de seu professor.

Determinação aproximada de densidade (corpos flutuantes)

THE NEXT

Consiga os seguintes objetos: uma bola de borracha; uma bola de isopor; um bloco de madeira.

Coloque sucessivamente esses objetos em um recipiente contendo água e avalie a proporção de seu volume que permanece imerso (metade, um quarto, um terço, um quinto, etc.).

Calcule, com suas avaliações, a densidade aproximada de cada um dos objetos, considerando que a densidade da água vale 1 g/cm^3.

Responda:

- Em que você se baseou para fazer o cálculo proposto?
- Você poderia usar esse método se o objeto afundasse na água? Por quê?
- Qual seria a densidade de um corpo que permanecesse em equilíbrio completamente imerso na água sem tocar o fundo do recipiente?

AS BASES DA HIDROSTÁTICA

O estudo do equilíbrio dos fluidos, a que hoje chamamos Hidrostática, teve seu desenvolvimento inicial com o grego Arquimedes, na Antiguidade Clássica. Prosseguiu nos séculos XVI e XVII, fundamentalmente graças aos trabalhos de Stevin, Torricelli e Pascal.

ARQUIMEDES (287 a.C.-212 a.C., aproximadamente), matemático e inventor grego, nasceu e viveu em Siracusa, Sicília, na região da Magna Grécia (hoje, sul da Itália), e fez seus estudos em Alexandria. Segundo relato que o arquiteto romano Vitrúvio fez, no século I d.C., o rei Hierão II, ao voltar à sua cidade natal, apresentou a Arquimedes um problema, cuja solução o tornaria famoso: descobrir se a coroa encomendada pelo soberano a um ourives era de ouro maciço ou se o artesão misturara prata em sua confecção. A intuição de como poderia resolver o problema teria lhe ocorrido durante um banho de imersão nas termas da cidade, ao perceber que o volume da água derramada da banheira cheia era o próprio volume de seu corpo (seria essa a razão de sua saída pelas ruas, sem roupa, gritando “Heureka!”). Arquimedes mergulhou a coroa num recipiente completamente cheio de água e mediu o volume derramado; a seguir mergulhou blocos de ouro maciço e de prata maciça com pesos iguais ao da coroa, medindo os volumes derramados. O volume derramado pela coroa, ainda segundo o relato de Vitrúvio, ficou entre os volumes derramados pelos blocos de ouro e de prata, evidenciando a fraude do ourives, que teria sido condenado à morte. Galileu Galilei contesta essa versão, sugerindo que Arquimedes teria solucionado o problema usando uma balança hidrostática. De qualquer modo, a grande contribuição de Arquimedes à Hidrostática foi estabelecer o teorema que leva seu nome, referente à força que age sobre qualquer corpo mergulhado num líquido — o empuxo.

SPL-LATINSTOCK

▲ Arquimedes

AKG-LATINSTOCK

▲ Stevin

SIMON STEVIN (1548-1620), matemático flamengo, pode ser considerado o pioneiro no estudo do equilíbrio dos líquidos. Embora Arquimedes tenha estabelecido seu teorema, ele não desenvolveu uma análise sistemática das razões que levam um líquido a exercer forças sobre os corpos imersos. Coube a Stevin chegar a essas conclusões, ao verificar que a pressão que um líquido em equilíbrio exerce sobre uma superfície depende da altura da coluna de líquido, sendo independente do tamanho e da forma do recipiente em que está contido.

EVANGELISTA TORRICELLI (1608-1647), físico italiano, foi discípulo de Galileu nos últimos anos de vida desse cientista, tornando-se seu secretário e sucedendo-o no cargo de matemático na corte de Florença. Torricelli conseguiu resolver um problema que fora proposto a Galileu pelo duque de Toscana. Este mandara abrir poços muito profundos, com cerca de 15 m de profundidade, e a água só conseguia subir, através de tubos, até a altura de 10 m quando bombas aspiravam o ar dos tubos. A explicação dada por Torricelli foi a de que a pressão exercida por uma

SHEILA TERRY / SPL-LATINSTOCK

▲ Torricelli

coluna de água de 10 m de altura contrabalançava a pressão exercida pelo ar atmosférico. Estabeleceu a ideia de pressão atmosférica e, para comprovar sua teoria, realizou a famosa experiência com um tubo de mercúrio, em vez de água. Como o mercúrio tem densidade 13,6 vezes maior do que a da água, Torricelli concluiu que a coluna de mercúrio que deveria contrabalançar a pressão atmosférica deveria ter uma altura de $\frac{10 \text{ m}}{13{,}6} \simeq 0{,}76 \text{ m} = 76 \text{ cm}$. A experiência por ele realizada comprovou suas hipóteses. Ocorreu-lhe ainda que a pressão atmosférica deveria mudar com a altitude, o que foi comprovado posteriormente por Pascal.

BLAISE PASCAL (1623-1662), matemático, físico e filósofo francês, foi o autor da famosa frase: "O coração tem razões que a própria razão desconhece". Seus trabalhos em Matemática e Física foram notáveis. Inventor da primeira máquina de calcular e criador, juntamente com Fermat, da teoria das probabilidades, Pascal fez incursões muito significativas na Hidrostática. Ele estabeleceu que a pressão exercida em um ponto de um líquido transmite-se a todos os outros pontos. Prosseguindo os estudos de Torricelli, Pascal usou o dispositivo criado pelo cientista italiano como barômetro, comprovando experimentalmente que a coluna de mercúrio diminui à medida que se escala uma montanha. Concluiu, desse modo, que a pressão atmosférica diminui com o aumento da altitude. A ele se atribui a invenção da prensa hidráulica.

Em resumo, Arquimedes, Stevin, Torricelli e Pascal podem ser considerados os quatro pilares sobre os quais se erigiu o edifício da Hidrostática.

AKG-LATINSTOCK

▲ Pascal

Enquanto isso...

Consulte a **Linha do tempo**, nas primeiras páginas deste volume, onde são destacados os principais acontecimentos históricos que ocorreram na época de Stevin, Torricelli e Pascal (de 1548 a 1662) e os personagens importantes, em vários ramos de atividades, que viveram nesse mesmo período. Dentre eles, salientamos:

- Oliver **Cromwell** (1599-1658), político inglês, chefiou o exército que depôs o rei Carlos I e proclamou a República. Durante seu governo, unificou a Inglaterra, a Escócia e a Irlanda, formando a Comunidade Britânica.
- Willebrord **Snell** (1580-1626), matemático e astrônomo holandês, descobriu experimentalmente a lei da refração que leva seu nome.
- Diego **Velázquez** (1599-1660), pintor espanhol, faz parte da idade de ouro da pintura espanhola. Uma de suas principais obras é *As meninas*.
- **Padre** Antônio **Vieira** (1608-1697), missionário jesuíta português, foi grande orador, diplomata, mestre da prosa clássica, a quem o poeta Fernando Pessoa chamou de "imperador da língua portuguesa". Dentre as obras que deixou, seus sermões merecem especial destaque.
- **Molière** (Jean-Baptiste Poquelin, 1622-1673), escritor e dramaturgo francês, é considerado um dos grandes mestres da comédia satírica. Em suas obras procurava criticar os costumes de sua época.
- **El Greco** (Doménikos Theotokópoulos, 1541-1614), pintor, escultor e arquiteto grego, nascido na ilha de Creta, desenvolveu a maior parte de sua carreira na Espanha. Foi um grande retratista, tendo pintado especialmente clérigos e nobres.
- Benedictus (Baruch) de **Spinoza** (1632-1677), filósofo holandês, é um dos grandes racionalistas da filosofia moderna (junto com Descartes e Leibniz). É considerado o fundador do criticismo bíblico moderno.

CAPÍTULO 21

Hidrodinâmica

NOEL HENDRICKSON / MASTERFILE OTHER IMAGES

Neste capítulo estudamos os fluidos (líquidos e gases) em movimento, como o das águas de um rio. Apresentamos o conceito de vazão, a equação da continuidade, a equação de Bernoulli e suas consequências, finalizando com a equação de Torricelli.

1. Considerações iniciais

A Hidrodinâmica é o estudo dos fluidos (líquidos e gases) em movimento, como a água escoando ao longo de um tubo ou no leito de um rio, o sangue que corre pelas veias de uma pessoa, a fumaça emitida pela chaminé de uma fábrica. Embora nesse ramo da ciência estude-se o movimento dos fluidos em geral, o nome Hidrodinâmica (do grego: *hydro*, água) é conservado por tradição, pois originalmente esse estudo se restringia ao movimento da água.

O escoamento de um fluido pode ocorrer de modo **turbulento**, como nas corredeiras e nas cachoeiras, onde a velocidade em cada ponto muda de instante para instante; ou em regime **estacionário** (ou **permanente**), situação na qual a velocidade do fluido em cada ponto não varia com o decorrer do tempo, sendo função apenas da posição do ponto. Nessa situação, portanto, partículas diferentes do fluido, ao passarem por um mesmo ponto, terão a mesma velocidade.

Em nosso estudo, vamos considerar sempre o escoamento em regime estacionário. As trajetórias descritas pelas partículas de um fluido, escoando em regime estacionário, são denominadas **linhas de corrente**.

Outro aspecto de nosso estudo é que o fluido será considerado ideal, isto é, **incompressível** (a densidade do fluido não varia ao longo do percurso) e **não-viscoso** (o que significa que não há dissipação de energia ao longo do trajeto do fluido). Em um fluido real, a viscosidade resulta do atrito interno existente entre as partes do fluido, de modo que uma parte se opõe ao movimento relativo de outra.

2. Vazão

Considere um fluido escoando em regime estacionário ao longo de um tubo. Seja ΔV o volume de fluido que atravessa uma seção transversal S do tubo num intervalo de tempo Δt (figura 1).

A **vazão** do fluido através da seção S do tubo é, por definição, a grandeza:

$$Z = \frac{\Delta V}{\Delta t}$$

A unidade de vazão no Sistema Internacional é o metro cúbico por segundo (m^3/s). Outra unidade de vazão bastante utilizada é o litro por segundo (ℓ/s), cuja relação com a unidade do SI é:

$$1\ m^3/s = 10^3\ \ell/s$$

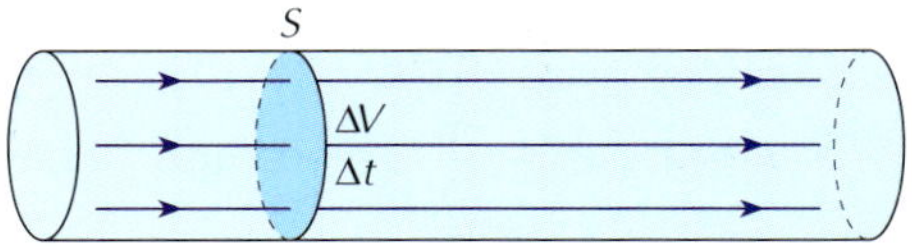

Figura 1.

Considere um tubo de seção constante (figura 2). O volume ΔV que entrou pela seção S de área A, no intervalo de tempo Δt, é dado por $A \cdot \Delta s$, em que Δs é a distância percorrida pelo fluido no intervalo de tempo Δt. Sendo v a velocidade do fluido no tubo, vem:

$$Z = \frac{\Delta V}{\Delta t} \Rightarrow Z = \frac{A \cdot \Delta s}{\Delta t} \Rightarrow \boxed{Z = A \cdot v}$$

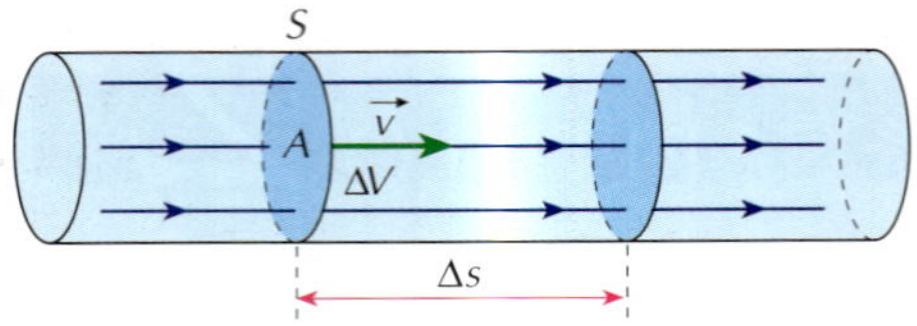

Figura 2. $\Delta V = A \cdot \Delta s$

3. Equação da continuidade

Considere um tubo cuja seção transversal não seja constante (figura 3). As seções S_1 e S_2 têm áreas A_1 e A_2, sendo v_1 e v_2 as velocidades do fluido em S_1 e S_2, respectivamente. Considerando o fluido incompressível, isto é, sua densidade não varia ao longo do tubo, podemos concluir que, no intervalo de tempo Δt, o volume de fluido ΔV que atravessa a seção S_1 é o mesmo que atravessa S_2. Em outras palavras, a vazão do fluido através de S_1 é a mesma através de S_2:

$$Z_1 = Z_2 \Rightarrow \boxed{A_1 \cdot v_1 = A_2 \cdot v_2}$$

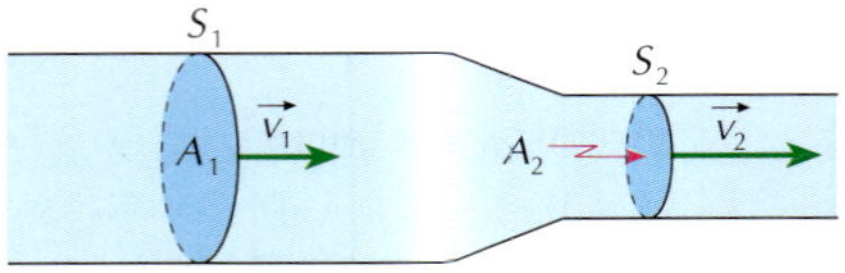

Figura 3.

A equação obtida é chamada de **equação da continuidade** e exprime o fato de que a velocidade de escoamento de um fluido é inversamente proporcional à área da seção transversal do tubo. Por exemplo: diminuindo a área, a velocidade de escoamento aumenta na mesma proporção, e a vazão permanece a mesma. É o que ocorre quando tapamos parcialmente a saída de água de uma mangueira com o dedo, visando a aumentar a velocidade de saída da água e o alcance dela (figura 4).

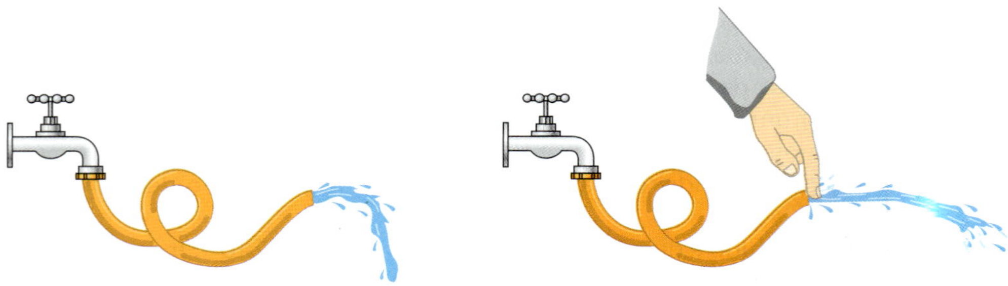

Figura 4.

Exercícios resolvidos

R.208 Um líquido flui através de um tubo de seção transversal constante e igual a 5,0 cm² com velocidade de 40 cm/s. Determine:

a) a vazão do líquido ao longo do tubo;

b) o volume de líquido que atravessa uma seção em 10 s.

Solução:

a) A vazão (Z) é dada pelo produto da área da seção transversal (A) pela velocidade do líquido (v): $Z = A \cdot v$

Sendo $A = 5{,}0\ \text{cm}^2$ e $v = 40$ cm/s, vem: $Z = 5{,}0 \cdot 40 \Rightarrow \boxed{Z = 2{,}0 \cdot 10^2\ \text{cm}^3/\text{s}}$

b) De $Z = \frac{\Delta V}{\Delta t}$, sendo $\Delta t = 10$ s, resulta: $2{,}0 \cdot 10^2 = \frac{\Delta V}{10} \Rightarrow \boxed{\Delta V = 2{,}0 \cdot 10^3\ \text{cm}^3}$

Respostas: a) $2{,}0 \cdot 10^2\ \text{cm}^3/\text{s}$; b) $2{,}0 \cdot 10^3\ \text{cm}^3$

R.209 A artéria aorta de um adulto tem área de seção transversal da ordem de 3,0 cm². O sangue bombeado pelo coração passa pela artéria com vazão de 90 cm³/s.

a) Com que velocidade o sangue passa pela artéria aorta?

b) Quanto tempo é necessário para circular pelo coração 1,8 litro de sangue?

Solução:

a) De $Z = A \cdot v$, sendo $Z = 90\ cm^3/s$ e $A = 3{,}0\ cm^2$, vem:

$$90 = 3{,}0 \cdot v \Rightarrow \boxed{v = 30\ cm/s}$$

b) De $Z = \frac{\Delta V}{\Delta t}$, sendo $Z = 90\ cm^3/s$ e $\Delta V = 1{,}8\ \ell = 1{,}8 \cdot 10^3\ cm^3$, resulta:

$$90 = \frac{1{,}8 \cdot 10^3}{\Delta t} \Rightarrow \boxed{\Delta t = 20\ s}$$

Respostas: a) 30 cm/s; b) 20 s

R.210 As superfícies S_1 e S_2 do tubo indicado na figura possuem áreas respectivamente iguais a $2{,}5 \cdot 10^{-2}\ m^2$ e $1{,}0 \cdot 10^{-2}\ m^2$.

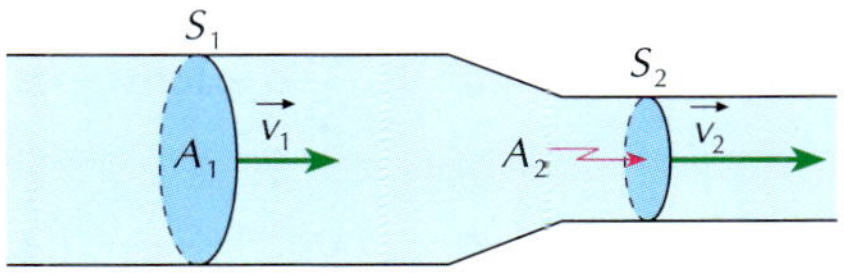

Um líquido escoando pelo tubo atravessa a seção S_1 com velocidade 3,0 m/s. Determine a velocidade com que o líquido atravessa a seção S_2.

Solução:

Pela equação da continuidade, temos: $A_1 \cdot v_1 = A_2 \cdot v_2$. Sendo $A_1 = 2{,}5 \cdot 10^{-2}\ m^2$, $A_2 = 1{,}0 \cdot 10^{-2}\ m^2$ e $v_1 = 3{,}0\ m/s$, vem:

$$2{,}5 \cdot 10^{-2} \cdot 3{,}0 = 1{,}0 \cdot 10^{-2} \cdot v_2 \Rightarrow \boxed{v_2 = 7{,}5\ m/s}$$

Resposta: 7,5 m/s

Exercícios propostos

P.538 Um líquido escoa através de um tubo de seção transversal constante e igual a 4,0 cm², com vazão de $1{,}0 \cdot 10^2\ cm^3/s$.

a) Qual é a velocidade do líquido ao longo do tubo?

b) Qual é o volume de líquido, em litros, que atravessa uma seção do tubo em 10 min?

P.539 Uma piscina possui 4,0 m de largura, 10 m de comprimento e 1,8 m de profundidade. Para enchê-la completamente, utilizando um conduto de área de seção transversal 25 cm², são necessárias 8 h.

a) Qual é a vazão de água através do conduto?

b) Qual é a velocidade com que a água sai do conduto?

c) Com que velocidade sobe o nível de água da piscina?

P.540 As superfícies S_1 e S_2 do tubo indicado na figura possuem, respectivamente, áreas A_1 e A_2, tais que $A_2 = 3A_1$. Um gás flui pelo tubo, atravessando as seções S_1 e S_2 com velocidades v_1 e v_2, respectivamente. Determine a relação $\frac{v_1}{v_2}$.

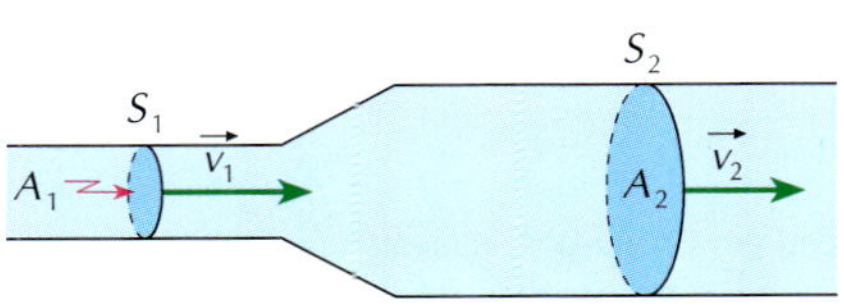

4. Equação de Bernoulli

Um fluido incompressível e não-viscoso, de densidade d, escoa por uma canalização em regime estacionário (figura 5). Sejam p_1 e p_2 as pressões nos pontos 1 e 2, cujas alturas, em relação a um plano horizontal α de referência, são h_1 e h_2, respectivamente. Sejam v_1 e v_2 as velocidades do fluido nos pontos 1 e 2 e g a aceleração da gravidade local. A equação de Bernoulli* estabelece que:

$$p_1 + dgh_1 + \frac{dv_1^2}{2} = p_2 + dgh_2 + \frac{dv_2^2}{2}$$

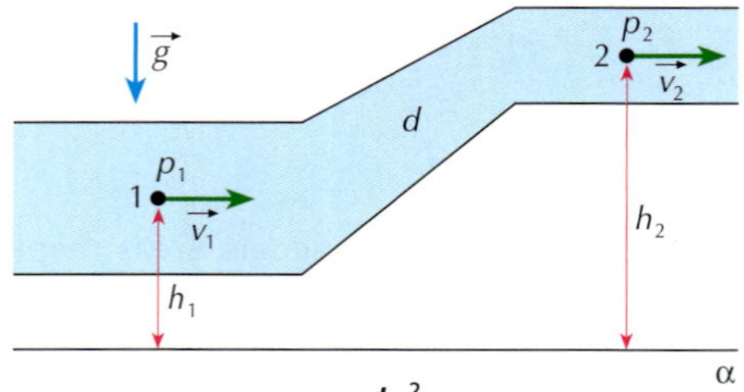

Figura 5. $p + dgh + \frac{dv^2}{2}$ **é constante.**

Portanto, para qualquer ponto do fluido, $p + dgh + \frac{dv^2}{2}$ é **constante.**

Nessa equação, $p + dgh$ é a chamada **pressão estática**, e $\frac{dv^2}{2}$, a **pressão dinâmica**.

Aplicando a equação de Bernoulli ao caso particular em que $h_1 = h_2 = h$ (figura 6), temos:

$$p_1 + \frac{dv_1^2}{2} = p_2 + \frac{dv_2^2}{2}$$

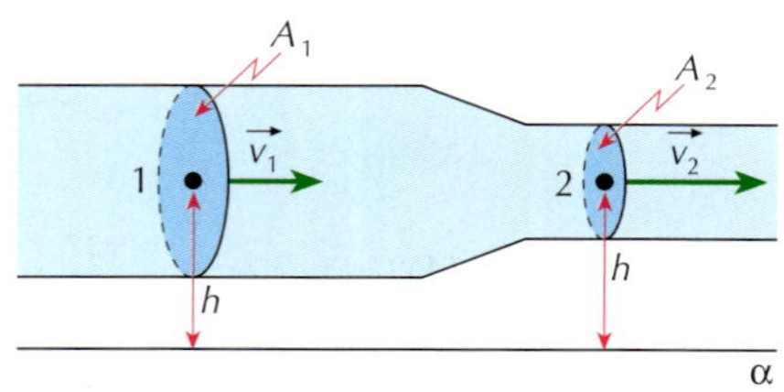

Figura 6. $h_1 = h_2 = h$

Observe que, sendo $A_2 < A_1$, temos pela equação da continuidade que $v_2 > v_1$. Pela equação de Bernoulli, resulta que $p_2 < p_1$. Concluímos, então, que:

No trecho em que a velocidade é maior, a pressão é menor.

Esse é o chamado **efeito Bernoulli.**

Se o fluido que escoa pela canalização for um líquido, ele atinge alturas diferentes nos tubos verticais A e B (figura 7): no tubo A o nível do líquido é mais elevado, pois a pressão neste ponto é maior.

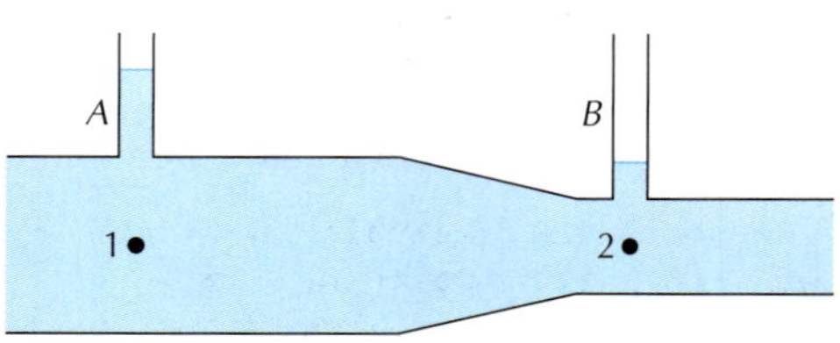

Figura 7. $p_1 > p_2$

Leia mais

Na página 469, em História da Física, leia sobre os Bernoulli e a característica marcante dessa família: vários de seus membros se dedicaram ao estudo das ciências.

* **BERNOULLI**, Daniel (1700-1782), nasceu em Groningen, na Holanda. Foi filósofo, fisiologista, médico e físico. Em Física, destacam-se suas contribuições no campo da Hidrodinâmica e no estudo da teoria cinética dos gases.

Conhecendo o efeito Bernoulli, podemos explicar vários fenômenos. Veja alguns deles:

Destelhamento

Durante uma ventania, a passagem do ar faz com que a pressão na região logo acima do telhado de uma casa se torne menor do que a pressão do ar abaixo deste. Essa diferença de pressão produz uma força ascensional que pode levantar o telhado, se ele não estiver amarrado à estrutura da casa (figura 8). Uma solução seria ventilar o espaço sob o telhado para que não haja diferença de pressão.

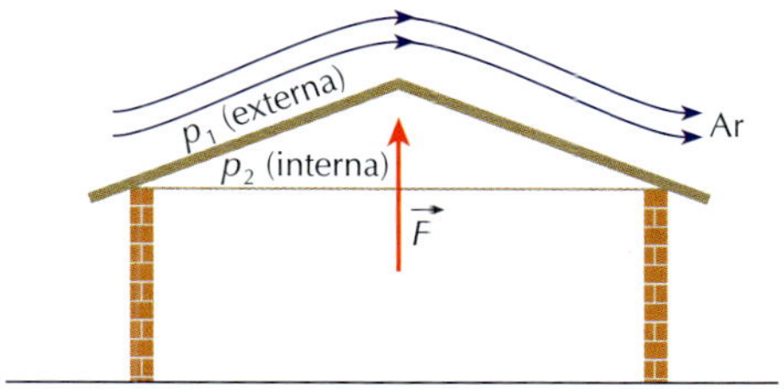

Figura 8. $p_1 < p_2$: a pressão do ar logo acima do telhado é menor, pois ali a velocidade do ar (ventania) é maior ($\vec{F}$: força ascensional).

Vento rasante em uma janela

Durante uma ventania, o ar que passa rente a uma janela origina uma diminuição da pressão, em relação ao ambiente interno. Como consequência, se a janela estiver aberta, uma cortina ali colocada desloca-se em direção à janela, como se estivesse sendo puxada para fora.

Bola de pingue-pongue suspensa por um jato de ar

Uma bola pode ficar suspensa por um jato de ar (figura 9). A pressão do ar em movimento em torno da bola é menor do que a pressão do ambiente (pressão do ar parado). Assim, o resultado é uma força que tende a trazer a bola para o centro do jato, quando ela é desviada dessa posição.

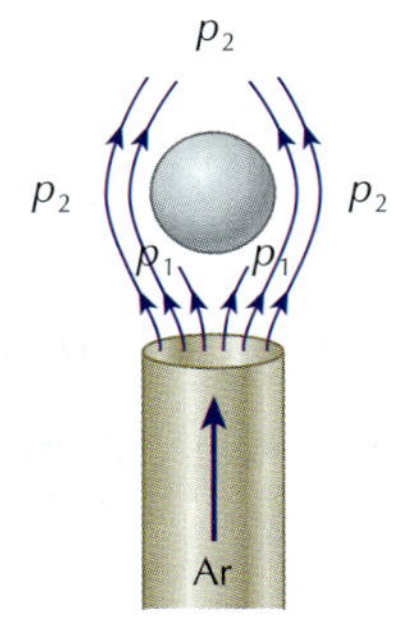

Figura 9. A pressão em torno da bola (p_1) é menor do que a pressão do ambiente (p_2), pois em torno da bola a velocidade do ar é maior.

Efeito Magnus

Quando uma bola é lançada em rotação, observa-se uma diferença de pressão do ar entre as diferentes regiões junto à bola. Nessas condições, aparece uma força resultante, de modo que a trajetória da bola é diferente daquela que seria descrita se ela não tivesse rotação. Esse é o efeito Magnus*.

Observe, na figura10a, a corrente de ar passando por uma bola que se desloca sem rotação, isto é, que realiza um movimento de translação. Na figura 10b, a bola está realizando somente um movimento de rotação, arrastando o ar ao seu redor. O movimento em que a bola translada e ao mesmo tempo gira (figura 10c) é obtido pela superposição dos dois movimentos descritos anteriormente. Observe que, na parte superior da figura 10c, as correntes de ar das figuras 10a e 10b têm sentidos opostos, e na parte inferior têm o mesmo sentido. Portanto, a velocidade do ar é menor na parte superior e, pelo efeito Bernoulli, maior é a pressão, originando uma força resultante para baixo.

a)

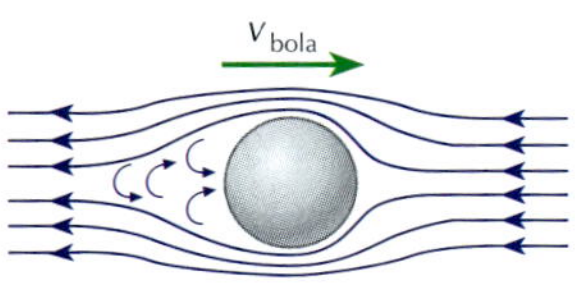

b)

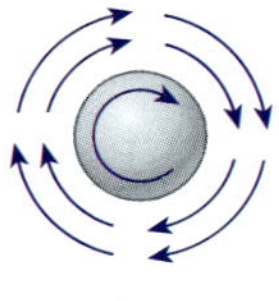

c)

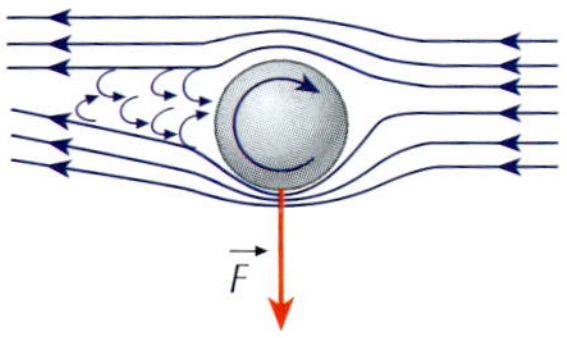

Figura 10. (a) Bola em translação. (b) Bola em rotação. (c) Bola transladando e girando ao mesmo tempo.

* **MAGNUS**, Heinrich Gustav (1802-1870), físico e químico alemão. Realizou estudos em vários campos da Química e da Física, como por exemplo na eletrólise e na termodinâmica. Foi ele quem explicou a trajetória curva descrita por uma bola, quando lançada com um movimento roto-translatório.

Note na figura 11 que a força resultante seria para cima se mudássemos o sentido de rotação da bola. Quanto mais lisa for a bola, menos ar ela arrasta e menos acentuado é o efeito Magnus.

a) b) c)

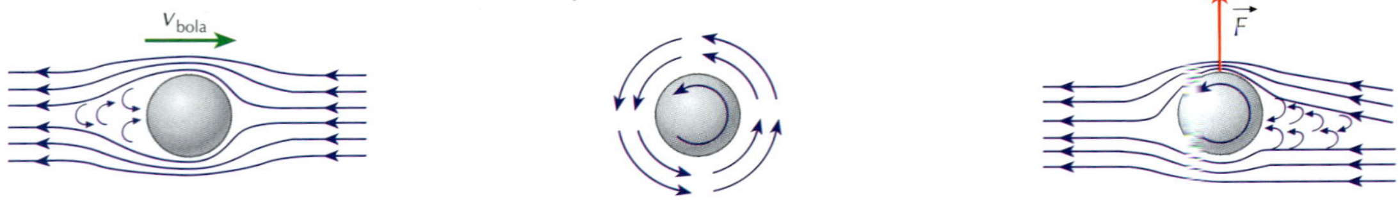

Figura 11.

Em muitos jogos com bola, como o futebol, são comuns as jogadas em que o jogador "dá um efeito" na bola — na verdade, trata-se do efeito Magnus. Por exemplo, na cobrança de faltas, certos jogadores têm a capacidade de fazer com que a bola adquira uma trajetória totalmente inesperada, enganando o goleiro.

LAURENCE GRIFFITHS / GETTY IMAGES

Chute de Ronaldinho Gaúcho que resultou em gol, no jogo Brasil × Inglaterra na Copa do Mundo de 2002.

Pratique! Ver AE pág. 468

5. Equação de Torricelli

Um líquido de densidade *d* está contido num recipiente. Um pequeno furo é feito na parede lateral do recipiente, a uma distância *h* da superfície do líquido. A velocidade horizontal com que o líquido escoa pelo orifício tem módulo *v* (figura 12). Seja *g* a aceleração da gravidade. Para determinarmos *v*, vamos aplicar, para os pontos 1 (na superfície) e 2 (no orifício), a equação de Bernoulli:

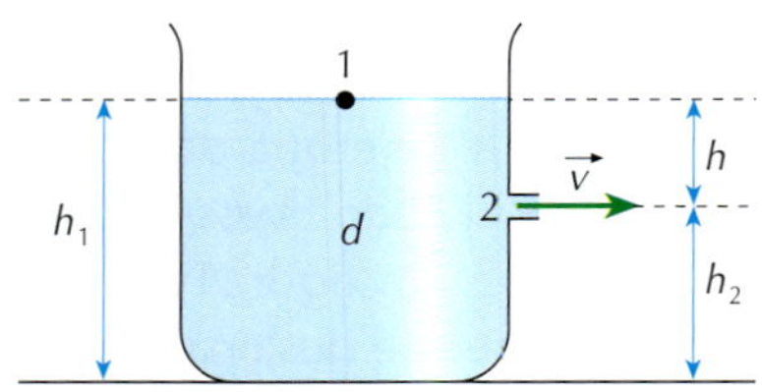

Figura 12.

$$p_1 + dgh_1 + \frac{dv_1^2}{2} = p_2 + dgh_2 + \frac{dv_2^2}{2}$$

Observe que:

- $p_1 = p_2$ = pressão atmosférica;
- $v_1 \simeq 0$ (pois a área da seção transversal do recipiente é muito maior do que a área do orifício) e $v_2 = v$.

Assim, a equação de Bernoulli fica:

$$dgh_1 = dgh_2 + \frac{dv^2}{2} \Rightarrow v^2 = 2 \cdot g \cdot (h_1 - h_2)$$

Sendo $h_1 - h_2 = h$, resulta:

$$v = \sqrt{2gh}$$ **Equação de Torricelli**

Entre na rede

No endereço eletrônico **http://www.phy.ntnu.edu.tw/ntnujava2/** em Easy Java Simulations, Dynamics, item 6 (acesso em 23/2/2007), por meio de uma simulação, você pode analisar a trajetória de um jato de líquido por um furo lateral num recipiente, determinado pela pressão exercida pelo líquido.

Exercícios resolvidos

R.211 As superfícies S_1 e S_2 do tubo indicado na figura possuem áreas 3,0 cm² e 2,0 cm², respectivamente. Um líquido de densidade $d = 0{,}80 \cdot 10^3$ kg/m³ escoa pelo tubo e apresenta, no ponto 1, velocidade $v_1 = 2{,}0$ m/s e pressão $p_1 = 4{,}0 \cdot 10^4$ Pa.

Determine a velocidade e a pressão do líquido no ponto 2.

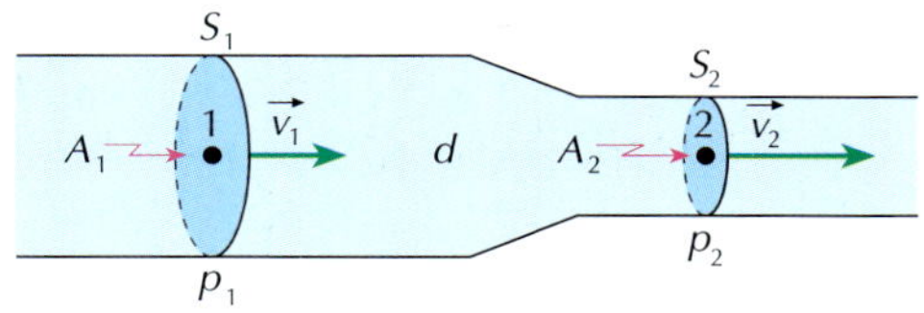

Solução:

Pela equação da continuidade, temos $A_1 \cdot v_1 = A_2 \cdot v_2$. Sendo $A_1 = 3{,}0$ cm², $A_2 = 2{,}0$ cm² e $v_1 = 2{,}0$ m/s, vem:

$$3{,}0 \cdot 2{,}0 = 2{,}0 \cdot v_2 \Rightarrow \boxed{v_2 = 3{,}0 \text{ m/s}}$$

Para o cálculo da pressão no ponto 2, usamos a equação de Bernoulli, para o caso em que $h_1 = h_2$:

$$p_1 + \frac{dv_1^2}{2} = p_2 + \frac{dv_2^2}{2}$$

Sendo $p_1 = 4{,}0 \cdot 10^4$ Pa, $d = 0{,}80 \cdot 10^3$ kg/m³, $v_1 = 2{,}0$ m/s e $v_2 = 3{,}0$ m/s, vem:

$$4{,}0 \cdot 10^4 + \frac{0{,}80 \cdot 10^3 \cdot (2{,}0)^2}{2} = p_2 + \frac{0{,}80 \cdot 10^3 \cdot (3{,}0)^2}{2} \Rightarrow \boxed{p_2 = 3{,}8 \cdot 10^4 \text{ Pa}}$$

Respostas: 3,0 m/s e $3{,}8 \cdot 10^4$ Pa

R.212 Pretende-se medir a vazão de um líquido que escoa por uma canalização. Para isso, utiliza-se um aparelho chamado **tubo de Venturi***, que consiste essencialmente de um tubo cujas seções S_1 e S_2 têm áreas A_1 e A_2 conhecidas. A diferença de pressão entre os pontos 1 e 2 é medida por meio do desnível h do líquido existente nos tubos verticais. O tubo de Venturi é inserido na canalização, conforme mostra a figura.

Sendo $A_1 = 10$ cm², $A_2 = 5{,}0$ cm², $h = 0{,}60$ m, $g = 10$ m/s² e $d = 1{,}2 \cdot 10^3$ kg/m³ a densidade do líquido, determine a vazão do líquido através da canalização.

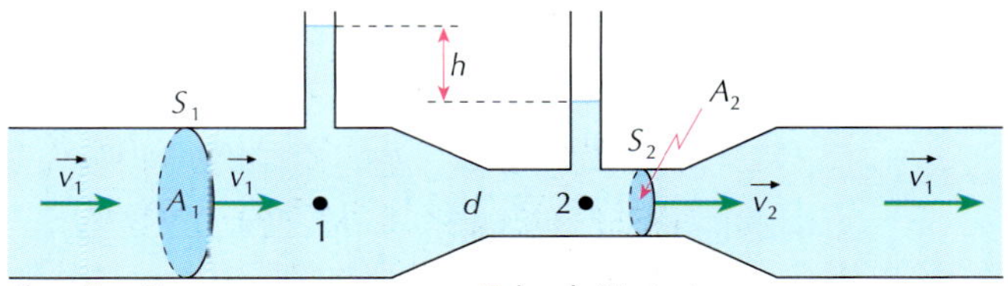

Solução:

Da equação da continuidade, vamos determinar a velocidade do líquido no ponto 2 e substituir na equação de Bernoulli:

De $A_1 \cdot v_1 = A_2 \cdot v_2$, resulta: $v_2 = \dfrac{A_1 \cdot v_1}{A_2} = \dfrac{10 \cdot v_1}{5{,}0} = 2{,}0 \cdot v_1$

De $p_1 + \dfrac{dv_1^2}{2} = p_2 + \dfrac{dv_2^2}{2}$, vem:

$$p_1 + \frac{dv_1^2}{2} = p_2 + \frac{d \cdot (2{,}0 \cdot v_1)^2}{2} \Rightarrow p_1 - p_2 = \frac{d \cdot (2{,}0 \cdot v_1)^2}{2} - \frac{dv_1^2}{2} \Rightarrow v_1^2 = \frac{2 \cdot (p_1 - p_2)}{3d}$$

Sendo $p_1 - p_2 = dgh$, em que d é a densidade do líquido, temos:

$$v_1^2 = \frac{2dgh}{3d} = \frac{2gh}{3} = \frac{2 \cdot 10 \cdot 0{,}60}{3} \Rightarrow v_1 = 2{,}0 \text{ m/s}$$

Portanto, a vazão do líquido será:

$$Z = A_1 \cdot v_1 = 10 \text{ cm}^2 \cdot 2{,}0 \cdot 10^2 \text{ cm/s} = 2{,}0 \cdot 10^3 \text{ cm}^3\text{/s} = 2{,}0 \text{ litros/segundo} \Rightarrow \boxed{Z = 2{,}0\ \ell/\text{s}}$$

Resposta: 2,0 ℓ/s

Entre na rede

No endereço eletrônico **http://www.galileo.fr.it/marc/idraulica/bernoulli/bernoulli.htm** (acesso em 30/3/2007), você pode variar o raio de uma das seções de um tubo de Venturi e a vazão do fluido, verificando a constância da soma das pressões que comparecem na equação de Bernoulli.

* **VENTURI**, Giovanni Battista (1746-1822), físico italiano.

R.213 Para medir a velocidade com que um líquido, de densidade $d = 1,0 \cdot 10^3$ kg/m³, escoa por uma canalização, pode-se utilizar um aparelho chamado **tubo de Pitot***, esquematizado ao lado.
Na situação da figura, o líquido manométrico é o mercúrio, de densidade $d_M = 13,6 \cdot 10^3$ kg/m³, e o desnível h é de 10 cm. Considere $g = 10$ m/s². Qual é a velocidade v de escoamento do líquido?

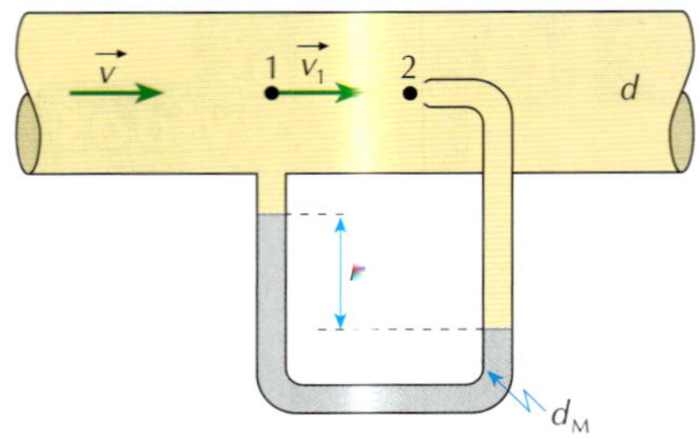

Solução:

Vamos aplicar a equação de Bernoulli, considerando os pontos 1 e 2 indicados:

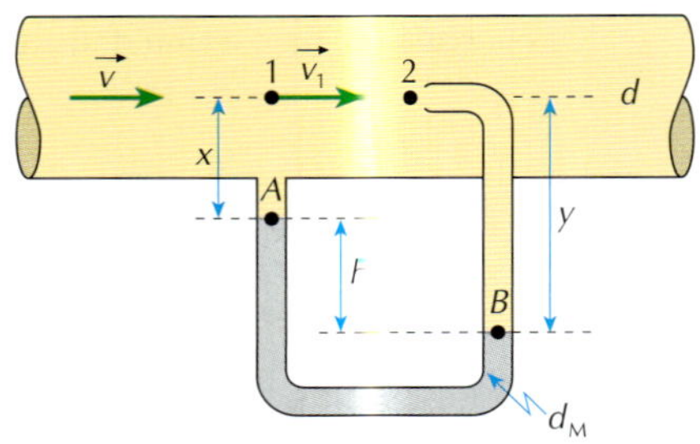

$$p_1 + \frac{dv_1^2}{2} = p_2 + \frac{dv_2^2}{2}$$

Sendo $v_1 = v$ (velocidade de escoamento do líquido) e $v_2 = 0$ (o ponto 2, onde o líquido é barrado, é chamado ponto de estagnação), vem:

$$p_1 + \frac{dv^2}{2} = p_2 \Rightarrow v = \sqrt{\frac{2 \cdot (p_2 - p_1)}{d}} \quad ①$$

Para o cálculo de $p_2 - p_1$, considere os pontos A e B e vamos aplicar o teorema de Stevin:

$$p_B = p_A + d_M gh$$

Mas $p_A = p_1 + dgx$ e $p_B = p_2 + dgy$, portanto:

$$p_2 + dgy = p_1 + dgx + d_M gh \Rightarrow p_2 - p_1 = d_M gh - dg(y - x) \Rightarrow$$
$$\Rightarrow p_2 - p_1 = d_M gh - dgh \Rightarrow p_2 - p_1 = (d_M - d) \cdot gh$$

Substituindo em ①, vem: $v = \sqrt{\frac{2 \cdot (d_M - d) \cdot gh}{d}}$

Sendo $d_M = 13,6 \cdot 10^3$ kg/m³, $d = 1,0 \cdot 10^3$ kg/m³, $h = 10$ cm $= 0,10$ m e $g = 10$ m/s², vem:

$$v = \sqrt{\frac{2 \cdot (13,6 - 1,0) \cdot 10^3 \cdot 10 \cdot 0,10}{1,0 \cdot 10^3}} \Rightarrow \boxed{v \simeq 5,0 \text{ m/s}}$$

Resposta: 5,0 m/s

Observação:
O tubo de Pitot permite medir a velocidade de escoamento de líquidos e gases.
Nos aviões, a finalidade do tubo de Pitot é obter a velocidade v (do avião em relação ao ar) através da diferença de pressão $p_2 - p_1$, como vimos nesse exercício. Para isso, ele deve ser montado paralelamente ao eixo longitudinal do avião, num local onde não exista ar turbulento. Sua localização varia de acordo com o tipo de avião, dependendo do projeto. Pode ser localizado, por exemplo, no nariz do avião, na ponta da asa etc.

R.214 Um recipiente, de grande área de seção transversal, contém água até uma altura H. Um orifício é feito na parede lateral do tanque a uma distância h da superfície do líquido.

a) Determine, em função de H e h, o alcance D indicado na figura.
b) Qual é o valor do alcance máximo?
c) Qual deve ser a relação entre H e h para que o alcance seja máximo?

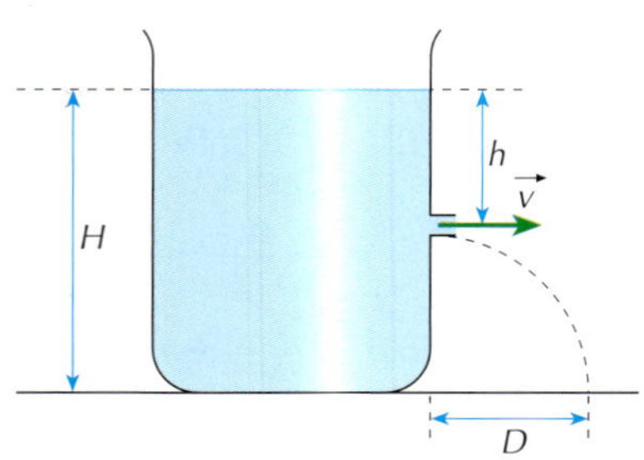

Solução:

a) Vamos calcular, inicialmente, o tempo de queda, analisando o movimento vertical que é um MUV.

De $s = \frac{gt^2}{2}$, vem: $H - h = \frac{gt^2}{2} \Rightarrow t = \sqrt{\frac{2 \cdot (H - h)}{g}}$

* **PITOT**, Henri (1695-1771), físico e engenheiro francês.

Na horizontal o movimento é uniforme, com velocidade v dada pela equação de Torricelli: $v = \sqrt{2gh}$

De $s = vt$, vem: $D = \sqrt{2gh} \cdot \sqrt{\dfrac{2 \cdot (H - h)}{g}} \Rightarrow \boxed{D = 2\sqrt{h \cdot (H - h)}}$

b) De $D = 2\sqrt{h \cdot (H - h)}$, vem: $D^2 = 4 \cdot h \cdot (H - h) \Rightarrow 4h^2 - 4Hh + D^2 = 0$ ①
Vamos analisar o discriminante dessa equação do 2º grau em h:

$$\Delta = (-4H)^2 - 4 \cdot 4 \cdot D^2 \geqslant 0 \Rightarrow D \leqslant H$$

Logo, o valor máximo de D é igual a H: $\boxed{D_{máx.} = H}$

c) Basta calcular a raiz da equação ① no caso em que D é máximo, isto é, $\Delta = 0$:

$$h = \frac{-(-4H) \pm \sqrt{\Delta}}{2 \cdot 4} = \frac{4H}{8} \Rightarrow \boxed{h = \frac{H}{2}}$$

Respostas: a) $D = 2\sqrt{h \cdot (H - h)}$; b) $D_{máx.} = H$; c) $h = \dfrac{H}{2}$

Exercícios propostos

P.541 Um líquido de densidade $d = 1{,}2 \cdot 10^3$ kg/m³ flui pelo tubo indicado na figura, passando pelo ponto 1 com velocidade $v_1 = 5{,}0$ m/s e pelo ponto 2 com velocidade $v_2 = 2{,}0$ m/s. A pressão no ponto 1 é $p_1 = 2\,4 \cdot 10^3$ Pa. Determine:

a) a razão entre as áreas das seções transversais S_1 e S_2;
b) a pressão no ponto 2.

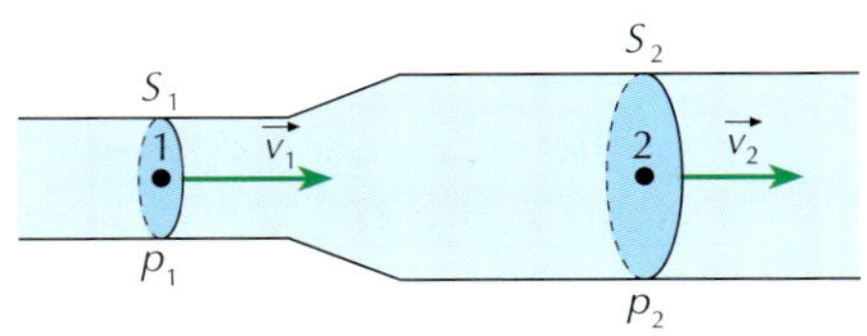

P.542 Pretende-se medir a velocidade v_1 de um líquido que escoa por uma canalização. Para isso, insere-se na canalização um tubo de Venturi, conforme a figura (h: desnível do líquido existente nos tubos verticais; g: aceleração da gravidade; A_1 e A_2: áreas das seções transversais S_1 e S_2).

Prove que: $v_1 = \sqrt{\dfrac{2gh}{\left(\dfrac{A_1}{A_2}\right)^2 - 1}}$

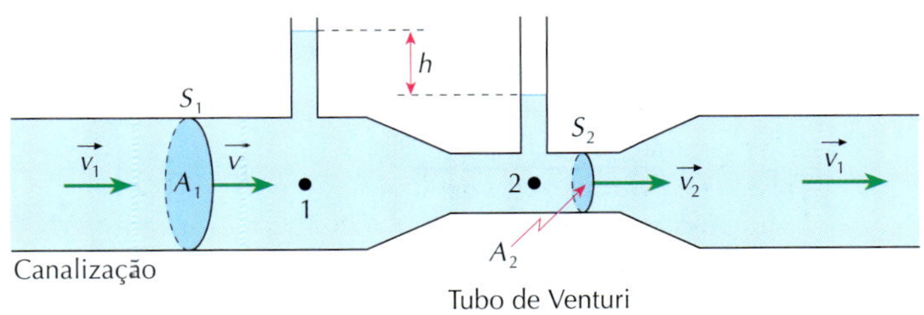

P.543 Um tubo de Pitot é inserido numa canalização, por onde escoa um líquido de densidade $d = 1{,}6 \cdot 10^3$ kg/m³. O líquido manométrico é o mercúrio, de densidade $d_M = 13{,}6 \cdot 10^3$ kg/m³. O desnível h é de 20 cm.
Considerando $g = 10$ m/s², determine:

a) a diferença de pressão entre os pontos 2 e 1;
b) a velocidade de escoamento do líquido.

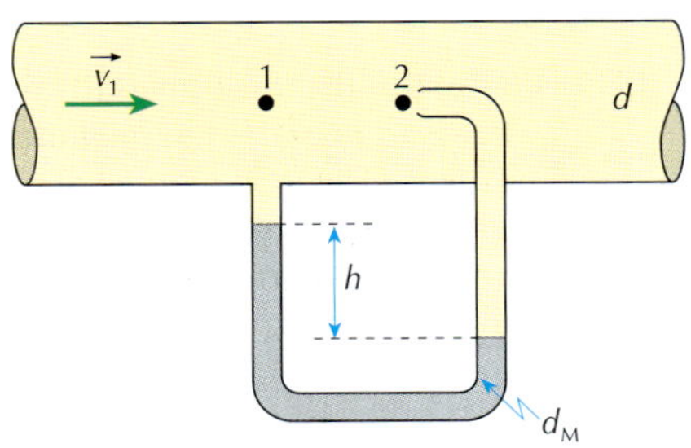

P.544 Um recipiente, de grande área de seção transversal, contém água até uma altura H. Um orifício é feito na parede lateral do tanque a uma distância h da superfície do líquido. A área do orifício é de 0,10 cm² e a aceleração da gravidade é $g = 10$ m/s².
No instante em que $h = 0{,}80$ m e $H = 1{,}25$ m, determine:

a) a velocidade com que o líquido escoa pelo orifício;
b) a vazão de água pelo orifício;
c) o alcance horizontal D.

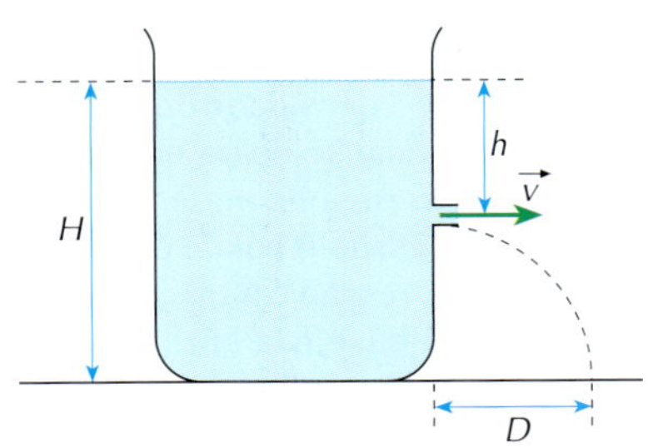

Exercícios propostos de recapitulação

P.545 (Fuvest-SP) A artéria aorta de um adulto tem um raio de cerca de 1 cm, e o sangue nela flui com velocidade 33 cm/s.

a) Quantos litros de sangue por segundo são transportados pela aorta?

b) Sendo 5 litros o volume de sangue no organismo, use o resultado anterior para estimar o tempo médio que o sangue leva para retornar ao coração.

P.546 (UnB-DF) Considere as seguintes afirmações:

- Animais como coelhos e toupeiras constroem suas tocas com mais de uma abertura, cada abertura localizada a uma altura diferente, conforme ilustrado na figura I a seguir.

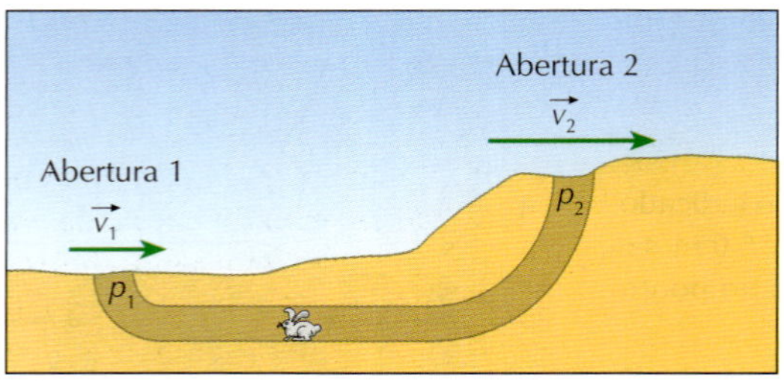

Figura I

- Nas proximidades do solo, o módulo da velocidade do vento aumenta com a altitude, conforme ilustra a figura II a seguir.

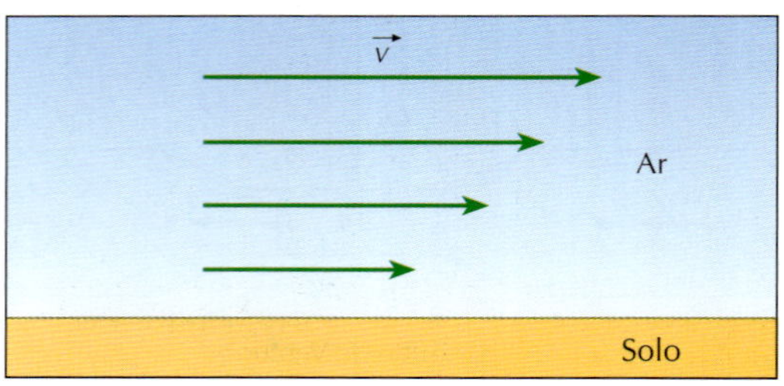

Figura II

- O princípio de Bernoulli estabelece que a pressão que o ar em movimento exerce sobre superfícies ao longo das quais ele escoa varia com a velocidade de escoamento. Assim, na situação ilustrada na figura I, devido à velocidade do ar, as pressões p_1 e p_2 e as velocidades v_1 e v_2 nas aberturas 1 e 2, respectivamente, são relacionadas de forma aproximada pela equação $p_1 + \frac{1}{2}\rho v_1^2 = p_2 + \frac{1}{2}\rho v_2^2$, em que ρ é a densidade do ar, supostamente constante. A análise dessa equação permite afirmar que, em regiões onde a velocidade do ar é alta, a pressão é baixa, e, onde a velocidade é baixa, a pressão é alta.

Com base nas afirmações anteriores, julgue os itens a seguir.

(1) Uma toca com duas aberturas no mesmo nível terá melhor ventilação que a apresentada na figura I, sob as mesmas condições de vento.

(2) Se um arbusto crescer nas proximidades da abertura 1, de forma a dificultar a passagem do vento, sem bloquear a abertura, então a ventilação na toca será melhorada.

(3) $\Delta p = p_1 - p_2$ é diretamente proporcional à diferença dos módulos das velocidades v_2 e v_1.

(4) A circulação de ar no interior da toca mostrada na figura I ocorre da abertura 1 para a abertura 2.

P.547 (Unicamp-SP) "**Tornado destrói telhado de ginásio da Unicamp**. Um tornado com ventos de 180 km/h destruiu o telhado do ginásio de esportes da Unicamp... Segundo engenheiros da Unicamp, a estrutura destruída pesa aproximadamente 250 toneladas." (*Folha de S.Paulo*, 29/11/95)

Uma possível explicação para o fenômeno seria considerar uma diminuição da pressão atmosférica, devida ao vento, na parte superior do telhado. Para um escoamento de ar ideal, essa redução de pressão é dada por $\frac{\rho v^2}{2}$, em que $\rho = 1{,}2\ kg/m^3$ é a densidade do ar e v a velocidade do vento. Considere que o telhado do ginásio tem $5.400\ m^2$ de área e que estava apenas apoiado nas paredes. (Dado: $g = 10\ m/s^2$.)

a) Calcule a variação da pressão externa devida ao vento.

b) Quantas toneladas poderiam ser levantadas pela força devida a esse vento?

c) Qual a menor velocidade do vento (em km/h) que levantaria o telhado?

P.548 (UFBA) Um fenômeno bastante curioso, associado ao voo dos pássaros e do avião, pode ser visualizado através de um experimento simples, no qual se utiliza um carretel de linha para empinar pipa, um prego e um pedaço circular de cartolina.

O prego é colocado no centro da cartolina e inserido no buraco do carretel, conforme a figura. Soprando pelo buraco superior do carretel, verifica-se que o conjunto cartolina-prego não cai.

Considere a massa do conjunto cartolina-prego igual a 10 g, o raio do disco igual a 2 cm e a aceleração da gravidade local, $10\ m/s^2$.

A partir dessas informações, apresente a lei física associada a esse fenômeno e calcule a diferença de pressão média mínima, entre as faces da cartolina, necessária para impedir que o conjunto caia.

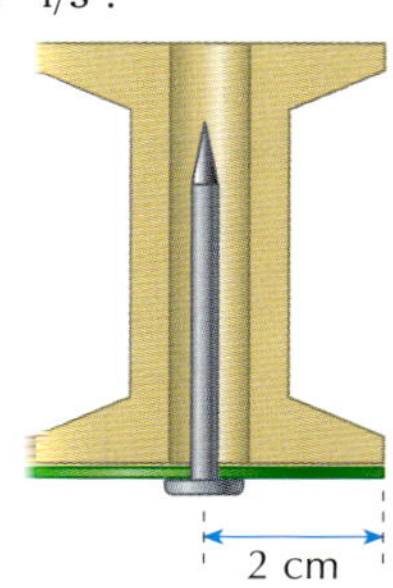

P.549 (ITA-SP) Considere uma tubulação de água que consiste de um tubo de 2,0 cm de diâmetro por onde a água entra com velocidade de 2,0 m/s sob uma pressão de $5{,}0 \times 10^5$ Pa. Outro tubo de 1,0 cm de diâmetro encontra-se a 5,0 m de altura, conectado ao tubo de entrada. Considerando a densidade da água igual $1{,}0 \times 10^3$ kg/m³ e desprezando as perdas, calcule a pressão da água no tubo de saída. (Use $g = 10$ m/s².)

Testes propostos

T.442 (UFPA) Considere duas regiões distintas do leito de um rio: uma larga A com área de seção transversal de 200 m², e outra estreita B, com 40 m² de área de seção transversal. A velocidade do rio na região A tem módulo igual a 1,0 m/s. De acordo com a equação da continuidade aplicada ao fluxo de água, podemos concluir que a velocidade do rio na região B tem módulo igual a:

a) 1,0 m/s **b)** 2,0 m/s **c)** 3,0 m/s **d)** 4,0 m/s **e)** 5,0 m/s

T.443 (UFSM-RS) Um líquido, suposto incompressível, escoa através de uma mangueira cilíndrica de raio r e enche um recipiente de volume V em um intervalo de tempo t.
A velocidade de escoamento do líquido, suposta constante, tem módulo igual a:

a) $\dfrac{V}{rt}$ **b)** $\dfrac{V}{\pi r^2 t}$ **c)** $\dfrac{V\pi r^2}{t}$ **d)** $\dfrac{V}{2\pi rt}$ **e)** $V\pi r^2 t$

T.444 (UFSM-RS) As figuras representam seções de canalizações por onde flui, da esquerda para a direita, sem atrito e em regime estacionário, um líquido incompressível. Além disso, cada seção apresenta duas saídas verticais para a atmosfera, ocupadas pelo líquido até as alturas indicadas.

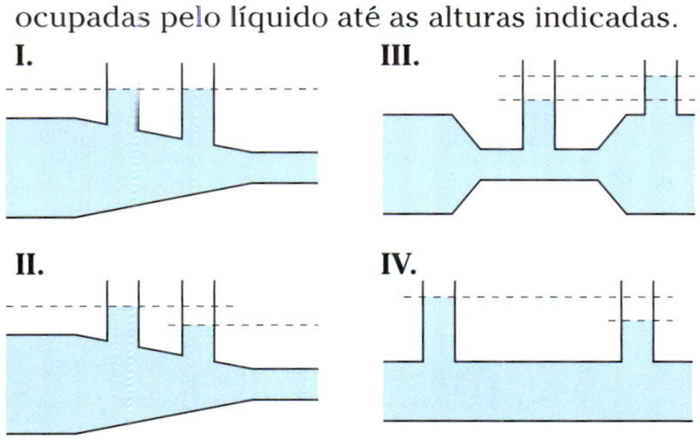

As figuras em acordo com a realidade física são:

a) II e III **b)** I e IV **c)** II e IV **d)** III e IV **e)** I e III

T.445 (ITA-SP) Durante uma tempestade, Maria fecha as janelas do seu apartamento e ouve zumbido do vento lá fora. Subitamente o vidro de uma janela se quebra. Considerando que o vento tenha soprado tangencialmente à janela, o acidente pode ser melhor explicado pelo(a):

a) princípio de conservação da massa.
b) equação de Bernoulli.
c) princípio de Arquimedes.
d) princípio de Pascal.
e) princípio de Stevin.

T.446 (AFA-SP) Através de uma tubulação horizontal de seção reta variável, escoa água, cuja densidade é $1{,}0 \cdot 10^3$ kg/m³. Numa seção da tubulação, a pressão e o módulo da velocidade valem, respectivamente, $1{,}5 \cdot 10^5$ N/m² e 2,0 m/s. A pressão em outra seção da tubulação, onde o módulo da velocidade vale 8,0 m/s, é, em N/m²:

a) $1{,}2 \cdot 10^5$
b) $1{,}8 \cdot 10^5$
c) $3 \cdot 10^5$
d) $6 \cdot 10^5$

T.447 (Unemat-MT) Um aluno de Física, querendo burilar os dados de um experimento e de posse da teoria sobre a variação da pressão hidrostática com a profundidade (à medida que aumenta a profundidade do fluido, aumenta a pressão hidrostática e, consequentemente, a velocidade com que o líquido é lançado pelos orifícios), elaborou o seguinte desenho esquemático, representando as conclusões a que chegou.

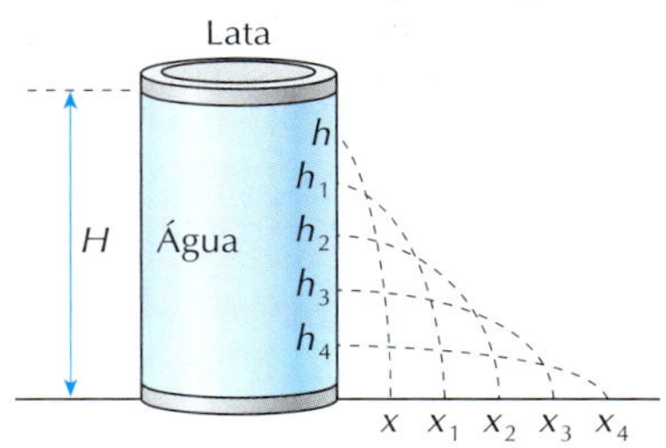

- H é o nível do líquido;
- h, h_1, h_2, h_3 e h_4 são as alturas dos orifícios por onde sai o líquido em relação ao fundo da lata;
- x, x_1, x_2, x_3 e x_4 são os alcances do jato d'água.

Julgue as afirmações feitas pelo estudante.

(0) Quanto menor for a altura entre o orifício e o fundo da lata, maior será o alcance do líquido, pois não existe nenhuma relação entre alcance e tempo de queda.
(1) À medida que a quantidade do líquido for reduzindo, ocorrerá a redução da pressão hidrostática.
(2) À medida que a quantidade do líquido for reduzindo, maior será a velocidade de escoamento do líquido.
(3) O meu desenho é correto para representar esquematicamente a variação da pressão hidrostática com a variação da coluna de líquido e, consequentemente, a velocidade com que o líquido é lançado pelos orifícios.

AE **Atividade experimental**

Realize as experiências com supervisão de seu professor.

Comprovando o efeito Bernoulli

1ª experiência

Assopre uma folha de papel de seda, conforme mostra a foto A. Você notará que a folha se eleva (foto B).

2ª experiência

Assopre o espaço entre duas folhas de papel, conforme a foto C. Você notará que as folhas se aproximam.

3ª experiência

Pegue um canudinho de refresco e, com muito cuidado, faça um corte transversal, sem dividir o canudinho em duas partes. Dobre o canudinho e coloque a parte menor dentro de um copo com água. Ao assoprar pela outra extremidade (foto D), você notará que a água sobe pelo tubo e, ao atingir a parte superior, se pulveriza. Está construído, assim, um pulverizador.

- Explique os fatos observados nas três experiências descritas, tendo em vista o efeito Bernoulli.
- Dois trens de alta velocidade se cruzam. Os passageiros sentem um estampido nos ouvidos e têm a sensação de que os trens tendem a se aproximar. Explique essas ocorrências.

EDUARDO SANTALIESTRA / CID

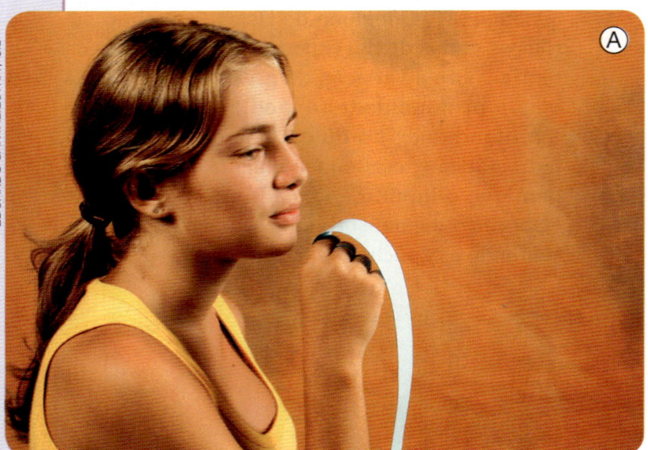

EDUARDO SANTALIESTRA / CID

EDUARDO SANTALIESTRA / CID

EDUARDO SANTALIESTRA / CID

OS BERNOULLI

Entre os séculos XVII e XVIII, os Bernoulli viveram na Basileia, Suíça. Uma característica marcante dessa família foi o fato de vários de seus membros terem se dedicado ao estudo das ciências, principalmente da Matemática.

Nicolaus Bernoulli (1623-1708) tinha para seus filhos, Jakob Bernoulli (1654-1705) e Johann Bernoulli (1667-1748), respectivamente quinto e décimo filhos, outros planos que não o de se tornarem matemáticos. Pretendia que Jakob fosse ministro religioso, e Johann, comerciante ou médico. Entretanto, eles enveredaram pelos caminhos da Matemática. Foram discípulos do grande matemático Gottfried Wilhelm von Leibniz (1646-1716) e realizaram importantes trabalhos nesse campo de estudo. Jakob Bernoulli, por exemplo, desenvolveu o cálculo infinitesimal, cujas bases tinham sido lançadas por Leibniz. Johann Bernoulli, além de importantes contribuições no cálculo exponencial, trabalhou com a geometria diferencial, descrevendo as curvas geodésicas sobre uma superfície. Johann era um dedicado professor e incansável pesquisador, tendo contribuído enormemente para o desenvolvimento da Matemática. Seus filhos, Nicolaus Bernoulli (1695-1726), Daniel Bernoulli (1700-1782) e Johann Bernoulli II (1710-1790) também se dedicaram às ciências. Johann Bernoulli II nasceu na Basileia e foi um estudioso da Física. Foi premiado pela Academia de Ciências de Paris por seus trabalhos em Termologia e Magnetismo. Daniel Bernoulli, nascido em Groningen, na Holanda, dedicou-se com brilho a vários ramos da ciência. Foi filósofo, fisiologista, físico e médico.

Quando Daniel nasceu, seu pai Johann era catedrático da Universidade de Groningen. Daniel tinha cinco anos de idade, quando sua família retornou à Basileia, pois seu pai passou a ocupar a cadeira de Matemática da Universidade de Basileia, substituindo seu tio Jakob, que falecera.

AKG-LATINSTOCK

▲ Johann Bernoulli, em xilogravura de 1880.

BIBLIOTECA NACIONAL, MADRI / CID

▲ Daniel Bernoulli, em gravura da obra *Vues de la Suisse*.

As contribuições de Daniel Bernoulli para a Ciência

Daniel foi um aluno muito precoce, tendo começado a estudar Filosofia e Lógica aos treze anos. Na Matemática, contou com os ensinamentos de seu pai e de seu irmão mais velho Nicolaus. Obteve o bacharelado em 1715, iniciando, em seguida, o curso de Medicina na Basileia e depois em Heidelberg (1718) e Estrasburgo (1719). Retornou à Suíça, onde obteve em 1721 o título de doutor, na Universidade de Basileia, apresentando um trabalho sobre a mecânica da respiração. Entretanto, não conseguindo trabalho nessa Universidade, partiu para Veneza, a fim de estudar medicina prática e encontrar seu irmão Nicolaus, que concluía o curso de Medicina. Em 1725 foi convidado, juntamente com seu irmão Nicolaus, para trabalhar na Universidade de São Petersburgo, na Rússia, para onde partiram. Após oito meses, com a morte de Nicolaus em São Petersburgo, Daniel pensou em voltar para Basileia. Entretanto, seu pai conseguiu que um de seus alunos, Leonard Euler (1707-1783), fosse para São Petersburgo para trabalhar com Daniel. O período de 1727 a 1733 foi o mais produtivo de Daniel. Realizou importantes trabalhos em Medicina, Matemática e Mecânica, em especial na Hidrodinâmica (termo, aliás, que ele próprio criou). Formulou ainda as bases científicas para o desenvolvimento da teoria cinética dos gases.

A morte de seu irmão mais velho e o rigor do clima fizeram Daniel voltar para a Basileia, obtendo em 1733 a direção do Departamento de Anatomia e Botânica. Passou a ministrar aulas para o curso de Medicina, realizando simultaneamente estudos em Matemática, no cálculo de probabilidades, incluindo aplicações em Medicina e Astronomia. Em 1738 publicou sua famosa obra *Hydrodynamica*. Em 1743 passou para a cadeira de Fisiologia e em 1750 foi designado para a cadeira de Física, na qual permaneceu até 1776. Foi um dos sócios estrangeiros eleitos para a Academia de Ciências de Paris, recebendo ao longo de sua vida dez prêmios pelos trabalhos apresentados. Daniel Bernoulli faleceu na cidade de Basileia em 1782.

BIBLIOTECA NACIONAL, MADRI / CID

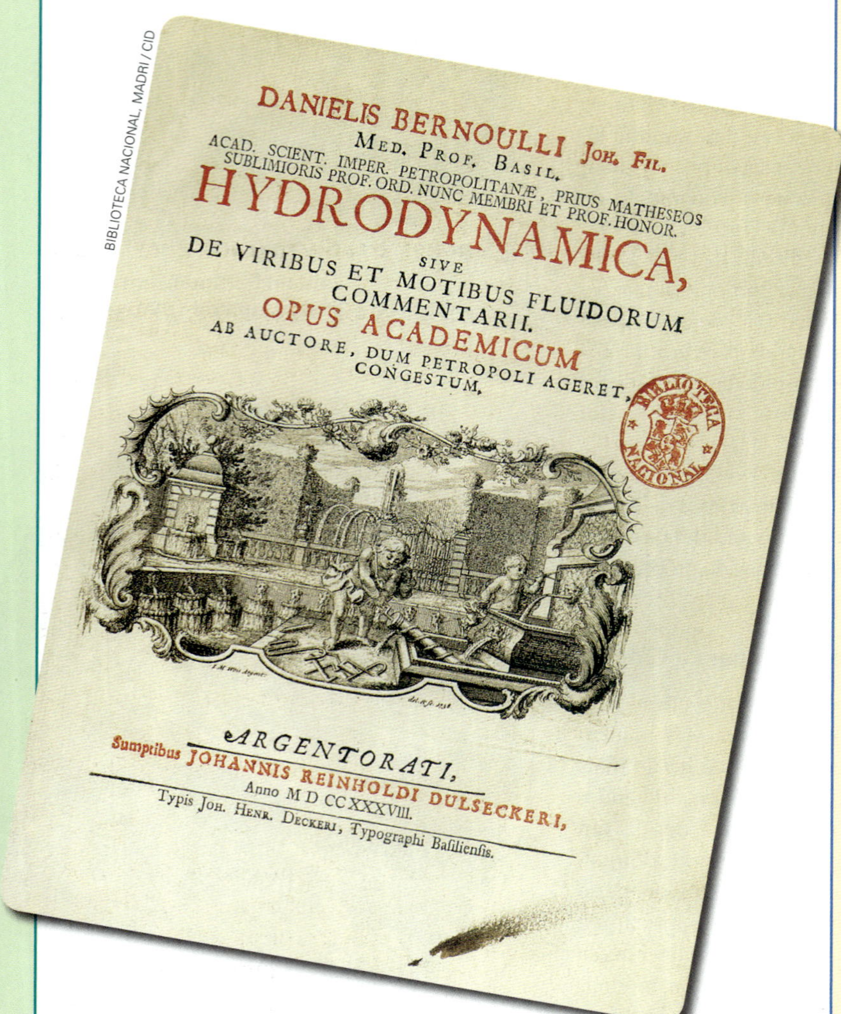

▲ **Capa do livro *Hydrodynamica*, de Daniel Bernoulli.**

Enquanto isso...

Consulte a **Linha do tempo**, nas primeiras páginas deste volume, onde são destacados os principais acontecimentos históricos que ocorreram na época dos Bernoulli (de 1623 a 1782) e personagens importantes, em vários ramos de atividades, que viveram nesse mesmo período. Dentre eles, salientamos:

- **Luís XIV** (1638-1715), rei da França, conhecido como "rei Sol". Famoso pela frase "L'État c'est moi" ("O Estado sou eu"). Considerado o maior monarca absolutista da França.
- **Tiradentes** (Joaquim José da Silva Xavier, 1746-1792) nasceu em Minas Gerais, participou da Inconfidência Mineira e é considerado um mártir da Independência do Brasil.
- Robert **Boyle** (1627-1691), físico e químico irlandês, deixou inúmeras contribuições, destacando-se os trabalhos sobre a combustão e a compressibilidade do ar. Estabeceu a lei da proporção inversa entre a pressão e o volume de um gás em temperatura constante, que hoje leva seu nome.
- Christian **Huygens** (1629-1695), físico, geômetra e astrônomo holandês; realizou importantes trabalhos em Óptica, construindo telescópios, lunetas e lentes acromáticas. Em Ondas, estabeleceu a teoria ondulatória da luz e descobriu o fenômeno da polarização luminosa. Foi o primeiro a descrever os anéis de Saturno e descobriu uma de suas luas, Titã.
- Charles Augustin de **Coulomb** (1736-1806), físico francês; trabalhou como engenheiro militar nas colônias francesas no Caribe. De volta à Europa, dedicou-se à pesquisa científica. Inventou a balança de torção, com a qual verificou a lei experimental que rege a ação entre cargas elétricas.
- **Voltaire** (François Marie Arouet, 1694-1778), poeta, dramaturgo, filósofo iluminista e historiador francês. Autor de inúmeras obras filosóficas e literárias, sendo *Candide* a mais conhecida.
- Tomás Antônio **Gonzaga** (1744-1810) nasceu na cidade do Porto, em Portugal, filho de um magistrado brasileiro. Foi advogado, escritor e considerado um dos principais poetas do Arcadismo brasileiro. A obra poética que o celebrou foi *Marília de Dirceu*. Participou da Inconfidência Mineira.
- Johann Sebastian **Bach** (1685-1750), compositor alemão de música erudita do período barroco. Foi excelente organista. É considerado por muitos o maior compositor de todas as épocas.

Apêndice

O SISTEMA INTERNACIONAL DE UNIDADES

O Sistema de Unidades adotado oficialmente no Brasil é o Sistema Internacional de Unidades, ratificado pela 11ª Conferência Geral de Pesos e Medidas de 1960 e atualizado nas seguintes até a 22ª Conferência, de 2003.

De acordo com o Sistema Internacional de Unidades (SI) existem sete (7) unidades fundamentais, cada uma delas correspondendo a uma grandeza:

Unidade	Símbolo	Grandeza
metro	m	comprimento
quilograma	kg	massa
segundo	s	tempo
ampère	A	intensidade de corrente elétrica
kelvin	K	temperatura termodinâmica
mol	mol	quantidade de matéria
candela	cd	intensidade luminosa

Para a medida de ângulos são adotadas duas unidades suplementares: o **radiano** (**rad**), para ângulos planos, e o **esterradiano** (**sr**), para ângulos sólidos.

As unidades derivadas são as que podem ser deduzidas, direta ou indiretamente, das fundamentais. Dado o seu grande número, não as reproduziremos aqui.

É norma, oficialmente estabelecida, que todas as unidades, fundamentais ou derivadas, quando escritas por extenso devem ter inicial minúscula, **mesmo no caso de nomes de pessoas**. Assim, por exemplo, devemos escrever metro, ampère, newton, coulomb, quilômetro, pascal, etc. A exceção é a unidade de temperatura da escala Celsius, que se escreve **grau Celsius** (símbolo: **°C**), com inicial maiúscula em "Celsius". Excetuam-se ainda as situações em que a frase é iniciada pelo nome da unidade.

Usualmente, os símbolos são grafados com minúscula, **exceto quando se trate de nome de pessoa**. Nesse caso, embora por extenso se use inicial minúscula, o símbolo é grafado com maiúscula. Assim, temos A para ampère, N para newton, W para watt, Pa para pascal, etc.

Caso a unidade seja composta, os símbolos devem ser colocados um em seguida ao outro, separados ou não por um ponto (quilowatt-hora: kWh ou kW · h; newton-metro: Nm ou N · m, etc.).

Não se devem misturar unidades por extenso com símbolos. Assim, **é errado escrever** quilômetro/h ou km/hora. O certo é quilômetro por hora ou km/h.

O símbolo de uma unidade que contém divisão pode ser formado por qualquer das três maneiras exemplificadas a seguir: $N \cdot m^2/kg^2$ ou $N \cdot m^2 \cdot kg^{-2}$ ou $\frac{N \cdot m^2}{kg^2}$

O plural das unidades é obtido simplesmente pelo acréscimo da letra "s", **mesmo que isso contrarie regras gramaticais**. Assim, escrevem-se metros, ampères, pascals, decibels. São exceções a essa regra as unidades que terminam por **s**, **x** e **z**, as quais não variam no plural (siemens, lux, hertz).

Se as unidades são palavras compostas por multiplicação cujos elementos são independentes, ambos são flexionados: quilowatts-horas, newtons-metros, ohms-metros, etc. O mesmo ocorre quando as palavras compostas não são ligadas por hífen: metros quadrados, milhas marítimas, etc.

O denominador de unidades compostas por divisão não recebe a letra "s": quilômetros por hora, newtons por metro quadrado, etc. Também não recebem a letra "s" quando, em palavras compostas, são elementos complementares de nomes de unidades e ligados a estes por hífen ou preposição: anos-luz, quilogramas-força, elétrons-volt, unidades de massa atômica, etc.

Os símbolos nunca flexionam no plural. Assim, 50 metros devem ser escritos 50 m, ao se usar o símbolo, e **não** 50 ms.

Todas as unidades, derivadas ou fundamentais, admitem múltiplos e submúltiplos que são obtidos pela adição de um prefixo anteposto à unidade.

Por razões históricas, a unidade fundamental de massa é o quilograma, obtida pelo acréscimo do prefixo "quilo" à unidade grama. Por isso, as unidades de massa múltiplas e submúltiplas são obtidas pelo acréscimo do prefixo ao grama e não ao quilograma.

Os prefixos usados, seus símbolos e os fatores pelos quais a unidade fica multiplicada são os seguintes:

Nome	Símbolo	Fator multiplicador
yotta	Y	10^{24}
zetta	Z	10^{21}
exa	E	10^{18}
peta	P	10^{15}
tera	T	10^{12}
giga	G	10^{9}
mega	M	10^{6}
quilo	k	10^{3}
hecto	h	10^{2}
deca	da	10^{1}
deci	d	10^{-1}
centi	c	10^{-2}
mili	m	10^{-3}
micro	μ	10^{-6}
nano	n	10^{-9}
pico	p	10^{-12}
femto	f	10^{-15}
atto	a	10^{-18}
zepto	z	10^{-21}
yocto	y	10^{-24}

Os prefixos não devem ser misturados. Assim, para indicar $8 \cdot 10^{-9}$ m deve-se escrever 8 nanometros ou 8 nm e **não** 8 milimicrometros ou 8 mμm.

Quanto à pronúncia, costuma-se conservar a sílaba tônica da unidade, não a mudando quando se acrescenta o prefixo. Assim, o correto é micrometro (micrométro), e **não** micrômetro; nanometro (nanométro), e **não** nanômetro, etc. Excetuam-se os casos já consagrados pelo uso, como quilômetro, decímetro, centímetro e milímetro.

Há unidades que não pertencem ao Sistema Internacional, mas são aceitas para uso conjunto ao SI, sem restrição de prazo. São elas: o minuto (min), a hora (h), o dia (d), o grau (°), o minuto (′), o segundo (″), o litro (ℓ ou L)* e a tonelada (t).

* O símbolo L será empregado sempre que as máquinas de impressão não apresentarem distinção entre o algarismo um e a letra "ele" minúscula.

QUADRO GERAL DE UNIDADES

GRANDEZAS FÍSICAS

Grandezas físicas	Símbolo	Unidade (SI)	Abreviatura da unidade
Tempo	t	segundo	s
Espaço	s	metro	m
Velocidade escalar	v	metro por segundo	m/s
Aceleração escalar	α	metro por segundo ao quadrado	m/s^2
Massa	m	quilograma	kg
Força	$\vec{F}$	newton	N
Trabalho	$\mathcal{T}$	joule	J
Energia	E	joule	J
Potência	Pot	watt	W
Impulso	$\vec{I}$	newton × segundo	N · s
Quantidade de movimento	$\vec{Q}$	quilograma × metro por segundo	kg · m/s
Pressão	p	newton por metro quadrado ou pascal	N/m^2 ou Pa
Densidade	d	quilograma por metro cúbico	kg/m^3
Vazão	Z	metro cúbico por segundo	m^3/s

Um **segundo** é a duração de 9.192.631.770 períodos da radiação correspondente à transição entre os dois níveis hiperfinos do estado fundamental do átomo de Césio 133.

(unidade de base ratificada pela 13ª CGPM de 1967)

Um **metro** é o comprimento do trajeto percorrido pela luz no vácuo durante um intervalo de tempo de 1/299.792.458 de segundo.

(unidade de base ratificada pela 17ª CGPM de 1983)

Um **quilograma** é a massa do protótipo internacional quilograma padrão depositado no Instituto de Pesos e Medidas em Paris.

(unidade de base ratificada pela 3ª CGPM de 1901)

CONSTANTES FÍSICAS

Velocidade da luz no vácuo		$c \simeq 2{,}998 \cdot 10^8$ m/s
Aceleração da gravidade na superfície terrestre		$g \simeq 9{,}80$ m/s^2
TERRA	Massa	$5{,}98 \cdot 10^{24}$ kg
	Raio médio	$6{,}37 \cdot 10^6$ m
	Raio da órbita	$1{,}49 \cdot 10^{11}$ m
LUA	Massa	$7{,}34 \cdot 10^{22}$ kg
	Raio médio	$1{,}74 \cdot 10^6$ m
	Raio da órbita	$3{,}84 \cdot 10^8$ m
SOL	Massa	$1{,}99 \cdot 10^{30}$ kg
	Raio médio	$6{,}96 \cdot 10^8$ m

RESPOSTAS

Capítulo 1
Introdução à Física

Exercícios propostos

P.1 a) 10^2 cm b) 10^{-2} m c) 10^3 mm d) 10^3 m e) 10^{-3} m f) 10 mm

P.2 4 km; 2 km; 5 km

P.3 a) 60 min b) 60 s c) 3.600 s d) 86.400 s

P.4 1 h 54 min 50 s

P.5 leitura: 7,1 s; algarismo correto: 7; algarismo duvidoso: 1

P.6 1ª) 7,4 m 2ª) 2,17 m^2

P.7 a) $4,73 \cdot 10^2$ m (4: correto; 7: correto; 3: duvidoso)

b) $7,05 \cdot 10^{-2}$ cm (7: correto; 0: correto; 5: duvidoso)

c) $3,7 \cdot 10$ mm (3: correto; 7: duvidoso)

d) $3,70 \cdot 10$ mm (3: correto; 7: correto; 0: duvidoso)

P.8 $3,2 \cdot 10^7$ s

P.9 10^7 gotas

P.10 10^5 min

Testes propostos

T.1 a **T.2** b **T.3** b **T.4** e **T.5** b **T.6** d
T.7 c **T.8** c **T.9** c **T.10** b **T.11** c **T.12** d
T.13 c **T.14** e **T.15** d **T.16** b

Capítulo 2
Introdução ao estudo dos movimentos

Exercícios propostos

P.11 Repouso: em relação ao ônibus; movimento: em relação à estrada.

P.12 Não. Depende do referencial. Um em relação ao outro está em repouso. Em relação à Terra, os aviões estão em movimento.

P.13 Depende do referencial. Em relação à sala de aula, o aluno está em repouso; em relação ao Sol, está em movimento acompanhando o movimento da Terra.

P.14 Errada. *A* pode estar em repouso em relação a *C*.

P.15 a) Em relação ao piloto, o ponto *P* descreve uma circunferência.

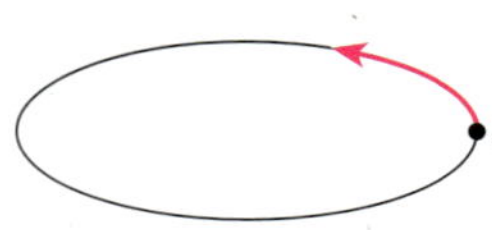

b) Em relação ao observador situado no solo, o ponto *P* descreve a curva mostrada na figura ao lado e que se chama hélice cilíndrica.

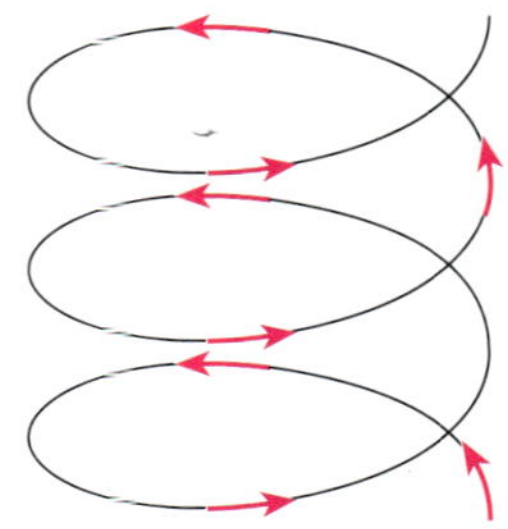

P.16 a) segmento de reta vertical
b) arco de parábola

P.17 5 m/s

P.18 10 anos

P.19 a) 2 km; 1,5 km b) 36 min

P.20 7,0 m/s

P.21 36 km/h

P.22 a) 25 m/s e 5 m/s b) 2º e 7º

P.23 8 h 15 min

P.24 0,2 volta

P.25 1,2 min

P.26 50 km/h

P.27 80 km/h

P.28 72 km/h; não

P.29 70 km/h; sim

P.30 30 m/s

P.31 a) 10 s b) 15 s

P.32 40 m

P.33 a) 1.800 km/h
b) Sim. Como a velocidade escalar média do avião é maior do que a do som, concluímos que em algum intervalo de tempo ele deve ter sido supersônico.

P.34 500 km

P.35 a) 72 km/h b) 3 m

P.36 a) 60 pessoas b) 70 m

P.37 a) 1,0 m/min b) 50 min c) 10 m

Testes propostos

T.17 b **T.18** d **T.19** soma = 03 (01 + 02) **T.20** b
T.21 d **T.22** d **T.23** d **T.24** c **T.25** c **T.26** d
T.27 e **T.28** c **T.29** e **T.30** c **T.31** c **T.32** c
T.33 d **T.34** c **T.35** c **T.36** e **T.37** d

Teste sua leitura

L.1 c **L.2** d

Capítulo 3
Estudo do movimento uniforme

Exercícios propostos

P.38 a) 160 m; −40 m/s
b) retrógrado
c) $s = 160 - 40t$ (*s* em m e *t* em s)

P.39 a) 50 m/s
b) 50 m/s
c) Sim, pois o móvel percorre distâncias iguais em intervalos de tempo iguais.
d) Progressivo, pois os espaços crescem com o decorrer do tempo.

P.40 a) 100 m e 80 m/s c) 5 s
b) 260 m d) progressivo

P.41 a) 60 km e −12 km/h c) 5 h
b) 24 km d) retrógrado

P.42 $s_A = 35 + 12t$ (*s* em m e *t* em s); 59 m
$s_B = 30 - 90t$ (*s* em m e *t* em s); −150 m
$s_C = 29 - 13t$ (*s* em cm e *t* em s); 3 cm
$s_D = 43 + 21t$ (*s* em m e *t* em s); 85 m

P.43 0,2 h; 14 km

P.44 1 s; 35 m

P.45 a) 2 h b) a 160 km de *A*

P.46 20 m/s

P.47 sim

P.48 16 m/s

P.49 250 m/s

P.50 3,0 s; 7,0 s

P.51 15 km

P.52 300 m/s

P.53 1.500 m

P.54 a) 720 b) 14.400

P.55 20 s; mais lento

P.56 a) 0,025 h b) 0,005 h

P.57 30 m/s

P.58 40 min

P.59 a) $\simeq 200{,}0 \cdot 10^2$ km
b) $5{,}5 \cdot 10^2$ km
c)

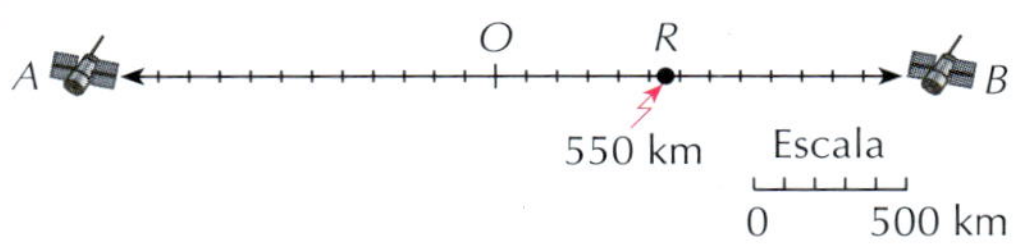

P.60 a) $\dfrac{D}{3}$ b) $\dfrac{14D}{15v}$

Testes propostos

T.38 a **T.39** b **T.40** c **T.41** (01) **T.42** d **T.43** d
T.44 a **T.45** b **T.46** b **T.47** c **T.48** b **T.49** b
T.50 a **T.51** d **T.52** e **T.53** d **T.54** e
T.55 soma = 58 (02 + 08 + 16 + 32) **T.56** d

Capítulo 4
Movimentos com velocidade escalar variável. Movimento uniformemente variado

Exercícios propostos

P.61 $14{,}4\ \dfrac{\text{km/h}}{\text{s}}$ ou 4 m/s²

P.62 1,6 m/s; 3,2 m/s; 4,8 m/s; 6,4 m/s

P.63 $-21{,}6\ \dfrac{\text{km/h}}{\text{s}}$; −6 m/s²

P.64 a) O movimento é variado, pois a velocidade escalar varia no decorrer do tempo.
b) −18 m/s
c) 0 a 4 s: retardado; 7 s a 9 s: acelerado
d) 3 m/s², em todos os intervalos de tempo

P.65 a) 3,0 m/s
b) progressivo: $0 \leq t < 6$ s
retrógrado: $6\text{ s} < t \leq 10$ s
c) acelerado: $6\text{ s} < t \leq 10$ s
retardado: $0 \leq t < 6$ s
d) em $t = 6$ s

P.66 a) 3 km/h b) −2 km/h² c) 1 km/h d) 1,5 h

P.67 a) 10 m/s; 5 m/s² b) não

P.68 a) uniforme b) acelerado c) retardado

P.69 a) −2 cm/s c) 0,8 s; 12,2 cm
b) 2,5 cm/s²

P.70 a) 0,25 cm d) $v = 0{,}75 - 2t$ (*v* em cm/s e *t* em s)
b) 0,75 cm/s e) 0,375 s
c) −2 cm/s²

P.71 a) 6 m/s c) 2 s
b) −3 m/s² d) $s = 15 + 6t - 1{,}5t^2$ (*s* em m e *t* em s)

P.72 a) −8 m/s c) 4 s
b) 2 m/s² d) $s = 5 - 8t + t^2$ (*s* em m e *t* em s)

P.73 $s = 25t + 6t^2$; $v = 25 + 12t$ (*s* em m e *t* em s)

P.74 a) $s = 10t - \dfrac{2{,}5t^2}{2}$; $v = 10 - 2{,}5t$ (*s* em m e *t* em s)
b) 8 s
c) 4 s

P.75 a) $s = 36 + 21t - \dfrac{3t^2}{2}$; $v = 21 - 3t$ (*s* em m e *t* em s)
b) 7 s
c) 109,5 m

P.76 a) 1 s; 2 s b) 4 m; 10 m

P.77 a) 11 s c) 44 m/s (158,4 km/h)
b) 242 m

P.78 a) 17,5 m/s b) 87,5 m

P.79 a) 54 m/s b) 432 m

P.80 46 m

P.81 40 m

P.82 8,0 m/s²

P.83 2 m/s²; 10 s

P.84 6 m/s

P.85 50 m

P.86 a) 2,7 s b) 17 m

P.87 a) 3,0 m/s² (em módulo) b) 2,4 m/s²

P.88 5 m/s

P.89 a) 2,5 m/s² b) 10 m/s c) 12 s

P.90 a) 30 s b) 24 m/s

P.91 a) 50 m b) $\simeq 3{,}1$ m/s² (em módulo)

P.92 77,5 m

Testes propostos

T.57 b **T.58** a **T.59** c **T.60** b **T.61** a **T.62** e
T.63 e **T.64** a **T.65** c **T.66** d **T.67** e **T.68** e
T.69 e **T.70** c **T.71** d **T.72** e **T.73** c **T.74** e
T.75 d **T.76** b

Teste sua leitura

L.3 a) 14 m/s b) 1,96 m/s² c) $\simeq 7{,}14$ s
L.4 a **L.5** c **L.6** a **L.7** a) 85 m/s b) 265 m/s

Capítulo 5
Movimento vertical no vácuo

Exercícios propostos

P.93 a) $s = 20t - 5t^2$; $v = 20 - 10t$ (s em m e t em s)
b) 2 s
c) 20 m
d) 15 m descendo
e) 4 s e −20 m/s

P.94 a) 1 s b) ≃ 3,24 s c) 25 m

P.95 a) 20 m b) 20 m/s

P.96 $h_{Lua} = 6 \cdot h_{Terra}$

P.97 a) 4,5 s e 33,75 m
b) $v_1 = -15$ m/s descendo e $v_2 = 15$ m/s subindo

P.98 2,5 s após a queda do primeiro e a 31,25 m do ponto de queda do primeiro.

P.99 a) 20 m/s b) 20 m

P.100 a) 12,8 m
b) 1,6 s
c) 3 m do solo e −14 m/s descendo

P.101 20 m

P.102 a) 2,7 s e ≃ 180 m
b) $v_A = 3$ m/s = 10,8 km/h e $v_B = 53$ m/s = 190,8 km/h

P.103 a) 2 s c) zero e 10 m/s
b) a 40 m do solo

P.104 a) 20 m/s b) 10 m/s

P.105 1,0 s

P.106 a) 2,0 s b) 20 m

P.107 a) ≃ 4,5 m/s b) 20 s

P.108 a) 1,2 s b) 6,0 m/s c) 1,8 m

Testes propostos

T.77 c **T.78** b **T.79** d **T.80** e **T.81** b
T.82 soma = 18 (02 + 16) **T.83** d **T.84** a **T.85** d
T.86 e **T.87** c **T.88** d **T.89** b **T.90** b **T.91** b
T.92 c **T.93** d

Capítulo 6
Gráficos. Gráficos do MU e do MUV

Exercícios propostos

P.109

a)

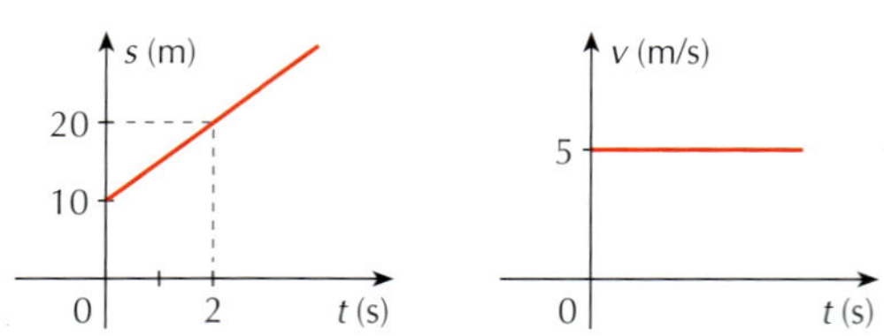

b)

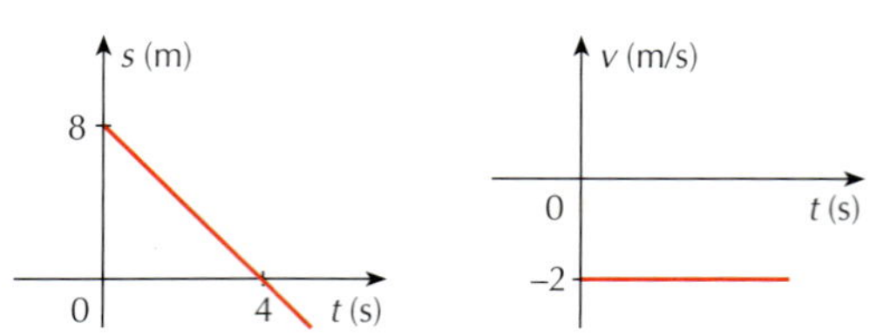

P.110 a) −10 m c) 4 s e 9 s
b) repouso d) 5 m/s e −3,3 m/s

P.111 a) −10 m/s c) 2,5 cm/s
b) 2 m/s d) zero

P.112 20 m

P.113 a) 20 s b) 10 s e 30 s

P.114 a) 5 m/s² b) 62,5 m c) 77,5 m

P.115 a) −2 m/s² b) 4 s

P.116

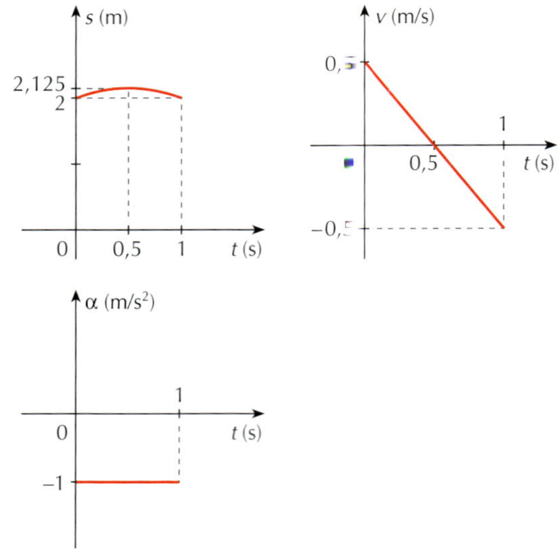

P.117 a) 150 cm
b)

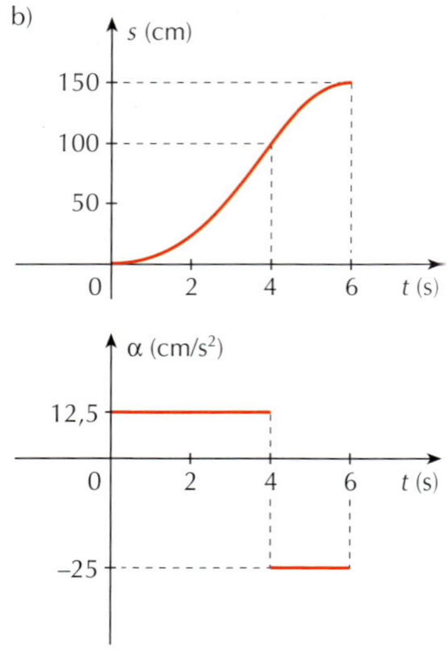

P.118 $v \simeq 35{,}5$ km/h

P.119 a) 50 m/s
b) 5,0 m/s²

P.120 25 m/s

P.121 a) t_1 a t_2 c) t_2 a t_3
b) t_3 a t_4 d) 0 a t_1

P.122 corredor A

P.123 a) 6 s a 16 s c) 200 m
b) 0 a 6,0 s d) 10 m/s

P.124 a) 250 m b) 40,0 s

P.125 a) 1,5 m/s²; 2,0 m/s²
b) Até o instante 18 s, o móvel (2) **não** conseguiu alcançar o móvel (1).

P.126 20 m

P.127 a)

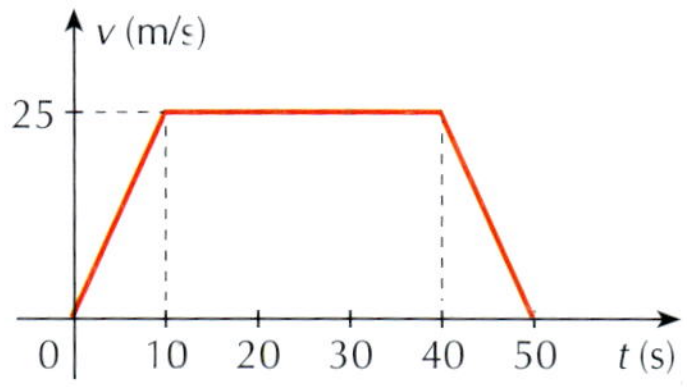

b) 1.000 m

P.128 a) 14 m/s

b)

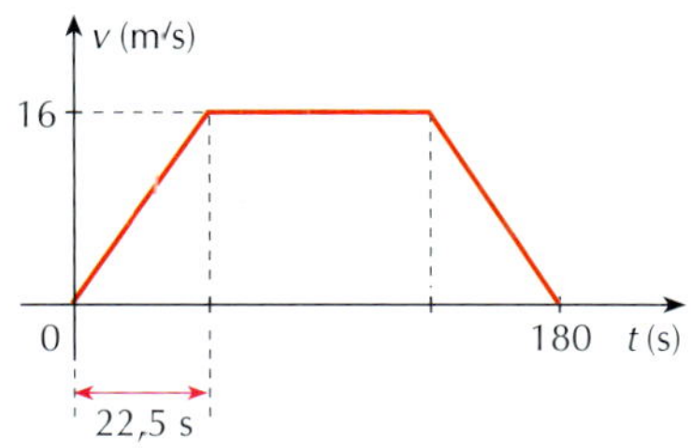

P.129 a) 2 m/s² b) 6 m/s

P.130 13 cm

P.131 a) 6 s b) 12 s c) 180 m d) −60 m/s

P.132 a) 50 m/s² b) 2.500 m c) 60 s d) 15.000 m e) ≃ 114,8 s f) ≃ −548 m/s

Testes propostos

T.94 a	**T.95** c	**T.96** e	**T.97** a	**T.98** e	**T.99** b
T.100 e	**T.101** c	**T.102** e	**T.103** e	**T.104** b	**T.105** b
T.106 c	**T.107** 04	**T.108** c	**T.109** d	**T.110** d	**T.111** d
T.112 e	**T.113** a	**T.114** b	**T.115** a	**T.116** c	**T.117** e
T.118 d	**T.119** e				

Teste sua leitura

L.8 d	**L.9** b	**L.10** c	**L.11** b	**L.12** d	**L.13** e

Capítulo 7
Vetores

Exercícios propostos

P.133 $V_s = 10$

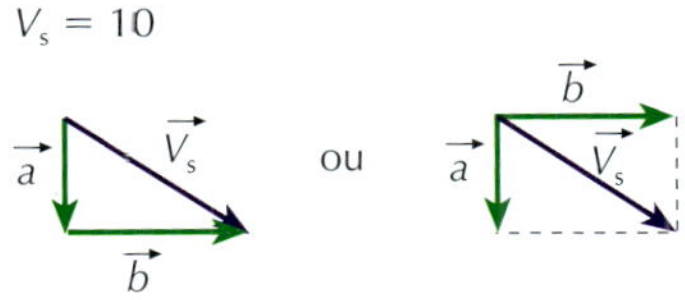

P.134

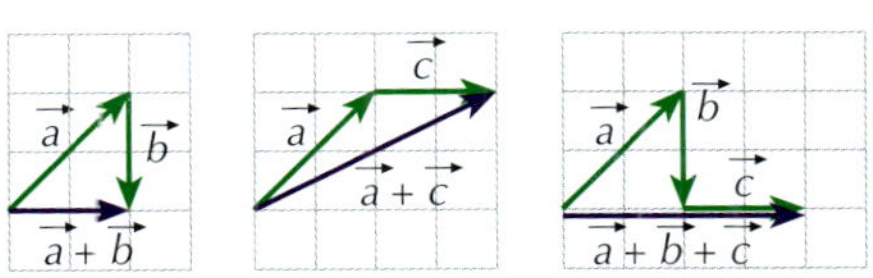

P.135 5; 1

P.136

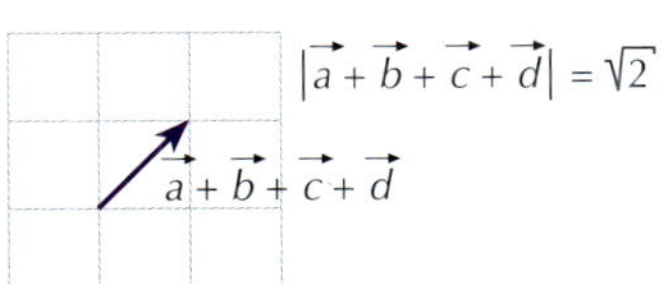

P.137

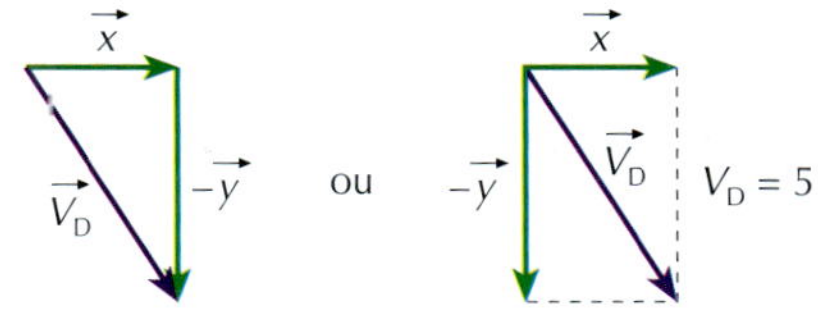

P.138

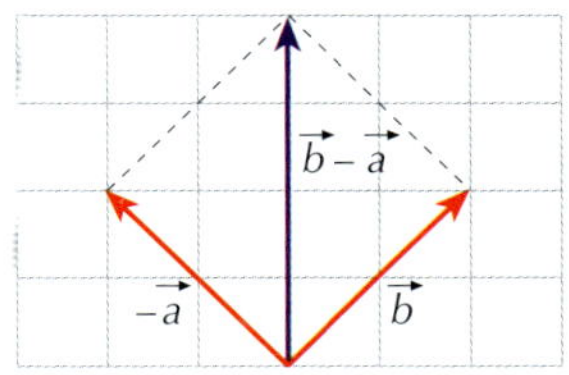

P.139 2; 2

P.140

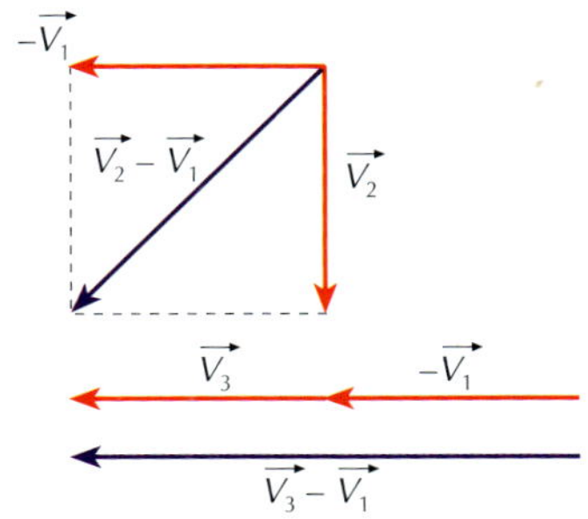

P.141

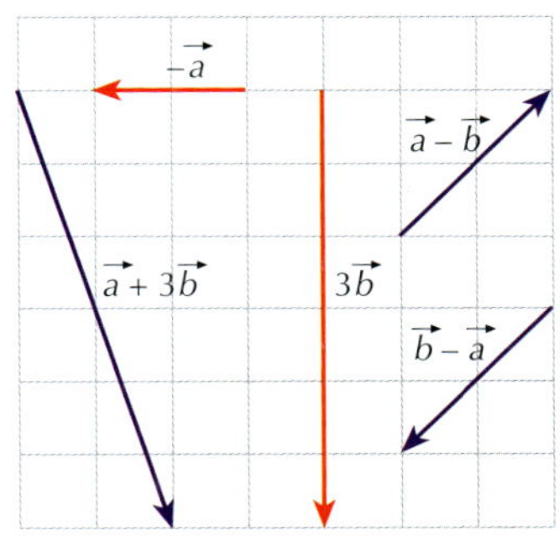

P.142 $\vec{a} = 3\vec{j}$; $\vec{b} = 2\vec{i}$; $\vec{c} = -2\vec{i}$; $\vec{d} = -2\vec{j}$

P.143 $v_x = 25$ m/s; $v_y = 43{,}3$ m/s

P.144 (2, 3), (2, 0), (0, −2) e (4, 3)

P.145

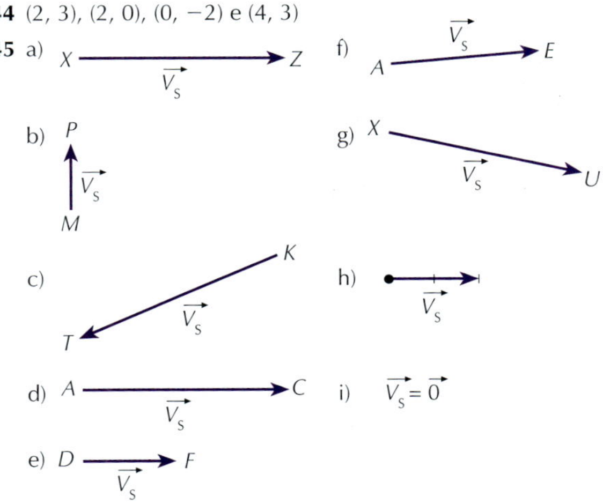

P.146

P.147

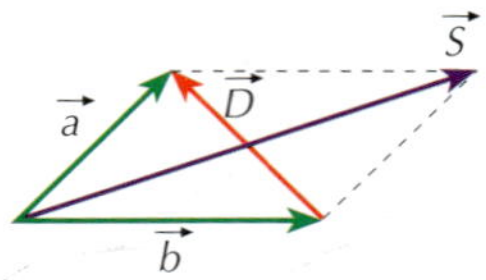

$\vec{S} = \vec{a} + \vec{b}$

$\vec{D} = \vec{a} - \vec{b}$

P.148 $\vec{A} + \vec{D} + \vec{B} + \vec{C} = \vec{0}$

Testes propostos

T.120 b **T.121** d **T.122** b **T.123** d **T.124** b **T.125** b
T.126 c **T.127** d **T.128** b

Capítulo 8
Velocidade e aceleração vetoriais

Exercícios propostos

P.149 a) 50π m c) $5{,}0\pi$ m/s
b) $100\sqrt{2}$ m d) $10\sqrt{2}$ m/s

P.150 a) $\simeq 27{,}5$ km/h
b)

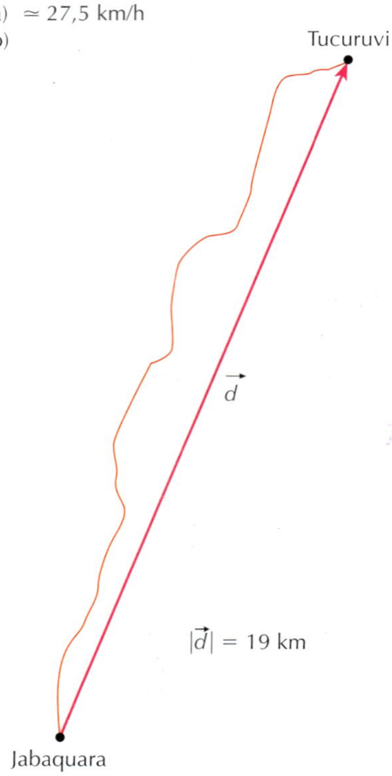

c) $\simeq 25{,}9$ km/h

P.151 a) $2{,}5$ m/s^2 b) $1{,}2$ m/s^2

P.152 a) b)

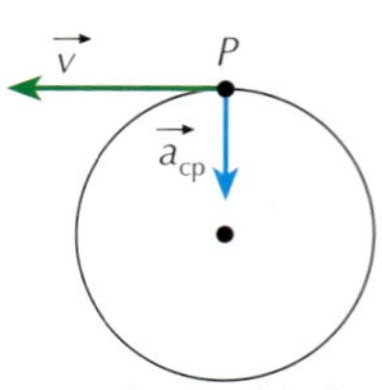

$\vec{a}_t = \vec{0}$; $\vec{a} = \vec{a}_{cp}$

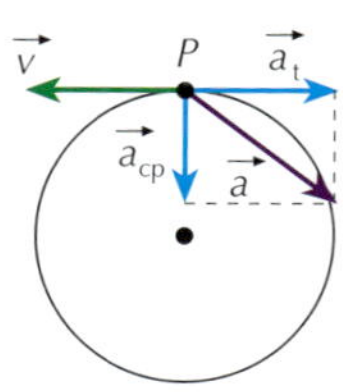

P.153 a) 2 m/s b) 4 m/s^2 c) 3 m/s^2 d) 5 m/s^2

P.154 a) $4{,}5$ m/s^2 b) zero c) $4{,}5$ m/s^2

P.155 a) 4 m/s^2 b) zero c) 4 m/s^2

P.156 15 km/h e 3 km/h

P.157 5 km/h

P.158 1 h

P.159 $v_g = \frac{3}{4}v$

P.160 a) $\vec{v}_A = \vec{0}$ b) $\vec{v}_B = 2\vec{v}_0$

P.161 $5\sqrt{2}$ m/s

P.162 a) 5 m/s b) $y = -\frac{1}{3} + \frac{4x}{3}$

P.163

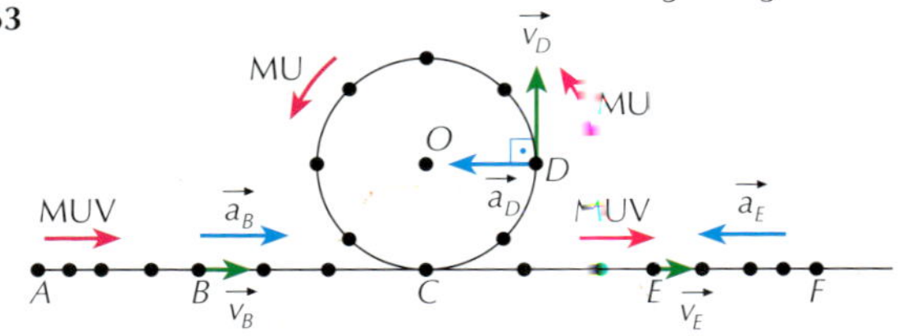

P.164 $5{,}0$ m/s^2

P.165 a) $0{,}2$ h c) 1 km
b) $0{,}6$ km d) $\sqrt{7}$ km/h $\simeq 2{,}6$ km/h

P.166 20 s

Testes propostos

T.129 c **T.130** c **T.131** a **T.132** e **T.133** c **T.134** c
T.135 b **T.136** b **T.137** d **T.138** d **T.139** e **T.140** d
T.141 a **T.142** soma = 28 (04 + 08 + 16) **T.143** a
T.144 c **T.145** b **T.146** d **T.147** a **T.148** e **T.149** a
T.150 e

Teste sua leitura

L.14 soma = 23 (01 + 02 + 04 + 16)

L.15 a) $\simeq 588$ m
b) 98 s
c)

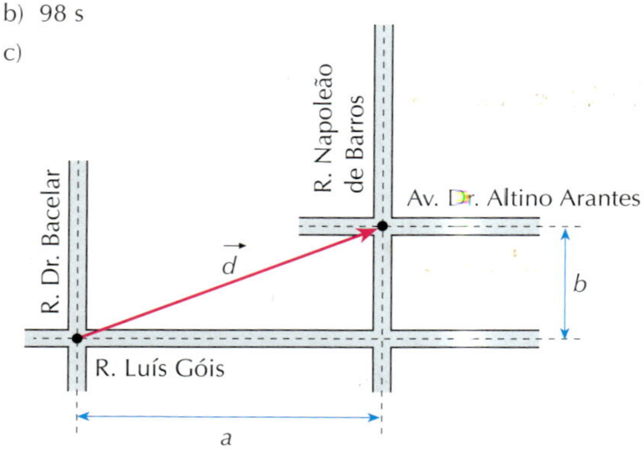

$|\vec{d}| \simeq 463$ m

d) $\simeq 4{,}7$ m/s

Capítulo 9
Lançamento horizontal e lançamento oblíquo no vácuo

Exercícios propostos

P.167 a) 20 s b) 5.000 m c) $\simeq 320$ m/s

P.168 28,8 m à frente

P.169 a) segmento de reta vertical
b) arco de parábola
c) 12 s
d) 100 m/s
e) $\simeq 156{,}2$ m/s

P.170 a)

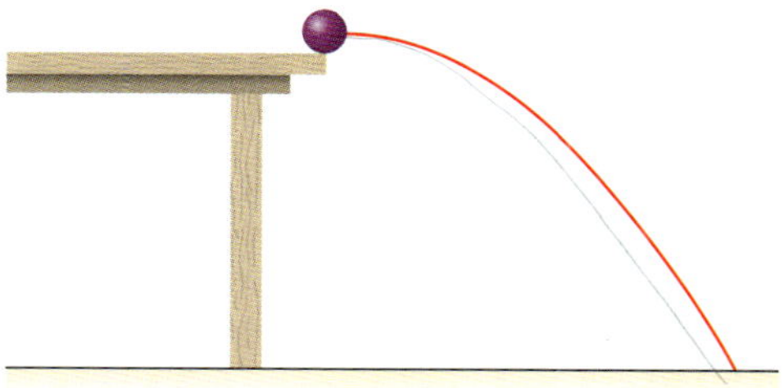

b) 0,5 s

c) igual, em vista do princípio de independência dos movimentos

d) 2,5 m

e) ≃ 7 m/s

P.171 a) 5,0 m/s b) 0,86 s c) ≃ 3,7 m; 8,6 m

P.172 a) 4,0 s; 2,0 s

b) ≃ 20,6 m/s

c) θ é o ângulo cujo cosseno é ≃ 0,24.

d) 20 m

P.173 5,6 m

P.174 a) 6 s b) 12 s c) 960 m d) 180 m e) 80 m/s f) 100 m/s

P.175

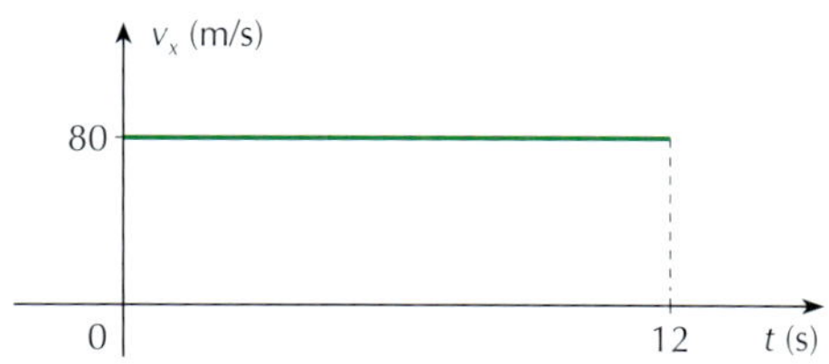

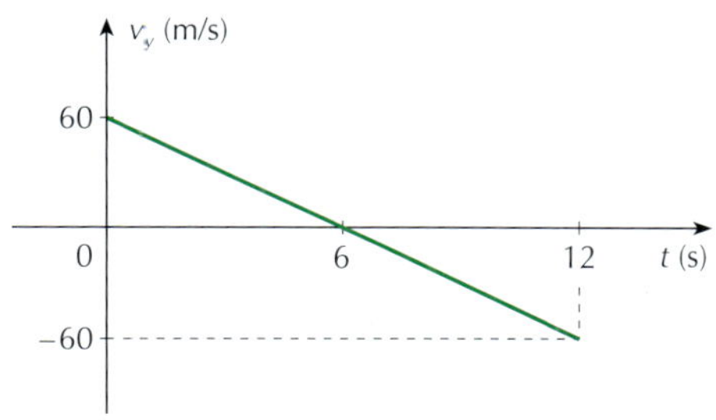

P.176 a) 1,25 m b) 1,0 s

P.177 a) 3,18 s b) 38 fuscas

P.178 a) $x = 50t$ (SI); $y = 5t^2$ (SI)

b) $y = \dfrac{x^2}{500}$

c) $x = 500$ m; $y = 500$ m

d) ≃ 112 m/s

P.179 9 m/s

P.180 ≃ 68,3 m/s

P.181 60 m/s

P.182 a) 0,6 s b) 45°

P.183 a) 1,5 m/s b) zero c) 2 m/s²

P.184 a) 900 m b) 125 m c) 540 m

P.185 50 m/s

P.186 a) 3,75 s b) ≃ 454,7 m

P.187 ≃ 11,2 m/s

P.188 a) ≃ 0,43 s b) ≃ 2,1 m c) ≃ 7,5 m/s

P.189 a) $v_y = -7{,}0$ m/s (eixo vertical y orientado para cima)

b) ≃ 1,7 s

Testes propostos

T.151 a	**T.152** d	**T.153** c	**T.154** d	**T.155** d	**T.156** d
T.157 e	**T.158** c	**T.159** e	**T.160** c	**T.161** b	**T.162** a
T.163 c	**T.164** b	**T.165** a	**T.166** c	**T.167** a	**T.168** d
T.169 a	**T.170** a	**T.171** b	**T.172** c	**T.173** d	**T.174** c

Capítulo 10
Movimentos circulares

Exercícios propostos

P.190 horas: $T = 12$ h; $f = \dfrac{1}{12}$ volta/h

minutos: $T = 1$ h; $f = 1$ volta/h

segundos: $T = 1$ min; $f = 1$ volta/min

P.191 a) 2 Hz b) 0,5 s

P.192 a) 7.200 s b) $\simeq 1{,}4 \cdot 10^{-4}$ Hz

P.193 4 s e 0,25 Hz

P.194 3 h

P.195 $T \simeq 7{,}6 \cdot 10^6$ s; $f \simeq 1{,}3 \cdot 10^{-7}$ Hz

P.196 a) 0,2 Hz

b) 5 s

c) $\dfrac{2\pi}{5}$ rad/s

d) 4π cm/s

e) $1{,}6\pi^2$ cm/s²

P.197 a) 4 s b) $\dfrac{\pi}{2}$ rad/s c) $\dfrac{5\pi^2}{4}$ cm/s²

P.198 a) 0,50 rad/s b) 3,5 m/s² c) ≃ 12,6 s

P.199 a) 2 rad; 1 rad/s

b) $\varphi = 2 + t$ (SI)

c) $f = \dfrac{1}{2\pi}$ Hz ; $T = 2\pi$ s

P.200 a) 2 Hz; 0,5 s (para os dois pontos)

b) 4π rad/s

c) $0{,}6\pi$ m/s e $0{,}4\pi$ m/s

P.201 1,6 rad

P.202 1.600 km/h; $\simeq 3{,}1 \cdot 10^{-2}$ m/s²

P.203 30 km/s; $6{,}0 \cdot 10^{-3}$ m/s²

P.204 $\dfrac{\pi}{12}$ rad/h $\simeq \dfrac{1}{4}$ rad/h; $1{,}05 \cdot 10^4$ km/h

P.205 a) 300 rpm b) π m/s

P.206 a) 20 s b) 0,05 Hz c) $\dfrac{\pi}{10}$ rad/s d) $\dfrac{\pi}{20}$ cm/s

P.207 $\omega_B = 15$ rad/s; horário; $\omega_C = 20$ rad/s; horário

P.208 a) $f_B = f_C = 50$ rpm b) $\dfrac{2\pi}{15}$ m/s

P.209 a) 25 rad/s b) ≃ 8,33 rad/s

P.210 a) 4 rad/s² b) 40 rad/s; 20 m/s

P.211 ≃ 15,9 voltas

P.212 a) 5 s

b) $\dfrac{2\pi}{5}$ rad/s

c) $\dfrac{4\pi}{5}$ m/s

d) $\dfrac{8\pi^2}{25}$ m/s²

P.213 2

P.214 a) 2π rad/h b) π m/h

P.215 $v_s \simeq 1{,}1 \cdot 10^4$ km/h ≃ 3,0 km/s

P.216 40 rad/s e ≃ 6,4 Hz

P.217 *A*: linha 2; *B*: linha 3; *C*: linha 1

O proprietário do carro *B* deve ser mais precavido.

P.218 a) 2,4 m/s b) 3,0 m/s

P.219 3,18 rad/s²

P.220 $\simeq$ 20,7 voltas

P.221 1.500 m/s

P.222 $\simeq$ 2,6 m/s

P.223 $f_{mín.}$ = 30 rpm
As frequências múltiplas (60 rpm, 90 rpm, ...) também constituem soluções.

P.224 a) 40 m b) 60 s

P.225 a) $\frac{3\pi}{20}$ rad/s; $\frac{\pi}{10}$ rad/s c) 6π cm/s; 2π cm/s
b) $\frac{40}{3}$ s; 20 s

P.226 a) $\simeq$ 52 s b) 0,1 m/s²

P.227 a) 0,10 mm b) $\simeq$ 24,4 cm/s

P.228 a) 5,0 cm/s b) 2,5 rad/s

P.229 $x = 21$ e $y = 49$

Testes propostos

T.175 d	**T.176** d	**T.177** c	**T.178** a	**T.179** a	**T.180** b
T.181 b	**T.182** d	**T.183** c	**T.184** a	**T.185** e	**T.186** a
T.187 b	**T.188** a	**T.189** b	**T.190** e	**T.191** c	**T.192** a
T.193 c	**T.194** a	**T.195** b	**T.196** b	**T.197** d	**T.198** c
T.199 d	**T.200** e	**T.201** c	**T.202** b	**T.203** d	

Teste sua leitura

L.16 a) 30 Hz, 60 Hz, 90 Hz, ..., $n \cdot 30$ Hz c) 54 m/s
b) 180 rad/s

L.17 18 Hz **L.18** b

Capítulo 11
Os princípios fundamentais da Dinâmica

Exercícios propostos

P.230 partícula *B*

P.231 c

P.232 Princípio da inércia (primeira lei de Newton): um corpo livre da ação de forças tende a manter constante sua velocidade vetorial.

P.233 Por inércia o corpo tende a permanecer em repouso e, com a retirada do papel, ele cai verticalmente.

P.234 a) 5 m/s² b) 3 m/s²

P.235 10 m/s²

P.236 a) 2.500 N b) 400 m

P.237 $1,5 \cdot 10^4$ N

P.238 a) 0,50 kg b) 1,6 m/s²

P.239 a) A afirmação está errada, pois a força $\vec{F}$ está aplicada na mesa e $-\vec{F}$ age na pessoa que aplicou a força $\vec{F}$ na mesa. Desse modo, $\vec{F}$ e $-\vec{F}$ **não se equilibram**, por estarem aplicadas em corpos distintos.
b) A Terra atrai o corpo com a força peso $\vec{P}$, e o corpo atrai a Terra com a força $-\vec{P}$ (veja figura ao lado).

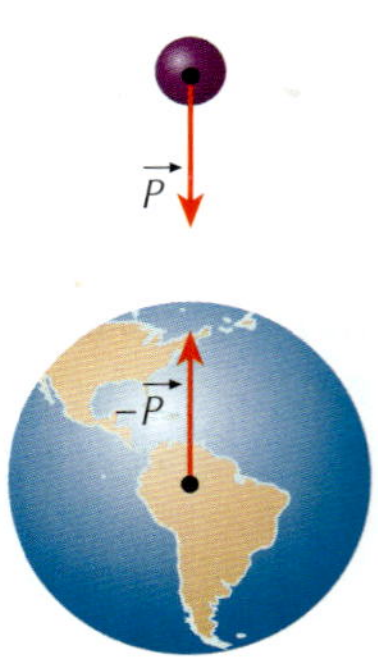

Terra

P.240 a) 1 m/s² c) $F_{R_A} = 6$ N; $F_{R_B} = 4$ N
b) 4 N

P.241 a) 2 m/s² b) 6 N c) 10 N

P.242 2,5 N

P.243 300 N

P.244 Pelo corpo de massa maior. Nessas condições, menor será a intensidade da força de tração no fio.

P.245 a) 6 m/s² b) 12 N

P.246 a) 2,5 m/s² c) 12 N
b) 150 N

P.247 a) 2 m/s² b) 6 N

P.248 a) 5 m/s² b) 15 N; 30 N

P.249 (*A*) 80 N (*B*) 40 N

P.250 a) 10.000 N c) 8.000 N
b) 12.000 N

P.251 a) 910 N c) 630 N
b) 700 N d) zero

P.252 acelerado; uniforme; retardado

P.253 a) $a = g$ (gravidade) b) nenhum

P.254 a) 3 N b) 6 m/s²

P.255 25 N

P.256 2,5 m/s²

P.257 a) 80 N b) 0,3 s

P.258 a) 5.250 N b) 15.250 N

P.259 20 N

P.260 a) $m = \frac{(M_2 - M_1)(f - 1)}{2}$

b) $f_{máx.} = \frac{2M}{M_2 - M_1} + 1$

P.261 $a = 2,2$ m/s²; $g = 9,8$ m/s²; 588 N; queda livre

P.262 a) $a_A = a_B = 0$
b) $a_A = 0$; $a_B = 5$ m/s²
c) $a_A = 5$ m/s²; $a_B = 15$ m/s²

P.263 $F_N = (m - M) \cdot \frac{(g + a)}{2}$

P.264 a) $F = (M_A + M_B) \cdot a$ c) $\text{tg}\,\theta = \frac{M_B \cdot a}{M_A \cdot g}$

b) $F_N = \sqrt{M_B^2 \cdot a^2 + M_A^2 \cdot g^2}$

P.265 $\simeq$ 9 N

P.266 400 N

Testes propostos

T.204 a	**T.205** c	**T.206** d	**T.207** d	**T.208** e	**T.209** d
T.210 e	**T.211** d	**T.212** b	**T.213** c	**T.214** e	**T.215** d
T.216 d	**T.217** a	**T.218** e	**T.219** d	**T.220** d	**T.221** b
T.222 c	**T.223** c	**T.224** corretas: 1, 2, 3 e 4			**T.225** d
T.226 e	**T.227** c	**T.228** d	**T.229** c	**T.230** a	**T.231** c
T.232 a	**T.233** a				

Capítulo 12
Forças de atrito

Exercícios propostos

P.267 a) 4,0 N b) 0,20 c) $\simeq$ 20,4 N

P.268 50 m

P.269 0,3

P.270 2 m/s^2; 80 N

P.271 a) não; 40 N
b) não (iminência de movimento); 60 N
c) sim; 40 N

P.272 30 N

P.273 $\simeq$ 35 m/s

P.274 5,0 m/s

P.275 1) errada 2) certa 3) errada 4) errada

P.276 5,0 m/s

P.277 4,0 m/s

P.278 a) 0,60 b) 12,0 N

P.279 a) 1,0 m/s^2 b) 30 N

P.280 a) $a = \dfrac{(m_B - m_A) \cdot g - 2\mu F_N}{m_A + m_B}$

b) $F_N = \dfrac{(m_B - m_A) \cdot g}{2\mu}$

P.281 a)

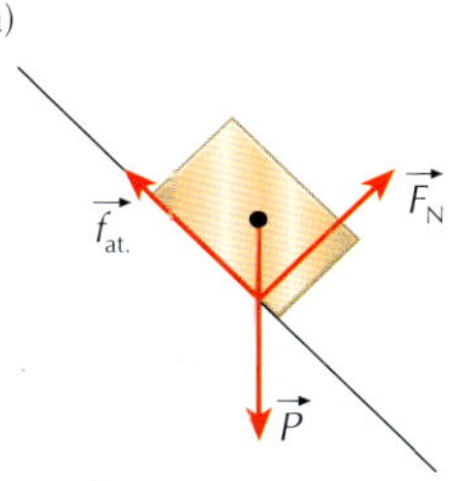

ou

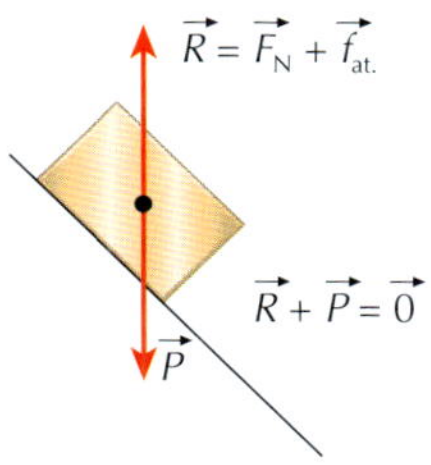

b) nula
c) $\simeq$ 0,57

P.282 a) Entrará em movimento.
b) 1,52 m/s^2, para cima

P.283 a) Permanece em repouso.
b)

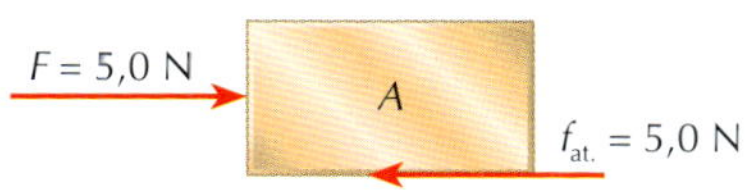

O bloco B não está sujeito a forças horizontais.

P.284 $\dfrac{1}{3}$; 25 N

P.285 $\dfrac{F_2}{F_1} = 1{,}5$; $\dfrac{F_3}{F_1} = 2$

P.286 a)

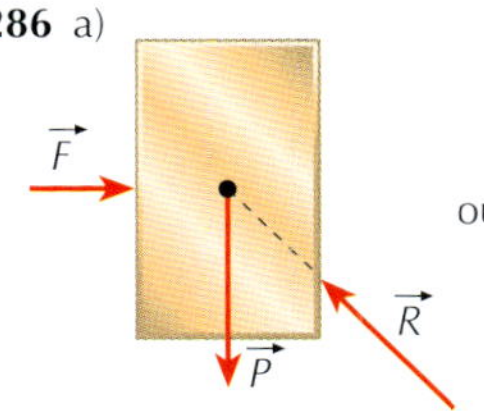

ou

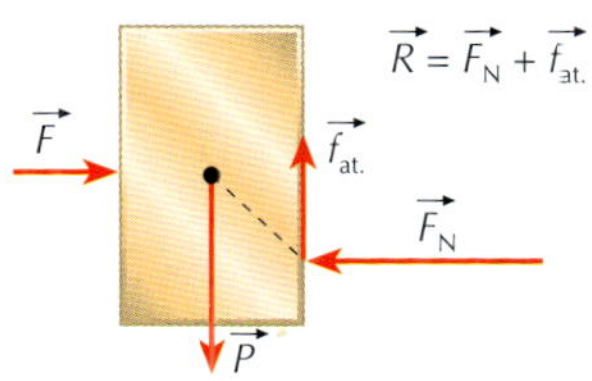

Reação de $\vec{F}$: $-\vec{F}$ aplicada na mão do operador.
Reação de $\vec{P}$: $-\vec{P}$ aplicada no centro da Terra.
Reação de $\vec{R}$: $-\vec{R}$ aplicada no quadro-negro.

b) 1,25 N
c) 6,25 m/s^2 e zero

P.287 a) zero b) 8,0 s

P.288 a) b) 2,0 m/s

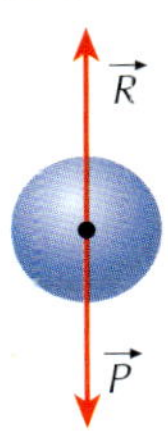

P.289 a) 50 N b) 0,50

P.290 24 N

P.291 a) 1,5 m/s^2 b) 0,1

P.292 a)

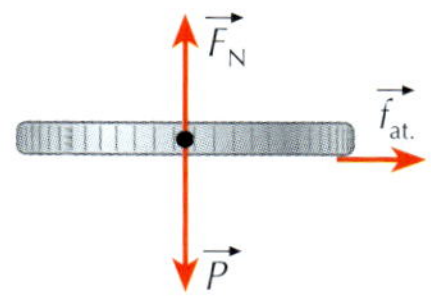

ou

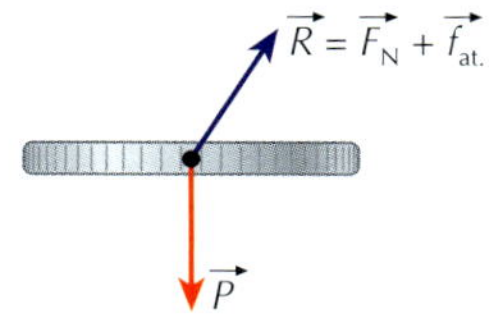

b) Se F for maior do que $1{,}5 \cdot 10^{-2}$ N, a moeda escorrega.

P.293 60 N

P.294 a_A = 10 m/s^2; a_B = 5,0 m/s^2

P.295 1 N

Testes propostos

T.234 b **T.235** soma = 06 (02 + 04) **T.236** e
T.237 soma = 22 (02 + 04 + 16) **T.238** d **T.239** e
T.240 a **T.241** c **T.242** a **T.243** e **T.244** d **T.245** a
T.246 b **T.247** d **T.248** soma = 41 (01 + 08 + 32)
T.249 b **T.250** d **T.251** e **T.252** a **T.253** a **T.254** e

Teste sua leitura

L.19 a **L.20** e

Capítulo 13
Forças em trajetórias curvilíneas

Exercícios propostos

P.296 $F_{cp} \simeq$ 80 N

P.297 a) Não conseguirá fazer a curva.
b) A velocidade máxima não irá se alterar.
c) Sim. O vetor velocidade varia em direção e sentido.

P.298 a) $\vec{P}$: peso do sistema (bicicleta-ciclista)
$\vec{F}_N$: força normal aplicada pela pista

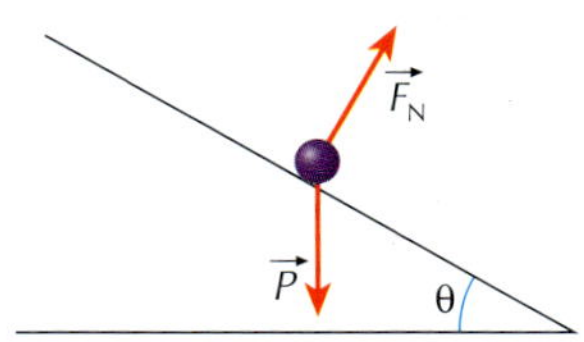

b) θ é o ângulo cuja tangente é $\simeq$ 0,57.
c) Não depende da massa.

P.299 a) direção: vertical
sentido: de cima para baixo
módulo: 24 N
b) no ponto S

P.300 6 m/s

P.301 a) 5 N b) $\simeq$ 0,4 Hz

P.302 a)

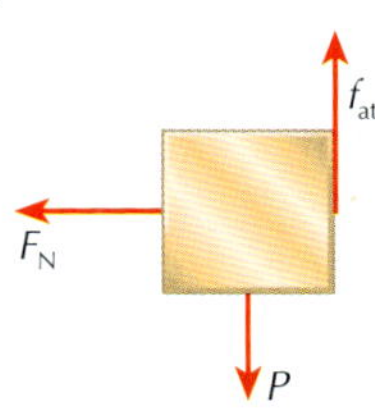

$f_{at.} = P$

$F_N = \dfrac{P}{g} \omega_1^2 \cdot R$

b) O corpo não tende a subir, apenas deixa de ficar na iminência de escorregar para baixo.

c) Se o módulo do peso fosse $\frac{P}{2}$, o corpo continuaria na iminência de escorregar para baixo e, portanto, não haveria movimento segundo a vertical.

P.303 1,92 N e 2,88 N

P.304 a)

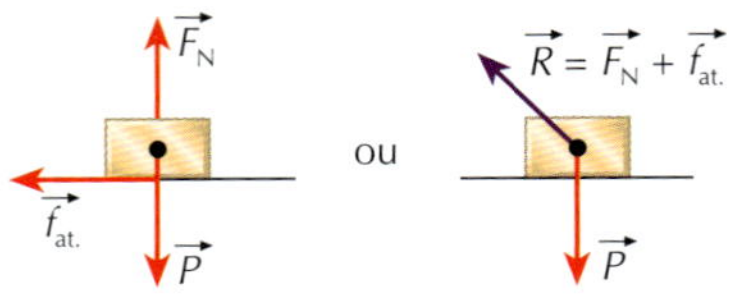

b) $\omega_{máx.} = \sqrt{\frac{\mu g}{r}}$

c) Fica multiplicado por $\frac{\sqrt{2}}{2}$.

P.305 $\simeq$ 0,53 m

P.306 32.500 N

P.307 8.000 N

P.308 a)

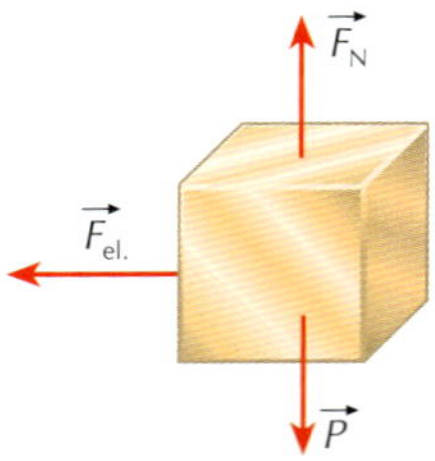

b) 200 N/m

P.309 5,0

P.310 a) 0,252 N
b) 0,070 kg
c)

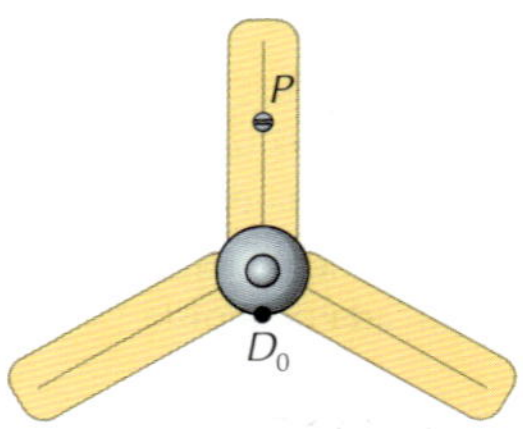

Testes propostos

T.255 a **T.256** b **T.257** d **T.258** b **T.259** a **T.260** e
T.261 d **T.262** c **T.263** b **T.264** e **T.265** e **T.266** a
T.267 soma = 86 (02 + 04 + 16 + 64) **T.268** c

Capítulo 14
Trabalho

Exercícios propostos

P.311 a) $\tau_F = 40$ J; $\tau_{f_{at.}} = -40$ J
b) zero

P.312 $2{,}5 \cdot 10^3$ J

P.313 a) 2 m/s^2 b) 6 J

P.314 1,6 J

P.315 $\tau_F = 80$ J; $\tau_P = -40$ J; $\tau_{F_N} = 0$

P.316 a) −0,25 J b) +1,0 J c) +0,75 J

P.317 30 kWh ou $1{,}08 \cdot 10^8$ J

P.318 a) 2.400 J b) 240 W

P.319 600 J e 200 W

P.320 a) $2{,}0 \cdot 10^3$ J b) 8,0 s

P.321 5,0 m

P.322 a) 25 J b) 12,5 W c) 25 W

P.323 75%

P.324 7 cv

P.325 1 kW = $\frac{4}{3}$ hp

P.326 a) 2,5 m/s^2 c) 240 J
b) 4,8 kg d) 10 m/s

P.327 40 J

P.328 a) 400 kJ b) 1,6 m/s^2

P.329 a) 2,0 m/s^2 b) $-\frac{4}{3}$

P.330 a) 3 m/s^2 b) 54 kJ

P.331 a) $5{,}0 \cdot 10^4$ N c) 2,0 m/s
b) $7{,}5 \cdot 10^4$ N d) 3,0 m/s

P.332 60 kW

P.333 1,25 hp

P.334 a) 6.000 J b) 200 W c) 50%

P.335 180 hp

P.336 a) $F_I = 1{,}5 \cdot 10^3$ N; $F_{II} = 2{,}5 \cdot 10^3$ N; [illegible] = 0
b) 50 kW

P.337 25 kW

Testes propostos

T.269 e **T.270** d **T.271** e **T.272** e **T.273** d **T.274** a
T.275 c **T.276** c **T.277** c **T.278** a **T.279** c **T.280** c

Capítulo 15
Energia

Exercícios propostos

P.338 8.000 J

P.339 9.375 N

P.340 a) 576 J; −576 J b) 3.200 N

P.341 95 J

P.342 a) −12 J b) 6 N

P.343 a) 2,5 J e 1,8 J b) 0,70 J e zero

P.344 a) 25 J b) 250 J

P.345 a) $1{,}0 \cdot 10^2$ N/m b) 0,50 J

P.346 a) 24 N/m b) 3,0 J

P.347 10 m/s

P.348 7,2 m

P.349 90 J

P.350 200 J; 200 J

P.351 $3mg$

P.352 a) $\sqrt{5Rg}$ b) $h_A = \frac{5R}{2 \cdot (1 - \mu \cdot \text{cotg}\,\theta)}$

P.353 40 cm

P.354 0,6 m

P.355 0,10 cm; 10 cm

P.356 a) 5 J
b) $x = 2$ m: $E_p = 0$ e $E_c = 5$ J; $x = 3$ m: $E_p = -1$ J e $E_c = 6$ J
c) uniforme
d) acelerado

P.357 10 m/s

P.358 a) 3 J b) −3 J

P.359 a) 4,0 m/s b) 2,0 m/s^2 c) 1,0 N d) 8,0 m e) 5,0 m/s

P.360 a) 0,20 b) −2,0 J

P.361 −75 J

P.362 a) 10 m/s^2 b) $3{,}0 \cdot 10^3$ J

P.363 a) 6,0 m/s b) $\simeq$ 6,7 m/s^2 c) $1{,}0 \cdot 10^3$ N

P.364 a) 8 m/s b) 1.440 J c) 1,6 m

P.365 a) $\vec{P} = M\vec{g}$: peso da partícula
$\vec{F}_N$: força de contato da rampa sobre a partícula

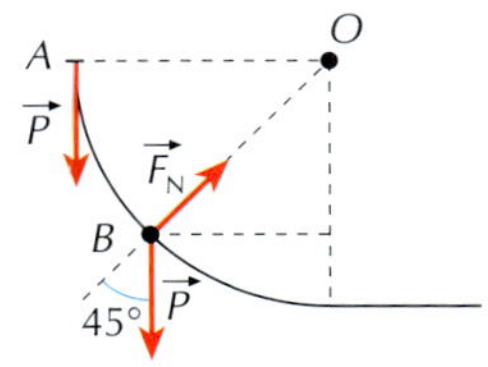

b) I. $\sqrt{2gR}$

II. $\dfrac{3\sqrt{2}}{2}Mg$

P.366 $\simeq$ 5,5 m/s

P.367 a) 30 m/s^2 b) nula

P.368 5 cm

P.369 a) 20 m b) 160 N/m

P.370 a) 9,5 kg b) 10 J

P.371 a) 800 N; 20 m b) 480 N/m

P.372 0,25 m

P.373 a)

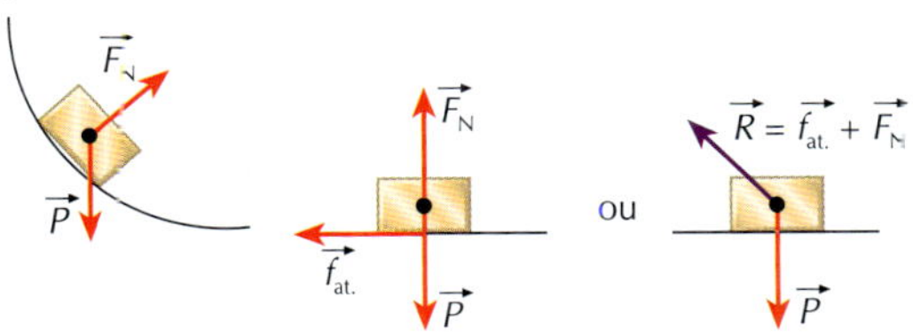

b) 9 m
c) 10 vezes

P.374 a) −1.600 J b) $\simeq$ 12,8 m/s

P.375 a) 0,375 J b) 5,0 m/s

P.376 a) $6{,}0 \cdot 10^3$ J
b) A velocidade seria a mesma, pois não depende da massa.

P.377 a) $\sqrt{\dfrac{2Rg}{3}}$

b) $\dfrac{5R}{3}$

P.378 a) $5 \cdot 10^3$ W
b) 6.050 N

P.379 a) $v_H = 5{,}0 \cdot \sqrt{3}$ m/s; $v_V = 5{,}0$ m/s
b) $u = 5{,}0 \cdot \sqrt{3}$ m/s
c) $v'_V = 5{,}0$ m/s

Testes propostos

T.281 b **T.282** a **T.283** a **T.284** e **T.285** c **T.286** b
T.287 a **T.288** e **T.289** b **T.290** e **T.291** d
T.292 soma = 63 (01 + 02 + 04 + 08 + 16 + 32) **T.293** b
T.294 d **T.295** a **T.296** e **T.297** b **T.298** b **T.299** b
T.300 a **T.301** b **T.302** b **T.303** c **T.304** c **T.305** a
T.306 c **T.307** a **T.308** c **T.309** a
T.310 soma = 35 (01 + 02 + 32) **T.311** a **T.312** c
T.313 d **T.314** soma = 57 (01 + 08 + 16 + 32) **T.315** c
T.316 b **T.317** c

Teste sua leitura

L.21 e **L.22** d **L.23** d **L.24** e **L.25** a

Capítulo 16
Impulso e quantidade de movimento

Exercícios propostos

P.380 direção: vertical; sentido: de baixo para cima;
intensidade: 40 N · s

P.381 direção: vertical; sentido: de cima para baixo;
intensidade: 18 N · s

P.382 a) 60 N · s; 45 N · s
b) 7,5 N

P.383 direção: horizontal; sentido: da esquerda para a direita;
intensidade: 10 kg · m/s

P.384 a) 16 kg · m/s b) zero c) 112 kg · m/s

P.385 sentidos opostos

P.386 2,5 J

P.387 1,0 kg · m/s

P.388 a) 10 N · s; b) 45 kg · m/s c) 55 kg · m/s

P.389 100 N · s

P.390 2,1 N

P.391 10 N · s

P.392 a) direção e sentido: os mesmos de $\vec{v}_A$; módulo: 40 kg · m/s
b) direção e sentido: os mesmos de $\vec{v}_B$; módulo: 40 kg · m/s
c) direção e sentido indicados na figura a seguir;
módulo: $\simeq$ 56,6 N · s

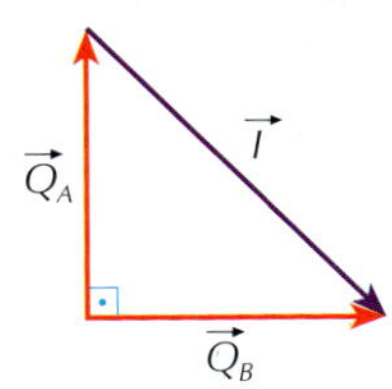

P.393 a) 0,15 N · s
b) 2,5 m/s

P.394 a) 20 N · s
b) 2 m/s

P.395 1 m/s

P.396 0,75 J

P.397 $\dfrac{L}{5}$

P.398 90 m/s

P.399 $3{,}0 \cdot \sqrt{3}$ m/s

P.400 a) Ocorrem **três** choques: bola 1 com a bola 2; bola 2 com a parede; bola 2 com a bola 1.
b) Após os choques, a bola 2 fica parada e a bola 1 volta com velocidade de módulo v_1.

P.401 6 m/s; 4 m/s

P.402 $v'_A \simeq 10{,}29$ m/s (em sentido contrário ao inicial) e $v'_B \simeq 2{,}71$ m/s

P.403 0,30 m/s; $2{,}7 \cdot 10^3$ J

P.404 $v'_A = 1{,}43$ m/s e $v'_B \simeq 6{,}43$ m/s

P.405 $v'_A = 2{,}34$ m/s e $v'_B \simeq 2{,}46$ m/s; sentidos opostos aos iniciais

P.406 a) 20 m/s c) 9,8 m
b) 6 m/s; 14 m/s

P.407 a) 10 N · s
b) 500 N
c) perfeitamente elástico ($e = 1$)

P.408 $v \simeq 400$ m/s

P.409 demonstração

P.410 a) 0,80 c) 90 N
b) 0,90 N · s

P.411 a) 60° b) 17,4 m/s; 10 m/s

P.412 a) 27 J; 1,8 N · s b) 30

P.413 a) 40,5 kN b) 10 vezes maior

P.414 a) 10^4 N b) 10^3 kg

P.415 a)

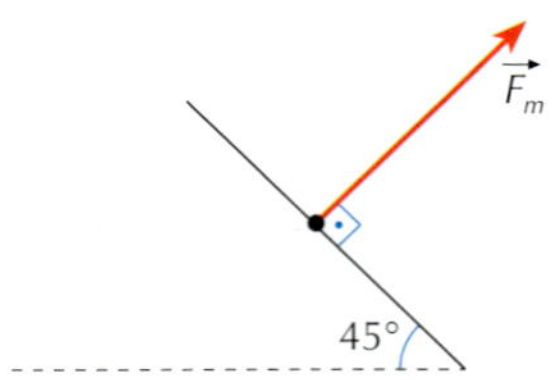

b) $F_m = \sqrt{2} \cdot \dfrac{mv}{\Delta t}$

P.416 a) 6 N · s
b) Sim; houve transferência de quantidade de movimento.

P.417 a) 2,0 m/s b) 4

P.418 a) 6 kg · m/s b) 6 m/s

P.419 a) $6{,}0\sqrt{3} \cdot 10^{-24}$ kg · m/s
b) $2{,}4 \cdot 10^3$ m/s

P.420 falsa, pois $v = 108$ km/h

P.421 a) 90 m/s e 0,6 m/s
b) $-3{,}6 \cdot 10^5$ J

P.422 a) 2,5 kg · m/s
b) Não; não houve impulso na horizontal.

P.423 0,25 m/s

P.424 A previsão de Pedro é a correta.

P.425 a) $\sqrt{10}$ m/s e zero b) $\dfrac{1}{3}$ m

P.426 a) $\dfrac{F_{AB}}{F_{BA}} = 1$ (ação-e-reação)
b) $\dfrac{M_A}{M_B} = \dfrac{15}{13}$

P.427 a) $\dfrac{7}{3}$ m/s ou $\simeq 2{,}3$ m/s b) $4{,}0 \cdot 10^2$ N

P.428 $v_0 = \dfrac{2M}{m} \cdot \sqrt{5gL}$

P.429 a) $v_{A_x} = 1{,}6$ m/s; $v_{A_y} = 0$
$v_{B_x} = 0$; $v_{B_y} = 1{,}2$ m/s
b) zero

Testes propostos

T.318 b	**T.319** e	**T.320** d	**T.321** e	**T.322** c	**T.323** a
T.324 c	**T.325** b	**T.326** c	**T.327** a	**T.328** a	**T.329** a
T.330 b	**T.331** d	**T.332** b	**T.333** soma = 09 (01 + 08)		
T.334 d	**T.335** d	**T.336** b	**T.337** d	**T.338** e	**T.339** d
T.340 d	**T.341** a	**T.342** a	**T.343** b	**T.344** c	**T.345** d

Teste sua leitura

L.26 b

L.27 a) Porque o tempo de interação entre a xícara e o piso é maior quando o piso é fofo.
b) 1,4 N; 21 N

Capítulo 17
A Gravitação Universal

Exercícios propostos

P.430 a) $v_{máx.}$ em P; $v_{mín.}$ em A
b) $\Delta t_{VPI} < \Delta t_{PIA} = \Delta t_{AVP} < \Delta t_{IAV}$

P.431 a) 112 dias terrestres
b) $\simeq 7{,}0 \cdot 10^5$ km²/dia terrestre

P.432 73 dias

P.433 10,5 anos terrestres

P.434 27 anos terrestres

P.435 $4R$

P.436 $\simeq 3{,}6 \cdot 10^{22}$ N

P.437 $\simeq 1{,}8 \cdot 10^{20}$ N; $\dfrac{F_{ST}}{F_{TL}} = 2{,}0 \cdot 10^2$

P.438 a) 10 N b) 45 N c) 20 N

P.439 a $0{,}75d$ do corpo de maior massa

P.440 $2R$

P.441 2,5 g

P.442 $\dfrac{8}{9}$

P.443 $\simeq 444{,}4$ N

P.444 $1{,}25 \cdot 10^{-3}$ rad/s

P.445 a) $\simeq 7 \cdot 10^3$ m/s b) $\simeq 7{,}1 \cdot 10^3$ s

P.446 a) 625 N
b) Seu peso "funciona" como força centrípeta, tendo como única função mantê-la em movimento circular.

P.447 $\simeq 2{,}3$ km/s

P.448 a) $\simeq 4{,}0$ anos terrestres b) mais curto

P.449 a) $\simeq 1{,}16 \cdot 10^{22}$ m² b) segunda lei de Kepler

P.450 Passaria a $\dfrac{8}{9} \cdot g_T$.

P.451 $34 \cdot 10^5$ m ou 34 unidades de 10^5 m

P.452 269,5 m/s²

P.453 a)

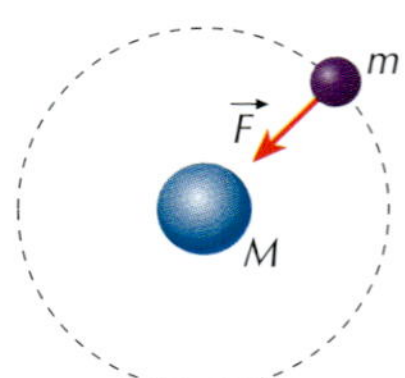

b) $\omega = \sqrt{\dfrac{GM}{R^3}}$

P.454 90

P.455 a) $\simeq$ 0,95 m/s²

As condições de trabalho na superfície do asteroide não são semelhantes às da Terra.

b) A energia fornecida pelo artefato nuclear ($4,0 \cdot 10^{14}$ J) é muito menor do que a necessária ($\simeq 13,2 \cdot 10^{27}$ J).

P.456 a)

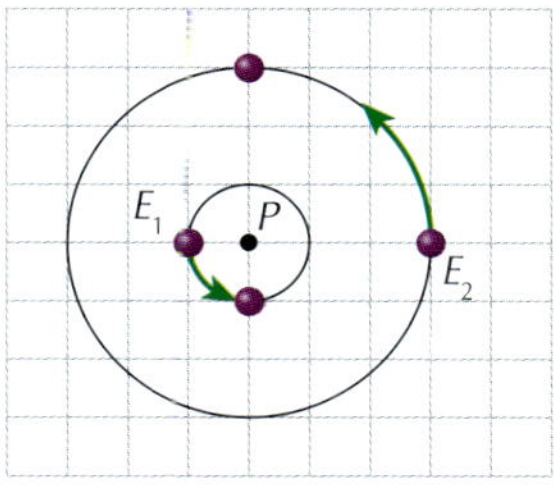

b) $\frac{v_2}{v_1} = 3$

c) $M_1 = \frac{3\pi^2 \cdot D^3}{GT^2}$

P.457 a) $v = \omega_T \cdot R$ ou $v = \frac{\pi}{12}R$

b) $R = \sqrt[3]{\frac{gR_T^2}{\omega_T^2}}$

P.458 a) 8,0 km/s
b) 80 min

P.459 $\frac{3\pi}{GT^2}$

P.460 a) 2

b) $\frac{\sqrt{2}}{4}$

Testes propostos

T.346 d **T.347** e **T.348** d **T.349** e **T.350** c **T.351** b
T.352 b **T.353** a **T.354** c **T.355** c **T.356** b **T.357** b
T.358 d **T.359** e **T.360** a **T.361** a **T.362** c **T.363** e
T.364 e **T.365** e **T.366** e

Teste sua leitura

L.28 e **L.29** c **L.30** e

Capítulo 18
Sistema de forças aplicadas a um ponto material. Equilíbrio do ponto material

Exercícios propostos

P.461 $4 \text{ N} \leq F_R \leq 10 \text{ N}$

P.462 $F\sqrt{3}$

P.463 $\simeq$ 8,6 N

P.464 $T_{BA} = 40$ N; $T_{BC} = 34,8$ N

P.465 a) 60 N

b) $30\sqrt{3}$ N

P.466 a) 36 N

b) $36\sqrt{3}$ N

P.467 vertical, para cima, 150 N

P.468 a)

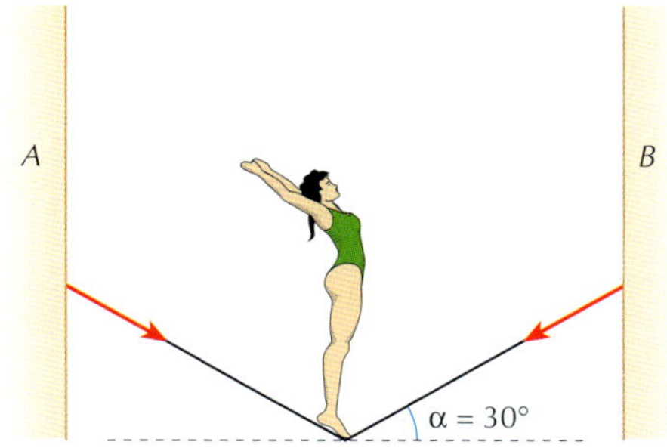

b)

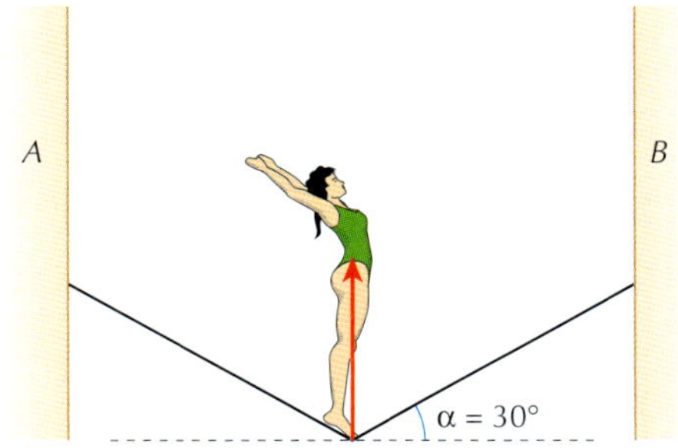

c) 700 N

P.469 22 N

P.470 a) $\alpha = \beta$

b) 50 N; $50\sqrt{3}$ N; 100 N

P.471 a) $m_B \cdot \cos\theta = m_A$
b) O bloco *A* sobe e passa a oscilar em torno da posição de equilíbrio.

P.472 5 voltas

P.473 $16,3 \text{ N} \leq Q \leq 33,7 \text{ N}$; sim

Testes propostos

T.367 d **T.368** d **T.369** b **T.370** c **T.371** d **T.372** a
T.373 b **T.374** b **T.375** a **T.376** d **T.377** b **T.378** b
T.379 d

Capítulo 19
Equilíbrio dos corpos extensos

Exercícios propostos

P.474 a) $M_{F_1} = 0$; $M_{F_2} = -0,4 \text{ N} \cdot \text{m}$; $M_{F_3} = 0$; $M_{F_4} = 0,4 \text{ N} \cdot \text{m}$
b) $M_F = -2,5 \text{ N} \cdot \text{m}$

P.475 $T = \frac{1.250}{3}$ N; $X_A = \frac{1.000}{3}$ N →; $Y_A = 50$ N ↑

P.476 a) $F = \frac{20\sqrt{3}}{3}$ N

b) $X_A = \frac{10\sqrt{3}}{3}$ N ←; $Y_A = 10$ N ↑

P.477 $Y_A = 15$ N; $Y_B = 35$ N

P.478 $P_X = 1,5 \cdot 10^5$ N

P.479 $\text{tg}\,\theta = \frac{2}{3}$

P.480 a) α é o ângulo cuja tangente vale $\frac{h}{a}$.

b) $P = da^2hg$

P.481 a) não

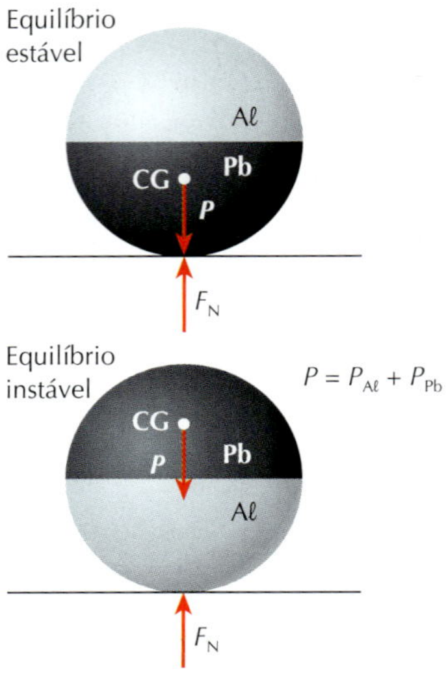

b)

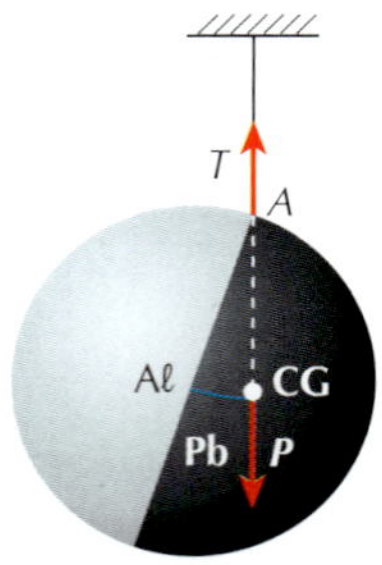

P.482 A moça consegue soltar o parafuso.

P.483 55 N

P.484 a) 192 N b) $X_A = 96$ N $Y_A = 16\sqrt{3}$ N

P.485 1,8 m

P.486 3 m

P.487 a) 300 N b) 50 N

P.488 a)

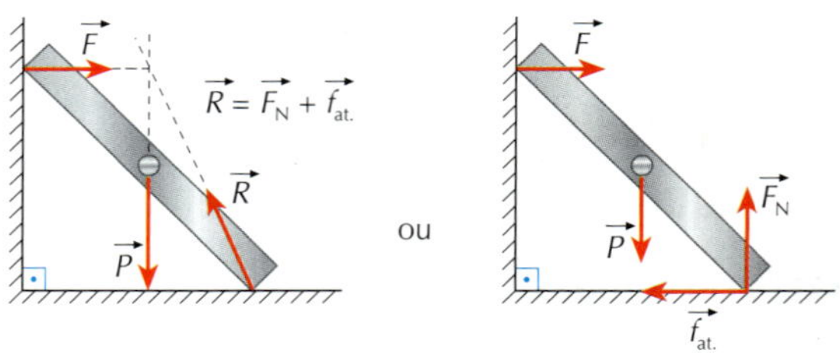

b) tg α = 2

P.489 20 N; 10 N

P.490 $x = 10$ cm; $y = 5$ cm

P.491 a)

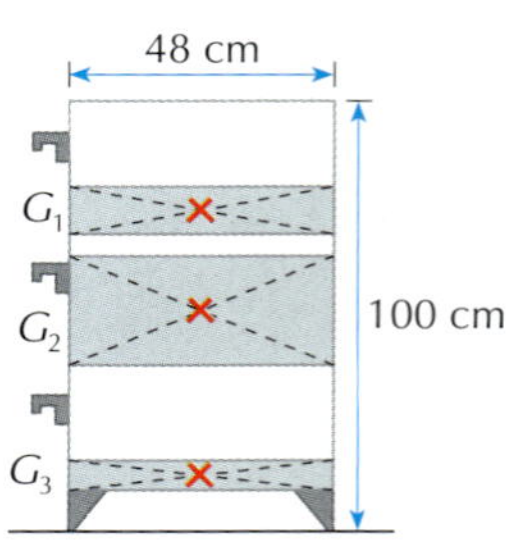

b) 36 cm
c) 4 kg

P.492 Quando a pessoa tende a se levantar, ela perde contato com a cadeira, e a reta vertical em seu centro de gravidade não passa pela base de apoio, que são seus pés. Nessas condições, o momento do peso $\vec{P}$ em relação ao ponto de apoio (pés da pessoa) faz com que ela volte à posição original, sem conseguir levantar-se.

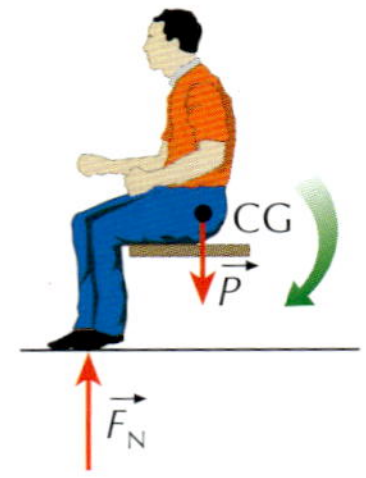

P.493 225 N

P.494 Para haver equilíbrio, a reta vertical traçada pelo centro de gravidade do menino deve passar pela mão dele (base de apoio).

P.495 375 N

P.496

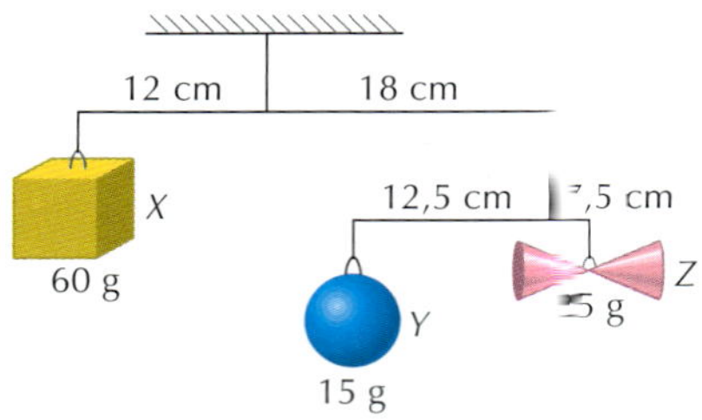

Testes propostos

T.380 a	T.381 d	T.382 a	T.383 a	T.384 c	T.385 a
T.386 b	T.387 e	T.388 b	T.389 a	T.390 a	T.391 b
T.392 b	T.393 b	T.394 e	T.395 a	T.396 a	T.397 d
T.398 d	T.399 a				

Teste sua leitura

L.31 a) 100 N
b) 6

L.32 a) inter-resistente
b) interfixa
c) interpotente
d) interpotente
e) interfixa

L.33 a) 150 N
b) 130 N

Capítulo 20
Hidrostática

Exercícios propostos

P.497 $2 \cdot 10^8$ N/m²

P.498 $5 \cdot 10^5$ N/m²

P.499 50 N/m², 125 N/m² e 500 N/m²

P.500 10 g/cm³

P.501 a) 2,5 g/cm³
b) ≃ 2,6 g/cm³

P.502 0,9 g/cm³

P.503 0,42 g/cm³

P.504 a) $6,8 \cdot 10^4$ Pa
b) $1,68 \cdot 10^5$ Pa
c) $1,32 \cdot 10^3$ N

P.505 a) $1,0 \cdot 10^5$ N/m²
b) $2,0 \cdot 10^3$ kg/m³
c) $1,0 \cdot 10^5$ N/m²; $2,0 \cdot 10^5$ N/m²

P.506 a) $1{,}1 \cdot 10^5$ N/m²;
b) $2{,}2 \cdot 10^3$ N
c) $2 \cdot 10^3$ kg/m³

P.507 a) 96 cmHg, 960 mmHg e $\simeq$ 1,26 atm
b) 96 cm

P.508 27,2 cm

P.509 4,85 g/cm³

P.510 500 N; 0,6 cm

P.511 a) 1.000 N
b) 400 N

P.512 a) 6,3 N
b) glicerina

P.513 $\frac{1}{3}$

P.514 A dissolução de sal na água aumentou sua densidade e consequentemente o empuxo sobre a bola. Ao ser modelada na forma de barquinho, a massa teve a densidade diminuída por causa das cavidades internas, ficando menor do que a densidade da água.

P.515 a) 0,6 g/cm³
b) 200 g

P.516 3 g/cm³

P.517 a)

$\vec{E}$ = empuxo
$\vec{F}_D$ = força do dinamômetro
$\vec{P}$ = peso da esfera

b) $2{,}0 \cdot 10^{-4}$ m³

P.518 a) 250 kg/m³ d) 10 m/s
b) 50 N e) 0,01 m³
c) 10 m/s²

P.519 a) T_1 = 100 N; T_2 = 0
b) 5 m/s²; 50 N
c) 100 N; zero

P.520 a) 7,0 N b) 19 N

P.521 a) 75 kg b) $7{,}5 \cdot 10^3$ N/m²

P.522 0,68 g/cm³

P.523 2,4 g/cm³

P.524 a) 0,125 m
b) $1{,}1 \cdot 10^5$ N/m²

P.525 a) 30 m b) 1 m/s

P.526 $\simeq$ 36,7 mmHg

P.527 a) $\simeq 2{,}4 \cdot 10^5$ Pa b) 48 N

P.528 $1{,}6 \cdot 10^4$ N

P.529 a) 0,36 N b) $1{,}2 \cdot 10^3$ kg/m³

P.530 40 N/m

P.531 a) $2{,}5 \cdot 10^2$ N/m²

P.532 a) ΔF = 0 (desce com velocidade constante)
b) 1,2 m
c) 15 min

P.533 a) $2{,}5 \cdot 10^3$ N b) $2{,}5 \cdot 10^2$ kg

P.534 108 toras

P.535 a) 0,5 g/cm³ b) 1,5 g/cm³

P.536 I. a) Para níveis abaixo de 20 cm, a caixa flutua e, portanto, o peso e o empuxo têm módulos iguais. O fio fica frouxo. Logo, T = 0.
b) Entre os níveis 20 cm e 40 cm a tensão T aumenta em virtude do aumento do empuxo E. O aumento do empuxo é proporcional ao volume do líquido deslocado e este varia linearmente com a altura da caixa que vai sendo imersa.
c) Acima de 40 cm a caixa fica totalmente imersa e o empuxo não mais varia. Assim, a tensão permanece constante.
II. 20 cm
III. $\simeq 8 \cdot 10^2$ kg/m³

P.537 a) 2 m b) 0,68 J

Testes propostos

T.400 d	**T.401** d	**T.402** d	**T.403** b	**T.404** a	**T.405** d
T.406 b	**T.407** e	**T.408** d	**T.409** d	**T.410** a	**T.411** a
T.412 b	**T.413** a	**T.414** b	**T.415** a	**T.416** e	**T.417** c
T.418 d	**T.419** d	**T.420** c	**T.421** a	**T.422** a	**T.423** c
T.424 a	**T.425** c	**T.426** b	**T.427** d	**T.428** d	**T.429** c
T.430 b	**T.431** e	**T.432** a	**T.433** d	**T.434** a	**T.435** b
T.436 a	**T.437** c	**T.438** e	**T.439** b	**T.440** c	**T.441** d

Teste sua leitura

L.34 a) 1,68 m b) 128 cm³/s
L.35 b
L.36 d

Capítulo 21
Hidrodinâmica

Exercícios propostos

P.538 a) 25 cm/s b) 60 ℓ

P.539 a) $2{,}5 \cdot 10^3$ cm³/s
b) $1{,}0 \cdot 10^2$ cm/s
c) $6{,}25 \cdot 10^{-2}$ mm/s

P.540 $\frac{v_1}{v_2} = 3$

P.541 a) $\frac{A_1}{A_2} = 0{,}40$
b) $1{,}5 \cdot 10^4$ Pa

P.542 demonstração

P.543 a) $2{,}4 \cdot 10^4$ N/m² b) $\simeq$ 5,5 m/s

P.544 a) 4,0 m/s c) 1,2 m
b) 40 cm³/s

P.545 a) $\simeq$ 0,104 ℓ/s b) $\simeq$ 48 s

P.546 erradas: 1 e 3
corretas: 2 e 4

P.547 a) $1{,}5 \cdot 10^3$ N/m² c) $\simeq 1{,}0 \cdot 10^2$ km/h
b) $8{,}1 \cdot 10^2$ t

P.548 O fenômeno é explicado pelo "efeito Bernoulli".
$$\Delta p = \frac{10^3}{4\pi} \text{ N/m}^2$$

P.549 $4{,}2 \cdot 10^5$ Pa

Testes propostos

T.442 e **T.443** b **T.444** a **T.445** b **T.446** a
T.447 erradas: 0, 2 e 3; correta: 1

ÍNDICE REMISSIVO

LISTA DE SIGLAS

SIGLA	NOME OFICIAL
———	Colégio Naval-RJ
———	Olimpíada Brasileira de Física
———	Olimpíada Paulista de Física
Acafe-SC	Associação Catarinense das Fundações Educacionais
AFA-SP	Academia da Força Aérea
Aman-RJ	Academia Militar das Agulhas Negras
Cefet-PE	Centro Federal de Educação Tecnológica de Pernambuco
Cefet-PR	Centro Federal de Educação Tecnológica do Paraná
Cesgranrio-RJ	Fundação Cesgranrio
Ceub-DF	Centro de Ensino Unificado de Brasília
Ceuma-SP	Centro Universitário "Maria Antonia"
Covest-PE	Comissão do Vestibular das Universidades Federal e Federal Rural de Pernambuco
E. Naval-RJ	Escola Naval
EEM-SP	Escola de Engenharia Mauá
Efei-MG	Escola Federal de Engenharia de Itajubá
Efoa-MG	Escola de Farmácia e Odontologia de Alfenas
Enem-MEC	Exame Nacional do Ensino Médio
Esalq-Piracicaba-SP	Escola Superior de Agricultura "Luiz de Queiroz"
ESPM-SP	Escola Superior de Propaganda e Marketing
Faap-SP	Fundação Armando Álvares Penteado
Fasp-SP	Faculdades Associadas de São Paulo
Fatec-SP	Faculdade de Tecnologia de São Paulo
FCC-BA	Fundação Carlos Chagas da Bahia
FCC-SP	Fundação Carlos Chagas de São Paulo
FCM-MG/Feluma	Faculdade de Ciências Médicas de Minas Gerais/Fundação Educacional Lucas Machado
FCMSCSP-SP	Faculdade de Ciências Médicas da Santa Casa de São Paulo
FEI-SP	Faculdade de Engenharia Industrial
Fenge-SP	Faculdade de Engenharia da UniSantos
Fesp-PE	Fundação de Ensino Superior de Pernambuco
Fesp-SP	Faculdade de Engenharia São Paulo
FGV-SP	Fundação Getúlio Vargas
FMABC-SP	Faculdade de Medicina do ABC
FMIt-MG	Faculdade de Medicina de Itajubá
FMT-SP	Faculdade de Medicina de Taubaté
FMTM-MG	Faculdade de Medicina do Triângulo Mineiro
Furg-RS	Fundação Universidade Federal do Rio Grande
Fuvest-SP	Fundação Universitária para o Vestibular
IME-RJ	Instituto Militar de Engenharia
Inatel-MG	Instituto Nacional de Telecomunicações de Santa Rita do Sapucaí
ITA-SP	Instituto Tecnológico de Aeronáutica

ITE-SP	Instituto Toledo de Ensino
Mackenzie-SP	Universidade Presbiteriana Mackenzie
PUC-Campinas-SP	Pontifícia Universidade Católica de Campinas
PUC-MG	Pontifícia Universidade Católica de Minas Gerais
PUC-PR	Pontifícia Universidade Católica do Paraná
PUC-RJ	Pontifícia Universidade Católica do Rio de Janeiro
PUC-RS	Pontifícia Universidade Católica do Rio Grande do Sul
PUC-SP	Pontifícia Universidade Católica de São Paulo
UCPel-RS	Universidade Católica de Pelotas
UCSal-BA	Universidade Católica de Salvador
Udesc	Universidade do Estado de Santa Catarina
Uece	Universidade Estadual do Ceará
Ueco-PR	Universidade Estadual do Centro-Oeste
UEL-PR	Universidade Estadual de Londrina
Uema	Universidade Estadual do Maranhão
UEMG	Universidade do Estado de Minas Gerais
UEM-PR	Universidade Estadual de Maringá
Uepa	Universidade do Estado do Pará
UEPB	Universidade Estadual da Paraíba
Uerj	Universidade do Estado do Rio de Janeiro
Uesb-BA	Universidade Estadual do Sudoeste da Bahia
Uespi	Universidade Estadual do Piauí
Ufac	Fundação Universidade Federal do Acre
Ufal	Universidade Federal de Alagoas
Ufam	Universidade Federal do Amazonas
UFBA	Universidade Federal da Bahia
UFC-CE	Universidade Federal do Ceará
Ufes	Universidade Federal do Espírito Santo
UFF-RJ	Universidade Federal Fluminense
UFG-GO	Universidade Federal de Goiás
UFJF-MG	Universidade Federal de Juiz de Fora
Ufla-MG	Universidade Federal de Lavras
UFMA	Fundação Universidade Federal do Maranhão
UFMG	Universidade Federal de Minas Gerais
UFMS	Fundação Universidade Federal de Mato Grosso do Sul
UFMT	Fundação Universidade Federal de Mato Grosso
Ufop-MG	Universidade Federal de Ouro Preto
UFPA	Universidade Federal do Pará
UFPB	Universidade Federal da Paraíba
UFPE	Universidade Federal de Pernambuco
UFPel-RS	Fundação Universidade Federal de Pelotas
UFPI	Fundação Universidade Federal do Piauí
UFPR	Universidade Federal do Paraná
UFRGS-RS	Universidade Federal do Rio Grande do Sul
UFRJ	Universidade Federal do Rio de Janeiro
UFRN	Universidade Federal do Rio Grande do Norte

UFRRJ	Universidade Federal Rural do Rio de Janeiro
UFSC	Universidade Federal de Santa Catarina
UFSCar-SP	Fundação Universidade Federal de São Carlos
UFSJ-MG	Universidade Federal de São João del-Rei
UFSM-RS	Universidade Federal de Santa Maria
UFTM-MG	Universidade Federal do Triângulo Mineiro
UFU-MG	Fundação Universidade Federal de Uberlândia
UFV-MG	Fundação Universidade Federal de Viçosa
Unama-PA	Universidade da Amazônia
UnB-DF	Fundação Universidade de Brasília
Uneb-BA	Universidade do Estado da Bahia
Unemat-MT	Universidade do Estado de Mato Grosso
Unicamp-SP	Universidade Estadual de Campinas
Unicap-PE	Universidade Católica de Pernambuco
Unifei-MG	Universidade Federal de Itajubá
Unifesp	Universidade Federal de São Paulo
Unifor-CE	Universidade de Fortaleza
Unimep-SP	Universidade Metodista de Piracicaba
Unip-SP	Universidade Paulista (Objetivo)
Unirio-RJ	Fundação Universidade do Rio de Janeiro
Unisa-SP	Universidade de Santo Amaro
Unisinos-RS	Universidade do Vale do Rio dos Sinos
Unitau-SP	Universidade de Taubaté
Unitins-TO	Universidade do Tocantins
Uniube-MG	Universidade de Uberaba
Univale-MG	Universidade Vale do Rio Doce
Univali-SC	Universidade do Vale do Itajaí
Univás-MG	Universidade do Vale do Sapucaí
Univest-SP	União de Vestibulares de São Paulo
UPF-RS	Universidade de Passo Fundo
Vunesp	Fundação para o Vestibular da Unesp

Bibliografia

BLACKWOOD, Oswald H.; HERRON, Wilmer B.; KELLY, William C. *Física na escola secundária.* Rio de Janeiro, Ministério da Educação e Cultura, 1962.

BUKHOVTSEV, B. B.; KRIVTCHENKOV, V. D.; MIAKISHEV, G. Y.; SARAEVA, I. M. *Problemas selecionados de Física elementar.* Moscou, Mir, 1985.

CUTNELL, John; JOHNSON, Kenneth. *Física.* Rio de Janeiro, Livros Técnicos e Científicos, 2006. 3 v.

FERRARO, Nicolau Gilberto. *Eletricidade*: história e aplicações. São Paulo, Moderna, 1997. (Col. Desafios)

_________. *Os movimentos*: pequena abordagem sobre Mecânica. São Paulo, Moderna, 2004. (Col. Desafios)

FEYNMAN, Richard P.; LEIGHTON, Robert B.; SANDS, Matthew. *Lectures on Physics.* Bogotá, Fondo Educativo Interamericano, 1972.

FISHBANE, Paul M.; GASIOROWICZ, Stephen; THORNTON, Stephen T. *Physics for Scientists and Engineers.* 3. ed. extended. New Jersey, Prentice Hall, 2004.

FUCHS, Walter R. *Física moderna.* São Paulo, Polígono, 1972.

GIANCOLI, Douglas C. *Physics*: principles with applications. 6. ed. New Jersey, Prentice Hall, 2006.

HALLIDAY, D.; RESNICK, R. *Física.* 4. ed. Rio de Janeiro, Livros Técnicos e Científicos, 1984.

HALLIDAY, D.; RESNICK, R.; WALKER, J. *Fundamentos de Física.* Rio de Janeiro, Livros Técnicos e Científicos, 2006. 4 v.

HEWITT, Paul G. *Física conceitual.* 9. ed. Porto Alegre, Bookman, 2002.

KÓSEL, S. *Problemas de Física.* Moscou, Mir, 1986.

MAIZTEGUI, Alberto P.; SABATO, Jorge A. *Introducción a la Física.* Buenos Aires, Kapelusz, 196[illegible].

NUSSENZVEIG, H. Moysés. *Curso de Física básica 1*: mecânica. 4. ed. São Paulo, Edgard Blücher, 2002.

_________. *Curso de Física básica 2*: fluidos, oscilações e ondas, calor. 4. ed. São Paulo, Edgard Blücher, 2002.

PINTO JR., Osmar; PINTO, Iara de Almeida. *Relâmpagos.* São Paulo, Brasiliense, 1996.

PURCELL, Edward M. *Curso de Física de Berkeley.* São Paulo, Edgard Blücher, 1970.

RODRIGUES, Margarida; DIAS, Fernando. *Física na nossa vida.* Porto, Porto Editora, 2004.

RONAN, Colin A. *História ilustrada da ciência.* Rio de Janeiro, Jorge Zahar, 1987. 4 v.

SERWAY, Raymond A.; JEWETT JR., John W. *Princípios de Física.* São Paulo, Thomson, 2004.

SILVA, Daniel. *Física*: vencer desafios. Lisboa, Lisboa Editora, 2006.

SOARES, Paulo A. Toledo. *O mundo das cores.* São Paulo, Moderna, 1995. (Col. Desafios)

TARÁSOV, L.; TARÁSOVA, A. *Perguntas e problemas de Física.* Moscou, Mir, 1972.

TIPLER, Paul A. *Física.* 4. ed. Rio de Janeiro, Livros Técnicos e Científicos, 2000. 3 v.

WESTFALL, Richard S. *A vida de Isaac Newton.* Rio de Janeiro, Nova Fronteira, 1995.

WILSON, Jerry D.; BUFFA, Anthony J. *Física.* 5. ed. México, Pearson Educación, 2003.

WOLFSON, Richard; PASACHOFF, Jay M. *Physics.* 2. ed. New York, Harper Collins College, 1995.

YOUNG, Hugh D.; FREEDMAN, Roger A. *University Physics.* Massachusetts, Addison-Wesley, 1995.